北京高等教育精品教材
BEIJING GAODENG JIAOYU JINGPIN JIAOCAI

清华大学研究生精品教材

清华大学名优教材立项资助

新编《信息、控制与系统》系列教材

现代信号处理（第三版）

MODERN SIGNAL PROCESSING (THIRD EDITION)

张贤达 著
Zhang Xianda

清華大学出版社
北 京

内 容 简 介

本书系统、全面地介绍了现代信号处理的主要理论、具有代表性的方法及一些典型应用。全书共10章，内容包括随机信号、参数估计理论、信号检测、现代谱估计、自适应滤波器、高阶统计分析、线性时频变换、二次型时频分布、盲信号分离、阵列信号处理。全书取材广泛，内容新颖，充分反映了信号处理的新理论、新技术、新方法和新应用，可以帮助读者尽快跟踪信号处理的最新国际发展。与第二版相比，本书增加了信号检测、盲信号分离与阵列信号处理等重要应用，更加注重理论与应用的结合，更加方便读者理解与自学。

本书为清华大学研究生精品教材和北京市高等教育精品教材，最近又获得清华大学名优教材第一批立项资助，是一本与国际前沿科学接轨的研究生教材，可作为电子、通信、自动化、计算机、物理、生物医学和机械工程等各学科有关教师、研究生和科技人员教学、自学、进修用书或参考书。

图书在版编目(CIP)数据

现代信号处理/张贤达著. —3版. —北京：清华大学出版社，2015(2023.11重印)
新编《信息、控制与系统》系列教材
ISBN 978-7-302-40869-7

Ⅰ. ①现… Ⅱ. ①张… Ⅲ. ①信号处理－高等学校－教材 Ⅳ. ①TN911.7

中国版本图书馆CIP数据核字(2015)第164192号

责任编辑：王一玲
封面设计：常雪影
责任校对：白 蕾
责任印制：杨 艳

出版发行：清华大学出版社
网　　址：http://www.tup.com.cn，http://www.wqbook.com
地　　址：北京清华大学学研大厦A座　　**邮　　编**：100084
社 总 机：010-83470000　　**邮　　购**：010-62786544
投稿与读者服务：010-62776969，c-service@tup.tsinghua.edu.cn
质量反馈：010-62772015，zhiliang@tup.tsinghua.edu.cn
课件下载：http://www.tup.com.cn，010-83470236
印 装 者：三河市君旺印务有限公司
经　　销：全国新华书店
开　　本：185mm×260mm　　**印　　张**：31.5　　**字　　数**：764千字
版　　次：2002年10月第1版　2015年12月第3版　　**印　　次**：2023年11月第12次印刷
定　　价：79.00元

产品编号：056886-03

第三版前言

《现代信号处理》(第 二 版) 于 2002 年出版后，被陆续批准为“清华大学研究生精品教材”和“北京市高等教育精品教材”，并被很多大学用作研究生教材或参考书。众多读者在研究中参考本书，在国内和国际学术期刊上发表研究论文时引用本书：前两版累计已经被 SCI 他引 240 余次，Google 学术搜索他引 1,850 余次。最近，《现代信号处理》又被批准为第一批“清华大学名优教材立项项目”。在该项目支持下，本书对第 二 版进行了较大的删节、修改和增补：

(1) 删除了第 二 版中不太重要的一些理论、方法以及不太普遍的一些应用，以进一步聚焦和突出代表性的理论、方法及应用。

(2) 对保留的原版内容，在理论与方法的介绍方面做了比较多的修改：一些定理、命题和性质的难度大的证明被删除，改为参考有关文献，难度小的证明则改为读者作为练习。

(3) 根据信号处理技术的发展，增补了信号检测、盲信号分离和阵列信号处理三章，从而由第 二 版的 7 章增加为新一版的 10 章。信号检测放在随机信号 (第 1 章) 和参数估计理论 (第 2 章) 之后，是为了让读者学习了有关理论后能够尽快分享信号处理的工程应用。在介绍完本书的基本理论 (参数估计、现代谱估计、自适应滤波器、高阶统计分析、时频分析与二次型时频分布) 后，专门介绍了两个极具代表性的典型应用——盲信号分离与阵列信号处理。本书新增的三章乃作者反复选择与精心编著的结果，相信读者会有比较大的学习兴趣与收获。

从教学和研究的角度出发，本书的各章内容是研究生和科技工作者应该和尽快掌握的理论、方法及应用。以内容的广度和深度而言，本书每一章又都可独立成书。因此，本书选择最基本和最重要的理论、具有广泛代表性的方法与应用进行重点介绍。读者在翻阅目录时会发现，本书虽然重点放在代表性的理论、方法与应用的介绍上，但是却不乏一些新理论、新方法和新应用的及时跟进与补充。

作为清华大学研究生精品教材、北京市高等教育精品教材以及清华大学名优教材立项项目，本书的目标是不辱使命，向广大读者奉献一本合格的名优教材。然而，尽管作者尽力而为，却仍然难免会有不满意甚至失误之处。在此，诚恳希望从事信号处理教学、研究及应用的广大同仁、专家、青年才俊和读者不吝指教和斧正。

张贤达

谨识于 2015 年 6 月

第二版前言

最近十年，信号处理学科经历了巨大的变化，是信息科学中发展最迅速的学科之一。尤其是伴随无线通信的急速发展，信号处理更是获得了极大的推动，诞生了通信信号处理这一新的学科领域。现在，信号处理已在各个科学与技术领域获得了极为广泛的应用。可以这样说，学习现代信号处理的理论、方法与应用已成为通信、电子、自动化、生物医学、机械工程等众多学科或专业的研究生与科技人员的迫切需要。

《现代信号处理》(第一版) 于 1995 年出版以来，已先后印刷了 6 次，共 18000 册。承蒙广大读者厚爱，在多所大学里被用作研究生教材或参考书；至目前，在 SCI 收录的国际杂志上被他人 9 篇论文引用，在中文学术期刊上被他人 400 余篇论文引用。为了适应信号处理的新发展，我们对《现代信号处理》一书进行了重大修改：

(1) 将原书的 12 章压缩为 7 章；

(2) 介绍了一些近几年的信号处理新方法；

(3) 增加了大量的应用举例；

(4) 重新编排了全部习题，扩大了习题的范围，丰富了习题的内容。

全书内容分为基础 (第 1 章、第 2 章)、现代谱估计 (第 3 章)、自适应信号处理 (第 4 章)、高阶统计分析 (第 5 章) 和时频信号分析 (第 6 章、第 7 章) 共 5 部分。前 5 章可在 48 学时内讲授完, 全书则需要 64 学时的教学计划。为了方便读者参考，还配套编写了《现代信号处理习题与解答》一书。

笔者曾在清华大学、西安电子科技大学、空军工程大学、桂林电子工业学院讲授过本书。根据本人的教学体会，读者只要把握好本书基本内容的学习、多做一些习题、完成好书中的 2～3 次计算机仿真实验，就能够比较快地与信号处理的最新国际发展“接轨”，将信号处理的典型方法和新技术在学位论文的研究中加以灵活的应用，收到学以致用的效果。

“现代信号处理”已被列为清华大学研究生精品课计划。本书就是在该计划的资助下完成的。书中反映了作者在清华大学和西安电子科技大学的一系列研究成果。这些研究得到了国家自然科学基金、教育部高等学校博士点专项基金、教育部“长江学者奖励计划”等的资助，也是与很多合作者的联合研究成果。在此，向这些合作研究者表示衷心的感谢。

在本书的改写中，采纳了我的十几位博士、硕士研究生和其他很多听课研究生的意见和建议。这些意见和建议对于改进本书的可读性和易懂性，起到了重要的作用。

感谢博士研究生丁建江、杨恒、高秋彬、吕齐和硕士研究生苏泳涛、彭春翌，他们仔细阅读和校对了书稿，提出了一些很好的改进意见，并帮助制作了书中的一些插图。

虽然作者努力而为，但本书仍然可能存在一些不足之处，甚至某些误笔。在此，诚恳欢迎和盼望各位学术先辈、同仁和读者诸君的批评与指正意见!

张贤达

2002 年 8 月 31 日谨识于清华园

目 录

第 1 章　随机信号

信号是信息的载体。信号的信息可以是一系统 (如物理系统、人体) 的模型参数、冲激响应和功率谱，也可以是一人工目标 (如飞机、舰船) 的分类特征，还可以是诸如气象、水文的预报、人体心电的异常等等。其数值或观测值为随机变量的信号称为随机信号。所谓随机，是指信号的取值服从某种概率分布规律。这一规律可以是完全已知的、部分已知的或完全未知的。随机信号也称随机过程、随机函数或随机序列。本章将侧重平稳随机信号的两种基本描述：时域和频域特性。这两种描述是互补的，具有同等重要的作用。

1.1　信号分类

在数学上，信号用一组变量值表示。若 $\{s(t)\}$ 是一实或复数序列，则称序列 $\{s(t)\}$ 为信号。当时间 t 定义在连续变量区间，即 $t \in (-\infty, \infty)$ 或 $t \in [0, \infty)$ 时，序列 $\{s(t)\}$ 称为连续时间信号。许多人工信号和自然信号都是连续时间信号，例如雷达、声纳、无线电广播、通信、控制系统和生物医学工程中的信号。在使用计算机进行信号处理时，连续时间的信号需要先转换成离散时间信号。若信号取值的时间 t 为整数，即 $t = 0, \pm 1, \cdots$ 或 $t = 0, 1, \cdots$ 时，则变量序列 $\{s(t)\}$ 称为离散时间信号。注意，离散时间信号与数字信号有所不同，后者是数值被数字化后的离散时间信号。

如果序列 $\{s(t)\}$ 在每个时刻的取值不是随机的，而是服从某种固定函数的关系，则称之为确定性信号。下面是几种常用的确定性信号。

- 阶跃信号

$$U(t) = \begin{cases} 1, & t \geqslant 0 \\ 0, & t < 0 \end{cases} \tag{1.1.1}$$

- 符号信号

$$\operatorname{sgn}(t) = \begin{cases} 1, & t \geqslant 0 \\ -1, & t < 0 \end{cases} \tag{1.1.2}$$

- 矩形脉冲信号

$$P_a(t) = \begin{cases} 1, & |t| \leqslant a \\ 0, & |t| > a \end{cases} \tag{1.1.3}$$

- 正弦波 (或谐波) 信号

$$s(t) = A\cos(\omega_c t + \theta_0) \tag{1.1.4}$$

其中 θ_0 为固定的初始相位。

作为例子，图 1.1.1 分别画出了阶跃信号、符号信号和矩形脉冲信号的波形。

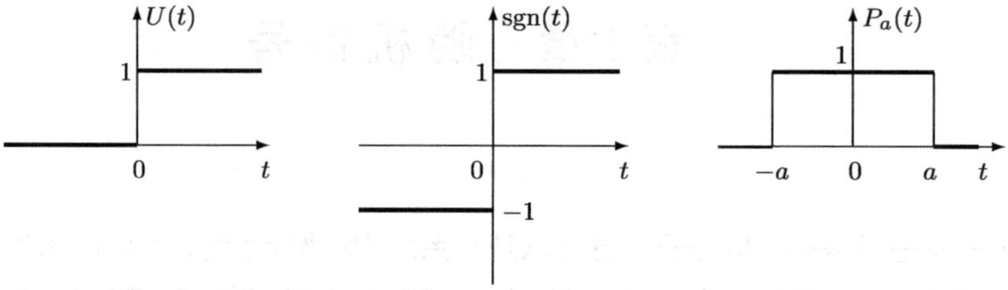

图 1.1.1 阶跃信号、符号信号与矩形脉冲信号

与确定性信号不同，若序列 $\{s(t)\}$ 在每个时刻的取值是随机变量，则称之为随机信号。例如，相位随机变化的正弦波信号

$$s(t) = A\cos(\omega_{\rm c}t + \theta) \qquad (实谐波信号) \tag{1.1.5}$$

$$s(t) = A\exp({\rm j}\omega_{\rm c}t + \theta) \qquad (复谐波信号) \tag{1.1.6}$$

即为随机信号。式中 θ 是在 $[-\pi,\pi]$ 内均匀分布的随机变量，其概率密度函数

$$f(\theta) = \begin{cases} \frac{1}{2\pi}, & -\pi \leqslant \theta \leqslant \pi \\ 0, & 其他 \end{cases} \tag{1.1.7}$$

随机信号也称随机过程，具有以下特点：

(1) 随机信号在任何时间的取值都是不能先验确定的随机变量。

(2) 虽然随机信号取值不能先验确定，但这些取值却服从某种统计规律。换言之，随机信号或过程可以用概率分布特性 (简称统计性能) 统计地描述。

令 $x(t)$ 表示一连续时间的复随机过程。对于任何一固定的时刻 t，随机过程 $x(t)$ 定义一随机变量 $X = x(t)$。令 $\mu(t)$ 表示其均值，则

$$\mu(t) = {\rm E}\{x(t)\} \stackrel{\rm def}{=} \int_{-\infty}^{\infty} xf(x,t){\rm d}x \tag{1.1.8}$$

式中 $f(x,t)$ 表示随机变量 $X = x(t)$ 在时间 t 的概率密度函数。复随机信号 $x(t)$ 的自相关函数 $R_x(t_1,t_2)$ 定义为 $x(t)$ 在时刻 t_1 和 t_2 之间的相关，即

$$\begin{aligned} R_x(t_1,t_2) &\stackrel{\rm def}{=} {\rm E}\{x(t_1)x^*(t_2)\} \\ &= \int_{-\infty}^{\infty}\int_{-\infty}^{\infty} x_1x_2^*f(x_1,x_2;t_1,t_2){\rm d}x_1{\rm d}x_2 \\ &= R_x^*(t_2,t_1) \end{aligned} \tag{1.1.9}$$

式中，上标 $*$ 表示复数的共轭；$f(x_1,x_2;t_1,t_2)$ 表示随机变量 $X_1 = x(t_1)$ 和 $X_2 = x(t_2)$ 的联合概率密度函数。一般情况下，自相关函数与时间变量 t_1 和 t_2 有关。对于任意复数集合 $\alpha_k(k = 1,\cdots,n)$，定义

$$Y = \sum_{k=1}^{n} \alpha_k x(t_k) \tag{1.1.10}$$

显然，Y 是一个随机变量，并且 $\mathrm{E}\{|Y|^2\} \geqslant 0$。因此，有

$$\begin{aligned}\mathrm{E}\{|Y|^2\} &= \sum_{i=1}^{n}\sum_{k=1}^{n}\alpha_i\alpha_k^*\mathrm{E}\{x(t_i)x^*(t_k)\} = \sum_{i=1}^{n}\sum_{k=1}^{n}\alpha_i\alpha_k^* R_x(t_i,t_k)\\ &= [\alpha_1,\alpha_2,\cdots,\alpha_n]\begin{bmatrix} R_x(t_1,t_1) & R_x(t_1,t_2) & \cdots & R_x(t_1,t_n)\\ R_x(t_2,t_1) & R_x(t_2,t_2) & \cdots & R_x(t_2,t_n)\\ \vdots & \vdots & \vdots & \cdots\\ R_x(t_n,t_1) & R_x(t_n,t_2) & \cdots & R_x(t_n,t_n)\end{bmatrix}\begin{bmatrix}\alpha_1^*\\ \alpha_2^*\\ \vdots\\ \alpha_n^*\end{bmatrix}\\ &\geqslant 0\end{aligned}$$

或者

$$\begin{bmatrix} R_x(t_1,t_1) & R_x(t_1,t_2) & \cdots & R_x(t_1,t_n)\\ R_x(t_2,t_1) & R_x(t_2,t_2) & \cdots & R_x(t_2,t_n)\\ \vdots & \vdots & \vdots & \cdots\\ R_x(t_n,t_1) & R_x(t_n,t_2) & \cdots & R_x(t_n,t_n)\end{bmatrix} \succeq 0$$

式中 $\boldsymbol{R} \succeq 0$ 表示矩阵 $\boldsymbol{R}$ 为半正定矩阵 (即所有特征值为非负值)。半正定矩阵也称非负定矩阵。将式 (1.1.9) 代入后，上式简化为

$$\begin{bmatrix} R_x(t_1,t_1) & R_x(t_1,t_2) & \cdots & R_x(t_1,t_n)\\ R_x^*(t_1,t_2) & R_x(t_2,t_2) & \cdots & R_x(t_2,t_n)\\ \vdots & \vdots & \vdots & \cdots\\ R_x^*(t_1,t_n) & R_x^*(t_2,t_n) & \cdots & R_x(t_n,t_n)\end{bmatrix} \succeq 0 \tag{1.1.11}$$

该式左边的矩阵为复共轭对称矩阵，也称 Hermitian 矩阵。

特别地，当 $n = 2$ 时，式 (1.1.11) 给出

$$\begin{bmatrix} R_x(t_1,t_1) & R_x(t_1,t_2)\\ R_x^*(t_1,t_2) & R_x(t_2,t_2)\end{bmatrix} \succeq 0$$

或

$$|R_x(t_1,t_2)|^2 \leqslant R_x(t_1,t_1)R_x(t_2,t_2) \tag{1.1.12}$$

这一公式称为 Schwartz 不等式。

均值和自相关函数 $R_x(t_1,t_2)$ 分别是随机信号 $x(t)$ 的一阶矩和二阶矩。类似地，还可以定义随机信号 $\{x(t)\}$ 的 k 阶矩为

$$\mu(t_1,\cdots,t_k) \overset{\text{def}}{=} \mathrm{E}\{x(t_1)\cdots x(t_k)\} \tag{1.1.13}$$

根据 k 阶矩是否与时间有关，随机信号又进一步分为平稳和非平稳随机信号两大类。

定义 1.1.1 (n 阶平稳信号) 随机信号 $\{x(t)\}$ 称为 n 阶平稳信号，若对所有整数 $1 \leqslant k \leqslant n$ 和所有 $t_1,\cdots,t_k$ 及 τ，其 k 阶矩有界，并且满足

$$\mu(t_1,\cdots,t_k) = \mu(t_1+\tau,\cdots,t_k+\tau) \tag{1.1.14}$$

特别地，当随机信号是 2 阶平稳时，则称之为广义平稳 (wide-sense stationary) 信号。

定义 1.1.2 (广义平稳信号) 复随机信号 $\{x(t)\}$ 称为广义平稳信号，若

(1) 其均值为常数，即 $\mathrm{E}\{x(t)\} = \mu_x$ (常数)；

(2) 其二阶矩有界，即 $\mathrm{E}\{x(t)x^*(t)\} = \mathrm{E}\{|x(t)|^2\} < \infty$；

(3) 其协方差函数与时间无关，即 $C_{xx}(\tau) = \mathrm{E}\{[x(t)-\mu_x][x(t-\tau)-\mu_x]^*\}$。

广义平稳也称协方差平稳或弱平稳。广义平稳信号简称平稳信号。

定义 1.1.3 (严格平稳信号) 随机信号 $\{x(t)\}$ 称为严格平稳信号，若随机变量组 $\{x(t_1+\tau), x(t_2+\tau), \cdots, x(t_k+\tau)\}$ 和 $\{x(t_1), x(t_2), \cdots, x(t_k)\}$ 的联合分布函数对所有 $\tau > 0$ 和 $(t_1, t_2, \cdots, t_k)$ 均相同，其中 $k = 1, 2, \cdots$。

文字叙述为：概率密度分布函数与时间无关的随机信号 $x(t)$ 称为严格平稳信号。

以下是 n 阶平稳、广义平稳、严格平稳和非平稳之间的关系：

(1) 广义平稳是 $n = 2$ 时的 n 阶平稳；

(2) 严格平稳一定是广义平稳，但广义平稳不一定是严格平稳；

(3) 由于不是广义平稳的随机过程不可能是 $n > 2$ 阶平稳的和严格平稳的，所以不具有广义平稳性的随机信号统称非平稳信号。

平稳信号常称时不变信号，意即统计量不随时间变化的信号。类似地，非平稳信号也常称时变信号，因为它至少有某个统计量 (如均值、协方差函数) 是时间的函数。注意，时变与时不变信号不应该理解为信号的取值或波形是否随时间变化。

在无线通信中，发射信号一般是平稳信号，而信道分为高斯信道和 Rayleigh 衰落信道。高斯信道是一种无衰落的信道，且是时不变的即平稳的。因此，经过高斯信道传输后，接收机所接收到的通信信号为平稳信号。与高斯信道不同，Rayleigh 衰落信道是非平稳即时变的信道，故发射的通信信号经过这种信道传输后的接收信号是非平稳的。

随机信号还有一个重要的性质——遍历性 (ergodicity)，其核心问题是，从随机信号的一次观测记录是否可以估计其统计量 (如相关函数、功率谱等)。遍历性的详细讨论需要比较深的概率论知识，这里只介绍最常用的一种遍历性形式，它就是均方遍历性。

令 $\{x(t)\}$ 是一个平稳信号，它的 n 阶及较低阶的所有矩都是与时间无关的。称该信号是 n 阶矩均方遍历的，若对于所有 $k = 1, \cdots, n$ 和所有整数 $t_1, \cdots, t_k$，恒有均方收敛的公式

$$\lim_{N\to\infty} \mathrm{E}\left\{\left|\frac{1}{2N+1}\sum_{t=-N}^{N} x(t+t_1)x(t+t_2)\cdots x(t+t_k) - \mu(t_1, \cdots, t_k)\right|^2\right\} = 0 \tag{1.1.15}$$

这就是术语“均方遍历性”的来由。

当一个信号是 n 阶矩均方遍历的平稳过程时，它的 n 阶及所有低阶的统计平均都可以用各自的时间平均来代替。换句话说，这些统计量均可以根据该信号的一次观测数据进行估计。在本书中，假定所讨论的信号皆是均方遍历的。

如果均方遍历的平稳信号 $x(t)$ 的 N 个观测样本 $x(1), \cdots, x(N)$ 为已知，则信号的均值 μ_x 可由时间平均估计为

$$\mu_x = \frac{1}{N}\sum_{n=1}^{N} x(n) \tag{1.1.16}$$

1.2 相关函数、协方差函数与功率谱密度

如前节所述，随机信号可以用其统计特性作描述。这些统计特性又进一步分为一阶、二阶和高阶 (三阶及更高阶) 统计特性。前面讲过的均值为一阶特性，是信号本身的数学期望。如果对信号的二次或高次 (如三次和更高次) 乘积求数学期望，便可得到信号的二阶或高阶统计特性，它们比信号的一阶统计特性更加有用。本书的前几章主要使用二阶统计特性作为平稳随机信号分析与处理的数学工具；第 6 章将专题讨论平稳随机信号的高阶特性。

相关函数、协方差函数与功率谱密度是描述平稳随机信号统计特性最常用的二阶统计量。本节将分别定义单个平稳随机信号的自相关函数、自协方差函数、功率谱密度，以及两个平稳随机信号之间的互相关函数、互协方差函数、互功率谱密度。

1.2.1 自相关函数、自协方差函数与功率谱密度

令 $x(t)$ 是一取复值的广义平稳随机信号，其时间变量 $t \in (-\infty, \infty)$ 或 $t \in [0, \infty)$。这意味着随机信号 $x(t)$ 的均值与时间 t 无关，为常数。令

$$\mu_x = \mathrm{E}\{x(t)\} \tag{1.2.1}$$

则 $x(t)$ 在 t_1 和 t_2 的自相关函数和自协方差函数仅决定于时间差 $\tau = t_1 - t_2$，分别定义为

$$R_{xx}(\tau) \overset{\text{def}}{=} \mathrm{E}\left\{x(t)x^*(t-\tau)\right\} \tag{1.2.2}$$

$$\begin{aligned} C_{xx}(\tau) &\overset{\text{def}}{=} \mathrm{E}\left\{[x(t)-\mu_x)][x(t-\tau)-\mu_x]^*\right\} \\ &= R_{xx}(\tau) - \mu_x\mu_x^* = R_{xx}(\tau) - |\mu_x|^2 \end{aligned} \tag{1.2.3}$$

自相关函数和自协方差函数常简称为相关函数和协方差函数，它们的变元 τ 表示两个信号取值的时间差，称为滞后 (lag)。

复信号的自相关函数和自协方差函数一般取复数值，它具有以下性质：

$$R_{xx}^*(\tau) = R_{xx}(-\tau) \tag{1.2.4}$$

$$C_{xx}^*(\tau) = C_{xx}(-\tau) \tag{1.2.5}$$

$$|C_{xx}(\tau)| \leqslant C_{xx}(0), \quad \forall\tau \tag{1.2.6}$$

式中 $\forall\tau$ 表示对于所有 τ 均成立。

这里给出第一式的证明，其他两式的证明留作习题。根据定义，易知

$$R_{xx}^*(\tau) = \mathrm{E}\{x^*(t)x(t-\tau)\}$$

作变量代换 $u=t-\tau$ 后，上式变作

$$R_{xx}^*(\tau)=\mathrm{E}\{x(u)x^*(u+\tau)\}=R_{xx}(-\tau)$$

特别地，对于实信号 $x(t)$ 而言，则有

$$R_{xx}(\tau)=R_{xx}(-\tau) \tag{1.2.7}$$

$$C_{xx}(\tau)=C_{xx}(-\tau) \tag{1.2.8}$$

$$R_{xx}(\tau)\leqslant R_{xx}(0) \tag{1.2.9}$$

下面是自相关函数与自协方差函数之间的关系。

(1) 对于具有零均值的随机信号 $x(t)$ 而言，自协方差函数与自相关函数等价：

$$C_{xx}(\tau)=R_{xx}(\tau) \tag{1.2.10}$$

(2) 当 $\tau=0$ 时，信号 $x(t)$ 的自相关函数退化为 $x(t)$ 的二阶矩，即

$$R_{xx}(0)=\mathrm{E}\{x(t)x^*(t)\}=\mathrm{E}\{|x(t)|^2\} \tag{1.2.11}$$

(3) 当 $\tau=0$ 时，信号 $x(t)$ 的自协方差函数退化为 $x(t)$ 的方差 ①，即

$$\begin{aligned}C_{xx}(0)&=\mathrm{var}[x(t)]=\mathrm{E}\{[x(t)-\mu_x][x(t)-\mu_x]^*\}\\&=\mathrm{E}\{|x(t)-\mu_x|^2\}=\mathrm{E}\{|x(t)|^2\}-|\mu_x|^2\\&=R_{xx}(0)-|\mu_x|^2\end{aligned} \tag{1.2.12}$$

考虑在一有限时间段取值的随机过程 $x(t), -T<t<T$。计算其 Fourier 变换得

$$X_T(f)=\int_{-T}^{T}(x(t)-\mu_x)\mathrm{e}^{-\mathrm{j}2\pi ft}\mathrm{d}t$$

在这一时间段的功率谱分布为

$$\frac{|X_T(f)|^2}{2T}\geqslant 0$$

这一功率谱函数的总体平均为

$$\begin{aligned}P_T(f)&=\mathrm{E}\left\{\frac{|X_T(f)|^2}{2T}\right\}\\&=\frac{1}{2T}\int_{-T}^{T}\int_{-T}^{T}\mathrm{E}\{[x(t_1)-\mu_x][x(t_2)-\mu_x]^*\}\mathrm{e}^{-\mathrm{j}2\pi f(t_1-t_2)}\mathrm{d}t_1\mathrm{d}t_2\\&=\int_{-2T}^{2T}C_{xx}(\tau)\left(1-\frac{|\tau|}{2T}\right)\mathrm{e}^{-\mathrm{j}2\pi f\tau}\mathrm{d}\tau\\&\geqslant 0\end{aligned}$$

① 复随机变量 ξ 的方差记作 $\mathrm{var}(\xi)$，定义为 $\mathrm{var}(\xi)=\mathrm{E}\{(\xi-\mathrm{E}\xi)(\xi-\mathrm{E}\xi)^*\}=\mathrm{E}\{|\xi-\mathrm{E}\xi|^2\}$，而 $\sigma=+\sqrt{\mathrm{var}(\xi)}$ 称为标准差或离差。

显然，$P_T(f)$ 表示随机过程 $x(t)$ 在时间段 $(-T,T)$ 的平均功率随频率 f 的分布。当 $T\to\infty$ 时，这一分布给出功率谱密度

$$P_{xx}(f)=\lim_{T\to\infty}P_T(f)=\int_{-\infty}^{\infty}C_{xx}(\tau)\mathrm{e}^{-\mathrm{j}2\pi f\tau}\mathrm{d}\tau\geqslant 0 \tag{1.2.13}$$

上式是重要的：它给出了功率谱密度的定义，并且表明了功率谱密度不可能为负。下面是功率谱密度的数学性质。

(1) 功率谱密度 $P_{xx}(f)$ 是实的。

(2) 功率谱密度是非负的，即 $P_{xx}(f)\geqslant 0$。

(3) 自协方差函数是功率谱密度的 Fourier 逆变换，即

$$C_{xx}(\tau)=\int_{-\infty}^{\infty}P_{xx}(f)\mathrm{e}^{\mathrm{j}2\pi f\tau}\mathrm{d}f \tag{1.2.14}$$

(4) 功率谱密度对频率的积分给出信号 $\{x(t)\}$ 的方差，即

$$\int_{-\infty}^{\infty}P_{xx}(f)\mathrm{d}f=\mathrm{var}[x(t)]=\mathrm{E}\{|x(t)-\mu_x|^2\} \tag{1.2.15}$$

(5) 若 $\{x(t)\}$ 是零均值 $(\mu_x=0)$ 的随机过程，则协方差函数与相关函数等价，即 $C_{xx}(\tau)=R_{xx}(\tau)$，此时，式 (1.2.13) 和式 (1.2.14) 分别等价为

$$P_{xx}(f)=\int_{-\infty}^{\infty}R_{xx}(\tau)\mathrm{e}^{-\mathrm{j}2\pi f\tau}\mathrm{d}\tau \tag{1.2.16}$$

$$R_{xx}(\tau)=\int_{-\infty}^{\infty}P_{xx}(f)\mathrm{e}^{\mathrm{j}2\pi f\tau}\mathrm{d}f \tag{1.2.17}$$

式 (1.2.16) 和式 (1.2.17) 所描述的关系称为 Wiener-Khinchine 定理， 其文字表述为：任意一个零均值的广义平稳随机过程的功率谱 $P_{xx}(f)$ 和它的自相关函数 $R_{xx}(\tau)$ 组成一个 Fourier 变换对。

(6) 对于零均值的随机过程 $\{x(t)\}$，其功率谱的积分等于零滞后 $(\tau=0)$ 处的相关函数，即有

$$\int_{-\infty}^{\infty}P_{xx}(f)\mathrm{d}f=\mathrm{E}\{|x(t)|^2\}=R_{xx}(0) \tag{1.2.18}$$

这里证明功率谱密度的性质 (1)。根据复随机过程 $x(t)$ 的功率谱密度定义，直接有

$$P_{xx}^*(f)=\int_{-\infty}^{\infty}C_{xx}^*(\tau)\mathrm{e}^{\mathrm{j}2\pi f\tau}\mathrm{d}\tau=\int_{-\infty}^{\infty}C_{xx}(-\tau)\mathrm{e}^{\mathrm{j}2\pi f\tau}\mathrm{d}\tau$$

作变量代换 $\tau'=-\tau$，则

$$P_{xx}^*(f)=-\int_{\infty}^{-\infty}C_{xx}(\tau')\mathrm{e}^{-\mathrm{j}2\pi f\tau'}\mathrm{d}\tau'=\int_{-\infty}^{\infty}C_{xx}(\tau')\mathrm{e}^{-\mathrm{j}2\pi f\tau'}\mathrm{d}\tau'=P_{xx}(f)$$

即功率谱密度 $P_{xx}(f)$ 必定是频率 f 的实函数。

功率谱密度的性质 (2) 的证明稍复杂些，将在后面给出。

如果 $x(t)$ 是实信号，则功率谱密度 $P_{xx}(f)$ 是实的偶函数。

若功率谱等于常数，即 $P_{xx}(f)=N_0$，则随机过程 $\{x(t)\}$ 称为白噪声。之所以称为白噪声，乃是因为它的功率 (或能量) 与频率无关，具有与白色光相同的能量分布性质。相反，功率谱不等于常数的噪声称为有色噪声。

例 1.2.1 令 $\{x(t)\}$ 是一独立的实序列，其均值为零，方差等于 σ^2，则 $\{x(t)\}$ 是一白噪声序列。

解 定义向量 $\boldsymbol{x}=[x(1),\cdots,x(t)]^{\mathrm{T}}$，则由已知条件，对于向量中的每个元素 $x(i)$，有 $\mathrm{E}\{x(i)\}=0$ 以及

$$\mathrm{E}\{x(i)x(i-\tau)\}=R_{xx}(\tau)=\begin{cases}\sigma^2, & \tau=0\\ 0, & \tau\neq 0\end{cases}$$

由于 $\{x(t)\}$ 的均值为 0，故其协方差函数与相关函数相等，即有

$$C_{xx}(\tau)=R_{xx}(\tau)=\sigma^2\delta(\tau),\quad \tau=0,\pm1,\pm2,\cdots$$

因此，$\{x(t)\}$ 的功率谱为

$$P_{xx}(f)=\int_{-\infty}^{\infty}C_{xx}(\tau)\mathrm{e}^{-\mathrm{j}2\pi f\tau}\mathrm{d}\tau=\int_{-\infty}^{\infty}\sigma^2\delta(\tau)\mathrm{e}^{-\mathrm{j}2\pi f\tau}\mathrm{d}\tau=\sigma^2$$

这表明，$\{x(t)\}$ 确实是白噪声序列。 ■

当一函数的 Fourier 变换恒为正时，称这一函数是正定的；若函数的 Fourier 变换是非负的，则称函数是非负定的或半正定的。由于功率谱密度是非负的，所以协方差函数是半正定的。

考虑一离散时间的平稳随机信号 $x(n), n=1,\cdots,N$。令 $\boldsymbol{x}(n)=[x(1),\cdots,x(N)]^{\mathrm{T}}$ 表示随机信号 $\{x(n)\}$ 的观测向量，则其相关函数矩阵定义为

$$\boldsymbol{R}\overset{\text{def}}{=}\mathrm{E}\left\{\boldsymbol{x}(n)\boldsymbol{x}^{\mathrm{H}}(n)\right\}=\begin{bmatrix}R_{xx}(0) & R_{xx}(-1) & \cdots & R_{xx}(-N+1)\\ R_{xx}(1) & R_{xx}(0) & \cdots & R_{xx}(-N+2)\\ \vdots & \vdots & \vdots & \vdots\\ R_{xx}(N-1) & R_{xx}(N-2) & \cdots & R_{xx}(0)\end{bmatrix}\tag{1.2.19}$$

式中 $\boldsymbol{x}^{\mathrm{H}}(n)$ 表示向量 $\boldsymbol{x}(n)$ 的共轭转置。

式 (1.2.19) 的相关函数矩阵具有一种特殊的结构：不仅主对角线元素相同，而且其他对角线也分别具有相同的元素。这种特殊结构的矩阵称为 Toeplitz 矩阵。通常要求相关函数矩阵是半正定的。

1.2.2 互相关函数、互协方差函数与互功率谱密度

下面讨论两个平稳的复随机信号 $x(t)$ 和 $y(t)$ 之间的统计特性。令

$$\mu_x=\mathrm{E}\{x(t)\}\quad 和\quad \mu_y=\mathrm{E}\{y(t)\}\tag{1.2.20}$$

均为常数。

复随机信号 $x(t)$ 和 $y(t)$ 之间的互相关函数和互协方差函数分别定义为

$$R_{xy}(t_1,t_2) \stackrel{\text{def}}{=} \mathrm{E}\{x(t_1)y^*(t_2)\} \tag{1.2.21}$$

$$C_{xy}(t_1,t_2) \stackrel{\text{def}}{=} \mathrm{E}\left\{[x(t_1)-\mu_x][y(t_2-\tau)-\mu_y]^*\right\} = R_{xy}(\tau)-\mu_x\mu_y^* \tag{1.2.22}$$

若 $R_{xy}(t_1,t_2)=R_{xy}(t_1-t_2)$ 和 $R_{yx}(t_1,t_2)=R_{yx}(t_1-t_2)$ 都是只与时间差 t_1-t_2 有关的量，则称 $x(t)$ 和 $y(t)$ 是联合平稳的。

两个联合平稳的复信号的互相关函数和互协方差函数一般取复数值，它们具有下面的性质：

$$R_{xy}^*(\tau)=R_{yx}(-\tau) \tag{1.2.23}$$

$$|R_{xy}(\tau)|^2 \leqslant |R_{xx}(0)|\cdot|R_{yy}(0)|, \quad \forall\tau \tag{1.2.24}$$

$$C_{xy}^*(\tau)=C_{yx}(-\tau) \tag{1.2.25}$$

当 $\mu_x=0$ 和 $\mu_y=0$ 时，互协方差函数与互相关函数等价：

$$C_{xy}(\tau)=R_{xy}(\tau) \tag{1.2.26}$$

利用互协方差函数，可以定义互相关系数

$$\rho_{xy}(\tau)=\frac{C_{xy}(\tau)}{\sqrt{C_{xx}(0)C_{yy}(0)}} \tag{1.2.27}$$

可以证明

$$|\rho_{xy}(\tau)|\leqslant 1, \quad \forall\tau \tag{1.2.28}$$

这里给出互相关系数的物理解释。互协方差函数涉及两个不同信号 $x(t)$ 和 $y(t)$ 之间的相乘。一般说来，这两个减去均值的信号存在共性部分 (确定量) 和非共性部分 (随机量)，而共性部分的相乘总是取相同的符号，使得该部分得到加强，而保留下来。与之不同，两个信号的非共性部分则是随机的，它们的乘积有时取正，有时取负，通过数学期望的平均运算后，趋于相互“抵消”。这意味着，互协方差函数能够把两个信号之间的共性部分提取出来，并抑制掉非共性部分。因此，互协方差函数描述两个信号 $x(t)$ 和 $y(t)$ 之间的相关 (联) 程度。但是，这种相关程度是用绝对量来衡量的，并不方便。对互协方差函数作归一化处理，得到互相关系数后，两个信号之间的相关程度就很容易度量了。具体而言，若互相关系数越接近 1，则两个信号越相似；反之，互相关系数越接近 0，两个信号的差异就越大。

例 1.2.2 考察两个复谐波信号 $x(t)=A\mathrm{e}^{\mathrm{j}\omega_1 t}$ 和 $y(t)=B\mathrm{e}^{\mathrm{j}\omega_2 t}$，其中 A 和 B 均为高斯随机变量，它们的概率密度函数为

$$f_A(a)=\frac{1}{\sqrt{2\pi}\sigma_1}\mathrm{e}^{-a^2/(2\sigma_1^2)}, \qquad f_B(b)=\frac{1}{\sqrt{2\pi}\sigma_2}\mathrm{e}^{-b^2/(2\sigma_2^2)}$$

并假定 A 和 B 是独立的随机变量。下面求自相关函数 $R_{xx}(\tau)$ 和互协方差函数 $C_{xy}(\tau)$。

解 由于 $\mathrm{e}^{\mathrm{j}\omega_i t}, i=1,2$ 为确定性函数，而幅值 A 和 B 为随机变量，且 $\mathrm{E}\{A\}=\mathrm{E}\{B\}=0$，$\mathrm{E}\{A^2\}=\sigma_1^2$ 和 $\mathrm{E}\{B^2\}=\sigma_2^2$，故 $x(t)$ 和 $y(t)$ 的均值分别为关于随机变量 A 和 B 的均值，即有

$$\mu_x = \mathrm{E}\{A\mathrm{e}^{\mathrm{j}\omega_1 t}\} = \mathrm{E}\{A\}\mathrm{e}^{\mathrm{j}\omega_1 t} = 0$$
$$\mu_y = \mathrm{E}\{B\mathrm{e}^{\mathrm{j}\omega_2 t}\} = \mathrm{E}\{B\}\mathrm{e}^{\mathrm{j}\omega_2 t} = 0$$

于是有 $C_{xx}(\tau)=R_{xx}(\tau)$ 和 $C_{xy}(\tau)=R_{xy}(\tau)$。

经过直接计算，有

$$R_{xx}(\tau) = \mathrm{E}\{A\mathrm{e}^{\mathrm{j}\omega_1 t}[A\mathrm{e}^{\mathrm{j}(\omega_1 t-\omega_1\tau)}]^*\} = \mathrm{E}\{A^2\mathrm{e}^{\mathrm{j}\omega_1\tau}\} = \mathrm{E}\{A^2\}\mathrm{e}^{\mathrm{j}\omega_1\tau} = \sigma_1^2\mathrm{e}^{\mathrm{j}\omega_1\tau}$$

注意到 A 和 B 独立，又有

$$\begin{aligned} C_{xy}(\tau) &= \mathrm{E}\{A\mathrm{e}^{\mathrm{j}\omega_1 t}[B\mathrm{e}^{\mathrm{j}(\omega_2 t-\omega_2\tau)}]^*\} = \mathrm{E}\{AB\mathrm{e}^{\mathrm{j}(\omega_1-\omega_2)t}\mathrm{e}^{\mathrm{j}\omega_2\tau}\} \\ &= \mathrm{E}\{A\}\mathrm{E}\{B\}\mathrm{e}^{\mathrm{j}(\omega_1-\omega_2)t}\mathrm{e}^{\mathrm{j}\omega_2\tau} = 0\cdot 0\cdot \mathrm{e}^{\mathrm{j}(\omega_1-\omega_2)t}\mathrm{e}^{\mathrm{j}\omega_2\tau} = 0 \end{aligned}$$

这表明，$x(t)$ 和 $y(t)$ 是不相关的信号。 ■

复信号 $x(t)$ 与 $y(t)$ 之间的互功率谱密度定义为互协方差函数的 Fourier 变换，即

$$P_{xy}(f) = \int_{-\infty}^{\infty} C_{xy}(\tau)\mathrm{e}^{-\mathrm{j}2\pi f\tau}\mathrm{d}\tau \tag{1.2.29}$$

与功率谱密度 $P_{xx}(f)$ 是频率 f 的实函数不同，互功率谱密度是频率 f 的复函数。互功率谱密度的实部称为同相谱 (cospectrum)，虚部称为正交谱 (quadrature spectrum)。

记

$$P_{xy}(f) = |P_{xy}(f)|\exp[\mathrm{j}\phi_{xy}(f)] \tag{1.2.30}$$
$$\dot{\phi}_{xy}(f) = \frac{\mathrm{d}}{\mathrm{d}f}\phi_{xy}(f) \tag{1.2.31}$$

式中 $|P_{xy}(f)|$ 和 $\phi_{xy}(f)$ 分别表示互功率谱密度的幅值与相位；$\dot{\phi}_{xy}(f)$ 称为群延迟 (group delay)。

利用互功率谱密度，可以定义相干函数 (coherence function) 为

$$C(f) \stackrel{\text{def}}{=} \frac{|P_{xy}(f)|}{\sqrt{P_{xx}(f)P_{yy}(f)}} \tag{1.2.32}$$

相干函数是实函数，并且

$$|C(f)| \leqslant 1 \tag{1.2.33}$$

相关函数、协方差函数及相关系数等描述信号在时间域 (主要是滞后) 的统计性质，属于时域特性；而功率谱密度和相干函数等则描述信号在频率域的统计性质，归为频域特性。

由于协方差函数和功率谱密度可以通过 Fourier 变换相互转换，所以信号的时域特性和频域特性具有同等重要的作用。

概率密度分布服从正态分布的随机信号称为高斯随机信号，而具有非正态分布的随机信号统称非高斯随机信号。对于非高斯信号，仅使用相关函数和功率谱是不能完全描述信号的统计性质的，这时需要用到三阶甚至更高阶的统计量，它们统称为高阶统计量。高阶统计量包括高阶矩、高阶累积量、高阶谱等，它们将构成第 6 章的核心内容。

在进行平稳信号的处理之前，通常需要先估计信号的均值，然后对每个信号值减去该均值。这一处理称为平稳信号的零均值化。以后，我们均约定信号或加性噪声的均值为零，除非另有说明。由于零均值化是信号处理的必然预处理，所以在很多文献中将相关函数和协方差函数混用，因为零均值信号的相关函数和协方差函数二者是等价的。

1.3 两个随机信号的比较与识别

上一节讨论了两个随机信号之间的二阶统计量。在许多实际应用中，我们对两个信号之间的统计比较感兴趣，例如它们之间是否统计独立、统计不相关或正交？在某些应用中，甚至要求识别两个信号之间的异同，例如它们是否强相关 (也称高相关) 或相干？

1.3.1 独立、不相关与正交

1. 独立性

考虑两个随机变量 y_1 和 y_2。若 y_1 的有关信息不给出 y_2 的任何信息，并且 y_2 的有关信息也不包含有 y_1 的任何信息，则称这两个随机变量独立。

两个随机变量 y_1 和 y_2 之间的独立可以用它们的概率密度函数定义。令 $p(y_1, y_2)$ 是 y_1 和 y_2 的联合概率密度函数，$p(y_1)$ 是只考虑 y_1 时的边缘概率密度函数，则

$$p(y_1) = \int p(y_1, y_2)\mathrm{d}y_2 \tag{1.3.1}$$

类似地，对于边缘概率密度函数 $p(y_2)$，另有

$$p(y_2) = \int p(y_1, y_2)\mathrm{d}y_1 \tag{1.3.2}$$

由以上两式知，两个随机变量 y_1 和 y_2 独立，当且仅当

$$p(y_1, y_2) = p(y_1)p(y_2) \tag{1.3.3}$$

推而广之，随机信号向量 $\boldsymbol{y} = [y_1, \cdots, y_m]^{\mathrm{T}}$ 的各个分量独立，当且仅当

$$p(\boldsymbol{y}) = p(y_1, \cdots, y_m) = p(y_1)\cdots p(y_m) \tag{1.3.4}$$

若 y_1 和 y_2 是两个独立的随机变量，且 $h_1(y_1)$ 和 $h_2(y_2)$ 分别是 y_1 和 y_2 的函数，则

$$\mathrm{E}\{h_1(y_1)h_2(y_2)\} = \mathrm{E}\{h_1(y_1)\}\mathrm{E}\{h_2(y_2)\} \tag{1.3.5}$$

证明如下[137]：

$$
\begin{aligned}
\mathrm{E}\{h_1(y_1)h_2(y_2)\} &= \int\int h_1(y_1)h_2(y_2)p(y_1,y_2)\mathrm{d}y_1\mathrm{d}y_2 \\
&= \int\int h_1(y_1)h_2(y_2)p(y_1)p(y_2)\mathrm{d}y_1\mathrm{d}y_2 \\
&= \int h_1(y_1)p(y_1)\mathrm{d}y_1 \int h_2(y_2)p(y_2)\mathrm{d}y_1\mathrm{d}y_2 \\
&= \mathrm{E}\{h_1(y_1)\}\mathrm{E}\{h_2(y_2)\}
\end{aligned}
$$

将随机变量的独立加以推广：随机过程 $x(t)$ 和 $y(t)$ 是统计独立信号，若联合概率密度函数 $f_{X,Y}(x,y)$ 等于 $x(t)$ 的概率密度函数 $f_X(x)$ 与 $y(t)$ 的概率密度函数 $f_Y(y)$ 之乘积

$$f_{X,Y}(x,y) = f_X(x)f_Y(y) \tag{1.3.6}$$

2. 不相关性

两个随机变量 $y_1(t)$ 和 $y_2(t)$ 称为不相关，若

$$\mathrm{E}\{y_1(t)y_2(t)\} = \mathrm{E}\{y_1(t)\}\mathrm{E}\{y_2(t)\} \tag{1.3.7}$$

3. 正交性

两个随机变量 y_1 与 y_2 正交，若 y_1 不含有 y_2 的任何成分，y_2 也不含有 y_1 的任意成分。两个随机变量 y_1 与 y_2 正交，记为 $y_1 \perp y_2$，数学上定义为

$$\mathrm{E}\{y_1y_2\} = 0 \tag{1.3.8}$$

令 $y_1 = x(t)$ 和 $y_2 = y(t-\tau)$，可以直接由随机变量的正交定义引申出两个随机过程或信号的正交定义：随机过程或信号 $x(t)$ 与 $y(t)$ 为正交信号，若对于所有 τ，它们的互相关函数恒等于零，即

$$R_{xy}(\tau) = \mathrm{E}\{x(t)y^*(t-\tau)\} = 0, \qquad \forall\tau \tag{1.3.9}$$

两个正交的信号常简记为 $x(t) \perp y(t)$。正交条件也可使用内积形式表示为

$$\langle x(t), y(t-\tau)\rangle = \int_{-\infty}^{\infty} x(t)y^*(t-\tau)\mathrm{d}t = 0, \quad \forall\tau \tag{1.3.10}$$

下面是统计独立、统计不相关和正交之间的关系：

(1) 统计独立一定意味着统计不相关，但逆叙述一般不成立。唯一的例外是高斯随机过程：任意两个高斯随机过程的统计不相关和统计独立是等价的 (参见习题 1.13)。

(2) 若 $x(t)$ 和 $y(t)$ 的均值均等于零，则不相关与正交彼此等价。

因此，对于两个零均值的高斯信号而言，统计独立、不相关和正交三者等价。

由互相关系数的定义式可以看出，当 $C_{xy}(\tau) = 0, \forall\tau$ 时，互相关系数 $\rho_{xy}(\tau) = 0, \forall\tau$。因此，$\rho(\tau) = 0, \forall\tau$ 意味着 $x(t)$ 与 $y(t)$ 是不相关信号。

现在考查两个特殊信号 $x(t)$ 和 $y(t) = c \cdot x(t - \tau_0)$ 之间的相关系数，其中 c 为一复常数，τ 则是一实的常数。这意味着，$y(t)$ 与 $x(t)$ 之间存在下列关系：

(1) $y(t)$ 与 $x(t)$ 相差一复数幅值 c。若令 $c = |c|\mathrm{e}^{\mathrm{j}\phi_c}$，则 $y(t)$ 是 $x(t)$ 的 $|c|$ 倍放大或缩小，并且相差一个固定的相位 ϕ_c；

(2) $y(t)$ 是 $x(t)$ 在时间上延迟 τ_0 个时间单位的结果。

具有以上特殊关系的两个信号称为相干信号 (coherent signal)。当然，既可以称 $y(t)$ 是 $x(t)$ 的相干信号，也可以称 $x(t)$ 是 $y(t)$ 的相干信号。在互为拷贝的意义上，相干信号有时也称拷贝信号。由于

$$\mu_y = \mathrm{E}\{c\,x(t)\} = c\,\mathrm{E}\{x(t-\tau)\} = c\,\mu_x \tag{1.3.11}$$

$$\begin{aligned} C_{yy}(0) &= \mathrm{E}\{[y(t)-\mu_y][y(t)-\mu_y]^*\} \\ &= \mathrm{E}\{[cx(t)-c\mu_x][c^*x^*(t)-c^*\mu_x^*]\} \\ &= |c|^2[R_{xx}(0)-|\mu_x|^2] \\ &= |c|^2 C_{xx}(0) \end{aligned} \tag{1.3.12}$$

$$\begin{aligned} C_{xy}(\tau) &= \mathrm{E}\{[x(t)-\mu_x][y(t-\tau)-\mu_y]^*\} \\ &= \mathrm{E}\{[x(t)-\mu_x][c^*x^*(t-\tau_0-\tau)-c^*\mu_x^*\} \\ &= c^*\mathrm{E}\{[x(t)-\mu_x][x(t-\tau_0-\tau)-\mu_x]^*\} \\ &= c^*C_{xx}(\tau+\tau_0) \end{aligned} \tag{1.3.13}$$

因此，相干信号的互相关系数为

$$\rho_{xy}(\tau) = \frac{C_{xy}(\tau)}{\sqrt{C_{xx}(0)C_{yy}(0)}} = \frac{c^*C_{xx}(\tau+\tau_0)}{\sqrt{C_{xx}(0)|c|^2C_{xx}(0)}} = \frac{c^*}{|c|}\frac{C_{xx}(\tau+\tau_0)}{C_{xx}(0)}$$

显然，若 $\tau = -\tau_0$，则两个相干信号的互相关系数的模等于 1，即有

$$|\rho_{xy}(-\tau_0)| = 1 \tag{1.3.14}$$

这表明，若信号 $x(t)$ 和 $y(t)$ 之间的互相关系数 $\rho_{xy}(\tau)$ 对某个 $\tau = -\tau_0$ 等于 1，则 $y(t)$ 是 $x(t)$ 的相干信号，并且 $y(t)$ 比 $x(t)$ 延迟 τ_0 个时间单位。注意，当 $\rho_{xy}(\tau_0)$ 的模等于 1 时，则 $y(t)$ 比 $x(t)$ 超前 τ_0 个时间单位。也就是说，互相关系数不仅提供了检测两个相干信号的手段，而且还可以检测这两个信号之间的时间延迟 (简称时延)。相干信号与时延估计在雷达、无线通信和地球物理等工程应用中有着重要的应用。以雷达和无线通信为例，它们的发射信号往往经过多路径传输后，才到达接收端。这些多径信号通常为相干信号，并且经过衰减后，变得比较弱。如果能够将这些相干信号收集起来，形成所谓的“相干积累”，显然这对接收信号的有关处理是非常有用的，因为相干积累可以有效提高接收信号的能量，达到提升信噪比之目的。

当信号 $x(t)$ 和 $y(t)$ 为相干信号时，由式 (1.3.12) 和式 (1.3.13) 容易验证

$$P_{yy}(f) = |c|^2 P_{xx}(f) \quad 和 \quad P_{xy}(f) = c^* P_{xx}(f)$$

所以由相干函数的定义式，可得到相干信号的相干函数

$$C(f) = \frac{|c^* P_{xy}(f)|}{\sqrt{P_{xx}(f)|c|^2 P_{xx}(f)}} = 1, \quad \forall f \tag{1.3.15}$$

这就是为什么把 $C(f)$ 称为相干函数的原因。

总结以上讨论，有以下结论：

(1) 若互相关系数 $\rho_{xy}(\tau)$ 对所有 τ 恒等于零，则信号 $x(t)$ 和 $y(t)$ 是不相关信号。

(2) 若对于某个 τ，互相关系数 $\rho_{xy}(\tau)$ 的模为 1，则 $x(t)$ 和 $y(t)$ 是相干信号。

(3) 相干信号的相干函数对所有频率 f 恒等于 1。

因此，独立性、不相关性、正交性和相干性是两个随机信号之间最重要的统计关系。

在大量的信号处理应用中，常常不是只使用一个信号，而是使用许多信号，它们组成一信号集合。例如，在无线或移动通信的多址系统中，常常给各个用户分配不同的扩频信号，以作为各用户的“收听身份证”。这样的信号称为用户的特征信号。那么，信号集合内的各个信号应该具有什么样的性质，才能用作特征信号呢？通常，希望它们满足以下两个条件：

(1) 集合内的每个信号 $x(t)$ 容易与它本身的时间移位形式 $x(t-\tau)$ 相区别；

(2) 集合内的每个信号 $x(t)$ 容易同集合内的其他各个信号及它们的时间移位形式 $y(t-\tau)$ 相区别。

事实上，不仅要求信号 $x(t)$ 和 $y(t-\tau)$ 容易识别，而且还要求 $x(t)$ 与 $-y(t-\tau)$ 也容易识别。例如，二进制数据被调制到 $y(t)$ 上或 $y(t)$ 被调制到一载波信号上时，都必须同时考虑 $y(t)$ 与 $-y(t)$。容易理解，若两个信号之间的方差越大，则它们越容易被识别或区别；反之，它们就不容易被识别。因此，方差作为两个信号之间的可识别性的测度是合适的，常将

$$\begin{aligned} r(\tau) &= \mathrm{E}\{|x(t) \pm y(t-\tau)|^2\} \\ &= \mathrm{E}\{[x(t) \pm y(t-\tau)][x(t) \pm y(t-\tau)]^*\} \\ &= \mathrm{E}\{|x(t)|^2\} + \mathrm{E}\{|y(t)|^2\} \pm \mathrm{E}\{x(t)y^*(t-\tau)\} \pm \mathrm{E}\{y(t-\tau)x^*(t)\} \\ &= E_x + E_y \pm R_{xy}(\tau) \pm R_{yx}(-\tau) \\ &= E_x + E_y \pm R_{xy}(\tau) \pm R_{xy}^*(\tau) \end{aligned} \tag{1.3.16}$$

定义为两个信号的可识别度。

由于互相关函数 $R_{xy}(\tau)$ 的实部和虚部在不同的 τ 值可能取正，也可能取负，所以欲使方差 $r(\tau)$ 对所有 τ 都取最大，则要求互相关函数 $R_{xy}(\tau)$ 对所有的 τ 值都取很小的值。这些互相关值越小，信号 $x(t)$ 与 $y(t)$ 及其时间移位形式之间的区别就越明显。在 $R_{xy}(\tau)=0,\forall\tau$ 的理想情况下，称 $x(t)$ 与 $y(t)$ 是两个完全可识别的信号。换句话说，当 $x(t)$ 与 $y(t)$ 正交时，这两个信号是完全可识别的。

式 (1.3.16) 对 $y(t)=x(t)$ 的特殊情况也适用。此时，由于 $R_{xx}(0)=\mathrm{E}\{|x(t)|^2\}$ 不可能为零，所以满足性质 (1) 的信号应该是自相关函数满足 $R_{xx}(\tau)=0,\forall\tau\neq 0$ 的信号。这意味着，$x(t)$ 应该是一个白噪声过程。

将这些结果应用于无线通信的码分多址 (CDMA) 系统可知，分给每个用户的特征信号 (特征波形) 应该近似为白噪声序列，而且不同用户的特征信号之间应该正交。

1.3.2 多项式序列的 Gram-Schmidt 标准正交化

令函数 $f_i(x), i=1,\cdots,n$ 是变量 x 的多项式表示，称 $\{f_i(x)\}$ 为多项式序列。若一个多项式序列中的任何一个元素 $f_i(x)$ 都不可能用其他元素 $f_k(x), k\neq i$ 的线性组合来表示，则称该多项式序列是线性独立的。例如，若 $f_1(x)=1$, $f_2(x)=x$, $f_3(x)=x^2$，则 $\{f_1(x),f_2(x),f_3(x)\}$ 就是一个线性独立的多项式序列。

令 x 在区间 $[a,b]$ 内取值，并定义 $f_i(x)$ 与 $f_k(x)$ 的内积为

$$\langle f_i(x),f_k(x)\rangle \stackrel{\text{def}}{=} \int_a^b f_i(x)f_k^*(x)\mathrm{d}x \tag{1.3.17}$$

若线性独立的多项式序列 $\{f_i(x)\}$ 满足

$$\langle f_i(x),f_k(x)\rangle=0,\quad \forall i\neq k \tag{1.3.18}$$

则称 $\{f_i(x)\}$ 是正交多项式序列。进一步地，若不仅式 (1.3.18) 满足，而且

$$\langle f_i(x),f_i(x)\rangle=1,\quad \forall i=1,\cdots,n \tag{1.3.19}$$

则称 $\{f_i(x)\}$ 是标准正交多项式序列。

一个线性独立的多项式序列 $\{f_i(x)\}$ 可以通过 Gram-Schmidt 标准正交化变成另一个标准正交的多项式序列 $\{\phi_i(x)\}$。

令

$$\|f(x)\|=\langle f(x),f(x)\rangle^{1/2}=\left[\int_a^b |f(x)|^2\mathrm{d}x\right]^{1/2} \tag{1.3.20}$$

表示函数 $f(x)$ 的范数。

Gram-Schmidt 标准正交化算法如下：

$$\phi_1(x)=\frac{f_1(x)}{\|f_1(x)\|} \tag{1.3.21}$$

$$\phi_2(x)=\frac{f_2(x)-\langle f_2(x),\phi_1(x)\rangle\phi_1(x)}{\|f_2(x)-\langle f_2(x),\phi_1(x)\rangle\phi_1(x)\|} \tag{1.3.22}$$

$$\vdots$$

$$\phi_k(x)=\frac{f_k(x)-\displaystyle\sum_{i=1}^{k-1}\langle f_k(x),\phi_i(x)\rangle\phi_i(x)}{\left\|f_k(x)-\displaystyle\sum_{i=1}^{k-1}\langle f_k(x),\phi_i(x)\rangle\phi_i(x)\right\|},\quad k=2,\cdots,n \tag{1.3.23}$$

1.4 具有随机输入的线性系统

前面讨论了任意两个随机信号之间的统计关系。在大量的信号处理应用中，通常对一线性系统的随机输入与输出之间的统计关系感兴趣，尤其对系统输出的功率谱密度感兴趣。

1.4.1 系统输出的功率谱密度

如果一线性系统是时不变的，并且其输入是随机信号 $\{x(t)\}$，则系统输出 $y(t)$ 可以用输入与系统冲激响应 $h(t)$ 之间的卷积表示，即

$$y(t) = x(t) * h(t) = \int_{-\infty}^{\infty} h(u)x^*(t-u)\mathrm{d}u \tag{1.4.1}$$

$$= h(t) * x(t) = \int_{-\infty}^{\infty} x(u)h^*(t-u)\mathrm{d}u \tag{1.4.2}$$

系统输出也是一随机信号。显然，当输入是一冲激信号即 $x(t) = \delta(t)$ 时，其输出或响应

$$y(t) = \int_{-\infty}^{\infty} h(t-\tau)\delta(\tau)\mathrm{d}\tau = h(t) \tag{1.4.3}$$

这就是为什么称 $h(t)$ 是冲激响应的缘故。

一个时不变的线性系统称为因果系统，若

$$h(t) = 0, \qquad t < 0 \tag{1.4.4}$$

这意味着在输入 (起因) 之前没有任何响应 (结果)。若有界的输入产生有界的输出，则系统称为稳定的。这要求冲激响应满足条件

$$\int_{-\infty}^{\infty} |h(t)|\mathrm{d}t < \infty \tag{1.4.5}$$

这一条件称为冲激响应的绝对可积分，其证明留作习题。

冲激响应的 Fourier 变换称为线性系统的传递函数，即

$$H(f) = \int_{-\infty}^{\infty} h(t)\mathrm{e}^{-\mathrm{j}2\pi ft}\mathrm{d}t \tag{1.4.6}$$

下面求系统输出的一阶统计量 (均值) 与二阶统计量 (协方差函数与功率谱密度等)。

取式 (1.4.1) 两边的数学期望，则有 ①

$$\mathrm{E}\{y(t)\} = \int_{-\infty}^{\infty} \mathrm{E}\{x(t-u)\}h(u)\mathrm{d}u = \mathrm{E}\{x(t)\} * h(t) \tag{1.4.7}$$

注意，线性时不变系统的冲激响应 $h(u)$ 不是随机变量。式 (1.4.7) 表明，输出 $y(t)$ 的均值等于系统输入 $x(t)$ 的均值 $\mathrm{E}\{x(t)\}$ 与系统冲激响应的卷积。

① 当函数 $f(x)$ 绝对可积，即满足 $\int_{-\infty}^{\infty}|f(x)|\mathrm{d}x < \infty$ 时，数学期望运算和积分运算可交换顺序。换言之，有 $\mathrm{E}\{\int_{-\infty}^{\infty} f(x)\mathrm{d}x\} = \int_{-\infty}^{\infty} \mathrm{E}\{f(x)\}\mathrm{d}x$。

若 $\mathrm{E}\{x(t)\}=\mu_x$ 为常数，则由式 (1.4.7) 得

$$\mathrm{E}\{y(t)\}=\mu_x\int_{-\infty}^{\infty}h(u)\mathrm{d}u=\mu_x H(0)=\text{常数} \tag{1.4.8}$$

式中 $H(0)=\int_{-\infty}^{\infty}h(t)\mathrm{d}t$ 是传递函数 $H(f)$ 在零频率的值。特别地，若 $x(t)$ 是零均值的随机信号时，则输出 $y(t)$ 也是零均值的随机信号。

现在考虑当输入 $x(t)$ 为广义平稳的随机过程时，系统输出的自协方差函数。利用式 (1.4.2) 和式 (1.4.7) 两个卷积公式，易得

$$\begin{aligned}&[y(t)-\mu_y][y(t-\tau)-\mu_y]^*\\&=\int_{-\infty}^{\infty}\int_{-\infty}^{\infty}[x(t-u_1)-\mu_x][x^*(t-\tau-u_2)-\mu_x^*]h(u_1)h^*(u_2)\mathrm{d}u_1\mathrm{d}u_2\end{aligned}$$

因此，系统输出信号的自协方差函数为

$$\begin{aligned}C_{yy}(\tau)&=\mathrm{E}\{[y(t)-\mu_y][y(t-\tau)-\mu_y]^*\}\\&=\int_{-\infty}^{\infty}\int_{-\infty}^{\infty}\mathrm{E}\{[x(t-u_1)-\mu_x][x^*(t-\tau-u_2)-\mu_x^*]\}h(u_1)h^*(u_2)\mathrm{d}u_1\mathrm{d}u_2\\&=\int_{-\infty}^{\infty}\int_{-\infty}^{\infty}C_{xx}(\tau-u_1+u_2)h(u_1)h^*(u_2)\mathrm{d}u_1\mathrm{d}u_2\end{aligned} \tag{1.4.9}$$

对式 (1.4.9) 两边作关于滞后 τ 的 Fourier 变换，即得系统输出的功率谱密度为

$$P_{yy}(f)=\int_{-\infty}^{\infty}\left[\int_{-\infty}^{\infty}\int_{-\infty}^{\infty}C_{xx}(\tau-u_1+u_2)h(u_1)h^*(u_2)\mathrm{d}u_1\mathrm{d}u_2\right]\mathrm{e}^{-\mathrm{j}2\pi f\tau}\mathrm{d}\tau$$

作变量代换 $\tau'=\tau-u_1+u_2$ 后，上式又可写作

$$\begin{aligned}P_{yy}(f)&=\int_{-\infty}^{\infty}C_{xx}(\tau')\mathrm{e}^{-\mathrm{j}2\pi f\tau'}\mathrm{d}\tau'\int_{-\infty}^{\infty}h(u_1)\mathrm{e}^{-\mathrm{j}2\pi fu_1}\mathrm{d}u_1\int_{-\infty}^{\infty}h^*(u_2)\mathrm{e}^{\mathrm{j}2\pi fu_2}\mathrm{d}u_2\\&=P_{xx}(f)H(f)H^*(f)\end{aligned}$$

或等价写作

$$P_{yy}(f)=P_{xx}(f)|H(f)|^2 \tag{1.4.10}$$

这表明，当一平稳的随机信号 $x(t)$ 激励线性系统 $H(f)$ 时，系统输出的功率谱密度 $P_{yy}(f)$ 等于系统输入信号功率谱密度 $P_{xx}(f)$ 与系统传递函数模的平方 $|H(f)|^2$ 之乘积。功率谱分析的目的就是利用系统输出的 N 个观测值求输出的功率谱密度，我们将在第 4 章中详细介绍功率谱分析与估计。

特别地，当线性系统输入 $x(t)$ 为零均值，从而系统输出 $y(t)$ 也为零均值时，统计量

$$\mathrm{E}\{|y(t)|^2\}=R_{yy}(0)=\int_{-\infty}^{\infty}P_{xx}(f)|H(f)|^2\mathrm{d}f \tag{1.4.11}$$

给出输出信号的平均功率。

例 1.4.1 Langevin 方程与布朗运动。若 $y(0)=0$，并且 $y(t)$ 服从下面的微分方程 (称为 Langevin 方程)

$$y'(t)+\alpha y(t)=n(t),\quad t\geqslant 0$$

则 $y(t)$ 称为布朗运动。它可以视为一线性系统的输出，其输入信号为 $x(t)=n(t)U(t)$，冲激响应为 $h(t)=\mathrm{e}^{-\alpha t}U(t)$，其中 $U(t)$ 为单位阶跃函数。假定 $n(t)$ 是一零均值的平稳白噪声，其协方差函数为 $C_{nn}(\tau)=\sigma_n^2\delta(\tau)$，求 $y(t)$ 的协方差函数 $C_{yy}(\tau)$ 及其平均功率。

解 由于 $C_{nn}(\tau)=\sigma_n^2\delta(\tau)$，所以线性系统输入的功率谱密度 $P_{nn}(f)=\sigma_n^2$。由系统的冲激响应，易求出系统的传递函数为

$$H(f)=\int_{-\infty}^{\infty}\mathrm{e}^{-\alpha t}U(t)\mathrm{e}^{-\mathrm{j}2\pi ft}\mathrm{d}t=\int_{0}^{\infty}\mathrm{e}^{-(\alpha+\mathrm{j}2\pi f)t}\mathrm{d}t=\frac{1}{\alpha+\mathrm{j}2\pi f}$$

因此，输出的功率谱密度

$$P_{yy}(f)=P_{nn}(f)|H(f)|^2=\sigma_n^2\left|\frac{1}{\alpha+\mathrm{j}2\pi f}\right|^2=\frac{\sigma_n^2}{\alpha^2+4\pi^2f^2}$$

其 Fourier 逆变换给出系统输出的协方差函数

$$C_{yy}(\tau)=\int_{-\infty}^{\infty}\frac{\sigma_n^2}{\alpha^2+4\pi^2f^2}\mathrm{e}^{\mathrm{j}2\pi f\tau}\mathrm{d}f=\frac{\sigma_n^2}{2\alpha}\mathrm{e}^{-\alpha|\tau|}$$

由于输入是零均值的随机过程，所以线性系统输出也是零均值的，其平均能量为

$$\mathrm{E}\{|y(t)|^2\}=R_{yy}(0)=C_{yy}(0)=\frac{\sigma_n^2}{2\alpha}$$

1.4.2 窄带带通滤波器

考查一窄带带通滤波器，它具有理想的传递函数

$$H(f)=\begin{cases}1, & a\leqslant f\leqslant b\\ 0, & \text{其他}\end{cases}\tag{1.4.12}$$

式中 $b-a$ 取很小的值。

当信号 $x(t)$ 输入该窄带带通滤波器时，由式 (1.4.10) 易知，滤波器输出的功率谱密度为

$$P_{yy}(f)=\begin{cases}P_{xx}(f), & a\leqslant f\leqslant b\\ 0, & \text{其他}\end{cases}\tag{1.4.13}$$

若 $x(t)$ 具有零均值，则系统输出 $y(t)$ 也是零均值的，其平均功率为

$$\mathrm{E}\{|y(t)|^2\}=\int_{-\infty}^{\infty}P_{yy}(f)\mathrm{d}f=\int_a^b P_{xx}(f)\mathrm{d}f\tag{1.4.14}$$

这表明，信号的功率限制在一个很窄的频带 $[a,b]$ 内，称之为功率的局域化。

利用式 (1.4.14) 所示的功率局域化，很容易证明任意一平稳随机过程 $x(t)$ 的功率谱密度对所有频率 f 都是非负的，即 $P_{xx}(f)\geqslant 0$。令 $x(t)$ 通过窄带带通滤波器，由式 (1.4.14) 知，由于任何平均功率 $\mathrm{E}\{|x(t)|^2\}$ 都是非负的，故

$$\mathrm{E}\{|x(t)|^2\}=\int_a^b P_{xx}(f)\mathrm{d}f\geqslant 0$$

上式对任意 a 和 b 均成立，这意味着 $P_{xx}(f) \geqslant 0$。

由于白噪声在任何频率的功率都相同，所以它是一种宽带噪声。在信号处理中，会遇到另外一种噪声，它们的带宽很窄，统称窄带噪声。很显然，窄带噪声也可以看作是一宽带噪声通过一窄带带通滤波器的输出。

随机信号 $\{x(t)\}$ 称为窄带噪声过程，若其非零的功率谱密度只在一很窄的频率区间 Δf 内存在，即 $\Delta f \ll f_c$，其中 f_c 为频率的中心 (简称中心频率)。用数学公式表示，则有

$$P_{xx}(f)\begin{cases}\neq 0, & \text{若 } f \in \left(\pm f_c - \frac{\Delta f}{2}, \pm f_c + \frac{\Delta f}{2}\right) \\ = 0, & \text{其他}\end{cases} \tag{1.4.15}$$

窄带噪声过程 $x(t)$ 也可以写成

$$x(t) = x_{\rm I}(t)\cos(2\pi f_c t) + x_{\rm Q}\sin(2\pi f_c t) \tag{1.4.16}$$

式中 $x_{\rm I}(t)$ 和 $x_{\rm Q}(t)$ 是正交的零均值平稳过程，即

$$\mathrm{E}\{x_{\rm I}(t)\} = 0 \tag{1.4.17}$$

$$\mathrm{E}\{x_{\rm Q}(t)\} = 0 \tag{1.4.18}$$

$$\mathrm{E}\{x_{\rm I}(t)x_{\rm Q}(t-\tau)\} = 0, \quad \forall\tau \tag{1.4.19}$$

$$\mathrm{E}\{x_{\rm Q}(t)x_{\rm I}(t-\tau)\} = 0, \quad \forall\tau \tag{1.4.20}$$

由于相互正交的原因，所以常把 $x_{\rm I}(t)$ 和 $x_{\rm Q}(t)$ 分别称为窄带噪声过程 $x(t)$ 的同相分量和正交分量。注意，由于它们的均值都等于零，所以正交的 $x_{\rm I}(t)$ 和 $x_{\rm Q}(t)$ 两个分量也是不相关的。

定义

$$\begin{aligned}R_{x_{\rm I},x_{\rm I}}(\tau) &\overset{\text{def}}{=} \mathrm{E}\{x_{\rm I}(t)x_{\rm I}(t-\tau)\}\\ R_{x_{\rm Q},x_{\rm Q}}(\tau) &\overset{\text{def}}{=} \mathrm{E}\{x_{\rm Q}(t)x_{\rm Q}(t-\tau)\}\\ R_{x_{\rm I},x_{\rm Q}}(\tau) &\overset{\text{def}}{=} \mathrm{E}\{x_{\rm I}(t)x_{\rm Q}(t-\tau)\}\\ R_{x_{\rm Q},x_{\rm I}}(\tau) &\overset{\text{def}}{=} \mathrm{E}\{x_{\rm Q}(t)x_{\rm I}(t-\tau)\}\end{aligned}$$

由于 $\cos(2\pi f_c t)$ 和 $\sin(2\pi f_c t)$ 均为确定性过程，故

$$\begin{aligned}\mathrm{E}\{x(t)\} &= \mathrm{E}\{x_{\rm I}(t)\cos(2\pi f_c t)\} + \mathrm{E}\{x_{\rm Q}(t)\sin(2\pi f_c t)\}\\ &= \mathrm{E}\{x_{\rm I}(t)\}\cos(2\pi f_c t) + \mathrm{E}\{x_{\rm Q}(t)\}\sin(2\pi f_c t)\\ &= 0+0\\ &= 0\end{aligned} \tag{1.4.21}$$

并且

$$R_{x_\mathrm{I},x_\mathrm{Q}}(\tau)=0,\qquad \forall\tau \tag{1.4.22}$$

$$R_{x_\mathrm{Q},x_\mathrm{I}}(\tau)=0,\qquad \forall\tau \tag{1.4.23}$$

由于均值为零，窄带过程的协方差函数与相关函数等价。根据相关函数的定义，并利用式 (1.4.19) 和式 (1.4.20)，即可求出窄带过程的协方差函数

$$\begin{aligned}C_{xx}(\tau)=&R_{xx}(\tau) \qquad\qquad (1.4.24)\\ =&\mathrm{E}\left\{[x_\mathrm{I}(t)\cos(2\pi f_\mathrm{c}t)+x_\mathrm{Q}(t)\sin(2\pi f_\mathrm{c}t)]\times\right.\\ &\left.[x_\mathrm{I}(t-\tau)\cos(2\pi f_\mathrm{c}(t-\tau))+x_\mathrm{Q}(t-\tau)\sin(2\pi f_\mathrm{c}(t-\tau))]\right\}\\ =&\cos(2\pi f_\mathrm{c}t)\cos[2\pi f_\mathrm{c}(t-\tau)]\mathrm{E}\{x_\mathrm{I}(t)x_\mathrm{I}(t-\tau)\}\\ &+\sin(2\pi f_\mathrm{c}t)\sin[2\pi f_\mathrm{c}(t-\tau)]\mathrm{E}\{x_\mathrm{Q}(t)x_\mathrm{Q}(t-\tau)\}\\ =&\cos(2\pi f_\mathrm{c}t)\cos[2\pi f_\mathrm{c}(t-\tau)]R_{x_\mathrm{I},x_\mathrm{I}}(\tau)\\ &+\sin(2\pi f_\mathrm{c}t)\sin[2\pi f_\mathrm{c}(t-\tau)]R_{x_\mathrm{Q},x_\mathrm{Q}}(\tau) \qquad (1.4.25)\end{aligned}$$

式中利用了同相分量 $x_\mathrm{I}(t)$ 与正交分量 $x_\mathrm{Q}(t)$ 正交这一事实。

应当指出，本节只是讨论了以高斯信号激励的线性系统输入与输出之间的二阶统计量关系，并未涉及更高阶的统计量。当线性系统被非高斯信号激励时，系统输出的高阶统计量比二阶统计量更重要，也更有用，这将在第 6 章专门讨论。

本 章 小 结

本章首先复习了随机信号的基本概念、协方差函数和功率谱密度的定义与性质。接着，从独立性、不相关性、正交性和相干性这四种基本统计关系出发，讨论了如何进行两个随机信号之间的比较与识别。随后，介绍了多项式序列的 Gram-Schmidt 标准正交化方法。最后，以被随机信号激励的线性系统为对象，分析了系统输出与输入之间的统计量的关系，对两个随机信号之间的关系作了更深入一步的描述。

随机信号的这些基本统计关系是后面各章随机信号处理的理论基础。

习 题

1.1 一离散时间的随机信号由两个正弦波信号叠加而成，即

$$x(t)=A\sin(\omega_1 t)+B\cos(\omega_2 t),\quad \omega_i=2\pi f_i, i=1,2$$

其中幅值 A 和 B 为独立的高斯随机变量，具有以下概率密度函数：

$$f_A(a) = \frac{1}{\sqrt{2\pi}\sigma_1}\mathrm{e}^{-a^2/(2\sigma_1^2)}$$

$$f_B(b) = \frac{1}{\sqrt{2\pi}\sigma_2}\mathrm{e}^{-b^2/(2\sigma_2^2)}$$

求离散时间信号 $x(t)$ 为严格平稳随机信号的条件。

1.2 由

$$x(t) = \begin{cases} 1 \cdot q(t), & \text{以概率 } p \\ -1 \cdot q(t), & \text{以概率 } 1-p \end{cases}$$

描述的随机过程称为 Bernoulli 过程。式中，$q(t) = [u(t-(n-1)T) - u(t-nT)]$，$n$ 是某个整数，T 是某个参数，而 $u(t)$ 为单位阶跃函数，即

$$u(t) = \begin{cases} 1, & t \geqslant 0 \\ 0, & t < 0 \end{cases}$$

试求 $x(t)$ 的概率密度函数。

1.3 考虑信号

$$x(t) = A\cos(\omega_\mathrm{c}t + \pi/2)$$

式中, $0 \leqslant t \leqslant T$，$f_\mathrm{c} = \frac{1}{2T}$，$\omega_\mathrm{c} = 2\pi f_\mathrm{c}$ 称为载频。这一信号的幅值为随机变量，即

$$A = \begin{cases} 1 \cdot q(t), & \text{以概率 } p \\ -1 \cdot q(t), & \text{以概率 } 1-p \end{cases}$$

式中 $q(t) = [u(t-(n-1)T) - u(t-nT)]$，而 n 是某个整数，T 是某个参数，$u(t)$ 为单位阶跃函数。这一信号称为幅度键控 (amplitude shift keying, ASK) 信号，求其联合概率密度函数。

1.4 令 $x(t) = \sin(\alpha t)$ 为一随机变量，式中 α 是一随机变量，并且具有有界的四阶矩，即 $\mathrm{E}\{|\alpha|^4\} < \infty$。试求随机变量 x 的均值 $m_x = \frac{\mathrm{d}x(t)}{\mathrm{d}t}$。

1.5 一实随机过程 $\{x(t)\}$ 的样本均值由下式给出：

$$\bar{x} = \frac{1}{T}\int_0^T x(t)\mathrm{d}t$$

并且

$$m(t) = \mathrm{E}\{x(t)\} = \nu\mu, \quad \forall t$$

$$C(t,s) = \mathrm{E}\{[x(t)-m(t)][x(s)-m(s)]\} = \nu\mu\mathrm{e}^{-(t-s)/\mu}, \quad \forall t, s \geqslant 0$$

求 $\mathrm{E}\{\bar{x}\}$ 和 $\mathrm{var}(\bar{x})$。

1.6 令谐波 (正弦波) 信号 $x(t) = A\cos(\omega_0 t - \phi)$，其中，频率 ω_0 为一固定的实数；相位 ϕ 是一在 $[0, 2\pi]$ 内均匀分布的随机数。考察以下两种情况：

(1) 幅值 A 为一固定的正实数；

(2) 幅值 A 为一 Rayleigh 分布的随机变量，它与 ϕ 统计独立，即其分布为

$$f_A(a) = \frac{a}{\sigma^2}\mathrm{e}^{-a^2/(2\sigma^2)}, \quad a \geqslant 0$$

试问谐波信号在两种情况下是广义平稳的吗？

1.7 证明广义平稳随机过程 $x(t)$ 的自协方差函数的下列性质：

$$C_{xx}^*(\tau) = C_{xx}(-\tau)$$

$$|C_{xx}(\tau)| \leqslant C_{xx}(0)$$

1.8 证明两个广义平稳随机过程的互相关函数和互协方差函数的下列性质：

$$C_{xy}^*(\tau) = C_{yx}(-\tau)$$

$$R_{xy}^*(\tau) = R_{yx}(-\tau)$$

$$|R_{xy}(\tau)| \leqslant R_{xx}(0)R_{yy}(0)$$

1.9 考虑两个谐波信号 $x(t)$ 和 $y(t)$，其中

$$x(t) = A\cos(\omega_{\mathrm{c}}t + \phi)$$

$$y(t) = B\cos(\omega_{\mathrm{c}}t)$$

式中 A 和 ω_{c} 为正的常数；ϕ 为均匀分布的随机变量，其概率密度函数为

$$f(\phi) = \begin{cases} \frac{1}{2\pi}, & 0 \leqslant \phi \leqslant 2\pi \\ 0, & \text{其他} \end{cases}$$

而 B 是一个具有零均值和单位方差的标准高斯随机变量，即其分布函数为

$$f_B(b) = \frac{1}{\sqrt{2\pi}}\exp(-b^2/2), \qquad -\infty < b < \infty$$

(1) 求 $x(t)$ 的均值 $\mu_x(t)$、方差 $\sigma_x^2(t)$、自相关函数 $R_x(\tau)$ 和自协方差函数 $C_x(\tau)$。

(2) 若 ϕ 与 B 为相互统计独立的随机变量，求 $x(t)$ 和 $y(t)$ 的互相关函数 $R_{xy}(\tau)$ 与互协方差函数 $C_{xy}(\tau)$。

1.10 令随机信号 $z(t)$ 是另外两个随机信号 $x(t)$ 和 $y(t)$ 之和，即 $z(t) = x(t) + y(t)$，并且 $x(t)$ 和 $y(t)$ 都具有零均值。求随机信号 $z(t)$ 的协方差函数 $C_z(\tau)$。

1.11 令

$$x(t) = A\cos(2\pi f_{\mathrm{c}}t + \phi) + n(t)$$

式中 ϕ 是在 $[-\pi, \pi]$ 内均匀分布的随机标量，即

$$f(\phi) = \begin{cases} \frac{1}{2\pi}, & -\pi \leqslant \phi \leqslant \pi \\ 0, & \text{其他} \end{cases}$$

$n(t)$ 是一个零均值的平稳高斯噪声，其功率谱密度为

$$P_n(f)=\begin{cases}\frac{N_0}{2}, & |f-f_c|\leqslant B/2\\ 0, & \text{其他}\end{cases}$$

并且 ϕ 与 $n(t)$ 独立。现在将 $x(t)$ 作为一“平方律装置”的输入，得到输出 $y(t)=x^2(t)$。求输出信号 $y(t)$ 的均值与自相关函数。

提示：零均值的高斯随机过程的三阶矩恒等于零，即$\mathrm{E}\{n(t)n^2(t-\tau)\}=\mathrm{E}\{n^2(t)\ n(t-\tau)\}=0,\forall\tau$。

1.12 随机信号 $x(t)$ 具有零均值和功率谱密度

$$P_x(f)=\begin{cases}\frac{\sigma^2}{B}, & -\frac{B}{2}\leqslant f\leqslant\frac{B}{2}\\ 0, & \text{其他}\end{cases}$$

式中 $\sigma^2>0$。求该信号的自相关函数和功率。

1.13 已知随机变量 x 和 y 的联合概率密度函数为

$$f(x,y)=\alpha\exp\left\{-\frac{1}{2(1-r^2)}\left(\frac{(x-\mu_x)^2}{\sigma_x^2}-2r\frac{(x-\mu_x)(y-\mu_y)}{\sigma_x\sigma_y}+\frac{(y-\mu_y)^2}{\sigma_y^2}\right)\right\}$$

式中 r 代表随机变量 x 和 y 之间的相关系数，即

$$r=\frac{\mathrm{E}\{(x-\mu_x)(y-\mu_y)\}}{\sigma_x\sigma_y}$$

证明以下结果：

(1) x 和 y 的边缘概率密度函数为

$$f(x)=\frac{1}{\sqrt{2\pi}\sigma_x}\exp\left(-\frac{(x-\mu_x)^2}{2\sigma_x^2}\right)$$
$$f(y)=\frac{1}{\sqrt{2\pi}\sigma_y}\exp\left(-\frac{(y-\mu_y)^2}{2\sigma_y^2}\right)$$

这说明 x 和 y 分别是正态或高斯随机变量。

(2) 若正态随机变量 x 和 y 不相关，则它们统计独立。

1.14 令

$$y(t)=\int_{-\infty}^{\infty}h(u)x(t-u)\mathrm{d}u$$

证明系统稳定的条件为冲激响应是绝对可积分函数，即

$$\int_{-\infty}^{\infty}|h(t)|\mathrm{d}t<\infty$$

1.15 线性独立的多项式序列 $\{f_i(x)\}$ 由多项式函数 $f_1(x)=1$，$f_2(x)=x$，$f_3(x)=x^2$ 组成，并且 x 在区间 $[-1,1]$ 取值。

(1) 用 Gram-Schmidt 标准正交化算法

$$\phi_k = \frac{f_k - \sum_{i=1}^{k-1}\langle f_k, \phi_i\rangle\phi_i}{\left\| f_k - \sum_{i=1}^{k-1}\langle f_k, \phi_i\rangle\phi_i \right\|}, \quad k = 1, \cdots, n$$

将 $\{f_i(x)\}$ 变成正交序列 $\{\phi_i(x)\}$；

(2) 用 Gram-Schmidt 标准正交化矩阵范数算法

$$d_k = \begin{Vmatrix} \langle f_1, f_1\rangle & \langle f_1, f_2\rangle & \cdots & \langle f_1, f_k\rangle \\ \langle f_2, f_1\rangle & \langle f_2, f_2\rangle & \cdots & \langle f_2, f_k\rangle \\ \vdots & \vdots & \vdots & \vdots \\ \langle f_{k-1}, f_1\rangle & \langle f_{k-1}, f_2\rangle & \cdots & \langle f_{k-1}, f_k\rangle \\ f_1 & f_2 & \cdots & f_k \end{Vmatrix}$$

$$\phi_k = \frac{d_k}{\langle d_k, d_k\rangle^{1/2}}, \quad k = 1, \cdots, n$$

将 $\{f_i(x)\}$ 变成序列 $\{\phi_i(x)\}$，并检验序列 $\{\phi_i(x)\}$ 的标准正交性。

1.16 使用有限项级数展开

$$\hat{x}(t) = \sum_{i=1}^{m} c_i\phi_i(t)$$

逼近信号 $x(t)$。假定连续时间的基函数 $\phi_1(t), \cdots, \phi_m(t)$ 为已知，试求展开系数 $c_1, \cdots, c_m$。

1.17 使用有限项级数展开

$$\hat{x}(t) = \sum_{i=1}^{m} c_i\phi_i(t)$$

逼近信号 $x(t)$。假定离散时间的基函数 $\phi_1(t_k), \cdots, \phi_m(t_k)$ 为已知，其中 $k = 1, \cdots, N$，试求展开系数 $c_1, \cdots, c_m$。

第 2 章　参数估计理论

信号处理的基本任务是利用观测数据作出关于信号与 (或) 系统的某种统计决策。统计决策理论主要解决两大类问题：假设检验与估计。信号检测、雷达动目标检测等是假设检验的典型问题。估计理论涉及的范围更广泛，分为非参数化和参数化两类方法。参数化方法假定数据服从一已知结构的概率模型，但模型的某些参数未知。参数化估计与系统模型的辨识密切相关，其主要基础是优化理论，即被估计的参数应该在某种准则下是最优的，以及如何获得最优的参数估计。与参数化方法不同，非参数化方法不假定数据服从某种特定的概率模型，例如基于离散 Fourier 变换的功率谱估计和高阶谱估计等就是典型的非参数化方法。

信号处理有经典信号处理和现代信号处理之分。经典信号处理又称非参数化信号处理，不涉及产生信号的系统，主要工具是 Fourier 变换。现代信号处理也称参数化信号处理，将信号看作是系统被激励之后的输出，其主要工具是系统与信号的模型参数估计。因此，在介绍现代信号处理的主要理论、方法与应用之前，有必要介绍参数估计的一般理论，以构筑一个统一的基础和框架。

2.1　估计子的性能

参数估计理论关心的问题是：假定随机变量 x 具有一累积分布函数，它是一特定概率分布集合中的一员，但并不知道它究竟是其中的哪一个。现在，我们来做一个实验，测量随机变量的各次实现 (也称样本或观测值)，并希望通过 N 个样本 $x_1,\cdots,x_N$ 猜出决定随机变量分布的参数值 θ。例如，令 $x_1,\cdots,x_N$ 是从正态分布 $N(\theta,\sigma^2)$ 得到的 N 个数据样本，现在希望根据这些样本值估计出均值参数 θ。很显然，有很多的数据函数都可以用来估计 θ。最简单的做法是取第一个样本 x_1 作为 θ 的估计。虽然 x_1 的期望值等于 θ，但是很显然，使用更多样本数据的平均得到的 θ 估计会比只使用 x_1 作出的估计更好。我们会猜想：样本平均 $\bar{x}_N=\frac{1}{N}\sum\limits_{i=1}^{N}x_i$ 可能是 θ 的最优估计。在参数估计理论中，通常把一个真实参数 θ 的估计方法或估计值称为 θ 的估计子。一个估计子是一个统计量，它在某种意义下“最接近”真实参数 θ。那么，如何衡量或评价一个估计子与真实参数之间的“接近度”呢？又如何对它进行估计呢？这些问题形成了参数估计理论的两个核心内容：

(1) 对估计子与真实参数的接近度进行量化定义；

(2) 研究不同的估计方法以及它们的性能比较。

2.1.1　无偏估计与渐近无偏估计

首先给出估计子的定义。

定义 2.1.1 由 N 个样本获得的真实参数 $\theta_1,\cdots,\theta_p$ 的估计子是一个将 N 维样本空间 $\mathcal{X}^N$ 映射为 p 维参数空间 Θ 的函数 T，记作 $T:\mathcal{X}^N\rightarrow\Theta$。

为方便计，这里以 $p=1$ 为讨论对象。参数 θ 的估计子 $T(x_1,\cdots,x_N)$ 常简记为 $\hat{\theta}=T(x_1,\cdots,x_N)$。估计子 $\hat{\theta}$ 是用来近似参数 θ 的。因此，希望它具有某种逼近的适合度。最简单的测度是估计子 $\hat{\theta}$ 的误差 $\hat{\theta}-\theta$。由于在不同情况下观测的 N 个数据为随机变量，由它们估计的 θ 值是随机变化的，故估计误差 $\hat{\theta}-\theta$ 为随机变量。显然，用这样的随机变量作为评价估计子性能的标准是很不方便的，因此需要将估计误差转变为一非随机量。

定义 2.1.2 参数 θ 的估计子 $\hat{\theta}$ 的偏差定义为该估计子误差的期望值，即

$$b(\hat{\theta})\overset{\text{def}}{=}\mathrm{E}\{\hat{\theta}-\theta\}=\mathrm{E}\{\hat{\theta}\}-\theta \tag{2.1.1}$$

估计子 $\hat{\theta}$ 称为无偏的，若偏差 $b(\hat{\theta})$ 等于零或 $\mathrm{E}\{\hat{\theta}\}=\theta$，即估计子的期望值等于真实参数。

例 2.1.1 令 $x(1),\cdots,x(N)$ 是随机信号 $x(n)$ 的 N 个独立观测的样本，并且

$$\bar{x}=\frac{1}{N}\sum_{n=1}^{N}x(n) \tag{2.1.2}$$

是根据这些观测样本获得的随机信号 $x(n)$ 的均值估计。求其数学期望，有

$$\mathrm{E}\{\bar{x}\}=\mathrm{E}\left\{\frac{1}{N}\sum_{n=1}x(n)\right\}=\frac{1}{N}\sum_{n=1}^{N}\mathrm{E}\{x(n)\}=\frac{1}{N}\sum_{n=1}^{N}m_x=m_x$$

式中 $m_x=\mathrm{E}\{x(n)\}$ 为随机信号 $x(n)$ 的均值。因此，由式 (2.1.2) 给出的均值估计是随机信号 $x(n)$ 的均值的无偏估计。有了均值估计 $\bar{x}$ 后，又可求出

$$\mathrm{var}(x)=\frac{1}{N}\sum_{n=1}^{N}[x(n)-\bar{x}]^2$$

这就是随机信号 $x(n)$ 的方差的估计。 ■

非无偏的估计统称有偏估计。

无偏估计是我们对估计子期望具有的一个重要性能，但这并不意味着有偏的估计子就一定不好。事实上，如果一个有偏估计是渐近无偏的，那么它仍然有可能是一个"好"的估计，甚至可能比另一无偏估计子还好。

定义 2.1.3 估计子 $\hat{\theta}$ 是真实参数 θ 的渐近无偏估计子，若当样本长度 $N\rightarrow\infty$ 时，偏差 $b(\hat{\theta})\rightarrow 0$，即

$$\lim_{N\rightarrow\infty}\mathrm{E}\{\hat{\theta}_N\}=\theta \tag{2.1.3}$$

式中 $\hat{\theta}_N$ 表示由 N 个样本得到的估计子。

注意，一个无偏的估计子一定是渐近无偏的，但渐近无偏的估计子不一定是无偏的。

例 2.1.2 作为一个典型的例子，考虑实随机信号 $x(n)$ 的自相关函数的两种估计子

$$\hat{R}_1(\tau) = \frac{1}{N-\tau}\sum_{n=1}^{N-\tau} x(n)x(n+\tau) \tag{2.1.4}$$

$$\hat{R}_2(\tau) = \frac{1}{N}\sum_{n=1}^{N-\tau} x(n)x(n+\tau) \tag{2.1.5}$$

假定数据 $x(n)$ 是独立观测的，容易验证

$$\mathrm{E}\{\hat{R}_1(\tau)\} = \mathrm{E}\left\{\frac{1}{N-\tau}\sum_{n=1}^{N-\tau} x(n)x(n+\tau)\right\} = \frac{1}{N-\tau}\sum_{n=1}^{N-\tau}\mathrm{E}\{x(n)x(n+\tau)\} = R_x(\tau) \tag{2.1.6}$$

$$\mathrm{E}\{\hat{R}_2(\tau)\} = \mathrm{E}\left\{\frac{1}{N}\sum_{n=1}^{N-\tau} x(n)x(n+\tau)\right\} = \frac{1}{N}\sum_{n=1}^{N-\tau}\mathrm{E}\{x(n)x(n+\tau)\} = \left(1-\frac{\tau}{N}\right)R_x(\tau) \tag{2.1.7}$$

式中 $R_x(\tau) = \mathrm{E}\{x(n)x(n+\tau)\}$ 是随机信号 $x(n)$ 的真实相关函数。式 (2.1.6) 和式 (2.1.7) 分别表明，估计子 $\hat{R}_1(\tau)$ 是无偏的，而 $\hat{R}_2(\tau)$ 则是有偏的。但是，$\hat{R}_2(\tau)$ 是渐近无偏的，因为由式 (2.1.7) 有

$$\lim_{N\to\infty}\mathrm{E}\{\hat{R}_2(\tau)\} = R_x(\tau)$$

渐近无偏的估计子 $\hat{R}_2(\tau)$ 是半正定的，而无偏估计子 $\hat{R}_1(\tau)$ 却不一定是半正定的。由于半正定是很多信号处理应用所希望的性能，所以大多数的研究人员都喜欢使用有偏但渐近无偏的估计子 $\hat{R}_2(\tau)$，而无偏估计子 $\hat{R}_1(\tau)$ 反而较少被使用。 ■

偏差是误差的期望值，但是偏差为零并不保证估计子误差取低值的概率就高。评价估计子的小误差概率的指标称为一致性。

定义 2.1.4 参数 θ 的估计子 $\hat{\theta}$ 称为以概率与真实参数 θ 一致，若 $N\to\infty$ 时该估计子以概率收敛为真实参数 θ，即

$$\hat{\theta} \xrightarrow{p} \theta, \qquad \text{当 } N\to\infty \tag{2.1.8}$$

式中 $\xrightarrow{p}$ 表示以概率收敛。

2.1.2 估计子的有效性

无偏性、渐近无偏性与一致性是我们希望一个估计子具有的统计性能，它们描述的是当样本趋于无穷大时估计子的性能，统称为大样本性能。大样本性能的理论分析一般比较难。在很多实际应用中只有 N 个数据的小样本，此时，该如何评价估计子的性能呢？

1. 两个无偏估计子的比较

如果 $\hat{\theta}_1$ 和 $\hat{\theta}_2$ 是两个根据 N 个观测样本得到的无偏估计子，我们倾向于选择具有较小方差的那个估计子。例如，假定 $\hat{\theta}_1$ 具有比 $\hat{\theta}_2$ 更大的方差，即 $\mathrm{var}(\hat{\theta}_1) > \mathrm{var}(\hat{\theta}_2)$，则 $\hat{\theta}_2$ 的值比 $\hat{\theta}_1$ 的值更密集地聚集在真值 θ 的附近。换句话说，$\hat{\theta}_2$ 位于某个区域 $(\theta-\epsilon, \theta+\epsilon)$ 的概率比 $\hat{\theta}_1$ 位于同一区域的概率要高。因此，我们说 $\hat{\theta}_2$ 比 $\hat{\theta}_1$ 更有效。作为评价两个估计子之间

的有效性的测度，常将

$$\mathrm{RE}=\left[\frac{\mathrm{var}(\hat{\theta}_1)}{\mathrm{var}(\hat{\theta}_2)}\times 100\right]\% \tag{2.1.9}$$

定义为 $\hat{\theta}_2$ 相对于 $\hat{\theta}_1$ 的“相对有效性”。例如，若 $\mathrm{var}(\hat{\theta}_1)=1.25\mathrm{var}(\hat{\theta}_2)$，则 $\mathrm{RE}=1.25$。

2. 无偏与渐近无偏估计子之间的比较

一般地讲，任何一个估计子若不是渐近无偏的 (注意：无偏的估计子必定是渐近无偏的)，则它一定不是一个“好的”估计子。换句话说，渐近无偏性的缺乏被认为是任何一个估计子的一种严重的性能缺陷。现在假定，$\hat{\theta}_1$ 和 $\hat{\theta}_2$ 中一个是无偏的，另外一个是渐近无偏的；或者二者都是渐近无偏的。在这样的情况下，方差就不再是估计子有效性的惟一合适测度。例如，$\hat{\theta}_1$ 具有比 $\hat{\theta}_2$ 更大的偏差，但却有较小的方差，此时应该在 $\hat{\theta}_1$ 和 $\hat{\theta}_2$ 当中选择哪一个更好呢？显然，一种合理的做法是同时考虑偏差和方差，即引入估计子的均方误差。

定义 2.1.5 参数 θ 的估计子 $\hat{\theta}$ 的均方误差 $M^2(\hat{\theta})$ 定义为该估计子与真实参数的误差平方的期望值，即

$$M^2(\hat{\theta})=\mathrm{E}\left\{(\hat{\theta}-\theta)^2\right\} \tag{2.1.10}$$

根据定义，容易得到

$$\begin{aligned}M^2(\hat{\theta})=&\mathrm{E}\left\{[\hat{\theta}-E(\hat{\theta})+\mathrm{E}(\hat{\theta})-\theta]^2\right\}\\=&\mathrm{E}\left\{[\hat{\theta}-\mathrm{E}(\hat{\theta})]^2\right\}+\mathrm{E}\left\{[\mathrm{E}(\hat{\theta})-\theta]^2\right\}+2\mathrm{E}\left\{[\hat{\theta}-\mathrm{E}(\hat{\theta})][\mathrm{E}(\hat{\theta}-\theta)]\right\}\end{aligned} \tag{2.1.11}$$

式中 $\mathrm{var}(\hat{\theta})=\mathrm{E}\{[\hat{\theta}-\mathrm{E}(\hat{\theta})]^2\}$ 为估计子 $\hat{\theta}$ 的方差。注意到 $\mathrm{E}(\hat{\theta}-\theta)=\mathrm{E}(\hat{\theta})-\theta$ 是常数，易知 $\mathrm{E}\{[\mathrm{E}(\hat{\theta})-\theta]^2\}=[\mathrm{E}(\hat{\theta})-\theta]^2=b^2(\hat{\theta})$ 表示偏差 $\mathrm{E}(\hat{\theta})-\theta$ 的平方，并且 $\mathrm{E}\left\{[\hat{\theta}-\mathrm{E}(\hat{\theta})][\mathrm{E}(\hat{\theta}-\theta)\right\}=[\mathrm{E}(\hat{\theta})-\theta]\mathrm{E}\left\{\hat{\theta}-\mathrm{E}(\hat{\theta})\right\}$。将这些结果代入式 (2.1.11) 中，即得

$$M^2(\hat{\theta})=\mathrm{var}(\hat{\theta})+b^2(\hat{\theta})+2[\mathrm{E}(\hat{\theta})-\theta]\mathrm{E}\left\{\hat{\theta}-\mathrm{E}(\hat{\theta})\right\}$$

由于 $\mathrm{E}\left\{\hat{\theta}-\mathrm{E}(\hat{\theta})\right\}=\mathrm{E}\{\hat{\theta}\}-\mathrm{E}\{\hat{\theta}\}=0$，所以上式简化为

$$M^2(\hat{\theta})=\mathrm{var}(\hat{\theta})+b^2(\hat{\theta}) \tag{2.1.12}$$

即是说，估计子 $\hat{\theta}$ 的均方误差 $\mathrm{E}\{(\hat{\theta}-\theta)^2\}$ 等于其方差 $\mathrm{E}\{[\hat{\theta}-\mathrm{E}(\hat{\theta})]^2\}$ 与偏差 $\mathrm{E}\{\hat{\theta}-\theta\}$ 的平方之和。注意：当两个估计子均为无偏估计子时，它们的偏差都等于零，故它们的均方误差分别退化为各自的方差。

综上所述，作为估计子误差的损失函数 (或称代价函数)，使用均方误差比只使用方差或偏差更合理。根据均方误差的大小，可以对 θ 的几种不同的估计子进行排队，比较它们之间的优劣。

定义 2.1.6 称估计子 $\hat{\theta}_1$ 优于估计子 $\hat{\theta}_2$，若对所有 θ 恒有不等式

$$\mathrm{E}\left\{(\hat{\theta}_1-\theta)^2\right\}\leqslant\mathrm{E}\left\{(\hat{\theta}_2-\theta)^2\right\} \tag{2.1.13}$$

有效性只能比较两个估计子之间的优劣，并不能回答一个估计子是否在所有可能的估计子中是最优的？要回答这个问题，必须考虑参数 θ 的无偏估计子是否具有最小方差。这将是下一节关注的核心问题。

2.2 Fisher 信息与 Cramer-Rao 不等式

假定随机信号 $x(t)$ 隐藏有真实参数 θ，根据信号的一次实现 x，可以得到 θ 的一个估计子。一个自然会问的问题是，这一估计子是否是最优的呢？这个问题实际上可等价叙述为：在真实参数 θ 给定的情况下，根据信号实现值 x 能够得到的最优估计子应该使用什么标准评价呢？

2.2.1 Fisher 信息

为了回答上面的问题，不妨将 x 当作一随机变量看待，现在对条件分布密度函数 $f(x|\theta)$ 的质量进行评估。这样一种评价测度称为随机变量 x 的品质函数 (score function)。

定义 2.2.1 当真实参数 θ 已给定的条件下，随机变量 x 的品质函数 V 定义为条件分布密度函数的对数 $\ln f(x|\theta)$ 相对于真实参数 θ 的偏导数，即

$$V(x)=\frac{\partial}{\partial\theta}\ln f(x|\theta)=\frac{\frac{\partial}{\partial\theta}f(x|\theta)}{f(x|\theta)} \tag{2.2.1}$$

由概率论知，任何一个函数 $g(x)$ 的均值都可以用分布密度函数定义为

$$\mathrm{E}\{g(x)\}=\int_{-\infty}^{\infty}g(x)f(x|\theta)\mathrm{d}x \tag{2.2.2}$$

将定义 2.2.1 代入式 (2.2.2)，易知品质函数的均值为

$$\mathrm{E}\{V(x)\}=\int_{-\infty}^{\infty}\frac{\frac{\partial}{\partial\theta}f(x|\theta)}{f(x|\theta)}f(x|\theta)\mathrm{d}x=\frac{\partial}{\partial\theta}\int f(x|\theta)\mathrm{d}x=0$$

式中利用了概率论中熟知的结果

$$\int_{-\infty}^{\infty}f(x|\theta)\mathrm{d}x=1$$

由于品质函数的均值为零，故其方差等于品质函数的二阶矩，即 $\mathrm{var}[V(x)]=\mathrm{E}\{V^2(x)\}$。品质函数的方差在评价无偏估计子性能时具有重要的意义。

定义 2.2.2 品质函数的方差称为 Fisher 信息，用 $J(\theta)$ 表示，定义为

$$J(\theta)=E\left\{\left[\frac{\partial}{\partial\theta}\ln f(x|\theta)\right]^2\right\}=-\mathrm{E}\left\{\frac{\partial^2}{\partial\theta\partial\theta}\ln f(x|\theta)\right\} \tag{2.2.3}$$

当考虑 N 个样本变量 $x_1,\cdots,x_N$ 时，常用样本向量 $\boldsymbol{x}=(x_1,\cdots,x_N)$ 简记之。此时，联合条件分布密度函数简记为

$$f(\boldsymbol{x}|\theta)=f(x_1,\cdots,x_n|\theta)$$

因此，N 个随机样本 $x_1,\cdots,x_N$ 的 Fisher 信息应定义为

$$J(\theta)=\mathrm{E}\left\{\left[\frac{\partial}{\partial\theta}\ln f(\boldsymbol{x}|\theta)\right]^2\right\}=-\mathrm{E}\left\{\frac{\partial^2}{\partial\theta\partial\theta}\ln f(\boldsymbol{x}|\theta)\right\} \tag{2.2.4}$$

2.2.2 Cramer-Rao 下界

Fisher 信息的意义可以用下面的定理来描述。

定理 2.2.1 (Cramer-Rao 不等式) 令 $\boldsymbol{x}=(x_1,\cdots,x_N)$ 为样本向量。若参数估计 $\hat{\theta}$ 是真实参数 θ 的无偏估计，并且 $\dfrac{\partial f(\boldsymbol{x}|\theta)}{\partial\theta}$ 和 $\dfrac{\partial^2 f(\boldsymbol{x}|\theta)}{\partial\theta^2}$ 存在，则 $\hat{\theta}$ 的均方误差所能达到的下界 (称为 Cramer-Rao 下界) 等于 Fisher 信息的倒数，即

$$\mathrm{var}(\hat{\theta})=\mathrm{E}\{(\hat{\theta}-\theta)^2\}\geqslant\frac{1}{J(\theta)}\tag{2.2.5}$$

式中 Fisher 信息 $J(\theta)$ 由式 (2.2.4) 定义。不等式中等号成立的充分必要条件是

$$\frac{\partial}{\partial\theta}\ln f(\boldsymbol{x}|\theta)=K(\theta)(\hat{\theta}-\theta)\tag{2.2.6}$$

其中 $K(\theta)$ 是 θ 的某个正函数，并与样本 $x_1,\cdots,x_N$ 无关。

证明 由假设条件知，$\mathrm{E}\{\hat{\theta}\}=\theta$ 或 $\mathrm{E}\{\hat{\theta}-\theta\}=0$，因此有

$$\mathrm{E}\{\hat{\theta}-\theta\}=\int_{-\infty}^{\infty}\cdots\int_{-\infty}^{\infty}(\hat{\theta}-\theta)f(\boldsymbol{x}|\theta)\mathrm{d}x_1\cdots\mathrm{d}x_N=0$$

对上式两边求关于 θ 的偏导，得

$$\frac{\partial}{\partial\theta}\mathrm{E}\{\hat{\theta}-\theta\}=\frac{\partial}{\partial\theta}\int_{-\infty}^{\infty}(\hat{\theta}-\theta)f(\boldsymbol{x}|\theta)\mathrm{d}\boldsymbol{x}=\int_{-\infty}^{\infty}\frac{\partial}{\partial\theta}\left[(\hat{\theta}-\theta)f(\boldsymbol{x}|\theta)\right]\mathrm{d}\boldsymbol{x}=0$$

即有

$$-\int_{-\infty}^{\infty}f(\boldsymbol{x}|\theta)\mathrm{d}\boldsymbol{x}+(\hat{\theta}-\theta)\int_{-\infty}^{\infty}\frac{\partial}{\partial\theta}f(\boldsymbol{x}|\theta)\mathrm{d}\boldsymbol{x}=0\tag{2.2.7}$$

另一方面，由复合函数的求导法，又有

$$\frac{\partial}{\partial\theta}f(\boldsymbol{x}|\theta)=\left[\frac{\partial}{\partial\theta}\ln f(\boldsymbol{x}|\theta)\right]f(\boldsymbol{x}|\theta)\tag{2.2.8}$$

由于 $f(\boldsymbol{x}|\theta)$ 是 $\boldsymbol{x}$ 的条件概率密度，故

$$\int_{-\infty}^{\infty}f(\boldsymbol{x}|\theta)\mathrm{d}\boldsymbol{x}=1\tag{2.2.9}$$

将式 (2.2.8) 和式 (2.2.9) 代入式 (2.2.7)，得

$$\int_{-\infty}^{\infty}\left[\frac{\partial}{\partial\theta}\ln f(\boldsymbol{x}|\theta)\right]f(\boldsymbol{x}|\theta)(\hat{\theta}-\theta)\mathrm{d}\boldsymbol{x}=1$$

或改写作

$$\int_{-\infty}^{\infty}\left[\frac{\partial}{\partial\theta}\ln f(\boldsymbol{x}|\theta)\sqrt{f(\boldsymbol{x}|\theta)}\right]\left[(\hat{\theta}-\theta)\sqrt{f(\boldsymbol{x}|\theta)}\right]\mathrm{d}\boldsymbol{x}=1\tag{2.2.10}$$

由 Cauchy-Schwartz 不等式知，对于任意两个复函数 $f(x)$ 和 $g(x)$，恒有不等式

$$\left|\int_{-\infty}^{\infty}f(x)g(x)\mathrm{d}x\right|^2\leqslant\int_{-\infty}^{\infty}|f(x)|^2\mathrm{d}x\int_{-\infty}^{\infty}|g(x)|^2\mathrm{d}x\tag{2.2.11}$$

成立，并且当且仅当 $f(x)=cg^*(x)$，等号成立。将 Cauchy-Schwartz 不等式应用于式 (2.2.10)，则有

$$\int_{-\infty}^{\infty}\left[\frac{\partial}{\partial\theta}\ln f(\boldsymbol{x}|\theta)\right]^2 f(\boldsymbol{x}|\theta)\mathrm{d}x\int_{-\infty}^{\infty}(\hat{\theta}-\theta)^2 f(\boldsymbol{x}|\theta)\mathrm{d}\boldsymbol{x}\geqslant 1$$

或等价为

$$\int_{-\infty}^{\infty}(\hat{\theta}-\theta)^2 f(\boldsymbol{x}|\theta)\mathrm{d}\boldsymbol{x}\geqslant\frac{1}{\displaystyle\int_{-\infty}^{\infty}\left[\frac{\partial}{\partial\theta}\ln f(\boldsymbol{x}|\theta)\right]^2 f(\boldsymbol{x}|\theta)\mathrm{d}x}\tag{2.2.12}$$

由 Cauchy-Schwartz 不等式等号成立的条件知：当且仅当 $\dfrac{\partial}{\partial\theta}\ln f(\boldsymbol{x}|\theta)\sqrt{f(\boldsymbol{x}|\theta)}=K(\theta)(\hat{\theta}-\theta)\sqrt{f(\boldsymbol{x}|\theta)}$，即式 (2.2.6) 成立时，不等式 (2.2.12) 才取等号。

注意到 $\mathrm{E}\{\hat{\theta}\}=\theta$，故有

$$\mathrm{var}(\hat{\theta})=\mathrm{E}\{(\hat{\theta}-\theta)^2\}=\int_{-\infty}^{\infty}(\hat{\theta}-\theta)^2 f(\boldsymbol{x}|\theta)\mathrm{d}\boldsymbol{x}\tag{2.2.13}$$

另由公式 (2.2.2) 知

$$\mathrm{E}\left\{\left[\frac{\partial}{\partial\theta}\ln f(\boldsymbol{x}|\theta)\right]^2\right\}=\int_{-\infty}^{\infty}\left[\frac{\partial}{\partial\theta}\ln f(\boldsymbol{x}|\theta)\right]^2 f(\boldsymbol{x}|\theta)\mathrm{d}\boldsymbol{x}\tag{2.2.14}$$

将式 (2.2.13) 和式 (2.2.14) 代入式 (2.2.12)，直接得到不等式 (2.2.5)。根据前面的分析，不等式等号成立的充分必要条件是式 (2.2.6) 成立。 ■

Cramer-Rao 下界是所有无偏估计子所能够达到的最低方差，利用它可以定义最有效的估计子，常简称为优效估计子。

定义 2.2.3 无偏估计子 $\hat{\theta}$ 称为是优效的，若其方差达到 Cramer-Rao 下界，即 $\mathrm{var}(\hat{\theta})=\dfrac{1}{J(\theta)}$。

当 $\hat{\theta}$ 为有偏估计子时，其 Cramer-Rao 不等式为

$$\mathrm{E}\{(\hat{\theta}-\theta)^2\}\geqslant\frac{\left(1+\dfrac{\mathrm{d}b(\theta)}{\mathrm{d}\theta}\right)^2}{\mathrm{E}\left\{\left[\dfrac{\partial}{\partial\theta}\ln f(\boldsymbol{x}|\theta)\right]^2\right\}}\tag{2.2.15}$$

式中 $b(\theta)$ 为估计子 $\hat{\theta}$ 的偏差，即 $\mathrm{E}\{\hat{\theta}\}=\theta+b(\theta)$，并假定 $b(\theta)$ 是可微分的。

Fisher 信息是描述从观测数据能够得到的 θ 的“信息”的测度。它给出了利用观测数据估计参数 θ 所引起的方差的下界。但是，需要注意的是，满足这一下界的估计子有的时候可能不存在。

对于多个参数 $\theta_1,\cdots,\theta_p$ 的情况，记 $\boldsymbol{\theta}=[\theta_1,\cdots,\theta_p]^{\mathrm{T}}$，则 Fisher 信息变成 Fisher 信息矩阵 $\boldsymbol{J}(\boldsymbol{\theta})$，其元素 $J_{ij}(\theta)$ 定义为

$$J_{ij}(\boldsymbol{\theta})=-\int f(x;\boldsymbol{\theta})\frac{\partial^2\ln f(x;\boldsymbol{\theta})}{\partial\theta_i\partial\theta_j}\mathrm{d}x=-\mathrm{E}\left\{\frac{\partial^2\ln f(x;\boldsymbol{\theta})}{\partial\theta_i\partial\theta_j}\right\}\tag{2.2.16}$$

且 Cramer-Rao 不等式变为矩阵不等式

$$\boldsymbol{\Sigma}\geqslant\boldsymbol{J}^{-1}(\boldsymbol{\theta})\tag{2.2.17}$$

式中 $\boldsymbol{\Sigma}$ 为 p 个无偏估计子 $\hat{\theta}_1,\cdots,\hat{\theta}_p$ 的协方差矩阵，而 $\boldsymbol{J}^{-1}(\boldsymbol{\theta})$ 是 Fisher 信息矩阵 $\boldsymbol{J}(\boldsymbol{\theta})$ 的逆矩阵。矩阵不等式 $\boldsymbol{\Sigma}\geqslant\boldsymbol{J}^{-1}(\boldsymbol{\theta})$ 的含义是 $\boldsymbol{\Sigma}-\boldsymbol{J}^{-1}(\boldsymbol{\theta})$ 是一非负定的矩阵。

2.3 Bayes 估计

参数估计子的质量取决于采用什么样的准则和方法进行参数估计。参数估计方法分为两大类：一类只适用于特殊的问题，另一类则可以适用于大量的问题。前一类参数估计技术缺乏普遍的指导意义，因此本书中只介绍后一类方法。事实上，可以适用于大量问题的参数估计方法只有少数几种，本节开始将陆续介绍它们。虽然矩方法也是这样一种方法，但本书对它将不作介绍，读者可参考文献 [222]。

2.3.1 风险函数的定义

当使用 $\hat{\theta}$ 作为参数 θ 的估计时，估计误差 $\theta-\hat{\theta}$ 通常不为零。因此，估计值 $\hat{\theta}$ 的质量决定于估计误差究竟有多小。除了前面介绍的偏差、方差和均方误差等测度外，也可以利用误差的范围作为估计误差的测度。这种测度称为代价函数或损失函数，用符号 $C(\hat{\theta},\theta)$ 表示。

定义 2.3.1 令 θ 是属于参数空间 Θ 的某个参数，$\hat{\theta}$ 是在决策或判定空间 A 中取值的一个估计，称 $C(\hat{\theta},\theta)$ 为损失函数或代价函数，若它是 $\hat{\theta}$ 和 θ 二者的实值函数，并且满足以下两个条件：

(1) 对所有 $\hat{\theta}\in A$ 和 $\theta\in\Theta$，恒有 $C(\hat{\theta},\theta)\geqslant 0$；

(2) 对每个 $\theta\in\Theta$ 至少在决策空间 A 内存在一个 $\hat{\theta}$，使得 $C(\hat{\theta},\theta)=0$。

下面是三种常用的损失函数，其中 $C(\hat{\theta},\theta)$ 为单个参数估计 $\hat{\theta}$ 的损失函数，$C(\hat{\boldsymbol{\theta}},\boldsymbol{\theta})$ 为参数向量估计 $\boldsymbol{\theta}$ 的损失函数。

(1) 绝对损失函数

$$C(\hat{\theta},\theta)=|\hat{\theta}-\theta| \quad (\text{标量参数}) \tag{2.3.1}$$

$$C(\hat{\boldsymbol{\theta}},\boldsymbol{\theta})=\|\hat{\boldsymbol{\theta}}-\boldsymbol{\theta}\| \quad (\text{向量参数}) \tag{2.3.2}$$

式中 $\|\hat{\boldsymbol{\theta}}-\boldsymbol{\theta}\|$ 表示估计误差向量 $\hat{\boldsymbol{\theta}}-\boldsymbol{\theta}$ 的范数。

(2) 二次型损失函数

$$C(\hat{\theta},\theta)=|\hat{\theta}-\theta|^2 \quad (\text{标量参数}) \tag{2.3.3}$$

$$C(\hat{\boldsymbol{\theta}},\boldsymbol{\theta})=\|\hat{\boldsymbol{\theta}}-\boldsymbol{\theta}\|^2 \quad (\text{向量参数}) \tag{2.3.4}$$

(3) 均匀损失函数

$$C(\hat{\theta},\theta)=\begin{cases}0, & |\hat{\theta}-\theta|<\Delta\\ 1, & |\hat{\theta}-\theta|\geqslant\Delta\end{cases} \quad (\text{标量参数}) \tag{2.3.5}$$

$$C(\hat{\boldsymbol{\theta}},\boldsymbol{\theta})=\begin{cases}0, & \|\hat{\boldsymbol{\theta}}-\boldsymbol{\theta}\|<\Delta\\ 1, & \|\hat{\boldsymbol{\theta}}-\boldsymbol{\theta}\|\geqslant\Delta\end{cases} \quad (\text{向量参数}) \tag{2.3.6}$$

注意，损失函数是随机变量 x 的函数，因而损失函数本身也是随机的。由于使用随机函数评价参数估计子并不方便，所以有必要把它变成固定函数。为此，通常取损失函数的数学期望值

$$R(\hat{\theta},\theta)=\mathrm{E}\{C(\hat{\theta},\theta)\} \tag{2.3.7}$$

作为评价参数估计子性能的测度，并称之为风险函数。使风险函数 $R(\hat{\theta},\theta)$ 最小的参数估计叫做 Bayes 估计。

2.3.2 Bayes 估计

下面分别讨论采用二次型和均匀风险函数时的 Bayes 估计。

1. 二次型风险函数

二次型风险函数定义为

$$R_{\mathrm{MMSE}}\stackrel{\mathrm{def}}{=}\mathrm{E}\left\{(\hat{\theta}-\theta)^2\right\}=\int_{-\infty}^{\infty}\cdots\int_{-\infty}^{\infty}(\hat{\theta}-\theta)^2 f(x_1,\cdots,x_N,\theta)\mathrm{d}x_1\cdots\mathrm{d}x_N\mathrm{d}\theta \tag{2.3.8}$$

它实质上就是参数估计 $\hat{\theta}$ 与真实参数 θ 之间的均方误差。因此，使二次型风险函数最小的估计称为最小均方误差 (minimum mean square error, MMSE) 估计。

为了求出最小均方误差估计，先回顾概率论中熟知的关系式

$$f(x_1,\cdots,x_N,\theta)=f(\theta|x_1,\cdots,x_N)f(x_1,\cdots,x_N)=f(x_1,\cdots,x_N|\theta)f(\theta) \tag{2.3.9}$$

式中，$f(\theta|x_1,\cdots,x_N)$ 是给定 N 个观测样本 $x_1,\cdots,x_N$ 情况下 θ 的后验分布密度函数。于是，式 (2.3.8) 可以改写作

$$R_{\mathrm{MMSE}}=\int_{-\infty}^{\infty}\cdots\int_{-\infty}^{\infty}\left[\int_{-\infty}^{\infty}(\hat{\theta}-\theta)^2 f(\theta|x_1,\cdots,x_N)\mathrm{d}\theta\right]f(x_1,\cdots,x_N)\mathrm{d}x_1\cdots\mathrm{d}x_N$$

式中的积分与分布密度函数 $f(x_1,\cdots,x_N)$ 是非负的。为使风险函数 R_{MMSE} 最小化，求其相对于 $\hat{\theta}$ 的偏导，并令结果为零，便得到

$$\begin{aligned}\frac{\partial R_{\mathrm{MMSE}}}{\partial\hat{\theta}}&=\int_{-\infty}^{\infty}\cdots\int_{-\infty}\left[2\int_{-\infty}^{\infty}(\hat{\theta}-\theta)f(\theta|x_1,\cdots,x_N)\mathrm{d}\theta\right]f(x_1,\cdots,x_N)\mathrm{d}x_1\cdots\mathrm{d}x_N\\&=\int_{-\infty}^{\infty}\cdots\int_{-\infty}^{\infty}\left[2\int_{-\infty}^{\infty}\hat{\theta}f(\theta|x_1,\cdots,x_N)\mathrm{d}\theta-2\int_{-\infty}^{\infty}\theta f(\theta|x_1,\cdots,x_N)\mathrm{d}\theta\right]\times\\&\quad f(x_1,\cdots,x_N)\mathrm{d}x_1\cdots\mathrm{d}x_N\\&=0\end{aligned}$$

由此得

$$\hat{\theta}_{\mathrm{MMSE}}\int_{-\infty}^{\infty}f(\theta|x_1,\cdots,x_N)\mathrm{d}\theta=\int_{-\infty}^{\infty}\theta f(\theta|x_1,\cdots,x_N)\mathrm{d}\theta$$

注意到 $\int_{-\infty}^{\infty}f(\theta|x_1,\cdots,x_N)\mathrm{d}\theta=1$，故 MMSE 估计可以写作

$$\hat{\theta}_{\mathrm{MMSE}}=\int_{-\infty}^{\infty}\theta f(\theta|x_1,\cdots,x_N)\mathrm{d}\theta=\mathrm{E}\{\theta|x_1,\cdots,x_N\} \tag{2.3.10}$$

即是说，采用二次型风险函数 (即均方误差函数) 时，未知参数 θ 的 Bayes 估计即 MMSE 估计 $\hat{\theta}_{\text{Bayes}}$ 是给定观测样本 $x_1,\cdots,x_N$ 时 θ 参数的条件均值。

2. 均匀风险函数

均匀损失函数记作 $C_{\text{unif}}(\hat{\theta},\theta)$，由式 (2.3.5) 的定义，易知

$$\begin{aligned}\int_{-\infty}^{\infty} C_{\text{unif}}(\hat{\theta},\theta) f(\theta|x_1,\cdots,x_N)\mathrm{d}\theta &= \int_{\theta\notin[\hat{\theta}-\Delta,\hat{\theta}+\Delta]} f(\theta|x_1,\cdots,x_N)\mathrm{d}\theta \\ &= \left[\int_{-\infty}^{\infty} - \int_{\hat{\theta}-\Delta}^{\hat{\theta}+\Delta}\right] f(\theta|x_1,\cdots,x_N)\mathrm{d}\theta \\ &= 1-\int_{\hat{\theta}-\Delta}^{\hat{\theta}+\Delta} f(\theta|x_1,\cdots,x_N)\mathrm{d}\theta \end{aligned} \tag{2.3.11}$$

因此，均匀风险函数为

$$\begin{aligned} R_{\text{unif}} &= \mathrm{E}\{C_{\text{unif}}(\hat{\theta},\theta)\} \\ &= \int_{-\infty}^{\infty}\cdots\int_{-\infty}^{\infty} C_{\text{ufit}}(\hat{\theta},\theta) f(x_1,\cdots,x_N,\theta)\mathrm{d}x_1\cdots\mathrm{d}x_N\mathrm{d}\theta \\ &= \int_{-\infty}^{\infty}\cdots\int_{-\infty}^{\infty} C_{\text{unif}}(\hat{\theta},\theta) f(\theta|x_1,\cdots,x_N) f(x_1,\cdots,x_N)\mathrm{d}x_1\cdots\mathrm{d}x_N\mathrm{d}\theta \\ &= \int_{-\infty}^{\infty}\cdots\int_{-\infty}^{\infty}\left[\int_{-\infty}^{\infty} C_{\text{unif}}(\hat{\theta},\theta) f(\theta|x_1,\cdots,x_N)\mathrm{d}\theta\right] f(x_1,\cdots,x_N)\mathrm{d}x_1\cdots\mathrm{d}x_N \end{aligned}$$

在上式中代入式 (2.3.11)，则有

$$R_{\text{unif}} = \int_{-\infty}^{\infty}\cdots\int_{-\infty}^{\infty} f(x_1,\cdots,x_N)\left[1-\int_{\hat{\theta}-\Delta}^{\hat{\theta}+\Delta} f(\theta|x_1,\cdots,x_N)\mathrm{d}\theta\right]\mathrm{d}x_1\cdots\mathrm{d}x_N \tag{2.3.12}$$

其最小化的条件为 $\frac{\partial R_{\text{unif}}}{\partial\hat{\theta}}=0$。由式 (2.3.12) 知，这一最小化条件等价为

$$\frac{\partial}{\partial\theta} f(\theta|x_1,\cdots,x_N) = 0 \tag{2.3.13}$$

称为后验概率密度的最大化 (maximum of the a posterior density, MAP)，所求得的参数估计记作 $\hat{\theta}_{\text{MAP}}$，常简称为最大后验概率估计。

式 (2.3.13) 可进一步写作更常用的形式：

$$\frac{\partial}{\partial\theta}\ln f(\theta|x_1,\cdots,x_N) = 0 \tag{2.3.14}$$

将式 (2.3.9) 代入式 (2.3.14)，即可得到

$$\frac{\partial}{\partial\theta}\left[\ln f(x_1,\cdots,x_N|\theta) + \ln f(\theta) - \ln f(x_1,\cdots,x_N)\right] = 0 \tag{2.3.15}$$

由于 $f(x_1,\cdots,x_N)$ 不含未知参数 θ，且对任一均匀密度函数 $f(\theta)$ 恒有

$$\frac{\partial\ln f(\theta)}{\partial\theta} = 0$$

故式 (2.3.15) 可简化为

$$\frac{\partial}{\partial\theta}\left[\ln f(x_1,\cdots,x_N|\theta)\right] = 0 \qquad \text{对任一均匀密度函数 } f(\theta) \tag{2.3.16}$$

由于 $\ln f(x_1,\cdots,x_N|\theta)$ 是观测样本 $x_1,\cdots,x_N$ 的 (对数) 似然函数，故由式 (2.3.16) 求得的参数估计也称最大似然估计，记作 $\hat{\theta}_{\text{ML}}$。这说明，在未知参数 θ 服从均匀分布的情况下，采用均匀损失函数的 Bayes 估计与最大似然估计等价，即有

$$\hat{\theta}_{\text{MAP}} = \hat{\theta}_{\text{ML}} \tag{2.3.17}$$

下一节将讨论一般密度函数 $f(\theta)$ 情况下的最大似然估计。

2.4 最大似然估计

最大似然估计是最常用和最有效的估计方法之一。最大似然估计的基本思想是：在对被估计的未知量 (或参数) 没有任何先验知识的情况下，利用已知的若干观测值估计该参数。因此，在使用最大似然估计方法时，被估计的参数假定是常数，但未知；而已知的观测数据则是随机变量。

令 $x_1,\cdots,x_N$ 是随机变量 x 的 N 个观测值，$\{f(x_1,\cdots,x_N|\theta),\theta\in\Theta\}$ 是给定参数 θ 情况下观测样本 $(x_1,\cdots,x_N)$ 的联合条件概率密度函数。假定联合条件概率密度函数存在，且有界，我们来考虑未知 (固定) 参数 θ 的估计问题。当把联合条件分布密度函数 $f(x_1,\cdots,x_N|\theta)$ 视为真实参数 θ 的函数时，常称之为似然函数。所谓似然函数，就是包含未知参数 θ 信息的可能性 (概率论术语“似然”) 函数。

严格说来，$f(x_1,\cdots,x_N|\theta)$ 与观测样本 $x_1,\cdots,x_N$ 的任意函数相乘的结果都是一似然函数，在本书中，我们只称联合条件概率密度函数 $f(x_1,\cdots,x_N|\theta)$ 本身为似然函数。显而易见，随机变量 x 的不同实现 $x_1,\cdots,x_N$ 给出不同的联合条件概率密度函数 $f(x_1,\cdots,x_N|\theta)$，所以似然函数的全局极大点与观测样本 $x_1,\cdots,x_N$ 的值有关。

最大似然估计就是使似然函数 $f(x_1,\cdots,x_N|\theta)$ 最大化的估计值 $\hat{\theta}$。利用数学符号，未知参数 θ 的最大似然估计记作

$$\hat{\theta}_{\text{ML}} = \arg\max_{\theta\in\Theta} f(x_1,\cdots,x_N|\theta) \tag{2.4.1}$$

因此，最大似然估计也可以看作是联合条件概率密度函数 $f(x_1,\cdots,x_N|\theta)$ 的全局极大点。

由于对数函数是严格单调的，故 $f(x_1,\cdots,x_N|\theta)$ 的极大点与 $\ln f(x_1,\cdots,x_N|\theta)$ 的极大点一致。对数函数 $\ln f(x_1,\cdots,x_N|\theta)$ 称为对数似然函数，常用来代替似然函数 $f(x_1,\cdots,x_N|\theta)$。在很多信号处理的文献中，习惯将 $\ln f(x_1,\cdots,x_N|\theta)$ 简称为似然函数。

为了后面书写的方便，记

$$L(\theta) = \ln f(x_1,\cdots,x_N|\theta) \tag{2.4.2}$$

于是，θ 的最大似然估计的优化条件是

$$\frac{\partial L(\theta)}{\partial\theta} = 0 \tag{2.4.3}$$

在一般情况下，$\boldsymbol{\theta}$ 是一向量参数，譬如说 $\boldsymbol{\theta}=[\theta_1,\cdots,\theta_p]^{\mathrm{T}}$，则 p 个未知参数的最大似然估计 $\hat{\theta}_{i,\mathrm{ML}}$ 由

$$\frac{\partial L(\theta)}{\partial \theta_i}=0 \qquad i=1,\cdots,p \tag{2.4.4}$$

确定。若 $x_1,\cdots,x_N$ 是独立的观测样本，则似然函数可写作

$$L(\theta)=\ln f(x_1,\cdots,x_N|\boldsymbol{\theta})=\ln\left[f(x_1|\boldsymbol{\theta})\cdots f(x_N|\boldsymbol{\theta})\right]=\sum_{i=1}^{N}\ln f(x_i|\boldsymbol{\theta}) \tag{2.4.5}$$

在这种情况下，可以通过求解

$$\left.\begin{aligned}\frac{\partial L(\theta)}{\partial \theta_1}&=\frac{\partial}{\partial \theta_1}\sum_{i=1}^{N}\ln f(x_i|\boldsymbol{\theta})=0\\ &\vdots\\ \frac{\partial L(\theta)}{\partial \theta_p}&=\frac{\partial}{\partial \theta_p}\sum_{i=1}^{N}\ln f(x_i|\boldsymbol{\theta})=0\end{aligned}\right\} \tag{2.4.6}$$

分别求出 $\hat{\theta}_{i,\mathrm{ML}},i=1,\cdots,p$。

最大似然估计具有以下性质：

(1) 最大似然估计一般不是无偏的，但其偏差可以通过对估计值乘某个合适的常数加以修正；

(2) 最大似然估计是一致估计；

(3) 最大似然估计给出优效估计，如果它存在的话；

(4) 对于大的 N，最大似然估计 $\hat{\theta}_{\mathrm{ML}}$ 为一高斯分布，并且其均值为 θ、方差为

$$\frac{1}{N}\left[\mathrm{E}\left\{\frac{\partial}{\partial\theta}\left[f(x_1,\cdots,x_N|\theta)\right]^2\right\}\right]^{-1}$$

例 2.4.1 令 $x_1,\cdots,x_N$ 是从一个具有概率密度函数

$$f(x,\mu,\sigma^2)=\frac{1}{\sqrt{2\pi}\sigma}\mathrm{e}^{-(x-\mu)^2/(2\sigma^2)}$$

的正态分布得到的随机观测样本，试确定均值 μ 和方差 σ^2 的最大似然估计。

解 似然函数是均值 μ 和方差 σ^2 二者的函数，故有

$$\begin{aligned}f(x_1,\cdots,x_N|\mu,\sigma^2)&=\prod_{i=1}^{N}\frac{1}{\sqrt{2\pi}\sigma}\mathrm{e}^{-(x_i-\mu)^2/(2\sigma^2)}\\&=(2\pi\sigma^2)^{-N/2}\exp\left(-\frac{1}{2\sigma^2}\sum_{i=1}^{N}(x_i-\mu)^2\right)\end{aligned}$$

从而有

$$L=\ln f(x_1,\cdots,x_N|\mu,\sigma^2)=-\frac{N}{2}\ln(2\pi)-\frac{N}{2}\ln(\sigma^2)-\frac{1}{2\sigma^2}\sum_{i=1}^{N}(x_i-\mu)^2$$

分别求 L 关于 μ 和 σ^2 的偏导，然后令偏导为零，得到

$$\frac{\partial L}{\partial \mu} = \frac{2}{2\sigma^2}\sum_{i=1}^{N}(x_i - \mu) = 0$$

$$\frac{\partial L}{\partial \sigma^2} = -\frac{N}{2\sigma^2} + \frac{1}{2\sigma^4}\sum_{i=1}^{N}(x_i - \mu)^2 = 0$$

从 $\dfrac{\partial L}{\partial \mu} = 0$ 可解出

$$\hat{\mu}_{\mathrm{ML}} = \frac{1}{N}\sum_{i=1}^{N} x_i = \bar{x}$$

将其代入 $\dfrac{\partial L}{\partial \sigma^2} = 0$ 又可解出

$$\hat{\sigma}^2_{\mathrm{ML}} = \frac{1}{N}\sum_{i=1}^{N}(x_i - \bar{x})^2$$

注意，样本均值

$$\bar{x} = \frac{1}{N}\sum_{i=1}^{N} x_i \tag{2.4.7}$$

和样本方差

$$s^2 = \frac{1}{N-1}\sum_{i=1}^{N}(x_i - \bar{x})^2 \tag{2.4.8}$$

是无偏的。因此，均值的最大似然估计 $\hat{\mu}_{\mathrm{ML}}$ 为无偏估计，而方差的最大似然估计 $\hat{\sigma}^2_{\mathrm{ML}}$ 则是有偏的。但是，若用一常数 $\dfrac{N}{N-1}$ 与 $\hat{\sigma}^2_{\mathrm{ML}}$ 相乘作为新的估计，则新的估计是无偏的，即原估计 $\hat{\sigma}^2_{\mathrm{ML}}$ 的偏差可以被消除。 ■

例 2.4.2 令接收信号由下式给出：

$$y_i = s + w_i, \quad i = 1, \cdots, N$$

若 $w_i \sim N(0, \sigma^2)$ 是一高斯白噪声，即

$$\mathrm{E}\{w_i\} = 0, \quad i = 1, \cdots, N$$

$$\mathrm{E}\{w_i w_j\} = \begin{cases} \sigma^2, & i = j \\ 0, & i \neq j \end{cases}$$

求估计值 $\hat{s}$ 的方差的 Cramer-Rao 下界，并评估 $\hat{s}$ 是否为优效估计子。

解 首先，接收信号 y_i 与加性噪声 w_i 都具有高斯分布，只是均值相差 s，即

$$f(y_1, \cdots, y_N | s, \sigma^2) = \prod_{i=1}^{N} f(w_i) = \frac{1}{(2\pi\sigma^2)^{N/2}} \exp\left(-\sum_{i=1}^{N}\frac{w_i^2}{2\sigma^2}\right)$$

$$= \frac{1}{(2\pi\sigma^2)^{N/2}} \exp\left(-\sum_{i=1}^{N}\frac{(y_i - s)^2}{2\sigma^2}\right)$$

从而得到对数似然函数

$$\ln f(y_1,\cdots,y_N|s,\sigma^2) = -\frac{N}{2}\ln(2\pi\sigma^2) - \sum_{i=1}^{N}\frac{(y_i-s)^2}{2\sigma^2} \tag{2.4.9}$$

于是，信号 s 的最大似然估计可由下式求出：

$$\frac{\partial L}{\partial s} = 2\sum_{i=1}^{N}\frac{(y_i-s)}{2\sigma^2} = 0$$

具体结果为

$$\hat{s}_{\mathrm{ML}} = \frac{1}{N}\sum_{i=1}^{N} y_i = \bar{y} \tag{2.4.10}$$

求 $\hat{s}_{\mathrm{ML}}$ 的数学期望值，得

$$\mathrm{E}\{\hat{s}_{\mathrm{ML}}\} = \mathrm{E}\{\bar{y}\} = E\left\{\frac{1}{N}\sum_{i=1}^{N} y_i\right\} = \mathrm{E}\left\{\frac{1}{N}\sum_{i=1}^{N}(s+w_i)\right\} = s + \frac{1}{N}\sum_{i=1}^{N}\mathrm{E}\{w_i\} = s$$

因此，最大似然估计 $\hat{s}_{\mathrm{ML}}$ 是无偏估计。

对数似然函数 $\ln f(y_1,\cdots,y_N|s,\sigma^2)$ 相对于 s 的二阶偏导

$$\frac{\partial^2}{\partial s^2}\ln f(y_1,\cdots,y_N|s,\sigma^2) = -\sum_{i=1}^{N}\frac{1}{\sigma^2} = -\frac{N}{\sigma^2}$$

由式 (2.2.4) 得 Fisher 信息

$$J(s) = -\mathrm{E}\left\{\frac{\partial^2}{\partial s^2}\ln f(y_1,\cdots,y_N|s,\sigma^2)\right\} = \frac{N}{\sigma^2}$$

由定理 2.4.1 知 Cramer-Rao 不等式为

$$\mathrm{var}(\hat{s}) = \mathrm{E}\{(\hat{s}-s)^2\} \geqslant \frac{1}{\frac{N}{\sigma^2}} = \frac{\sigma^2}{N} \tag{2.4.11}$$

且等号成立的充分必要条件是

$$\frac{\partial}{\partial\theta}\ln f(y_1,\cdots,y_N|s,\sigma^2) = K(s)(\hat{s}-s) \tag{2.4.12}$$

另由

$$\frac{\partial}{\partial s}\ln f(y_1,\cdots,y_N|s,\sigma^2) = \frac{\sum_{i=1}^{N} y_i - Ns}{\sigma^2} = \frac{N\bar{y}-Ns}{\sigma^2} = \frac{N}{\sigma^2}(\bar{y}-s) = \frac{N}{\sigma^2}(\hat{s}_{\mathrm{ML}}-s)$$

知，只要取 $K(s) = N/\sigma^2$，即可满足式 (2.4.12)，即有

$$\mathrm{var}(\hat{s}) = \mathrm{E}\{(\hat{s}_{\mathrm{ML}}-s)^2\} = \frac{\sigma^2}{N}$$

这表明，最大似然估计 $\hat{s}_{\mathrm{ML}}$ 是一优效估计子。 ■

2.5 线性均方估计

Bayes 估计需要已知后验分布函数 $f(\theta|x_1,\cdots,x_N)$，而最大似然估计则需要已知似然函数 $f(x_1,\cdots,x_N|\theta)$。但是，在很多实际情况下，它们是未知的。另外，最大似然估计有时会导致非线性估计问题，不容易求解。因此，不需要先验知识、并且容易实现的线性估计方法就显得十分有吸引力。线性均方估计和最小二乘估计就是这样两类参数估计方法。本节介绍线性均方估计。

在线性均方 (linear mean squares, LMS) 估计中，待定的参数估计子被表示为观测数据的线性加权和，即

$$\hat{\theta}_{\text{LMS}} = \sum_{i=1}^{N} w_i x_i \tag{2.5.1}$$

式中，$w_1,\cdots,w_N$ 为待确定的权系数。线性均方估计的原理就是使均方误差函数 $\text{E}\{(\hat{\theta}-\theta)^2\}$ 最小化。也就是说，权系数 w_i 通过

$$\min\ \text{E}\{(\hat{\theta}-\theta)^2\} = \min\ \text{E}\left\{\left(\sum_{i=1}^{N} w_i x_i - \theta\right)^2\right\} = \min\ \text{E}\{e^2\} \tag{2.5.2}$$

确定，其中 $e = \hat{\theta} - \theta$ 为估计误差。

求式 (2.5.2) 相对于 w_k 的偏导，并令结果等于零，则有

$$\frac{\partial \text{E}\{e^2\}}{\partial w_k} = \text{E}\left\{\frac{\partial e^2}{\partial w_k}\right\} = 2\text{E}\left\{e\frac{\partial e}{\partial w_k}\right\} = 2\text{E}\{e x_k\} = 0$$

或

$$\text{E}\{e x_i\} = 0, \quad i = 1,\cdots,N \tag{2.5.3}$$

这一结果称为正交性原理。正交性原理可用文字叙述如下：均方误差最小，当且仅当估计误差 e 正交于每一个给定的观测数据 x_i，其中 $i = 1,\cdots,N$。

为了推导确定权系数的公式，我们将式 (2.5.3) 改写为

$$\text{E}\left\{\left(\sum_{k=1}^{N} w_k x_k - \theta\right) x_i\right\} = 0, \qquad i = 1,\cdots,N \tag{2.5.4}$$

注意，观测数据 x_i $(i = 1,\cdots,N)$ 与参数 θ 是相关的，故 $\text{E}\{\theta x_i\}$ 不能写作 $\theta\text{E}\{x_i\}$。

令

$$g_i = \text{E}\{\theta x_i\} \quad 和 \quad R_{ij} = \text{E}\{x_i x_j\}$$

则式 (2.5.4) 可简化为

$$\sum_{k=1}^{N} R_{ik} w_k = g_i, \qquad i = 1,\cdots,N \tag{2.5.5}$$

这一方程称为法方程。若记

$$\boldsymbol{R} = [R_{ij}]_{i,j=1}^{N,N}$$
$$\boldsymbol{w} = [w_1, \cdots, w_N]^{\mathrm{T}}$$
$$\boldsymbol{g} = [g_1, \cdots, g_N]^{\mathrm{T}}$$

则式 (2.5.5) 可以简洁表示为 $\boldsymbol{Rw} = \boldsymbol{g}$，其解为

$$\boldsymbol{w} = \boldsymbol{R}^{-1}\boldsymbol{g} \tag{2.5.6}$$

相关矩阵 $\boldsymbol{R}$ 的非奇异条件是：观测样本 $x_1, \cdots, x_N$ 相互独立。

线性均方估计是一类重要的参数估计方法。当然，在很多情况下，相关函数 $g_i = \mathrm{E}\{\theta x_i\}$ 难于知道，此时就不能使用这种方法。有意思的是，在滤波应用中，我们会遇到与式 (2.5.1) 类似的问题，即希望设计一组滤波器系数 $w_1, \cdots, w_M$，使用它们与随机信号 $x(n)$ 的延迟形式 $x(n-i)$ 的线性组合

$$d(n) = \sum_{i=1}^{M} w_i x(n-i) \tag{2.5.7}$$

逼近一已知的期望信号 $d(n)$。此时，线性均方估计就是可实现的，这是因为 $g_i = \mathrm{E}\{d(n)x(n-i)\}$ 是可以估计的。我们将在第 5 章中详细讨论这种滤波器的线性均方设计问题。

由于采用的是最小均方误差 (MMSE) 准则，故线性均方估计本质上就是一种 MMSE 估计子。正交性原理和线性均方估计在现代信号处理中使用广泛，本书中也将经常用到。

2.6 最小二乘估计

除了线性均方估计外，最小二乘估计是另一种不需要任何先验知识的参数估计方法。

2.6.1 最小二乘估计及其性能

在许多应用中，未知的参数向量 $\boldsymbol{\theta} = [\theta_1, \cdots, \theta_p]^{\mathrm{T}}$ 常可建模成矩阵方程

$$\boldsymbol{A\theta} = \boldsymbol{b} \tag{2.6.1}$$

式中 $\boldsymbol{A}$ 和 $\boldsymbol{b}$ 分别是与观测数据有关的系数矩阵和向量，它们是已知的。这一数学模型包括以下三种情况：

(1) 未知参数的个数与方程个数相等，且矩阵 $\boldsymbol{A}$ 非奇异。此时，矩阵方程 (2.6.1) 称为适定方程 (well-determined equation)，存在唯一解 $\boldsymbol{\theta} = \boldsymbol{A}^{-1}\boldsymbol{b}$；

(2) 矩阵 $\boldsymbol{A}$ 是一“高矩阵”(行数多于列数)，即方程个数多于未知参数个数。此时，矩阵方程 (2.6.1) 称为超定方程 (overdetermined equation)；

(3) 矩阵 $\boldsymbol{A}$ 是一“扁矩阵”(行数少于列数)，即方程个数少于未知参数个数。此时，矩阵方程 (2.6.1) 称为欠定方程 (underdetermined equation)。

在谱估计、系统辨识等中的矩阵方程多为超定方程，这正是本节的讨论对象。

为确定参数估计向量 $\hat{\boldsymbol{\theta}}$，我们选择这样一种准则：使误差的平方和

$$\sum_{i=1}^{N} e_i^2 = \boldsymbol{e}^{\mathrm{T}}\boldsymbol{e} = (\boldsymbol{A}\hat{\boldsymbol{\theta}} - \boldsymbol{b})^{\mathrm{T}}(\boldsymbol{A}\hat{\boldsymbol{\theta}} - \boldsymbol{b}) \tag{2.6.2}$$

为最小。所求得的估计称为最小二乘估计，记作 $\hat{\boldsymbol{\theta}}_{\mathrm{LS}}$。

损失或代价函数 $J = \boldsymbol{e}^{\mathrm{T}}\boldsymbol{e}$ 可展开为

$$J = \hat{\boldsymbol{\theta}}^{\mathrm{T}}\boldsymbol{A}^{\mathrm{T}}\boldsymbol{A}\hat{\boldsymbol{\theta}} + \boldsymbol{b}^{\mathrm{T}}\boldsymbol{b} - \hat{\boldsymbol{\theta}}^{\mathrm{T}}\boldsymbol{A}^{\mathrm{T}}\boldsymbol{b} - \boldsymbol{b}^{\mathrm{T}}\boldsymbol{A}\hat{\boldsymbol{\theta}}$$

求 J 关于 $\hat{\boldsymbol{\theta}}$ 的导数，并令结果等于零，则有

$$\frac{\mathrm{d}J}{\mathrm{d}\hat{\boldsymbol{\theta}}} = 2\boldsymbol{A}^{\mathrm{T}}\boldsymbol{A}\hat{\boldsymbol{\theta}} - 2\boldsymbol{A}^{\mathrm{T}}\boldsymbol{b} = 0$$

这表明，最小二乘估计

$$\boldsymbol{A}^{\mathrm{T}}\boldsymbol{A}\hat{\boldsymbol{\theta}} = \boldsymbol{A}^{\mathrm{T}}\boldsymbol{b} \tag{2.6.3}$$

这一方程有两类不同的解：

(1) 矩阵 $\boldsymbol{A}$ 满列秩时，由于 $\boldsymbol{A}^{\mathrm{T}}\boldsymbol{A}$ 非奇异，最小二乘估计由

$$\hat{\boldsymbol{\theta}}_{\mathrm{LS}} = (\boldsymbol{A}^{\mathrm{T}}\boldsymbol{A})^{-1}\boldsymbol{A}^{\mathrm{T}}\boldsymbol{b} \tag{2.6.4}$$

唯一确定，此时称参数向量 $\boldsymbol{\theta}$ 是唯一可辨识的。

(2) 矩阵 $\boldsymbol{A}$ 秩亏缺时，由不同的 $\boldsymbol{\theta}$ 值均能得到相同的 $\boldsymbol{A\theta}$ 值。因此，虽然向量 $\boldsymbol{b}$ 可以提供有关 $\boldsymbol{A\theta}$ 的某些信息，但我们却无法区别对应于同一 $\boldsymbol{A\theta}$ 值的各个不同的 $\boldsymbol{\theta}$ 值。在这个意义上，称参数向量 $\boldsymbol{\theta}$ 是不可辨识的。更一般地讲，如果某参数的不同值给出在抽样空间上的相同分布，则称这一参数是不可辨识的 [252]。

下面的定理表明，当误差向量的各个分量具有相同的方差，而且各分量不相关时，最小二乘估计在方差最小的意义上是最优的。

定理 2.6.1 (Gauss-Markov 定理) 令 $\boldsymbol{b}$ 是一可 表示为 $\boldsymbol{b} = \boldsymbol{A\theta} + \boldsymbol{e}$ 的随机向量，其中 $\boldsymbol{A}$ 为 $N \times p$ 矩阵 $(N > p)$，其秩等于 p；$\boldsymbol{\theta}$ 是一未知向量，而 $\boldsymbol{e}$ 为一误差向量。若其均值向量 $\mathrm{E}\{\boldsymbol{e}\} = \boldsymbol{0}$，方差矩阵 $\mathrm{var}(\boldsymbol{e}) = \sigma^2\boldsymbol{I}$，其中 σ^2 未知，则对线性参数函数 $\boldsymbol{\beta} = \boldsymbol{c}^{\mathrm{T}}\boldsymbol{\theta}$ 的任何一个其他的无偏估计子 $\tilde{\boldsymbol{\beta}}$，恒有 $\mathrm{E}\{\hat{\boldsymbol{\theta}}_{\mathrm{LS}}\} = \boldsymbol{\theta}$，且 $\mathrm{var}(\boldsymbol{c}^{\mathrm{T}}\hat{\boldsymbol{\theta}}_{\mathrm{LS}}) \leqslant \mathrm{var}(\tilde{\boldsymbol{\beta}})$。

证明 因为 $\mathrm{E}\{\boldsymbol{e}\} = \boldsymbol{0}$ 及 $\mathrm{var}(\boldsymbol{e}) = \sigma^2\boldsymbol{I}$，故可以得到

$$\mathrm{E}\{\boldsymbol{b}\} = \mathrm{E}\{\boldsymbol{A\theta}\} + \mathrm{E}\{\boldsymbol{e}\} = \boldsymbol{A\theta}$$

及

$$\mathrm{var}(\boldsymbol{b}) = \mathrm{var}(\boldsymbol{A\theta} + \boldsymbol{e}) = \mathrm{var}(\boldsymbol{A\theta}) + \mathrm{var}(\boldsymbol{e}) = \mathrm{var}(\boldsymbol{e}) = \sigma^2\boldsymbol{I}$$

因此有

$$\mathrm{E}\{\hat{\boldsymbol{\theta}}_{\mathrm{LS}}\} = \mathrm{E}\left\{(\boldsymbol{A}^{\mathrm{T}}\boldsymbol{A})^{-1}\boldsymbol{A}^{\mathrm{T}}\boldsymbol{b}\right\} = (\boldsymbol{A}^{\mathrm{T}}\boldsymbol{A})^{-1}\boldsymbol{A}^{\mathrm{T}}\mathrm{E}\{\boldsymbol{b}\} = (\boldsymbol{A}^{\mathrm{T}}\boldsymbol{A})^{-1}\boldsymbol{A}^{\mathrm{T}}\boldsymbol{A}\boldsymbol{\theta} = \boldsymbol{\theta}$$

利用这一结果，易得

$$\mathrm{E}\{\boldsymbol{c}^{\mathrm{T}}\hat{\boldsymbol{\theta}}_{\mathrm{LS}}\} = \boldsymbol{c}^{\mathrm{T}}\mathrm{E}\{\hat{\boldsymbol{\theta}}_{\mathrm{LS}}\} = \boldsymbol{c}^{\mathrm{T}}\boldsymbol{\theta} = \boldsymbol{\beta}$$

故 $\boldsymbol{c}^{\mathrm{T}}\hat{\boldsymbol{\theta}}_{\mathrm{LS}}$ 为无偏估计。由于 $\tilde{\boldsymbol{\beta}}$ 是一线性估计子，所以它可以表征为 $\tilde{\boldsymbol{\beta}} = \boldsymbol{w}^{\mathrm{T}}\boldsymbol{b}$，其中 $\boldsymbol{w}$ 为一常数向量。又由于 $\tilde{\boldsymbol{\beta}}$ 是 $\boldsymbol{\beta}$ 的无偏估计子，故对任意 $\boldsymbol{\theta}$ 可得

$$\boldsymbol{w}^{\mathrm{T}}\boldsymbol{A}\boldsymbol{\theta} = \boldsymbol{w}^{\mathrm{T}}\mathrm{E}\{\boldsymbol{b}\} = \mathrm{E}\{\boldsymbol{w}^{\mathrm{T}}\boldsymbol{b}\} = \mathrm{E}\{\widetilde{\boldsymbol{\beta}}\} = \boldsymbol{\beta} = \boldsymbol{c}^{\mathrm{T}}\boldsymbol{\theta}$$

由此得到 $\boldsymbol{w}^{\mathrm{T}}\boldsymbol{A} = \boldsymbol{c}^{\mathrm{T}}$。

比较方差

$$\mathrm{var}(\tilde{\boldsymbol{\beta}}) = \mathrm{var}(\boldsymbol{w}^{\mathrm{T}}\boldsymbol{b}) = \boldsymbol{w}^{\mathrm{T}}\mathrm{var}(\boldsymbol{b}\boldsymbol{w}) = \sigma^2\boldsymbol{w}^{\mathrm{T}}\boldsymbol{w}$$

$$\mathrm{var}(\boldsymbol{c}^{\mathrm{T}}\hat{\boldsymbol{\theta}}_{\mathrm{LS}}) = \sigma^2\boldsymbol{c}^{\mathrm{T}}(\boldsymbol{A}^{\mathrm{T}}\boldsymbol{A})^{-1}\boldsymbol{c} = \sigma^2\boldsymbol{w}^{\mathrm{T}}\boldsymbol{A}(\boldsymbol{A}^{\mathrm{T}}\boldsymbol{A})^{-1}\boldsymbol{A}^{\mathrm{T}}\boldsymbol{w}$$

知，为了证明 $\mathrm{var}(\boldsymbol{c}^{\mathrm{T}}\hat{\boldsymbol{\theta}}_{\mathrm{LS}}) \leqslant \mathrm{var}(\tilde{\boldsymbol{\beta}})$，只需要证明

$$\boldsymbol{w}^{\mathrm{T}}\boldsymbol{A}(\boldsymbol{A}^{\mathrm{T}}\boldsymbol{A})^{-1}\boldsymbol{A}^{\mathrm{T}}\boldsymbol{w} \leqslant \boldsymbol{w}^{\mathrm{T}}\boldsymbol{w}$$

或等价证明 $\boldsymbol{F} = \boldsymbol{I} - \boldsymbol{A}(\boldsymbol{A}^{\mathrm{T}}\boldsymbol{A})^{-1}\boldsymbol{A}^{\mathrm{T}}$ 是半正定的。容易验证 $\boldsymbol{F}^2 = \boldsymbol{F}\boldsymbol{F} = \boldsymbol{F}$，即 $\boldsymbol{F}$ 为幂等矩阵，而任何一个幂等矩阵都是半正定的 [135]。于是，定理得证。 ■

2.6.2 加权最小二乘估计

定理 2.6.1 表明，当误差向量 $\boldsymbol{e}$ 的各分量不仅具有相同的方差，而且还不相关时，最小二乘估计 $\hat{\boldsymbol{\theta}}_{\mathrm{LS}} = (\boldsymbol{A}^{\mathrm{T}}\boldsymbol{A})^{-1}\boldsymbol{A}^{\mathrm{T}}\boldsymbol{b}$ 具有最小的估计方差，因而是最优的。如果误差向量各分量具有不同的方差，或者各分量之间相关时，最小二乘估计就不再具有最小的估计方差，因而不会是最优的。那么，在这样的情况下，如何求出具有最小方差的估计子呢？

为了克服最小二乘估计的这一缺陷，考虑对其损失函数——误差平方和进行改造：使用“加权误差平方和”作为新的损失函数

$$Q(\boldsymbol{\theta}) = \boldsymbol{e}^{\mathrm{T}}\boldsymbol{W}\boldsymbol{e} \tag{2.6.5}$$

并简称为加权误差函数，式中 $\boldsymbol{W}$ 为加权矩阵。与最小二乘估计使 $J = \boldsymbol{e}^{\mathrm{T}}\boldsymbol{e}$ 最小化不同，现在考虑使加权误差函数 $Q(\boldsymbol{\theta})$ 最小化。使用这一准则得到的估计子称为加权最小二乘估计子，并记作 $\hat{\boldsymbol{\theta}}_{\mathrm{WLS}}$。为了确定加权最小二乘估计，将 $Q(\boldsymbol{\theta})$ 展开为

$$Q(\boldsymbol{\theta}) = (\boldsymbol{b} - \boldsymbol{A}\boldsymbol{\theta})^{\mathrm{T}}\boldsymbol{W}(\boldsymbol{b} - \boldsymbol{A}\boldsymbol{\theta}) = \boldsymbol{b}^{\mathrm{T}}\boldsymbol{W}\boldsymbol{b} - \boldsymbol{\theta}^{\mathrm{T}}\boldsymbol{A}^{\mathrm{T}}\boldsymbol{W}\boldsymbol{b} - \boldsymbol{b}^{\mathrm{T}}\boldsymbol{W}\boldsymbol{A}\boldsymbol{\theta} + \boldsymbol{\theta}^{\mathrm{T}}\boldsymbol{A}^{\mathrm{T}}\boldsymbol{W}\boldsymbol{A}\boldsymbol{\theta}$$

然后求 $Q(\boldsymbol{\theta})$ 相对于 $\boldsymbol{\theta}$ 的导数，并令结果等于零，即有

$$\frac{\mathrm{d}Q(\boldsymbol{\theta})}{\mathrm{d}\boldsymbol{\theta}} = -2\boldsymbol{A}^{\mathrm{T}}\boldsymbol{W}\boldsymbol{b} + 2\boldsymbol{A}^{\mathrm{T}}\boldsymbol{W}\boldsymbol{A}\boldsymbol{\theta} = 0$$

由此得到加权最小二乘估计满足的条件

$$\boldsymbol{A}^{\mathrm{T}}\boldsymbol{W}\boldsymbol{A}\hat{\boldsymbol{\theta}}_{\mathrm{WLS}}=\boldsymbol{A}^{\mathrm{T}}\boldsymbol{W}\boldsymbol{b}$$

假定 $\boldsymbol{A}^{\mathrm{T}}\boldsymbol{W}\boldsymbol{A}$ 非奇异，则 $\hat{\boldsymbol{\theta}}_{\mathrm{WLS}}$ 可由

$$\hat{\boldsymbol{\theta}}_{\mathrm{WLS}}=(\boldsymbol{A}^{\mathrm{T}}\boldsymbol{W}\boldsymbol{A})^{-1}\boldsymbol{A}^{\mathrm{T}}\boldsymbol{W}\boldsymbol{b} \tag{2.6.6}$$

确定。问题是：如何选择加权矩阵 $\boldsymbol{W}$？

假定误差向量的方差 $\mathrm{var}(\boldsymbol{e})$ 具有一般的形式 $\sigma^2\boldsymbol{V}$，其中 $\boldsymbol{V}$ 是一已知的正定矩阵。由于 $\boldsymbol{V}$ 正定，所以可将它表示成 $\boldsymbol{V}=\boldsymbol{P}\boldsymbol{P}^{\mathrm{T}}$，其中 $\boldsymbol{P}$ 非奇异。令 $\boldsymbol{\epsilon}=\boldsymbol{P}^{-1}\boldsymbol{e}$ 和 $\boldsymbol{x}=\boldsymbol{P}^{-1}\boldsymbol{b}$，则使用 $\boldsymbol{P}^{-1}$ 左乘原观测模型 $\boldsymbol{b}=\boldsymbol{A}\boldsymbol{\theta}+\boldsymbol{e}$ 后，即有

$$\boldsymbol{x}=\boldsymbol{P}^{-1}\boldsymbol{A}\boldsymbol{\theta}+\boldsymbol{\epsilon}=\boldsymbol{B}\boldsymbol{\theta}+\boldsymbol{\epsilon} \tag{2.6.7}$$

式中 $\boldsymbol{B}=\boldsymbol{P}^{-1}\boldsymbol{A}$。有意思的是，新的观测模型 (2.6.7) 的误差向量 $\boldsymbol{\epsilon}$ 的方差矩阵

$$\mathrm{var}(\boldsymbol{\epsilon})=\mathrm{var}(\boldsymbol{P}^{-1}\boldsymbol{e})=\boldsymbol{P}^{-1}\mathrm{var}(\boldsymbol{e})\boldsymbol{P}^{-\mathrm{T}}=\boldsymbol{P}^{-1}\sigma^2\boldsymbol{P}\boldsymbol{P}^{\mathrm{T}}\boldsymbol{P}^{-\mathrm{T}}=\sigma^2\boldsymbol{I} \tag{2.6.8}$$

式中 $\boldsymbol{P}^{-\mathrm{T}}=(\boldsymbol{P}^{-1})^{\mathrm{T}}$。式 (2.6.8) 表明，新的误差向量 $\boldsymbol{\epsilon}=\boldsymbol{P}^{-1}\boldsymbol{e}$ 的各分量是不相关的，并且具有相同的方差。因此，采用 $\boldsymbol{x},\boldsymbol{B}$ 和 $\boldsymbol{\epsilon}$ 之后，观测模型 $\boldsymbol{x}=\boldsymbol{B}\boldsymbol{\theta}+\boldsymbol{\epsilon}$ 恰好变成了定理 2.6.1 中的模型，并且满足定理的条件。于是，定理 2.6.1 可以适用于新的模型，即最小二乘估计

$$\hat{\boldsymbol{\theta}}_{\mathrm{LS}}=(\boldsymbol{B}^{\mathrm{T}}\boldsymbol{B})^{-1}\boldsymbol{B}^{\mathrm{T}}\boldsymbol{x}=(\boldsymbol{A}^{\mathrm{T}}\boldsymbol{V}^{-1}\boldsymbol{A})^{-1}\boldsymbol{A}^{\mathrm{T}}\boldsymbol{V}^{-1}\boldsymbol{b} \tag{2.6.9}$$

具有最小方差，是最优估计子。比较式 (2.6.9) 与式 (2.6.6) 易知，为了获得 $\boldsymbol{\theta}$ 的最优加权最小二乘估计，只需要选择加权矩阵 $\boldsymbol{W}$ 满足条件

$$\boldsymbol{W}=\boldsymbol{V}^{-1} \tag{2.6.10}$$

即加权矩阵应取作 $\boldsymbol{V}$ 的逆矩阵，其中 $\boldsymbol{V}$ 由误差向量的方差矩阵 $\mathrm{var}(\boldsymbol{e})=\sigma^2\boldsymbol{V}$ 决定。

除了最小二乘和加权最小二乘方法外，还有另外两种最小二乘的变型——广义最小二乘方法和总体最小二乘方法，将在第 4 章中对它们作详细的介绍。

本 章 小 结

许多信号处理问题都归结为参数估计，本章首先讨论了参数估计子几种最基本的性能：无偏估计、渐近无偏估计和有效性。然后，又从最优估计子的评价标准出发，介绍了品质函数的方差——Fisher 信息以及方差的下界——Cramer-Rao 不等式。在随后的几节里，则依次介绍了 Bayes 估计、最大似然估计、线性均方估计和最小二乘估计这几种最主要的参数估计方法。

和第 1 章一样，本章的内容也是现代信号处理的理论基础。掌握了这些基础知识之后，将会给后面学习现代信号处理的具体理论、方法与应用带来诸多的方便。

习　题

2.1 x 是一正态或高斯随机变量，其概率密度函数为

$$f(x)=\frac{1}{\sqrt{2\pi}\sigma}\mathrm{e}^{-\frac{(x-\mu)^2}{2\sigma^2}}$$

试证明 μ 和 σ^2 分别是 x 的均值和方差。

2.2 零均值的正态随机变量 x 的概率密度函数为

$$f(x)=\frac{1}{\sqrt{2\pi}\sigma}\mathrm{e}^{-\frac{x^2}{2\sigma^2}}$$

试证明 x 的 n 阶矩由下式给出：

$$\mathrm{E}\{x^n\}=\begin{cases}0, & n=2k+1\\ 1\cdot 3\cdots(n-1)\sigma^2, & n=2k\end{cases}$$

2.3 一随机信号 $x(t)$ 的观测值为 $x(1),x(2),\cdots$。若 $\bar{x}_k$ 和 s_k^2 分别是利用 k 个观测数据 $x(1),\cdots,x(k)$ 得到的样本均值 $\bar{x}_k=\frac{1}{k}\sum\limits_{i=1}^{k}x(i)$ 和样本方差 $s_k^2=\frac{1}{k}\sum\limits_{i=1}^{k}[x(i)-\bar{x}_k]^2$。假定增加一个新的观测值 $x(k+1)$，希望用 $x(k+1),\bar{x}_k$ 和 s_k^2 求 $\bar{x}_{k+1}$ 和 $\hat{s}_{k+1}^2$ 的估计值。这样的估计公式称为更新公式，试求样本均值 $\bar{x}_{k+1}$ 和样本方差 s_{k+1}^2 的更新公式。

2.4 令 $\{x(n)\}$ 是一平稳过程，其均值为 $\mu=\mathrm{E}\{x(n)\}$。给定 N 个相互独立的观测样本 $x(1),\cdots,x(N)$，试证明：

(1) 样本均值 $\bar{x}=\frac{1}{N}\sum\limits_{n=1}^{N}x(n)$ 是均值 $\bar{x}$ 的无偏估计；

(2) 样本方差 $s^2=\frac{1}{N-1}\sum\limits_{n=1}^{N}[x(n)-\bar{x}]^2$ 是真实方差 $\sigma^2=\mathrm{E}\{[x(n)-\mu]^2\}$ 的无偏估计。

2.5 一观测过程由 $x(n)=A+v(n)$ 定义，其中 A 是一未知的常量参数，而 $v(n)$ 是高斯白噪声，均值为零，方差为 σ^2。若 $\hat{A}$ 是根据 $x(1),\cdots,x(N)$ 得到的参数估计值，求其估计方差的 Cramer-Rao 下界。

2.6 一随机过程由 $x(n)=A+Bn+v(n)$ 描述，其中 $v(n)$ 为高斯白噪声，均值为零、方差等于 σ^2，而 A 和 B 是两个待估计的未知参数。求估计子 $\hat{A}$ 和 $\hat{B}$ 的估计方差的 Cramer-Rao 下界。

2.7 令接收信号为 $y_i=s+w_i, i=1,\cdots,N$，其中 $w_i\sim N(0,\sigma^2)$ 是一高斯白噪声过程，均值为 0，方差为 σ^2。假定信号 s 和噪声方差 σ^2 未知，求 s 和 σ^2 的最大似然估计和 σ^2 的估计方差 $\mathrm{var}(\hat{\sigma}^2)$ 的 Cramer-Rao 下界。

2.8 观测样本由 $y_i=s+w_i, i=1,\cdots,N$ 给出，其中 w_i 是零均值的高斯白噪声，具有单位方差。已知信号 s 的概率密度函数为

$$f(s)=\frac{1}{\sqrt{2\pi}}\mathrm{e}^{-s^2/2}$$

求最小均方误差 (MMSE) 估计 $\hat{s}_{\mathrm{MMSE}}$ 和最大后验概率估计 $\hat{s}_{\mathrm{MAP}}$。

2.9 令接收信号由下式给出：

$$y_i = A\cos(\omega_c i + \phi) + w_i, \quad i = 1, \cdots, N$$

式中 $w_i \sim N(0,1)$，即 w_i 是零均值和单位方差的高斯噪声，ω_c 为载波角频率，而 θ 是未知的相位。假设 $w_1, \cdots, w_N$ 相互独立，求未知相位的最大似然估计 $\hat{\theta}_{\mathrm{ML}}$。

2.10 考查一未知的实随机向量 $\boldsymbol{x}$，试求其线性均方估计 $\hat{\boldsymbol{x}}$。

2.11 令未知的随机变量服从均匀分布，其概率分布为

$$f(x) = \begin{cases} 1, & 0 \leqslant x \leqslant 1 \\ 0, & \text{其他} \end{cases}$$

在没有其他信息的情况下，我们用一常数作为随机变量 x 的线性均方估计。求该均方估计。

2.12 给定 n 个独立的随机变量 $x_1, \cdots, x_n$，它们具有相同的均值 μ 和不同的方差 $\sigma_1^2, \cdots, \sigma_n^2$。现在用 n 个常数 $a_1, \cdots, a_n$ 拟合这些随机变量，即

$$z = \sum_{i=1}^{n} a_i x_i$$

若希望 $\mathrm{E}\{z\} = \mu$ 和 σ_z^2 最小，求 $a_1, \cdots, a_n$。

2.13 一飞行器在某段时间从初始位置 α，以恒定速度 β 沿直线移动。飞行器的观测位置由 $y_i = \alpha + \beta i + w_i$, $i = 1, \cdots, N$ 给出，其中 $w(i)$ 为随机变量，其均值等于零。今有 10 个观测值 $y_1 = 1, y_2 = 2, y_3 = 2, y_4 = 4, y_5 = 4, y_6 = 8, y_7 = 9, y_8 = 10, y_9 = 12, y_{10} = 13$。求飞行器初始位置 α 和飞行速度 β 的最小二乘估计。

2.14 考虑多类目标信号的可识别性 [100]。假定有 c 类目标信号，在训练阶段已获得 $N = N_1 + \cdots + N_c$ 个特征向量 $\boldsymbol{s}_{N_1}, \cdots, \boldsymbol{s}_{N_c}$，其中 $\boldsymbol{s}_{N_i}$ 表示属于第 i 类目标的 N_i 个特征向量，其维数是 $Q \times 1$。当一个特征向量 $\boldsymbol{s}$ 属于第 i 类目标的特征向量时，我们将其记作 $\boldsymbol{s} \in \mathcal{X}_i$。定义类内散布矩阵

$$\boldsymbol{S}_w = \sum_{i=1}^{c} \boldsymbol{S}_i$$

式中

$$\boldsymbol{S}_i = \sum_{s \in \mathcal{X}_i} (\boldsymbol{s} - \boldsymbol{m}_i)(\boldsymbol{s} - \boldsymbol{m}_i)^{\mathrm{T}}$$

且 $\boldsymbol{m}_i = \frac{1}{N} \sum_{s \in \mathcal{X}_i} \boldsymbol{s}_i$ 表示第 i 类特征向量的均值或中心。类似地，类间散布矩阵定义为

$$\boldsymbol{S}_b = \sum_{i=1}^{c} N_i (\boldsymbol{m}_i - \boldsymbol{m})(\boldsymbol{m}_i - \boldsymbol{m})^{\mathrm{T}}$$

式中 $\boldsymbol{m}$ 是 $N = N_1 + \cdots + N_c$ 个特征向量的总体均值向量，即

$$\boldsymbol{m} = \frac{1}{N} \sum_{i=1}^{N} \boldsymbol{s}_i = \frac{1}{N} \sum_{i=1}^{c} N_i \boldsymbol{m}_i$$

令 $\boldsymbol{U}$ 为 $Q \times Q$ 维类可识别矩阵，而等价函数

$$J(\boldsymbol{U}) = \frac{\prod_{\text{diag}} \boldsymbol{U}^{\mathrm{T}} \boldsymbol{S}_b \boldsymbol{U}}{\prod_{\text{diag}} \boldsymbol{U}^{\mathrm{T}} \boldsymbol{S}_w \boldsymbol{U}}$$

定义为评价已知的 N 个特征向量的类可识别的有效性测度，试求类可识别矩阵 $\boldsymbol{U}$ 的解。

2.15 令 $\boldsymbol{y}$ 为一测量数据向量，它服从下面的观测方程：

$$\boldsymbol{y} = \boldsymbol{H}\boldsymbol{x} + \boldsymbol{v}$$

式中 $\boldsymbol{H}$ 为观测矩阵，$\boldsymbol{x}$ 代表不可观测的状态向量，而 $\boldsymbol{v}$ 是加性观测噪声向量。假定观测噪声向量服从高斯分布

$$f(\boldsymbol{v}) = \frac{1}{\sqrt{(2\pi)^p |\boldsymbol{R}|}} \exp\left(-\frac{1}{2}\boldsymbol{v}^{\mathrm{T}}\boldsymbol{R}^{-1}\boldsymbol{v}\right)$$

式中 $\boldsymbol{R}$ 是观测噪声向量的协方差矩阵；$|\boldsymbol{R}|$ 为行列式。求未知状态向量 $\boldsymbol{x}$ 的最大似然估计 $\hat{\boldsymbol{x}}$ 和估计误差向量 $\boldsymbol{e} = \boldsymbol{x} - \hat{\boldsymbol{x}}$ 的协方差矩阵 $\boldsymbol{P}_e$。这一问题称为线性高斯测量情况下的最大似然估计 [168]。

2.16 图题 2.16 画出了一个模拟高斯测量噪声下的最大似然估计的电路 [168]。

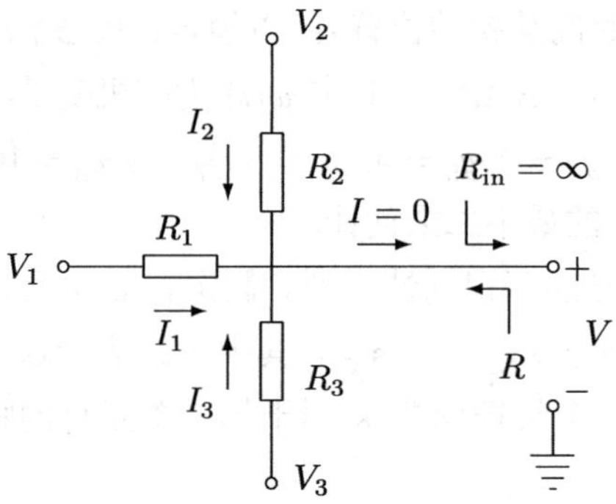

图题 2.16 模拟最大似然估计的电路

图中，电压 V_i 加在电阻 R_i 的一端和地之间。各个电阻的另一端连接于公共点。若 $R_{\text{in}} = \infty$，求输出电压 V。

2.17 假定观测向量可以用 $\boldsymbol{y} = \boldsymbol{A}\boldsymbol{\theta} + \boldsymbol{e}$ 表示，其中 $N \times p$ 矩阵 $\boldsymbol{A}$ 的秩等于 p，并且 $\mathrm{E}\{\boldsymbol{e}\} = 0$ 和 $\mathrm{var}(\boldsymbol{e}) = \sigma^2\boldsymbol{\Sigma}$（$\boldsymbol{\Sigma}$ 为正定矩阵）。令

$$\hat{\boldsymbol{\theta}}_{\text{WLS}} = (\boldsymbol{A}^{\mathrm{T}}\boldsymbol{\Sigma}^{-1}\boldsymbol{A})^{-1}\boldsymbol{A}^{\mathrm{T}}\boldsymbol{\Sigma}^{-1}\boldsymbol{y}$$

是 $\boldsymbol{\theta}$ 的加权最小二乘估计。证明

$$\hat{\sigma}^2 = \frac{1}{N-p}(\boldsymbol{y} - \boldsymbol{A}\hat{\boldsymbol{\theta}}_{\text{WLS}})^{\mathrm{T}}\boldsymbol{\Sigma}^{-1}(\boldsymbol{y} - \boldsymbol{A}\hat{\boldsymbol{\theta}}_{\text{WLS}})$$

是 σ^2 的无偏估计。

第3章　信号检测

通过观测数据判断信号是否存在，这一问题称为信号检测，它本质上是一种统计假设检验。所谓统计假设，就是关于我们感兴趣的一个总体的某个未知特征的主张。检验一个统计假设的根本任务即是：决定关于某个未知特征的主张是否为随机试验的观测样本所支持。通常，这一主张涉及的是采样的随机分布的某个未知参数或者某个未知函数。样本数据是否在统计意义上支持该主张的决定是根据概率作出的。简而言之，如果面对观测数据提供的证据，某个主张正确的机会大，就接受它；否则，便拒绝它。

通过将信号检测视为统计假设检验问题，就可以采用一种通用的数学框架讨论和分析不同情况下的信号检测。本章正是从这一视角出发，对信号检测的有关理论、方法与应用展开讨论。

3.1　统计假设检验

从理论层面讲，信号检测理论 (signal detection theory, SDT) 是一种统计假设检验理论：通过分析来自实验的数据，对模棱两可的刺激源 (或称响应) 作出判决：它究竟是由某个已知过程产生的信号，抑或仅仅是噪声而已。信号检测理论广泛应用于差异悬殊的众多邻域：从心理学 (心理物理学、感知、记忆)、医疗诊断 (症状是否与作出的诊断匹配，还是不相关) 到无线通信 (发射的二进制码是 0，还是 1)、雷达 (显示屏上的亮点是飞机、导弹目标，还是杂波干扰)。

心理学家最早将信号检测理论应用于感知的研究，其目的是识别信号 (刺激) 与噪声 (无刺激)，例如：记忆识别 (旧的和新的物品)、测谎 (谎言与真实) 等。

3.1.1　信号检测的基本概念

图 3.1.1 画出了信号检测的基本过程。

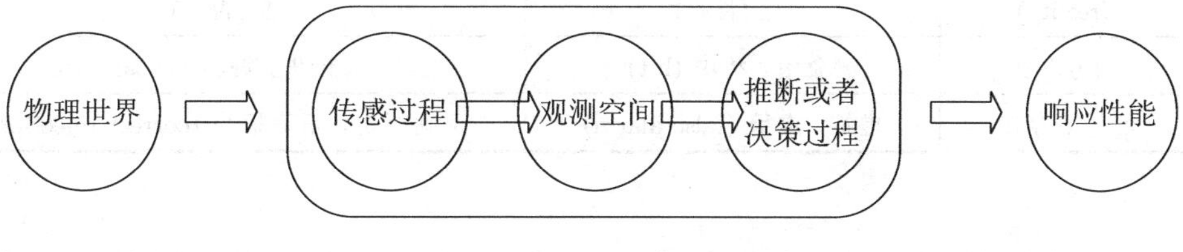

图 3.1.1　信号检测过程

传感过程由传输和感知两个过程组成：物理世界的信 (号) 源经过传输和转换，变成可以观测的数据；然后通过传感单元感知或观测。

被感知的物理过程或现象称为刺激源，感知或传感结果称为观测数据。由于单个数据难以做出正确的统计决策，所以有必要使用一组观测数据 $y_1, y_2, \cdots, y_N$，经由检测单元对该组观测数据做出统计推断或者决策。得到的推断或决策结果称为响应。这一响应通过显示单元输出。

从计算角度看，信号检测理论是一种计算框架 (computational framework)，它描述如何从噪声中抽取信号，同时对可能影响抽取过程的偏差和其他因素作出解释。最近，信号检测理论已经成功地用于描述人脑是如何利用环境和感知，通过感觉信号的人脑自身的内部过程来克服噪声的 [120]。

需要注意的是，信号和噪声的概念并非一定是实际的信号和噪声，有时它们只是某些隐喻。一般说来，将通常发生的事物约定为信号，而偶然发生的事物则隐喻为噪声。例如，在记忆识别的实验中，参与者需要判断当前看到的刺激源是否是以前业已存在的 [2]：这里，信号对应为被记忆的刺激源产生的熟悉感觉，而噪声则代表一个新刺激源产生的感觉。又如，在肿瘤检测中，回声清晰的信号通常表示良性肿瘤，而回声模糊或者混浊的响应则隐喻恶性肿瘤 (癌)。为了叙述的方便，下面将以信号和噪声区分检测对象。

在信号检测中，现实情况分为信号存在和不存在两种情况，其中信号不存在对应为噪声存在。决策或判决结果要么“是”(肯定)，要么“否”(否定)，为择一判决。因此，会出现以下四种判决结果：

(1) 现实是信号存在，判决为“是”。这一正确判决称为“命中”或者“猜中”(hit)。

(2) 现实是信号存在，但判决为“否”，即否认信号存在。这一错误判决称为“错失、漏检或漏判”(miss)。漏检在雷达等军事应用中，常称为“漏警”。

(3) 现实是信号不存在，但判决为“是”(肯定信号存在)。这一错误判决称为虚报或者虚警 (false alarm, FA)。

(4) 现实是信号不存在，判决为“否”(否认信号存在)。这一正确判决称为正确否定或者正确拒绝 (correct rejection, CR)。

表 3.1.1 列出了信号检测理论的上述四种可能结果。

表 3.1.1　信号检测理论的四种可能结果 [2]

现实	决策 (decision)	
(reality)	是 (肯定)	否 (否定)
信号存在	命中，猜中 (hit)	错失，漏检 (miss)
信号不存在	虚惊，虚警 (false alarm)	正确否定，正确拒绝 (correct rejection)

注意，在不同的应用中，错误判决带来的后果可能是大相径庭的：在无线通信中，将发射的二进制码 1 判决为 0，或者 0 判决为 1，都属于误码，误判后果无轻重之分。然而，在雷达、声纳等军事应用中，信号 (敌方飞机或导弹等) 存在时的错误判决 (漏警) 比信号不存在

时的错误判决 (虚警) 的后果要严重得多。类似地，在肿瘤检测中，良性判决为恶性，给病人将带来严重的思想负担；而恶性肿瘤判决为良性，则往往会延误病人的医治，后果可能是致命的。

某个刺激源或响应在实验总次数所占的比例 (proportion) 又称频次 (frequency) 或者概率 (probability)。

信号检测理论中的四种响应发生的相对频次不是彼此无关的。例如，当信号存在时，命中的比例与漏检的比例之和等于 1 (表 3.1.1 的第 3 行)。反之，若信号不存在，则虚警的比例与正确否定的比例之和等于 1 (表 3.1.1 的第 4 行)。

一个总是说“否”的参与者能够百分之百正确否定，但却永远不可能命中，即总是漏警 (表 3.1.1 的第 3 列)。相反，一个总是说“是”的参与者总是能够猜中信号的存在，但却永远不可能正确否定，即总是虚警 (表 3.1.1 的第 2 列)。

信号与噪声识别的主要错误来源有以下三种：

(1) 刺激源可能超出了标准的可视窗口 (信号 $\leqslant$ 噪声)：例如紫外线，可视窗口减小 (实验或者生理上的)，又如色盲等。

(2) 刺激源可能被外部噪声所“掩蔽”，造成信噪比减小。此时，又分为以下两种情况。

① 噪声增大 (外部噪声严重影响检测机制) 或者空间/时间模糊性增加 (例如泥浆溅射效应)。

② 信号减小 (外部噪声激活了抑制机制，导致信号的边缘掩蔽)。

(3) 换能器或传感器的变化 (实验或神经诱导的增益控制效果、规范化失败)。

所谓“统计推断”，系指对随机变量的统计特性 (如概率分布等) 的有关假设作出推断。这些假设可能产生于对随机现象的实际观察或者理论分析。本质上，假设是关于感兴趣的一个主体的某个未知特征的主张，常用拉丁字母 H 表示统计假设。下面是几个简单的例子。

例 3.1.1 关于目标信号的存在，可以提出下列的假设：

$$\begin{cases} H_0: \text{目标信号不存在} \\ H_1: \text{目标信号存在} \end{cases}$$

例 3.1.2 关于运动员兴奋剂的检查，一般会有以下两种主张：

$$\begin{cases} H_0: \text{结果为阴性} \\ H_1: \text{结果为阳性} \end{cases}$$

例 3.1.3 关于某随机变量 ξ 的概率分布，可能有以下主张或者假设：

$$\begin{cases} H_0: \xi \text{ 服从正态分布} \\ H_1: \xi \text{ 服从指数分布} \\ H_2: \xi \text{ 服从 } \chi^2 \text{ 分布} \end{cases}$$

在上面的例子中，目标信号、兴奋剂和概率分布就是我们感兴趣的总体，而存在、阴性和正态分布分别是这些总体的未知特征。

只有两个统计假设 H_0 和 H_1 的问题称为二元统计假设检验问题，如例 3.1.1 和例 3.1.2。通常，这两个统计假设不可能同时为真：要么 H_0 真实而 H_1 不真实；要么 H_1 真实而 H_0 不真实。这样两个非此即彼的假设称为二者必居其一假设或互斥假设。一般说来，我们感兴趣的随机事件是偶发的，因此关于随机事件不发生的假设为基本假设。例如，在雷达预警中，目标飞机的出现是偶发事件；在兴奋剂检查中，阳性只是极少数的；在概率分布中，高斯 (或正态) 分布为常见的分布等。习惯使用 H_0 表示随机事件不发生的基本假设，H_1 表示随机事件偶然发生的假设。基本假设 H_0 称为零假设 (null hypothesis) 或原 (始) 假设 (original hypothesis)，与之对立的假设 H_1 称为备择假设 (alternative hypothesis) 或对立假设。

具有两个以上统计假设的问题称为多元统计假设检验问题，如例 3.1.3。本章主要讨论二元统计假设检验问题，最后两节分别介绍多元假设检验和多重假设检验。

3.1.2 信号检测理论测度

信号检测理论测度 (SDT measure) 可以用比率或者概率表示。

1. 比率测度

使用比率表示的测度有命中率和虚警率。

(1) 命中率 (hit rate)

$$R_{\mathrm{H}} = \frac{\text{命中次数}}{\text{信号出现的总次数}} \tag{3.1.1}$$

(2) 虚警率 (false-alarm rate)

$$R_{\mathrm{F}} = \frac{\text{虚警次数}}{\text{噪声出现的总次数}} \tag{3.1.2}$$

2. 概率测度

使用概率表示的测度通常用函数形式表示，称为测度函数。测度函数有两种：ϕ 函数和逆 ϕ 函数 (inverse phi function)。

(1) ϕ 函数：将 z 评分转变为概率的函数。ϕ 函数决定位于 z 评分左侧的正态分布部分。z 越大，则概率越高。例如，$\phi(-1.64) = 0.05$ 意味着与 z 评分 -1.64 对应的概率为 0.05。

将 z 评分转变为概率的另一函数决定位于 z 评分右侧的正态分布部分，称为 z 检验。z 评分越大，z 检验表示的概率越小。

(2) 逆 ϕ 函数：ϕ 函数的逆函数简称逆 ϕ 函数，用符号 ϕ^{-1} 记之。逆 ϕ 函数将概率转变为 z 评分。例如，$\phi^{-1}(0.05) = -1.64$ 意味着 0.05 的单侧概率对应的 z 评分为 -1.64。

在二元假设检验中，通常先由 N 个观测数据 $y_1, \cdots, y_N$ 得到某次试验的证据量 Y；然后将此证据量与某个阈值 λ 比较，作出检验决策。阈值 λ 也称判据参数。由于证据量 Y 不是一个固定值，而是随机变量，所以很自然应该用几率或概率作为衡量根据某个证据量做出的判决结果的测度。

H_j 假设条件下 H_i 假设成立的判决记作 $(H_i|H_j)$，相对应的概率测度常用条件概率 $P(H_i|H_j)$ 表示，读作“实际情况为 H_j 假设，判决结果为 H_i 假设成立的概率”。在二元假设检验中，有以下四种检测概率：

(1) 虚警概率 $P(H_1|H_0)=P_{\rm F}$：实际为 H_0 假设，判决结果却为 H_1 假设的概率，定义为

$$P(H_1|H_0)=P_{\rm F}=P(Y>\lambda|H_0)=\int_{\lambda}^{\infty}p(y|H_0){\rm d}y \tag{3.1.3}$$

式中 $p(y|H_0)$ 和 $p(y|H_1)$ 分别是在 H_0 和 H_1 假设下观测数据 y 的条件分布密度函数。

(2) 拒绝概率 $P(H_0|H_0)$：实际为 H_0 假设，判决结果亦为 H_0 假设的概率，定义为

$$P(H_0|H_0)=P(Y<\lambda|H_0)=\int_{-\infty}^{\lambda}p(y|H_0){\rm d}y \tag{3.1.4}$$

(3) 命中概率 $P(H_1|H_1)$：实际为 H_1 假设，判决结果亦为 H_1 假设的概率，定义为

$$P(H_1|H_1)=P_{\rm H}=P(Y>\lambda|H_1)=\int_{\lambda}^{\infty}p(y|H_1){\rm d}y \tag{3.1.5}$$

(4) 漏检或漏警概率 $P(H_0|H_1)$：实际为 H_1 假设，判决结果为 H_0 假设的概率，定义为

$$P(H_0|H_1)=P(Y<\lambda|H_1)=\int_{-\infty}^{\lambda}p(y|H_1){\rm d}y \tag{3.1.6}$$

虚警概率与拒绝概率之和等于 1，命中概率与漏警概率之和也为 1，即有

$$P(H_1|H_0)+P(H_0|H_0)=1 \quad 和 \quad P(H_1|H_1)+P(H_0|H_1)=1 \tag{3.1.7}$$

以上定义表明，四种概率测度都受信号检测模型的判据参数 λ 的控制 (参见图 3.1.2)。

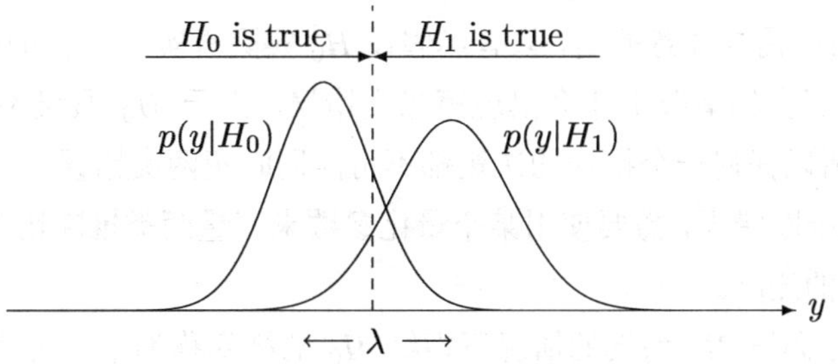

图 3.1.2 λ 参数的影响

(1) 分布密度重叠的影响 若条件分布密度函数 $p(y|H_0)$ 和 $p(y|H_1)$ 重叠部分越少，则命中概率 $P_{\rm H}$ 越高，并且虚警概率 $P_{\rm F}$ 越低。反之，若两种分布重叠部分越多，则命中概率越低，而虚警概率越高。

(2) 判据 λ 的影响 若 λ 向条件分布密度的左侧移动即 λ 增大，则 $P_{\rm H}$ 和 $P_{\rm F}$ 同时变大；反之，若 λ 向条件分布密度的右侧移动即 λ 减小，则 $P_{\rm H}$ 和 $P_{\rm F}$ 同时变小。

由于零假设 H_0 为基本假设，所以拒绝 H_0 假设的问题便成为信号检测的重点。关于零假设 H_0 的拒绝，存在两种可能的决策：拒绝 H_0 或未能拒绝 H_0。根据实际状况，每一种决策又有两种可能的结果：

$$拒绝\ H_0\begin{cases}当\ H_0\ 真实时,\\ 当\ H_0\ 不真实时;\end{cases}\qquad 未能拒绝\ H_0\begin{cases}当\ H_0\ 真实时,\\ 当\ H_0\ 不真实时。\end{cases}$$

需要注意的是，未能拒绝 H_0 假设并不等同于接受 H_0 假设。例如，在雷达组网预警中，最简单的数据融合方法是：根据多部雷达决策的投票结果，才能最终决定是否拒绝 H_0 假设。少数雷达未能拒绝 H_0 假设，并不代表雷达组网就应该接受无目标飞机存在的判断。又如，在例 3.1.2 中，未能拒绝关于某个运动员的兴奋剂检测的 H_0 假设只代表“疑似阴性”的判断，应该建议再作进一步检查，以确认是否可以完全排除兴奋剂检测阳性的可能。

必须强调的是，关于一个统计假设的决策本质上是基于观测数据的统计量的一个推断过程。然而，由于观测噪声或误差的存在以及观测数据长度的限制，所以不可避免地会存在统计量的估计误差，这就导致我们难免会出现统计推断上的错误。也就是说，拒绝 H_0 假设的决策并不意味着 H_0 假设就一定不真实，有时它实际上是真实的，只是我们的推断偶尔犯了错误。类似地，未能拒绝 H_0 的决策也不意味着 H_0 就一定是真实的，因为有可能也是我们的推断偶然出错。

如果决策的结果为拒绝 H_0 假设，则我们要么拒绝了本来真实的情况 (错误决策)，要么拒绝了原本虚假的情况 (正确决策)。类似地，如果我们未能拒绝 H_0 假设，则决策的结果要么未能拒绝原本真实的情况 (正确决策)，要么未能拒绝原来虚假的情况 (错误决策)。因此，无论决策是拒绝还是未能拒绝 H_0 假设，都有可能做出违背真实的推断。这样的错误统称推断错误。

拒绝实际为真的 H_0 假设所犯的推断错误称为第一类错误 (type I error 或 error of first kind)，而未能拒绝实际不真实的 H_0 假设所犯的推断错误称作第二类错误 (type II error 或 error of second kind)。需要注意的是，只有当假设 H_0 实际真实时，才可能犯第一类错误；也只有在假设 H_0 不真实的情况下才会出现第二类错误。由于 H_0 假设不可能同时既是真实的，又是虚假的，所以任何一个错误的决策都不可能同时犯两类错误，只能是其中之一。

为了定量刻画推断错误，需要使用某个量化参数来度量两类推断错误的几率。统计概率就是这样一种合适的测度。

定义 3.1.1 在假设 H_0 为真的情况下拒绝 H_0 的概率称为第一类错误概率，常用符号 α 表示。

定义 3.1.2 在假设 H_0 不真实的情况下未能拒绝 H_0 的概率称为第二类错误概率，常记作 β。

显然，两类错误概率都界于 0 和 1 之间，即有 $0 \leqslant \alpha \leqslant 1$ 和 $0 \leqslant \beta \leqslant 1$。

根据上述定义，第一类和第二类错误概率又可以分别表述为

$$P(\text{拒绝 } H_0|H_0 \text{ 真实时}) = \alpha \tag{3.1.8}$$

$$P(\text{未能拒绝 } H_0|H_0 \text{ 不真实时}) = \beta \tag{3.1.9}$$

由上述表示式可以看出，两类错误概率都是条件概率。由于真实的状况是未知的，所以我们不可能确切已知或者求得第一类和第二类错误的真实概率，而只能分别得到第一类错误概率 α 和第二类错误概率 β 的估计值。

第一类错误概率 α 也称作统计显著性水平 (level of statistical significance)。对这一术语

的含义进行解读,"统计显著性水平"只是表明样本证据充足,使得有足够 (即显著) 的理由拒绝 H_0 假设,而其错误概率最大不会超过 α 水平。

统计假设检验的基本问题是:对假设 H_0 是否为真作出具体判断。为此,需要设计一种规则,它能够根据实验数据对是否拒绝 H_0 假设作出判断。这种规则称为统计假设检验。

定义 3.1.3 涉及一个总体的某个统计特征的统计假设检验是一种决策规则。一旦获得一组随机实验的样本,即可根据这一规则决定是否拒绝 H_0 假设。

决策规则只是统计假设检验的一种目标函数。最终的决策需要落实到观测数据的某个统计量与其阈值之间的比较。换言之,决策是根据某个合适的统计量作出的。这一统计量称为检验统计量 (test statistic)。

采用什么样的统计量做检验统计量,完全取决于假设检验问题的模型和所采用的决策规则。最简单和最常用的检验统计量为 N 个观测数据 $y_1,\cdots,y_N$ 的样本均值 $\bar{y}=\frac{1}{N}\sum\limits_{n=1}^{N}y_n$。

考虑一种关于某个参数 θ 的简单零假设

$$H_0:\ \theta=\theta_0$$

其中 θ_0 是某个强调的参数值。

如果备择假设取形式

$$H_1:\ \theta>\theta_0\quad \text{或者}\quad H_1:\ \theta<\theta_0$$

则称 H_1 为单边备择假设 (one-sided alternative hypothesis),因为在 H_1 假设下的 θ 值只是位于所强调的参数值 θ_0 的某一侧。

与单边备择假设不同,如果备择假设取作

$$H_1:\ \theta\neq\theta_0$$

则称 H_1 为双边备择假设 (two-sided alternative hypothesis),因为 H_1 假设下 θ 可能在 θ_0 两侧取值。

当 H_1 是更加复杂的复合备择假设时,拒绝 H_0 假设的 θ 通常在一个区域内取值。由于 H_0 为基本假设,所以拒绝 H_0 是统计假设检验的根本任务。

定义 3.1.4 若拒绝 H_0 假设是根据某个检验统计量 $g>\text{Th}$ 作出的 (其中 Th 是某个阈值),则数值区域 (Th,∞) 称为该检验统计量的临界区。

临界区常用符号 $R_c=(\text{Th},\infty)$ 表示。显然,当参数 θ 在临界区 R_c 内取不同值时,第二类错误概率 β 的大小也将不同,从而构成函数 $\beta(\theta)$。函数 $\beta(\theta)$ 称为抽检特性函数 (operating characteristic function),而 $\beta(\theta)$ 随 θ 变化的曲线称为抽检特性曲线 (operating characteristic curve)。

由于 $\beta(\theta)$ 是在 H_0 假设真实的情况下作出拒绝 H_0 假设 (即错误决策) 时检验统计量不落在临界区的概率,因此 $1-\beta(\theta)$ 表示 H_0 不真实情况下拒绝 H_0 假设 (即正确决策) 时检验统计量将位于临界区的概率。

定义 3.1.5 函数 $P(\theta) = 1 - \beta(\theta)$ 称为统计假设检验的功效函数 (power function)，它表示当 H_0 不真实时拒绝 H_0 假设 (即正确决策) 的概率。

注意，在二元假设检验问题中，H_0 假设不真实意味着 H_1 假设必然真实，并且拒绝 H_0 假设或者接受 H_1 假设是二元假设检验的主要任务。因此，$1 - \beta(\theta)$ 代表正确拒绝 H_0 假设或者正确接受 H_1 假设这一基本功能的效果 (功效)，故称之为假设检验的功效函数。

在二者之和等于 1 的意义上讲，功效函数 $1 - \beta(\theta)$ 和抽检特性函数 $\beta(\theta)$ 是一对互补函数。

3.1.3 决策理论空间

考虑两个信号 S_1 和 S_0 的检测问题。这类检测问题属于二元假设检验。在不同的应用场合，两个信号具有的含义可能迥异。例如，在雷达和声纳目标检测等应用中，S_1 和 S_0 分别代表目标信号存在和不存在。然而，在数字无线通信信号的检测等问题中，$S_1 = g(t)$ 和 $S_0 = -g(t)$ 往往表示两个不同极性的发射信号。

所有信号组成的集合称为信号或参数空间 (signal or parameter space)，用符号 $\mathcal{S}$ 表示。在二元假设检验中，信号空间由两个参数 S_0 和 S_1 组成：

$$\mathcal{S} = (S_0, S_1)$$

信号经过信道传输，与加性观测噪声 w_n 混合，变成观测数据

$$\begin{cases} H_0:\ y_n = S_0 + w_n \\ H_1:\ y_n = S_1 + w_n \end{cases} \quad n = 1, 2, \cdots \tag{3.1.10}$$

其中 H_0 为零假设，H_1 为备择假设。

通常假定加性观测噪声是独立的和平稳的。在一般的应用中，常假定加性噪声 $\{w_n\}$ 为高斯白噪声，其均值 $\mathrm{E}\{w_n\} = \mu_0$、方差为 σ^2。

由于加性随机噪声 w_n 的存在，观测数据 y_n 也为随机变量，所以使用单个随机变化的观测数据 y_n，将不可能对信号检测作出正确判断。因此，在信号检测问题中，应该根据 N 个观测数据 $y_1, \cdots, y_N$，对不同信号是否存在作出判断。这一判断称为检测问题的决策。

为方便计，这里采用

$$\boldsymbol{y} = (y_1, \cdots, y_n) \tag{3.1.11}$$

作为观测数 (据) 组 $y_1, \cdots, y_N$ 的符号。注意，$\boldsymbol{y}$ 并不是向量的表示形式。

所有可能的观测值组成一个集合，称为观测样本空间 (space of observed samples)，用集合符号 Ω 表示。由于观测数组是在观测样本空间 Ω 内取值的，因此称观测数组 $\boldsymbol{y}$ 隶属于观测样本空间，记作 $\boldsymbol{y} \in \Omega$。

观测数组 $\boldsymbol{y}$ 仍然是一组随机变量。随机变量不适合直接用作检测问题的决策量。为此，需要把观测数组变成某个确定的统计量。用作检测问题决策的统计量称为决策统计量，这里用符号

$$t = g(\boldsymbol{y}) = g(y_1, \cdots, y_N) \tag{3.1.12}$$

表示之。最简单的决策统计量为 N 个观测数据的平均值

$$t = g(\boldsymbol{y}) = \bar{y} = \frac{1}{N}\sum_{i=1}^{N} y_i \tag{3.1.13}$$

给定一个未知参数 θ，为了估计 θ，抽取 N 个观测样本 $y_1,\cdots,y_N$。令 $t = g(y_1,\cdots,y_N)$ 是由观测数据 $y_1,\cdots,y_N$ 得到的某个统计量 (某个随机变量)，P_θ 是估计参数 θ 所规定的测度族。

定义 3.1.5[341] 统计量 $t = g(y_1,\cdots,y_N)$ 称为关于测度族 P_θ 的充分统计量，当且仅当下列等价条件的任何一个成立：

(1) 对于每一个事件 A，条件概率 $P(A|t)$ 都与 θ 无关；

(2) 对于数学期望 $\mathrm{E}\{\alpha\}$ 存在的每一个随机变量 α，条件期望 $\mathrm{E}\{\alpha|t\}$ 都与 θ 无关；

(3) 固定 $T = t$ 时，每一个随机变量 α 的条件分布 $p(\alpha|t)$ (它总是存在) 都与 θ 无关。

条件概率 $P(A|t)$、条件期望 $\mathrm{E}\{\alpha|t\}$ 和条件分布 $p(\alpha|t)$ 本来均与 θ 有关，但在统计量 t 固定为 T 后，这些分布及均值 (期望) 均与 θ 无关。这表明，固定 $T = t$ 相当于固定 θ，即统计量 t 完全起到了未知参数 θ 的作用，这就是“充分统计量”的含义所在。自然地，希望决策统计量 t 是假设检验的一个充分统计量。

一般的教科书中，也将决策统计量称为决策函数。本书中，将决策规则中使用的目标函数称为决策函数，使用符号 $L(\boldsymbol{y}) = L(y_1,\cdots,y_N)$ 表示，它通常不能根据观测数据直接估计。常用的决策函数有条件分布密度函数之比 $p(\boldsymbol{y}|H_1)/p(\boldsymbol{y}|H_0)$，习惯称为似然比函数。与决策函数不同，决策统计量是可以根据观测数据直接估计的统计量。

令 Th 代表做出决策时所使用的某个阈值，当决策统计量大于此阈值时，就拒绝 H_0 假设即接受 H_1 假设检验为真，从而判断信号 S_1 存在；否则，就认为 H_0 假设检验为真，判断信号 S_0 存在。这一决策规则可以书写为

$$\begin{cases} H_0: \text{若 } g(\boldsymbol{y}) \leqslant \mathrm{Th}\text{，则判断信号 } S_0 \text{ 存在} \\ H_1: \text{若 } g(\boldsymbol{y}) > \mathrm{Th}\text{，则判断信号 } S_1 \text{ 存在} \end{cases} \tag{3.1.14}$$

或者合并写作

$$g(\boldsymbol{y}) \underset{H_1}{\overset{H_0}{\lesseqgtr}} \mathrm{Th} \tag{3.1.15}$$

决策统计量所有可能取值的集合称为决策空间 (decision space)，用符号 D 表示。以阈值 Th 为界，决策空间 $D = (-\infty,\infty)$ 分为两个子空间：$D = D_0 + D_1$，其中

$$D_0 = (-\infty, \mathrm{Th}] \quad \text{和} \quad D_1 = (\mathrm{Th}, \infty)$$

最后，决策的结果组成结果空间或行为空间 (action space)。二元假设检验的结果空间由两个元素 A_0 和 A_1 组成：

$$\mathcal{A} = (A_0, A_1)$$

其中 A_0 和 A_1 分别表示 H_0 和 H_1 假设检验下的决策结果。

决策有硬决策和软决策之分：如果决策给出的是关于信号有无或者信号属性 (如极性)的判断，则称为硬决策。与之不同，如果判断结果只是某个信号存在或者其属性的可能性大小 (即概率)，这便是软决策。在常见的二元假设检验中，通常采用硬决策。

当信号空间 $\mathcal{S}=(S_1,S_2,\cdots,S_M)$ (其中 $M>2$) 的元素多于两个时，称有关的检测问题为多元假设检验或 M 元检测。

综合以上讨论，整个决策理论空间由以下四个子空间组成：

$$\mathcal{S}=\text{信号或参数空间}$$
$$\Omega=\text{观测样本空间}$$
$$D=\text{决策空间}$$
$$\mathcal{A}=\text{行为或结果空间}$$

图 3.1.1 以二元检测问题为例，画出了决策理论空间的组成。

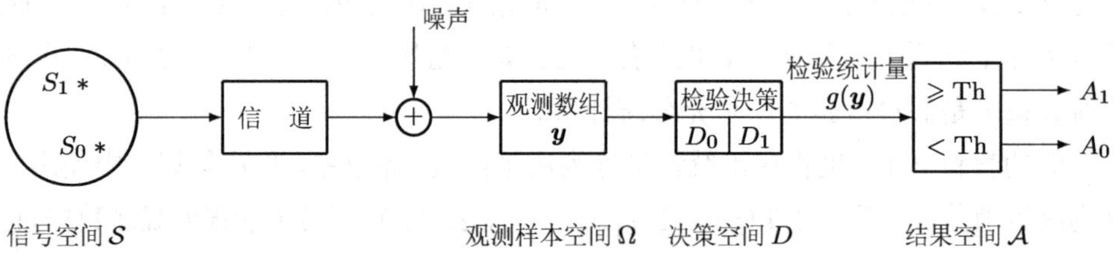

图 3.1.1 二元检测问题的决策理论空间

二元假设检验的核心假设是随机变量服从均值为 μ、方差为 σ^2 的正态分布 $\mathcal{N}(\mu,\sigma^2)$。事实上，许多实际科学和工程问题中的随机变量本身就是正态分布的或者近似正态分布的。

从下一节起，将集中讨论如何针对一个信号检测问题做出检验决策。

3.2 概率密度函数与误差函数

在信号检测的理论分析和处理之中，经常会遇到概率密度函数和误差函数的有关运算。因此，在讨论信号检测的内容之前，有必要先复习和介绍与信号检测密切相关的概率密度函数和误差函数的有关知识。

3.2.1 概率密度函数

令 x 是一个绝对连续的随机变量，则

$$F(x)=\int_{-\infty}^{x}p(u)\mathrm{d}u \tag{3.2.1}$$

称为随机变量 x 的 (概率) 分布函数 (probability distribution function)，而 $p(x)$ 叫做随机变量 x 的分布密度函数 (distribution density function)，或简称分布密度。

分布密度函数具有以下性质：

$$p(x) \geqslant 0 \quad (\text{非负性}) \tag{3.2.2}$$

$$\int_{-\infty}^{\infty} p(x)\mathrm{d}x = 1 \quad (\text{归一性}) \tag{3.2.3}$$

在本章中，总是令 H_0, H_1 代表离散的随机事件，它们相互独立；而观测数据 $y_1, \cdots, y_N$ 为连续的随机变量。

在信号有无这一类检测问题

$$\begin{cases} H_0: \; y_n = w_n \\ H_1: \; y_n = s + w_n \end{cases} \qquad n = 1, \cdots, N \tag{3.2.4}$$

中，加性噪声 w_n 通常假定为一零均值、方差为 σ^2 的高斯白噪声。因此，观测数据 y_n 在 H_0 假设和 H_1 假设下都服从高斯分布，它们的均值分别为 0 和 s、而方差相同，均为 σ^2，即它们的条件分布密度函数分别为

$$p(y_n|H_0) = \frac{1}{\sqrt{2\pi}\sigma}\mathrm{e}^{-y_n^2/2\sigma^2} \tag{3.2.5}$$

$$p(y_n|H_1) = \frac{1}{\sqrt{2\pi}\sigma}\mathrm{e}^{-(y_n-s)^2/2\sigma^2} \tag{3.2.6}$$

或简记为

$$p(y_n|H_i) = \frac{1}{\sqrt{2\pi}\sigma}\mathrm{e}^{-(y_n-\mu_i)^2/2\sigma^2}, \qquad i = 0, 1 \tag{3.2.7}$$

其中 $\mu_0 = 0$ 和 $\mu_1 = s$。

对于一个观测数组 $\boldsymbol{y} = (y_1, \cdots, y_N)$ 而言，各个观测数据的分布密度函数 $p(y_n|H_i)$ 常称为边缘条件分布密度函数。

在二元假设检验中，通常利用 N 个观测数据而非单个数据进行决策。由于这些数据是独立观测的，所以观测数组 $\boldsymbol{y} = (y_1, \cdots, y_N)$ 的联合条件分布密度函数 $p(\boldsymbol{y}|H_i)$ 等于各个观测数据的边缘条件分布密度函数 $p(y_n|H_i)$ 的乘积

$$\begin{aligned} p(\boldsymbol{y}|H_i) = p(y_1, \cdots, y_N|H_i) &= \prod_{n=1}^{N} p(y_n|H_i) = \prod_{n=1}^{N} \frac{1}{\sqrt{2\pi}\sigma}\mathrm{e}^{-(y_n-\mu_i)^2/2\sigma^2} \\ &= \frac{1}{(2\pi\sigma^2)^{N/2}}\exp\left(\sum_{n=1}^{N}\frac{(y_n-\mu_i)^2}{2\sigma^2}\right), \qquad i = 0, 1 \end{aligned} \tag{3.2.8}$$

在离散随机事件 H 发生情况下，连续随机观测数组 $\boldsymbol{y} = (y_1, \cdots, y_N)$ 的条件分布密度函数 $p(y_1, \cdots, y_N|H_i)$ 和条件概率 $P(H_i|y_1, \cdots, y_N)$ 有着不同的含义。

条件分布密度函数　随机事件 H_i 发生条件下观测数组 $y_1, \cdots, y_N$ 的条件分布密度函数 $p(y_1, \cdots, y_N|H_i)$ 称为观测数组 $\boldsymbol{y}$ 的似然函数，因为它表示随机事件 H_i 发生后所观测到的随机样本组 $\boldsymbol{y}$ 属于随机事件 H_i 的样本数据的似真度 (概率论术语称为似然)。正因为这一缘由，所以两个似然函数之比 $p(y_1, \cdots, y_N|H_1)/p(y_1, \cdots, y_N|H_0)$ 习惯称为似然比函数。

条件概率　条件概率 $P(H_i|y_1,\cdots,Y_N)$ 表示所观测到的随机样本组 $\boldsymbol{y}$ 属于随机事件 H_i 的样本数据的概率即似真度，反映决策者在获得样本信息 $y_1,\cdots,y_N$ 后对随机事件 H_i 是否发生的自信程度。

观测数组与随机事件 H 之间的联合分布密度函数 $p(y_1,\cdots,y_N;H)$ 定义为

$$p(y_1,\cdots,y_N;H)=p(y_1,\cdots,y_N|H)P(H)=P(H|y_1,\cdots,y_N)p(y_1,\cdots,y_N) \tag{3.2.9}$$

由此有

$$P(H|y_1,\cdots,y_N)=\frac{p(y_1,\cdots,y_N|H)P(H)}{p(y_1,\cdots,y_N)} \tag{3.2.10}$$

分布密度函数在积分区间 $(-\infty,\infty)$ 的积分恒等于 1，即有

$$\int_{-\infty}^{\infty}\cdots\int_{-\infty}^{\infty}p(y_1,\cdots,y_N)\mathrm{d}y_1\cdots\mathrm{d}y_N=1\quad(\text{联合分布密度函数}) \tag{3.2.11}$$

$$\int_{-\infty}^{\infty}\cdots\int_{-\infty}^{\infty}p(y_1,\cdots,y_N|H)\mathrm{d}y_1\cdots\mathrm{d}y_N=1\quad(\text{似然函数}) \tag{3.2.12}$$

函数 $g(y_1,\cdots,y_N)$ 的均值或期望值定义为该函数与联合分布密度函数 $p(y_1,\cdots,y_N)$ 乘积的 N 重积分，即有

$$\mathrm{E}\{g(y_1,\cdots,y_N)\}\overset{\text{def}}{=}\int_{-\infty}^{\infty}\cdots\int_{-\infty}^{\infty}g(y_1,\cdots,y_N)p(y_1,\cdots,y_N)\mathrm{d}y_1\cdots\mathrm{d}y_N \tag{3.2.13}$$

特别地，当 $H=\theta$ 为某个随机参数时，后验分布密度函数的积分

$$\mathrm{E}\{\theta|y_1,\cdots,y_N\}\overset{\text{def}}{=}\int_{-\infty}^{\infty}\theta p(\theta|y_1,\cdots,y_N)\mathrm{d}\theta \tag{3.2.14}$$

称为给定 N 个观测值 $y_1,\cdots,y_N$ 时随机参数 θ 的条件期望 (conditional expectation) 或条件均值。显然，条件期望 $\mathrm{E}\{\theta|y_1,\cdots,y_N\}$是观测数组 $\boldsymbol{y}=(y_1,\cdots,y_N)$ 的函数。

下面分析数学期望 $\mathrm{E}\{\theta\}$ 与条件数学期望 $\mathrm{E}\{\theta|y_1,\cdots,y_N\}$ 之间的关系。

如果使用符号 $\mathrm{E}_{y_1,\cdots,y_N}$ 和 E_θ 分别表示相对于随机数组 $(y_1,\cdots,y_N)$ 和随机参数 θ 的数学期望，则有

$$\mathrm{E}\{\theta\}=\mathrm{E}_{y_1,\cdots,y_N}\{\mathrm{E}_\theta(\theta|y_1,\cdots,y_N)\} \tag{3.2.15}$$

这一结果称为条件期望定理。由于

$$\mathrm{E}_{y_1,\cdots,y_N}\{g(y_1,\cdots,y_N)\}=\int_{-\infty}^{\infty}g(y_1,\cdots,y_N)p(y_1,\cdots,y_N)\mathrm{d}y_1\cdots\mathrm{d}y_N \tag{3.2.16}$$

将式 (3.2.14) 和式 (3.2.16) 代入式 (3.2.15)，得随机参数 θ 的数学期望

$$\begin{aligned}\mathrm{E}\{\theta\}&=\mathrm{E}_{y_1,\cdots,y_N}\{\mathrm{E}_\theta(\theta|y_1,\cdots,y_N)\}=\mathrm{E}\left\{\int_{-\infty}^{\infty}\theta p(\theta|y_1,\cdots,y_N)\mathrm{d}\theta\right\}\\&=\int_{-\infty}^{\infty}\cdots\int_{-\infty}^{\infty}\left[\int_{-\infty}^{\infty}\theta p(\theta|y_1,\cdots,y_N)\mathrm{d}\theta\right]p(y_1,\cdots,y_N)\mathrm{d}y_1\cdots\mathrm{d}y_N\\&=\int_{-\infty}^{\infty}\cdots\int_{-\infty}^{\infty}\int_{-\infty}^{\infty}\theta p(\theta|y_1,\cdots,y_N)p(y_1,\cdots,y_N)\mathrm{d}\theta\mathrm{d}y_1\cdots\mathrm{d}y_N\end{aligned} \tag{3.2.17}$$

它是一个 $N+1$ 重积分。

3.2.2 误差函数和补余误差函数

在信号检测中，常常需要计算检测概率和错误概率，而这些概率的计算又与高斯随机变量的误差函数和补余误差函数密切相关。

令 x 是一个高斯随机变量，其分布密度函数为

$$p(x) = \frac{1}{\sqrt{2\pi}\sigma}\mathrm{e}^{-(u-m_x)^2/2\sigma_x^2} \tag{3.2.18}$$

式中 m_x 和 σ_x^2 分别是高斯随机变量 x 的均值和方差。高斯随机变量 x 的累积分布函数 (cumulative distribution function, CDF) 定义为

$$F(x) = \int_x^{\infty} p(u)\mathrm{d}u = \frac{1}{\sqrt{2\pi}}\int_x^{\infty} \mathrm{e}^{-(u-m_x)^2/2\sigma_x^2}\mathrm{d}u = \frac{1}{2}\frac{2}{\sqrt{\pi}}\int_{(x-m_x)/\sqrt{2}\sigma_x}^{\infty} \mathrm{e}^{-t^2}\mathrm{d}t \tag{3.2.19}$$

定义误差函数 (error function)

$$\mathrm{erf}(z) = \frac{2}{\sqrt{\pi}}\int_0^z \mathrm{e}^{-t^2}\mathrm{d}t \tag{3.2.20}$$

和补余误差函数 (complementary error function)

$$\mathrm{erfc}(z) = \frac{2}{\sqrt{\pi}}\int_z^{\infty} \mathrm{e}^{-t^2}\mathrm{d}t = 1 - \mathrm{erf}(z) \tag{3.2.21}$$

则式 (3.2.19) 所示高斯随机变量 x 的累积分布函数便可以使用补余误差函数和误差函数改写作

$$F(x) = \frac{1}{2}\mathrm{erfc}\left(\frac{x-m_x}{\sqrt{2}\sigma_x}\right) = \frac{1}{2}\left[1 - \mathrm{erf}\left(\frac{x-m_x}{\sqrt{2}\sigma_x}\right)\right] \tag{3.2.22}$$

误差函数也叫概率积分。

误差函数具有对称性

$$\mathrm{erf}(-z) = -\mathrm{erf}(z) \qquad \text{和} \qquad \mathrm{erf}(z^*) = [\mathrm{erf}(z)]^* \tag{3.2.23}$$

特别地，当 $z \to \infty$ 时，有

$$\lim_{z\to\infty} \mathrm{erf}(z) = 1 \quad \text{和} \quad \lim_{z\to-\infty} \mathrm{erf}(z) = -1, \qquad |\arg(z)| < \frac{\pi}{4} \tag{3.2.24}$$

因此，有

$$\lim_{z\to\infty} \mathrm{erfc}(z) = 0 \quad \text{和} \quad \lim_{z\to-\infty} \mathrm{erfc}(z) = 2, \qquad |\arg(z)| < \frac{\pi}{4} \tag{3.2.25}$$

这个重要结果后面将用到。

高斯分布密度函数尾部下方的面积常用符号 $Q(x)$ 表示，定义为

$$Q(x) = \frac{1}{\sqrt{2\pi}}\int_x^{\infty} \mathrm{e}^{-t^2}\mathrm{d}t, \qquad x \geqslant 0 \tag{3.2.26}$$

并称为 Q 函数。

比较式 (3.2.20) 和式 (3.2.26)，立即得到 Q 函数和补余误差函数之间的关系式

$$Q(x)=\frac{1}{2}\text{erfc}\left(\frac{x}{\sqrt{2}}\right)=1-\frac{1}{2}\text{erf}\left(\frac{x}{\sqrt{2}}\right) \tag{3.2.27}$$

附录 3A 给出了误差函数表 [1,pp.310–311]。利用该表，不仅可以查出误差函数值和反查出与给定误差函数值 erf(x) 对应的变元 x，而且还可以查找补余误差函数的反函数和 Q 函数等。

例 3.2.1 求补余误差函数的反函数 $\text{erfc}^{-1}(0.02)$。

解 令 $x=\text{erfc}^{-1}(0.02)$，则补余误差函数 $\text{erfc}(x)=0.02$。于是，误差函数

$$\text{erf}(x)=1-\text{erfc}(x)=1-0.02=0.98$$

查表得 $x=1.64$。因此，补余误差函数的反函数 $\text{erfc}^{-1}(0.02)=1.64$。

例 3.2.2 求补余误差函数的反函数 $\text{erfc}^{-1}(1.8)$。

解 令 $x=\text{erfc}^{-1}(1.8)$，则补余误差函数 $\text{erfc}(x)=1.8$，由此得误差函数

$$\text{erf}(x)=1-\text{erfc}(x)=1-1.8=-0.8$$

查表得 $\text{erf}(0.91)=0.8$。利用误差函数的对称性 $\text{erf}(-x)=-\text{erf}(x)$ 立即知与 $\text{erf}(x)=-0.8$ 对应的 $x=-0.91$。因此，补余误差函数的反函数 $\text{erfc}^{-1}(1.8)=-0.91$。

例 3.2.3 求 Q 函数 $Q(0.1)$ 和 $Q(0.3)$。

解 令 $x=0.1$，则 $x/\sqrt{2}=0.0707$。查表知

$$\text{erf}\left(\frac{x}{\sqrt{2}}\right)=\text{erf}\left(\frac{0.1}{\sqrt{2}}\right)=\text{erf}(0.0707)\approx 0.07885$$
$$\text{erf}\left(\frac{x}{\sqrt{2}}\right)=\text{erf}\left(\frac{0.3}{\sqrt{2}}\right)=\text{erf}(0.2121)\approx 0.2336$$

故

$$Q(0.1)=Q(x)=1-\frac{1}{2}\text{erf}\left(\frac{x}{\sqrt{2}}\right)=1-\frac{1}{2}\times 0.07885=0.9606$$
$$Q(0.3)=Q(x)=1-\frac{1}{2}\text{erf}\left(\frac{x}{\sqrt{2}}\right)=1-\frac{1}{2}\times 0.2336=0.8832$$

在检测概率与虚警概率的表示中，误差函数和补余误差函数将起到重要的作用。

3.3 检测概率与错误概率

3.1 节讨论了决策理论空间的组成，3.2 节又介绍了与信号检测有关的概率论知识。本节对结果空间和信号空间之间的关系作进一步讨论。

在二元假设检验中，如果判决结果 $A_1=S_1$ 或者 $A_0=S_0$，即结果空间 $\mathcal{A}=(A_0,A_1)$ 与信号空间 $\mathcal{S}=(S_0,S_1)$ 一致，则称信号被正确检测。然而，由于观测噪声 (或误差) 和数据的

有限长等因素的影响，决策统计量的估计难免存在误差，这会使结果空间与信号空间有时不一致，而出现 $A_1 = S_0$ 或者 $A_0 = S_1$ 的情况，造成错误的检测。下面对正确检测和错误检测的有关理论展开定量分析。

3.3.1 检测概率与错误概率的定义

S_1 或者 S_0 信号被正确判断，都属于二元假设检验的正确决策。正确决策发生的概率称为 (信号的) 检测概率 (probability of detection)，分为以下两种类型。

1. S_1 信号检测概率

S_1 信号被正确判断其存在的概率称为 S_1 信号的检测概率，定义为 H_1 假设下决策统计量 $g = g(\boldsymbol{y})$ 大于阈值 Th 的条件概率 $P(g > \text{Th}|H_1)$，或等价为 H_1 假设下决策统计量 g 位于决策子空间 $D_1 = (\text{Th}, \infty)$ 的条件概率 $P(g \in D_1|H_1)$，即

$$P_{D_1} = P(g > \text{Th}|H_1) = P(g \in D_1|H_1) = \int_{\text{Th}}^{\infty} p(g|H_1)\text{d}g \tag{3.3.1}$$

2. S_0 信号检测概率

S_0 信号被正确判断存在的概率称为 S_0 信号的检测概率，定义为 H_0 假设下决策统计量 $g = g(\boldsymbol{y})$ 小于阈值 Th 的条件概率 $P(g < \text{Th}|H_0)$，或等价为 H_0 假设下决策统计量 g 位于决策子空间 $D_0 = (-\infty, \text{Th})$ 的条件概率 $P(g \in D_0|H_0)$，即

$$P_{D_0} = P(g < \text{Th}|H_0) = P(g \in D_0|H_0) = \int_{-\infty}^{\text{Th}} p(g|H_0)\text{d}g \tag{3.3.2}$$

与上述两种正确决策相反，S_1 信号被判断为 S_0 信号，或者 S_0 信号被判断为 S_1 信号，都属于二元假设检验的错误决策。错误决策发生的概率被称为 (信号检测的) 错误概率，分为第一类错误概率和第二类错误概率。

3. 第一类错误概率

真实的 H_0 假设 (即 S_0 信号存在) 却被拒绝，被判断为 S_1 信号存在的错误称为第一类错误。第一类错误概率常用符号 α 表示。在雷达预警的术语中，第一类错误称为虚警概率 (false probability)，因为无目标信号被判断为目标信号存在，属于虚假报警。虚警概率常用符号 P_F 表示。然而，在二进制脉冲幅度调制的无线通信信号的检测中，$S_1 = p(t)$ 和 $S_0 = -p(t)$ 代表的却是两个反极性的发射信号，其中 $p(t)$ 为一正幅度的脉冲信号。因此，第一类错误仅代表将负极性信号 $S_0 = -p(t)$ 错误判断为正极性信号 $S_1 = p(t)$。

既然是拒绝 H_0 假设的错误概率，所以第一类错误概率定义为 H_0 假设下决策统计量 $g = g(\boldsymbol{y})$ 大于阈值 Th 的条件概率 $P(g > \text{Th}|H_0)$，或等价为 H_0 假设下决策统计量 g 位于检测子空间 $D_1 = (\text{Th}, \infty)$ 的条件概率 $P(g \in D_1|H_0)$，即

$$P_\text{F} = \alpha = P(g > \text{Th}|H_0) = P(g \in D_1|H_0) = \int_{\text{Th}}^{\infty} p(g|H_0)\text{d}g \tag{3.3.3}$$

4. 第二类错误概率

H_0 假设本来不真实 (即 S_0 信号不存在)，却被判断为 S_0 信号存在的错误属于未拒绝不真实的 H_0 假设的检测错误，称为第二类错误。在不同的应用中，第二类错误有着大不相同的含义。

在雷达信号检测中，S_1 通常代表目标信号，而 S_0 表示无目标信号。因此，在雷达预警的术语中，有目标被当作无目标的错误称为漏警；漏警发生的概率被称为漏警概率 (miss probability)，常用符号 P_M 或 β 表示。与雷达预警不同，在二进制脉冲幅度调制的无线通信信号的检测中，第二类错误指的是将正极性信号 $S_1 = p(t)$ 错误判断为负极性信号 $S_0 = -p(t)$。

由于第二类错误是未能够拒绝不真实的 H_0 假设，所以漏警概率定义为 H_1 假设真实的情况下决策统计量 $g = g(\boldsymbol{y})$ 小于阈值 Th 的条件概率 $P(g < \text{Th}|H_1)$，或等价为 H_1 假设下决策统计量 g 位于决策子空间 $D_0 = (-\infty, \text{Th})$ 的条件概率 $P(g \in D_0|H_1)$，即

$$P_{\text{M}} = \beta = P(g < \text{Th}|H_1) = P(g \in D_0|H_1) = \int_{-\infty}^{\text{Th}} p(g|H_1)\text{d}g \tag{3.3.4}$$

下面分析 (正确) 检测概率与错误概率之间的关系。注意到

$$\int_{g \in D} p(g|H_i)\text{d}g = \int_{-\infty}^{\infty} p(g|H_i)\text{d}g = 1, \qquad i = 1, 0$$

因此，检测概率与错误概率之间存在重要关系

$$P_{\text{D}_0} = \int_{-\infty}^{\text{Th}} p(g|H_0)\text{d}g = \int_{-\infty}^{\infty} p(g|H_0)\text{d}g - \int_{\text{Th}}^{\infty} p(g|H_0)\text{d}g = 1 - \alpha \tag{3.3.5}$$

$$P_{\text{D}_1} = \int_{\text{Th}}^{\infty} p(g|H_1)\text{d}g = \int_{-\infty}^{\infty} p(g|H_1)\text{d}g - \int_{-\infty}^{\text{Th}} p(g|H_1)\text{d}g = 1 - \beta \tag{3.3.6}$$

以上两个关系式的物理意义分别如下：由于任何一个信号被正确和错误检测的总概率等于 1，所以 S_0 信号的正确检测概率 P_{D_0} 很自然地应该是总检测概率 1 减去其错误检测概率 α 的结果，而 S_1 信号的正确检测概率 P_{D_1} 也很自然地等于总检测概率 1 减去其错误检测概率 β。

二元假设检验的检测概率 P_{D} 既包括 H_0 假设的检测概率 P_{D_0}，也包括 H_1 假设的检测概率 P_{D_1}。令 p_i $(i = 0, 1)$ 是 S_i 信号存在的先验概率，其中 $p_0 + p_1 = 1$，则二元假设检验的检测概率为

$$P_{\text{D}} = p_0 P_{\text{D}_0} + p_1 P_{\text{D}_1} = p_0 \int_{-\infty}^{\text{Th}} p(g|H_0)\text{d}g + p_1 \int_{\text{Th}}^{\infty} p(g|H_1)\text{d}g \tag{3.3.7}$$

类似地，二元假设检验的错误概率既包括漏警概率 β，也包含虚警概率 α 在内：

$$\begin{aligned} P_{\text{E}} &= p_0 P_{\text{F}} + p_1 P_{\text{M}} = p_0 \alpha + p_1 \beta \\ &= p_0 \int_{\text{Th}}^{\infty} p(g|H_0)\text{d}g + p_1 \int_{-\infty}^{\text{Th}} p(g|H_1)\text{d}g \end{aligned} \tag{3.3.8}$$

检测概率 P_{D} 与错误概率 P_{E} 之间存在关系式

$$P_{\text{D}} = 1 - P_{\text{E}} \tag{3.3.9}$$

有必要强调指出，在雷达信号检测中，由于 S_0 表示无信号，所以信号的检测概率只指 S_1 的检测概率，而完全不关心 S_0 的检测概率。但在讨论错误概率时，却必须同时关心 S_0

的错误概率 (虚警概率 α) 和 S_1 的错误概率 (漏警概率 β)。此时，检测概率直接定义为 S_1 信号检测概率

$$P_{\rm D}=\int_{\rm Th}^{\infty}p(g|H_1){\rm d}g=1-\beta=\gamma \tag{3.3.10}$$

并称 γ 为检验功效 (power of test)，它是备择假设 H_1 的函数。

式 (3.3.10) 的物理含义是：当 H_0 和 H_1 分别代表无目标信号和有目标信号的检验假设时，$\gamma=1-\beta$ 表示目标信号的实际检测概率，因而代表了二元假设检验的实际功效。

图 3.3.1 以雷达信号检测一类问题为例，画出了使用条件分布密度函数 $p(g|H_1)$ 和 $p(g|H_0)$ 作为决策统计量 g 时，检测概率 $P_{rmD}=\gamma$、漏警概率 α、虚警概率 β 与决策空间 $D=D_0+D_1$ 之间的关系。

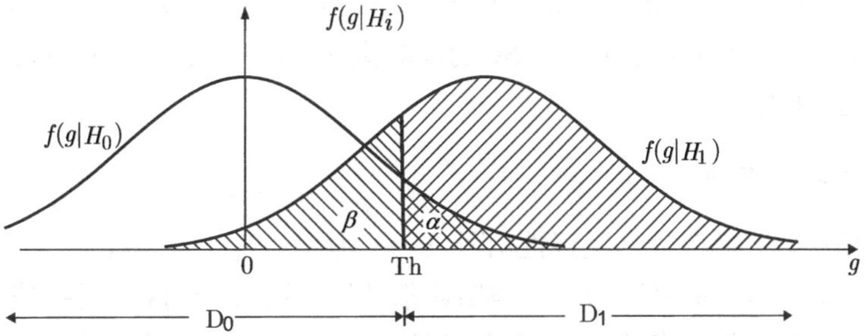

虚警概率 $P_{\rm F}=\alpha=$ 网格表示的区域
漏警概率 $P_{\rm M}=\beta=$ 下斜线 (网格除外) 表示的区域
检测概率 $P_{\rm D}=\gamma=$ 上斜线(包括网格) 表示的区域

图 3.3.1 检测概率、错误概率与决策空间的关系

3.3.2 功效函数

式 (3.3.10) 定义了信号有无的二元假设检验问题

$$\begin{cases}H_0: & y_n=w_n\\ H_1: & y_n=S_1+w_n\end{cases}$$

的检验功效。现在考查更一般的二元假设检验问题

$$\begin{cases}H_0: & y_n=S_0+w_n\\ H_1: & y_n=S_1+w_n\end{cases} \tag{3.3.11}$$

其中 w_n 是一个均值为 μ、方差为 σ^2 的高斯随机变量。

由定义公式 (3.3.4) 知，第二类错误概率 β 是阈值 Th 的函数，而 Th 又与 H_1 假设的参数 S_1 密切相关，因此 β 实质是 H_1 假设的参数 S_1 的函数，记作 $\beta(S_1)$。

定义 3.3.1 对于一个使用决策函数 $L(\boldsymbol{y})$ 或决策统计量 $g(\boldsymbol{y})$ 进行统计推断的二元假设检验问题，函数 $P(\boldsymbol{y})=1-\beta(S_1)$ 称作该假设检验的功效函数，它表示当 H_0 假设不真实时该决策函数或检验统计量拒绝 H_0 假设的概率。

由于 $\beta(S_1)$ 代表的是 S_1 被漏检的概率，所以上述定义表明，功效函数实际上就是信号 S_1 的检测概率。因此，原则上希望功效函数 $P(\boldsymbol{y}) = 1 - \beta(S_1)$ 尽可能大。当功效函数达到最大时，称所采用的统计量 $g(\boldsymbol{y})$ 是最大功效的。如果一个决策统计量是最大功效的，则称其为最优决策统计量。然而，在不同的应用场合，最大功效的含义是有区别的。这意味着，针对不同的信号检测对象，应该采用不同的决策准则。

信号检测的对象可以分为三种类型，它们分别采用不同的决策准则。

1. Neyman-Pearson 准则

在雷达预警一类应用中，H_0 假设代表无目标信号存在，即 $S_0 = 0$；而 H_1 假设为有目标信号的假设。由于第二类错误 (目标的漏检) 往往比第一类错误 (目标的虚检) 造成的后果严重得多，因此应该在允许一定的虚警 (第一类错误) 概率的情况下，使漏检概率最小，或者等价使功效函数 (即目标信号 S_1 的检测概率) 最大。这样一种决策准则就是著名的 Neyman-Pearson 准则。

2. 一致最大功效准则

在无线通信中，发射信号为反极性信号 $S_1 = s(t)$ 和 $S_0 = -s(t)$，或者发射字符为二进制字符 1 和 -1 时，第一类错误和第二类错误都是误码错误，造成的后果基本相同，并没有轻重之分。由于功效函数代表的是 S_1 信号的检测概率，它是 H_1 假设的参数 S_1 的函数，所以在这类应用问题中，若能够使功效函数与 S_1 参数无关，就可以实现最大功效函数对 S_1 参数的所有可能取值都相同。这样的最大功效函数称为均匀 (或一致) 最大功效函数，相应的决策准则称为一致最大功效准则。

3. Bayes 准则

任何一种决策方案总是伴随有一定的风险，最佳决策有时会带来较大的风险。在有些应用中，我们有时并不过分强调最佳决策，而更加重视风险最小即最保险的决策结果。这样一种风险最小的决策准则称为 Bayes 准则。

本章后面各节将主要围绕上述三种信号检验问题及其决策准则，依次进行决策准则的介绍以及对应的性能分析。

3.4 Neyman-Pearson 准则

在实际的信号检测中，有许多应用问题可以归类为这样一种二元假设检验：零假设检验 H_0 代表仅有噪声的假设，而备择假设检验 H_1 则代表观测数据中信号存在的假设。例如，雷达和声纳等信号检测就是这类典型的例子。

3.4.1 雷达信号检测的虚警概率与漏警概率

特别地，在雷达信号检测中，雷达回波脉冲的观测数据可以用下列二元假设检验模型来描述：

$$\begin{cases} H_0: \ y_n = w_n, & \text{目标不存在时} \\ H_1: \ y_n = S + w_n, & \text{目标存在时} \end{cases} \tag{3.4.1}$$

其中 S 表示雷达回波脉冲的幅值，它是一确定性信号；而加性噪声 w_n 一般为零均值和方差为 σ^2 的高斯白噪声，即

$$\mathrm{E}\{w_n\} = 0, \quad \sigma^2 = \mathrm{var}(w_n), \quad \mathrm{E}\{w_n w_k\} = 0 \quad (\text{若 } n \neq k)$$

在这类应用中，常直接使用 N 个观测数据 $y_1, \cdots, y_N$ 的样本均值

$$\bar{y} = \frac{1}{N}\sum_{n=1}^{N} y_n \tag{3.4.2}$$

作决策函数。此时，决策规则是

$$\begin{cases} H_0: \ \text{判决信号不存在，} & \text{若 } \bar{y} \leqslant \mathrm{Th} \\ H_1: \ \text{判决为信号存在，} & \text{若 } \bar{y} > \mathrm{Th} \end{cases} \tag{3.4.3}$$

因此，关键是如何确定合适的阈值 Th。

注意到 S 为确定性信号，w_n 是零均值、方差为 σ^2 的高斯白噪声，所以样本均值 $\bar{y}$ 和 w_n 一样，也服从高斯分布。

样本均值的数学期望为

$$\mathrm{E}\{\bar{y}|H_0\} = \mu_w = 0, \qquad \mathrm{E}\{\bar{y}|H_1\} = \mu_S = S$$

方差为

$$\mathrm{var}(\bar{y}|H_0) = \mathrm{var}\{\bar{y}|H_1\} = \frac{\sigma^2}{N}$$

换言之，样本均值 $\bar{y}$ 在 H_0 假设下是一个均值为 0、方差为 σ^2/N 的高斯分布，而在 H_1 假设下则是一个均值为 S、方差也为 σ^2/N 的高斯分布。就是说，高斯随机过程 $\bar{y}$ 的条件分布密度函数分别为

$$\begin{aligned} p(\bar{y}|H_0) &= \frac{1}{\sqrt{2\pi \mathrm{var}(\bar{y}|H_0)}} \exp\left[\frac{(\bar{y} - \mathrm{E}\{\bar{y}|H_0\})^2}{2\mathrm{var}(\bar{y}|H_0)}\right] \\ &= \frac{1}{\sqrt{2\pi/N}\sigma} \exp\left(-\frac{\bar{y}^2}{2\sigma^2/N}\right) \end{aligned} \tag{3.4.4}$$

$$\begin{aligned} p(\bar{y}|H_1) &= \frac{1}{\sqrt{2\pi \mathrm{var}(\bar{y}|H_1)}} \exp\left[\frac{(\bar{y} - \mathrm{E}\{\bar{y}|H_1\})^2}{2\mathrm{var}(\bar{y}|H_1)}\right] \\ &= \frac{1}{\sqrt{2\pi/N}\sigma} \exp\left(-\frac{(\bar{y} - S)^2}{2\sigma^2/N}\right) \end{aligned} \tag{3.4.5}$$

于是，虚警概率

$$\alpha = \int_{\mathrm{Th}}^{\infty} p(\bar{y}|H_0)\mathrm{d}\bar{y} = \int_{\mathrm{Th}}^{\infty} \frac{1}{\sqrt{2\pi/N}\sigma} \exp\left(-\frac{\bar{y}^2}{2\sigma^2/N}\right)\mathrm{d}\bar{y} = \frac{1}{2}\frac{2}{\sqrt{\pi}}\int_{\frac{\mathrm{Th}}{\sqrt{2/N}}\sigma}^{\infty} \mathrm{e}^{-u^2}\mathrm{d}u$$

利用补余误差函数的定义公式 (3.2.21)，可以将虚警概率表示为

$$\alpha = \frac{1}{2}\text{erfc}\left(\frac{\text{Th}}{\sqrt{2/N}\sigma}\right) \tag{3.4.6}$$

由此知，阈值由虚警概率

$$\text{Th} = \frac{\sqrt{2}\sigma}{\sqrt{N}}\text{erfc}^{-1}(2\alpha) \tag{3.4.7}$$

决定。

类似地，注意到 $\int_{-\infty}^{\infty} p(\bar{y}|H_1)\text{d}\bar{y} = 1$，可得漏警概率

$$\begin{aligned}\beta &= \int_{-\infty}^{\text{Th}} p(\bar{y}|H_1)\text{d}\bar{y} = 1 - \int_{\text{Th}}^{\infty} p(\bar{y}|H_1)\text{d}\bar{y}\\ &= 1 - \int_{\text{Th}}^{\infty} \frac{1}{\sqrt{2\pi/N}\sigma}\exp\left(-\frac{(\bar{y}-S)^2}{2\sigma^2/N}\right)\text{d}\bar{y}\\ &= 1 - \frac{1}{2}\frac{2}{\sqrt{\pi}}\int_{\frac{\text{Th}-S}{\sqrt{2/N}\sigma}}^{\infty} \text{e}^{-u^2}\text{d}u\end{aligned}$$

利用补余误差函数，漏警概率可以表示为

$$\beta = 1 - \frac{1}{2}\text{erfc}\left(\frac{\text{Th}-S}{\sqrt{2/N}\sigma}\right) \tag{3.4.8}$$

最后，检测概率

$$P_{\text{D}} = \int_{\text{Th}}^{\infty} p(\bar{y}|H_1)\text{d}\bar{y} = \int_{\text{Th}}^{\infty} \frac{1}{\sqrt{2\pi/N}\sigma}\exp\left(-\frac{(\bar{y}-S)^2}{2\sigma/N}\right)\text{d}\bar{y} = \frac{1}{2}\frac{2}{\sqrt{\pi}}\int_{\frac{\text{Th}-S}{\sqrt{2/N}\sigma}}^{\infty} \text{e}^{-u^2}\text{d}u$$

即有

$$P_{\text{D}} = \frac{1}{2}\text{erfc}\left(\frac{\text{Th}-S}{\sqrt{2/N}\sigma}\right) = 1 - \beta \tag{3.4.9}$$

这与上一节得到的式 (3.3.10) 一致。

在雷达、声纳等信号检测中，通常会根据不同的应用，提出对虚警概率 α 与/或漏警概率 β 的要求。为了满足这些要求，需要确定阈值 Th 与/或样本长度 N。

例 3.4.1 雷达的观测数据为

$$y_n = \begin{cases} H_0: \ w_n, & \text{目标不存在时}\\ H_1: \ 1 + w_n, & \text{目标存在时}\end{cases}$$

其中，加性噪声 w_n 为零均值、单位方差的高斯白噪声。若令虚警概率 $\alpha = 0.01$，试求当 $N = 20$ 和 $N = 25$ 时的阈值 Th 和雷达的漏警概率 β 和检测概率 P_{D}。

解 由式 (3.4.7) 及 $\sigma = 1$ 知

$$\text{Th} = \frac{\sqrt{2}\sigma}{N}\text{erfc}^{-1}(2\alpha) = \sqrt{2/N}\text{erfc}^{-1}(2\alpha)$$

令 $\mathrm{erfc}^{-1}(2\alpha)=x$，则

$$\mathrm{erf}(x)=1-\mathrm{erfc}(x)=1-2\alpha=1-2\times 0.01=0.98$$

查误差函数表 (附录 3A) 得 $x=1.64$。因此，阈值

$$\mathrm{Th}=\sqrt{2/N}\mathrm{erfc}^{-1}(2\alpha)=\sqrt{2/N}\times 1.64=\begin{cases}0.5186, & N=20\\ 0.4639, & N=25\end{cases}$$

将 $S=1$ 和上述阈值代入式 (3.4.9) 得检测概率

$$\begin{aligned}P_{\mathrm{D}}&=\frac{1}{2}\mathrm{erfc}\left(\frac{\mathrm{Th}-S}{\sqrt{2/N}}\right)\\ &=\begin{cases}0.5\mathrm{erfc}(-1.5223)=0.5[1+\mathrm{erf}(1.5223)]\approx 0.984, & N=20\\ 0.5\mathrm{erfc}(-1.8954)=0.5[1+\mathrm{erf}(1.8954)]\approx 0.996, & N=25\end{cases}\end{aligned}$$

其中查误差函数表有 $\mathrm{erf}(1.5223)\approx 0.9684$ 和 $\mathrm{erf}(1.8954)\approx 0.9926$。

漏警概率

$$\beta=1-P_{\mathrm{D}}=\begin{cases}0.016, & N=20\\ 0.004, & N=25\end{cases}$$

因此，当样本个数 $N=20$ 时，阈值 $\mathrm{Th}=0.5186$、漏警概率为 $\beta=0.016$、检测概率为 0.984；而当 $N=25$ 时，则阈值 $\mathrm{Th}=0.4639$、漏警概率 $\beta=0.004$、检测概率为 0.996。

例 3.4.2 雷达观测数据模型与例 3.4.1 相同。现在希望使虚警概率 $\alpha=P_{\mathrm{F}}=0.01$，漏警概率 $\beta=P_{\mathrm{M}}=0.05$，求为了满足这些错误概率所需设置的阈值 Th 和样本数目 N。

解 由例 3.4.1 知，虚警概率

$$\alpha=\frac{1}{2}\mathrm{erfc}\left(\frac{\mathrm{Th}}{\sqrt{2/N}}\right)$$

和漏警概率

$$\beta=1-\frac{1}{2}\mathrm{erfc}\left(\frac{\mathrm{Th}-1}{\sqrt{2/N}}\right)$$

由以上两式以及题给条件 $\alpha=0.01$ 和 $\beta=0.05$，分别得

$$\mathrm{Th}=\frac{\sqrt{2}}{\sqrt{N}}\mathrm{erfc}^{-1}(2\alpha)=\frac{\sqrt{2}}{\sqrt{N}}\mathrm{erfc}^{-1}(0.02)$$

$$\mathrm{Th}-1=\frac{\sqrt{2}}{\sqrt{N}}\mathrm{erfc}^{-1}[2(1-\beta)]=\frac{\sqrt{2}}{\sqrt{N}}\mathrm{erfc}^{-1}(1.9)$$

两式相除，结果为

$$\frac{\mathrm{Th}}{\mathrm{Th}-1}=\frac{\mathrm{erfc}^{-1}(0.02)}{\mathrm{erfc}^{-1}(1.9)}\approx\frac{1.64}{-1.16}=-1.4138$$

解之，得 $\mathrm{Th}=0.5857$。将此阈值代入

$$\mathrm{Th}=\frac{\sqrt{2}}{\sqrt{N}}\mathrm{erfc}^{-1}(0.02)=\frac{\sqrt{2}}{\sqrt{N}}\times 1.64=0.5857$$

可求出 $N = 15.6808$，取 $N = 16$。因此，在雷达信号检测中，只要令阈值 $\text{Th} = 0.5857$，以 $N = 16$ 个观测数据为观测数组，并且用其样本平均 $\bar{y}$ 进行决策：

$$\begin{cases} H_1: \text{判决为目标存在，若 } \bar{y} > 0.5857 \\ H_0: \text{判决目标不存在，若 } \bar{y} < 0.5857 \end{cases}$$

即可满足虚警概率 $\alpha = 0.01$ 和漏警概率 $\beta = 0.05$ 的要求。

鉴于检测概率 P_{D} 是虚警概率 P_{F} 的单调函数，所以 $P_{\mathrm{D}} \sim P_{\mathrm{F}}$ 的关系曲线称为接收机工作特性 (receiver operating characteristics, ROC)。

3.4.2 Neyman-Pearson 引理与 Neyman-Pearson 准则

由于在军事上漏警造成的损失往往比虚警的后果严重得多，因此在雷达、声纳等信号检测应用中，选择决策函数或决策统计量的准则应该是：在允许虚警概率不超过某个水平 α_0 的情况下，使漏警概率 β 最低，或等价使信号检测概率最大化，以实现功效函数 $\gamma = 1 - \beta$ 的最大化。换言之，如果我们选择条件分布密度函数 $p(\boldsymbol{y}|H_1)$ 作决策函数，则最大功效准则实质上就是约束优化问题

$$\gamma = \max \int_{\text{Th}}^{\infty} p(\boldsymbol{y}|H_1)\mathrm{d}\boldsymbol{y} = \max \int_{\boldsymbol{y} \in R_{\mathrm{c}}} p(\boldsymbol{y}|H_1)\mathrm{d}\boldsymbol{y} \tag{3.4.10}$$

约束条件为

$$\int_{\boldsymbol{y} \in R_{\mathrm{c}}} p(\boldsymbol{y}|H_0)\mathrm{d}\boldsymbol{y} = \alpha_0 \tag{3.4.11}$$

需要注意，严格的约束条件应该是不等式约束 $\int_{\boldsymbol{y} \in R_{\mathrm{c}}} p(\boldsymbol{y}|H_0)\mathrm{d}\boldsymbol{y} \leqslant \alpha_0$，但是不等式约束优化问题的求解比等式约束优化问题的求解难得多。因此，上述约束优化问题将给出最大虚警概率 α_0 情况下的解。

最大功效准则的关键问题是：确定如图 3.4.1 所示的临界区 R_{c}。

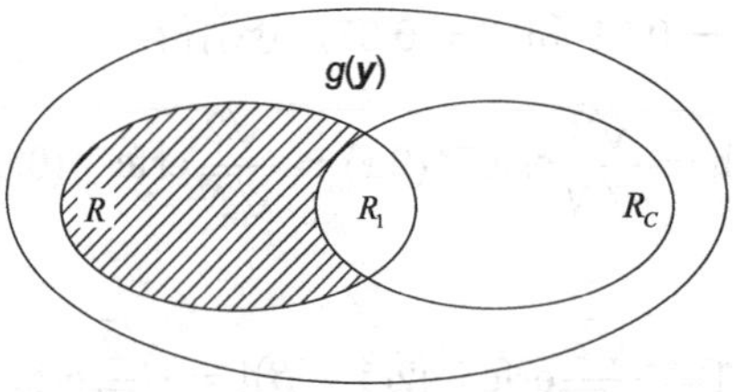

图 3.4.1 临界区

临界区问题的求解需要应用到 Neyman-Pearson 引理。

Neyman-Pearson 引理 令

$$R_{\mathrm{c}} = \{\boldsymbol{y} : p(\boldsymbol{y}|H_1) > \eta p(\boldsymbol{y}|H_0)\} \tag{3.4.12}$$

式中 η 是使得式 (3.4.11) 得以满足的常数。若 R 是在观测样本空间 Ω 内的任意一个区域，并且

$$\int_{\boldsymbol{y}\in R} p(\boldsymbol{y}|H_0)\mathrm{d}\boldsymbol{y} = \alpha_0 \tag{3.4.13}$$

则

$$\int_{\boldsymbol{y}\in R_c} p(\boldsymbol{y}|H_1)\mathrm{d}\boldsymbol{y} \geqslant \int_{\boldsymbol{y}\in R} p(\boldsymbol{y}|H_1)\mathrm{d}\boldsymbol{y} \tag{3.4.14}$$

Neyman-Pearson 引理表明，位于观测样本空间 Ω 的任何区域 R 内的功效函数都不可能高于位于临界区 R_c 内的功效函数。换言之，从功效函数最大的意义上讲，R_c 是最优临界区。这表明，式 (3.4.12) 就是约束优化问题 (3.4.10) 的解。

基于 Neyman-Pearson 引理的决策准则称为 Neyman-Pearson 准则。

利用观测数组 $\boldsymbol{y} \doteq (y_1,\cdots,y_N)$ 的似然比函数

$$L(\boldsymbol{y}) = \frac{p(\boldsymbol{y}|H_1)}{p(\boldsymbol{y}|H_0)} \tag{3.4.15}$$

作决策函数，则 Neyman-Pearson 准则又可写作

$$L(\boldsymbol{y}) = \frac{p(\boldsymbol{y}|H_1)}{p(\boldsymbol{y}|H_0)} \underset{H_1}{\overset{H_0}{\lesseqgtr}} \eta \tag{3.4.16}$$

其中 η 为阈值。此时，临界区的解表达式 (3.4.12) 可以等价写作

$$R_c = \{\boldsymbol{y} : L(\boldsymbol{y}) > \eta\} \tag{3.4.17}$$

似然比函数经常采用对数形式

$$L_1(\boldsymbol{y}) = \ln[L(\boldsymbol{y})] = \ln\left[\frac{p(\boldsymbol{y}|H_1)}{p(\boldsymbol{y}|H_0)}\right] = \ln[p(\boldsymbol{y}|H_1)] - \ln[p(\boldsymbol{y}|H_0)] \tag{3.4.18}$$

此时，Neyman-Pearson 准则等价为：决策规则是

$$L_1(\boldsymbol{y}) = \ln\left[\frac{p(\boldsymbol{y}|H_1)}{p(\boldsymbol{y}|H_0)}\right] \underset{H_1}{\overset{H_0}{\lesseqgtr}} \ln\eta \tag{3.4.19}$$

即是说，决策函数大于阈值 $\ln\eta$ 时，判决 H_1 假设检验为真；否则接受 H_0 假设检验成立。

注意，阈值 η 或 $\ln\eta$ 由预先设定的允许虚警概率 α_0 决定。预先规定的虚警概率 α_0 也称作检验水平，它决定雷达、声纳等信号检测的质量。

下面举例说明如何应用 Neyman-Pearson 准则。

例 3.4.3 令 $y_1,\cdots,y_N$ 是具有未知均值 μ 和已知方差 σ^2 的正态分布随机变量的 N 个观测样本。试确定检验假设

$$\begin{cases} H_0: \ \mu = \mu_0 \\ H_1: \ \mu = \mu_1 \end{cases}$$

在检验水平 α_0 下的最优临界区，其中 $\mu_1 > \mu_0$。

解　由题意知，观测数据 y_n 服从均值为 μ、方差为 σ^2 的正态分布。就是说，随机变量 y_n 的条件分布密度函数为

$$p(y_n|H_i) = \frac{1}{\sqrt{2\pi}} \exp\left(\frac{(y_n-\mu_i)^2}{2\sigma^2}\right), \qquad i=0,1$$

由于随机变量 y_n 是独立被观测的，所以 N 个观测数据 $y_1,\cdots,y_N$ 的联合条件分布密度函数是各个边缘条件分布密度函数的乘积

$$p(y_1,\cdots,y_N|H_i) = \prod_{n=1}^{N} p(y_n|H_i) = \frac{1}{(\sqrt{2\pi}\sigma)^N} \exp\left(-\sum_{n=1}^{N}\frac{(y_n-\mu_i)^2}{2\sigma^2}\right)$$

于是，由 Newman-Pearson 准则知，决策函数

$$L(y_1,\cdots,y_N) = \frac{p(y_1,\cdots,y_N|H_1)}{p(y_1,\cdots,y_N|H_0)} = \frac{\exp\left(-\sum\limits_{n=1}^{N}\frac{(y_n-\mu_1)^2}{2\sigma^2}\right)}{\exp\left(-\sum\limits_{n=1}^{N}\frac{(y_n-\mu_0)^2}{2\sigma^2}\right)} > k$$

取对数后，上式化简为

$$-\sum_{n=1}^{N}(y_n-\mu_1)^2 + \sum_{n=1}^{N}(y_n-\mu_0)^2 > 2\sigma^2\ln(k) \tag{3.4.20}$$

计算上式左边的求和项之差，得

$$-\sum_{n=1}^{N}(y_n-\mu_1)^2 + \sum_{n=1}^{N}(y_n-\mu_0)^2 = -N(\mu_1^2-\mu_0^2) + 2(\mu_1-\mu_0)\sum_{n=1}^{N}y_n$$

将这一结果代入式 (3.4.20)，有

$$-N(\mu_1^2-\mu_0^2) + 2(\mu_1-\mu_0)\sum_{n=1}^{N}y_n > 2\sigma^2\ln(k)$$

或

$$2(\mu_1-\mu_0)\bar{y} > 2\sigma^2\ln(k) + N(\mu_1^2-\mu_0^2)$$

其中

$$\bar{y} = \sum_{n=1}^{N}y_n$$

表示 N 个随机样本的均值。注意到由于 $\mu_1>\mu_0$，所以 $2(\mu_1-\mu_0)$ 为正。于是有

$$\bar{y} > \frac{N(\mu_1^2-\mu_0^2)+2\sigma^2\ln(k)}{2(\mu_1-\mu_0)}$$

这表明，检验统计量应该取观测样本的均值，即 $g(y_1,\cdots,y_N)=\bar{y}$，其阈值

$$\mathrm{Th} = \frac{N(\mu_1^2-\mu_0^2)+2\sigma^2\ln(k)}{2(\mu_1-\mu_0)}$$

就是说，检验统计量 $g(y_1,\cdots,y_N)=\bar{y}$ 的最优临界区为

$$R_c=\left(\frac{N(\mu_1^2-\mu_0^2)+2\sigma^2\ln(k)}{2(\mu_1-\mu_0)},\infty\right)$$

其中 $\mu_1>\mu_0$。

本例中，决策函数为似然比函数 $L(y_1,\cdots,y_N)=p(y_1,\cdots,y_N|H_1)/p(y_1,\cdots,y_N|H_0)$，而检验统计量 $g(y_1,\cdots,y_N)$ 则是观测数据 $y_1,\cdots,y_N$ 的样本均值 $\bar{y}$。

3.5 一致最大功效准则

3.4 节以雷达信号检测为例，讨论了漏警与虚警有着不同后果的二元假设检验问题。本节以二进制脉冲幅度调制的通信系统为例，研究两种错误判决造成的后果几近或者完全相同时另一类型的二元假设检验问题。

3.5.1 通信信号检测问题

考虑二进制脉冲幅度调制 (pulse amplitude modulation, PAM) 通信系统，其发射信号波形为 $S_1(t)=p(t)$ 和 $S_0(t)=-p(t)$，其中 $p(t)$ 是一任意脉冲，它在码元间隔 $0\leqslant t\leqslant T$ 内不等于零，而在其他时间均为零。由于 $S_1(t)=-S_0(t)$，所以这两个信号称为反极性信号 (antipodal signal)。

二进制脉冲幅度调制通信的二元假设检验问题可以描述为

$$\begin{cases}H_0:\ r_0(t)=S_0(t)+w(t)\\ H_1:\ r_1(t)=S_1(t)+w(t)\end{cases}\qquad 0\leqslant t\leqslant T \tag{3.5.1}$$

与雷达信号检测不同，通信发射信号 $S_1(t)=p(t)$ 被决策准则错误判断为 $S_0(t)=-p(t)$，或者 $S_0(t)=-p(t)$ 被错误判断为 $S_1(t)=p(t)$，这两种错误决策带来的影响是相同的，并无虚警和漏警那样的严重后果之分。在通信信号检测问题中，所有的检测错误都统称为误码，无漏码和虚码之分。因此，在无线通信系统中，只有检测概率 P_D 和误码概率 P_E 两种指标。误码概率简称误码率。由于 $P_D+P_E=1$，所以只需要分析误码率。在实际应用中，误码率常采用比特错误率 (bit error rate, BER)

$$\text{BER}=\frac{\text{误码的个数}}{\text{发射的字码总数}}\times 100\ \% \tag{3.5.2}$$

式 (3.5.1) 所示检测问题不容易求解。为此，我们来考虑使用已知脉冲信号 $p(t)$ 对观测信号作相关解调运算的结果

$$r_i=\int_0^T r_i(t)p(t)\text{d}t=\int_0^T S_i(t)p(t)\text{d}t,\quad i=0,1 \tag{3.5.3}$$

这样一来，二进制脉冲幅度调制通信信号的检测问题式 (3.5.1) 便变为

$$\begin{cases}H_0:\ r_0=S_0+n=-E_p+n\\ H_1:\ r_1=S_1+n=E_p+n\end{cases} \tag{3.5.4}$$

式中

$$S_0 = \int_0^T S_0(t)p(t)\mathrm{d}t = -\int_0^T p^2(t)\mathrm{d}t = -E_p \tag{3.5.5}$$

$$S_1 = \int_0^T S_1(t)p(t)\mathrm{d}t = \int_0^T p^2(t)\mathrm{d}t = E_p \tag{3.5.6}$$

$$n = \int_0^T w(t)p(t)\mathrm{d}t \tag{3.5.7}$$

而 E_p 代表脉冲信号 $p(t)$ 的能量

$$E_p = \int_0^\infty p^2(t)\mathrm{d}t = \int_0^T p^2(t)\mathrm{d}t \tag{3.5.8}$$

由于脉冲信号 $p(t)$ 是确定性信号，它与包括高斯白噪声在内的任何随机信号都是统计不相关的，即 $\mathrm{E}\{w(t)p(t)\} = 0$，故有

$$\mathrm{E}\{n\} = \int_0^T \mathrm{E}\{w(t)p(t)\}\mathrm{d}t = 0 \tag{3.5.9}$$

注意，n 是一个高斯随机变量，其均值为零。

综合以上讨论，可以得出二进制脉冲幅度调制通信信号检测的决策规则：令阈值为零，若相关解调器的输出信号 r 大于零，则判断发射信号为 $S_1(t) = p(t)$；否则，判断发射信号为 $S_0(t) = -p(t)$。

需要注意的是，虽然高斯随机变量 n 的均值等于零，但是由于它的随机变化，用零作为阈值，仍然会造成错误的决策判断。

3.5.2 一致最大功效检验

将式 (3.5.4) 推广为更一般的二元假设检验模型

$$\begin{cases} H_0:\ y_n = s_0 + w_n = -\sqrt{E_p} + w_n \\ H_1:\ y_n = s_1 + w_n = \sqrt{E_p} + w_n \end{cases} \tag{3.5.10}$$

其中 w_n 是一个零均值、方差为 σ^2 的高斯白噪声。

假定信号 $s_1 = \sqrt{E_p}$ 被发射，由于决策的阈值为零，所以 H_1 假设检验下的错误概率 $P(e|H_1)$ 直接是输出 $y < 0$ 的概率，即

$$\begin{aligned} P(e|H_1) &= \int_{-\infty}^0 p(y|H_1)\mathrm{d}y = \frac{1}{\sqrt{\pi N_0}}\int_{-\infty}^0 \exp\left(-\frac{(y-\sqrt{E_p})^2}{N_0}\right)\mathrm{d}y \\ &= \frac{1}{\sqrt{2\pi}}\int_{-\infty}^{-\sqrt{2E_p/N_0}} \mathrm{e}^{-x^2/2}\mathrm{d}x = \frac{1}{\sqrt{2\pi}}\int_{\sqrt{2E_p/N_0}}^{\infty} \mathrm{e}^{-x^2/2}\mathrm{d}x \\ &= Q\left(\sqrt{\frac{2E_p}{N_0}}\right) \end{aligned} \tag{3.5.11}$$

式中 $N_0 = \frac{1}{2}\sigma^2$ 代表加性高斯白噪声 $w(n)$ 的能量，而 $Q(x)$ 为 Q 函数。

类似地，当信号 $s_0 = -\sqrt{E_p}$ 发射时，H_0 假设检验下的错误概率是 $r > 0$ 的概率，也有 $P(e|H_0) = Q(\sqrt{2E_p/N_0})$。由于二进制信号 $s_1 = \sqrt{E_p}$ 和 $S_0 = -\sqrt{E_p}$ 通常为等概率发射，即 $p_1 = p_0 = \frac{1}{2}$，故平均错误概率 (误码率)

$$P_E = p_1 P(e|H_1) + p_0 P(e|H_0) = \frac{1}{2}P(e|H_1) + \frac{1}{2}P(e|H_0) = Q\left(\sqrt{\frac{2E_p}{N_0}}\right) \tag{3.5.12}$$

从上式可以观察到两个重要的事实：

(1) 误码率只与比例 $2E_p/N_0$ 有关，而与信号和噪声的其他特性无关。

(2) 比例 $2E_p/E_0$ 代表接收机的输出信噪比。由于输出包括两个比特符号，所以 E_p/N_0 称为每个比特的信噪比。

临界区 R_c 或者阈值 Th 一般与备择假设 H_1 的参数有关。

定义 3.5.1 对于式 (3.5.10) 描述的二元假设检验问题，若临界区 R_c 或者阈值 Th 与备择假设 H_1 的参数 s_1 无关，则称该假设检验为一致最大功效 (uniformly most power, UMP) 检验。

对上述定义进行解读，“临界区 R_c 或者阈值 Th 与备择假设 H_1 的参数 s_1 无关”意味着：该假设检验的功效函数对于所有不同的 s_1 参数都是相同的或一致的。又因为总是寻求假设检验的最大功效，所以称之为一致最大功效检验。

如果二元假设检验为一致最大功效检验，则所采用的检验统计量 $g(y_1,\cdots,y_N)$ 称为一致最大功效检验统计量。

问题是，如何针对一个二元假设检验问题，构造一致最大功效检验统计量？这里仍然考虑加性高斯白噪声情况下的假设检验问题 (3.5.10)，但 w_n 不再是零均值，而是均值为 m，方差仍然为 σ^2。

由于 w_n 为白噪声，且 s_1 和 s_0 为确定量，故 $y_1,\cdots,y_N$ 在 H_0 和 H_1 两种假设下是独立的，并且 $\{y_n\}$ 在 H_i 假设下是一个均值为 $\bar{s}_i$、方差为 σ^2 的高斯随机过程，即有

$$p(y_n|H_1) = \frac{1}{\sqrt{2\pi\sigma^2}} \exp\left(-\frac{(y_n - \bar{s}_1)^2}{2\sigma^2}\right) \tag{3.5.13}$$

$$p(y_n|H_0) = \frac{1}{\sqrt{2\pi\sigma^2}} \exp\left(-\frac{(y_n - \bar{s}_0)^2}{2\sigma^2}\right) \tag{3.5.14}$$

式中，$\bar{s}_1 = s_1 + m$ 和 $\bar{s}_0 = s_0 + m$。

利用 $\{y_i\}$ 在 H_1 和 H_0 假设下的独立性知，观测数组 $\boldsymbol{y} = (y_1,\cdots,y_N)$ 在 H_1 假设和 H_0 假设下的条件分布密度函数分别为

$$p(\boldsymbol{y}|H_1) = \prod_{n=1}^{N} p(y_n|H_1) = \frac{1}{(2\pi\sigma^2)^{N/2}} \exp\left(-\sum_{n=1}^{N}\frac{(y_n - \bar{s}_1)^2}{2\sigma^2}\right) \tag{3.5.15}$$

$$p(\boldsymbol{y}|H_0) = \prod_{n=1}^{N} p(y_n|H_0) = \frac{1}{(2\pi\sigma^2)^{N/2}} \exp\left(-\sum_{n=1}^{N}\frac{(y_n - \bar{s}_0)^2}{2\sigma^2}\right) \tag{3.5.16}$$

由此得到似然比函数

$$\frac{p(\boldsymbol{y}|H_1)}{p(\boldsymbol{y}|H_0)}=\frac{\exp\left(-\sum\limits_{n=1}^{N}\frac{(y_n-\bar{s}_1)^2}{2\sigma^2}\right)}{\exp\left(-\sum\limits_{n=1}^{N}\frac{(y_n-\bar{s}_0)^2}{2\sigma^2}\right)} \tag{3.5.17}$$

考虑使用对数似然比函数作决策函数

$$L_1(\boldsymbol{y})=\ln\left[\frac{p(\boldsymbol{y}|H_1)}{p(\boldsymbol{y}|H_0)}\right]=-\sum_{n=1}^{N}\frac{(y_n-\bar{s}_1)^2}{2\sigma^2}+\sum_{n=1}^{N}\frac{(y_n-\bar{s}_0)^2}{2\sigma^2} \tag{3.5.18}$$

于是，与 Neyman-Pearson 准则类似，若决策函数 $L_1(\boldsymbol{y})>k_1$，即

$$-\sum_{n=1}^{N}\frac{(y_n-\bar{s}_1)^2}{2\sigma^2}+\sum_{n=1}^{N}\frac{(y_n-\bar{s}_0)^2}{2\sigma^2}>k_1$$

则判断发射的是 s_1 信号。否则，判断 s_0 信号发射。简化上式的表示，可得以下决策准则：若

$$(\bar{s}_1-\bar{s}_0)\sum_{n=1}^{N}y_n-\frac{N}{2}(\bar{s}_1^2-\bar{s}_0^2)>\sigma^2k_1$$

则判断发射的是 s_1 信号；否则判断 s_0 信号发射。这一决策准则又可等价叙述为：判断 s_1 信号发射，若

$$\frac{1}{N}\sum_{n=1}^{N}y_n>\frac{1}{N}\left[\sigma^2k_1+\frac{N}{2}(\bar{s}_1^2-\bar{s}_0^2)\right]\frac{1}{\bar{s}_1-\bar{s}_0} \tag{3.5.19}$$

令检验统计量为

$$g(\boldsymbol{y})=\bar{y}=\frac{1}{N}\sum_{n=1}^{N}y_n \tag{3.5.20}$$

阈值为

$$\text{Th}=\frac{1}{N}\left[\sigma^2k_1+\frac{N}{2}(\bar{s}_1^2-\bar{s}_0^2)\right]\frac{1}{\bar{s}_1-\bar{s}_0} \tag{3.5.21}$$

于是，决策准则公式 (3.5.19) 可以叙述为：若决策统计量

$$g(\boldsymbol{y})=\bar{y}=\frac{1}{N}\sum_{n=1}^{N}y_n>\ \text{Th}\ (\text{阈值}) \tag{3.5.22}$$

则判断 s_1 信号发射；否则判断 s_0 信号发射。

下面分析决策统计量 $g(\boldsymbol{y})=\bar{y}$ 的性质。首先，由于决策统计量为观测数据的样本均值，而样本均值服从和观测数据一样的正态分布，所以当决策统计量取一随机数值 g 时，$g(\boldsymbol{y})$ 在 H_1 和 H_0 假设下的条件分布密度函数分别为正态分布

$$p(g|H_1)=\frac{1}{\sqrt{2\pi\sigma^2/N}}\exp\left(-\frac{(g-\bar{s}_1)^2}{2\sigma^2/N}\right) \tag{3.5.23}$$

$$p(g|H_0)=\frac{1}{\sqrt{2\pi\sigma^2/N}}\exp\left(-\frac{(g-\bar{s}_0)^2}{2\sigma^2/N}\right) \tag{3.5.24}$$

仿照 3.4 节的虚警概率，定义

$$\alpha=\int_{\mathrm{Th}}^{\infty}p(g|H_0)\mathrm{d}g=\int_{\mathrm{Th}}^{\infty}\frac{1}{\sqrt{2\pi\sigma^2/N}}\exp\left[-\frac{(g-\bar{s}_0)^2}{2\sigma^2/N}\right]\mathrm{d}g$$
$$=\frac{1}{2}\frac{2}{\sqrt{\pi}}\int_{\frac{\mathrm{Th}-\bar{s}_0}{\sqrt{2}\sigma/\sqrt{N}}}^{\infty}\mathrm{e}^{-t^2}\mathrm{d}t=\frac{1}{2}\mathrm{erfc}\left(\frac{\mathrm{Th}-\bar{s}_0}{\sqrt{2}\sigma/\sqrt{N}}\right) \tag{3.5.25}$$

就是说，虚警概率 α 是条件分布密度函数 $p(g|H_0)$ 在 $\frac{\mathrm{Th}-\bar{s}_0}{\sqrt{2}\sigma/\sqrt{N}}$ 的补余误差函数值的一半，它与备择假设 H_1 的参数 s_1 无关。

由虚警概率的表达式 (3.5.25)，可求出阈值为

$$\mathrm{Th}=\frac{\sqrt{2}\sigma}{\sqrt{N}}\mathrm{erfc}^{-1}(2\alpha)+\bar{s}_0 \tag{3.5.26}$$

式中 $\mathrm{erfc}^{-1}(z)$ 是补余误差函数 $\mathrm{erfc}(z)$ 的反函数。由于虚警概率 α 与 s_1 参数无关，所以阈值 Th 的选择与备择假设 H_1 的参数 s_1 无关。因此，式 (3.5.22) 给出的最优决策统计量 $g(\boldsymbol{y})=\bar{y}$ 是一致最大功效的。相应的决策准则也与备择假设 H_1 的参数 s_1 无关，为一致最大功效准则。

结论：如果二元假设检验模型 (3.5.10) 中的噪声 w_n 是均值为 m、方差为 σ^2 的高斯白噪声，并且使用似然比函数或者对数似然比函数作决策函数，则 N 个观测数据 $y_1,\cdots,y_N$ 的样本均值就是一致最大功效的检验统计量。

3.5.3 一致最大功效准则的物理意义

与虚警概率公式 (3.5.25) 的推导相类似，检测概率为

$$P_{\mathrm{D}}=\int_{\mathrm{Th}}^{\infty}p(g|H_1)\mathrm{d}g=\frac{1}{2}\frac{2}{\sqrt{\pi}}\int_{\frac{\mathrm{Th}-\bar{s}_1}{\sqrt{2}\sigma/\sqrt{N}}}^{\infty}\mathrm{e}^{-t^2}\mathrm{d}t=\frac{1}{2}\mathrm{erfc}\left(\frac{\mathrm{Th}-\bar{s}_1}{\sqrt{2}\sigma/\sqrt{N}}\right) \tag{3.5.27}$$

由此知漏警概率

$$P_{\mathrm{M}}=1-P_{\mathrm{D}}=1-\frac{1}{2}\mathrm{erfc}\left(\frac{\mathrm{Th}-\bar{s}_1}{\sqrt{2}\sigma/\sqrt{N}}\right) \tag{3.5.28}$$

考虑 $s_0=0$ 一类信号有无检测的特殊情况。我们来分析一致最大功效准则在这类问题中的物理含义。不失一般性，假定加性高斯白噪声均值为零 ($m=0$)。此时，阈值公式 (3.5.26) 中 $\bar{s}_0=0$，故阈值为

$$\mathrm{Th}=\frac{\sqrt{2}\sigma}{\sqrt{N}}\mathrm{erfc}^{-1}(2\alpha) \tag{3.5.29}$$

将上式和 $\bar{s}_1=s_1+m=s_1$ 代入式 (3.5.27)，则有

$$P_{\mathrm{D}}=\frac{1}{2}\mathrm{erfc}\left(\mathrm{erfc}^{-1}(2\alpha)-\frac{s_1}{\sqrt{2}\sigma/\sqrt{N}}\right) \tag{3.5.30}$$

令

$$B=\frac{s_1}{\sigma/\sqrt{N}} \tag{3.5.31}$$

则 B^2 可视为信噪比。于是，式 (3.5.30) 可简写为

$$P_{\mathrm{D}}=\frac{1}{2}\mathrm{erfc}[\mathrm{erfc}^{-1}(2\alpha)-B] \tag{3.5.32}$$

这表明，检测概率 P_{D} 是虚警概率 α 和信噪比 B^2 的函数。当信噪比 $B^2\to 0$ 或等价 $B\to 0$ 时，检测概率

$$P_{\mathrm{D}}=\frac{1}{2}(2\alpha)=\alpha \qquad (若信噪比为零) \tag{3.5.33}$$

而当信噪比 $B^2\to\infty$ 或等价 $B\to\infty$，并使用式 (3.2.25) 时，则检测概率

$$P_{\mathrm{D}}=\lim_{B\to\infty}\frac{1}{2}\mathrm{erfc}(-B)=\frac{1}{2}\lim_{x\to-\infty}\mathrm{erfc}(x)=1 \qquad (若信噪比为无穷大) \tag{3.5.34}$$

从以上分析可以得出一致最大功效准则在信号有无的一类检测问题中的物理含义如下：

(1) 信噪比为零时，信号 s_1 的检测概率等于虚警概率。

(2) 信噪比无穷大时，信号 s_1 的检测概率为 1，信号 s_1 可百分之百被正确检测。

(3) 信噪比越大，信号 s_1 的检测概率越大。因此，在信号有无一类检测问题中，一致最大功效准则相当于在虚警概率 α 限定在一定水平的情况下，使信噪比最大化，或者等价于使检测概率最大化。

在信号有无一类检测问题中，一致最大功效准则与 Neyman-Pearson 准则等价。

3.6 Bayes 准则

如果把检验统计量看作一种参数，那么决策过程本质上也是参数估计过程。因此，也可以从参数估计的视角出发，讨论二元假设检验问题的决策准则。这样的准则叫做 Bayes 准则。与在虚警概率限定在一定水平而使检测概率最大的 Neyman-Pearson 准则，以及追求阈值与备择假设的参数无关的一致最大功效准则不同，Bayes 准则旨在使决策的风险最小。

3.6.1 Bayes 判决准则

将 H_j 假设判决为 H_i 假设需要付出成本或者代价。这一代价用代价因子 C_{ij} 表示。

代价因子 C_{ij} 具有以下基本性质：

(1) 代价因子总是非负的，即 $C_{ij}\geqslant 0,\forall i,j$。

(2) 对于同一个检验假设 H_j，错误决策的代价总是大于正确决策的代价，即有

$$C_{ij}>C_{jj}, \quad j\neq i \tag{3.6.1}$$

例如 $C_{10}>C_{00}$ 和 $C_{01}>C_{11}$。

条件概率 $P(H_i|H_j)$ 表示在 H_j 假设为真的条件下判决结果为 H_i 假设的发生概率。与之对应的代价由 $C_{ij}P(H_i|H_j)$ 表示。若 H_j 假设发生的先验概率 $P(H_j)$ 为已知，则 H_j 假设

条件下判决 H_i 假设成立的代价为 $C_{ij}P(H_j)P(H_i|H_j)$。因此，在二元假设检验中，H_j 假设下正确判决的代价为 $C_{ij}P(H_j)P(H_j|H_j)$，错误判决的代价为 $C_{ij}P(H_j)P(H_i|H_j), i \neq j$。正确判决的代价与错误判决的代价之和称为 H_j 假设下的总代价，即有

$$C(H_j) = C_{0j}P(H_j)P(H_0|H_1) + C_{1j}P(H_j)P(H_1|H_j), \quad j = 0, 1 \tag{3.6.2}$$

式右第一项表示 H_j 假设下错误判决的代价，第二项为 H_j 假设下正确判决的成本。

二元假设检验问题的统计判决的总平均代价由 H_0 假设的总代价与 H_1 假设的总代价之和组成：

$$C = C(H_0) + C(H_1) = \sum_{j=0}^{1}\sum_{i=0}^{1} C_{ij}P(H_j)P(H_i|H_j) \tag{3.6.3}$$

总平均代价简称平均代价，也称平均风险。

若 N 个观测数据 $y_1, \cdots, y_N$ 构成假设检验的证据量 $Y = g(y_1, \cdots, y_N)$。例如，取样本均值 $Y = \frac{1}{N}\sum_{i=1}^{N} y_i$ 作为证据量。若令 λ 是利用证据量进行统计判决时的门限值或阈值，则将条件概率 $P(H_i|H_j)$ 的定义式 (3.1.3)～式 (3.1.6) 代入式 (3.6.3)，可得

$$C = C_{10}p_0 + C_{11}p_1 + \int_{-\infty}^{\lambda} [(C_{01} - C_{11})p_1 p(Y|H_1) - (C_{10} - C_{00})p_0 p(Y|H_0)]\mathrm{d}Y \tag{3.6.4}$$

式中 $R_0 = (-\infty, \lambda)$ 代表与 $Y < \lambda$ 对应的 H_0 假设的判决区域。

Bayes 准则：在先验概率 $p_j = P(H_j)$ 已知，且代价因子 C_{ij} 给定的情况下，使平均代价 C 最小。

由于先验概率和代价因子的非负性，为使平均代价最小，式 (3.6.4) 中的积分函数应该为负，即有

$$R_0: \quad (C_{01} - C_{11})p_1 p(Y|H_1) < (C_{10} - C_{00})p_0 p(Y|H_0) \tag{3.6.5}$$

此时，证据量 Y 将位于判决区域 $R_0 = (-\infty, \lambda)$，即应该做出 H_0 假设成立的判决。其中，证据量 $Y = p(y_1, \cdots, y_N)$ 是由 N 个观测值求出的某个统计量。

相反，若

$$R_1: \quad (C_{01} - C_{11})p_1 p(Y|H_1) > (C_{10} - C_{00})p_0 p(Y|H_0) \tag{3.6.6}$$

则证据量 Y 位于判决区域 $R_1 = (\lambda, \infty)$，从而判决 H_1 假设成立。

于是，二元假设检验问题的 Bayes 准则可以写作

$$\frac{p(Y|H_1)}{p(Y|H_0)} > \eta \qquad \text{判决 } H_1 \text{ 成立}$$

$$\frac{p(Y|H_1)}{p(Y|H_0)} \leqslant \eta \qquad \text{判决 } H_0 \text{ 成立}$$

或者综合为一个判决表达式

$$\frac{p(Y|H_1)}{p(Y|H_0)} \underset{H_1}{\overset{H_0}{\lesseqgtr}} \eta \tag{3.6.7}$$

式中

$$\eta = \frac{(C_{10}-C_{00})p_0}{(C_{01}-C_{11})p_1} \tag{3.6.8}$$

为 Bayes 决策准则的阈值。

式 (3.6.7) 两边取对数后，即得 Bayes 准则的常用形式

$$L(Y) \underset{H_1}{\overset{H_0}{\lessgtr}} \ln\eta \tag{3.6.9}$$

式 (3.6.9) 的 Bayes 准则也称似然比准则。其中，条件分布密度之比的对数

$$L(Y) = \ln\frac{p(Y|H_1)}{p(Y|H_0)} \tag{3.6.10}$$

称为观测数据 y 的似然函数。

在先验概率 $p_j = P(H_j), j=0,1$ 已知，并且代价因子 $C_{ij}, i=0,1$ 给定的情况下，即可针对某个二元假设检验问题，确定 Bayes 准则的阈值 η。

3.6.2 二元信号波形的检测

作为 Bayes 准则的应用例子，考虑二元通信信号

$$\begin{cases} H_0: & y(t) = S_0(t)+n(t), \quad 0\leqslant t\leqslant T \\ H_1: & y(t) = S_1(t)+n(t), \quad 0\leqslant t\leqslant T \end{cases} \tag{3.6.11}$$

式中，$n(t)\sim\mathcal{N}(0,\sigma_n^2)$ 为高斯白噪声，其均值为零，方差为 σ_n^2；T 为比特间隔 (码元间隔)；而 $S_0(t)$ 和 $S_1(t)$ 为调制波形，分别具有能量

$$\begin{cases} E_0 = \int_0^T |S_0(t)|^2\mathrm{d}t \\ E_1 = \int_0^T |S_1(t)|^2\mathrm{d}t \end{cases} \tag{3.6.12}$$

调制信号 $S_0(t)$ 和 $S_1(t)$ 之间的波形相关系数

$$\rho = \frac{1}{\sqrt{E_0E_1}}\int_0^T S_0(t)S_1(t)\mathrm{d}t \tag{3.6.13}$$

为了得到离散信号，对模拟的二元通信信号作 Karhunen-Loeve (K-L) 变换

$$y(t) = \lim_{N\to\infty}\sum_{k=1}^{N} y_k f_k(t) \tag{3.6.14}$$

取前 N 项之和作为逼近，可得

$$y_N(t) = \sum_{k=1}^{N} y_k f_k(t) \tag{3.6.15}$$

其中，y_k 为 K-L 展开系数

$$y_k = \int_0^T y(t)f_k(t)\mathrm{d}t \tag{3.6.16}$$

$f_k(t)$ 为正交基函数，可由 Gram-Schmidt 标准正交化构造

$$\begin{cases} f_1(t) = \dfrac{1}{\sqrt{E_1}} S_1(t), & 0 \leqslant t \leqslant T \\ f_2(t) = \dfrac{1}{\sqrt{(1-\rho^2)E_0}} \left[S_0(t) - \rho\sqrt{\dfrac{E_0}{E_1}} S_1(t) \right], & 0 \leqslant t \leqslant T \end{cases} \tag{3.6.17}$$

而其他正交基函数 $f_k(t), k = 3, 4, \cdots$ 均与 $f_1(t), f_2(t)$ 正交。

利用 K-L 展开系数 r_k，可以将原二元假设检验问题的模拟表达式 (3.6.11) 等价写作

$$\begin{cases} H_0: & y_k = S_0 + n_k, \quad k = 1, 2, \cdots \\ H_1: & y_k = S_1 + n_k, \quad k = 1, 2, \cdots \end{cases} \tag{3.6.18}$$

由式 (3.6.18) 得

$$\mathrm{E}\{y_k | H_0\} = \mathrm{E}\{S_{0k} + n_k\} = S_{0k} \tag{3.6.19}$$

$$\mathrm{var}(y_k | H_0) = \mathrm{E}\{(y_k - s_0)^2\} = \mathrm{E}\{n_k^2\} = \sigma_n^2 \tag{3.6.20}$$

$$\mathrm{E}\{y_k | H_1\} = \mathrm{E}\{S_{1k} + n_k\} = S_{1k} \tag{3.6.21}$$

$$\mathrm{var}(y_k | H_1) = \mathrm{E}\{(y_k - S_1)^2\} = \mathrm{E}\{n_k^2\} = \sigma_n^2 \tag{3.6.22}$$

由于 y_k 和高斯白噪声 n_k 一样服从正态分布，故观测数据 y_k 的条件分布密度函数

$$p(y_k | H_0) = \frac{1}{\sqrt{2\pi}\sigma_n} \exp\left(-\frac{(y_k - S_{0k})^2}{2\sigma_n^2} \right) \tag{3.6.23}$$

$$p(y_k | H_1) = \frac{1}{\sqrt{2\pi}\sigma_n} \exp\left(-\frac{(y_k - S_{1k})^2}{2\sigma_n^2} \right) \tag{3.6.24}$$

取观测数据 $y_1, \cdots, y_N$ 的某个函数作为证据量 $Y = g(y_1, \cdots, y_N)$，则证据量 Y 的联合条件分布密度函数分别为

$$\begin{aligned} p(Y | H_0) &= \prod_{k=1}^{N} p(y_k | H_0) \\ &= \left(\frac{1}{\sqrt{2\pi}\sigma_n} \right)^N \exp\left[-\frac{1}{2\sigma_n^2} \left(\sum_{k=1}^{N} y_k^2 - 2\sum_{k=1}^{N} y_k S_{0k} + \sum_{k=1}^{N} S_{0k}^2 \right) \right] \end{aligned} \tag{3.6.25}$$

$$\begin{aligned} p(Y | H_1) &= \prod_{k=1}^{N} p(y_k | H_1) \\ &= \left(\frac{1}{\sqrt{2\pi}\sigma_n} \right)^N \exp\left[-\frac{1}{2\sigma_n^2} \left(\sum_{k=1}^{N} y_k^2 - 2\sum_{k=1}^{N} y_k S_{1k} + \sum_{k=1}^{N} S_{1k}^2 \right) \right] \end{aligned} \tag{3.6.26}$$

注意到 $\sum\limits_{k=1}^{N} S_{0k}^2 = E_0$ 与 $\sum\limits_{k=1}^{N} S_{1k}^2 = E_1$，并且

$$R_{yS_0} = \sum_{k=1}^{N} y_k S_{0k} \Leftrightarrow R_{yS_0} = \int_0^T y(t) S_0(t) \mathrm{d}t \tag{3.6.27}$$

$$R_{yS_1} = \sum_{k=1}^{N} y_k S_{1k} \Leftrightarrow R_{yS_1} = \int_0^T y(t) S_1(t) \mathrm{d}t \tag{3.6.28}$$

分别表示观测信号与调制信号的互相关函数，故 Bayes 判决准则的原始形式为

$$\frac{p(Y|H_1)}{p(Y|H_0)}=\exp\left[\frac{1}{\sigma_n^2}\left(\int_0^T y(t)S_1(t)\mathrm{d}t-\int_0^T y(t)S_0(t)\mathrm{d}t\right)-\frac{1}{2\sigma_n^2}(E_1-E_0)\right]\underset{H_1}{\overset{H_0}{\lessgtr}}\eta \tag{3.6.29}$$

两边取对数后，则可以将 Bayes 判决准则写作

$$\int_0^T y(t)S_1(t)\mathrm{d}t-\int_0^T y(t)S_0(t)\mathrm{d}t\underset{H_1}{\overset{H_0}{\lessgtr}}\sigma_n^2\ln\eta+\frac{1}{2}(E_1-E_0) \tag{3.6.30}$$

或者简记为

$$Y\underset{H_1}{\overset{H_0}{\lessgtr}}\lambda \tag{3.6.31}$$

式中

$$Y=\sum_{k=1}^N y_kS_{1k}-\sum_{k=1}^N y_kS_{0k}=\int_0^T y(t)S_1(t)\mathrm{d}t-\int_0^T y(t)S_0(t)\mathrm{d}t \tag{3.6.32}$$

$$\lambda=\sigma_n^2\ln\eta+\frac{1}{2}(E_1-E_0) \tag{3.6.33}$$

分别是二元假设检验问题的证据量和阈值。

图 3.6.1 画出了二元通信信号的检测系统。

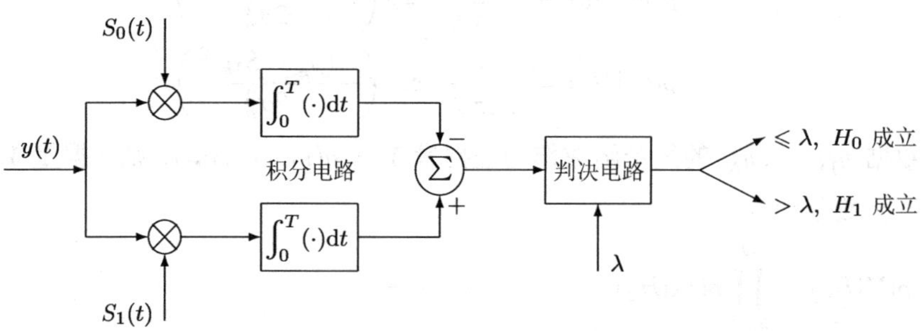

图 3.6.1 二元通信信号的检测系统

由式 (3.6.32) 及式 (3.6.13) 可求得证据量 Y 的期望均值

$$\mathrm{E}\{Y|H_0\}=\mathrm{E}\left\{\sum_{k=1}^N(S_{0k}+n_k)S_{1k}-\sum_{k=1}^N(S_{0k}+n_k)S_{0k}\right\}=\rho\sqrt{E_0E_1}-E_0 \tag{3.6.34}$$

$$\mathrm{E}\{Y|H_1\}=\mathrm{E}\left\{\sum_{k=1}^N(S_{1k}+n_k)S_{1k}-\sum_{k=1}^N(S_{1k}+n_k)S_{0k}\right\}=E_1-\rho\sqrt{E_0E_1} \tag{3.6.35}$$

和条件方差

$$\mathrm{var}(Y|H_0)=\mathrm{var}\left(\sum_{k=1}^N(S_{0k}+n_k)S_{1k}-\sum_{k=1}^N(S_{0k}+n_k)S_{0k}\right)=\rho\sqrt{E_0E_1}-E_0 \tag{3.6.36}$$

$$\mathrm{var}\{Y|H_1\}=\mathrm{var}\left(\sum_{k=1}^N(S_{1k}+n_k)S_{1k}-\sum_{k=1}^N(S_{1k}+n_k)S_{0k}\right)=E_1-\rho\sqrt{E_0E_1} \tag{3.6.37}$$

3.6.3 检测概率分析

1. 样本统计量分析

计算样本均值证据量 Y 的条件均值与条件方差。

(1) 条件均值：H_1 假设情况下证据量 Y 的条件期望值即条件均值

$$\mathrm{E}\{Y|H_1\}=\mathrm{E}\left\{\frac{1}{N}\sum_{k=1}^{N}y_k|H_1\right\}=\mathrm{E}\left\{\frac{1}{N}\sum_{k=1}^{N}(S_1+n_k)\right\}=S_1 \tag{3.6.38}$$

而 H_0 假设情况下证据量 Y 的条件均值

$$\mathrm{E}\{Y|H_0\}=\mathrm{E}\left\{\frac{1}{N}\sum_{k=1}^{N}y_k|H_0\right\}=\mathrm{E}\left\{\frac{1}{N}\sum_{k=1}^{N}S_0+n_k\right\}=S_0 \tag{3.6.39}$$

(2) 条件方差：H_1 假设情况下证据量 Y 的条件方差

$$\mathrm{var}(Y|H_1)=\mathrm{var}\left(\frac{1}{N}\sum_{k=1}^{N}y_k|H_1\right)=\mathrm{var}\left(\frac{1}{N}\sum_{k=1}^{N}(S_1+n_k)\right)=\frac{1}{N}\sigma_n^2 \tag{3.6.40}$$

而 H_0 假设情况下证据量 Y 的条件方差

$$\mathrm{var}(Y|H_0)=\mathrm{var}\left(\frac{1}{N}\sum_{k=1}^{N}y_k|H_0\right)=\mathrm{var}\left(\frac{1}{N}\sum_{k=1}^{N}(S_0+n_k)\right)=\frac{1}{N}\sigma_n^2 \tag{3.6.41}$$

2. 检测概率分析

由以上条件均值和条件方差，易知样本均值证据量的条件分布密度分别为

$$p(Y|H_1)=\frac{\sqrt{N}}{\sqrt{2\pi}\sigma_n}\exp\left(-\frac{N(Y-S_1)^2}{2\sigma_n^2}\right) \tag{3.6.42}$$

$$p(Y|H_0)=\frac{\sqrt{N}}{\sqrt{2\pi}\sigma_n}\exp\left(-\frac{N(Y-S_0)^2}{2\sigma_n^2}\right) \tag{3.6.43}$$

一旦得到样本均值证据量的条件分布密度后，即可计算在样本均值 Bayes 准则中的检测概率。

(1) 虚警概率

$$P(H_1|H_0)=\int_{\lambda}^{\infty}p(Y|H_0)\mathrm{d}Y=\int_{\frac{\sigma_n^2}{N(S_1-S_0)}\ln\eta+\frac{S_1+S_0}{2}}^{\infty}\frac{\sqrt{N}}{\sqrt{2\pi}\sigma_n}\exp\left(-\frac{N(Y-S_0)^2}{2\sigma_n^2}\right)\mathrm{d}Y$$

作变量代换 $u=\frac{\sqrt{N}(Y-S_0)}{\sqrt{2}\sigma_n}$，上式即可表示为

$$\begin{aligned}P(H_1|H_0)&=\int_{\frac{\sigma_n}{\sqrt{2N}(S_1-S_0)}\ln\eta+\frac{\sqrt{N}(S_1-S_0)}{2\sqrt{2}\sigma_n}}^{\infty}\frac{1}{\sqrt{\pi}}\exp\left(-u^2\right)\mathrm{d}u\\&=\frac{1}{2}\mathrm{erfc}\left(\frac{\sigma_n}{\sqrt{2N}(S_1-S_0)}\ln\eta+\frac{\sqrt{N}(S_1-S_0)}{2\sqrt{2}\sigma_n}\right)\end{aligned} \tag{3.6.44}$$

式中 $\mathrm{erfc}(x)=\int_x^{\infty}\frac{2}{\sqrt{\pi}}\exp\left(-u^2\right)\mathrm{d}u$ 为 x 的补余误差函数。

(2) 命中概率

$$P(H_1|H_1)=\int_{\lambda}^{\infty}p(Y|H_1)\mathrm{d}Y=\int_{\frac{\sigma_n^2}{N(S_1-S_0)}\ln\eta+\frac{S_1+S_0}{2}}^{\infty}\frac{\sqrt{N}}{\sqrt{2\pi}\sigma_n}\exp\left(-\frac{N(Y-S_1)^2}{2\sigma_n^2}\right)\mathrm{d}Y$$

作变量代换 $u=\frac{\sqrt{N}(Y-S_1)}{\sqrt{2}\sigma_n}$，即有

$$\begin{aligned}P(H_1|H_1)&=\int_{\frac{\sigma_n}{\sqrt{2N}(S_1-S_0)}\ln\eta+\frac{\sqrt{N}(S_1-S_0)}{2\sqrt{2}\sigma_n}}^{\infty}\frac{1}{\sqrt{\pi}}\exp\left(-u^2\right)\mathrm{d}u\\&=\frac{1}{2}\mathrm{erfc}\left(\frac{\sigma_n}{\sqrt{2N}(S_1-S_0)}\ln\eta-\frac{\sqrt{N}(S_1-S_0)}{2\sqrt{2}\sigma_n}\right)\end{aligned}\tag{3.6.45}$$

(3) 拒绝概率 $P(H_0|H_0)=1-P(H_1|H_0)$ 和漏警概率 $P(H_0|H_1)=1-P(H_1|H_1)$ 分别为

$$P(H_0|H_0)=1-\frac{1}{2}\mathrm{erfc}\left(\frac{\sigma_n}{\sqrt{2N}(S_1-S_0)}\ln\eta+\frac{\sqrt{N}(S_1-S_0)}{2\sqrt{2}\sigma_n}\right)\tag{3.6.46}$$

$$P(H_0|H_1)=1-\frac{1}{2}\mathrm{erfc}\left(\frac{\sigma_n}{\sqrt{2N}(S_1-S_0)}\ln\eta-\frac{\sqrt{N}(S_1-S_0)}{2\sqrt{2}\sigma_n}\right)\tag{3.6.47}$$

表 3.6.1 比较了 Neyman-Pearson 准则、一致最大功效准则和 Bayes 准则的信号模型、决策准则、判决函数和阈值等。表中，α_0 为预先设定的虚警概率。

表 3.6.1　三种决策准则的比较

准　则	Neyman-Pearson 准则	一致最大功效准则	Bayes 准则
信号模型	$\begin{cases}H_1:\ y_n=S+w_n\\H_0:\ y_n=w_n\end{cases}$	$\begin{cases}H_1:\ y_n=S_1+w_n\\H_0:\ y_n=S_0+w_n\end{cases}$	$\begin{cases}H_1:\ y_n=S_1+w_n\\H_0:\ y_n=S_0+w_n\end{cases}$
决策准则	$\begin{cases}\alpha\leqslant\alpha_0\\\max\gamma=1-\beta(S)\end{cases}$	检验统计量的阈值与 H_1 假设的参数 S_1 无关	风险最小
决策函数	$L(\boldsymbol{y})=\ln\frac{p(\boldsymbol{y}\|H_1)}{p(\boldsymbol{y}\|H_0)}>\ln\eta$	$L(\boldsymbol{y})=\ln\frac{p(\boldsymbol{y}\|H_1)}{p(\boldsymbol{y}\|H_0)}>\ln\eta$	$L(\boldsymbol{y})=\ln\frac{p(\boldsymbol{y}\|H_1)}{p(\boldsymbol{y}\|H_0)}>\ln\eta$
阈　值	η 与 α_0 有关	η 与 α_0 有关	$\eta=\frac{(C_{10}-C_{00})p_0}{(C_{11}-C_{01})p_1}$
证据量	$g(\boldsymbol{y})=\frac{1}{N}\sum_{n=1}^{N}y_n>\mathrm{Th}$	$g(\boldsymbol{y})=\frac{1}{N}\sum_{n=1}^{N}y_n>\mathrm{Th}$	$g(\boldsymbol{y})=\frac{1}{N}\sum_{n=1}^{N}y_n>\lambda$
阈　值	$\mathrm{Th}=\frac{\sqrt{2}\sigma_n}{\sqrt{N}}\mathrm{erfc}^{-1}(2\alpha_0)$	$\mathrm{Th}=\frac{\sqrt{2}\sigma_n}{\sqrt{N}}\mathrm{erfc}^{-1}(2\alpha_0)+\bar{S}_0$	$\lambda=\frac{\sigma_n^2}{N(S_1-S_0)}\ln\eta+\frac{S_1+S_0}{2}$
漏警概率	$\beta=1-\frac{1}{2}\mathrm{erfc}\left(\frac{\mathrm{Th}-S}{\sqrt{2/N}\sigma_n}\right)$	$\beta=1-\frac{1}{2}\mathrm{erfc}\left(\frac{\mathrm{Th}-\bar{S}_1}{\sqrt{2/N}\sigma_n}\right)$	$\beta=1-\frac{1}{2}\mathrm{erfc}\left(\frac{\sigma_n}{\sqrt{2N}(S_1-S_0)}\times\ln\eta-\frac{\sqrt{N}(S_1-S_0)}{2\sqrt{2}\sigma_n}\right)$

从该表中可以得出以下结论：

(1) 三种决策准则都采用似然比函数作决策函数，但决策函数的阈值的选择有所不同：在 Neyman-Pearson 准则和一致最大功效准则中，决策函数的阈值取决于所允许的虚警概率 α_0，而 Bayes 准则的决策函数的阈值则直接由 H_0 和 H_1 假设发生的先验概率的比率 p_0/p_1 决定。

(2) 三种决策准则都采用观测样本的均值作检测统计量，它们的阈值各不相同。

在二元数字通信信号的检测中，通常假定代价因子 $C_{10} = C_{01}$ 和 $C_{11} = C_{00}$，故由式 (3.6.8) 知，Bayes 判决准则的原始阈值

$$\eta = \frac{(C_{10} - C_{00})p_0}{(C_{01} - C_{11})p_1} = \frac{p_0}{p_1} \tag{3.6.48}$$

此时，使用 N 个观测数据的样本均值 Y 作证据量时，Bayes 判决准则的实际阈值

$$\lambda = \frac{\sigma_n^2}{N(S_1 - S_0)}[\ln p_0 - \ln p_1] + \frac{S_1 + S_0}{2} \tag{3.6.49}$$

3.7 Bayes 派生准则

取决于代价因子的选择不同，Bayes 准则可以派生出几种其他判决准则。

3.7.1 最小错误概率准则

在有些应用 (例如二元数字通信) 中，正确拒绝和命中都是正确的检测，可认为无代价付出，即认为代价因子 $C_{00} = C_{11} = 0$。另一方面，错误的决策虽然需要付出代价，但虚警和漏警的代价相同，即代价因子 $C_{10} = C_{01}$。在代价因子的这些假设下，平均代价 C 简化为错误概率 $P_{\rm E}$，即有

$$C = p_0 P(H_1|H_0) + p_1 P(H_0|H_1) = p_0\alpha + p_1\beta = P_{\rm E} \tag{3.7.1}$$

于是，平均代价最小化的 Bayes 准则变成最小错误概率准则 (minimum error probability criterion)

$$\frac{p(Y|H_1)}{p(Y|H_0)} \underset{H_1}{\overset{H_0}{\lessgtr}} \eta = \frac{p_0}{p_1} \tag{3.7.2}$$

换言之，最小错误概率准则与 Bayes 准则的计算方法和步骤完全相同，只是两者的阈值 η 不同。

此外，有时将代价因子归一化，故上述代价因子的假设又经常表述为 $C_{00} = C_{11} = 0$ 和 $C_{01} = C_{10} = 1$。

3.7.2 最大后验概率准则

在某些应用中，不同检验假设 H_j 下的错误决策与正确决策的代价之差相同，即认为 $C_{01}-C_{11}=C_{10}-C_{00}$。在这一假设条件下，Bayes 准则退化为

$$\frac{p(Y|H_1)}{p(Y|H_0)} \underset{H_1}{\overset{H_0}{\lesseqgtr}} \frac{p_0}{p_1}(=\eta) \tag{3.7.3}$$

与最小总错误概率准则相同。注意到上述准则可以等价写作

$$p_1\cdot p(Y|H_1) \underset{H_1}{\overset{H_0}{\lesseqgtr}} p_0\cdot p(Y|H_0) \tag{3.7.4}$$

利用 $p(H_i|Y)=P(H_i)p(Y|H_i)=p_i\cdot p(Y|H_i)$，上式即可用后验概率 $p(H_i|y)$ 表示为

$$p(H_1|Y) \underset{H_1}{\overset{H_0}{\lesseqgtr}} p(H_0|Y) \tag{3.7.5}$$

式 (3.7.5) 表明，二元假设检验的决策准则直接是：后验概率最大的那个假设判决为成立。具体说，若 $P(H_1|Y)>P(H_0|Y)$，则判决 H_1 假设成立；反之，则判决 H_0 假设成立。因此，式 (3.7.5) 所示准则习惯称为最大后验概率准则 (maximum a posteriori probability criterion)。

例 3.7.1 观测数据模型为

$$\begin{aligned} y_n &= 1+w_n \quad (H_1:\text{ 信号存在}) \\ y_n &= w_n \qquad\quad (H_0:\text{ 信号不存在}) \end{aligned}$$

式中 $n=1,\cdots,24$，且 w_n 为高斯随机过程，其均值为 0，方差为 1。若先验概率 $p_0=1/5, p_1=4/5$，试求错误概率 $P_{\rm E}$ 和检测概率 $P_{\rm D}$。

解 首先，阈值

$$\eta=\ln\frac{p_0}{p_1}=\ln(0.25)=-1.3863$$

由于 y_n 在 H_0 假设检验下的概率分布与加性高斯白噪声 w_n 相同，而 y_n 在 H_1 假设检验下是一个均值为 1、方差为 1 的高斯白噪声，所以观测数组 $\boldsymbol{y}=(y_1,\cdots,y_N)$ 的条件概率密度函数分别为

$$p(\boldsymbol{y}|H_0)=\prod_{n=1}^{24}p(y_n|H_0)=\frac{1}{(2\pi)^{24/2}}\exp\left(-\sum_{n=1}^{24}y_n^2/2\right)$$

和

$$p(\boldsymbol{y}|H_1)=\prod_{n=1}^{24}p(y_n|H_1)=\frac{1}{(2\pi)^{24/2}}\exp\left(-\sum_{n=1}^{24}(y_n-1)^2/2\right)$$

计算对数似然比函数，可得

$$L(\boldsymbol{y})=\ln\left(\frac{p(\boldsymbol{y}|H_1)}{p(\boldsymbol{y}|H_0)}\right)=-\sum_{n=1}^{24}\frac{(y_n-1)^2}{2}+\sum_{n=1}^{24}\frac{y_n^2}{2}=\sum_{n=1}^{24}y_n-\frac{24}{2}=24\bar{y}-12$$

将这一结果直接代入 Bayes 准则

$$L(\boldsymbol{y})=\ln\left(\frac{p(\boldsymbol{y}|H_1)}{p(\boldsymbol{y}|H_0)}\right)>\ln\left(\frac{p_0}{p_1}\right)=-1.3863$$

从而有 $24\bar{y}-12>-1.3863$，由此得

$$\bar{y}>0.4422$$

换言之，使用观测数据均值作为决策统计量时，阈值 $\lambda=0.4422$。因此，若观测数据的样本均值大于 0.4422，则判断信号存在，否则判决信号不存在。

另一方面，样本平均

$$\bar{y}=\frac{1}{24}\sum_{n=1}^{24}y_n$$

也是一个高斯分布的随机变量，其条件均值

$$\mathrm{E}\{\bar{y}|H_0\}=0,\qquad \mathrm{E}\{\bar{y}|H_1\}=1$$

方差

$$\mathrm{var}(\bar{y}|H_0)=\mathrm{var}(\bar{y}|H_1)=\frac{1}{\sigma_w^2}=\frac{1}{25}$$

因此，样本平均 $\bar{y}$ 的条件分布密度函数

$$p(\bar{y}|H_0)=\frac{1}{(2\pi/24)^{1/2}}\exp\left(-\frac{\bar{y}^2}{2/24}\right)$$

$$p(\bar{y}|H_1)=\frac{1}{(2\pi/24)^{1/2}}\exp\left(-\frac{(\bar{y}-1)^2}{2/24}\right)$$

于是，H_0 和 H_1 假设检验下的检测概率分别为

$$\begin{aligned}P_{\mathrm{D}_0}&=\int_{-\infty}^{\eta}p(\bar{y}|H_0)\mathrm{d}\bar{y}=\int_{-\infty}^{\infty}p(\bar{y}|H_0)\mathrm{d}\bar{y}-\int_{\eta}^{\infty}p(\bar{y}|H_0)\mathrm{d}\bar{y}\\&=1-\int_{\eta}^{\infty}p(\bar{y}|H_0)\mathrm{d}\bar{y}=1-\frac{1}{2}\,\mathrm{erfc}\left(\frac{0.4422}{\sqrt{2/24}}\right)=1-0.5\,\mathrm{erfc}(1.53)\\&=0.9847\\P_{\mathrm{D}_1}&=\int_{\eta}^{\infty}p(\bar{y}|H_1)\mathrm{d}\bar{y}=\frac{1}{2}\,\mathrm{erfc}\left(\frac{0.4422-1}{\sqrt{2/24}}\right)=0.5\,\mathrm{erfc}(-1.93)\\&=0.9968\end{aligned}$$

故虚警概率和漏警概率分别为

$$\alpha=1-P_{\mathrm{D}_0}=1-0.9847=0.0153$$

$$\beta=1-P_{\mathrm{D}_1}=1-0.9968=0.0032$$

错误概率

$$P_{\mathrm{E}}=p_0\alpha+p_1\beta=\frac{1}{5}\times0.0153+\frac{4}{5}\times0.0032=0.0056$$

检测概率

$$P_{\mathrm{D}}=p_0P_{D_0}+p_1P_{D_1}=\frac{1}{5}\times 0.9847+\frac{4}{5}\times 0.9968=0.9944$$

3.7.3 极小极大准则

Bayes 准则以及其派生的最小总错误概率准则和最大后验概率准则均假定：先验概率 p_1 或者 p_0 为已知，并且固定。由于 $p_1=1-p_0$，并且 H_1 才是我们感兴趣的备择假设，所以必须将未知的先验概率 p_1 视为一个变量，而非一个固定值。问题是：当先验概率 p_1 未知或者波动很大时，如何选择它的猜测值，以便将 Bayes 准则的误差控制在一定范围，不至于大幅度的误差波动。

为了解决这一问题，不妨记 $\alpha=P_{\mathrm{F}}=P(H_1|H_0)$ 和 $\beta=P_{\mathrm{M}}=H(H_0|H_1)$。于是，有 $P(H_0|H_0)=1-\alpha$ 和 $P(H_1|H_1)=1-\beta$。若令 $\alpha(p_1)$ 和 $\beta(p_1)$ 分别表示与未知的 p_1 对应的虚警概率和漏警概率，则可将平均代价或平均风险改写为

$$\begin{aligned}C(p_1)=&C_{00}+(C_{10}-C_{00})\alpha(p_1)\\&+p_1[C_{11}-C_{00}+(C_{01}-C_{11})\beta(p_1)-(C_{10}-C_{00})\alpha(p_1)]\end{aligned}\tag{3.7.6}$$

可以证明，当似然比 $p(Y|H_1)/p(Y|H_0)$ 服从严格单调的概率分布时，平均代价 $C(p_1)$ 是变量 p_1 的严格凸函数，如图 3.7.1 所示。

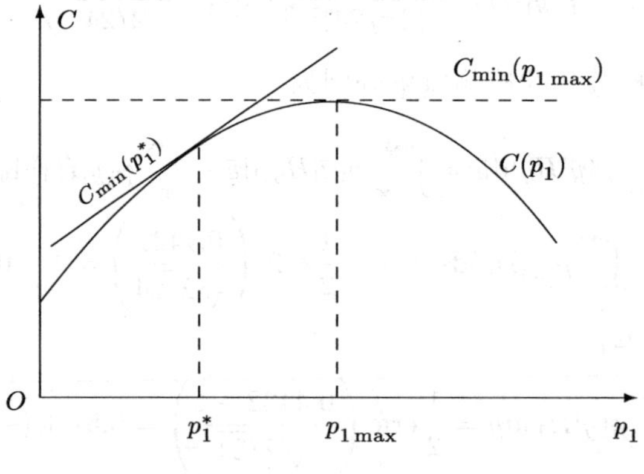

图 3.7.1 平均代价函数

令 $C_{\min}(p_1)$ 代表 Bayes 准则所要求的最小平均代价函数，即

$$C_{\min}(p_1)=\min C(p_1)\quad\Leftrightarrow\quad\frac{\partial C(p_1)}{\partial p_1}=0\tag{3.7.7}$$

式中

$$\frac{\partial C(p_1)}{\partial p_1}=C_{11}-C_{00}+(C_{01}-C_{11})\beta(p_1)-(C_{10}-C_{00})\alpha(p_1)=0$$

整理后，得

$$C_{10}\alpha(p_1) + C_{00}[1-\alpha(p_1)] = C_{01}\beta(p_1) + C_{11}[1-\beta(p_1)] \tag{3.7.8}$$

称为未知先验概率 p_1 的极小极大化方程。

注意，对于未知先验概率 $p_0 = P(H_0)$，只需要在式 (3.7.8) 中使用 p_0 代替 p_1。就是说，未知先验概率 p_0 的极小极大化方程为

$$C_{10}\alpha(p_0) + C_{00}[1-\alpha(p_0)] = C_{01}\beta(p_0) + C_{11}[1-\beta(p_0)] \tag{3.7.9}$$

由 $\alpha = P(H_1|H_0)$ 和 $\beta = P(H_0|H_1)$ 知，极小极大化方程式 (3.7.8) 的左侧代表 H_0 假设时的代价，右侧表示 H_1 假设时的代价。极小极大化方程式 (3.7.8) 的解就是使这两个代价平衡。特别地，若代价函数满足最小错误概率准则时，由于 $C_{11} = C_{00} = 0$ 以及 $C_{10} = C_{01} = 1$，故极小极大化方程退化为 $\alpha(p_1) = \beta(p_1)$，即虚警和漏警概率相同。这一情况的典型例子是数字通信中的二进制 0 判决为 1 和 1 判决为 0 的两种误码率相同。

式 (3.7.7) 表明，最小平均代价函数 $C_{\min}(p_1)$ 实际上是平均代价函数 $C(p_1)$ 在先验概率 p_1 点的切线方程，为一条直线。

由于 $C(p_1)$ 是严格凸的，故 $C_{\min}(p_1)$ 有一个且只有一个最大值 $C_{\max\min} = \max C_{\min}(p_1)$。这个最大值实际上便是 Bayes 准则中最不利的平均代价，相对应的先验概率 p_1 记作 $p_{1\max}$，称为最不利先验概率。于是，$C_{\min}(p_{1\max})$ 是平均代价函数 $C(p_1)$ 在最不利先验概率 $p_{1\max}$ 一点的切线。这是一条与横轴平行的水平线，如图 3.7.1 中的虚直线所示。

最不利先验频率 $p_{1\max}$ 实际上是极小化平均代价函数的最大值，即有

$$p_{1\max} = \arg\max\min C(p_1) = \arg\max C_{\min}(p_1) \tag{3.7.10}$$

按照优化的进行顺序，优化过程 max min 习惯称为极小极大化。需要注意的是，也有参考文献按照符号出现的次序称 max min 为极大极小化。

极小极大方法采用的优化准则是，用最不利先验概率 $p_{1\max}$ 作为未知先验概率 p_1 的猜测值。这一准则称为极小极大准则 (minimax criterion)。

与最不利先验概率相反，令 $C_{\min}(p_1^*)$ 是与未知的真实先验概率 p_1^* 对应的最小平均代价函数，它是平均代价函数 $C(p_1)$ 在真实先验概率 p_1^* 点的切线，是一条斜直线，参见图 3.7.1 所示。

比较水平切线 $C_{\min}(p_{1\max})$ 和斜直线 $C_{\min}(p_1^*)$ 易知：

(1) 相对于最不利先验概率 $p_{1\max}$，未知先验概率 p_1 的任何其他猜测值 p_{1g} 的结果 $C_{\min}(p_{1g})$ 都与 $C_{\min}(p_{1\max})$ 相同，既不可能更优，也不可能更差。因此，“用最不利先验概率作为猜测”虽然不够优，但却不失为一种保险的选择。

(2) 由于先验概率 p_1 未知，所以其真实值 p_1^* 可遇不可求。若猜测的先验概率 p_{1g} 与真实先验概率 p_1^* 相差比较小，则猜测的平均代价 $C_{\min}(p_{1g})$ 与理想的平均代价 $C_{\min}(p_1^*)$ 相差

不大，自然是很好的选择。然而，如果猜测值 p_{1g} 一旦偏离真实先验概率 p_1^* 比较大，那么相应的平均代价 $C_{\min}(p_{1g})$ 就有可能与理想的平均代价 $C_{\min}(p_1^*)$ 相差非常大。因此，企图追求比最不利先验概率更好的猜测很有可能弄巧成拙，引起 Bayes 准则的大幅度的误差波动，从而带来巨大的风险。

一句话小结：极小极大准则就是根据最不利的先验概率确定阈值的一种 Bayes 判决方法。

极小极大准则的特点或优点是：平均代价是一个恒定值，不随先验概率的波动发生任何变化。

表 3.7.1 比较了 Bayes 准则及其派生准则之间的异同点。

表 3.7.1 Bayes 准则及其派生准则的比较

方 法	先验概率 p_1 或 p_0	已知条件	判决准则
Bayes 准则	已知，固定	$C_{01}, C_{11}, C_{10}, C_{00}$	$\dfrac{p(\boldsymbol{y}\mid H_1)}{p(\boldsymbol{y}\mid H_0)} \underset{H_1}{\overset{H_0}{\lessgtr}} \dfrac{p_0(C_{10}-C_{00})}{p_1(C_{01}-C_{11})}$
最小错误概率准则	已知，固定	$C_{00}=C_{11}=0, C_{10}=C_{01}$	$\dfrac{p(\boldsymbol{y}\mid H_1)}{p(\boldsymbol{y}\mid H_0)} \underset{H_1}{\overset{H_0}{\lessgtr}} \dfrac{p_0}{p_1}$
最大后验概率准则	已知，固定	$C_{01}-C_{11}=C_{10}-C_{00}$	$\dfrac{p(\boldsymbol{y}\mid H_1)}{p(\boldsymbol{y}\mid H_0)} \underset{H_1}{\overset{H_0}{\lessgtr}} \dfrac{p_0}{p_1}$
极小极大准则	未知或波动大	$\alpha(p_1), \beta(p_1)$	$C_{10}\alpha(p_1)+C_{00}[1-\alpha(p_1)] = C_{01}\beta(p_1)+C_{01}[1-\beta(p_1)]$

3.8 多元假设检验

在一些复杂的假设检验问题中，往往存在多个假设。例如，在盲信号分离中，需要判断信号是高斯分布、亚高斯分布还是超高斯分布：

$$\begin{cases} H_0: & \text{高斯分布} \\ H_1: & \text{亚高斯分布} \\ H_2: & \text{超高斯分布} \end{cases} \tag{3.8.1}$$

又如，肿瘤诊断的多元假设模型为

$$\begin{cases} H_0: & \text{良性} \\ H_1: & \text{恶性：早期} \\ H_2: & \text{恶性：中期} \\ H_3: & \text{恶性：中晚期} \\ H_4: & \text{恶性：晚期} \end{cases} \tag{3.8.2}$$

3.8.1 多元假设检验问题

多个假设的检验问题称为多元假设检验。

考虑 M 元假设检验问题

$$\begin{cases} H_0: & y_k = S_0 + n_k, & k=1,\cdots,N \\ H_1: & y_k = S_1 + n_k, & k=1,\cdots,N \\ & \vdots & \\ H_{M-1}: & y_k = S_{M-1} + n_k, & k=1,\cdots,N \end{cases} \tag{3.8.3}$$

令 $Y = g(y_1,\cdots,y_N)$ 是在 H_j 假设为真时，由 N 个观测值得到的证据量。若 H_j 假设为真时，由证据量 Y 判决 H_i 假设成立，则这一判决结果用符号记作 $(H_i|H_j)$。于是，M 元假设检验中，H_j 假设下共有 M 种可能的判决结果 $(H_0|H_j),(H_1|H_j),\cdots,(H_{M-1}|H_j)$。$M$ 元假设下则共有 $M\times M = M^2$ 种可能的判决结果

$$(H_0|H_j),(H_1|H_j),\cdots,(H_{M-1}|H_j), \qquad j=0,1,\cdots,M-1$$

相应的判决概率为

$$P(H_0|H_j),P(H_1|H_j),\cdots,P(H_{M-1}|H_j), \qquad j=0,1,\cdots,M-1$$

其中，只有 M 种正确判决，其判决概率为 $P(H_j|H_j), j=0,1,\cdots,M-1$；其他 $M(M-1)$ 种为错误判决，错误判决概率为 $P(H_i|H_j), i\neq j\ (i,j=0,1,\cdots,M-1)$。

令 R_i 表示判决结果为 H_i 假设成立时证据量所位于的区域。通常假定这些区域是非空、无交联的：

$$R_i \neq \varnothing, \qquad R_i \bigcap R_j = \varnothing \quad (i\neq j) \tag{3.8.4}$$

若证据量 Y 落在判决域 $R_i, i=0,1,\cdots,M-1$，则判决 H_i 假设成立。

M 个判决域 $R_0,R_1,\cdots R_{M-1}$ 的并集组成 M 元假设检验的判决域

$$R = \bigcup_{i=0}^{M-1} R_i \tag{3.8.5}$$

3.8.2 多元假设检验的 Bayes 准则

假定先验概率 $p_i = P(H_i), i=0,1\cdots,M-1$ 为已知，各种判决的代价因子 $C_{ij}, i,j = 0,1,\cdots,M-1$ 也已经确定。

Bayes 平均代价

$$\begin{aligned}
C &= \sum_{j=0}^{M-1}\sum_{i=0}^{M-1} C_{ij}p_j P(H_i|H_j) \\
&= \sum_{j=0}^{M-1}\sum_{i=0}^{M-1} C_{ij}p_j \int_{R_i} p(Y|H_j)\mathrm{d}Y \\
&= \sum_{i=0}^{M-1}\left[C_{ii}p_i \int_{R_i} p(Y|H_j)\mathrm{d}Y + \sum_{j=0,j\neq i}^{M-1} C_{ij}p_j \int_{R_i} p(Y|H_j)\mathrm{d}Y\right]
\end{aligned} \tag{3.8.6}$$

由 $\int_R p(Y|H_i)\mathrm{d}Y = 1$ 知

$$\int_{R_i} p(Y|H_i)\mathrm{d}Y + \int_{\bigcup_{j=0,j\neq i}^{M-1} R_j} p(Y|H_i)\mathrm{d}Y = 1 \tag{3.8.7}$$

将式 (3.8.7) 代入式 (3.8.6)，易得

$$\begin{aligned}
C &= \sum_{i=0}^{M-1} C_{ii}p_i\left[1-\sum_{j=0,j\neq i}^{M-1}\int_{R_i} p(Y|H_j)\mathrm{d}Y\right] + \sum_{i=0}^{M-1}\sum_{j=0,j\neq i}^{M-1} C_{ij}p_j\int_{R_i} p(Y|H_j)\mathrm{d}Y \\
&= \sum_{i=0}^{M-1} C_{ii}p_i - \sum_{i=0}^{M-1}\sum_{j=0,j\neq i}^{M-1} C_{ii}p_i\int_{R_i} p(Y|H_i)\mathrm{d}Y + \sum_{i=0}^{M-1}\sum_{j=0,j\neq i}^{M-1} C_{ij}p_j\int_{R_i} p(Y|H_j)\mathrm{d}Y \\
&= \sum_{i=0}^{M-1} C_{ii}p_i + \sum_{i=0}^{M-1}\int_{R_i}\sum_{j=0,j\neq i}^{M-1} p_j(C_{ij}-C_{jj})p(Y|H_j)\mathrm{d}Y
\end{aligned} \tag{3.8.8}$$

式中右侧的第 1 项为固定代价，与判决区域 R_i 无关；而第 2 项为代价函数，与判决域 R_i 有关。

Bayes 准则使平均代价 C 最小化。为此，不妨令

$$I_i(Y) = \sum_{j=0,j\neq i}^{M-1} p_j(C_{ij}-C_{jj})p(Y|H_j) \tag{3.8.9}$$

则式 (3.8.8) 可以简写为

$$C = \sum_{i=0}^{M-1} C_{ii}p_i + \sum_{i=0}^{M-1}\int_{R_i} I_i(Y)\mathrm{d}Y \tag{3.8.10}$$

由于第 1 项为常数，故有

$$\min C \iff \min\{I_0(Y), I_1(Y), \cdots, I_{M-1}(Y)\} \tag{3.8.11}$$

M 元假设检验的 Bayes 准则：若

$$I_i(Y) = \min\{I_0(Y), I_1(Y), \cdots, I_{M-1}(Y)\} \tag{3.8.12}$$

则判决 $Y \in R_i$，即 H_i 假设成立。

特别地，若 $C_{ii}=0$ 和 $C_{ij}=1, j\neq i$，则 M 元假设检验的 Bayes 准则的平均代价变为错误概率，即

$$C=\sum_{i=0}^{M-1}\sum_{j=0,j\neq i}^{M-1} p_j P(H_i|H_j)=P_{\rm E} \tag{3.8.13}$$

于是，有

$$\min C \Longleftrightarrow \min P_{\rm E} \tag{3.8.14}$$

换言之，若 $C_{ii}=0$ 和 $C_{ij}=1, j\neq i$，则 M 元假设检验的 Bayes 准则简化为最小错误概率准则。

另一方面，当 $C_{ii}=0$ 和 $C_{ij}=1, j\neq i$ 时，式 (3.8.9) 定义的 $I_i(Y)$ 变为

$$I_i(Y)=\sum_{j=0,j\neq i}^{M-1} p_j p(Y|H_j)=\sum_{j=0,j\neq i}^{M-1} p(Y)p(H_j|Y)=[1-p(H_i|Y)]p(Y) \tag{3.8.15}$$

式中利用了 $\sum_{j=0,j\neq i}^{M-1} p(H_j|Y)=\sum_{j=0}^{M-1} p(H_j|Y)-P(H_i|Y)=1-p(H_i|Y)$。

于是，又有

$$\min I_i(Y) \Leftrightarrow \max p(H_i|Y) \tag{3.8.16}$$

就是说，若 $C_{ii}=0$ 和 $C_{ij}=1, j\neq i$，则 M 元假设检验的 Bayes 准则简化为最大后验概率准则。

3.9 多重假设检验

在多元假设检验问题中，原始假设 H_0 虽然只有一个，但备择假设却有 $H_1,\cdots H_{M-1}$ 共 $M-1$ 个。换言之，多元假设中所有 M 个假设都是独立的，互不重复。然而，在有些重要应用中，虽然存在 $m>2$ 个假设，但它们却不是独立的，而是存在大量重复，只剩下两类不同的假设。

例如，在生物统计中，共有 $m=S+V$ 个差异表达的基因，其中 S 个是真正有差异表达的基因，另外 V 个其实是没有差异表达的基因，为假阳性。此时，m 个基因只服从两类假设

$$\begin{cases} H_0: & \text{无差异表达的基因} \\ H_1: & \text{有差异表达的基因} \end{cases} \tag{3.9.1}$$

生物统计的基本任务就是：通过判决，挑选出有差异表达的基因个数，并且希望错误比例 (简称错误率) $Q=V/m$ 的平均值不超过某个预先设定的值 (例如 0.05 或 0.01)。

广而言之，由于存在重复的假设，只有二类假设 H_0 和 H_1 的多个假设检验问题称为多重假设检验 (multiple hypothesis testing) 问题。在生物统计中，基因表达谱、全基因组关联分析等需要上万次、甚至上百万次的多重检验。因此，M 重假设检验可看作是存在雷同假设，只有原假设 H_0 和择一假设 H_1 情况下 M 元假设检验的一个特例。

多重假设检验是数据分析中经常遇见的问题，广泛存在于互联网通信、社会经济学、医学和卫生统计学等领域。

3.9.1 多重假设检验的错误率

表 3.9.1 汇总了 m 重假设检验的可能结果。

表 3.9.1 m 重假设检验的正确与错误判决的个数[30]

原始假设	不拒绝 H_0 假设 (非显著检验)	拒绝 H_0 假设 (显著检验)	个数
H_0 为真	U (命中)	V (第 I 类错误)	H_0 假设为真的个数 m_0
H_0 为假	T (第 II 类错误)	S (正确拒绝)	H_0 假设为假的个数 $m-m_0$
检验结果个数	不拒绝 H_0 假设的个数 $m-R$	拒绝 H_0 假设的个数 R	假设总个数 m

表中，m 个假设中有 m_0 个 H_0 假设为真，其他 $m-m_0$ 个 H_0 假设为伪，即对应于 $m-m_0$ 个 H_1 假设为真。在 m 重假设检验中，被命中的原始假设为 U 个，被第 I 类错误判决的原始假设为 V 个，其中 $U+V=m_0$。另一方面，被第 II 类错误判决的原始假设个数为 T，被正确拒绝的原始假设为 S 个。若令 $R=V+S$ 代表被拒绝的原始假设的总个数，则未被拒绝的原始假设个数为 $m-R$。

若每一个原始假设都以 α 作为检验显著性水平，则证据量小于或者等于 α (即非显著检验) 时，判决结果为不拒绝 H_0 假设；反之，证据量大于检验水平 α (即显著检验) 时，则拒绝 H_0 假设。显然，拒绝 H_0 假设的个数 R 是一个与检验显著性水平 α 相关的可观测随机变量 $R(\alpha)$，而 U,V,S,T 则均为不可观测的随机变量。

对 m 个假设进行多重检验时，需要判决有多少个为 H_1 假设成立。此时，一个重要的问题是：如何将最终检验的错误控制到最小？

在一般的二元假设检验中，只有一个原始假设。此时，Neyman-Pearson 准则是在允许第 I 类错误 (虚警) 概率限制在 α 水平的范围内，使第 II 类错误 (漏警) 概率 β 最小，或等价使功效函数最大。

然而，如果将 Neyman-Pearson 准则直接搬到多重假设检验中，仍然采用犯第 I 类错误的概率 α 作为对多重假设检验的总体错误进行度量，就会导致无效的情况。换言之，在多重假设检验问题中，必须使用新的测度作为检验显著性水平 α。

在多重假设检验中，需要将 m 次检验当作一个总体看待，将第 I 类错误或第 II 类错误在所有错误中所占的比例作为错误度量的标准。下面是五种常用的错误度量标准 [333]。

1. 平均族错误率 (PFER: Per-family Error Rate)

$$\text{PFER} = \text{E}\{V\} \tag{3.9.2}$$

由于犯第 I 类错误的原始假设个数 V 是不可预测的随机变量，故使用其期望值 (平均值) $\text{E}\{V\}$ 作为错误测度。

这一错误测度的一个明显缺点是没有考虑原来假设的总个数 m，而原来假设的总个数与最后的错误控制密切相关。

2. 平均比较错误率 (PCER: Per-comparison Error Rate)

$$\text{PCER} = \text{E}\{V\}/m \tag{3.9.3}$$

这一测度考虑平均族错误在假设总个数 m 中的比率，是对平均族错误率的一种改进。

平均比较错误率 PCER 的不足是，将 m 重假设检验中的每一个假设检验都在 α 下进行，而没有考虑多重假设检验问题的“总体性”，使得检验标准过于“宽松”。

3. 族错误率 (FWER: Family-wise Error Rate)

$$\text{FWER} = P(V \geqslant 1) \tag{3.9.4}$$

与平均比较错误率 PCER 不同，族错误率 FWER 是一个概率值，表示 m 重检验中至少犯一次第 I 类错误的概率。

4. 错误发现率 (FDR: False Discovery Rate)

$$\text{FDR} = \begin{cases} \text{E}\left\{\frac{V}{V+S}\right\} = \text{E}\left\{\frac{V}{R}\right\}, & R \neq 0 \\ 0, & R = 0 \end{cases} \tag{3.9.5}$$

由 Benjamini 和 Hochberg 于 1995 年提出[30]。

令 $Q = \dfrac{V}{V+S}$ 表示犯第 I 类错误的原始假设个数在被拒绝的原始假设的总个数中所占的比率，则自然规定 $Q=0$ 若 $V+S=0$。比率 Q 的期望值

$$Q_{\text{E}} = \text{E}\{Q\} = \text{E}\{V/(V+S)\} = \text{E}\{V/R\} \tag{3.9.6}$$

错误发现率有以下重要性质[30]：

(1) 若所有原假设都为真，即 $m_0 = m$，则 FDR = FWER。此时，$S=0$ 和 $V=R$。于是，若 $V=0$，则 $Q=0$；并且若 $V>0$，则 $Q=1$。这意味着 $P(V \geqslant 1) = E\{Q\} = Q_{\text{E}}$。因此，控制错误发现率 FDR 意味着在弱控制条件下可以控制族错误率 FWER。

(2) 当 $m_0 < m$ 时，错误发现率 FDR 小于或者等于族错误率 FWER。此时，若 $V>0$，则 $\dfrac{V}{R} \leqslant 1$，从而导致概率分布 $\chi_{(V \geqslant 1)} \geqslant Q$。两边取数学期望，得 $P(V \geqslant 1) \geqslant Q_{\text{E}}$，两种错误率相差很大。结果是，控制 FWER 的任何过程也控制 FDR。然而，如果一个过程只能控制 FDR，这或许“有些严厉 (less stringent)”，但对于实际检验中经常遇到的绝大部分原假设不真的情况，这种只控制 FDR 的过程的功效 (power) 会有所提高。

5. 正错误发现率 (PFDR: positive False Discovery Rate)[265]

$$\text{PFDR} = \text{E}\left\{\frac{V}{R}\middle| R > 0\right\} \tag{3.9.7}$$

显然，PFDR 是 $R\neq 0$ 时 FDR 的一个特例。需要指出的是[30]，当所有 m 个原假设均为真时，由于 $V=R$，故 PFDR $=1$。在这种情形下，无法选择显著性水平 α，使得 PFDR$<\alpha$。换言之，对于所有 m 个原假设均为真的情况，PFDR 失效。然而，在实际问题中, m 个原假设均为真的情形非常少，PFDR 在原假设有不真情况的假设检验问题中具有广泛的应用。

3.9.2 多重假设检验的错误控制方法

下面介绍 m 重假设检验的四种错误控制方法[333]。

1. 经典 Bonferroni 多重检验法[39]

考虑 m 重假设检验 $\{H_1,H_2,\cdots,H_m\}$。若令 P_i 表示每个原假设 H_i 对应的先验概率值 (简称 p 值)，则有先验概率集合 $\{P_1,P_2,\cdots,P_m\}$。给定一显著性水平 α，将每个原假设平等对待，即将显著性水平 α 除以 m，以 α/m 为基准。对于 p 值集合 $\{P_1,P_2,\cdots,P_m\}$，经典 Bonferroni 多重检验法如下：

$$\text{若 } P_i\leqslant\alpha/m,\ \text{则拒绝 } H_i\quad (i=1,\cdots,m) \tag{3.9.8}$$

被拒绝的所有假设属于多重假设检验中两类假设的择一假设 H_1，而未被拒绝的其他所有假设则属于多重假设检验的原始假设 H_0。

由 Bonferroni 不等式 $P_i\leqslant\alpha/m$ 可得概率

$$P\left\{\bigcup_{i=1}^{m}(P_i\leqslant\alpha/m)<\alpha\ (0\leqslant\alpha\leqslant 1)\right\} \tag{3.9.9}$$

经典 Bonferroni 多重检验法是 Bonferroni 于 1930 年提出的，其优点是简单和直观。由于不涉及随机变量的密度分布的假设，所以便于应用。

然而，在多重假设检验的维数 m 很大时，或部分检验具有强相关性时，检验显著性水平 α/m 将很小，检验基准就会过于严格，检验过程就会显得过于保守，使得检验功效比较低。

2. 改进的 Bonferroni 多重检验法

对经典 Bonferroni 多重检验法的改进有以下三种：

(1) Holm 逐步向下 (step-down) 控制法[133]：进行假设检验之前，先将 p 值 $P_1,P_2,\cdots,P_m$ 按照从小到大的次序重排为 $P_{(1)},P_{(2)},\cdots,P_{(m)}$。然后，对所有的 $j=1,\cdots,i$，判断不等式 $P_{(j)}\leqslant\alpha/(m-j+1)$ 是否成立？若此不等式成立，则拒绝假设 $H_{(j)}$。

(2) Simes 控制法[253]：在 Holm 检验法的基础上，对控制过程进行改进：对所有 $j=1,\cdots,m$，判断不等式 $P_{(j)}\leqslant j\alpha/m$ 是否成立。若对某个 j，不等式成立，则拒绝所有重排序的原始假设 $H_{(1)},H_{(2)},\cdots,H_{(j)}$。

(3) Hochberg 逐步向上 (step-up) 控制法[132]：若

$$k=\max_i\left\{P_{(i)}\leqslant\frac{1}{m-i+1}\alpha\right\}\ (0\leqslant\alpha\leqslant 1) \tag{3.9.10}$$

则拒绝重排序的原始假设 $H_{(1)},H_{(2)},\cdots,H_{(k)}$。

3. FDR 多重检验法[30]

FDR 多重检验法也称 FDR 错误控制法，是 Benjamini 与 Hochberg 于1995年提出一种方法。这种方法通过控制错误发现率 FDR，以决定 P 值的域值。例如，选择 $R=V+S$ 个差异表达的基因，其中 S个是真正有差异表达的，另外 V 个其实并没有差异表达，为假阳性的基因。生物统计中希望将错误率 $Q=V/R$ 的期望或平均值不能超过某个预先设定的阈值 (例如 0.05 或者 0.01)。在统计学上，这就等价于控制 FDR 不能超过 5% 或者 1%。

FDR 多重检验法是一种逐步向下控制法。

算法 3.9.1 FDR 多重检验算法

步骤 1 排序：将 p 值 $P_1,P_2,\cdots,P_m$ 按照从小到大的顺序排列成 $P_{(1)}<P_{(2)}<\cdots<P_{(m)}$，并将对应的原始假设记作 $H_{(1)},H_{(2)},\cdots,H_{(m)}$。

步骤 2 令 $i=m,m-1,\cdots,1$，检验不等式 $P_{(i)}<\frac{i}{m}\alpha$。若 k 是满足此不等式的最大的 i 值，则拒绝所有原始假设 $H_{(1)},H_{(2)},\cdots,H_{(k)}$。

步骤 3 若无 i 值满足不等式 $P_{(i)}<\frac{i}{m}\alpha$，则不拒绝原始假设 $H_{(1)},H_{(2)},\cdots,H_{(m)}$。

例如，在生物统计中，若令 H_0 原假设为无差异表达的基因，则 FDR 错误控制法的选择结果是 k 个差异表达的基因 $H_{(1)},H_{(2)},\cdots,H_{(k)}$。

近十几年，在世界顶级的两大学术刊物《Science 》和《Nature》上，分别报道了 FDR 多重检验法的应用研究成果[333]：2001 年，天体物理学家与统计学家合作在《Science》上发表了利用 FDR 方法证实宇宙起源大爆炸理论的论文[197]；2005 年，在《Nature》上，遗传学家与统计学家合作，将 FDR 方法应用于遗传多态现象间交互作用对基因表达的影响研究[41]。

4. Storey 多重检验法[264],[265]

以上三种错误控制法遵循一个共同的模式：在先给定错误控制水平 (即固定第 I 类错误水平) 的前提下，基于单个假设检验，通过错误控制法构造出检验的拒绝域，从而得出检验结果。

Storey 于 2002 年和 2003 年提出了一种与之不同的假设检验新思路：凭经验先给出一个拒绝域，然后估计错误率。如果这个错误率能够被接受，则认为该检验有效；如果错误率较大，则需要重新调整拒绝域，直至错误率控制在一个满意的水平为止。

多重假设检验理论与方法特别适用于基因芯片等复杂数据的统计分析研究。在互联网、社会经济学、医学和卫生统计学等领域中，同样也大量存在类似的复杂数据。因此，多重假设检验也广泛应用于互联网通信、经济计量和诸如流行病学与卫生统计学等医学、卫生数据的统计分析中。

下面介绍多重假设检验的两个重要应用：多元线性回归与多总体均值相等的检验。

3.9.3 多元线性回归

考虑多元线性回归 (multiple linear regression) 模型

$$y_i = \beta_0 + \beta_1 x_{1i} + \cdots + \beta_m x_{mi}, \quad i = 1, \cdots, N \tag{3.9.11}$$

式中，y_i 和 $x_{1i}, \cdots, x_{mi}, i = 1, \cdots, N$ 分别称为被解释变量和解释变量，而 $\beta_0, \beta_1, \cdots, \beta_m$ 称为线性回归参数，m 称为线性回归阶次。

多线性回归也称多元线性拟合 (multiple linear fitting)，其主要目的有两个：

(1) 判决多元回归模型是线性还是非线性？

(2) 若多元线性回归模型成立，则需要判决多元线性回归模型的阶次 (亦即解释变量的个数) m。

上述目标本质上等价于检验多元回归模型中的回归参数 $\beta_j, j = 1, \cdots, m$ 是否显著不为零？因此，m 元线性回归实质上是一个 m 重假设检验

$$\begin{cases} H_0: & \beta_0 = \beta_1 = \cdots = \beta_m = 0 \quad (\text{线性回归不成立}) \\ H_1: & \beta_j \text{ 不全为 } 0 \quad (\text{线性回归成立}) \end{cases} \tag{3.9.12}$$

设被解释变量的真值为 Y_i，线性回归值或观测值为

$$\hat{y}_i = \hat{\beta}_0 + \hat{\beta}_1 x_{1i} + \cdots + \hat{\beta}_m x_{mi}, \quad i = 1, \cdots, N \tag{3.9.13}$$

且线性回归的算术平均值

$$\bar{y} = \frac{1}{N} \sum_{i=1}^{N} \hat{y}_i \tag{3.9.14}$$

则有以下三种回归或拟合质量的测度。

(1) *总平方和* (total sum of squares, TSS) *测度*：回归离差 $v_i = \hat{y}_i - \bar{y}$ 的平方和

$$\text{TSS} = \sum_{i=1}^{N} (\hat{y}_i - \bar{y})^2 = \sum_{i=1}^{N} v_i^2 \tag{3.9.15}$$

(2) *回归平方和* (regression sum of squares, RSS) *测度*：最终近似值与真值的误差 $\delta_i = \bar{y} - y_i$ 的平方和

$$\text{RSS} = \sum_{i=1}^{N} (\bar{y} - y_i)^2 \tag{3.9.16}$$

(3) *误差平方和* (error sum of squares, ESS) *测度*：观测误差 (简称误差) $e_i = y_i - \hat{y}_i$ 的平方和

$$\text{ESS} = \sum_{i=1}^{N} e_i^2 \tag{3.9.17}$$

其中，误差 $e_i = y_i - \hat{y}_i$ 的平均值为零，即 $\frac{1}{N}\sum_{i=1}^{N} e_i = 0$，并且最优回归误差 e_i 与已知变量 $x_{ki}, k = 1, \cdots, m$ 正交即 $e_i \perp x_{ki}, k = 1, \cdots, m$。

考虑总平方和

$$\begin{aligned}\text{TSS} &= \sum_{i=1}^{N}(\hat{y}_i-\bar{y})^2=\sum_{i=1}^{N}[(\hat{y}_i-y_i)+(y_i-\bar{y})]^2\\ &=\sum_{i=1}^{N}(\hat{y}_i-y_i)^2+2\sum_{i=1}^{N}(\hat{y}_i-y_i)(y_i-\bar{y})+\sum_{i=1}^{N}(y_i-\bar{y})^2\end{aligned}$$

根据回归误差的性质，上式第 2 个求和项等于零，故有

$$\text{TSS}=\sum_{i=1}^{N}(\hat{y}_i-y_i)^2+\sum_{i=1}^{N}(y_i-\bar{y})^2=\text{ESS}+\text{RSS} \tag{3.9.18}$$

就是说，总平方和 TSS 等于回归平方和 ESS 与误差平方和 RSS 之和。

考虑解释变量 (自变量) $x_1,\cdots,x_m$ 与被解释变量 (因变量) y 之间的关系。令 N 次实验得到的观测值为 $(x_{1i},\cdots,x_{mi};y_i)$, $i=1,\cdots,N$。设

$$\bar{x}_i=\frac{1}{N}\sum_{k=1}^{N}x_{ik},\quad i=1,\cdots,m \tag{3.9.19}$$

$$\bar{y}=\frac{1}{N}\sum_{k=1}^{N}y_k \tag{3.9.20}$$

$$l_{ij}=\sum_{k=1}^{N}(x_{ik}-\bar{x}_i)(x_{jk}-\bar{x}_j),\quad i,j=1,\cdots,m \tag{3.9.21}$$

$$r_i=\sum_{k=1}^{N}(x_{ik}-\bar{x}_i)(y_k-\bar{y}),\quad i=1,\cdots,m \tag{3.9.22}$$

则有协方差矩阵

$$\boldsymbol{L}=\begin{bmatrix} l_{11} & \cdots & l_{1m}\\ \vdots & \ddots & \vdots\\ l_{m1} & \cdots & l_{mm}\end{bmatrix} \tag{3.9.23}$$

及其逆矩阵

$$\boldsymbol{L}^{-1}=\begin{bmatrix} c_{11} & \cdots & c_{1m}\\ \vdots & \ddots & \vdots\\ c_{m1} & \cdots & c_{mm}\end{bmatrix} \tag{3.9.24}$$

式 (3.9.11) 两边对所有 $i=1,\cdots,N$ 求和，然后分别除以 N，得平均值

$$\bar{y}=\beta_0+\beta_1\bar{x}_1+\cdots+\beta_m\bar{x}_m \tag{3.9.25}$$

式 (3.9.11) 减式 (3.9.25)，又有

$$y_k-\bar{y}=\beta_1(x_{1k}-x_1)+\cdots+\beta_m(x_{mk}-\bar{x}_m),\quad k=1,\cdots,N \tag{3.9.26}$$

式 (3.9.26) 两边同乘 $(x_{jk}-\bar{x}_j)$，并对 $k=1,\cdots,N$ 求和，则得

$$r_j=\beta_1 l_{j1}+\cdots+\beta_m l_{jm},\quad j=1,\cdots,m \tag{3.9.27}$$

或写成矩阵形式

$$\begin{bmatrix} l_{11} & \cdots & l_{1m} \\ \vdots & \ddots & \vdots \\ l_{m1} & \cdots & l_{mm} \end{bmatrix} \begin{bmatrix} \beta_1 \\ \vdots \\ \beta_m \end{bmatrix} = \begin{bmatrix} r_1 \\ \vdots \\ r_m \end{bmatrix} \tag{3.9.28}$$

由此得回归参数的解

$$\begin{bmatrix} \hat{\beta}_1 \\ \vdots \\ \hat{\beta}_m \end{bmatrix} = \begin{bmatrix} l_{11} & \cdots & l_{1m} \\ \vdots & \ddots & \vdots \\ l_{m1} & \cdots & l_{mm} \end{bmatrix}^{-1} \begin{bmatrix} r_1 \\ \vdots \\ r_m \end{bmatrix} = \begin{bmatrix} c_{11} & \cdots & c_{1m} \\ \vdots & \ddots & \vdots \\ c_{m1} & \cdots & c_{mm} \end{bmatrix} \begin{bmatrix} r_1 \\ \vdots \\ r_m \end{bmatrix} \tag{3.9.29}$$

将这些回归参数代入式 (3.9.25)，可得 β_0 的解

$$\hat{\beta}_0 = \bar{y} - \hat{\beta}_1\bar{x}_1 - \cdots - \hat{\beta}_m\bar{x}_m \tag{3.9.30}$$

“多元线性回归的总体线性关系显著”并不意味着：每一个解释变量 $x_{1i}, \cdots, x_{mi}$，$i = 1, \cdots, N$ 对被解释变量 y_i 的影响都是显著的。因此，必须对每一个解释变量进行显著性检验，以确定每个解释变量是否应该保留在多元线性回归模型中。这一检验是由解释变量的 t 检验实现的。

定义 3.9.1 若随机变量 $X \sim \mathcal{N}(0,1)$ 与 $Y \sim \chi_n$ 独立，则称

$$T = \frac{\sqrt{n}X}{Y} \tag{3.9.31}$$

服从自由度为 n 的 t 分布，记作 $T \sim t_n$。

定义解释变量 x_i 的 t 统计量

$$t_i = \frac{\hat{\beta}_i - \beta_i}{\sqrt{c_{ii}\frac{\boldsymbol{e}^{\mathrm{T}}\boldsymbol{e}}{N-m-1}}} \tag{3.9.32}$$

则 t 统计量服从自由度为 $N-m-1$ 的 t 分布，即

$$t_i = \frac{\hat{\beta}_i - \beta_i}{\sqrt{c_{ii}\frac{\boldsymbol{e}^{\mathrm{T}}\boldsymbol{e}}{N-m-1}}} \sim t(N-m-1) \tag{3.9.33}$$

式中 $\boldsymbol{e} = [e_1, \cdots, e_m]^{\mathrm{T}}$ 为误差向量。

于是，多元线性回归的多重假设检验式 (3.9.12) 变成了 t 检验：给定显著性水平 α，可通过 t 分布表 [334] 查出临界值 $t_{\alpha/2}(N-m-1)$。然后，由样本求统计量 $t_i, i = 0, 1, \cdots, t_m$ 的数值，最后通过检验

$$|t_i| \underset{H_1}{\overset{H_0}{\lesseqgtr}} t_{\alpha/2}(N-m-1), \quad i = 0, 1, \cdots, m \tag{3.9.34}$$

判断对应的解释变量是否应该包括在多元线性回归模型中。

下面是多元线性回归的多重假设检验的 t 检验算法 [334]。

算法 3.9.2 多元线性回归的 t 检验算法

已知 实验观测值 $(x_{1i},\cdots,x_{mi};y_i), i=1,\cdots,N$，给定显著性水平 α。

步骤 1 由式 (3.9.29) 或 $\hat{\boldsymbol{\beta}}=(\boldsymbol{L}^{\mathrm{T}}\boldsymbol{L})^{-1}\boldsymbol{L}^{\mathrm{T}}\boldsymbol{r}$ 计算回归参数向量 $\hat{\boldsymbol{\beta}}=[\hat{\beta}_1,\cdots,\hat{\beta}_m]^{\mathrm{T}}$，再由式 (3.9.30) 计算常数项 $\hat{\beta}_0$。

步骤 2 计算

$$S_{\mathrm{re}}=\sum_{i=1}^{N}(\hat{y}_i-\bar{y})^2 \tag{3.9.35}$$

步骤 3 计算剩余标准差

$$s=\sqrt{\frac{S_{\mathrm{re}}}{N-m-1}} \tag{3.9.36}$$

和偏回归平方和

$$p_i=\frac{\hat{\beta}_i^2}{c_{ii}},\quad i=1,\cdots,m \tag{3.9.37}$$

其中 c_{ii} 是逆矩阵 $\boldsymbol{L}^{-1}$ 的对角线元素。

步骤 4 计算 t 统计量

$$t_i=\frac{\sqrt{p_i}}{s},\quad i=1,\cdots,m \tag{3.9.38}$$

步骤 5 根据给定的显著性水平 α 查 t 分布表得临界值 $t_{\alpha/2}(N-m-1)$，然后利用式 (3.9.34) 的 t 检验判断每一个解释变量是否应该包括在多元线性回归模型中。

例如，在三元线性回归中，给定显著性水平 $\alpha=0.05$ 和 $N=23$，则 t 分布的自由度为 $N-m-1=23-3-1=19$，通过 t 分布表可查出相应的临界值 $t_{0.025}(19)=2.093$。如果计算的所有 t 值的绝对值 $|t_0|,|t_1|,|t_2|$ 和 $|t_3|$ 都大于临界值 $t_{0.025}(19)$，则包括常数项在内的 4 个解释变量 β_0,x_1,x_2,x_3 都在 95% 的水平下显著，即 4 个解释变量都通过了显著性检验。这表明，解释变量对被解释变量 y 都具有明显的解释力度，即三元线性回归模型成立。

3.9.4 多元统计分析

在经济和医学等多元统计分析中，常常需要评价有关结果是否存在差异? 例如，多家评估机构的不同人员对我国的投资环境作出评价，令第 i 家机构的第 j 个评估人员的政治环境评分为 $x_{j1}^{(i)}$、法律环境评分为 $x_{j2}^{(i)}$、经济环境评分为 $x_{j3}^{(i)}$ 和文化环境评分为 $x_{j4}^{(i)}$。根据这些评分，需要分析这些评估机构对我国投资环境的评价是否存在差异? 又如，为了研究某种疾病，分别对几组不同年龄、不同性别的人群进行生化检查，其中第 i 组的第 j 个人的总胆固醇 (CHO) 为 $x_{j1}^{(i)}$、甘油三酯 (TG) 为 $x_{j2}^{(i)}$、低密度脂蛋白胆固醇 (LDL) 为 $x_{j3}^{(i)}$、高密度脂蛋白胆固醇 (HDL) 为 $x_{j4}^{(i)}$。此时，需要分析这几组人群的生化指标是否存在明显差异?

m 元统计分析的本质就是对 m 个相关变元同时进行分析：比较这些相关变元的平均值或者协方差矩阵是否相等。注意，多元统计分析不是多元假设检验，而是多重假设检验，因为多元统计分析只有两个假设 H_0 和 H_1。

正如一元正态分布 $\mathcal{N}(\mu,\sigma^2)$ 是二元假设检验和统计分析的基本假设，多元正态分布则是多元和多重假设检验及多元统计分析的基本假设。

定义 3.9.2 设 $\boldsymbol{x}=[x_1,\cdots,x_q]^{\mathrm{T}}$，其中 $x_1,\cdots,x_q$ 独立的一元正态分布 $\mathcal{N}(0,1)$。若 $\boldsymbol{\mu}$ 为 p 维常数向量，$\boldsymbol{A}$ 为 $q\times p$ 常数矩阵，则称

$$\boldsymbol{y}=\boldsymbol{\mu}+\boldsymbol{A}^{\mathrm{T}}\boldsymbol{x} \tag{3.9.39}$$

服从 p 元正态分布，并记作 $\boldsymbol{x}\sim\mathcal{N}_p(\boldsymbol{\mu},\boldsymbol{\Sigma})$，其中 $\boldsymbol{\mu}$ 和 $\boldsymbol{\Sigma}=\boldsymbol{A}^{\mathrm{T}}\boldsymbol{A}$ 分别称为 p 元正态分布的均值向量和方差矩阵。

事实上，许多实际问题的分布经常是多元正态分布或者近似多元正态分布；或者即使本身不是多元正态分布，但其样本均值却近似于多元正态分布。

下面分三种情况介绍多元统计分析的检验方法。

(1) 多元正态均值向量相等的检验

多元正态均值向量相等的检验问题的数学描述为

$$\begin{cases}H_0: & \mu_1=\cdots=\mu_m\\ H_1: & \mu_1,\cdots,\mu_m \text{ 不全相等}\end{cases} \tag{3.9.40}$$

考虑 m 个变元 $X_1,\cdots,X_m$。设 $x_{kj}^{(i)}$ 代表变元 X_k 的第 i 组 (其中 $i=1,\cdots,p$) 观测数据组中的第 j 个观测数据，并令第 i 组第 k 个变元 X_k 共有 $N_i\,(i=1,\cdots,p)$ 个观测数据。

第 k 个变元 X_k 的第 i 组样本均值为

$$\bar{X}_k^{(i)}=\frac{1}{N_i}\sum_{j=1}^{N_i}x_{kj}^{(i)},\quad i=1,\cdots,p;k=1,\cdots,m \tag{3.9.41}$$

m 个变元的第 i 组样本均值组成第 i 组多元样本均值向量

$$\bar{\boldsymbol{x}}^{(i)}=\left[\bar{X}_1^{(i)},\cdots,X_m^{(i)}\right]^{\mathrm{T}},\quad i=1,\cdots,p \tag{3.9.42}$$

令 $N=N_1+\cdots+N_m$，则第 k 个变元 X_k 的总体样本均值

$$\bar{X}_k=\frac{1}{N}\sum_{i=1}^{p}\sum_{j=1}^{N_i}x_{kj}^{(i)},\quad k=1,\cdots,m \tag{3.9.43}$$

它们组成总均值向量

$$\bar{\boldsymbol{x}}=\left[\bar{X}_1,\cdots,\bar{X}_m\right]^{\mathrm{T}} \tag{3.9.44}$$

定义第 i 组的数据矩阵

$$\boldsymbol{X}^{(i)}=\begin{bmatrix}x_{11}^{(i)} & \cdots & x_{1N_i}^{(i)}\\ \vdots & \ddots & \vdots\\ x_{m1}^{(i)} & \cdots & x_{mN_i}^{(i)}\end{bmatrix}=\left[\boldsymbol{x}_1^{(i)},\cdots,\boldsymbol{x}_{N_i}^{(i)}\right] \tag{3.9.45}$$

其中

$$\boldsymbol{x}_j^{(i)} = \left[x_{1j}^{(i)}, \cdots, x_{mj}^{(i)}\right]^{\mathrm{T}}, \quad j = 1, \cdots, N_i \tag{3.9.46}$$

利用以上定义知，第 i 组组内样本协方差矩阵为

$$\begin{aligned}\boldsymbol{E}_i &= \left[\boldsymbol{x}_1 - \bar{\boldsymbol{x}}^{(i)}, \cdots, \boldsymbol{x}_{N_i}^{(i)} - \bar{\boldsymbol{x}}^{(i)}\right]\left[\boldsymbol{x}_1 - \bar{\boldsymbol{x}}^{(i)}, \cdots, \boldsymbol{x}_{N_i}^{(i)} - \bar{\boldsymbol{x}}^{(i)}\right]^{\mathrm{T}} \\ &= \sum_{j=1}^{N_i}\left(\boldsymbol{x}_j^{(i)} - \bar{\boldsymbol{x}}^{(i)}\right)\left(\boldsymbol{x}_j^{(i)} - \bar{\boldsymbol{x}}^{(i)}\right)^{\mathrm{T}}, \quad i = 1, \cdots, p\end{aligned} \tag{3.9.47}$$

组内总样本协方差矩阵为

$$\boldsymbol{E} = \sum_{i=1}^{p} \boldsymbol{E}_i = \sum_{i=1}^{p}\sum_{j=1}^{N_i}\left(\boldsymbol{x}_j^{(i)} - \bar{\boldsymbol{x}}^{(i)}\right)\left(\boldsymbol{x}_j^{(i)} - \bar{\boldsymbol{x}}^{(i)}\right)^{\mathrm{T}} \tag{3.9.48}$$

而组间总样本协方差矩阵为

$$\boldsymbol{B} = \sum_{i=1}^{p} N_i\left(\bar{\boldsymbol{x}} - \bar{\boldsymbol{x}}^{(i)}\right)\left(\bar{\boldsymbol{x}} - \bar{\boldsymbol{x}}^{(i)}\right)^{\mathrm{T}} \tag{3.9.49}$$

组内总样本协方差矩阵与组间总样本协方差矩阵之和

$$\boldsymbol{A} = \boldsymbol{E} + \boldsymbol{B} \tag{3.9.50}$$

称为总样本协方差矩阵。

上述矩阵的行列式的统计意义如下 [341]。

$|\boldsymbol{B}|$: m 个变元的总体样本分成 m 组样本点的组间方差；

$|\boldsymbol{E}|$: m 组样本各个组的组间方差之和；

$|\boldsymbol{A}|$: m 组样本点的总方差。

若 m 个变元的总体均值相等，则 m 组样本点应该很接近，组内方差大，组间方差反而小，即组内方差几乎就是总方差。此时，$\lambda^{2/n} = \dfrac{|\boldsymbol{E}|}{|\boldsymbol{B}+\boldsymbol{E}|}$ 应该接近于 1。

定义 3.9.3 [341] 设数据矩阵 $\boldsymbol{X}_{n\times p} \sim \mathcal{N}_{n\times p}(\boldsymbol{0}, \boldsymbol{I}_n \otimes \boldsymbol{\Sigma})$，则称协方差矩阵 $\boldsymbol{W}$ 服从 Wishart 分布，并记作 $\boldsymbol{W} \sim W_p(n, \boldsymbol{\Sigma})$。

定义 3.9.4 [341] 设 $\boldsymbol{E} \sim W_p(n, \boldsymbol{\Sigma}), \boldsymbol{B} \sim W_p(m, \boldsymbol{\Sigma})$ 相互独立，并且 $m > p, n > p$，矩阵 $\boldsymbol{\Sigma}$ 正定，则称

$$\Lambda = \frac{|\boldsymbol{E}|}{|\boldsymbol{E}+\boldsymbol{B}|} \quad \text{或者} \quad \lambda_1 = \frac{|\boldsymbol{E}|^{N/2}}{|\boldsymbol{E}+\boldsymbol{B}|^{N/2}} \tag{3.9.51}$$

服从 Wilks 分布，并记作 $\lambda_1 \sim \Lambda_{p.n,m}$。Wilks 分布 $\Lambda_{p,n,m}$ 的临界点或分位点 α 可在文献 [336] 中查表得到。

定理 3.9.1 [341] 当多元正态变量的均值 $\mu_1 = \cdots = \mu_m$ 时，有

$$\boldsymbol{A} \sim W_p(N-1, \boldsymbol{\Sigma}), \quad \boldsymbol{E} \sim W_p(N-m, \boldsymbol{\Sigma}), \quad \boldsymbol{B} \sim W_p(m-1, \boldsymbol{\Sigma})$$

且 $\boldsymbol{E}$ 和 $\boldsymbol{B}$ 相互独立，从而式 (3.9.51) 定义的 λ_1 服从 Wilks 分布即 $\lambda_1 \sim \Lambda_{p,N-m,m-1}$。

上述分析及定理 3.9.1 可以总结为多元正态总体均值检验的下述算法。

算法 3.9.3 多元正态均值向量相等的检验[341]

给定：显著性水平 α。

步骤 1 利用式 (3.9.41) ~ 式 (3.9.4) 计算第 i 组多元样本均值向量 $\bar{\boldsymbol{x}}^{(i)}$ 及总样本均值向量 $\bar{\boldsymbol{x}}$。

步骤 2 利用式 (3.9.48) 和式 (3.9.49) 分别计算组内总样本协方差矩阵 $\boldsymbol{E}$ 和组间总样本协方差矩阵 $\boldsymbol{B}$。

步骤 3 由式 (3.9.51) 计算参数 λ_1，然后进行下列检验决策

$$\lambda \underset{H_1}{\overset{H_0}{\lessgtr}} \Lambda_{p,N-m,m-1}(\alpha) \tag{3.9.52}$$

(2) 多元正态协方差矩阵相等的检验

多元正态协方差矩阵相等的检验的问题提法是

$$\begin{cases} H_0: & \boldsymbol{\Sigma}_1 = \cdots = \boldsymbol{\Sigma}_m \\ H_1: & \boldsymbol{\Sigma}_1, \cdots, \boldsymbol{\Sigma}_m \text{ 不全相等} \end{cases} \tag{3.9.53}$$

令 $x_{ij_k}^{(k)}$ 表示第 k 个变元第 i 个数据组的第 j 个观测数据，其中 $i = 1, \cdots, p; j_k = 1, \cdots, N_k; k = 1, \cdots, m$。设第 k 个变元的样本向量服从多元正态分布

$$\boldsymbol{x}_j^{(k)} = [x_{1j}^{(k)}, \cdots, x_{pj}^{(k)}]^{\mathrm{T}} \sim \mathcal{N}_p(\boldsymbol{\mu}_k, \boldsymbol{\Sigma}_k), \quad j = 1, \cdots, N_k \tag{3.9.54}$$

即有

$$\begin{cases} \boldsymbol{x}_1^{(1)}, \cdots, \boldsymbol{x}_{N_1}^{(1)} & \sim \mathcal{N}_p(\boldsymbol{\mu}_1, \boldsymbol{\Sigma}_1) \\ & \vdots \\ \boldsymbol{x}_1^{(m)}, \cdots, \boldsymbol{x}_{N_m}^{(m)} & \sim \mathcal{N}_p(\boldsymbol{\mu}_m, \boldsymbol{\Sigma}_m) \end{cases} \tag{3.9.55}$$

令 $N = N_1 + \cdots + N_m$，可以证明[341,pp.247−248]，H_0 与 H_1 的似然比统计量为

$$\lambda_2 = \frac{\prod_{k=1}^{m} |\boldsymbol{A}_k/N_k|^{N_k/2}}{|\boldsymbol{A}/N|^{N/2}} \tag{3.9.56}$$

式中

$$\boldsymbol{A}_k = \sum_{j=1}^{N_k} \left(\boldsymbol{x}_j^{(k)} - \bar{\boldsymbol{x}}^{(k)}\right)\left(\boldsymbol{x}_j^{(k)} - \bar{\boldsymbol{x}}^{(k)}\right)^{\mathrm{T}}, \quad k = 1, \cdots, m \tag{3.9.57}$$

$$\bar{\boldsymbol{x}}^{(k)} = \frac{1}{N_k} \sum_{j=1}^{N_k} \boldsymbol{x}_j^{(k)}, \quad k = 1, \cdots, m \tag{3.9.58}$$

$$\boldsymbol{A} = \boldsymbol{A}_1 + \cdots + \boldsymbol{A}_m \tag{3.9.59}$$

算法 3.9.4 多元正态协方差矩阵相等的检验算法[341]

给定：显著性水平 α。

步骤 1 利用式 (3.9.57)～式 (3.9.59) 计算矩阵 $\boldsymbol{A}_1,\cdots,\boldsymbol{A}_m$ 和 $\boldsymbol{A}$。

步骤 2 利用式 (3.9.56) 计算 H_0 与 H_1 的似然比统计量 λ_2。

步骤 3 若 $\lambda_2 > \Lambda_{p,N-m,m-1}(\alpha)$，则拒绝 H_0 假设；否则，判断 H_0 假设成立。

(3) 多元正态均值向量和协方差矩阵相等的检验

考虑多元正态均值向量和协方差矩阵相等的检验问题

$$\begin{cases} H_0: & \boldsymbol{\mu}_1 = \cdots = \boldsymbol{\mu}_m;\ \boldsymbol{\Sigma}_1 = \cdots = \boldsymbol{\Sigma}_m \\ H_1: & \boldsymbol{\mu}_1,\cdots,\boldsymbol{\mu}_m \text{ 不全相等以及 } \boldsymbol{\Sigma}_1,\cdots,\boldsymbol{\Sigma}_m \text{ 不全相等} \end{cases} \tag{3.9.60}$$

可以证明[341,pp.250−251]，H_0 与 H_1 的似然比统计量是

$$\lambda_3 = \frac{N^{pN/2}\prod_{k=1}^{m}|\boldsymbol{A}_k|^{N_k/2}}{|\boldsymbol{T}|^{N/2}\prod_{k=1}^{m}N_k^{pN_k/2}} \tag{3.9.61}$$

式中

$$\boldsymbol{A}_k = \sum_{j=1}^{N_k}\left(\boldsymbol{x}_j^{(k)} - \bar{\boldsymbol{x}}^{(k)}\right)\left(\boldsymbol{x}_j^{(k)} - \bar{\boldsymbol{x}}^{(k)}\right)^{\mathrm{T}}, \quad k = 1,\cdots,m \tag{3.9.62}$$

$$\boldsymbol{T} = \sum_{k=1}^{m}\sum_{j=1}^{N_k}\left(\boldsymbol{x}_j^{(k)} - \bar{\boldsymbol{x}}\right)\left(\boldsymbol{x}_j^{(k)} - \bar{\boldsymbol{x}}\right)^{\mathrm{T}} \tag{3.9.63}$$

$$\bar{\boldsymbol{x}} = \frac{1}{N}\sum_{k=1}^{m}\sum_{j=1}^{N_k}\boldsymbol{x}_j^{(k)} \tag{3.9.64}$$

算法 3.9.5 多元正态矩阵向量和协方差矩阵相等的检验[341]

给定：显著性水平 α。

步骤 1 利用式 (3.9.62)～式 (3.9.64) 计算矩阵 $\boldsymbol{A}_1,\cdots,\boldsymbol{A}_m$ 和 $\boldsymbol{T}$。

步骤 2 利用式 (3.9.61) 计算 H_0 与 H_1 的似然比统计量 λ_3。

步骤 3 若 $\lambda_3 > \Lambda_{p,N-m,m-1}(\alpha)$，则拒绝 H_0 假设；否则，判断 H_0 假设成立。

本章小结

本章围绕二元假设检验的基本理论和方法，首先将信号检测问题划分为三种不同的类型，如雷达目标检测、通信信号检测和强调风险最小的信号检测问题；然后针对这三类信号检测问题，分别重点介绍了相应的决策准则：Neyman-Pearson 准则、一致最大功效准则和

Bayes 准则。虽然三种决策准则的出发点和核心思想有所不同，但它们最终都采用似然比函数作为决策函数，只是阈值的选择各不相同而已。最后三节分别介绍了 Bayes 派生准则、多元假设检验和多重假设检验的理论、方法与应用。

习 题

3.1 观测数据模型为

$$\begin{cases} H_1: \ y_n = 4 + w_n & \text{信号存在时} \\ H_0: \ y_n = w_n & \text{信号不存在时} \end{cases}$$

其中，$n = 1, \cdots, 16$，且 w_n 是一个均值为 1、方差为 4 的高斯白噪声。若要求虚警概率 $\alpha = 0.05$，试利用 Neyman-Pearson 准则求检测概率。

3.2 二进制相移键控信号在加性高斯白噪声 $w(t)$ 中被观测：

$$\begin{cases} H_1: \ y(t) = A\cos(\omega_c t + \theta) + w(t) \\ H_0: \ y(t) = -A\cos(\omega_c t + \theta) + w(t) \end{cases}$$

其中 $0 \leqslant t \leqslant 2\,\mu\text{s}$，高斯白噪声 $w(t)$ 的均值为 0、功率谱密度为 10^{-12} W/Hz。若二进制 BPSK 信号为等概率发射，且载波的幅值 $A = 10$ mV，求误码率。

3.3 令 $y_1, \cdots, y_N$ 是来自 Poisson 分布

$$p(y;\lambda) = \begin{cases} \dfrac{e^{-\lambda}\lambda^y}{y!}, \ y = 0, 1, 2, \cdots; \ \lambda > 0 \\ 0, \ \text{其他} \end{cases}$$

的随机观测样本，其中 λ 未知。试确定二元假设检验

$$\begin{cases} H_0: \ \lambda = \lambda_0 \\ H_1: \ \lambda = \lambda_1 \end{cases}$$

在 α 检验水平的最优临界区，其中 $\lambda_1 > \lambda_0$。

3.4 观测数据由模型

$$\begin{cases} H_1: \ y_n = 1 + w_n & \text{信号 } +1 \text{ 发射时} \\ H_0: \ y_n = -1 + w_n & \text{信号 } -1 \text{ 发射时} \end{cases}$$

其中，$n = 1, \cdots, 16$，且高斯白噪声 w_n 的均值为 1、方差为 9。若 +1 信号的发射概率 $p(1) = 0.75$，−1 信号的发射概率 $p(-1) = 0.25$，试利用 Bayes 准则确定检测概率和虚警概率。

3.5 BPSK 信号在零均值、功率谱密度为 $\sigma_0/2$ 的高斯白噪声 $w(t)$ 中被观测：

$$\begin{cases} H_1: \ y(t) = A\cos(\omega_c t + \theta) + w(t) \\ H_0: \ y(t) = -A\cos(\omega_c t + \theta) + w(t) \end{cases}$$

式中 θ 是一未知的不变参数。若 $p_0=0.25, p_1=0.75$，试求错误概率 P_{E}。

3.6 连续时间的观测数据为

$$\begin{cases} H_1: \ y(t)=s(t)+w(t) \quad (\text{信号存在时}) \\ H_0: \ y(t)=w(t) \quad (\text{信号不存在时}) \end{cases} \qquad t=1,\cdots,T$$

其中 $w(t)$ 是一均值为 0、功率谱密度为 $N_0/2$ 的高斯白噪声。令 $E=\int_0^T s^2(t)\mathrm{d}t$ 代表信号 $s(t)$ 在观测时间 $[0,T]$ 内的能量。

(1) 如果希望虚警概率不超过 α，证明：当

$$\int_0^T y(t)s(t)\mathrm{d}t \geqslant \mathrm{Th}$$

时，由 Neyman-Pearson 准则设计的检测器将判决信号 $s(t)$ 存在。上式中，Th 是一个由补余误差函数 $\operatorname{erfc}\left(\sqrt{\frac{2}{N_0 E}}\mathrm{Th}\right)=\alpha$ 决定的阈值。

(2) 证明：检测概率

$$P_{\mathrm{D}}=\operatorname{erfc}\left(\operatorname{erfc}^{-1}(\alpha)-\sqrt{\frac{2E}{N_0}}\right)$$

3.7 设 $y_1,\cdots,y_N$ 为取自分布 $p(y)$ 的样本。考虑对分布 $p(y)$ 的假设检验

$$\begin{cases} H_0: \ p(y)=\dfrac{1}{\sqrt{2\pi}}\exp\left(-\dfrac{1}{2}y^2\right) \\ H_1: \ p(y)=\dfrac{1}{2}\exp(-|y|) \end{cases}$$

试用 Neyman-Pearson 准则确定检验的显著性水平为 α_0 时的检测统计量及其判决区域。

3.8 设 $T=T(y_1,y_2,\cdots,y_N)$ 为一个统计量，若当给定 T 时，样本 $y_1,y_2,\cdots,y_N$ 的条件分布与假设 H 无关，则称 T 为关于假设 H 的充分统计量。设样本 $y_1,y_2,\cdots,y_N$ 独立同分布，并且服从指数分布。考虑关于分布的假设检验

$$\begin{cases} H_0: p(y)=\dfrac{1}{\lambda_0}\exp(-y/\lambda_0) \\ H_1: p(y)=\dfrac{1}{\lambda_1}\exp(-y/\lambda_1) \end{cases}$$

试证明样本均值 $\bar{y}=\frac{1}{N}\sum\limits_{i=1}^{N}y_i$ 是充分统计量。

3.9 设 $y_1,\cdots,y_N$ 为取自零均值高斯分布的样本。考虑对高斯分布的方差的检验

$$\begin{cases} H_0: \sigma^2=\sigma_0^2 \\ H_1: \sigma^2=\sigma_1^2 \end{cases}$$

其中 σ_0 和 σ_1 为已知常数，且满足 $\sigma_0^2<\sigma_1^2$。

(1) 计算对数似然比；

(2) 假定门限 Th 满足

$$\mathrm{LLR}(y_1,\cdots,y_N)<\mathrm{Th} \Rightarrow H_0$$

$$\mathrm{LLR}(y_1,\cdots,y_N)\geqslant \mathrm{Th} \Rightarrow H_1$$

式中，LLR 为对数似然函数的缩写。证明 $T(y_1,\cdots,y_N)=\sum_{i=1}^{N}y_i^2$ 是充分统计量；并将检验统计量

$$\begin{aligned}T(y_1,\cdots,y_N)<\eta &\quad\Rightarrow\quad H_0\\ T(y_1,\cdots,y_N)\geqslant\eta &\quad\Rightarrow\quad H_1\end{aligned}$$

的阈值 η 表示成阈值 Th 和常数 σ_0,σ_1 的函数；

(3) 试求 α_0 和 β 的表达式；

(4) 画出 $N=1,\sigma_1^2=1.5$ 和 $\sigma_0^2=1$ 时的接收机工作特性曲线。

3.10 试证明 Bayes 检验的判决函数可以写成

$$\frac{p(y_1,\cdots,y_N|H_1)}{p(y_1,\cdots,y_N|H_0)}\geqslant\text{Th}$$

的形式，即 Bayes 检验等价于似然比检验。

3.11 令 $y=\sum_{i=1}^{n}x_i$，其中 $x_i\sim\mathcal{N}(0,\sigma^2)$ 是独立同分布的高斯变量，而 n 是泊松分布的随机变量

$$P(n=k)=\frac{\lambda^k}{k!}\exp(-\lambda),\quad k=0,1,\cdots$$

现在需要在两种假设

$$\begin{cases}H_0:n>1\\ H_1:n\leqslant 1\end{cases}$$

之间作出判决。试写出虚警概率为 α_0 的 Neyman-Pearson 检验的表达式。

3.12 若上一题中的假设改为

$$\begin{cases}H_0:\lambda=\lambda_0\\ H_1:\lambda=\lambda_1\end{cases}$$

试写出虚警概率为 α_0 的 Neyman-Pearson 检验的表达式。

3.13 以某种概率方式将两种检验融合在一起的方法称为随机化判决规则。以似然比检验为例，两个检验的阈值分别为 Th_1 和 Th_2，则随机化判决是指以概率 η 采用以 Th_1 做阈值的检验结果，以概率 $1-\eta$ 采用以 Th_2 做阈值的检验结果。

(1) 用两个似然比检验的检测概率表示随机化判决的检测概率；

(2) 证明连续似然比检验的接收机工作特性曲线都是凹的。

3.14 证明接收机工作特性曲线在某一特定点处的斜率等于似然比检验的门限值。

3.15 观测数据 $y_1,\cdots,y_N$ 由下面的模型生成

$$y_i=\theta+n_i$$

其中 θ 服从高斯分布 $\mathcal{N}(0,\sigma^2)$，n_i 是独立同分布的高斯变量 $\mathcal{N}(0,\sigma_n^2)$。试求 θ 的最小均方估计和最大后验估计。

3.16 独立同分布的变量 $y_1, \cdots, y_N$ 的取值集合为 $\{0,1\}$，其中

$$P(y_i=0)=p, P(y_i=1)=(1-p), \quad i=0,1,\cdots,N$$

关于参数 p 的假设检验

$$\begin{cases} H_0: p=p_0 \\ H_1: p=p_1 \end{cases}$$

(1) 试确定该假设检验的充分统计量；

(2) 给出虚警概率为 α_0 时的 Neyman-Pearson 检验的表达式。

3.17 随机变量 $y_1, \cdots, y_N$ 的联合分布密度为

$$p(y_1,\cdots,y_N \mid H_1)=\sum_{i=1}^{N} p_i \frac{1}{(2\pi\sigma^2)^{N/2}} \exp\left(-\frac{(y_i-m)^2}{2\sigma^2}\right) \prod_{k\neq i}^{N} \exp\left(-\frac{y_k^2}{2\sigma^2}\right)$$

$$p(y_1,\cdots,y_N \mid H_0)=\prod_{i=1}^{N} \frac{1}{\sqrt{2\pi}\sigma} \exp\left(-\frac{y_i^2}{2\sigma^2}\right)$$

其中 $\sum\limits_{i=1}^{N} p_i=1$。

(1) 试求似然比检验；

(2) 画出 $N=2$ 和 $p_1=p_2=\frac{1}{2}$ 条件下，在 y_1, y_2 平面上对应各个检测阈值的判决区域；

(3) 写出虚警概率和功效函数的表达式。通过改变表达式积分域求出两者的上下界。

3.18 设 $y_1, \cdots, y_N$ 为取自高斯分布的样本。考虑对高斯分布的假设检验问题

$$\begin{cases} H_0: p(y)=\dfrac{1}{\sqrt{2\pi}\sigma_0} \exp\left(-\dfrac{(y-m_0)^2}{2\sigma_0^2}\right) \\ H_1: p(y)=\dfrac{1}{\sqrt{2\pi}\sigma_1} \exp\left(-\dfrac{(y-m_1)^2}{2\sigma_1^2}\right) \end{cases}$$

(1) 试求似然比检验；

(2) 记 $l_\alpha=\sum\limits_{i=1}^{N} y_i$ 和 $l_\beta=\sum\limits_{i=1}^{N} y_i^2$。试画出 $2m_0=m_1>0, 2\sigma_1=\sigma_0$ 情况下，l_α, l_β 平面中的判决区域。

3.19 设 $y_1, \cdots, y_N$ 是取自高斯分布的样本。考虑对高斯分布检验

$$\begin{cases} H_0: p(y)=\dfrac{1}{\sqrt{2\pi}\sigma} \exp\left(-\dfrac{y^2}{2\sigma_0}\right) \\ H_1: p(y)=\dfrac{1}{\sqrt{2\pi}\sigma} \exp\left(-\dfrac{(y-m)^2}{2\sigma^2}\right) \end{cases}$$

其中 $m>0$ 是一个未知的非随机参数。试确定该检验是否存在一致最大功效检验？若存在，试构造之，若不存在，试说明理由。

3.20 针对上一题改变条件：

(1) 将条件改为 $m<0$，重复上一题；

(2) 将条件改为 $m\neq 0$，重复上一题。

3.21 假设有 N 个统计独立的随机变量 $y_1,\cdots,y_N$，在两种假设下它们的分布密度为

$$\begin{cases} H_0: p(y)=\dfrac{1}{\sqrt{2\pi}\sigma_0}\exp\left(-\dfrac{(y-m_0)^2}{2\sigma_0^2}\right) \\ H_1: p(y)=\dfrac{1}{\sqrt{2\pi}\sigma_1}\exp\left(-\dfrac{(y-m_1)^2}{2\sigma_1^2}\right) \end{cases}$$

其中 σ_0 是已知的，$\sigma_1>\sigma_0$ 是未知非随机参数。

(1) 假定我们要求虚警概率为 α_0，构造功效函数的上界；

(2) 一致最大功效检验存在吗？若存在，试构造之，若不存在，试说明理由。

3.22 随机变量 m 的分布密度为

$$p(m)=\frac{1}{\sqrt{2\pi}\sigma_m}\exp\left(-\frac{m^2}{2\sigma_m^2}\right)$$

试确定虚警概率为 α_0 时的 Neyman-Pearson 检验的表达式。

3.23 在二元假设检验问题中，设观测信号在两种假设下的分布分别如下图所示，试求 Bayes 判决表示式。

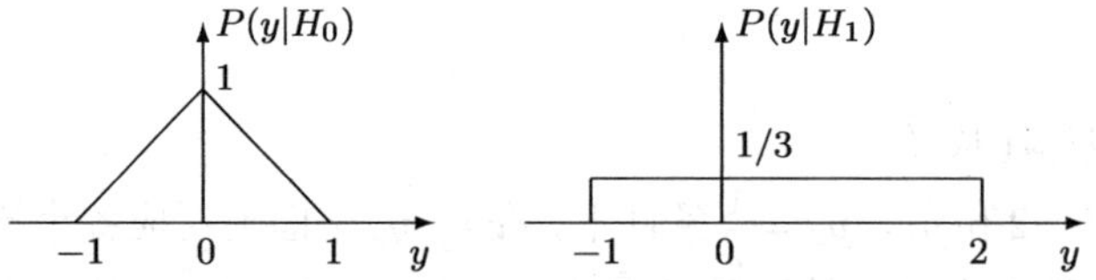

3.24 考虑三元信号的假设检验问题。各假设为

$$\begin{cases} H_0: & y=n \\ H_1: & y=1+n \\ H_2: & y=2+n \end{cases}$$

其中，噪声 n 服从分布 $p(n)=1-|n|,\quad -1\leqslant n\leqslant 1$。在先验概率 $P(H_0)=P(H_1)$ 的情况下，求最小总错误概率 P_{E}。

3.25 连续时间的观测数据为

$$\begin{cases} H_1: y(t)=1+w(t) \\ H_0: y(t)=w(t) \end{cases}$$

其中 $w(t)$ 表示均值为零的高斯白噪声。

(1) 对于给定的阈值 Th，计算相应的检测概率 P_{D} 和虚警概率 P_{F}；

(2) 绘制当 $w(t)$ 的方差分别为 0.5, 1, 2, 4 时的接收机工作特性曲线 (ROC)。

附录 3A 误差函数表

x	erf(x)	x	erf(x)	x	erf(x)	x	erf(x)
0.00	0.00000	0.35	0.37938	0.70	0.67780	1.05	0.86243
0.01	0.01128	0.36	0.38932	0.71	0.68466	1.06	0.86614
0.02	0.02256	0.37	0.39920	0.72	0.69143	1.07	0.86977
0.03	0.03384	0.38	0.40900	0.73	0.69810	1.08	0.87332
0.04	0.04511	0.39	0.41873	0.74	0.70467	1.09	0.87680
0.05	0.05637	0.40	0.42839	0.75	0.71115	1.10	0.88020
0.06	0.06762	0.41	0.43796	0.76	0.71753	1.11	0.88353
0.07	0.07885	0.42	0.44746	0.77	0.72382	1.12	0.88678
0.08	0.09007	0.43	0.45688	0.78	0.73001	1.13	0.88997
0.09	0.10128	0.44	0.46622	0.79	0.73610	1.14	0.89308
0.10	0.11246	0.45	0.47548	0.80	0.74210	1.15	0.89612
0.11	0.12362	0.46	0.48465	0.81	0.74800	1.16	0.89909
0.12	0.13475	0.47	0.49374	0.82	0.75381	1.17	0.90200
0.13	0.14586	0.48	0.50274	0.83	0.75952	1.18	0.90483
0.14	0.15694	0.49	0.51166	0.84	0.76514	1.19	0.90760
0.15	0.16799	0.50	0.52049	0.85	0.77066	1.20	0.91031
0.16	0.17901	0.51	0.52924	0.86	0.77610	1.21	0.91295
0.17	0.18999	0.52	0.53789	0.87	0.78143	1.22	0.91553
0.18	0.20093	0.53	0.54646	0.88	0.78668	1.23	0.91805
0.19	0.21183	0.54	0.55493	0.89	0.79184	1.24	0.92050
0.20	0.22270	0.55	0.56322	0.90	0.79690	1.25	0.92290
0.21	0.23352	0.56	0.57161	0.91	0.80188	1.26	0.92523
0.22	0.24429	0.57	0.57981	0.92	0.80676	1.27	0.92751
0.23	0.25502	0.58	0.58792	0.93	0.81156	1.28	0.92973
0.24	0.28570	0.59	0.59593	0.94	0.81627	1.29	0.93189
0.25	0.27632	0.60	0.60385	0.95	0.82089	1.30	0.93400
0.26	0.28689	0.61	0.61168	0.96	0.82542	1.31	0.93606
0.27	0.29741	0.62	0.61941	0.97	0.82987	1.32	0.93806
0.28	0.30788	0.63	0.62704	0.98	0.83423	1.33	0.94001
0.29	0.31828	0.64	0.63458	0.99	0.83850	1.34	0.94191
0.30	0.32862	0.65	0.64202	1.00	0.84270	1.35	0.94376
0.31	0.33890	0.66	0.64937	1.01	0.84681	1.36	0.94556
0.32	0.34912	0.67	0.65662	1.02	0.85083	1.37	0.94731
0.33	0.35927	0.68	0.66378	1.03	0.85478	1.38	0.94901
0.34	0.36936	0.69	0.67084	1.04	0.85864	1.39	0.95067

续表

x	erf(x)	x	erf(x)	x	erf(x)	x	erf(x)
1.40	0.95228	1.55	0.97162	1.70	0.98379	1.85	0.99111
1.41	0.95385	1.56	0.97262	1.71	0.98440	1.86	0.99147
1.42	0.95537	1.57	0.97360	1.72	0.98500	1.87	0.99182
1.43	0.95685	1.58	0.97454	1.73	0.98557	1.88	0.99215
1.44	0.95829	1.59	0.97546	1.74	0.98613	1.89	0.99247
1.45	0.95969	1.60	0.97634	1.75	0.98667	1.90	0.99279
1.46	0.96105	1.61	0.97720	1.76	0.98719	1.91	0.99308
1.47	0.96237	1.62	0.97803	1.77	0.98769	1.92	0.99337
1.48	0.96365	1.63	0.97884	1.78	0.98817	1.93	0.99365
1.49	0.96486	1.64	0.97962	1.79	0.98864	1.94	0.99392
1.50	0.96610	1.65	0.98037	1.80	0.98909	1.95	0.99417
1.51	0.96727	1.66	0.98110	1.81	0.98952	1.96	0.99442
1.52	0.96841	1.67	0.98181	1.82	0.98994	1.97	0.99466
1.53	0.96951	1.68	0.98249	1.83	0.99034	1.98	0.99489
1.54	0.97058	1.69	0.98315	1.84	0.99073	1.99	0.99511
0.50	0.52049	1.00	0.84270	1.50	0.96610	2.00	0.99532

第 4 章　现代谱估计

利用给定的一组样本数据估计一个平稳随机信号的功率谱密度称为功率谱估计。在许多工程应用中，功率谱的分析与估计是十分重要的，因为它能给出被分析对象的能量随频率的分布情况。例如，在雷达信号处理中，由回波信号的功率谱密度、谱峰的宽度、高度和位置，可以确定运动目标的位置、辐射强度和运动速度。在被动式声纳信号处理中，谱峰的位置可给出鱼雷的方向 (方位角)。在生物医学工程中，功率谱密度的峰形和波形显示类癫痫病发作的周期。在目标识别中，功率谱可作为目标的特征之一。

估计功率谱密度的平滑周期图是一类非参数化方法，与任何模型参数无关。它的主要问题是：由于假定信号的自相关函数在数据观测区以外等于零，因此估计出来的功率谱很难与信号的真实功率谱相匹配。在一般情况下，周期图的渐近性能无法给出实际功率谱的一个满意的近似，因而是一种低分辨率的谱估计方法。

与周期图方法不同，另外一类功率谱估计方法使用参数化的模型，它们统称为参数化功率谱估计。由于这类方法能够给出比周期图方法高得多的频率分辨率，故又称为高分辨率方法或现代谱估计方法。

本章将介绍各种现代谱估计方法，它们构成了现代信号处理中一个极其重要的领域，是许多信号处理技术 (如雷达信号处理、通信信号处理、声纳信号处理、地震信号处理和生物医学信号处理等) 的共同基础。

4.1　非参数化谱估计

在数字信号处理中，一个连续时间的随机过程必须先进行采样，变成离散序列后再进行有关处理。这就需要将连续随机过程的概念推广为离散形式。这一处理包括：从连续函数变化为离散序列，从模拟系统变化为离散系统，从 Fourier 积分变化为 Fourier 级数。

4.1.1　离散随机过程

一离散过程 $x(n)$ 就是一实或复数随机变量的序列，它对每个整数 n 定义。令采样时间间隔为 T，为方便计，$x(nT)$ 常简记为 $x(n)$。离散过程 $x(n)$ 自相关函数和自协方差函数分别定义为

$$R_{xx}(n_1,n_2) \stackrel{\text{def}}{=} \mathrm{E}\{x(n_1)x^*(n_2)\} \tag{4.1.1}$$

$$\begin{aligned} C_{xx}(n_1,n_2) &\stackrel{\text{def}}{=} \mathrm{E}\{[x(n_1)-\mu_x(n_1)][x(n_2)-\mu_x(n_2)]^* \\ &= R_{xx}(n_1,n_2)-\mu_x(n_1)\mu_x^*(n_2) \end{aligned} \tag{4.1.2}$$

式中 $\mu_x(n)=\mathrm{E}\{x(n)\}$ 表示信号在 n 时刻的均值。

离散过程 $x(n)$ 和 $y(n)$ 的互相关函数 $R_{xy}(n_1,n_2)$ 与互协方差函数 $C_{xy}(n_1,n_2)$ 定义为

$$R_{xy}(n_1,n_2) \stackrel{\text{def}}{=} \text{E}\{x(n_1)y^*(n_2)\} \tag{4.1.3}$$

$$\begin{aligned} C_{xy}(n_1,n_2) &\stackrel{\text{def}}{=} \text{E}\{[x(n_1)-\mu_x(n_1)][y(n_2)-\mu_y(n_2)]^*\} \\ &= R_{xy}(n_1,n_2)-\mu_x(n_1)\mu_y^*(n_2) \end{aligned} \tag{4.1.4}$$

离散过程 $x(n)$ 称为是 (广义) 平稳过程，若它的均值为常数，自相关函数只取决于时间差 $k=n_1-n_2$，即

$$R_{xx}(k)=\text{E}\{x(n)x^*(n-k)\}=C_{xx}(k)+|\mu_x|^2 \tag{4.1.5}$$

两个离散过程 $x(n)$ 和 $y(n)$ 称为是 (广义) 联合平稳过程，若它们每一个都是平稳的，并且它们的互相关函数只取决于时间差 $k=n_1-n_2$，即

$$R_{xy}(k)=\text{E}\{x(n)y^*(n-k)\}=C_{xy}(k)+\mu_x\mu_y^* \tag{4.1.6}$$

平稳离散过程 $x(n)$ 的功率谱密度定义为自协方差函数的 Fourier 级数，即

$$P_{xx}(\omega) \stackrel{\text{def}}{=} \sum_{k=-\infty}^{\infty} C_{xx}(k)\text{e}^{-\text{j}kT\omega} \tag{4.1.7}$$

它是一个以 $\sigma=\pi/T$ 为周期的函数。因此，自协方差函数可用功率谱密度表示为

$$C_{xx}(\tau)=\frac{1}{2\sigma}\int_{-\sigma}^{\sigma} P_{xx}(\omega)\text{e}^{\text{j}\tau T\omega}\text{d}\omega \tag{4.1.8}$$

类似地，互功率谱密度定义为

$$P_{xy}(\omega) \stackrel{\text{def}}{=} \sum_{k=-\infty}^{\infty} C_{xy}(k)\text{e}^{-\text{j}kT\omega} \tag{4.1.9}$$

4.1.2 非参数化功率谱估计

假定离散随机过程有 N 个数据样本 $x(0),x(1),\cdots,x(N-1)$。不失一般性，假定这些数据已零均值化。估计离散信号 $x(n)$ 的谱估计分为非参数方法和参数化方法。非参数化谱估计也称经典谱估计，分为直接法和间接法。

直接法先计算 N 个数据的 Fourier 变换 (即频谱)

$$X_N(\omega)=\sum_{n=0}^{N-1} x(n)\text{e}^{-\text{j}n\omega} \tag{4.1.10}$$

然后取频谱和其共轭的乘积，得到功率谱

$$P_x(\omega)=\frac{1}{N}|X_N(\omega)|^2=\frac{1}{N}\left|\sum_{n=0}^{N-1} x(n)\text{e}^{-\text{j}n\omega}\right|^2 \tag{4.1.11}$$

间接法则先根据 N 个样本数据估计 $x(n)$ 的样本自相关函数

$$\hat{R}_x(k) = \frac{1}{N}\sum_{n=0}^{N-1} x(n+k)x^*(n), \quad k = 0, 1, \cdots, M \tag{4.1.12}$$

其中 $1 \ll M < N$，且 $\hat{R}_x(-k) = \hat{R}_x^*(k)$。然后，计算样本自相关函数的 Fourier 变换，得到功率谱

$$P_x(\omega) = \sum_{k=-M}^{M} \hat{R}_x(k)\mathrm{e}^{-\mathrm{j}k\omega} \tag{4.1.13}$$

由于在计算式 (4.1.11) 和式 (4.1.13) 的 Fourier 变换时，分别将 $x(n)$ 和 $\hat{R}_x(k)$ 视作周期函数，所以由直接法和间接法估计的功率谱常称为周期图。周期图方法估计的功率谱为有偏估计。为了减小其偏差，通常需要加窗函数对周期图进行平滑。

加窗函数有两种不同的方法。一种是将窗函数 $c(n)$ 直接加给样本数据，得到的功率谱常称为修正周期图，定义为

$$P_x(\omega) \overset{\text{def}}{=} \frac{1}{NW}\left|\sum_{n=0}^{N-1} x(n)c(n)\mathrm{e}^{-\mathrm{j}n\omega}\right|^2 \tag{4.1.14}$$

式中

$$W = \frac{1}{N}\sum_{n=0}^{N-1}|c(n)|^2 = \frac{1}{2\pi N}\int_{-\pi}^{\pi}|C(\omega)|^2\mathrm{d}\omega \tag{4.1.15}$$

这里 $C(\omega)$ 是窗函数 $c(n)$ 的 Fourier 变换。

另一种方法是将窗函数 $w(n)$ 加给样本自相关函数，得到的功率谱称为周期图平滑，是 Blackman 和 Tukey 提出的 [34]，故又称 Blackman-Tukey 方法，其功率谱定义为

$$P_{\mathrm{BT}}(\omega) \overset{\text{def}}{=} \sum_{k=-M}^{M} \hat{R}_x(k)w(k)\mathrm{e}^{-\mathrm{j}k\omega} \tag{4.1.16}$$

直接加给数据的窗函数 $c(n)$ 称为数据窗，而加给自相关函数的窗函数 $w(k)$ 称为滞后窗，其 Fourier 变换 $W(\omega)$ 则称作谱窗。

下面是几种典型的窗函数：

(1) Hanning 窗

$$w(n) = \begin{cases} 0.5 - 0.5\cos\cos\left(\frac{2\pi n}{N-1}\right), & n = 0, 1, \cdots, N-1 \\ 0, & \text{其他} \end{cases} \tag{4.1.17}$$

(2) Hamming 窗

$$w(n) = \begin{cases} 0.54 - 0.46\cos\left(\frac{2\pi n}{N-1}\right), & n = 0, 1, \cdots, N-1 \\ 0, & \text{其他} \end{cases} \tag{4.1.18}$$

(3) Blackman 窗

$$w(n) = \begin{cases} 0.42 - 0.5\cos\left(\frac{2\pi n}{N-1}\right) + 0.08\cos\left(\frac{4\pi n}{N-1}\right), & n = 0, 1, \cdots, N-1 \\ 0, & \text{其他} \end{cases} \tag{4.1.19}$$

加窗函数虽然能够减小周期图的偏差，改善功率谱曲线的光滑性，但作为非参数化谱估计，周期图具有分辨率低的固有缺陷，不能适应高分辨功率谱估计的需要。与之相比，参数化谱估计可以提供比周期图高得多的频率分辨率，故常称参数化谱估计为高分辨谱估计。参数化谱估计是本章的主要讨论对象。

4.2 平稳 ARMA 过程

参数不随时间变化的系统称为时不变系统。相当多的平稳随机过程都可以通过用白噪声激励一线性时不变系统来产生，而线性系统又可以用线性差分方程进行描述，这种差分模型就是自回归–滑动平均 (ARMA) 模型。另一方面，有关功率谱分析的研究表明，任何一个有理式的功率谱密度都可以用一个 ARMA 随机过程的功率谱密度精确逼近。

若离散随机过程 $\{x(n)\}$ 服从线性差分方程

$$x(n)+\sum_{i=1}^{p}a_i x(n-i)=e(n)+\sum_{j=1}^{q}b_j e(n-j) \tag{4.2.1}$$

式中 $e(n)$ 是一离散白噪声，则称 $\{x(n)\}$ 为 ARMA 过程，而式 (4.2.1) 所示差分方程称为 ARMA 模型。系数 $a_1,\cdots,a_p$ 和 $b_1,\cdots,b_q$ 分别称为自回归 (autoregressive, AR) 参数和滑动平均 (moving average, MA) 参数，而 p 和 q 分别叫做 AR 阶数和 MA 阶数。显然，ARMA 模型描述的是一个时不变的线性系统。具有 AR 阶数 p 和 MA 阶数 q 的 ARMA 过程常用符号 ARMA(p,q) 简记之。

ARMA 过程可以写作更紧凑的形式

$$A(z)x(n)=B(z)e(n),\quad n=0,\pm1,\pm2,\cdots \tag{4.2.2}$$

式中，多项式 $A(z)$ 和 $B(z)$ 分别称作 AR 和 MA 多项式，即有

$$A(z)=1+a_1z^{-1}+\cdots+a_pz^{-p} \tag{4.2.3}$$

$$B(z)=1+b_1z^{-1}+\cdots+b_qz^{-q} \tag{4.2.4}$$

且 z^{-j} 是后向移位算子，定义为

$$z^{-j}x(n)\overset{\text{def}}{=}x(n-j),\quad j=0,\pm1,\pm2,\cdots \tag{4.2.5}$$

ARMA 模型描述的线性时不变系统的传递函数定义为

$$H(z)\overset{\text{def}}{=}\frac{B(z)}{A(z)}=\sum_{i=-\infty}^{\infty}h_iz^{-i} \tag{4.2.6}$$

式中 h_i 称为系统的冲激响应系数。可见，系统的极点 $A(z)=0$ 贡献为自回归，而系统零点 $B(z)=0$ 贡献为滑动平均。

ARMA 过程有两个特例。

(1) 若 $B(z)=1$，则 ARMA(p,q) 过程退化为

$$x(n)+a_1x(n-1)+\cdots+a_px(n-p)=e(n) \tag{4.2.7}$$

这一过程称为阶数为 p 的自回归过程 (AR 过程)，简记为 AR(p) 过程。

(2) 若 $A(z)=1$，则 ARMA(p,q) 过程退化为

$$x(n)=e(n)+b_1e(n-1)+\cdots+b_q(n-q) \tag{4.2.8}$$

这一过程称为阶数为 q 的滑动平均过程 (MA 过程)，简记为 MA(q) 过程。

下面讨论 ARMA 过程的重要性质。

首先，为了使线性时不变系统是稳定的，即有界的输入 $e(n)$ 一定产生有界的输出 $x(n)$，则系统的冲激响应 h_i 必须是绝对可求和的：

$$\sum_{i=-\infty}^{\infty}|h_i|<\infty \tag{4.2.9}$$

这一条件等价为系统传递函数不能在单位圆上有极点，即 $A(z)\neq 0, |z|=1$。

其次，系统模型不能被简化，这要求多项式 $A(z)$ 与 $B(z)$ 没有任何公共因子，或者说 $A(z)$ 和 $B(z)$ 是互素的。

除了稳定性和互素性以外，还要求线性时不变系统是物理可实现的，即它必须是一个因果系统。

定义 4.2.1 (因果过程) 一个由 $A(z)x(n)=B(z)e(n)$ 定义的 ARMA 过程称为因果过程，或称 $x(n)$ 是 $e(n)$ 的因果函数，若存在一常数序列满足两个条件

$$\sum_{i=0}^{\infty}|h_i|<\infty \tag{4.2.10}$$

$$x(n)=\sum_{i=0}^{\infty}h_ie(n-i) \tag{4.2.11}$$

条件式 (4.2.10) 是为了保证系统输出 $x(n)$ 任何时候都是有界的，而条件式 (4.2.11) 才是因果性真正的条件。这两个条件意味着 $h_i=0, i<0$。应当注意，因果性并不是输出 $x(n)$ 单独的性质，而是它与输入激励 $e(n)$ 之间的关系。

下面的定理给出了一个 ARMA 过程是因果过程的充分必要条件。

定理 4.2.1 令 $\{x(n)\}$ 是一个 $A(z)$ 和 $B(z)$ 无公共零点的 ARMA(p,q) 过程，则 $\{x(n)\}$ 是因果的，当且仅当对所有 $|z|\geqslant 1$ 有 $A(z)\neq 0$。

证明 先证充分性 ($\Rightarrow$)。假定 $A(z)\neq 0, |z|\geqslant 1$。这意味着，存在一个任意小的非负数 $\varepsilon\geqslant 0$ 使得 $1/A(z)$ 具有幂级数展开

$$\frac{1}{A(z)}=\sum_{i=0}^{\infty}\xi_iz^{-i}=\xi(z),\quad |z|>1+\varepsilon$$

换言之，当 $i\to\infty$ 时，有 $\xi_i(1+\varepsilon/2)^{-i}\to 0$。因此，存在 $K\in(0,+\infty)$ 使得

$$|\xi_i|<K(1+\varepsilon/2)^i,\quad i=0,1,2,\cdots$$

由此可得 $\sum_{i=0}^{\infty}|\xi_i| < \infty$ 和 $\xi(z)A(z) = 1, \forall |z| \geqslant 1$。再对差分方程 $A(z)x(n) = B(z)e(n)$ 的两边同乘以算子 $\xi(z)$，则有

$$x(n) = \xi(z)B(z)e(n) = \frac{B(z)}{A(z)}e(n)$$

令 $H(z) = \xi(z)B(z)$，即可得到所希望的表达式

$$x(n) = \sum_{i=0}^{\infty} h_i z^{-i} e(n) = \sum_{i=0}^{\infty} h_i e(n-i)$$

再证必要性 ($\Leftarrow$)。假定 $\{x(n)\}$ 是因果的，即有 $x(n) = \sum_{i=0}^{\infty} h_i e(n-i)$，并且序列 $\{h_i\}$ 满足 $\sum_{i=0}^{\infty}|h_i| < \infty$ 和 $H(z) \neq 0, |z| \geqslant 1$。这意味着 $x(n) = H(z)e(n)$ 成立。注意

$$B(z)e(n) = A(z)x(n) = A(z)H(z)e(n)$$

令 $\eta(z) = A(z)H(z) = \sum_{i=0}^{\infty}\eta_i z^{-i}, |z| \geqslant 1$，则上式可写作

$$\sum_{i=0}^{q} \theta_i e(n-i) = \sum_{i=0}^{\infty} \eta_i e(n-i), \quad |z| \geqslant 1$$

两边同乘 $e(n-k)$ 后取数学期望，由于 $e(n)$ 为白噪声，满足 $\mathrm{E}\{e(n-i)e(n-k)\} = \sigma^2\delta(k-i)$，故有 $\eta_i = \theta_i, i = 0, 1, \cdots, q$ 以及 $\eta_i = 0, i > q$。从而得

$$B(z) = \eta(z) = A(z)H(z), \quad |z| \geqslant 1 \tag{4.2.12}$$

另一方面，

$$|H(z)| = \left|\sum_{i=0}^{\infty} h_i z^{-i}\right| < \sum_{i=0}^{\infty} |h_i||z^{-i}| \leqslant \sum_{i=0}^{\infty} |h_i|, \quad |z| \geqslant 1$$

但根据稳定性条件，h_i 是绝对可求和的，故上式意味着

$$|H(z)| < \infty, \quad |z| \geqslant 1 \tag{4.2.13}$$

由于 $B(z)$ 与 $A(z)$ 无公共零点，所以由式 (4.2.12) 和式 (4.2.13) 知，对 $|z| \geqslant 1$ 不可能有 $A(z) = 0$。这就完成了本定理的证明。 ■

定理 4.2.1 表明，当且仅当系统极点全部位于单位圆以内时，系统输出 $x(n)$ 才是输入 $e(n)$ 的因果函数。若系统极点全部位于单位圆以外，则称系统输出是输入的反因果函数，系统为反因果系统。注意，稳定性要求系统的极点不能位于单位圆上。极点既位于单位圆内，也位于单位圆外的系统称为非因果系统。

下面考虑系统零点的作用，它决定系统的可逆性。

定义 4.2.2 (可逆过程) 由差分方程 $A(z)x(n) = B(z)e(n)$ 定义的 ARMA(p,q) 过程称为是可逆过程，若存在一个常数序列 $\{\pi_i\}$，使得

$$\sum_{i=0}^{\infty} |\pi_i| < \infty \tag{4.2.14}$$

$$e(n) = \sum_{i=0}^{\infty} \pi_i x(n-i) \tag{4.2.15}$$

和因果性一样，可逆性也不是 ARMA 过程 $\{x(n)\}$ 单独的性质，而是它与输入激励 $e(n)$ 之间的性质。下面的定理给出了可逆性的充分必要条件。

定理 4.2.2 令 $\{x(n)\}$ 是一个多项式 $A(z)$ 和 $B(z)$ 无公共零点的 ARMA(p,q) 过程。该 ARMA 过程是可逆的，当且仅当对所有 $|z|\geqslant 1$ 的复数 z 恒有 $B(z)\neq 0$。可逆过程 (4.2.15) 式中的系数 π_i 由下式决定：

$$\pi(z)=\sum_{i=0}^{\infty}\pi_i z^{-i}=\frac{A(z)}{B(z)},\quad |z|\geqslant 1 \tag{4.2.16}$$

证明 与定理 4.2.1 的证明类似，留给读者作练习。

定理 4.2.2 表明，当且仅当系统零点全部位于单位圆内时，系统输入 $e(n)$ 才是输出 $x(n)$ 的可逆函数。若一个 ARMA(p,q) 过程可逆，则其逆系统 $A(z)/B(z)$ 的所有极点便全部位于单位圆内，因而是因果系统。一个可逆的系统也称最小相位系统。若系统零点位于单位圆上和单位圆外，则称系统是最大相位系统；若系统在单位圆内外都有零点，则称系统是非最小相位系统。注意，当一个系统在单位圆上具有零点时，其逆系统将是不稳定的系统；而当一系统的全部零点位于单位圆外时，其逆系统则是反因果系统。

更一般地，我们来考虑当 $|z|=1$ 时 $A(z)\neq 0$ 的情况。此时，由复数分析知，存在一半径 $r>1$，使得 Laurent 级数

$$\frac{B(z)}{A(z)}=\sum_{i=-\infty}^{\infty}h_i z^{-i}=H(z) \tag{4.2.17}$$

在环形区域 $r^{-1}<|z|<r$ 内是绝对收敛的。Laurent 级数的这一收敛性在下述定理的证明中起着关键的作用。

定理 4.2.3 若对所有 $|z|=1$ 有 $A(z)\neq 0$，则 ARMA 过程 $A(z)x(n)=B(z)e(n)$ 具有唯一的平稳解

$$x(n)=H(z)e(n)=\sum_{i=-\infty}^{\infty}h_i e(n-i) \tag{4.2.18}$$

式中的系数 h_i 由式 (4.2.17) 决定。

证明 先证充分性 ($\Rightarrow$)。若对于所有 $|z|=1$ 均有 $A(z)\neq 0$，则由定理 4.2.1 知，存在 $\delta>1$，使得级数 $\sum_{i=-\infty}^{\infty}\xi_i z^{-i}=1/A(z)=\xi(z)$ 在环形区域 $\delta^{-1}<|z|<\delta$ 内绝对收敛。因此，可以对 ARMA 模型 $A(z)x(n)=B(z)e(n)$ 两边同乘算子 $\xi(z)$ 得到

$$\xi(z)A(z)x(n)=\xi(z)B(z)e(n)$$

由于 $\xi(z)A(z)=1$，故上式可以写作

$$x(n)=\xi(z)B(z)e(n)=H(z)e(n)=\sum_{i=-\infty}^{\infty}h_i e(n-i)$$

式中 $H(z)=\xi(z)B(z)=B(z)/A(z)$，即函数 $H(z)$ 的系数 h_i 由式 (4.2.17) 决定。

再证明必要性 ($\Leftarrow$)。假定一过程具有唯一的平稳解 (4.2.18)。对式 (4.2.18) 两边运用算子 $A(z)$，则有

$$A(z)x(n)=A(z)H(z)e(n)=B(z)e(n)$$

即具有唯一平稳解的过程是一个 ARMA 过程。由于 ARMA 过程要满足稳定性，所以对所有 $|z|=1$ 应该恒有 $A(z)\neq 0$。 ■

综合定理 4.2.2 和定理 4.2.3，可以归纳得到描述 ARMA、MA 与 AR 过程之间的 Wold 分解定理 [151]。

定理 4.2.4 (Wold 分解定理) 任何一个具有有限方差的 ARMA 或 MA 过程都可以表示成唯一的、阶数有可能无穷大的 AR 过程；同样，任何一个 ARMA 或 AR 过程也可以表示成一个阶数可能无穷大的 MA 过程。

上述定理在实际应用中具有重要的作用：如果在三种模型中选择了一个错误的模型，则我们仍然可以通过一个很高的阶数获得一个合理的近似。因此，一个 ARMA 模型可以用一个阶数足够大的 AR 模型来近似。相比于 ARMA 模型不仅需要 AR 和 MA 阶数确定，而且还需要 AR 和 MA 参数估计 (其中 MA 参数估计还必须求解非线性方程)，AR 模型只涉及 AR 参数的估计，所以有不少的工程技术人员常喜欢采用 AR 模型作近似。

对于 MA(q) 随机过程而言，其 MA 参数与产生该过程的系统的冲激响应是完全相同的，即有

$$b_i = h_i,\quad i=0,1,\cdots,q \tag{4.2.19}$$

式中，$b_0=h_0=1$，这是因为

$$\begin{aligned} x(n) &= e(n)+b_1e(n-1)+\cdots+b_qe(n-q)=\sum_{i=0}^{\infty}h_ie(n-i) \\ &= e(n)+h_1e(n-1)+\cdots+h_qe(n-q) \end{aligned}$$

由于只有 $q+1$ 个冲激响应系数，故这样的系统称为有限冲激响应系统，简称 FIR 系统，这里 FIR 是有限冲激响应 (finite impulse response) 的英文缩写。因此，MA 模型也称 FIR 模型。与之相反，ARMA 系统和 AR 系统称为无限冲激响应 (infinite impulse response, IIR) 系统，因为它们具有无穷多个冲激响应系数。

4.3 平稳 ARMA 过程的功率谱密度

一个平稳 ARMA 过程的功率谱密度具有广泛的代表性。例如，任何有理式谱密度以及在加性白噪声中观测的 AR 过程，具有线谱的正弦波 (更广义为谐波) 过程，都可以用 ARMA 谱密度来表示。由于其广泛的代表性和实用性，ARMA 谱分析已成为现代谱分析中最重要的方法之一。

4.3.1 ARMA 过程的功率谱密度

定理 4.3.1 令 $\{y(n)\}$ 是一具有零均值的离散 (时间) 平稳过程，其功率谱密度为 $P_y(\omega)$。若 $\{x(n)\}$ 是由

$$x(n)=\sum_{i=-\infty}^{\infty}h_iy(n-i) \tag{4.3.1}$$

描述的过程，其中 h_i 是绝对可求和的，即 $\sum_{i=-\infty}^{\infty}|h_i|<\infty$，则 $\{x(n)\}$ 也是一个零均值的离散平稳过程，且其功率谱密度

$$P_x(\omega)=|H(\mathrm{e}^{-\mathrm{j}\omega})|^2P_y(\omega) \tag{4.3.2}$$

式中，$H(\mathrm{e}^{-\mathrm{j}\omega})$ 是一个 $\mathrm{e}^{-\mathrm{j}\omega}$ 的多项式

$$H(\mathrm{e}^{-\mathrm{j}\omega})=\sum_{i=-\infty}^{\infty}h_iz^{-i}\bigg|_{z=\mathrm{e}^{\mathrm{j}\omega}} \tag{4.3.3}$$

证明 在 h_i 可绝对求和的条件下，在对式 (4.3.1) 两边求数学期望时，数学期望可与求和符号交换位置，故有

$$\mathrm{E}\{x(n)\}=\sum_{i=-\infty}^{\infty}h_i\mathrm{E}\{y(n-i)\}=\sum_{i=-\infty}^{\infty}h_i\mathrm{E}\{y(n)\}=0$$

式中使用了 $\mathrm{E}\{y(n)\}=0$ 这一假定条件。计算 ARMA 过程 $\{x(n)\}$ 的自相关函数，得

$$\begin{aligned}R_x(n_1,n_2)&=\mathrm{E}\{x(n_1)x^*(n_2)\}\\&=\sum_{i=-\infty}^{\infty}\sum_{j=-\infty}^{\infty}h_ih_j^*\mathrm{E}\{y(n_1-i)y^*(n_2-j)\}\\&=\sum_{i=-\infty}^{\infty}\sum_{j=-\infty}^{\infty}h_ih_j^*R_y(n_1-n_2+j-i)\end{aligned}$$

因为 $y(n)$ 是平稳的随机过程。令 $\tau=n_1-n_2$ 表示时间差，则上式可写作

$$R_x(\tau)=\sum_{i=-\infty}^{\infty}\sum_{j=-\infty}^{\infty}h_ih_j^*R_y(\tau+j-i) \tag{4.3.4}$$

因此，$\{x(n)\}$ 是一零均值的平稳过程。

取式 (4.3.3) 两边的复数共轭，得

$$H^*(\mathrm{e}^{-\mathrm{j}\omega})=\sum_{i=-\infty}^{\infty}h_i^*z^{i}\bigg|_{z=\mathrm{e}^{\mathrm{j}\omega}}$$

作变量代换 $\tau=\tau'+j-i$，功率谱密度 $P_x(\omega)=\sum_{\tau=-\infty}^{\infty}C_x(\tau)\mathrm{e}^{-\mathrm{j}\omega\tau}$ 变为

$$\begin{aligned}P_x(\omega)&=\sum_{i=-\infty}^{\infty}h_i\mathrm{e}^{-\mathrm{j}\omega i}\sum_{j=-\infty}^{\infty}h_j^*\mathrm{e}^{\mathrm{j}\omega j}\sum_{\tau=-\infty}^{\infty}C_y(\tau+j-i)\mathrm{e}^{-\mathrm{j}\omega(\tau+j-i)}\\&=H(\mathrm{e}^{-\mathrm{j}\omega})H^*(\mathrm{e}^{-\mathrm{j}\omega})P_y(\omega)\\&=|H(\mathrm{e}^{-\mathrm{j}\omega})|^2P_y(\omega)\end{aligned}$$

这就是式 (4.3.2)。 ■

作为定理 4.3.1 的应用例子，下面推导一任意平稳 ARMA(p,q) 过程的功率谱密度。符号 $e(n)\sim\mathcal{N}(0,\sigma^2)$ 表示 $e(n)$ 是一个正态分布过程，其均值为零，方差为 σ^2。

定理 4.3.2 令 $\{x(n)\}$ 是一个满足差分方程

$$x(n)+a_1x(n-1)+\cdots+a_px(n-p)=e(n)+b_1e(n-1)+\cdots+b_qe(n-q) \tag{4.3.5}$$

的平稳 ARMA(p,q) 过程，其中 $e(n)\sim\mathcal{N}(0,\sigma^2)$，则其功率谱密度为

$$P_x(\omega)=\sigma^2\left.\frac{|B(z)|^2}{|A(z)|^2}\right|_{z=\mathrm{e}^{\mathrm{j}\omega}}=\sigma^2\frac{|B(\mathrm{e}^{\mathrm{j}\omega})|^2}{|A(\mathrm{e}^{\mathrm{j}\omega})|^2} \tag{4.3.6}$$

式中

$$A(z)=1+a_1z^{-1}+\cdots+a_pz^{-p} \tag{4.3.7}$$

$$B(z)=1+b_1z^{-1}+\cdots+b_qz^{-q} \tag{4.3.8}$$

证明 由定理 4.3.3 知，式 (4.3.5) 的唯一平稳解可写作 $x(n)=\sum\limits_{i=-\infty}^{\infty}h_ie(n-i)$，其中 $\sum\limits_{i=-\infty}^{\infty}|h_i|<\infty$，并且 $H(z)=B(z)/A(z)$。由于 $e(n)$ 是一白噪声，其协方差函数 $C_e(\tau)=\sigma^2\delta(\tau)$，即功率谱密度为常数 σ^2，所以运用定理 4.3.1 直接可得

$$P_x(\omega)=|H(\mathrm{e}^{\mathrm{j}\omega})|^2P_e(\omega)=\sigma^2\frac{|B(\mathrm{e}^{\mathrm{j}\omega})|^2}{|A(\mathrm{e}^{\mathrm{j}\omega})|^2}$$

证毕。 ■

由式 (4.3.6) 定义的功率谱密度是两个多项式之比，所以通常称它为有理式谱密度。定理 4.3.2 表明了一个重要的结果：一个离散 ARMA 过程的功率谱密度是 $\mathrm{e}^{-\mathrm{j}\omega}$ 的有理式函数。反之，如果已知一平稳过程 $\{x(n)\}$ 具有式 (4.3.6) 的有理式谱密度，则也可以证明 $\{x(n)\}$ 是一个如式 (4.3.5) 描述的 ARMA(p,q) 过程。为此，令 $H(z)=B(z)/A(z)=\sum\limits_{i=-\infty}^{\infty}h_iz^{-i}$。现在把 $\{x(n)\}$ 看作是由式 (4.3.1) 产生的过程，则由已知条件及定理 4.3.1 知 $P_y(\omega)=\sigma^2$。因此，$\{y(n)\}$ 是一个高斯白噪声 $\mathcal{N}(0,\sigma^2)$，即 $\{x(n)\}$ 可以写作

$$x(n)=\sum_{i=-\infty}^{\infty}h_ie(n-i),\quad e(n)\sim\mathcal{N}(0,\sigma^2)$$

由于 $H(z)=B(z)/A(z)$，故上式等价于式 (4.3.5)。

对于式 (4.3.5) 所示的 ARMA 过程，由式 (4.3.4) 可以得到一个重要的公式

$$R_x(\tau)=\sum_{i=-\infty}^{\infty}\sum_{j=-\infty}^{\infty}h_ih_j^*\sigma^2\delta(\tau+j-i)$$

注意到 $\delta(\tau+j-i)=1$ 的条件是 $j=i-\tau$，而在其他情况下 $\delta(\tau+j-i)\equiv 0$，故 $R_x(\tau)$ 可以表示为

$$R_x(\tau)=\sigma^2\sum_{i=-\infty}^{\infty}h_ih_{i-\tau}^*$$

这一公式描述了 ARMA 过程 $\{x(n)\}$ 的自相关函数与冲激响应之间的关系，是一个重要的公式。

特别地，当 $\tau=0$ 时，式 (4.3.6) 给出结果

$$R_x(0)=\mathrm{E}\{x(n)x^*(n)\}=\sigma^2\sum_{i=-\infty}^{\infty}|h_i|^2$$

式中 $\mathrm{E}\{x(n)x^*(n)\}=\mathrm{E}\{|x(n)|^2\}$ 表示 ARMA 过程 $\{x(n)\}$ 的能量。为了使 $x(n)$ 的能量是有限的，由上式可知以下条件必须满足

$$\sum_{i=-\infty}^{\infty}|h_i|^2<\infty \tag{4.3.9}$$

这一条件称为冲激响应的平方可求和条件。

下面介绍可以用 ARMA 谱密度 (4.3.6) 式表示的另外两种过程。

1. 白噪声中的 AR 过程

假定 $\{s(n)\}$ 是一个满足差分方程

$$s(n)+a_1s(n-1)+\cdots+a_ps(n-p)=e(n),\quad e(n)\sim\mathcal{N}(0,\sigma^2)$$

的 AR(p) 过程，且该过程在加性白噪声 $v(n)$ 中被观测，即 $x(n)=s(n)+v(n)$，其中 $v(n)$ 与 $s(n)$ 独立，且白噪声 $v(n)$ 的方差为 σ_v^2。我们来求过程 $\{x(n)\}$ 的功率谱密度。

由定理 4.3.2 知，信号 $s(n)$ 的功率谱密度为

$$P_s(\omega)=\frac{\sigma^2}{|1+a_1\mathrm{e}^{-\mathrm{j}\omega}+\cdots+a_p\mathrm{e}^{-\mathrm{j}\omega p}|^2}=\left.\frac{\sigma^2}{|A(z)|^2}\right|_{z=\mathrm{e}^{\mathrm{j}\omega}}$$

当 $s(n)$ 与 $v(n)$ 相互独立时，利用协方差函数的定义容易证明

$$C_x(\tau)=C_s(\tau)+C_v(\tau)=C_s(\tau)+\sigma_v^2\delta(\tau) \tag{4.3.10}$$

由离散过程的功率谱密度定义，显然有

$$P_x(\omega)=P_s(\omega)+P_v(\omega)=\left.\frac{\sigma^2}{|A(z)|^2}\right|_{z=\mathrm{e}^{\mathrm{j}\omega}}+\sigma_v^2=\sigma_w^2\left.\frac{|B(z)|^2}{|A(z)|^2}\right|_{z=\mathrm{e}^{\mathrm{j}\omega}} \tag{4.3.11}$$

式中 $\sigma_w^2=\sigma^2+\sigma_v^2$，并且 $B(z)B^*(z)=[\sigma^2+\sigma_v^2A(z)A^*(z)]/(\sigma^2+\sigma_v^2)$。

这个例子说明，白噪声中的 AR(p) 过程是一个 ARMA(p,p) 过程，其激励为白噪声，方差为 $\sigma_w^2=\sigma^2+\sigma_v^2$，即 $w(n)\sim\mathcal{N}(0,\sigma^2+\sigma_v^2)$。注意，式 (4.3.10) 和式 (4.3.11) 对于任何两个相互独立的过程 $\{s(n)\}$ 和 $\{v(n)\}$ 都是适用的。

2. 可预测过程

定义 4.3.1 若 $\{s(n)\}$ 服从无激励的递推方程

$$s(n)+a_1s(n-1)+\cdots+a_ps(n-p)=0 \tag{4.3.12}$$

则称为 (完全) 可预测过程。

可预测过程又称退化的 AR 过程或无激励的 AR 过程。式 (4.3.12) 的另一种等价表示为

$$s(n) = -\sum_{i=1}^{p} a_i s(n-i) \tag{4.3.13}$$

如果给定 p 个数据值 $s(1),\cdots,s(p)$，则可以根据式 (4.3.13) 依次计算出 $s(p+1), s(p+2),\cdots$。事实上，只要给出信号 $s(n)$ 的任意 p 个连续时刻的数值，则其他时刻的信号值均可以根据这 p 个值完全“预测”。可预测过程由此而得名。

假定 $\{s(n)\}$ 是一个 p 阶的可预测过程，且它在加性白噪声 $v(n)$ 中被观测。令 $x(n) = s(n)+v(n)$，其中 $v(n) \sim \mathcal{N}(0,\sigma^2)$ 与 $s(n)$ 独立。将 $s(n) = x(n) - v(n)$ 代入式 (4.3.12) 得

$$x(n) + \sum_{i=1}^{p} a_i x(n-i) = v(n) + \sum_{j=1}^{p} b_j v(n-j) \tag{4.3.14}$$

这表明，加性白噪声中的可预测过程是一个特殊的 ARMA(p,p) 过程，其 MA 参数与 AR 参数相同！

下面推导可预测过程的功率谱密度。

首先，用 $s(n-\tau), \tau \geqslant 0$ 同乘式 (4.3.12) 两边，然后取数学期望，则有

$$R_s(\tau) + a_1 R_s(\tau-1) + \cdots + a_p R_s(\tau-p) = 0, \quad \forall\, \tau \geqslant 0 \tag{4.3.15}$$

命题 4.3.1 令 z_k 是特征多项式 $A(z) = 1 + a_1 z^{-1} + \cdots + a_p z^{-p}$ 的根，则可预测过程 $\{s(n)\}$ 的自相关函数具有形式

$$R_s(m) = \sum_{i=1}^{p} c_i z_i^m, \quad |z| \leqslant 1 \tag{4.3.16}$$

其中 c_i 为待定的常数。

证明 由于 z_k 是 $A(z)=0$ 的根，故有

$$A(z_k) = \sum_{i=0}^{p} a_i z_k^{-i} = 0 \tag{4.3.17}$$

式中 $a_0 = 1$。现在根据式 (4.3.16) 构造函数 $R_s(m)$，则

$$\sum_{i=0}^{p} a_i R_s(m-i) = \sum_{i=0}^{p} a_i \sum_{k=1}^{p} c_k z_k^{m-i} = \sum_{k=1}^{p} c_k z_k^m \sum_{i=0}^{p} a_i z_k^{-i}$$

将式 (4.3.16) 代入上式右边端，可知该式右边恒等于零，即

$$\sum_{i=0}^{p} a_i R_s(m-i) = 0$$

亦即函数 $R_s(m)$ 满足只有可预测过程的自相关函数才满足的关系式 (4.3.14)。因此，式 (4.3.16) 定义的函数 $R_s(m)$ 确实是可预测过程的自相关函数。 ■

特别地，当可预测过程的阶数 p 为偶数，且系数满足对称条件 $a_i = a_{p-i}$，$i = 0, 1, \cdots, p/2$ (其中 $a_0 = 1$) 时，特征多项式 $A(z) = 0$ 的 p 对共轭根 z_i 全部位于单位圆上。因此，具有对称系数的可预测过程的自相关函数表达式 (4.3.16) 可具体表示成

$$R_s(m) = \sum_{i=1}^{p} c_i \mathrm{e}^{\mathrm{j}m\omega_i}, \quad |\omega_i| < \pi \tag{4.3.18}$$

由于可预测过程的均值为零，故其自协方差函数与自相关函数等价，从而可预测过程的功率谱密度为

$$P_s(\omega) = \sum_{k=-\infty}^{\infty} R_s(k)\mathrm{e}^{-\mathrm{j}k\omega} = \sum_{i=1}^{p} c_i \sum_{k=-\infty}^{\infty} \mathrm{e}^{-\mathrm{j}k(\omega-\omega_i)}$$

利用熟知的离散时间 Fourier 变换对 $\mathrm{e}^{\mathrm{j}\omega_0 k} \leftrightarrow \dfrac{1}{2\pi}\delta(\omega - \omega_0)$，可将上式写成

$$P_s(\omega) = \frac{1}{2\pi}\sum_{i=1}^{p} c_i \delta(\omega - \omega_i) \tag{4.3.19}$$

这表明，一个具有对称系数的 p 阶可预测 (实) 过程的功率谱密度由 p 条单独的直线谱组成，称为线谱。

任何一个平稳过程的功率谱密度 $P(\omega)$ 都可以写成两部分功率谱密度之和

$$P(\omega) = P_\alpha(\omega) + P_\beta(\omega) \tag{4.3.20}$$

式中 $P_\alpha(\omega)$ 具有式 (4.2.2) 所示的有理式功率谱密度，而 $P_\beta(\omega)$ 为式 (4.3.19) 所示的线谱。这样一种分解也叫 Wold 分解 [216]。注意，它与 4.2 节的 Wold 分解定理的涵义不同。Wold 分解定理描述一平稳过程的三种差分模型之间的近似等价关系，而这里的 Wold 分解是指一平稳过程的功率谱密度的分解。

4.3.2 功率谱等价

由于功率谱描述信号的功率随频率分布的情况，所以它在许多实际工程中有着非常重要的作用。然而，有必要指出，自功率谱密度存在一个局限性，即由一些不同 ARMA 模型得到的信号有可能具有相同的功率谱，这一现象称为功率谱等价。

考查 ARMA(p, q) 过程 $A(z)x(n) = B(z)e(n)$，其中 $e(n) \sim \mathcal{N}(0, \sigma^2)$，并且 $A(z) \neq 0, |z| = 1$ 和 $B(z) \neq 0, |z| = 1$。令线性系统的 p 个极点为 α_i，而 q 个零点为 β_i，则原 ARMA 模型可以改写为

$$\prod_{i=1}^{p}(1 - \alpha_i z^{-1})x(n) = \prod_{i=1}^{q}(1 - \beta_i z^{-1})e(n), \quad e(n) \sim \mathcal{N}(0, \sigma^2) \tag{4.3.21}$$

不妨令 p 个极点中有 r 个位于单位圆内，其余位于单位圆外；类似地，q 个零点中有 s 个位

于单位圆内，其余在单位圆外，即

$$|\alpha_i| < 1,\ 1 \leqslant i \leqslant r \quad (\text{因果部分})$$
$$|\alpha_i| > 1,\ r < i \leqslant p \quad (\text{反因果部分})$$
$$|\beta_i| < 1,\ 1 \leqslant i \leqslant s \quad (\text{最小相位部分})$$
$$|\beta_i| > 1,\ s < i \leqslant q \quad (\text{最大相位部分})$$

由定理 4.3.2 知，ARMA 过程 $\{x(n)\}$ 的功率谱密度可以写成

$$P_x(\omega) = \sigma^2 \left.\frac{|B(z)|^2}{|A(z)|^2}\right|_{z=\mathrm{e}^{\mathrm{j}\omega}} = \sigma^2 \frac{\prod\limits_{i=1}^{q}|(1-\beta_i \mathrm{e}^{-\mathrm{j}\omega})|^2}{\prod\limits_{i=1}^{p}|(1-\alpha_i \mathrm{e}^{-\mathrm{j}\omega})|^2} \tag{4.3.22}$$

现在考虑将所有在单位圆外的零、极点全部反演到单位圆内，得到一新的 ARMA 过程

$$\tilde{A}(z)\tilde{x}(n) = \tilde{B}(z)\tilde{e}(n) \tag{4.3.23}$$

式中

$$\tilde{A}(z) = \prod_{i=1}^{r}(1-\alpha_i z^{-1})\cdot \prod_{i=r+1}^{p}(1-\bar{\alpha}_i z^{-1})$$
$$\tilde{B}(z) = \prod_{i=1}^{s}(1-\beta_i z^{-1})\cdot \prod_{i=s+1}^{p}(1-\bar{\beta}_i z^{-1})$$

其中 $\bar{\alpha}_i = 1/\alpha_i^*, i = r+1, \cdots, p$；$\bar{\beta}_i = 1/\beta_i^*, i = s+1, \cdots, q$。显然，新的 ARMA 过程 $\{\tilde{x}(n)\}$ 的功率谱密度为

$$P_{\tilde{x}}(\omega) = \sigma^2 \left.\frac{|B(z)|^2}{|A(z)|^2}\right|_{z=\mathrm{e}^{\mathrm{j}\omega}} = \sigma^2 \frac{\left|\prod\limits_{i=1}^{s}(1-\beta_i \mathrm{e}^{-\mathrm{j}\omega})\cdot \prod\limits_{i=s+1}^{p}(1-\bar{\beta}_i \mathrm{e}^{-\mathrm{j}\omega})\right|^2}{\left|\prod\limits_{i=1}^{r}(1-\alpha_i \mathrm{e}^{-\mathrm{j}\omega})\cdot \prod\limits_{i=r+1}^{p}(1-\bar{\alpha}_i \mathrm{e}^{-\mathrm{j}\omega})\right|^2} \tag{4.3.24}$$

由复数运算得

$$|1-\bar{\alpha}_i \mathrm{e}^{-\mathrm{j}\omega}| = |1-\alpha_i^{-1}\mathrm{e}^{\mathrm{j}\omega}| = |\alpha_i^{-1}\mathrm{e}^{\mathrm{j}\omega}|\cdot|\alpha_i \mathrm{e}^{-\mathrm{j}\omega}-1| = |\alpha_i^{-1}|\cdot|1-\alpha_i \mathrm{e}^{-\mathrm{j}\omega}|$$

类似地，有

$$|1-\bar{\beta}_i \mathrm{e}^{-\mathrm{j}\omega}| = |\beta_i^{-1}|\cdot|1-\beta_i \mathrm{e}^{-\mathrm{j}\omega}|$$

将以上两个结果代入式 (4.3.24)，即得

$$P_{\tilde{x}}(\omega) = \sigma^2 \frac{\prod\limits_{i=s+1}^{q}|\beta_i^{-1}|^2}{\prod\limits_{i=r+1}^{p}|\alpha_i^{-1}|^2}\cdot \frac{\left|\prod\limits_{i=1}^{q}(1-\beta_i \mathrm{e}^{-\mathrm{j}\omega})\right|^2}{\left|\prod\limits_{i=1}^{p}(1-\alpha_i \mathrm{e}^{-\mathrm{j}\omega})\right|^2} = \frac{\prod\limits_{i=r+1}^{p}|\alpha_i|^2}{\prod\limits_{i=s+1}^{q}|\beta_i|^2} P_x(\omega)$$

这表明，两个 ARMA 过程 $\{x(n)\}$ 与 $\{\tilde{x}(n)\}$ 具有完全相同的功率谱密度形状，唯一的不同是相差一个固定的比例因子。

例 4.3.1 ARMA 过程

$$x(n)-2.5x(n-1)=e(n)+4e(n-1),\quad e(n)\sim\mathcal{N}(0,\sigma_e^2)$$

是反因果和最大相位的，因为它的极点 2.5 和零点 −4 均在单位圆外。将它们反演到单位圆内，得到一个因果的和最小相位的 ARMA 过程

$$\tilde{x}(n)-0.4\tilde{x}(n-1)=\tilde{e}(n)+0.25\tilde{e}(n-1),\quad \tilde{e}(n)\sim\mathcal{N}(0,\sigma_{\tilde{e}}^2)$$

则它们的功率谱密度具有完全相同的形状，只是相差一个固定的比例因子。特别地，若 $\sigma_{\tilde{e}}^2=2.56\,\sigma_e^2$，则 $\{\tilde{x}(n)\}$ 和 $\{x(n)\}$ 的功率谱密度完全一样。 ■

事实上，将一个 ARMA 模型的任意个零点与 (或) 极点从单位圆内反演到单位圆外，或从单位圆外反演到单位圆内，都能得到形状完全相同的功率谱密度，只不过比例因子不同而已。这一性质称为功率谱的等价性。换句话说，通过自功率谱密度，将无法区分一个 ARMA 过程是因果的、最小相位的，还是非因果、非最小相位的。因此，功率谱等价也称 ARMA 模型多重性。由于功率谱密度是由自协方差函数的离散 Fourier 变换获得的，所以功率谱等价意味着自协方差函数等价。这一等价性或多重性告诉我们，利用自协方差函数或功率谱密度作为信号分析与处理的数学工具时，将无法区分或辨识 ARMA 过程的因果性和最小相位性。为了保证 ARMA 模型辨识的唯一性，在使用自协方差函数或功率谱密度作为分析工具时，通常假定 ARMA 模型是因果的和最小相位的。

当输入 $y(n)$ 激励一线性系统 $H(\mathrm{e}^{\mathrm{j}\omega})$ 时，由定理 4.3.2 知，输出 $\{x(n)\}$ 的功率谱密度为 $P_x(\omega)=|H(\mathrm{e}^{\mathrm{j}\omega})|^2P_y(\omega)$。从这一表示式可以直观看出，即使 $P_y(\omega)$ 和 $P_x(\omega)$ 都已知，也只能辨识 $|H(\mathrm{e}^{\mathrm{j}\omega})|^2$，而不能辨识 $H(\mathrm{e}^{\mathrm{j}\omega})$ 本身，因为前面的分析已表明：将系统的任意零、极点取共轭倒数后，$|H(\mathrm{e}^{\mathrm{j}\omega})|$ 都具有相同的形状。

然而，如果使用互功率谱密度来辨识系统，情况将发生根本的变化。

考查由式 (4.3.1) 描述的离散线性时不变系统的输出。由定理 4.3.1 知，当输入 $y(n)$ 为零均值的广义平稳过程时，输出 $x(n)$ 也是零均值的广义平稳过程。由式 (4.3.1)，我们有

$$y(n)x^*(n-\tau)=\sum_{k=-\infty}^{\infty}y(n)y^*(n-\tau-k)h^*(k)$$

$$x(n)x^*(n-\tau)=\sum_{k=-\infty}^{\infty}y(n-k)x^*(n-\tau)h(k)$$

取数学期望后，得

$$C_{yx}(\tau)=R_{yx}(\tau)=\sum_{k=-\infty}^{\infty}R_{yy}(\tau+k)h^*(k) \tag{4.3.25}$$

$$C_{xx}(\tau)=R_{xx}(\tau)=\sum_{k=-\infty}^{\infty}R_{yx}(\tau-k)h(k) \tag{4.3.26}$$

取以上两式的离散 Fourier 变换，即得到

$$P_{yx}(\omega)=P_{yy}(\omega)H^*(\mathrm{e}^{\mathrm{j}\omega}) \tag{4.3.27}$$

$$P_{xx}(\omega)=P_{yx}(\omega)H(\mathrm{e}^{\mathrm{j}\omega}) \tag{4.3.28}$$

显然，若已知输入与输出的互功率谱密度 $P_{yx}(\omega)$ 及输入的功率谱密度 $P_{yy}(\omega)$，或者已知 $P_{yx}(\omega)$ 和 $P_{xx}(\omega)$，则可以根据式 (4.3.27) 或式 (4.3.28) 辨识出系统的真实传递函数 $H(\mathrm{e}^{\mathrm{j}\omega})$。因此，虽然功率谱密度不能辨识系统的非因果性和非最小相位性，但互功率谱密度却可以做到这一点。顺便指出，利用高阶统计量，也可以辨识非因果、非最小相位的系统，这将在第 6 章里集中讨论。

4.4 ARMA 谱估计

4.3 节推导出了 ARMA 过程功率谱密度的表示式 (4.3.6)。ARMA 谱估计的目的是使用 N 个已知的观测数据 $x(0),x(1),\cdots,x(N-1)$ 计算出 ARMA 过程 $\{x(n)\}$ 的功率谱密度估计值。显然，直接使用式 (4.3.6) 进行谱估计时，需要事先辨识出整个 ARMA 模型及激励噪声的方差 σ^2，而 ARMA 模型的辨识涉及到 AR 阶数和 MA 阶数的确定，以及 AR 参数和 MA 参数的估计。MA 参数的估计需要求解非线性方程 (详见 4.5 节)，能不能避开这一非线性运算，而只使用线性运算估计 ARMA 过程的功率谱密度呢？答案是肯定的。

4.4.1 ARMA 功率谱估计的两种线性方法

由于功率谱密度 $P_x(\omega)=P_x(z)|_{z=\mathrm{e}^{\mathrm{j}\omega}}$，为方便计，下面用 $P_x(z)$ 表示 ARMA 功率谱密度。于是，式 (4.3.6) 所示的 ARMA 功率谱密度可以写作

$$P_x(z)=\sigma^2\frac{|B(z)|^2}{|A(z)|^2}=\sigma^2\frac{B(z)B(z^{-1})}{A(z)A(z^{-1})} \tag{4.4.1}$$

式中 $A(z^{-1})=A^*(z)$；$B(z^{-1})=B^*(z)$。

1. Cadzow 谱估计子

1980 年，Cadzow [50] 提出将 ARMA 功率谱密度分解为两部分之和

$$P_x(z)=\sigma^2\frac{B(z)B(z^{-1})}{A(z)A(z^{-1})}=\frac{N(z)}{A(z)}+\frac{N(z^{-1})}{A(z^{-1})} \tag{4.4.2}$$

式中 $N(z)$ 是一个 p 阶多项式，定义为

$$N(z)=\sum_{i=0}^{p}n_iz^{-i} \tag{4.4.3}$$

功率谱密度 $P_x(z)$ 被分成了两项：$N(z)/A(z)$ 是 z^{-1} 的多项式，而 $N(z^{-1})/A(z^{-1})$ 则是 z 的多项式。

为了使式 (4.4.2) 得到满足，显然应该使

$$N(z)A(z^{-1}) + N(z^{-1})A(z) = \sigma^2 B(z)B(z^{-1}) \tag{4.4.4}$$

另一方面，用协方差函数的离散 Fourier 级数表示的功率谱密度也可作类似的分解

$$P_x(z) = \sum_{k=-\infty}^{\infty} C_x(k)z^{-k} = \sum_{k=0}^{\infty} \rho(k)z^{-k} + \sum_{k=0}^{\infty} \rho(-k)z^{k} \tag{4.4.5}$$

式中 $\rho(-k) = \rho(k)$，且

$$\rho(k) = \begin{cases} \frac{1}{2}C_x(k), & k = 0 \\ C_x(k), & \text{其他} \end{cases} \tag{4.4.6}$$

为了保证式 (4.4.2) 和式 (4.4.5) 所示的分解相等，令

$$\frac{N(z)}{A(z)} = \frac{\sum\limits_{i=0}^{p} n_i z^{-i}}{\sum\limits_{i=0}^{p} a_i z^{-i}} = \sum_{i=0}^{\infty} \rho(k)z^{-k} \tag{4.4.7}$$

然后用 $\sum\limits_{i=0}^{p} a_i z^{-i}$ 同乘式 (4.4.7) 两边，并比较相同幂次项的系数，即得到

$$n_k = \sum_{i=0}^{p} a_i \rho(k-i), \quad k = 0, 1, \cdots, p \tag{4.4.8}$$

综上所述, Cadzow 谱估计子的关键是确定 AR 阶数 p 和估计 AR 参数，因为系数 n_k 可以利用式 (4.4.8) 直接计算。这种方法避免了 MA 阶数的确定、MA 参数和激励白噪声方差的估计。

2. Kaveh 谱估计子

ARMA 功率谱密度表示式 (4.4.1) 也可以改写为

$$P_x(z) = \sigma^2 \frac{B(z)B(z^{-1})}{A(z)A(z^{-1})} = \frac{\sum\limits_{k=-q}^{q} c_k z^{-k}}{A(z)A(z^{-1})} = \sum_{l=-\infty}^{\infty} C_x(l)z^{-l} \tag{4.4.9}$$

为了保证第二个等号成立，系数 c_k 与 MA 参数之间应该满足关系式

$$\sigma^2 B(z)B(z^{-1}) = \sum_{k=-q}^{q} c_k z^{-k} \tag{4.4.10}$$

由此可以看出，系数 c_k 具有对称性，即 $c_{-k} = c_k$。

从式 (4.4.9) 的第三个等式，又可以得到

$$\sum_{k=-q}^{q} c_k(k)z^{-k} = A(z)A(z^{-1}) \sum_{l=-\infty}^{\infty} C_x(l)z^{-l} \tag{4.4.11}$$

注意到 $A(z)A(z^{-1})=\sum_{i=0}^{p}\sum_{j=0}^{p}a_i a_j^* z^{-i+j}$，并比较式 (4.4.11) 两边同幂次项的系数，可得系数 c_k 的计算公式

$$c_k=\sum_{i=0}^{p}\sum_{j=0}^{p}a_i a_j^* C_x(k-i+j),\quad k=0,1,\cdots,q \tag{4.4.12}$$

Kaveh 提出的 ARMA 谱估计子为

$$P_x(\omega)=\left.\frac{\sum\limits_{k=-q}^{q}c_k z^{-k}}{\left|1+\sum\limits_{i=1}^{p}a_i z^{-i}\right|^2}\right|_{z=\mathrm{e}^{\mathrm{j}\omega}} \tag{4.4.13}$$

显然，Kaveh 谱估计子也不需要白噪声方差 σ^2 和 MA 参数 b_i，但需要已知 MA 阶数。

4.4.2 修正 Yule-Walker 方程

在 Cadzow 谱估计子和 Kaveh 谱估计子中，都需要已知 AR 阶数和 AR 参数。在实际场合，它们可以根据观测数据进行估计。为此，需要推导 AR 参数所服从的线性方程组。

根据定理 4.4.3 知，因果 ARMA 过程 $\{x(n)\}$ 具有唯一的平稳解

$$x(n)=\sum_{i=0}^{\infty}h(i)e(n-i) \tag{4.4.14}$$

其相关函数为

$$\begin{aligned}R_x(\tau)&=\mathrm{E}\{x(n)x(n+\tau)\}\\&=\mathrm{E}\left\{\left[\sum_{i=0}^{\infty}h(i)e(n-i)\right]\left[\sum_{k=0}^{\infty}h(k)e(n+\tau-k)\right]\right\}\\&=\sum_{i=0}^{\infty}\sum_{k=0}^{\infty}h(i)h(k)\mathrm{E}\{e(n-i)e(n+\tau-k)\}\end{aligned} \tag{4.4.15}$$

由于 $e(n)$ 是白噪声，故

$$\mathrm{E}\{e(n-i)e(n+\tau-k)\}=\begin{cases}\sigma^2, & k=\tau+i\\ 0, & \text{其他}\end{cases}$$

将此结果代入式 (4.4.15)，即可得到

$$R_x(\tau)=\sigma^2\sum_{i=0}^{\infty}h(i)h(i+\tau) \tag{4.4.16}$$

这一描述相关函数与冲激响应之间关系的公式是重要的，它在后面将经常用到。

线性系统的冲激响应 $h(n)$ 是用冲激信号 $\delta(n)$ 激励该系统时的输出响应，故由 ARMA 过程的定义式，直接有

$$\sum_{i=0}^{p}a_i h(n-i)=\sum_{k=0}^{q}b_k\delta(n-k)=b_n \tag{4.4.17}$$

于是，利用公式 (4.4.16) 和式 (4.4.17)，立即得到

$$\sum_{i=0}^{p} a_i R_x(l-i) = \sigma^2 \sum_{k=0}^{\infty} h(k) \cdot \sum_{i=0}^{p} a_i h(k+l-i) = \sigma^2 \sum_{k=0}^{\infty} h(k) b_{k+l} \tag{4.4.18}$$

注意，对于一个 ARMA(p,q) 过程而言，其 MA 参数 $b_i = 0, i > q$，故当 $l > q$ 时，式 (4.4.18) 恒等于零，即有

$$R_x(l) + \sum_{i=1}^{p} a_i R_x(l-i) = 0, \quad \forall\, l > q \tag{4.4.19}$$

这一法方程就是著名的修正 Yule-Walker 方程，常简称 MYW 方程。

特别地，对于一个 AR(p) 过程，式 (4.4.19) 简化为

$$R_x(l) + \sum_{i=1}^{p} a_i R_x(l-i) = 0, \quad \forall\, l > 0 \tag{4.4.20}$$

这一法方程称为 Yule-Walker 方程，有时简称 YW 方程。

既然修正 Yule-Walker 方程对所有 $l > q$ 均成立，那么是不是需要求解无穷多个方程才能确定AR 参数 $a_1, \cdots, a_p$ 呢？这个问题就是第 2 章中提到的参数唯一可辨识性问题。下面的定理给出了这个问题的答案，它是 Gersch [112] 于 1970 年解决的。

定理 4.4.1 (AR 参数的可辨识性) 若 ARMA(p,q) 模型的多项式 $A(z)$ 和 $B(z)$ 无可对消的公共因子，且 $a_p \neq 0$，则该模型的 AR 参数 $a_1, \cdots, a_p$ 可由 p 个修正 Yule-Walker 方程

$$\sum_{i=1}^{p} a_i R_x(l-i) = -R_x(l), \quad l = q+1, \cdots, q+p \tag{4.4.21}$$

唯一确定或辨识。

定理 4.4.1 告诉我们，当 ARMA(p,q) 过程 $\{x(n)\}$ 的真实 AR 阶数 p 和自相关函数 $R_x(\tau)$ 已知时，只需要求解 p 个修正 Yule-Walker 方程，便可辨识出 AR 参数。然而，在实际应用中，AR 阶数和自相关函数都是未知的。我们该如何解决这个问题呢？

不妨仍然假定自相关函数 $R_x(\tau)$ 已知，但 AR 阶数 p 未知。在这种情况下，将原 ARMA(p,q) 过程 $\{x(n)\}$ 视为一具有扩展 AR 阶数 $p_e \geqslant p$ 的 ARMA(p_e,q) 过程，则在 p 被 p_e 代替，并且取 $l > q_e$ (其中 $q_e \geqslant q$) 后，修正 Yule-Walker 方程式 (4.4.19) 仍然成立。不妨将它写成

$$\boldsymbol{R}_e \boldsymbol{a}_e = \boldsymbol{0} \tag{4.4.22}$$

式中

$$\boldsymbol{R}_e = \begin{bmatrix} R_x(q_e+1) & R_x(q_e) & \cdots & R_x(q_e+1-p_e) \\ R_x(q_e+2) & R_x(q_e+1) & \cdots & R_x(q_e+2-p_e) \\ \vdots & \vdots & \vdots & \vdots \\ R_x(q_e+M) & R_x(q_e+M-1) & \cdots & R_x(q_e+M-p_e) \end{bmatrix} \tag{4.4.23}$$

$$\boldsymbol{a}_e = [1, a_1, \cdots, a_p, a_{p+1}, \cdots, a_{p_e}]^{\mathrm{T}} \tag{4.4.24}$$

这里，$M \gg p$。因此，式 (4.4.22) 是一超定方程组。现在的问题是矩阵 $\boldsymbol{R}_e$ 的秩是否仍然等于 p? 下面的命题给出了这个问题的答案。

命题 4.4.1 [51] 若 $M \geqslant p_e, p_e \geqslant p, q_e \geqslant q$，且 $q_e - p_e \geqslant q - p$，则 $\text{rank}(\boldsymbol{R}_e) = p$。

这一命题表明，若真实自相关函数 $R_x(\tau)$ 已知，则矩阵 $\boldsymbol{R}_e$ 的 $p_e + 1$ 个奇异值，只有 p 个不等于零，其余皆为零。因此，利用矩阵 $\boldsymbol{R}_e$ 的奇异值分解，即可确定 AR 阶数 p。

然而，在实际应用中，不仅 AR 阶数未知，而且真实自相关函数也未知，只有 N 个观测数据 $x(1), \cdots, x(N)$ 可以利用。因此，需要先计算出样本自相关函数 $\hat{R}_x(\tau)$，然后用它代替矩阵 $\boldsymbol{R}_e$ 中的元素 $R_x(\tau)$。一个自然会问的问题是：一个时间平均的样本自相关函数 $\hat{R}_x(\tau)$ 能否用以代替真实的总体自相关函数 $R_x(\tau) = \text{E}\{x(n)x^*(n-\tau)\}$ 呢？下面的二阶均方遍历定理肯定地回答了这个问题。

定理 4.4.2 (二阶均方遍历定理) 令 $\{x(n)\}$ 是一个零均值的高斯 (广义) 平稳的复过程。若真实或总体自相关是平方可求和的，即

$$\lim_{N\to\infty} \frac{1}{N} \sum_{k=0}^{N-1} |R_x(k)|^2 = 0 \tag{4.4.25}$$

则对于任一固定的 $\tau = 0, \pm 1, \pm 2, \cdots$，均有

$$\lim_{N\to\infty} \text{E}\{[\hat{R}_x(\tau) - R_x(\tau)]^2\} = 0 \tag{4.4.26}$$

式中，样本自相关函数

$$\hat{R}_x(\tau) = \frac{1}{N} \sum_{n=1}^{N} x(n)x^*(n-\tau) \tag{4.4.27}$$

证明 参见文献 [147]。

4.4.3 AR 阶数确定的奇异值分解方法

确定一个 ARMA 模型阶数的方法可以分成两类：信息量准则法和线性代数法。

信息量准则法中最著名的是最终预测误差 (FPE) 法 [6] 和赤池信息量准则 (AIC) 法 [7]，它们是日本数理统计学家赤池分别于 1969 和 1974 年提出的。

最终预测误差 (FPE) 准则选择使信息量

$$\text{FPE}(p,q) \stackrel{\text{def}}{=} \hat{\sigma}_{wp}^2 \left(\frac{N+p+q+1}{N-p-q-1} \right) \tag{4.4.28}$$

最小的 (p,q) 作为 ARMA 模型的阶数，其中 $\hat{\sigma}_{wp}^2$ 是线性预测误差的方差，计算公式为

$$\hat{\sigma}_{wp}^2 = \sum_{i=0}^{p} \hat{a}_i \hat{R}_x(q-i) \tag{4.4.29}$$

在 AIC 准则里，ARMA 模型阶数 (p,q) 的选择准则是使信息量

$$\text{AIC}(p,q) \stackrel{\text{def}}{=} \ln \hat{\sigma}_{wp}^2 + 2(p+q)/N \tag{4.4.30}$$

最小，式中 N 为数据长度 (也叫样本容量)。显然，不论是使用 FPE 准则还是采用 AIC 准则，都需要事先用最小二乘方法拟合各种可能阶数的 ARMA 模型，然后根据“吝啬原则”，确定一个尽可能小的阶数组合 (p,q) 作为 ARMA 模型阶数。当样本容量 N 趋于无穷大时，信息量 $\text{FPE}(p,q)$ 和 $\text{AIC}(p,q)$ 等价。Kashyap[148] 证明了，当 $N\to\infty$ 时，AIC 准则选择正确阶数的错误概率并不趋于零。从这个意义上讲，AIC 准则是统计非一致估计。

AIC 准则的改进形式叫做 BIC 准则，它选择 (p,q) 的原则是使信息量

$$\text{BIC}(p,q)\stackrel{\text{def}}{=}\ln\hat{\sigma}_{wp}^2+(p+q)\frac{\ln N}{N}\tag{4.4.31}$$

最小。

由 Rissanen[230] 提出的另一种信息量准则是用最小描述长度 (MDL) 来选择 ARMA 模型阶数 (p,q)，称为 MDL 准则。其中，信息量定义为

$$\text{MDL}(p,q)\stackrel{\text{def}}{=}N\ln\hat{\sigma}_{wp}^2+(p+q)\ln N\tag{4.4.32}$$

还有一种常用的信息量准则，简称 CAT (准则自回归传递) 函数准则，它是由 Parzen 于 1974 年提出的[217]。CAT 函数定义为

$$\text{CAT}(p,q)\stackrel{\text{def}}{=}\left(\frac{1}{N}\sum_{k=1}^{p}\frac{1}{\bar{\sigma}_{k,q}^2}\right)-\frac{1}{\bar{\sigma}_{p,q}^2}\tag{4.4.33}$$

式中

$$\bar{\sigma}_{k,q}^2=\frac{N}{N-k}\hat{\sigma}_{k,q}^2\tag{4.4.34}$$

阶数 (p,q) 的选择应使 $\text{CAT}(p,q)$ 最小。

MDL 信息量准则是统计一致的。实验结果显示，对一个短的数据长度，AR 阶数应选择在 $N/3\sim N/2$ 范围内才会有好的结果。Ulrych 与 Clayton[280] 证明了，对于一个短的数据段，FPE, AIC 和 CAT 中没有一个工作得好。

典型的线性代数定阶法有行列式检验算法[72]、Gram-Schmidt 正交法[65] 和奇异值分解法。这里介绍奇异值分解方法。

奇异值分解 (SVD) 主要用于求解线性方程组。与该方程组相关联的矩阵不仅表征所期望的解的特征，而且还常常传达动态性能的信息。因此，有必要研究此特征矩阵的特性。下述定理中概括的矩阵的奇异值分解能够出色地起到这一作用。

定理 4.4.3 令 $\boldsymbol{A}$ 是一个 $m\times n$ 的复数矩阵，则存在一个 $m\times m$ 酉矩阵 $\boldsymbol{U}$ 和 $n\times n$ 酉矩阵 $\boldsymbol{V}$，使得 $\boldsymbol{A}$ 可以分解为

$$\boldsymbol{A}=\boldsymbol{U}\boldsymbol{\Sigma}\boldsymbol{V}^{\text{H}}\tag{4.4.35}$$

式中，上标 H 表示复数矩阵的共轭转置，$\boldsymbol{\Sigma}$ 是一个 $m\times n$ 维对角阵，其主对角线上的元素是非负的，并按下列顺序排列为

$$\sigma_{11}\geqslant\sigma_{22}\geqslant\cdots\geqslant\sigma_{hh}\geqslant 0\tag{4.4.36}$$

式中 $h=\min(m,n)$。

上述定理的证明可以在很多线性代数或矩阵论的著作中找到，例如参考文献 [135]、[121] 和 [338] 等。

一个复数矩阵 $\boldsymbol{B}$ 称为酉矩阵，若 $\boldsymbol{B}^{-1}=\boldsymbol{B}^{\rm H}$。特别地，一个实的酉矩阵称为正交矩阵，即有$\boldsymbol{B}^{-1}=\boldsymbol{B}^{\rm T}$。对角矩阵 $\boldsymbol{\Sigma}$ 的主对角线上的元素 σ_{kk} 称为矩阵$\boldsymbol{A}$ 的奇异值，酉矩阵 $\boldsymbol{U}$ 和 $\boldsymbol{V}$ 分别叫做矩阵 $\boldsymbol{A}$ 的左奇异向量矩阵和右奇异向量矩阵，而 $\boldsymbol{U}=[\boldsymbol{u}_1,\cdots,\boldsymbol{u}_m]^{\rm T}$ 和 $\boldsymbol{V}=[\boldsymbol{v}_1,\cdots,\boldsymbol{v}_n]^{\rm T}$ 的列向量 $\boldsymbol{u}_i$ 和 $\boldsymbol{v}_j$ 分别称作矩阵 $\boldsymbol{A}$ 的左奇异向量和右奇异向量。

奇异值 σ_{kk} 包含了有关矩阵 $\boldsymbol{A}$ 的秩的特性的有用信息。在实际应用中，常常需要求 $m\times n$ 矩阵 $\boldsymbol{A}$ 在 Frobenious 范数意义下的最佳逼近 $\hat{\boldsymbol{A}}$。

保留 $\boldsymbol{\Sigma}$ 的前 k 个奇异值不变，同时将其他奇异值置零，并将这一矩阵记为 $\boldsymbol{\Sigma}_k$，则 $\boldsymbol{\Sigma}_k$ 称为 $\boldsymbol{\Sigma}$ 的秩 k 逼近。现在，即可用

$$\boldsymbol{A}^{(k)}=\boldsymbol{U}\boldsymbol{\Sigma}_k\boldsymbol{V}^{\rm H} \tag{4.4.37}$$

逼近矩阵 $\boldsymbol{A}$，逼近的质量用矩阵差 $\boldsymbol{A}-\boldsymbol{A}^{(k)}$ 的 Frobenious 范数

$$\|\boldsymbol{A}-\boldsymbol{A}^{(k)}\|_{\rm F}=\|\boldsymbol{U}\boldsymbol{\Sigma}\boldsymbol{V}^{\rm H}-\boldsymbol{U}\boldsymbol{\Sigma}_k\boldsymbol{V}^{\rm H}\|_{\rm F} \tag{4.4.38}$$

衡量。利用范数的运算，并注意到对于 $m\times m$ 酉矩阵 $\boldsymbol{U}$ 和 $n\times n$ 酉矩阵 $\boldsymbol{V}$，它们的范数 $\|\boldsymbol{U}\|_{\rm F}=\sqrt{m}$ 和 $\|\boldsymbol{V}\|_{\rm F}=\sqrt{n}$，故式 (4.4.38) 可简化为

$$\|\boldsymbol{A}-\boldsymbol{A}^{(k)}\|_{\rm F}=\|\boldsymbol{U}\|_{\rm F}\cdot\|\boldsymbol{\Sigma}-\boldsymbol{\Sigma}_k\|_{\rm F}\cdot\|\boldsymbol{V}^{\rm H}\|_{\rm F}=\sqrt{mn}\left(\sum_{i=k+1}^{\min(m,n)}\sigma_{ii}^2\right)^{1/2}$$

这表明，矩阵 $\boldsymbol{A}^{(k)}$ 逼近 $\boldsymbol{A}$ 的精确度取决于被置零的那些奇异值的平方和。显然，若 k 越大，则 $\|\boldsymbol{A}-\boldsymbol{A}^{(k)}\|_{\rm F}$ 越小，并在 $k=h=\min(m,n)$ 时最终等于零。很自然地，希望当 k 取某个合适值 p 时，逼近误差向量 $\boldsymbol{A}-\boldsymbol{A}^{(k)}$ 的 Frobenious 范数已足够小，并且当 $k>p$ 时，该范数不再明显减小。这一 p 值称为矩阵 $\boldsymbol{A}$ 的“有效秩”。确定矩阵 $\boldsymbol{A}$ 有效秩的这一方法可以用下列方法实现。定义归一化比值

$$\nu(k)=\frac{\|\boldsymbol{A}^{(k)}\|_{\rm F}}{\|\boldsymbol{A}\|_{\rm F}}=\left(\frac{\sigma_{11}^2+\cdots+\sigma_{kk}^2}{\sigma_{11}^2+\cdots+\sigma_{hh}^2}\right)^{1/2},\quad 1\leqslant k\leqslant h \tag{4.4.39}$$

并预先确定一个非常接近于 1 的阈值 (例如 0.995)。于是，当 p 是 $\nu(k)$ 大于或等于该阈值的最小整数时，就可以认为前面 p 个奇异值是“主要的”(称为主奇异值)，而后面的所有奇异值则是“次要的”(称为次奇异值)，从而将 p 确定为矩阵 $\boldsymbol{A}$ 的有效秩。

除了使用归一化比值 $\nu(k)$ 外，也可以利用归一化奇异值确定一个矩阵的有效秩。归一化的奇异值定义为

$$\bar{\sigma}_{kk}\overset{\rm def}{=}\sigma_{kk}/\sigma_{11},\quad 1\leqslant k\leqslant h \tag{4.4.40}$$

显然 $\bar{\sigma}_{11}=1$。与使用归一化比值 $\nu(k)$ 的情况相反，利用归一化奇异值确定有效秩时，选择一个接近于零的正数作阈值 (例如 0.05 等)，并把 $\bar{\sigma}_{kk}$ 大于此阈值的最大整数 k 取为矩阵 $\boldsymbol{A}$ 的有效秩 p。

在式 (4.4.23) 中用样本相关函数 $\hat{R}_x(\tau)$ 代替总体相关函数 $R_x(\tau)$，得到

$$\boldsymbol{R}_e = \begin{bmatrix} \hat{R}_x(q_e+1) & \hat{R}_x(q_e) & \cdots & \hat{R}_x(q_e+1-p_e) \\ \hat{R}_x(q_e+2) & \hat{R}_x(q_e+1) & \cdots & \hat{R}_x(q_e+2-p_e) \\ \vdots & \vdots & \vdots & \vdots \\ \hat{R}_x(q_e+M) & \hat{R}_x(q_e+M-1) & \cdots & \hat{R}_x(q_e+M-p_e) \end{bmatrix} \tag{4.4.41}$$

利用归一化比值 $\nu(k)$ 或归一化奇异值 $\bar{\sigma}_{kk}$ 确定上述矩阵的有效秩，即可得到 ARMA 模型的 AR 阶数的估计。

4.4.4 AR 参数估计的总体最小二乘法

一旦 AR 阶数 p 确定，如何求出 p 个 AR 参数的估计值呢？直观的想法是利用最小二乘方法，但这会带来两个问题：其一，必须重新列出法方程组，使它只包含 p 个未知数；其二，求解 $\boldsymbol{Ax}=\boldsymbol{b}$ 的最小二乘方法只认为 $\boldsymbol{b}$ 含有误差，但实际上系数矩阵 $\boldsymbol{A}$ (这里为样本相关矩阵) 也含有误差。因此，一种比最小二乘法更合理的处理方法应该同时考虑 $\boldsymbol{A}$ 和 $\boldsymbol{b}$ 二者的误差或扰动。不妨令 $m\times n$ 矩阵 $\boldsymbol{A}$ 的误差矩阵为 $\boldsymbol{E}$，向量 $\boldsymbol{b}$ 的误差向量为 $\boldsymbol{e}$，即考虑矩阵方程

$$(\boldsymbol{A}+\boldsymbol{E})\boldsymbol{x}=\boldsymbol{b}+\boldsymbol{e} \tag{4.4.42}$$

的最小二乘解。由于考虑了总体的误差，所以这种最小二乘方法称为总体最小二乘 (total least squares, TLS) 方法。

式 (4.4.42) 可等价写作

$$([-\boldsymbol{b} \; \vdots \; \boldsymbol{A}]+[-\boldsymbol{e} \; \vdots \; \boldsymbol{E}])\begin{bmatrix} 1 \\ \text{---} \\ \boldsymbol{x} \end{bmatrix}=\boldsymbol{0} \tag{4.4.43}$$

或

$$(\boldsymbol{B}+\boldsymbol{D})\boldsymbol{z}=\boldsymbol{0} \tag{4.4.44}$$

式中

$$\boldsymbol{B}=[-\boldsymbol{b} \; \vdots \; \boldsymbol{A}], \quad \boldsymbol{D}=[-\boldsymbol{e} \; \vdots \; \boldsymbol{E}], \quad \boldsymbol{z}=\begin{bmatrix} 1 \\ \boldsymbol{x} \end{bmatrix}$$

这样一来，求解方程组 (4.4.42) 的 TLS 方法可以表述为：求解向量 $\boldsymbol{z}$ 使得

$$\|\boldsymbol{D}\|_{\mathrm{F}}=\min \tag{4.4.45}$$

式中

$$\|\boldsymbol{D}\|_{\mathrm{F}}=\left(\sum_{i=1}^{m}\sum_{j=1}^{n}d_{ij}^2\right)^{1/2} \tag{4.4.46}$$

为扰动矩阵 $\boldsymbol{D}$ 的 Frobenious 范数。这里考虑超定方程的求解，即假定 $m>n+1$。

TLS 方法的基本思想是使来自 $\boldsymbol{A}$ 和 $\boldsymbol{b}$ 的噪声扰动影响最小，具体步骤是：求一具有最小范数的扰动矩阵 $\boldsymbol{D} \in R^{m\times(n+1)}$ 使得 $\boldsymbol{B}+\boldsymbol{D}$ 是非满秩的 (如果满秩，则只有平凡解 $\boldsymbol{z}=\boldsymbol{0}$)。奇异值分解可用于实现这一目的。令

$$\boldsymbol{B}=\boldsymbol{U}\boldsymbol{\Sigma}\boldsymbol{V}^{\mathrm{H}} \tag{4.4.47}$$

且奇异值仍按递减次序排列

$$\sigma_{11} \geqslant \sigma_{22} \geqslant \cdots \geqslant \sigma_{n+1,n+1} \geqslant 0$$

令 $m\times(n+1)$ 矩阵 $\hat{\boldsymbol{B}}$ 是 $\boldsymbol{B}$ 的最佳逼近，并且矩阵 $\boldsymbol{B}$ 的有效秩为 p，则由前面的讨论知，最佳逼近 $\hat{\boldsymbol{B}}$ 为

$$\hat{\boldsymbol{B}}=\boldsymbol{U}\boldsymbol{\Sigma}_p\boldsymbol{V}^{\mathrm{H}} \tag{4.4.48}$$

其中 $\boldsymbol{\Sigma}_p$ 的前 p 个奇异值与矩阵 $\boldsymbol{B}$ 的前 p 个奇异值相同，而其他奇异值为零。

令 $m\times(p+1)$ 维矩阵 $\hat{\boldsymbol{B}}(j,p+j)$ 是 $m\times(n+1)$ 维最佳逼近矩阵 $\hat{\boldsymbol{B}}$ 中的一个子矩阵，定义为

$$\hat{\boldsymbol{B}}(j,p+j) \overset{\text{def}}{=} \text{由 } \hat{\boldsymbol{B}} \text{ 的第 } j \text{ 列到第 } p+j \text{ 列组成的子矩阵} \tag{4.4.49}$$

显然，这种子矩阵共有 $n+1-p$ 个，它们是 $\hat{\boldsymbol{B}}(1,p+1),\cdots,\hat{\boldsymbol{B}}(n+1-p,n+1)$。

矩阵 $\boldsymbol{B}$ 的有效秩为 p 意味着，未知参数向量 $\boldsymbol{x}$ 中只有 p 个待定参数是独立的。不妨令这些参数是 $\boldsymbol{x}$ 的前 p 个参数，它们连同 1 一起构成 $(p+1)\times 1$ 维参数向量 $\boldsymbol{a}=[1,x_1,\cdots,x_p]^{\mathrm{T}}$。于是，原方程组 (4.4.44) 的求解就变成了 $n+1-p$ 个方程组的求解

$$\hat{\boldsymbol{B}}(k,p+k)\boldsymbol{a}=\boldsymbol{0}, \quad k=1,\cdots,n+1-p \tag{4.4.50}$$

或等价于方程求解

$$\begin{bmatrix} \hat{\boldsymbol{B}}(1:p+1) \\ \hat{\boldsymbol{B}}(2:p+2) \\ \vdots \\ \hat{\boldsymbol{B}}(n+1-p:n+1) \end{bmatrix} \boldsymbol{a}=\boldsymbol{0} \tag{4.4.51}$$

不难证明

$$\hat{\boldsymbol{B}}(k:p+k)=\sum_{j=1}^{p}\sigma_{jj}\boldsymbol{u}_j(\boldsymbol{v}_j^k)^{\mathrm{H}} \tag{4.4.52}$$

式中 $\boldsymbol{u}_j$ 是酉矩阵 $\boldsymbol{U}$ 的第 j 列；$\boldsymbol{v}_j^k$ 是酉矩阵 $\boldsymbol{V}$ 第 j 列的一个加窗段，定义为

$$\boldsymbol{v}_j^k=[v(k,j),v(k+1,j),\cdots,v(k+p,j)]^{\mathrm{T}} \tag{4.4.53}$$

其中 $v(k,j)$ 是矩阵 $\boldsymbol{V}$ 的第 k 行、第 j 列的元素。

根据最小二乘原理，求方程组 (4.4.51) 的最小二乘解等价于使下列代价函数最小化：

$$\begin{aligned} f(\boldsymbol{a}) &= \left[\hat{\boldsymbol{B}}(1:p+1)\boldsymbol{a}\right]^{\mathrm{H}}\hat{\boldsymbol{B}}(1:p+1)\boldsymbol{a}+\cdots \\ &\quad + \left[\hat{\boldsymbol{B}}(n+1-p:n+1)\boldsymbol{a}\right]^{\mathrm{H}}\hat{\boldsymbol{B}}(n+1-p:n+1)\boldsymbol{a} \\ &= \boldsymbol{a}^{\mathrm{H}}\left[\sum_{i=1}^{n+1-p}\hat{\boldsymbol{B}}^{\mathrm{H}}(i:p+i)\hat{\boldsymbol{B}}(i:p+i)\right]\boldsymbol{a} \end{aligned} \tag{4.4.54}$$

定义 $(p+1)\times(p+1)$ 维矩阵

$$\boldsymbol{S}^{(p)}=\sum_{i=1}^{n+1-p}\hat{\boldsymbol{B}}^{\mathrm{H}}(i:p+i)\hat{\boldsymbol{B}}(i:p+i) \tag{4.4.55}$$

将式 (4.4.52) 代入上式，可以求得

$$\boldsymbol{S}^{(p)}=\sum_{j=1}^{p}\sum_{i=1}^{n+1-p}\sigma_{jj}^2\boldsymbol{v}_j^i(\boldsymbol{v}_j^i)^{\mathrm{H}} \tag{4.4.56}$$

另外，将式 (4.4.55) 代入式 (4.4.54)，又可将代价函数写作 $f(\boldsymbol{a})=\boldsymbol{a}^{\mathrm{H}}\boldsymbol{S}^{(p)}\boldsymbol{a}$。由 $\frac{\partial f(\boldsymbol{a})}{\partial \boldsymbol{a}}=0$ 得

$$\boldsymbol{S}^{(p)}\boldsymbol{a}=\alpha\boldsymbol{e} \tag{4.4.57}$$

式中 $\boldsymbol{e}=[1,0,\cdots,0]^{\mathrm{T}}$，归一化常数 α 的选择应使参数向量 $\boldsymbol{a}$ 的第一个元素为 1。

方程式 (4.4.57) 的求解是容易的。若令 $\boldsymbol{S}^{-(p)}$ 是 $\boldsymbol{S}^{(p)}$ 的逆矩阵，则解仅取决于逆矩阵 $\boldsymbol{S}^{-(p)}$ 的第一列。易知，待求的参数

$$\hat{x}_i=\boldsymbol{S}^{-(p)}(i+1,1)/\boldsymbol{S}^{-(p)}(1,1),\quad i=1,\cdots,p \tag{4.4.58}$$

归纳起来，求总体最小二乘解的算法由下列步骤组成。

算法 4.4.1 SVD-TLS 算法

步骤 1 计算增广矩阵 $\boldsymbol{B}$ 的 SVD，并存储奇异值和矩阵 $\boldsymbol{V}$；

步骤 2 确定增广矩阵 $\boldsymbol{B}$ 的有效秩 p；

步骤 3 利用式 (4.4.56) 和式 (4.4.53) 计算矩阵 $\boldsymbol{S}^{(p)}$；

步骤 4 求 $\boldsymbol{S}^{(p)}$ 的逆矩阵 $\boldsymbol{S}^{-(p)}$，并由式 (4.4.58) 计算未知参数的总体最小二乘估计。

将式 (4.4.41) 定义的自相关矩阵 $\boldsymbol{R}_e$ 视为上述算法中的增广矩阵 $\boldsymbol{B}$，即可确定出 ARMA 模型的 AR 阶数 p，并求出 p 个 AR 参数的总体最小二乘解。

一旦 AR 阶数 p 和 AR 参数 $a_1,\cdots,a_p$ 被估计出来后，即可利用 Cadzow 谱估计子或者 Kaveh 谱估计子得到 ARMA 过程 $\{x(n)\}$ 的功率谱密度。

4.5 ARMA 模型辨识

在一些应用中，不仅希望得到 AR 阶数和 AR 参数，而且还希望获得 MA 阶数和 MA 参数的估计，最终完成对整个 ARMA 模型的辨识。

4.5.1 MA 阶数确定

对于一个 ARMA 模型而言，其 MA 阶数的确定问题从理论上讲很简单，但实际算法的有效性却并不像想象的那样简单。

修正 Yule-Walker 方程式 (4.4.19) 对所有 $l>q$ 均成立。该式还表明

$$R_x(l)+\sum_{i=1}^{p}a_iR_x(l-i)\neq 0,\quad l=q \tag{4.5.1}$$

否则，这将意味着式 (4.4.19) 对所有 $l>q-1$ 均成立，即 ARMA 过程的阶数是 $q-1$，这与ARMA (p,q) 模型相矛盾。事实上，式 (4.5.1) 对某些 $l<q$ 可能成立也可能不成立，但对 $l=q$ 必定成立。这说明，MA 阶数是使

$$R_x(l)+\sum_{i=1}^{p}a_iR_x(l-i)\neq 0,\quad l\leqslant q \tag{4.5.2}$$

成立的最大整数 l。确定 MA 阶数的这一原理是 Chow [72] 于 1972 年提出的。问题是：在数据比较短的情况下，样本相关函数 $\hat{R}_x(l)$ 具有比较大的估计误差和方差，因此，式 (4.5.2) 的检验方法将缺乏数值稳定性。更好的方法是线性代数法 [317]，其理论基础是：MA 阶数 q 的信息包含在一个 Hankel 矩阵里。

命题 4.5.1 [317] 令 $\boldsymbol{R}_1$ 是一个 $(p+1)\times(p+1)$ 维 Hankel 矩阵，即

$$\boldsymbol{R}_1=\begin{bmatrix} R_x(q) & R_x(q-1) & \cdots & R_x(q-p)\\ R_x(q+1) & R_x(q) & \cdots & R_x(q+1-p)\\ \vdots & \vdots & \vdots & \vdots\\ R_x(q+p) & R_x(q+p-1) & \cdots & R_x(q)\end{bmatrix} \tag{4.5.3}$$

若 $a_p\neq 0$，则 $\text{rank}(\boldsymbol{R}_1)=p+1$。

进一步地，考虑具有扩展阶 q_e 的矩阵 $\boldsymbol{R}_{1e}$ 的秩。

命题 4.5.2 [317] 假定 p 已经确定，并令 $\boldsymbol{R}_{1e}$ 是一个 $(p+1)\times(p+1)$ 维矩阵，定义为

$$\boldsymbol{R}_{1e}\overset{\text{def}}{=}\begin{bmatrix} R_x(q_e) & R_x(q_e-1) & \cdots & R_x(q_e-p)\\ R_x(q_e+1) & R_x(q_e) & \cdots & R_x(q_e-p+1)\\ \vdots & \vdots & \vdots & \vdots\\ R_x(q_e+p) & R_x(q_e+p-1) & \cdots & R_x(q_e)\end{bmatrix} \tag{4.5.4}$$

则当 $q_e>q$ 时 $\text{rank}(\boldsymbol{R}_{1e})=p$，而且仅当 $q=p$ 时才有 $\text{rank}(\boldsymbol{R}_{1e})=p+1$。

命题 4.5.2 表明，真实的 MA 阶数 q 隐含在矩阵 $\boldsymbol{R}_{1e}$ 内。理论上，阶数 q 可以这样来确定：从 $Q=q_e>q$ 开始，并依次取 $Q\leftarrow Q-1$，使用 SVD 确定$\boldsymbol{R}_{1e}$ 的秩；当秩从 p 变为 $p+1$ 的第一个转折发生在 $Q=q$ 的时候。然而，在实际应用中，由于使用样本自相关函数，所以阶数从 p 跳变为 $p+1$ 的转折点往往不是很明显。为了发展一种 MA 定阶的实际算法，可以使用"超定的"矩阵 $\boldsymbol{R}_{2e}$，其元素 $R_{2e}[i,j]=\hat{R}_x(q_e+i-j), i=1,\cdots,M;\ j=1,\cdots,p_e+1;\ M\gg p_e$。显然，有

$$\text{rank}(\boldsymbol{R}_{2e})=\text{rank}(\boldsymbol{R}_{1e}) \tag{4.5.5}$$

因为 $\boldsymbol{R}_{2e}$ 包含了整个 $\boldsymbol{R}_{1e}$，而任意第 k (其中 $k\geqslant p+2$) 列 (或行) 与其左边 p 列 (或上面 p 行) 线性相关。这并不会改变整个矩阵的秩。

使用 SVD 确定 ARMA(p,q) 模型的 MA 阶数的算法如下 [317]。

算法 4.5.1 MA 阶数确定算法

步骤 1 用 AR 定阶与参数估计的 SVD-TLS 算法中的步骤 1 和步骤 2 确定出 AR 阶数，并取 $Q=q_e>q$；

步骤 2　令 $Q \leftarrow Q-1$，并构造样本自相关矩阵 $\boldsymbol{R}_{2e}$，计算其 SVD；

步骤 3　如果第 $(p+1)$ 个奇异值与上次计算结果相比，有一个明显的转折，则选择 $q=Q$；否则返回步骤 2，并继续以上步骤，直到 q 被选出为止。

注释 1　由于 $p \geqslant q$，所以选择 Q 初始值的最简单有效的方法是取 $Q=q_e=p+1$，这样可以尽快找到 q。

注释 2　上述 MA 定阶方法仅与 AR 阶数有关，而与 AR 参数无关。换句话说，AR 阶数和 MA 阶数的确定可以在参数估计之前分别进行。

注释 3　算法的关键是在步骤 3 中决定第 $(p+1)$ 个奇异值的转折点。作为一个转折点的检验法则，可以考虑使用比值

$$\alpha=\frac{\sigma_{p+1,p+1}^{(Q)}-\sigma_{p+1,p+1}^{(Q+1)}}{\sigma_{p+1,p+1}^{(Q+1)}} \tag{4.5.6}$$

式中 $\sigma_{p+1,p+1}^{(Q)}$ 是 $\boldsymbol{R}_{2e}$ 对应于 Q 值时的第 $(p+1)$ 个奇异值。如果对于某个 Q 值，第 $p+1$ 个奇异值的相对变化率大于某个给定的阈值，则接受此 Q 值为转折点。

例 4.5.1　一时间序列由

$$x(n)=\sqrt{20}\cos(2\pi 0.2n)+\sqrt{2}\cos(2\pi 0.213n)+v(n)$$

产生，其中 $v(n)$ 是有关均值为零、方差为 1 的高斯白噪声。每个余弦波的信噪比 (SNR) 定义为该余弦波的功率与噪声平均功率即方差之比，故频率为 0.2 和 0.213 的余弦波分别具有 10dB 和 0dB 的信噪比。共进行 10 次独立实验，每从运行的数据长度取 300。在每次运行中，SVD 方法均给出 $p=4$ 的 AR 阶数估计结果，而采用上述 MA 定阶的 SVD 方法也都给出 $q=4$ 的 MA 阶数估计，其中计算出来的最小比值 $\alpha=38.94\%$。以下是对应于 $\alpha=38.94\%$ 时的各奇异值。

$\boldsymbol{R}_e$ 和 $Q=5$ 时 $\boldsymbol{R}_{2e}$ 的奇异值为

$$\sigma_{11}=102.942,\quad \sigma_{22}=102.349,\quad \sigma_{33}=2.622,\quad \sigma_{44}=2.508$$

$$\sigma_{55}=0.588,\quad \sigma_{66}=0.517,\quad \cdots,\quad \sigma_{15,15}=0.216$$

易看出，前 4 个奇异值占支配地位，故给出 $p=4$ 的 AR 阶数估计。

$Q=4$ 时 $\boldsymbol{R}_{2e}$ 的奇异值

$$\sigma_{11}=103.918,\quad \sigma_{22}=102.736,\quad \sigma_{33}=2.621,\quad \sigma_{44}=2.510$$

$$\sigma_{55}=0.817,\quad \sigma_{66}=0.575,\quad \cdots,\quad \sigma_{15,15}=0.142$$

我们看到 σ_{55} 在 $Q=4$ 时有一个比较明显的转折，即

$$\alpha=\frac{0.817-0.588}{0.588}=39.94\%$$

故选择 $q=4$ 作为 MA 阶数估计结果。 ■

4.5.2 MA 参数估计

在推导 Kaveh 谱估计子时，曾得到了式 (4.4.10)。比较该式左右两边相同幂次项的系数，即可得到一组重要的方程

$$\left.\begin{aligned} \sigma^2(b_0^2+b_1^2+\cdots+b_q^2)&=c_0\\ \sigma^2(b_0b_1+\cdots+b_{q-1}b_q)&=c_1\\ &\vdots\\ \sigma^2b_0b_q&=c_q \end{aligned}\right\} \tag{4.5.7}$$

观察上述非线性方程组，可以看出共有 $q+2$ 个未知参数 $b_0,b_1,\cdots,b_q$ 和 σ^2，但方程却只有 $q+1$ 个。为了保证解的唯一性，通常约定 $\sigma^2=1$ 或 $b_0=1$。事实上，这两种约定是相包容的，因为在 $\sigma^2=1$ 的约定下，只需将 MA 参数归一化为 $b_0=1$，仍然可以得到 $\sigma^2=b_0^2$。为方便计，这里约定 $\sigma^2=1$。

下面介绍求解非线性方程组 (4.5.7) 的 Newton-Raphson 算法 [40,pp.498~500]。

首先定义拟合误差函数

$$f_k=\sum_{i=0}^{q}b_ib_{i+k}-c_k,\quad k=0,1,\cdots,q \tag{4.5.8}$$

及 $(q+1)\times 1$ 维向量

$$\boldsymbol{b}=[b_0,b_1,\cdots,b_q]^{\mathrm{T}} \tag{4.5.9}$$

$$\boldsymbol{f}=[f_0,f_1,\cdots,f_q]^{\mathrm{T}} \tag{4.5.10}$$

再定义 $(q+1)\times(q+1)$ 维矩阵

$$\boldsymbol{F}=\frac{\partial \boldsymbol{f}}{\partial \boldsymbol{b}^T}=\begin{bmatrix}\dfrac{\partial f_0}{\partial b_0} & \dfrac{\partial f_0}{\partial b_1} & \cdots & \dfrac{\partial f_0}{\partial b_q}\\ \vdots & \vdots & \vdots & \vdots\\ \dfrac{\partial f_q}{\partial b_0} & \dfrac{\partial f_q}{\partial b_1} & \cdots & \dfrac{\partial f_q}{\partial b_q}\end{bmatrix} \tag{4.5.11}$$

由式 (4.5.8) 求偏导 $\partial f_k/\partial b_j$，再代入式 (4.5.11) 中，即可得到

$$\boldsymbol{F}=\begin{bmatrix} b_0 & b_1 & \cdots & b_q\\ b_1 & \cdots & b_q & \\ \vdots & \iddots & & \\ b_q & & & 0\end{bmatrix}+\begin{bmatrix} b_0 & b_1 & \cdots & b_q\\ & b_0 & \cdots & b_{q-1}\\ & & \ddots & \vdots\\ 0 & & & b_0\end{bmatrix} \tag{4.5.12}$$

根据 Newton-Raphson 方法的原则，若在第 i 次迭代中求得的 MA 参数向量为 $\boldsymbol{b}^{(i)}$，则第 $(i+1)$ 次迭代的 MA 参数向量估计值由下式给出：

$$\boldsymbol{b}^{(i+1)}=\boldsymbol{b}^{(i)}-\boldsymbol{F}^{-(i)}\boldsymbol{f}^{(i)} \tag{4.5.13}$$

式中 $\boldsymbol{F}^{-(i)}$ 是矩阵 $\boldsymbol{F}$ 在第 i 次迭代中的矩阵$\boldsymbol{F}^{(i)}$ 的逆矩阵。

归纳起来，估计 MA 参数的 Newton-Raphson 算法由下列步骤组成。

算法 4.5.2 Newton-Raphson 算法

初始化 利用式 (4.4.12) 计算 MA 谱系数 $c_k, k=0,1,\cdots,q$，并令初始值 $b_0^{(0)}=\sqrt{c_0}$ 和 $b_i^{(0)}=0, i=1,\cdots,q$。

步骤 1 由式 (4.5.8) 计算拟合误差函数 $f_k^{(i)}, k=0,1,\cdots,q$，并用式 (4.5.12) 计算 $\boldsymbol{F}^{(i)}$；

步骤 2 利用式 (4.5.13) 更新 MA 参数估计向量 $\boldsymbol{b}^{(i+1)}$；

步骤 3 检验 MA 参数估计向量是否收敛。若收敛，则停止迭代，输出 MA 参数估计结果；否则，令 $i\leftarrow i+1$，并返回步骤 1，重复以上步骤，直至 MA 参数估计收敛。

作为终止迭代的一个法则，可采用比较各参数前、后二次迭代估计值的绝对误差。但是，这一方法对绝对值较大的 MA 参数比较合适，却不适合绝对值比较小的 MA 参数。更好的方法是采用相对误差衡量某个参数在迭代过程中是否收敛 [313]，比如

$$\left|\frac{b_k^{(i+1)}-b_k^{(i)}}{b_k^{(i+1)}}\right|\leqslant\alpha \tag{4.5.14}$$

表示参数 b_k 收敛。式中，阈值 α 可选择 0.05 等。

当存在加性 AR 有色噪声时，ARMA 功率谱估计需要使用广义最小二乘算法，利用自举方法从 AR 有色噪声下的修正 Yule-Walker 方程求 ARMA 模型的 AR 参数。对这一算法感兴趣的读者可参考文献 [314]。

4.6 最大熵谱估计

ARMA 谱估计的理论基础是随机过程的建模。本节从信息论的观点介绍另一种功率谱估计方法——最大熵方法。这一方法是 Burg 于 1967 年提出的 [49]。由于最大熵方法的一系列优点，它成了现代谱估计中的一个重要分支。有意思的是，最大熵谱估计在不同条件下与 AR 谱估计、ARMA 谱估计之间存在着等价关系。

4.6.1 Burg 最大熵谱估计

在信息论中，常常对一个以概率 p_k 发生的事件 $X=x_k$ 被观测之后能够得到多少信息量感兴趣。这一信息量用符号 $I(x_k)$ 表示，定义为

$$I(x_k)\overset{\text{def}}{=}I(X=x_k)=\log\left(\frac{1}{p_k}\right)=-\log p_k \tag{4.6.1}$$

式中，对数的底可任意选取。当使用自然对数时，信息量的单位为 nat (奈特)；而当使用以 2 为底的对数时，其单位为 bit (比特)。在后面的叙述中，均使用以 2 为底的对数，除非另有说明。无论采用何种对数，由定义式 (4.6.1) 都容易证明信息量具有以下性质。

性质 1 肯定发生的事件不含任何信息，即

$$I(x_k)=0,\qquad \forall\, p_k=1 \tag{4.6.2}$$

性质 2 信息量是非负的，即

$$I(x_k) \geqslant 0, \qquad 0 \leqslant p_k \leqslant 1 \tag{4.6.3}$$

这一性质称为信息的非负值性。它表明：一个随机事件的发生要么带来信息，要么不带来任何信息，但决不会造成信息的丢失或损失。

性质 3 概率越小的事件发生时，我们从中得到的信息越多，即

$$I(x_k) > I(x_i), \qquad \text{若 } p_k < p_i \tag{4.6.4}$$

考察离散随机变量 X，其取值的字符集为 $\mathcal{X}$。令随机变量 X 取值 x_k 的概率为 $p_k = \Pr\{X = x_k\}, x_k \in \mathcal{X}$。

定义 4.6.1 信息量 $I(x)$ 在字符集合 $\mathcal{X}$ 内的平均值称为离散随机变量 X 的熵，记作 $H(X)$，定义为

$$H(X) \stackrel{\text{def}}{=} \mathrm{E}\{I(x)\} = \sum_{x_k \in \mathcal{X}} p_k I(x_k) = -\sum_{x_k \in \mathcal{X}} p_k \log p_k \tag{4.6.5}$$

这里约定 $0 \log 0 = 0$，这很容易从极限 $\lim\limits_{x \to 0} x \log x = 0$ 得到证明。这表明，在熵的定义式中增加一个零概率项，不会对熵产生任何影响。

熵是随机变量 X 的分布的函数，它与随机变量 X 的实际取值无关，而只与 X 取值的概率有关。

若字符集合 $\mathcal{X}$ 由 $2K+1$ 个字符组成，则熵可表示为

$$H(x) = \sum_{k=-K}^{K} p_k I(x_k) = -\sum_{k=-K}^{K} p_k \log p_k \tag{4.6.6}$$

它是有界函数，即

$$0 \leqslant H(x) \leqslant \log(2K+1) \tag{4.6.7}$$

下面是熵的下界和上界的性质：

(1) $H(x) = 0$，当且仅当对某个 $X = x_k$ 有 $p_k = 1$，从而 X 取集合 $\mathcal{X}$ 中其他数值的概率全部为零；换句话说，熵的下界 0 对应为没有任何不确定性；

(2) $H(x) = \log(2K+1)$，当且仅当对所有 k 恒有 $p_k = 1/(2K+1)$，即所有离散取值是等概率的。因此，熵的上界对应为最大的不确定性。

性质 (2) 的证明可参考文献 [123]。

例 4.6.1 令

$$X = \begin{cases} 1, & \text{以概率 } p \\ 0, & \text{以概率 } 1-p \end{cases}$$

由式 (4.6.5) 可计算出 X 的熵为

$$H(X) = -p \log p - (1-p) \log(1-p)$$

特别地，若 $p = 1/2$，则 $H(X) = 1\,\mathrm{bit}$。 ■

例 4.6.2 令

$$X=\begin{cases}a, & \text{以概率 } 1/2\\ b, & \text{以概率 } 1/8\\ c, & \text{以概率 } 1/4\\ d, & \text{以概率 } 1/8\end{cases}$$

则 X 的熵为

$$H(X)=-\frac{1}{2}\log\frac{1}{2}-\frac{1}{8}\log\frac{1}{8}-\frac{1}{4}\log\frac{1}{4}-\frac{1}{8}\log\frac{1}{8}=\frac{7}{4}\ \text{bit}$$

将定义 4.6.1 推广到连续随机变量，则有以下定义。

定义 4.6.2 (连续随机变量的熵) 设连续随机变量 x 的分布密度函数为 $p(x)$，则其熵定义为

$$H(x)\stackrel{\text{def}}{=}-\int_{-\infty}^{\infty}p(x)\ln p(x)\mathrm{d}x=-\mathrm{E}\{\ln p(x)\} \tag{4.6.8}$$

1967 年，Burg[49] 仿照连续随机变量的熵的定义，将

$$H[P(\omega)]=\frac{1}{2\pi}\int_{-\pi}^{\pi}\ln P(\omega)\mathrm{d}\omega \tag{4.6.9}$$

称为功率谱 $P(\omega)$ 的熵 (简称谱熵)，并提出利用给定的 $2p+1$ 个样本自相关函数 $\hat{R}_x(k),k=0,\pm1,\cdots,\pm p$ 估计功率谱时，应该使谱熵为最大。这就是著名的 Burg 最大熵谱估计方法。当然，所估计的功率谱的 Fourier 逆变换还应该能够还原出原来的 $2p+1$ 个样本自相关函数 $\hat{R}_x(k),k=0,\pm1,\cdots.\pm p$。具体说来，Burg 最大熵谱估计可以叙述为：求功率谱密度 $P(\omega)$，使 $P(\omega)$ 在约束条件

$$\hat{R}_x(m)=\frac{1}{2\pi}\int_{-\pi}^{\pi}P(\omega)\mathrm{e}^{\mathrm{j}\omega m}\mathrm{d}\omega,\quad m=0,\pm1,\cdots,\pm p \tag{4.6.10}$$

之下，能够使谱熵 $H[P(\omega)]$ 为最大。这一具有约束条件的优化问题很容易用 Lagrange 乘子法求解。

构造目标函数

$$J[P(\omega)]=\frac{1}{2\pi}\int_{-\pi}^{\pi}\ln P(\omega)\mathrm{d}\omega+\sum_{k=-p}^{p}\lambda_k\left[\hat{R}_x(k)-\frac{1}{2\pi}\int_{-\pi}^{\pi}P(\omega)\mathrm{e}^{\mathrm{j}\omega k}\mathrm{d}\omega\right] \tag{4.6.11}$$

式中 λ_k 为 Lagrange 乘子。求 $J[P(\omega)]$ 相对于 $P(\omega)$ 的偏导，并令其等于零，则有

$$P(\omega)=\frac{1}{\sum\limits_{k=-p}^{p}\lambda_k\mathrm{e}^{\mathrm{j}\omega k}} \tag{4.6.12}$$

作变量代换 $\mu_k=\lambda_{-k}$，则式 (4.6.12) 可以写作

$$P(\omega)=\frac{1}{\sum\limits_{k=-p}^{p}\mu_k\mathrm{e}^{-\mathrm{j}\omega k}} \tag{4.6.13}$$

令

$$W(z)=\sum_{k=-p}^{p}\mu_k z^{-k}$$

则 $P(\omega)=1/W(\mathrm{e}^{\mathrm{j}\omega})$。由于功率谱密度是非负的，故有

$$W(\mathrm{e}^{\mathrm{j}\omega})\geqslant 0$$

定理 4.6.1 (Fejer-Riesz 定理) [215,p.231] 若

$$W(z)=\sum_{k=-p}^{p}\mu_k z^{-k} \quad 和 \quad W(\mathrm{e}^{\mathrm{j}\omega})\geqslant 0$$

则可以找到一函数

$$A(z)=\sum_{i=0}^{p}a(i)\,z^{-i} \tag{4.6.14}$$

使得

$$W(\mathrm{e}^{\mathrm{j}\omega})=|A(\mathrm{e}^{\mathrm{j}\omega})|^2 \tag{4.6.15}$$

并且若限制 $A(z)=0$ 的根全部在单位圆内，则函数 $A(z)$ 是唯一确定的。

根据 Fejer-Riesz 定理知，若假定 $a(0)=1$，则式 (4.6.13) 可以表示成

$$P(\omega)=\frac{\sigma^2}{|A(\mathrm{e}^{\mathrm{j}\omega})|^2} \tag{4.6.16}$$

恰好就是前面的 AR 功率谱密度。这表明，Burg 最大熵功率谱与 AR 功率谱等价。

4.6.2 Levinson 递推

为了实现最大熵谱估计，需要确定阶数 p 和系数 a_i。这就带来一个问题：阶数多大才合适？Burg 提出使用线性预测方法递推计算不同阶数的预测器系数，然后比较各预测器的预测误差功率。实现这一递推计算的基础是著名的 Levinson 递推 (也称 Levinson-Durbin 递推)。

最大熵方法同时使用前向预测和后向预测。所谓前向预测就是利用给定的 m 个数据 $x(n-m),\cdots,x(n-1)$ 预测 $x(n)$ 的值，并称之为 m 阶前向线性预测。

实现前向线性预测的滤波器称为前向线性预测滤波器或前向线性预测器。$x(n)$ 的 m 阶前向线性预测值记为 $\hat{x}(n)$，定义为

$$\hat{x}(n)\stackrel{\mathrm{def}}{=}-\sum_{i=1}^{m}a_m(i)x(n-i) \tag{4.6.17}$$

式中 $a_m(i)$ 表示 m 阶前向线性预测滤波器的第 i 个系数。

类似地，利用给定的 m 个数据 $x(n-m+1),\cdots,x(n)$ 预测 $x(n-m)$ 的值称为 m 阶后向线性预测，定义为

$$\hat{x}(n-m)\stackrel{\mathrm{def}}{=}-\sum_{i=1}^{m}a_m^*(i)x(n-m+i) \tag{4.6.18}$$

式中 $a_m^*(i)$ 是 $a_m(i)$ 的复数共轭。

实现后向线性预测的滤波器称为后向线性预测滤波器。

下面讨论如何根据最小均方误差 (MMSE) 准则设计前向和后向线性预测滤波器。

前、后向线性预测误差分别定义为

$$f(n) \stackrel{\text{def}}{=} x(n) - \hat{x}(n) = \sum_{i=0}^{m} a_m(i)x(n-i) \tag{4.6.19}$$

$$g(n-m) \stackrel{\text{def}}{=} x(n-m) - \hat{x}(n-m) = \sum_{i=0}^{m} a_m^*(i)x(n-m+i) \tag{4.6.20}$$

式中 $a_m(0)=1$。根据正交性原理知，为了使预测值 $\hat{x}(n)$ 是 $x(n)$ 的线性均方估计，则前向预测误差 $f(n)$ 必须与已知的数据 $x(n-m),\cdots,x(n-1)$ 正交，即有

$$\mathrm{E}\{f(n)x^*(n-k)\} = 0, \quad 1 \leqslant k \leqslant m \tag{4.6.21}$$

将式 (4.6.19) 代入式 (4.6.21)，立即得到一组法方程

$$\left.\begin{array}{c} R_x(0)a_m(1) + R_x(-1)a_m(2) + \cdots + R_x(-m+1)a_m(m) = -R_x(1) \\ R_x(1)a_m(1) + R_x(0)a_m(2) + \cdots + R_x(-m+2)a_m(m) = -R_x(2) \\ \vdots \\ R_x(m-1)a_m(1) + R_x(m-2)a_m(2) + \cdots + R_x(0)a_m(m) = -R_x(m) \end{array}\right\} \tag{4.6.22}$$

式中 $R_x(k) = \mathrm{E}\{x(n)x^*(n-k)\}$ 是 $\{x(n)\}$ 的自相关函数。

定义前向线性预测均方误差为

$$\begin{aligned} P_m &\stackrel{\text{def}}{=} \mathrm{E}\{|f(n)|^2\} = \mathrm{E}\{f(n)[x(n) - \hat{x}(n)]^*\} \\ &= \mathrm{E}\{f(n)x^*(n)\} - \sum_{i=1}^{m} a_m^*(i)\mathrm{E}\{f(n)x^*(n-i)\} \\ &= \mathrm{E}\{f(n)x^*(n)\} \end{aligned} \tag{4.6.23}$$

式中的求和项 $\sum$ 为零，这是直接代入式 (4.6.21) 的结果。展开式 (4.6.23) 的右边，直接得到

$$P_m = \sum_{i=0}^{m} a_m(i)R_x(-i) \tag{4.6.24}$$

前向线性预测均方误差就是前向预测误差的输出功率，简称前向预测误差功率。

合并式 (4.6.22) 和式 (4.6.24)，即有

$$\begin{bmatrix} R_x(0) & R_x(-1) & \cdots & R_x(-m) \\ R_x(1) & R_x(0) & \cdots & R_x(-m+1) \\ \vdots & \vdots & \vdots & \vdots \\ R_x(m) & R_x(m-1) & \cdots & R_x(0) \end{bmatrix} \begin{bmatrix} 1 \\ a_m(1) \\ \vdots \\ a_m(m) \end{bmatrix} = \begin{bmatrix} P_m \\ 0 \\ \vdots \\ 0 \end{bmatrix} \tag{4.6.25}$$

求解式 (4.6.25)，即可直接得到 m 阶前向预测滤波器的系数 $a_m(1),\cdots,a_m(m)$。问题是相应的预测误差功率不一定小。这就需要求出各种可能阶数的前向预测滤波器的系数及相应的

前向预测误差功率。对不同 m 值，独立求解滤波器方程 (4.6.25) 显然过于浪费时间。假定 $m-1$ 阶前向预测滤波器的系数 $a_{m-1}(1),\cdots,a_{m-1}(m-1)$ 业已求出，那么，如何由它们递推计算 m 阶前向预测滤波器的系数 $a_m(1),\cdots,a_m(m)$ 呢？

由式 (4.6.25)，很容易列出 $m-1$ 阶前向预测所满足的滤波器方程

$$\begin{bmatrix} R_x(0) & R_x(-1) & \cdots & R_x(-m+1) \\ R_x(1) & R_x(0) & \cdots & R_x(-m) \\ \vdots & \vdots & \vdots & \vdots \\ R_x(m-1) & R_x(m-2) & \cdots & R_x(0) \end{bmatrix} \begin{bmatrix} 1 \\ a_{m-1}(1) \\ \vdots \\ a_{m-1}(m-1) \end{bmatrix} = \begin{bmatrix} P_{m-1} \\ 0 \\ \vdots \\ 0 \end{bmatrix} \tag{4.6.26}$$

再考虑 $m-1$ 阶后向预测误差，由式 (4.6.20) 有

$$\begin{aligned} g(n-m+1) &\overset{\text{def}}{=} x(n-m+1) - \hat{x}(n-m+1) \\ &= \sum_{i=0}^{m-1} a_{m-1}^*(i) x(n-m+1+i) \end{aligned} \tag{4.6.27}$$

由正交性原理知，为了使 $\hat{x}(n-m+1)$ 是 $x(n-m+1)$ 的线性均方估计，后向预测误差 $g(n-m+1)$ 应该与已知数据 $x(n-m+2),\cdots,x(n)$ 正交，即

$$\mathrm{E}\{g(n-m+1)x^*(n-m+1+k)\} = 0, \quad k=1,\cdots,m-1 \tag{4.6.28}$$

由式 (4.6.27) 和式 (4.6.28)，可以得到

$$\sum_{i=0}^{m-1} a_{m-1}^*(i) R_x(i-k) = 0, \quad k=1,\cdots,m-1 \tag{4.6.29}$$

$$P_{m-1} = \mathrm{E}\{|g(n-m+1)|^2\} = \sum_{i=0}^{m-1} a_{m-1}^*(i) R_x(i) \tag{4.6.30}$$

式 (4.6.29) 和式 (4.6.30) 合并在一起，可写成矩阵形式

$$\begin{bmatrix} R_x(0) & R_x(-1) & \cdots & R_x(-m+1) \\ R_x(1) & R_x(0) & \cdots & R_x(-m) \\ \vdots & \vdots & \vdots & \vdots \\ R_x(m-1) & R_x(m-2) & \cdots & R_x(0) \end{bmatrix} \begin{bmatrix} a_{m-1}^*(m-1) \\ \vdots \\ a_{m-1}^*(1) \\ 1 \end{bmatrix} = \begin{bmatrix} 0 \\ \vdots \\ 0 \\ P_{m-1} \end{bmatrix} \tag{4.6.31}$$

利用 $a_{m-1}(i)$ 递推计算 $a_m(i)$ 的基本思想是：直接使用 $a_{m-1}(i)$ 及校正项之和作为 $a_m(i)$ 的值。递推公式的这种构成思想广泛应用于信号处理 (例如自适应滤波)、神经网络及神经计算 (例如学习算法) 中。在 Levinson 递推里，校正项由 $m-1$ 阶后向预测滤波器的系数反射而成，即

$$a_m(i) = a_{m-1}(i) + K_m a_{m-1}^*(m-i), \quad i=0,1,\cdots,m \tag{4.6.32}$$

式中 K_m 称为反射系数。

下面是式 (4.6.32) 的两种边缘情况。

(1) 当 $i=0$ 时，由于 $a_m(0)=a_{m-1}(0)+K_m a^*_{m-1}(m)$ 及 $a_{m-1}(m)=0$，故有 $a_m(0)=a_{m-1}(0)$。这表明，若令 $a_1(0)=1$，则恒有 $a_m(0)=1$，$m\geqslant 2$。

(2) 当 $i=m$ 时，由于 $a_m(m)=a_{m-1}(m)+K_m a^*_{m-1}(0)$，$a_{m-1}(m)=0$ 以及 $a_{m-1}(0)=1$，所以有 $a_m(m)=K_m$。

为了得到预测误差功率 P_m 的递推，将式 (4.6.32) 改写为

$$\begin{bmatrix} 1 \\ a_m(1) \\ \vdots \\ a_m(m-1) \\ a_m(m) \end{bmatrix} = \begin{bmatrix} 1 \\ a_{m-1}(1) \\ \vdots \\ a_{m-1}(m-1) \\ 0 \end{bmatrix} + K_m \begin{bmatrix} 0 \\ a^*_{m-1}(m-1) \\ \vdots \\ a^*_{m-1}(1) \\ 1 \end{bmatrix} \tag{4.6.33}$$

将式 (4.6.33) 代入式 (4.6.25) 后，即有

$$\begin{bmatrix} R_x(0) & R_x(-1) & \cdots & R_x(-m) \\ R_x(1) & R_x(0) & \cdots & R_x(-m+1) \\ \vdots & \vdots & \vdots & \vdots \\ R_x(m) & R_x(m-1) & \cdots & R_x(0) \end{bmatrix} \times$$

$$\left\{ \begin{bmatrix} 1 \\ a_{m-1}(1) \\ \vdots \\ a_{m-1}(m-1) \\ 0 \end{bmatrix} + K_m \begin{bmatrix} 0 \\ a^*_{m-1}(m-1) \\ \vdots \\ a^*_{m-1}(1) \\ 1 \end{bmatrix} \right\} = \begin{bmatrix} P_m \\ 0 \\ \vdots \\ 0 \end{bmatrix} \tag{4.6.34}$$

将式 (4.6.26) 和式 (4.6.31) 代入上式，得到

$$\begin{bmatrix} P_{m-1} \\ 0 \\ \vdots \\ 0 \\ \text{---} \\ X \end{bmatrix} + K_m \begin{bmatrix} Y \\ \text{---} \\ 0 \\ \vdots \\ 0 \\ P_{m-1} \end{bmatrix} = \begin{bmatrix} P_m \\ 0 \\ \vdots \\ 0 \end{bmatrix}$$

或

$$P_{m-1}+K_m Y=P_m \tag{4.6.35}$$

$$X+K_m P_{m-1}=0 \tag{4.6.36}$$

式中

$$X=\sum_{i=0}^{m-1} a_{m-1}(i) R_x(m-i) \tag{4.6.37}$$

$$Y=\sum_{i=0}^{m-1} a^*_{m-1}(i) R_x(i-m) \tag{4.6.38}$$

注意到 $R_x(i-m)=R_x^*(m-i)$，所以式 (4.6.37) 和式 (4.6.38) 给出

$$Y = X^* \tag{4.6.39}$$

然而，由式 (4.6.36) 知

$$X = -K_m P_{m-1}$$

故 $Y=-K_m^*P_{m-1}$，注意预测误差功率 P_{m-1} 为实数。将 $Y=-K_m^*P_{m-1}$ 代入式 (4.6.35) 后，便得到预测误差功率的递推公式

$$P_m = (1-|K_m|^2)P_{m-1} \tag{4.6.40}$$

总结以上讨论，即有以下递推算法。

算法 4.6.1 Levinson 递推算法 (上推)

$$a_m(i) = a_{m-1}(i) + K_m a_{m-1}^*(m-i), \quad i=1,\cdots,m-1 \tag{4.6.41}$$

$$a_m(m) = K_m \tag{4.6.42}$$

$$P_m = (1-|K_m|^2)P_{m-1} \tag{4.6.43}$$

当 $m=0$ 时，式 (4.6.24) 给出预测误差功率的初始值

$$P_0 = R_x(0) = \frac{1}{N}\sum_{n=1}^{N}|x(n)|^2 \tag{4.6.44}$$

式 (4.6.41)~式 (4.6.43) 称为 (向) 上 (递) 推的 Levinson 递推公式，即由 1 阶预测滤波器的系数递推 2 阶预测滤波器的系数，再由 2 阶预测滤波器递推 3 阶预测滤波器。有的时候，我们对由 m 预测滤波器递推 $(m-1)$ 预测滤波器，再由 $(m-1)$ 阶预测滤波器递推 $(m-2)$ 阶预测滤波器感兴趣。这样一种由高阶滤波器系数求低阶滤波器系数的递推称为 (向) 下 (递) 推。下面是下推的 Levinson 递推算法 [224]。

算法 4.6.2 Levinson 递推算法 (下推)

$$a_m(i) = \frac{1}{1-|K_{m+1}|^2}[a_{m+1}(i) - K_{m+1}a_{m+1}(m-i+1)] \tag{4.6.45}$$

$$K_m = a_m(m) \tag{4.6.46}$$

$$P_m = \frac{1}{1-|K_{m+1}|^2}P_{m+1} \tag{4.6.47}$$

式中 $i=1,\cdots,m$。

在算法的递推过程中，当 $|K_0|=1$ 时，递推即停止。

4.6.3 Berg 算法

观察 Levinson 递推知，剩余的问题是如何求出反射系数 K_m 的递推公式。这个问题一直困扰着 Levinson 递推的实际应用，直到 Burg [49] 在研究最大熵方法时才得以解决。Burg 算法的基本思想是使前、后向预测误差的平均功率为最小。

Burg 定义 m 阶前、后向预测误差为

$$f_m(n) = \sum_{i=0}^{m} a_m(i)x(n-i) \tag{4.6.48}$$

$$g_m(n) = \sum_{i=0}^{m} a_m^*(m-i)x(n-i) \tag{4.6.49}$$

将式 (4.6.41) 分别代入式 (4.6.48) 和式 (4.6.49)，经整理后，即得到前、后向预测误差的阶数递推公式

$$f_m(n) = f_{m-1}(n) + K_m g_{m-1}(n-1) \tag{4.6.50}$$

$$g_m(n) = K_m^* f_{m-1}(n) + g_{m-1}(n-1) \tag{4.6.51}$$

定义 m 阶 (前、后向) 预测误差平均功率

$$P_m = \frac{1}{2}\sum_{n=m}^{N}\left[|f_m(n)|^2 + |g_m(n)|^2\right] \tag{4.6.52}$$

将阶数递推公式 (4.6.50) 及式 (4.6.51) 代入式 (4.6.52)，并令 $\dfrac{\partial P_m}{\partial K_m} = 0$，则有

$$K_m = \frac{-\sum\limits_{n=m+1}^{N} f_{m-1}(n)g_{m-1}^*(n-1)}{\frac{1}{2}\sum\limits_{n=m+1}^{N}\left[|f_{m-1}(n)|^2 + |g_{m-1}(n-1)|^2\right]} \tag{4.6.53}$$

式中 $m = 1, 2, \cdots$。

归纳起来，计算前向预测滤波器系数的 Burg 算法如下。

算法 4.6.3 Burg 算法

步骤 1 计算预测误差功率的初始值

$$P_0 = \frac{1}{N}\sum_{n=1}^{N}|x(n)|^2$$

和前、后向预测误差的初始值

$$f_0(n) = g_0(n) = x(n)$$

并令 $m = 1$。

步骤 2 求反射系数

$$K_m = \frac{-\sum\limits_{n=m+1}^{N} f_{m-1}(n)g_{m-1}^*(n-1)}{\frac{1}{2}\sum\limits_{n=m+1}^{N}\left[|f_{m-1}|^2 + |g_{m-1}(n-1)|^2\right]}$$

步骤 3 计算前向预测滤波器系数

$$a_m(i) = a_{m-1}(i) + K_m a_{m-1}^*(m-i), \quad i = 1, \cdots, m-1$$

$$a_m(m) = K_m$$

步骤 4 计算预测误差功率

$$P_m = (1 - |K_m|^2)P_{m-1}$$

步骤 5 计算滤波器输出

$$f_m(n) = f_{m-1}(n) + K_m g_{m-1}(n-1)$$
$$g_m(n) = K_m^* f_{m-1}(n) + g_{m-1}(n-1)$$

步骤 6 令 $m \leftarrow m+1$，并重复步骤 2 至步骤 5，直到预测误差功率 P_m 不再明显减小。

4.6.4 Burg 最大熵谱分析与 ARMA 谱估计

若增加一个约束条件，则 Burg 最大熵功率谱密度与 ARMA 功率谱密度等价，这一结论是 Lagunas [160] 和 Ihara [138] 采用不同方法独立证明的。Lagunas 等人 [161] 从工程应用的角度出发，使用一种很容易理解的方法演绎这一等价性，并提出了具体的最大熵 ARMA 谱估计算法。

考虑对数功率谱密度 $\ln P(\omega)$，其 Fourier 逆变换称为倒谱 (cepstrum) 系数，即有

$$c_x(k) = \frac{1}{2\pi}\int_{-\pi}^{\pi} \ln P(\omega) e^{j\omega k} d\omega \tag{4.6.54}$$

令 $2M+1$ 个样本自相关函数 $\hat{R}_x(m), m = 0, \pm 1, \cdots, \pm M$ 和 $2N$ 个样本倒谱 $\hat{c}_x(l), l = \pm 1, \cdots, \pm N$ 为已知，现在考虑在自相关函数匹配

$$\hat{R}_x(m) = \frac{1}{2\pi}\int_{-\pi}^{\pi} P(\omega) e^{j\omega m} d\omega, \quad m = 0, \pm 1, \cdots, \pm M \tag{4.6.55}$$

与倒谱匹配

$$\hat{c}_x(l) = \frac{1}{2\pi}\int_{-\pi}^{\pi} \ln P(\omega) e^{j\omega l} d\omega, \quad l = \pm 1, \cdots, \pm N \tag{4.6.56}$$

这两个条件的约束下，求功率谱密度 $P(\omega)$，使其谱熵 $H[P(\omega)]$ 最大。注意，当 $l=0$ 时，式 (4.6.56) 定义的倒谱 $\hat{c}_x(0)$ 恰好就是谱熵，故 $\hat{c}_x(0)$ 不应包含在倒谱匹配条件式 (4.6.56) 中。

应用 Lagrange 乘子法，构造代价函数

$$\begin{aligned} J[P(\omega)] =& \frac{1}{2\pi}\int_{-\pi}^{\pi} \ln P(\omega) d\omega + \sum_{m=-M}^{M} \lambda_m \left[\hat{R}_x(m) - \frac{1}{2\pi}\int_{-\pi}^{\pi} P(\omega) e^{j\omega m} d\omega\right] \\ & + \sum_{l\neq 0, l=-N}^{N} \mu_l \left[\hat{c}_x(l) - \frac{1}{2\pi}\int_{-\pi}^{\pi} \ln P(\omega) e^{j\omega l} d\omega\right] \end{aligned} \tag{4.6.57}$$

式中 λ_m 和 μ_l 为两个待定的 Lagrange 乘子。令偏导 $\frac{\partial J[P(\omega)]}{\partial P(\omega)} = 0$，并作代换 $\beta_l = -\mu_l$，即得到功率谱密度的表达式

$$P(\omega) = \frac{\sum_{l=-N}^{N} \beta_l e^{j\omega l}}{\sum_{m=-M}^{M} \lambda_m e^{j\omega m}} \tag{4.6.58}$$

式中 $\beta_0 = 1$。

由定理 4.6.1 即 Fejer-Riesz 定理知，式 (4.6.58) 可以写成

$$P(\omega) = \frac{|B(z)|^2}{|A(z)|^2} = \left.\frac{\left|\sum_{i=0}^{N} b_i z^{-i}\right|^2}{\left|1 + \sum_{i=1}^{M} a_i z^{-i}\right|^2}\right|_{z=\mathrm{e}^{\mathrm{j}\omega}} \tag{4.6.59}$$

显然，这是一个有理式 ARMA 功率谱。

不难看出，自相关函数的约束条件导致了自回归部分，作用为极点；而倒谱的约束条件则贡献为滑动平均部分，作用为零点。

Lagunas 等人 [161] 介绍了最大熵 ARMA 谱估计的具体算法，这里从略。

上述最大熵法同时利用自相关函数匹配和倒谱匹配来获得最大熵 ARMA 功率谱，而 Burg 最大熵法只利用自相关函数匹配，所以它与 AR 功率谱等价。

在 Burg 定义的谱熵中，我们看到它与连续随机变量的熵的定义式 (4.6.8) 在形式上明显不同。如果严格仿照式 (4.6.8) 定义功率谱的熵，应为

$$H_2[P(\omega)] = -\frac{1}{2\pi}\int_{-\pi}^{\pi} P(\omega)\ln P(\omega)\mathrm{d}\omega \tag{4.6.60}$$

称为构型熵，由 Frieden [106] 提出。

习惯上，采用谱熵最大化的功率谱估计称为第一类最大熵方法 (简写为 MEM-1)，采用构型熵 (它是负熵) 最小化的功率谱估计称为第二类最大熵方法 (简称 MEM-2)。

应用 Lagrange 乘子法，构造代价函数

$$\begin{aligned} J[P(\omega)] = &-\frac{1}{2\pi}\int_{-\pi}^{\pi} P(\omega)\ln P(\omega)\mathrm{d}\omega \\ &+ \sum_{m=-M}^{M} \lambda_m \left[\frac{1}{2\pi}\int_{-\pi}^{\pi} P(\omega)\mathrm{e}^{\mathrm{j}\omega m}\mathrm{d}\omega - \hat{R}_x(m)\right] \end{aligned} \tag{4.6.61}$$

令 $\frac{\partial J[P(\omega)]}{\partial P(\omega)} = 0$，则得到

$$\ln P(\omega) = -1 + \sum_{m=-M}^{M} \lambda_m \mathrm{e}^{\mathrm{j}\omega m} \tag{4.6.62}$$

式中 λ_m 为待定的 Lagrange 乘子。作变量代换 $c_m = \lambda_{-m}, m = \pm 1, \cdots, \pm M$ 及 $c_0 = -1 + \lambda_0$ 后，则式 (4.6.62) 可改写作

$$\ln P(\omega) = \sum_{m=-M}^{M} c_m \mathrm{e}^{-\mathrm{j}\omega m}$$

故最大熵功率谱密度为

$$P(\omega) = \exp\left(\sum_{m=-M}^{M} c_m \mathrm{e}^{-\mathrm{j}\omega m}\right) \tag{4.6.63}$$

显然，求 MEM-2 功率谱密度的关键是估计系数 c_m。通常，将 c_m 称为复倒谱。

将式 (4.6.63) 代入自相关函数匹配公式 (4.6.55)，立即有

$$\frac{1}{2\pi}\int_{-\pi}^{\pi}\exp\left(\sum_{k=-M}^{M}c_k \mathrm{e}^{-\mathrm{j}\omega k}\right)\mathrm{e}^{\mathrm{j}\omega k}\mathrm{d}\omega=\hat{R}_x(m),\quad m=0,\pm 1,\cdots,\pm M \tag{4.6.64}$$

这是一非线性方程组。利用 Newton-Raphson 方法，即可根据给定的 $2M+1$ 个样本自相关函数从非线性方程组 (4.6.64) 中求出复倒谱系数 c_k。MEM-2 的最大缺陷就在于它的非线性计算。

Nadeu 等人 [203] 利用仿真实验观察到，对极点不靠近单位圆的 ARMA 模型，MEM-2 的谱估计性能优于 MEM-1，但当极点靠近单位圆时，MEM-1 比 MEM-2 优越。文献 [335] 对这一观察结果从理论上进行了解释。

本节的分析表明，对功率谱熵采用不同的定义，将得到两种不同的最大熵功率谱估计方法；而在采用谱熵定义的情况下，使用不同的约束条件，得到的是与 AR 谱估计和 ARMA 谱估计分别等价的两种不同谱估计子。

4.7 Pisarenko 谐波分解法

谐波过程在很多信号处理应用中会经常遇到，并需要确定这些谐波的频率和功率 (合称谐波恢复)。谐波恢复的关键任务是谐波个数及频率的估计。本节介绍谐波频率估计的 Pisarenko 谐波分解法，它奠定了谐波恢复的理论基础。

4.7.1 Pisarenko 谐波分解

在 Pisarenko 谐波分解法中，考虑的是由 p 个实正弦波组成的过程

$$x(n)=\sum_{i=1}^{p}A_i\sin(2\pi f_i n+\theta_i) \tag{4.7.1}$$

当相位 θ_i 为常数时，上述谐波过程是一确定性过程，它是非平稳的。为了保证谐波过程的平稳性，通常假定相位 θ_i 是在 $[-\pi,\pi]$ 内均匀分布的随机数。此时，谐波过程是一随机过程。

谐波过程可以用差分方程描述。考虑单个正弦波的情况，为简单计，令 $x(n)=\sin(2\pi fn+\theta)$。由三角函数恒等式

$$\sin(2\pi fn+\theta)+\sin[2\pi f(n-2)+\theta]=2\cos(2\pi f)\sin[2\pi f(n-1)+\theta]$$

若将 $x(n)=\sin(2\pi fn+\theta)$ 代入上式，便得到二阶差分方程

$$x(n)-2\cos(2\pi f)x(n-1)+x(n-2)=0$$

对上式作 Z 变换，得

$$[1-2\cos(2\pi f)z^{-1}+z^{-2}]X(z)=0$$

于是，得到特征多项式

$$1-2\cos(2\pi f)z^{-1}+z^{-2}=0$$

它有一对共轭复数根，即

$$z=\cos(2\pi f)\pm \mathrm{j}\sin(2\pi f)=\mathrm{e}^{\pm \mathrm{j}2\pi f}$$

注意，共轭根的模为 1，即 $|z_1|=|z_2|=1$，由它们可决定正弦波的频率，即有

$$f_i=\arctan[\mathrm{Im}(z_i)/\mathrm{Re}(z_i)]/2\pi \tag{4.7.2}$$

通常，只取正的频率。显然，如果 p 个实的正弦波信号没有重复频率的话，则这 p 个频率应该由特征多项式

$$\prod_{i=1}^{p}(z-z_i)(z-z_i^*)=\sum_{i=0}^{2p}a_i z^{2p-i}=0$$

或

$$1+a_1z^{-1}+\cdots+a_{2p-1}z^{-(2p-1)}+z^{-2p}=0 \tag{4.7.3}$$

的根决定。易知，这些根的模全部等于 1。由于所有根都是以共轭对的形式出现，所以特征多项式 (4.7.3) 的系数存在对称性

$$a_i=a_{2p-i},\quad i=0,1,\cdots,p \tag{4.7.4}$$

与式 (4.7.3) 对应的差分方程为

$$x(n)+\sum_{i=1}^{2p}a_i x(n-i)=0 \tag{4.7.5}$$

它是一种无激励的 AR 过程，与 4.3 节介绍的可预测过程的差分方程具有完全相同的形式。

正弦波过程一般是在加性白噪声中被观测的，设加性白噪声为 $w(n)$，即观测过程

$$y(n)=x(n)+w(n)=\sum_{i=1}^{p}A_i\sin(2\pi f_i n+\theta_i)+w(n) \tag{4.7.6}$$

式中 $w(n)\sim\mathcal{N}(0,\sigma_w^2)$ 为高斯白噪声，它与正弦波信号 $x(n)$ 统计独立。将 $x(n)=y(n)-w(n)$ 代入式 (4.7.5)，立即得到白噪声中的正弦波过程所满足的差分方程

$$y(n)+\sum_{i=1}^{2p}a_i y(n-i)=w(n)+\sum_{i=1}^{2p}a_i w(n-i) \tag{4.7.7}$$

这是一个特殊的 ARMA 过程，不仅 AR 阶数与 MA 阶数相等，而且 AR 参数也与 MA 参数完全相同。

现在推导这一特殊 ARMA 过程的 AR 参数满足的法方程。为此，定义向量

$$\left.\begin{aligned}\boldsymbol{y}&=[y(n),y(n-1),\cdots,y(n-2p)]^{\mathrm{T}}\\ \boldsymbol{a}&=[1,a_1,\cdots,a_{2p}]^{\mathrm{T}}\\ \boldsymbol{w}&=[w(n),w(n-1),\cdots,w(n-2p)]^{\mathrm{T}}\end{aligned}\right\} \tag{4.7.8}$$

于是，式 (4.7.7) 可写成

$$\boldsymbol{y}^{\mathrm{T}}\boldsymbol{a}=\boldsymbol{w}^{\mathrm{T}}\boldsymbol{a} \tag{4.7.9}$$

用向量 $\boldsymbol{y}$ 左乘式 (4.7.9)，并取数学期望，即得

$$\mathrm{E}\{\boldsymbol{y}\boldsymbol{y}^{\mathrm{T}}\}\boldsymbol{a}=\mathrm{E}\{\boldsymbol{y}\boldsymbol{w}^{\mathrm{T}}\}\boldsymbol{a} \tag{4.7.10}$$

令 $R_y(k)=\mathrm{E}\{y(n+k)y(n)\}$，则

$$\mathrm{E}\{\boldsymbol{y}\boldsymbol{y}^{\mathrm{H}}\}=\begin{bmatrix} R_y(0) & R_y(-1) & \cdots & R_y(-2p) \\ R_y(1) & R_y(0) & \cdots & R_y(-2p+1) \\ \vdots & \vdots & \vdots & \vdots \\ R_y(2p) & R_y(2p-1) & \cdots & R_y(0) \end{bmatrix} \stackrel{\mathrm{def}}{=} \boldsymbol{R}_y$$

$$\mathrm{E}\{\boldsymbol{y}\boldsymbol{w}^{\mathrm{T}}\}=\mathrm{E}\{(\boldsymbol{x}+\boldsymbol{w})\boldsymbol{w}^{\mathrm{T}}\}=\mathrm{E}\{\boldsymbol{w}\boldsymbol{w}^{\mathrm{T}}\}=\sigma^2\boldsymbol{I}$$

其中使用了 $x(n)$ 与 $w(n)$ 统计独立的假设。将以上两个关系式代入式 (4.7.10)，便得到一个重要的法方程

$$\boldsymbol{R}_y\boldsymbol{a}=\sigma_w^2\boldsymbol{a} \tag{4.7.11}$$

这表明，σ_w^2 是观测过程 $\{y(n)\}$ 的自相关矩阵 $\boldsymbol{R}_y$ 的特征值，而特征多项式的系数向量 $\boldsymbol{a}$ 是对应于该特征值的特征向量。这就是 Pisarenko 谐波分解方法的理论基础，它启迪我们，谐波恢复问题可以转化为自相关矩阵 $\boldsymbol{R}_y$ 的特征值分解来求解。

在运行 Pisarenko 分解法的时候，通常从一个 $m\times m$ (其中 $m>2p$) 维自相关矩阵 $\boldsymbol{R}$ 开始，如果自相关矩阵的最小特征值具有多重度，则系数向量 $\boldsymbol{a}$ 将有多个解。解决的方法是对自相关矩阵进行降维，直至它恰好只有一个最小特征值。问题是，这时的自相关矩阵的维数小，所使用的样本自相关函数少，会严重影响系数向量的估计精度。虽然 Pisarenko 谐波分解在理论上首次建立了特征多项式的系数向量与自相关矩阵特征向量之间的关系，但从实际效果看，它并不是一种有效的谐波恢复算法。相比之下，下面介绍的 ARMA 建模法却是一种非常有效的谐波恢复算法。

4.7.2 谐波恢复的 ARMA 建模法

如前所述，当谐波信号在加性白噪声中被观测时，观测过程是一个特殊的 ARMA 随机过程，它的 AR 参数与 MA 参数完全相同。由于 $A(z)$ 和 $B(z)=A(z)$ 存在着共同的因子，所以修正 Yule-Walker 方程不能直接搬用。现在，我们从另外一个角度出发，建立这一特殊 ARMA 过程的法方程。

在无激励的 AR 模型差分方程式 (4.7.5) 的两边同乘 $x(n-k)$，并取数学期望，则有

$$R_x(k)+\sum_{i=1}^{2p}a_iR_x(k-i)=0,\quad \forall\, k \tag{4.7.12}$$

谐波信号 $x(n)$ 与加性白噪声 $w(n)$ 统计独立，故 $R_y(k)=R_x(k)+R_v(k)=R_x(k)+\sigma_w^2\delta(k)$。

将这一关系式代入式 (4.7.12)，即可得到

$$R_y(k) + \sum_{i=1}^{2p} a_i R_y(k-i) = \sigma_w^2 \sum_{i=0}^{2p} a_i \delta(k-i)$$

显然，当 $k > 2p$ 时上式右边边求和项中的冲激函数 $\delta(\cdot)$ 恒等于零，故上式可简化为

$$R_y(k) + \sum_{i=1}^{2p} a_i R_y(k-i) = 0, \quad k > 2p \tag{4.7.13}$$

这就是特殊 ARMA 过程 (4.7.7) 所服从的法方程，它与 ARMA$(2p, 2p)$ 过程的修正 Yule-Walker 方程在形式上是一致的。

与修正 Yule-Walker 方程类似，法方程式 (4.7.13) 也可构造成超定的方程组，并可使用 SVD-TLS 算法求解。

算法 4.7.1 谐波恢复的 ARMA 建模算法

步骤 1 利用观测数据的样本自相关函数 $\hat{R}_y(k)$ 构造法方程式 (4.7.13) 的扩展阶自相关矩阵

$$\boldsymbol{R}_e = \begin{bmatrix} \hat{R}_y(p_e+1) & \hat{R}_y(p_e) & \cdots & \hat{R}_y(1) \\ \hat{R}_y(p_e+2) & \hat{R}_y(p_e+1) & \cdots & \hat{R}_y(2) \\ \vdots & \vdots & \vdots & \vdots \\ \hat{R}_y(p_e+M) & \hat{R}_y(p_e+M-1) & \cdots & \hat{R}_y(M) \end{bmatrix} \tag{4.7.14}$$

式中 $p_e > 2p$，并且 $M \gg p$；

步骤 2 将矩阵 $\boldsymbol{R}_e$ 当作增广矩阵 $\boldsymbol{B}$，并利用 SVD-TLS 算法确定 AR 阶数 $2p$ 和系数向量 $\boldsymbol{a}$ 的总体最小二乘估计；

步骤 3 计算特征多项式

$$A(z) = 1 + \sum_{i=1}^{2p} a_i z^{-i} \tag{4.7.15}$$

的共轭根对 (z_i, z_i^*)，其中 $i = 1, \cdots, p$；

步骤 4 利用式 (4.7.2) 计算各个谐波的频率。

上述算法由于使用了奇异值分解和总体最小二乘方法，整个计算具有非常好的数值稳定性，而且 AR 阶数和参数的估计也都具有非常高的精确度，是谐波恢复的一种有效算法。

最后指出，当谐波信号为复谐波时，以上结果仍然适用，不同的只是差分方程的阶数不再是 $2p$ 而是 p，特征多项式的根也不再是共轭根对。

4.8 扩展 Prony 方法

早在 1795 年，Prony 就提出了使用指数函数的线性组合来描述等间距采样数据的数学模型。因此，传统的 Prony 方法并不是一般意义下的功率谱估计技术。

经过适当的扩展后，Prony 方法可用来估计有理式功率谱密度。本节介绍这种扩展 Prony 方法 [151]。

扩展 Prony 方法采用的数学模型为一组 p 个具有任意幅值、相位、频率与衰减因子的指数函数，其离散时间的函数形式为

$$\hat{x}(n) = \sum_{i=1}^{p} b_i z_i^n, \quad n = 0, 1, \cdots, N-1 \tag{4.8.1}$$

并使用 $\hat{x}(n)$ 作为 $x(n)$ 的近似。式 (4.8.1) 中，b_i 和 z_i 假定为复数，即

$$b_i = A_i \exp(\mathrm{j}\theta_i) \tag{4.8.2}$$

$$z_i = \exp[(\alpha_i + \mathrm{j}2\pi f_i)\Delta t] \tag{4.8.3}$$

式中，A_i 为幅值；θ_i 为相位 (单位：弧度)；α_i 为衰减因子；f_i 表示振荡频率；Δt 代表采样间隔。为方便计，此后令 $\Delta t = 1$。

构造代价函数

$$\varepsilon = \sum_{n=0}^{N-1} |x(n) - \hat{x}(n)|^2 \tag{4.8.4}$$

若使误差平方和 ε 为最小，则可求出参数四元组 $(A_i, \theta_i, \alpha_i, f_i)$。但是，这需要求解非线性方程组。通常，这种非线性求解是一种迭代过程，例如参见文献 [192]。这里，仅讨论参数四元组的线性估计问题。

Prony 方法的关键是认识到式 (4.8.1) 的拟合是一个常系数线性差分方程的齐次解。为了推导该线性差分方程，定义特征多项式

$$\psi(z) = \prod_{i=1}^{p}(z - z_i) = \sum_{i=0}^{p} a_i z^{p-i} \tag{4.8.5}$$

式中 $a_0 = 1$。由式 (4.8.1) 知

$$\hat{x}(n-k) = \sum_{i=1}^{p} b_i z_i^{n-k}, \quad 0 \leqslant n-k \leqslant N-1$$

两边同乘 a_k，并求和，则

$$\sum_{k=0}^{p} a_k \hat{x}(n-k) = \sum_{i=1}^{p} b_i \sum_{k=0}^{p} a_k z_i^{n-k}, \quad p \leqslant n \leqslant N-1$$

在上式中代入 $z_i^{n-k} = z_i^{n-p} z_i^{p-k}$，即有

$$\sum_{k=0}^{p} a_k \hat{x}(n-k) = \sum_{i=1}^{p} b_i z_i^{n-p} \sum_{k=0}^{p} a_k z_i^{p-k} = 0 \tag{4.8.6}$$

式 (4.8.6) 等于零是因为第二个求和项恰好是式 (4.8.5) 位于根 z_i 处的特征多项式 $\psi(z_i) = 0$。

式 (4.8.6) 意味着，$\hat{x}(n)$ 满足递推的差分方程式

$$\hat{x}(n) = -\sum_{i=1}^{p} a_i \hat{x}(n-i), \quad n = 0, 1, \cdots, N-1 \tag{4.8.7}$$

为了建立 Prony 方法，定义实际测量数据 $x(n)$ 与其近似值 $\hat{x}(n)$ 之间的误差为 $e(n)$，即

$$x(n)=\hat{x}(n)+e(n),\quad n=0,1,\cdots,N-1 \tag{4.8.8}$$

将式 (4.8.7) 代入式 (4.8.8) 得到

$$x(n)=-\sum_{i=1}^{p}a_i x(n-i)+\sum_{i=0}^{p}a_i e(n-i),\quad n=0,1,\cdots,N-1 \tag{4.8.9}$$

差分方程式 (4.8.9) 表明，白噪声中的指数过程是一个特殊的 ARMA(p,p) 过程，它具有相同的 AR 和 MA 参数，且激励噪声就是原加性白噪声 $e(n)$。这与 Pisarenko 谐波分解方法中的复 ARMA(p,p) 过程非常相似，不同之处在于：扩展 Prony 方法中的特征多项式 $\psi(z)$ 的根不受单位模根 (即无衰减谐波) 的约束。

现在，参数 $a_1,\cdots,a_p$ 的最小二乘估计的准则是使误差平方和 $\sum\limits_{n=p}^{N-1}|e(n)|^2$ 为最小。但是，这将导致一组非线性方程。估计 $a_1,\cdots,a_p$ 的线性方法是定义

$$\varepsilon(n)=\sum_{i=0}^{p}a_i e(n-i),\quad n=p,\cdots,N-1 \tag{4.8.10}$$

并将式 (4.8.9) 变成

$$x(n)=-\sum_{i=1}^{p}a_i x(n-i)+\varepsilon(n) \tag{4.8.11}$$

如果进行 $\sum\limits_{n=p}^{N-1}|\varepsilon(n)|^2$ 最小化，而不是使 $\sum\limits_{n=p}^{N-1}|e(n)|^2$ 最小化，则可得到一组线性矩阵方程

$$\begin{bmatrix} x(p) & x(p-1) & \cdots & x(0) \\ x(p+1) & x(p) & \cdots & x(1) \\ \vdots & \vdots & \vdots & \vdots \\ x(N-1) & x(N-2) & \cdots & x(N-p-1) \end{bmatrix}\begin{bmatrix} 1 \\ a_1 \\ \vdots \\ a_p \end{bmatrix}=\begin{bmatrix} \varepsilon(p) \\ \varepsilon(p+1) \\ \vdots \\ \varepsilon(N-1) \end{bmatrix} \tag{4.8.12}$$

或简写作

$$\boldsymbol{Xa}=\boldsymbol{\varepsilon} \tag{4.8.13}$$

求解方程式 (4.8.13) 的线性最小二乘方法称为扩展 Prony 方法。

为了使代价函数

$$J(\boldsymbol{a})=\sum_{n=p}^{N-1}|\varepsilon(n)|^2=\sum_{n=p}^{N-1}\left|\sum_{j=0}^{p}a_j x(n-j)\right|^2 \tag{4.8.14}$$

最小化，令 $\dfrac{\partial J(\boldsymbol{a})}{\partial a_i}=0,\ i=1,\cdots,p$，则有

$$\sum_{j=0}^{p}a_j\left[\sum_{n=p}^{N-1}x(n-j)x^*(n-i)\right]=0,\quad i=1,\cdots,p \tag{4.8.15}$$

对应的最小误差能量为

$$\varepsilon_p = \sum_{j=0}^{p} a_j \left[\sum_{n=p}^{N-1} x(n-j)x^*(n) \right] \tag{4.8.16}$$

定义

$$r(i,j) = \sum_{n=p}^{N-1} x(n-j)x^*(n-i), \quad i,j = 0,1,\cdots,p \tag{4.8.17}$$

则式 (4.8.15) 与式 (4.8.16) 可合并写作 Prony 方法的法方程形式

$$\begin{bmatrix} r(0,0) & r(0,1) & \cdots & r(0,p) \\ r(1,0) & r(1,1) & \cdots & r(1,p) \\ \vdots & \vdots & \vdots & \vdots \\ r(p,0) & r(p,1) & \cdots & r(p,p) \end{bmatrix} \begin{bmatrix} 1 \\ a_1 \\ \vdots \\ a_p \end{bmatrix} = \begin{bmatrix} \varepsilon_p \\ 0 \\ \vdots \\ 0 \end{bmatrix} \tag{4.8.18}$$

求解此法方程，即可得到系数 $a_1,\cdots,a_p$ 和最小误差能量 ε_p 的估计值。

一旦 $a_1,\cdots,a_p$ 得到后，即可求出特征多项式

$$1 + a_1 z^{-1} + \cdots + a_p z^{-p} = 0 \tag{4.8.19}$$

的根 $z_i, i=1,\cdots,p$，有时称 z_i 为 Prony 极点。于是，指数模型式 (4.8.1) 简化为未知参数 b_i 的线性方程。用矩阵形式表示之，即为

$$\boldsymbol{Z}\boldsymbol{b} = \hat{\boldsymbol{x}} \tag{4.8.20}$$

式中

$$\boldsymbol{Z} = \begin{bmatrix} 1 & 1 & \cdots & 1 \\ z_1 & z_2 & \cdots & z_p \\ \vdots & \vdots & \vdots & \vdots \\ z_1^{N-1} & z_2^{N-1} & \cdots & z_p^{N-1} \end{bmatrix} \tag{4.8.21}$$

$$\boldsymbol{b} = [b_1, b_2, \cdots, b_p]^{\mathrm{T}} \tag{4.8.22}$$

$$\hat{\boldsymbol{x}} = [\hat{x}(0), \hat{x}(1), \cdots, \hat{x}(N-1)]^{\mathrm{T}} \tag{4.8.23}$$

这里，$\boldsymbol{Z}$ 是一 $N \times p$ 维 Vandermonde 矩阵。由于 z_i 各不相同，故 Vandermonde 矩阵 $\boldsymbol{Z}$ 的各列线性独立，即它是满列秩的。于是，式 (4.8.20) 的最小二乘解为

$$\boldsymbol{b} = (\boldsymbol{Z}^{\mathrm{H}}\boldsymbol{Z})^{-1}\boldsymbol{Z}^{\mathrm{H}}\hat{\boldsymbol{x}} \tag{4.8.24}$$

容易证明

$$\boldsymbol{Z}^{\mathrm{H}}\boldsymbol{Z} = \begin{bmatrix} \gamma_{11} & \gamma_{12} & \cdots & \gamma_{1p} \\ \gamma_{21} & \gamma_{22} & \cdots & \gamma_{2p} \\ \vdots & \vdots & \vdots & \vdots \\ \gamma_{p1} & \gamma_{p2} & \cdots & \gamma_{pp} \end{bmatrix} \tag{4.8.25}$$

式中

$$\gamma_{ij} = \frac{(z_i^* z_j)^N - 1}{(z_i^* z_j) - 1} \tag{4.8.26}$$

总结以上讨论，扩展 Prony 方法可以叙述如下。

算法 4.8.1 谐波恢复的扩展 Prony 算法

步骤 1 利用式 (4.8.17) 计算样本函数 $r(i,j)$，并构造扩展阶的矩阵

$$\boldsymbol{R}_e = \begin{bmatrix} r(1,0) & r(1,1) & \cdots & r(1,p_e) \\ r(2,0) & r(2,1) & \cdots & r(2,p_e) \\ \vdots & \vdots & \vdots & \vdots \\ r(p_e,0) & r(p_e,1) & \cdots & r(p_e,p_e) \end{bmatrix}, \quad p_e \gg p \tag{4.8.27}$$

步骤 2 用算法 4.4.1(SVD-TLS 算法) 确定矩阵 $\boldsymbol{R}_e$ 的有效秩 p 以及系数 $a_1, \cdots, a_p$ 的总体最小二乘估计。

步骤 3 求特征多项式 (4.8.19) 的根 $z_1, \cdots, z_p$，并利用公式 (4.8.7) 计算出 $\hat{x}(n)$, $n = 1, \cdots, N-1$，其中 $\hat{x}(0) = x(0)$。

步骤 4 利用式 (4.8.24)~ 式 (4.8.26) 计算参数 $b_1, \cdots, b_p$。

步骤 5 用下式计算幅值 A_i、相位 θ_i、频率 f_i 和衰减因子 α_i：

$$\left.\begin{aligned} A_i &= |b_i| \\ \theta_i &= \arctan[\mathrm{Im}(b_i)/\mathrm{Re}(b_i)]/(2\pi\Delta t) \\ \alpha_i &= \ln|z_i|/\Delta t \\ f_i &= \arctan[\mathrm{Im}(z_i)/\mathrm{Re}(z_i)]/(2\pi\Delta t) \end{aligned}\right\}, \quad i = 1, \cdots, p \tag{4.8.28}$$

稍加推广，扩展 Prony 方法又可用作功率谱估计。由步骤 3 计算得到的 $\hat{x}(n), n = 0, 1, \cdots, N-1$，可以得到频谱

$$\hat{X}(f) = \mathcal{F}[\hat{x}(n)] = \sum_{i=1}^{p} A_i \exp(\mathrm{j}\theta_i) \frac{2\alpha_i}{\alpha_i^2 + [2\pi(f - f_i)]^2} \tag{4.8.29}$$

式中 $\mathcal{F}[\hat{x}(n)]$ 表示 $\hat{x}(n)$ 的 Fourier 变换。于是，Prony 功率谱可计算为

$$P_{\text{Prony}}(f) = |\hat{X}(f)|^2 \tag{4.8.30}$$

需要注意的是，在某些情况下，加性噪声会严重影响 Prony 极点 z_i 的估计的精度，噪声还会使衰减因子的计算具有比较大的误差。

在下面几个方面，Prony 谐波分解法比 Pisarenko 谐波分解法优越：

(1) Prony 方法无须估计样本自相关函数；

(2) Prony 方法给出的频率与功率 (或幅值) 的估计方差比较小；

(3) Prony 方法只需要求解两组齐次线性方程和一次因式分解，而 Pisarenko 方法却需要求解特征方程。

若 p 个正弦波信号是实的、无衰减的，并且在噪声中被观测，则 Prony 方法存在一种特殊的变型 [131,Ch.9]。此时，信号模型式 (4.8.1) 变作

$$\hat{x}(n)=\sum_{i=1}^{p}(b_i z_i^n+b_i^* z_i^{*n})=\sum_{i=1}^{p}A_i\cos(2\pi f_i n+\theta_i) \tag{4.8.31}$$

式中 $b_i=0.5A_i\mathrm{e}^{\mathrm{j}\theta_i}$；$z_i=\mathrm{e}^{\mathrm{j}2\pi f_i}$。相对应的特征多项式变为

$$\psi(z)=\prod_{i=1}^{p}(z-z_i)(z-z_i)^*=\sum_{i=0}^{2p}a_i z^{2p-i}=0 \tag{4.8.32}$$

式中 $a_0=1$，且 a_i 为实系数。由于 z_i 是单位模根，故以共轭对形式出现。因此，式 (4.8.32) 中的 z_i 用 z_i^{-1} 代替后仍然成立，即

$$z^{2p}\psi(z^{-1})=z^{2p}\sum_{i=0}^{2p}a_i z^{i-2p}=\sum_{k=0}^{2p}a_k z^k=0 \tag{4.8.33}$$

比较式 (4.8.32) 与式 (4.8.33)，可以得出结论：$a_i=a_{2p-i}, i=0,1,\cdots,p$，且 $a_0=a_{2p}=1$。

在这种情况下，式 (4.8.11) 的对应形式为

$$\varepsilon(n)=\sum_{i=0}^{p}\bar{a}_i[x(n+i)+x(n-i)] \tag{4.8.34}$$

式中 $\bar{a}_i=a_i, i=0,1,\cdots,p-1$，但 $\bar{a}_p=\frac{1}{2}a_p$。系数 $\bar{a}_p$ 减半是因为在式 (4.8.34) 中，系数 $\bar{a}_p$ 计算了两次。令

$$\sum_{n=p}^{N-1}|\varepsilon(n)|^2=\sum_{n=p}^{N-1}\left|\sum_{i=0}^{p}[x(n+i)+x(n-i)]\right|^2 \tag{4.8.35}$$

使上式的误差平方和最小化，便得到类似于式 (4.8.18) 的法方程

$$\sum_{i=0}^{p}\bar{a}_i r(i,j)=0 \tag{4.8.36}$$

但函数 $r(i,j)$ 取与式 (4.8.17) 不同的形式，即

$$r(i,j)=\sum_{n=p}^{N-1}[x(n+j)+x(n-j)][x^*(n+i)+x^*(n-i)] \tag{4.8.37}$$

上述估计系数 $\bar{a}_i$ 的方法称为 Prony 谱线估计。

算法 4.8.2 Prony 谱线估计算法

步骤 1 利用式 (4.8.37) 计算函数 $r(i,j)$, $i,j=0,1,\cdots,p_e$，其中 $p_e\gg p$；并用式 (4.8.27) 构造矩阵 $\boldsymbol{R}_e$。

步骤 2 利用 SVD-TLS 算法确定 $\boldsymbol{R}_e$ 的有效秩 p 和系数 $\bar{a}_1,\cdots,\bar{a}_p$。令 $a_{2p-i}=\bar{a}_i$, $i=1,\cdots,p-1$ 和 $a_p=2\bar{a}_p$。

步骤 3 求特征多项式 $1+a_1z^{-1}+\cdots+a_{2p}z^{-2p}=0$ 的共轭根对 (z_i,z_i^*), $i=1,\cdots,p$。

步骤 4 计算 p 个谐波的频率

$$f_i=\arctan[\mathrm{Im}(z_i)/\mathrm{Re}(z_i)]/(2\pi\Delta t)$$

本章小结

本章从不同的角度介绍了现代功率谱估计的一些主要方法:

(1) ARMA 谱估计是以信号的差分模型为基础的现代谱估计;

(2) Burg 的最大熵谱估计是来源于信息论的现代谱估计，它在不同的约束条件下，分别与 AR 谱估计和 ARMA 谱估计等价;

(3) Pisarenko 谐波分解是一种以谐波信号为特定对象的谱估计方法，它将谐波频率的估计转化为信号相关矩阵的特征值分解;

(4) 扩展 Prony 方法是一种利用复谐波模型拟合复信号的方法。

习 题

4.1 令 $\{x(t)\}$ 和 $\{y(t)\}$ 是满足下列差分方程的平稳随机过程:

$$x(t) - \alpha x(t-1) = w(t), \qquad \{w(t)\} \sim \mathcal{N}(0, \sigma^2)$$

$$y(t) - \alpha y(t-1) = x(t) + u(t), \qquad \{u(t)\} \sim \mathcal{N}(0, \sigma^2)$$

式中 $|\alpha| < 1$，且 $\{w(t)\}$ 和 $\{u(t)\}$ 不相关。求 $\{y(t)\}$ 的功率谱。

4.2 假定输入信号 $\{x(t)\}$ 是一个零均值的高斯白噪声，其功率谱为 $P_x(f) = N_0$，且线性系统的冲激响应为

$$h(t) = \begin{cases} \mathrm{e}^{-t}, & t \geqslant 0 \\ 0, & \text{其他} \end{cases}$$

求输出 $y(t) = x(t) * h(t)$ 的功率谱及协方差函数。

4.3 已知一无线信道的传递函数由

$$H(f) = K\mathrm{e}^{-\mathrm{j}2\pi f \tau_0}, \qquad \tau_0 = r/c$$

描述。式中，r 为传播距离，c 为光速。这样的信道称为无弥散信道 (nondispersive channel)。现在假定发射信号为

$$x(t) = A\cos(2\pi f_c t + \phi)$$

式中 ϕ 是一在 $[-\pi, \pi]$ 内均匀分布的随机变量。令 $y(t)$ 是发射信号 $x(t)$ 经过无弥散信道后，为接收机所接收的信号。接收机端存在高斯白噪声 $n(t)$，其均值为零、功率谱密度为 N_0，并且加性噪声 $n(t)$ 与发射信号 $x(t)$ 独立。求接收机接收信号 $y(t)$ 的功率谱 $P_y(f)$ 以及发射信号与接收信号之间的互功率谱 $P_{xy}(f)$。

4.4 一随机信号的功率谱密度为

$$P(\omega) = \frac{1.25 + \cos\omega}{1.0625 + 0.5\cos\omega}$$

若将这一功率谱看作是被具有单位功率谱的白噪声所激励的线性因果、最小相位系统 $H(z)$ 的输出的功率谱，求该线性系统 $H(z)$。

4.5 一随机信号 $x(n)$ 的功率谱为 ω 的有理式

$$P(\omega)=\frac{\omega^2+4}{\omega^2+1}$$

若将信号 $x(n)$ 视为线性因果、最小相位系统 $H(z)$ 被单位功率谱的白噪声激励的输出，试确定该系统。

4.6 离散时间的二阶 AR 过程由差分方程

$$x(n)=a_1x(n-1)+a_2x(n-2)+w(n)$$

描述，式中 $w(n)$ 是一零均值、方差为 σ_w^2 的白噪声。证明 $x(n)$ 的功率谱为

$$P_x(f)=\frac{\sigma_w^2}{1+a_1^2+a_2^2-2a_1(1-a_2)\cos(2\pi f)-2a_2\cos(4\pi f)}$$

4.7 二阶滑动平均过程由

$$x(n)=w(n)+b_1w(n-1)+b_2w(n-2),\quad \{w(n)\}\sim\mathcal{N}(0,\sigma^2)$$

定义，式中 $\mathcal{N}(0,\sigma^2)$ 表示正态分布，其均值为 0，方差为 σ^2。求 $x(n)$ 的功率谱。

4.8 一个 MA(2) 随机过程的差分模型为 $y(t)=w(t)+1.5w(t-1)-w(t-2)$，其中 $\{w(t)\}$ 是一个均值为 0、方差 $\sigma_w^2=1$ 的高斯白噪声过程，求 $y(t)$ 的另一等价 MA 模型。

4.9 令 $x(t)$ 是一零均值的未知随机过程，其自相关函数的前三个值为 $R_x(0)=2, R_x(1)=0$ 和 $R_x(2)=-1$。在这种情况下，能够用一个ARMA(1,1) 模型来拟合它吗？

4.10 误差功率定义为

$$P_m(r_m)=\frac{1}{2}\mathrm{E}\{|e_{m-1}^{\mathrm{f}}(n)+r_me_{m-1}^{\mathrm{b}}(n-1)|^2+|r_m^*e_{m-1}^{\mathrm{f}}(n-1)+e_{m-1}^{\mathrm{b}}(n-1)|^2\}$$

(1) 求 $\min\limits_{r_m}[P_m(r_m)]$；

(2) 证明

$$r_m=\frac{-2\sum\limits_{n=m+1}^{N}e_{m-1}^{\mathrm{f}}(n)e_{m-1}^{b*}(n-1)}{\sum\limits_{n=m+1}^{N}\left[|e_{m-1}^{\mathrm{f}}(n)|^2+|e_{m-1}^{\mathrm{b}}(n-1)|^2\right]},\quad m=1,2,\cdots$$

(3) 证明 $|r_m|\leqslant 1$ 对 $m=1,2,\cdots$ 恒成立。

4.11 若前、后向预测误差定义为

$$e_m^{\mathrm{f}}(n)=\sum_{k=0}^{m}a_m(k)x(n-k)$$

$$e_m^{\mathrm{b}}(n)=\sum_{k=0}^{m}a_{m-k}^*(k)x(n-k)$$

利用 Burg 递推公式证明

(1) $e_m^{\mathrm{f}}(n) = e_{m-1}^{\mathrm{f}}(n) + r_m e_{m-1}^{\mathrm{b}}(n-1)$；

(2) $e_m^{\mathrm{b}}(n) = r_m^* e_{m-1}^{\mathrm{f}}(n) + e_{m-1}^{\mathrm{b}}(n-1)$。

4.12 一观测数据为

$$x(n) = \begin{cases} 1, & n = 0, 1, \cdots, N-1 \\ 0, & \text{其他} \end{cases}$$

现在使用 Prony 方法对 $x(n)$ 建模，使得 $x(n)$ 是只有一个极点和一个零点的线性时不变滤波器 $H(z)$ 的单位冲激响应。求滤波器传递函数 $H(z)$ 的表达式，并写出 $N = 21$ 时的 $H(z)$。

4.13 已知一观测数据向量 $\boldsymbol{x} = [1, \alpha, \alpha^2, \cdots, \alpha^N]^{\mathrm{T}}$，其中 $|\alpha| < 1$。假定采用 Prony 方法拟合此数据，并且滤波器传递函数为 $H(z) = \dfrac{b_0}{1 + a_1 z^{-1}}$，求系数 a_1 和 b_0，并写出 $H(z)$ 的具体形式。

4.14 考虑无线通信中的一个码分多址 (CDMA) 系统，它共有 K 个用户 [275]。其中，用户 1 为期望用户。一接收机接收所有 K 个用户发射的信号，其接收信号的向量形式由

$$\boldsymbol{y}(n) = \sum_{k=1}^{K} \boldsymbol{y}_k(n) = \boldsymbol{h}_1 w_1(n) + \boldsymbol{H}\boldsymbol{w}(n) + \boldsymbol{v}(n)$$

给出。式中，$w_1(n)$ 是期望用户发射的比特信号，它是我们希望检测的，且 $\boldsymbol{h}_1$ 是期望用户的等价特征波形向量，它是已知的；而 $\boldsymbol{H}$ 和 $\boldsymbol{w}(n)$ 分别为所有其他用户 (简称干扰用户) 的特征波形向量组成的矩阵和干扰比特向量。假定信道的加性噪声为高斯白噪声，各个噪声分量的均值都等于零，方差均为 σ^2。

(1) 设计一最小方差接收机 $\boldsymbol{f}$，使得接收机输出 $\hat{w}_1(n) = \boldsymbol{f}^{\mathrm{T}}\boldsymbol{y}(n)$ 能够在满足约束条件 $\boldsymbol{f}^{\mathrm{H}}\boldsymbol{h}_1 = 1$ 的同时，与 $w_1(n)$ 之间的均方误差为最小。求最小方差接收机 $\boldsymbol{f}$ 的表达式。

(2) 若期望用户的等价特征波形向量 $\boldsymbol{h}_1$ 为 $\boldsymbol{h}_1 = \boldsymbol{C}_1\boldsymbol{g}_1$，其中

$$\boldsymbol{C}_1 = \begin{bmatrix} c_1(0) & \cdots & 0 \\ \vdots & \ddots & c_1(0) \\ c_1(P-1) & \cdots & \vdots \\ 0 & \ddots & c_1(P-1) \end{bmatrix}, \qquad \boldsymbol{g}_1 = \begin{bmatrix} g_1(0) \\ 0 \\ g_1(L) \end{bmatrix}$$

这里 $c_1(0), \cdots, c_1(P-1)$ 是期望用户的扩频码，而 $g_1(l)$ 代表第 l 条传输路径的参数。试设计一最小方差无畸变 (MVDR) 波束形成器 $\boldsymbol{g}$，并证明它恰好是矩阵束 $(\boldsymbol{C}_1^{\mathrm{H}}\boldsymbol{R}_y\boldsymbol{C}_1, \boldsymbol{C}_1^{\mathrm{H}}\boldsymbol{C}_1)$ 与最小广义特征值对应的广义特征向量。

4.15 考虑 M 个实谐波信号的 Pisarenko 谐波分解的下列推广 [156]。令噪声子空间的维数大于 1，于是张成噪声子空间的矩阵 $\boldsymbol{V}_n$ 的每一个列向量的元素都满足

$$\sum_{k=0}^{2M} v_k \mathrm{e}^{\mathrm{j}\omega_i k} = \sum_{k=0}^{2M} v_k \mathrm{e}^{-\mathrm{j}\omega_i k} = 0, \quad 1 \leqslant i \leqslant M$$

令 $\bar{\boldsymbol{p}} = \boldsymbol{V}_n\boldsymbol{\alpha}$ 表示 $\boldsymbol{V}_n$ 的列向量的非退化线性组合。所谓非退化，乃是指由向量 $\bar{\boldsymbol{p}} = [\bar{p}_0, \bar{p}_1, \cdots, \bar{p}_{2M}]^{\mathrm{T}}$ 的元素构造的多项式 $p(z)$ 至少具有 $2M$ 阶，即 $p(z) = \bar{p}_0 + \bar{p}_1 z + \cdots +$

$\bar{p}_{2M}z^{2M}$，$\bar{p}_{2M}\neq 0$。于是，这一多项式也满足上面的式子。这意味着，所有谐波频率均可由多项式 $p(z)$ 位于单位圆上的 $2M$ 个根求出。现在希望选择系数向量 $\boldsymbol{\alpha}$ 满足条件 $p_0=1$ 和 $\sum\limits_{k=1}^{K}p_k^2=\min$。

(1) 令 $\boldsymbol{v}^{\mathrm{T}}$ 是矩阵 $\boldsymbol{V}_n$ 的第一行，而 $\boldsymbol{V}$ 是由 $\boldsymbol{V}_n$ 的其他所有行组成的矩阵。若 $\boldsymbol{p}$ 是由 $\bar{\boldsymbol{p}}$ 除第一个元素以外的其他元素组成的向量，试证明

$$\boldsymbol{\alpha}=\arg\ \min\boldsymbol{\alpha}^{\mathrm{T}}\boldsymbol{V}^{\mathrm{T}}\boldsymbol{V}\boldsymbol{\alpha}$$

约束条件为 $\boldsymbol{v}^{\mathrm{T}}\boldsymbol{\alpha}=1$。

(2) 利用 Lagrange 乘子法证明约束优化问题的解为

$$\boldsymbol{\alpha}=\frac{(\boldsymbol{V}^{\mathrm{T}}\boldsymbol{V})^{-1}\boldsymbol{v}}{\boldsymbol{v}^{\mathrm{T}}(\boldsymbol{V}^{\mathrm{T}}\boldsymbol{V})^{-1}\boldsymbol{v}}$$

$$\boldsymbol{p}=\frac{\boldsymbol{V}(\boldsymbol{V}^{\mathrm{T}}\boldsymbol{V})^{-1}\boldsymbol{v}}{\boldsymbol{v}^{\mathrm{T}}(\boldsymbol{V}^{\mathrm{T}}\boldsymbol{V})^{-1}\boldsymbol{v}}$$

4.16 加性噪声向量 $\boldsymbol{e}(t)=[e_1(t),\cdots,e_m(t)]^{\mathrm{T}}$ 的每个元素 $e_i(t)$ 都是零均值的复白噪声，并且具有相同的方差 σ^2。假定这些复白噪声相互统计不相关，证明噪声向量满足条件

$$\mathrm{E}\{\boldsymbol{e}(n)\}=\boldsymbol{0},\quad \mathrm{E}\{\boldsymbol{e}(n)\boldsymbol{e}^{\mathrm{H}}(n)\}=\sigma^2\boldsymbol{I},\quad \mathrm{E}\{\boldsymbol{e}(n)\boldsymbol{e}^{\mathrm{T}}(n)\}=\boldsymbol{O}$$

式中，$\boldsymbol{I}$ 和 $\boldsymbol{O}$ 分别为单位矩阵和零矩阵。

4.17 假定仿真的观测数据由

$$x(n)=\sqrt{20}\sin(2\pi 0.2n)+\sqrt{2}\sin(2\pi 0.213n)+w(n)$$

产生，其中 $w(n)$ 是一高斯白噪声，其均值为 0，方差为 1，并取 $n=1,\cdots,128$。用一般的最小二乘方法和 SVD-TLS 方法估计观测数据的 ARMA 模型的 AR 参数，并估计正弦波的频率。在计算机仿真中，运行最小二乘方法时，取 AR 阶数分别等于 4 和 6；而在执行 SVD-TLS 方法时，假定 AR 阶数未知。计算机仿真至少独立运行 20 次，要求完成计算机仿真实验报告，其主要内容包括：

(1) 谐波恢复的基本理论与方法；

(2) AR 参数和正弦波频率估计值的统计结果 (均值和离差)；

(3) 讨论使用 SVD 确定样本自相关矩阵有效秩的优点和注意事项。

第 5 章　自适应滤波器

滤波器是一种以物理硬件或计算机软件形式，从含噪声的观测数据中抽取信号的装置。滤波器可以实现滤波、平滑和预测等信息处理的基本任务。如果滤波器输出是滤波器输入的线性函数，则称为线性滤波器；否则称为非线性滤波器。若滤波器的冲激响应是无穷长的，便称为无限冲激响应 (IIR) 滤波器，而冲激响应有限长的滤波器叫做有限冲激响应 (FIR) 滤波器。如果滤波器是在时间域、频率域或空间域实现，则分别称为时域滤波器、频域滤波器或空域滤波器。“信号与系统”和“数字信号处理”等课程主要是在频率域讨论滤波器，本章重点关注时域滤波器。

在实时信号处理中，往往希望滤波器在实现滤波、平滑或预测等任务时，能够跟踪和适应系统或环境的动态变化，这就需要 (时域) 滤波器的参数可以随时间作简单的变化或更新，因为复杂的运算不符合实时快速处理的要求。换言之，滤波器的参数应该可以用递推方式自适应更新。这类滤波器统称为自适应滤波器。

本章将首先讨论两种常用的最优滤波器——匹配滤波器和 Wiener 滤波器，然后集中介绍 Kalman 滤波器和 Wiener 滤波器的各种自适应实现算法。对任何一种自适应滤波器而言，自适应算法本身固然重要，但算法的统计性能尤其是跟踪系统或环境动态变化的能力，以及在实际中的应用也同样重要，它们构成了本章的主要内容。

5.1　匹配滤波器

粗略地讲，滤波器就是信号抽取器，它的作用是从被噪声污染的信号中抽取出原来的信号。当然，信号的抽取应该满足某种优化准则。连续时间的滤波器有两种最优设计准则。一种准则是：使滤波器的输出达到最大的信噪比，称为匹配滤波器。另一种是使输出滤波器的均方估计误差为最小，这就是 Wiener 滤波器。本节介绍匹配滤波器，5.2 节讨论连续时间的 Wiener 滤波器。

5.1.1　匹配滤波器

考虑接收或观测信号

$$y(t) = s(t) + n(t), \qquad -\infty < t < \infty \tag{5.1.1}$$

式中，$s(t)$ 为已知的信号；$n(t)$ 为零均值的平稳噪声。注意，加性噪声 $n(t)$ 可以是白色的，也可以是有色的。

令 $h(t)$ 是滤波器的时不变冲激响应函数，我们的目标是设计滤波器的冲激响应函数 $h(t)$，使得滤波器输出的信噪比为最大。令滤波器的结构如图 5.1.1 所示。

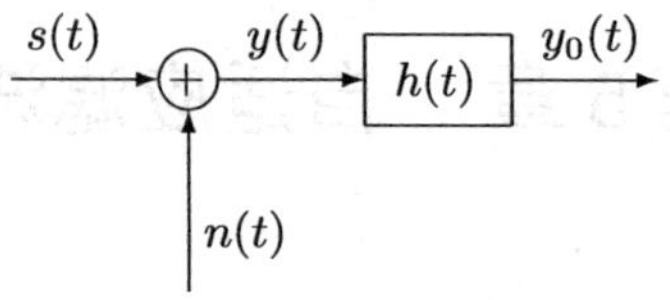

图 5.1.1 线性连续时间滤波器

由图知，滤波器的输出可以表示为

$$\begin{aligned} y_0(t) &= \int_{-\infty}^{\infty} h(t-\tau)y(\tau)\mathrm{d}\tau \\ &= \int_{-\infty}^{\infty} h(t-\tau)s(\tau)\mathrm{d}\tau + \int_{-\infty}^{\infty} h(t-\tau)n(\tau)\mathrm{d}\tau \\ &\overset{\text{def}}{=} s_0(t) + n_0(t) \end{aligned} \tag{5.1.2}$$

式中

$$s_0(t) \overset{\text{def}}{=} \int_{-\infty}^{\infty} h(t-\tau)s(\tau)\mathrm{d}\tau \tag{5.1.3}$$

$$n_0(t) \overset{\text{def}}{=} \int_{-\infty}^{\infty} h(t-\tau)n(\tau)\mathrm{d}\tau \tag{5.1.4}$$

分别是滤波器输出中的信号分量和噪声分量。由上述定义式可以看出，信号分量和噪声分量实际上就是信号和加性噪声分别通过滤波器之后的输出。

滤波器在 $t = T_0$ 时的输出信噪比定义为

$$\left(\frac{S}{N}\right)^2 \overset{\text{def}}{=} \frac{\text{输出在 } t = T_0 \text{ 时的瞬时信号功率}}{\text{输出噪声的平均功率}} = \frac{s_0^2(T_0)}{\mathrm{E}\{n_0^2(t)\}} \tag{5.1.5}$$

对式 (5.1.3) 应用 Parseval 定理

$$\int_{-\infty}^{\infty} x^*(\tau)y(\tau)\mathrm{d}\tau = \frac{1}{2\pi}\int_{-\infty}^{\infty} X^*(\omega)Y(\omega)\mathrm{d}\omega \tag{5.1.6}$$

则输出信号可以重新写作

$$s_0(t) = \frac{1}{2\pi}\int_{-\infty}^{\infty} H(\omega)S(\omega)\mathrm{e}^{\mathrm{j}\omega t}\mathrm{d}\omega \tag{5.1.7}$$

式中

$$H(\omega) = \int_{-\infty}^{\infty} h(t)\mathrm{e}^{-\mathrm{j}\omega t}\mathrm{dT} \tag{5.1.8}$$

$$S(\omega) = \int_{-\infty}^{\infty} s(t)\mathrm{e}^{-\mathrm{j}\omega t}\mathrm{dT} \tag{5.1.9}$$

分别是滤波器的传递函数和信号的频谱。

由式 (5.1.7)，可以得到输出信号在 $t = T_0$ 时的瞬时功率

$$s_0^2(T_0) = \left|\frac{1}{2\pi}\int_{-\infty}^{\infty} H(\omega)S(\omega)\mathrm{e}^{\mathrm{j}\omega T_0}\mathrm{d}\omega\right|^2 \tag{5.1.10}$$

由式 (5.1.4) 又可得到输出噪声的平均功率

$$\mathrm{E}\{n_0^2(t)\} = \mathrm{E}\left\{\left[\int_{-\infty}^{\infty} h(t-\tau)n(\tau)\mathrm{d}\tau\right]^2\right\} \tag{5.1.11}$$

令 $P_n(\omega)$ 是加性噪声 $n(t)$ 的功率谱密度，则输出噪声的功率谱密度为

$$P_{n_0}(\omega) = |H(\omega)|^2 P_n(\omega) \tag{5.1.12}$$

因此，输出噪声的平均功率可以写作

$$\mathrm{E}\{n_0^2(t)\} = \frac{1}{2\pi}\int_{-\infty}^{\infty} P_{n_0}(\omega)\mathrm{d}\omega = \frac{1}{2\pi}\int_{-\infty}^{\infty} |H(\omega)|^2 P_n(\omega)\mathrm{d}\omega \tag{5.1.13}$$

将式 (5.1.10) 和式 (5.1.13) 代入输出信噪比定义式 (5.1.5) 后，有

$$\begin{aligned}\left(\frac{S}{N}\right)^2 &= \frac{\left|\frac{1}{2\pi}\int_{-\infty}^{\infty} H(\omega)S(\omega)\mathrm{e}^{\mathrm{j}\omega T_0}\mathrm{d}\omega\right|^2}{\frac{1}{2\pi}\int_{-\infty}^{\infty}|H(\omega)|^2 P_n(\omega)\mathrm{d}\omega} \\ &= \frac{1}{2\pi}\frac{\left|\int_{-\infty}^{\infty}\left(H(\omega)\sqrt{P_n(\omega)}\right)\left(\frac{S(\omega)}{\sqrt{P_n(\omega)}}\right)\mathrm{e}^{\mathrm{j}\omega T_0}\mathrm{d}\omega\right|^2}{\int_{-\infty}^{\infty}|H(\omega)|^2 P_n(\omega)\mathrm{d}\omega}\end{aligned} \tag{5.1.14}$$

回顾 Cauchy-Schwartz 不等式

$$\left|\int_{-\infty}^{\infty} f(x)g(x)\mathrm{d}x\right|^2 \leqslant \left(\int_{-\infty}^{\infty}|f(x)|^2\mathrm{d}x\right)\left(\int_{-\infty}^{\infty}|g(x)|^2\mathrm{d}x\right) \tag{5.1.15}$$

等号成立当且仅当 $f(x)=cg^*(x)$，其中 c 是任意复常数，下面取 $c=1$。

在式 (5.1.15) 中令

$$f(x) = H(\omega)\sqrt{P_n(\omega)} \quad 和 \quad g(x) = \frac{S(\omega)}{\sqrt{P_n(\omega)}}\mathrm{e}^{\mathrm{j}\omega T_0}$$

将这些代换应用于式 (5.1.14)，则有

$$\left(\frac{S}{N}\right)^2 \leqslant \frac{1}{2\pi}\frac{\int_{-\infty}^{\infty}|H(\omega)|^2 P_n(\omega)\mathrm{d}\omega\int_{-\infty}^{\infty}\frac{|S(\omega)|^2}{P_n(\omega)}\mathrm{d}\omega}{\int_{-\infty}^{\infty}|H(\omega)|^2 P_n(\omega)\mathrm{d}\omega} \tag{5.1.16}$$

或简化为

$$\left(\frac{S}{N}\right)^2 \leqslant \frac{1}{2\pi}\int_{-\infty}^{\infty}\frac{|S(\omega)|^2}{P_n(\omega)}\mathrm{d}\omega \tag{5.1.17}$$

将式 (5.1.17) 中等号成立时的滤波器传递函数记作 $H_{\text{opt}}(\omega)$。由 Cauchy-Schwartz 不等式的等号成立条件知

$$H_{\text{opt}}(\omega)\sqrt{P_n(\omega)} = \left[\frac{S(\omega)}{\sqrt{P_n(\omega)}}\right]^*\mathrm{e}^{-\mathrm{j}\omega T_0} = \frac{S^*(\omega)}{\sqrt{P_n^*(\omega)}}\mathrm{e}^{-\mathrm{j}\omega T_0}$$

即

$$H_{\text{opt}}(\omega) = \frac{S(-\omega)}{P_n(\omega)}\mathrm{e}^{-\mathrm{j}\omega T_0} \tag{5.1.18}$$

式中 $S(-\omega) = S^*(\omega)$。

当滤波器的传递函数取式 (5.1.18) 的形式时，式 (5.1.17) 取等式，即滤波器输出的最大信噪比为

$$\mathrm{SNR}_{\max} = \frac{1}{2\pi}\int_{-\infty}^{\infty}\frac{|S(\omega)|^2}{P_n(\omega)}\mathrm{d}\omega \tag{5.1.19}$$

在输出信噪比最大化的意义上讲，式 (5.1.18) 定义的滤波器为最优线性滤波器。因此，式 (5.1.18) 所示的传递函数 $H_{\mathrm{opt}}(\omega)$ 是线性最优滤波器的传递函数。

讨论加性噪声的下列两种情况有助于我们更深入地理解线性最优滤波器。

1. 白噪声情况下的最优滤波——匹配滤波器

当加性噪声 $n(t)$ 是具有零均值和单位方差的白噪声时，由于其功率谱密度 $P_n(\omega) = 1$，故式 (5.1.18) 简化为

$$H_0(\omega) = S(-\omega)\mathrm{e}^{-\mathrm{j}\omega T_0} \tag{5.1.20}$$

从而有 $|H_0(\omega)| = |S^*(\omega)| = |S(\omega)|$。换言之，滤波器达到最大输出信噪比时，滤波器的幅频特性 $|H(\omega)|$ 与信号 $s(t)$ 的幅频特性 $|S(\omega)|$ 相等，或者说，二者相“匹配”。因此，常将白噪声情况下使信噪比最大的线性滤波器 $H_0(\omega)$ 称为匹配滤波器。

对式 (5.1.20) 两边作 Fourier 逆变换，得匹配滤波器 $H_0(\omega)$ 的冲激响应

$$h_0(t) = \int_{-\infty}^{\infty} S(-\omega)\mathrm{e}^{-\mathrm{j}\omega T_0}\mathrm{e}^{\mathrm{j}\omega t}\mathrm{d}\omega$$

作变量代换 $\omega' = -\omega$ 后，上式变为

$$h_0(t) = \int_{-\infty}^{\infty} S(\omega')\mathrm{e}^{\mathrm{j}\omega'(T_0 - t)}\mathrm{d}\omega' = s(T_0 - t) \tag{5.1.21}$$

即匹配滤波器的冲激响应 $h_0(t)$ 是信号 $s(t)$ 的一镜像信号。

2. 有色噪声情况下的最优滤波——广义匹配滤波器

令 $w(t)$ 为一滤波器，并且其传递函数为

$$W(\omega) = \frac{1}{\sqrt{P_n(\omega)}} \tag{5.1.22}$$

则当有色噪声 $n(t)$ 作为滤波器 $W(\omega)$ 的输入时，输出信号 $\tilde{n}(t)$ 的功率谱密度为

$$P_{\tilde{n}}(\omega) = |W(\omega)|^2 P_n(\omega) = 1 \tag{5.1.23}$$

因此，式 (5.1.22) 所示滤波器 $W(\omega)$ 是有色噪声的“白化”滤波器。此时，可以将式 (5.1.18) 写作

$$H_{\mathrm{opt}}(\omega) = \frac{S^*(\omega)}{P_n(\omega)}\mathrm{e}^{-\mathrm{j}\omega T_0} = W(\omega)\left[S^*(\omega)W^*(\omega)\mathrm{e}^{-\mathrm{j}\omega T_0}\right] \tag{5.1.24}$$

不妨令 $\tilde{S}(\omega) = S(\omega)W(\omega)$，然后对其两边作 Fourier 逆变换，则有 $\tilde{s}(t) = s(t) * w(t)$，即 $\tilde{s}(t)$ 是应用白化滤波器 $w(t)$ 对原信号 $s(t)$ 的滤波结果，$H_0(\omega) = \tilde{S}^*(\omega)\mathrm{e}^{-\mathrm{j}\omega T_0}$ 则可以视为对滤波后的观测过程 $\tilde{y}(t)$ 抽取信号的滤波器，其中

$$\tilde{y}(t) = y(t) * w(t) = [s(t) + n(t)] * w(t) = s(t) * w(t) + n(t) * w(t) = \tilde{s}(t) + \tilde{n}(t)$$

不同的是，$\tilde{n}(t) = n(t) * w(t)$ 已变成了白噪声，所以 $H_0(\omega)$ 是匹配滤波器。因此，有色噪声情况下使信噪比最大的线性滤波器 $H_{\mathrm{opt}}(\omega)$ 由白化滤波器 $W(\omega)$ 和匹配滤波器 $H_0(\omega)$ 级联而成。鉴于此，常把 $H_{\mathrm{opt}}(\omega)$ 称为广义匹配滤波器，其工作原理如图 5.1.2 所示。

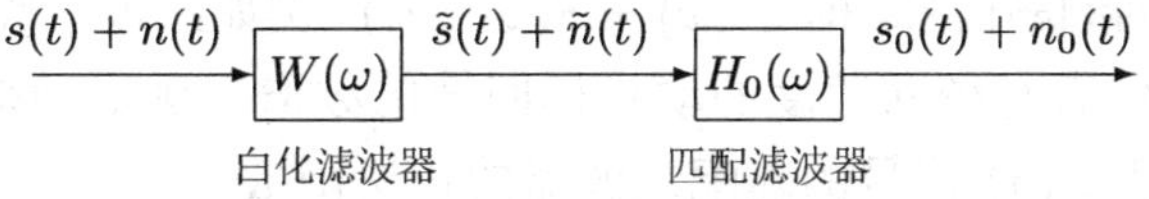

图 5.1.2 广义匹配滤波器的工作原理

例 5.1.1 已知原信号为谐波过程

$$s(t) = A\cos(2\pi f_{\mathrm{c}} t), \qquad f_{\mathrm{c}} = \frac{1}{T}$$

而加性噪声为有色噪声，其功率谱为

$$P_n(f) = \frac{1}{1 + 4\pi^2 f^2}$$

求使信噪比最大的线性最优滤波器的冲激响应。

解 由于

$$s(t) = A\cos(2\pi f_{\mathrm{c}} t) = \frac{A}{2}[\mathrm{e}^{\mathrm{j}2\pi f_{\mathrm{c}} t} + \mathrm{e}^{-\mathrm{j}2\pi f_{\mathrm{c}} t}]$$

故谐波信号 $s(t)$ 的频谱

$$S(f) = \frac{A}{2}\int_{-\infty}^{\infty}[\mathrm{e}^{-\mathrm{j}2\pi(f-f_{\mathrm{c}})t} + \mathrm{e}^{-\mathrm{j}2\pi(f+f_{\mathrm{c}})t}]\mathrm{d}t = \frac{A}{2}[\delta(f - f_{\mathrm{c}}) + \delta(f + f_{\mathrm{c}})]$$

从而有

$$S(-f) = \frac{A}{2}[\delta(-f - f_{\mathrm{c}}) + \delta(-f + f_{\mathrm{c}})] = \frac{A}{2}[\delta(f + f_{\mathrm{c}}) + \delta(f - f_{\mathrm{c}})]$$

这里利用了 δ 函数的性质 $\delta(-x) = \delta(x)$。于是，使信噪比最大的最优线性滤波器 $H_{\mathrm{opt}}(f)$ 由式 (5.1.18) 给出，其冲激响应由式 (5.1.21) 确定，即有

$$\begin{aligned}
h_{\mathrm{opt}}(t) &= \frac{A}{2}\int_{-\infty}^{\infty}\frac{[\delta(f + f_{\mathrm{c}}) + \delta(f - f_{\mathrm{c}})]}{(1 + 4\pi^2 f^2)^{-1}}\mathrm{e}^{-\mathrm{j}2\pi f(T-t)}\mathrm{d}f \\
&= \frac{A}{2}(1 + 4\pi^2 f_{\mathrm{c}}^2)[\mathrm{e}^{\mathrm{j}2\pi f_{\mathrm{c}}(T-t)} + \mathrm{e}^{-\mathrm{j}2\pi f_{\mathrm{c}}(T-t)}] \\
&= A(1 + 4\pi^2 f_{\mathrm{c}}^2)\cos[2\pi f_{\mathrm{c}}(T - t)]
\end{aligned}$$

5.1.2 匹配滤波器的性质

由于匹配滤波器在很多工程问题中都有重要的应用，所以有必要了解它的重要性质。

性质 1 在所有线性滤波器中，匹配滤波器输出的信噪比最大，且 $\mathrm{SNR}_{\max} = \dfrac{E_s}{N_0/2}$，它与输入信号的波形以及加性噪声的分布特性无关。

性质 2 匹配滤波器输出信号在 $t = T_0$ 时刻的瞬时功率达到最大。

性质 3 匹配滤波器输出信噪比达到最大的时刻 T_0 应该选取等于原信号 $s(t)$ 的持续时间 T。

性质 4 匹配滤波器对波形相同而幅值不同的时延信号具有适应性。

性质 5 匹配滤波器对频移信号不具有适应性。

设 $s_2(t)$ 是 $s(t)$ 的频移信号，即 $S_2(\omega)=S(\omega+\omega_\alpha)$。例如，$S(\omega)$ 代表雷达固定目标回波信号的频谱，$S_2(\omega)$ 代表有径向速度的动目标回波的频谱，则 ω_α 称为 Doppler 频移。由式 (5.1.18) 知，对应于 $s_2(t)$ 信号的匹配滤波器的传递函数

$$H_2(\omega)=S^*(\omega+\omega_\alpha)\mathrm{e}^{-\mathrm{j}\omega T_0}$$

令 $\omega'=\omega+\omega_\alpha$，则

$$H_2(\omega')=S^*(\omega')\mathrm{e}^{-\mathrm{j}\omega' T_0+\mathrm{j}\omega_\alpha T_0}=H(\omega')\mathrm{e}^{\mathrm{j}\omega_\alpha T_0}$$

可见，原信号 $s(t)$ 和频移信号 $s_2(t)$ 的匹配滤波器的传递函数不同，即匹配滤波器对频移信号不具有适应性。

注释 1 若选取 $T_0<T$，则得到的匹配滤波器将不是物理可实现的。此时，如果用物理可实现的滤波器去逼近匹配滤波器，则它在 $T_0=T$ 时刻的输出信噪比不会最大。

注释 2 若从 T_0 时刻起，信号均变得很小，即可使用截至到时间 T_0 的信号来设计匹配滤波器，这种匹配滤波器是准最优的线性滤波器。

5.1.3 匹配滤波器的实现

如果已知信号 $s(t)$ 的精确结构，即可利用式 (5.1.21) 直接确定匹配滤波器的冲激响应，从而实现匹配滤波。然而，在许多实际应用中，只能已知信号的功率谱 $P_s(\omega)=|S(\omega)|^2$。在这类情况下，需要从功率谱中分离出信号的频谱表达式 $S(\omega)$，然后使用式 (5.1.20) 设计匹配滤波器的传递函数。

另外，在设计一有色噪声的白化滤波器时，也往往只知道噪声的功率谱 $P_n(\omega)=|N(\omega)|^2$。为了设计白化滤波器 $W(\omega)=\dfrac{1}{N(\omega)}=\dfrac{1}{\sqrt{P_n(\omega)}}$，也需要分解噪声功率谱，以便得到噪声的频谱 $N(\omega)=\sqrt{P_n(\omega)}$。由功率谱获得频谱的过程称为功率谱的因式分解，简称谱分解。

对于任何一个平稳信号 $x(t)$，其功率谱密度 $P_x(\omega)=|X(\omega)|^2$ 一般为有理函数，即可表示为

$$P_x(\omega)=\alpha^2\frac{(\omega+z_1)\cdots(\omega+z_n)}{(\omega+p_1)\cdots(\omega+p_m)} \tag{5.1.25}$$

式中 $z_i(i=1,\cdots,n)$ 和 $p_j(j=1,\cdots,m)$ 分别称为功率谱的零点和极点。通常约定 $n\leqslant m$，并且任意零点不能与极点相约。

由于功率谱是非负的实、偶函数，即

$$P_x(\omega)=P_x^*(\omega) \tag{5.1.26}$$

可见，$P_x(\omega)$ 的零、极点必定是共轭成对出现的。因此，功率谱总可以写作

$$P_x(\omega)=\left[\alpha\frac{(\mathrm{j}\omega+\alpha_1)\cdots(\mathrm{j}\omega+\alpha_q)}{(\mathrm{j}\omega+\beta_1)\cdots(\mathrm{j}\omega+\beta_p)}\right]\left[\alpha\frac{(-\mathrm{j}\omega+\alpha_1)\cdots(-\mathrm{j}\omega+\alpha_q)}{(-\mathrm{j}\omega+\beta_1)\cdots(-\mathrm{j}\omega+\beta_p)}\right] \tag{5.1.27}$$

令 $P_x(\omega)$ 在左半平面上的零、极点组成因式 $P_x^+(\omega)$，右半平面的零、极点组成因式 $P_x^-(\omega)$，并且将 $P_x(\omega)$ 位于轴上的零、极点对半分给 $P_x^+(\omega)$ 和 $P_x^-(\omega)$。这样一来，功率谱 $P_x(\omega)$ 即可因式分解为

$$P_x(\omega) = P_x^+(\omega)P_x^-(\omega) \tag{5.1.28}$$

称为谱分解。

为了使匹配滤波器是物理可实现的，只要取

$$S(\omega) = P_s^+(\omega) \tag{5.1.29}$$

然后将它代入式 (5.1.20) 即可。类似地，选择

$$W(\omega) = \frac{1}{P_n^+(\omega)} \tag{5.1.30}$$

即可得到物理可实现的白化滤波器。

5.2 连续时间的 Wiener 滤波器

在匹配滤波器中，接收机必须已知并存储信号的精确结构或功率谱，并且积分区间还必须与信号取非零值的区间同步。遗憾的是，有时很难单独已知信号的结构或功率谱，而一旦信号在传输过程中发生传播延迟、相位漂移或频率漂移，积分区间与信号区间的同步也会导致误差。在这些情况下，匹配滤波器的应用便很难获得满意的结果，甚至是不可能的。这就需要寻求其他的线性最优滤波器。

考虑对观测数据 $y(t) = s(t) + n(t)$ 使用滤波器 $H(\omega)$ 实现信号 $s(t)$ 的估计

$$\hat{s}(t) = \int_{-\infty}^{\infty} h(t-\tau)y(\tau)\mathrm{d}\tau = \int_{-\infty}^{\infty} h(\tau)y(t-\tau)\mathrm{d}\tau \tag{5.2.1}$$

第 2 章 (参数估计理论) 曾经指出过，估计误差 $s(t) - \hat{s}(t)$ 为随机变量，不适合作为一种参数估计器或滤波器的性能评价标准。与估计误差不同，均方误差为确定量，是滤波器性能的主要测度之一。现考虑使均方误差

$$J = \mathrm{E}\{[s(t) - \hat{s}(t)]^2\} = \mathrm{E}\left\{\left[s(t) - \int_{-\infty}^{\infty} h(\tau)y(t-\tau)\mathrm{d}\tau\right]^2\right\} \tag{5.2.2}$$

最小。这就是最小均方误差 (MMSE) 准则。于是，线性最优滤波器的冲激响应可表示为

$$h_{\mathrm{opt}}(t) = \arg\min_{h(t)} \mathrm{E}\left\{\left[s(t) - \int_{-\infty}^{\infty} h(\tau)y(t-\tau)\mathrm{d}\tau\right]^2\right\} \tag{5.2.3}$$

其 Fourier 变换即是线性最优滤波器的频率响应。

线性最优滤波器

$$H_{\mathrm{opt}}(\omega) = \frac{P_{sy}(\omega)}{P_{yy}(\omega)} \tag{5.2.4}$$

称为非因果 Wiener 滤波器，因为滤波器的冲激响应 $h_{\text{opt}}(t)$ 在时间区间 $(-\infty,+\infty)$ 内取值。注意，非因果 Wiener 滤波器是物理不可实现的。

任何一个非因果线性系统都可以看作是由因果和反因果两部分组合的。因果部分是物理可实现的，反因果部分是物理不可实现的。由此会联想到，从一个非因果 Wiener 滤波器中将因果部分单独分离出来，就可以得到物理可实现的因果 Wiener 滤波器。

考查

$$H(\omega)=\frac{P_{sy}(\omega)}{P_{yy}(\omega)} \tag{5.2.5}$$

一般说来，从 $H(\omega)=\sum\limits_{k=-\infty}^{\infty}h(k)\mathrm{e}^{-\mathrm{j}\omega k}$ 中分离出因果部分 $H_{\text{opt}}(\omega)=\sum\limits_{k=0}^{\infty}h(k)\mathrm{e}^{-\mathrm{j}\omega k}$ 是困难的。然而，若功率谱 $P_{yy}(\omega)$ 是 ω 的有理式函数时，就能够很容易得到因果的 Wiener 滤波器 $H_{\text{opt}}(\omega)$。

首先，将有理式功率谱 $P_{yy}(\omega)$ 分解为

$$P_{yy}(\omega)=A_{yy}^{+}(\omega)A_{yy}^{-}(\omega) \tag{5.2.6}$$

式中 $A_{yy}^{+}(\omega)$ 的零、极点全部位于左半平面，而 $A_{yy}^{-}(\omega)$ 的零、极点则全部位于右半平面，并且位于 ω 轴上的零、极点对半分给 $A_{yy}^{+}(\omega)$ 和 $A_{yy}^{-}(\omega)$。

然后，又可以进行分解

$$\frac{P_{sy}(\omega)}{A_{yy}^{-}(\omega)}=B^{+}(\omega)+B^{-}(\omega) \tag{5.2.7}$$

式中 $B^{+}(\omega)$ 的零、极点全部位于左半平面，而 $B^{-}(\omega)$ 的零、极点则全部位于右半平面，并且位于 ω 轴上的零、极点对半分给 $B^{+}(\omega)$ 和 $B^{-}(\omega)$。

最后，将式 (5.2.5) 改写作

$$H(\omega)=\frac{P_{sy}(\omega)}{A_{yy}^{+}(\omega)A_{yy}^{-}(\omega)}=\frac{1}{A_{yy}^{+}(\omega)}\frac{P_{sy}(\omega)}{A_{yy}^{-}(\omega)}=\frac{1}{A_{yy}^{+}(\omega)}[B^{+}(\omega)+B^{-}(\omega)] \tag{5.2.8}$$

于是

$$H_{\text{opt}}(\omega)=\frac{B^{+}(\omega)}{A_{yy}^{+}(\omega)} \tag{5.2.9}$$

只包含了左半平面的零、极点，所以它是物理可实现的。

总结以上讨论，当 $P_{yy}(\omega)$ 为有理式功率谱时，因果 Wiener 滤波器的设计算法如下。

算法 5.2.1 因果 Wiener 滤波器设计算法 1

步骤 1 对 $P_{yy}(\omega)$ 进行式 (5.2.6) 的谱分解。

步骤 2 计算式 (5.2.7)。

步骤 3 用式 (5.2.9) 得到因果 Wiener 滤波器的传递函数 $H_{\text{opt}}(\omega)$。

若令 $z=\mathrm{e}^{\mathrm{j}\omega}$，并将功率谱密度写成 $P_{sy}(z)$ 和 $P_{yy}(z)$，则上述算法很容易推广如下。

算法 5.2.2 因果 Wiener 滤波器设计算法 2

步骤 1 对 $P_{yy}(z)$ 进行谱分解

$$P_{yy}(z)=A_{yy}^{+}(z)A_{yy}^{-}(z) \tag{5.2.10}$$

式中 $A_{yy}^{+}(z)$ 的零、极点全部位于单位圆内，而 $A_{yy}^{-}(z)$ 的零、极点则全部在单位圆外。

步骤 2 计算

$$\frac{P_{sy}(z)}{A_{yy}^{-}(z)} = B^{+}(z) + B^{-}(z) \tag{5.2.11}$$

式中 $B^{+}(z)$ 的零、极点全部在单位圆内，而 $B^{-}(z)$ 则由所有位于单位圆外的零、极点组成。

步骤 3 因果 Wiener 滤波器的传递函数 $H_{\text{opt}}(z)$ 由下式给出：

$$H_{\text{opt}}(z) = \frac{B^{+}(z)}{A_{yy}^{+}(z)} \tag{5.2.12}$$

应当指出，式 (5.2.10) 的分解是功率谱的因式分解，而式 (5.2.11) 的分解则是功率谱的正和负频率部分的分解。

5.3 最优滤波理论与 Wiener 滤波器

5.2 节讨论了连续时间的 Wiener 滤波器。在数字信号处理中，希望得到离散时间的滤波器，以便能够用数字硬件或计算机软件加以实现。为此，有必要讨论离散时间信号的最优滤波问题。

5.3.1 线性最优滤波器

考虑图 5.3.1 所示的线性离散时间滤波器。滤波器输入由无穷时间序列 $u(0), u(1), \cdots$ 组成，滤波器的冲激响应也为无穷序列 $w_0, w_1, \cdots$。令 $y(n)$ 代表滤波器在离散时间 n 时的输出，希望它是期望响应 $d(n)$ 的估计值。

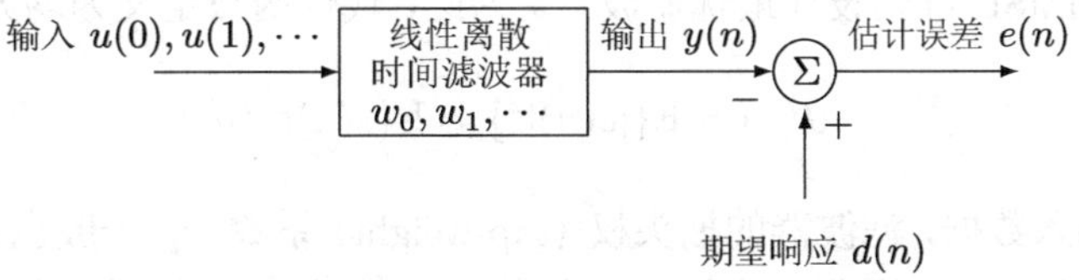

图 5.3.1 线性离散时间滤波器

估计误差 $e(n)$ 定义为期望响应 $d(n)$ 与滤波器输出 $y(n)$ 之差，即 $e(n) = d(n) - y(n)$。对滤波器的要求是使估计误差在某种统计意义下“尽可能小”。为此，对滤波器有以下约束：

(1) 滤波器是线性的 (一方面是为了使信号通过滤波器后不致发生“畸变”，另一方面是为了方便对滤波器的数学分析)；

(2) 滤波器是离散时间的，这将使滤波器可以利用数字硬件或软件实现。

根据冲激响应是有限长的还是无限长的，线性离散时间滤波器分为有限冲激响应 (FIR) 滤波器和无限冲激响应 (IIR) 滤波器。由于 FIR 滤波器是 IIR 滤波器的特例，这里以 IIR 滤波器作为讨论对象。

估计误差在某种统计意义下尽可能小的滤波器称为这一统计意义下的最优滤波器。那么，如何设计统计优化的准则呢？最常用的准则是使某个代价函数最小化。

代价函数有多种形式，最典型的形式有：

(1) 估计误差的均方值；

(2) 估计误差的绝对值的期望值；

(3) 估计误差的绝对值的三次或高次幂的期望值。

使估计误差均方值最小化的统计优化准则称为最小均方误差准则即 MMSE 准则，它是在设计滤波器、估计器、检测器等中使用最广泛的优化准则。

总结以上讨论，线性离散时间滤波器的最优设计问题可以表述如下：

设计一线性离散时间滤波器的系数 w_k，使输出 $y(n)$ 在给定输入样本集合 $u(0), u(1), \cdots$ 的情况下给出期望响应 $d(n)$ 的估计，并且能够使得估计误差 $e(n) = d(n) - y(n)$ 的均方值 $\mathrm{E}\{|e(n)|^2\}$ 为最小。

5.3.2 正交性原理

现在考虑图 5.3.1 所示线性离散时间滤波器的最优设计。滤波器在离散时间 n 的输出 $y(n)$ 是输入 $u(k)$ 与滤波器冲激响应 w_k^* 的线性卷积和

$$y(n) = \sum_{k=0}^{\infty} w_k^* u(n-k), \qquad n = 1, 2, \cdots \tag{5.3.1}$$

假定滤波器输入和期望响应都是广义平稳随机过程的单次实现，由于期望响应 $d(n)$ 的估计总是伴随有误差，所以可以定义估计误差为

$$e(n) = d(n) - y(n) \tag{5.3.2}$$

这里考虑使用 MMSE 准则设计最优滤波器。为此，代价函数定义为均方误差

$$J(n) = \mathrm{E}\{|e(n)|^2\} = \mathrm{E}\{e(n)e^*(n)\} \tag{5.3.3}$$

对于复数输入数据，滤波器的抽头权 (tap-weight) 系数 w_k 一般也是复数。假定抽头权系数 w_k 有无穷多个，这种滤波器为 IIR 滤波器。不妨将抽头权系数分为实部和虚部

$$w_k = a_k + \mathrm{j} b_k, \qquad k = 0, 1, 2, \cdots \tag{5.3.4}$$

定义梯度算符

$$\nabla_k = \frac{\partial}{\partial a_k} + \mathrm{j}\frac{\partial}{\partial b_k}, \qquad k = 0, 1, 2, \cdots \tag{5.3.5}$$

于是，有

$$\nabla_k J(n) \stackrel{\text{def}}{=} \frac{\partial J(n)}{\partial w_k} = \frac{\partial J(n)}{\partial a_k} + \mathrm{j}\frac{\partial J(n)}{\partial b_k}, \qquad k = 0, 1, 2, \cdots \tag{5.3.6}$$

为了使代价函数 J 最小，梯度 $\nabla_k J(n)$ 的所有元素必须同时等于零，即有

$$\nabla_k J(n) = 0, \qquad k = 0, 1, 2, \cdots \tag{5.3.7}$$

在这一组条件下，滤波器在最小均方误差意义下是最优的。

由式 (5.3.2) 和式 (5.3.3)，容易得出

$$\nabla_k J(n) = \mathrm{E}\left\{\frac{\partial e(n)}{\partial a_k}e^*(n) + \frac{\partial e^*(n)}{\partial a_k}e(n) + \mathrm{j}\frac{\partial e(n)}{\partial b_k}e^*(n) + \mathrm{j}\frac{\partial e^*(n)}{\partial b_k}e(n)\right\} \tag{5.3.8}$$

利用式 (5.3.2) 和式 (5.3.5)，可求出偏导数

$$\left.\begin{aligned} \frac{\partial e(n)}{\partial a_k} &= -u(n-k) \\ \frac{\partial e(n)}{\partial b_k} &= \mathrm{j}u(n-k) \\ \frac{\partial e^*(n)}{\partial a_k} &= -u^*(n-k) \\ \frac{\partial e^*(n)}{\partial b_k} &= -\mathrm{j}u^*(n-k) \end{aligned}\right\} \tag{5.3.9}$$

将式 (5.3.9) 代入式 (5.3.8)，则有

$$\nabla_k J(n) = -2\mathrm{E}\{u(n-k)e^*(n)\} \tag{5.3.10}$$

令 $e_{\mathrm{opt}}(n)$ 表示滤波器工作在最优条件下的估计误差，由式 (5.3.10) 知，$e_{\mathrm{opt}}(n)$ 应该满足 $\nabla_k J = -2\mathrm{E}\{u(n-k)e^*_{\mathrm{opt}}(n)\} = 0$，或等价写作

$$\mathrm{E}\{u(n-k)e^*_{\mathrm{opt}}(n)\} = 0, \qquad k = 0, 1, 2, \cdots \tag{5.3.11}$$

式 (5.3.11) 表明: 代价函数 J 最小化的充分必要条件是估计误差 $e_{\mathrm{opt}}(n)$ 与输入 $u(0), \cdots, u(n)$ 正交。这就是著名的“正交性原理”，它常作为定理来使用，是线性最优滤波理论中最重要的定理之一。同时，它也为衡量滤波器是否工作在最优条件的检验方法提供了数学基础。

另一方面，容易验证

$$\mathrm{E}\{y(n)e^*(n)\} = \mathrm{E}\left\{\sum_{k=0}^{\infty} w_k^* u(n-k)e^*(n)\right\} = \sum_{k=0}^{\infty} w_k^* \mathrm{E}\{u(n-k)e^*(n)\} \tag{5.3.12}$$

令 $y_{\mathrm{opt}}(n)$ 代表在最小均方误差意义下工作的最优滤波器所产生的输出，则由式 (5.3.11) 和式 (5.3.12)，正交性原理也可等价写作

$$\mathrm{E}\{y_{\mathrm{opt}}(n)e^*_{\mathrm{opt}}(n)\} = 0 \tag{5.3.13}$$

文字表述为，当滤波器工作在最优条件时，由滤波器输出定义的期望响应的估计 $y_{\mathrm{opt}}(n)$ 与相应的估计误差 $e_{\mathrm{opt}}(n)$ 彼此正交。这一结果称为正交性原理引理。

5.3.3 Wiener 滤波器

上面推导了滤波器处于最优工作状态下的充分必要条件 (5.3.11)。将式 (5.3.2) 代入后，式 (5.3.11) 可以改写为

$$\mathrm{E}\left\{u(n-k)\left[d^*(n) - \sum_{i=0}^{\infty} w_{\mathrm{opt},i}u^*(n-i)\right]\right\} = 0, \qquad k = 1, 2, \cdots \tag{5.3.14}$$

式中 $w_{\text{opt},i}$ 表示最优滤波器冲激响应中的第 i 个系数。将上式展开，并予以重排，则有

$$\sum_{i=1}^{\infty} w_{\text{opt},i} \mathrm{E}\{u(n-k)u^*(n-i)\} = \mathrm{E}\{u(n-k)d^*(n)\} \quad k=1,2,\cdots \tag{5.3.15}$$

式 (5.3.15) 中的两个数学期望项分别具有以下物理意义：

(1) 数学期望项 $\mathrm{E}\{u(n-k)u^*(n-i)\}$ 代表滤波器输入在滞后 $i-k$ 的自相关函数 $R_{u,u}(i-k)$，即

$$R_{u,u}(i-k) = \mathrm{E}\{u(n-k)u^*(n-i)\} \tag{5.3.16}$$

(2) 数学期望项 $\mathrm{E}\{u(n-k)d^*(n)\}$ 等于滤波器输入 $u(n-k)$ 与期望响应 $d(n)$ 在滞后 $-k$ 的互相关函数 $R_{u,d}(-k)$，即

$$R_{u,d}(-k) = \mathrm{E}\{u(n-k)d^*(n)\} \tag{5.3.17}$$

利用式 (5.3.16) 和式 (5.3.17)，可以将式 (5.3.15) 写作简洁形式

$$\sum_{i=0}^{\infty} w_{\text{opt},i} R_{u,u}(i-k) = R_{u,d}(-k), \qquad k=1,2,\cdots \tag{5.3.18}$$

这就是著名的 Wiener-Hopf (差分) 方程，它定义了最优滤波器系数必须服从的条件。原则上，若滤波器输入的自相关函数 $R_{u,u}(\tau)$ 以及输入与期望响应之间的互相关函数 $R_{u,d}(\tau)$ 可以估计，则求解 Wiener-Hopf 方程，即可获得最优滤波器的系数，从而完成最优滤波器的设计。然而，对于 IIR 滤波器而言，求解 Wiener-Hopf 方程是不现实的，因为需要求解无穷多个方程。

如果滤波器的冲激响应系数只有有限个，那么滤波器设计将大大简化。这类滤波器就是 FIR 滤波器，也称横向滤波器。图 5.3.2 示出了 FIR 滤波器的原理。

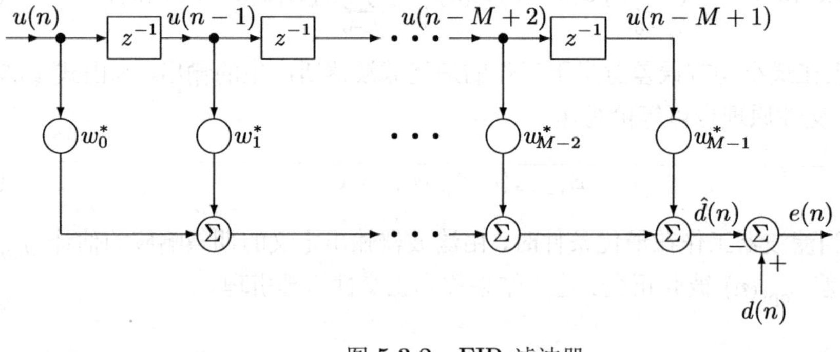

图 5.3.2 FIR 滤波器

如图 5.3.2 所示，滤波器冲激响应由 M 个抽头权系数 $w_0, w_1, \cdots, w_{M-1}$ 定义。于是，滤波器的输出为

$$y(n) = \sum_{i=0}^{M-1} w_i^* u(n-i), \quad n=0,1,\cdots \tag{5.3.19}$$

而 Wiener-Hopf 方程 (5.3.18) 则简化为 M 个齐次方程

$$\sum_{i=0}^{M-1} w_{\text{opt},i} R_{u,u}(i-k) = R_{u,d}(-k), \quad k=0,1,\cdots,M-1 \tag{5.3.20}$$

式中 $w_{\text{opt},i}$ 表示横向滤波器的最优抽头权系数。定义 $M\times 1$ 输入向量

$$\boldsymbol{u}(n) = [u(n), u(n-1), \cdots, u(n-M+1)]^{\text{T}} \tag{5.3.21}$$

则其自相关矩阵为

$$\boldsymbol{R} = \text{E}\{\boldsymbol{u}(n)\boldsymbol{u}^{\text{H}}(n)\} = \begin{bmatrix} R_{u,u}(0) & R_{u,u}(1) & \cdots & R_{u,u}(M-1) \\ R_{u,u}^*(1) & R_{u,u}(0) & \cdots & R_{u,u}(M-2) \\ \vdots & \vdots & \vdots & \vdots \\ R_{u,u}^*(M-1) & R_{u,u}^*(M-2) & \cdots & R_{u,u}(0) \end{bmatrix} \tag{5.3.22}$$

类似地，输入与期望响应的互相关向量为

$$\boldsymbol{r} = \text{E}\{\boldsymbol{u}(n)d^*(n)\} = [R_{u,d}(0), R_{u,d}(-1), \cdots, R_{u,d}(-M+1)]^{\text{T}} \tag{5.3.23}$$

利用式 (5.3.21)～式 (5.3.23)，可以将 Wiener-Hopf 方程组 (5.3.20) 写成紧凑的矩阵形式

$$\boldsymbol{R}\boldsymbol{w}_{\text{opt}} = \boldsymbol{r} \tag{5.3.24}$$

式中 $\boldsymbol{w}_{\text{opt}} = [w_{\text{opt},0}, w_{\text{opt},1}, \cdots, w_{\text{opt},M-1}]^{\text{T}}$ 表示横向滤波器的 $M\times 1$ 最优抽头权向量。

由矩阵方程 (5.3.24)，立即可以得到最优抽头权向量的解为

$$\boldsymbol{w}_{\text{opt}} = \boldsymbol{R}^{-1}\boldsymbol{r} \tag{5.3.25}$$

满足这一关系的离散时间横向滤波器称为 Wiener 滤波器，它在最小均方误差的准则下是最优的。事实上，在许多信号处理问题中遇到的离散时间滤波器都具有 Wiener 滤波器的形式。顺便指出，最优滤波理论是 Wiener 针对连续时间信号最早建立的。

由式 (5.3.25) 可以得出关于 Wiener 滤波器的两个主要结论：

(1) Wiener 滤波器最优抽头权向量的计算需要已知以下统计量：① 输入向量 $\boldsymbol{u}(n)$ 的自相关矩阵 $\boldsymbol{R}$；② 输入向量 $\boldsymbol{u}(n)$ 与期望响应 $d(n)$ 的互相关向量 $\boldsymbol{r}$。

(2) Wiener 滤波器实际上是无约束优化最优滤波问题的解。

5.4 Kalman 滤波

5.3 节分析了期望响应存在情况下的线性最优滤波器，得到了 Wiener 滤波器。一个自然会问的问题是：若期望响应未知，又如何进行线性最优滤波呢？本节将从状态空间模型出发，回答这个问题。基于状态空间模型的线性最优滤波器是 Kalman 提出的，称为 Kalman 滤波器。

Kalman 滤波理论是 Wiener 滤波理论的发展，它最早用于随机过程的参数估计，后来很快在各种最优滤波和最优控制问题中得到了极其广泛的应用。Kalman 滤波器具有以下特点：(1) 其数学公式用状态空间概念描述；(2) 它的解是递推计算的，即与 Wiener 滤波器不同，Kalman 滤波器是一种自适应滤波器。值得指出的是，Kalman 滤波器提供了推导称作递推最小二乘滤波器的一大类自适应滤波器的统一框架，在实际中使用广泛的递推最小二乘算法即是 Kalman 算法的一个特例。

5.4.1 Kalman 滤波问题

考虑一离散时间的动态系统，它由描述状态向量的过程方程和描述观测向量的观测方程共同表示。

(1) 过程方程

$$\boldsymbol{x}(n+1)=\boldsymbol{F}(n+1,n)\boldsymbol{x}(n)+\boldsymbol{v}_1(n) \tag{5.4.1}$$

式中，$M\times 1$ 向量 $\boldsymbol{x}(n)$ 表示系统在离散时间 n 的状态向量，它是不可观测的；$M\times M$ 矩阵 $\boldsymbol{F}(n+1,n)$ 称为状态转移矩阵，描述动态系统在时间 n 的状态到 $n+1$ 的状态之间的转移，它应该是已知的；而 $M\times 1$ 向量 $\boldsymbol{v}_1(n)$ 为过程噪声向量，描述状态转移中间的加性噪声或误差。

(2) 观测方程

$$\boldsymbol{y}(n)=\boldsymbol{C}(n)\boldsymbol{x}(n)+\boldsymbol{v}_2(n) \tag{5.4.2}$$

式中，$\boldsymbol{y}(n)$ 代表动态系统在时间 n 的 $N\times 1$ 观测向量；$N\times M$ 矩阵 $\boldsymbol{C}(n)$ 称为观测矩阵 (描述状态经过其作用，变成可观测数据)，要求是已知的；$\boldsymbol{v}_2$ 表示观测噪声向量，其维数与观测向量的相同。

过程方程也称状态方程。为了分析的方便，通常假定过程噪声 $\boldsymbol{v}_1(n)$ 和观测噪声 $\boldsymbol{v}_2(n)$ 均为零均值的白噪声过程，它们的相关矩阵分别为

$$\mathrm{E}\{\boldsymbol{v}_1(n)\boldsymbol{v}_1^{\mathrm{H}}(k)\}=\begin{cases}\boldsymbol{Q}_1(n), & n=k\\ \boldsymbol{O}, & n\neq k\end{cases} \tag{5.4.3}$$

$$\mathrm{E}\{\boldsymbol{v}_2(n)\boldsymbol{v}_2^{\mathrm{H}}(k)\}=\begin{cases}\boldsymbol{Q}_2(n), & n=k\\ \boldsymbol{O}, & n\neq k\end{cases} \tag{5.4.4}$$

还假设状态的初始值 $\boldsymbol{x}(0)$ 与 $\boldsymbol{v}_1(n),\boldsymbol{v}_2(n)$ (其中 $n\geqslant 0$) 均不相关，并且噪声向量 $\boldsymbol{v}_1(n)$ 与 $\boldsymbol{v}_2(n)$ 也不相关，即有

$$\mathrm{E}\{\boldsymbol{v}_1(n)\boldsymbol{v}_2^{\mathrm{H}}(k)\}=\boldsymbol{O},\qquad \forall n,\, k \tag{5.4.5}$$

Kalman 滤波问题可以叙述为：利用观测数据向量 $\boldsymbol{y}(1),\cdots,\boldsymbol{y}(n)$，对 $n\geqslant 1$ 求状态向量 $\boldsymbol{x}(i)$ 各个分量的最小二乘估计。根据 i 和 n 的不同取值，Kalman 滤波问题又可进一步分为以下三类问题：

(1) 滤波 $(i=n)$：使用 n 时刻及以前时刻的测量数据，抽取 n 时刻的信息；

(2) 平滑 $(1\leqslant i<n)$：与滤波不同，待抽取的信息不一定是 n 时刻的量，一般是 n 以前某个时刻的信息；并且 n 时刻以后的测量数据也可以使用。即是说，得到感兴趣的结果的时

间通常要滞后于获得测量数据的时间。由于不仅能够使用 n 时刻及其以前时刻的测量数据，而且还能够利用 n 时刻以后的测量数据，所以平滑的结果要比滤波的结果在某种意义上更精确。

(3) 预测 $(i > n)$：使用 n 时刻及其以前时刻的测量数据，提前抽取 $n+\tau$ (其中 $\tau > 0$) 时刻的信息，因而它是 $n+\tau$ 时刻实际信息的一种预测结果。

5.4.2 新息过程

考虑一步预测问题：给定观测值 $\boldsymbol{y}(1),\cdots,\boldsymbol{y}(n-1)$，求观测向量 $\boldsymbol{y}(n)$ 的最小二乘估计，记作 $\hat{\boldsymbol{y}}_1(n) \stackrel{\text{def}}{=} \hat{\boldsymbol{y}}(n|\boldsymbol{y}(1),\cdots,\boldsymbol{y}(n-1))$。借助新息方法，一步预测问题很容易求解。新息方法是 Kailath 于 1968 年提出的 [143], [144]。

1. 新息过程的性质

$\boldsymbol{y}(n)$ 的新息过程 (innovation process) 定义为

$$\boldsymbol{\alpha}(n) = \boldsymbol{y}(n) - \hat{\boldsymbol{y}}_1(n), \qquad n = 1, 2, \cdots \tag{5.4.6}$$

式中，$N \times 1$ 向量 $\boldsymbol{\alpha}(n)$ 表示观测数据 $\boldsymbol{y}(n)$ 的新的信息，简称新息。

新息 $\boldsymbol{\alpha}(n)$ 具有以下性质。

性质 1　n 时刻的新息 $\boldsymbol{\alpha}(n)$ 与所有过去的观测数据 $\boldsymbol{y}(1),\cdots,\boldsymbol{y}(n-1)$ 正交，即

$$\mathrm{E}\{\boldsymbol{\alpha}(n)\boldsymbol{y}^{\mathrm{H}}(k)\} = \boldsymbol{O}, \qquad 1 \leqslant k \leqslant n-1 \tag{5.4.7}$$

式中 $\boldsymbol{O}$ 表示零矩阵 (即元素全部为零的矩阵)。

性质 2　新息过程由彼此正交的随机向量序列 $\{\boldsymbol{\alpha}(n)\}$ 组成，即有

$$\mathrm{E}\{\boldsymbol{\alpha}(n)\boldsymbol{\alpha}^{\mathrm{H}}(k)\} = \boldsymbol{O}, \qquad 1 \leqslant k \leqslant n-1 \tag{5.4.8}$$

性质 3　表示观测数据的随机向量序列 $\{\boldsymbol{y}(1),\cdots,\boldsymbol{y}(n)\}$ 与表示新息过程的随机向量序列 $\{\boldsymbol{\alpha}(1),\cdots,\boldsymbol{\alpha}(n)\}$ 一一对应，即

$$\{\boldsymbol{y}(1),\cdots,\boldsymbol{y}(n)\} \Longleftrightarrow \{\boldsymbol{\alpha}(1),\cdots,\boldsymbol{\alpha}(n)\} \tag{5.4.9}$$

以上性质表明：n 时刻的新息 $\alpha(n)$ 是一个与 n 时刻之前的观测数据 $y(1),\cdots,y(n-1)$ 不相关、并具有白噪声性质的随机过程，但它却能够提供有关 $\boldsymbol{y}(n)$ 的新信息。这就是新息的内在物理含义。

2. 新息过程的计算

下面分析新息过程的相关矩阵

$$\boldsymbol{R}(n) = \mathrm{E}\{\boldsymbol{\alpha}(n)\boldsymbol{\alpha}^{\mathrm{H}}(n)\} \tag{5.4.10}$$

在 Kalman 滤波中，并不直接估计观测数据向量的一步预测 $\hat{\boldsymbol{y}}_1(n)$，而是先计算状态向量的一步预测

$$\hat{\boldsymbol{x}}_1(n) \stackrel{\text{def}}{=} \boldsymbol{x}(n|\boldsymbol{y}(1),\cdots,\boldsymbol{y}(n-1)) \tag{5.4.11}$$

然后再得到

$$\hat{\boldsymbol{y}}_1(n) = \boldsymbol{C}(n)\hat{\boldsymbol{x}}_1(n) \tag{5.4.12}$$

将上式代入新息过程的定义式 (5.4.6)，可以将新息过程重新写作

$$\boldsymbol{\alpha}(n) = \boldsymbol{y}(n) - \boldsymbol{C}(n)\hat{\boldsymbol{x}}_1(n) = \boldsymbol{C}(n)[\boldsymbol{x}(n) - \hat{\boldsymbol{x}}_1(n)] + \boldsymbol{v}_2(n) \tag{5.4.13}$$

这就是新息过程的实际计算公式，条件是：一步预测的状态向量估计 $\hat{\boldsymbol{x}}_1(n)$ 业已求出。

定义状态向量的一步预测误差

$$\boldsymbol{\varepsilon}(n, n-1) \stackrel{\text{def}}{=} \boldsymbol{x}(n) - \hat{\boldsymbol{x}}_1(n) \tag{5.4.14}$$

将此式代入式 (5.4.13)，则有

$$\boldsymbol{\alpha}(n) = \boldsymbol{C}(n)\boldsymbol{\varepsilon}(n, n-1) + \boldsymbol{v}_2(n) \tag{5.4.15}$$

在新息过程的相关矩阵定义式 (5.4.10) 中代入式 (5.4.14)，并注意到观测矩阵 $\boldsymbol{C}(n)$ 是一已知的确定矩阵，故有

$$\begin{aligned}\boldsymbol{R}(n) &= \boldsymbol{C}(n)\mathrm{E}\{\boldsymbol{\varepsilon}(n, n-1)\boldsymbol{\varepsilon}^{\mathrm{H}}(n, n-1)\}\boldsymbol{C}^{\mathrm{H}}(n) + \mathrm{E}\{\boldsymbol{v}_2(n)\boldsymbol{v}_2^{\mathrm{H}}(n)\} \\ &= \boldsymbol{C}(n)\boldsymbol{K}(n, n-1)\boldsymbol{C}^{\mathrm{H}}(n) + \boldsymbol{Q}_2(n)\end{aligned} \tag{5.4.16}$$

式中 $\boldsymbol{Q}_2(n)$ 是观测噪声 $\boldsymbol{v}_2(n)$ 的相关矩阵，而

$$\boldsymbol{K}(n, n-1) = \mathrm{E}\{\boldsymbol{\varepsilon}(n, n-1)\boldsymbol{\varepsilon}^{\mathrm{H}}(n, n-1)\} \tag{5.4.17}$$

表示 (一步) 预测状态误差的相关矩阵。

5.4.3 Kalman 滤波算法

有了新息过程的有关知识和信息之后，即可转入 Kalmal 滤波算法的核心问题的讨论：如何利用新息过程估计状态向量的预测？最自然的方法是用新息过程序列 $\boldsymbol{\alpha}(1), \cdots, \boldsymbol{\alpha}(n)$ 的线性组合直接构造状态向量的一步预测

$$\hat{\boldsymbol{x}}_1(n+1) \stackrel{\text{def}}{=} \hat{\boldsymbol{x}}(n+1|\boldsymbol{y}(1), \cdots, \boldsymbol{y}(n)) = \sum_{k=1}^{n} \boldsymbol{W}_1(k)\boldsymbol{\alpha}(k) \tag{5.4.18}$$

式中 $\boldsymbol{W}_1(k)$ 表示与一步预测相对应的权矩阵，且 k 为离散时间。现在的问题是如何确定这个权矩阵？

根据正交性原理，最优预测的估计误差 $\boldsymbol{\varepsilon}(n+1, n) = \boldsymbol{x}(n+1) - \hat{\boldsymbol{x}}_1(n+1)$ 应该与已知值正交，故有

$$\mathrm{E}\{\boldsymbol{\varepsilon}(n+1, n)\boldsymbol{\alpha}^{\mathrm{H}}(k)\} = \mathrm{E}\{[\boldsymbol{x}(n+1) - \hat{\boldsymbol{x}}_1(n+1)]\boldsymbol{\alpha}^{\mathrm{H}}(k)\} = \boldsymbol{O}, \quad k = 1, \cdots, n \tag{5.4.19}$$

将式 (5.4.18) 代入式 (5.4.19)，并利用新息过程的正交性，得到

$$\mathrm{E}\{\boldsymbol{x}(n+1)\boldsymbol{\alpha}^{\mathrm{H}}(k)\} = \boldsymbol{W}_1(k)\mathrm{E}\{\boldsymbol{\alpha}(k)\boldsymbol{\alpha}^{\mathrm{H}}(k)\} = \boldsymbol{W}_1(k)\boldsymbol{R}(k)$$

由此可以求出权矩阵的表达式

$$\boldsymbol{W}_1(k)=\mathrm{E}\{\boldsymbol{x}(n+1)\boldsymbol{\alpha}^{\mathrm{H}}(k)\}\boldsymbol{R}^{-1}(k) \tag{5.4.20}$$

将式 (5.4.20) 代入式 (5.4.18)，状态向量的一步预测的最小均方估计便可表示为

$$\begin{aligned}\hat{\boldsymbol{x}}_1(n+1)=&\sum_{k=1}^{n-1}\mathrm{E}\{\boldsymbol{x}(n+1)\boldsymbol{\alpha}^{\mathrm{H}}(k)\}\boldsymbol{R}^{-1}(k)\boldsymbol{\alpha}(k)\\&+\mathrm{E}\{\boldsymbol{x}(n+1)\boldsymbol{\alpha}^{\mathrm{H}}(n)\}\boldsymbol{R}^{-1}(n)\boldsymbol{\alpha}(n)\end{aligned} \tag{5.4.21}$$

注意到 $\mathrm{E}\{\boldsymbol{v}_1(n)\boldsymbol{\alpha}(k)\}=\boldsymbol{O}, k=0,1,\cdots,n$，并利用状态方程 (5.4.1)，易知

$$\begin{aligned}\mathrm{E}\{\boldsymbol{x}(n+1)\boldsymbol{\alpha}^{\mathrm{H}}(k)\}&=\mathrm{E}\{[\boldsymbol{F}(n+1,n)\boldsymbol{x}(n)+\boldsymbol{v}_1(n)]\boldsymbol{\alpha}^{\mathrm{H}}(k)\}\\&=\boldsymbol{F}(n+1,n)\mathrm{E}\{\boldsymbol{x}(n)\boldsymbol{\alpha}^{\mathrm{H}}(k)\}\end{aligned} \tag{5.4.22}$$

对 $k=0,1,\cdots,n$ 成立。

将式 (5.4.22) 代入式 (5.4.21) 右边第一项 (求和项)，可将其化简为

$$\begin{aligned}&\sum_{k=1}^{n-1}\mathrm{E}\{\boldsymbol{x}(n+1)\boldsymbol{\alpha}^{\mathrm{H}}(k)\}\boldsymbol{R}^{-1}(k)\boldsymbol{\alpha}(k)\\&=\boldsymbol{F}(n+1,n)\sum_{k=1}^{n-1}\mathrm{E}\{\boldsymbol{x}(n)\boldsymbol{\alpha}^{\mathrm{H}}(k)\}\boldsymbol{R}^{-1}(k)\boldsymbol{\alpha}(k)\\&=\boldsymbol{F}(n+1,n)\hat{\boldsymbol{x}}_1(n)\end{aligned} \tag{5.4.23}$$

另一方面，若定义

$$\boldsymbol{G}(n)\overset{\mathrm{def}}{=}\mathrm{E}\{\boldsymbol{x}(n+1)\boldsymbol{\alpha}^{\mathrm{H}}(n)\}\boldsymbol{R}^{-1}(n) \tag{5.4.24}$$

并将式 (5.4.23) 和式 (5.4.24) 代入式 (5.4.21)，则得到状态向量一步预测的更新公式

$$\hat{\boldsymbol{x}}_1(n+1)=\boldsymbol{F}(n+1,n)\hat{\boldsymbol{x}}_1(n)+\boldsymbol{G}(n)\boldsymbol{\alpha}(n) \tag{5.4.25}$$

式 (5.4.25) 在 Kalman 滤波算法中起着关键的作用，因为它表明，$n+1$ 时刻的状态向量的一步预测分为非自适应 (即确定) 部分 $\boldsymbol{F}(n+1,n)\hat{\boldsymbol{x}}_1(n)$ 和自适应 (即校正) 部分 $\boldsymbol{G}(n)\boldsymbol{\alpha}(n)$。因此，$\boldsymbol{G}(n)$ 称为 Kalman 增益 (矩阵)。

下面是基于一步预测的 Kalman 自适应滤波算法。

算法 5.4.1 Kalman 自适应滤波算法

初始条件:

$\hat{\boldsymbol{x}}_1(1)=\mathrm{E}\{\boldsymbol{x}(1)\}$

$\boldsymbol{K}(1,0)=\mathrm{E}\{[\boldsymbol{x}(1)-\bar{\boldsymbol{x}}(1)][\boldsymbol{x}(1)-\bar{\boldsymbol{x}}(1)]^{\mathrm{H}}\}$，其中 $\bar{\boldsymbol{x}}(1)=\mathrm{E}\{\boldsymbol{x}(1)\}$

输入观测向量过程:

观测向量序列 $=\{\boldsymbol{y}(1),\cdots,\boldsymbol{y}(n)\}$

已知参数:

状态转移矩阵 $\boldsymbol{F}(n+1,n)$

观测矩阵 $\boldsymbol{C}(n)$

过程噪声向量的相关矩阵 $\boldsymbol{Q}_1(n)$

观测噪声向量的相关矩阵 $\boldsymbol{Q}_2(n)$

计算： $n = 1, 2, 3, \cdots$

$$\boldsymbol{G}(n) = \boldsymbol{F}(n+1,n)\boldsymbol{K}(n,n-1)\boldsymbol{C}^{\mathrm{H}}(n)\left[\boldsymbol{C}(n)\boldsymbol{K}(n,n-1)\boldsymbol{C}^{\mathrm{H}}(n) + \boldsymbol{Q}_2(n)\right]^{-1}$$

$$\boldsymbol{\alpha}(n) = \boldsymbol{y}(n) - \boldsymbol{C}(n)\hat{\boldsymbol{x}}_1(n)$$

$$\hat{\boldsymbol{x}}_1(n+1) = \boldsymbol{F}(n+1,n)\hat{\boldsymbol{x}}_1(n) + \boldsymbol{G}(n)\boldsymbol{\alpha}(n)$$

$$\boldsymbol{P}(n) = \boldsymbol{K}(n,n-1) - \boldsymbol{F}^{-1}(n+1,n)\boldsymbol{G}(n)\boldsymbol{C}(n)\boldsymbol{K}(n,n-1)$$

$$\boldsymbol{K}(n+1,n) = \boldsymbol{F}(n+1,n)\boldsymbol{P}(n)\boldsymbol{F}^{\mathrm{H}}(n+1,n) + \boldsymbol{Q}_1(n)$$

Kalman 滤波器的估计性能是：它使滤波后的状态估计误差的相关矩阵 $\boldsymbol{P}(n)$ 的迹最小化。这意味着，Kalman 滤波器是状态向量 $\boldsymbol{x}(n)$ 的线性最小方差估计 [12],[122],[129]。

5.5 LMS 类自适应算法

与 Kalman 滤波算法基于状态空间模型不同，另一大类自适应算法则基于优化理论中的 (梯度) 下降算法。下降算法有两种主要实现方式。一种是自适应梯度算法，另一种是自适应高斯–牛顿算法。

自适应梯度算法包括最小均方 (Least mean square, LMS) 算法及其各种变型和改进 (统称 LMS 类自适应算法)，自适应高斯–牛顿算法则包括递推最小二乘 (recursive least squares, RLS) 算法及其变型和改进。

本节介绍 LMS 类自适应算法。

5.5.1 下降算法

滤波器设计最常用的准则是使滤波器实际输出 $y(n) = \boldsymbol{u}^{\mathrm{T}}(n)\boldsymbol{w}^* = \boldsymbol{w}^{\mathrm{H}}\boldsymbol{u}(n)$ 与期望响应 $d(n)$ 之间的均方误差 $\mathrm{E}\{|e(n)|^2\}$ 为最小，这就是著名的最小均方误差 (MMSE) 准则。

图 5.5.1 画出了自适应 FIR 滤波器的原理图。

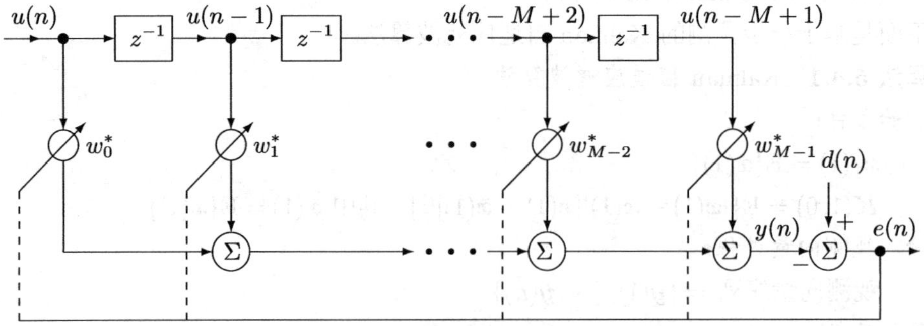

图 5.5.1 自适应 FIR 滤波器

令

$$\varepsilon(n) = d(n) - \boldsymbol{w}^{\mathrm{H}}\boldsymbol{u}(n) \tag{5.5.1}$$

表示滤波器在 n 时刻的估计误差，并定义均方误差

$$J(n) \stackrel{\text{def}}{=} \mathrm{E}\{|\varepsilon(n)|^2\} = \mathrm{E}\left\{\left|d(n) - \boldsymbol{w}^{\mathrm{H}}\boldsymbol{u}(n)\right|^2\right\} \tag{5.5.2}$$

为代价函数。

代价函数相对于滤波器抽头权向量 $\boldsymbol{w}$ 的梯度为

$$\begin{aligned}\nabla_k J(n) &= -2\mathrm{E}\{u(n-k)\varepsilon^*(n)\} \\ &= -2\mathrm{E}\left\{u(n-k)\left[d(n) - \boldsymbol{w}^{\mathrm{H}}\boldsymbol{u}(n)\right]^*\right\}, \quad k = 0, 1, \cdots, M-1\end{aligned} \tag{5.5.3}$$

令 $w_i = a_i + \mathrm{j}b_i, i = 0, 1, \cdots, M-1$，并定义梯度向量

$$\begin{aligned}\boldsymbol{\nabla} J(n) &\stackrel{\text{def}}{=} [\nabla_0 J(n), \nabla_1 J(n), \cdots, \nabla_{M-1}(n)]^{\mathrm{T}} \\ &= \begin{bmatrix} \dfrac{\partial J(n)}{\partial a_0(n)} + \mathrm{j}\dfrac{\partial J(n)}{\partial b_0(n)} \\ \dfrac{\partial J(n)}{\partial a_1(n)} + \mathrm{j}\dfrac{\partial J(n)}{\partial b_1(n)} \\ \vdots \\ \dfrac{\partial J(n)}{\partial a_{M-1}(n)} + \mathrm{j}\dfrac{\partial J(n)}{\partial b_{M-1}(n)} \end{bmatrix}\end{aligned} \tag{5.5.4}$$

以及输入向量和抽头权向量

$$\boldsymbol{u}(n) = [u(n), u(n-1), \cdots, u(n-M+1)]^{\mathrm{T}} \tag{5.5.5}$$

$$\boldsymbol{w}(n) = [w_0(n), w_1(n), \cdots, w_{M-1}(n)]^{\mathrm{T}} \tag{5.5.6}$$

则式 (5.5.4) 可以写作向量形式

$$\boldsymbol{\nabla} J(n) = -2\mathrm{E}\left\{\boldsymbol{u}(n)\left[d^*(n) - \boldsymbol{u}^{\mathrm{H}}(n)\boldsymbol{w}(n)\right]\right\} = -2\boldsymbol{r} + 2\boldsymbol{R}\boldsymbol{w}(n) \tag{5.5.7}$$

式中

$$\boldsymbol{R} = \mathrm{E}\{\boldsymbol{u}(n)\boldsymbol{u}^{\mathrm{H}}(n)\} \tag{5.5.8}$$

$$\boldsymbol{r} = \mathrm{E}\{\boldsymbol{u}(n)d^*(n)\} \tag{5.5.9}$$

最广泛使用的自适应算法形式为“下降算法”

$$\boldsymbol{w}(n) = \boldsymbol{w}(n-1) + \mu(n)\boldsymbol{v}(n) \tag{5.5.10}$$

式中 $\boldsymbol{w}(n)$ 为第 n 步迭代 (也即时刻 n) 的权向量，$\mu(n)$ 为第 n 次迭代的更新步长，而 $\boldsymbol{v}(n)$ 为第 n 次迭代的更新方向 (向量)。

5.5.2 LMS 算法及其基本变型

最常用的下降算法为梯度下降法，常称最陡下降法。在这种算法里，更新方向向量 $\boldsymbol{v}(n)$ 取作第 $n-1$ 次迭代的代价函数 $J[\boldsymbol{w}(n-1)]$ 的负梯度，即最陡下降法 (也称梯度算法) 的统一形式为

$$\boldsymbol{w}(n)=\boldsymbol{w}(n-1)-\frac{1}{2}\mu(n)\boldsymbol{\nabla}J(n-1) \tag{5.5.11}$$

系数 1/2 是为了使得到的更新公式更简单。

将式 (5.5.7) 代入式 (5.5.11)，即可得到抽头权向量 $\boldsymbol{w}(n)$ 的更新公式为

$$\boldsymbol{w}(n)=\boldsymbol{w}(n-1)+\mu(n)[\boldsymbol{r}-\boldsymbol{R}\boldsymbol{w}(n-1)],\quad n=1,2,\cdots \tag{5.5.12}$$

更新公式 (5.5.12) 表明：

(1) $[\boldsymbol{r}-\boldsymbol{R}\boldsymbol{w}(n-1)]$ 为误差向量, 它代表了 $\boldsymbol{w}(n)$ 每步的校正量；

(2) 参数 $\mu(n)$ 与校正量相乘，它是控制 $\boldsymbol{w}(n)$ 每步的实际校正量的参数，因此 $\mu(n)$ 称为在时间 n 的“步长参数”。这一参数决定了更新算法 (5.5.12) 的收敛速度。

(3) 当自适应算法趋于收敛时，则有 $\boldsymbol{r}-\boldsymbol{R}\boldsymbol{w}(n-1)\to 0$ (若 $n\to\infty$)，即有

$$\lim_{n\to\infty}\boldsymbol{w}(n-1)=\boldsymbol{R}^{-1}\boldsymbol{r}$$

即抽头权向量收敛为 Wiener 滤波器。

当式 (5.5.7) 中的数学期望项 $\mathrm{E}\{\boldsymbol{u}(n)d^*(n)\}$ 和 $\mathrm{E}\{\boldsymbol{u}(n)\boldsymbol{u}^{\mathrm{H}}(n)\}$ 分别用它们各自的瞬时值 $\boldsymbol{u}(n)d^*(n)$ 和 $\boldsymbol{u}(n)\boldsymbol{u}^{\mathrm{H}}(n)$ 代替时，便得到真实梯度向量的估计值

$$\hat{\boldsymbol{\nabla}}J(n)=-2[\boldsymbol{u}(n)d^*(n)-\boldsymbol{u}(n)\boldsymbol{u}^{\mathrm{H}}(n)\boldsymbol{w}(n)] \tag{5.5.13}$$

习惯称为瞬时梯度。

若梯度算法 (5.5.11) 中的真实梯度向量 $\boldsymbol{\nabla}J(n-1)$ 用瞬时梯度向量 $\hat{\boldsymbol{\nabla}}J(n-1)$ 代替后，即得到瞬时梯度算法

$$\begin{aligned}\boldsymbol{w}(n)&=\boldsymbol{w}(n-1)+\mu(n)\boldsymbol{u}(n)[d(n)-\boldsymbol{u}^{\mathrm{T}}(n)\boldsymbol{w}^*(n-1)]^*\\&=\boldsymbol{w}(n-1)+\mu(n)e^*(n)\boldsymbol{u}(n)\end{aligned} \tag{5.5.14}$$

式中

$$e(n)=d(n)-\boldsymbol{u}^{\mathrm{T}}(n)\boldsymbol{w}^*(n-1)=d(n)-\boldsymbol{w}^{\mathrm{H}}(n-1)\boldsymbol{u}(n) \tag{5.5.15}$$

注意，虽然 $e(n)$ 与式 (5.5.3) 定义的 $\varepsilon(n)$ 都是表示滤波器在 n 时刻的估计误差，但它们是不相同的：$e(n)$ 由 $\boldsymbol{w}(n-1)$ 决定，而 $\varepsilon(n)$ 则由 $\boldsymbol{w}(n)$ 决定。为区别计，常称 $e(n)$ 为先验估计误差，$\varepsilon(n)$ 为后验估计误差。

式 (5.5.14) 所示的算法就是著名的最小均方误差自适应算法，简称 LMS 算法，它是 Widrow 在 20 世纪 60 年代初提出的 [298]。

容易验证，瞬时梯度向量是真实梯度向量的无偏估计，因为

$$\begin{aligned}\mathrm{E}\{\hat{\boldsymbol{\nabla}}J(n)\} &= -2\mathrm{E}\{\boldsymbol{u}(n)[d^*(n)-\boldsymbol{u}^{\mathrm{H}}(n)\boldsymbol{w}(n-1)]\} \\ &= -2[\boldsymbol{r}-\boldsymbol{R}\boldsymbol{w}(n-1)] = \boldsymbol{\nabla}J(n)\end{aligned} \tag{5.5.16}$$

为了方便读者使用，这里将 LMS 自适应算法以及它的几种基本变型归纳如下。

算法 5.5.1 LMS 自适应算法及其基本变型

步骤 1 初始化：$\boldsymbol{w}(0)=0$；

步骤 2 更新：$n=1,2,\cdots$

$$e(n)=d(n)-\boldsymbol{w}^{\mathrm{H}}(n-1)\boldsymbol{u}(n)$$

$$\boldsymbol{w}(n)=\boldsymbol{w}(n-1)+\mu(n)\boldsymbol{u}(n)e^*(n)$$

下面是关于 LMS 算法的几点注释。

注释 1 若取 $\mu(n)=$ 常数，则称为基本 LMS 算法。

注释 2 若取 $\mu(n)=\dfrac{\alpha}{\beta+\boldsymbol{u}^{\mathrm{H}}(n)\boldsymbol{u}(n)}$，其中 $\alpha\in(0,2)$, $\beta\geqslant 0$，则得到归一化 LMS 算法，它是基本 LMS 算法的一种改进。

注释 3 在功率归一化 LMS 算法中，取 $\mu(n)=\frac{\alpha}{\sigma_u^2(n)}$，其中 σ_u^2 表示 $u(n)$ 的方差，可由 $\sigma_u^2(n)=\lambda\sigma_u^2(n-1)+e^2(n)$ 递推计算，这里 $\lambda\in(0,1]$ 为遗忘因子，由 $0<\alpha<\frac{2}{M}$ 确定，而 M 是滤波器的阶数。

注释 4 当期望信号未知时，步骤 2 中的 $d(n)$ 可直接用滤波器的实际输出 $y(n)$ 代替。

5.5.3 解相关 LMS 算法

在 LMS 算法中，隐含有一个独立性假设：横向滤波器的输入向量 $\boldsymbol{u}(1),\cdots,\boldsymbol{u}(n)$ 是彼此统计独立的向量序列。当它们之间不满足统计独立的条件时，基本 LMS 算法的性能将下降，尤其是收敛速度会比较慢。因此，在这种情况下，就需要解除各时刻输入向量之间的相关 (这一操作称为“解相关”)，使它们尽可能保持统计独立。大量的研究表明 ([118] 及其有关参考文献)，解相关能够有效加快 LMS 算法的收敛速率。

1. 时域解相关 LMS 算法

定义 $\boldsymbol{u}(n)$ 与 $\boldsymbol{u}(n-1)$ 在 n 时刻的相关系数为

$$a(n)\overset{\mathrm{def}}{=}\frac{\boldsymbol{u}^{\mathrm{H}}(n-1)\boldsymbol{u}(n)}{\boldsymbol{u}^{\mathrm{H}}(n-1)\boldsymbol{u}(n-1)} \tag{5.5.17}$$

根据定义，若 $a(n)=1$，则称 $\boldsymbol{u}(n)$ 是 $\boldsymbol{u}(n-1)$ 的相干信号；若 $a(n)=0$，则 $\boldsymbol{u}(n)$ 与 $\boldsymbol{u}(n-1)$ 不相关；当 $0<a(n)<1$ 时，称 $\boldsymbol{u}(n)$ 与 $\boldsymbol{u}(n-1)$ 相关，并且 $a(n)$ 越大，它们之间的相关性越强。

显然，$a(n)\boldsymbol{u}(n-1)$ 代表了 $\boldsymbol{u}(n)$ 中与 $\boldsymbol{u}(n-1)$ 相关的部分。若从 $\boldsymbol{u}(n)$ 中减去该部分，则这一减法运算相当于“解相关”。现在，用解相关的结果作为更新方向向量

$$\boldsymbol{v}(n)=\boldsymbol{u}(n)-a(n)\boldsymbol{u}(n-1) \tag{5.5.18}$$

从这一角度出发，把 $a(n)$ 称为解相关系数更为贴切。

另一方面，步长参数 $\mu(n)$ 应该是满足最小化问题的解

$$\mu(n) = \arg\min_{\mu} J[\boldsymbol{w}(n-1) + \mu\boldsymbol{v}(n)] \tag{5.5.19}$$

由此得

$$\mu(n) = \frac{e(n)}{\boldsymbol{u}^{\mathrm{H}}(n)\boldsymbol{v}(n)} \tag{5.5.20}$$

综合以上结果，可以得到解相关 LMS 算法如下。

算法 5.5.2　解相关 LMS 算法 [97]

步骤 1　初始化：$\boldsymbol{w}(0) = 0$；

步骤 2　更新：$n = 1, 2, \cdots$

$$e(n) = d(n) - \boldsymbol{w}^{\mathrm{H}}(n-1)\boldsymbol{u}(n)$$

$$a(n) = \frac{\boldsymbol{u}^{\mathrm{H}}(n-1)\boldsymbol{u}(n)}{\boldsymbol{u}^{\mathrm{H}}(n-1)\boldsymbol{u}(n-1)}$$

$$\boldsymbol{v}(n) = \boldsymbol{u}(n) - a(n)\boldsymbol{u}(n-1)$$

$$\mu(n) = \frac{\rho e(n)}{\boldsymbol{u}^{\mathrm{H}}(n)\boldsymbol{v}(n)}$$

$$\boldsymbol{w}(n) = \boldsymbol{w}(n-1) + \mu(n)\boldsymbol{v}(n)$$

上述算法中，参数 ρ 称为修整因子 (trimming factor)。

解相关 LMS 算法可视为一自适应辅助变量法，其中辅助变量由 $\boldsymbol{v}(n) = \boldsymbol{u}(n) - a(n)\boldsymbol{u}(n-1)$ 给出。粗略地讲，辅助变量的选择原则是：它应该与滞后的输入和输出强相关，而与干扰不相关。对辅助变量方法及其自适应算法感兴趣的读者可参考文献[339]。

更进一步地，上述算法中的辅助变量可以使用一前向预测器的误差向量代替。令 $\boldsymbol{a}(n)$ 为 M 阶前向预测器的权向量，计算前向预测误差

$$e^{\mathrm{f}}(n) = u(n) + \sum_{i=1}^{M} a_i(n)u(n-i) = u(n) + \boldsymbol{a}^{\mathrm{H}}(n)\boldsymbol{u}(n-1) \tag{5.5.21}$$

式中，$\boldsymbol{u}(n-1) = [u(n-1), \cdots, u(n-M)]^{\mathrm{T}}$ 和 $\boldsymbol{a}(n) = [a_1(n), \cdots, a_M(n)]^{\mathrm{T}}$。

用前向预测误差向量作辅助变量即更新方向向量

$$\boldsymbol{v}(n) = \boldsymbol{e}^{\mathrm{f}}(n) = [e^{\mathrm{f}}(n), e^{\mathrm{f}}(n-1), \cdots, e^{\mathrm{f}}(n-M+1)]^{\mathrm{T}} \tag{5.5.22}$$

若使用前向预测器对瞬时估计误差 $e(n) = y(n) - \boldsymbol{w}^{\mathrm{H}}(n-1)\boldsymbol{u}(n)$ 滤波，则得到滤波型 LMS 算法如下 [190]。

算法 5.5.3　滤波型 LMS 算法

步骤 1　初始化：$\boldsymbol{w}(0) = \boldsymbol{0}$；

步骤 2　更新：$n = 1, 2, \cdots$

给定一前向预测器 $\boldsymbol{a}(n)$ 的估计

$$e(n) = d(n) - \boldsymbol{w}^{\mathrm{H}}(n-1)\boldsymbol{u}(n)$$

$$\boldsymbol{e}(n)=[e(n),e(n-1),\cdots,e(n-M+1)]^{\mathrm{T}}$$

$$e^{\mathrm{f}}(n)=u(n)+\boldsymbol{a}^{\mathrm{T}}(n)\boldsymbol{u}(n-1)$$

$$\boldsymbol{e}^{\mathrm{f}}(n)=[e^{\mathrm{f}}(n),e^{\mathrm{f}}(n-1),\cdots,e^{\mathrm{f}}(n-M+1)]^{\mathrm{T}}$$

$$\tilde{e}(n)=e(n)+\boldsymbol{a}^{\mathrm{H}}(n)\boldsymbol{e}(n)\qquad(滤波)$$

$$\boldsymbol{w}(n)=\boldsymbol{w}(n-1)+\mu\boldsymbol{e}^{\mathrm{f}}(n)\tilde{e}(n)$$

2. 变换域解相关 LMS 算法

改进 LMS 算法性能的早期工作是对输入数据向量 $\boldsymbol{u}(n)$ 使用酉变换。对某些类型的输入信号，使用酉变换的算法可以提高收敛速率，而计算复杂度却与 LMS 算法相当。这类算法以及它们的变型统称变换域自适应滤波算法 [95],[205],[165],[198],[249],[31]。

酉变换可以使用离散 Fourier 变换 (DFT)、离散余弦变换 (DCT) 和离散 Hartley 变换 (DHT)，它们都可以有效地提高 LMS 算法的收敛速率。

令 $\boldsymbol{S}$ 是一 $M\times M$ 酉变换矩阵，即

$$\boldsymbol{S}\boldsymbol{S}^{\mathrm{H}}=\beta\boldsymbol{I}\tag{5.5.23}$$

式中 $\beta>0$ 为一固定标量。

用酉矩阵 $\boldsymbol{S}$ 对输入数据向量 $\boldsymbol{u}(n)$ 进行酉变换，得到

$$\boldsymbol{x}(n)=\boldsymbol{S}\boldsymbol{u}(n)\tag{5.5.24}$$

即变换后的输入数据变为 $\boldsymbol{x}(n)$。对应地，酉变换后的权向量 $\boldsymbol{w}(n-1)$ 变为

$$\hat{\boldsymbol{w}}(n-1)=\frac{1}{\beta}\boldsymbol{S}\boldsymbol{w}(n-1)\tag{5.5.25}$$

它就是需要更新估计的变换域自适应滤波器的权向量。

因此，原预测误差 $e(n)=d(n)-\boldsymbol{w}^{\mathrm{H}}(n-1)\boldsymbol{u}(n)$ 可改用变换后的输入数据向量 $\boldsymbol{x}(n)$ 和滤波器权向量$\hat{\boldsymbol{w}}(n-1)$ 表示，即

$$e(n)=d(n)-\hat{\boldsymbol{w}}^{\mathrm{H}}(n-1)\boldsymbol{x}(n)\tag{5.5.26}$$

将变换前后的输入数据向量 $\boldsymbol{u}(n)$ 与 $\boldsymbol{x}(n)$ 比较可知，原数据向量的元素是 $u(n-i+1)$ 的移位形式，它们相关性强，而 $\boldsymbol{x}(n)=[x_1(n),x_2(n),\cdots,x_M(n)]^{\mathrm{T}}$ 的元素则相当于 M 信道的信号，可以期望，它们具有比原信号 $u(n)$ 更弱的相关性。换言之，通过酉变换，在变换域实现了某种程度的解相关。从滤波器的角度讲，原来的单信道 M 阶 FIR 横向滤波器变成了等价的多信道滤波器，而原输入信号 $\boldsymbol{u}(n)$ 则等价通过一含有 M 个滤波器的滤波器组。

总结以上分析，很容易得到变换域 LMS 算法如下。

算法 5.5.4 变换域 LMS 算法

步骤 1 初始化：$\hat{\boldsymbol{w}}(0)=\boldsymbol{0}$；

步骤 2 给定一酉变换矩阵 $\boldsymbol{S}$

更新：$n=1,2,\cdots$

$$\boldsymbol{x}(n) = \boldsymbol{S}\boldsymbol{u}(n)$$

$$e(n) = d(n) - \hat{\boldsymbol{w}}^{\mathrm{H}}(n-1)\boldsymbol{x}(n)$$

$$\hat{\boldsymbol{w}}(n) = \hat{\boldsymbol{w}}(n-1) + \mu(n)\boldsymbol{x}(n)e(n)$$

特别地，若酉变换采用 DFT，则 $\boldsymbol{u}$ 变成输入数据向量 $\boldsymbol{u}(n)$ 的滑动窗 Fourier 变换。这表明，被估计的权向量 $\hat{\boldsymbol{w}}(k)$ 是时域滤波器 $\boldsymbol{w}(n)$ 的频率响应。因此，可以说，自适应发生在频域，即此时的滤波为频域自适应滤波。

5.5.4 学习速率参数的选择

LMS 算法中的步长参数 μ 决定抽头权向量在每步迭代中的更新量，是影响算法收敛速率的关键参数。由于 LMS 算法的目的是在更新过程中使抽头权向量逼近 Wiener 滤波器，所以权向量的更新过程可以视为一种学习过程，而 μ 决定 LMS 算法学习过程的快慢。从这个意义上讲，步长参数 μ 也称学习速率参数。下面从 LMS 算法收敛的角度，讨论学习速率参数的选择问题。

基本 LMS 算法的收敛可分为均值收敛与均方收敛两种 [129]：

1. 均值收敛

由式 (5.5.14)，可以建立基本 LMS 算法收敛必须满足的条件，即

$$\mathrm{E}\{e(n)\} \to 0 \qquad \text{若 } n \to \infty$$

或等价为 $\hat{\boldsymbol{w}}(n)$ 的值收敛为最优 Wiener 滤波器，即

$$\lim_{n\to\infty} \mathrm{E}\{\hat{\boldsymbol{w}}(n)\} = \boldsymbol{w}_{\mathrm{opt}} \tag{5.5.27}$$

这一收敛称为均值收敛。

为了保证 LMS 算法的权向量均值收敛，学习速率参数 $\mu(n)$ 必须满足条件

$$0 < \mu < \frac{2}{\lambda_{\max}} \tag{5.5.28}$$

2. 均方收敛

LMS 算法称为均方收敛，若当迭代次数 n 趋于无穷大时，误差信号 $\varepsilon(n) = d(n) - \boldsymbol{w}^{\mathrm{H}}(n)\boldsymbol{u}(n)$ 的均方值收敛为一常数，即

$$\lim_{n\to\infty} \mathrm{E}\left\{|\varepsilon(n)|^2\right\} = c \tag{5.5.29}$$

式中 c 为一正的常数。

LMS 算法的权向量均方收敛需要满足的条件是

$$0 < \mu < \frac{2}{\mathrm{tr}(\boldsymbol{R})} \tag{5.5.30}$$

或者

$$0 < \mu < \frac{2}{\text{总的输入能量}} \tag{5.5.31}$$

式中，tr($\boldsymbol{R}$) 是滤波器输出向量的自相关函数矩阵的秩。

对于图 5.5.1 的横向滤波器，式 (5.5.31) 的分母等于输入能量 $\mathrm{E}\{|u(n)|^2\}$ 的 M 倍。

3. 自适应学习速率参数

上面从 LMS 算法的均值收敛和均方收敛的角度分别得到了学习速率参数应该满足的条件。在 LMS 算法中最简单的学习速率参数选择是取 $\mu(n)$ 为一常数，即 $\mu(n)=\mu$。其中，μ 由式 (5.5.28)、式 (5.5.30) 或式 (5.5.31) 确定。然而，这种方法会引起收敛与稳态性能的矛盾：大的学习速率能够提高滤波器的收敛速率，但稳态性能就会降低；反之，为了提高稳态性能而采用小的学习速率时，收敛就会变慢。因此，学习速率的选择应该兼顾稳态性能与收敛速率。简单而有效的方法就是在不同的迭代时间使用不同的学习速率参数，即采用时变的学习速率。

最早的时变学习速率可追溯到 Robbins 与 Monro 于 1951 年提出的随机逼近法 [231]，而最简单的时变学习速率为

$$\mu(n) = \frac{c}{n} \tag{5.5.32}$$

式中，c 为一常数。这种选择常称为模拟退火法则。需要注意的是，若参数 c 比较大，则 LMS 算法有可能在经过若干迭代后即陷于发散。

更好的方法是在暂态即过渡阶段使用大的学习速率，而在稳态使用小的学习速率。学习速率参数的这种选择称为“换档变速方法”(gear-shifting approach) [298]。例如，“固定+时变”的学习速率就是典型的换档变速方法。下面试举两个典型例子。

第一个例子是使用所谓的“先搜索、后收敛”的法则 [88]

$$\mu(n) = \frac{\mu_0}{1+(n/\tau)} \tag{5.5.33}$$

式中 μ_0 为一固定的学习速率参数，而 τ 表示一“搜索时间常数”。由式 (5.5.33) 可以看出，这种法则在 $n \leqslant \tau$ 的迭代时间内使用近似固定的学习速率 μ_0；而当迭代时间 n 比搜索时间参数 τ 大时，学习速率则随时间衰减，并且衰减速度越来越快。

第二个例子是“先固定、后指数衰减”的法则 [306]

$$\mu(n) = \begin{cases} \mu_0, & n \leqslant N_0 \\ \mu_0 \mathrm{e}^{-N_d(n-N_0)}, & n > N_0 \end{cases} \tag{5.5.34}$$

式中 μ_0 和 N_d 分别为正的常数；N_0 为正整数。

上述时变的学习速率是预先确定的，与 LMS 算法的实际运行状态并没有直接的关系。如果时变的学习速率是由 LMS 算法的实际运行状态控制的，则这类时变的学习速率称为自适应学习速率，也称“学习规则的学习”(learning of learning rules)，是 Amari 于 1967 年提出的 [8]。已提出许多方法选择自适应学习速率，这里介绍三个例子。

(1) Harries 等人 [127] 通过检验 LMS 算法估计误差相邻样本值的极性控制学习速率。若估计误差存在 m_0 个相邻的符号变化，则适当减小学习速率；而如果存在 m_1 个相邻的同符号，则适当增加学习速率。

(2) Kwong 和 Johston [159] 提出根据预测误差的平方来调节学习速率。

(3) 以上方法需要用户选择一些附加的常数和初始学习速率，它们都是根据诸如“初始阶段使用大的学习速率，稳态阶段使用小的学习速率”的语言规则，并把这些语言规则转换成数学模型进行学习速率参数的调节。自然地，学习速率的调节也可以使用模糊系统理论和语言模型来实现，构成所谓的模糊步长调节。对这种方法感兴趣的读者可参考文献 [110]。

5.5.5 LMS 算法的统计性能分析

前面介绍了基本的 LMS 自适应算法及其学习速率的选择。下面应用独立性理论对 LMS 算法的统计性能进行分析。

LMS 算法的独立性理论最早是 Widrow 等人 [297] 和 Mazo [189] 提出的，其核心是下面的独立性假设：

(1) 输入向量 $\boldsymbol{u}(1),\boldsymbol{u}(2),\cdots,\boldsymbol{u}(n)$ 相互统计独立；

(2) 在时刻 n，输入向量 $\boldsymbol{u}(n)$ 与所有过去时刻的期望响应 $d(1),\cdots,d(n-1)$ 统计独立；

(3) 时刻 n 的期望响应 $d(n)$ 与 n 时刻的输入向量 $\boldsymbol{u}(n)$ 相关，但与过去时刻的输入向量统计独立；

(4) 输入向量 $\boldsymbol{u}(n)$ 和期望响应 $d(n)$ 对所有 n 组成联合高斯分布的随机变量。

令 $\boldsymbol{w}_{\text{opt}}$ 表示最优 Wiener 滤波器，则权误差向量定义为

$$\boldsymbol{\varepsilon}(n) \stackrel{\text{def}}{=} \boldsymbol{w}(n) - \boldsymbol{w}_{\text{opt}} \tag{5.5.35}$$

于是，由 LMS 算法产生的估计误差 $e(n) \stackrel{\text{def}}{=} d(n) - \boldsymbol{w}^{\text{H}}(n)\boldsymbol{u}(n)$ 可以改写为

$$e(n) = d(n) - \boldsymbol{w}_{\text{opt}}^{\text{H}}\boldsymbol{u}(n) - \boldsymbol{\varepsilon}^{\text{H}}(n)\boldsymbol{u}(n) = e_{\text{opt}}(n) - \boldsymbol{\varepsilon}^{\text{H}}\boldsymbol{u}(n) \tag{5.5.36}$$

式中 $e_{\text{opt}}(n)$ 是最优 Wiener 滤波器的估计误差。考虑抽头权向量 $\boldsymbol{w}(n)$ 的估计误差的均方值，简称均方误差，记作

$$\xi(n) = \text{MSE}(\boldsymbol{w}(n)) = \text{E}\left\{|e(n)|^2\right\} \tag{5.5.37}$$

利用独立性假设，易得

$$\begin{aligned}\xi(n) &= \text{E}\left\{\left[e_{\text{opt}}(n) - \boldsymbol{\varepsilon}^{\text{H}}(n)\boldsymbol{u}(n)\right]\left[e_{\text{opt}}^*(n) - \boldsymbol{u}^{\text{H}}(n)\boldsymbol{\varepsilon}(n)\right]\right\} \\ &= \xi_{\min} + \text{E}\left\{\boldsymbol{\varepsilon}^{\text{H}}(n)\boldsymbol{u}(n)\boldsymbol{u}^{\text{H}}(n)\boldsymbol{\varepsilon}(n)\right\}\end{aligned} \tag{5.5.38}$$

式中

$$\xi_{\min}(n) = \text{E}\left\{|e_{\text{opt}}(n)|^2\right\} = \text{E}\{e_{\text{opt}}(n)e_{\text{opt}}^*(n)\} \tag{5.5.39}$$

是最优 Wiener 滤波器产生的最小均方误差。

计算式 (5.5.38) 右边的第二项，有

$$\begin{aligned}\text{E}\left\{\boldsymbol{\varepsilon}^{\text{H}}(n)\boldsymbol{u}(n)\boldsymbol{u}^{\text{H}}(n)\boldsymbol{\varepsilon}(n)\right\} &= \text{E}\left\{\text{tr}\left(\boldsymbol{\varepsilon}^{\text{H}}(n)\boldsymbol{u}(n)\boldsymbol{u}^{\text{H}}(n)\boldsymbol{\varepsilon}(n)\right)\right\} \\ &= \text{tr}\left(\text{E}\left\{\boldsymbol{u}(n)\boldsymbol{u}^{\text{H}}(n)\boldsymbol{\varepsilon}(n)\boldsymbol{\varepsilon}^{\text{H}}(n)\right\}\right)\end{aligned} \tag{5.5.40}$$

式中使用了矩阵迹的性质 $\text{tr}(\boldsymbol{AB}) = \text{tr}(\boldsymbol{BA})$，并假定 $\boldsymbol{\varepsilon}(n)$ 与 $\boldsymbol{u}(n)$ 统计独立。

利用独立性假设，式 (5.5.40) 又可写作

$$\text{E}\left\{\boldsymbol{\varepsilon}^{\text{H}}(n)\boldsymbol{u}(n)\boldsymbol{u}^{\text{H}}(n)\boldsymbol{\varepsilon}(n)\right\} = \text{tr}\left(\text{E}\left\{\boldsymbol{u}(n)\boldsymbol{u}^{\text{H}}(n)\right\}\text{E}\left\{\boldsymbol{\varepsilon}(n)\boldsymbol{\varepsilon}^{\text{H}}(n)\right\}\right) = \text{tr}\left[\boldsymbol{RK}(n)\right] \tag{5.5.41}$$

式中 $\boldsymbol{R} = \text{E}\left\{\boldsymbol{u}(n)\boldsymbol{u}^{\text{H}}(n)\right\}$ 是输入向量的相关矩阵，而 $\boldsymbol{K}(n) = \text{E}\left\{\boldsymbol{\varepsilon}(n)\boldsymbol{\varepsilon}^{\text{H}}(n)\right\}$ 表示 n 时刻的滤波器权误差向量的相关矩阵，简称权误差相关矩阵。

将式 (5.5.41) 代入式 (5.5.38)，即可将 LMS 算法中的均方误差表示为

$$\xi(n) = \xi_{\min} + \text{tr}[\boldsymbol{RK}(n)] \tag{5.5.42}$$

由 n 时刻的自适应算法产生的均方误差 $\xi(n)$ 与由最优 Wiener 滤波器产生的最小均方误差 $\xi_{\min}$ 之差称为 n 时刻的自适应算法的剩余均方误差，记作 $\xi_{\text{ex}}(n)$，即有

$$\xi_{\text{ex}}(n) = \xi(n) - \xi_{\min} = \text{tr}[\boldsymbol{RK}(n)] \tag{5.5.43}$$

当 n 趋于无穷大时，剩余均方误差的极限值称为稳态剩余均方误差 (或称渐近剩余均方误差)，记作

$$\xi_{\text{ex}} = \xi_{\text{ex}}(\infty) = \lim_{n\to\infty} \text{tr}[\boldsymbol{RK}(n)] \tag{5.5.44}$$

本节最后考虑期望响应 $d(n)$ 的一种特殊选择 $d(n) \equiv 0$。此时，最小均方误差 (MMSE) 准则的代价函数变作

$$J(n) = \text{E}\left\{\left|\boldsymbol{w}^{\text{H}}\boldsymbol{u}(n)\right|^2\right\} \tag{5.5.45}$$

由于上式右边代表滤波器输出的能量，所以上式的最小化称为最小输出能量 (minimum output energy, MOE) 准则。

定义 n 时刻滤波器抽头权向量 $\boldsymbol{w}(n)$ 的平均输出能量 (mean output energy)

$$\eta(n) \stackrel{\text{def}}{=} \text{MOE}\left(\boldsymbol{w}(n)\right) = \text{E}\left\{\left|\boldsymbol{w}^{\text{H}}\boldsymbol{u}(n)\right|^2\right\} \tag{5.5.46}$$

由于权误差向量 $\boldsymbol{\varepsilon}(n) = \boldsymbol{w}(n) - \boldsymbol{w}_{\text{opt}}$，并且 $\boldsymbol{w}_{\text{opt}}$ 与滤波器输入向量 $\boldsymbol{u}(n)$ 统计独立，故由式 (5.5.46) 得

$$\begin{aligned}\eta(n) &= \text{E}\left\{\left|[\boldsymbol{w}_{\text{opt}} + \boldsymbol{\varepsilon}(n)]^{\text{H}}\boldsymbol{u}(n)\right|^2\right\} \\ &= \text{E}\left\{|\boldsymbol{w}_{\text{opt}}^{\text{H}}\boldsymbol{u}(n)|^2\right\} + \text{E}\left\{\boldsymbol{\varepsilon}^{\text{H}}(n)\boldsymbol{u}(n)\boldsymbol{u}^{\text{H}}(n)\boldsymbol{\varepsilon}(n)\right\} \\ &= \eta_{\min} + \text{E}\left\{\boldsymbol{\varepsilon}^{\text{H}}(n)\boldsymbol{u}(n)\boldsymbol{u}^{\text{H}}(n)\boldsymbol{\varepsilon}(n)\right\}\end{aligned} \tag{5.5.47}$$

式中 $\eta_{\min} = \text{E}\left\{|\boldsymbol{w}_{\text{opt}}^{\text{H}}\boldsymbol{u}(n)|^2\right\}$ 表示最优滤波器的输出能量，它就是自适应滤波器所能够达到的最小输出能量。

使滤波器达到最小输出能量的设计准则称为最小输出能量准则，简称 MOE (minimum output energy) 准则。

定义剩余输出能量

$$\eta_{\text{ex}}(n) \stackrel{\text{def}}{=} \eta(n) - \eta_{\min} \tag{5.5.48}$$

并利用式 (5.5.41)，则有

$$\eta_{\rm ex}(n) = {\rm E}\left\{\boldsymbol{\varepsilon}^{\rm H}(n)\boldsymbol{u}(n)\boldsymbol{u}^{\rm H}(n)\boldsymbol{\varepsilon}(n)\right\} = {\rm tr}[\boldsymbol{RK}(n)] \tag{5.5.49}$$

比较式 (5.5.49) 与式 (5.5.43) 知

$$\eta_{\rm ex}(\infty) = \xi_{\rm ex}(\infty) \tag{5.5.50}$$

即是说，滤波器的稳态剩余输出能量与稳态剩余输出均方误差等价。

以上分析表明，尽管根据 MMSE 准则与 MOE 准则设计的滤波器抽头权向量可能不同，但它们的稳态剩余均方误差和稳态剩余输出能量等价。特别地，实际测量的剩余均方误差 $\xi_{\rm ex}(n)$ 相对于迭代时间 n 的变化曲线称为 LMS 算法的学习曲线，它是一条随时间衰减的曲线，从中可以看出 LMS 算法的收敛性能 (收敛的快慢与稳态剩余均方误差的大小)。

5.5.6 LMS 算法的跟踪性能

LMS 算法统计性能的上述分析是在 Wiener 滤波器固定不变的基本假设下进行的。因此，这些统计性能是标准 LMS 算法所具有的“平均性能”，它们适合于平稳环境。

在非平稳的环境下，系统的参数是时变的，因而 Wiener 滤波器的参数也应该是时变的，以跟踪系统的动态变化。评价 LMS 算法对非平稳环境的适应能力的指标是 LMS 算法的跟踪性能。根据参数随时间变化的快慢，时变系统有快时变和慢时变之分。这里只研究慢时变环境。

一个未知的动态系统可以用一横向滤波器建模，该滤波器的抽头权向量即冲激响应向量 $\boldsymbol{w}_{\rm opt}(n)$ 服从一阶 Markov 过程

$$\boldsymbol{w}_{\rm opt}(n+1) = a\boldsymbol{w}_{\rm opt}(n) + \boldsymbol{\omega}(n) \tag{5.5.51}$$

式中 a 为一固定的参数，对于慢时变系统，a 是一个非常接近于 1 的正数；$\boldsymbol{\omega}(n)$ 为过程噪声，其均值为零，相关矩阵为 $\boldsymbol{Q}$。

横向滤波器的输出 $\boldsymbol{w}_{\rm opt}^{\rm H}(n)\boldsymbol{u}(n)$ 逼近期望响应，其逼近误差 $v(n)$ 称为测量噪声。因此，横向滤波器的期望响应可以表示为

$$d(n) = \boldsymbol{w}_{\rm opt}^{\rm H}(n)\boldsymbol{u}(n) + v(n) \tag{5.5.52}$$

对滤波器的输入、过程噪声和测量噪声作如下假设：

(1) 过程噪声向量 $\boldsymbol{\omega}(n)$ 与输入向量 $\boldsymbol{u}(n)$、测量噪声向量 $\boldsymbol{v}(n)$ 独立；

(2) 输入向量 $\boldsymbol{u}(n)$ 和测量噪声 $v(n)$ 相互独立；

(3) 测量噪声 $v(n)$ 为白噪声，它具有零均值和有限方差 $\sigma_v^2 < \infty$。

为描述模型的“快”和“慢”变化，Macchi [180],[181] 将时变系统的“非平稳度”(degree of nonstationarity) 定义为由过程噪声向量 $\boldsymbol{\omega}(n)$ 引起的平均噪声功率与测量噪声引起的平均噪声功率之比，即

$$\alpha \stackrel{\rm def}{=} \left(\frac{{\rm E}\{|\boldsymbol{\omega}^{\rm H}(n)\boldsymbol{u}(n)|^2\}}{{\rm E}\{|v(n)|^2\}}\right)^{1/2} \tag{5.5.53}$$

注意，非平稳度 α 只是时变系统的一个特征描述，它并不对自适应滤波器作任何描述。

利用过程噪声向量 $\boldsymbol{\omega}(n)$ 与输入向量 $\boldsymbol{u}(n)$ 之间的统计独立性，并注意到对于标量 $\boldsymbol{x}^{\mathrm{H}}\boldsymbol{y}$ 而言，$\mathrm{E}\{\boldsymbol{x}^{\mathrm{H}}\boldsymbol{y}\}=\mathrm{tr}[\mathrm{E}\{\boldsymbol{x}^{\mathrm{H}}\boldsymbol{y}\}]$，容易得到式 (5.5.53) 的分子为 [129]

$$\begin{aligned}\mathrm{E}\{|\boldsymbol{\omega}^{\mathrm{H}}(n)\boldsymbol{u}(n)|^2\}&=\mathrm{E}\{\boldsymbol{\omega}^{\mathrm{H}}(n)\boldsymbol{u}(n)\boldsymbol{u}^{\mathrm{H}}(n)\boldsymbol{\omega}(n)\}\\&=\mathrm{tr}[\mathrm{E}\{\boldsymbol{\omega}^{\mathrm{H}}(n)\boldsymbol{u}(n)\boldsymbol{u}^{\mathrm{H}}(n)\boldsymbol{\omega}(n)\}]\\&=\mathrm{E}\{\mathrm{tr}[\boldsymbol{\omega}(n)\boldsymbol{\omega}^{\mathrm{H}}(n)\boldsymbol{u}(n)\boldsymbol{u}^{\mathrm{H}}(n)]\}\\&=\mathrm{tr}[\mathrm{E}\{\boldsymbol{\omega}(n)\boldsymbol{\omega}^{\mathrm{H}}(n)\}\mathrm{E}\{\boldsymbol{u}(n)\boldsymbol{u}^{\mathrm{H}}(n)\}]\\&=\mathrm{tr}(\boldsymbol{Q}\boldsymbol{R})\end{aligned}\tag{5.5.54}$$

式中 $\boldsymbol{Q}=\mathrm{E}\{\boldsymbol{\omega}(n)\boldsymbol{\omega}^{\mathrm{H}}(n)\}$ 是过程噪声向量 $\boldsymbol{\omega}(n)$ 的相关矩阵；$\boldsymbol{R}=\mathrm{E}\{\boldsymbol{u}(n)\boldsymbol{u}^{\mathrm{H}}(n)\}$ 表示输入向量$\boldsymbol{u}(n)$ 的相关矩阵。

另一方面，式 (5.5.53) 的分母是零均值的测量噪声 $v(n)$ 的方差 σ_v^2。将这一结果和式 (5.5.54) 代入式 (5.5.53)，即可将非平稳度简写作

$$\alpha=\frac{1}{\sigma_v}[\mathrm{tr}(\boldsymbol{Q}\boldsymbol{R})]^{1/2}=\frac{1}{\sigma_v}(\mathrm{tr}[\boldsymbol{R}\boldsymbol{Q}])^{1/2}\tag{5.5.55}$$

式中 $\mathrm{tr}(\boldsymbol{Q}\boldsymbol{R})=\mathrm{tr}(\boldsymbol{R}\boldsymbol{Q})$ 是因为矩阵乘积 $\boldsymbol{Q}\boldsymbol{R}$ 和 $\boldsymbol{R}\boldsymbol{Q}$ 具有相同的对角线元素。

除了前面介绍过的收敛速率外，失调 (misadjustment) 是衡量自适应滤波器性能的另一个重要测度。自适应滤波器的失调定义为滤波器稳态剩余均方误差 J_{ex} 与滤波器最小均方误差 $J_{\min}$ 之比，即

$$\mathcal{M}\stackrel{\mathrm{def}}{=}\frac{J_{\mathrm{ex}}}{J_{\min}}\tag{5.5.56}$$

式中，稳态剩余均方误差定义为滤波器输出的实际均方误差与最小均方误差之差，即 $J_{\mathrm{out}}-J_{\min}$。显然，当 $J_{\mathrm{ex}}=0$ 时，滤波器的输出刚好达到最小输出均方误差，因此，它是最小均方误差意义下的最优滤波器。此时，失调 $\mathcal{M}=0$，即滤波器不存在任何失调。由此可以看出，失调 $\mathcal{M}$ 实际上是一个衡量滤波器偏离最优滤波器的测度。只要剩余输出能量不等于零，便称滤波器存在失调。通常希望自适应滤波器的失调越小越好，这取决于滤波器的设计和滤波器所处的环境 (例如，滤波器希望跟踪的信号的非平稳度)。

下面分析非平稳度 α 与自适应滤波器的失调之间的关系。对于一个由 MMSE 准则设计的滤波器来说，其最小均方误差 $J_{\min}$ 等于测量噪声的方差，即有

$$J_{\min}=\sigma_v^2\tag{5.5.57}$$

另一方面，由 Malkov 模型公式 (5.5.51) 可以看出，过程噪声向量 $\boldsymbol{\omega}(n)$ 实际上就是滤波器权误差向量，即 $\boldsymbol{\omega}(n)\approx\boldsymbol{w}_{\mathrm{opt}}(n+1)-\boldsymbol{w}_{\mathrm{opt}}(n)=\boldsymbol{\varepsilon}(n)$，因为式 (5.5.51) 中的系数 a 非常接近于 1。这表明 n 时刻的过程噪声向量 $\boldsymbol{\omega}(n)$ 的相关矩阵 $\boldsymbol{Q}(n)=\mathrm{E}\{\boldsymbol{\omega}(n)\boldsymbol{\omega}^{\mathrm{H}}(n)\}\approx\mathrm{E}\{\boldsymbol{\varepsilon}(n)\boldsymbol{\varepsilon}^{\mathrm{H}}(n)\}=\boldsymbol{K}(n)$。将这一关系代入式 (5.5.49)，立即得到自适应滤波器 n 时刻的剩余输出能量

$$\eta_{\mathrm{ex}}(n)\approx\mathrm{tr}(\boldsymbol{R}\boldsymbol{Q})$$

若自适应滤波器不存在失调，则其稳态剩余输出能量 $J_{\text{ex}} = \eta_{\text{ex}}(\infty) = \text{tr}(\boldsymbol{RQ})$。即最小均方误差滤波器与最小能量滤波器等价。若自适应滤波器存在失调，则其稳态剩余输出能量 $J_{\text{ex}} > \text{tr}(\boldsymbol{RQ})$。因此，有

$$J_{\text{ex}} \geqslant \text{tr}(\boldsymbol{RQ}) \tag{5.5.58}$$

将式 (5.5.57) 和式 (5.5.58) 代入式 (5.5.56)，则有

$$\mathcal{M} \geqslant \frac{\text{tr}(\boldsymbol{RQ})}{\sigma_v^2} = \alpha^2 \tag{5.5.59}$$

换句话说，自适应滤波器的失调 $\mathcal{M}$ 是时变系统的非平稳度的平方值的上界。

以上分析给出下面的结论 [129]：

(1) 对于慢时变系统，由于非平稳度 α 小，故自适应滤波器可以跟踪时变系统的变化。

(2) 若时变系统的变化太快，以致于非平稳度 α 大于 1，那么在这样的情况下，由自适应滤波器造成的失调 $\mathcal{M} > 1$，即失调将超过 100%。这意味着，自适应滤波器将不可能跟踪这种快时变系统的变化。

5.6 RLS 自适应算法

本节将讨论最小二乘法的自适应实现，其目的是设计自适应的横向滤波器，使得在已知 $n-1$ 时刻横向滤波器抽头权系数的情况下，能够通过简单的更新，求出 n 时刻的滤波器抽头权系数。这样一种自适应的最小二乘算法称为递推最小二乘算法，简称 RLS 算法。

5.6.1 RLS 算法

与一般的最小二乘方法不同，这里考虑一种指数加权的最小二乘方法。顾名思义，在这种方法里，使用指数加权的误差平方和作为代价函数，即有

$$J(n) = \sum_{i=0}^{n} \lambda^{n-i} |\varepsilon(i)|^2 \tag{5.6.1}$$

式中，加权因子 $0 < \lambda < 1$ 称作遗忘因子，其作用是对离 n 时刻越近的误差加比较大的权重，而对离 n 时刻越远的误差加比较小的权重。换句话说，λ 对各个时刻的误差具有一定的遗忘作用，故称为遗忘因子。从这个意义上讲，$\lambda \equiv 1$ 相当于各时刻的误差被“一视同仁”，即无任何遗忘功能，或具有无穷记忆功能。此时，指数加权的最小二乘方法退化为一般的最小二乘方法。反之，若 $\lambda = 0$，则只有现时刻的误差起作用，而过去时刻的误差完全被遗忘，不起任何作用。在非平稳环境中，为了跟踪变化的系统，这两个极端的遗忘因子值都是不适合的。

式 (5.6.1) 中的估计误差定义为

$$\varepsilon(i) = d(i) - \boldsymbol{w}^{\text{H}}(n)\boldsymbol{u}(i) \tag{5.6.2}$$

式中 $d(i)$ 代表 i 时刻的期望响应。在期望响应不能已知的情况下，可取滤波器的实际输出直接作为期望响应 $d(i)$。注意，式 (5.6.2) 中的抽头权向量为 n 时刻的权向量 $\boldsymbol{w}(n)$，而不是 i 时刻的权向量 $\boldsymbol{w}(i)$，其理由如下：在自适应更新过程中，滤波器总是越来越好，这意味着，对于任何时刻 $i \leqslant n$ 而言，估计误差的绝对值 $|\varepsilon(i)| = |d(i) - \boldsymbol{w}^{\mathrm{H}}(n)\boldsymbol{u}(i)|$ 总是比 $|e(i)| = |d(i) - \boldsymbol{w}^{\mathrm{H}}(i)\boldsymbol{u}(i)|$ 小。因此，由 $\varepsilon(i)$ 构成的代价函数 $J(n)$ 总是比由 $e(i)$ 构成的代价函数 $\tilde{J}(n)$ 小，故代价函数 $J(n)$ 比 $\tilde{J}(n)$ 更合理。根据定义，$\varepsilon(i)$ 称为滤波器在 i 时刻的后验估计误差，而 $e(i)$ 则称为 i 时刻的先验估计误差。因此，加权误差平方和的完整表达式为

$$J(n) = \sum_{i=0}^{n} \lambda^{n-i} |d(i) - \boldsymbol{w}^{\mathrm{H}}(n)\boldsymbol{u}(i)|^2 \tag{5.6.3}$$

它是 $\boldsymbol{w}(n)$ 的函数。由 $\frac{\partial J(n)}{\partial \boldsymbol{w}} = 0$，易得 $\boldsymbol{R}(n)\boldsymbol{w}(n) = \boldsymbol{r}(n)$，其解为

$$\boldsymbol{w}(n) = \boldsymbol{R}^{-1}(n)\boldsymbol{r}(n) \tag{5.6.4}$$

式中

$$\boldsymbol{R}(n) = \sum_{i=0}^{n} \lambda^{n-i} \boldsymbol{u}(i)\boldsymbol{u}^{\mathrm{H}}(i) \tag{5.6.5}$$

$$\boldsymbol{r}(n) = \sum_{i=0}^{n} \lambda^{n-i} \boldsymbol{u}(i)d^*(i) \tag{5.6.6}$$

式 (5.6.4) 表明，指数加权最小二乘问题的解 $\boldsymbol{w}(n)$ 再一次为 Wiener 滤波器。下面考虑它的自适应更新。

根据定义式 (5.6.5) 和式 (5.6.6)，易得递推估计公式

$$\boldsymbol{R}(n) = \lambda \boldsymbol{R}(n-1) + \boldsymbol{u}(n)\boldsymbol{u}^{\mathrm{H}}(n) \tag{5.6.7}$$

$$\boldsymbol{r}(n) = \lambda \boldsymbol{r}(n-1) + \boldsymbol{u}(n)d^*(n) \tag{5.6.8}$$

对式 (5.6.7) 使用著名的矩阵求逆引理，又可得逆矩阵 $\boldsymbol{P}(n) = \boldsymbol{R}^{-1}(n)$ 的递推公式

$$\begin{aligned} \boldsymbol{P}(n) &= \frac{1}{\lambda}\left[\boldsymbol{P}(n-1) - \frac{\boldsymbol{P}(n-1)\boldsymbol{u}(n)\boldsymbol{u}^{\mathrm{H}}(n)\boldsymbol{P}(n-1)}{\lambda + \boldsymbol{u}^{\mathrm{H}}(n)\boldsymbol{P}(n-1)\boldsymbol{u}(n)}\right] \\ &= \frac{1}{\lambda}\left[\boldsymbol{P}(n-1) - \boldsymbol{k}(n)\boldsymbol{u}^{\mathrm{H}}(n)\boldsymbol{P}(n-1)\right] \end{aligned} \tag{5.6.9}$$

式中 $\boldsymbol{k}(n)$ 称为增益向量，定义为

$$\boldsymbol{k}(n) = \frac{\boldsymbol{P}(n-1)\boldsymbol{u}(n)}{\lambda + \boldsymbol{u}^{\mathrm{H}}(n)\boldsymbol{P}(n-1)\boldsymbol{u}(n)} \tag{5.6.10}$$

利用式 (5.6.9) 不难证明

$$\begin{aligned} \boldsymbol{P}(n)\boldsymbol{u}(n) &= \frac{1}{\lambda}\left[\boldsymbol{P}(n-1)\boldsymbol{u}(n) - \boldsymbol{k}(n)\boldsymbol{u}^{\mathrm{H}}(n)\boldsymbol{P}(n-1)\boldsymbol{u}(n)\right] \\ &= \frac{1}{\lambda}\left\{\left[\lambda + \boldsymbol{u}^{\mathrm{H}}(n)\boldsymbol{P}(n-1)\boldsymbol{u}(n)\right]\boldsymbol{k}(n) - \boldsymbol{k}(n)\boldsymbol{u}^{\mathrm{H}}(n)\boldsymbol{P}(n-1)\boldsymbol{u}(n)\right\} \\ &= \boldsymbol{k}(n) \end{aligned} \tag{5.6.11}$$

另一方面，由式 (5.6.4) 又有

$$\begin{aligned}\boldsymbol{w}(n) =&\boldsymbol{R}^{-1}(n)\boldsymbol{r}(n) = \boldsymbol{P}(n)\boldsymbol{r}(n)\\ =&\frac{1}{\lambda}\left[\boldsymbol{P}(n-1) - \boldsymbol{k}(n)\boldsymbol{u}^{\mathrm{H}}(n)\boldsymbol{P}(n-1)\right]\left[\lambda\boldsymbol{r}(n-1) + d^*(n)\boldsymbol{u}(n)\right]\\ =&\boldsymbol{P}(n-1)\boldsymbol{r}(n-1) + \frac{1}{\lambda}d^*(n)\left[\boldsymbol{P}(n-1)\boldsymbol{u}(n) - \boldsymbol{k}(n)\boldsymbol{u}^{\mathrm{H}}(n)\boldsymbol{P}(n-1)\boldsymbol{u}(n)\right]\\ &- \boldsymbol{k}(n)\boldsymbol{u}^{\mathrm{H}}(n)\boldsymbol{P}(n-1)\boldsymbol{r}(n-1)\end{aligned}$$

代入式 (5.6.11) 后，上式可写作

$$\boldsymbol{w}(n) = \boldsymbol{w}(n-1) + d^*(n)\boldsymbol{k}(n) - \boldsymbol{k}(n)\boldsymbol{u}^{\mathrm{H}}(n)\boldsymbol{w}(n-1)$$

经化简后，得

$$\boldsymbol{w}(n) = \boldsymbol{w}(n-1) + \boldsymbol{k}(n)e^*(n) \tag{5.6.12}$$

式中

$$e(n) = d(n) - \boldsymbol{u}^{\mathrm{T}}(n)\boldsymbol{w}^*(n-1) = d(n) - \boldsymbol{w}^{\mathrm{H}}(n-1)\boldsymbol{u}(n) \tag{5.6.13}$$

为先验估计误差。

综上所述，可以得到 RLS 直接算法如下。

算法 5.6.1 RLS 直接算法

步骤 1 初始化：$\boldsymbol{w}(0) = \boldsymbol{0}$，$\boldsymbol{P}(0) = \delta^{-1}\boldsymbol{I}$，其中 δ 是一个很小的值。

步骤 2 更新：$n = 1, 2, \cdots$

$$e(n) = d(n) - \boldsymbol{w}^{\mathrm{H}}(n-1)\boldsymbol{u}(n)$$

$$\boldsymbol{k}(n) = \frac{\boldsymbol{P}(n-1)\boldsymbol{u}(n)}{\lambda + \boldsymbol{u}^{\mathrm{H}}(n)\boldsymbol{P}(n-1)\boldsymbol{u}(n)}$$

$$\boldsymbol{P}(n) = \frac{1}{\lambda}\left[\boldsymbol{P}(n-1) - \boldsymbol{k}(n)\boldsymbol{u}^{\mathrm{H}}(n)\boldsymbol{P}(n-1)\right]$$

$$\boldsymbol{w}(n) = \boldsymbol{w}(n-1) + \boldsymbol{k}(n)e^*(n)$$

RLS 算法的应用需要初始值 $\boldsymbol{P}(0) = \boldsymbol{R}^{-1}(0)$。在非平稳情况下，初始值取

$$\boldsymbol{P}(0) = \boldsymbol{R}^{-1}(0) = \left(\sum_{i=-n_0}^{0} \lambda^{-i}\boldsymbol{u}(i)\boldsymbol{u}^{\mathrm{H}}(i)\right)^{-1} \tag{5.6.14}$$

因此，相关矩阵的表达式 (5.6.6) 变作

$$\boldsymbol{R}(n) = \sum_{i=1}^{n} \lambda^{n-i}\boldsymbol{u}(i)\boldsymbol{u}^{\mathrm{H}}(i) + \boldsymbol{R}(0) \tag{5.6.15}$$

由于 λ 的遗忘作用，自然希望 $\boldsymbol{R}(0)$ 在式 (5.6.15) 中起的作用很小。考虑到这一点，不妨用一个很小的单位矩阵来近似 $\boldsymbol{R}(0)$，即

$$\boldsymbol{R}(0) = \delta\boldsymbol{I}, \quad \delta\ \text{是一很小的正数} \tag{5.6.16}$$

于是，$\boldsymbol{P}(0)$ 的初始值

$$\boldsymbol{P}(0)=\delta^{-1}\boldsymbol{I},\quad \delta\text{ 是一很小的正数} \tag{5.6.17}$$

这就是为什么在算法 5.6.1 中初始值取 $\boldsymbol{P}(0)=\delta^{-1}\boldsymbol{I}$ (其中 δ 很小) 的理由。

δ 的值越小，相关矩阵初始值 $\boldsymbol{R}(0)$ 在 $\boldsymbol{R}(n)$ 的计算中所占比重越小，这是所希望的；反之，$\boldsymbol{R}(0)$ 的作用就会突现出来，这是应该避免的。δ 的典型取值为 $\delta=0.01$ 或更小。一般情况下，取 $\delta=0.01$ 与 $\delta=10^{-4}$ 时，RLS 算法给出的结果并没有明显的区别，但是取 $\delta=1$ 将严重影响 RLS 算法的收敛速度及收敛结果，这一点在应用 RLS 算法时必须加以注意。

5.6.2 RLS算法与 Kalman 滤波算法的比较

考虑一特殊的“无激励”动态模型

$$\boldsymbol{x}(n+1)=\lambda^{-1/2}\boldsymbol{x}(n) \tag{5.6.18}$$

$$y(n)=\boldsymbol{u}^{\mathrm{H}}(n)\boldsymbol{x}(n)+v(n) \tag{5.6.19}$$

式中，$\boldsymbol{x}(n)$ 为模型的状态向量；$y(n)$ 为一标量的观测值或参考信号；$\boldsymbol{u}^{\mathrm{H}}(n)$ 为观测矩阵；且 $v(n)$ 表示一标量白噪声过程，它具有零均值和单位方差。模型参数 λ 是个正的实常数。由式 (5.6.18) 容易看出

$$\boldsymbol{x}(n)=\lambda^{-n/2}\boldsymbol{x}(0) \tag{5.6.20}$$

式中，$\boldsymbol{x}(0)$ 是状态向量的初始值。将式 (5.6.20) 代入式 (5.6.19)，并使用共同项 $\boldsymbol{x}(0)$ 表示各个时刻的观测值，则有

$$\left.\begin{aligned} y(0)&=\boldsymbol{u}^{\mathrm{H}}(0)\boldsymbol{x}(0)+v(0)\\ y(1)&=\lambda^{-1/2}\boldsymbol{u}^{\mathrm{H}}(1)\boldsymbol{x}(0)+v(1)\\ &\ \ \vdots\\ y(n)&=\lambda^{-n/2}\boldsymbol{u}^{\mathrm{H}}(n)\boldsymbol{x}(0)+v(n)\end{aligned}\right\} \tag{5.6.21}$$

或等价写作

$$\left.\begin{aligned} y(0)&=\boldsymbol{u}^{\mathrm{H}}(0)\boldsymbol{x}(0)+v(0)\\ \lambda^{1/2}y(1)&=\boldsymbol{u}^{\mathrm{H}}(1)\boldsymbol{x}(0)+\lambda^{1/2}v(1)\\ &\ \ \vdots\\ \lambda^{n/2}y(n)&=\boldsymbol{u}^{\mathrm{H}}(n)\boldsymbol{x}(0)+\lambda^{n/2}v(n)\end{aligned}\right\} \tag{5.6.22}$$

从 Kalman 滤波的观点看，方程组 (5.6.22) 表示无激励动态模型的随机特性。

与 Kalman 滤波器使用随机模型不同，RLS 算法则采用确定模型，即期望信号 (也称参考信号) 可以用线性回归模型表示为

$$\left.\begin{aligned} d^{*}(0)&=\boldsymbol{u}^{\mathrm{H}}(0)\boldsymbol{w}_{\mathrm{o}}+e_{\mathrm{o}}^{*}(0)\\ d^{*}(1)&=\boldsymbol{u}^{\mathrm{H}}(1)\boldsymbol{w}_{\mathrm{o}}+e_{\mathrm{o}}^{*}(1)\\ &\ \ \vdots\\ d^{*}(n)&=\boldsymbol{u}^{\mathrm{H}}(n)\boldsymbol{w}_{\mathrm{o}}+e_{\mathrm{o}}^{*}(n)\end{aligned}\right\} \tag{5.6.23}$$

式中，$\boldsymbol{w}_{\mathrm{o}}$ 表示模型的未知参数向量，$\boldsymbol{u}(n)$ 为输入向量，而 $e_{\mathrm{o}}(n)$ 为观测噪声。

若令 Kalman 滤波器中状态向量的初始值等于 RLS 算法中的抽头权向量，即

$$\boldsymbol{x}(0) = \boldsymbol{w}_{\mathrm{o}} \tag{5.6.24}$$

则很容易看出，RLS 算法的确定模型 (5.6.23) 与 Kalman 滤波算法的特殊随机模型 (5.6.22) 等价的条件是下面的一一对应关系

$$y(n) = \lambda^{-n/2} d^*(n) \tag{5.6.25}$$

$$v(n) = \lambda^{-n/2} e_{\mathrm{o}}^*(n) \tag{5.6.26}$$

该式左边为状态空间模型的参数，右边为线性回归模型的参数。

总结以上分析，可以得出如下结论：RLS 自适应算法使用的确定性线性回归模型是 Kalman 滤波算法的一种特殊的无激励的状态空间模型。

这一等价关系是 Sayed 与 Kailaith 于 1994 年建立的 [241]。

表 5.6.1 综合了 Kalman 滤波算法和 RLS 算法之间各个变量的对应关系 [129]。

表 5.6.1 Kalman 滤波算法与 RLS 滤波算法之间的变量对应关系

Kalman 算法		RLS 算法	
参数名称	变量	变量	参数名称
初始状态向量	$\boldsymbol{x}(0)$	$\boldsymbol{w}_{\mathrm{o}}$	抽头权向量
状态向量	$\boldsymbol{x}(n)$	$\lambda^{-n/2}\boldsymbol{w}_{\mathrm{o}}$	指数加权的抽头权向量
参考 (观测) 信号	$y(n)$	$\lambda^{-n/2}d^*(n)$	期望响应
观测噪声	$v(n)$	$\lambda^{-n/2}e_{\mathrm{o}}^*(n)$	测量误差
一步预测的状态向量	$\hat{\boldsymbol{x}}(n+1\|y_1,\cdots,y_n)$	$\lambda^{-n/2}\hat{\boldsymbol{w}}(n)$	抽头权向量的估计
状态预测误差的相关矩阵	$\boldsymbol{K}(n)$	$\lambda^{-1}\boldsymbol{P}(n)$	输入向量相关矩阵的逆矩阵
Kalman 增益	$\boldsymbol{g}(n)$	$\lambda^{-1/2}\boldsymbol{k}(n)$	增益向量
新息	$\alpha(n)$	$\lambda^{-n/2}\xi^*(n)$	先验估计误差
初始条件	$\hat{\boldsymbol{x}}(1)=\boldsymbol{0}$	$\hat{\boldsymbol{w}}(0)=\boldsymbol{0}$	初始条件
	$\boldsymbol{K}(0)$	$\delta^{-1}\boldsymbol{P}(0)$	

5.6.3 RLS 算法的统计性能分析

由于 Wiener 滤波器的测量误差 $e_{\mathrm{opt}}(n) = d(n) - \boldsymbol{w}_{\mathrm{opt}}^{\mathrm{H}}\boldsymbol{u}(n)$ 具有最小的均方值，因此期望响应 $d(n)$ 可写作

$$d(n) = e_{\mathrm{opt}}(n) + \boldsymbol{w}_{\mathrm{opt}}^{\mathrm{H}}\boldsymbol{u}(n) \tag{5.6.27}$$

上式称为期望响应 $d(n)$ 的线性回归模型，$M\times 1$ 权向量 $\boldsymbol{w}_{\mathrm{opt}}$ 表示模型的回归参数向量。由

式 (5.6.13) 及式 (5.6.27)，消去 $d(n)$，即可将先验估计误差表示为

$$\begin{aligned} e(n) &= e_{\text{opt}}(n) - \left[\boldsymbol{w}(n-1) - \boldsymbol{w}_{\text{opt}}\right]^{\text{H}} \boldsymbol{u}(n) \\ &= e_{\text{opt}}(n) - \boldsymbol{\varepsilon}^{\text{H}}(n-1)\boldsymbol{u}(n) \end{aligned} \tag{5.6.28}$$

式中

$$\boldsymbol{\varepsilon}(n-1) = \boldsymbol{w}(n-1) - \boldsymbol{w}_{\text{opt}} \tag{5.6.29}$$

表示 $n-1$ 时刻的实际抽头权向量与最优 Wiener 滤波器抽头权向量之差，简称权误差向量。

考虑先验估计误差的均方值即均方估计误差

$$\xi(n) = \text{MSE}(\boldsymbol{w}(n)) = \text{E}\{|e(n)|^2\} \tag{5.6.30}$$

将式 (5.6.28) 代入式 (5.6.30)，并加以整理，得

$$\begin{aligned} \xi(n) =& \text{E}\{|e_{\text{opt}}(n)|^2\} + \text{E}\left\{\boldsymbol{u}^{\text{H}}(n)\boldsymbol{\varepsilon}(n-1)\boldsymbol{\varepsilon}^{\text{H}}(n-1)\boldsymbol{u}(n)\right\} \\ &- \text{E}\left\{e_{\text{opt}}(n)\boldsymbol{u}^{\text{H}}(n)\boldsymbol{\varepsilon}(n-1)\right\} - \text{E}\left\{\boldsymbol{\varepsilon}^{\text{H}}(n-1)\boldsymbol{u}(n)e_{\text{opt}}^*(n)\right\} \end{aligned} \tag{5.6.31}$$

下面具体分析式 (5.6.31) 右边各项的值。

(1) 该式右边第一项表示最优 Wiener 滤波器的均方误差，它是所有滤波器所能具有的最小均方误差，记作

$$\xi_{\min} = \text{E}\{|e_{\text{opt}}(n)|^2\} \tag{5.6.32}$$

(2) 计算式 (5.6.31) 右边的第二项，易得

$$\begin{aligned} \text{E}\left\{\boldsymbol{u}^{\text{H}}(n)\boldsymbol{\varepsilon}(n-1)\boldsymbol{\varepsilon}^{\text{H}}(n-1)\boldsymbol{u}(n)\right\} &= \text{E}\left\{\text{tr}\left[\boldsymbol{u}^{\text{H}}(n)\boldsymbol{\varepsilon}(n-1)\boldsymbol{\varepsilon}^{\text{H}}(n-1)\boldsymbol{u}(n)\right]\right\} \\ &= \text{E}\left\{\text{tr}\left[\boldsymbol{u}(n)\boldsymbol{u}^{\text{H}}(n)\boldsymbol{\varepsilon}(n-1)\boldsymbol{\varepsilon}^{\text{H}}(n-1)\right]\right\} \\ &= \text{tr}\left[\text{E}\left\{\boldsymbol{u}(n)\boldsymbol{u}^{\text{H}}(n)\boldsymbol{\varepsilon}(n-1)\boldsymbol{\varepsilon}^{\text{H}}(n-1)\right\}\right] \\ &= \text{tr}\left[\text{E}\left\{\boldsymbol{u}(n)\boldsymbol{u}^{\text{H}}(n)\right\} E\left\{\boldsymbol{\varepsilon}(n-1)\boldsymbol{\varepsilon}^{\text{H}}(n-1)\right\}\right] \\ &= \text{tr}\left[\boldsymbol{RK}(n-1)\right] \end{aligned} \tag{5.6.33}$$

式中，$\boldsymbol{R} = \text{E}\{\boldsymbol{u}(n)\boldsymbol{u}^{\text{H}}(n)\}$ 是滤波器输入的相关矩阵，而 $\boldsymbol{K}(n-1) = \text{E}\{\boldsymbol{\varepsilon}(n-1)\boldsymbol{\varepsilon}^{\text{H}}(n-1)\}$ 为 $n-1$ 时刻的权误差相关矩阵。

(3) 由于 $n-1$ 时刻的权误差向量 $\boldsymbol{\varepsilon}(n-1)$ 与 n 时刻的输入向量 $\boldsymbol{u}(n)$、测量误差 $e_{\text{opt}}(n)$ 统计独立，故式 (5.6.31) 右边第三项为

$$\text{E}\left\{e_{\text{opt}}(n)\boldsymbol{u}^{\text{H}}(n)\boldsymbol{\varepsilon}^{\text{H}}(n-1)\right\} = \text{E}\left\{e_{\text{opt}}(n)\boldsymbol{u}^{\text{H}}(n)\right\}\text{E}\left\{\boldsymbol{\varepsilon}(n-1)\right\}$$

又由正交性原理知，测量误差 $e_{\text{opt}}(n)$ 与输入向量 $\boldsymbol{u}(n)$ 的所有元素正交，即 $\text{E}\{e_{\text{opt}}(n)\cdot \boldsymbol{u}^{\text{H}}(n)\} = 0$，故

$$\text{E}\left\{e_{\text{opt}}(n)\boldsymbol{u}^{\text{H}}(n)\boldsymbol{\varepsilon}^{\text{H}}(n-1)\right\} = 0 \tag{5.6.34}$$

(4) 同理，有

$$\text{E}\left\{\boldsymbol{\varepsilon}^{\text{H}}(n-1)\boldsymbol{u}(n)e_{\text{opt}}^*(n)\right\} = \text{E}\left\{\boldsymbol{\varepsilon}^{\text{H}}(n-1)\right\}\text{E}\left\{\boldsymbol{u}(n)e_{\text{opt}}^*(n)\right\} = 0 \tag{5.6.35}$$

将式 (5.6.32)～式 (5.6.35) 代入式 (5.6.31)，得 $\xi(n)=\xi_{\min}+\mathrm{tr}\,[\boldsymbol{RK}(n-1)]$，由此可求出剩余均方误差

$$\xi_{\mathrm{ex}}(n)=\xi(n)-\xi_{\min}=\mathrm{tr}\,[\boldsymbol{RK}(n-1)] \tag{5.6.36}$$

及稳态或渐近剩余均方误差

$$\xi_{\mathrm{ex}}(\infty)=\lim_{n\to\infty}\mathrm{tr}\,[\boldsymbol{RK}(n-1)] \tag{5.6.37}$$

实际测量的剩余均方误差 $\xi_{\mathrm{ex}}(n)$ 相对于迭代时间 n 的变化曲线称为 RLS 算法的学习曲线，它是一条随时间衰减的曲线，表示 RLS 算法的收敛性能 (速率与稳态剩余均方误差)。

5.6.4　快速 RLS 算法

业已证明 [175],[55],[56],[76]，RLS 直接算法中的 Kalman 增益向量可以利用“快速”方式更新，从而使得 RLS 算法可以快速实现。快速 RLS 算法的关键是恰当利用数据矩阵的移不变性质。为此，考虑数据向量 $\boldsymbol{x}_M(n)=[u(n),u(n-1),\cdots,u(n-M+1)]^{\mathrm{T}}$ 增加一阶后的数据向量 $\boldsymbol{x}_{M+1}(n)=[u(n),u(n-1),\cdots,u(n-M)]^{\mathrm{T}}$。显然，它有两种不同的分块形式

$$\boldsymbol{x}_{M+1}(n)=\begin{bmatrix}\boldsymbol{x}_M(n)\\ u(n-M)\end{bmatrix}=\begin{bmatrix}u(n)\\ \boldsymbol{x}_{M-1}(n-1)\end{bmatrix} \tag{5.6.38}$$

利用这两种分块形式，即可得到增阶后的自相关矩阵 $\boldsymbol{R}_{M+1}(n)$ 的恰当分块。根据这些分块，n 时刻的 Kalman 增益向量 $\boldsymbol{c}_M(n)$ 便可以借助增阶后的向量 $\boldsymbol{c}_{M+1}(n)$ 由 $\boldsymbol{c}_{M-1}(n-1)$ 获得。总的更新机理可表示为

$$\begin{array}{ccccc} & & \boldsymbol{a}_M(n-1) & & \boldsymbol{b}_M(n-1) & \\ & & \downarrow & & \downarrow & \\ \boldsymbol{c}_{M-1}(n-1) & & \longrightarrow \quad \boldsymbol{c}_{M+1}(n) & & \longrightarrow & \boldsymbol{c}_M(n) \\ & & \downarrow & & \downarrow & \\ & & \boldsymbol{a}_M(n) & & \boldsymbol{b}_M(n) & \end{array} \tag{5.6.39}$$

其中，辅助向量 $\boldsymbol{a}_M(n)$ 和 $\boldsymbol{b}_M(n)$ 分别表示前向和后向最小二乘预测器，它们是在式 (5.5.1) 中分别令 $y(n)=u(n+1)$ 和 $y(n)=u(n-M)$ 之后的 FIR 横向滤波器。

算法 5.6.2　稳定化的快速 RLS 算法 [118]

初始化：$\boldsymbol{w}_M(0)=0,\ \boldsymbol{c}_M(0)=0,\ \boldsymbol{a}_M(0)=[1,0,\cdots,0]^{\mathrm{T}}$

$\boldsymbol{b}_M(0)=[0,\cdots,0,1]^{\mathrm{T}},\ \alpha_M(0)=1,\ \alpha_M^{\mathrm{f}}(0)=\lambda^M\alpha_M^{\mathrm{b}}(0),\ \alpha_M^{\mathrm{b}}(0)=\delta>0$

计算：　$n=1,2,\cdots$

$$e_M^{\mathrm{f}}(n)=u(n)+\boldsymbol{a}_M^{\mathrm{T}}(n-1)\boldsymbol{x}_M(n-1)$$

$$\varepsilon_M^{\mathrm{f}}(n)=e_M^{\mathrm{f}}(n)/\alpha_M(n-1)$$

$$\boldsymbol{a}_M(n)=\boldsymbol{a}_M(n-1)-\boldsymbol{c}_M(n-1)\varepsilon_M^{\mathrm{f}}(n)$$

$$\alpha_M^{\mathrm{f}}(n)=\lambda\alpha_M^{\mathrm{f}}(n-1)+e_M^{\mathrm{f}}(n)\varepsilon_M^{\mathrm{f}}(n)$$

$$k_{M+1}(n)=\lambda^{-1}\alpha_M^{\mathrm{f}}(n-1)e_M^{\mathrm{f}}(n)$$

$$\boldsymbol{c}_{M+1}(n) = \begin{bmatrix} 0 \\ \boldsymbol{c}_M(n) \end{bmatrix} + \begin{bmatrix} 1 \\ \boldsymbol{a}_M(n-1) \end{bmatrix} k_{M+1}(n-1)$$

$$\boldsymbol{c}_{M+1} = \begin{bmatrix} \boldsymbol{d}_M(n) \\ d_{M+1}(n) \end{bmatrix}$$

$$e_M^{\mathrm{b}}(n) = \lambda\alpha_M^{\mathrm{b}}(n-1)d_{M+1}(n)$$

$$\tilde{e}_M^{\mathrm{b}}(n) = u(n-M) + \boldsymbol{b}_M^{\mathrm{T}}(n-1)\boldsymbol{x}_M(n)$$

$$\varDelta^{\mathrm{b}}(n) = \tilde{e}_M^{\mathrm{b}}(n) - e_M^{\mathrm{b}}(n)$$

$$\hat{e}_{M,i}^{\mathrm{b}}(n) = \tilde{e}_M^{\mathrm{b}}(n) + \sigma_i\varDelta^{\mathrm{b}}(n),\ i = 1,2,3$$

$$\boldsymbol{c}_M(n) = \boldsymbol{d}_M(n) - \boldsymbol{b}_M(n-1)d_{M+1}(n)$$

$$\alpha_{M+1}(n) = \alpha_M(n-1) - k_{M+1}(n)e_M^{\mathrm{f}}(n)$$

$$\alpha_M(n) = \alpha_{M+1}(n) + d_{M+1}(n)\hat{e}_{M,1}^{\mathrm{b}}(n)$$

$$\tilde{\alpha}_M(n+1) = 1 + \boldsymbol{c}_M^{\mathrm{T}}(n)\boldsymbol{x}_M(n)$$

$$\varDelta^{\alpha}(n) = \tilde{\alpha}_M(n) + \sigma\varDelta^{\alpha}(n)$$

$$\hat{\alpha}_M(n) = \tilde{\alpha}_M(n) + \sigma\varDelta^{\alpha}(n)$$

$$\varepsilon_{M,i}^{\mathrm{b}}(n) = \hat{e}_{M,i}^{\mathrm{b}}(n)/\hat{\alpha}_M(n),\ i = 2,3$$

$$\boldsymbol{b}_M(n) = \boldsymbol{b}_M(n-1) - \boldsymbol{c}_M(n)\varepsilon_{M,2}^{\mathrm{b}}(n)$$

$$\alpha_M^{\mathrm{b}}(n) = \lambda\alpha_M^{\mathrm{b}}(n-1) + \hat{e}_{M,3}^{\mathrm{b}}(n)\varepsilon_{M,3}^{\mathrm{b}}(n)$$

$$e_M(n) = y(n) - \boldsymbol{w}^{\mathrm{T}}(n-1)\boldsymbol{x}_M(n)$$

$$\varepsilon_M(n) = e_M(n)/\hat{\alpha}_M(n)$$

$$\mu(n) = \alpha_M(n)/[1-\rho\hat{\alpha}_M(n)]$$

$$\boldsymbol{w}_M(n) = \boldsymbol{w}_M(n-1) + \mu(n)\boldsymbol{c}_M(n)\varepsilon_M(n)$$

上述算法步骤 2 的有关计算公式体现了式 (5.6.39) 中所示的更新关系。例如，左边 $\boldsymbol{c}_{M-1}(n-1)$ 和 $\boldsymbol{a}_M(n-1)$ 合成 $\boldsymbol{a}_M(n)$ 的关系体现在公式 $\boldsymbol{a}_M(n) = \boldsymbol{a}_M(n-1) - \boldsymbol{c}_M(n-1)\varepsilon_M^{\mathrm{f}}(n)$ 中，而 $\boldsymbol{c}_{M-1}(n-1)$ 和 $\boldsymbol{a}_M(n-1)$ 合成 $\boldsymbol{c}_{M+1}(n)$ 的关系则体现在本页的第 1 行的公式中。

5.7 自适应谱线增强器与陷波器

自适应谱线增强器最早是 Widrow 等人 [296] 于 1975 年在研究自适应噪声相消时提出来的，目的是将正弦波与宽带噪声分离，以提取正弦波信号。相反，如果正弦波信号是希望抑制的噪声或干扰 (如在生物医学仪器中，50Hz 的交流电称为市电干扰)，实现这一任务的自适应滤波器则称为陷波器。现在，自适应谱线增强器和陷波器已广泛应用于瞬时频率估计、谱分析、窄带检测、语音编码、窄带干扰抑制、干扰检测、数字式数据接收机的自适应载体恢复等，参见综述文献 [312]。

5.7.1 谱线增强器与陷波器的传递函数

考虑下面的观测信号

$$x(n) = s(n) + v(n) = \sum_{i=1}^{p} A_i \sin(\omega_i n + \theta_i) + v(n) \tag{5.7.1}$$

式中 A_i, ω_i, θ_i 分别是第 i 个正弦波信号的幅值，频率和初始相位；$v(n)$ 为加性的宽带噪声，可以是有色的。

现在，希望设计一滤波器，让 $x(n)$ 通过该滤波器后，输出中只含有 p 个正弦波信号 $s(n)$，而没有其他任何信号或噪声。由于 p 个正弦波信号的功率谱为 p 条离散的谱线，所以这种只抽取正弦波信号的滤波器称为谱线增强器 (line enhancer)。

令 $H(\omega)$ 是谱线增强器的传递函数，为了抽取 p 个正弦波，并拒绝所有其他信号和噪声，传递函数 $H(\omega)$ 必须满足等式条件

$$H_{\rm LE}(\omega) = \begin{cases} 1, & 若\ \omega = \omega_1, \cdots, \omega_p \\ 0, & 其他 \end{cases} \tag{5.7.2}$$

反之，若滤波器的传递函数

$$H_{\rm notch}(\omega) = \begin{cases} 0, & 若\ \omega = \omega_1, \cdots, \omega_p \\ 1, & 其他 \end{cases} \tag{5.7.3}$$

则滤波器将抑制掉 p 个正弦波信号，并让 $v(n)$ 完全通过。这种滤波器的作用相当正弦波的陷阱，故称为陷波器 (notch)。

显然，谱线增强器和陷波器的传递函数之间存在关系式

$$H_{\rm LE}(\omega) = 1 - H_{\rm notch}(\omega) \tag{5.7.4}$$

图 5.7.1 (a) 和 (b) 分别针对三个正弦波信号示出了谱线增强器和陷波器的传递函数的曲线。

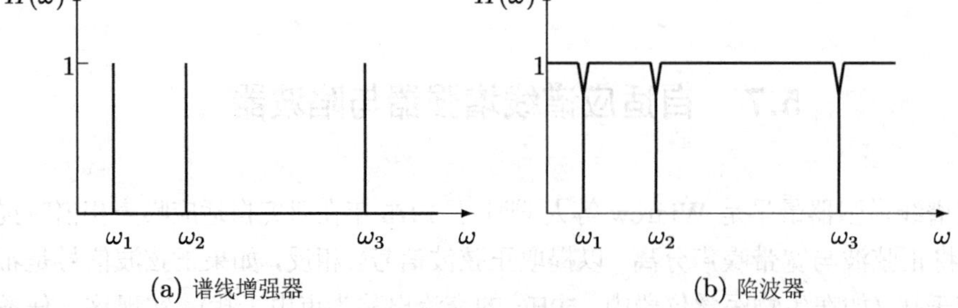

图 5.7.1 谱线增强器与陷波器的传递函数

自适应谱线增强器或陷波器是一种自适应滤波器，其传递函数满足式 (5.7.2) 或式 (5.7.3)。事实上，自适应谱线增强器很容易由自适应陷波器实现，见图 5.7.2。

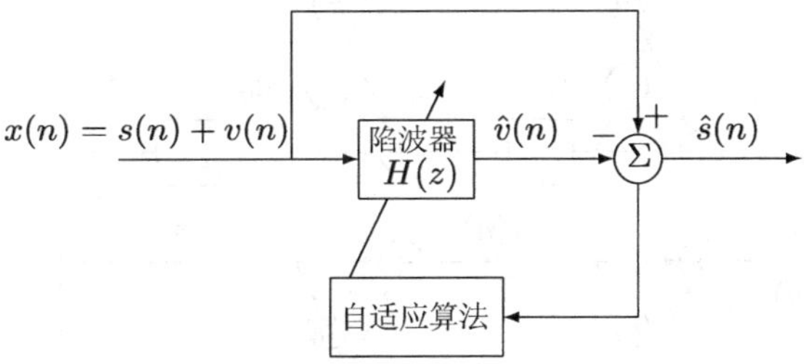

图 5.7.2 用自适应陷波器构成的自适应谱线增强器

如图，观测信号 $x(n)=s(n)+v(n)$ 通过自适应陷波器，抑制掉正弦波信号，产生 $v(n)$ 的最优估计 $\hat{v}(n)$，然后与观测信号相减，产生正弦波信号的估计 $\hat{s}(n)=s(n)+v(n)-\hat{v}(n)$。如果陷波器是理想的，则 $\hat{v}(n)=v(n)$，从而使得 $\hat{s}(n)=s(n)$。利用陷波器构造的自适应谱线增强器简称为陷波型自适应谱线增强器。

5.7.2 基于格型 IIR 滤波器的自适应陷波器

基于自适应无限冲激响应 (IIR) 滤波器可以实现自适应陷波器和自适应谱线增强器。这种由 Rao 与 Kung [228] 提出的自适应谱线增强器对 p 个正弦波只需要自适应调节 $2p$ 个权系数。1985 年，Nehorai [206] 提出了另一种陷波型自适应谱线增强器。这种增强器通过将陷波器的零点限制在单位圆上，对 p 个正弦波只需要调节滤波器的 p 个权系数。使用 IIR 陷波器的想法是有吸引力的，因为它可以拒绝干扰信号。此外，它所需要的滤波器长度比采用 FIR 滤波器的自适应谱线增强器的长度小得多。

为了增强一个正弦波信号 $s(n)=r\mathrm{e}^{\mathrm{j}\omega n}$，陷波器的传递函数由

$$H(z)=\frac{(1-r\mathrm{e}^{\mathrm{j}\omega}z^{-1})(1-r\mathrm{e}^{-\mathrm{j}\omega}z^{-1})}{(1-\alpha r\mathrm{e}^{\mathrm{j}\omega}z^{-1})(1-\alpha r\mathrm{e}^{-\mathrm{j}\omega}z^{-1})} \tag{5.7.5}$$

$$=\frac{1+w_1z^{-1}+w_2z^{-2}}{1+\alpha w_1z^{-1}+\alpha^2w_2z^{-2}} \tag{5.7.6}$$

给定，式中 $w_1=-2r\cos\omega$ 和 $w_2=r^2$，而 α 是一个决定陷波器带宽的参数。

由式 (5.7.5) 知，当 $z=r\mathrm{e}^{\pm\mathrm{j}\omega}$ 和 $\alpha\neq 1$ 时，$H(z)=0$。另一方面，还可看出，当 $z\neq r\mathrm{e}^{\pm\mathrm{j}\omega}$ 和 $\alpha\to 1$ 时，$H(z)\approx 1$。因此，只要选择 $\alpha\to 1$，即可近似实现陷波作用，并且 α 越接近于 1，$H(z)$ 的陷波作用越理想。谱线增强器的自适应算法即是调节权系数 w_1 和 w_2 使估计误差 $\hat{v}(n)$ 的均方值为最小，这可以用高斯–牛顿算法 (如 LMS 算法等) 实现。但是，高斯–牛顿算法对某些初始条件敏感。

为了改进直接式 IIR 陷波器的缺陷，Cho 等人 [69] 提出在谱线增强器中，使用格型 IIR 陷波器实现陷波器传递函数。这种格型 IIR 滤波器的结构如图 5.7.3 所示，由两个格型滤波器级联而成。上方的格型滤波器 $H_1(z)$ 的输入为 $x(n)$，输出为 $s_0(n)$；而下方的格型滤波器 $H_2(z)$ 的输入为 $s_0(n)$，输出为 $s_2(n)$。

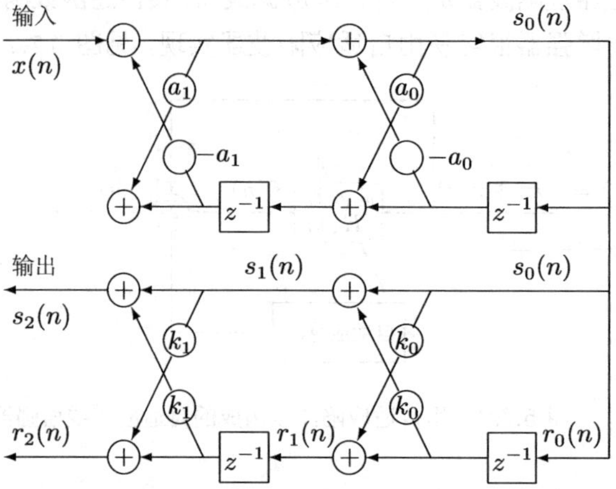

图 5.7.3 格型 IIR 滤波器

由图 5.7.3 容易写出格型滤波器 $H_1(z)$ 和 $H_2(z)$ 的输入、输出方程分别为

$$s_0(n)+a_0(1+a_1)s_0(n-1)+a_1s_0(n-2)=x(n)$$
$$s_0(n)+k_0(1+k_1)s_0(n-1)+k_1s_0(n-2)=s_2(n)$$

或写成 Z 变换形式

$$\left[1+a_0(1+a_1)z^{-1}+a_1z^{-2}\right]S_0(z)=X(z)$$
$$\left[1+k_0(1+k_1)z^{-1}+k_1z^{-2}\right]S_0(z)=S_2(z)$$

因此，两个格型滤波器的传递函数分别定义为

$$H_1(z)\overset{\text{def}}{=}\frac{S_0(z)}{X(z)}=\frac{1}{1+a_0(1+a_1)z^{-1}+a_1z^{-2}} \tag{5.7.7}$$

$$H_2(z)\overset{\text{def}}{=}\frac{S_2(z)}{S_0(z)}=1+k_0(1+k_1)z^{-1}+k_1z^{-2} \tag{5.7.8}$$

由此得整个格型滤波器的传递函数为

$$H(z)\overset{\text{def}}{=}\frac{S_2(z)}{X(z)}=\frac{S_2(z)}{S_0(z)}\frac{S_0(z)}{X(z)}=\frac{1+k_0(1+k_1)z^{-1}+k_1z^{-2}}{1+a_0(1+a_1)z^{-1}+a_1z^{-2}} \tag{5.7.9}$$

可见，图 5.7.3 上方的格型滤波器 $H_1(z)$ 贡献为整个格型滤波器的极点部分，相当于 AR 模型；而下方的格型滤波器 $H_2(z)$ 则贡献为整个格型滤波器的零点部分，它是一个格型 FIR 滤波器。因此，整个格型滤波器具有无限多个冲激响应，为格型 IIR 滤波器。

由于式 (5.7.9) 必须满足陷波器的条件式 (5.7.6)，故有

$$a_0(1+a_1)=\alpha k_0(1+k_1) \quad 和 \quad a_1=\alpha^2k_1 \tag{5.7.10}$$

从而有

$$a_0=\frac{\alpha k_0(1+k_1)}{1+\alpha^2k_1} \tag{5.7.11}$$

式 (5.7.10) 和式 (5.7.11) 说明，权系数 a_0 和 a_1 由权系数 k_0 和 k_1 确定。由于 α 接近于 1，因此，有近似关系式

$$a_1 = \alpha^2 k_1 \approx \alpha k_1$$

$$a_0(1 + a_1) = \alpha k_0(1 + k_1) \approx k_0(1 + \alpha k_1) \approx k_0(1 + a_1)$$

或写作

$$a_1 \approx \alpha k_1 \tag{5.7.12}$$

$$a_0 \approx k_0 \tag{5.7.13}$$

这表明，只需要推导 k_0 和 k_1 的自适应更新公式即可。

由于 $H_1(z)$ 是一极点模型，为了保证这一滤波器的稳定性，$H_1(z)$ 的极点必须位于单位圆内，即权系数的模 $|a_0|$ 和 $|a_1|$ 都必须小于 1。因此，$H_2(z)$ 的权系数的模 $|k_0|$ 和 $|k_1|$ 也必须小于 1。

权系数 k_0 和 k_1 可以运用格型 FIR 滤波器的自适应算法进行自适应调节 [183]：

$$k_m(n) = -\frac{C_m(n)}{D_m(n)} \tag{5.7.14}$$

$$C_m(n) = \lambda C_m(n-1) + s_m(n) r_m(n-1) \tag{5.7.15}$$

$$D_m(n) = \lambda D_m(n-1) + \frac{1}{2}\left[s_m^2(n) + r_m^2(n-1)\right] \tag{5.7.16}$$

式中，$m = 0, 1$；遗忘因子 $0 < \lambda \leqslant 1$；而 $s_m(n)$ 和 $r_m(n)$ 分别是图 5.7.3 下方的格型滤波器第 m 级的前向和后向残差。

图 5.7.3 的格型 IIR 滤波器只能够增强一个正弦波信号。在增强 p 个正弦波信号的应用中，需要将 p 个 IIR 格型谱线增强器级联。每个格型滤波器可以采用式 (5.7.14)～式 (5.7.16) 所示算法分别进行自适应调节。

5.8 广义旁瓣对消器

令 $\boldsymbol{c}_0$ 是表示一期望信源 $s_0(t)$ 特征的向量，简称特征向量。例如，在阵列信号处理中，$\boldsymbol{c}_0 = \boldsymbol{a}(\phi_0)$ 是期望信源的方向向量。又如，在无线通信的码分多址系统中，$\boldsymbol{c}_0$ 是期望用户的特征码向量。现在希望设计一窄带波束形成器 $\boldsymbol{w}$ 抽取期望信源 $s_0(t)$，即要求 $\boldsymbol{w}$ 满足线性约束条件

$$\boldsymbol{w}^{\mathrm{H}} \boldsymbol{c}_0 = g \tag{5.8.1}$$

式中 $g \neq 0$ 是一常数。

假定有 p 个信号 $s_1(t), \cdots, s_p(t)$，表示它们特征的向量分别为 $\boldsymbol{c}_1, \cdots, \boldsymbol{c}_p$。如果希望抽取其中之一，并抑制所有其他信号，则需要将单一线性约束推广到 p 个线性约束，即有

$$\boldsymbol{C}^{\mathrm{H}} \boldsymbol{w} = \boldsymbol{g} \tag{5.8.2}$$

式中，$\boldsymbol{C}$ 称为约束矩阵，由 $\boldsymbol{C}=[\boldsymbol{c}_1,\cdots,\boldsymbol{c}_p]$ 给出；列向量 $\boldsymbol{g}$ 称为增益向量，其元素值决定相对应的信号是被抽取还是被抑制。以两个线性约束条件为例：

$$[\boldsymbol{c}_1,\ \boldsymbol{c}_2]^{\mathrm{H}}\boldsymbol{w}=\begin{bmatrix}1\\0\end{bmatrix} \tag{5.8.3}$$

这表明，信源 $s_1(t)$ 将被抽取，而信源 $s_2(t)$ 则被抑制。使用阵列信号处理的术语，第一个约束条件 $\boldsymbol{c}_1^{\mathrm{H}}\boldsymbol{w}=1$ 表示阵列的主瓣，而第二个约束条件 $\boldsymbol{c}_2^{\mathrm{H}}\boldsymbol{w}=\alpha$ $(\alpha<1)$ 表示阵列的旁瓣，当 $\alpha=0$ 时，旁瓣即被对消。鉴于此，常把满足式 (5.8.3) 的滤波器称为旁瓣对消器。那么，怎样实现自适应的旁瓣对消器呢？

不妨假定使用 M 个阵元接收 L 个信源，即在式 (5.8.2) 中有 L 个线性约束条件，即 $\boldsymbol{C}$ 为 $M\times L$ 维约束矩阵，而旁瓣对消器 $\boldsymbol{w}$ 有 M 个抽头系数，即 $\boldsymbol{w}$ 为 $M\times 1$ 维，并且增益向量 $\boldsymbol{g}$ 为 $L\times 1$ 维。因此，若令 $\boldsymbol{g}=[1,0,\cdots,0]^{\mathrm{T}}$，则称满足式 (5.8.2) 的旁瓣对消器，它只保留期望信号 $s_1(t)$，而对消掉其他 $L-1$ 个 (干扰) 信号，即抑制掉所有的旁瓣。

通常，阵元个数 M 大于信号个数 L。令 $M\times(M-L)$ 矩阵 $\boldsymbol{C}_a$ 的各列为线性独立的向量，它们构成一组基向量。假定这些基向量张成的空间是约束矩阵 $\boldsymbol{C}$ 的列张成的空间的正交补。根据正交补的定义，一矩阵 $\boldsymbol{C}$ 和它的正交补矩阵 $\boldsymbol{C}_a$ 相互正交，即有

$$\boldsymbol{C}^{\mathrm{H}}\boldsymbol{C}_a=\boldsymbol{O}_{L\times(M-L)} \tag{5.8.4}$$

$$\boldsymbol{C}_a^{\mathrm{H}}\boldsymbol{C}=\boldsymbol{O}_{(M-L)\times L} \tag{5.8.5}$$

其中 $\boldsymbol{O}_{L\times(M-L)}$ 和 $\boldsymbol{O}_{(M-L)\times L}$ 均为零矩阵，下标表示其维数。

用约束矩阵 $\boldsymbol{C}$ 及其正交补 $\boldsymbol{C}_a$ 作为子矩阵，合成一矩阵

$$\boldsymbol{U}=[\boldsymbol{C},\ \boldsymbol{C}_a] \tag{5.8.6}$$

令波束形成器的 $M\times 1$ 权向量 $\boldsymbol{w}$ 用矩阵 $\boldsymbol{U}$ 定义为

$$\boldsymbol{w}=\boldsymbol{U}\boldsymbol{q}\quad 或\quad \boldsymbol{q}=\boldsymbol{U}^{-1}\boldsymbol{w} \tag{5.8.7}$$

若将向量 $\boldsymbol{q}$ 分块为

$$\boldsymbol{q}=\begin{bmatrix}\boldsymbol{v}\\-\boldsymbol{w}_a\end{bmatrix} \tag{5.8.8}$$

式中 $\boldsymbol{v}$ 为 $L\times 1$ 向量，而 $\boldsymbol{w}_a$ 为 $(M-L)\times 1$ 向量。于是，将式 (5.8.6) 和式 (5.8.8) 代入式 (5.8.7) 后，即有

$$\boldsymbol{w}=[\boldsymbol{C},\ \boldsymbol{C}_a]\begin{bmatrix}\boldsymbol{v}\\-\boldsymbol{w}_a\end{bmatrix}=\boldsymbol{C}\boldsymbol{v}-\boldsymbol{C}_a\boldsymbol{w}_a \tag{5.8.9}$$

用 $\boldsymbol{C}^{\mathrm{H}}$ 左乘式 (5.8.9) 两边，然后代入式 (5.8.2) 便得到

$$\boldsymbol{g}=\boldsymbol{C}^{\mathrm{H}}\boldsymbol{C}\boldsymbol{v}-\boldsymbol{C}^{\mathrm{H}}\boldsymbol{C}_a\boldsymbol{w}_a$$

利用 $\boldsymbol{C}$ 与 $\boldsymbol{C}_a$ 的正交性 (即 $\boldsymbol{C}^{\mathrm{H}}\boldsymbol{C}_a$ 等于零矩阵 $\boldsymbol{O}$)，则上式可简写作 $\boldsymbol{g}=\boldsymbol{C}^{\mathrm{H}}\boldsymbol{C}\boldsymbol{v}$。解之，得

$$\boldsymbol{v}=(\boldsymbol{C}^{\mathrm{H}}\boldsymbol{C})^{-1}\boldsymbol{g} \tag{5.8.10}$$

将式 (5.8.10) 代入式 (5.8.9) 得

$$\boldsymbol{w} = \boldsymbol{C}(\boldsymbol{C}^{\mathrm{H}}\boldsymbol{C})^{-1}\boldsymbol{g} - \boldsymbol{C}_a\boldsymbol{w}_a \tag{5.8.11}$$

定义

$$\boldsymbol{w}_0 \stackrel{\text{def}}{=} \boldsymbol{C}(\boldsymbol{C}^{\mathrm{H}}\boldsymbol{C})^{-1}\boldsymbol{g} \tag{5.8.12}$$

则式 (5.8.11) 可表示为

$$\boldsymbol{w} = \boldsymbol{w}_0 - \boldsymbol{C}_a\boldsymbol{w}_a \tag{5.8.13}$$

式 (5.8.13) 表明，式 (5.8.2) 定义的旁瓣对消器 $\boldsymbol{w}$ 可以分解为两部分：

(1) 滤波器 $\boldsymbol{w}_0$ 由式 (5.8.12) 定义，它是旁瓣对消器的固定部分，由约束矩阵 $\boldsymbol{C}$ 和增益向量 $\boldsymbol{g}$ 确定；

(2) $\boldsymbol{C}_a\boldsymbol{w}_a$ 表示旁瓣对消器的自适应部分。

由于约束矩阵 $\boldsymbol{C}$ 和增益向量 $\boldsymbol{g}$ 给定后，滤波器 $\boldsymbol{w}_0$ 以及约束矩阵的正交补矩阵 $\boldsymbol{C}_a$ 均为已知的不变量，故旁瓣对消器 $\boldsymbol{w}$ 的自适应更新便转换为自适应滤波器 $\boldsymbol{w}_a$ 的更新。鉴于此，常将式 (5.8.13) 定义的旁瓣对消器称为广义旁瓣对消器。

下面对广义旁瓣对消器作进一步的物理解释。

(1) 将式 (5.8.13) 代入旁瓣对消器的约束条件式 (5.8.2) 得

$$\boldsymbol{C}^{\mathrm{H}}\boldsymbol{w}_0 - \boldsymbol{C}^{\mathrm{H}}\boldsymbol{C}_a\boldsymbol{w}_a = \boldsymbol{g}$$

由于 $\boldsymbol{C}^{\mathrm{H}}\boldsymbol{C}_a = \boldsymbol{O}$，故上式简化为

$$\boldsymbol{C}^{\mathrm{H}}\boldsymbol{w}_0 = \boldsymbol{g} \tag{5.8.14}$$

这表明，滤波器 $\boldsymbol{w}_0$ 实际上是一个满足约束条件式 (5.8.2) 的固定旁瓣对消器。

(2) 式 (5.8.13) 所示分解属典型的“正交分解”，这是因为

$$\langle \boldsymbol{C}_a\boldsymbol{w}_a, \boldsymbol{w}_0\rangle = \boldsymbol{w}_a^{\mathrm{H}}\boldsymbol{C}_a^{\mathrm{H}} \cdot \boldsymbol{C}(\boldsymbol{C}^{\mathrm{H}}\boldsymbol{C})^{-1}\boldsymbol{g} = 0$$

式中利用了 $\boldsymbol{C}_a$ 与 $\boldsymbol{C}$ 的正交性，即 $\boldsymbol{C}_a^{\mathrm{H}}\boldsymbol{C} = \boldsymbol{O}$。

术语“广义旁瓣对消器”是 Griffiths 和 Jim[125] 最早引入的，文献 [285], [284], [129] 对广义旁瓣对消器作了进一步的讨论。

广义旁瓣对消器在阵列信号处理、无线通信的多用户检测中有着重要的应用，例如参见文献 [340]。在下一节，将介绍它在盲多用户检测中的应用。

5.9 盲自适应多用户检测

本节以无线通信中码分多址 (CDMA) 系统为例，介绍如何应用广义旁瓣对消器和自适应滤波算法实现 CDMA 的盲多用户检测，并比较 LMS、RLS 和 Kalman 滤波三种自适应算法在该应用中跟踪期望用户信号的统计性能。

5.9.1 盲多用户检测的典范表示

考查一直接序列码分多址 (DS-CDMA) 系统，它有 K 个用户，无线信道为加性高斯白噪声信道。在经过一系列处理 (码片滤波、码片速率采样) 后，接收机在一个码元间隔期间的离散时间输出可用信号模型

$$y(n)=\sum_{k=1}^{K}A_k b_k(n)s_k(n)+\sigma v(n),\quad n=0,1,\cdots,T_s-1 \tag{5.9.1}$$

表示。式中 $v(n)$ 为信道噪声；A_k, $b_k(n)$ 和 $s_k(n)$ 分别是第 k 个用户的接收幅值、信息字符序列和特征波形；σ 为一常数。现在假定各个用户的信息字符从 $\{-1,+1\}$ 中独立地、等概率地选取，还假定特征波形具有单位能量，即

$$\sum_{n=0}^{T_s-1}|s_k(n)|^2=1$$

并且特征波形的支撑区为 $[0,T_s]$，其中 $T_s=NT_{\rm c}$ 为码元间隔，而 N 和 $T_{\rm c}$ 分别是扩频增益和码片间隔。

盲多用户检测问题的提法是：在只已知一个码元间隔内的接收信号 $y(0),\cdots,y(N-1)$ 和期望用户的特征波形 $s_d(0),s_d(1),\cdots,s_d(N-1)$ 的情况下，估计期望用户发射的信息字符 $b_d(0),b_d(1),\cdots,b_d(N-1)$。这里，术语“盲的”是指我们不知道其他用户的任何信息。不失一般性，假定用户 1 为期望用户。

定义

$$\boldsymbol{y}(n)=[y(0),y(1),\cdots,y(N-1)]^{\rm T} \tag{5.9.2}$$

$$\boldsymbol{v}(n)=[v(0),v(1),\cdots,v(N-1)]^{\rm T} \tag{5.9.3}$$

分别为接收信号向量和噪声向量，并定义用户 k 的特征波形向量

$$\boldsymbol{s}_k(n)=[s_k(0),s_k(1),\cdots,s_k(N-1)]^{\rm T} \tag{5.9.4}$$

则式 (5.9.1) 可以用向量形式写作

$$\boldsymbol{y}(n)=A_1 b_1(n)\boldsymbol{s}_1+\sum_{k=2}^{K}A_k b_k(n)\boldsymbol{s}_k+\sigma\boldsymbol{v}(n) \tag{5.9.5}$$

式中，第一项为期望用户的信号，第二项为所有其他用户 (统称干扰用户) 的干扰信号之和，第三项代表信道噪声。

现在针对期望用户，设计其多用户检测器 $\boldsymbol{c}_1$，则检测器输出为 $\boldsymbol{c}_1^{\rm T}(n)\boldsymbol{y}(n)=\langle\boldsymbol{c}_1,\boldsymbol{y}\rangle$。因此，在第 n 个码元间隔内的期望用户的信息字符的检测结果为

$$\hat{b}_1(n)={\rm sgn}(\langle\boldsymbol{c}_1,\boldsymbol{y}\rangle)={\rm sgn}(\boldsymbol{c}_1^{\rm T}(n)\boldsymbol{y}(n)) \tag{5.9.6}$$

盲多用户检测器 $\boldsymbol{c}_1$ 有两种典范表示：

$$\text{典范表示 1}\quad \boldsymbol{c}_1(n)=\boldsymbol{s}_1+\boldsymbol{x}_1(n) \tag{5.9.7}$$

$$\text{典范表示 2}\quad \boldsymbol{c}_1(n)=\boldsymbol{s}_1-\boldsymbol{C}_{1,\rm null}\boldsymbol{w}_1 \tag{5.9.8}$$

这两种典范表示都将自适应多用户检测器分解为固定部分 $\boldsymbol{s}_1$ 与另一个自适应部分之和，并且这两部分正交 (正交分解)，即分别要求

$$\langle \boldsymbol{s}_1, \boldsymbol{x}_1 \rangle = 0 \tag{5.9.9}$$

$$\langle \boldsymbol{s}_1, \boldsymbol{C}_{1,\text{null}} \boldsymbol{w}_1 \rangle = 0 \tag{5.9.10}$$

典范表示 1 是 Honig 等人 [134] 提出的。约束条件 (5.9.7) 可以等价表示为

$$\langle \boldsymbol{c}_1, \boldsymbol{s}_1 \rangle = \langle \boldsymbol{s}_1, \boldsymbol{s}_1 \rangle = 1 \tag{5.9.11}$$

由于 $\langle \boldsymbol{c}_1, \boldsymbol{s}_1 \rangle = 1$，故称 $\boldsymbol{c}_1(n)$ 是一个规范化的多用户检测器，这就是典范表示的涵义所在。

典范表示 2 是 Kapoor 等人 [145] 在广义旁瓣对消器的框架下，通过约束条件 $\langle \boldsymbol{c}_1, \boldsymbol{s}_1 \rangle = 1$ 得到的。在这种典范表示里，矩阵 $\boldsymbol{C}_{1,\text{null}}$ 张成期望用户特征波形向量 $\boldsymbol{s}_1$ 的零空间，即 $\langle \boldsymbol{s}_1, \boldsymbol{C}_{1,\text{null}} \rangle = \boldsymbol{0}$。容易看出，典范表示 1 和 2 等价。

5.9.2 盲多用户检测的 LMS 和 RLS 算法

下面考虑使用典范表示 1 推导盲多用户检测的 LMS 算法和 RLS 算法。

1. LMS 算法

考虑使用典范表示 1 描述的盲多用户检测器 $\boldsymbol{c}_1(n)$，其输出信号 $\langle \boldsymbol{c}_1, \boldsymbol{y} \rangle$ 的平均输出能量 (MOE) 和均方误差 (MSE) 分别为

$$\text{MOE}(\boldsymbol{c}_1) = \text{E}\left\{\langle \boldsymbol{c}_1, \boldsymbol{y} \rangle^2\right\} = \text{E}\left\{(\boldsymbol{c}_1^{\text{T}}(n)\boldsymbol{y}(n))^2\right\} \tag{5.9.12}$$

$$\text{MSE}(\boldsymbol{c}_1) = \text{E}\left\{(A_1 b_1 - \langle \boldsymbol{c}_1, \boldsymbol{y} \rangle)^2\right\} \tag{5.9.13}$$

若定义

$$e(n) = \langle \boldsymbol{c}_1, \boldsymbol{y} \rangle = \boldsymbol{c}_1^{\text{T}}(n)\boldsymbol{y}(n) \tag{5.9.14}$$

则 $e(n)$ 的均值为零、方差为 [134],[287,p.317]

$$\text{cov}\{e(n)\} = \text{E}\{e^2(n)\} = A_1^2 + \text{MSE}(\boldsymbol{c}_1(n)) \tag{5.9.15}$$

求平均输出能量关于 $\boldsymbol{c}_1(n)$ 的无约束梯度，得

$$\nabla\text{MOE} = 2\text{E}\{\langle \boldsymbol{y}, \boldsymbol{s}_1 + \boldsymbol{x}_1 \rangle\}\boldsymbol{y} \tag{5.9.16}$$

于是，盲多用户检测器 $\boldsymbol{c}_1(n)$ 的自适应部分 $\boldsymbol{x}_1(i)$ 的随机梯度自适应算法为

$$\boldsymbol{x}_1(i) = \boldsymbol{x}_1(i-1) - \mu\hat{\nabla}\text{MOE} \tag{5.9.17}$$

式中，$\hat{\nabla}\text{MOE}$ 是 ∇MOE 的估计，这里采用瞬时梯度，即式 (5.9.16) 的数学期望直接用其瞬时值代替后，有

$$\hat{\nabla}\text{MOE} = 2\langle \boldsymbol{y}, \boldsymbol{s}_1 + \boldsymbol{x}_1 \rangle \boldsymbol{y} \tag{5.9.18}$$

容易证明

$$[\boldsymbol{y}-\langle\boldsymbol{y},\boldsymbol{s}_1\rangle\boldsymbol{s}_1]^{\mathrm{T}}\boldsymbol{s}_1=\boldsymbol{y}^{\mathrm{T}}\boldsymbol{s}_1-\boldsymbol{y}^{\mathrm{T}}\boldsymbol{s}_1\boldsymbol{s}_1^{\mathrm{T}}\boldsymbol{s}_1=0$$

因为各用户特征波形具有单位能量即 $\boldsymbol{s}_1^{\mathrm{T}}\boldsymbol{s}_1=1$。上式等价为

$$[\boldsymbol{y}-\langle\boldsymbol{y},\boldsymbol{s}_1\rangle\boldsymbol{s}_1]\perp\boldsymbol{s}_1$$

这说明，$\boldsymbol{y}$ 中与 $\boldsymbol{s}_1$ 正交的分量为

$$\boldsymbol{y}-\langle\boldsymbol{y},\boldsymbol{s}_1\rangle\boldsymbol{s}_1 \tag{5.9.19}$$

因此，由式 (5.9.18) 和式 (5.9.19) 可知，投影梯度 (即梯度中与 $\boldsymbol{s}_1$ 正交的分量) 为

$$2\langle\boldsymbol{y},\boldsymbol{s}_1+\boldsymbol{x}_1\rangle[\boldsymbol{y}-\langle\boldsymbol{y},\boldsymbol{s}_1\rangle\boldsymbol{s}_1] \tag{5.9.20}$$

现在令 $\boldsymbol{s}_1$ 和 $\boldsymbol{s}_1+\boldsymbol{x}_1(i-1)$ 的匹配滤波器输出响应分别为

$$Z_{\mathrm{MF}}(i)=\langle\boldsymbol{y}(i),\boldsymbol{s}_1\rangle \tag{5.9.21}$$

$$Z(i)=\langle\boldsymbol{y}(i),\boldsymbol{s}_1+\boldsymbol{x}_1(i-1)\rangle \tag{5.9.22}$$

将式 (5.9.21) 和式 (5.9.22) 代入式 (5.9.17)，得随机梯度自适应算法的更新公式

$$\boldsymbol{x}_1(i)=\boldsymbol{x}_1(i-1)-\mu Z(i)\,[\boldsymbol{y}(i)-Z_{\mathrm{MF}}(i)\boldsymbol{s}_1] \tag{5.9.23}$$

算法实现如图 5.9.1 所示。这就是 Honig 等人提出的盲多用户检测的 LMS 算法。

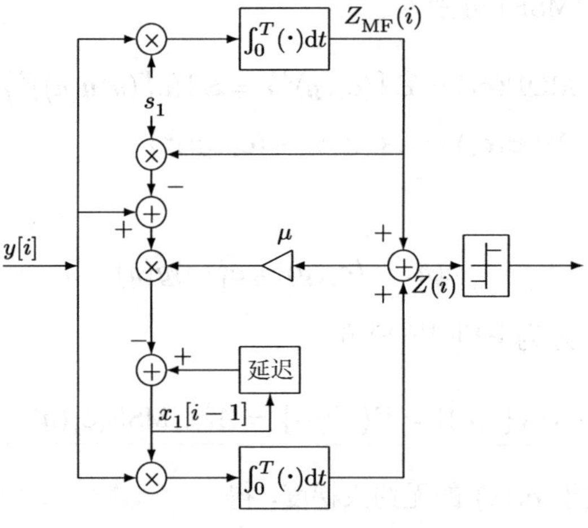

图 5.9.1 盲多用户检测的 LMS 算法

在没有干扰特征波形信息的情况下，式 (5.9.23) 的初始条件通常可选择 $\boldsymbol{x}_1(0)=0$。

2. RLS 算法

与 Honig 等人的 LMS 算法使盲检测器的平均输出能量最小化不同，Poor 和 Wang[221] 提出使盲检测器的指数加权输出能量最小化，即

$$\min\sum_{i=1}^{n}\lambda^{n-i}[\boldsymbol{c}_1^{\mathrm{T}}(n)\boldsymbol{y}(i)]^2\quad\text{subject to}\quad\boldsymbol{s}_1^{\mathrm{T}}\boldsymbol{c}_1(n)=1 \tag{5.9.24}$$

式中，$0 < \lambda < 1$ 为遗忘因子。

容易证明，满足式 (5.9.24) 的最优检测器为

$$\boldsymbol{c}_1(n) = \frac{\boldsymbol{R}^{-1}(n)\boldsymbol{s}_1}{\boldsymbol{s}_1^{\mathrm{T}}\boldsymbol{R}^{-1}(n)\boldsymbol{s}_1} \tag{5.9.25}$$

式中

$$\boldsymbol{R}(n) = \sum_{i=1}^{n} \lambda^{n-i}\boldsymbol{y}(i)\boldsymbol{y}^{\mathrm{T}}(i) \tag{5.9.26}$$

是观测信号的自相关矩阵。由矩阵求逆引理，可以得到 $\boldsymbol{R}^{-1}(n)$ 的更新公式，从而得到更新盲多用户检测器 $\boldsymbol{c}_1(n)$ 的 RLS 算法如下：

$$\boldsymbol{k}(n) = \frac{\boldsymbol{R}^{-1}(n-1)\boldsymbol{y}(n)}{\lambda + \boldsymbol{y}^{\mathrm{T}}(n)\boldsymbol{R}^{-1}(n-1)\boldsymbol{y}(n)} \tag{5.9.27}$$

$$\boldsymbol{h}(n) = \boldsymbol{R}^{-1}(n)\boldsymbol{s}_1 = \frac{1}{\lambda}[\boldsymbol{h}(n-1) - \boldsymbol{k}(n)\boldsymbol{y}^{\mathrm{T}}(n)\boldsymbol{h}(n-1)] \tag{5.9.28}$$

$$\boldsymbol{c}_1(n) = \frac{1}{\boldsymbol{s}_1\boldsymbol{h}(n)}\boldsymbol{h}(n) \tag{5.9.29}$$

$$\boldsymbol{R}^{-1}(n) = \frac{1}{\lambda}[\boldsymbol{R}^{-1}(n-1) - \boldsymbol{k}(n)\boldsymbol{y}^{\mathrm{T}}(n)\boldsymbol{R}^{-1}(n-1)] \tag{5.9.30}$$

这就是 Poor 与 Wang 提出的盲自适应多用户检测的 RLS 算法 [221]。

5.9.3 盲多用户检测的 Kalman 自适应算法

现在考虑使用典范表示 2 来设计盲多用户检测的 Kalman 自适应算法。若给定用户 1 的特征向量 $\boldsymbol{s}_1$，则 $\boldsymbol{C}_{1,\text{null}}$ 很容易利用 Gram-Schmidt 正交化或奇异值分解求出。

对一个时不变的 CDMA 系统，一个重要的事实是：最优检测器或抽头权向量 $\boldsymbol{c}_{\text{opt1}}(n)$ 也是时不变的，即 $\boldsymbol{c}_{\text{opt1}}(n+1) = \boldsymbol{c}_{\text{opt1}}(n)$。令 $\boldsymbol{w}_{\text{opt1}}$ 是 $\boldsymbol{c}_1$ 的典范表示 2 中的自适应部分，则有关于状态变量 $\boldsymbol{w}_{\text{opt1}}$ 的状态方程

$$\boldsymbol{w}_{\text{opt1}}(n+1) = \boldsymbol{w}_{\text{opt1}}(n) \tag{5.9.31}$$

另一方面，将典范表示 2 的公式 (5.9.8) 代入式 (5.9.14) 中，则给出

$$e(n) = \boldsymbol{s}_1^{\mathrm{T}}\boldsymbol{y}(n) - \boldsymbol{y}^{\mathrm{T}}(n)\boldsymbol{C}_{1,\text{null}}\boldsymbol{w}_1(n) \tag{5.9.32}$$

令 $\tilde{y}(n) = \boldsymbol{s}_1^{\mathrm{T}}\boldsymbol{y}(n)$ 和 $\boldsymbol{d}^{\mathrm{T}}(n) = \boldsymbol{y}^{\mathrm{T}}(n)\boldsymbol{C}_{1,\text{null}}$。若 $\boldsymbol{w}_1$ 达到 $\boldsymbol{w}_{\text{opt1}}$，则式 (5.9.32) 可以写成测量方程

$$\tilde{y}(n) = \boldsymbol{d}^{\mathrm{T}}(n)\boldsymbol{w}_{\text{opt1}}(n) + e_{\text{opt}}(n) \tag{5.9.33}$$

状态方程 (5.9.31) 和测量方程 (5.9.33) 一起构成了用户 1 的动态系统方程，它是 Kalman 滤波的基础。盲多用户检测中的 Kalman 滤波问题现在可以叙述为：已知测量矩阵 $\boldsymbol{d}^{\mathrm{T}}(n)$，使用观测数据 $\tilde{y}(n)$ 对每个 $n \geqslant 1$ 求状态向量 $\boldsymbol{w}_{\text{opt1}}$ 各个系数的最小均方误差估计。

由式 (5.9.15)，得最优检测误差的方差

$$\xi_{\min} = \text{cov}\{e_{\text{opt}}(n)\} = \text{E}\{e_{\text{opt}}^2(n)\} = A_1^2 + \varepsilon_{\min} \tag{5.9.34}$$

式中 $\varepsilon_{\min} = \text{MSE}(\boldsymbol{c}_{\text{opt1}}(n))$ 表示当抽头权向量 $\boldsymbol{c}_1$ 最优时的最小均方误差，因而 $\xi_{\min} = \text{MOE}(\boldsymbol{c}_{\text{opt1}}(n))$ 表示用户 1 的动态系统的最小平均输出能量。

对于同步模型 (5.9.1)，容易证明 $\text{E}\{e_{\text{opt}}(n)e_{\text{opt}}(l)\} = 0,\ n \neq l$，因为 $\text{E}\{y(n)y(l)\} = 0,\ n \neq l$。这说明，$e_{\text{opt}}(n)$ 在同步情况下是一均值为零、方差为 $\xi_{\min}$ 的白噪声。

与由式 (5.4.1) 和式 (5.4.2) 描述的一般动态系统模型相比，由式 (5.9.31) 和式 (5.9.33) 确定的线性一阶状态空间模型具有以下特点：

(1) 状态向量为 $\boldsymbol{w}_{\text{opt1}}$，状态转移矩阵 $\boldsymbol{F}(n+1,n)$ 是一个 $N \times N$ 单位矩阵，过程噪声是一个零向量；

(2) 观测向量变为标量 $\tilde{y}(n) = \boldsymbol{s}_1^{\text{T}}\boldsymbol{y}(n)$，测量矩阵变为向量 $\boldsymbol{d}^{\text{T}}(n) = \boldsymbol{y}^{\text{T}}(n)\boldsymbol{C}_{1,\text{null}}$。

将标准动态系统模型式 (5.4.1) 和式 (5.4.2) 与用户 1 的动态系统方程式 (5.9.31) 和式 (5.9.33) 比较知，很容易将标准 Kalman 滤波算法推广为下面的盲多用户检测的 Kalman 自适应算法。

算法 5.9.1 盲多用户检测的 Kalman 自适应算法

初始条件：$\boldsymbol{K}(1,0) = \boldsymbol{I}$

迭代计算：$n = 1,2,3,\cdots$

$$\boldsymbol{g}(n) = \boldsymbol{K}(n,n-1)\boldsymbol{d}(n)\left\{\boldsymbol{d}^{\text{H}}(n)\boldsymbol{K}(n,n-1)\boldsymbol{d}(n) + \xi_{\min}\right\}^{-1} \tag{5.9.35}$$

$$\boldsymbol{K}(n+1,n) = \boldsymbol{K}(n,n-1) - \boldsymbol{g}(n)\boldsymbol{d}^{\text{H}}(n)\boldsymbol{K}(n,n-1) \tag{5.9.36}$$

$$\hat{\boldsymbol{w}}_{\text{opt1}}(n) = \hat{\boldsymbol{w}}_{\text{opt1}}(n-1) + \boldsymbol{g}(n)\left\{y(n) - \boldsymbol{d}^{\text{H}}(n)\hat{\boldsymbol{w}}_{\text{opt1}}(n-1)\right\} \tag{5.9.37}$$

$$\boldsymbol{c}_1(n) = \boldsymbol{s}_1 - \boldsymbol{C}_{1,\text{null}}\hat{\boldsymbol{w}}_{\text{opt1}}(n) \tag{5.9.38}$$

式中，$\hat{\boldsymbol{w}}_{\text{opt1}}(n), \boldsymbol{g}(n)$ 和 $\boldsymbol{d}(n)$ 均为 $(N-1)\times 1$ 维向量，而 $\boldsymbol{K}(n+1,n)$ 是 $(N-1)\times(N-1)$ 维矩阵。

盲多用户检测的 Kalman 自适应滤波算法是 Zhang 和 Wei [325] 于 2002 年提出的。为使 Kalman 滤波器最优，初始状态向量要求为高斯随机向量。因此，可以选择初始预测估计 $\hat{\boldsymbol{w}}_{\text{opt1}}(0) = \text{E}\{\boldsymbol{w}_{\text{opt1}}(0)\} = \boldsymbol{0}$，其相关矩阵

$$\boldsymbol{K}(1,0) = \text{E}\{[\boldsymbol{w}_{\text{opt1}}(0) - \text{E}\{\boldsymbol{w}_{\text{opt1}}(0)\}][\boldsymbol{w}_{\text{opt1}}(0) - \text{E}\{\boldsymbol{w}_{\text{opt1}}(0)\}]^{\text{T}}\} = \boldsymbol{I}$$

式 (5.9.37) 是重要的，因为它表明：校正项等于新息过程 $e(n) = \tilde{y}(n) - \boldsymbol{d}^{\text{T}}(n)\hat{\boldsymbol{w}}(n-1)$ 乘以 Kalman 增益 $\boldsymbol{g}(n)$。虽然式 (5.9.35) 中 $\boldsymbol{g}(n)$ 的计算需要最小均方误差 $\xi_{\min}$ 已知或已估计，但这一要求并不起多大作用。这里有两个原因：

(1) Kalman 增益向量 $\boldsymbol{g}(n)$ 只是更新 $\hat{\boldsymbol{w}}_{\text{opt1}}(n)$ 的一个时变“步长”；

(2) 根据文献 [134]，在码间干扰被抑制后，期望用户输出的信号–干扰比 (常简称信干比，英文缩写 SIR) 定义为

$$\text{SIR} = 10\log\frac{\langle \boldsymbol{c}_{\text{opt1}}, \boldsymbol{s}_1\rangle^2}{\varepsilon_{\min}} = -10\log\varepsilon_{\min} \quad (\text{dB})$$

式中利用了式 (5.9.11)。由于期望用户输出的最大信干比通常都希望大于 10dB，所以最小均方误差 $\xi_{\min}$ 一般小于 0.1。注意到期望用户在第 n 个码元间隔的接收幅值 A_1 通常都比较大，满足 $A_1^2 \gg 0.1$，故可在式 (5.9.34) 中直接取 $\hat{\xi}_{\min} \approx A_1^2$ 作为未知参数 $\xi_{\min}$ 的估计值。

以上讨论虽然以平稳的无线信道作为假设条件，但得到的 Kalman 算法对慢时变信道也适用。根据文献 [129, p.702] 知，一个慢时变的动态系统可以用一个横向滤波器建模，该滤波器的抽头权向量 $\boldsymbol{w}_{\text{opt1}}$ 服从一阶 Markov 过程

$$\boldsymbol{w}_{\text{opt1}}(n+1) = a\boldsymbol{w}_{\text{opt1}}(n) + \boldsymbol{v}_1(n) \tag{5.9.39}$$

式中 a 是一固定的模型参数；$\boldsymbol{v}_1(n)$ 为过程噪声，令其均值为零、相关矩阵为 $\boldsymbol{Q}_1$。因此，Kalman 算法公式中的式 (5.9.36) 和式 (5.9.37) 应该分别用下面的公式代替：

$$\boldsymbol{K}(n+1,n) = \boldsymbol{K}(n,n-1) - \boldsymbol{g}(n)\boldsymbol{d}^{\mathrm{T}}(n)\boldsymbol{K}(n,n-1) + \boldsymbol{Q}_1 \tag{5.9.40}$$

$$\hat{\boldsymbol{w}}_{\text{opt1}}(n) = \hat{\boldsymbol{w}}_{\text{opt1}}(n-1) + \boldsymbol{g}(n)[\tilde{y}(n) - \boldsymbol{d}^{\mathrm{T}}(n)\hat{\boldsymbol{w}}_{\text{opt1}}(n-1)] \tag{5.9.41}$$

对一个慢时变的 CDMA 系统而言，可以假定参数 a 非常接近于 1，并且过程噪声相关矩阵 $\boldsymbol{Q}_1$ 的每一个元素都取很小的值。因此，虽然在一个慢时变的 CDMA 系统中，Kalman 算法需要使用 $\xi_{\min}, a$ 和 $\boldsymbol{Q}_1$ 等未知参数，但可以使用估计 $\hat{\xi}_{\min} \approx A_1^2, a \approx 1$ 和 $\boldsymbol{Q}_1 \approx \boldsymbol{O}$ (零矩阵)。也就是说, Kalman 算法适用于慢时变的 CDMA 系统。

下面是 LMS，RLS 和 Kalman 三种算法的计算繁杂度比较 (每一个码元间隔内,更新抽头权向量 $\boldsymbol{c}_1(n)$ 的计算量)。

LMS 算法 [134]：$4N$ 次乘法和 $6N$ 次加法；

RLS 算法 [221]：$4N^2+7N$ 次乘法和 $3N^2+4N$ 次加法；

Kalman 算法 [325]：$4N^2-3N$ 次乘法和 $4N^2-3N$ 次加法。

定理 5.9.1 [325] 对于平稳的 CDMA 系统，当 n 足够大时，Kalman 滤波算法的平均输出能量 $\xi(n)$ 由

$$\xi(n) \leqslant \xi_{\min}(1+n^{-1}N) \tag{5.9.42}$$

给出。

理论分析表明 [325]，当盲自适应多用户检测器收敛后，以上三种算法的稳态剩余平均输出能量为

$$\xi_{\min}(\infty) = \begin{cases} \xi_{\min}\dfrac{\frac{\mu}{2}\mathrm{tr}(\boldsymbol{R}_{vy})}{1-\frac{\mu}{2}\mathrm{tr}(\boldsymbol{R}_{vy})}, & \text{LMS 算法} \\ \dfrac{1-\lambda}{\lambda}(N-1)\xi_{\min}, & \text{RLS 算法} \\ 0, & \text{Kalman 算法} \end{cases} \tag{5.9.43}$$

式中 $\boldsymbol{R}_{vy} = \mathrm{E}\{(\boldsymbol{I}-\boldsymbol{s}_1\boldsymbol{s}_1^{\mathrm{T}})\boldsymbol{y}(n)\boldsymbol{y}^{\mathrm{T}}(n)\}$ 是向量 $\boldsymbol{v}(n) = (\boldsymbol{I}-\boldsymbol{s}_1\boldsymbol{s}_1^{\mathrm{T}})\boldsymbol{y}(n)$ 和 $\boldsymbol{y}(n)$ 的互相关矩阵，μ 和 λ 分别是 LMS 算法的步长和 RLS 算法的遗忘因子。

注释 由式 (5.9.42) 知，对于 Kalman 算法，当迭代次数 $n=2N$ 时，平均输出能量 $\xi(n) \leqslant 1.5\xi_{min}$；而当 $n=16N$ 时，$\xi(n) \leqslant 1.0625\xi(n)$。这说明，Kalman 滤波算法的输出能量 $\xi(n)$ 随 n 的增大而迅速趋于最小平均输出能量 $\xi_{\min}$。因此，三种算法的平均输出能量 $\xi(n)$ 的收敛性能如下：

(1) 如式 (5.9.42) 所示，Kalman 滤波算法的收敛只取决于扩频增益 N，它与数据相关矩阵 $\boldsymbol{R}$ 无关；

(2) LMS 算法的收敛取决于数据相关矩阵 $\boldsymbol{R}$ 的特征值分布；

(3) RLS 算法的收敛取决于矩阵乘积 $\boldsymbol{RM}(n-1)$ 的迹，其中 $\boldsymbol{M}(n) = \mathrm{E}\{[\boldsymbol{c}_1(n) - \boldsymbol{c}_{\mathrm{opt1}}][\boldsymbol{c}_1(n) - \boldsymbol{c}_{\mathrm{opt1}}]^{\mathrm{T}}\}$。

在使用 LMS 算法时，步长 μ 必须满足输出均方误差收敛的稳定性条件 [134]

$$\mu < \frac{2}{\sum_{k=1}^{K} A_k^2 + N\sigma^2} \tag{5.9.44}$$

为了比较不同算法的多址干扰抑制能力，常使用 n 步迭代的时间平均信干比 (SIR) 作为测度

$$\mathrm{SIR}(n) = 10\log \frac{\sum_{l=1}^{M} \left(\boldsymbol{c}_{1l}^{\mathrm{T}}(n)\boldsymbol{s}_1\right)^2}{\sum_{l=1}^{M} \boldsymbol{c}_{1l}^{\mathrm{T}}(n)\left(\boldsymbol{y}_l(n) - b_{1,l}(n)\boldsymbol{s}_1\right)^2} \tag{5.9.45}$$

式中 M 是独立实验的次数，下标 l 表示第 l 次实验，背景噪声的方差为 σ^2。假定用户 k 的信噪比 $\mathrm{SNR} = 10\log(E_k/\sigma^2)$，其中 $E_k = A_k^2$ 是用户 k 的比特能量。

本章小结

本章的核心内容是滤波器的优化设计及其自适应实现。首先，从三种角度介绍了不同的滤波器:

(1) 从信噪比最大原则出发，讲述了匹配滤波器;

(2) 从最小均方误差准则出发，推导了 Wiener 滤波器;

(3) 从状态空间模型出发，介绍了 Kalman 滤波器及其自适应算法。

然后，围绕 Wiener 滤波器的自适应实现，依次介绍了 LMS 和 RLS 两种自适应算法。为了克服横向滤波器收敛慢的缺点，本章介绍了具有对称结构的 LMS 型格型滤波器和具有非对称结构的 LS 格型滤波器。

最后，作为自适应滤波器的应用，分别介绍了自适应谱线增强器与陷波器、广义旁瓣对消器和盲自适应多用户检测器。

习题

5.1 谐波信号

$$s(t) = A\cos(2\pi f_{\mathrm{c}} t), \quad 0 \leqslant t \leqslant T,\ f_{\mathrm{c}} = \frac{1}{T}$$

观测样本为 $y(t) = s(t) + w(t)$，其中 $w(t)$ 是一高斯白噪声，其均值为 0，方差为 σ^2。求匹配滤波器在 $t = T$ 时的输出以及它的均值和方差。

5.2 假定发射机轮流发射信号 $s_1(t)$ 和 $s_2(t)$，其中

$$s_1(t) = A\cos(2\pi f_c t), \quad 0 \leqslant t \leqslant T, \ f_c = \frac{1}{T}$$
$$s_2(t) = A\sin(2\pi f_c t), \quad 0 \leqslant t \leqslant T$$

忽略信号传输过程中的衰减，且接收机端的观测噪声为白噪声 $w(t)$，其均值为 0，方差为 σ^2。现在接收端设计一匹配滤波器抽取信号 $s_1(t)$，求该匹配滤波器在 $t = T$ 时的输出。

5.3 令信号为

$$s(t) = \begin{cases} \mathrm{e}^{-t}, & t > 0 \\ 0, & t < 0 \end{cases}$$

并且加性噪声 $n(t)$ 是一白噪声，其均值为 0，方差为 1。求匹配滤波器的冲激响应 $h_0(t)$。

5.4 已知信号 $s(t)$ 的自相关函数

$$R_{ss}(\tau) = A\frac{\sin^2(\alpha\tau)}{\tau^2}$$

加性噪声的自相关函数 $R_{vv}(\tau) = N\delta(\tau)$，并且信号与噪声不相关，即 $R_{sv}(\tau) = \mathrm{E}\{s(t)v(t-\tau)\} = 0, \forall\tau$。分别求出用观测数据 $x(t) = s(t) + v(t)$ 估计 $s(t)$ 的非因果 Wiener 滤波器 $H(\omega)$。

5.5 令 $s(t)$ 是一平稳的随机过程，并且

$$R_{ss}(\tau) = \mathrm{E}\{s(t)s(t-\tau)\} = \frac{1}{2}\mathrm{e}^{-|\tau|}$$
$$R_{nn}(\tau) = \mathrm{E}\{n(t)n(t-\tau)\} = \begin{cases} 1, & \tau = 0 \\ 0, & \tau \neq 0 \end{cases}$$

同时，信号与噪声不相关，即 $\mathrm{E}\{s(t)n(t-\tau)\} = 0, \forall\tau$。试求因果 Weiner 滤波器的传递函数表达式。

5.6 令 $y(t) = s(t) + n(t)$。已知

$$P_{ss}(\omega) = \frac{N_0}{\alpha^2 + \omega^2}, \quad P_{nn}(\omega) = N \quad \text{和} \quad P_{sn}(\omega) = 0$$

式中 $\alpha > 0$。求因果 Wiener 滤波器的传递函数。

5.7 离散时间信号 $s(n)$ 是一个一阶的 AR 过程，其相关函数 $R_s(k) = \alpha^{|k|}$, $0 < \alpha < 1$。令观测数据为 $x(n) = s(n) + v(n)$，其中 $s(n)$ 和 $v(n)$ 不相关，且 $v(n)$ 是一个均值为 0，方差为 σ_v^2 的白噪声。设计 Wiener 滤波器 $H(z)$。

5.8 假定对观测数据 $y(t) = x(t) + n(t)$ 进行直接滤波的滤波器具有传递函数

$$a(t, u) = \frac{m(1+u)^{m-1}}{(1+t)^m}, \quad 0 \leqslant u \leqslant t, \ m > 0$$

求 $y(t)$ 的新息过程，并设计一作用于新息的滤波器 $b(t, s)$。

5.9 假设一观测信号 $y(t) = s(t) + n(t)$ 的功率谱为

$$P_{yy}(\omega) = \frac{\omega^2 + 25}{(\omega^2 + 1)(\omega^2 + 4)}$$

求新息过程 $w(t)$ 和信号 $s(t)$ 的线性均方估计 $\hat{s}(t)$ 的表达式。

5.10 令 $x(t)$ 是一个时不变的标量随机变量，它在加性高斯白噪声 $v(t)$ 中被观测，即 $y(t)=x(t)+v(t)$ 为观测数据。若使用 Kalman 滤波器自适应估计 $x(t)$，试设计 Kalman 滤波器：

(1) 构造离散时间的状态空间方程。

(2) 求出状态变量 $x(k)$ 的更新公式。

5.11 AR(1) 过程的 Kalman 滤波估计。状态变量服从 AR(1) 模型 $x(n)=0.8x(n-1)+w(n)$。其中，$w(n)$ 为白噪声，其均值为 0，方差 $\sigma_w^2=0.36$。观测方程为 $y(n)=x(n)+v(n)$，其中 $v(n)$ 是一个与 $w(n)$ 不相关的白噪声，其均值为 0，方差 $\sigma_v^2=1$。用 Kalman 滤波器估计状态变量，求 $\hat{x}(n)$ 的具体表达式。

5.12 一时变系统的状态转移方程和观测方程分别为

$$\boldsymbol{x}(n+1)=\begin{bmatrix}1/2 & 1/8\\ 1/8 & 1/2\end{bmatrix}\boldsymbol{x}(n)+\boldsymbol{v}_1(n)$$

和

$$\boldsymbol{y}(n)=\boldsymbol{x}(n)+\boldsymbol{v}_2(n)$$

式中

$$\begin{aligned}
\mathrm{E}\{\boldsymbol{v}_1(n)\}&=\boldsymbol{0}\\
\mathrm{E}\{\boldsymbol{v}_1(n)\boldsymbol{v}_1^{\mathrm{T}}(k)\}&=\begin{cases}\sigma_1^2\boldsymbol{I}, & n=k\\ \boldsymbol{O}, & n\neq k\end{cases}\\
\mathrm{E}\{\boldsymbol{v}_2(n)\boldsymbol{v}_2^{\mathrm{T}}(k)\}&=\begin{cases}\sigma_2^2\boldsymbol{I}, & n=k\\ \boldsymbol{O}, & n\neq k\end{cases}\\
\mathrm{E}\{\boldsymbol{v}_1(n)\boldsymbol{v}_2^{\mathrm{T}}(k)\}&=\boldsymbol{O},\quad \forall n,k\\
\mathrm{E}\{\boldsymbol{x}(1)\boldsymbol{x}^{\mathrm{T}}(1)\}&=\boldsymbol{I}
\end{aligned}$$

式中 $\boldsymbol{O}$ 和 $\boldsymbol{I}$ 分别为零矩阵和单位矩阵。求 $\boldsymbol{x}(n)$ 的更新公式。

5.13 图题 5.13 是二维雷达跟踪的示意图 [168]。图中，目标飞机以恒速度 V 在 x 方向上飞行，雷达位于原点 O，飞机与雷达的距离为 r，方位角为 θ。为了使雷达跟踪飞机，现在拟使用 Kalman 滤波器对飞机的距离 r、飞机在雷达视线上的速度 $\dot{r}$、方位角 θ 和角速度 $\dot{\theta}$ 进行自适应估计。试针对二维雷达跟踪问题，构造离散时间的状态空间方程。

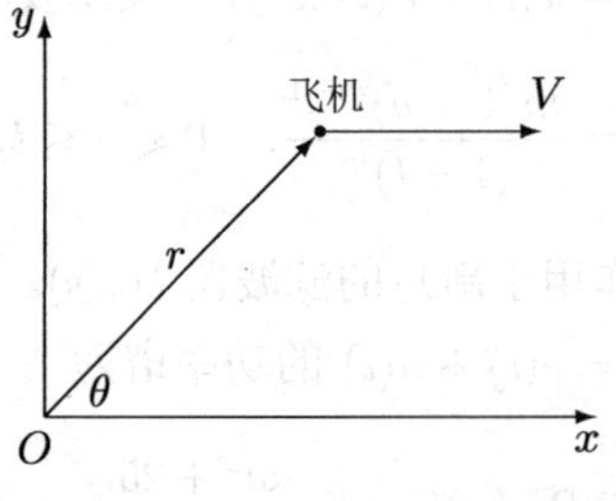

图题 5.13 雷达跟踪的几何示意图

5.14 一时变的实 ARMA 过程由差分方程

$$y(n)+\sum_{i=1}^{p}a_i(n)y(n-i)=\sum_{i=1}^{q}a_{p+i}v(n-i)+v(n)$$

描述，式中 $a_1(n),\cdots,a_p(n),a_{p+1}(n),\cdots,a_{p+q}(n)$ 为 ARMA 模型参数，过程 $v(n)$ 为输入，而 $y(n)$ 为输出。假定输入过程 $v(n)$ 是一高斯白噪声，方差为 σ^2。ARMA 模型参数服从一随机扰动模型：

$$a_k(n+1)=a_k(n)+w_k(n),\ k=1,\cdots,p,p+1,\cdots,p+q$$

式中 $w_k(n)$ 是一零均值的高斯白噪声过程，并且与 $w_j(n),j\neq k$ 相互独立，也与 $v(n)$ 独立。定义 $(p+q)\times 1$ 维状态向量

$$\boldsymbol{x}(n)=[a_1(n),\cdots,a_p(n),a_{p+1}(n),\cdots,a_{p+q}(n)]^{\mathrm{T}}$$

并定义测量矩阵 (这里实质为行向量)

$$\boldsymbol{C}(n)=[-y(n-1),\cdots,-y(n-p),v(n-1),\cdots,v(n-q)]$$

试根据以上条件，求下列问题的解：

(1) 建立时变 ARMA 过程的状态空间方程；

(2) 求更新状态向量 $\boldsymbol{x}(n+1)$ 的 Kalman 自适应滤波算法；

(3) 如何设定初始值？

5.15 在平稳系统的情况下，若状态转移矩阵 $\boldsymbol{F}(n+1,n)$ 为单位矩阵，且状态噪声向量为零。证明预测状态误差相关矩阵 $\boldsymbol{K}(n+1,n)$ 与滤波的状态误差相关矩阵 $\boldsymbol{K}(n)$ 相等。

5.16 在无线通信中，无线信道常用冲激响应已知的 FIR 滤波器作为模型。若信道输出即接收机接收的信号 $y(n)$ 由

$$y(n)=\boldsymbol{h}^{\mathrm{T}}\boldsymbol{x}(n)+w(n)$$

给出，式中 $\boldsymbol{h}$ 是一 $M\times 1$ 向量，表示信道冲激响应，$\boldsymbol{x}(n)$ 为一 $M\times 1$ 向量，表示信道输入的当前值和 $M-1$ 个以前的发射值；$w(n)$ 为高斯白噪声，均值为零、方程为 σ_w^2。在时刻 n，信道输入 $u(n)$ 由二进制编码 $\{-1,+1\}$ 组成，与 $w(n)$ 统计独立。因此，状态方程可写成 [163]

$$\boldsymbol{x}(n+1)=\boldsymbol{A}\boldsymbol{x}(n)+\boldsymbol{e}_1v(n)$$

式中 $v(n)$ 是均值为零、方差为 σ_v^2 的高斯白噪声，它与 $w(n)$ 独立。矩阵 $\boldsymbol{A}$ 是一个 $M\times M$ 矩阵，其元素

$$a_{ij}=\begin{cases}1, & i=j+1\\ 0, & \text{其他}\end{cases}$$

向量 $\boldsymbol{e}_1$ 是一个 $M\times 1$ 向量，其元素定义为

$$e_i=\begin{cases}1, & i=1\\ 0, & \text{其他}\end{cases}$$

在已知信道模型和含噪声的观测值 $y(n)$ 的情况下，使用 Kalman 滤波构造一均衡器，它能够在某个延迟时间 $(n+D)$ 给出信道输入 $u(n)$ 的一估计值，其中 $0 \leqslant D \leqslant M-1$。证明：所构造的均衡器是一个无限冲激响应滤波器，其系数由两组不同的参数决定：

(1) $M \times 1$ 信道冲激响应向量；

(2) Kalman 增益向量 (它是一个 M 维的列向量)。

5.17 考虑一码分多址 (CDMA) 系统，它共有 K 个用户。假定用户 1 为期望用户，其特征波形向量 $\boldsymbol{s}_1$ 为已知，并满足单位能量条件 $\langle \boldsymbol{s}_1, \boldsymbol{s}_1 \rangle = \boldsymbol{s}_1^{\mathrm{T}} \boldsymbol{s}_1 = 1$。现有一接收机的观测数据向量为 $\boldsymbol{y}(n)$，它包含了 K 个用户信号的线性混合。为了检测期望用户的信号，我们希望设计一多用户检测器 $\boldsymbol{c}_1$，使检测器的输出能量最小化。若多用户检测器服从约束条件 $\boldsymbol{c}_1 = \boldsymbol{s}_1 + \boldsymbol{U}_i \boldsymbol{w}$，其中 $\boldsymbol{U}_i$ 称为干扰子空间，意即它的列张成干扰子空间。

(1) 求线性检测器 $\boldsymbol{c}_1$ 的 LMS 自适应算法。

(2) 如何计算干扰子空间 $\boldsymbol{U}_i$？

5.18 如果 j 阶最小二乘后向预测误差向量由

$$\boldsymbol{P}_{0,j-1}^{\perp}(n) z^{-j} \boldsymbol{x}(n) = \boldsymbol{e}_j^{\mathrm{b}}(n)$$

给出，证明

$$\boldsymbol{P}_{1,j}^{\perp}(n) z^{-j-1} \boldsymbol{x}(n) = z^{-1} \boldsymbol{e}_j^{\mathrm{b}}(n)$$

5.19 给定一时间信号 $\boldsymbol{v}(n) = [v(1), v(2), v(3), \cdots, v(n)]^{\mathrm{T}} = [4, 2, 4, \cdots]^{\mathrm{T}}$。计算

(1) 数据向量 $\boldsymbol{v}(2)$ 和 $\boldsymbol{v}(3)$。

(2) 向量 $z^{-1}\boldsymbol{v}(2)$ 和 $z^{-2}\boldsymbol{v}(2)$。

(3) 向量 $z^{-1}\boldsymbol{v}(3)$ 和 $z^{-2}\boldsymbol{v}(3)$。

若令 $\boldsymbol{u}(n) = z^{-1}\boldsymbol{v}(n)$，再计算

(4) 投影矩阵 $\boldsymbol{P}_u(2)$ 和 $\boldsymbol{P}_u(3)$。

(5) 利用 $\boldsymbol{u}(n)$ 求 $\boldsymbol{v}(n)$ 的最小二乘预测。这一预测称为 $\boldsymbol{v}(n)$ 的一步前向预测。

(6) 前向预测误差向量 $\boldsymbol{e}_1^{\mathrm{f}}(2)$ 和 $\boldsymbol{e}_1^{\mathrm{f}}(3)$。

5.20 已知前向和后向预测残差分别为

$$\varepsilon_m^{\mathrm{f}}(n) = \langle \boldsymbol{x}(n), \boldsymbol{P}_{1,m}^{\perp}(n) \boldsymbol{x}(n) \rangle$$

$$\varepsilon_m^{\mathrm{b}}(n) = \langle z^{-m} \boldsymbol{x}(n), \boldsymbol{P}_{0,m-1}^{\perp}(n) z^{-m} \boldsymbol{x}(n) \rangle$$

和偏相关系数 $\Delta_{m+1}(n) = \langle \boldsymbol{e}_m^{\mathrm{f}}(n), z^{-1} \boldsymbol{e}_m^{\mathrm{b}}(n) \rangle$。证明

$$\varepsilon_{m+1}^{\mathrm{f}}(n) = \varepsilon_m^{\mathrm{f}}(n) - \frac{\Delta_{m+1}^2(n)}{\varepsilon_m^{\mathrm{b}}(n-1)}$$

$$\varepsilon_{m+1}^{\mathrm{b}}(n) = \varepsilon_m^{\mathrm{b}}(n-1) - \frac{\Delta_{m+1}^2(n)}{\varepsilon_m^{\mathrm{f}}(n)}$$

第 6 章 高阶统计分析

前面几章使用的信号处理方法均以二阶统计量 (时域为相关函数、频域为功率谱) 作为数学分析工具。相关函数和功率谱存在一些缺点，例如它们具有等价性或多重性，不能辨识非最小相位系统；又如，它们对加性噪声敏感，一般只能处理加性白噪声的观测数据。为了克服这些缺点，必须使用三阶或更高阶数的统计量，它们统称高阶统计量。基于高阶统计量的信号分析称为信号的高阶统计分析，也称非高斯信号处理。二阶统计分析只能提取信号的主要信息即概貌，而高阶统计分析则能够提供信号的细节信息。因此，高阶统计量是信号处理不可或缺的一种数学工具。

早在 20 世纪 60 年代，高阶统计量就已被数学家们所研究，但由于当时没有找到适当的应用对象，这一研究并没有获得比较大的发展。只是到了 20 世纪 80 年代后期，信号处理的专家们才点燃了这一研究的燎原之火，并迅速发展成为现代信号处理的一个重要分支。本章将系统地介绍信号高阶统计分析的理论、方法及一些典型应用。

6.1 矩与累积量

最常用的高阶统计量是高阶累积量及高阶谱。

6.1.1 高阶矩与高阶累积量的定义

特征函数方法是概率论与数理统计的主要分析工具之一。利用特征函数，很容易引出高阶矩和高阶累积量的定义。

考查一连续的随机变量 x。若它的概率密度函数为 $f(x)$，而 $g(x)$ 是一任意函数，则 $g(x)$ 的数学期望定义为

$$\mathrm{E}\{g(x)\} \stackrel{\text{def}}{=} \int_{-\infty}^{\infty} f(x)g(x)\mathrm{d}x \tag{6.1.1}$$

特别地，当 $g(x)=\mathrm{e}^{\mathrm{j}\omega x}$ 时，则有

$$\varPhi(\omega) \stackrel{\text{def}}{=} \mathrm{E}\{\mathrm{e}^{\mathrm{j}\omega x}\} = \int_{-\infty}^{\infty} f(x)\mathrm{e}^{\mathrm{j}\omega x}\mathrm{d}x \tag{6.1.2}$$

称其为第一特征函数。换言之，第一特征函数是概率密度函数 $f(x)$ 的 Fourier 逆变换。由于概率密度函数 $f(x)\geqslant 0$，所以第一特征函数 $\varPhi(\omega)$ 在原点有最大值，即

$$|\varPhi(\omega)| \leqslant \varPhi(0) = 1 \tag{6.1.3}$$

求第一特征函数的 k 阶导数，得

$$\varPhi^k(\omega) = \frac{\mathrm{d}^k \varPhi(\omega)}{\mathrm{d}\omega^k} = \mathrm{j}^k \mathrm{E}\{x^k \mathrm{e}^{\mathrm{j}\omega x}\} \tag{6.1.4}$$

随机变量 x 的 k 阶 (原点) 矩 m_k 和中心矩 μ_k 分别定义为

$$m_k \stackrel{\text{def}}{=} \mathrm{E}\{x^k\} = \int_{-\infty}^{\infty} x^k f(x)\mathrm{d}x \tag{6.1.5}$$

$$\mu_k \stackrel{\text{def}}{=} \mathrm{E}\{(x-\eta)^k\} = \int_{-\infty}^{\infty} (x-\eta)^k f(x)\mathrm{d}x \tag{6.1.6}$$

式中，$\eta = \mathrm{E}\{x\}$ 代表随机变量 x 的一阶矩即均值。对于零均值的随机变量 x，其 k 阶原点矩 m_k 和中心矩 μ_k 等价。在下面的讨论中，均令随机变量和随机信号的均值为零。

在式 (6.1.4) 中令 $\omega = 0$，可求出 x 的 k 阶矩为

$$m_k = \mathrm{E}\{x^k\} = (-\mathrm{j})^k \left.\frac{\mathrm{d}^k \Phi(\omega)}{\mathrm{d}\omega^k}\right|_{\omega=0} = (-\mathrm{j})^k \Phi^{(k)}(0) \tag{6.1.7}$$

由于随机变量 x 的 k 阶矩 $\mathrm{E}\{x^k\}$ 可以由第一特征函数生成，故常将第一特征函数 $\Phi(\omega)$ 称为矩生成函数。

第一特征函数的自然对数称为第二特征函数，记作

$$\Psi(\omega) \stackrel{\text{def}}{=} \ln \Phi(\omega) \tag{6.1.8}$$

与 k 阶矩的定义式 (6.1.7) 相类似，也可以定义随机变量 x 的 k 阶累积量为

$$c_{kx} = (-\mathrm{j})^k \left.\frac{\mathrm{d}^k \ln \Phi(\omega)}{\mathrm{d}\omega^k}\right|_{\omega=0} = (-\mathrm{j})^k \Psi^{(k)}(0) \tag{6.1.9}$$

鉴于此，第二特征函数又称累积量生成函数。

关于单个随机变量 x 的上述讨论很容易推广到多个随机变量。令 $x_1,\cdots,x_k$ 是 k 个连续随机变量，它们的联合概率密度函数为 $f(x_1,\cdots,x_k)$，则这 k 个随机变量的第一联合特征函数定义为

$$\begin{aligned}\Phi(\omega_1,\cdots,\omega_k) &\stackrel{\text{def}}{=} \mathrm{E}\left\{\mathrm{e}^{\mathrm{j}(\omega_1 x_1+\cdots+\omega_k x_k)}\right\} \\ &= \int_{-\infty}^{\infty}\cdots\int_{-\infty}^{\infty} f(x_1,\cdots,x_k)\mathrm{e}^{\mathrm{j}(\omega_1 x_1+\omega_k x_k)}\mathrm{d}x_1\cdots\mathrm{d}x_k\end{aligned} \tag{6.1.10}$$

求 $\Phi(\omega_1,\cdots,\omega_k)$ 关于 $\omega_1,\cdots,\omega_k$ 的 $r=r_1+\cdots+r_k$ 阶偏导，有

$$\frac{\partial^r \Phi(\omega_1,\cdots,\omega_k)}{\partial\omega_1^{r_1}\cdots\partial\omega_k^{r_k}} = \mathrm{j}^r \mathrm{E}\left\{x_1^{r_1}\cdots x_k^{r_k}\mathrm{e}^{\mathrm{j}(\omega_1 x_1+\cdots+\omega_k x_k)}\right\} \tag{6.1.11}$$

因此，k 个随机变量 $x_1,\cdots,x_k$ 的 r 阶联合矩为

$$m_{r_1\cdots r_k} \stackrel{\text{def}}{=} \mathrm{E}\{x_1^{r_1}\cdots x_k^{r_k}\} = (-\mathrm{j})^r \left.\frac{\partial^r \Phi(\omega_1,\cdots,\omega_k)}{\partial\omega_1^{r_1}\cdots\omega_k^{r_k}}\right|_{\omega_1=\cdots=\omega_k=0} \tag{6.1.12}$$

类似地，第二联合特征函数定义为

$$\Psi(\omega_1,\cdots,\omega_k) = \ln \Phi(\omega_1,\cdots,\omega_k) \tag{6.1.13}$$

随机变量 $x_1,\cdots,x_k$ 的 r 阶联合累积量定义为

$$c_{r_1\cdots r_k} \stackrel{\text{def}}{=} \mathrm{cum}(x_1^{r_1},\cdots,x_k^{r_k}) = (-\mathrm{j})^r \left.\frac{\partial^r \ln \Phi(\omega_1,\cdots,\omega_k)}{\partial\omega_1^{r_1}\cdots\omega_k^{r_k}}\right|_{\omega_1=\cdots=\omega_k=0} \tag{6.1.14}$$

在实际中常取 $r_1 = \cdots = r_k = 1$，由此得到 k 个随机变量的 k 阶矩和 k 阶累积量分别为

$$m_{1\cdots 1} \stackrel{\text{def}}{=} \text{E}\{x_1 \cdots x_k\} = (-\text{j})^k \left.\frac{\partial^k \varPhi(\omega_1, \cdots, \omega_k)}{\partial\omega_1 \cdots \omega_k}\right|_{\omega_1=\cdots=\omega_k=0} \tag{6.1.15}$$

$$c_{1\cdots 1} \stackrel{\text{def}}{=} \text{cum}(x_1, \cdots, x_k) = (-\text{j})^k \left.\frac{\partial^k \ln \varPhi(\omega_1, \cdots, \omega_k)}{\partial\omega_1 \cdots \partial\omega_k}\right|_{\omega_1=\cdots=\omega_k=0} \tag{6.1.16}$$

考查平稳连续随机信号 $x(t)$。令 $x_1 = x(t)$, $x_2 = x(t+\tau_1), \cdots, x_k = x(t+\tau_{k-1})$，并称 $m_{kx}(\tau_1, \cdots, \tau_{k-1}) = m_{1\cdots 1}$ 是随机信号 $x(t)$ 的 k 阶矩。于是，由式 (6.1.15) 知

$$m_{kx}(\tau_1, \cdots, \tau_{k-1}) = \text{E}\{x(t)x(t+\tau_1)\cdots x(t+\tau_{k-1})\} \tag{6.1.17}$$

类似地，随机信号 $x(t)$ 的高阶累积量用符号表示为

$$c_{kx}(\tau_1, \cdots, \tau_{k-1}) = \text{cum}[x(t), x(t+\tau_1), \cdots, x(t+\tau_{k-1})] \tag{6.1.18}$$

上式只是高阶累积量的一种形式上的定义，并没有给出累积量的具体表达式。事实上，累积量完全可以用矩来表示，将在后面予以讨论。

特别地，高阶统计分析中最常用的是 $k=3$ 的三阶累积量和 $k=4$ 的四阶累积量。

6.1.2 高斯信号的高阶矩与高阶累积量

令 x 是一高斯随机变量，它具有零均值，方差为 σ^2，或用分布符号表示为 $x \sim \mathcal{N}(0, \sigma^2)$。由于 x 的概率密度函数为

$$f(x) = \frac{1}{\sqrt{2\pi}\sigma} \exp\left(-\frac{x^2}{2\sigma^2}\right) \tag{6.1.19}$$

故高斯随机变量 x 的矩生成函数为

$$\begin{aligned}\varPhi(\omega) &= \int_{-\infty}^{\infty} f(x)\text{e}^{\text{j}\omega x}\text{d}x \\ &= \frac{1}{\sqrt{2\pi}\sigma} \int_{-\infty}^{\infty} \exp\left(-\frac{x^2}{2\sigma^2} + \text{j}\omega x\right)\text{d}x\end{aligned} \tag{6.1.20}$$

在积分公式

$$\int_{-\infty}^{\infty} \exp(-Ax^2 \pm 2Bx - C)\text{d}x = \sqrt{\frac{\pi}{A}} \exp\left(-\frac{AC - B^2}{A}\right) \tag{6.1.21}$$

中令 $A = \frac{1}{2\sigma^2}$, $B = \frac{\text{j}\omega}{2}$, $C = 0$，则由式 (6.1.20) 及式 (6.1.21) 立即得到

$$\varPhi(\omega) = \text{e}^{-\sigma^2\omega^2/2} \tag{6.1.22}$$

求 $\varPhi(\omega)$ 的各阶导数，有

$$\begin{aligned}\varPhi'(\omega) &= -\sigma^2\omega\text{e}^{-\sigma^2\omega^2/2} \\ \varPhi''(\omega) &= (\sigma^4\omega^2 - \sigma^2)\text{e}^{-\sigma^2\omega^2/2} \\ \varPhi^{(3)}(\omega) &= (3\sigma^4\omega - \sigma^6\omega^3)\text{e}^{-\sigma^2\omega^2/2} \\ \varPhi^{(4)}(\omega) &= (3\sigma^4 - 6\sigma^6\omega^2 + \sigma^8\omega^4)\text{e}^{-\sigma^2\omega^2/2}\end{aligned}$$

将这些值代入式 (6.1.7)，即可得到高斯随机变量的矩

$$m_1 = 0,\ m_2 = \sigma^2,\ m_3 = 0,\ m_4 = 3\sigma^4$$

推而广之，对任意整数 k，高斯随机变量的矩可统一写作

$$m_k = \begin{cases} 0, & k = \text{奇数} \\ 1 \cdot 3 \cdots (k-1)\sigma^k, & k = \text{偶数} \end{cases} \tag{6.1.23}$$

由式 (6.1.22) 直接得高斯随机变量 x 的累积量生成函数

$$\Psi(\omega) = \ln \Phi(\omega) = -\frac{\sigma^2\omega^2}{2}$$

其各阶导数为 $\Psi'(\omega) = -\sigma^2\omega$, $\Psi''(\omega) = -\sigma^2$ 及 $\Psi^{(k)}(\omega) \equiv 0, k = 3, 4, \cdots$。将这些值代入式 (6.1.9)，便得到随机高斯变量的各阶累积量为 $c_1 = 0, c_2 = \sigma^2$ 和 $c_k = 0, k = 3, 4, \cdots$。

高斯随机变量的矩和累积量的上述结果很容易推广为：任意一个零均值的高斯随机过程的二阶矩与二阶累积量相同，均等于其方差 σ^2；其奇数阶矩恒为零，但偶数阶矩并不为零；而高阶 (三阶及以上各阶) 累积量恒等于零。在这一意义上，称高阶累积量对高斯随机过程是“盲的”。

6.1.3 矩与累积量的转换关系

令 $\{x_1, \cdots, x_k\}$ 是 k 个随机变量组成的集合，其符号集为 $I = \{1, 2, \cdots, k\}$。现在考虑将集合 I 分割为若干子集合，并且这些子集合中没有一个是空的集合，也没有任何两个子集合具有共同的元素，同时这些子集合没有顺序之分。这样一种分割称为集合 I 的无交连、非空分割，即它是一种满足 $\bigcup I_p = I$ 的无交连、非空子集合 I_p 的无序组合，其中 $\bigcup I_p$ 表示各个子集合的并集。用 $m_x(I)$ 和 $c_x(I)$ 分别表示随机信号 $x(t)$ 的 k 阶矩和 k 阶累积量，用 $m_x(I_p)$ 和 $c_x(I_p)$ 分别表示其符号集为 I_p 的矩和累积量。例如，对于 $I_p = \{1, 3\}$，则 $m_x(I_p) = \mathrm{E}\{x(t)x(t+\tau_2)\}$ 和 $c_x(I_p) = \mathrm{cum}\{x(t), x(t+\tau_2)\}$。

累积量可以用矩表示为

$$c_x(I) = \sum_{\bigcup_{p=1}^{q} I_p = I} (-1)^{q-1}(q-1)! \prod_{p=1}^{q} m_x(I_p) \tag{6.1.24}$$

这一关系称为矩–累积量转换公式，简称 M-C 公式。

矩也可以用累积量表示为

$$m_x(I) = \sum_{\bigcup_{p=1}^{q} I_p = I} \prod_{p=1}^{q} c_x(I_p) \tag{6.1.25}$$

称之为累积量–矩转换公式，简称 C-M 公式。

下面以三阶累积量为例，讨论如何从 M-C 公式得到用矩表示累积量的公式。

(1) 若 $q = 1$，即集合 $I = \{1, 2, 3\}$ 分解为一个子集合，则 $I_1 = \{1, 2, 3\}$。

(2) 若 $q=2$，即集合 $I=\{1,2,3\}$ 分解为两个子集合，则有 $I_1=\{1\},I_2=\{2,3\}$；$I_1=\{2\},I_2=\{3,1\}$ 和 $I_1=\{3\},I_2=\{1,2\}$ 三种分解。

(3) 若 $q=3$，即集合 $I=\{1,2,3\}$ 分解为三个子集合，则只有 $I_1=\{1\},I_2=\{2\}$ 和 $I_3=\{3\}$ 一种分解。

将上述分解代入式 (6.1.24)，即可得到

$$\begin{aligned}c_{3x}(\tau_1,\tau_2)=&\mathrm{E}\{x(t)x(t+\tau_1)x(t+\tau_2)\}-\mathrm{E}\{x(t)\}\mathrm{E}\{x(t+\tau_1)x(t+\tau_2)\}\\&-\mathrm{E}\{x(t+\tau_1)\}\mathrm{E}\{x(t+\tau_2)x(t)\}-\mathrm{E}\{x(t+\tau_2)\}\mathrm{E}\{x(t)x(t+\tau_1\}\\&+2\mathrm{E}\{x(t)\}\mathrm{E}\{x(t+\tau_1)\}\mathrm{E}\{x(t+\tau_2)\}\end{aligned}\tag{6.1.26}$$

若令平稳随机实信号 $x(t)$ 的均值为 $\mu_x=\mathrm{E}\{x(t)\}$，相关函数为 $R_x(\tau)=\mathrm{E}\{x(t)x(t+\tau)\}$，则式 (6.1.26) 可表示为

$$\begin{aligned}c_{3x}(\tau_1,\tau_2)=&\mathrm{E}\{x(t)x(t+\tau_1)x(t+\tau_2)\}-\mu_xR_x(\tau_2-\tau_1)\\&-\mu_xR_x(\tau_2)-\mu_xR_x(\tau_1)+2\mu_x^3\end{aligned}\tag{6.1.27}$$

其形式是复杂的。类似地，四阶累积量也可用一阶、二阶和三阶矩来表示，不过其形式将更加复杂。然而，当 $x(t)$ 是零均值的随机信号时，这些表达式则可大大简化。为了使用的方便，现将零均值随机实信号 $x(t)$ 的二阶、三阶和四阶累积量的表示公式归纳为

$$c_{2x}(\tau)=\mathrm{E}\{x(t)x(t+\tau)\}=R_x(\tau)\tag{6.1.28}$$

$$c_{3x}(\tau_1,\tau_2)=\mathrm{E}\{x(t)x(t+\tau_1)x(t+\tau_2)\}\tag{6.1.29}$$

$$\begin{aligned}c_{4x}(\tau_1,\tau_2,\tau_3)=&\mathrm{E}\{x(t)x(t+\tau_1)x(t+\tau_2)x(t+\tau_3)\}-R_x(\tau_1)R_x(\tau_3-\tau_2)\\&-R_x(\tau_2)R_x(\tau_3-\tau_1)-R_x(\tau_3)R_x(\tau_2-\tau_1)\end{aligned}\tag{6.1.30}$$

在实际应用中，需要根据已知的数据样本估计各阶累积量。为了获得 k 阶累积量的一致样本估计，通常需要假定非高斯信号 $x(t)$ 是 $2k$ 阶绝对可求和的，即

$$\sum_{\tau_1=-\infty}^{\infty}\cdots\sum_{\tau_{m-1}=-\infty}^{\infty}|c_{mx}(\tau_1,\cdots,\tau_{m-1})|<\infty,\quad m=1,\cdots,2k\tag{6.1.31}$$

当 $x(t)$ 满足这一条件时，即可得到由样本数据 $x(1),\cdots,x(N)$ 估计高阶累积量的公式

$$\hat{c}_{3x}(\tau_1,\tau_2)=\frac{1}{N}\sum_{n=1}^{N}x(n)x(n+\tau_1)x(n+\tau_2)\tag{6.1.32}$$

$$\hat{m}_{4x}(\tau_1,\tau_2,\tau_3)=\frac{1}{N}\sum_{n=1}^{N}x(n)x(n+\tau_1)x(n+\tau_2)x(n+\tau_3)\tag{6.1.33}$$

$$\begin{aligned}\hat{c}_{4x}(\tau_1,\tau_2,\tau_3)=&\hat{m}_{4x}(\tau_1,\tau_2,\tau_3)-\hat{R}_x(\tau_1)\hat{R}_x(\tau_3-\tau_2)\\&-\hat{R}_x(\tau_2)\hat{R}_x(\tau_3-\tau_1)-\hat{R}_x(\tau_3)\hat{R}_x(\tau_2-\tau_1)\end{aligned}\tag{6.1.34}$$

式中

$$\hat{R}_x(\tau)=\frac{1}{N}\sum_{n=1}^{N}x(n)x(n+\tau),\qquad\hat{R}_x(-\tau)=R_x(\tau)\tag{6.1.35}$$

在上述各计算公式中，当 $n\leqslant 0$ 或 $n>N$ 时，均取 $x(n)=0$。

6.2 矩与累积量的性质

现在讨论矩和累积量的重要性质，进一步揭示矩与累积量之间的区别。特别地，累积量的性质在后面将经常被引用。为了叙述的方便，用 $\text{mom}(x_1,\cdots,x_k)$ 和 $\text{cum}(x_1,\cdots,x_k)$ 分别表示 k 个随机变量 $x_1,\cdots,x_k$ 的矩和累积量。

性质 1　令 λ_i 为常数，x_i 为随机变量，其中 $i=1,\cdots,k$，则

$$\text{mom}(\lambda_1 x_1,\cdots,\lambda_k x_k)=\prod_{i=1}^{k}\lambda_i\ \text{mom}(x_1,\cdots,x_k) \tag{6.2.1}$$

$$\text{cum}(\lambda_1 x_1,\cdots,\lambda_k x_k)=\prod_{i=1}^{k}\lambda_i\ \text{cum}(x_1,\cdots,x_k) \tag{6.2.2}$$

证明　由矩的定义及 $\lambda_1,\cdots,\lambda_k$ 为常数的假设，立即知式 (6.2.1) 成立。为了证明式 (6.2.2)，注意到变量集合 $y=\{\lambda_1 x_1,\cdots,\lambda_1 x_k\}$ 和 $x=\{x_1,\cdots,x_k\}$ 具有相同的指示符集，即 $I_y=I_x$。由矩–累积量转换公式 (6.1.23) 知

$$c_y(I_y)=\sum_{\bigcup_{q=1}^{p} I_p=I}(-1)^{q-1}(q-1)!\prod_{p=1}^{q}m_y(I_p)$$

其中

$$\prod_{p=1}^{q}m_y(I_p)=\prod_{p=1}^{q}\lambda_p\prod_{p=1}^{q}m_x(I_p)$$

式中，使用了矩的定义和数学期望的性质。于是有

$$c_y(I_y)=\prod_{p=1}^{q}\lambda_p c_x(I_x) \tag{6.2.3}$$

但由于 $I_y=I_x$，故式 (6.2.3) 是式 (6.2.2) 的等价表示。■

性质 2　矩和累积量关于它们的变元是对称的，即

$$\text{mom}(x_1,\cdots,x_k)=\text{mom}(x_{i_1},\cdots,x_{i_k}) \tag{6.2.4}$$

$$\text{cum}(x_1,\cdots,x_k)=\text{cum}(x_{i_1},\cdots,x_{i_k}) \tag{6.2.5}$$

其中 $(i_1,\cdots,i_k)$ 是 $(1,\cdots,k)$ 的一个排列。

证明　由于 $\text{mom}(x_1,\cdots,x_k)=\text{E}\{x_1\cdots x_k\}$，故交换各个变元的位置，对矩无任何影响，即式 (6.2.4) 显然成立。另一方面，观察矩–累积量转换公式 (6.1.23) 知，由于集合 I_x 的分割是满足 $\bigcup_{p=1}^{q} I_p=I_x$ 条件的无交连、非空子集合的无序组合，所以累积量变元的顺序与累积量值无关，其结果即是，累积量关于变元对称。■

性质 3 矩和累积量相对其变元具有可加性，即

$$\mathrm{mom}(x_1+y_1,x_2,\cdots,x_k)=\mathrm{mom}(x_1,x_2,\cdots,x_k)+\mathrm{mom}(y_1,x_2,\cdots,x_k) \tag{6.2.6}$$

$$\mathrm{cum}(x_1+y_1,x_2,\cdots,x_k)=\mathrm{cum}(x_1,x_2,\cdots,x_k)+\mathrm{cum}(y_1,x_2,\cdots,x_k) \tag{6.2.7}$$

这一性质意味着，和的累积量等于累积量之和，术语“累积量”(cumulant) 因此而得名。

证明 注意到

$$\mathrm{mom}(x_1+y_1,x_2,\cdots,x_k)=\mathrm{E}\{(x_1+y_1)x_2\cdots x_k\}=\mathrm{E}\{x_1x_2\cdots x_k\}+\mathrm{E}\{y_1x_2\cdots x_k\}$$

是式 (6.2.6) 的等价形式。令 $\boldsymbol{z}=(x_1+y_1,x_2,\cdots,x_k)$，$\boldsymbol{x}=(x_1,x_2,\cdots,x_k)$ 和 $\boldsymbol{v}=(y_1,x_2,\cdots,x_k)$。由于 $m_z(I_p)$ 是在子分割 I_p 内的元素乘积的数学期望，而 x_1+y_1 仅以单次幂形式出现，故

$$\prod_{p=1}^{q}m_z(I_p)=\prod_{p=1}^{q}m_x(I_p)+\prod_{p=1}^{q}m_v(I_p)$$

将上式代入矩–累积量转换公式 (6.1.23)，即可得到式 (6.2.7) 的结果。 ■

性质 4 若随机变量 $\{x_i\}$ 和 $\{y_i\}$ 统计独立，则累积量具有“半不变性”，即

$$\mathrm{cum}(x_1+y_1,\cdots,x_k+y_k)=\mathrm{cum}(x_1,\cdots,x_k)+\mathrm{cum}(y_1,\cdots,y_k) \tag{6.2.8}$$

但高阶矩一般没有半不变性，即

$$\mathrm{mom}(x_1+y_1,\cdots,x_k+y_k)\neq\mathrm{mom}(x_1,\cdots,x_k)+\mathrm{mom}(y_1,\cdots,y_k) \tag{6.2.9}$$

这一性质给出了累积量的另一个名称——半不变量 (semi-invariant)。

证明 令 $\boldsymbol{z}=(x_1+y_1,\cdots,x_k+y_k)=\boldsymbol{x}+\boldsymbol{y}$，其中 $\boldsymbol{x}=(x_1,\cdots,x_k)$ 和 $\boldsymbol{y}=(y_1,\cdots,y_k)$。根据 $\{x_i\}$ 和 $\{y_i\}$ 之间的统计独立性，立即有

$$\begin{aligned}\varPsi_z(\omega_1,\cdots,\omega_k)&=\ln\mathrm{E}\left\{\mathrm{e}^{\mathrm{j}[\omega_1(x_1+y_1)+\cdots+\omega_k(x_k+y_k)]}\right\}\\&=\ln\mathrm{E}\left\{\mathrm{e}^{\mathrm{j}(\omega_1x_1+\cdots+\omega_kx_k)}\right\}+\ln\mathrm{E}\left\{\mathrm{e}^{\mathrm{j}(\omega_1y_1+\cdots+\omega_ky_k)}\right\}\\&=\varPsi_x(\omega_1,\cdots,\omega_k)+\varPsi_y(\omega_1,\cdots,\omega_k)\end{aligned}$$

由上式及累积量定义，即可得到式 (6.2.8)。 ■

性质 5 如果 k 个随机变量 $\{x_1,\cdots,x_k\}$ 的一个子集同其他部分独立，则

$$\mathrm{cum}(x_1,\cdots,x_k)=0 \tag{6.2.10}$$

$$\mathrm{mom}(x_1,\cdots,x_k)\neq0 \tag{6.2.11}$$

证明 由性质 2 知，累积量关于其变元是对称的。因此，不失一般性，假定 $\{x_1,\cdots,x_i\}$ 与 $\{x_{i+1},\cdots,x_k\}$ 独立。于是有

$$\begin{aligned}\varPsi_x(\omega_1,\cdots,\omega_k)&=\ln\mathrm{E}\left\{\mathrm{e}^{\mathrm{j}(\omega_1x_1+\cdots+\omega_ix_i)}\right\}+\ln\mathrm{E}\left\{\mathrm{e}^{\mathrm{j}(\omega_{i+1}x_{i+1}+\cdots+\omega_kx_k)}\right\}\\&=\varPsi_x(\omega_1,\cdots,\omega_i)+\varPsi_x(\omega_{i+1},\cdots,\omega_k)\end{aligned} \tag{6.2.12}$$

和

$$\Phi_x(\omega_1,\cdots,\omega_k)=\Phi_x(\omega_1,\cdots,\omega_i)\Phi_x(\omega_{i+1},\cdots,\omega_k) \tag{6.2.13}$$

由式 (6.2.12) 得到

$$\frac{\partial^k\Psi_x(\omega_1,\cdots,\omega_k)}{\partial\omega_1\cdots\partial\omega_k}=\frac{\partial^k\Psi_x(\omega_1,\cdots,\omega_i)}{\partial\omega_1\cdots\partial\omega_k}+\frac{\partial^k\Psi_x(\omega_{i+1},\cdots,\omega_k)}{\partial\omega_1\cdots\partial\omega_k}=0+0=0 \tag{6.2.14}$$

这是因为 $\Psi_x(\omega_1,\cdots,\omega_i)$ 不含变量 $\omega_{i+1},\cdots,\omega_k$，而 $\Psi_x(\omega_{i+1},\cdots,\omega_k)$ 不含变量 $\omega_1,\cdots,\omega_i$，故它们关于 $\omega_1,\cdots,\omega_k$ 的 k 阶偏导分别等于零。由累积量定义式 (6.1.15) 及式 (6.2.14) 立即知，式 (6.2.10) 为真。

另由式 (6.2.13) 知

$$\frac{\partial^k\Phi_x(\omega_1,\cdots,\omega_k)}{\partial\omega_1\cdots\partial\omega_k}=\frac{\partial^k}{\partial\omega_1\cdots\partial\omega_k}[\Phi_x(\omega_1,\cdots,\omega_i)\Phi_x(\omega_{i+1},\cdots,\omega_k)]$$

由于 $\Phi_x(\omega_1,\cdots,\omega_i)\Phi_x(\omega_{i+1},\cdots,\omega_k)$ 含变量 $\omega_1,\cdots,\omega_k$，故上述偏导一般不为零，即式 (6.2.11) 成立。 ■

性质 6　若 α 为一常数，则

$$\text{cum}(x_1+\alpha,x_2,\cdots,x_k)=\text{cum}(x_1,x_2,\cdots,x_k) \tag{6.2.15}$$

$$\text{mom}(x_1+\alpha,x_2,\cdots,x_k)\neq\text{mom}(x_1,x_2,\cdots,x_k) \tag{6.2.16}$$

证明　由性质 3 及性质 5 知

$$\begin{aligned}\text{cum}(x_1+\alpha,x_2,\cdots,x_k)&=\text{cum}(x_1,x_2,\cdots,x_k)+\text{cum}(\alpha,x_2,\cdots,x_k)\\&=\text{cum}(x_1,x_2,\cdots,x_k)+0\end{aligned}$$

这就是式 (6.2.15)。但是

$$\begin{aligned}\text{mom}(x_1+\alpha,x_2,\cdots,x_k)&=\text{mom}(x_1,x_2,\cdots,x_k)+\text{mom}(\alpha,x_2,\cdots,x_k)\\&=\text{mom}(x_1,x_2,\cdots,x_k)+\alpha\text{E}\{x_2\cdots x_k\}\end{aligned}$$

不等于 $\text{mom}(x_1,x_2,\cdots,x_k)$，即式 (6.2.16) 成立。 ■

累积量的上述性质在后面各节将经常用到。这里先举三个重要例子，说明累积量性质的重要应用。

1. 三阶累积量的对称形式

性质 2 表明，k 阶累积量具有 $k!$ 种对称形式。以三阶累积量为例，共有 $3!=6$ 种对称形式

$$\begin{aligned}c_{3x}(m,n)&=c_{3x}(n,m)=c_{3x}(-n,m-n)=c_{3x}(n-m,-m)\\&=c_{3x}(m-n,-n)=c_{3x}(-m,n-m)\end{aligned} \tag{6.2.17}$$

2. 独立同分布随机过程

顾名思义，独立同分布 (independently identically distributed, IID) 随机过程是一种在任何时刻的取值都为相互独立的随机变量，并且服从同一分布。根据性质 5 知，独立同分布过程 $\{e(t)\}$ 的累积量

$$
\begin{aligned}
c_{ke}(\tau_1,\cdots,\tau_{k-1}) &= \mathrm{cum}\{e(t),e(t+\tau_1),\cdots,e(t+\tau_{k-1})\} \\
&= \begin{cases} \gamma_{ke}, & \tau_1=\cdots=\tau_{k-1}=0 \\ 0, & \text{其他} \end{cases} \\
&= \gamma_{ke}\delta(\tau_1,\cdots,\tau_{k-1})
\end{aligned} \tag{6.2.18}
$$

式中，$\delta(\tau_1,\cdots,\tau_{k-1})$ 为 $k-1$ 维 δ 函数，定义为

$$
\delta(\tau_1,\cdots,\tau_{k-1}) = \begin{cases} 1, & \tau_1=\cdots=\tau_{k-1}=0 \\ 0, & \text{其他} \end{cases} \tag{6.2.19}
$$

式 (6.2.18) 表明，独立同分布随机过程的 k 阶累积量是 $k-1$ 维 δ 函数。特别地，当 $k=2$ 时，式 (6.2.18) 退化为 $R_e(\tau)=\sigma_e^2\delta(\tau)$，这就是我们熟悉的白噪声。如同白噪声的功率谱为常数，具有白色光的性质一样，由于一个对 $k>2$ 满足式 (6.2.17) 的独立同分布过程的 k 阶累积量为 $k-1$ 维 δ 函数，其 $k-1$ 维 Fourier 变换 (称为高阶谱) 也为一常数，即独立同分布的非高斯噪声的高阶谱是多维平坦的，故称之为高阶白噪声。

有必要指出，一个独立同分布随机过程的 k 阶矩一般不是 δ 函数。以四阶矩为例，易知

$$
c_{ke}(0,\tau,\tau) = \mathrm{E}\{e^2(t)e^2(t+\tau)\} = \mathrm{E}\{e^2(t)\}\mathrm{E}\{e^2(t+\tau)\} = \sigma_e^4
$$

即独立同分布随机过程的四阶矩不是 δ 函数，从而四阶矩谱也不是多维平坦的。

3. 对高斯有色噪声的盲性

考虑一在高斯有色噪声 $v(t)$ 中被观测的随机信号 $x(t)$。若 $v(t)$ 与 $x(t)$ 相互统计独立，则由性质 4 知，观测过程 $y(t)=x(t)+v(t)$ 的累积量为

$$
c_{ky}(\tau_1,\cdots,\tau_{k-1}) = c_{kx}(\tau_1,\cdots,\tau_{k-1}) + c_{kv}(\tau_1,\cdots,\tau_{k-1})
$$

但由于任何一个高斯有色噪声的高阶累积量恒等于零，故上式可简化为

$$
c_{ky}(\tau_1,\cdots,\tau_{k-1}) = c_{kx}(\tau_1,\cdots,\tau_{k-1}), \quad k>2
$$

这表明，当一个非高斯信号在加性高斯有色噪声中被观测时，观测过程的高阶累积量与非高斯信号的高阶累积量等价，即高阶累积量对高斯有色噪声具有盲性或免疫力。然而，由式 (6.2.9) 知，观测过程的高阶矩不一定等于非高斯信号的高阶矩，即高阶矩对高斯噪声敏感。

上述重要应用回答了一个重要问题：为什么在高阶统计分析中通常不用高阶矩，而是使用高阶累积量作为非高斯信号的分析与处理工具。

对于一个零均值的平稳过程 $\{x(t)\}$，其 k 阶累积量也可定义为[215]

$$
\begin{aligned}
c_{kx}(\tau_1,\cdots,\tau_{k-1}) =& \mathrm{E}\{x(t)x(t+\tau_1)\cdots x(t+\tau_{k-1})\} \\
&- \mathrm{E}\{g(t)g(t+\tau_1)\cdots g(t+\tau_{k-1})\}
\end{aligned} \tag{6.2.20}
$$

式中，$\{g(t)\}$ 是一高斯随机过程，并且与 $\{x(t)\}$ 具有相同的相关函数和功率谱，即

$$\mathrm{E}\{g(t)g(t+\tau)\} = \mathrm{E}\{x(t)x(t+\tau)\} \tag{6.2.21}$$

式 (6.2.21) 是一工程性的定义，比较直观，容易理解。特别地，它提供了随机过程 $\{x(t)\}$ 偏离正态或高斯性的测度。

6.3 高阶谱

零均值的平稳随机信号 $x(t)$ 的功率谱密度定义为自相关函数的 Fourier 变换。类似地，可定义高阶矩谱和高阶累积量谱。

6.3.1 高阶矩谱与高阶累积量谱

在定义功率谱时，要求自相关函数是绝对可求和的。同样地，为了保证高阶矩和高阶累积量的 Fourier 变换的存在，也要求高阶矩和高阶累积量是绝对可求和的。

定义 6.3.1 若高阶矩 $m_{kx}(\tau_1,\cdots,\tau_{k-1})$ 是绝对可求和的，即

$$\sum_{\tau_1=-\infty}^{\infty}\cdots\sum_{\tau_{k-1}=-\infty}^{\infty}|m_{kx}(\tau_1,\cdots,\tau_{k-1})|<\infty \tag{6.3.1}$$

则 k 阶矩谱定义为 k 阶矩的 $(k-1)$ 维离散 Fourier 变换，即

$$M_{kx}(\omega_1,\cdots,\omega_{k-1}) = \sum_{\tau_1=-\infty}^{\infty}\cdots\sum_{\tau_{k-1}=-\infty}^{\infty} m_{kx}(\tau_1,\cdots,\tau_{k-1})\mathrm{e}^{-\mathrm{j}(\omega_1\tau_1+\cdots+\omega_{k-1}\tau_{k-1})} \tag{6.3.2}$$

定义 6.3.2 假定高阶累积量 $c_{kx}(\tau_1,\cdots,\tau_{k-1})$ 是绝对可求和的，即

$$\sum_{\tau_1=-\infty}^{\infty}\cdots\sum_{\tau_{k-1}=-\infty}^{\infty}|c_{kx}(\tau_1,\cdots,\tau_{k-1})|<\infty \tag{6.3.3}$$

则 k 阶累积量谱定义为 k 阶累积量的 $(k-1)$ 维离散 Fourier 变换，即有

$$S_{kx}(\omega_1,\cdots,\omega_{k-1}) = \sum_{\tau_1=-\infty}^{\infty}\cdots\sum_{\tau_{k-1}=-\infty}^{\infty} c_{kx}(\tau_1,\cdots,\tau_{k-1})\mathrm{e}^{-\mathrm{j}(\omega_1\tau_1+\cdots+\omega_{k-1}\tau_{k-1})} \tag{6.3.4}$$

高阶矩、高阶累积量、高阶矩谱和高阶累积量谱是主要的四种高阶统计量。在一般情况下，多使用高阶累积量和高阶累积量谱，而高阶矩和高阶矩谱则很少使用。鉴于此，常将高阶累积量谱简称高阶谱，虽然高阶谱是高阶矩谱和高阶累积量谱二者的合称。

高阶谱也叫多谱，意即多个频率的谱。特别地，三阶谱 $S_{3x}(\omega_1,\omega_2)$ 称为双谱 (bispectrum)，四阶谱 $S_{4x}(\omega_1,\omega_2,\omega_3)$ 常称为三谱 (trispectrum)，因为它们分别是两个和三个频率的能量谱。习惯使用 $B_x(\omega_1,\omega_2)$ 表示双谱，用 $T_x(\omega_1,\omega_2,\omega_3)$ 表示三谱。下面重点分析双谱的性质和定义区域。

双谱具有以下性质。

(1) 双谱一般为复数，即

$$B_x(\omega_1,\omega_2)=|B_x(\omega_1,\omega_2)|e^{j\phi_B(\omega_1,\omega_2)} \tag{6.3.5}$$

式中，$|B_x(\omega_1,\omega_2)|$ 和 $\phi_B(\omega_1,\omega_2)$ 分别表示双谱的幅值和相位。

(2) 双谱是双周期函数，两个周期均为 2π，即

$$B_x(\omega_1,\omega_2)=B_x(\omega_1+2\pi,\omega_2+2\pi) \tag{6.3.6}$$

(3) 双谱具有对称性

$$\begin{aligned}B_x(\omega_1,\omega_2)&=B_x(\omega_2,\omega_1)=B_x^*(-\omega_1,-\omega_2)\\&=B_x^*(-\omega_2,-\omega_1)=B_x(-\omega_1-\omega_2,\omega_2)\\&=B_x(\omega_1,-\omega_1-\omega_2)=B_x(-\omega_1-\omega_2,\omega_1)\\&=B_x(\omega_2,-\omega_1-\omega_2)\end{aligned} \tag{6.3.7}$$

作为一个例子，这里证明 $B_x(\omega_1,\omega_2)=B_x(-\omega_1-\omega_2,\omega_2)$。由累积量性质 2 知

$$\begin{aligned}B_x(\omega_1,\omega_2)&=\sum_{m=-\infty}^{\infty}\sum_{n=-\infty}^{\infty}c_{3x}(m,n)e^{-j(m\omega_1+n\omega_2)}\\&=\sum_{m=-\infty}^{\infty}\sum_{n=-\infty}^{\infty}c_{3x}(-m,n-m)e^{-j[m(\omega_1+\omega_2)+(n-m)\omega_2]}\\&=\sum_{\tau_1=-\infty}^{\infty}\sum_{\tau_2=-\infty}^{\infty}c_{3x}(\tau_1,\tau_2)e^{-j[(-\omega_1-\omega_2)\tau_1+\omega_2\tau_2]}\\&=B_x(-\omega_1-\omega_2,\omega_2)\end{aligned}$$

双谱的定义区域分成 12 个扇形区，如图 6.3.1 所示。于是，由双谱的对称性知，只要知道三角区 $\omega_2\geqslant 0,\omega_1\geqslant\omega_2,\omega_1+\omega_2\leqslant\pi$ (如阴影部分所示) 内的双谱，即可完全描述所有的双谱，因为其他扇形区的双谱均可利用对称性由三角区的双谱获得。

Pflug 等人[219] 指出，一个实信号的三谱具有 96 个对称区。

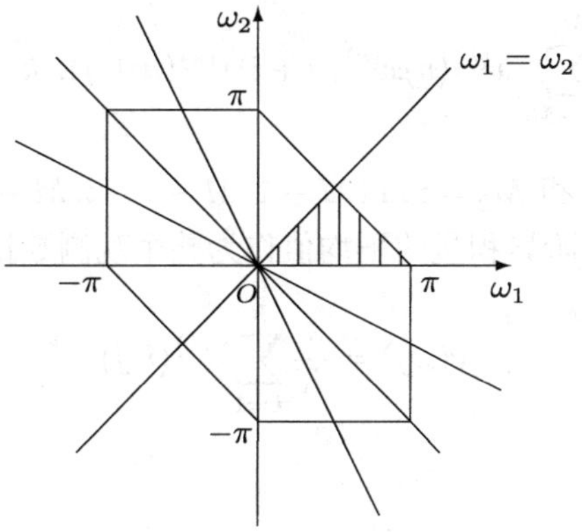

图 6.3.1 双谱的对称区域

6.3.2 双谱估计

将功率谱估计的两种周期图方法 (直接法和间接法) 加以推广，即可得到双谱估计的两种非参数化方法。

令 $x(0), x(1), \cdots, x(N-1)$ 是零均值化的观测样本，其采样频率为 f_s。

算法 6.3.1 双谱估计的直接法

步骤 1 将数据分成 K 段，每段含 M 个观测样本，记作 $x^{(k)}(0), x^{(k)}(1), \cdots, x^{(k)}(M-1)$，其中 $k=1,\cdots,K$。注意，这里允许两段相邻数据之间有重叠。

步骤 2 计算离散 Fourier 变换 (DFT) 系数

$$X^{(k)}(\lambda) = \frac{1}{M}\sum_{n=0}^{M-1} x^{(k)}(n)\mathrm{e}^{-\mathrm{j}2\pi n\lambda/M} \tag{6.3.8}$$

式中，$\lambda = 0, 1, \cdots, M/2; k = 1, \cdots, K$。

步骤 3 计算 DFT 系数的三重相关

$$\hat{b}_k(\lambda_1, \lambda_2) = \frac{1}{\varDelta_0^2}\sum_{i_1=-L_1}^{L_1}\sum_{i_2=-L_1}^{L_1} X^{(k)}(\lambda_1+i_1)X^{(k)}(\lambda_2+i_2)X^{(k)}(-\lambda_1-\lambda_2-i_1-i_2)$$

$$k=1,\cdots,K;\ 0 \leqslant \lambda_2 \leqslant \lambda_1,\ \lambda_1+\lambda_2 \leqslant f_s/2$$

其中 $\varDelta_0 = f_s/N_0$，而 N_0 和 L_1 应选择为满足 $M = (2L_1+1)N_0$ 的值。

步骤 4 K 段双谱估计的平均值给出所给数据 $x(0), x(1), \cdots, x(N-1)$ 的双谱估计

$$\hat{B}_{\mathrm{D}}(\omega_1, \omega_2) = \frac{1}{K}\sum_{k=1}^{K}\hat{b}_k(\omega_1, \omega_2) \tag{6.3.9}$$

式中 $\omega_1 = \frac{2\pi f_s}{N_0}\lambda_1, \omega_2 = \frac{2\pi f_s}{N_0}\lambda_2$。

算法 6.3.2 双谱估计的间接法

步骤 1 将原 N 个数据分为 K 段每段含 M 个样本。

步骤 2 设 $x^{(k)}(0), x^{(k)}(1), \cdots, x^{(k)}(M-1)$ 为第 k 段数据，估计各数据段的三阶累积量

$$c^{(k)}(i,j) = \frac{1}{M}\sum_{n=-M_1}^{M_2} x^{(k)}(n)x^{(k)}(n+i)x^{(k)}(n+j),\ k=1,\cdots,K \tag{6.3.10}$$

式中，$M_1 = \max(0, -i, -j)$ 和 $M_2 = \min(M-1, M-1-i, M-1-j)$。

步骤 3 取所有段的三阶累积量的平均值作为整个观测数据组的三阶累积量估计，即

$$\hat{c}(i,j) = \frac{1}{K}\sum_{k=1}^{K} c^{(k)}(i,j) \tag{6.3.11}$$

步骤 4 计算双谱估计

$$\hat{B}_{\mathrm{IN}}(\omega_1, \omega_2) = \sum_{i=-L}^{L}\sum_{l=-L}^{L}\hat{c}(i,l)w(i,l)\mathrm{e}^{-\mathrm{j}(\omega_1 i+\omega_2 l)} \tag{6.3.12}$$

式中，$L < M-1$，而 $w(i,l)$ 为二维滞后窗函数。

双谱估计的二维窗函数 $w(m,n)$ 最早由文献 [238] 推导和讨论，并证明了，二维窗函数必须满足以下四个条件：

(1) $w(m,n) = w(n,m) = w(-m,n-m) = w(m-n,-n)$；

(2) $w(m,n) = 0$，若 (m,n) 位于累积量估计值 $\hat{c}_{3x}(m,n)$ 的支持区以外；

(3) $w(0,0) = 1$ (归一化条件)；

(4) $W(\omega_1,\omega_2) \geqslant 0, \forall(\omega_1,\omega_2)$。

容易看出，约束条件 (1) 能够保证 $c_{3x}(m,n)w(m,n)$ 具有与三阶累积量 $c_{3x}(m,n)$ 相同的对称性。值得指出的是，满足上述四个约束条件的二维窗函数 $w(m,n)$ 可以利用一维滞后窗函数 $d(m)$ 构造，即

$$w(m,n) = d(m)d(n)d(n-m) \tag{6.3.13}$$

式中，一维滞后窗 $d(m)$ 应该满足以下四个条件：

$$d(m) = d(-m) \tag{6.3.14}$$

$$d(m) = 0, \quad m > L \tag{6.3.15}$$

$$d(0) = 1 \tag{6.3.16}$$

$$D(\omega) \geqslant 0,\ \forall\omega \tag{6.3.17}$$

式中，$D(\omega)$ 是 $d(n)$ 的 Fourier 变换。

容易验证，以下三种窗函数均满足上述约束条件。

(1) 最优窗

$$d_{\mathrm{opt}}(m) = \begin{cases} \dfrac{1}{\pi}\left|\sin\dfrac{\pi m}{L}\right|\left(1-\dfrac{|m|}{L}\right)\cos\dfrac{\pi m}{L}, & |m| \leqslant L \\ 0, & |m| > L \end{cases} \tag{6.3.18}$$

(2) Parzen 窗

$$d_{\mathrm{Parzen}}(m) = \begin{cases} 1-6\left(\dfrac{|m|}{L}\right)^2+6\left(\dfrac{|m|}{L}\right)^3, & |m| \leqslant L/2 \\ 2\left(1-\dfrac{|m|}{L}\right)^3, & L/2 < |m| \leqslant L \\ 0, & |m| > L \end{cases} \tag{6.3.19}$$

(3) 谱域均匀窗

$$W_{\mathrm{uniform}}(\omega_1,\omega_2) = \begin{cases} \dfrac{4\pi}{3\Omega_0}, & |\omega| \leqslant \Omega_0 \\ 0, & |\omega| > \Omega_0 \end{cases} \tag{6.3.20}$$

式中，$|\omega| = \max(|\omega_1|,|\omega_2|,|\omega_1+\omega_2|)$，且 $\Omega_0 = a_0/L$，而 a_0 是一常数。

为了评价上述三种窗函数, 文献 [238] 定义了双谱偏差谱

$$J = \frac{1}{(2\pi)^2}\int_{-\pi}^{\pi}\int_{-\pi}^{\pi}(\omega_1-\omega_2)^2 W(\omega_1,\omega_2)\mathrm{d}\omega_1\mathrm{d}\omega_2 \tag{6.3.21}$$

和近似归一化双谱方差

$$V=\sum_{m=-L}^{L}\sum_{n=-L}^{L}|w(m,n)|^2 \tag{6.3.22}$$

事实上，V 代表窗函数的能量。

表 6.3.1 列出了三种窗函数性能评价的结果。

表 6.3.1 三种双谱估计窗函数的性能

窗函数	偏差上确界 (J)	方差 (V)
最优窗	$J_{\rm opt}=\dfrac{6\pi^2}{L^2}$	$V_{\rm opt}:\ 0.05L^2$
Parzen 窗	$J_{\rm Parzen}=\dfrac{72}{L^2}$	$V_{\rm Parzen}:\ 0.037L^2$
均匀窗	$J_{\rm uniform}=\dfrac{5}{6}\left(\dfrac{a_0}{L}\right)^2$	$V_{\rm uniform}:\ \dfrac{4\pi}{3}\left(\dfrac{L}{a_0}\right)^2$

从表中可以看出，在 $V_{\rm uniform}=V_{\rm opt}$ 的条件下 $J_{\rm uniform}\approx 3.7J_{\rm opt}$，即均匀窗的偏差上确界比最优窗的明显大。比较最优窗和 Parzen 窗还知，$J_{\rm Parzen}=1.215J_{\rm opt}$ 和 $V_{\rm Parzen}=0.74V_{\rm opt}$。在具有最小的偏差上确界的意义上，最优窗函数优于其他两种窗函数。

文献 [283] 证明，双谱估计是渐近无偏的和一致的，它们服从渐近复正态分布。对于足够大的 M 和 N 值，间接法和直接法两者都给出渐近无偏的双谱估计，即有

$$\mathrm{E}\{\hat{B}_{\rm IN}(\omega_1,\omega_2)\}\approx\mathrm{E}\{\hat{B}_{\rm D}(\omega_1,\omega_2)\}\approx B(\omega_1,\omega_2) \tag{6.3.23}$$

并且间接法和直接法分别具有渐近方差

$$\begin{aligned}\mathrm{var}\{\mathrm{Re}[\hat{B}_{\rm IN}(\omega_1,\omega_2)]\}&=\mathrm{var}\{\mathrm{Im}[\hat{B}_{\rm IN}(\omega_1,\omega_2)]\}\\&\approx\frac{V}{(2L+1)^2K}P(\omega_1)P(\omega_2)P(\omega_1+\omega_2)\end{aligned} \tag{6.3.24}$$

$$\begin{aligned}\mathrm{var}\{\mathrm{Re}[\hat{B}_{\rm D}(\omega_1,\omega_2)]\}&=\mathrm{var}\{\mathrm{Im}[\hat{B}_{\rm D}(\omega_1,\omega_2)]\}\\&\approx\frac{1}{KM_1}P(\omega_1)P(\omega_2)P(\omega_1+\omega_2)\end{aligned} \tag{6.3.25}$$

式中，V 如式 (6.3.22) 定义，$P(\omega)$ 代表信号 $\{x(n)\}$ 的真实功率谱密度。注意，当在间接法估计双谱的公式 (6.3.12) 中不使用窗函数时，则有 $V/(2L+1)^2=1$。若直接法在频域无平滑 (即 $M_1=1$)，则式 (6.3.24) 和式 (6.3.25) 等价。

6.4 非高斯信号与线性系统

概率密度分布为非正态分布的信号统称非高斯信号。高斯信号的高阶累积量恒等于零，而非高斯信号一定存在某个高阶的累积量不恒为零。本节对高斯信号与非高斯信号的区分作进一步的讨论。

6.4.1 亚高斯与超高斯信号

在信号的高阶统计分析中，常常对实信号 $x(t)$ 的高阶统计量的某个特殊切片感兴趣。考查各滞后均等于零时高阶累积量的特殊切片 $c_{3x}(0,0)=\mathrm{E}\{x^3(t)\}$ 和 $c_{4x}(0,0,0)=\mathrm{E}\{x^4(t)\}-3\mathrm{E}^2\{x^2(t)\}$，其中 $\mathrm{E}^2\{x^2(t)\}$ 表示数学期望 $\mathrm{E}\{x^2(t)\}$ 的平方。由这两个特殊切片，可以引出两个重要的术语。

定义 6.4.1 实信号 $x(t)$ 的斜度 (skewness) 定义为

$$S_x \stackrel{\text{def}}{=} \mathrm{E}\{x^3(t)\} \tag{6.4.1}$$

峰度 (kurtosis) 定义为

$$K_x \stackrel{\text{def}}{=} \mathrm{E}\{x^4(t)\}-3\mathrm{E}^2\{x^2(t)\} \tag{6.4.2}$$

而

$$K_x \stackrel{\text{def}}{=} \frac{\mathrm{E}\{x^4(t)\}}{\mathrm{E}^2\{x^2(t)\}}-3 \tag{6.4.3}$$

称为归零化峰度。

对于任何一个信号，若其斜度等于零，则其三阶累积量恒等于零。斜度等于零意味着信号服从对称分布，而斜度不等于零的信号必定服从非对称分布。换言之，斜度实际上是衡量一个信号的分布偏离对称分布的歪斜程度。

峰度还有另外一种定义。

定义 6.4.2 实信号的归一化峰度定义为

$$K_x \stackrel{\text{def}}{=} \frac{\mathrm{E}\{x^4(t)\}}{\mathrm{E}^2\{x^2(t)\}} \tag{6.4.4}$$

峰度不仅可以用来区分高斯和非高斯信号，而且还可进一步将非高斯信号分为亚高斯 (sub-Gaussian) 信号和超高斯 (super-Gaussian) 信号。

(1) 基于归零化峰度的信号分类

高斯信号：峰度等于零的信号；

亚高斯信号：峰度小于零的信号；

超高斯信号：峰度大于零的信号。

(2) 基于归一化峰度的信号分类

高斯信号：归一化峰度 $=3$ 的实信号或 $=2$ 的复信号；

亚高斯信号：归一化峰度 <3 的实信号或 <2 的复信号；

超高斯信号：归一化峰度 >3 的实信号或 >2 的复信号。

可以看出，亚高斯信号的峰度低于高斯信号的峰度，超高斯信号的峰度高于高斯信号的峰度。这就是为什么分别称它们为亚高斯和超高斯信号的原因。在无线通信中使用的数字调制信号多为亚高斯信号。

6.4.2 非高斯信号通过线性系统

考查使用离散时间的非高斯噪声 $e(n)$ 激励图 6.4.1 所示单输入单输出时不变线性系统的情况。

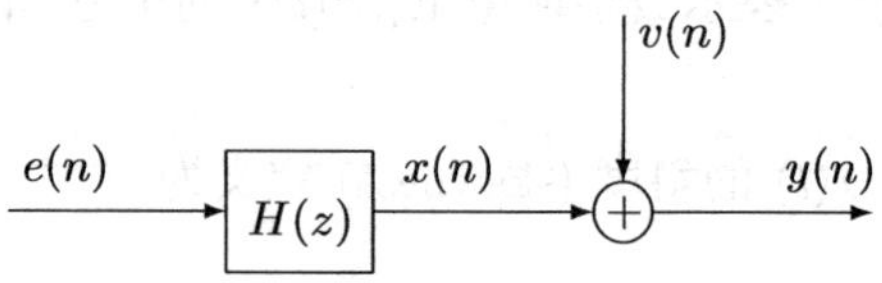

图 6.4.1 单输入单输出时不变系统

假定加性噪声 $v(n)$ 是高斯有色噪声，并且与 $e(n)$ 统计独立，从而与系统输出 $x(n)$ 也统计独立。由于任何高斯随机过程的高阶累积量恒等于零，故有

$$\begin{aligned} c_{ky}(\tau_1,\cdots,\tau_{k-1}) &= c_{kx}(\tau_1,\cdots,\tau_{k-1}) + c_{kv}(\tau_1,\cdots,\tau_{k-1}) \\ &= c_{kx}(\tau_1,\cdots,\tau_{k-1}) \end{aligned}$$

另一方面，由于系统输出 $x(n)$ 等于输入 $e(n)$ 与系统冲激响应的卷积，即

$$x(n) = e(n) * h(n) = \sum_{i=-\infty}^{\infty} h(i)e(n-i) \tag{6.4.5}$$

利用这一结果，并由累积量的定义和性质 1 及性质 5 的反复应用，即可得到

$$\begin{aligned} c_{kx}(\tau_1,\cdots,\tau_{k-1}) &= \text{cum}[x(n),x(n+\tau_1),\cdots,x(n+\tau_{k-1})] \\ &= \text{cum}\left(\sum_{i_1=-\infty}^{\infty} h(i_1)e(n-i_1),\cdots,\sum_{i_k=-\infty}^{\infty} h(i_k)e(n+\tau_{k-1}-i_k)\right) \\ &= \sum_{i_1=-\infty}^{\infty}\cdots\sum_{i_k=-\infty}^{\infty} h(i_1)\cdots h(i_k)\,\text{cum}[e(n-i_1),\cdots,e(n+\tau_{k-1}-i_k)] \end{aligned}$$

利用累积量定义 $c_{ke}(\tau_1,\cdots,\tau_{k-1}) = \text{cum}[e(n),e(n+\tau_1),\cdots,e(n+\tau_{k-1})]$，上式可写作

$$c_{kx}(\tau_1,\cdots,\tau_{k-1}) = \sum_{i_1=-\infty}^{\infty}\cdots\sum_{i_k=-\infty}^{\infty} h(i_1)\cdots h(i_k)c_{ke}(\tau_1+i_1-i_2,\cdots,\tau_{k-1}+i_1-i_k) \tag{6.4.6}$$

这一公式描述了系统输出信号的累积量与输入噪声的累积量、系统冲激响应之间的关系。

对式 (6.4.6) 作 $k-1$ 维 Fourier 变换和 Z 变换，可以得到另外两个重要公式

$$S_{kx}(\omega_1,\cdots,\omega_{k-1}) = S_{ke}(\omega_1,\cdots,\omega_{k-1})H(\omega_1)\cdots H(\omega_{k-1})H(-\omega_1-\cdots-\omega_{k-1}) \tag{6.4.7}$$

$$S_{kx}(z_1,\cdots,z_{k-1}) = S_{ke}(z_1,\cdots,z_{k-1})H(z_1)\cdots H(z_{k-1})H(-z_1-\cdots-z_{k-1}) \tag{6.4.8}$$

式中，$H(\omega) = \sum_{i=-\infty}^{\infty} h(i)\mathrm{e}^{-\mathrm{j}\omega i}$ 及 $H(z) = \sum_{i=-\infty}^{\infty} h(i)z^{-i}$ 分别表示系统传递函数及其 Z 变换形式。式 (6.4.7) 描述了系统输出信号的高阶谱与输入信号的高阶谱、系统传递函数之间的关系，而式 (6.4.8) 是式 (6.4.7) 的 Z 变换形式。

式 (6.4.6)～式 (6.4.8) 最早是 Bartlett[25] 得到的，不过他当时只考虑了 $k=2,3,4$ 的特殊情况。后来，Brillinger 与 Rosenblatt[42] 把这三个公式推广到任意 k 阶。因此，常将式 (6.4.6)～式 (6.4.8) 称为 Bartlett-Brillinger-Rosenblatt 公式，简称 BBR 公式。

特别地，当系统的输入 $e(n)$ 为独立同分布的高阶白噪声时，式 (6.4.6)～式 (6.4.8) 分别简化为

$$c_{kx}(\tau_1,\cdots,\tau_{k-1})=\gamma_{ke}\sum_{i=-\infty}^{\infty}h(i)h(i+\tau_1)\cdots h(i+\tau_{k-1}) \tag{6.4.9}$$

$$S_{kx}(\omega_1,\cdots,\omega_{k-1})=\gamma_{ke}H(\omega_1)\cdots H(\omega_{k-1})H(-\omega_1-\cdots-\omega_{k-1}) \tag{6.4.10}$$

$$S_{kx}(z_1,\cdots,z_{k-1})=\gamma_{ke}H(z_1)\cdots H(z_{k-1})H(z_1^{-1}\cdots z_{k-1}^{-1}) \tag{6.4.11}$$

为了方便使用，兹将 $k=2,3,4$ 的 BBR 公式归纳于下：

(1) 累积量的 BBR 公式

$$c_{2x}(\tau)=R_x(\tau)=\sigma_e^2\sum_{i=-\infty}^{\infty}h(i)h(i+\tau) \tag{6.4.12}$$

$$c_{3x}(\tau_1,\tau_2)=\gamma_{3e}\sum_{i=-\infty}^{\infty}h(i)h(i+\tau_1)h(i+\tau_2) \tag{6.4.13}$$

$$c_{4x}(\tau_1,\tau_2,\tau_3)=\gamma_{4e}\sum_{i=-\infty}^{\infty}h(i)h(i+\tau_1)h(i+\tau_2)h(i+\tau_3) \tag{6.4.14}$$

(2) 谱、双谱和三谱的 BBR 公式

$$P_x(\omega)=\sigma_e^2H(\omega)H^*(\omega)=\sigma_e^2|H(\omega)|^2 \tag{6.4.15}$$

$$B_x(\omega_1,\omega_2)=\gamma_{3e}H(\omega_1)H(\omega_2)H(-\omega_1-\omega_2) \tag{6.4.16}$$

$$T_x(\omega_1,\omega_2,\omega_3)=\gamma_{3e}H(\omega_1)H(\omega_2)H(\omega_3)H(-\omega_1-\omega_2-\omega_3) \tag{6.4.17}$$

上述 BBR 公式今后将经常使用。作为一个例子，这里考虑三阶累积量的特殊切片 $c_{3x}(m)=c_{3x}(m,m)$，常称其为对角切片。

由累积量的 BBR 公式 (6.4.9) 知，对角切片的三阶累积量可写作

$$c_{3x}(m)=\gamma_{ke}\sum_{i=-\infty}^{\infty}h(i)h^2(i+m) \tag{6.4.18}$$

其 Z 变换为

$$\begin{aligned}C(z)&=\gamma_{3e}\sum_{m=-\infty}^{\infty}\left[\sum_{i=-\infty}^{\infty}h(i)h^2(i+m)\right]z^{-m}\\&=\gamma_{3e}\sum_{i=-\infty}^{\infty}h(i)z^i\sum_{k=-\infty}^{\infty}h^2(k)z^{-k}\\&=\gamma_{3e}H(z^{-1})H_2(z)\end{aligned} \tag{6.4.19}$$

式中

$$H(z^{-1}) = \sum_{i=-\infty}^{\infty} h(i)z^i \tag{6.4.20}$$

$$H_2(z) = \sum_{k=-\infty}^{\infty} h^2(k)z^{-k} = H(z) * H(z) \tag{6.4.21}$$

注意，$h^2(k) = h(k)h(k)$ 为乘积形式，乘积 $a(k)b(k)$ 的 Z 变换对应为卷积 $A(z) * B(z)$。

由于功率谱 $P(z) = \sigma_e^2 H(z)H(z^{-1})$，故在式 (6.4.19) 两边同乘 $\sigma_e^2 H(z)$ 后，即有

$$H_2(z)P(z) = \frac{\sigma_e^2}{\gamma_{3e}} H(z)C(z) \tag{6.4.22}$$

三阶累积量对角切片 $c_{3x}(m)$ 的 Z 变换 $C(z)$ 称为 $1\frac{1}{2}$ 谱，它与功率谱 $P(z)$ 之间的关系式 (6.4.22) 是文献 [114] 推导的。这一关系在 FIR 系统辨识的 q 切片方法中起重要的作用。

6.5 FIR 系统辨识

有限冲激响应 (FIR) 滤波器在无线通信、雷达等信号处理中起着重要的作用。FIR 系统的输出信号等价于一个 MA 随机过程。在现代谱估计中，自相关函数和 MA 参数之间的关系是一组非线性方程，而且由自相关等价知，利用自相关函数只能辨识最小相位的 FIR 系统。与基于自相关函数的 FIR 系统辨识相比，用高阶累积量辨识 FIR 系统的方法不仅是线性的，而且还适用于非最小相位系统的辨识。

6.5.1 RC 算法

同时使用相关函数 (R) 和累积量 (C) 辨识 FIR 系统的方法统称 RC 算法。

考虑平稳非高斯 MA(q) 随机过程

$$x(n) = \sum_{i=0}^{q} b(i)e(n-i), \quad e(n) \sim \text{IID}(0, \sigma_e^2, \gamma_{ke}) \tag{6.5.1}$$

其中 $b(0) = 1$, $b(q) \neq 0$，而 $e(n) \sim \text{IID}(0, \sigma_e^2, \gamma_{ke})$ 表示 $e(n)$ 是一个独立同分布即 IID 过程，其均值为 0，方差为 σ_e^2，k 阶累积量为 γ_{ke}。不失一般性，假定对某个 $k > 2$ 有 $\gamma_{ke} \neq 0$。

考查两个不同的 FIR 系统，它们的输出分别由差分方程

$$\text{FIR 系统 1:} \quad x(n) = e(n) + 0.3e(n-1) - 0.4e(n-2) \tag{6.5.2}$$

$$\text{FIR 系统 2:} \quad x'(n) = e(n) - 1.2e(n-1) - 1.6e(n-2) \tag{6.5.3}$$

描述。其中，系统 1 的特征多项式为

$$1 + 0.3z^{-1} - 0.4z^{-2} = (1 - 0.5z^{-1})(1 + 0.8z^{-1})$$

其零点为 $z_1=0.5$ 和 $z_2=-0.8$；而系统 2 的特征多项式为

$$1-1.2z^{-1}-1.6z^{-2}=(1-2z^{-1})(1+0.8z^{-1})$$

其零点为 $z_1=2$ 和 $z_2=-0.8$。可见，系统 1 是最小相位系统，系统 2 为非最小相位系统，它们有一个相同的零点，而另外一个零点互为倒数。

若 $\sigma_e^2=1$，则由 BBR 公式 (6.4.12) 可计算得到信号 $x(n)$ 和 $x'(n)$ 各自的自相关函数

$$\begin{aligned}
&R_x(0)=b^2(0)+b^2(1)+b^2(2)=1.25,\quad R_{x'}(0)=5.0;\\
&R_x(1)=b(0)b(1)+b(1)b(2)=0.18,\quad R_{x'}(1)=0.72;\\
&R_x(2)=b(0)b(2)=-0.4,\quad R_{x'}(2)=-1.6;\\
&R_x(\tau)=0,\ \forall\tau>2,\quad R_{x'}(\tau)=0,\ \forall\tau>2
\end{aligned}$$

这表明，两个随机过程的自相关函数只是相差一个固定的比例因子，即 $R_{x'}(\tau)=4R_x(\tau),\forall\tau$。由于它们的自相关函数具有完全相同的形状，故利用自相关函数将无法区分这两个不同的系统。

累积量的情况则完全不同。由累积量的 BBR 公式 (6.4.13)，不难计算得到 $x(n)$ 和 $x'(n)$ 的三阶累积量 (为方便计，这里令 $\gamma_{3e}=1$) 为

$$\begin{aligned}
&c_{3x}(0,0)=b^3(0)+b^3(1)+b^3(2)=0.963,\quad c_{3x'}(0,0)=-4.878;\\
&c_{3x}(0,1)=b^2(0)b(1)+b^2(1)b(2)=1.264,\quad c_{3x'}(0,1)=-3.504;\\
&c_{3x}(0,2)=b^2(0)b(2)=-0.4,\quad c_{3x'}(0,2)=-1.6
\end{aligned}$$

由此可见，信号 $x(n)$ 和 $x'(n)$ 的三阶累积量是完全不同的。这说明，利用三阶累积量将可以区分这两个不同的系统。

1. GM 算法

对式 (6.4.22) 两边作 Z 逆变换，便得到其时域表达式

$$\sum_{i=-\infty}^{\infty}b^2(i)R_x(m-i)=\varepsilon_3\sum_{i=-\infty}^{\infty}b(i)c_{3x}(m-i,m-i)\tag{6.5.4}$$

式中，$\varepsilon_3=\sigma_e^2/\gamma_{3e}$。

在 FIR 系统的情况下，式 (6.5.4) 变作

$$\sum_{i=0}^{q}b^2(i)R_x(m-i)=\varepsilon_3\sum_{i=0}^{q}b(i)c_{3x}(m-i,m-i),\quad -q\leqslant m\leqslant 2q\tag{6.5.5}$$

与上式对应的四阶结果为

$$\sum_{i=0}^{q}b^3(i)R_x(m-i)=\varepsilon_4\sum_{i=0}^{q}b(i)c_{4x}(m-i,m-i),\quad -q\leqslant m\leqslant 2q\tag{6.5.6}$$

式中，$\varepsilon_4=\sigma_e^2/\gamma_{4e}$。

式 (6.5.5) 和式 (6.5.6) 是 Giannakis 与 Mendel [114] 建立的，称为 GM 方程。求解这种方程的线性代数方法叫做 GM 算法。

对于 GM 算法，有几个问题必须注意 [193]。

(1) GM 算法把 $b^2(i)$ 或 $b^3(i)$ 视作同 $b(i)$ 相独立的参数，然而实际上不是。因此，这种“过参数化”方法只能是次最优的。

(2) 联立方程式 (6.5.5) 共有 $3q+1$ 个方程和 $2q+1$ 个未知参数 $b(1),\cdots,b(q),b^2(1),\cdots,b^2(q)$ 和 ε_3，属超定方程。但是，相对应的系数矩阵的秩有可能不等于 $2q+1$，因此需要更多切片才能唯一确定 $2q+1$ 个未知参数，而究竟需要多少切片以及需要什么样的切片才能保证参数的可辨识性是一个未解决的问题。

(3) 作为一种 RC 方法，由于使用相关函数，式 (6.5.5) 只适用于无加性噪声存在的特殊情况，此时 $R_y(\tau)=R_x(\tau)$。当加性噪声为白噪声，由于 $R_y(m)=R_x(m)+\sigma_e^2\delta(m)$，所以为了避免噪声之影响，滞后 m 就不能包含 $0,1,\cdots,q$ 等值。这便导致了 GM 算法的欠定方程

$$\sum_{i=0}^{q} b^2(i)R_x(m-i)=\varepsilon_3\sum_{i=0}^{q} b(i)c_{3y}(m-i,m-i),\ -q\leqslant m\leqslant -1;\ q+1\leqslant m\leqslant 2q$$

它具有 $2q+1$ 个未知数，但却只有 $2q$ 个方程。上式又可重排成

$$\sum_{i=1}^{q} b(i)c_{3y}(m-i,m-i)-\sum_{i=0}^{q}[\varepsilon b^2(i)]R_y(m-i)=-c_{3y}(m,m)$$
$$-q\leqslant m\leqslant -1;\ q+1\leqslant m\leqslant 2q \tag{6.5.7}$$

其中 $\varepsilon=\gamma_{3e}/\sigma_e^2$。

2. Tugnait 算法

为了使 GM 算法适用于加性白噪声情况，就必须再增加新的方程。为此，使用 BBR 公式，得

$$\sum_{i=0}^{q} b(i)c_{3y}(i-\tau,q)=\sum_{i=0}^{q} b(i)\sum_{k=0}^{q}\gamma_{3e}h(k)h(k+i-\tau)h(k+q)$$
$$=\gamma_{ke}\sum_{i=0}^{q} b(i)h(0)h(i-\tau)h(q) \tag{6.5.8}$$

注意到 $h(q)=b(q)$, $h(0)=1$ 以及 BBR 公式的二阶结果

$$\sum_{i=0}^{q} b(i)h(i-\tau)=\sum_{i=0}^{q} h(i)h(i-\tau)=\sigma_e^{-2}R_x(\tau)=\sigma_e^{-2}[R_y(\tau)-\sigma_e^2\delta(\tau)]$$

则式 (6.5.8) 变为

$$\sum_{i=0}^{q} b(i)c_{3y}(i-m,q)=[\varepsilon b(q)][R_y(m)-\sigma_e^2\delta(m)] \tag{6.5.9}$$

显然，为了避免加性白噪声 $v(n)$ 的影响，上式不能包含 $m=0$。再将上式予以重排，便得到

$$\sum_{i=1}^{q} b(i)c_{3y}(i-m,q)-[\varepsilon b(q)]R_y(m)=-c_{3y}(-m,q),\quad 1\leqslant m\leqslant q \tag{6.5.10}$$

将式 (6.5.7) 和式 (6.5.10) 联立，并求解未知参数 $b(1),\cdots,b(q),\varepsilon b(q)$ 及 $\varepsilon b^2(1),\cdots,\varepsilon b^2(q)$，便组成了 Tugnait 的 RC 算法[277]。在这一算法里，方程是超定的，它共有 $4q$ 个方程和 $2q+2$ 个未知参数，并且已证明这些参数是唯一可辨识的。顺便指出，这种算法是对 Tugnait 另外一种 RC 算法[276] 加以重排和修正而得到的。

3. 组合累积量切片法

除了上述两种典型的 RC 算法外，还有一种 RC 算法的变型，称为组合累积量切片法，是 Fonollasa 与 Vidal 提出的[105]。

利用 $b(i)=h(i)$ 之关系，可以将 FIR 系统的 BBR 公式改写为

$$c_{kx}(\tau_1,\cdots,\tau_{k-1})=\gamma_{ke}\sum_{j=0}^{q}\prod_{l=0}^{k-1}b(j+\tau_l),\quad \tau_0=0,\ k\geqslant 2 \tag{6.5.11}$$

若令 $\tau_1=i$ 是可变量，而 $\tau_2,\cdots,\tau_{k-1}$ 固定，则所得到的累积量一维切片就可以表示成参数 $b(j)$ 和 $b(i;\tau_2,\cdots,\tau_{k-1})$ 的互相关，即

$$c_{kx}(i,\tau_2,\cdots,\tau_{k-1})=\sum_{j=0}^{q}b(j+i)b(j;\tau_2,\cdots,\tau_{k-1}) \tag{6.5.12}$$

其中，因果序列 $b(i;\tau_2,\cdots,\tau_{k-1})$ 定义为

$$b(i;\tau_1,\cdots,\tau_{k-1})=\gamma_{ke}b(i)\prod_{j=2}^{k-1}b(i+\tau_j) \tag{6.5.13}$$

综合式 (6.5.12) 和式 (6.5.13) 知，任意切片的线性组合

$$C_w(i)=w_2c_{2x}(i)+\sum_{j=-q}^{q}w_3(j)c_{3x}(i,j)+\sum_{j=-q}^{q}\sum_{l=-q}^{j}w_4(j,l)c_{4x}(i,j,l)+\cdots \tag{6.5.14}$$

都可以表示为 $b(i)$ 和 $g_w(i)$ 的互相关，即

$$C_w(i)=\sum_{n=0}^{\infty}b(n+i)g_w(n) \tag{6.5.15}$$

式中，$g_w(n)$ 为因果序列

$$g_w(n)=w_2b(n)+\sum_{j=-q}^{q}w_3(j)b(n;j)+\sum_{j=-q}^{q}\sum_{l=-q}^{j}w_4(j,l)b(n;j,l)+\cdots \tag{6.5.16}$$

它可视为 MA 模型参数 $b(i)$ 的加权系数。

式 (6.5.15) 表明，对于一个 MA 模型，任何 w 切片都可以表示为两个有限的因果序列 $b(n)$ 和 $g_w(n)$ 的互相关。因此，若选择权系数

$$g_w(n)=\delta(n)=\begin{cases}1, & n=0\\ 0, & n\neq 0\end{cases}$$

就能够发展一种 FIR 系统辨识方法，称为 w 切片法[105]。

6.5.2 累积量算法

RC 算法和 w 切片算法的主要缺点是，它们只能适用于加性白噪声 (高斯或非高斯)。显然，为了在理论上完全抑制高斯有色噪声，就必须避免自相关函数的使用，只使用高阶累积量。这样一种算法由文献 [319] 提出。

假定非高斯 MA 过程 $\{x(n)\}$ 在与之独立的加性高斯有色噪声 $v(n)$ 中被观测，即观测数据 $y(n) = x(n) + v(n)$。此时，$c_{ky}(\tau_1, \cdots, \tau_{k-1}) = c_{kx}(\tau_1, \cdots, \tau_{k-1})$。不失一般性，还假定 $h(0) = 1$。

注意到对于一个 MA(q) 过程，恒有 $h(i) = 0$ ($i < 0$ 或 $i > q$)，故 BBR 公式可简化为

$$c_{ky}(\tau_1, \cdots, \tau_{k-1}) = c_{kx}(\tau_1, \cdots, \tau_{k-1}) = \gamma \sum_{i=0}^{q} h(i)h(i+\tau_1)\cdots h(i+\tau_{k-1}) \tag{6.5.17}$$

考虑一特殊切片 $\tau_1 = \tau$, $\tau_2 = \cdots = \tau_{k-1} = 0$，则

$$c_{ky}(\tau, 0, \cdots, 0) = \gamma_{ke} \sum_{i=0}^{q} h^{k-1}(i)h(i+\tau) \tag{6.5.18}$$

利用符号 $c_{ky}(m, n) = c_{ky}(m, n, 0, \cdots, 0)$，并在上式中代入 $b(i+\tau) = h(i+\tau)$，可得到

$$c_{ky}(\tau, 0) = \gamma_{ke} \sum_{i=0}^{q} h^{k-1}(i)b(i+\tau) = \gamma_{ke} \sum_{j=0}^{q} b(j)h^{k-1}(j-\tau), \forall \tau \tag{6.5.19}$$

式中利用了 $b(i) = h(i) = 0$ ($i < 0$ 或 $i > q$)。

另一方面，由式 (6.5.17) 又有

$$c_{ky}(q, 0) = \gamma_{ke} h(q) \tag{6.5.20}$$

$$c_{ky}(q, n) = \gamma_{ke} h(n)h(q) \tag{6.5.21}$$

为了保证 MA(q) 过程的唯一性，通常约定 $b(0) \neq 0$ 和 $b(q) \neq 0$。由这些约定以及式 (6.5.20) 和式 (6.5.21) 立即知 $c_{ke}(q, 0) \neq 0$ 和 $c_{ky}(q, q) \neq 0$。

综合式 (6.5.20) 和式 (6.5.21)，可得到重要的关系式

$$h(n) = \frac{c_{ky}(q, n)}{c_{ky}(q, 0)} = b(n) \tag{6.5.22}$$

由于上式具有的形式，习惯称其为 $C(q, n)$ 公式。这一公式是 Giannakis [113] 提出的 (我国学者程乾生 [332] 差不多同时独立地得到过相同的结果)。

$C(q, n)$ 公式表明，MA 模型的参数可以直接根据累积量计算。然而，由于样本高阶累积量估计在短数据情况下存在比较大的误差和方差，所以这样一种直接算法对短数据并不实用。然而，使用它却可以帮助我们从式 (6.5.19) 得到一组 MA 参数估计的线性法方程。为此，将式 (6.5.22) 代入式 (6.5.19)，并加以整理，即得到

$$\gamma_{ke} \sum_{i=0}^{q} b(i)c_{ky}^{k-1}(q, i-\tau) = c_{ky}(\tau, 0)c_{ky}^{k-1}(q, 0), \quad \forall \tau \tag{6.5.23}$$

称为 MA 参数估计的第一种法方程。

类似地，若在式 (6.5.18) 中代入 $b(i)=h(i)$，并保留 $h(i+\tau)$ 不变，则有

$$c_{ke}(\tau,0)=\gamma_{ke}\sum_{i=0}^{q}b^{k-1}(i)h(i+\tau),\ \forall\tau \tag{6.5.24}$$

再将式 (6.5.22) 代入式 (6.5.24)，又可得到第二种法方程

$$\gamma_{ke}\sum_{i=0}^{q}b^{k-1}(i)c_{ky}(q,i+\tau)=c_{ky}(\tau,0)c_{ky}(q,0) \tag{6.5.25}$$

法方程式 (6.5.23) 和式 (6.5.25) 在形式上同 ARMA 模型的修正 Yule-Walker 方程相似。理论上，分别求解两种法方程，即可得到参数 $\gamma_{ke},\gamma_{ke}b(1),\cdots,\gamma_{ke}(q)$ 或者 $\gamma_{ke},\gamma_{ke}b^{k-1}(1),\cdots,\gamma_{ke}b^{k-1}(q)$ 的估计值。然而，如果 γ_{ke} 的估计值很小，则容易导致病态问题。不过，这一问题容易被克服。方法是在式 (6.5.25) 中令 $\tau=q$，从而得到

$$\gamma_{ke}=\frac{c_{ky}^2(q,0)}{c_{ky}(q,q)} \tag{6.5.26}$$

再将式 (6.5.26) 代入法方程式 (6.5.23)，便可得到不含 γ_{ke} 的法方程

$$\sum_{i=0}^{q}b(i)c_{ky}^{k-1}(q,i-\tau)=c_{ky}(\tau,0)c_{ky}^{k-3}(q,0)c_{ky}(q,q),\quad \tau=-q,\cdots,0,\cdots,q \tag{6.5.27}$$

这一法方程便是文献 [319] 估计 FIR 系统辨识累积量方法的基础。

下面分析这一法方程的参数可识别性。定义

$$\boldsymbol{C}_1=\begin{bmatrix} c_{ky}^{k-1}(q,q) & & & 0\\ c_{ky}^{k-1}(q,q-1) & c_{ky}^{k-1}(q,q) & & \\ \vdots & \vdots & \ddots & \\ c_{ky}^{k-1}(q,1) & c_{ky}^{k-1}(q,2) & \cdots\ c_{ky}^{k-1}(q,q) & 0\end{bmatrix} \tag{6.5.28}$$

$$\boldsymbol{C}_2=\begin{bmatrix} c_{ky}^{k-1}(q,0) & c_{ky}^{k-1}(q,1) & \cdots & c_{ky}^{k-1}(q,q)\\ & c_{ky}^{k-1}(q,0) & \cdots & c_{ky}^{k-1}(q,q-1)\\ & & \ddots & \vdots\\ 0 & & & c_{ky}^{k-1}(q,0)\end{bmatrix} \tag{6.5.29}$$

$$\boldsymbol{b}_1=[b(0),b(1),\cdots,b(q)]^{\mathrm{T}} \tag{6.5.30}$$

及

$$\boldsymbol{c}_1=\begin{bmatrix} c_{ky}(-q,0)c_{ky}^{k-3}(q,0)c_{ky}(q,q)\\ c_{ky}(-q+1,0)c_{ky}^{k-3}(q,0)c_{ky}(q,q)\\ \vdots\\ c_{ky}(-1,0)c_{ky}^{k-3}(q,0)c_{ky}(q,q)\end{bmatrix} \tag{6.5.31}$$

$$\boldsymbol{c}_2=\begin{bmatrix} c_{ky}(0,0)c_{ky}^{k-3}(q,0)c_{ky}(q,q)\\ c_{ky}(1,0)c_{ky}^{k-3}(q,0)c_{ky}(q,q)\\ \vdots\\ c_{ky}^{k-2}(q,0)c_{ky}(q,q)\end{bmatrix} \tag{6.5.32}$$

则法方程式 (6.5.27) 可简记为

$$\begin{bmatrix} \boldsymbol{C}_1 \\ \boldsymbol{C}_2 \end{bmatrix} \boldsymbol{b}_1 = \begin{bmatrix} \boldsymbol{c}_1 \\ \boldsymbol{c}_2 \end{bmatrix} \tag{6.5.33}$$

求解矩阵方程 (6.5.33)，即可得到 FIR 参数 $b(0), b(1), \cdots, b(q)$ 的估计值。问题是，这种方法能够保证 FIR 系统参数的唯一可辨识性吗? 下面的定理给出了这个问题的肯定答案。

定理 6.5.1 假定真实累积量 $c_{ky}(q, \tau_1), 0 \leqslant \tau_1 \leqslant q$ 和 $c_{ky}(\tau_2, 0), -q \leqslant \tau_2 \leqslant q$ 为已知，则 $q+1$ 个 FIR 系统参数由式 (6.5.33) 的解唯一确定。

证明 由于 $c_{ky}(q, 0) \neq 0$，故 $(q+1) \times (q+1)$ 维上三角矩阵 $\boldsymbol{C}_2$ 的行列式

$$\det(\boldsymbol{C}_2) = \prod_{i=1}^{q+1} c_2(i, i) = c_{ky}^{(k-1)(q+1)}(q, 0) \neq 0$$

于是

$$\text{rank} \begin{bmatrix} \boldsymbol{C}_1 \\ \boldsymbol{C}_2 \end{bmatrix} = \text{rank}(\boldsymbol{C}_2) = q+1$$

这说明，含 $q+1$ 个未知参数的矩阵方程 (6.5.33) 具有唯一的最小二乘解 $\boldsymbol{b}_1 = (\boldsymbol{C}^{\mathrm{T}}\boldsymbol{C})^{-1}\boldsymbol{C}^{\mathrm{T}}\boldsymbol{c}$，其中 $\boldsymbol{C} = [\boldsymbol{C}_1^{\mathrm{T}}, \boldsymbol{C}_2^{\mathrm{T}}]^{\mathrm{T}}$ 和 $\boldsymbol{c} = [\boldsymbol{c}_1^{\mathrm{T}}, \boldsymbol{c}_2^{\mathrm{T}}]^{\mathrm{T}}$。 ■

类似地，将式 (6.5.26) 代入式 (6.5.25)，又可得到另外一种估计 FIR 系统参数的累积量算法

$$\sum_{i=0}^{q} b^{k-1}(i) c_{ky}(q, i+\tau) = c_{ky}(\tau, 0) c_{ky}(q, q) / c_{ky}(q, 0), \quad \tau = -q, \cdots, 0, \cdots, q \tag{6.5.34}$$

这一算法也可保证未知参数的唯一可辨识性。

定理 6.5.2 假定真实累积量 $c_{ky}(q, \tau_1), 0 \leqslant \tau_1 \leqslant q$ 和 $c_{ky}(\tau_2, 0), -q \leqslant \tau_2 \leqslant q$ 为已知，则 $q+1$ 个未知参数 $b^{k-1}(0), b^{k-1}(1), \cdots, b^{k-1}(q)$ 由式 (6.5.34) 的解唯一确定。

证明 与定理 6.5.1 的证明完全类似，此处从略。

对上述两种算法，有以下注释。

(1) 在算法公式 (6.5.27) 中，取 $\hat{b}(i)/\hat{b}(0)$作为 $b(i), i = 1, \cdots, q$ 的最后估计值，以满足归一化条件 $b(0) = 1$。类似地，在算法公式 (6.5.34) 中，$\hat{b}^{k-1}(i)/\hat{b}^{k-1}(0)$ 被取作$b^{k-1}(i), i = 1, \cdots, q$ 的估计值。但是，由于我们只是对 $b(i)$ 的估计值感兴趣，所以当 $k = 4$ (即使用四阶累积量) 时，可在这种算法中直接取 $\hat{b}(i) = \sqrt[3]{\hat{b}^3(i)/\hat{b}^3(0)}, i = 1, \cdots, q$；而当 $k = 3$ 时，估计值 $\hat{b}(i)$ 的符号取 $C(q, n)$ 算法 $b(n) = c_{3y}(q, n)/c_{3x}(q, 0)$ 的符号，而幅值则取作 $|\hat{b}(i)| = \sqrt{\hat{b}^2(i)/\hat{b}^2(0)}$。

(2) 两种算法最好同时运行。如果算法 1 得到的 $|\hat{b}(0)|$ 比 1 小得多，则认为算法 1 的估计不太好；类似地，若算法 2 得到的 $|\hat{b}^{k-1}(0)|$ 比 1 小得多，便认为算法 2 的估计比较差。此时，应取另一算法的估计结果。这样可以改善 MA 参数估计的性能。

(3) GM 算法和 Tugnait 算法都是“过参数化的”，即不仅估计 $b(i)$ 本身，而且还估计 $b^2(i)$，因此只能是次最优的。相比之下，累积量算法则没有这一过参数化的缺点，因为它只估计 $b(i)$ 或者 $b^{k-1}(i)$。此外，GM 算法、Tugnait 算法和 w 切片法都只适用加性白噪声情况，而累积量方法在理论上可完全抑制加性高斯有色噪声。

MA 参数除了可以用四种线性法方程方法估计外，还有几种闭式递推估计方法，分别由文献 [114], [267], [276], [277] 和 [316] 提出 (限于篇幅，这里不一一介绍)。顺便指出，前四种递推同时使用相关函数和高阶累积量，因而只适用于加性白噪声，而最后一种递推只使用高阶累积量。

6.5.3 MA 阶数确定

上面的讨论只涉及了 MA 模型的参数估计，而隐含假定 MA 阶数是已知的。实际中，这一阶数是需要在参数估计前事先确定的。

由特殊切片累积量的 BBR 公式 (6.5.18) 和 $C(q,n)$ 公式 (6.5.22) 易知

$$c_{ky}(q,0) = c_{ky}(q,0,\cdots,0) \neq 0 \tag{6.5.35}$$

$$c_{ky}(q,n) = c_{ky}(q,n,\cdots,n) = 0, \quad \forall n > q \tag{6.5.36}$$

上式意味着，MA 阶数 q 应该是满足式 (6.5.36) 的最小正整数 n。这就是文献 [116] 的定阶方法。问题是，对于一组在高斯有色噪声中观测的短数据，样本累积量 $\hat{c}_{ky}(q,n)$ 往往表现出比较大的误差和方差，从而使得式 (6.5.36) 的检验变得难于操作。

文献 [318] 提出了确定 MA 阶数 q 的奇异值分解方法，它具有很好的数值稳定性。这种方法的基本思想是，将 MA 阶数的估计变成矩阵秩的确定问题，其关键是构造下面的 $(q+1)\times(q+1)$ 维累积量矩阵

$$\boldsymbol{C}_{\rm MA} = \begin{bmatrix} c_{ky}(0,0) & c_{ky}(1,0) & \cdots & c_{ky}(q,0) \\ c_{ky}(1,0) & \cdots & c_{ky}(q,0) & \\ \vdots & \iddots & & \\ c_{ky}(q,0) & & & 0 \end{bmatrix} \tag{6.5.37}$$

由于对角线上的元素 $c_{ky}(q,0)\neq 0$，所以 $\boldsymbol{C}_{\rm MA}$ 显然是一个满秩矩阵，即有

$$\text{rank}(\boldsymbol{C}_{\rm MA}) = q+1 \tag{6.5.38}$$

虽然 MA 的阶数估计现在变成了矩阵秩的确定，但是累积量矩阵包含了未知的阶数 q。为了使这一方法实用，考虑扩展阶累积量矩阵

$$\boldsymbol{C}_{\rm MA,e} = \begin{bmatrix} c_{ky}(0,0) & c_{ky}(1,0) & \cdots & c_{ky}(q_{\rm e},0) \\ c_{ky}(1,0) & \cdots & c_{ky}(q_{\rm e},0) & \\ \vdots & \iddots & & \\ c_{ky}(q_{\rm e},0) & & & 0 \end{bmatrix} \tag{6.5.39}$$

式中，$q_{\rm e} > q$。由于 $c_{ky}(m,0)=0, \forall m>q$，故容易验证

$$\text{rank}(\boldsymbol{C}_{\rm MA,e}) = \text{rank}(\boldsymbol{C}_{\rm MA}) = q+1 \tag{6.5.40}$$

在实际应用中，累积量矩阵 $\boldsymbol{C}_{\rm MA,e}$ 的元素用样本累积量代替，然后使用奇异值分解确定 $\boldsymbol{C}_{\rm MA,e}$ 的有效秩 (它等于 $q+1$)，即可获得 q 的估计。

另一方面，由累积量矩阵 $\boldsymbol{C}_{\mathrm{MA,e}}$ 的上三角结构易知，其有效秩的确定等价于判断对角线元素的乘积不等于零，即 q 是满足条件

$$c_{ky}^{m+1}(m,0)\neq 0,\quad m=1,2,\cdots \tag{6.5.41}$$

的最大整数 m。显然，从数值性能出发，判断式 (6.5.41) 要比判断式 (6.5.36) 在数值上稳定得多。

总结以上讨论，MA 阶数既可通过扩展阶累积量矩阵 $\boldsymbol{C}_{\mathrm{MA,e}}$ 的有效秩确定，也可由式 (6.5.41) 估计。这两种线性代数方法具有稳定的数值性能。

6.6 因果 ARMA 模型的辨识

与上一节介绍的有限冲激响应 (FIR) 系统相比，无限冲激响应 (IIR) 系统具有更广泛的代表性。对于 IIR 系统，从参数吝啬的观点看，ARMA 模型比 MA 模型和 AR 模型更加合理，因为后两种模型使用的参数太多。本节讨论因果 ARMA 模型的辨识。

6.6.1 AR 参数的辨识

考查 ARMA 模型

$$\sum_{i=0}^{p}a(i)x(n-i)=\sum_{i=0}^{q}b(i)e(n-i) \tag{6.6.1}$$

并且 ARMA(p,q) 随机过程 $\{x(n)\}$ 在加性噪声 $v(n)$ 中被观测，即

$$y(n)=x(n)+v(n) \tag{6.6.2}$$

不失一般性，假定 $a(0)=b(0)=h(0)=1$。

关于 ARMA 模型，通常作如下假设。

(AS1) 系统传递函数 $H(z)=B(z)/A(z)=\sum\limits_{i=0}^{\infty}h(i)z^{-i}$ 不存在任何零、极点对消，即 $a(p)\neq 0$ 和 $b(q)\neq 0$。

(AS2) 输入 $e(n)$ 是非高斯的白噪声，具有有限的非零累积量 γ_{ke}。

(AS3) 观测噪声 $v(n)$ 是高斯有色的，并且与 $e(n)$ 和 $x(n)$ 二者均独立。

条件 (AS1) 意味着系统是因果的 (时间为负时，冲激响应恒为零)，且 ARMA(p,q) 模型不能进一步简化。注意，关于系统的零点，并未作任何约束，这意味着它们可以位于单位圆内和圆外；如果不使用 ARMA 模型的逆系统，则还允许零点在单位圆上。

若记 $c_{kx}(m,n)=c_{kx}(m,n,0,\cdots,0)$，则在 (AS1)～(AS3) 条件下，由 BBR 公式易得

$$\begin{aligned}\sum_{i=0}^{p}a(i)c_{kx}(m-i,n)&=\gamma_{ke}\sum_{j=0}^{\infty}h^{k-2}(j)h(j+n)\sum_{i=0}^{p}a(i)h(j+m-i)\\&=\gamma_{ke}\sum_{j=0}^{\infty}h^{k-2}(j)h(j+n)b(j+m)\end{aligned} \tag{6.6.3}$$

式中利用了冲激响应的定义式

$$\sum_{i=0}^{p} a(i)h(n-i) = \sum_{j=0}^{q} b(j)\delta(n-j) = b(n) \tag{6.6.4}$$

由于假定 $a(p) \neq 0$ 和 $b(q) \neq 0$，并注意到 $b(j) \equiv 0\ (j > q)$，即可由式 (6.6.3) 得到一组重要的法方程

$$\sum_{i=0}^{p} a(i)c_{kx}(m-i,n) = 0, \quad m > q, \forall n \tag{6.6.5}$$

这就是用高阶累积量表示的修正 Yule-Walker 方程，简称 MYW 方程。注意，MYW 方程也可以写作其他形式，例如[270]

$$\sum_{i=0}^{p} a(i)c_{kx}(i-m,n) = 0, \quad m > q, \forall n \tag{6.6.6}$$

这一法方程可仿照式 (6.6.5) 的推导得出。若这两种 MYW 方程采用相同的 (m,n) 取值范围，则它们本质上等价。

一个重要问题是，如何在 MYW 方程中取适当的 m 和 n 值，才能保证 AR 参数的解是唯一的呢？这个问题称为基于高阶累积量的 AR 参数可辨识性。不妨先看一个例子[270]。

例 6.6.1 考察下面的因果最大相位系统

$$H(z) = \frac{(z-\alpha_1^{-2})(z-\alpha_1^{-1}\alpha_2^{-1})}{(z-\alpha_1)(z-\alpha_2)} \tag{6.6.7}$$

式中，$\alpha_1 \neq \alpha_2$。假定使用三阶累积量，则当取 $n \neq 0$ 时，MYW 方程为

$$c_{kx}(-m,n) - \alpha_2 c_{kx}(1-m,n) = 0, \quad m > 1, n \neq 0 \tag{6.6.8}$$

此式表明，如将 $n=0$ 排除在外，则无论怎样选择 m 和 n 值的组合，都不可能辨识出极点 α_1。然而，若将 $n=0$ 包含在内，则 MYW 方程将与式 (6.6.8) 不同，并且能够同时辨识出极点 α_1 和 α_2。

这个例子说明，选择 m 和 n 值的组合需要小心，不能任意选。那么，怎样的组合才能保证 AR 参数的唯一可辨识性能呢？下面的定理给出了这个问题的答案。

定理 6.6.1[115],[116] 在假设条件 (AS1)～(AS3) 之下，ARMA 模型 (6.6.1) 的 AR 参数可以由

$$\sum_{i=0}^{p} a(i)c_{ky}(m-i,n) = 0, \quad m = q+1,\cdots,q+p;\ n = q-p,\cdots,q \tag{6.6.9}$$

的最小二乘解唯一辨识。

原理上，AR 阶数 p 的确定就是求累积量矩阵 $\boldsymbol{C}$ 的秩。但是，由于 $\boldsymbol{C}$ 本身用到未知的阶数 p 和 q，故必须改造 $\boldsymbol{C}$ 的结构，以使得新的累积量不再含未知的 p 和 q，但却仍然具有秩 p。考虑到与 AR 参数估计的总体最小二乘法之间的联系，改造的结果可以叙述如下。

定理 6.6.2 [116] 定义 $M_2(N_2-N_1+1)\times M_2$ 扩展阶累积量矩阵

$$\boldsymbol{C}_{\rm e}=\begin{bmatrix} c_{kx}(M_1,N_1) & \cdots & c_{kx}(M_1+M_2-1,N_1)\\ \vdots & \vdots & \vdots\\ c_{kx}(M_1,N_2) & \cdots & c_{kx}(M_1+M_2-1,N_2)\\ \vdots & \vdots & \vdots\\ c_{kx}(M_1+M_2,N_1) & \cdots & c_{kx}(M_1+2M_2-1,N_1)\\ \vdots & \vdots & \vdots\\ c_{kx}(M_1+M_2,N_2) & \cdots & c_{kx}(M_1+2M_2-1,N_2)\end{bmatrix} \tag{6.6.10}$$

式中，取 $M_1\geqslant q+1-p$, $M_2\geqslant p$, $N_1\leqslant q-p$ 和 $N_2\geqslant q$。当且仅当 ARMA(p,q) 模型无零、极点对消时，矩阵 $\boldsymbol{C}_{\rm e}$ 具有秩 p。

这一定理表明，若用观测数据的样本累积量 $\hat{c}_{ky}(m,n)$ 代替信号的真实累积量 $c_{kx}(m,n)$，则样本累积量矩阵 $\boldsymbol{C}_{\rm e}$ 的有效秩将等于 p。

将上述结果加以整理，可得到因果 ARMA 模型 AR 阶数确定和 AR 参数估计的奇异值分解–总体最小二乘 (SVD-TLS) 算法如下。

算法 6.6.1 基于累积量的 SVD-TLS 算法

步骤 1 构造 $M_2(N_2-N_1+1)\times M_2$ 扩展阶样本累积量矩阵

$$\boldsymbol{C}_{\rm e}=\begin{bmatrix} \hat{c}_{kx}(M_1+M_2-1,N_1) & \cdots & \hat{c}_{kx}(M_1,N_1)\\ \vdots & \vdots & \vdots\\ \hat{c}_{kx}(M_1+M_2-1,N_2) & \cdots & \hat{c}_{kx}(M_1,N_2)\\ \vdots & \vdots & \vdots\\ \hat{c}_{kx}(M_1+2M_2-1,N_1) & \cdots & \hat{c}_{kx}(M_1+M_2,N_1)\\ \vdots & \vdots & \vdots\\ \hat{c}_{kx}(M_1+2M_2-1,N_2) & \cdots & \hat{c}_{kx}(M_1+M_2,N_2)\end{bmatrix} \tag{6.6.11}$$

并计算其奇异值分解 $\boldsymbol{C}_{\rm e}=\boldsymbol{U\Sigma V}^{\rm T}$，存储矩阵 $\boldsymbol{V}$。

步骤 2 确定矩阵 $\boldsymbol{C}_{\rm e}$ 的有效秩，给出 AR 阶数估计 p。

步骤 3 计算 $(p+1)\times(p+1)$ 矩阵

$$\boldsymbol{S}^{(p)}=\sum_{j=1}^{p}\sum_{i=1}^{M_2-p}\sigma_j^2\boldsymbol{v}_j^i(\boldsymbol{v}_j^i)^{\rm T} \tag{6.6.12}$$

其中 $\boldsymbol{v}_j^i=[v(i,j),v(i+1,j),\cdots,v(i+p,j)]^{\rm T}$，而 $v(i,j)$ 是矩阵 $\boldsymbol{V}$ 的第 i 行、第 j 列元素。

步骤 4 求矩阵 $\boldsymbol{S}^{(p)}$ 的逆矩阵 $\boldsymbol{S}^{-(p)}$，AR 参数的总体最小二乘估计由

$$\hat{a}(i)=\boldsymbol{S}^{-(p)}(i+1,1)/\boldsymbol{S}^{-(p)}(1,1) \tag{6.6.13}$$

给出。其中，$\boldsymbol{S}^{-(p)}(i,1)$ 是逆矩阵 $\boldsymbol{S}^{-(p)}$ 的第 i 行、第 1 列元素。

应用 SVD-TLS 算法求解 MYW 方程，可以明显提高 AR 参数的估计精度，这一点对于使用高阶累积量进行系统辨识显得尤其重要，因为短数据的样本高阶累积量本身存在比较大的估计误差。

6.6.2 MA 阶数确定

如果因果 ARMA 过程的 AR 部分已经辨识，则可以利用已知的 AR 阶数和 AR 参数对原观测过程进行“滤波”，得到

$$\tilde{y}(n)=\sum_{i=0}^{p}a(i)y(n-i) \tag{6.6.14}$$

称 $\{\tilde{y}(n)\}$ 为“残差时间序列”。将式 (6.6.2) 代入上式，则有

$$\tilde{y}(n)=\sum_{i=0}^{p}a(i)x(n-i)+\sum_{i=0}^{p}a(i)v(n-i)=\sum_{j=0}^{q}b(j)e(n-j)+\tilde{v}(n) \tag{6.6.15}$$

在得到第二个等式的第一项时，代入了式 (6.6.1)；并且

$$\tilde{v}(n)=\sum_{i=0}^{p}a(i)v(n-i) \tag{6.6.16}$$

仍然为高斯有色噪声。

式 (6.6.15) 表明，残差时间序列 $\{\tilde{y}(n)\}$ 是一个在高斯有色噪声中观测的 MA(q) 过程。因此，只要将 6.5 节介绍的 FIR 系统参数估计的 RC 方法或累积量方法应用于残差时间序列，即可获得因果 ARMA 过程的 MA 参数估计。

将因果 ARMA 过程的 MA 参数估计转变为残差时间序列的纯 FIR 系统参数辨识的方法称为“残差时间序列方法”，是文献 [116] 提出的，同时还提出了估计 ARMA 模型的 MA 阶数的方法：使用满足

$$c_{k\tilde{y}}(m,0,\cdots,0)\neq 0 \tag{6.6.17}$$

的最大整数 m 作为 ARMA 模型的 MA 阶数。更一般地，所有适用于纯 MA 模型的阶数确定方法都可应用于残差时间序列，从而获得 ARMA 模型的 MA 阶数估计。

现在考虑无须构造残差时间序列，即可直接进行 ARMA 模型 MA 阶数确定的方法。为此，定义拟合误差函数

$$f_k(m,n)=\sum_{i=0}^{p}a(i)c_{ky}(m-i,n)=\sum_{i=0}^{p}a(i)c_{kx}(m-i,n) \tag{6.6.18}$$

式中使用了 $c_{ky}(m,n)=c_{kx}(m,n)$ 的结果。将式 (6.6.3) 代入式 (6.6.18)，立即得

$$f_k(m,n)=\gamma_{ke}\sum_{j=0}^{\infty}h^{k-2}(j)h(j+n)b(j+m) \tag{6.6.19}$$

显然有

$$f_k(q,0)=\gamma_{ke}h^{k-1}(0)b(q)=\gamma_{ke}b(q)\neq 0 \tag{6.6.20}$$

因为 $h(0)=1$ 和 $b(q)\neq 0$。

另外一方面，MYW 方程也可以使用拟合误差函数表示为

$$f_k(m,n)=0,\quad m>q,\forall n \tag{6.6.21}$$

式 (6.6.20) 和式 (6.6.21) 一起启示了一种确定 ARMA 模型 MA 阶数q 的方法，即 q 是使得

$$f_k(m) \stackrel{\text{def}}{=} f_k(m,0) = \sum_{i=0}^{p} a(i) c_{ky}(m-i,0,\cdots,0) \neq 0 \tag{6.6.22}$$

成立的最大整数 m。虽然这一定阶方法在理论上有吸引力，但是在实际中却难于采用，因为当数据比较短时，估计值 $\hat{f}_k(m)$ 会存在很大的误差。

为了克服这一困难，文献 [318] 提出了一种简单而有效的方法。其基本思想是：引入一拟合误差矩阵，将 MA 阶数的确定转变为该矩阵的有效秩确定，而后者可以使用奇异值分解这样一种数值稳定的方法来实现。

构造拟合误差矩阵

$$\boldsymbol{F} = \begin{bmatrix} f_k(0) & f_k(1) & \cdots & f_k(q) \\ f_k(1) & \cdots & f_k(q) & \\ \vdots & \iddots & & \\ f_k(q) & & & 0 \end{bmatrix} \tag{6.6.23}$$

这是一个 Hankel 矩阵，也是一个上三角矩阵。显而易见

$$\det(\boldsymbol{F}) = \prod_{i=1}^{q+1} f(i, q+2-i) = f_k^{q+1}(q) \neq 0 \tag{6.6.24}$$

这就是说，$\text{rank}(\boldsymbol{F}) = q+1$。由于 MA 阶数 q 是待确定的，所以有必要对拟合误差矩阵 $\boldsymbol{F}$ 加以改造，使得它的元素不再包含未知的 q，但却仍然具有秩 $q+1$。由此构造的扩展阶拟合误差矩阵为

$$\boldsymbol{F}_{\text{e}} = \begin{bmatrix} f_k(0) & f_k(1) & \cdots & f_k(q_{\text{e}}) \\ f_k(1) & \cdots & f_k(q_{\text{e}}) & \\ \vdots & \iddots & & \\ f_k(q_{\text{e}}) & & & 0 \end{bmatrix}, \quad q_{\text{e}} > q \tag{6.6.25}$$

应用式 (6.6.20) 和式 (6.6.21)，容易证明

$$\text{rank}(\boldsymbol{F}_{\text{e}}) = \text{rank}(\boldsymbol{F}) = q+1 \tag{6.6.26}$$

虽然 q 是未知的，但我们不难选择扩展阶 $q_{\text{e}} > q$。

式 (6.6.26) 表明，若矩阵 $\boldsymbol{F}_{\text{e}}$ 的元素用其估计值 $\hat{f}_k(m)$ 代替，则利用奇异值分解 (SVD)，可以确定矩阵 $\boldsymbol{F}_{\text{e}}$ 的有效秩。另一方面，由矩阵 $\boldsymbol{F}_{\text{e}}$ 的上三角结构知，其有效秩的确定等价于试验不等式关系

$$\hat{f}_k^{m+1}(m) \neq 0 \tag{6.6.27}$$

使上述不等式近似成立的最大整数 m 即是 MA 阶数 q 的估计值。这一试验被称为对角元素乘积 (PODE) 试验。显然，PODE 试验不等式 (6.6.27) 比直接试验不等式 (6.6.22) 更加合理，因为可以期望前者提供的数值稳定性比后者的数值稳定性更好。

文献 [318] 发现，在仿真中单独使用 SVD 或 PODE 试验确定 ARMA 模型的 MA 阶数，有时会出现过定阶或欠定阶，并建议两种方法综合起来应用。具体操作是：以 SVD 确定的

阶数 M 为参考，若 $f_k^{M+1}(M)$ 和 $f_k^{M+2}(M+1)$ 明显不近似为零，则此 M 值为欠估计，应该对阶数 $M' = M+1$ 试验式 (6.6.27)；反之，若 $f_k^{M+1}(M)$ 和 $f_k^{M+2}(M+1)$ 均明显近似为零，则此 M 值为超定，应对阶数 $M' = M-1$ 试验不等式 (6.6.27)。只有当 $f_k^{M+1}(M)$ 明显不等于零，而 $f_k^{M+2}(M+1)$ 明显接近零时，M 值才是合适的。

6.6.3 MA 参数估计

前面已指出，对残差时间序列应用纯 MA 参数估计的 RC 方法或高阶累积量方法，均可获得 ARMA 模型的 MA 参数的估计值，下面对这一估计问题作专门的讨论。

1. 残差时间序列累积量法

事实上，不直接构造残差时间序列，仍然能够获得 ARMA 模型的 MA 参数估计。为此，考察残差时间序列的累积量

$$c_{k\tilde{y}}(\tau_1, \cdots, \tau_{k-1}) = \text{cum}[\tilde{y}(n), \tilde{y}(n+\tau_1), \cdots, \tilde{y}(n+\tau_{k-1})] \tag{6.6.28}$$

将残差时间序列的定义式 (6.6.14) 代入上式，并利用累积量的定义及性质，则有

$$\begin{aligned} c_{k\tilde{y}}(\tau_1, \cdots, \tau_{k-1}) &= \text{cum}\left[\sum_{i_1=0}^{p} a(i_1)y(n-i_1), \cdots, \sum_{i_k=0}^{p} a(i_k)y(n+\tau_{k-1}-i_k)\right] \\ &= \sum_{i_1=0}^{p} \cdots \sum_{i_k=0}^{p} a(i_1)\cdots a(i_k) c_{ky}(\tau_1+i_1-i_2, \cdots, \tau_{k-1}+i_1-i_k) \end{aligned} \tag{6.6.29}$$

特别地，对于 $k=2,3,4$ 阶，分别有

$$R_{\tilde{y}}(m) = \sum_{i=0}^{p}\sum_{j=0}^{p} a(i)a(j)R_y(m+i-j) \tag{6.6.30}$$

$$c_{3\tilde{y}}(m,n) = \sum_{i_1=0}^{p}\sum_{i_2=0}^{p}\sum_{i_3=0}^{p} a(i_1)a(i_2)a(i_3)c_{ky}(m+i_1-i_2, n+i_1-i_3) \tag{6.6.31}$$

$$c_{4\tilde{y}}(m,n,l) = \sum_{i_1=0}^{p} \cdots \sum_{i_4=0}^{p} a(i_1)\cdots a(i_4)c_{ky}(m+i_1-i_2, n+i_1-i_3, l+i_1-i_4) \tag{6.6.32}$$

无须构造残差时间序列，即可直接得到它的高阶累积量的上述方法是文献 [323] 提出的。虽然这种方法计算残差时间序列的三阶和四阶累积量分别包含了三重和四重求和，但是与先产生残差时间序列，再计算三阶和四阶累积量估计值的 (直接) 残差时间序列方法相比较，式 (6.6.31) 和式 (6.6.32) 的计算量要小得多。

2. q 切片法

在式 (6.5.19) 中令 $m=q$，则有

$$f_k(q,n) = \gamma_{ke}\sum_{i=0}^{\infty} h^{k-2}(i)h(i+n)h(i+q) = \gamma_{ke}h(n)b(q) \tag{6.6.33}$$

上式除以式 (6.6.20)，即得

$$h(n)=\frac{f_k(q,n)}{f_k(q,0)}=\frac{\sum\limits_{i=0}^{p}a(i)c_{ky}(q-i,n)}{\sum\limits_{i=0}^{p}a(i)c_{ky}(q-i,0)} \tag{6.6.34}$$

由于对一个固定的n，式 (6.6.34) 的分子只使用累积量的一维切片 $c_{ky}(q,n),\cdots,c_{ky}(q-p,n)$，而 q 个冲激响应系数 $h(1),\cdots,h(n)$ 的计算需要 q 个不同的切片，所以 ARMA 系统冲激响应的上述估计方法称为"q 切片"算法。顺便指出，6.5 节中估计 FIR 系统冲激响应的 $C(q,n)$ 公式 (6.5.22) 是 q 切片公式 (6.6.34) 当 AR 阶数 $p=0$ 时的特例。

一旦 ARMA 模型的冲激响应 $h(n),n=1,\cdots,q$ 从式 (6.6.34) 直接计算或估计后，又可利用熟悉的公式

$$b(n)=\sum_{i=0}^{p}a(i)h(n-i),\quad n=1,\cdots,q \tag{6.6.35}$$

直接计算出 MA 参数。

有趣的是，将 q 切片算法加以适当改造，可以得到同时估计 AR 参数和冲激响应的算法。此算法是 Swami 与 Mendel [268] 提出的。其出发点是令 $\varepsilon=-f_k(q,0)$，将式 (6.6.34) 变成

$$\sum_{i=0}^{p}a(i)c_{ky}(q-i,n)+\varepsilon h(n)=-c_{ky}(q,n) \tag{6.6.36}$$

在上式中取 $n=0,1,\cdots,Q$ $(Q\geqslant q)$，立即得到

$$\begin{bmatrix}c_{ky}(q-1,0) & \cdots & c_{ky}(q-p,0)\\ c_{ky}(q-1,1) & \cdots & c_{ky}(q-p,1)\\ \vdots & \vdots & \vdots\\ c_{ky}(q-1,Q) & \cdots & c_{ky}(q-p,Q)\end{bmatrix}\begin{bmatrix}a(1)\\ a(2)\\ \vdots\\ a(p)\end{bmatrix}+\begin{bmatrix}\varepsilon\\ \varepsilon h(1)\\ \vdots\\ \varepsilon h(Q)\end{bmatrix}=-\begin{bmatrix}c_{ky}(q,0)\\ c_{ky}(q,1)\\ \vdots\\ c_{ky}(q,Q)\end{bmatrix} \tag{6.6.37}$$

或更紧凑地写作

$$\boldsymbol{C}_1\boldsymbol{a}+\varepsilon\boldsymbol{h}=-\boldsymbol{c}_1 \tag{6.6.38}$$

式 (6.6.38) 与 MYW 方程式合并在一起，则有

$$\begin{bmatrix}\boldsymbol{C} & \boldsymbol{0}\\ \boldsymbol{C}_1 & \boldsymbol{I}\end{bmatrix}\begin{bmatrix}\boldsymbol{a}\\ \varepsilon\boldsymbol{h}\end{bmatrix}=-\begin{bmatrix}\boldsymbol{c}\\ \boldsymbol{c}_1\end{bmatrix} \tag{6.6.39}$$

式 (6.6.39) 描述一组超定方程，由它可以同时获得未知的 AR 参数 $a(1),\cdots,a(p)$ 及冲激响应系数 $h(1),\cdots,h(Q)$。

3. 闭式解

随机过程 $\{x(n)\}$ 的高阶谱定义式 (6.4.11) 可以改写为 Z 变换形式

$$\begin{aligned}S_x(z_1,\cdots,z_{k-1})&=\gamma_{ke}H(z_1)\cdots H(z_{k-1})H(z_1^{-1}\cdots z_{k-1}^{-1})\\&=\gamma_{ke}\frac{\beta_k(z_1,\cdots,z_{k-1})}{\alpha_k(z_1,\cdots,z_{k-1})}\end{aligned} \tag{6.6.40}$$

或者

$$S_x(z_1,\cdots,z_{k-1})=\sum_{i_1=-\infty}^{\infty}\cdots\sum_{i_{k-1}=-\infty}^{\infty}c_{ky}(i_1,\cdots,i_{k-1})z_1^{-i_1}\cdots z_{k-1}^{-i_{k-1}} \tag{6.6.41}$$

式 (6.6.40) 中

$$\begin{aligned}\alpha_k(z_1,\cdots,z_{k-1})&=A(z_1)\cdots A(z_{k-1})A(z_1^{-1}\cdots z_{k-1}^{-1})\\&=\sum_{i_1=-p}^{p}\cdots\sum_{i_{k-1}=-p}^{p}\alpha_k(i_1,\cdots,i_{k-1})z_1^{-i_1}\cdots z_{k-1}^{-i_{k-1}}\end{aligned} \tag{6.6.42}$$

$$\begin{aligned}\beta_k(z_1,\cdots,z_{k-1})&=B(z_1)\cdots B(z_{k-1})B(z_1^{-1}\cdots z_{k-1}^{-1})\\&=\sum_{i_1=-p}^{p}\cdots\sum_{i_{k-1}=-p}^{p}\beta_k(i_1,\cdots,i_{k-1})z_1^{-i_1}\cdots z_{k-1}^{-i_{k-1}}\end{aligned} \tag{6.6.43}$$

分别比较以上二式两边的同次幂项的系数，易得

$$\alpha_k(i_1,\cdots,i_{k-1})=\sum_{j=0}^{p}a(j)a(j+i_1)\cdots a(j+i_{k-1}) \tag{6.6.44}$$

$$\beta_k(i_1,\cdots,i_{k-1})=\sum_{j=0}^{q}b(j)b(j+i_1)\cdots b(j+i_{k-1}) \tag{6.6.45}$$

根据它们具有的形式，$\alpha_k(i_1,\cdots,i_{k-1})$ 和 $\beta_k(i_1,\cdots,i_{k-1})$ 分别称为 AR 和 MA 参数的 k 重相关系数[117]。

若令 $i_1=p,\ i_2=\cdots,i_{k-1}=0$，则由式 (6.6.44) 得

$$a(p)=\alpha_k(p,0,\cdots,0)$$

若令 $i_1=p,\ i_2=i$ 和 $i_3=\cdots=i_{k-1}=0$，则式 (6.6.44) 给出结果

$$a(p)a(i)=\alpha_k(p,i,0,\cdots,0)$$

由以上两式，立即得

$$a(i)=\frac{\alpha_k(p,i,0,\cdots,0)}{\alpha_k(p,0,0,\cdots,0)},\quad i=1,\cdots,p \tag{6.6.46}$$

类似地，从式 (6.6.45) 又有

$$b(i)=\frac{\beta_k(q,i,0,\cdots,0)}{\beta_k(q,0,0,\cdots,0)},\quad i=1,\cdots,q \tag{6.6.47}$$

这表明，若$\beta_k(q,i,0\cdots,0)$已知，则 MA 参数可由式 (6.6.47) 直接计算。因此，MA 参数的直接计算的关键是如何获得 MA 参数的 k 重相关系数 $\beta_k(q,i,0,\cdots,0)$。

由式 (6.6.40) 和式 (6.6.41) 易知

$$\begin{aligned}&\sum_{i_1=-p}^{p}\cdots\sum_{i_{k-1}=-p}^{p}\alpha_k(i_1,\cdots,i_{k-1})c_{ky}(\tau_1-i_1,\cdots,\tau_{k-1}-i_{k-1})\\&=\begin{cases}\gamma_{ke}\beta_k(\tau_1,\cdots,\tau_{k-1}), & \tau_i\in[-q,q]\\0, & \text{其他}\end{cases}\end{aligned} \tag{6.6.48}$$

综合式 (6.6.47) 和式 (6.6.48)，即可得到直接计算 MA 参数的另一公式

$$
\begin{aligned}
b(m) &= \frac{\beta_k(q,m,0,\cdots,0)}{\beta_k(q,0,0,\cdots,0)} = \frac{\gamma_{ke}\beta_k(q,m,0,\cdots,0)}{\gamma_{ke}\beta_k(q,0,0,\cdots,0)} \\
&= \frac{\sum\limits_{i_1=-p}^{p}\cdots\sum\limits_{i_{k-1}=-p}^{p}\alpha_k(i_1,\cdots,i_{k-1})c_{ky}(q-i_1,m-i_2,-i_3,\cdots,-i_{k-1})}{\sum\limits_{i_1=-p}^{p}\cdots\sum\limits_{i_{k-1}=-p}^{p}\alpha_k(i_1,\cdots,i_{k-1})c_{ky}(q-i_1,-i_2,-i_3,\cdots,-i_{k-1})}
\end{aligned}
\tag{6.6.49}
$$

式中，$m=1,\cdots,q$。

由于 AR 参数估计出来后，其 k 重相关 $\alpha_k(i_1,\cdots,i_{k-1})$ 可以由其定义式 (6.6.44) 计算，所以式 (6.6.49) 容易计算。应当指出的是，尽管 MA 参数的直接计算公式在理论上是吸引人的，再次体现了高阶累积量在 ARMA 模型系统辨识中的优越性，但是在实际中却很少直接使用这一公式。这主要是因为，高阶累积量在短数据情况下具有比较大的估计误差和方差，从而会严重影响直接计算得到的 MA 参数的估计误差和方差。

最后指出，ARMA 过程 MA 参数的估计还有其他闭式递推解，对此感兴趣的读者可参考文献 [316]。

6.7 有色噪声中的谐波恢复

第 4 章讨论了加性白噪声中谐波恢复的各种方法，所使用的统计量为二阶统计量 (相关函数)。本节分析有色噪声中的谐波恢复问题。为了抑制有色噪声的影响，需要使用高阶统计量。

6.7.1 复信号的累积量定义

前面几节的讨论只限于实信号的高阶统计量。由于复谐波过程为复信号，所以有必要先介绍复信号的累积量定义。Brillinger 与 Rosenblatt [43] 指出，“特别地，对于 k 的每一个分割 (分为 j 个共轭元素和 $k-j$ 个无共轭的元素)，都可以有一个对应的 k 阶谱密度”。因此，k 阶谱共有 2^k 个可能的表达式。

假定感兴趣的复信号过程为复谐波过程

$$
x(n)=\sum_{i=1}^{p}\alpha_i \mathrm{e}^{\mathrm{j}(\omega_i n+\phi_i)} \tag{6.7.1}
$$

式中，ϕ_i 是在 $[-\pi,\pi]$ 内均匀分布且相互独立的随机变量。由于 ϕ_i 相互独立，所以由累积量的性质知，信号 $x(n)$ 的累积量等于各个谐波信号累积量之和。因此，在讨论复谐波过程的累积量定义时，只需要考虑单个累积量的定义即可。

令 $s=\mathrm{e}^{\mathrm{j}\phi}$，其中 ϕ 在 $[0,2\pi)$ 内均匀分布，记作 $\phi\sim U[0,2\pi)$。对于 $m\neq 0$，显然

$\mathrm{E}\{\mathrm{e}^{\mathrm{j}m\phi}\}=0$。记住这一结果，易得关系式

$$\mathrm{cum}(s,s)=0,\quad \mathrm{cum}(s^*,s)=\mathrm{E}\{|s|^2\}=1 \tag{6.7.2}$$

$$\mathrm{cum}(s,s,s)=\mathrm{cum}(s^*,s,s)=0 \tag{6.7.3}$$

$$\mathrm{cum}(s,s,s,s)=\mathrm{cum}(s^*,s,s,s)=0 \tag{6.7.4}$$

$$\mathrm{cum}(s^*,s^*,s,s)=\mathrm{E}\{|s|^4\}-|\mathrm{E}\{s^2\}|^2-2\mathrm{E}\{|s|^2\}\mathrm{E}\{|s|^2\}=-1 \tag{6.7.5}$$

由以上四式，可以得出下面的重要结论：

(1) 复谐波过程的二阶累积量有两种定义，其中只有定义 $\mathrm{cum}(s^*,s)$ 给出非零的结果；

(2) 无论累积量怎样定义，复谐波信号的三阶累积量恒为零；

(3) 复谐波过程的四阶累积量定义有多种形式，只有 $\mathrm{cum}(s^*,s^*,s,s)$ 给出非零结果。

当然，四阶累积量 $\mathrm{cum}(s^*,s,s^*,s)$ 和 $\mathrm{cum}(s,s,s^*,s^*)$ 等定义也给出非零累积量，但由累积量的对称性质知，这些定义与 $\mathrm{cum}(s^*,s^*,s,s)$ 等价。不失一般性，今后约定共轭元素排列在前面，无共轭的元素排列在后面。据此，可以引出复信号的四阶累积量定义。

定义 6.7.1 零均值复信号 $\{x(n)\}$ 的四阶累积量定义为

$$c_{4x}(m_1,m_2,m_3)=\mathrm{cum}[x^*(n),x^*(n+m_1),x(n+m_2),x(n+m_3)] \tag{6.7.6}$$

需要指出的是，有两种特殊的谐波过程，它们的高阶累积量必须采用其他定义形式。这两种特殊的谐波过程分别是二次相位耦合谐波过程和三次相位耦合谐波过程。

1. 二次相位耦合谐波过程

定义 6.7.2 若谐波过程 $x(n)=\sum\limits_{i=1}^{3}\alpha_i\mathrm{e}^{\mathrm{j}(\omega_i n+\phi_i)}$ 满足条件 $\phi_3=\phi_1+\phi_2$ 和 $\omega_3=\omega_1+\omega_2$，则称此谐波过程是二次相位耦合过程。

定义 6.7.3 二次相位耦合谐波过程的三阶累积量定义为

$$c_{3x}(\tau_1,\tau_2)\stackrel{\mathrm{def}}{=}\mathrm{cum}[x^*(n),x(n+\tau_1),x(n+\tau_2)] \tag{6.7.7}$$

容易验证，上述定义给出非零的累积量

$$c_{3x}(\tau_1,\tau_2)=\alpha_1\alpha_2\alpha_3^*\left[\mathrm{e}^{\mathrm{j}(\omega_1\tau_1+\omega_2\tau_2)}+\mathrm{e}^{\mathrm{j}(\omega_2\tau_1+\omega_1\tau_2)}\right] \tag{6.7.8}$$

而其他定义 $\mathrm{cum}[x(n),x(n+m_1),x(n+m_2)]$ 和 $\mathrm{cum}[x^*(n),x^*(n+m_1),x(n+m_2)]$ 则均恒等于零。

对式 (6.7.8) 进行二维 Fourier 变换，易知二次相位耦合谐波过程的双谱为

$$B_x(\lambda_1,\lambda_2)=\alpha_1\alpha_2\alpha_3^*[\delta(\lambda_1-\omega_1,\lambda_2-\omega_2)+\delta(\lambda_1-\omega_2,\lambda_2-\omega_1)] \tag{6.7.9}$$

式中

$$\delta(i,j)=\begin{cases}1, & i=j=0\\ 0, & \text{其他}\end{cases} \tag{6.7.10}$$

为二维 δ 函数。

式 (6.7.9) 表明，双谱 $B_x(\lambda_1,\lambda_2)$ 在频率 (ω_1,ω_2) 和 (ω_2,ω_1) 两处有冲激值，而在其他频率处恒等于零。这是二次相位耦合谐波过程的重要性质，利用它可以检验一个谐波过程是否为二次相位耦合过程。

2. 三次相位耦合谐波过程

定义 6.7.4 若谐波过程 $x(n)=\sum_{i=1}^{4}\alpha_i \mathrm{e}^{\mathrm{j}(\omega_i n+\phi_i)}$ 满足条件 $\phi_4=\phi_1+\phi_2+\phi_3$ 和 $\omega_4=\omega_1+\omega_2+\omega_3$，则此谐波过程称作三次相位耦合过程。

注意，对于三次相位耦合谐波过程，定义 6.7.1 将给出恒等于零的四阶累积量。这时，必须采用下面的累积量定义。

定义 6.7.5 三次相位耦合谐波过程的四阶累积量定义为

$$c_{4x}(\tau_1,\tau_2,\tau_3)\stackrel{\text{def}}{=}\text{cum}[x^*(n),x(n+\tau_1),x(n+\tau_2),x(n+\tau_3)] \tag{6.7.11}$$

根据式 (6.7.11)，可以求出三次相位耦合谐波过程的四阶累积量为

$$\begin{aligned}c_{4x}(\tau_1,\tau_2,\tau_3)=&\alpha_1\alpha_2\alpha_3\alpha_4^*\Big[\mathrm{e}^{\mathrm{j}(\omega_1\tau_1+\omega_2\tau_2+\omega_3\tau_3)}+\mathrm{e}^{\mathrm{j}(\omega_2\tau_1+\omega_1\tau_2+\omega_3\tau_3)}\\&+\mathrm{e}^{\mathrm{j}(\omega_1\tau_1+\omega_3\tau_2+\omega_2\tau_3)}+\mathrm{e}^{\mathrm{j}(\omega_2\tau_1+\omega_3\tau_2+\omega_1\tau_3)}\\&+\mathrm{e}^{\mathrm{j}(\omega_3\tau_1+\omega_1\tau_2+\omega_2\tau_3)}+\mathrm{e}^{\mathrm{j}(\omega_3\tau_1+\omega_2\tau_2+\omega_1\tau_3)}\Big]\end{aligned} \tag{6.7.12}$$

作上式的三维 Fourier 变换后，得到三次相位耦合谐波过程的三谱为

$$\begin{aligned}T_x(\lambda_1,\lambda_2,\lambda_3)=&\alpha_1\alpha_2\alpha_3\alpha_4^*[\delta(\lambda_1-\omega_1,\lambda_2-\omega_2,\lambda_3-\omega_3)\\&+\delta(\lambda_1-\omega_2,\lambda_2-\omega_1,\lambda_3-\omega_3)+\delta(\lambda_1-\omega_1,\lambda_2-\omega_3,\lambda_3-\omega_2)\\&+\delta(\lambda_1-\omega_2,\lambda_2-\omega_3,\lambda_3-\omega_1)+\delta(\lambda_1-\omega_3,\lambda_2-\omega_1,\lambda_3-\omega_2)\\&+\delta(\lambda_1-\omega_3,\lambda_2-\omega_2,\lambda_3-\omega_1)]\end{aligned} \tag{6.7.13}$$

即三谱在频率 $(\omega_1,\omega_2,\omega_3)$ 及其排列处各有冲激值。这一重要性质可以用来检验一谐波过程是否为三次相位耦合过程。

从上面的讨论，可以看出：复过程的累积量不是唯一定义的，应该根据不同的场合使用不同的累积量定义。在后面的讨论中，将假定谐波过程不是相位耦合的过程。

6.7.2 谐波过程的累积量

关于谐波过程 $x(n)$ 的累积量，Swami 与 Mendel [269] 证明了以下几个命题。

命题 6.7.1 式 (6.7.1) 所示复谐波过程 $x(n)$ 的自相关函数和四阶累积量分别由

$$R_x(\tau)=\sum_{k=1}^{p}|\alpha_k|^2\mathrm{e}^{\mathrm{j}\omega\tau} \tag{6.7.14}$$

$$c_{4x}(\tau_1,\tau_2,\tau_3)=-\sum_{k=1}^{p}|\alpha_k|^4\mathrm{e}^{\mathrm{j}\omega_k(-\tau_1+\tau_2+\tau_3)} \tag{6.7.15}$$

给出。

命题 6.7.2 考虑实值谐波信号

$$x(n)=\sum_{k=1}^{p}\alpha_k\cos(\omega_k n+\phi_k) \tag{6.7.16}$$

若 ϕ_k 为独立的均匀分布 $U[-\pi,\pi)$，且 $\alpha_k>0$，则 $x(n)$ 的自相关函数和四阶累积量分别为

$$R_x(\tau)=\frac{1}{2}\sum_{k=1}^{p}\alpha_k^2\cos(\omega_k\tau) \tag{6.7.17}$$

$$\begin{aligned}c_{4x}(\tau_1,\tau_2,\tau_3)=&-\frac{1}{8}\sum_{k=1}^{p}\alpha_k^4[\cos(\tau_1-\tau_2-\tau_3)+\cos(\tau_2-\tau_3-\tau_1)\\&+\cos(\tau_3-\tau_1-\tau_2)]\end{aligned} \tag{6.7.18}$$

上述两个命题是重要的，因为它们分别描述了复值和实值谐波信号的累积量同谐波参数之间的关系。特别地，我们来考察累积量的一维特殊切片 —— 对角切片。

在式 (6.7.15) 中令 $\tau_1=\tau_2=\tau_3=\tau$，则对复值谐波过程而言，有

$$c_{4x}(\tau)\stackrel{\text{def}}{=}c_{4x}(\tau,\tau,\tau)=-\sum_{k=1}^{p}|\alpha_k|^4\mathrm{e}^{\mathrm{j}\omega_k\tau} \tag{6.7.19}$$

类似地，在式 (6.7.18) 中令 $\tau_1=\tau_2=\tau_3=\tau$，对于实值谐波过程，可得

$$c_{4x}(\tau)\stackrel{\text{def}}{=}c_{4x}(\tau,\tau,\tau)=-\frac{1}{8}\sum_{k=1}^{p}\alpha_k^4\cos(\omega_k\tau) \tag{6.7.20}$$

式 (6.7.19) 和式 (6.7.20) 具有特别的意义，因为它们清楚表明，复值和实值谐波过程的四阶累积量的对角切片保留了恢复该谐波过程的所有参数 (谐波个数 p、幅值 α_k 和频率 ω_k) 所需要的全部有用信息。

将式 (6.7.19) 与式 (6.7.14) 比较，并将式 (6.7.20) 与式 (6.7.17) 比较，立即可得到下面的重要结果。

推论 6.7.1 式 (6.7.1) 描述的复值谐波过程 $x(n)$ 的四阶累积量的对角切片同另一复值谐波过程

$$\tilde{x}(n)=\sum_{k=1}^{p}|\alpha_k|^2\mathrm{e}^{\mathrm{j}(\omega_k n+\phi_k)} \tag{6.7.21}$$

的自相关函数相等 (只是相差一个负号)，而式 (6.7.16) 定义的实值谐波信号 $x(n)$ 的四阶累积量的对角切片则与实值谐波信号

$$\tilde{x}(n)=\sum_{k=1}^{p}\alpha_k^2\cos(\omega_k n+\phi_k) \tag{6.7.22}$$

的自相关函数等价 (只是相差一个固定的比例因子$-3/4$)。

6.7.3 高斯有色噪声中的谐波恢复

推论 6.7.1 启迪我们，在自相关函数用四阶累积量的对角切片代替后，基于自相关函数的谐波恢复方法 (如 ARMA 建模法等) 都可变成基于累积量的谐波恢复方法。

作为一个典型例子，我们来考虑高斯有色噪声中的复谐波信号恢复的 ARMA 建模法。由基于自相关函数的复谐波信号的 MYW 方程

$$\sum_{i=0}^{p} a(i)R_x(m-i)=0,\quad m>p\quad (\text{复谐波}) \tag{6.7.23}$$

上式两边同乘以 -1，并注意到 $c_{4x}(\tau)=-R_x(\tau)$，故上式变成基于四阶累积量的复谐波信号的 MYW 方程，即有

$$\sum_{i=0}^{p} a(i)c_{4x}(m-i)=0,\quad m>p\quad (\text{复谐波}) \tag{6.7.24}$$

很显然，对式 (6.7.24) 可以使用奇异值分解 (SVD) 确定 ARMA 模型的未知 AR 阶数 p (即复谐波信号的个数)，而后又可利用 SVD-TLS 方法获得 AR 参数的总体最小二乘解。最后，特征多项式

$$1+a(1)z^{-1}+\cdots+a(p)z^{-p}=0\quad (\text{复谐波}) \tag{6.7.25}$$

的根即给出谐波频率的估计。

对于实谐波信号，基于自相关函数的 MYW 方程为

$$\sum_{i=0}^{2p} a(i)R_x(m-i)=0,\quad m>2p\quad (\text{实谐波}) \tag{6.7.26}$$

上式两边同乘 $-3/4$ 并代入 $c_{4x}(\tau)=-\frac{3}{4}R_x(\tau)$ 后，即得到基于累积量的 MYW 方程

$$\sum_{i=0}^{2p} a(i)c_{4x}(m-i)=0,\quad m>2p\quad (\text{实谐波}) \tag{6.7.27}$$

在高斯有色噪声 $v(n)$ 的情况下，由于观测数据 $y(n)=x(n)+v(n)$ 的四阶累积量与谐波信号 $x(n)$ 的四阶累积量恒等，所以只要将上述各式的 $c_{4x}(\tau)$ 换成 $c_{4y}(\tau)$，即可得到直接利用观测数据的四阶累积量的对角切片进行谐波恢复的相应方法。

6.7.4 非高斯有色噪声中的谐波恢复

考查一实谐波过程 $\{x(n)\}$，它在非高斯 ARMA 有色噪声

$$v(n)+\sum_{i=1}^{n_b} b(i)v(n-i)=\sum_{j=0}^{n_d} d(j)w(n-j) \tag{6.7.28}$$

中被观测。式中，n_b 和 n_d 分别是 ARMA 噪声过程的 AR 和 MA 阶数，而 $w(n)$ 是一独立同分布过程，取实值，且 3 阶累积量 $\gamma_{3w}\neq 0$。

令

$$B(q)=\sum_{i=0}^{n_b} b(i)q^{-i} \quad 和 \quad D(q)=\sum_{i=0}^{n_d} d(i)q^{-i} \tag{6.7.29}$$

式中，q^{-1} 是一后向移位算子，即 $q^{-i}x(n)=x(n-i)$。利用式 (6.7.29)，可以将式 (6.7.28) 简写作

$$B(q)v(n)=D(q)w(n) \tag{6.7.30}$$

假定加性非高斯噪声 $v(n)$ 与谐波信号 $x(n)$ 统计独立，并且二者的均值均为零。由于谐波信号 $x(n)$ 的三阶累积量恒等于零，所以观测数据 $y(n)=x(n)+v(n)$ 的三阶累积量与加性非高斯噪声 $v(n)$ 的三阶累积量相等，即有

$$c_{3y}(\tau_1,\tau_2)=c_{3v}(\tau_1,\tau_2) \tag{6.7.31}$$

这表明，可以利用观测数据的三阶累积量 $c_{3y}(\tau_1,\tau_2)$ 辨识出非高斯 ARMA 噪声模型的 AR 参数 $b(i),i=1,\cdots,b(n_b)$。

一旦噪声过程的 AR 参数辨识出来后，即可对观测过程进行滤波，得到

$$\tilde{y}(n)=B(q)y(n)=B(q)[x(n)+v(n)]=\tilde{x}(n)+\tilde{v}(n) \tag{6.7.32}$$

式中

$$\tilde{x}(n)=B(q)x(n)=\sum_{i=0}^{n_b} b(i)x(n-i) \tag{6.7.33}$$

$$\tilde{v}(n)=B(q)v(n)=D(q)w(n)=\sum_{j=0}^{n_d} d(j)w(n-j) \tag{6.7.34}$$

分别代表被滤波的谐波信号和被滤波的非高斯有色噪声。注意，由于 $x(n)$ 和 $v(n)$ 统计独立，所以它们的线性变换 $\tilde{x}(n)$ 和 $\tilde{v}(n)$ 也统计独立。

经过滤波以后，原加性非高斯噪声从 ARMA 过程变成了式 (6.7.34) 所示的 MA 过程。利用 MA 过程自相关函数和高阶累积量的截尾性质，有

$$R_{\tilde{v}}(\tau)=0, \quad \tau>n_d \tag{6.7.35}$$

$$c_{k\tilde{v}}(\tau_1,\cdots,\tau_{k-1})=0, \quad \tau>n_d; k>2 \tag{6.7.36}$$

问题是，能够从被滤波的观测过程 $\tilde{y}(n)$ 恢复谐波信号吗？答案是肯定的：利用式 (6.7.35) 和式 (6.7.36)，可得到非高斯有色噪声中谐波恢复的两种方法。

1. 混合法

对于被滤波的谐波信号 $\tilde{x}(n)$，由式 (6.7.33) 得

$$\begin{aligned}\mathrm{E}\{\tilde{x}(n)\tilde{x}(n-\tau)\}&=\mathrm{E}\left\{\sum_{i=0}^{n_b} b(i)x(n-i)\cdot\sum_{j=0}^{n_b} b(j)x(n-\tau-j)\right\}\\&=\sum_{i=0}^{n_b}\sum_{j=0}^{n_b} b(i)b(j)\mathrm{E}\{x(n-i)x(n-\tau-j)\}\end{aligned}$$

即有

$$R_{\tilde{x}}(\tau)=\sum_{i=0}^{n_b}\sum_{j=0}^{n_b}b(i)b(j)R_x(\tau+j-i) \tag{6.7.37}$$

令 $a(1),\cdots,a(2p)$ 是谐波信号 $x(n)$ 的特征多项式 $1+a(1)z^{-1}+\cdots+a(2p)z^{-2p}=0$ 的系数。有意思的是，从式 (6.7.37) 容易得到

$$\sum_{k=0}^{2p}R_{\tilde{x}}(m-k)=\sum_{i=0}^{n_b}\sum_{j=0}^{n_b}b(i)b(j)\sum_{k=0}^{2p}a(k)R_x(m-k+j-i)=0,\quad \forall m \tag{6.7.38}$$

因为谐波信号 $x(n)$ 是一完全可预测过程，服从法方程 $\sum\limits_{k=0}^{2p}a(k)R_x(m-k)=0, \forall m$。

由 $\tilde{x}(n)$ 和 $\tilde{v}(n)$ 的统计独立性知 $R_{\tilde{y}}(m)=R_{\tilde{x}}(m)+R_{\tilde{v}}(m)$。将这一关系代入式 (6.7.38) 中，则有

$$\sum_{i=0}^{2p}a(i)R_{\tilde{y}}(m-i)=\sum_{i=0}^{2p}a(i)R_{\tilde{v}}(m-i),\forall m \tag{6.7.39}$$

将式 (6.7.35) 代入式 (6.7.39)，立即得

$$\sum_{i=0}^{2p}a(i)R_{\tilde{y}}(m-i)=0,\quad m>2p+n_d \tag{6.7.40}$$

容易证明，当 $L\geqslant(p_e+1)$ 时，$L\times(p_e+1)$ 矩阵

$$\boldsymbol{R}_{\mathrm{e}}=\begin{bmatrix}R_{\tilde{y}}(q_{\mathrm{e}}+1) & R_{\tilde{y}}(q_{\mathrm{e}}) & \cdots & R_{\tilde{y}}(q_{\mathrm{e}}-p_e+1)\\ R_{\tilde{y}}(q_{\mathrm{e}}+2) & R_{\tilde{y}}(q_{\mathrm{e}}+1) & \cdots & R_{\tilde{y}}(q_{\mathrm{e}}-p_e+2)\\ \vdots & \vdots & \vdots & \vdots\\ R_{\tilde{y}}(q_{\mathrm{e}}+L) & R_{\tilde{y}}(q_{\mathrm{e}}+L-1) & \cdots & R_{\tilde{y}}(q_{\mathrm{e}}-p_e+L)\end{bmatrix} \tag{6.7.41}$$

的秩等于 $2p$，若取 $p_e\geqslant 2p$ 和 $q_{\mathrm{e}}\geqslant p_e+n_d$。

综合以上讨论，可得到非高斯 ARMA(n_b,n_d) 噪声中谐波恢复的混合方法[321]。

算法 6.7.1 非高斯噪声中谐波恢复的混合方法

步骤 1 利用 SVD-TLS 算法及观测过程 $y(n)$ 的三阶累积量 $c_{3y}(\tau_1,\tau_2)$ 估计非高斯 ARMA 噪声的 AR 阶数 n_b 和 AR 参数 $b(1),\cdots,b(n_b)$。

步骤 2 使用估计的 AR 参数 $b(1),\cdots,b(n_b)$ 和式 (6.7.32) 对观测数据 $y(n)$ 进行滤波，得到被滤波的观测过程 $\tilde{y}(n)$。

步骤 3 在式 (6.7.41) 中用 $\tilde{y}(n)$ 的样本自相关函数 $\hat{R}_{\tilde{y}}(m)$ 代替真实的自相关函数 $R_{\tilde{y}}(m)$，并取 $p_e\geqslant 2p$ 和 $q_{\mathrm{e}}\geqslant p_e+n_d$，以确定样本自相关矩阵 $\hat{\boldsymbol{R}}_{\mathrm{e}}$ 的有效秩 $2p$，并使用 SVD-TLS 算法估计谐波过程 $x(n)$ 的 AR 参数 $a(1),\cdots,a(2p)$。

步骤 4 求特征多项式 $A(z)=1+a(1)z^{-1}+\cdots+a(2p)z^{-2p}=0$ 的根 z_i，并求谐波信号的频率 (只取正频率)

$$\omega_i=\frac{1}{2\pi}\arctan[\mathrm{Im}(z_i)/\mathrm{Re}(z_i)] \tag{6.7.42}$$

2. 基于预滤波的 ESPRIT 方法

下面介绍非高斯 ARMA 噪声中谐波恢复的另一种方法——基于预滤波的 ESPRIT 方法[322]。ESPRIT 方法的核心是如何构造合适的矩阵束。为此，考虑被滤波的观测过程 $\{\tilde{y}(n)\}$ 的两个互协方差矩阵。令

$$\tilde{y}_1(n) = \tilde{y}(n+m+n_d) \tag{6.7.43}$$

$$\tilde{y}_2(n) = \tilde{y}(n+m+n_d+1) \tag{6.7.44}$$

并取 $m > d$ (对复谐波过程 $d = p$，对实谐波过程 $d = 2p$)。

构造两个 $m \times 1$ 向量

$$\begin{aligned}\tilde{\boldsymbol{y}}_1 &= [\tilde{y}_1(n), \cdots, \tilde{y}_1(n+1), \cdots, \tilde{y}_1(n+m-1)]^{\mathrm{T}} \\ &= [\tilde{y}(n+m+n_d), \cdots, \tilde{y}(n+2m+n_d-1)]^{\mathrm{T}}\end{aligned} \tag{6.7.45}$$

$$\begin{aligned}\tilde{\boldsymbol{y}}_2 &= [\tilde{y}_2(n), \cdots, \tilde{y}_2(n+1), \cdots, \tilde{y}_2(n+m-1)]^{\mathrm{T}} \\ &= [\tilde{y}(n+m+n_d+1), \cdots, \tilde{y}(n+2m+n_d)]^{\mathrm{T}}\end{aligned} \tag{6.7.46}$$

定义

$$\tilde{\boldsymbol{y}}(n) = [\tilde{y}(n), \tilde{y}(n+1), \cdots, \tilde{y}(n+m-1)]^{\mathrm{T}} \tag{6.7.47}$$

$$\tilde{\boldsymbol{x}}(n) = [\tilde{x}(n), \tilde{x}(n+1), \cdots, \tilde{x}(n+m-1)]^{\mathrm{T}} \tag{6.7.48}$$

$$\tilde{\boldsymbol{v}}(n) = [\tilde{v}(n), \tilde{v}(n+1), \cdots, \tilde{v}(n+m-1)]^{\mathrm{T}} \tag{6.7.49}$$

则式 (6.7.32) 可写成向量形式

$$\tilde{\boldsymbol{y}}(n) = \tilde{\boldsymbol{x}}(n) + \tilde{\boldsymbol{v}}(n) \tag{6.7.50}$$

且有

$$\tilde{\boldsymbol{y}}_1(n) = \tilde{\boldsymbol{x}}(n+m+n_d) + \tilde{\boldsymbol{v}}(n+m+n_d) \tag{6.7.51}$$

$$\tilde{\boldsymbol{y}}_2(n) = \tilde{\boldsymbol{x}}(n+m+n_d+1) + \tilde{\boldsymbol{v}}(n+m+n_d+1) \tag{6.7.52}$$

对于复谐波信号 $x(n) = \sum_{i=1}^{p} \alpha_i \mathrm{e}^{\mathrm{j}(\omega_i n + \phi_i)}$，其向量形式 $\boldsymbol{x}(n) = [x(n), x(n+1), \cdots, x(n+m-1)]^{\mathrm{T}}$ 可以表示成

$$\boldsymbol{x}(n) = \boldsymbol{A}\boldsymbol{s}_1(n) \tag{6.7.53}$$

式中

$$\boldsymbol{s}_1(n) = [\alpha_1 \mathrm{e}^{\mathrm{j}(\omega_1 n + \phi_1)}, \cdots, \alpha_p \mathrm{e}^{\mathrm{j}(\omega_p n + \phi_p)}]^{\mathrm{T}} \tag{6.7.54}$$

$$\boldsymbol{A} = \begin{bmatrix} 1 & 1 & \cdots & 1 \\ \mathrm{e}^{\mathrm{j}\omega_1} & \mathrm{e}^{\mathrm{j}\omega_2} & \cdots & \mathrm{e}^{\mathrm{j}\omega_p} \\ \vdots & \vdots & \vdots & \vdots \\ \mathrm{e}^{\mathrm{j}(m-1)\omega_1} & \mathrm{e}^{\mathrm{j}(m-1)\omega_2} & \cdots & \mathrm{e}^{\mathrm{j}(m-1)\omega_p} \end{bmatrix} \tag{6.7.55}$$

类似地，向量 $\boldsymbol{x}(n-k) = [x(n-k), x(n-k+1), \cdots, x(n-k+m-1)]^{\mathrm{T}}$ 可以写作

$$\boldsymbol{x}(n-k) = \boldsymbol{A}\boldsymbol{\Phi}^{-k}\boldsymbol{s}_1(n) \tag{6.7.56}$$

式中，$\boldsymbol{\Phi}^{-k}$ 是对角矩阵 $\boldsymbol{\Phi}$ 的 $-k$ 次幂，而 $\boldsymbol{\Phi}$ 定义为

$$\boldsymbol{\Phi} = \mathrm{diag}(\mathrm{e}^{\mathrm{j}\omega_1}, \cdots, \mathrm{e}^{\mathrm{j}\omega_p}) \tag{6.7.57}$$

利用式 (6.7.56) 容易得到

$$\begin{aligned}\tilde{\boldsymbol{s}}(n) &= \left[\sum_{i=0}^{p} a(i)x(n-i), \cdots, \sum_{i=0}^{p} a(i)x(n+m-1-i)\right]^{\mathrm{T}} \\ &= \sum_{i=0}^{p} a(i)[x(n-i), \cdots, x(n+m-1-i)]^{\mathrm{T}} = \sum_{i=0}^{p} a(i)\boldsymbol{x}(n-i) \\ &= \sum_{i=0}^{p} a(i)\boldsymbol{A}\boldsymbol{\Phi}^{-i}\boldsymbol{s}_1(n) = \boldsymbol{A}\left[\boldsymbol{I} + \sum_{i=1}^{p} a(i)\boldsymbol{\Phi}\right]\boldsymbol{s}_1(n)\end{aligned} \tag{6.7.58}$$

类似地，有

$$\tilde{\boldsymbol{s}}(n+k) = \sum_{i=0}^{p} a(i)\boldsymbol{A}\boldsymbol{\Phi}^{k-i}\boldsymbol{s}_1(n) = \boldsymbol{A}\boldsymbol{\Phi}^{k}\left[\boldsymbol{I} + \sum_{i=1}^{p} a(i)\boldsymbol{\Phi}^{-i}\right]\boldsymbol{s}_1(n) \tag{6.7.59}$$

记

$$\boldsymbol{\Phi}_1 = \boldsymbol{I} + \sum_{i=1}^{p} a(i)\boldsymbol{\Phi}^{-i} \tag{6.7.60}$$

则式 (6.7.58) 和式 (6.7.59) 可以分别简写作

$$\tilde{\boldsymbol{s}}(n) = \boldsymbol{A}\boldsymbol{\Phi}_1\boldsymbol{s}_1(n) \tag{6.7.61}$$

$$\tilde{\boldsymbol{s}}(n+k) = \boldsymbol{A}\boldsymbol{\Phi}^{k}\boldsymbol{\Phi}_1\boldsymbol{s}_1(n) \tag{6.7.62}$$

利用式 (6.7.61) 和式 (6.7.62)，可以将式 (6.7.50) ~ 式 (6.7.52) 改写为

$$\tilde{\boldsymbol{y}}(n) = \boldsymbol{A}\boldsymbol{\Phi}_1\boldsymbol{s}_1(n) + \tilde{\boldsymbol{v}}(n) \tag{6.7.63}$$

$$\tilde{\boldsymbol{y}}_1(n) = \boldsymbol{A}\boldsymbol{\Phi}^{m+n_d}\boldsymbol{\Phi}_1\boldsymbol{s}_1(n) + \tilde{\boldsymbol{v}}(n+m+n_d) \tag{6.7.64}$$

$$\tilde{\boldsymbol{y}}_2(n) = \boldsymbol{A}\boldsymbol{\Phi}^{m+n_d+1}\boldsymbol{\Phi}_1\boldsymbol{s}_1(n) + \tilde{\boldsymbol{v}}(n+m+n_d+1) \tag{6.7.65}$$

命题 6.7.3[322] 令 $\boldsymbol{R}_{\tilde{y},\tilde{y}_i}$ 是向量过程 $\tilde{\boldsymbol{y}}$ 和 $\tilde{\boldsymbol{y}}_i(i=1,2)$ 的互协方差矩阵，即 $\boldsymbol{R}_{\tilde{y},\tilde{y}_i} = \mathrm{E}\{\tilde{\boldsymbol{y}}\tilde{\boldsymbol{y}}_i^{\mathrm{H}}\}$，其中，上标 H 表示向量的共轭转置。若令

$$\boldsymbol{S} = \mathrm{E}\{\boldsymbol{s}_1(n)\boldsymbol{s}_1^{\mathrm{H}}(n)\} \tag{6.7.66}$$

则有

$$\boldsymbol{R}_{\tilde{y},\tilde{y}_1} = \boldsymbol{A}\boldsymbol{\Phi}_1\boldsymbol{S}\boldsymbol{\Phi}_1^{\mathrm{H}}(\boldsymbol{\Phi}^{m+n_d})^{\mathrm{H}}\boldsymbol{A}^{\mathrm{H}} \tag{6.7.67}$$

$$\boldsymbol{R}_{\tilde{y},\tilde{y}_2} = \boldsymbol{A}\boldsymbol{\Phi}_1\boldsymbol{S}\boldsymbol{\Phi}_1^{\mathrm{H}}(\boldsymbol{\Phi}^{m+n_d+1})^{\mathrm{H}}\boldsymbol{A}^{\mathrm{H}} \tag{6.7.68}$$

容易证明，命题 6.7.3 中的矩阵 $\boldsymbol{R}_{\tilde{y},\tilde{y}_1}$ 和 $\boldsymbol{R}_{\tilde{y},\tilde{y}_2}$ 的结构分别为

$$\boldsymbol{R}_{\tilde{y},\tilde{y}_1}=\begin{bmatrix} R_{\tilde{y}}(m+n_d) & R_{\tilde{y}}(m+n_d+1) & \cdots & R_{\tilde{y}}(2m+n_d-1) \\ R_{\tilde{y}}(m+n_d-1) & R_{\tilde{y}}(m+n_d) & \cdots & R_{\tilde{y}}(2m+n_d-2) \\ \vdots & \vdots & \vdots & \vdots \\ R_{\tilde{y}}(n_d+1) & R_{\tilde{y}}(n_d+2) & \cdots & R_{\tilde{y}}(n_d+m) \end{bmatrix} \tag{6.7.69}$$

$$\boldsymbol{R}_{\tilde{y},\tilde{y}_2}=\begin{bmatrix} R_{\tilde{y}}(m+n_d+1) & R_{\tilde{y}}(m+n_d+2) & \cdots & R_{\tilde{y}}(2m+n_d) \\ R_{\tilde{y}}(m+n_d) & R_{\tilde{y}}(m+n_d+1) & \cdots & R_{\tilde{y}}(2m+n_d-1) \\ \vdots & \vdots & \vdots & \vdots \\ R_{\tilde{y}}(n_d+2) & R_{\tilde{y}}(n_d+3) & \cdots & R_{\tilde{y}}(n_d+m+1) \end{bmatrix} \tag{6.7.70}$$

定理 6.7.1[322] 定义 $\boldsymbol{\Gamma}$ 是与矩阵束 $\{\boldsymbol{R}_{\tilde{y},\tilde{y}_1},\boldsymbol{R}_{\tilde{y},\tilde{y}_2}\}$ 相对应的广义特征值组成的矩阵，则下列结果为真：

(1) 式 (6.7.55) 定义的 $m\times d$ 维 Vandermonde 矩阵 $\boldsymbol{A}$ 是满秩的，且由式 (6.7.66) 定义的 $d\times d$ 维对角矩阵 $\boldsymbol{S}$ 是非奇异的，即 $\text{rank}(\boldsymbol{A})=\text{rank}(\boldsymbol{S})=d$;

(2) $m\times m$ 维矩阵 $\boldsymbol{\Gamma}$ 与对角矩阵 $\boldsymbol{\Phi}$ 之间存在关系式

$$\boldsymbol{\Gamma}=\begin{bmatrix} \boldsymbol{\Phi} & \boldsymbol{O} \\ \boldsymbol{O} & \boldsymbol{O} \end{bmatrix} \tag{6.7.71}$$

式中，$\boldsymbol{O}$ 为零矩阵，$\boldsymbol{\Phi}$ 的对角元素的位置可能有所变化。

定理 6.7.1 启迪了非高斯噪声中谐波恢复的预滤波 ESPRIT 算法[322]。

算法 6.7.2 预滤波 ESPRIT 算法

步骤 1 累积量估计：由观测值 $y(1),\cdots,y(N)$ 估计三阶累积量 $c_{3y}(\tau_1,\tau_2)$。

步骤 2 噪声过程的 AR 部分建模：用 SVD-TLS 算法及三阶累积量 $c_{3y}(\tau_1,\tau_2)$ 估计非高斯 ARMA 噪声的 AR 阶数 n_b 和 AR 参数 $b(1),\cdots,b(n_b)$。

步骤 3 预滤波：使用估计的 AR 参数 $b(1),\cdots,b(n_b)$ 和式 (6.7.32) 对观测数据 $y(n)$ 进行滤波，得到被滤波的观测过程 $\tilde{y}(n)$。

步骤 4 互协方差矩阵构造：估计被滤波过程的自相关函数 $R_{\tilde{y}}(\tau)$，并利用式 (6.7.69) 和式 (6.7.70) 构造互协方差矩阵 $\boldsymbol{R}_{\tilde{y},\tilde{y}_1}$ 和 $\boldsymbol{R}_{\tilde{y},\tilde{y}_2}$。

步骤 5 执行 TLS-ESPRIT算法：计算 $\boldsymbol{R}_{\tilde{y},\tilde{y}_1}$ 的奇异值分解 $\boldsymbol{R}_{\tilde{y},\tilde{y}_1}=\boldsymbol{U\Sigma V}^{\mathrm{H}}$，确定其效秩，给出谐波个数 d 的估计，与 d 个大奇异值对应的左、右奇异矩阵和奇异值矩阵分别为 $\boldsymbol{U}_1,\boldsymbol{V}_1$ 和 $\boldsymbol{\Sigma}_1$。然后，计算矩阵束 $\{\boldsymbol{\Sigma}_1,\boldsymbol{U}_1^{\mathrm{H}}\boldsymbol{R}_{\tilde{y},\tilde{y}_2}\boldsymbol{V}_1\}$ 的 d 个非零广义特征值 $\gamma_1,\cdots,\gamma_d$。谐波频率由

$$\omega_i=\frac{1}{2\pi}\arctan[\text{Im}(\gamma_i)/\text{Re}(\gamma_i)],\quad i=1,\cdots,d \tag{6.7.72}$$

给定。

关于高斯有色噪声和非高斯有色噪声同时存在时的谐波恢复问题，可以参考文献 [320]。

6.8 非高斯信号的自适应滤波

第 5 章介绍了一些典型的自适应滤波算法。应用这些算法的前提条件是加性噪声是白色的，因为所使用的代价函数 (即均方误差或加权误差平方和) 都是二阶统计量。因此，要想在加性有色噪声的情况下对非高斯信号进行自适应滤波，就必须使用高阶统计量，并改造代价函数的形式。

假定使用 m 个抽头权系数 $w_1,\cdots,w_m$ 对观测数据信号 $x(n)$ 进行自适应滤波，MMSE 准则确定最优抽头权系数的原则是使均方误差

$$J_1 \stackrel{\text{def}}{=} \mathrm{E}\{|e(n)|^2\} = \mathrm{E}\left\{\left|x(n) - \sum_{i=1}^{m} w_i x(n-i)\right|^2\right\} \tag{6.8.1}$$

最小化，式中

$$e(n) = x(n) - \sum_{i=1}^{m} w_i x(n-i) \tag{6.8.2}$$

为误差信号。这一优化问题的解为 Weiner 滤波器

$$\boldsymbol{w}_{\text{opt}} = \boldsymbol{R}^{-1}\boldsymbol{r} \tag{6.8.3}$$

式中，$\boldsymbol{R} = \mathrm{E}\{\boldsymbol{x}(n)\boldsymbol{x}^{\mathrm{H}}(n)\}$ 和 $\boldsymbol{r} = \mathrm{E}\{\boldsymbol{x}(n)x(n)\}$，它们对加性噪声是敏感的。

若 $x(n)$ 是一独立同分布的噪声 $v(n) \sim \mathrm{IID}(0,\sigma_v^2,\gamma_{3v})$ 激励线性系统 $H(z)$ 的输出，则功率谱 $P_x(\omega) = \sigma_v^2 H(\omega)H^*(\omega)$，并且双谱 $B(\omega_1,\omega_2) = \gamma_{3v}H(\omega_1)H(\omega_2)H^*(\omega_1+\omega_2)$。考查双谱的一特殊切片 $\omega_1=\omega$ 和 $\omega_2=0$，显然有

$$P_x(\omega) = \frac{B(\omega,0)}{\gamma_{3v}H(0)/\sigma_v^2} = \alpha B(\omega,0) \tag{6.8.4}$$

式中，$\alpha = \sigma_v^2/[\gamma_{3v}H(0)]$ 为一常数。

对式 (6.8.4) 作 Fourier 逆变换，则得

$$R_x(\tau) = \alpha \sum_{m=-\infty}^{\infty} c_{3x}(\tau,m) \tag{6.8.5}$$

这个关系式启迪了一种对加性高斯有色噪声免疫的代价函数，即将相关函数 $R_x(\tau)$ 换成式 (6.8.5) 的形式。式 (6.8.5) 可等价写成

$$\mathrm{E}\{x(n)x(n+\tau)\} = \alpha \sum_{m=-\infty}^{\infty} \mathrm{E}\{x(n)x(n+\tau)x(n+m)\} \tag{6.8.6}$$

特别地，若 $\tau=0$，则

$$\mathrm{E}\{|x(n)|^2\}=\alpha\sum_{m=-\infty}^{\infty}\mathrm{E}\{x(n+m)|x(n)|^2\} \tag{6.8.7}$$

仿此，定义

$$\mathrm{E}\{|e(n)|^2\}=\alpha\sum_{m=-\infty}^{\infty}\mathrm{E}\{x(n+m)|e(n)|^2\} \tag{6.8.8}$$

于是，式 (6.8.1) 定义的代价函数 J_1 可以改造为

$$J_2\stackrel{\text{def}}{=}\sum_{m=-\infty}^{\infty}\mathrm{E}\{x(n+m)|e(n)|^2\} \tag{6.8.9}$$

式中，误差信号 $e(n)$ 由式 (6.8.2) 定义。

代价函数表示式 (6.8.9) 是 Delopoulos 与 Giannakis [94] 提出的，他们还证明了 $J_2=\alpha J_1$，其中 $\alpha=\sigma_v^2/[\gamma_{3v}H(0)]$。

与 J_1 准则不同，准则 J_2 使用 $x(n)$ 的三阶累积量。因此，理论上不仅可以完全抑制高斯有色噪声，而且还可抑制对称分布的非高斯有色噪声，因为这种非高斯有色噪声的三阶累积量恒等于零。

6.9 时延估计

在声纳、雷达、生物医学和地球物理等应用中，时延估计是一个重要的问题。例如，声纳和雷达的目标定位，地层构造 (如大坝等) 等问题都需要确定两个传感器接收信号之间的时间延迟或接收信号相对于发射信号之间的时间延迟。这两种时间延迟简称为时延。

6.9.1 广义互相关方法

考查两个空间分离的传感器，它们的测量数据 $x(n)$ 和 $y(n)$ 满足方程

$$x(n)=s(n)+w_1(n) \tag{6.9.1}$$

$$y(n)=s(n-D)+w_2(n) \tag{6.9.2}$$

式中，$s(n)$ 为实信号，$s(n-D)$ 表示 $s(n)$ 的时延信号，其中时间移位为 D，可能还包括幅值因子 α；而 $w_1(n)$ 和 $w_2(n)$ 分别是两个传感器的观测噪声，它们相互统计独立，并且与信号 $s(n)$ 不相关。时延估计问题的提法是：利用观测数据 $x(n)$ 和 $y(n)$ (其中 $n=1,\cdots,N$) 估计时延参数 D。

本质上，时延估计就是寻求两个信号的最大相似性发生的时间差 (滞后)。在信号处理中，“寻求二者之间的相似性”可以翻译为“求它们之间的互相关函数”。为此，考查 $x(n)$ 与

$y(n)$ 之间的互相关函数

$$\begin{aligned}R_{xy}(\tau) &\stackrel{\text{def}}{=} \mathrm{E}\{x(n)y(n+\tau)\}\\&= \mathrm{E}\{[s(n)+w_1(n)][s(n+\tau-D)+w_2(n+\tau)]\}\\&= R_{ss}(\tau-D)\end{aligned}\tag{6.9.3}$$

式中，$R_{ss}(\tau) = \mathrm{E}\{s(n)s(n+\tau)\}$ 是信号 $s(n)$ 的自相关函数。由于自相关函数具有性质 $R_{ss}(\tau) \leqslant R_{ss}(0)$，所以互相关函数 $R_{xy}(\tau) = R_{ss}(\tau-D)$ 在 $\tau = D$ 处取最大值。换句话说，互相关函数取最大值时的滞后 τ 即给出时延 D 的估计。

由于使用 $x(n)$ 和 $y(n)$ 估计的互相关函数可能存在比较大的偏差，所以为了获得较好的时延估计，需要对估计的互相关函数进行平滑。例如，使用

$$R_{xy}(\tau) = \mathcal{F}^{-1}[P_{xy}(\omega)W(\omega)] = R_{xy}(\tau) * w(\tau)\tag{6.9.4}$$

估计时延参数 D。式中，$*$ 表示卷积，而 $P_{xy}(\omega) = \mathcal{F}[R_{xy}(\tau)]$ 是互相关函数 $R_{xy}(\tau)$ 的 Fourier 变换即 $x(n)$ 和 $y(n)$ 的互功率谱。这一方法是 Knapp 和 Carter 提出的，被称为广义互相关方法 [153]。

广义互相关方法的关键是平滑窗函数 $w(n)$ 的选择，下面是几种典型的窗函数。

1. 平滑相干变换窗

Knapp 和 Carter 提出使用窗函数 [153]

$$W(\omega) = \frac{1}{\sqrt{P_x(\omega)P_y(\omega)}} = H_1(\omega)H_2(\omega)\tag{6.9.5}$$

式中，$P_x(\omega)$ 和 $P_y(\omega)$ 分别是 $x(n)$ 和 $y(n)$ 的功率谱，而

$$H_1(\omega) = \frac{1}{\sqrt{P_x(\omega)}}\tag{6.9.6}$$

$$H_2(\omega) = \frac{1}{\sqrt{P_y(\omega)}}\tag{6.9.7}$$

由于在无噪声情况下 $y(n) = s(n-D)$ 是 $x(n) = s(n)$ 的相干信号，所以 $H_1(\omega)H_2(\omega)$ 可视为一相干变换，这正是称平滑窗函数 $W(\omega)$ 为平滑相干变换窗的缘故。

2. 最大似然窗或 Hannan-Thompson 窗

Chan 等人 [63] 提出窗函数取

$$W(\omega) = \frac{z(\omega)}{|P_{xy}(\omega)|} = \frac{1}{|P_{xy}(\omega)|}\frac{|\gamma_{xy}(\omega)|}{1-|\gamma_{xy}(\omega)|^2}\tag{6.9.8}$$

式中

$$|\gamma_{xy}(\omega)|^2 = \frac{|P_{xy}(\omega)|^2}{P_x(\omega)P_y(\omega)}\tag{6.9.9}$$

为幅值平方的相干系数，其取值在 0 和 1 之间。Chan 等人证明，对于零均值的不相关高斯过程 $x(n)$ 和 $y(n)$ 而言，函数

$$z(\omega) = \frac{|\gamma_{xy}(\omega)|}{1 - |\gamma_{xy}(\omega)|^2} \propto \frac{1}{P_{xy}(\omega) \text{ 的相位方差}} \tag{6.9.10}$$

式中，$a \propto b$ 表示 a 与 b 成正比。

在使用最大似然窗的广义互相关方法里，与互相关函数

$$R_{xy}(\tau) = \mathcal{F}^{-1}\left[\frac{P_{xy}(\omega)}{|P_{xy}(\omega)|} z(\omega)\right] \tag{6.9.11}$$

的最大幅值相对应的滞后 τ 即作为时延参数 D 的估计。

6.9.2 高阶统计量方法

在很多实际应用 (例如被动式和主动式声纳) 中，信号 $s(n)$ 往往是非高斯过程，而加性噪声 $w_1(n)$ 和 $w_2(n)$ 则是高斯过程[239],[290]。在这类情况下，使用高阶统计量作时延估计更加合理，因为高斯噪声理论上可以得到完全抑制。

令 $x(n)$ 和 $y(n)$ 都是零均值化的观测数据，则信号 $x(n)$ 的三阶累积量为

$$c_{3x}(\tau_1, \tau_2) \stackrel{\text{def}}{=} \mathrm{E}\{x(n)x(n+\tau_1)x(n+\tau_2)\} = c_{3s}(\tau_1, \tau_2) \tag{6.9.12}$$

式中

$$c_{3s}(\tau_1, \tau_2) \stackrel{\text{def}}{=} \mathrm{E}\{s(n)s(n+\tau_1)s(n+\tau_2)\} \tag{6.9.13}$$

定义信号 $x(n)$ 和 $y(n)$ 之间的互三阶累积量

$$c_{xyx}(\tau_1, \tau_2) \stackrel{\text{def}}{=} \mathrm{E}\{x(n)y(n+\tau_1)x(n+\tau_2)\} = c_{3s}(\tau_1 - D, \tau_2) \tag{6.9.14}$$

分别对式 (6.9.12) 和式 (6.9.14) 作二维 Fourier 变换，则得双谱关系式

$$P_{3x}(\omega_1, \omega_2) = P_{3s}(\omega_1, \omega_2) \tag{6.9.15}$$

和互双谱关系式

$$P_{xyx}(\omega_1, \omega_2) = P_{3s}(\omega_1, \omega_2)\mathrm{e}^{\mathrm{j}\omega_1 D} \tag{6.9.16}$$

此外，还可写出

$$P_{3x}(\omega_1, \omega_2) = |P_{3x}(\omega_1, \omega_2)|\mathrm{e}^{\mathrm{j}\phi_{3x}(\omega_1, \omega_2)} \tag{6.9.17}$$

$$P_{xyx}(\omega_1, \omega_2) = |P_{xyx}(\omega_1, \omega_2)|\mathrm{e}^{\mathrm{j}\phi_{xyx}(\omega_1, \omega_2)} \tag{6.9.18}$$

式中，$\phi_{3x}(\omega_1, \omega_2)$ 和 $\phi_{xyx}(\omega_1, \omega_2)$ 分别代表双谱 $P_{3x}(\omega_1, \omega_2)$ 和互双谱 $P_{xyx}(\omega_1, \omega_2)$ 的相位。

下面是时延估计的几种高阶统计量方法。

1. 非参数化双谱方法 1[239],[240]

定义函数

$$I(\omega_1,\omega_2)=\frac{P_{xyx}(\omega_1,\omega_2)}{P_{3x}(\omega_1,\omega_2)} \tag{6.9.19}$$

将式 (6.9.15) 和式 (6.9.16) 代入式 (6.9.19)，可将函数 $I(\omega_1,\omega_2)$ 改写作

$$I_1(\omega_1,\omega_2)=\mathrm{e}^{\mathrm{j}\omega_1 D} \tag{6.9.20}$$

故函数

$$T_1(\tau)=\int_{-\infty}^{\infty}\int_{-\infty}^{\infty}I_1(\omega_1,\omega_2)\mathrm{e}^{-\mathrm{j}\omega_1\tau}\mathrm{d}\omega_1\mathrm{d}\omega_2=\int_{-\infty}^{\infty}\mathrm{d}\omega_2\int_{-\infty}^{\infty}\mathrm{e}^{\mathrm{j}\omega_1(D-\tau)}\mathrm{d}\omega_1 \tag{6.9.21}$$

在 $\tau=D$ 处取峰值。

2. 非参数化双谱方法 2[208]

利用互双谱 $P_{xyx}(\omega_1,\omega_2)$ 的相位与双谱 $P_{3x}(\omega_1,\omega_2)$ 的相位之差，可以定义一新的相位

$$\phi(\omega_1,\omega_2)=\phi_{xyx}(\omega_1,\omega_2)-\phi_{3x}(\omega_1,\omega_2) \tag{6.9.22}$$

然后，利用这一新的相位，即可构造一新的函数

$$I_2(\omega_1,\omega_2)=\mathrm{e}^{\mathrm{j}\phi(\omega_1,\omega_2)} \tag{6.9.23}$$

由式 (6.9.15)～式 (6.9.18) 知 $I_2(\omega_1,\omega_2)=\mathrm{e}^{\mathrm{j}\omega_1 D}$，故函数

$$T_2(\tau)=\int_{-\infty}^{\infty}\int_{-\infty}^{\infty}I_2(\omega_1,\omega_2)\mathrm{e}^{-\mathrm{j}\omega_1\tau}\mathrm{d}\omega_1\mathrm{d}\omega_2=\int_{-\infty}^{\infty}\mathrm{d}\omega_2\int_{-\infty}^{\infty}\mathrm{e}^{\mathrm{j}\omega_1(D-\tau)}\mathrm{d}\omega_1 \tag{6.9.24}$$

也在 $\tau=D$ 处取峰值。

算法 6.9.1 时延估计的非参数化双谱方法

步骤 1 将 N 个数据样本分为 K 段，每段含 M 个数据，并且相邻两段之间有 50% 数据重叠，即 $N=KM/2$。第 k 段的数据记作 $x^{(k)}(n)$ 和 $y^{(k)}(n)$，其中 $k=1,\cdots,K$; $n=0,1,\cdots,M-1$。

步骤 2 对每段数据计算离散 Fourier 变换

$$X^{(k)}(\omega)=\sum_{n=0}^{M-1}x^{(k)}(n)\mathrm{e}^{-\mathrm{j}\frac{n\omega}{M}} \tag{6.9.25}$$

$$Y^{(k)}(\omega)=\sum_{n=0}^{M-1}y^{(k)}(n)\mathrm{e}^{-\mathrm{j}\frac{n\omega}{M}} \tag{6.9.26}$$

式中，$k=1,\cdots,K$。

步骤 3 分别估计每段数据的双谱和互双谱

$$P_{3x}^{(k)}(\omega_1,\omega_2)=X^{(k)}(\omega_1)X^{(k)}(\omega_2)X^{(k)*}(\omega_1+\omega_2) \tag{6.9.27}$$

$$P_{xyx}^{(k)}(\omega_1,\omega_2)=X^{(k)}(\omega_1)Y^{(k)}(\omega_2)X^{(k)*}(\omega_1+\omega_2) \tag{6.9.28}$$

式中，$k=1,\cdots,K$，而 $X^{(k)*}(\omega)$ 表示 $X^{(k)}(\omega)$ 的复数共轭。

步骤 4　平滑 K 段双谱和互双谱，得到 N 个数据的双谱和互双谱

$$\hat{P}_{3x}(\omega_1,\omega_2)=\frac{1}{K}\sum_{k=1}^{K}P_{3x}^{(k)}(\omega_1,\omega_2) \tag{6.9.29}$$

$$\hat{P}_{xyx}(\omega_1,\omega_2)=\frac{1}{K}\sum_{k=1}^{K}P_{xyx}^{(k)}(\omega_1,\omega_2) \tag{6.9.30}$$

步骤 5　计算双谱和互双谱的相位

$$\hat{\phi}_{3x}(\omega_1,\omega_2)=\arctan\left\{\frac{\mathrm{Im}[\hat{P}_{3x}(\omega_1,\omega_2)]}{\mathrm{Re}[\hat{P}_{3x}(\omega_1,\omega_2)]}\right\} \tag{6.9.31}$$

$$\hat{\phi}_{xyx}(\omega_1,\omega_2)=\arctan\left\{\frac{\mathrm{Im}[\hat{P}_{xyx}(\omega_1,\omega_2)]}{\mathrm{Re}[\hat{P}_{xyx}(\omega_1,\omega_2)]}\right\} \tag{6.9.32}$$

步骤 6　计算

$$\hat{\phi}(\omega_1,\omega_2)=\hat{\phi}_{xyx}(\omega_1,\omega_2)-\hat{\phi}_{3x}(\omega_1,\omega_2) \tag{6.9.33}$$

并构造

$$\hat{I}_2(\omega_1,\omega_2)=\mathrm{e}^{\mathrm{j}\hat{\phi}(\omega_1,\omega_2)} \tag{6.9.34}$$

步骤 7　计算

$$\hat{T}_2(\tau)=\sum_{\omega_1=0}^{M-1}\sum_{\omega_2=0}^{M-1}\hat{I}_2(\omega_1,\omega_2)\mathrm{e}^{-\mathrm{j}\omega_1\tau}$$

步骤 8　选择 $\hat{T}_2(\tau)$ 取最大值时的 τ 值作为时延参数的估计 $\hat{D}$。

显然，只要将上述算法中的式 (6.9.34) 替换成式 (6.9.19)，即可得到 Sasaki 等人估计时延参数的算法[239]。

3. 互倒双谱方法[209]

上面的方法都不是直接估计时延参数，属非直接法一类。下面介绍文献 [209] 提出的一种直接法，它同时使用互倒双谱和互双谱。

由式 (6.9.19) 和式 (6.9.20)，可以用 Z 变换形式将式 (6.9.19) 改写作

$$\frac{P_{3x}(z_1,z_2)}{P_{xyx}(z_1,z_2)}=z_1^{-D} \tag{6.9.35}$$

式中，$z_1^{-D}=\mathrm{e}^{\mathrm{j}\omega_1 D}$，且

$$P_{3x}(\omega_1,\omega_2)=P_{3x}(z_1,z_2)\big|_{z_1=\mathrm{e}^{-\mathrm{j}\omega_1},z_2=\mathrm{e}^{-\mathrm{j}\omega_2}} \tag{6.9.36}$$

$$P_{xyx}(\omega_1,\omega_2)=P_{xyx}(z_1,z_2)\big|_{z_1=\mathrm{e}^{-\mathrm{j}\omega_1},z_2=\mathrm{e}^{-\mathrm{j}\omega_2}} \tag{6.9.37}$$

若取式 (6.9.35) 的复对数，则有

$$\ln[P_{xyx}(z_1,z_2)]-\ln[P_{3x}(z_1,z_2)]=-D\ln[z_1] \tag{6.9.38}$$

式中，$\ln[P_{3x}(z_1,z_2)]$ 和 $\ln[P_{xyx}(z_1,z_2)]$ 分别称为 $x(n)$ 的倒双谱和 $x(n)$ 与 $y(n)$ 的互倒双谱。求式 (6.9.38) 相对于 z_1 的偏导数，则有

$$\frac{1}{P_{xyx}(z_1,z_2)}\frac{\partial P_{xyx}(z_1,z_2)}{\partial z_1}-\frac{1}{P_{3x}(z_1,z_2)}\frac{\partial P_{3x}(z_1,z_2)}{\partial z_1}=\frac{D}{z_1} \tag{6.9.39}$$

与之对应的时域表达式为

$$c_{3x}(m,n)*[m\cdot c_{xyx}(m,n)]-c_{xyx}(m,n)*[m\cdot m_{3x}(m,n)]=Dc_{xyx}(m,n)*c_{3x}(m,n)$$

对上式两边作关于变量 m 和 n 的二维 Fourier 变换，即可得到

$$D(\omega_1,\omega_2)=\frac{\mathcal{F}_2[m\cdot c_{xyx}(m,n)]}{\mathcal{F}_2[c_{xyx}(m,n)]}-\frac{\mathcal{F}_2[m\cdot c_{3x}(m,n)]}{\mathcal{F}_2[c_{3x}(m,n)]} \tag{6.9.40}$$

式中

$$\mathcal{F}_2[m\cdot c_{xyx}(m,n)]=\int_{-\infty}^{\infty}m\cdot c_{xyx}(m,n)\mathrm{e}^{-\mathrm{j}(\omega_1 m+\omega_2 n)}\mathrm{d}m\mathrm{d}n$$
$$\mathcal{F}_2[m\cdot c_{3x}(m,n)]=\int_{-\infty}^{\infty}m\cdot c_{3x}(m,n)\mathrm{e}^{-\mathrm{j}(\omega_1 m+\omega_2 n)}\mathrm{d}m\mathrm{d}n$$

$D(\omega_1,\omega_2)$ 的峰值即给出时延参数 D 的估计。注意，为了减小估计误差和方差，可以采取分段平滑法：先求出 K 段数据的 $\hat{D}^{(k)}(\omega_1,\omega_2)$，再计算

$$\hat{D}(\omega_1,\omega_2)=\frac{1}{K}\sum_{k=1}^{K}\hat{D}^{(k)}(\omega_1,\omega_2) \tag{6.9.41}$$

最后，使用其峰值作为时延 D 的估计值。

4. 四阶统计量方法 [278]

时延估计问题可以通过优化方法求解。Chan 等人指出 [64]，无加权即加矩形窗函数的广义互相关方法等价于选择时延 D，使二阶统计量的代价函数

$$J_2(D)=\mathrm{E}\{[x(n-D)-y(n)]^2\} \tag{6.9.42}$$

最小化。

Tugnait [278] 将上述代价函数推广到四阶统计量，提出使用代价函数

$$J_4(D)=\mathrm{E}\{[x(n-D)-y(n)]^4\}-3\left(\mathrm{E}\{[x(n-D)-y(n)]^2\}\right)^2 \tag{6.9.43}$$

所期望的时延 D_0 定义为下列优化问题的解：

(1) 若信号 $s(n)$ 的峰度

$$\gamma_{4s}=\mathrm{E}\{s^4(n)\}-3\sigma_s^4 \tag{6.9.44}$$

大于零，则 D_0 是使 $J_4(D)$ 最小化的解；

(2) 若峰度 γ_{4s} 小于零，则 D_0 是使 $J_4(D)$ 最大化的解。

在实际应用中，代价函数为

$$\hat{J}_4(D)=\frac{1}{N}\sum_{n=1}^{N}[x(n-D)-y(n)]^4-3\left(\frac{1}{N}\sum_{n=1}^{N}[x(n-D)-y(n)]^2\right)^2 \tag{6.9.45}$$

式中，峰度 γ_{4s} 可以用

$$\hat{\gamma}_{4s}=\frac{1}{2}(A_x+A_y) \tag{6.9.46}$$

估计[278]，其中

$$A_x=\frac{1}{N}\sum_{n=1}^{N}x^4(n)-3\left[\frac{1}{N}\sum_{n=1}^{N}x^2(n)\right]^2 \tag{6.9.47}$$

$$A_y=\frac{1}{N}\sum_{n=1}^{N}y^4(n)-3\left[\frac{1}{N}\sum_{n=1}^{N}y^2(n)\right]^2 \tag{6.9.48}$$

时延估计还有一些比较好的方法，由于篇幅关系，这里不再赘述，读者若欲致详，可参考文献 [210] 和 [337]。

6.10 双谱在信号分类中的应用

顾名思义，信号分类就是将未知属性的信号分成几种类型；目标识别就是对未知属性的目标信号进行分类识别。自动信号分类与目标识别分为三个阶段：(1) 数据采集；(2) 数据表示；(3) 数据分类。在数据表示阶段，从采集的数据中，提取某些隐藏的关键信号特征。这样的表示称为特征向量。分类阶段则通过未知信号的特征与已知信号的特征库的比较，判决未知信号的属类。

由于能够提供相位信息，高阶统计量 (特别是双谱) 广泛应用于特征提取。双谱的直接应用导致了计算复杂的二维模板匹配，这限制了直接双谱法在实时目标识别中的应用。为了克服这一困难，需要将双谱变成一维函数或其他有利于实时应用的特征函数。这正是本节将介绍的主要内容。

6.10.1 积分双谱

在许多重要应用 (例如雷达目标识别) 中，通常要求提取的信号特征应该具有时移不变性、尺度变化性、相位保持性 (即相位信息不能被破坏)，其理由如下：

(1) 飞机，特别是战斗机，通常在作机动飞行，如果目标飞机的特征随飞机的姿态而变化，即特征具有时移变化性，那么这无疑非常不利于雷达目标的识别。

(2) 不同的飞机具有不同的几何尺寸 (尤其是机长和翼宽)。如果信号特征包含了飞机的尺度信息，这将有助于雷达目标识别。

(3) 相位信息反映了飞机对电磁波的辐射和散射特性，而这些特性直接与飞机的蒙皮和关键部位 (如发动机、天线罩、出气口等) 有关。

双谱恰好具备以上三种特性，因为累积量和多谱保留了信号的幅度和相位信息，并且与时间无关。此外，累积量和多谱还能够抑制任何高斯有色噪声。然而，由于双谱是二维函数，所以直接使用信号的全部双谱作为信号特征将导致二维的模板匹配，其计算量是庞大的，无法满足实时目标识别的要求。很显然，克服这一困难的方法之一是将二维的双谱转变为一维函数。有三种方法可实现双谱的这一转换。转换后的双谱统称积分双谱。

1. 径向积分双谱

Chandran 和 Elgar[66] 最早提出使用积分双谱相位 (phase of radially integrated bispectra, PRIB)

$$\mathrm{PRIB}(a) = \arctan\left(\frac{I_i(a)}{I_r(a)}\right) \tag{6.10.1}$$

作信号特征，式中

$$I(a) = I_i(a) + \mathrm{j}I_r(a) = \int_0^{1/(1+a)} B(f_1, af_1)\mathrm{d}f_1 \tag{6.10.2}$$

代表双谱沿双频率平面过原点的径向直线上的积分，其中 $0 < a \leqslant 1$，且 $\mathrm{j} = \sqrt{-1}$ 为虚数。

式 (6.10.2) 定义的函数 $I(a)$ 称为径向积分双谱，而 $\mathrm{PRIB}(a)$ 则是径向积分双谱的相位。在 PRIB 方法中，需要在训练阶段对每类已知信号计算 $\mathrm{PRIB}(a)$ 的类内均值和类内方差，还需要计算两类信号之间的类间均值和类间方差。然后，选择使

$$\text{类间可分离度} = \frac{\text{两类信号 PRIB 值的均方差}}{\text{所有类间方差之和}} \tag{6.10.3}$$

最大的 K 组积分双谱相位 $\mathrm{PRIB}(a)$ 作为特征参数组合 $P(1), \cdots, P(K)$。这些被选择出来的积分路径 a 和对应的积分双谱相位 $\mathrm{PRIB}(a)$ 作为信号的特征参数被存储，用作模板。在测试阶段，则对测试样本计算这些积分路径上的 $\mathrm{PRIB}(a)$，并与模板上各类信号的 $\mathrm{PRIB}(a)$ 值相比较。最后，选择相似度最大的已知信号类作为测试样本的类别判决结果。

由于只取径向积分双谱的相位，所以丢失了双谱的幅值信息，即 $\mathrm{PRIB}(a)$ 没有尺度变化性。显然，如果直接取径向积分双谱

$$\mathrm{RIB}(a) = I(a) = \int_0^{1/(1+a)} B(f_1, af_1)\mathrm{d}f_1 \tag{6.10.4}$$

本身作特征参数，则 $\mathrm{RIB}(a)$ 将同时具有时移不变性、尺度变化性和相位保持性。

2. 轴向积分双谱

另一种积分双谱由 Tugnait 提出[279]，其积分路径与 ω_1 轴或 ω_2轴平行。

令 $B(\omega_1, \omega_2)$ 表示信号 $x(t)$ 的双谱，并记

$$y(t) \stackrel{\text{def}}{=} x^2(t) - \mathrm{E}\{x^2(t)\} \quad \text{和} \quad \tilde{y}(t) \stackrel{\text{def}}{=} x^2(t) \tag{6.10.5}$$

则轴向积分双谱 (axially integrated bispectra, AIB) 定义为

$$\mathrm{AIB}(\omega) = P_{\tilde{y}x}(\omega) = \frac{1}{2\pi}\int_{-\infty}^{\infty} B(\omega, \omega_2)\mathrm{d}\omega_2 = \frac{1}{2\pi}\int_{-\infty}^{\infty} B(\omega_1, \omega)\mathrm{d}\omega_1 \tag{6.10.6}$$

式中

$$P_{\tilde{y}x}(\omega) \stackrel{\text{def}}{=} \int_{-\infty}^{\infty} \mathrm{E}\{\tilde{y}(t)x(t+\tau)\}\mathrm{e}^{-\mathrm{j}\omega\tau}\mathrm{d}\tau \tag{6.10.7}$$

$\mathrm{AIB}(\omega)$ 的估计方差与功率谱的估计方差相等，因而比双谱的估计方差小得多。另外，$\mathrm{AIB}(\omega)$ 保留了双谱的幅值信息，从而具有尺度变化性。但是，AIB 方法存在一个缺点：丢失了双谱的大部分相位信息。其解释如下：从式 (6.10.6) 和式 (6.10.7) 容易看出，由于 $\mathrm{E}\{\tilde{y}(t)x(t)\} = \mathrm{E}\{x(t)x(t)x(t+\tau)\} = c_{3x}(0,\tau)$，所以

$$\mathrm{AIB}(\omega) = \int_{-\infty}^{\infty} c_{3x}(0,\tau)\mathrm{e}^{-\mathrm{j}\omega\tau}\mathrm{d}\tau \tag{6.10.8}$$

即 $\mathrm{AIB}(\omega)$ 只是累积量切片 $c_{3x}(0,\tau)$ 的 Fourier 变换，而其他切片 $c_{3x}(m,\tau), m \neq 0$ 相对应的双谱相位信息被丢失了。

3. 圆周积分双谱

第三种积分双谱为圆周积分双谱 (circularly integrated bispectra, CIB)，是 Liao 和 Bao 提出的[174]。与径向积分双谱和轴向积分双谱不同，圆周积分双谱的积分路径是以原点为中心的圆周，即

$$\mathrm{CIB}(a) = \int B_p(a,\theta)\mathrm{d}\theta \tag{6.10.9}$$

式中 $B_p(a,\theta)$ 是双谱 $B(\omega_1,\omega_2)$ 的极坐标表示，即 $B_p(a,\theta) = B(\omega_1,\omega_2)$，其中 $\omega_1 = a\cos\theta$ 和 $\omega_2 = a\sin\theta$。

由于当 k 为整数时，双谱 $B_p(a,k\pi/2)$ 不提供任何相位信息，而 k 接近 2π 时，$B_p(a,k/2)$ 只提供很少的相位信息，这些双谱不应该被积分。因此，需要使用加权圆周积分双谱 (WCIB)

$$\mathrm{WCIB}(a) = \int w(\theta)B_p(a,\theta)\mathrm{d}\theta \tag{6.10.10}$$

代替 CIB，式中的 $w(\theta)$ 取很小的值，若 $\theta \approx k\pi/2\,k$ 为整数。

总结以上讨论，可以看出，上述积分双谱都可视为某种形式的轴向积分双谱：

(1) AIB 是双谱 $B(\omega_1,\omega_2)$ 的轴向积分双谱，其积分路径与 ω_1 或 ω_2 轴平行。

(2) RIB是双谱极坐标形式 $B_p(a,\theta)$ 的轴向积分双谱，其积分路径与 a 轴平行。

(3) PRIB 是 RIB 的相位。

(4) CIB 是双谱极坐标形式 $B_p(a,\theta)$ 的轴向积分双谱，其积分路径与 θ 轴平行。

积分双谱将二维的双谱函数变换成了一维函数，有利于实时目标识别的实现。但是，这类方法存在以下共同的缺点。

(1) 积分双谱的计算机实现通常是将一条路径上的积分相加的结果。显然，某条路径的积分双谱被选择作为信号特征，是指这条路径上所有的双谱之和在目标识别中起着重要的作用。但是，这并不意味着该路径上的每一个双谱都对目标识别起重要作用。换言之，可能存在某些双谱点，它们对目标识别所起作用不大，属平凡的双谱。

(2) 如果原观测信号存在交叉项 (高分辨雷达的距离像就是这样的典型例子)，则通过三次相关函数得到三阶累积量时，交叉项将更严重。因此，得到的双谱估计中，交叉项一般比较严重。由于交叉项是随机分布的，所以在被选择的积分路径里，交叉项将很难避免。通常，交叉项对目标识别是有害的。

6.10.2 选择双谱

为了克服积分双谱的上述缺点，文献 [324] 提出了选择双谱方法。所谓选择双谱，就是只有那些具有最强类可分离度的双谱才被选作信号的特征参数。显然，这既可以避免平凡双谱，也可以避免交叉项。

为了选择最强的双谱集合作特征参数集合，首先需要有一个类可识别测度 $m(\omega)$ 来判断一个双谱值在信号类型识别中作用的大小。Fisher 类可分离度就是这样一个有名的测度。

考虑使用双谱作为第 i 类和第 j 类信号的类间可分离度。为方便叙述，记 $\omega=(\omega_1,\omega_2)$ 和 $B(\omega)=B(\omega_1,\omega_2)$。假定 $\{B_k^{(i)}(\omega)\}_{k=1,\cdots,N_i}$ 和 $\{B_k^{(j)}(\omega)\}_{k=1,\cdots,N_j}$ 是在训练阶段得到的样本双谱集合。其中，下标 k 表示由第 k 组观测数据计算得到的双谱，上标 i 和 j 表示信号的类型，而 N_i 和 N_j 分别是第 i 类和第 j 类信号的观测数据组的个数。以三类信号为例，需要分别计算 $m^{(12)}(\omega),m^{(23)}(\omega)$ 和 $m^{(13)}(\omega)$。

第 i 类和第 j 类信号之间的 Fisher 可分离度定义为

$$m^{(i,j)}(\omega)=\frac{\sum\limits_{l=i,j}p^{(l)}\left[\text{mean}_k\left(B_k^{(l)}(\omega)\right)-\text{mean}_l\left[\text{mean}_k\left(B_k^{(l)}(\omega)\right)\right]\right]^2}{\sum\limits_{l=i,j}p^{(l)}\text{var}_k\left(B_k^{(l)}(\omega)\right)},\quad i\neq j \tag{6.10.11}$$

式中，$p^{(l)}$ 为随机变量 $B^{(l)}=B_k^{(l)}(\omega)$ 的先验概率，$\text{mean}_k(B_k^{(l)}(\omega))$ 和 $\text{var}_k(B_k^{(l)}(\omega))$ 分别代表第 l 类信号在频率 $\omega=(\omega_1,\omega_2)$ 处的所有样本双谱的平均值和方差，而 $\text{mean}_l[\text{mean}_k(B_k^{(l)}(\omega))]$ 表示所有类型的信号在频率 ω 的样本双谱的总体中心。一般情况下，可对各类信号取相同的先验概率 $p^{(l)}$。因此，$p^{(l)}$ 可从式 (6.10.11) 中撤掉。

$m^{(i,j)}(\omega)$ 越大，则第 i 类和第 j 类信号之间的可分离度越强。因此，选择具有 Q 个最强 Fisher 类可分离度的频率集合 $\{\omega(h),h=1,\cdots,Q\}$ 作为特征频率。中心频率称为在双频率平面的选择频率。与它们相对应的双谱则称为选择双谱。

给定第 l 类信号第 k 个观测数据为 $x_k^{(l)}(1),\cdots,x_k^{(l)}(N)$，其中 $l=1,\cdots,c$ 和 $k=1,\cdots,N_l$。下面是离线训练算法。

算法 6.10.1 离线训练算法 [324]

步骤 1 计算观测数据的 Fourier 变换 $X_k^{(l)}(\omega)$。

步骤 2 计算双谱

$$B_k^{(l)}(\omega)=B_k^{(l)}(\omega_1,\omega_2)=X_k^{(l)}(\omega_1)X_k^{(l)}(\omega_2)X_k^{(l)}(-\omega_1-\omega_2)$$

步骤 3 使用式 (6.10.11) 计算所有可能的类组合 (i,j) 的 Fisher 类可分离度 $m^{(i,j)}(\omega)$，将 M 个最大的测度排序成

$$m^{(ij)}(\nu_1)\geqslant m^{(ij)}(\nu_2)\geqslant\cdots\geqslant m^{(ij)}(\nu_M)$$

步骤 4 计算归一化的 Fisher类 可分离度

$$\bar{m}^{(ij)}(\nu_p)=\sqrt{\frac{m^{(ij)}(\nu_p)}{\sum\limits_{k=1}^{M}[m^{(ij)}(\nu_k)]^2}},\quad p=1,\cdots,M \tag{6.10.12}$$

用它确定 (i,j) 类间的选择双谱的“有效个数”，并用 $H^{(ij)}$ 表示之。相对应的频率 $\{\omega^{(ij)}(p), p=1,\cdots,H^{(ij)}\}$ 称为“有效”频率。对不同的(i,j)类，相同的有效频率只取一次。

步骤 5　将得到的有效频率 $\omega^{(ij)}(p), p=1,\cdots,H^{(ij)}$ 排成序列 $\omega(q), q=1,\cdots Q$，其中 $Q=\sum\limits_{i,j}H^{(ij)}$。将第 l 信号的选择双谱也排成序列 $\{B_k^{(l)}(q), q=1,\cdots,Q\}$，$k=1,\cdots,N_l$。第 1 类信号的特征向量记为 $\boldsymbol{s}_1,\cdots,\boldsymbol{s}_{N_1}$，第 2 类信号的特征向量记为 $\boldsymbol{s}_{N_1+1},\cdots,\boldsymbol{s}_{N_1+N_2}$，第 c 类信号的特征向量记为 $\boldsymbol{s}_{N_1+\cdots+N_{c-1}+1},\cdots,\boldsymbol{s}_{N_1+\cdots+N_c}$。这些特征向量都具有最强的 Fisher类可分离度。

步骤 6　用选择的双谱训练径向基神经网络 (分类器)。

上述算法中的双谱换成积分双谱 PRIB, RIB, AIB 或 CIB，即构成相应积分双谱的训练算法。

考虑三类信号分类的径向基神经网络。令 $\boldsymbol{s}_1,\cdots,\boldsymbol{s}_{N_1}$ 是第一类信号的特征向量，$\boldsymbol{s}_{N_1+1},\cdots,\boldsymbol{s}_{N_1+N_2}$ 是第二类信号的特征向量，而 $\boldsymbol{s}_{N_1+N_2+1},\cdots,\boldsymbol{s}_{N_1+N_2+N_3}$ 是第三类信号的特征向量。令 $\boldsymbol{H}=[h_{ij}]_{(N_1+N_2+N_3)(N_1+N_2+N_3)}$ 表示隐层节点的输出矩阵，其中

$$h_{ij}=\exp\left(-\frac{\|\boldsymbol{s}_i-\boldsymbol{s}_j\|^2}{\sigma^2}\right) \tag{6.10.13}$$

其中，高斯核函数的方差 σ^2 是所有特征向量 $\boldsymbol{s}_i, i=1,\cdots,N_1+N_2+N_3$ 的总体方差。于是，径向基神经网络的权矩阵由

$$\boldsymbol{W}=(\boldsymbol{H}^{\mathrm{H}}\boldsymbol{H})^{-1}\boldsymbol{H}^{\mathrm{H}}\boldsymbol{O} \tag{6.10.14}$$

给出，式中 $\boldsymbol{O}$ 是 $(N_1+N_2+N_3)\times 3$ 期望输出矩阵，定义为

$$\boldsymbol{O}=\begin{bmatrix}1 & \cdots & 1 & 0 & \cdots & 0 & 0 & \cdots & 0\\ 0 & \cdots & 0 & 1 & \cdots & 1 & 0 & \cdots & 0\\ 0 & \cdots & 0 & 0 & \cdots & 0 & 1 & \cdots & 1\end{bmatrix} \tag{6.10.15}$$

其中，第 1 行、第 2 行和第 3 行的元素 1 的个数分别为 N_1, N_2 和 N_3。

一旦作为分类器的径向基神经网络训练好后，只要存储神经网络的权矩阵 $\boldsymbol{W}$ 即可。

令 $\boldsymbol{x}=[B(1),\cdots,B(Q)]^{\mathrm{T}}$ 是从一组观测数据计算的双谱，它们分别是 Q 个选择频率的样本双谱。将这一向量输入到训练好的径向基神经网络，则神经网络隐层节点的输出向量为

$$h_i=\exp\left(-\frac{\|\boldsymbol{x}-\boldsymbol{s}_i\|^2}{\sigma_i^2}\right) \tag{6.10.16}$$

式中，高斯核函数的方差 σ_i^2 是在训练阶段确定的特征向量 $\boldsymbol{s}_i$ 的方差。最后，径向基神经网络的输出向量由

$$\boldsymbol{o}=\boldsymbol{W}^{\mathrm{T}}\boldsymbol{h} \tag{6.10.17}$$

给出。由它即可判决观测数据向量属于哪一类信号。

微波暗室的高分辨雷达距离像和远场高分辨雷达的实测距离像的实验结果表明，积分双谱是一种有效的信号分类工具 [324]。

本章小结

本章介绍了非高斯信号的高阶统计分析与处理的理论、方法及应用。首先，引出了矩、累积量和高阶谱的定义，并分别讨论了它们的数学性质。然后，重点介绍了基于高阶累积量的非最小相位系统的辨识、谐波恢复以及自适应滤波的理论与方法。最后，以时延估计和雷达目标识别为例，介绍了如何利用累积量和高阶谱解决实际的工程问题。

可以说，信号的高阶统计分析实际上是我们所熟悉的基于相关函数和功率谱的随机信号统计分析的推广与深入。分析信号更深层次的统计信息正是高阶统计信号分析要达到的主要目的。

习　题

6.1 令 $x_1, x_2, \cdots, x_n$ 是 n 个独立的高斯随机变量，它们的均值为 $\mathrm{E}\{x_i\} = \mu$，方差 $\mathrm{var}(x_i) = \mathrm{E}\{[x_i - \mu]^2\} = \sigma^2$。令 $\bar{x} = \frac{1}{N}\sum_{i=1}^{n} x_i$，试求样本均值 $\bar{x}$ 的概率密度分布。

6.2 令 $\boldsymbol{x}$ 是一高斯随机向量，其均值 (向量) 为 $\boldsymbol{v}$，协方差矩阵为 $\boldsymbol{R}$。证明：$\boldsymbol{x}$ 的矩生成函数为

$$\varPhi(\boldsymbol{x}) = \exp\left(\mathrm{j}\,\boldsymbol{\omega}^{\mathrm{T}}\boldsymbol{v} - \frac{1}{2}\boldsymbol{\omega}^{\mathrm{T}}\boldsymbol{R}\boldsymbol{\omega}\right)$$

6.3 若有限能量信号 $x(n)$ 的 k 阶矩定义为

$$m_{kx}(\tau_1, \cdots, \tau_{k-1}) \overset{\text{def}}{=} \sum_{n=-\infty}^{\infty} x(n)x(n+\tau_1)\cdots x(n+\tau_{k-1})$$

一序列由 $x(n) = a^n u(n)$ 给出，其中 $-1 < a < 1$，且 $u(n)$ 是一单位阶跃函数。试求 $x(n)$ 的矩 $m_{1x}, m_{2x}(\tau), m_{3x}(\tau_1, \tau_2)$ 和 $m_{4x}(\tau, \tau, \tau)$。

6.4 令 x 具有平移的指数分布 $f(x) = \mathrm{e}^{-(x+1)}, x \geqslant -1$ (x 平移 -1 是为了使 x 的均值等于零)。试求 $c_{kx} = \mathrm{cum}(x, \cdots, x)$。

6.5 令 x 的概率密度函数为 $f(x) = 0.5\mathrm{e}^{-|x|}, -\infty < x < \infty$。求 $c_{kx}, k \geqslant 2$。

6.6 令 x 是 m 个具有零均值和单位方差的独立同分布高斯随机变量平方之和，则 x 的分布称为具有 m 个自由度的 $\mathcal{X}^2$ 分布，记作 $\mathcal{X}_m^2$。求该随机变量 x 的 k 阶累积量 c_{kx}。

6.7 已知 $\{x(t)\}$ 和 $\{y(t)\}$ 是两个统计独立的高斯随机过程，并且

$$f_x(x) = \frac{1}{\sqrt{2\pi\sigma_1^2}}\exp\left(-\frac{(x-\mu_1)^2}{2\sigma_1^2}\right)$$

$$f_y(y) = \frac{1}{\sqrt{2\pi\sigma_2^2}}\exp\left(-\frac{(y-\mu_2)^2}{2\sigma_2^2}\right)$$

令 $z(t)=x(t)+y(t)$，试证明 $\{z(t)\}$ 是一高斯随机过程。这一结论表明：任何两个高斯随机过程之和仍为高斯随机过程。

6.8 令 $\{e(n)\}$ 是一非高斯平稳过程，并假定 $\{e(n)\}$ 通过一冲激响应为 $\{h_i\}$ 的线性时不变稳定系统，产生的输出序列为 $\{y(n)\}$。

(1) 试用 $\{e(n)\}$ 的累积量表示 $\{y(n)\}$ 的累积量；

(2) 用 $\{e(n)\}$ 的多谱和冲激响应系数 $\{h_i\}$ 表示 $\{y(n)\}$ 的多谱。

6.9 $z(n)=x(n)\cos(\omega_c n)+y(n)\sin(\omega_c n)$，其中 $x(n)$ 和 $y(n)$ 为相互独立的平稳过程，并且 $\mathrm{E}\{x(n)\}=\mathrm{E}\{y(n)\}=0$，$c_{2x}(\tau)=\mathrm{E}\{x(n)x(n+\tau)\}=c_{2y}(\tau)$ 和 $c_{3x}(\tau_1,\tau_2)=\mathrm{E}\{x(n)x(n+\tau_1)x(n+\tau_2)\}=c_{3y}(\tau_1,\tau_2)$。试问 $z(n)$ 是平稳随机过程吗？

6.10 证明双谱的对称性 $B(\omega_1,\omega_2)=B^*(-\omega_2,-\omega_1)=B(\omega_2,-\omega_1-\omega_2)$。

6.11 已知一线性系统的冲激响应 $\{h_i\}$ 满足绝对可求和条件 $\sum\limits_{i=-\infty}^{\infty}|h_i|<\infty$，试证明由独立同分布 $e(n)$ 激励该线性系统产生的线性过程的多谱存在，并连续。

6.12 令 $H(\mathrm{e}^{\mathrm{j}\omega})$ 满足条件 $H(\mathrm{e}^{\mathrm{j}\omega})\neq 0, \forall\omega$，并且 $\sum\limits_{i=-\infty}^{\infty}|ih_i|<\infty$。假定激励的独立同分布过程的 k 阶累积量不等于零，其中 $k>2$。证明：$H(\mathrm{e}^{\mathrm{j}\omega})$ 可以从 k 阶谱 $S(\omega_1,\cdots,\omega_{k-1})$ 得到，至多相差一个未知的复常数尺度因子 $A\mathrm{e}^{\mathrm{j}\omega m}$，其中 A 是一个实数 (正或负)，而 m 为一整数。

6.13 证明多谱公式

$$S_{kx}(\omega_1,\cdots,\omega_{k-1})=\gamma_{ke}H(\omega_1)\cdots H(\omega_{k-1})H(-\omega_1-\cdots-\omega_{k-1})$$

6.14 假定 $H(\mathrm{e}^{\mathrm{j}\omega})\neq 0,\forall\omega$，并且 $\sum\limits_{i=-\infty}^{\infty}|i\cdot h_i|<\infty$，证明 $H(\mathrm{e}^{\mathrm{j}\omega})$ 的相位 $\phi(\omega)$ 是相对于 ω 连续可导的。

6.15 令 $\{y(n)\}$ 是一个非高斯 MA(q) 过程，其激励过程 $\gamma_{3e}\neq 0$。求 $c_{3y}(\tau_1,\tau_2)\neq 0$ 的 τ_1,τ_2 值的范围，并在 (τ_1,τ_2) 平面上画出 τ_1,τ_2 的支撑区。

6.16 令 x 表示一各时刻取值为独立同分布的随机过程，而 $\tilde{x}=x*h_j$ 是 x 与线性时不变系统冲激响应 $\{h_j\}$ 的卷积。证明：若 $\mathrm{E}\{|\tilde{x}|^2\}=\mathrm{E}\{|x|^2\}$，则以下关系式成立：

(1) $|K(\tilde{x})|\leqslant|K(x)|$；

(2) $|K(\tilde{x})|=|K(x)|$ 当且仅当 $\boldsymbol{s}=[s_1,s_2,\cdots]^{\mathrm{T}}$ 是一个只有一个非零元素 (其幅度为 1) 的向量。

6.17 考虑 MA(1) 随机过程 $x(n)=w(n)-w(n-1), n=0,\pm1,\pm2,\cdots$，其中 $\{w(n)\}$ 是一独立同分布随机过程，并且 $\mathrm{E}\{e(n)\}=0,\mathrm{E}\{w^2(n)\}=1$ 和 $\mathrm{E}\{w^3(n)\}=1$。求 $\{x(n)\}$ 的功率谱和双谱。

6.18 令 $P_{1x}(\omega)=\sum\limits_{\tau=-\infty}^{\infty}c_{4x}(\tau,0,0)\mathrm{e}^{-\mathrm{j}\omega\tau}$ 表示 $\{x(n)\}$ 的特殊四阶累积量 $c_{4x}(\tau,0,0)$ 的功率谱。考虑复谐波过程 $x(n)=\alpha\mathrm{e}^{\mathrm{j}\omega_0 n}$，其中 ω_0 为常数，α 是一随机变量，且 $\mathrm{E}\{\alpha\}=0,\mathrm{E}\{\alpha^2\}=Q,\mathrm{E}\{\alpha^3\}=0$ 和 $\mathrm{E}\{\alpha^4\}=\mu$。若复谐波过程的四阶累积量定义为

$$c_{4x}(\tau_1,\tau_2,\tau_3)=\mathrm{cum}[x(n),x^*(n+\tau_1),x(n+\tau_2),x^*(n+\tau_3)]$$

证明 $P_{1x}(\omega)=\dfrac{\gamma}{Q}S_x(\omega)$。其中，$\gamma=\mu-3Q^2$，而 $S_x(\omega)$ 是 $\{x(n)\}$ 的功率谱。

6.19 一阶 FIR 系统的冲激响应为 $h(n) = \delta(n) - \alpha\delta(n-1)$。令 $\{x(n)\}$ 是使用独立同分布过程 $\{e(n)\}$ 激励该 FIR 系统得到的输出序列，其中 $\mathrm{E}\{e(n)\} = 0, \mathrm{E}\{e^2(n)\} = \sigma_e^2$ 和 $\gamma_{3e} = \mathrm{E}\{e^3(n)\} \neq 0$。证明 $\{x(n)\}$ 的双谱的特殊切片 $S_{3x}(\omega, 0)$ 与功率谱 $S_x(\omega)$ 之间存在下列关系

$$S_{3x}(\omega, 0) = \frac{\gamma_{3e}}{\sigma_e^2} H(0) S_x(\omega)$$

式中，$H(0)$ 是 FIR 系统频率传递函数 $H(\omega)$ 在零频率的值。

6.20 考虑实值谐波信号 $x(n) = \sum\limits_{k=1}^{p} A_k \cos(\omega_k n + \phi_k)$。其中，$\phi_k$ 为独立的均匀分布 $U[-\pi, \pi)$，且 $A_k > 0$，证明 $x(n)$ 的四阶累积量为

$$c_{4x}(\tau_1, \tau_2, \tau_3) = -\frac{1}{8} \sum_{k=1}^{p} \alpha_k^4 [\cos(\tau_1 - \tau_2 - \tau_3) + \cos(\tau_2 - \tau_3 - \tau_1) + \cos(\tau_3 - \tau_1 - \tau_2)]$$

6.21 令 $s(n) = \sum_{i=-\infty}^{\infty} f(i) e(n-i)$ 为信号，而 $x(n) = s(n) + w_1(n)$ 和 $y(n) = s(n - D) + w_2(n)$ 分别为观测过程。定义准则函数

$$J_1(d) = \frac{|\mathrm{cum}[x(n-d), x(n-d), y(n), y(n)]|}{\sqrt{|\mathrm{CUM}_4[x(n)]||\mathrm{CUM}_4[y(n)]|}}$$

式中，$\mathrm{CUM}_4[x(n)] = \mathrm{cum}[x(n), x(n), x(n), x(n)]$。证明下列结果成立：

(1) $0 \leqslant J_1(d) \leqslant 1$，$\forall d$；

(2) $J_1(d) = 1$当且仅当 $d = D$。

注：准则 $J_1(d)$ 给出了时延估计的一种四阶累积量方法。

6.22 信号 $s(n)$ 和观测过程 $x(n), y(n)$ 同上题，定义准则函数

$$J_2(d) = \frac{|\mathrm{CUM}_4[x(n-d) + y(n)]|}{16\sqrt{|\mathrm{CUM}_4[x(n)]||\mathrm{CUM}_4[y(n)]|}}$$

式中，$\mathrm{CUM}_4[x(n)] = \mathrm{cum}[x(n), x(n), x(n), x(n)]$。证明下列结果成立：

(1) $0 \leqslant J_2(d) \leqslant 1, \forall d$；

(2) $J_2(d) = 1$ 当且仅当 $d = D$。

注：准则 $J_2(d)$ 给出了时延估计的另一种四阶累积量方法。

6.23 一非最小相位 MA 模型由

$$x(n) = w(n) + 0.9w(n-1) + 0.385w(n-2) - 0.771w(n-3)$$

给定，其中 $w(n)$ 是一个零均值、方差为 1、三阶累积量 $\gamma_{3w} = 1$ 的独立同分布随机过程。观测数据为 $y(n) = x(n) + v(n)$，其中 $v(n)$ 是一个零均值、方差可调的高斯有色噪声。调整 $v(n)$ 的方差分别获得 0 dB 和 10 dB 的信噪比，并使用 Giannakis-Mendel 算法和累积量算法分别估计 MA 参数。对每种算法，在不同的信噪比情况下，各独立进行 50 次计算机仿真实验，试统计出两种算法的参数估计结果。

第 7 章　线性时频变换

在前面几章中，信号的分析要么在时域，要么在频域展开，构成了信号的时域分析或频域分析方法。使用的主要数学工具是 Fourier 变换，只适用于统计量不随时间变化的平稳信号。然而，实际信号却往往有某个统计量是时间的函数，这类信号统称为非平稳信号。很多人工信号和自然界的信号都是非平稳信号，如气温和人的血压等。

虽然 Kalman 滤波、RLS 算法等自适应滤波也适用于非平稳信号，但只限于慢时变信号的跟踪，并不能得到一般时变信号的统计量等结果 (如功率谱等)。换言之，这些信号处理方法不能满足非平稳信号分析的特殊要求。因此，需要对非平稳信号的分析与处理方法加以专门讨论。既然非平稳信号的统计特性是随时间变化的，那么对非平稳信号的主要兴趣便很自然地应该集中在其局部统计性能上。对非平稳信号而言，Fourier 变换不再是有效的数学分析工具，因为它是信号的全局变换，而信号局部性能的分析必须依靠信号的局部变换。另一方面，信号的局部性能需要使用时域和频域的二维联合表示，才能得到精确的描述。在这一意义上，常将非平稳信号的二维分析称为时频信号分析。

非平稳信号的时频分析可以分为线性变换和非线性变换两大类。本章讨论时频信号的线性变换，而时频信号的非线性变换即二次型时频分布的有关讨论则留待下一章展开。

7.1　信号的局部变换

Fourier 变换 $\mathcal{F}$ 和 Fourier 逆变换 $\mathcal{F}^{-1}$ 作为桥梁建立了信号 $s(t)$ 与其频谱 $S(f)$ 之间的一一对应关系

$$S(f)=\mathcal{F}[s(t)]=\int_{-\infty}^{\infty}s(t)\mathrm{e}^{-\mathrm{j}2\pi ft}\mathrm{d}t \quad \text{(Fourier 变换)} \tag{7.1.1}$$

$$s(t)=\mathcal{F}^{-1}[S(f)]=\int_{-\infty}^{\infty}S(f)\mathrm{e}^{\mathrm{j}2\pi ft}\mathrm{d}f \quad \text{(Fourier 逆变换)} \tag{7.1.2}$$

这一 Fourier 变换对也可用角频率表示为

$$S(\omega)=\int_{-\infty}^{\infty}s(t)\mathrm{e}^{-\mathrm{j}\omega t}\mathrm{d}t \qquad \text{(Fourier 变换)} \tag{7.1.3}$$

$$s(t)=\frac{1}{2\pi}\int_{-\infty}^{\infty}S(\omega)\mathrm{e}^{\mathrm{j}\omega t}\mathrm{d}\omega \quad \text{(Fourier 逆变换)} \tag{7.1.4}$$

式 (7.1.1) 和式 (7.1.2)分别称为信号的频域表示和时域表示，构成了观察一个信号的两种方式。Fourier 变换是在整体上将信号分解为不同的频率分量，而缺乏局域性信息，即它并不能告之某种频率分量发生在哪些时间内，然而这些信息对非平稳信号的分析却是十分重要的。

在讨论一种线性变换的时候，将它写成被变换函数和变换核函数之间的内积形式，往往会带来诸多的方便。为此，定义复函数 $f(x)$ 和 $g(x)$ 的内积为

$$\langle f(x), g(x)\rangle \stackrel{\text{def}}{=} \int_{-\infty}^{\infty} f(x)g^*(x)\mathrm{d}x \tag{7.1.5}$$

则式 (7.1.1) 和式 (7.1.2) 的 Fourier 变换对可用内积形式简洁表示为

$$S(f) = \langle s(t), \mathrm{e}^{\mathrm{j}2\pi ft}\rangle \qquad \text{(Fourier 变换)} \tag{7.1.6}$$

$$s(t) = \langle S(f), \mathrm{e}^{-\mathrm{j}2\pi ft}\rangle \quad \text{(Fourier 逆变换)} \tag{7.1.7}$$

显然，Fourier 变换的核函数为指数函数。

从式 (7.1.6) 和式 (7.1.7) 可以看出，Fourier 变换的原函数 $s(t)$ 和核函数 $\mathrm{e}^{\mathrm{j}2\pi ft}$ 的时间长度均取 $(-\infty,\infty)$，而 Fourier 逆变换的原函数 $S(f)$ 和核函数 $\mathrm{e}^{-\mathrm{j}2\pi ft}$ 也在整个频率轴上取值。从这个意义上讲，Fourier 变换本质上是信号 $s(t)$ 的全局变换，而 Fourier 逆变换则是频谱 $S(f)$ 的全局变换。虽然 Fourier 变换及其逆变换是信号分析的有力工具，但是正如 Gabor 于 1946 年在其经典论文“Theory of Communication”中所指出的那样 [109]：

迄今为至，通信理论的基础是由信号分析的两种方法组成的：一种将信号描述成时间的函数，另一种将信号描述成频率的函数 (Fourier 分析)。这两种方法都是理想化的，……。然而，我们每一天的经历——特别是我们的听觉——却一直是用时间和频率二者描述信号的。

为了同时使用时间和频率描述信号，很自然地需要对非平稳信号 $s(t)$ 采用联合时频表示形式 $S(t,f)$。那么，如何建立 $s(t)$ 和 $S(t,f)$ 之间的变换关系呢？显然，我们不能还是使用 Fourier 变换这一全局变换方式，而应该改用信号的局部变换。

由于任何一种信号变换都可以写成该信号与某个选定的核函数之间的内积，因此，我们不难联想到信号局部变换可以利用两种基本形式来构造：

$$\text{信号 } s(t) \text{ 的局部变换} = \langle \text{信号 } s(t) \text{ 取局部，核函数无穷长}\rangle \tag{7.1.8}$$

或者

$$\text{信号 } s(t) \text{ 的局部变换} = \langle \text{信号 } s(t) \text{ 取全部，核函数局域化}\rangle \tag{7.1.9}$$

下面是信号局部变换的几个典型例子。

(1) 短时 Fourier 变换

$$\mathrm{STFT}(t,f) = \int_{-\infty}^{\infty} [s(u)g^*(u-t)]\mathrm{e}^{-\mathrm{j}2\pi fu}\mathrm{d}u = \langle s(u)g^*(u-t), \mathrm{e}^{\mathrm{j}2\pi fu}\rangle \tag{7.1.10}$$

式中 $g(t)$ 是一“窄的”窗函数。

(2) Wigner-Ville 时频分布

$$\begin{aligned} P(t,f) &= \int_{-\infty}^{\infty} z\left(t+\frac{\tau}{2}\right)z^*\left(t-\frac{\tau}{2}\right)\mathrm{e}^{-\mathrm{j}2\pi f\tau}\mathrm{d}\tau \\ &= \left\langle z\left(t+\frac{\tau}{2}\right)z^*\left(t-\frac{\tau}{2}\right), \mathrm{e}^{\mathrm{j}2\pi f\tau}\right\rangle \end{aligned} \tag{7.1.11}$$

(3) 小波变换

$$\mathrm{WT}(a,b)=\frac{1}{\sqrt{a}}\int_{-\infty}^{\infty}s(t)h^*\left(\frac{t-b}{a}\right)\mathrm{d}t=\int_{-\infty}^{\infty}s(t)h_{ab}^*(t)\mathrm{d}t=\langle s(t),h_{ab}(t)\rangle \tag{7.1.12}$$

式中，变换核函数

$$h_{ab}(t)=\frac{1}{\sqrt{a}}h\left(\frac{t-b}{a}\right) \tag{7.1.13}$$

称为小波基函数。

(4) Gabor 变换

$$a_{mn}=\int_{-\infty}^{\infty}s(t)\gamma^*(t-mT)\mathrm{e}^{-\mathrm{j}2\pi(nF)t}\mathrm{d}t \tag{7.1.14}$$

$$=\int_{-\infty}^{\infty}s(t)\gamma_{mn}^*(t)\mathrm{d}t=\langle s(t),\gamma_{mn}(t)\rangle \tag{7.1.15}$$

式中

$$\gamma_{mn}(t)=\gamma(t-mT)\mathrm{e}^{\mathrm{j}2\pi(nF)t} \tag{7.1.16}$$

称为 Gabor 基函数。

容易看出，短时 Fourier 变换和 Wigner-Ville 分布属于第一种局部变换式 (7.1.8)，而小波变换和 Gabor 变换属于第二种信号局部变换式 (7.1.9)。

除了以上四种典型形式外，还有其他多种局部变换形式，如 Radon-Wigner 变换、分数阶 Fourier 变换等。

以上四种局部变换习惯称为信号的时频表示。根据是否满足叠加原理或线性原理，时频表示又分为线性时频表示和非线性时频表示两大类。具体说来，若信号 $s(t)$ 是几个分量的线性组合，并且 $s(t)$ 的时频表示 $T_s(t,f)$ 是每个信号分量的时频表示的相同线性组合，则 $T_s(t,f)$ 称为线性时频表示；否则，称为非线性时频表示。以两个分量的信号为例，若

$$s(t)=c_1s_1(t)+c_2s_2(t)\ \rightarrow\ T_s(t,f)=c_1T_{s_1}(t,f)+c_2T_{s_2}(t,f) \tag{7.1.17}$$

则 $T_s(t,f)$ 为线性时频表示。

短时 Fourier 变换、小波变换和 Gabor 变换都是时频信号分析的线性变换或线性时频表示，而 Wigner-Ville 分布则是时频信号分析的非线性变换 (这里为二次型变换)，属于非线性时频表示。可以这样说，非平稳信号的时频分析采用的是广义或修正的 Fourier 变换。

7.2 解析信号与瞬时物理量

在非平稳信号的分析与处理中，实际信号往往是实的，但却需要把它转换成复信号后进行数学表示与分析。特别是，某些重要的瞬时物理量和时频表示就直接使用待分析实信号的复信号形式作定义。那么，为什么需要这样的转换呢?

当信号 $s(t)$ 为实信号时，其频谱

$$S(f)=\int_{-\infty}^{\infty}s(t)\mathrm{e}^{-\mathrm{j}2\pi ft}\mathrm{d}t \tag{7.2.1}$$

具有共轭对称性，因为

$$S^*(f) = \int_{-\infty}^{\infty} s(t)\mathrm{e}^{\mathrm{j}2\pi ft}\mathrm{d}t = S(-f) \tag{7.2.2}$$

从有效信息的利用角度看问题，实信号的负频率频谱部分完全是冗余的，因为它可以从正频率的频谱获得。将实信号的负频率频谱部分去掉，只保留正频率频谱部分，信号占有的频带减少一半，有利于无线通信 (称为单边带通信) 等。只保留正频率频谱部分的信号，其频谱不再存在共轭对称性，所对应的时域信号应为复信号。

复数变量最常用的表示方法是使用实部和虚部两个分量。复信号也一样，必须用实部和虚部两路信号来表示它。当然，两路信号在传输中会带来麻烦，因此实际信号的传输总是用实信号，而在接收信号的处理中则使用复信号。下面讨论常用的两种复信号：解析信号和基带信号。

7.2.1 解析信号

表示复信号 $z(t)$ 的最简单方法是用所给定的实信号 $s(t)$ 作其实部，并另外构造一“虚拟信号” $\hat{s}(t)$ 作其虚部，即

$$z(t) = s(t) + \mathrm{j}\hat{s}(t) \tag{7.2.3}$$

构造虚拟信号 $\hat{s}(t)$ 的最简单方法莫过于用原实信号 $s(t)$ 去激励一滤波器，用其输出作虚拟信号。不妨令滤波器的冲激响应为 $h(t)$，则

$$\hat{s}(t) = s(t) * h(t) = \int_{-\infty}^{\infty} s(t-u)h(u)\mathrm{d}u \tag{7.2.4}$$

即复信号可表示为

$$z(t) = s(t) + \mathrm{j}s(t) * h(t) \tag{7.2.5}$$

式中，符号 $*$ 表示函数的卷积运算。对上式两边作 Fourier 变换，则得频谱表达式为

$$Z(f) = S(f) + \mathrm{j}S(f)H(f) = S(f)[1 + \mathrm{j}H(f)] \tag{7.2.6}$$

对于窄带信号这种特殊情况，常保留该信号频谱的正频率部分，而剔除负频率部分 (为使信号总能量不变，需要将正频率的频谱幅值加倍)。这意味着，复信号 $z(t)$ 的频谱应该具有形式

$$Z(f) = \begin{cases} 2S(f), & f > 0 \\ S(f), & f = 0 \\ 0, & f < 0 \end{cases} \tag{7.2.7}$$

比较式 (7.2.6) 与式 (7.2.7) 容易看出，只需要选择滤波器的传递函数满足

$$H(f) = -\mathrm{j}\,\mathrm{sgn}(f) = \begin{cases} -\mathrm{j}, & f > 0 \\ 0, & f = 0 \\ \mathrm{j}, & f < 0 \end{cases} \tag{7.2.8}$$

式中

$$\mathrm{sgn}(f) = \begin{cases} +1, & f > 0 \\ 0, & f = 0 \\ -1, & f < 0 \end{cases} \tag{7.2.9}$$

为符号函数。

对式 (7.2.8) 两边进行 Fourier 逆变换，可获得滤波器的冲激响应为

$$h(t)=\int_{-\infty}^{\infty}H(f)\mathrm{e}^{\mathrm{j}2\pi ft}\mathrm{d}f=\frac{1}{\pi t} \tag{7.2.10}$$

将式 (7.2.10) 代入式 (7.2.4)，又有

$$\hat{s}(t)=\mathcal{H}[s(t)]=s(t)*\frac{1}{\pi t}=\frac{1}{\pi}\int_{-\infty}^{\infty}\frac{s(\tau)}{t-\tau}\mathrm{d}\tau \tag{7.2.11}$$

式中 t 和 τ 为实变量，而 $\mathcal{H}[s(t)]$ 表示实信号 $s(t)$ 的 Hilbert 变换。由于式 (7.2.10) 所示的冲激响应 $h(t)$ 的作用是使实信号 $s(t)$ 变成它的 Hilbert 变换，所以 $h(t)$ 或 $H(f)=\mathcal{F}[h(t)]$ 称为 Hilbert 变换器，也称 Hilbert 滤波器。

如果已知 Hilbert 变换 $\hat{s}(t)$，则也可由它恢复原实信号

$$s(t)=\frac{-1}{\pi t}*\hat{s}(t)=\frac{-1}{\pi}\int_{-\infty}^{\infty}\frac{\hat{s}(\tau)}{t-\tau}\mathrm{d}\tau \tag{7.2.12}$$

式 (7.2.8) 说明，Hilbert 滤波器 $H(f)$ 是一个全通滤波器，因为 $|H(f)|=1,\forall f\neq 0$，参见图 7.2.1 (a)；而图 7.2.1 (b) 是 Hilbert 滤波器 $H(f)$ 的相位特性。

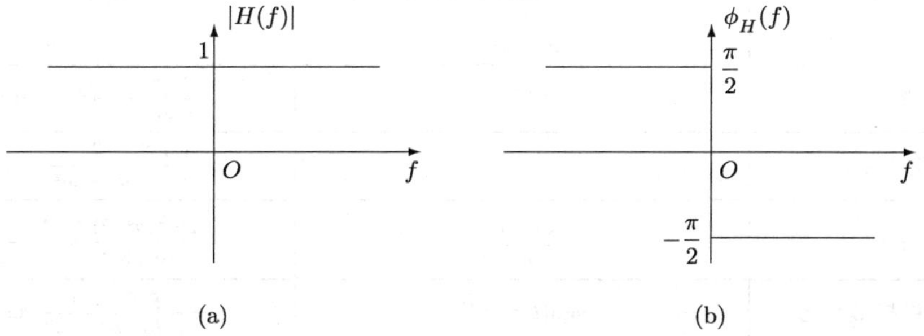

图 7.2.1 Hilbert 滤波器的传递函数

定义 7.2.1 (解析信号) 与实信号 $s(t)$ 对应的解析信号 (analytic signal) 记作 $s_{\mathrm{A}}(t)$，定义为 $s_{\mathrm{A}}(t)=A[s(t)]$，其中 $A[s(t)]=s(t)+\mathrm{j}\mathcal{H}[s(t)]$ 是构成解析信号的算子，且 $\hat{s}(t)=\mathcal{H}[s(t)]$ 是 $s(t)$ 的 Hilbert 变换。

Hilbert 变换具有以下性质：

性质 1 信号 $s(t)$通过 Hilbert 变换器后，信号频谱的幅度不发生变化。

性质 2 $s(t)=-\mathcal{H}[\hat{s}(t)]$。

性质 3 $s(t)=-\mathcal{H}^2[s(t)]$，其中 $\mathcal{H}^2[s(t)]=\mathcal{H}\{\mathcal{H}[s(t)]\}$。

容易验证，Hilbert 变换还具有以下的线性、时移不变性和尺度不变性：

$$x(t)=as_1(t)+bs_2(t)\ \Rightarrow\ \hat{x}(t)=a\hat{s}_1(t)+b\hat{s}_2(t) \tag{7.2.13}$$

$$x(t)=s(t-a)\ \Rightarrow\ \hat{x}(t)=\hat{s}(t-a) \tag{7.2.14}$$

$$x(t)=s(at),\ a>0\ \Rightarrow\ \hat{x}(t)=\hat{s}(at) \tag{7.2.15}$$

$$x(t)=s(-at)\ \Rightarrow\ \hat{x}(t)=-\hat{s}(-at) \tag{7.2.16}$$

表 7.2.1 列出了一些典型信号及其 Hilbert 变换[224]。

表 7.2.1 Hilbert 变换对

典型信号	信号表示	Hilbert 变换
常数信号	a	零
正弦信号	$\sin(\omega t)$	$-\cos(\omega t)$
余弦信号	$\cos(\omega t)$	$\sin(\omega t)$
指数信号	$e^{j\omega t}$	$-j\text{sgn}(\omega)e^{j\omega t}$
方波脉冲信号	$p_a(t)=\begin{cases}1, & \|t\|\leqslant a\\ 0, & \text{其他}\end{cases}$	$\frac{1}{\pi}\ln\left\|\frac{t+a}{t-a}\right\|$
双极性脉冲信号	$p_a(t)\text{sgn}(t)$	$-\frac{1}{\pi}\ln\left\|1-\frac{a^2}{t^2}\right\|$
双三角信号	$tp_a(t)\text{sgn}(t)$	$-\frac{1}{\pi}\ln\left\|1-\frac{a^2}{t^2}\right\|$
三角信号	$\text{Tri}(t)=\begin{cases}1-\|t/a\|, & \|t\|\leqslant a\\ 0, & \|t\|>a\end{cases}$	$-\frac{1}{\pi}\left[\ln\left\|\frac{t-a}{t+a}\right\|+\frac{t}{a}\left\|\frac{t^2}{t^2-a^2}\right\|\right]$
Cauchy 脉冲信号	$\frac{a}{a^2+t^2}$	$\frac{t}{a^2+t^2}$
高斯脉冲信号	$e^{-\pi t^2}$	$\frac{1}{\pi}\int_0^\infty e^{-\frac{1}{4\pi}\omega^2}\sin(\omega t)d\omega$
对称指数信号	$e^{-a\|t\|}$	$\frac{1}{\pi}\int_0^\infty \frac{2a}{a^2-\omega^2}\sin(\omega t)d\omega$
sinc 信号	$\frac{\sin(at)}{at}$	$\frac{\sin^2(at/2)}{(at/2)}=\frac{1-\cos(at)}{at}$
反对称指数信号	$\text{sgn}(t)e^{-a\|t\|}$	$-\frac{1}{\pi}\int_0^\infty \frac{2a}{a^2-\omega^2}\cos(\omega t)d\omega$

7.2.2 基带信号

对通信和雷达一类信息系统，常用的信号是实的窄带信号，即

$$s(t)=a(t)\cos[2\pi f_c t+\phi(t)]=\frac{1}{2}a(t)\left(e^{j[2\pi f_c t+\phi(t)]}+e^{-j[2\pi f_c t+\phi(t)]}\right) \tag{7.2.17}$$

式中，f_c 为载波频率。上述窄带信号的正、负频分量明显分开，负频分量容易被滤除。保留其正频部分，并将幅度加倍，即可得到其解析信号为

$$s_A(t)=a(t)e^{j\phi(t)}e^{j2\pi f_c t} \tag{7.2.18}$$

式中，$e^{j2\pi f_c t}$ 为复数，它作为信息的载体而不含有用的信息。上式两边同乘以 $e^{-j2\pi f_c t}$，即可将信号频率下移 f_c，变成零载频，得到一新信号为

$$s_B(t)=a(t)e^{j\phi(t)} \tag{7.2.19}$$

这种零载频的信号称为基带信号 (baseband signal)，或称零中频信号。

以上讨论表明，作复信号处理后，得到单边谱。后面再作任意的变频处理，也只是载波频率 f_c 的搬移，包络信息则保持不变。与复信号不同，实信号不能将载频下移很低，否则正、负谱的混叠会使包络失真。

对比式 (7.2.19) 和式 (7.2.18) 可知，解析信号与基带信号存在关系式

$$s_{\rm A}(t) = s_{\rm B}(t){\rm e}^{{\rm j}2\pi f_0 t} \tag{7.2.20}$$

这表明，基带信号 $s_{\rm B}(t)$ 就是解析信号 $s_{\rm A}(t)$ 的复包络，它和 $s_{\rm A}(t)$ 一样是复信号。

需要注意的是，基带信号 $s_{\rm B}(t)$ 的中频为零，它既含有正频分量，又含有负频分量；但是由于它是复信号，其频谱不具有共轭对称性质。因此，若对基带信号剔除负频分量，就会造成有用信息的损失。另一方面，我们容易看出，式 (7.2.19) 的基带信号只不过是式 (7.2.18) 的解析信号的频移形式，因此在很多场合 (如时频分析等)，使用基带信号和使用解析信号一样合适。特别是在通信信号处理中，基带信号比解析信号使用起来更方便，因为基带信号不含载波，解析信号含载波，而载波的作用只是作为信息信号的一种载体，不含有任何有用的信息。

7.2.3 瞬时频率与群延迟

信号的最高频率与最低频率之差 $B = f_{\max} - f_{\min}$ 称为该信号的带宽，信号的持续时间 T 则称为信号的时宽。

所有实际的信号都有一个时间起点和一个时间终点。时宽 T 在时域的作用和带宽 B 在频域的作用相同。通常希望知道信号的能量在时间区间 $0 < t < T$ 内是如何分布的。这就是信号的所谓频率特性。

为了描述非平稳信号随时间变化的频率特性，瞬时物理量往往起着重要的作用。瞬时频率和群延迟就是这样两个物理量。

“频率”是我们在工程和物理学乃至日常生活中最常用的技术术语之一。在平稳信号的分析与处理中，频率指的是 Fourier 变换的参数 —— 圆频率 f 或角频率 ω，它们与时间无关。然而，对于非平稳信号而言，Fourier 频率不再是合适的物理量。这里有两个原因：(1) 非平稳信号不再简单地用 Fouroer 变换作分析工具；(2) 非平稳信号的频率是随时间变化的。因此，需要使用另一种频率概念，它就是瞬时频率。

从物理学的角度，信号可分为单分量和多分量信号两大类。单分量信号在任意时刻都只有一个频率，该频率称为信号的瞬时频率。多分量信号则在某些时刻具有多个不同的瞬时频率。瞬时频率最早有两种不同的定义，由 Carson 与 Fry [61] 和 Gabor [109] 分别给出。后来，Ville [289] 统一了这两种不同的定义，将瞬时相位为 $\phi(t)$ 的信号 $s(t) = a(t)\cos(\phi(t))$ 的瞬时频率定义为

$$f_i(t) = \frac{1}{2\pi}\frac{\rm d}{{\rm d}t}[\arg z(t)] \tag{7.2.21}$$

式中，$z(t)$ 是实信号 $s(t)$ 的解析信号，而 $\arg[z(t)]$ 为解析信号 $z(t)$ 的相位。即是说，瞬时频率定义为解析信号 $z(t)$ 的相位 $\arg[z(t)]$ 的导数。式 (7.2.21) 有很明确的物理意义：由于解析信号 $z(t)$ 表示复平面的一向量，所以瞬时频率表示该向量幅角的转速 (以单位时间转动多少

周计，如以弧度为单位，则应乘以 2π)。Ville 进一步注意到：由于瞬时频率是时变的，所以应该存在有与瞬时频率相对应的瞬时谱，并且该瞬时谱的平均频率即为瞬时频率。

令 E 代表信号 $z(t)$ 的总能量，即

$$E = \int_{-\infty}^{\infty} |z(t)|^2 \mathrm{d}t = \int_{-\infty}^{\infty} |Z(f)|^2 \mathrm{d}f \tag{7.2.22}$$

因此，归一化的函数 $|z(t)|^2/E$ 和 $|Z(f)|^2/E$ 可分别想象成信号 $z(t)$ 在时域和频域的能量密度函数。此时，便可以使用概率论中的矩的概念来量化描述信号的性能。例如，可以使用一阶矩定义信号谱的平均频率

$$\bar{f} = \frac{1}{E}\int_{-\infty}^{\infty} f|Z(f)|^2 \mathrm{d}f = \frac{\int_{-\infty}^{\infty} f|Z(f)|^2 \mathrm{d}f}{\int_{-\infty}^{\infty} |Z(f)|^2 \mathrm{d}f} \tag{7.2.23}$$

和瞬时频率的时间平均

$$\bar{f}_i = \frac{1}{E}\int_{-\infty}^{\infty} f_i(t)|z(t)|^2 \mathrm{d}t = \frac{\int_{-\infty}^{\infty} f_i(t)|z(t)|^2 \mathrm{d}t}{\int_{-\infty}^{\infty} |z(t)|^2 \mathrm{d}t} \tag{7.2.24}$$

利用 Gabor 的平均测度 [109]，Ville[289] 证明了，信号谱的平均频率等于瞬时频率的时间平均，即 $\bar{f} = \bar{f}_i$。

式 (7.2.21) 的瞬时频率也可写成差分形式

$$f_i(t) = \lim_{\Delta t \to 0} \frac{1}{4\pi\Delta t}\{\arg[z(t+\Delta t)] - \arg[z(t-\Delta t)]\} \tag{7.2.25}$$

令离散采样频率为 f_s，则上式给出离散时间信号 $s(n)$ 的瞬时频率定义

$$f_i(n) = \frac{f_s}{4\pi}\{\arg[z(n+1)] - \arg[z(n-1)]\} \tag{7.2.26}$$

与时域信号 $z(t)$ 对应的瞬时物理量为瞬时频率，而与频域信号 $Z(f)$ 对应的瞬时物理量称为群延迟 $\tau_g(f)$。群延迟表示频谱 $Z(f)$ 中频率为 f 的各个分量的 (群体) 延迟，定义为

$$\tau_g(f) = -\frac{1}{2\pi}\frac{\mathrm{d}}{\mathrm{d}f}\arg[Z(f)] \tag{7.2.27}$$

式中，$\arg[Z(f)]$ 为信号 $z(t)$ 的相位谱。若 $Z(f) = A(f)\mathrm{e}^{\mathrm{j}\theta(f)}$，则 $\arg[Z(f)] = \theta(f)$。

类似于式 (7.2.25)，群延迟也可以定义为

$$\tau_g(f) = \lim_{\Delta f \to 0} \frac{1}{4\pi\Delta f}(\arg[Z(f+\Delta f)] - \arg[Z(f-\Delta f)]) \tag{7.2.28}$$

而离散时间信号 $z(n)$ 的群延迟则定义为

$$\tau_g(k) = \frac{1}{4\pi}(\arg[Z(k+1)] - \arg[Z(k-1)]) \tag{7.2.29}$$

和瞬时频率一样，群延迟也有自己的物理解释。如果信号为线性相位，并且其初始相位为零，则信号作不失真的延迟，其延迟时间为该线性相位特性的负斜率即式 (7.2.29)。虽然一般信号并不具有线性相位特性，但某一频率附近很窄的频带内的相位特性仍然可以近似看成是线性的，所以用其相位特性的斜率作这些分量的群延迟是合理的。

7.2.4 不相容原理

非平稳信号分析既然采用联合的时频表示，那么是否可以同时得到理想的时间分辨率和频率分辨率呢？这个问题的答案是否定的。

令 $s(t)$ 是一个具有有限能量的零均值信号，而 $h(t)$ 为一窗函数。信号 $s(t)$ 的平均时间 $\bar{t}_s$ 和平均频率 $\bar{\omega}_s$ 定义为

$$\bar{t}_s \stackrel{\text{def}}{=} \int_{-\infty}^{\infty} t|s(t)|^2 \mathrm{d}t \tag{7.2.30}$$

$$\bar{\omega}_s \stackrel{\text{def}}{=} \int_{-\infty}^{\infty} \omega|S(\omega)|^2 \mathrm{d}\omega \tag{7.2.31}$$

式中，$S(\omega)$ 是 $s(t)$ 的 Fourier 变换。

类似地，窗函数 $h(t)$ 的平均时间和平均频率定义为

$$\bar{t}_h \stackrel{\text{def}}{=} \int_{-\infty}^{\infty} t|h(t)|^2 \mathrm{d}t \tag{7.2.32}$$

$$\bar{\omega}_h \stackrel{\text{def}}{=} \int_{-\infty}^{\infty} \omega|H(\omega)|^2 \mathrm{d}\omega \tag{7.2.33}$$

信号 $s(t)$ 的时宽 T_s 和带宽 B_s 分别定义为[82]

$$T_s^2 \stackrel{\text{def}}{=} \int_{-\infty}^{\infty} (t-\bar{t}_s)^2 |s(t)|^2 \mathrm{d}t \tag{7.2.34}$$

$$B_s^2 \stackrel{\text{def}}{=} \int_{-\infty}^{\infty} (\omega-\bar{\omega}_s)^2 |S(\omega)|^2 \mathrm{d}\omega \tag{7.2.35}$$

时宽和带宽也可定义为

$$T_s^2 \stackrel{\text{def}}{=} \frac{\int_{-\infty}^{\infty} t^2|s(t)|^2 \mathrm{d}t}{\int_{-\infty}^{\infty} |s(t)|^2 \mathrm{d}t} \tag{7.2.36}$$

$$B_s^2 \stackrel{\text{def}}{=} \frac{\int_{-\infty}^{\infty} \omega^2|S(\omega)|^2 \mathrm{d}\omega}{\int_{-\infty}^{\infty} |S(\omega)|^2 \mathrm{d}\omega} \tag{7.2.37}$$

分别称为信号 $s(t)$ 的有效时宽和有效带宽。

能量近似分布在时宽 $[-T/2, T/2]$ 和带宽 $[-B/2, B/2]$ 内的信号称为“有限能量信号”。

考虑时宽和带宽之间的变化关系。令信号 $s(t)$ 的能量完全位于时宽 $[-T/2, T/2]$ 内，即信号具有严格意义下的时宽 T。让我们看看，在不改变信号幅值的条件下沿时间轴拉伸 $s(t)$，会发生什么情况。不妨令 $s_k(t) = s(kt)$ 代表拉伸后的信号，其中 k 为拉伸比 ($k < 1$ 对应信号时间区域的压缩，$k > 1$ 对应信号时区的拉伸)。由时宽 T_s 的定义式知，拉伸信号的时宽是原信号时宽的 k 倍，即 $T_{s_k} = kT_s$。另外，计算拉伸信号的 Fourier 变换得到 $S_k(\omega) = \frac{1}{k}S(\frac{\omega}{k}), k > 0$。再由带宽 B_s 的定义知，拉伸信号的带宽是原信号带宽的 $\frac{1}{k}$ 倍，即 $B_{s_k} = \frac{1}{k}B_s$。显而易见，拉伸信号的时宽–带宽乘积与原信号的时宽–带宽乘积相同，即 $T_{s_k}B_{s_k} = T_sB_s$。这一结论说明，对于任意信号恒有关系式 $T_sB_s =$ 常数的可能性。一个信号的时宽和带宽之间的这种基本关系可以用数学语言叙述如下。

不相容原理：有限能量的任意信号 $s(t)$ 或窗函数 $h(t)$ 的时宽和带宽的乘积满足不等式

$$\text{时宽一带宽乘积} = T_sB_s = \Delta t_s \Delta\omega_s \geqslant \frac{1}{2} \quad \text{或} \quad T_hB_h = \Delta t_h \Delta\omega_h \geqslant \frac{1}{2} \tag{7.2.38}$$

不相容原理也称测不准原理或 Heisenberg 不等式。

式 (7.2.38) 中的 Δt 和 $\Delta\omega$ 分别称为时间分辨率和频率分辨率。顾名思义，时间分辨率和频率分辨率分别是信号在两个时间点和两个频率点之间的区分能力。不相容原理表明，时宽和带宽 (即时间分辨率和频率分辨率) 是一对矛盾的量，我们不可能同时得到任意高的时间分辨率和频率分辨率。两个极端的例子是：冲激信号 $s(t)=\delta(t)$ 的时宽为零，具有最高的时间分辨率；而其带宽为无穷大 (其频谱恒等于1)，没有频率分辨率；单位直流信号 $s(t)=1$ 的带宽为零 (其频谱为冲激函数)，具有最高的频率分辨率；但其时宽无穷大，时间分辨率为零。只有当信号为高斯函数 $\mathrm{e}^{-\pi t^2}$ 时，不等式 (7.2.38) 才取等号。

窗函数在非平稳信号处理中起着重要的作用：窗函数是否具有高的时间分辨率和频率分辨率与待分析的信号的非平稳特性有关。根据以上分析，如果使用冲激信号作窗函数，则相当于只取非平稳信号在 t 时刻的值进行分析，时间分辨率最高，但却完全丧失了频率分辨率。相反，如果取单位直流信号作窗函数，即像 Fourier 变换那样取无穷长的信号进行分析，则其频率分辨率最高，但却完全没有了时间分辨率。这预示着，对于非平稳信号，局部变换的窗函数必须在信号的时间分辨率和频率分辨率之间作适当的折中选择。值得强调指出的是，对非平稳信号作加窗的局域处理，窗函数内的信号必须是基本平稳的，即窗宽必须与非平稳信号的局部平稳性相适应。因此，非平稳信号分析所能获得的频率分辨率与信号的“局域平稳长度”有关。该长度很短的非平稳信号是不可能直接得到高的频率分辨率的。

窗函数与局域平稳长度间的上述关系告诉我们，时频分析适合局域平稳长度比较大的非平稳信号；若局域平稳长度很小，则时频分析的效果比较差。这一点在进行时频信号分析时是必须注意的。有关窗宽选择与时频分析分辨率之间的关系，将在后面进一步讨论。

7.3 短时 Fourier 变换

瞬时频率和群延迟虽然是描述非平稳信号局部特性的两个有用的物理量，但是它们却不适用于多分量信号。例如，若 $z(t)=A(t)\mathrm{e}^{\mathrm{j}\phi(t)}=\sum_{i=1}^{p}z_i(t)$ 是一个 p 分量信号，我们就无法从相位 $\phi(t)$ 的导数得到各个分量信号的瞬时频率。为了获得各分量的瞬时频率，一种直观的方法是引入“局部频谱”的概念：使用一个很窄的窗函数取出信号，并求其 Fourier 变换。由于这一频谱是信号在窗函数一个窄区间内的频谱，剔除了窗函数以外的信号频谱，故称其为信号的局部频谱是合适的。使用窄窗函数的 Fourier 变换习惯称为短时 Fourier 变换，它是加窗 Fourier 变换的一种形式。加窗 Fourier 变换最早由 Gabor 于 1946 年提出 [109]。

7.3.1 连续短时 Fourier 变换

令 $g(t)$ 是一个时间宽度很短的窗函数，它沿时间轴滑动。于是，信号 $z(t)$ 的连续短时 Fourier 变换 (简称连续 STFT) 定义为

$$\mathrm{STFT}_z(t,f)=\int_{-\infty}^{\infty}[z(u)g^*(u-t)]\mathrm{e}^{-\mathrm{j}2\pi f u}\mathrm{d}u \tag{7.3.1}$$

式中，$*$ 代表复数共轭。显然，如果取无穷长 (全局) 的矩形窗函数 $g(t)=1, \forall t$，则短时

Fourier 变换退化为传统 Fourier 变换。

由于信号 $z(u)$ 乘一个相当短的窗函数 $g(u-t)$ 等价于取出信号在分析时间点 t 附近的一个切片，所以 $\mathrm{STFT}(t,f)$ 可以理解为信号 $z(u)$ 在“分析时间” t 附近的 Fourier 变换 (称为“局部频谱”)。

连续 STFT 变换具有以下基本性质。

性质 1 STFT 是一种线性时频表示。

性质 2 STFT 具有频移不变性

$$\tilde{z}(t)=z(t)\mathrm{e}^{\mathrm{j}2\pi f_0 t} \ \rightarrow \ \mathrm{STFT}_{\tilde{z}}(t,f)=\mathrm{STFT}_z(t,f-f_0) \tag{7.3.2}$$

但不具有时移不变性

$$\tilde{z}(t)=z(t-t_0) \ \rightarrow \ \mathrm{STFT}_{\tilde{z}}(t,f)=\mathrm{STFT}_z(t-t_0,f)\mathrm{e}^{-\mathrm{j}2\pi t_0 f} \tag{7.3.3}$$

即不满足 $\mathrm{STFT}_{\tilde{z}}(t,f)=\mathrm{STFT}_z(t-t_0,f)$。

在信号处理中，传统的 Fourier 变换称为 Fourier 分析，而 Fourier 逆变换称为 Fourier 综合，因为 Fourier 逆变换是利用 Fourier 频谱来重构或综合原信号的。类似地，STFT 也有分析和综合之分。很显然，为了使 STFT 真正是一种有实际价值的非平稳信号分析工具，信号 $z(t)$ 应该能够由 $\mathrm{STFT}_z(t,f)$ 完全重构。设重构公式为

$$p(u)=\int_{-\infty}^{\infty}\int_{-\infty}^{\infty}\mathrm{STFT}_z(t,f)\gamma(u-t)\mathrm{e}^{\mathrm{j}2\pi f u}\mathrm{d}t\mathrm{d}f \tag{7.3.4}$$

将式 (7.3.1) 代入式 (7.3.4)，容易证明

$$\begin{aligned}p(u)&=\int_{-\infty}^{\infty}\int_{-\infty}^{\infty}\left[\int_{-\infty}^{\infty}\mathrm{e}^{-\mathrm{j}2\pi f(t'-u)}\mathrm{d}f\right]z(t')g^*(t'-t)\gamma(u-t)\mathrm{d}t'\mathrm{d}t\\&=\int_{-\infty}^{\infty}\int_{-\infty}^{\infty}z(t')g^*(t'-t)\gamma(u-t)\delta(t'-u)\mathrm{d}t'\mathrm{d}t\end{aligned}$$

这里使用了熟知的积分结果 $\int_{-\infty}^{\infty}\mathrm{e}^{-\mathrm{j}2\pi f(t'-u)}\mathrm{d}f=\delta(t'-u)$。利用 δ 函数的性质，立即有

$$p(u)=z(u)\int_{-\infty}^{\infty}g^*(u-t)\gamma(u-t)\mathrm{d}t=z(u)\int_{-\infty}^{\infty}g^*(t)\gamma(t)\mathrm{d}t \tag{7.3.5}$$

当重构结果 $p(u)$ 恒等于原始信号 $z(t)$ 时，称这样的重构为“完全重构”。由上式可以看出，为了实现完全重构即为了使 $p(u)=z(u)$，要求窗函数 $g(t)$ 和 $\gamma(t)$ 必须满足条件

$$\int_{-\infty}^{\infty}g^*(t)\gamma(t)\mathrm{d}t=1 \tag{7.3.6}$$

称为 STFT 完全重构条件。

完全重构条件是一个很宽的条件，对于一个给定的分析窗函数 $g(t)$，满足条件式 (7.3.6) 的综合窗函数 $\gamma(t)$ 可以有无穷多种可能的选择。那么，如何选择一个合适的综合窗函数 $\gamma(t)$ 呢？这里有三种最简单的选择：(1) $\gamma(t)=g(t)$；(2) $\gamma(t)=\delta(t)$；(3) $\gamma(t)=1$。

最感兴趣的是第一种选择 $\gamma(t)=g(t)$，与之对应的完全重构条件式 (7.3.6) 变为

$$\int_{-\infty}^{\infty}|g(t)|^2\mathrm{d}t=1 \tag{7.3.7}$$

这一公式称为能量归一化。此时，式 (7.3.4) 可写成

$$z(t)=\int_{-\infty}^{\infty}\int_{-\infty}^{\infty}\mathrm{STFT}_z(t',f')g(t-t')\mathrm{e}^{\mathrm{j}2\pi f't'}\mathrm{d}t'\mathrm{d}f' \tag{7.3.8}$$

上式可视为广义短时 Fourier 逆变换。与 Fourier 变换和 Fourier 逆变换都是一维变换不同，短时 Fourier 变换式 (7.3.1) 为一维变换，广义短时 Fourier 逆变换式 (7.3.8) 则属二维变换。

综上所述，短时 Fourier 变换可视为非平稳信号的时频分析，而广义短时 Fourier 逆变换则为非平稳信号的时频综合。这就是为什么把 $g(t)$ 和 $\gamma(t)$ 分别称为分析窗函数和综合窗函数的原因。

函数 $\mathrm{STFT}_z(t,f)$ 可以看作是信号 $z(t)$ 与窗函数 $g(u)$ 的时间平移－频率调制形式 $g_{t,f}(u)$ 的内积，即

$$\mathrm{STFT}_z(t,f)=\langle z,g_{t,f}\rangle \tag{7.3.9}$$

式中，$\langle z,g_{t,f}\rangle=\int_{-\infty}^{\infty}z(u)g_{t,f}^*(u)\mathrm{d}u$，且

$$g_{t,f}(u)=g(u-t)\mathrm{e}^{\mathrm{j}2\pi fu} \tag{7.3.10}$$

原则上，分析窗函数 $g(t)$ 可以在平方可积分空间即 $L^2(R)$ 空间内任意选择。不过，在实际应用中，通常希望选择的窗函数 $g(t)$ 是一个“窄”时间函数，以使得式 (7.3.1) 的积分仅受到 $z(t)$ 及其附近的值的影响。自然地，还希望 $g(t)$ 的 Fourier 变换 $G(f)$ 也是个“窄”函数。为了看出这一要求的必要性，不妨回顾一下卷积定理：两个函数在时域的乘积 $z(t)g(t)$ 等价于它们在频域的卷积 $Z(f)*G(f)$。如果 $g(t)$ 的 Fourier 变换 $G(f)$ 很宽，则信号的 Fourier 变换 $Z(f)$ 通过卷积后，在很宽的频率范围内将受到 $G(f)$ 的作用。这正是希望避免的。遗憾的是，根据前面的不相容原理，窗函数 $g(t)$ 的有效时宽 τ_{eff} 和带宽 ω_{eff} 不可能任意小，因为它们的乘积服从 Heisenberg 不等式 $\tau_{\text{eff}}\omega_{\text{eff}}\geqslant 0.5$，并且当窗函数取高斯函数即 $g(t)=\mathrm{e}^{-\pi t^2}$ 时，$\tau_{\text{eff}}\omega_{\text{eff}}=0.5$。即是说，高斯窗函数具有最好 (即最小) 的时宽－带宽乘积。为了使窗函数还具有单位能量，常取

$$g^0(t)=2^{1/4}\mathrm{e}^{-\pi t^2} \tag{7.3.11}$$

所得到的基函数 $g_{t,f}^0(t')=g^0(t'-t)\mathrm{e}^{\mathrm{j}2\pi ft'}$ 在物理学中叫做“标准相干态”，而在工程中，则是 Gabor 在提出加窗 Fourier 变换时引入的。因此，常将 $g^0(t)$ 称为 Gabor 原子，称 $g_{t,f}^0(t')$ 为 Gabor 基函数。Gabor 基函数 $g_{t,f}^0$ 在时频平面上高度聚集在时频点 (t,f) 附近。

提出短时 Fourier 变换的实际目的主要是了解信号的局域频率特性。上面一再提到“局部频谱”，那么“局部频谱”与基于 (整体) Fourier 变换的“全局频谱”之间究竟有怎样的联系呢？从式 (7.3.1) 可知，某个时刻 t 的 $\mathrm{STFT}_z(t,f)$ 即 $z(t')g^*(t'-t)$ 的 Fourier 变换不仅决定于 t 时刻附近窗函数内的信号，而且还和窗函数 $g(t)$ 本身有关。以频率为 f_0 的单频率信号为例，基于 Fourier 变换的全局频谱为位于 f_0 的冲激函数 $\delta(f_0)$。这样的非时变信号若以时频表示 (时间为横轴，频率为纵轴) 描述之，按理说信号在时频平面的“局部频谱”应是在 f_0 的一条水平的冲激线函数，即任一时刻 t 的切片均为同一冲激谱。然而，实际情况并非如此，因为按照式 (7.3.1) 求得的“局部频谱”等于 $G(f-f_0)\mathrm{e}^{\mathrm{j}2\pi ft}$，其中 $G(f)$ 代表分析窗函数 $g(t)$ 的频谱。因此，单频率信号的局部特性表现在相位因子 $\mathrm{e}^{\mathrm{j}2\pi ft}$ 里，并且局部谱被分析

窗函数的频谱 $G(f)$ 展宽了，而且窗口越窄，频谱 $G(f)$ 就越宽，单频率信号的局部频谱也就越宽。这说明分析谱的引入会降低局部频谱的分辨率。为了保持局部频谱的分辨率，分析窗就应该宽，但是当窗宽超过非平稳信号的局域平稳长度时，窗函数内的信号将是非平稳的，又会使相邻的频谱混叠，从而不能正确表现局部频谱。换句话说，窗宽应该与信号的局域平稳长度相适应。

7.3.2 离散短时 Fourier 变换

以上讨论了连续短时 Fourier 变换。对于任何实际应用而言，需要将 $\text{STFT}_z(t,f)$ 离散化，即将 $\text{STFT}_z(t,f)$ 在等间隔时频网格点 (mT,nF) 处采样，其中 $T>0$ 和 $F>0$ 分别是时间变量和频率变量的采样周期，而 m 和 n 为整数。为简便计，引入符号 $\text{STFT}(m,n)=\text{STFT}(mT,nF)$。于是，对于离散信号 $z(k)$，很容易得到短时 Fourier 变换公式 (7.3.1) 的离散化形式

$$\text{STFT}(m,n)=\sum_{k=-\infty}^{\infty} z(k)g^*(kT-mT)\mathrm{e}^{-\mathrm{j}2\pi(nF)k} \tag{7.3.12}$$

和广义短时 Fourier 逆变换公式 (7.3.4) 的离散化形式

$$z(k)=\sum_{m=-\infty}^{\infty}\sum_{n=-\infty}^{\infty}\text{STFT}(m,n)\gamma(kT-mT)\mathrm{e}^{\mathrm{j}2\pi(nF)k} \tag{7.3.13}$$

式 (7.3.2) 和式 (7.3.13) 分别称为离散短时 Fourier 变换和离散短时 Fourier 逆变换。

需要注意的是，与完全重构约束条件式 (7.3.6) 相对应，时间采样周期 T、频率采样周期 F、离散分析窗 $g(k)$ 和离散综合窗 $\gamma(k)$ 之间也应满足离散情况下的“完全重构条件”

$$\frac{1}{F}\sum_{m=-\infty}^{\infty} g\left(kT+n\frac{1}{F}-mT\right)\gamma^*(kT-mT)=\delta(n),\quad \forall k \tag{7.3.14}$$

显然，上述条件要比连续情况下的完全重构条件 $\int_{-\infty}^{\infty} g(t)\gamma^*(t)\mathrm{d}t=1$ 更加苛刻。特别地，若选择 $\gamma(k)=g(k)$，则离散短时 Fourier 逆变换为

$$z(k)=\sum_{m=-\infty}^{\infty}\sum_{n=-\infty}^{\infty}\text{STFT}(m,n)g(kT-mT)\mathrm{e}^{\mathrm{j}2\pi(nF)k} \tag{7.3.15}$$

STFT 在语音信号处理中有着重要的应用，因为信号频率分量随时间变化快而且复杂的典型例子当推人的语音。为了分析语音信号，Koenig等人 [154] 和 Potter 等人 [223] 早在半个世纪之前就相继提出了 (声) 谱图方法。谱图 (spectrogram) 定义为信号短时 Fourier 变换的模值平方，即

$$\text{SPEC}(t,\omega)=|\text{STFT}(t,\omega)|^2 \tag{7.3.16}$$

信号 $z(t)$、窗函数 $g(t)$ 以及谱图的平均时间定义为

$$\bar{t}_z \stackrel{\text{def}}{=} \int_{-\infty}^{\infty} t|z(t)|^2\mathrm{d}t \tag{7.3.17}$$

$$\bar{t}_g \stackrel{\text{def}}{=} \int_{-\infty}^{\infty} t|g(t)|^2\mathrm{d}t \tag{7.3.18}$$

$$\bar{t}_{\text{SPEC}} \stackrel{\text{def}}{=} \int_{-\infty}^{\infty}\int_{-\infty}^{\infty} t|\text{SPEC}(t,\omega)|^2\mathrm{d}t\mathrm{d}\omega \tag{7.3.19}$$

平均频率定义为

$$\bar{\omega}_z \stackrel{\text{def}}{=} \int_{-\infty}^{\infty} \omega |Z(\omega)|^2 \mathrm{d}\omega \tag{7.3.20}$$

$$\bar{\omega}_g \stackrel{\text{def}}{=} \int_{-\infty}^{\infty} \omega |G(\omega)|^2 \mathrm{d}\omega \tag{7.3.21}$$

$$\bar{\omega}_{\text{SPEC}} \stackrel{\text{def}}{=} \int_{-\infty}^{\infty} \int_{-\infty}^{\infty} \omega |\text{SPEC}(t,\omega)|^2 \mathrm{d}t \mathrm{d}\omega \tag{7.3.22}$$

利用这些物理量，又可以定义信号、窗函数、谱图的时宽

$$T_z^2 \stackrel{\text{def}}{=} \int_{-\infty}^{\infty} (t-\bar{t}_z)^2 |z(t)|^2 \mathrm{d}t \tag{7.3.23}$$

$$T_g^2 \stackrel{\text{def}}{=} \int_{-\infty}^{\infty} (t-\bar{t}_g)^2 |g(t)|^2 \mathrm{d}t \tag{7.3.24}$$

$$T_{\text{SPEC}}^2 \stackrel{\text{def}}{=} \int_{-\infty}^{\infty} \int_{-\infty}^{\infty} (t-\bar{t}_{\text{SPEC}})^2 |\text{SPEC}(t,\omega)|^2 \mathrm{d}t \mathrm{d}\omega \tag{7.3.25}$$

和带宽

$$B_z^2 \stackrel{\text{def}}{=} \int_{-\infty}^{\infty} (\omega-\bar{\omega}_z)^2 |Z(\omega)|^2 \mathrm{d}\omega \tag{7.3.26}$$

$$B_g^2 \stackrel{\text{def}}{=} \int_{-\infty}^{\infty} (\omega-\bar{\omega}_g)^2 |G(\omega)|^2 \mathrm{d}\omega \tag{7.3.27}$$

$$B_{\text{SPEC}}^2 \stackrel{\text{def}}{=} \int_{-\infty}^{\infty} \int_{-\infty}^{\infty} (\omega-\bar{\omega}_{\text{SPEC}})^2 |\text{SPEC}(t,\omega)|^2 \mathrm{d}t \mathrm{d}\omega \tag{7.3.28}$$

通过直接计算，容易验证，谱图 SPEC 与信号 $z(t)$、窗函数 $g(t)$ 之间存在关系式

$$\bar{t}_{\text{SPEC}} = \bar{t}_z - \bar{t}_g \tag{7.3.29}$$

$$\bar{\omega}_{\text{SPEC}} = \bar{\omega}_z + \bar{\omega}_g \tag{7.3.30}$$

$$T_{\text{SPEC}}^2 = T_z^2 + T_g^2 \tag{7.3.31}$$

$$B_{\text{SPEC}}^2 = B_z^2 + B_g^2 \tag{7.3.32}$$

最后两式是谱图、信号、窗函数三者的时宽和带宽之间的关系。

STFT 可视为一种窗函数很短的加窗 Fourier 变换。当窗函数取其他形式时，可以得到其他类型的加窗 Fourier 变换，例如下一节将介绍的 Gabor 变换。

7.4 Gabor 变换

使用级数作为信号或函数的展开形式是一种重要的信号处理手段。根据基函数是否正交，级数展开分为正交级数展开和非正交级数展开。Fourier 分析中的 Fourier 级数就是一种典型的正交级数展开。本节介绍信号的一种非正交展开 —— Gabor 展开，它是 Gabor [109] 于 1946 年提出的。Gabor 展开系数的积分表示公式则称作 Gabor 变换。现在，Gabor 展开和 Gabor 变换已被公认是通信和信号处理中信号表示尤其是图像表示的最好方法之一。

7.4.1 连续 Gabor 变换

令 $\phi(t)$ 是感兴趣的实连续时间信号，并以时间间隔 T 对信号采样。引入信号 $\phi(t)$ 的时间和频率联合函数 Φ，定义为

$$\Phi(t,f)=\sum_{m=-\infty}^{\infty}\phi(t+mT)\mathrm{e}^{-\mathrm{j}2\pi fmT} \tag{7.4.1}$$

并称为信号 $\phi(t)$ 的复谱图。假定 $g(t)$ 是加给信号 $\phi(t)$ 的窗函数，且

$$G(t,f)=\sum_{m=-\infty}^{\infty}g(t+mT)\mathrm{e}^{-\mathrm{j}2\pi fmT} \tag{7.4.2}$$

定义为窗函数 $g(t)$ 的复谱图。

如何用窗函数的复谱图 $G(t,f)$ 表示信号的复谱图 $\Phi(t,f)$ 呢？一种简单的方法是取

$$\Phi(t,f)=A(t,f)G(t,f) \tag{7.4.3}$$

式中，$A(t,f)$ 定义为

$$A(t,f)=\sum_{m=-\infty}^{\infty}\sum_{n=-\infty}^{\infty}a_{mn}\mathrm{e}^{-\mathrm{j}2\pi(mTf-nFt)} \tag{7.4.4}$$

这里 F 代表信号 $\phi(t)$ 的频率采样间隔。

将式 (7.4.1)、式 (7.4.2) 和式 (7.4.4) 一并代入式 (7.4.3) 中，然后比较左右两边同幂次的系数，即得

$$\phi(t)=\sum_{m=-\infty}^{\infty}\sum_{n=-\infty}^{\infty}a_{mn}g_{mn}(t) \tag{7.4.5}$$

式中

$$g_{mn}(t)=g(t-mT)\mathrm{e}^{\mathrm{j}2\pi nFt} \tag{7.4.6}$$

式 (7.4.5) 就是 Gabor 在半个世纪前提出的信号 $\phi(t)$ 的展开形式[109]，现在习惯称为(连续) 信号 $\phi(t)$ 的连续 Gabor 展开，系数 a_{mn} 称为 Gabor 展开系数，而 $g_{mn}(t)$ 则称为 (m,n) 阶 Gabor 基函数或 Gabor 原子。

由于 Gabor 基函数 $g_{mn}(t)$ 只是由母函数 $g(t)$ 的平移和调制这两种基本运算构造的，所以若 $g(t)$ 是非正交的函数，则 Gabor 基函数 $g_{mn}(t)$ 也是非正交的。因此，Gabor 展开是一种非正交的级数展开。在数学上，函数的非正交级数展开称为原子展开；而在物理学中，非正交展开则是相对于相干态离散集合的级数展开。这就是为什么 Gabor 基函数也称 Gabor 原子的原因。

满足 $TF=1$ 条件的采样称为临界采样，与之对应的 Gabor 展开称为临界采样 Gabor 展开。此外，还存在另外两种 Gabor 展开：

(1) 欠采样 Gabor 展开：$TF>1$；

(2) 过采样 Gabor 展开：$TF<1$。

业已证明[90]，欠采样 Gabor 展开会导致数值上的不稳定，所以它不是一种具有实际意义的方法，本书将不讨论它。

下面讨论临界采样和过采样情况下的 Gabor 展开与 Gabor 变换。

1. 临界采样 Gabor 展开

虽然临界采样 Gabor 展开早在 1946 年就已问世，但如何确定 Gabor 展开系数的问题却迟迟未有好的方法，以至于它沉睡了 30 多年。只是到了 1981 年，才由 Bastiaans[26] 提出了一种简单而有效的方法，使得 Gabor 展开获得了迅速的发展。

Bastiaans 的这一方法称为 Bastiaans 解析法，其基本思想是，在 $G(t,f)$ 可以作除法的假设下，引入辅助函数 $\varGamma(t,f)$，它是 $G(t,f)$ 共轭倒数的 $1/T$ 倍，即

$$\varGamma(t,f)G^*(t,f)=\frac{1}{T}=F \tag{7.4.7}$$

式中

$$\varGamma(t,f)=\sum_{m=-\infty}^{\infty}\gamma(t+mT)\mathrm{e}^{-\mathrm{j}2\pi fmT} \tag{7.4.8}$$

将式 (7.4.3) 代入式 (7.4.7) 后得

$$\frac{1}{T}A(t,f)=\varPhi(t,f)\varGamma(t,f) \tag{7.4.9}$$

再将式 (7.4.3)、式 (7.4.4) 和式 (7.4.8) 一起代入式 (7.4.9)，并比较等该式左边、右两边同幂次的系数，即得到一个重要的公式

$$a_{mn}=\int_{-\infty}^{\infty}\phi(t)\gamma^*(t-mT)\mathrm{e}^{-\mathrm{j}2\pi nFt}\mathrm{d}t=\int_{-\infty}^{\infty}\phi(t)\gamma_{mn}^*(t)\mathrm{d}t \tag{7.4.10}$$

式中

$$\gamma_{mn}(t)=\gamma(t-mT)\mathrm{e}^{\mathrm{j}2\pi nFt} \tag{7.4.11}$$

式 (7.4.10) 称为信号 $\phi(t)$ 的 Gabor 变换。它表明，当信号 $\phi(t)$ 和辅助函数 $\gamma(t)$ 给定时，Gabor 展开系数 a_{mn} 可以利用 Gabor 变换求出。

综上所述，利用式 (7.4.5) 对信号 $\phi(t)$ 作 Gabor 展开时，需要解决的两个重要问题是：

(1) 选择窗函数 $g(t)$，以便用式 (7.4.6) 构造 Gabor 基函数 $g_{mn}(t)$；

(2) 选择辅助函数 $\gamma(t)$，计算 Gabor 变换公式 (7.4.10)，得到 Gabor 展开系数 a_{mn}。

显然，Gabor 展开的关键是窗函数 $g(t)$ 和辅助函数 $\gamma(t)$ 的选择。

下面讨论这两个函数之间的关系。先考查 $\gamma_{mn}(t)$ 与 $g_{mn}(t)$ 之间的关系。为此，将式 (7.4.10) 代入式 (7.4.5)，得

$$\begin{aligned}\phi(t)&=\sum_{m=-\infty}^{\infty}\sum_{n=-\infty}^{\infty}\int_{-\infty}^{\infty}\phi(t')\gamma_{mn}^*(t')g_{mn}(t)\mathrm{d}t'\\&=\int_{-\infty}^{\infty}\phi(t')\sum_{m=-\infty}^{\infty}\sum_{n=-\infty}^{\infty}g_{mn}(t)\gamma_{mn}^*(t')\mathrm{d}t'\end{aligned}$$

这就是信号的重构公式。如果上式对所有时间 t 恒成立，则称信号 $\phi(t)$ 是完全重构的。此时，要求 $g_{mn}(t)$ 和 $\gamma_{mn}(t)$ 满足条件

$$\sum_{m=-\infty}^{\infty}\sum_{n=-\infty}^{\infty}g_{mn}(t)\gamma_{mn}^*(t')=\delta(t-t') \tag{7.4.12}$$

这就是 Gabor 展开的完全重构公式。

式 (7.4.12) 虽然重要，但使用起来不方便。更实用的是 $g(t)$ 与 $\gamma(t)$ 之间的关系。可以证明，它们应该满足关系式

$$\int_{-\infty}^{\infty} g(t)\gamma^*(t-mT)\mathrm{e}^{-\mathrm{j}2\pi nFt}\mathrm{d}t = \delta(m)\delta(n) \tag{7.4.13}$$

这一关系称为窗函数 $g(t)$ 与辅助窗函数 $\gamma(t)$ 之间的双正交关系。所谓双正交，意即只要 (m,n) 阶 Gabor 展开中的 m,n 有一个不为零，$\gamma(t)$ 便与 $g(t)$ 正交。由此，常称辅助函数 $\gamma(t)$ 是窗函数 $g(t)$ 的双正交函数。

综上所述，在选择了合适的 Gabor 基函数 $g(t)$之后，确定 Gabor 展开系数的解析法可分两步进行：

(1) 求解双正交方程 (7.4.13)，得到辅助函数 $\gamma(t)$；

(2) 计算 Gabor 变换 (7.4.10)，得到 Gabor 展开系数 a_{mn}。

可见，辅助函数 $\Gamma(t,f)$ 的引入使得 Gabor 展开系数 a_{mn} 的确定变得很简单，从而解决了长期困扰 Gabor 展开的一个难题!

有意思的是，将函数 $g(t)$ 和 $\gamma(t)$ 互换后，双正交关系式 (7.4.13) 仍然成立。推而广之，上述讨论得到的各有关公式中的函数 $g(t)$ 和 $\gamma(t)$ 均可以互换。也就是说，信号 $\phi(t)$ 的 Gabor 展开式 (7.4.5) 和 Gabor 变换式 (7.4.10) 也可以取下面的对偶形式

$$\phi(t) = \sum_{m=-\infty}^{\infty}\sum_{n=-\infty}^{\infty} a_{mn}\gamma(t-mT)\mathrm{e}^{\mathrm{j}2\pi nFt} \tag{7.4.14}$$

$$= \sum_{m=-\infty}^{\infty}\sum_{n=-\infty}^{\infty} a_{mn}\gamma_{mn}(t) \tag{7.4.15}$$

以及

$$a_{mn} = \int_{-\infty}^{\infty} \phi(t)g^*(t-mT)\mathrm{e}^{-\mathrm{j}2\pi nFt}\mathrm{d}t = \int_{-\infty}^{\infty} \phi(t)g_{mn}^*(t)\mathrm{d}t \tag{7.4.16}$$

故常称 $\gamma(t)$ 是 $g(t)$ 的对偶函数。显然，$\gamma_{mn}(t)$ 与 Gabor 基函数 $g_{mn}(t)$ 之间也是对偶的，因此又将 $\gamma_{mn}(t)$ 称为对偶 Gabor 基函数。

下面是窗函数 $g(t)$ 及其对偶函数 $\gamma(t)$ 的几种选择例子：

(1) 矩形窗函数

$$g(t) = \left(\frac{1}{T}\right)^{1/2} p\left(2\frac{t}{T}\right) \tag{7.4.17}$$

$$\gamma(t) = \left(\frac{1}{T}\right)^{1/2} p\left(2\frac{t}{T}\right) \tag{7.4.18}$$

(2) 广义矩形窗函数

$$g(t) = \left(\frac{1}{T}\right)^{1/2} p\left(2\frac{t}{T}\right) f(t) \tag{7.4.19}$$

$$\gamma(t) = \left(\frac{1}{T}\right)^{1/2} p\left(2\frac{t}{T}\right) \frac{1}{f^*(t)} \tag{7.4.20}$$

式中，$f(t)$ 是 t 的任意函数。

(3) 高斯窗函数

$$g(t)=\left(\frac{\sqrt{2}}{T}\right)^{1/2}\mathrm{e}^{-\pi(t/T)^2} \tag{7.4.21}$$

$$\gamma(t)=\left(\frac{1}{\sqrt{2}T}\right)^{1/2}\mathrm{e}^{\pi(t/T)^2}\sum_{n+\frac{1}{2}\geqslant\frac{1}{T}}(-1)^n\mathrm{e}^{-\pi(n+t/T)^2} \tag{7.4.22}$$

典型的 Gabor 基函数取作

$$g_{mn}(t)=g_T(t-mT)\mathrm{e}^{\mathrm{j}2\pi nFt} \tag{7.4.23}$$

式中，$g_T(t)$ 为高斯函数，即

$$g_T(t)=\mathrm{e}^{-\pi(t/T)^2} \tag{7.4.24}$$

2. 过采样 Gabor 展开

对于过采样情况，令时间采样间隔为 T_1、频率采样间隔为 F_1，且 $T_1F_1<1$。过采样 Gabor 展开及 Gabor 变换的公式和临界采样 Gabor 展开及 Gabor 变换的公式具有相同的形式

$$\phi(t)=\sum_{m=-\infty}^{\infty}\sum_{n=-\infty}^{\infty}a_{mn}g_{mn}(t) \tag{7.4.25}$$

$$a_{mn}=\int_{-\infty}^{\infty}\phi(t)\gamma^*(t)\mathrm{d}t \tag{7.4.26}$$

而 Gabor 基函数 $g_{mn}(t)$ 和对偶 Gabor 基函数 $\gamma_{mn}(t)$ 定义为

$$g_{mn}(t)=g(t-mT_1)\mathrm{e}^{\mathrm{j}2\pi nF_1t} \tag{7.4.27}$$

$$\gamma_{mn}(t)=\gamma(t-mT_1)\mathrm{e}^{\mathrm{j}2\pi nF_1t} \tag{7.4.28}$$

过采样和临界采样情况的主要不同体现在 Gabor 基函数 $g(t)$ 与其对偶函数 $\gamma(t)$ 之间的关系需要加以修正。具体而言，临界采样的双正交公式 (7.4.13) 需修正为 [293]

$$\int_{-\infty}^{\infty}g(t)\gamma^*(t-mT_0)\mathrm{e}^{-\mathrm{j}2\pi nF_0t}=\frac{T_1}{T_0}\delta(m)\delta(n),\quad T_0=\frac{1}{F_1},\ F_0=\frac{1}{T_1} \tag{7.4.29}$$

而临界采样的完全重构公式 (7.4.12) 则需要修正为 [293]

$$\sum_{m=-\infty}^{\infty}g(t-mT_1)\gamma^*(t-mT_1+nT_0)=\frac{1}{T_0}\delta(n) \tag{7.4.30}$$

由于式 (7.4.29) 右边与一个非 1 的因子相乘，所以式 (7.4.29) 常称为似双正交公式。同理，式 (7.4.30) 称作似正交公式。

值得指出的是，临界采样 Gabor 展开和 Gabor 变换不含冗余，这体现在当 $g(t)$ 给定时，满足完全重构条件式 (7.4.12) 的对偶函数 $\gamma(t)$ 是唯一确定的。然而，过采样 Gabor 展开和

Gabor 变换会带来冗余，因为对于一个给定的 $g(t)$，满足完全重构条件式 (7.4.30) 的对偶函数 $\gamma(t)$ 具有多个可能的解。

定义矩阵

$$\boldsymbol{W}(t)=\{w_{ij}(t)\} \quad 和 \quad \tilde{\boldsymbol{W}}(t)=\{\tilde{w}_{ij}(t)\} \tag{7.4.31}$$

式中

$$w_{ij}(t)=g[t+(iT_1-jT_0)] \quad 和 \quad \tilde{w}_{ij}(t)=T_1\gamma^*[t-(iT_0-jT_1)] \tag{7.4.32}$$

这里 $i,j=-\infty,\cdots,\infty$。注意，$\boldsymbol{W}(t)$ 和 $\tilde{\boldsymbol{W}}(t)$ 均是无穷维矩阵。容易验证，完全重构条件式 (7.4.30) 可以写作

$$\boldsymbol{W}(t)\tilde{\boldsymbol{W}}(t)=\boldsymbol{I} \tag{7.4.33}$$

式中，$\boldsymbol{I}$ 为单位矩阵。

矩阵方程式 (7.4.33) 的最小范数解由

$$\tilde{\boldsymbol{W}}(t)=\boldsymbol{W}^{\mathrm{T}}(t)[\boldsymbol{W}(t)\boldsymbol{W}^{\mathrm{T}}(t)]^{-1} \tag{7.4.34}$$

给出。与矩阵$\tilde{\boldsymbol{W}}(t)$ 对应的辅助函数 $\gamma(t)$ 称为 $g(t)$ 的最优双正交函数。

定义 $g(t)$ 的 Zak 变换为

$$\mathrm{Zak}[g(t)]=\widehat{g}(t,f)=\sum_{k=-\infty}^{\infty} g(t-k)\mathrm{e}^{-\mathrm{j}2\pi kf} \tag{7.4.35}$$

则可以证明[293]，$g(t)$ 的双正交函数 $\gamma(t)$ 可以计算为

$$\gamma(t)=2\pi\int_0^1 \frac{\mathrm{d}f}{\hat{g}^*(t,f)} \tag{7.4.36}$$

一旦获得 $\gamma(t)$ 后，便可利用式 (7.4.26) 直接计算 Gabor 变换。

在将一连续时间信号 $\phi(t)$ 作 Gabor 展开时，通常要求 Gabor 基函数 $g_{mn}(t)$ 服从能量归一化条件

$$\int_{-\infty}^{\infty}|g_{mn}(t)|^2\mathrm{d}t=1 \tag{7.4.37}$$

有必要对 Gabor 变换与 STFT 之间的异同点作一比较。将式 (7.4.10) 与式 (7.3.1) 作比较后知，Gabor 变换与 STFT 在形式上颇为相似，但两者之间存在以下本质区别：

(1) STFT 的窗函数 $g(t)$ 必须是窄窗，而 Gabor 变换的窗函数 $\gamma(t)$ 却无此限制。因此，可以将 Gabor 变换看作是一种加窗 Fourier 变换，其适用范围比 STFT 的适用范围更广泛；

(2) $\mathrm{STFT}(t,f)$ 是信号的时频二维表示，而 Gabor 变换系数 a_{mn} 则是信号的时间移位–频率调制二维表示，因为从式 (7.4.10) 可以看出，参数 m 相当于信号 $\phi(t)$ 时间移位 mT 单位，而 n 的作用则体现在使用指数函数 $\mathrm{e}^{\mathrm{j}2\pi nFt}$ 对信号 $\phi(t)$ 进行频率调制。

7.4.2 离散 Gabor 变换

对时间变量的采样会导致频域的周期性，而对频率变量的采样又会导致时域的周期性。由于需要同时对时间和频率二者离散化，所以 Gabor 变换的离散化形式 (简称离散 Gabor

变换) 只适用于离散时间的周期信号。下面用 $\tilde{\phi}(k)$ 表示离散时间的周期信号，周期信号的离散 Gabor 展开系数和窗函数分别用 $\tilde{a}_{mn}$ 和 $\tilde{g}(k)$ 表记之。

令离散周期信号 $\tilde{\phi}(k)$ 的周期为 L，即 $\tilde{\phi}(k)=\tilde{\phi}(k+L)$，其离散 Gabor 展开定义为[293]

$$\tilde{\phi}(k)=\sum_{m=0}^{M-1}\sum_{n=0}^{N-1}\tilde{a}_{mn}\tilde{g}(k-m\Delta_M)\mathrm{e}^{\mathrm{j}2\pi nk\Delta_N} \tag{7.4.38}$$

其中 Gabor 展开系数

$$\tilde{a}_{mn}=\sum_{k=0}^{L-1}\tilde{\phi}(k)\tilde{\gamma}^*(k-m\Delta_M)\mathrm{e}^{-\mathrm{j}2\pi nk\Delta_N} \tag{7.4.39}$$

式中，Δ_M 和 Δ_N 分别为时间和频率采样间隔，而 M 和 N 分别是时间和频率采样的样本数。

过采样率定义为

$$\alpha=\frac{L}{\Delta_M\Delta_N} \tag{7.4.40}$$

并要求 $M\Delta_M=N\Delta_N=L$。将这一关系代入式 (7.4.40)，又可将过采样率定义改写为

$$\alpha=\frac{\text{Gabor 展开系数的个数 } MN}{\text{信号样本个数 } L} \tag{7.4.41}$$

当 $\alpha=1$ 时，离散 Gabor 变换是临界采样的，此时 Gabor 展开系数的个数与信号样本个数相等。若 $\alpha>1$，则离散 Gabor 变换是过采样的，即 Gabor 展开系数个数多于信号样本个数。换句话说，此时的 Gabor 展开含有冗余。

下面分别介绍临界采样和过采样情况下的离散 Gabor 展开与 Gabor 变换。

1. 临界采样情况的离散 Gabor 变换

在临界采样情况下，选择 M 满足

$$L=MN \tag{7.4.42}$$

则离散 Gabor 展开与 Gabor 变换分别变为

$$\tilde{\phi}(k)=\sum_{m=0}^{M-1}\sum_{n=0}^{N-1}\tilde{a}_{mn}\tilde{g}_{mn}(k) \tag{7.4.43}$$

$$\tilde{a}_{mn}=\sum_{k=0}^{L-1}\tilde{\phi}(k)\tilde{\gamma}_{mn}^*(k) \tag{7.4.44}$$

式中

$$\tilde{g}_{mn}(k)=\tilde{g}(k-mN)\mathrm{e}^{\mathrm{j}2\pi nk/N} \tag{7.4.45}$$

$$\tilde{\gamma}_{mn}(k)=\tilde{\gamma}(k-mN)\mathrm{e}^{\mathrm{j}2\pi nk/N} \tag{7.4.46}$$

并且 $\tilde{g}(k)$ 是一周期 Gabor 基函数，其周期为 L，即

$$\tilde{g}(k)=\sum_{l}\tilde{g}(k+lL)=\tilde{g}(k+L) \tag{7.4.47}$$

而 $\tilde{\gamma}(k)$ 也是一周期序列，它满足双正交条件

$$\sum_{k=0}^{L-1}[\tilde{g}(k+mN)\mathrm{e}^{-\mathrm{j}2\pi nk/N}]\tilde{\gamma}^*(k)=\sum_{k=0}^{L-1}[\tilde{g}^*(k+mN)\mathrm{e}^{\mathrm{j}2\pi nk/N}]\tilde{\gamma}(k)=\delta(m)\delta(n) \tag{7.4.48}$$

其中 $0\leqslant m\leqslant M-1$ 和 $0\leqslant n\leqslant N-1$。

对于一个预先设定的 L，满足分解 $L=MN$ 的 M 和 N 可能有多组选择，因此，临界采样情况下的离散 Gabor 展开与 Gabor 变换一般是非唯一定义的，这与临界采样连续 Gabor 展开与 Gabor 变换唯一确定这一事实形成鲜明的对照。

双正交条件 (7.4.48) 可以写成矩阵形式

$$\boldsymbol{W}\boldsymbol{\gamma}=\boldsymbol{e}_1 \tag{7.4.49}$$

式中

$$\boldsymbol{W}=\begin{bmatrix}\boldsymbol{W}^{(0)} & \boldsymbol{W}^{(1)} & \cdots & \boldsymbol{W}^{(M-1)}\\ \boldsymbol{W}^{(1)} & \boldsymbol{W}^{(2)} & \cdots & \boldsymbol{W}^{(0)}\\ \vdots & \vdots & \vdots & \vdots\\ \boldsymbol{W}^{(M-1)} & \boldsymbol{W}^{(0)} & \cdots & \boldsymbol{W}^{(M-2)}\end{bmatrix} \tag{7.4.50}$$

$$\boldsymbol{\gamma}=[\tilde{\gamma}(0),\tilde{\gamma}(1),\cdots,\tilde{\gamma}(L-1)]^{\mathrm{T}} \tag{7.4.51}$$

$$\boldsymbol{e}_1=[1,0,\cdots,0]^{\mathrm{T}} \tag{7.4.52}$$

而 $\boldsymbol{W}^{(i)}$ 为 $N\times N$ 矩阵

$$\boldsymbol{W}^{(i)}=\begin{bmatrix}\tilde{g}^*(iN)w^0 & \tilde{g}^*(iN+1)w^0 & \cdots & \tilde{g}^*(iN+N-1)w^0\\ \tilde{g}^*(iN)w^0 & \tilde{g}^*(iN+1)w^1 & \cdots & \tilde{g}^*(iN+N-1)w^{N-1}\\ \vdots & \vdots & \vdots & \vdots\\ \tilde{g}^*(iN)w^0 & \tilde{g}^*(iN+1)w^{N-1} & \cdots & \tilde{g}^*(iN+N-1)w^1\end{bmatrix},\quad w=\mathrm{e}^{\mathrm{j}2\pi/N} \tag{7.4.53}$$

式 (7.4.49) 的最小二乘解为

$$\boldsymbol{\gamma}=\boldsymbol{W}^{-1}\boldsymbol{e}_1 \tag{7.4.54}$$

一旦得到 $\boldsymbol{\gamma}$，即可求出 $\tilde{\gamma}(0),\cdots,\tilde{\gamma}(N-1)$。然后，利用式 (7.4.46) 和式 (7.4.44)，又可先后计算出 $\tilde{\gamma}_{mn}(t)$ 和 Gabor 展开系数 $\tilde{a}_{mn}$。

2. 过采样情况的离散 Gabor 变换

在过采样 $(MN>L)$ 情况下，将离散时间的周期函数 $\tilde{\phi}(k)$ 的周期 L 分解为

$$L=\bar{N}M=N\bar{M} \tag{7.4.55}$$

其中 $\bar{N},N,M,\bar{M}$ 均为正整数,并且 $\bar{N}<N$ 和 $\bar{M}<M$。此时，周期信号的 Gabor 展开为

$$\tilde{\phi}(k)=\sum_{m=0}^{M-1}\sum_{n=0}^{N-1}\tilde{a}_{mn}\tilde{g}_{mn}(k) \tag{7.4.56}$$

而 Gabor 展开系数由离散 Gabor 变换

$$\tilde{a}_{mn} = \sum_{k=0}^{L-1} \tilde{\phi}(k)\tilde{\gamma}_{mn}^*(k) \tag{7.4.57}$$

确定，其中

$$\tilde{g}_{mn}(k) = \tilde{g}(k - m\bar{N})\mathrm{e}^{\mathrm{j}2\pi nk/N} \tag{7.4.58}$$

$$\tilde{\gamma}_{mn}(k) = \tilde{\gamma}(k - m\bar{N})\mathrm{e}^{\mathrm{j}2\pi nk/N} \tag{7.4.59}$$

离散序列 $\tilde{g}(k)$ 由式 (7.4.47) 定义，而 $\tilde{\gamma}(k)$ 服从似双正交条件

$$\sum_{k=0}^{L-1}[\tilde{g}^*(k + mN)\mathrm{e}^{\mathrm{j}2\pi nk/\bar{N}}]\tilde{\gamma}(k) = \frac{L}{MN}\delta(m)\delta(n) \tag{7.4.60}$$

或写成矩阵形式

$$\boldsymbol{W\gamma} = \boldsymbol{b} \tag{7.4.61}$$

式中

$$\boldsymbol{W} = \begin{bmatrix} \boldsymbol{W}^{(0)} & \boldsymbol{W}^{(1)} & \cdots & \boldsymbol{W}^{(\bar{M}-1)} \\ \boldsymbol{W}^{(1)} & \boldsymbol{W}^{(2)} & \cdots & \boldsymbol{W}^{(0)} \\ \vdots & \vdots & \vdots & \vdots \\ \boldsymbol{W}^{(\bar{M}-1)} & \boldsymbol{W}^{(0)} & \cdots & \boldsymbol{W}^{(\bar{M}-2)} \end{bmatrix} \tag{7.4.62}$$

$$\boldsymbol{\gamma} = [\tilde{\gamma}(0), \tilde{\gamma}(1), \cdots, \tilde{\gamma}(L-1)]^{\mathrm{T}} \tag{7.4.63}$$

$$\boldsymbol{b} = [L/(MN), 0, \cdots, 0]^{\mathrm{T}} \tag{7.4.64}$$

矩阵方程 (7.4.61) 是一欠定方程，有无穷多组解，其最小范数解

$$\boldsymbol{\gamma} = \boldsymbol{W}^{\mathrm{H}}(\boldsymbol{W}\boldsymbol{W}^{\mathrm{H}})^{-1}\boldsymbol{b} \tag{7.4.65}$$

是唯一确定的。此时，窗函数序列 $\tilde{\gamma}(0), \tilde{\gamma}(1), \cdots, \tilde{\gamma}(L-1)$ 具有最小能量。

有必要指出，在许多应用 (如信号特征提取与分类) 中，Gabor 展开系数 a_{mn} 可以作为信号的特征。这类应用只用到 Gabor 变换，而无须对信号进行 Gabor 展开。在这些情况下，就只需要选择一个基本窗函数，而没有必要确定其对偶函数。

7.5 分数阶 Fourier 变换

短时 Fourier 变换和 Gabor 变换都属于加窗 Fourier 变换。本节介绍加窗 Fourier 变换的另一种广义形式 —— 分数阶 Fourier 变换。

Fourier 变换的分数幂理论最早是 Namias [204] 于 1980 年建立的，并称这种推广的 Fourier 变换为分数阶 Fourier 变换 (fractional Fourier transform, FRFT)。后来，McBride 和 Kerr [191] 对分数阶 Fourier 变换作了数学上更加严密的定义，使之具备了一些重要的性能。

7.5.1 分数阶 Fourier 变换的定义与性质

函数 $g(t)$ 和 $G(\omega)$ 称为 (对称) Fourier 变换对，若

$$G(\omega) = \frac{1}{\sqrt{2\pi}} \int_{-\infty}^{\infty} g(t) \mathrm{e}^{-\mathrm{j}\omega t} \mathrm{d}t \tag{7.5.1}$$

$$g(t) = \frac{1}{\sqrt{2\pi}} \int_{-\infty}^{\infty} G(\omega) \mathrm{e}^{\mathrm{j}\omega t} \mathrm{d}\omega \tag{7.5.2}$$

令 $\mathcal{F}$ 和 $\mathcal{F}^{-1}$ 表示 Fourier 变换算子和 Fourier 变换逆算子，即 $G = \mathcal{F}g$ 和 $g = \mathcal{F}^{-1}G$。

若 n 为整数，且 Fourier 变换的整数幂 $\mathcal{F}^n$ 代表对函数 $g(t)$ 的 n 次 Fourier 变换，则容易得出下列结果：

(1) 函数 $g(t)$ 的 1 阶 Fourier 变换为其频谱 $G(\omega)$，即 $\mathcal{F}^1 g(t) = G(\omega)$；

(2) 函数 $g(t)$ 的 2 阶 Fourier 变换为 $g(-t)$，因为 $\mathcal{F}^2 g(t) = \mathcal{F}[\mathcal{F}g(t)] = \mathcal{F}G(\omega) = g(-t)$；

(3) 函数 $g(t)$ 的 3 阶 Fourier 变换为 $G(-\omega)$，因为 $\mathcal{F}^3 g(t) = \mathcal{F}[\mathcal{F}^2 g(t)] = \mathcal{F}g(-t) = G(-\omega)$；

(4) 函数 $g(t)$ 的 4 阶 Fourier 变换为 $g(t)$ 本身，即等同零阶 Fourier 变换，因为 $\mathcal{F}^4 g(t) = \mathcal{F}[\mathcal{F}^3 g(t)] = \mathcal{F}G(-\omega) = g(t) = \mathcal{F}^0 g(t)$。

在时频二维平面上，1 阶 Fourier 变换相当于将时间轴逆时针旋转 $\frac{\pi}{2}$，2 阶 Fourier 变换相当于将时间轴逆时针旋转 $2 \cdot \frac{\pi}{2}$ 等。更一般地，n 阶 Fourier 变换相当于将时间轴旋转 $n \cdot \frac{\pi}{2}$。

若令 $\alpha = n \cdot \pi/2$，并且使用旋转算子 $R^\alpha = R^{n\cdot\pi/2} = \mathcal{F}^n$ 表示 n 阶 Fourier 变换，则旋转算子具有以下性质。

(1) 零旋转：零旋转算子 $R^0 = I$ 为恒等算子；

(2) 与 Fourier 变换的等价性：$R^{\pi/2} = \mathcal{F}^1$；

(3) 旋转的相加性：$R^{\alpha+\beta} = R^\alpha R^\beta$；

(4) 2π 旋转 (恒等算子)：$R^{2\pi} = I$。

考虑一个有趣并且重要的问题：如图 7.5.1 所示，若旋转角度 $\alpha = p \cdot \frac{\pi}{2}$，其中 p 为正的分数，那么会得到何种线性变换呢？

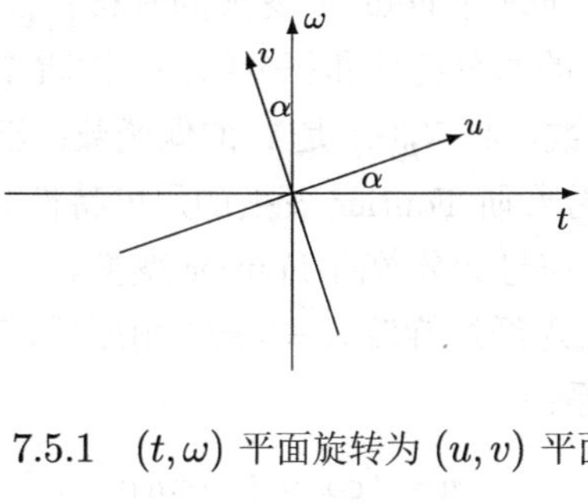

图 7.5.1 (t, ω) 平面旋转为 (u, v) 平面

定义 7.5.1 (连续分数阶 Fourier 变换)[48] 令 $\alpha = p \cdot \frac{\pi}{2}$，其中 $p \in \mathbb{R}$。函数或信号 $x(t)$ 的 p 阶 Fourier 变换 $\mathcal{F}^p$ 是一线性积分变换，它将 $x(t)$ 映射为函数

$$X_p(u) = \mathcal{F}^p(u) = \int_{-\infty}^{\infty} K_p(t, u) x(t) \mathrm{d}t \tag{7.5.3}$$

式中，变换核函数

$$K_p(t,u)=\begin{cases}C_\alpha \exp\left[\mathrm{j}\left((u^2+t^2)\cot\alpha-2\dfrac{ut}{\sin\alpha}\right)\right] & 若\ \alpha\neq n\pi\\ \delta(t-u), & 若\ \alpha=2n\pi\\ \delta(t+u), & 若\ \alpha=(2n+1)\pi\end{cases} \tag{7.5.4}$$

其系数

$$C_\alpha=\sqrt{1-\mathrm{j}\cot\alpha}=\frac{\mathrm{e}^{-\mathrm{j}[\pi\mathrm{sgn}(\sin\alpha)/4-\alpha/2]}}{\sqrt{|\sin\alpha|}} \tag{7.5.5}$$

非平稳信号 $x(t)$ 的分数阶 Fourier 变换 $X_p(u)$ 具有一些典型性质，参见表 7.5.1[14]。

表 7.5.1 分数阶 Fourier 变换的典型性质

性质	信　号	具有角度 $\alpha=p\pi/2$ 的分数阶 Fourier 变换
1	$x(t-\tau)$	$X_p(u-\tau\cos\alpha)\exp\left[\mathrm{j}\left(\frac{\tau^2}{2}\sin\alpha\cos\alpha-u\tau\sin\alpha\right)\right]$
2	$x(t)\mathrm{e}^{\mathrm{j}vt}$	$X_p(u-v\sin\alpha)\exp\left[-\mathrm{j}\left(\frac{v^2}{2}\sin\alpha\cos\alpha+uv\cos\alpha\right)\right]$
3	$x'(t)$	$X'_p(u)\cos\alpha+\mathrm{j}uX_p(u)\sin\alpha$
4	$\int_a^t x(t')\mathrm{d}t'$	$\sec\alpha\exp\left(-\mathrm{j}\frac{u^2}{2}\tan\alpha\right)\int_a^u X_p(z)\exp\left(\mathrm{j}\frac{z^2}{2}\tan\alpha\right)\mathrm{d}z$，若 $\alpha-\pi/2$ 不是 π 的整数倍 若 $\alpha-\pi/2$ 是 π 的整数倍，则服从传统 Fourier 变换的性质
5	$tx(t)$	$uX_p(u)\cos\alpha+\mathrm{j}X'_p(u)\sin\alpha$
6	$x(t)/t$	$-\mathrm{j}\sec\alpha\exp\left(\mathrm{j}\frac{u^2}{2}\cos\alpha\right)\int_{-\infty}^u x(z)\exp\left(-\mathrm{j}\frac{z^2}{2}\cos\alpha\right)\mathrm{d}z$，若 α 不是 π 的整数倍
7	$x(-t)$	$X_p(-u)$
8	$x(ct)$	$\sqrt{\frac{1-\mathrm{j}\cot\alpha}{c^2-\mathrm{j}\cot\alpha}}\exp\left[\mathrm{j}\frac{u^2}{2}\cos\alpha\left(1-\frac{\cos^2\psi}{\cos^2\alpha}\right)\right]X_q\left(u\frac{\sin\psi}{c\sin\alpha}\right)$，其中 $\psi=\arctan(c^2\tan\alpha)=q\pi/2$

性质 1 和性质 2 分别为分数阶 Fourier 变换的时移特性和频移特性。性质 3 和性质 4 分别称作分数阶 Fourier 变换的微分特性和积分特性。性质 7 反映分数阶 Fourier 变换的奇偶特性：若 $x(t)$ 为 t 的偶函数，则 $X_p(u)$ 是 u 的偶函数；若 $x(t)$ 是 t 的奇函数，则 $X_p(u)$ 是 u 的奇函数。性质 8 描述分数阶 Fourier 变换的尺度特性。

表 7.5.2 列出了一些常见信号的分数阶 Fourier 变换。

假设时频平面坐标系 (t,ω) 经过旋转 $\alpha=p\pi/2$ 角度后，变成新坐标系 (u,v)，则新坐标系与原坐标系之间有以下关系：

$$\begin{cases}u=t\cos\alpha+\omega\sin\alpha\\ v=-t\sin\alpha+\omega\cos\alpha\end{cases} \tag{7.5.6}$$

以及

$$\begin{cases}t=u\cos\alpha-v\sin\alpha\\ \omega=u\sin\alpha+v\cos\alpha\end{cases} \tag{7.5.7}$$

表 7.5.2 常见信号的分数阶 Fourier 变换

信　号	具有角度 $\alpha=p\pi/2$ 的分数阶 Fourier 变换
$\delta(t-\tau)$	$\sqrt{\frac{1-\mathrm{j}\cot\alpha}{2\pi}}\exp\left[\mathrm{j}\left(\frac{\tau^2+u^2}{2}\cot\alpha-u\tau\csc\alpha\right)\right]$，若 $\alpha-\pi/2$ 不是 π 的整数倍
1	$\sqrt{1+\mathrm{j}\tan\alpha}\exp\left[-\mathrm{j}\left(\frac{u^2}{2}\tan\alpha\right)\right]$，若 $\alpha-\pi/2$ 不是 π 的整数倍
$\exp(\mathrm{j}vt)$	$\sqrt{1+\mathrm{j}\tan\alpha}\exp\left[-\mathrm{j}\left(\frac{v^2+u^2}{2}\tan\alpha+uv\sec\alpha\right)\right]$，若 $\alpha-\pi/2$ 不是 π 的整数倍
$\exp(\mathrm{j}ct^2/2)$	$\sqrt{\frac{1+\mathrm{j}\tan\alpha}{1+c\tan\alpha}}\exp\left(\mathrm{j}\frac{u^2}{2}\frac{c-tan\alpha}{1+c\tan\alpha}\right)$，若 $\alpha-\arctan c-\pi/2$ 不是 π 的整数倍
$\exp(-t^2/2)$	$\exp(-u^2/2)$
$H_n(t)\exp(-t^2/2)$	$\exp(-\mathrm{j}n\alpha)H_n(u)\exp(-u^2/2)$，$H_n$ 为 Hermitian 多项式
$\exp(-ct^2/2)$	$\sqrt{\frac{1-\mathrm{j}\cot\alpha}{c-\mathrm{j}\cot\alpha}}\exp\left(\mathrm{j}\frac{u^2}{2}\frac{(c^2-1)\cot\alpha}{c^2+\cot^2\alpha}\right)\exp\left(-\frac{u^2}{2}\frac{c\csc^2\alpha}{c^2+\cot^2\alpha}\right)$

非平稳信号 $z(t)$ 的分数阶 Fourier 变换 $Z_p(u)$ 可以利用下列三步法计算：

(1) 求信号 $z(t)$ 的 Wigner-Ville 分布

$$W_z(t,\omega)=\int_{-\infty}^{\infty}z\left(t+\frac{\tau}{2}\right)z^*\left(t-\frac{\tau}{2}\right)\mathrm{e}^{-\mathrm{j}\omega\tau}\mathrm{d}\tau \tag{7.5.8}$$

(2) 通过坐标系的转换公式 (7.5.7) 得到旋转 α 角度的分数阶 Wigner-Ville 分布

$$W_p(u,v)=W_z(u\cos\alpha-\omega\sin\alpha,\ \omega\cos\alpha+t\sin\alpha) \tag{7.5.9}$$

(3) 由分数阶 Wigner-Ville 分布 $W_p(u,v)$ 关于变量 v 的一维 Fourier 逆变换求得非平稳信号 $z(t)$ 的分数阶 Fourier 变换

$$Z_p(u)=\int_{-\infty}^{\infty}W_p(u,v)\mathrm{e}^{\mathrm{j}uv}\mathrm{d}v \tag{7.5.10}$$

7.5.2 分数阶 Fourier 变换的计算

在实际应用中，连续分数阶 Fourier 变换必须转换成离散分数阶 Fourier 变换后，才能方便计算机计算。

为了更好地理解离散分数阶 Fourier 变换的定义，有必要先重温数据向量的离散 Fourier 变换的定义。

定义 7.5.2 (离散 Fourier 变换)　令 $\boldsymbol{F}$ 为 $N\times N$ 维 Fourier 矩阵，其元素 $F_{i,n}=W^{in}/\sqrt{N}$，且 $W=\mathrm{e}^{-\mathrm{j}2\pi/N}$。离散数据向量 $\boldsymbol{x}=[x(0),x(1),\cdots,x(N-1)]^{\mathrm{T}}$ 的离散 Fourier 变换定义为 $N\times 1$ 向量 $\boldsymbol{X}=\boldsymbol{F}\boldsymbol{x}=[X(0),X(1),\cdots,X(N-1)]^{\mathrm{T}}$，其元素

$$X(i)=\sum_{n=0}^{N-1}F_{i,n}x(n)=\frac{1}{\sqrt{N}}\sum_{n=0}^{N-1}x(n)\mathrm{e}^{-\mathrm{j}2\pi i/N},\quad i=0,1,\cdots,N-1 \tag{7.5.11}$$

离散分数阶 Fourier 变换是离散 Fourier 变换的扩展。

定义 7.5.3 (离散分数阶 Fourier 变换) 离散数据向量 $\boldsymbol{x}=[x(0),x(1),\cdots,x(N-1)]^{\mathrm{T}}$ 的 p 阶离散分数阶 Fourier 变换定义为 $N\times 1$ 向量 $\boldsymbol{X}_p=\boldsymbol{F}^{\alpha}\boldsymbol{x}=[X_p(0),X_p(1),\cdots,X_p(N-1)]^{\mathrm{T}}$，其元素

$$X_p(i)=\sum_{n=0}^{N-1}F_{i,n}^{\alpha}x(n) \tag{7.5.12}$$

其中，$F_{i,n}^{\alpha}$ 是 $N\times N$ 维分数阶 Fourier 矩阵 $\boldsymbol{F}^{\alpha}=\boldsymbol{E}\boldsymbol{\Sigma}^{\alpha}\boldsymbol{E}^{\mathrm{T}}$ 的第 i 行、第 n 列元素，并且 $\boldsymbol{E}$ 是 Fourier 矩阵 $\boldsymbol{F}=\boldsymbol{E}\boldsymbol{\Sigma}\boldsymbol{E}^{\mathrm{T}}$ 的特征向量。

N 阶离散 Fourier 变换有快速算法 FFT，其计算复杂度为 $N\log N$。离散分数阶 Fourier 变换没有像 FFT 那样的快速算法，只有快速近似实现。

离散分数阶 Fourier 变换的快速近似实现有以下两种 MATLIB 算法：

(1) 一种使用 MATLIB 子函数 fracF。有关计算方法由 Ozaktas 等人于 1996 年提出[212]，或参见 Ozaktas 等人的学术专著 [213, Section 6.7]。子函数 fracF.m 可通过网址 [158] 下载。

(2) 另一种使用 MATLIB 编码 fracft，它是 O'Neill 开发的时频分析软件包的一部分，可从 mathworks 网站 [211] 获取。

需要注意的是，MATLIB 子程序 fracF 要求信号的长度 N 为奇数。

7.6 小波变换

短时 Fourier 变换和 Gabor 变换都属于"加窗 Fourier 变换"，即都是以固定的滑动窗对信号进行分析。随着窗函数的滑动，可以表征信号的局域频率特性。很明显，这种时域等宽的滑动窗处理并不是对所有信号都合适。例如，人工地震勘探信号就有一个明显的特点，即在信号的低频端应具有很高的频率分辨率，而在高频端的频率分辨率可以较低。从时频不相容原理的角度看，这类信号的高频分量应具有高的时间分辨率，而低频分量的时间分辨率可以较低。实际上，不仅是人工地震勘探信号，许多自然信号 (如语音、图像等) 也都具有类似的特性。容易联想到，对这类非平稳信号的线性时频分析应该在时频平面不同位置具有不同的分辨率，即它应该是一种多分辨 (率) 分析方法。小波变换就是这样一种多分辨分析方法，其目的是"既要看到森林 (信号的概貌)，又要看到树木 (信号的细节)"，故小波变换常被称为信号的数学显微镜。

7.6.1 小波的物理考虑

STFT 和 Gabor 变换可用信号 $s(t)$ 与基函数 $g_{mn}=g(t-mT)\mathrm{e}^{\mathrm{j}2\pi nFt}$ 的内积 $\langle s(t),g_{mn}(t)\rangle$ 统一表示。一旦窗函数 $g(t)$、时间采样间隔 T 和频率采样间隔 F 选定，则 STFT 和 Gabor 变换均采用固定的窗函数对非平稳信号作滑动窗处理。显然，无论 m 和 n 怎样变化，基函数的包络不变，即 $|g_{mn}(t)|=|g(t)|,\forall\, m,n$。由于基函数具有固定的时间采样间隔 T 和频率采样间隔 F，所以窗函数和这两种变换在时域具有等时宽、在频域具有等带宽。就是说，STFT 和 Gabor 变换在时频平面里各处的分辨率均相同。

与采用固定时间采样间隔和固定频率采样间隔的 STFT 及 Gabor 变换不同，平方可积分函数 $s(t)$ 的连续小波变换定义为

$$\mathrm{WT}_s(a,b)=\frac{1}{\sqrt{a}}\int_{-\infty}^{\infty}s(t)\psi^*\left(\frac{t-b}{a}\right)\mathrm{d}t=\langle s(t),\psi_{a,b}(t)\rangle,\quad a>0 \tag{7.6.1}$$

即小波基函数 $\psi_{ab}(t)=\frac{1}{\sqrt{a}}\psi\left(\frac{t-b}{a}\right)$ (乘以因子 $1/\sqrt{a}$ 是为使变换结果归一化而引入的) 是窗函数 $\psi(t)$ 的时间平移 b 和尺度伸缩 a 的结果。常数 a 和 b 分别称为尺度参数和平移参数。由于尺度参数 a 的作用，小波基函数 $\psi_{ab}(t)$ 的包络随 a 而变化。具体说来，对于一给定的窗函数 $\psi(t)$，若尺度参数 $a>1$，则基函数相当于将窗函数拉伸，使窗口的时宽增大；而 $a<1$ 则相当于将窗函数压缩，使窗函数缩小。

至于尺度参数在频域的作用，可通过窗函数 $\psi(t)$ 的 Fourier 变换 $\Psi(\omega)$ 加以说明。利用 Fourier 变换的尺度变化性质可知，参数 $a>1$ 相当于将窗函数的频率特性压缩，频率带宽变小；而 $a<1$ 则相当将窗函数的频率特性拉伸，频率带宽增大。相比之下，平移参数 b 的作用仅是使小波基函数滑动。

从时频网格的划分看，大的尺度参数 a 对应于低频端，且频率分辨率高、时间分辨率低；反之，小的尺度参数 a 则对应于高频端，且频率分辨率低、时间分辨率高。加窗 Fourier 变换和小波变换均可视为带通滤波器，它们的带宽分别如图 7.6.1 (a) 和 (b) 所示。由图 7.6.1 (b) 可以看出小波变换的多分辨特性。

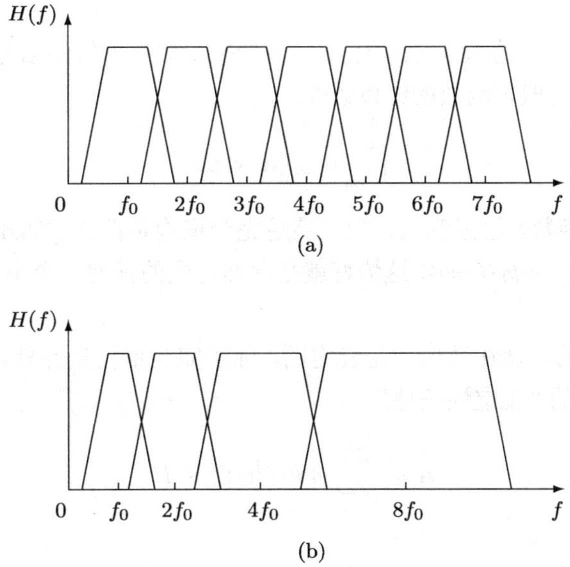

图 7.6.1 (a) 加窗 Fourier 变换带通滤波器的带宽；(b) 小波变换带通滤波器的带宽

为了具有多分辨特性，小波变换应该满足下列条件。

(1) 容许条件 (admissible condition)

从物理概念讲，小波就是“一小段波”。为此，要求小波 $\psi(t)$ 满足容许条件

$$\int_{-\infty}^{\infty}\psi(t)\mathrm{d}t=0 \tag{7.6.2}$$

这一条件将使函数 $\psi(t)$ 符合"一小段波"这一波形特征，是小波必须具备的最低条件。满足容许条件的小波称为容许小波。

(2) 归一化条件

小波 $\psi(t)$ 应该具有单位能量，即

$$E_\psi = \int_{-\infty}^{\infty} |\psi(t)|^2 \mathrm{d}t = 1 \tag{7.6.3}$$

7.6.2 连续小波变换

容许条件与归一化条件是从物理考虑出发，对小波提出的要求。从信号变换的角度出发，对式 (7.6.1) 定义的小波变换，还要求更加严格的数学条件。

1. 完全重构条件

基小波 $\psi(t)$ 的 Fourier 变换 $\Psi(\omega)$ 必须满足条件

$$\int_{-\infty}^{\infty} \frac{|\Psi(\omega)|^2}{|\omega|} \mathrm{d}\omega < \infty \tag{7.6.4}$$

称为完全重构条件或恒等分辨条件。

2. 稳定性条件

由于基小波 $\psi(t)$ 生成的小波 $\psi_{a,b}(t)$ 在小波变换中对被分析的信号起着观测窗的作用，所以 $\psi(t)$ 还应该满足一般窗函数的约束条件

$$\int_{-\infty}^{\infty} |\psi(t)| \mathrm{d}t < \infty \tag{7.6.5}$$

即 $\Psi(\omega)$ 必须是连续函数。这意味着，为了满足完全重构条件式 (7.6.4)，$\Psi(\omega)$ 在原点必须等于零，即 $\Psi(0) = \int_{-\infty}^{\infty} \psi(t)\mathrm{d}t = 0$，这恰好就是前面提到的任何一个小波都必须遵守的容许条件式 (7.6.2)。

为了使信号重构的实现在数值上是稳定的，除了完全重构条件外，还要求小波 $\psi(t)$ 的 Fourier 变换满足下面的"稳定性条件"

$$A \leqslant \sum_{j=-\infty}^{\infty} |\Psi(2^j\omega)|^2 \leqslant B \tag{7.6.6}$$

式中，$0 < A \leqslant B < \infty$。

连续小波变换具有以下重要性质。

性质 1 (线性) 一个多分量信号的小波变换等于各个分量的小波变换之和。

性质 2 (平移不变性) 若 $f(t) \leftrightarrow \mathrm{WT}_f(a,b)$，则 $f(t-\tau) \leftrightarrow \mathrm{WT}_f(a, b-\tau)$。

性质 3 (伸缩共变性) 若 $f(t) \leftrightarrow \mathrm{WT}_f(a,b)$，则 $f(ct) \leftrightarrow \frac{1}{\sqrt{c}}\mathrm{WT}_f(ca, cb)$，其中 $c > 0$。

性质 4 (自相似性) 对应于不同尺度参数 a 和不同平移参数 b 的连续小波变换之间是自相似的。

性质 5 (冗余性) 连续小波变换中存在信息表述的冗余度 (redundancy)。

性质 1 直接来自小波变换可以写作内积形式，而内积具有线性性质这一事实。性质 2 很容易根据小波变换的定义验证。性质 3 的证明如下：令 $x(t)=f(ct)$，则有

$$\begin{aligned}\mathrm{WT}_x(a,b)&=\frac{1}{\sqrt{a}}\int_{-\infty}^{\infty}x(t)\psi^*\left(\frac{t-b}{a}\right)\mathrm{d}t\\&=\frac{1}{\sqrt{c}\sqrt{ca}}\int_{-\infty}^{\infty}f(ct)\psi^*\left(\frac{ct-cb}{ca}\right)\mathrm{d}(ct)\\&=\frac{1}{\sqrt{c}}\mathrm{WT}_f(ca,cb)\end{aligned}$$

此即性质 3。

由于小波族 $\psi_{a,b}(t)$ 是同一基小波 $\psi(t)$ 经过平移和伸缩获得的，而连续小波变换又具有平移不变性和伸缩共变性，所以在不同网格点 (a,b) 的连续小波变换具有自相似性，即性质 4 成立。

本质上，连续小波变换是将一维信号 $f(t)$ 等距映射到二维尺度一时间 (a,b) 平面，其自由度明显增加，从而使得小波变换含有冗余度，即性质 5 成立。冗余性事实上也是自相似性的直接反映，它主要表现在以下两个方面：

(1) 由连续小波变换恢复原信号的重构公式不是唯一的。也就是说，信号 $s(t)$ 的小波变换与小波逆变换不存在一一对应关系，而 Fourier 变换和 Fourier 逆变换是一一对应的。

(2) 小波变换的核函数即小波族函数 $\psi_{a,b}(t)$ 存在许多可能的选择 (例如，它们可以是非正交小波、正交小波或双正交小波，甚至允许是彼此线性相关的，详见后述)。

小波变换在不同网格点 (a,b) 之间的相互关联增加了分析和解释小波变换结果的困难。因此，小波变换的冗余度应尽可能小，这是小波分析的主要问题之一。

7.6.3 连续小波变换的离散化

在使用小波变换重构信号时，需要对小波作离散化处理，采用离散化的小波变换。与以前习惯的时间离散化不同，连续小波 $\psi_{a,b}(t)$ 和连续小波变换 $\mathrm{WT}_f(a,b)$ 都是针对连续的尺度参数 a 和连续的平移参数 b 离散化，而不是针对时间变量 t 离散化。

通常，尺度参数 a 和平移参数 b 的离散化公式分别取作 $a=a_0^j$ 和 $b=ka_0^jb_0$。与之对应的离散小波 $\psi_{j,k}(t)$ 为

$$\psi_{j,k}(t)=a_0^{-j/2}\psi(a_0^{-j}t-kb_0) \tag{7.6.7}$$

而离散小波变换 $\mathrm{WT}_f(a_0^j,ka_0^jb_0)$ 简记为 $\mathrm{WT}_f(j,k)$，并称

$$c_{j,k}\overset{\text{def}}{=}\mathrm{WT}_f(j,k)=\int_{-\infty}^{\infty}f(t)\psi_{j,k}^*(t)\mathrm{d}t=\langle f,\psi_{j,k}\rangle \tag{7.6.8}$$

为离散小波 (变换) 系数。

使用小波变换的目的是能够重构信号。怎样选择尺度参数 a_0 和平移参数 b_0，以保证重构信号的精度呢？定性地讲，网格点应尽可能密 (即 a_0 和 b_0 尽可能小)，因为如果网格点越稀疏，使用的小波函数 $\psi_{j,k}(t)$ 和离散小波系数 $c_{j,k}$ 就越少，使用它们重构信号的精确度也就会越低。这暗示存在网格参数的阈值。

为了使小波变换具有可变化的时间和频率分辨率，适应待分析信号的非平稳特性，很自然地需要改变 a 和 b 的大小，以使小波变换具有“变焦距”的功能。换言之，在实际中采用的是动态的采样网格。最常用的是二进制的动态采样网格 $a_0 = 2, b_0 = 1$。每个网格点对应的尺度为 2^j，而平移为 $2^j k$。特别地，当离散化参数取作 $a_0 = 2$ 和 $b_0 = 1$ 时，离散化小波

$$\psi_{j,k}(t) = 2^{j/2}\psi(2^j t - k), \quad j,k \in Z \tag{7.6.9}$$

称为二进小波基函数，其中 Z 表示整数域。

二进小波对信号的分析具有变焦距的作用。假定一开始选择一个放大倍数 2^j，它对应为观测到信号的某部分内容。如果想进一步观看信号更小的细节，就需要增加放大倍数即减小 j 值；反之，若想了解信号更粗的内容，则可减小放大倍数即加大 j 值。在这个意义上，小波变换被称为数学显微镜。

7.7 小波分析与框架理论

Fourier 分析是平稳信号分析的有力数学工具。同样地，小波分析是非平稳信号分析的一种有力数学工具。

7.7.1 小波分析

Fourier 信号分析由“Fourier (积分) 变换”和“Fourier 级数”两部分组成：前者将连续信号 $f(t)$ 通过 Fourier 变换，得到信号的频谱 $F(\omega)$，后者通过 Fourier 级数展开，得到原信号 $f(t)$ 的重构公式。Fourier 变换的核函数 $\mathrm{e}^{-\mathrm{j}\omega t}$ 称为基函数，级数展开的核函数 $\mathrm{e}^{\mathrm{j}\omega t}$ 常称为对偶基函数。

与平稳信号的 Fourier 分析一样，非平稳信号的小波分析也由两个重要的数学实体“小波 (积分) 变换”和“小波级数”组成。小波变换的核函数 $\psi(t)$ 称为小波，而重构原信号 $f(t)$ 的小波级数的核函数 $\tilde{\psi}(t)$ 则称为对偶小波。对偶小波的严格数学定义如下。

定义 7.7.1 (对偶小波) 若小波 $\psi(t)$ 满足稳定性条件式 (7.6.6)，则存在一个“对偶小波”$\tilde{\psi}(t)$，其 Fourier 变换 $\tilde{\Psi}(\omega)$ 由小波的 Fourier 变换 $\Psi(\omega)$ 给定：

$$\tilde{\Psi}(\omega) = \frac{\Psi^*(\omega)}{\sum\limits_{j=-\infty}^{\infty} |\Psi(2^j\omega)|^2} \tag{7.7.1}$$

在 Fourier 分析中，任何一个平方可积分的实函数 $f(t) \in L^2(R)$ 都具有一个 Fourier 级数表达式

$$f(t) = \sum_{k=-\infty}^{\infty} c_k \mathrm{e}^{\mathrm{j}k\omega t} \tag{7.7.2}$$

式中，展开常数

$$c_k = \frac{1}{2\pi}\int_0^{2\pi} f(t)\mathrm{e}^{-\mathrm{j}k\omega t}\mathrm{d}t \tag{7.7.3}$$

称为实函数 f 的 Fourier 系数，它是平方可求和的：

$$\sum_{k=-\infty}^{\infty} |c_k|^2 < \infty \tag{7.7.4}$$

类似地，也可以定义小波分析：任何一个平方可积分的实函数 $f(t) \in L^2(R)$ 都具有一个小波级数表达式

$$f(t) = \sum_{j=-\infty}^{\infty} \sum_{k=-\infty}^{\infty} c_{j,k} \tilde{\psi}_{j,k}(t) \tag{7.7.5}$$

式中，小波系数 $\{c_{j,k}\}$ 由式 (7.6.8) 定义，它是平方可求和的序列，即

$$\sum_{j=-\infty}^{\infty} \sum_{k=-\infty}^{\infty} |c_{j,k}|^2 < \infty \tag{7.7.6}$$

小波级数展开式 (7.7.5) 的基函数 $\tilde{\psi}_{j,k}(t)$ 称为小波基函数 $\psi_{j,k}(t)$ 的对偶基，定义为

$$\tilde{\psi}_{j,k}(t) = 2^{j/2}\tilde{\psi}(2^j t - k), \quad j,k \in Z \tag{7.7.7}$$

式中，$\tilde{\psi}(t)$ 是小波 $\psi(t)$ 的对偶小波 (定义 7.7.1)。特别地，当小波与其对偶小波相等，即 $\tilde{\psi}(t) = \psi(t)$ 时，小波基函数与其对偶小波基函数也相等，即 $\tilde{\psi}_{j,k}(t) = \psi_{j,k}(t)$。

在 Fourier 分析与小波分析中，基函数起着重要的作用。

定义 7.7.2[294,p.13] (Hilbert 基) 令 H 是一完备的内积空间即 Hilbert 空间，离散序列族 $\{\phi_n(t) : n \in Z\}$ (其中 Z 为整数域) 称为 H 内的标准正交基或 Hilbert 基，若下面三个条件均满足：

(1) 正交性条件：若 $m, n \in Z$ 和 $m \neq n$，则 $\langle \phi_m, \phi_n \rangle = 0$；

(2) 归一化条件：对每个 $n \in Z$ 有 $\|\phi_n\| = 1$；

(3) 完备性条件：若 $f \in H$ 和 $\langle f, \phi_n \rangle = 0$, $\forall n \in Z$，则 $f = 0$。

若离散序列族 $\{\phi_n(t)\}$ 只满足第一和第三个条件，则称为正交基。只满足前两个条件，但不一定满足第三个条件的集合称为标准正交系。如果只满足第一个条件，则称该集合为正交系。

若一个 Hilbert 空间的基函数的个数是可数的，则称它是可分离的 Hilbert 空间。可分离 Hilbert 空间的完备性的另外一种表述叫做稠密性。

定义 7.7.3 (稠密性) 离散序列族 $\{\phi_n : n \in Z\}$ 在 H 内是稠密的，若对每一个 $f \in H$ 和 $\epsilon > 0$，可以找到一个足够大的整数 N 和常数 $c_{-N}, c_{-N+1}, \cdots, c_{N-1}, c_N$ 使得 $\|f - \sum_{k=-N}^{N} c_k \phi_k\| < \epsilon$。或者说，任何一个函数 $f \in H$ 都可以用函数族 $\{\phi_n : n \in Z\}$ 的有限个线性组合充分逼近，则称 $\{\phi_n : n \in Z\}$ 在 H 内是稠密的。

一个标准正交系 $\{\phi_n\}$ 是稠密的，当且仅当它是完备的。换句话说，一个稠密的标准正交系为标准正交基。

Fourier 分析的 Fourier 基 e^{jkt} 是一个标准正交基，它的选择是唯一的。前面提到，小波变换的冗余度增加了分析和解释小波变换结果的困难，因此希望小波变换的冗余度尽可能小。这意味着应该减少小波之间的线性相关。换言之，希望小波族 $\psi_{j,k}(t)$ 具有线性独立性。

从信号重构的精度考虑，正交基是信号重构最理想的基函数，所以更希望小波是正交小波。然而，小波的选择还必须作其他重要方面的考虑。

正如 Sweldens [271] 所指出的那样，为了使小波变换成为一种有用的信号处理工具，小波必须满足以下三个基本要求：

(1) *小波是一般函数的积木块*：小波能够作为基函数，对一般函数进行小波级数展开。

(2) *小波具有时频聚集性*：通常，要求小波的大部分能量聚集在一个有限的区间内。理想情况下，在该区间外，小波函数 $\psi(t)$ 的能量应等于零，即小波在频域应该是紧支撑函数。但由不相容原理知，一个在频域紧支撑的函数，它在时域的支撑区将是无穷的。因此，小波函数应该在时域是紧支撑的，在频域能够快速衰减。

(3) *小波具有快速变换算法*：为了使小波函数易于计算机实现，希望小波变换和 Fourier 变换一样有快速算法。

可以说，这三个基本要求的实现构成了小波变换的核心内容。我们先来看小波的时频聚集性。

一个小波函数向高频率的衰减对应为该小波的光滑性。小波越光滑，它向高频率的衰减就越快。若衰减是指数的，则小波将是无穷次可求导的。

一个小波函数向低频率的衰减对应为该小波的消失矩的阶数 (定义在稍后给出)。

因此，借助小波函数的光滑性和消失矩，就可以保证小波的“频率聚集性”，从而获得所希望的时频聚集性。

若函数 $f(t)$ 具有 $N-1$ 阶连续的导数，并且它在点 t_0 的邻域内的 N 阶导数是有限的，则复变函数理论的 Taylor 定理告诉我们，对在该邻域的每一点 t，皆可在该邻域找到 $t_1 = t_1(t)$，使得

$$f(t) = f(t_0) + \sum_{k=1}^{N-1} \frac{f^{(k)}(t_0)}{k!}(t-t_0)^k + \frac{f^{(N)}(t_1)}{N!}(t-t_0)^N \tag{7.7.8}$$

若该邻域很小，并且 N 阶导数不可能太大，则未知的残余项 $\frac{f^{(N)}(t_1)}{N!}(t-t_0)^N$ 将很小，即函数 $f(t)$ 可以用 $f(t_0) + \sum_{k=1}^{N-1} \frac{f^{(k)}(t_0)}{k!}(t-t_0)^k$ 充分逼近。

定义 7.7.4 称小波 $\psi(t)$ 具有 N 阶消失矩，若

$$\int (t-t_0)^k \psi(t)\mathrm{d}t = 0, \quad k = 0, 1, \cdots, N-1 \tag{7.7.9}$$

$$\int (t-t_0)^N \psi(t)\mathrm{d}t \neq 0 \tag{7.7.10}$$

消失矩决定函数的光滑性。如果 $\psi(t)$ 在时间零点 $t_0 = 0$ 具有 N 阶消失矩，则其 Fourier 变换 $\Psi(\omega)$ 在频率零点 $\omega = 0$ 是 N 次可微分的，并且 $\Psi^{(k)}(0) = 0$，其中 $k = 0, 1, \cdots, N-1$。

现在假定信号 $f(t)$ 在 t_0 的邻域具有 N 阶连续导数，且 $|f^{(N)}(t)| \leqslant M < \infty$ 在该邻域有界。再令 $\psi(t)$ 是一实小波，其支撑区为 $[-R, R]$，并在零点具有 N 阶消失矩。若用 $\psi_a(t) = a\psi(at - t_0)$ 生成小波族函数 $\{\psi_a(t)\}$，并使用式 (7.7.8) 和式 (7.7.9)，即可得到

$$\langle f, \psi_a \rangle = \int_{-\infty}^{\infty} f(t) a\psi(at-t_0)\mathrm{d}t = f(t_0) + \frac{1}{N!}\int_{-\infty}^{\infty} f^{(N)}(t_1)(t-t_0)^N a\psi(at-t_0)\mathrm{d}t$$

上式又可写成三角不等式

$$|\langle f,\psi_a\rangle - f(t_0)| \leqslant \frac{2M}{N!}\left(\frac{R}{a}\right)^N \tag{7.7.11}$$

式 (7.7.11) 表明了以下重要事实：

(1) 小波变换逼近原信号 $f(t)$ 的精度 $|\langle f,\psi_a\rangle - f(t_0)|$ 取决于小波函数 $\psi(t)$ 的支撑区 R 和尺度参数 a。一个函数的支撑指的是该函数定义域的闭区间。若它的支撑区是有限的闭区间 (这种支撑称为紧支撑)，则称该函数为紧支集函数。如果 R 为有限大即 $\psi(t)$ 为紧支集函数，则当尺度参数 $a\to\infty$ 时，式 (7.7.11) 变作$|\langle f,\psi_a\rangle - f(t_0)|\to 0$。

(2) 当尺度参数 $a>R$ 时，若 N 值越大，则小波变换逼近原信号 $f(t)$ 的精度 $|\langle f,\psi_a\rangle - f(t_0)|$ 越高。

因此，从函数逼近的角度出发，要求小波 $\psi(t)$ 具有紧支撑和 N 阶消失矩，并且 R 越小与 (或) N 越大，小波变换逼近信号的精度便越高。另一方面，紧支集小波才有好的时间局域特性，并且有利于算法实现。但是，由不相容原理知，时间局域特性与频率局域特性是一对矛盾，从频率分辨率考虑，又希望小波的时间支撑区大一些。

由小波变换的公式 $\mathrm{WT}(a,b)=\langle f,\psi_{a,b}\rangle$ 知，为了使 $\mathrm{WT}(a,b)$ 保持信号 $f(t)$ 的相位不发生畸变，小波 $\psi_{ab}(t)$ 应该具有线性相位。函数 $g(t)$ 称为对称函数，若对于某个整数或半整数 T (即 $T/2$ 为整数)，$g(t+T)=g(t-T)$ 或 $g(t+\frac{T}{2})=g(t-\frac{T}{2})$；若 $g(t+T)=-g(t-T)$ 或 $g(t+\frac{T}{2})=-g(t-\frac{T}{2})$，则称 $g(t)$ 为反对称函数。下面的命题表明，小波的线性相位性质决定于它的对称性或反对称性。

命题 7.7.1 若函数 $g(t)$ 于某个整数或半整数 T 是对称或反对称的，则 $g(t)$ 的相位响应是线性的。

证明 参见文献 [294, p.166]。

作为一般信号的积木块函数，基函数可以是非正交的、正交的和双正交的。

在实际应用中，通常希望小波具有以下性质 [139]：

(1) 紧支撑性：如果尺度函数和小波是紧支撑的，则滤波器 H 和 G 就是有限冲激响应的滤波器，它们在正交快速小波变换的求和就是有限项的求和。这显然有利于实现。如果它们不是紧支撑的，也希望它们是快速衰减的。

(2) 对称性：如果尺度函数和小波是对称的，则滤波器就具有广义的线性相位。若滤波器不具有线性相位，则信号通过滤波器后，会发生相位的畸变。因此，滤波器的线性相位要求在信号处理应用中是非常重要的。

(3) 光滑性：小波的光滑性在压缩应用中起着重要的作用。令小的系数 $c_{j,k}$ 为零，再将这些小系数所对应的分量 $c_{j,k}\psi_{j,k}$ 从原函数中除去，就可以实现原函数的压缩。如果原函数表示一幅图像，但小波不光滑，则压缩图像的误差就很容易用肉眼看出。小波越光滑，滤波器的频率局域性就越好。

(4) 正交性：在信号的任何一种线性展开或逼近中，正交基是最佳的基函数。因此，当使用正交的尺度函数时，能够提供最佳的信号逼近。

7.7.2 框架理论

所谓非正交展开，就是利用单个非正交函数的平移与调制等基本运算构造非正交基函数，然后再用这些基函数对信号作级数展开。其实，我们对这种非正交展开已不陌生，因为 Gabor 展开就是这样的典型例子。

在小波分析中使用非正交展开有下面的优点：

(1) 正交小波是复杂的函数，而任何一种“好的”函数都可以作为非正交展开的基小波。

(2) 在某些感兴趣的情况下，适合相干态的正交基甚至不存在，因此很自然需要寻找非正交展开。

(3) 非正交展开可以得到比正交展开更高的数值稳定性。

在小波分析中，非正交展开常使用线性独立基，而线性独立基的概念与框架密切相关。

定义 7.7.5 (框架) 在平方可求和空间即 $l^2(Z^2)$ 空间的序列集合 $\{\psi_{mn}\}$ 组成一框架，若存在两个正的常数 A 和 B $(0 < A \leqslant B < \infty)$ 使得下式对所有 $f(t) \in L^2(R)$ 恒成立：

$$A\|f\|^2 \leqslant \sum_{m=-\infty}^{\infty} \sum_{n=-\infty}^{\infty} |\langle f, \psi_{mn}\rangle|^2 \leqslant B\|f\|^2 \tag{7.7.12}$$

式中，$\langle f, \psi_{mn}\rangle$ 代表函数 $f(t)$ 与 $\psi_{mn}(t)$ 的内积

$$\langle f, \psi_{mn}\rangle = \int_{-\infty}^{\infty} f(t)\psi_{mn}^*(t)\mathrm{d}t \tag{7.7.13}$$

正常数 A 和 B 分别称为框架的下边界和上边界。

若 $l^2(Z^2)$ 空间内与 g_{mn} 正交的唯一元素是零元素，则称序列 g_{mn} 是完备的 (complete)。容易验证，框架是完备的。考查式 (7.7.12) 左边的不等式知，当框架 $\psi_{mn}(t)$ 与函数 $f(t)$ 正交即 $\langle f, \psi_{mn}\rangle = 0$ 时，有

$$0 \leqslant A\|f\|^2 \leqslant \sum_{m=-\infty}^{\infty} \sum_{n=-\infty}^{\infty} 0 = 0 \;\Rightarrow\; f = 0 \tag{7.7.14}$$

即框架是完备的。

定义 7.7.6 (紧凑框架与紧致框架) 令 $\{\psi_{mn}\}$ 组成一框架。若 $B/A \approx 1$，则称 ψ_{mn} 为紧凑框架 (snug frame)。特别地，当 $A = B$ 时，则称 ψ_{mn} 是紧致框架 (tight frame)。

紧凑框架也称几乎紧致框架。

命题 7.7.2 若 $\{g_k(t)\}$ 是具有 $A = B = 1$ 的紧致框架，并且所有框架元素都具有单位范数，则框架 $\{g_k(t)\}$ 是标准正交基。

证明 令 g_l 是框架内的某个固定元素。由于 $A = B = 1$，所以由框架定义得

$$\|g_l\|^2 = \sum_{k\in K} |\langle g_k, g_l\rangle|^2 = \|g_l\|^4 + \sum_{k\neq l} |\langle g_k, g_l\rangle|^2 \tag{7.7.15}$$

由于 $\|g_l\|^4 = \|g_l\|^2 = 1$，故上式意味着 $\langle g_k, g_l\rangle = 0$ 对所有 $k \neq l$ 成立。即是说，框架 $\{g_k(t)\}$ 是正交基。又因为每个框架元素的范数都等于 1，所以 $\{g_k(t)\}$ 是标准正交基。 ■

定义 7.7.7 (框架算子) 令 $\{g_k, k \in K\}$ 为一已知框架，若

$$Tf = \sum_{k \in K} \langle f, g_k \rangle g_k \tag{7.7.16}$$

是一个将函数 $f \in L^2(R)$ 映射为 $Tf \in L^2(R)$ 的算子，则称 T 为框架算子。

下面是框架算子 $\{g_k, k \in K\}$ 的性质。

性质 1 框架算子 T 是有界的。

性质 2 框架算子 T 是自伴随的，即 $\langle f, Th \rangle = \langle Tf, h \rangle$ 对所有函数 f 和 h 成立。

性质 3 框架算子是正性算子，即 $\langle f, Tf \rangle > 0$。

性质 4 框架算子 T 是可逆的，即 T^{-1} 存在。

定义 7.7.8 (正合框架) 若小波框架 $\{\psi_{mn}\}$ 为独立序列的集合，则称它为正合框架 (exact frame)。

在除去任何一个元素后不再是框架的意义上，正合框架可理解为“正好合适的框架”。在小波分析中，正合框架常称为 Riesz 基。由于 Riesz 基的重要性，在此给出它的严格定义。

定义 7.7.9 (Riesz 基) 若离散小波基函数族 $\{\psi_{j,k}(t) : j, k \in Z\}$ 是线性独立的，并且存在正的常数 A 和 B $(0 < A \leqslant B < \infty)$，使得

$$A\|\{c_{j,k}\}\|_2^2 \leqslant \sum_{j=-\infty}^{\infty} \sum_{k=-\infty}^{\infty} |c_{j,k}\psi_{j,k}|^2 \leqslant B\|\{c_{j,k}\}\|_2^2 \tag{7.7.17}$$

对于所有平方可求和的序列 $\{c_{j,k}\}$ 恒成立，其中

$$\|\{c_{j,k}\}\|_2^2 = \sum_{j=-\infty}^{\infty} \sum_{k=-\infty}^{\infty} |c_{j,k}|^2 < \infty \tag{7.7.18}$$

则称二维序列 $\{\psi_{j,k}(t), j, k \in Z\}$ 是 $L^2(R)$ 内的一个 Riesz 基，且常数 A 和 B 分别称为 Riesz 下界和上界。

定理 7.7.1 [73],[74,p.456] 令 $\psi(t) \in L^2(R)$，并且 $\psi_{j,k}(t)$ 是由 $\psi(t)$ 生成的小波，则以下三个叙述等价：

(1) $\{\psi_{j,k}\}$ 是 $L^2(R)$ 的 Riesz 基；

(2) $\{\psi_{j,k}\}$ 是 $L^2(R)$ 的正合框架；

(3) $\{\psi_{j,k}\}$ 是 $L^2(R)$ 的一个框架，并且还是一个线性无关族，即 $\sum\limits_j \sum\limits_k c_{j,k}\psi_{j,k}(t) = 0$ 意味着 $c_{j,k} \equiv 0$，而且 Riesz 界和框架界相同。

至此，已经得到一个基小波或母小波 $\psi(t)$ 用作小波变换时所必须具备的三个条件：

(1) 完全重构条件式 (7.7.11)，它与容许条件式 (7.7.3) 等价；

(2) 基小波 $\psi(t)$ 的稳定性条件式 (7.7.13)；

(3) 小波族 $\{\psi_{j,k}\}$ 的线性独立性条件即 Riesz 基或线性独立基条件式 (7.7.18)。

通过 Gram-Schmidt 标准正交化，一个 Riesz 基可以变成一标准正交基 [91]。

小波 $\psi(t) \in L^2(R)$ 称为 Riesz 小波，若由它按照式 (7.7.20) 生成的离散函数族 $\{\psi_{j,k}(t)\}$ 为 Riesz 基。

定义 7.7.10 (正交小波)　Riesz 小波 $\psi(t)$ 称作正交小波，若生成的离散小波族 $\{\psi_{j,k}(t):j,k\in Z\}$ 满足正交性条件

$$\langle\psi_{j,k},\psi_{mn}\rangle=\delta(j-m)\delta(k-n),\quad \forall j,k,m,n\in Z \tag{7.7.19}$$

定义 7.7.11 (半正交小波)　Riesz 小波 $\psi(t)$ 称为半正交小波，若其生成的离散小波族 $\psi_{j,k}(t)$ 满足"跨尺度正交性"

$$\langle\psi_{j,k},\psi_{mn}\rangle=0,\quad \forall j,k,m,n\in Z \text{ 但 } j\neq m \tag{7.7.20}$$

由于半正交小波可通过标准正交化运算变为正交小波，所以后面将不再把半正交小波作为讨论的对象。

定义 7.7.12 (非正交小波)　若 Riesz 小波 $\psi(t)$ 不是半正交小波，则称为非正交小波。

定义 7.7.13 (双正交小波)　Riesz 小波 $\psi(t)$ 称为双正交小波，若 $\psi(t)$ 及其对偶 $\tilde{\psi}(t)$ 生成的小波族 $\psi_{j,k}(t)$ 和 $\tilde{\psi}_{j,k}(t)$ 是"双正交的" Riesz 基

$$\langle\psi_{j,k},\tilde{\psi}_{mn}\rangle=\delta(j-m)\delta(k-n),\quad \forall j,m,k,n\in Z \tag{7.7.21}$$

上面定义的正交实际是单个函数自身的正交性，而双正交则指两个函数之间的正交性。注意，双正交小波并不涉及 $\psi(t)$ 和 $\psi_{j,k}(t)$ 自身的正交性。显然，一个正交小波一定是双正交小波，但双正交小波不一定是正交小波。因此，正交小波是双正交小波的特例。

下面是几种典型的小波函数。

(1) 高斯小波

小波函数为高斯函数，即

$$\psi(t)=\mathrm{e}^{-t^2/2} \tag{7.7.22}$$

这种小波是连续可微分的。其一阶导数为

$$\psi'(t)=-t\mathrm{e}^{-t^2/2} \tag{7.7.23}$$

(2) 墨西哥草帽小波

高斯小波的二阶导数

$$\psi(t)=(t^2-1)\mathrm{e}^{-t^2/2} \tag{7.7.24}$$

称为墨西哥草帽小波，因其波形酷似墨西哥草帽而得名。

显然，高斯小波和墨西哥草帽小波都不满足正交条件，所以它们都是非正交小波。

(3) Gabor 小波

Gabor 函数定义为

$$G(t)=g(t-b)\mathrm{e}^{\mathrm{j}\omega t} \tag{7.7.25}$$

它就是前面介绍过的加窗 Fourier 变换的核函数，其中 $g(t)$ 是一基函数，常取高斯函数。若用尺度参数 a 取 Gabor 函数的伸缩形式，即得到 Gabor 小波

$$\psi(t)=\frac{1}{\sqrt{a}}g\left(\frac{t-b}{a}\right)\mathrm{e}^{\mathrm{j}\omega t} \tag{7.7.26}$$

(4) Morlet 小波定义为

$$\psi(t)=\frac{1}{\sqrt{a}}g\left(\frac{t-b}{a}\right)\mathrm{e}^{\mathrm{j}\omega t/a} \tag{7.7.27}$$

它与 Gabor 小波非常类似，只是频率调制项不同。

高斯小波和墨西哥草帽小波为实小波函数，而 Gabor 小波和 Morlet 小波为复小波函数。前三种小波均满足小波的容许条件式 (7.7.3)，而 Morlet 小波则只是近似满足容许条件。

7.8 多分辨分析

可以毫不夸张地说，没有快速 Fourier 变换 (FFT)，Fourier 分析就无法得到实际应用。同样地，如果没有快速小波变换 (FWT)，小波分析也就只能是信号处理中的一种理论摆设。

1989 年，Mallat [184] 提出了一种使用二次镜像滤波器 (QMF: quadrature mirror filters) 计算正交小波变换的快速算法，现在习惯称其为快速小波变换。后来，这种方法已推广到非正交小波基函数。由于二次镜像滤波器的设计建立在信号的多分辨分析基础之上，而且小波分析本身就是多分辨分析，所以有必要重点介绍多分辨分析的理论与方法。

考虑使用多个分辨率对严格平方可积分函数 $u(t)\in L^2(R)$ 进行逼近。若该函数是一信号，则“用可变分辨率 2^j 去逼近它”也可以等价叙述为“用分辨率 2^j 对信号进行分析”。因此，多分辨逼近和多分辨分析等价。

令 $s(t)$ 是一平方可积分函数，即 $s(t)\in L^2(R)$ 意味着

$$\int_{-\infty}^{\infty}|s(t)|^2\mathrm{d}t<\infty \tag{7.8.1}$$

定义 7.8.1 空间 $L^2(R)$ 内的多分辨分析是指构造 $L^2(R)$ 空间内的一个子空间列或链 $\{V_j: j\in Z\}$，使它具备以下性质：

(1) 包容性

$$\cdots\subset V_{-2}\subset V_{-1}\subset V_0\subset V_1\subset V_2\subset\cdots$$

或简写作 $V_j\subset V_{j+1}, \forall\, j\in Z$；

(2) 逼近性 (递减性与递增性)

$$\lim_{j\to+\infty}V_j=L^2(R)\quad 即\quad \bigcup_{j<N}V_j=L^2(R),\ \forall N\quad (递减性)$$

$$\lim_{j\to+\infty}V_j=0\quad 即\quad \bigcap_{j>N}V_j=\{0\},\ \forall N\quad (递增性)$$

(3) 平移不变性

$$s(t)\in V_j \iff s(t-k)\in V_j,\ \forall\, k\in Z$$

和伸缩性

$$s(t)\in V_j \iff s(2t)\in V_{j+1}$$

(4) Riesz 基存在性：存在一函数 $\phi(t)\in V_0$，其平移 $\{\phi(t-k), k\in Z\}$ 构成参考子空间 V_0 的 Riesz 基。

子空间列或子空间链 $\{V_j : j \in Z\}$ 上述性质的物理解释如下：

包容性：较低的分辨率与较粗的信号内容对应，从而对应更大的子空间。

逼近性：所有多分辨分析子空间的并集代表平方可积分函数 $\phi(t)$ 的整个空间即 $L^2(R)$ 空间。另由包容性知，所有 $V_j, j \in Z$ 子空间的交集应为零空间。

平移不变性和伸缩性：函数 $s(t)$ 的平移并不改变其形状，其时间分辨率保持不变，故 $s(t)$ 和 $s(t-k)$ 属于同一子空间。时间尺度的加大意味着该函数被展宽，其时间分辨率减低，所以要求子空间 V_j 也具有类似的伸缩性，即 $s(t) \in V_j \Leftrightarrow s(2t) \in V_{j+1}$。

Riesz 基存在性：子空间 V_0 作为参考空间。有了 $\{\phi(t-k), k \in Z\}$ 作为 V_0 子空间的 Riesz 基，即可用这个基函数来展开待逼近的信号 $f(t)$。函数 $\phi(t)$ 称为多分辨分析的生成元。由于多分辨分析又叫多尺度分析，所以多分辨分析的生成元 $\phi(t)$ 习惯称为尺度函数。

需要指出，多分辨分析存在两类不同的符号：

(1) Daubechies 符号[91] 定义 V_j 子空间的分辨率为 2^{-j}，因此，随着 j 的减小，2^{-j} 的值增大，即子空间 V_j 对应的分辨率降低。此时，包容性为 $V_j \subset V_{j-1}$，而伸缩性为 $\phi(t) \in V_j \Leftrightarrow \phi(2t) \in V_{j-1}$。并且 $\lim\limits_{j\to-\infty} V_j = L^2(R)$。

(2) Mallat 符号[184] 定义 V_j 子空间的分辨率为 $2^j V_j \to L^2(R), j \to +\infty$。此时，$j$ 值越小，则 2^j 值越小，即子空间 V_j 对应的分辨率越高。因此，包容性为 $V_j \subset V_{j+1}$，而伸缩性为 $\phi(t) \in V_j \Leftrightarrow \phi(2t) \in V_{j+1}$，并且 $\lim\limits_{j\to\infty} V_j = L^2(R)$。本书采用的就是这种符号。

读者在阅读其他文献时，需要注意这两类符号之间的区别。

由伸缩性及包容性知 $\phi(\frac{t}{2}) \in V_{-1} \subset V_0$ 即 $\phi(\frac{t}{2}) \in V_0$，故 $\phi(\frac{t}{2})$ 可以用 V_0 子空间的 Riesz 基函数 $\{\phi(t-k), k \in Z\}$ 展开。令展开公式为

$$\phi\left(\frac{t}{2}\right) = \sqrt{2}\sum_{k=-\infty}^{\infty} h(k)\phi(t-k) \tag{7.8.2}$$

或等价写作

$$\phi(t) = \sqrt{2}\sum_{k=-\infty}^{\infty} h(k)\phi(2t-k) \tag{7.8.3}$$

这一方程就是尺度函数的双尺度方程 (two-scale difference equation)。式中，$\{h(k)\}$ 是平方可求和的序列。

尺度函数的频谱定义为

$$\Phi(\omega) = \frac{1}{2}\sum_{t=-\infty}^{\infty} \phi(t)\mathrm{e}^{-\mathrm{j}\omega t} \tag{7.8.4}$$

定义滤波器

$$H(\omega) = \sum_{k=-\infty}^{\infty} \frac{h(k)}{\sqrt{2}}\mathrm{e}^{-\mathrm{j}\omega k} \tag{7.8.5}$$

注意，在只是相差一个常数因子 $\frac{1}{\sqrt{2}}$ 的意义上，滤波器 $H(\omega)$ 与 $h(k)$ 的离散 Fourier 变换等价。容易验证 $H(\omega)$ 是一个周期函数，其周期为 2π。

由式 (7.8.3)~式 (7.8.5) 易得

$$\begin{aligned}\varPhi(\omega) &= \frac{1}{2}\sum_{t=-\infty}^{\infty}\left[\sqrt{2}\sum_{k=-\infty}^{\infty}h(k)\phi(2t-k)\right]\mathrm{e}^{-\mathrm{j}\omega t}\\ &= \sum_{k=-\infty}^{\infty}\frac{h(k)}{\sqrt{2}}\varPhi\left(\frac{\omega}{2}\right)\mathrm{e}^{-\mathrm{j}\omega k/2} \quad (\text{作变量代换 } 2t-k=u)\\ &= H\left(\frac{\omega}{2}\right)\varPhi\left(\frac{\omega}{2}\right)\end{aligned} \tag{7.8.6}$$

当 $\omega=0$ 时，上式给出结果 $\varPhi(0)=H(0)\varPhi(0)$。只要 $\varPhi(0)\neq 0$，则必有 $H(0)=1$。这说明，滤波器 $H(\omega)$ 是一个低通滤波器。

类似地，小波函数的双尺度方程为

$$\psi(t) = \sqrt{2}\sum_{k=-\infty}^{\infty}g(k)\phi(2t-k) \tag{7.8.7}$$

式中，$\{g(k)\}$ 是平方可求和的序列。

小波函数的频谱定义为

$$\varPsi(\omega) = \frac{1}{2}\sum_{t=-\infty}^{\infty}\psi(t)\mathrm{e}^{-\mathrm{j}\omega t} \tag{7.8.8}$$

若与式 (7.8.5) 类似，定义滤波器

$$G(\omega) = \sum_{k=-\infty}^{\infty}\frac{g(k)}{\sqrt{2}}\mathrm{e}^{-\mathrm{j}\omega k} \tag{7.8.9}$$

则有

$$\begin{aligned}\varPsi(\omega) &= \frac{1}{2}\sum_{t=-\infty}^{\infty}\left[\sqrt{2}\sum_{k=-\infty}^{\infty}g(k)\phi(2t-k)\right]\mathrm{e}^{-\mathrm{j}\omega t}\\ &= \sum_{k=-\infty}^{\infty}\frac{g(k)}{\sqrt{2}}\varPhi\left(\frac{\omega}{2}\right)\mathrm{e}^{-\mathrm{j}\omega k/2} \quad (\text{作变量代换 } 2t-k=u)\\ &= G\left(\frac{\omega}{2}\right)\varPhi\left(\frac{\omega}{2}\right)\end{aligned} \tag{7.8.10}$$

作变量代换 $\omega'=\omega/2$ 后，式 (7.8.6) 给出

$$\varPhi\left(\frac{\omega}{2}\right) = H\left(\frac{\omega}{4}\right)\varPhi\left(\frac{\omega}{4}\right) \tag{7.8.11}$$

依此类推下去，最后有

$$\varPhi(\omega) = \prod_{k=1}^{\infty}H\left(\frac{\omega}{2^k}\right)\varPhi(0) \tag{7.8.12}$$

为了使尺度函数的频谱 $\varPhi(\omega)$ 只与 $H(\omega)$ 有关，令

$$\varPhi(0) = \int_{-\infty}^{\infty}\phi(t)\mathrm{d}t = 1 \tag{7.8.13}$$

并称其为尺度函数的容许条件。这样一来，式 (7.8.12) 便简化为

$$\Phi(\omega)=\prod_{k=1}^{\infty}H\left(\frac{\omega}{2^k}\right) \tag{7.8.14}$$

这表明，尺度函数 $\phi(t)$ 的频谱 $\Phi(\omega)$ 完全由低通滤波器 $H(\omega)$ 所决定。换言之，如果低通滤波器 $H(\omega)$ 给定，则尺度函数的频谱 $\Phi(\omega)$ 唯一确定，其 Fourier 逆变换——尺度函数 $\phi(t)$ 也就唯一确定。因此，一个合适的尺度函数的产生归结为低通滤波器 $H(\omega)$ 的设计，而与尺度函数的初始值无关。

将小波的容许条件 $\Psi(0)=0$ 及尺度函数的容许条件 $\Phi(0)=1$ 代入式 (7.8.10)，立即有 $G(0)=0$。这说明，滤波器 $G(\omega)$ 是一个高通滤波器。

令 W_j 是 V_{j+1} 在 V_j 内的补空间，即这些子空间满足关系式

$$V_{j+1}=V_j\oplus W_j \tag{7.8.15}$$

式中，符号 $\oplus$ 表示子空间的直 (接) 和。所谓直和，就是子空间 V_{j+1} 的每一个元素都可以用唯一的形式写作子空间 W_j 的一个元素与子空间 V_j 的一个元素之和。

由于子空间 V_j 是用来以分辨率 2^j 逼近原信号或原函数的，所以子空间 V_j 包含了用分辨率 2^j 逼近原信号或原函数的“粗糙像”信息，而子空间 W_j 则包含了从分辨率为 2^j 的逼近到分辨率为 2^{j+1} 的逼近所需要的“细节”信息。

若函数 $\psi(t)$ 的平移集合 $\{\psi(t-k):k\in Z\}$ 是子空间 W_0 的 Riesz 基，则称函数 $\psi(t)$ 为小波函数，或简称小波。于是，小波函数的集合 $\{\phi_{j,k}:j,k\in Z\}$ 是 $L^2(R)$ 的基函数。子空间 V_j 和 W_j 有时也被分别称为尺度子空间和小波子空间，因为它们分别由尺度函数和小波函数作基函数。

多分辨分析的主要目的是利用尺度函数构造所需要的小波。为了使得集合 $\{\phi(t-k):k\in Z\}$ 甚至能够逼近最简单的函数 (如常数)，很自然地假定尺度函数和它的整数时间平移服从所谓的“单位分解”，即

$$\sum_{k=-\infty}^{\infty}\phi(t-k)=1,\quad \forall\, t\in R \tag{7.8.16}$$

总结以上讨论，多分辨分析中的尺度函数应该满足两个基本约束条件：(1) 容许条件式 (7.8.13)；(2) 单位分解式 (7.8.16)。

7.9 正交滤波器组

多分辨分析的尺度函数 $\phi(t)$ 一旦被确定，小波函数 $\psi(t)$ 也就可以构造出来。根据所构造的是正交尺度函数还是双正交尺度函数，得到的小波分别称为正交小波和双正交小波；与之相对应的多分辨分析即为正交和双正交多分辨分析。

本节主要讨论如何构造正交小波和双正交小波。

7.9.1 正交小波

尺度函数 $\phi(t)$ 和小波函数 $\psi(t)$ 的双尺度方程分别为

$$\phi(t)=\sqrt{2}\sum_{k=0}^{N-1}h(k)\phi(2t-k) \tag{7.9.1}$$

$$\psi(t)=\sqrt{2}\sum_{k=0}^{N-1}g(k)\phi(2t-k) \tag{7.9.2}$$

式中，$h(k)$ 和 $g(k)$ 分别是低通滤波器 $H(\omega)$ 和高通滤波器 $G(\omega)$ 的系数。因此，尺度函数和小波函数的构造取决于滤波器组的设计。

下面介绍几个著名的正交小波。

Haar 小波：其尺度函数简称 Haar 尺度函数，定义为

$$\phi(t)=\begin{cases}1, & 0\leqslant t\leqslant 1\\ 0, & 其他\end{cases} \tag{7.9.3}$$

Haar 小波函数的表达式为

$$\psi(t)=\mathcal{X}_{[0,1/2]}(x)-\mathcal{X}_{[1/2,1]}(x)=\begin{cases}1, & 0\leqslant t<0.5\\ -1, & 0.5\leqslant t<1\\ 0, & 其他\end{cases} \tag{7.9.4}$$

式中，$\mathcal{X}_{[a,b]}(x)$ 为盒函数，定义为

$$\mathcal{X}_{[a,b]}(x)=\begin{cases}1, & a\leqslant t<b\\ 0, & 其他\end{cases} \tag{7.9.5}$$

图 7.9.1 (a) 和 (b) 分别画出了 Haar 尺度函数和 Haar 小波的波形。

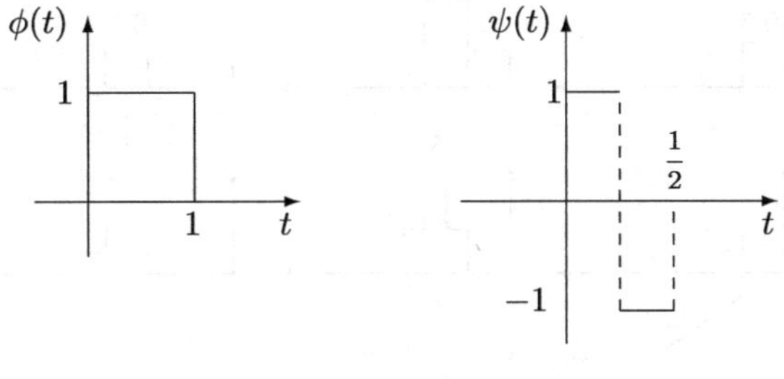

(a) Haar 尺度函数　　(b) Haar 小波

图 7.9.1　Haar 尺度函数 $\phi(t)$ 与 Haar 小波 $\psi(t)$

从图 7.9.1 容易看出，Haar 尺度函数 $\phi(t)$ 和 Haar 小波 $\psi(t)$ 分别是标准正交函数，而且尺度函数和小波函数之间也正交。

Shannon 小波：定义为

$$\psi_{\text{Shannon}}(t)=\frac{\sin(2\pi t)-\sin(\pi t)}{\pi t} \tag{7.9.6}$$

Haar 小波和 Shannon 小波在实际中都较少使用，因为 Haar小波不光滑，而 Shannon 小波虽然光滑，但衰减很慢。

Daubechies 小波：Daubechies [89] 提出用下面的迭代方法构造尺度函数。

算法 7.9.1 尺度函数迭代构造算法

步骤 1 令初始值 $\phi^{(0)}(t) = p_{[0,1)}(t)$，其中

$$p_{[0,1)}(t) = \begin{cases} 1, & t \in [0,1) \\ 0, & 其他 \end{cases} \tag{7.9.7}$$

是定义在区间 $[0,1)$ 的矩形窗函数。

步骤 2 计算

$$\phi^{(i+1)}(t) = \sqrt{2}\sum_{k=0}^{N-1} h(k)\phi^{(i)}(2t-k) \tag{7.9.8}$$

步骤 3 判断 $\phi^{(i)}(t)$ 是否收敛。若收敛，则停止迭代；否则，令 $i \leftarrow i+1$，并返回步骤2继续迭代，直至算法收敛。

业已证明 [89]，经过迭代后，$\phi^{(i)}(t)$ 收敛为 $\phi(t)$，最多相差一乘数因子。作为一个例子，图 7.9.2 示出了迭代构造一尺度函数的前两步递推过程，其中滤波器系数 $h(k) = \frac{\sqrt{2}}{2}\left\{\frac{1}{2}, 1, \frac{1}{2}\right\}$。

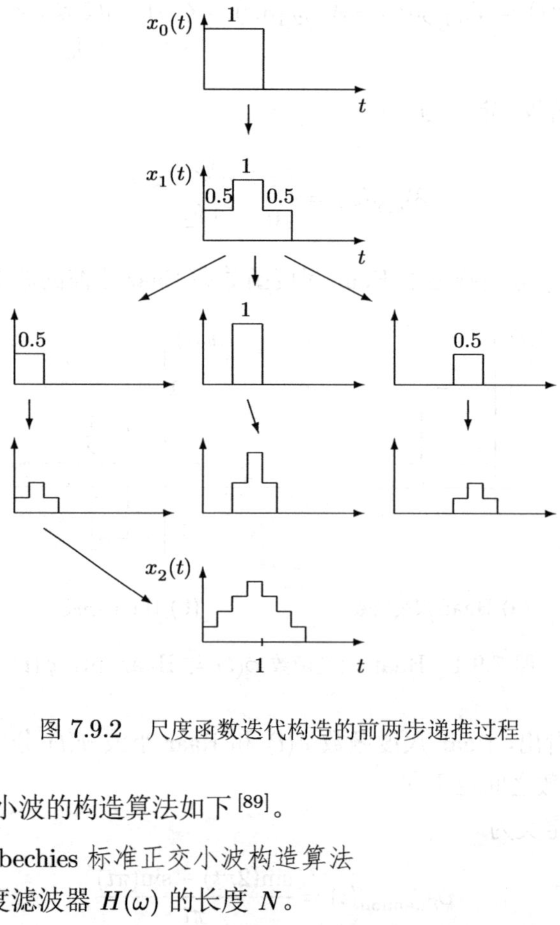

图 7.9.2 尺度函数迭代构造的前两步递推过程

Daubechies 正交小波的构造算法如下 [89]。

算法 7.9.2 Daubechies 标准正交小波构造算法

步骤 1 选择尺度滤波器 $H(\omega)$ 的长度 N。

步骤 2 令

$$P(z)=\sum_{k=0}^{N-1}\binom{N-1+k}{k}\left(\frac{2-z-z^{-1}}{4}\right)^{k}+\left(\frac{2-z-z^{-1}}{4}\right)^{N}R\left(\frac{z+z^{-1}}{4}\right) \tag{7.9.9}$$

其中 $R(z)$ 是一奇次阶多项式，使得 $P(\mathrm{e}^{\mathrm{j}\omega})$ 对所有 ω 都是非负的。

步骤 3 将 $P(z)$ 分解为 $P(z)=Q(z)Q(z^{-1})$，其中 $Q(z)$ 是 z 的多项式。最常用的方法是取 $P(z)$ 位于单位圆内的根组成多项式 $Q(z)$。

步骤 4 构造尺度滤波器

$$H(\omega)=\left(\frac{1+\mathrm{e}^{-\mathrm{j}\omega}}{2}\right)^{M}Q(\mathrm{e}^{-\mathrm{j}\omega}) \tag{7.9.10}$$

并取 $G(\omega)=-\mathrm{e}^{-\mathrm{j}\omega}H^{*}(\omega+\pi)$ 或 $g(k)=(-1)^{k}h^{*}(1-k)$。

步骤 5 使用算法 7.9.1 迭代构造尺度函数 $\phi(t)$，并利用式 (7.9.2) 构造小波函数 $\psi(t)$。

为了方便读者参考，表 7.9.1 列出了 Daubechies 正交小波所使用的 4, 6, 8 阶尺度滤波器的系数。

表 7.9.1 Daubechies 正交小波的低通滤波器系数[224]

N	n	$h(n)$	N	n	$h(n)$	N	n	$h(n)$
4	0	0.482962913145	6	0	0.332670552950	8	0	0.230377813309
	1	0.836516303738		1	0.806891509311		1	0.714846570553
	2	0.224143868042		2	0.459877502118		2	0.630880767930
	3	−0.129409522551		3	−0.135011020010		3	−0.027983769417
				4	−0.085441273882		4	−0.187034811719
				5	0.035226291882		5	0.030841381836
							6	0.032883011667
							7	−0.010597401785

7.9.2 快速正交小波变换

非平稳信号的频率是随时间变化的，这种变化可分为慢变和快变两部分。慢变部分对应为非平稳信号的低频部分，代表信号的主体轮廓或粗糙像；而快变部分对应为信号的高频部分，表示信号的细节。与此相似，任何一幅图像也都可以分解为两部分：轮廓边缘 (低频) 和细部纹理 (高频)。正是在这一基础上，发展出了图像分解与重构的一个著名的塔式算法 (pyramidal algorithm)，其基本思想是：将原整幅图像 $f(x,y)$ 视为一个分辨率为 $2^0=1$ 的离散逼近 A_0f，于是它便可以分解为一个粗分辨率 2^J 的逼近 A_Jf 与若干高分辨率 $2^j(0<j<J)$ 的逐次细节逼近 D_jf 之和。

在上述塔式算法的启发下，结合多分辨分析，Mallat[184] 提出了信号的塔式多分辨分解与综合算法，习惯称其为快速正交小波变换算法，常简称为 Mallat 算法。正交快速小波变换算法在小波分析中的地位颇有些类似 FFT 在经典 Fourier 分析中的地位。

正交快速小波变换算法的基本思想如下：假定已经计算出一函数或信号 $f(t)\in L^2(R)$ 在分辨率 2^j 下的离散逼近 A_jf，则 $f(t)$ 在分辨率 2^{j-1} 的离散逼近 $A_{j-1}f(t)$ 可通过用离散低通滤波器 H 对 $A_jf(t)$ 滤波获得。

令 $\phi(t)$ 和 $\psi(t)$ 分别是函数 $f(t)$ 在 2^j 分辨率逼近下的尺度函数和小波函数，则其离散逼近 $A_jf(t)$ 和细节部分 $D_jf(t)$ 可分别表示为

$$A_jf(t)=\sum_{k=-\infty}^{\infty}c_{j,k}\phi_{j,k}(t)\quad 和\quad D_jf(t)=\sum_{k=-\infty}^{\infty}d_{j,k}\psi_{j,k}(t) \tag{7.9.11}$$

式中，$c_{j,k}$ 和 $d_{j,k}$ 分别为 2^j 分辨率下的尺度 (或粗糙像) 系数和小波 (或细节) 系数。

若将 $A_jf(t)$ 分解为粗糙像 $A_{j-1}f(t)$ 与细节 $D_{j-1}f(t)$ 之和

$$A_jf(t)=A_{j-1}f(t)+D_{j-1}f(t) \tag{7.9.12}$$

式中

$$A_{j-1}f(t)=\sum_{m=-\infty}^{\infty}c_{j-1,m}\phi_{j-1,m}(t) \tag{7.9.13}$$

$$D_{j-1}f(t)=\sum_{m=-\infty}^{\infty}d_{j-1,m}\psi_{j-1,m}(t) \tag{7.9.14}$$

则有

$$\sum_{m=-\infty}^{\infty}c_{j-1,m}\phi_{j-1,m}(t)+\sum_{m=-\infty}^{\infty}d_{j-1,m}\psi_{j-1,m}(t)=\sum_{m=-\infty}^{\infty}c_{j,m}\phi_{j,m}(t) \tag{7.9.15}$$

下面分别研究 $c_{j-1,k}$ 与 $c_{j,m}$ 的关系，以及 $d_{j-1,k}$ 与 $d_{j,m}$ 的关系。注意，尺度函数 $\phi(t)$ 和 $\psi(t)$ 分别为 (标准) 正交函数。首先，由尺度函数的双尺度方程，得到

$$\phi_{j-1,k}(t)=2^{(j-1)/2}\phi(2^{j-1}t-k)=2^{(j-1)/2}\cdot\sqrt{2}\sum_{i=-\infty}^{\infty}h(i)\phi(2^jt-2k-i)$$

作变量代换 $m'=2k+i$ 后，上式变为

$$\phi_{j-1,k}(t)=\sum_{m'=-\infty}^{\infty}h(m'-2k)2^{j/2}\phi(2^jt-m')=\sum_{m'=-\infty}^{\infty}h(m'-2k)\phi_{j,m'}(t) \tag{7.9.16}$$

两边同乘 $\phi^*_{j,m}(t)$，然后作关于 t 的积分，并利用 $\phi_{j,k}(t)$ 的标准正交性，即有

$$\langle\phi_{j-1,k},\phi_{j,m}\rangle=h(m-2k)$$

取复数共轭后，得

$$\langle\phi_{j,m},\phi_{j-1,k}\rangle=h^*(m-2k) \tag{7.9.17}$$

类似地，由小波函数的双尺度方程，又有

$$\begin{aligned}\psi_{j-1,k}(t)&=2^{(j-1)/2}\psi(2^{j-1}t-k)\\&=2^{(j-1)/2}\sqrt{2}\sum_{i=-\infty}^{\infty}g(i)\phi(2^jt-2k-i)\\&=\sum_{m'=-\infty}^{\infty}g(m'-2k)\phi_{j,m'}(t)\end{aligned} \tag{7.9.18}$$

两边同乘 $\phi^*_{j,m}(t)$，并作关于 t 的积分，即得

$$\langle \phi_{j,m}, \psi_{j-1,k} \rangle = g^*(m-2k) \tag{7.9.19}$$

在式 (7.9.15) 两边同乘某个合适的函数，再作关于 t 的积分，并利用有关的正交性，可得到以下三个重要结果。

(1) 同乘 $\phi^*_{j-1,k}(t)$，并利用式 (7.9.17)，则有

$$c_{j-1,k} = \sum_{m=-\infty}^{\infty} h^*(m-2k) c_{j,m} \tag{7.9.20}$$

(2) 同乘 $\psi^*_{j-1,k}(t)$，并利用式 (7.9.19)，又有

$$d_{j-1,k} = \sum_{m=-\infty}^{\infty} g^*(m-2k) d_{j,m} \tag{7.9.21}$$

(3) 同乘 $\phi^*_{j,k}(t)$，并利用式 (7.9.17) 和式 (7.9.19)，则有

$$c_{j,k} = \sum_{m=-\infty}^{\infty} h(m-2k) c_{j-1,m} + \sum_{m=-\infty}^{\infty} g(m-2k) d_{j-1,m} \tag{7.9.22}$$

定义无穷维向量 $\boldsymbol{c}_j = [c_{j,k}]_{k=-\infty}^{\infty}$，$\boldsymbol{d}_j = [d_{j,k}]_{k=-\infty}^{\infty}$ 和矩阵 $\boldsymbol{H} = [H_{m,k}]_{m,k=-\infty}^{\infty}$，$\boldsymbol{G} = [G_{m,k}]_{m,k=-\infty}^{\infty}$，其中 $H_{m,k} = h^*(m-2k)$，且 $G_{m,k} = g^*(m-2k)$，则式 (7.9.20)～式 (7.9.22) 可分别简记为

$$\begin{cases} \boldsymbol{c}_{j-1} = \boldsymbol{H}\boldsymbol{c}_j \\ \boldsymbol{d}_{j-1} = \boldsymbol{G}\boldsymbol{c}_j \end{cases} \quad j = 0, -1, \cdots, -J+1 \tag{7.9.23}$$

和

$$\boldsymbol{c}_j = \boldsymbol{H}^* \boldsymbol{c}_{j-1} + \boldsymbol{G}^* \boldsymbol{d}_{j-1}, \qquad j = -J+1, \cdots, -1, 0 \tag{7.9.24}$$

式中，$\boldsymbol{H}^*$ 和 $\boldsymbol{G}^*$ 分别是 $\boldsymbol{H}$ 和 $\boldsymbol{G}$ 的共轭矩阵。

式 (7.9.23) 便是快速正交小波变换算法 (或称 Mallat 塔式分解算法)，而式 (7.9.24) 即是快速正交小波逆变换算法 (或称 Mallat 塔式重构算法)，它们分别如图 7.9.3 (a) 和 (b) 所示。如画成垂直形式，这两种算法的塔式结构便一目了然。

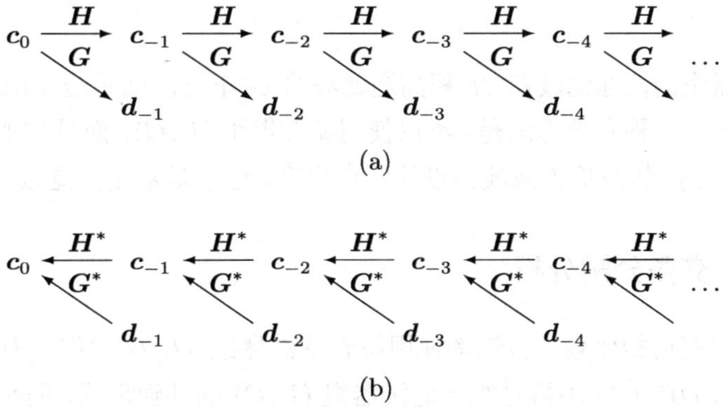

图 7.9.3 (a) 快速正交小波变换算法；(b) 逆变换算法

低通滤波器 H 和高通滤波器 G 组成一滤波器组，共轭滤波器组 (H^*, G^*) 对原始信号进行分解，称为分析滤波器组。滤波器组 (H, G) 用于重构信号，即得到正交多分辨分析的信号重构 [184]，称为综合滤波器组。图 7.9.4 的左半部分画出了正交多分辨分析的信号分析原理图，右半部分为信号重构原理图。

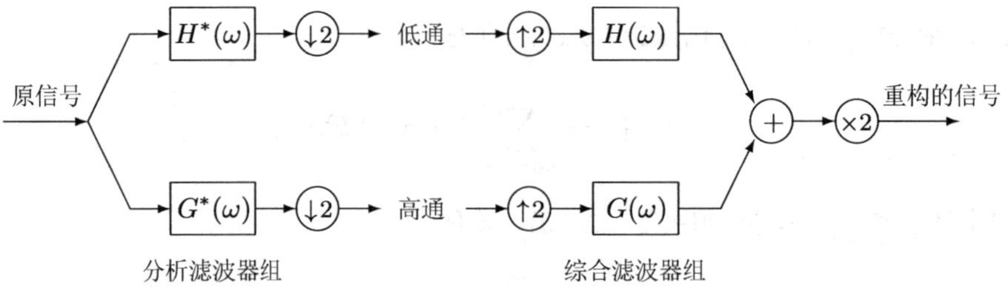

图 7.9.4 正交多分辨分析的信号重构原理图

图中，$\downarrow 2$ 表示下采样 (即每两个样本中取一的采样)，而 $\uparrow 2$ 为上采样 (即每两个样本之间插入一个零)，或称内插。上采样，320

有限冲激响应 (FIR) 滤波器易于实现，而且线性相位又是保持信号不失真的先决条件。因此，从实际应用出发，自然希望分析滤波器组和综合滤波器组都可以用具有线性相位的 FIR 滤波器构造。

正交多分辨分析包含了滤波、下采样、上采样 (即内插) 和重构等四种基本运算，它们组成的这一运算形式在信号处理中被称为共轭二次滤波器子带编码方式，原是 Smith 和Barnwell 于 1986 年提出的一种图像处理方法 [255]。

利用共轭二次滤波器实现快速正交小波变换的优点是：只需要设计两个滤波器 $H(\omega)$ 和 $G(\omega)$。然而，除非 $H(\omega)$ 和 $G(\omega)$ 均取 Haar 滤波器，否则它们不可能同时是 FIR 和线性相位的 [74,p.126]。遗憾的是，由 Haar 滤波器产生的小波是非连续的，不具有光滑性，因而这种小波没有实际应用意义。

7.10 双正交滤波器组

正交滤波器组的低通滤波器 H 和高通滤波器 G 不可能同时是 FIR 和线性相位的。克服这一重大缺陷的一种有效方法是：不仅使用滤波器组 (H, G)，而且增加另一个非共轭形式的滤波器组 $(\tilde{H}, \tilde{G})$，从而扩大滤波器设计的自由度。这正是双正交滤波器组的基本出发点。

7.10.1 双正交多分辨分析

与正交小波变换相比较，虽然都使用综合滤波器组 (H, G)，但是双正交小波变换使用的分析滤波器组 $(\tilde{H}^*, \tilde{G}^*)$ 不再是综合滤波器组 (H, G) 的共轭形式，而是另外一个滤波器组 $(\tilde{H}, \tilde{G})$ 的共轭形式，如图 7.10.1 所示。

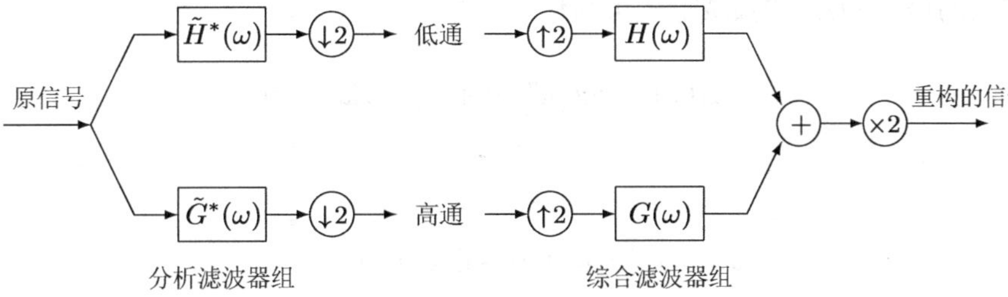

图 7.10.1　双正交多分辨分析的信号重构原理图

由于比正交小波增加了两个滤波器，因此在滤波器设计上存在更大的自由度，从而四个滤波器 $H(\omega)$、$G(\omega)$、$\tilde{H}(\omega)$ 和 $\tilde{H}(\omega)$ 都有可能用线性相位的 FIR 滤波器来实现。

令使用滤波器 $H(\omega)$ 和 $\tilde{H}(\omega)$ 构造的函数分别是尺度函数 $\phi(t)$ 和对偶尺度函数 $\tilde{\phi}(t)$，而由滤波器 $G(\omega)$ 和 $\tilde{G}(\omega)$ 构造的函数分别是小波函数 $\psi(t)$ 和对偶小波函数 $\tilde{\psi}(t)$。双正交多分辨分析实际由两个多分辨分析组成：一个是尺度函数 $\phi(t)$ 和小波函数 $\psi(t)$ 产生的多分辨分析，即 $V_{j+1} = V_j \oplus W_j$；另外一个则是对偶尺度函数 $\tilde{\phi}(t)$ 和对偶小波函数 $\tilde{\psi}(t)$ 产生的对偶多分辨分析，即 $\tilde{V}_{j+1} = \tilde{V}_j \oplus \tilde{W}_j$。

需要注意的是，小波子空间 W_j 不再是尺度子空间 V_j 的正交补，而对偶小波子空间 $\tilde{W}_j$ 也不是对偶尺度子空间 $\tilde{V}_j$ 的正交补。但是，这四个子空间之间仍然存在正交补关系

$$\left.\begin{array}{l} W_j \perp \tilde{V}_j \\ \tilde{W}_j \perp V_j \end{array}\right\} \tag{7.10.1}$$

即是说，小波子空间 W_j 是对偶尺度子空间 $\tilde{V}_j$ 在 $\tilde{V}_{j+1}$ 里的正交补，而对偶小波子空间 $\tilde{W}_j$ 则是尺度子空间 V_j 在 V_{j+1} 里的正交补 (空间)。由式 (7.10.1) 易知

$$\tilde{W}_j \perp W_{j'},\quad \forall\, j \neq j' \tag{7.10.2}$$

$\tilde{W}_j$ 和 W_j 对应的多分辨分析子空间分别为 V_j 和 $\tilde{V}_j$。注意，尺度函数 $\phi(t)$ 仍然需要满足容许条件式 (7.8.13) 和单位分解式 (7.8.16)。

现在的任务是如何设计滤波器组 (H, G) 和 $(\tilde{H}, \tilde{G})$，以构造双正交的小波函数。为此，需要从信号的完全重构出发，分析这四个滤波器之间的约束条件 [74,pp.127−128]。

令离散信号 $s(n)$ 的 Fourier 变换为

$$S(\omega) = \sum_{n=-\infty}^{\infty} s(n)\mathrm{e}^{-\mathrm{j}n\omega} \tag{7.10.3}$$

通过滤波器 $\tilde{H}$ 和 $\tilde{G}$ 的作用，离散信号 $s(n)$ 被分别变换成一逼近序列 $a(n)$ 与一细节序列 $d(n)$，它们的 Fourier 变换分别定义为

$$A(\omega) = \frac{1}{2}[\tilde{H}^*(\omega)S(\omega) + \tilde{H}^*(\omega+\pi)S(\omega+\pi)] \tag{7.10.4}$$

$$D(\omega) = \frac{1}{2}[\tilde{G}^*(\omega)S(\omega) + \tilde{G}^*(\omega+\pi)S(\omega+\pi)] \tag{7.10.5}$$

于是，重构的信号 $r(n)$ 的频域形式可写作

$$R(\omega)=\alpha(\omega)S(\omega)+\beta(\omega)S(\omega+\pi) \tag{7.10.6}$$

式中

$$\alpha(\omega)=H(\omega)\tilde{H}^*(\omega)+G(\omega)\tilde{G}^*(\omega) \tag{7.10.7}$$

$$\beta(\omega)=H(\omega)\tilde{H}^*(\omega+\pi)+G(\omega)\tilde{G}^*(\omega+\pi) \tag{7.10.8}$$

当 $\alpha(\omega)=1$ 和 $\beta(\omega)=0$ 对所有 $\omega\in[-\pi,\pi]$ 成立时，式 (7.10.6) 给出所期望的完全重构结果 $R(\omega)=S(\omega)$，其时域表示为 $r(n)=s(n)$，即实现了离散信号 $s(n)$ 的完全重构。就是说，信号完全重构的条件为

$$H(\omega)\tilde{H}^*(\omega)+G(\omega)\tilde{G}^*(\omega)=1 \tag{7.10.9}$$

$$H(\omega)\tilde{H}^*(\omega+\pi)+G(\omega)\tilde{G}^*(\omega+\pi)=0 \tag{7.10.10}$$

定义 7.10.1 考虑滤波器组 $(A.B)$ 及其对偶滤波器组 $(\tilde{A},\tilde{B})$，令

$$\boldsymbol{M}=\begin{bmatrix}A(\omega) & A(\omega+\pi)\\ B(\omega) & B(\omega+\pi)\end{bmatrix} \quad 和 \quad \tilde{\boldsymbol{M}}=\begin{bmatrix}\tilde{A}(\omega) & \tilde{B}(\omega+\pi)\\ \tilde{B}(\omega) & \tilde{B}(\omega+\pi)\end{bmatrix} \tag{7.10.11}$$

若

$$\tilde{\boldsymbol{M}}^{\mathrm{H}}\boldsymbol{M}=\boldsymbol{I}_2 \quad 或 \quad \boldsymbol{M}^{\mathrm{T}}\tilde{\boldsymbol{M}}^*=\boldsymbol{I}_2 \tag{7.10.12}$$

其中，$\boldsymbol{I}_2$ 为 2×2 单位矩阵，则称 (A,B) 和 $(\tilde{A},\tilde{B})$ 为双正交滤波器组。

可以证明 (留作习题)，滤波器组 (H,G) 和 $(\tilde{H},\tilde{G})$ 满足上述定义，所以它们是双正交滤波器组。

令 $z=\mathrm{e}^{\mathrm{j}\omega}$，则式 (7.10.9) 和式 (7.10.10) 可分别写作

$$H(z)\tilde{H}(z^{-1})+G(z)\tilde{G}(z^{-1})=1$$

$$H(z)\tilde{H}(-z^{-1})+G(z)\tilde{G}(-z^{-1})=0$$

其解为

$$H(z)=\frac{\Delta_H}{\Delta} \quad 和 \quad G(z)=\frac{\Delta_G}{\Delta} \tag{7.10.13}$$

式中

$$\Delta=\begin{vmatrix}\tilde{H}(z^{-1}) & \tilde{G}(z^{-1})\\ \tilde{H}(-z^{-1}) & \tilde{G}(-z^{-1})\end{vmatrix} \tag{7.10.14}$$

$$\Delta_H=\begin{vmatrix}1 & \tilde{G}(z^{-1})\\ 0 & \tilde{G}(-z^{-1})\end{vmatrix}=\tilde{G}(-z^{-1}) \tag{7.10.15}$$

$$\Delta_G=\begin{vmatrix}\tilde{H}(z^{-1}) & 1\\ \tilde{H}(-z^{-1}) & 0\end{vmatrix}=-\tilde{H}(-z^{-1}) \tag{7.10.16}$$

显然，欲使 $H(z)$ 和 $G(z)$ 避免无限冲激响应解，方程组的行列式 Δ 就必须为单项式 αz。为简单计，选择 $\Delta=-z$，则式 (7.10.14) 给出

$$[-z^{-1}\tilde{G}(-z^{-1})]\tilde{H}(z^{-1})+[z^{-1}\tilde{G}(z^{-1})]\tilde{H}(-z^{-1})=1 \tag{7.10.17}$$

此时，由式 (7.10.13) 及式 (7.10.15) 得

$$H(z)=\frac{\tilde{G}(-z^{-1})}{-z}=-z^{-1}\tilde{G}(-z^{-1}) \quad 或 \quad H(-z)=z^{-1}\tilde{G}(z^{-1}) \tag{7.10.18}$$

将它们代入式 (7.10.17)，立即得到

$$H(z)\tilde{H}(z^{-1})+H(-z)\tilde{H}(-z^{-1})=1 \tag{7.10.19}$$

满足这一条件的滤波器 $\tilde{H}(\omega)$ 称为 $H(\omega)$ 的对偶滤波器。

另一方面，由式 (7.10.13) 及式 (7.10.16) 易得 $G(z)=z^{-1}\tilde{H}(-z^{-1})$。将它和前面得到的解 $H(-z)=z^{-1}\tilde{G}(z^{-1})$ 合并写作

$$G(z)=z^{-1}\tilde{H}(-z^{-1}) \quad 或 \quad G(\omega)=\mathrm{e}^{-\mathrm{j}\omega}\tilde{H}^*(\omega+\pi) \tag{7.10.20}$$

$$\tilde{G}(z)=z^{-1}H(-z^{-1}) \quad 或 \quad \tilde{G}(\omega)=\mathrm{e}^{-\mathrm{j}\omega}H^*(\omega+\pi) \tag{7.10.21}$$

将上述两式代入式 (7.10.17)，易得

$$G(z)\tilde{G}(z^{-1})+G(-z)\tilde{G}(-z^{-1})=1 \tag{7.10.22}$$

满足这一条件的滤波器 $\tilde{G}(\omega)$ 称为 $G(\omega)$ 的对偶滤波器。

7.10.2 双正交滤波器组设计

式 (7.10.19) 可以改写为

$$P(z)+P(-z)=1 \tag{7.10.23}$$

式中，$P(z)=H(z)\tilde{H}(z^{-1})$。

总结以上讨论，可以得出双正交滤波器组设计的步骤如下：

(1) 由式 (7.10.23) 的解 $P(z)$ 的分解因式 $P(z)=H(z)\tilde{H}(z^{-1})$，确定滤波器 $H(z)$ 和 $\tilde{H}(z)$；

(2) 利用式 (7.10.20)和式 (7.10.21) 分别设计滤波器 $G(z)$ 和 $\tilde{G}(z)$。

关于满足式 (7.10.23) 的滤波器组 $(\tilde{H},H)$ 的 FIR 结构，Vetterli 与 Herley[288] 证明了下面的重要结果。

命题 7.10.1 满足完全重构条件的线性相位实 FIR 滤波器 $H(z)$ 和 $\tilde{H}(z)$ 具有下列形式当中的一种形式：

(1) 滤波器 $H(z)$ 和 $\tilde{H}(z)$ 都是对称的、奇数长度的，它们的长度相差 2 的奇数倍。

(2) 一个滤波器是对称的，另一个滤波器是反对称的，两个滤波器均为偶数长度，并且二者长度相等或相差 2 的偶数倍。

(3) 一个滤波器是奇数长度的，另一个滤波器是偶数长度的，二者的零点全部在单位圆上。两个滤波器或是对称的，或一个是对称的，而另一个是反对称的。

注意，形式 (3) 的滤波器几乎没有什么实际意义，是一种平凡解。

基于信号完全重构的滤波器组将导致双正交的尺度函数和小波函数。证明如下。

(1) 式 (7.10.19) 意味着：$H(z)\tilde{H}(z^{-1})$ 和 $H(-z)\tilde{H}(-z^{-1})$ 中 z 的同一奇次幂项相互抵消，而 z 的所有偶次项都应该等于零，而 $H(z)\tilde{H}(z^{-1})$ 的零次幂项等于 $\frac{1}{2}$，若令

$$H(z)=\sum_{k=-\infty}^{\infty}\frac{h(k)}{\sqrt{2}}z^{-k} \quad 和 \quad \tilde{H}(z)=\sum_{k=-\infty}^{\infty}\frac{\tilde{h}(k)}{\sqrt{2}}z^{-k} \tag{7.10.24}$$

则 $H(z)\tilde{H}(z)$ 的 z 逆变换形式

$$\sum_k h(k)\tilde{h}(k-2n)=\delta(n) \tag{7.10.25}$$

这表明，低通滤波器系数 $h(k)$ 和它的对偶低通滤波器系数 $\tilde{h}(k)$ 是双正交的。

(2) 式 (7.10.22) 意味着：$G(z)\tilde{G}(z^{-1})$ 和 $G(-z)\tilde{G}(-z^{-1})$ 中 z 的同一奇次幂项相互抵消，而 z 的所有偶次项都应该等于零，而 $G(z)\tilde{G}(z^{-1})$ 的零次幂项等于 $\frac{1}{2}$，若令

$$G(z)=\sum_{k=-\infty}^{\infty}\frac{g(k)}{\sqrt{2}}z^{-k} \quad 和 \quad \tilde{G}(z)=\sum_{k=-\infty}^{\infty}\frac{\tilde{g}(k)}{\sqrt{2}}z^{-k} \tag{7.10.26}$$

则 $G(z)\tilde{G}(z)$ 的 z 逆变换形式

$$\sum_k g(k)\tilde{g}(k-2n)=\delta(n) \tag{7.10.27}$$

即高通滤波器系数 $g(k)$ 和它的对偶高通滤波器系数 $\tilde{g}(k)$ 是双正交的。

(3) 利用式 (7.10.20) 得

$$G(z)\tilde{H}(z)=z^{-1}\tilde{H}(z^{-1})\tilde{H}(-z^{-1}) \tag{7.10.28}$$

注意到 $\tilde{H}(z^{-1})\tilde{H}(-z^{-1})$ 只有 z 的零次幂和偶次幂项系数不等于零，而所有奇次幂项的系数均为零，所以 $G(z)\tilde{H}(z)=z^{-1}\tilde{H}(z^{-1})\tilde{H}(-z^{-1})$ 只有 z 的奇次幂项系数不等于零，而零次幂和所有偶次幂项的系数皆为零。这意味着，$G(z)\tilde{H}(z)$ 的 z 逆变换

$$\sum_k g(k)\tilde{h}(k-2n)=0, \quad \forall n \tag{7.10.29}$$

同理可证

$$\sum_k h(k)\tilde{g}(k-2n)=0, \quad \forall n \tag{7.10.30}$$

总结以上讨论，即可得出一个重要结论：满足完全重构条件的分析滤波器组 $(\tilde{H},\tilde{G})$ 和综合滤波器组 (H,G) 生成双正交的尺度函数和小波函数。

7.10.3 双正交小波与快速双正交变换

滤波器组的上述理论可以用来设计双正交的小波函数。

首先考虑尺度函数和对偶尺度函数的迭代构造。

(1) 用一单位直流信号 $U(x) = 1$ (其中 $x \in [0,1]$) 作为尺度函数迭代的初始值 $\phi^{(0)}(x)$。若令滤波器 $H^{(0)}(z) = h^{(0)}(0) = 1$，则初始值可写作

$$\phi^{(0)}(x) = U(x) = h^{(0)}(0) = 1, \quad 0 \leqslant x \leqslant 1 \tag{7.10.31}$$

(2) 对 $\phi^{(0)}(x)$ 作 $2\downarrow$ 采样 (下采样)，再将采样结果通过滤波器 $H(z)$，得到第一次迭代的尺度函数 $\phi^{(1)}(x)$，如图 7.10.2 (a) 左半部分所示。由于用 2 下采样后再滤波等价于先用 $H(z^2)$ 滤波再下采样，故左半部分等价画作右半部分。若令等效滤波器

$$H^{(1)}(z) = H(z^2) = \prod_{m=1}^{1} H(z^{2^m}) \tag{7.10.32}$$

则第一次迭代产生的尺度函数是分段不变的函数，可表示为

$$\phi^{(1)}(x) = 2^{1/2}h^{(1)}(k), \quad 2^{-1}k \leqslant x < 2^{-1}(k+1) \tag{7.10.33}$$

其中，$h^{(1)}(k)$ 是滤波器 $H^{(1)}(z)$ 的第 k 个系数。注意，此时 $H^{(1)}(z)$ 的长度是 $H(z)$ 的两倍。

(3) 然后，对 $\phi^{(1)}(x)$ 作 $2\downarrow$ 采样再滤波，又可得到第二次迭代的尺度函数 $\phi^{(2)}(x)$。依此类推，第 i 次迭代产生的尺度函数即是 $U(x)$ 通过 i 次级联的下采样 + 滤波的输出结果，如图 7.10.2 (b) 所示。显然，这一结果可等价画成图 7.10.2 (c)。

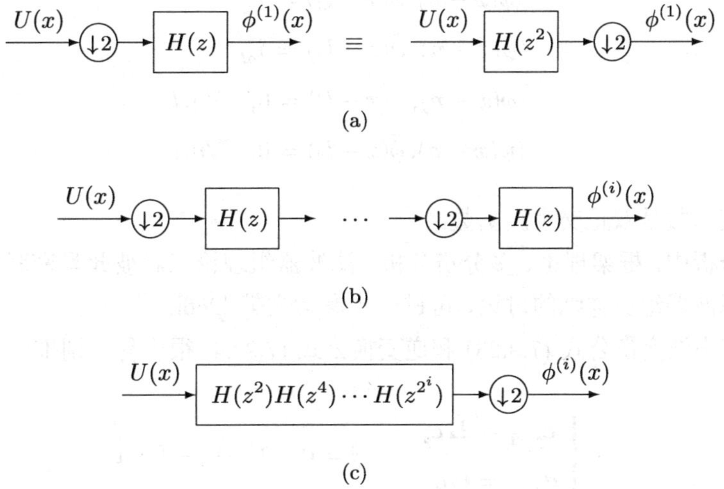

图 7.10.2　尺度函数的迭代产生

等价滤波器的 Z 变换形式为

$$H^{(i)}(z) = \prod_{m=1}^{i} H(z^{2^m}) \tag{7.10.34}$$

而以 $U(x)$ 作输入时，等价滤波器的输出为

$$\phi^{(i)}(x) = 2^{i/2}h^{(i)}(k), \quad 2^{-i}k \leqslant x < 2^{-i}(k+1) \tag{7.10.35}$$

式中，$h^{(i)}(k)$ 表示滤波器 $H^{(i)}(z)$ 的第 k 个系数。

若将图 7.10.2 中的滤波器 $H(z)$ 换成 $\tilde{H}(z)$，则等价滤波器的输出为

$$\tilde{\phi}^{(i)}(x) = 2^{i/2}\tilde{h}^{(i)}(k), \quad 2^{-i}k \leqslant x < 2^{-i}(k+1) \tag{7.10.36}$$

式中，$\tilde{h}^{(i)}(k)$ 表示滤波器 $\tilde{H}^{(i)}(z)$ 的第 k 个系数。

在迭代构造尺度函数和对偶尺度函数的过程中，又可以使用公式

$$\psi^{(i)}(x) = \sqrt{2}\sum_{k=0}^{L-1} g^{(i)}(k)\phi^{(i)}(2x-k), \quad 2^{-i}k \leqslant x < 2^{-i}(k+1) \tag{7.10.37}$$

$$\tilde{\psi}^{(i)}(x) = \sqrt{2}\sum_{k=0}^{L-1} \tilde{g}^{(i)}(k)\tilde{\phi}^{(i)}(2x-k), \quad 2^{-i}k \leqslant x < 2^{-i}(k+1) \tag{7.10.38}$$

分别构造小波函数 $\psi^{(i)}(x)$ 和对偶小波函数 $\tilde{\psi}^{(i)}(x)$。

式 (7.10.35) ~ 式 (7.10.38) 组成了尺度函数 $\phi(x)$、对偶尺度函数 $\tilde{\phi}(x)$、小波函数 $\psi(x)$ 和对偶小波函数 $\tilde{\psi}(x)$ 的迭代构造算法。

若滤波器组满足完全重构条件，并且低通滤波器 $H(z)$ 和 $\tilde{H}(z)$ 能够分别保证 $\phi^{(i)}(x)$ 和 $\tilde{\phi}^{(i)}(x)$ 收敛为连续函数，则所构造的尺度函数和小波函数满足双正交条件

$$\langle \phi(x-n), \tilde{\phi}(x-l)\rangle = \delta_{nl} \tag{7.10.39}$$

$$\langle \psi(x-n), \tilde{\psi}(x-l)\rangle = \delta_{nl} \tag{7.10.40}$$

$$\langle \phi(x-n), \tilde{\psi}(x-l)\rangle = 0, \quad \forall n,l \tag{7.10.41}$$

$$\langle \psi(x-n), \tilde{\phi}(x-l)\rangle = 0, \quad \forall n,l \tag{7.10.42}$$

即构造的小波函数是双正交小波函数。

在小波分析中，框架理论、多分辨分析、滤波器组理论三者彼此紧密联系在一起。关于框架理论和滤波器组更详细的讨论，可进一步参考文献 [266]。

快速正交小波变换公式 (7.9.23) 和逆变换公式 (7.9.24) 很容易分别推广为双正交小波变换算法

$$\begin{cases} \boldsymbol{c}_{j-1} = \tilde{\boldsymbol{H}}\boldsymbol{c}_j \\ \boldsymbol{d}_{j-1} = \tilde{\boldsymbol{G}}\boldsymbol{c}_j \end{cases} \quad j = 0, -1, \cdots, -J+1 \tag{7.10.43}$$

和双正交小波逆变换算法

$$\boldsymbol{c}_j = \boldsymbol{H}\boldsymbol{c}_{j-1} + \boldsymbol{G}\boldsymbol{d}_{j-1}, \qquad j = -J+1, \cdots, -1, 0 \tag{7.10.44}$$

式中，$\boldsymbol{c}_j = [c_{j,k}]_{k=-\infty}^{\infty}$，$\boldsymbol{d}_j = [d_{j,k}]_{k=-\infty}^{\infty}$，$\tilde{\boldsymbol{H}} = [\tilde{h}(m-2k)]_{m,k=-\infty}^{\infty}$ 和 $\tilde{\boldsymbol{G}} = [\tilde{g}(m-2k)]_{m,k=-\infty}^{\infty}$。

图 7.10.3 (a) 和 (b) 分别画出了快速双正交小波变换算法和逆变换算法。

$$c_0 \xrightarrow[\tilde{G}]{\tilde{H}} c_{-1} \xrightarrow[\tilde{G}]{\tilde{H}} c_{-2} \xrightarrow[\tilde{G}]{\tilde{H}} c_{-3} \xrightarrow[\tilde{G}]{\tilde{H}} c_{-4} \xrightarrow[\tilde{G}]{\tilde{H}} \cdots$$

$$\quad\ \ \searrow d_{-1} \quad\ \ \searrow d_{-2} \quad\ \ \searrow d_{-3} \quad\ \ \searrow d_{-4}$$

(a)

$$c_0 \xleftarrow[G]{H} c_{-1} \xleftarrow[G]{H} c_{-2} \xleftarrow[G]{H} c_{-3} \xleftarrow[G]{H} c_{-4} \xleftarrow[G]{H} \cdots$$

$$\qquad\ \nwarrow d_{-1} \quad\ \ \nwarrow d_{-2} \quad\ \ \nwarrow d_{-3} \quad\ \ \nwarrow d_{-4}$$

(b)

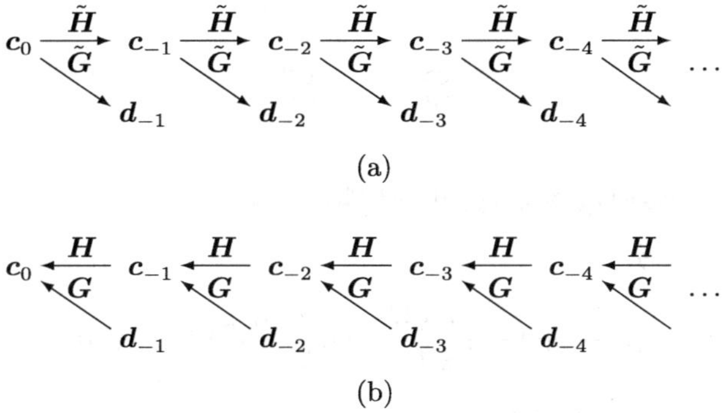

图 7.10.3　(a) 快速正交小波变换算法；(b) 逆变换算法

在使用正交信号变换和非正交信号变换时，需要注意以下事项[33]。

正交信号变换的注意事项：

(1) 信号的正交变换实际表示的是信号在某个时间段的逼近，并且这些逼近不能用作外推或预测信号在这一时间段以外的值。

(2) 当使用正交信号变换时，要想得到有关输入信号源的先验信息是困难的，而且往往是不可能的。

(3) 若信号的真实分量彼此不正交，则正交变换并不能够将信号分解为它们的真实分量。

(4) 正交信号变换不适用于非规则采样的信号[①]。

非正交信号变换的注意事项：

(1) 如果信号变换使用一组正交的连续基函数，而这组基函数使用非规则采样进行数字化，则数字化后的信号变换为非正交信号变换。

(2) 当观测时间间隔比信号的时间周期短时，信号变换必须采用非正交变换。

(3) 若信号的真实分量彼此不正交，则信号变换必须采用非正交变换。

本 章 小 结

本章首先介绍了信号局部变换的两种基本形式、解析信号和不相容原理。然后，围绕时频信号分析的线性变换，讨论了短时 Fourier 变换、临界采样和过采样的 Gabor 变换；并介绍了分数阶 Fourier 变换。

小波分析是本章的一个重点，它包含了两个基本问题：小波的设计和小波变换的快速算法。我们从框架理论、多分辨分析和滤波器组理论三个角度，详细地讨论了小波的设计方法和快速小波变换的实现。

---

① 均匀采样指等间隔的采样，非均匀采样泛指非等间隔采样。但是，非均匀采样既可以是按照某种规则作非均匀采样 (非均匀规则采样)，也可以完全无规则地采样 (非规则采样)。

习 题

7.1 求下列信号的瞬时频率 $\omega_i(t)$ 和平均频率 $\bar{\omega}$：

(1) 归一化的高斯信号

$$s(t)=g(t)=\left(\frac{\alpha}{\pi}\right)^{1/4}\exp\left(-\frac{\alpha}{2}t^2\right),\quad \alpha>0$$

(2) 具有高斯包络的线性调频信号

$$s(t)=g(t)\mathrm{e}^{\mathrm{j}mt^2}$$

7.2 令

$$Y(t,\omega)=\int_{-\infty}^{\infty}y(u)\gamma^*(u-t)\mathrm{e}^{-\mathrm{j}\omega u}\mathrm{d}u$$

表示 $y(t)$ 的短时 Fourier 变换。用 $y(t)$ 和 $\gamma(t)$ 的 Fourier 变换表示 $Y(t,\omega)$，并利用这一表示说明为什么要求 $\gamma(t)$ 是窄带函数?

7.3 试对短时 Fourier 变换的下列性质加以证明：

(1) 短时 Fourier 变换是一种线性时频表示；

(2) 短时 Fourier 变换具有频移不变性

$$\tilde{z}(t)=z(t)\mathrm{e}^{\mathrm{j}\omega_0 t}\ \rightarrow\ \mathrm{STFT}_{\tilde{z}}(t,\omega)=\mathrm{STFT}_z(t,\omega-\omega_0)$$

7.4 令窗函数

$$g(t)=\left(\frac{\alpha}{\pi}\right)^{1/4}\exp\left(-\frac{\alpha}{2}t^2\right)$$

求高斯信号

$$s(t)=\left(\frac{\beta}{\pi}\right)^{1/4}\exp\left(-\frac{\beta}{2}t^2\right)$$

的短时 Fourier 变换 $\mathrm{STFT}(t,\omega)$。

7.5 证明信号 $z(t)$ 可以利用短时 Fourier 逆变换恢复或重构，即

$$z(t)=\frac{1}{g^*(0)}\int_{-\infty}^{\infty}\mathrm{STFT}(t,f)\mathrm{e}^{\mathrm{j}2\pi ft}\mathrm{d}f$$

7.6 令 $\boldsymbol{e}_1=[1,0]^{\mathrm{T}}$ 和 $\boldsymbol{e}_2=[0,1]^{\mathrm{T}}$。定义 $\boldsymbol{g}_1=\boldsymbol{e}_1,\boldsymbol{g}_2=-0.5\boldsymbol{e}_1+0.5\sqrt{3}\boldsymbol{e}_2,\boldsymbol{g}_3=-0.5\boldsymbol{e}_1-0.5\sqrt{3}\boldsymbol{e}_2$。试问 $\{\boldsymbol{g}_i,i=1,2,3\}$ 组成框架吗？若不是，试说明理由；如果是，那么它又是何种框架？

7.7 证明任何一个框架 $\{g_k,k\in K\}$ 都是 L_2 空间的完备集合。

7.8 证明产生标准正交小波的滤波器 $G(\omega)$ 满足条件

$$|G(\omega)|^2+|G(\omega+\pi)|^2=1$$

7.9 令 P 是一概率测度，其支撑区为 $[-\epsilon,\epsilon]\subset\left[-\frac{\pi}{3},\frac{\pi}{3}\right]$。已知一尺度函数的 Fourier 变换为

$$\Phi(\omega)=\left[\int_{\omega-\pi}^{\omega+\pi}\mathrm{d}P\right]^{1/2}$$

它是一积分的非负平方根，证明这一尺度函数是正交函数。

7.10 证明满足信号完全重构条件

$$H(\omega)\tilde{H}^*(\omega)+G(\omega)\tilde{G}^*(\omega)=1$$
$$H(\omega)\tilde{H}^*(\omega+\pi)+G(\omega)\tilde{G}^*(\omega+\pi)=0$$

的滤波器组 (H,G) 和对偶滤波器组 $(\tilde{H},\tilde{G})$ 是双正交滤波器组。

7.11 令 $\tilde{f}(t)$ 是 $f(t)$ 的双正交的对偶函数，即

$$\langle f(t-n),\tilde{f}(n-k)\rangle=\delta(n-k)$$

并且 $F(\omega)$ 和 $\tilde{F}(\omega)$ 分别是 $f(t)$ 和 $\tilde{f}(t)$ 的 Fourier 变换。证明

$$\sum_{k=-\infty}^{\infty}F(\omega+2k\pi)\tilde{F}^*(\omega+2k\pi)=1,\quad\forall\,\omega$$

7.12 证明尺度函数 $\phi(t)$ 的双尺度方程若改写为 $\phi_{jk}(t)$ 的方程，则有

$$\phi_{jk}(t)=\sum_l h(l-2k)\phi_{j+1,l}(t)$$

7.13 证明尺度函数 $\phi(2t)$ 可以用尺度函数 $\phi(t)$ 和小波函数 $\psi(t)$ 展开成两个级数之和

$$\phi(2t-k)=\sum_l\tilde{h}(k-2l)\phi(t-l)+\sum_l\tilde{g}(k-2l)\psi(t-l)$$

7.14 令低通滤波器

$$H(\omega)=\begin{cases}1, & |\omega|\leqslant\left|\frac{\pi}{2}\right|\\ 0, & \text{其他}\end{cases}$$

并且

$$G(\omega)=-\mathrm{e}^{-\mathrm{j}\omega}H^*(\omega+\pi)$$

试求由 $G(\omega)$ 产生的小波函数 $\psi(t)$。

7.15 令 $g(t)=\sqrt{2\lambda}\mathrm{e}^{-\lambda t},t\geqslant 0$。证明 $g(t)$ 的双正交函数 $\gamma(t)$ 由

$$\gamma(t)=\begin{cases}-\dfrac{\mathrm{e}^{\lambda t}}{\sqrt{2\lambda}}, & -1\leqslant t<0\\ \dfrac{\mathrm{e}^{\lambda t}}{\sqrt{2\lambda}}, & 0<t\leqslant 1\\ 0, & \text{其他}\end{cases}$$

给出。

7.16 令

$$H_{\mathrm{Zak}}(t,f)=\sum_{k=-\infty}^{\infty}h(t-k)\mathrm{e}^{-\mathrm{j}2\pi kf}$$

是函数 $\{h(t)\}$ 的 Zak 变换,证明对于任意整数 n，恒有

$$H_z(t-n,f)=\mathrm{e}^{\mathrm{j}2\pi nf}H_z(t,f)$$

7.17 令 $H_{\mathrm{Zak}}(t,f)$ 和 $G_{\mathrm{Zak}}(t,f)$ 分别是函数 $h(t)$ 和 $g(t)$ 的 Zak 变换。已知

$$\langle h,g_{mn}\rangle^2=\int_0^1\int_0^1 H_{\mathrm{Zak}}(t,f)G^*_{\mathrm{Zak}}(t,f)\mathrm{e}^{-\mathrm{j}2\pi(mt-nf)}\mathrm{d}t\mathrm{d}f$$

试从这一关系式出发，推导恒等式

$$\sum_m\sum_n|\langle h,g_{mn}\rangle|^2=\int_0^1\int_0^1|H_{\mathrm{Zak}}(t,f)|^2|G_{\mathrm{Zak}}(t,f)|^2\mathrm{d}t\mathrm{d}f$$

并利用上述恒等式证明 $\{g_{mn}(t)\}$ 为一框架，当且仅当

$$A\leqslant|G_{\mathrm{Zak}}(t,f)|^2\leqslant B$$

在 $(t,f)\in[0,1]\times[0,1]$ 几乎处处成立。

(提示: 使用 Poisson 求和公式。)

7.18 令

$$y(t)=\sum_{m=-\infty}^{\infty}\sum_{n=-\infty}^{\infty}a_{mn}g(t-m)\mathrm{e}^{\mathrm{j}2\pi nt}$$

是函数 $y(t)$ 的 Gabor 展开,试证明 Gabor 展开系数 a_{mn} 可以由

$$a_{mn}=\int_0^1\int_0^1\frac{Y_{\mathrm{Zak}}(t,f)}{G_{\mathrm{Zak}}(t,f)}\mathrm{e}^{-\mathrm{j}2\pi(nt+mf)}\mathrm{d}t\mathrm{d}f$$

确定，式中，$Y_{\mathrm{Zak}}(t,f)$ 和 $G_{\mathrm{Zak}}(t,f)$ 分别是 $y(t)$ 和 $h(t)$ 的 Zak 变换。

第 8 章　二次型时频分布

前一章讨论了短时 Fourier 变换、小波变换和 Gabor 变换三种线性的时频表示，它们使用时间和频率的联合函数 (取线性变换形式) 描述信号的频谱随时间的变化情况。同样地，也可以使用时间和频率的联合函数来描述信号的能量密度随时间变化的情况。非平稳信号的这种“能量化”表示简称为信号的时频分布。由于能量本身是信号的二次型表示，所以时频分布是非平稳信号的一种非线性变换 (“能量化”的二次型变换)。

本章将从时频分布的一般理论入手，介绍各种时频分布的形式、数学性质以及如何改进它们的时频聚集性能。

8.1　时频分布的一般理论

尽管短时 Fourier 变换、Gabor 变换与小波变换这些线性时频表示能够有效描述非平稳信号的局域性能，但是当使用时频表示来描述非平稳信号的能量变化时，二次型的时频表示却是一类更加直观和合理的信号表示方法，因为能量本身就是一种二次型表示。

许多二次型时频表示都可以粗略地表示能量。两个突出的例子是谱图 (spectrogram) 和尺度图 (scalogram)。谱图定义为短时 Fourier 变换的模值的平方

$$\mathrm{SPEC}(t,\omega) = |\mathrm{STFT}(t,\omega)|^2 \tag{8.1.1}$$

而尺度图定义为小波变换的模值的平方

$$\mathrm{SCAL}(a,b) = |\mathrm{WT}(a,b)|^2 \tag{8.1.2}$$

但是，谱图和尺度图对能量分布的描述是非常粗糙的，因为它们并不满足对能量分布更严格的要求。

为了更加准确地描述非平稳信号随时间变化的能量分布，有必要研究其他性能更好的“能量化”二次型时频表示。由于这类时频表示能够描述信号的能量密度分布，所以常将它们统称为时频分布。实际上，时频分布在许多特性上优于谱图和尺度图。为了更好地理解各种时频分布，在研究具体的时频分布之前，有必要先讨论它们的基本概念以及对它们的基本性质要求。

8.1.1　时频分布的定义

我们对复信号的二次型 (双线性) 变换 $z(t)z^*(t)$ 并不陌生，因为在平稳信号里就是用它

得到相关函数和功率谱的，即有

$$R(\tau)=\int_{-\infty}^{\infty}z(t)z^*(t-\tau)\mathrm{d}t \tag{8.1.3}$$

$$P(\omega)=\int_{-\infty}^{\infty}R(\tau)\mathrm{e}^{-\mathrm{j}\omega\tau}\mathrm{d}\tau \tag{8.1.4}$$

除了式 (8.1.3) 的非对称形式外，自相关函数也可采用对称形式的定义

$$R(\tau)=\int_{-\infty}^{\infty}z\left(t+\frac{\tau}{2}\right)z^*\left(t-\frac{\tau}{2}\right)\mathrm{d}t \tag{8.1.5}$$

平稳信号自相关函数和功率谱的上述定义公式很容易推广到非平稳信号，而且在非平稳信号分析中，对称形式的时变自相关函数 $R_z(t,\tau)$ 比非对称形式更有用，因为信号 $z(t)$ 的对称形式的双线性变换 $z\left(t+\frac{\tau}{2}\right)z^*\left(t-\frac{\tau}{2}\right)$ 更能表现出非平稳信号的某些重要特性。不过，对非平稳信号采用式 (8.1.5) 类似的双线性变换时，为了体现信号的局部时频特性，应作类似于短时 Fourier 变换中的滑窗处理，同时沿 τ 轴加权，得到时变相关函数

$$R(t,\tau)=\int_{-\infty}^{\infty}\phi(u-t,\tau)z\left(u+\frac{\tau}{2}\right)z^*\left(u-\frac{\tau}{2}\right)\mathrm{d}u \tag{8.1.6}$$

式中，$\phi(t,\tau)$ 为窗函数，而 $R(t,\tau)$ 称为“局部相关函数”。对局部相关函数作 Fourier 变换，又可得到时变功率谱，也就是信号能量的时频分布

$$P(t,\omega)=\int_{-\infty}^{\infty}R(t,\tau)\mathrm{e}^{-\mathrm{j}\omega\tau}\mathrm{d}\tau \tag{8.1.7}$$

这表明，时频分布 $P(t,\omega)$ 也可以利用局部相关函数 $R(t,\tau)$ 来定义。事实上，如果取不同的局部相关函数形式，就能够得到不同的时频分布定义。这将在以后各节具体讨论。

8.1.2 时频分布的基本性质要求

既然是非平稳信号能量分布的表示，时频分布就应该具备一些基本的性质。

性质 1 时频分布必须是实的 (且希望是非负的)。

性质 2 时频分布关于时间 t 和 ω 的积分应给出信号的总能量 E，即

$$\frac{1}{2\pi}\int_{-\infty}^{\infty}\int_{-\infty}^{\infty}P(t,\omega)\mathrm{d}t\mathrm{d}\omega=E\quad(\text{信号总能量}) \tag{8.1.8}$$

性质 3 边缘特性

$$\int_{-\infty}^{\infty}P(t,\omega)\mathrm{d}t=|Z(\omega)|^2\quad\text{和}\quad\frac{1}{2\pi}\int_{-\infty}^{\infty}P(t,\omega)\mathrm{d}\omega=|z(t)|^2 \tag{8.1.9}$$

即时频分布关于时间 t 和频率 ω 的积分分别给出信号在频率 ω 的谱密度和信号在 t 时刻的瞬时功率。

性质 4 时频分布的一阶矩给出信号的瞬时频率 $\omega_i(t)$ 和群延迟 $\tau_g(\omega)$，即

$$\omega_i(t)=\frac{\int_{-\infty}^{\infty}\omega P(t,\omega)\mathrm{d}\omega}{\int_{-\infty}^{\infty}P(t,\omega)\mathrm{d}\omega}\quad\text{和}\quad\tau_g(\omega)=\frac{\int_{-\infty}^{\infty}tP(t,\omega)\mathrm{d}t}{\int_{-\infty}^{\infty}P(t,\omega)\mathrm{d}t} \tag{8.1.10}$$

性质 5 有限时间支撑

$$z(t)=0 \quad (|t|>t_0) \;\Rightarrow\; P(t,\omega)=0 \quad (|t|>t_0) \tag{8.1.11}$$

和有限频率支撑

$$Z(\omega)=0 \quad (|\omega|>\omega_0) \;\Rightarrow\; P(t,\omega)=0 \;(|\omega|>\omega_0) \tag{8.1.12}$$

有限支撑是从能量角度对时频分布提出的一个基本性质。在信号处理中，作为工程上的近似，往往要求信号具有有限的时宽和有限的带宽。如果信号 $z(t)$ 只在某个时间区间取非零值，并且信号的频谱 $Z(\omega)$ 也只在某个频率区间取非零值，则称信号 $z(t)$ 及其频谱是有限支撑的。类似地，如果在 $z(t)$ 和 $Z(\omega)$ 的总支撑区以外，信号的时频分布等于零，就称时频分布是有限支撑的。Cohen[81] 提出一种理想的时频分布也应该具有有限支撑性质，即凡在信号 $z(t)$ 和它的频谱 $Z(\omega)$ 等于零的各个区域，时频分布 $P(t,\omega)$ 也都应该等于零。

应当指出，作为能量密度的表示，时频分布不仅应是实数，而且应当是非负的。但是，正如后面将看到的那样，实际的时频分布却难以保证取正值。

和其他线性函数一样，线性时频表示满足线性叠加原理，这给多分量信号的分析和处理带来很大的方便，因为我们可以先对各个单分量信号单独进行分析和处理，然后再将结果叠加即可。与线性时频表示不同，二次型时频分布不再服从线性叠加原理，这使得多分量信号的时频分析不再能像线性时频表示的处理那样简单。例如，由谱图的定义容易看出，两个信号之和 $z_1(t)+z_2(t)$ 的谱图并不等于各个信号谱图之和，即

$$\mathrm{SPEC}_{z_1+z_2}(t,\omega)\neq|\mathrm{STFT}_{z_1+z_2}(t,\omega)|^2 \tag{8.1.13}$$

$$\mathrm{SPEC}_{z_1}(t,\omega)+\mathrm{SPEC}_{z_2}(t,\omega)\neq|\mathrm{STFT}_{z_1}(t,\omega)|^2+|\mathrm{STFT}_{z_2}(t,\omega)|^2 \tag{8.1.14}$$

就是说，STFT 的线性结构在二次型谱图中被破坏了。

与线性时频表示服从“线性叠加原理”相类似，任何二次型时频表示都满足所谓的“二次叠加原理”。因此，有必要对它作重点介绍。

令

$$z(t)=c_1z_1(t)+c_2z_2(t) \tag{8.1.15}$$

则任何二次型时频分布服从下面的二次叠加原理

$$P_z(t,\omega)=|c_1|^2P_{z_1}(t,\omega)+|c_2|^2P_{z_2}(t,\omega)+c_1c_2^*P_{z_1,z_2}(t,\omega)+c_2c_1^*P_{z_2,z_1}(t,\omega) \tag{8.1.16}$$

式中，$P_z(t,\omega)=P_{z,z}(t,\omega)$ 代表信号 $z(t)$ 的“自时频分布”(简称“信号项”或“自项”)，它是 $z(t)$ 的双线性函数；而 $P_{z_1,z_2}(t,\omega)$ 表示信号分量 $z_1(t)$ 和 $z_2(t)$ 的“互时频分布”(简称“交叉项”)，它是 $z_1(t)$ 和 $z_2(t)$ 的双线性函数。交叉项通常相当于干扰。

将二次叠加原理推广到 p 分量信号 $z(t)=\sum\limits_{k=1}^{p}c_kz_k(t)$，则可得到以下一般规则：

(1) 每个信号分量 $c_kz_k(t)$ 都有一个自 (时频分布) 分量即信号项 $|c_k|^2P_{z_k}(t,\omega)$；

(2) 每一对信号分量 $c_kz_k(t)$ 和 $c_lz_l(t)$ (其中 $k\neq l$) 都有一个对应的互 (时频分布) 分量即交叉项 $c_kc_l^*P_{z_k,z_l}(t,\omega)+c_lc_k^*P_{z_l,z_k}(t,\omega)$。

因此，对于一个 p 分量信号 $z(t)$，时频分布 $P_z(t,\omega)$ 将包含 p 个信号项以及 $\binom{p}{2}=p(p-1)/2$ 个两两组合的交叉项。由于交叉项个数随信号分量个数的增多为二次增加，所以信号分量越多，交叉项就越严重。

在大多数的实际应用中，时频信号分析的主要目的是抽取出信号分量，并且抑制掉作为干扰存在的交叉项。因此，通常希望一种时频分布应该具有尽可能强的信号项和尽可能弱的交叉项。可以说，交叉项抑制既是时频分布设计的重点，也是一个难点。这将是贯穿本章以后各节的主要讨论话题。

8.2 Wigner-Ville 分布

时频分布的性质分为宏观性质 (如实值性、总能量保持性) 和局部性质 (如边缘特性、瞬时频率等)。为了正确描述信号的局部能量分布，希望凡是信号具有局部能量的地方，时频分布也聚集在这些地方，这就是时频局部聚集性，它是衡量时频分布的重要指标之一。一种时频分布即使具有理想的宏观性质，但如果在局部出现虚假信号 (即局部聚集性差)，那么它也是一种不实际的时频分布。换句话说，宁可一些宏观性质得不到满足，时频分布也要有良好的局部特性。

如何得到一种局部聚集性好的时频分布呢？由于 Wigner-Ville 分布是最早问世的时频分布，而其他所有时频分布又都可以看作是 Wigner-Ville 分布的加窗形式，所以 Wigner-Ville 分布被视为所有时频分布之母。本节就先来讨论和分析这种时频分布。

8.2.1 数学性质

前节指出，取不同形式的局部相关函数，可以得到不同的时频分布。现在考虑一种既简单又有效的局部相关函数形式：使用时间冲激函数 $\phi(u-t,\tau)=\delta(u-t)$ (对 τ 不加限制，而在时域取瞬时值) 作窗函数，即局部相关函数取为

$$R_z(t,\tau)=\int_{-\infty}^{\infty}\delta(u-t)z\left(u+\frac{\tau}{2}\right)z^*\left(u-\frac{\tau}{2}\right)\mathrm{d}u=z\left(t+\frac{\tau}{2}\right)z^*\left(t-\frac{\tau}{2}\right) \tag{8.2.1}$$

称为信号 $z(t)$ 的瞬时相关函数或双线性变换。

局部相关函数 $R_z(t,\tau)$ 关于滞后 τ 的 Fourier 变换为

$$W_z(t,\omega)=\int_{-\infty}^{\infty}z\left(t+\frac{\tau}{2}\right)z^*\left(t-\frac{\tau}{2}\right)\mathrm{e}^{-\mathrm{j}\omega\tau}\mathrm{d}\tau \tag{8.2.2}$$

由于这种分布最早是 Wigner [299] 于 1932 年在量子力学中引入的，而 Ville [289] 于 1948 年把它作为一种信号分析工具提出，所以现在习惯称为 Wigner-Ville 分布。

Wigner-Ville 分布也可以用信号频谱 $Z(\omega)$ 定义为

$$W_Z(\omega,t)=\frac{1}{2\pi}\int_{-\infty}^{\infty}Z\left(\omega+\frac{\nu}{2}\right)Z^*\left(\omega-\frac{\nu}{2}\right)\mathrm{e}^{\mathrm{j}\nu t}\mathrm{d}\nu \tag{8.2.3}$$

式中，ν 为频偏。注意，Wigner-Ville 分布涉及四个参数：时间 t、时延 τ、频率 ω 和频偏 ν。

下面讨论 Wigner-Ville 分布的主要数学性质。

1. 实值性：Wigner-Ville 分布 $W_z(t,\omega)$ 是 t 和 ω 的实函数。

2. 时移不变性：若 $\tilde{z}(t)=z(t-t_0)$，则 $W_{\tilde{z}}(t,\omega)=W_z(t-t_0,\omega)$。

3. 频移不变性：若 $\tilde{z}(t)=z(t)\mathrm{e}^{\mathrm{j}\omega_0 t}$，则 $W_{\tilde{z}}(t,\omega)=W_z(t,\omega-\omega_0)$。

4. 时间边缘特性：Wigner-Ville 分布满足时间边缘特性 $\frac{1}{2\pi}\int_{-\infty}^{\infty}W_z(t,\omega)\mathrm{d}\omega=|z(t)|^2$ (瞬时功率)。

除了以上基本性质外，Wigner-Ville 分布还具有另外一些基本性质，参见表 8.2.1。

表 8.2.1　Wigner-Ville 分布的重要数学性质

P1 (实值性)	$W_z^*(t,\omega)=W_z(t,\omega)$
P2 (时移不变性)	$\tilde{z}(t)=z(t-t_0)\ \Rightarrow\ W_{\tilde{z}}(t,\omega)=W_z(t-t_0,\omega)$
P3 (频移不变性)	$\tilde{z}(t)=z(t)\mathrm{e}^{\mathrm{j}\omega_0 t}\ \Rightarrow\ W_{\tilde{z}}(t,\omega)=W_z(t,\omega-\omega_0)$
P4 (时间边缘特性)	$\frac{1}{2\pi}\int_{-\infty}^{\infty}W_z(t,\omega)\mathrm{d}\omega=\|z(t)\|^2$
P5 (频率边缘特性)	$\int_{-\infty}^{\infty}W_z(t,\omega)\mathrm{d}t=\|Z(\omega)\|^2$
P6 (瞬时频率)	$\omega_i(t)=\dfrac{\int_{-\infty}^{\infty}tW_z(t,\omega)\mathrm{d}\omega}{\int_{-\infty}^{\infty}W_z(t,\omega)\mathrm{d}\omega}$
P7 (群延迟)	$\tau_g(\omega)=\dfrac{\int_{-\infty}^{\infty}tW_z(t,\omega)\mathrm{d}t}{\int_{-\infty}^{\infty}W_z(t,\omega)\mathrm{d}t}$
P8 (有限时间支撑)	$z(t)=0\ (t\notin[t_1,t_2])\ \Rightarrow\ W_z(t,\omega)=0\ (t\notin[t_1,t_2])$
P9 (有限频率支撑)	$Z(\omega)=0\ (\omega\notin[\omega_1,\omega_2])\ \Rightarrow\ W_z(t,\omega)=0\ (\omega\notin[\omega_1,\omega_2])$
P10 (Moyal 公式)	$\frac{1}{2\pi}\int_{-\infty}^{\infty}\int_{-\infty}^{\infty}W_x(t,\omega)W_y(t,\omega)\mathrm{d}\omega=\|\langle x,y\rangle\|^2$
P11 (卷积性)	$\tilde{z}(t)=\int_{-\infty}^{\infty}z(u)h(t-u)\mathrm{d}u\ \Rightarrow\ W_{\tilde{z}}(t,\omega)=\int_{-\infty}^{\infty}W_z(u,\omega)W_h(t-u,\omega)\mathrm{d}u$
P12 (乘积性)	$\tilde{z}(t)=z(t)h(t)\ \Rightarrow\ W_{\tilde{z}}(t,\omega)=\frac{1}{2\pi}\int_{-\infty}^{\infty}W_z(t,\nu)W_h(t,\omega-\nu)\mathrm{d}\nu$
P13 (Fourier 变换性)	$W_Z(\omega,t)=2\pi W_z(t,-\omega)$

时间边缘特性 P4 和频率边缘特性 P5 表明，Wigner-Ville 分布不能保证在整个时频平面上是正的。换言之，Wigner-Ville 分布违背了一个真实的时频能量分布不得为负的原则。这有时会导致无法解释的结果。

对式 (8.2.3) 取复数共轭，并利用实值性 $W_z^*(t,\omega)=W_z(t,\omega)$，即可将 Wigner-Ville 分布的定义式 (8.2.3) 等价写作

$$W_Z(\omega,t)=\int_{-\infty}^{\infty}Z^*\left(\omega+\frac{\nu}{2}\right)Z\left(\omega-\frac{\nu}{2}\right)\mathrm{e}^{-\mathrm{j}\nu t}\mathrm{d}\nu \tag{8.2.4}$$

例 8.2.1　复谐波信号的 Wigner-Ville 分布

当信号 $z(t)=\mathrm{e}^{\mathrm{j}\omega_0 t}$ 为单个复谐波信号时，其 Wigner-Ville 分布为

$$\begin{aligned}W_z(t,\omega)&=\int_{-\infty}^{\infty}\exp\left[\mathrm{j}\omega_0\left(t+\frac{\tau}{2}-t+\frac{\tau}{2}\right)\right]\exp(-\mathrm{j}\omega\tau)\mathrm{d}\tau\\&=\int_{-\infty}^{\infty}\exp[-\mathrm{j}(\omega-\omega_0)\tau]\mathrm{d}\tau\\&=2\pi\delta(\omega-\omega_0)\end{aligned} \tag{8.2.5}$$

而当信号 $z(t)=\mathrm{e}^{\mathrm{j}\omega_1 t}+\mathrm{e}^{\mathrm{j}\omega_2 t}$ 是两个复谐波信号叠加而成时，其 Wigner-Ville 分布

$$\begin{aligned}W_z(t,\omega)&=W_{\mathrm{auto}}(t,\omega)+W_{\mathrm{cross}}(t,\omega)\\&=W_{z_1}(t,\omega)+W_{z_2}(t,\omega)+2\mathrm{Re}[W_{z_1,z_2}(t,\omega)]\end{aligned}\tag{8.2.6}$$

式中，信号项即自项为

$$W_z(t,\omega)=2\pi[\delta(\omega-\omega_1)+\delta(\omega-\omega_2)]\tag{8.2.7}$$

而交叉项为

$$\begin{aligned}W_{z_1,z_2}(t,\omega)&=\int_{-\infty}^{\infty}\exp\left[\mathrm{j}\omega_1\left(t+\frac{\tau}{2}\right)-\mathrm{j}\omega_2\left(t-\frac{\tau}{2}\right)\right]\exp(-\mathrm{j}\omega\tau)\mathrm{d}\tau\\&=\exp[(\omega_1-\omega_2)t]\int_{-\infty}^{\infty}\exp\left[-\mathrm{j}\left(\omega-\frac{\omega_1+\omega_2}{2}\right)\tau\right]\mathrm{d}\tau\\&=2\pi\delta(\omega-\omega_m)\exp(\omega_d t)\end{aligned}\tag{8.2.8}$$

其中，$\omega_m=\frac{1}{2}(\omega_1+\omega_2)$ 表示两个频率的平均值，而 $\omega_d=\omega_1-\omega_2$ 为两个频率之差。因此，两个复谐波信号的 Wigner-Ville 分布可表示为

$$W_z(t,\omega)=2\pi[\delta(\omega-\omega_1)+\delta(\omega-\omega_2)]+4\pi\delta(\omega-\omega_m)\cos(\omega_d t)\tag{8.2.9}$$

这表明，Wigner-Ville 分布 $W_{\mathrm{auto}}(t,\omega)$ 的信号项是沿着复谐波信号两个频率直线上的带状冲激函数，幅值为 2π。由信号项可以正确地检测出复谐波信号的两个频率。除了信号项外，在两个频率的平均频率 ω_m 处还存在一个比较大的交叉项，其包络为 $2\pi\cos(\omega_d)$，它与两个频率之差 ω_d 有关。

这个例子还可推广到 p 个复谐波信号叠加的情况：Wigner-Ville 分布的信号项表现为沿每个谐波频率直线上的 p 条带状冲激函数。如果信号 $z(t)$ 的样本数据有限，则 Wigner-Ville 分布的信号项沿每个谐波频率的直线上呈鱼的背鳍状分布，不再是理想的带状冲激函数。从这个例子还可看出，Wigner-Ville 分布的交叉项是比较严重的。

8.2.2 与演变谱的关系

定义信号的 $z(t)$ 的时变自相关函数为

$$R_z(t,\tau)=\mathrm{E}\left\{z\left(t+\frac{\tau}{2}\right)z^*\left(t-\frac{\tau}{2}\right)\right\}\tag{8.2.10}$$

类似于平稳信号功率谱，时变自相关函数的 Fourier 变换定义为 $z(t)$ 的时变功率谱

$$S_z(t,\omega)=\int_{-\infty}^{\infty}R_z(t,\tau)\mathrm{e}^{-\mathrm{j}2\pi\tau f}\mathrm{d}\tau\tag{8.2.11}$$

$$=\int_{-\infty}^{\infty}\mathrm{E}\left\{z\left(t+\frac{\tau}{2}\right)z^*\left(t-\frac{\tau}{2}\right)\right\}\mathrm{e}^{-\mathrm{j}\omega\tau}\mathrm{d}\tau\tag{8.2.12}$$

时变功率谱常称作演变谱 (evolutive spectrum)。若交换数学期望与积分两个算子的位置，则式 (8.2.12) 给出结果

$$S_z(t,\omega)=\mathrm{E}\left\{\int_{-\infty}^{\infty}z\left(t+\frac{\tau}{2}\right)z^*\left(t-\frac{\tau}{2}\right)\mathrm{e}^{-\mathrm{j}\omega\tau}\mathrm{d}\tau\right\}\tag{8.2.13}$$

这表明，信号 $z(t)$ 的演变谱等于该信号的 Wigner-Ville 分布 $W_z(t,\omega)$ 的数学期望，即有

$$S_z(t,\omega)=\mathrm{E}\{W_z(t,\omega)\} \tag{8.2.14}$$

由于这一关系，有时也将演变谱称作 Wigner-Ville 谱。

众所周知，在平稳随机信号的相关分析中，两个随机信号 $x(t)$ 和 $y(t)$ 的相干度定义为

$$\alpha_{xy}(\omega)=\frac{S_{xy}(\omega)}{\sqrt{S_x(\omega)S_y(\omega)}} \tag{8.2.15}$$

式中，$S_{xy}(\omega)$ 为 $x(t)$ 与 $y(t)$ 的互功率谱，而 $S_x(\omega)$ 和 $S_y(\omega)$ 分别是 $x(t)$ 和 $y(t)$ 的功率谱。

类似地，可以定义两个非平稳随机信号 $x(t)$ 和 $y(t)$ 的相干度。由于这种相干度是时间和频率两个变量的函数，所以称其为时频相干度函数，定义为

$$\alpha_{xy}(t,\omega)=\frac{S_{xy}(t,\omega)}{\sqrt{S_x(t,\omega)S_y(t,\omega)}} \tag{8.2.16}$$

式中，$S_x(t,\omega)$ 和 $S_y(t,\omega)$ 分别是信号 $x(t)$ 和 $y(t)$ 的 (自) 演变谱或 Wigner-Ville 谱，而 $S_{xy}(t,\omega)$ 是 $x(t)$ 和 $y(t)$ 的互演变谱或互 Wigner-Ville 谱，定义为

$$S_{xy}(t,\omega)=\int_{-\infty}^{\infty}\mathrm{E}\left\{x\left(t+\frac{\tau}{2}\right)y^*\left(t-\frac{\tau}{2}\right)\right\}\mathrm{e}^{-\mathrm{j}\omega\tau}\mathrm{d}\tau=\mathrm{E}\{W_{xy}(t,\omega)\} \tag{8.2.17}$$

由定义式 (8.2.16) 容易证明时频相干度函数具有下列性质。

性质 1　$0\leqslant|\alpha_{xy}(t,\omega)|\leqslant 1$。

性质 2　若 x 和 y 在时间 t 不相关，即 $R_{xy}\left(t+\frac{\tau}{2},t-\frac{\tau}{2}\right)=0,\ \forall\tau$，则 $S_{xy}(t,\omega)=0$。

性质 3　如果 $x(t)$ 和 $y(t)$ 是非平稳信号 $q(t)$ 分别通过线性移不变滤波器 H_1 和 H_2 得到的输出，则

$$\alpha_{xy}(t,\omega)=\frac{S_q(t,\omega)**W_{h_1,h_2}(t,\omega)}{\sqrt{S_q(t,\omega)**W_{h_1}(t,\omega)}\sqrt{S_q(t,\omega)**W_{h_2}(t,\omega)}} \tag{8.2.18}$$

其中 $**$ 表示二维卷积，且

$$W_{h_1,h_2}(t,\omega)=\int_{-\infty}^{\infty}h_1\left(t+\frac{\tau}{2}\right)h_2^*\left(t-\frac{\tau}{2}\right)\mathrm{e}^{-\mathrm{j}\omega\tau}\mathrm{d}\tau \tag{8.2.19}$$

是滤波器 H_1 和 H_2 的冲激响应 $h_1(t)$ 和 $h_2(t)$ 的互 Wigner-Ville 分布。

8.2.3 基于 Wigner-Ville 分布的信号重构

现在考虑离散信号 $z(n)$ 如何从 Wigner-Ville 分布中恢复或重构。令 $z(n)$ 具有长度 $2L+1$，离散 Wigner-Ville 分布定义为

$$W_z(n,k)=2\sum_{m=-L}^{L}z(n+m)z^*(n-m)\mathrm{e}^{-\mathrm{j}4\pi km/N} \tag{8.2.20}$$

取上式两边的离散 Fourier 逆变换，并作变量代换 $n=\dfrac{n_1+n_2}{2}$ 和 $m=\dfrac{n_1-n_2}{2}$，则有

$$\frac{1}{2}\sum_{k=-L}^{L}W_z\left(\frac{n_1+n_2}{2},k\right)\mathrm{e}^{\mathrm{j}2\pi(n_1-n_2)k/N}=z(n_1)z^*(n_2) \tag{8.2.21}$$

若取 $n_1=2n, n_2=0$，则式 (8.2.21) 给出结果

$$\frac{1}{2}\sum_{k=-L}^{L} W_z(n,k)\mathrm{e}^{\mathrm{j}4\pi nk/N}=z(2n)z^*(0) \tag{8.2.22}$$

这表明，偶数序号的采样信号 $z(2n)$ 可以由离散 Wigner-Ville 分布 $W_z(n,k)$ 唯一重构，至多相差一复数 $z^*(0)$ 倍。类似地，如果在式 (8.2.21) 中令 $n_1=2n-1$ 和 $n_2=1$，则有

$$\frac{1}{2}\sum_{k=-L}^{L} W_z(n,k)\mathrm{e}^{\mathrm{j}4\pi(n-1)k/N}=z(2n-1)z^*(1) \tag{8.2.23}$$

即是说，奇数序号的采样信号 $z(2n-1)$ 可以由 $W_z(n,k)$ 唯一恢复，至多相差复数 $z^*(1)$ 倍。

式 (8.2.22) 和式 (8.2.23) 一并表明，离散 Wigner-Ville 分布的逆问题可以分解为两个较小的逆问题：求偶数序号的样本和求奇数序号的样本，即如果已知离散采样信号 $z(n)$ 的离散 Wigner-Ville 分布，则偶数序号和奇数序号的采样信号可以分别在下列复指数常数倍范围内唯一恢复：

$$\frac{z^*(0)}{|z(0)|}=\mathrm{e}^{\mathrm{j}\phi_e} \quad 和 \quad \frac{z^*(1)}{|z(1)|}=\mathrm{e}^{\mathrm{j}\phi_o} \tag{8.2.24}$$

这个结果告诉我们，如果已知信号 $z(n)$ 两个相临近 (一偶一奇) 的非零样本值，则可以实现离散信号 $z(n)$ 的准确重构。

那么，如何实现上述信号重构或综合呢？求瞬时相关函数，得

$$k_z(n,m)=\frac{1}{2}\sum_{k=-L}^{L} W_z(n,k)\mathrm{e}^{\mathrm{j}4\pi km/N}=z(n+m)z^*(n-m) \tag{8.2.25}$$

如前所述，只需要求偶数样本 $z_e(n')=z(2n')$。为了重构 $z(2n')$，构造一个 $\frac{N}{2}\times\frac{N}{2}$ 维矩阵 $\boldsymbol{A}_e$，其元素为

$$a_e(i,j)=k_z(i+j,i-j)=z_e(i)z_e^*(j) \tag{8.2.26}$$

矩阵 $\boldsymbol{A}_e$ 的秩为 1，其特征值分解为

$$\boldsymbol{A}_e=\sum_{i=1}^{N/2}\lambda_i\boldsymbol{e}_i\boldsymbol{e}_i^*=\lambda_1\boldsymbol{e}_1\boldsymbol{e}_1^* \tag{8.2.27}$$

式中，λ_i 和 $\boldsymbol{e}_i$ 分别是 $\boldsymbol{A}_e$ 的第 i 个特征值和对应的特征向量。由于 $\boldsymbol{A}_e$ 的秩等于 1，故只有第一个特征值非零，而其他 $\frac{N}{2}-1$ 个特征值全部等于零。于是，信号的重构偶数样本由

$$\boldsymbol{z}_e=\sqrt{\lambda_1}\boldsymbol{e}_1\mathrm{e}^{\mathrm{j}\phi_e} \tag{8.2.28}$$

给出，其中

$$\boldsymbol{z}_e=[z(0),z(2),\cdots,z(N/2)]^{\mathrm{T}} \tag{8.2.29}$$

再次表明，偶数样本可以在相差一复指数常数范围内准确重构。这意味着，利用 Wigner-Ville 分布重构信号会产生相位丢失，因此这种信号重构不适用于要求相位信息的场合。

为减小交叉项干扰，Boashash [35] 建议使用解析信号 $z_a(t)$ 的 Wigner-Ville 分布 $W_{z_a}(t,\omega)$。由于解析信号是一个只有正频率分量的半带函数 (handband function)，所以 $W_{z_a}(t,\omega)$ 可以避免由负频率分量引起的交叉项。

然而，必须注意的是，解析信号 $z_a(t)$ 在多个方面与原来的实信号 $z(t)$ 不同。例如，原时限信号 $z(t)=0,\ t\notin[t_1,t_2]$ 的解析信号 $z_a(t)$ 就不再是时限的，因为解析信号是带限的。因此，对于一个实信号，究竟是直接使用它的 Wigner-Ville 分布 $W_z(t,\omega)$，还是使用解析信号的 Wigner-Ville 分布 $W_{z_a}(t,\omega)$，在选择时需要小心。不过，在抑制交叉项为主要考虑时，应该尽量选择使用解析信号的 Wigner-Ville 分布。

8.3 模糊函数

如前所述，Wigner-Ville 分布是对瞬时相关函数 $k_z(t,\tau)=z\left(t+\frac{\tau}{2}\right)z^*\left(t-\frac{\tau}{2}\right)$ 的时延参数 τ 的 Fourier 变换。如果改而对瞬时相关函数的时间变量 t 作 Fourier 变换，则得到另一种重要的时频分布函数

$$\begin{aligned}A_z(\tau,\nu)&=\int_{-\infty}^{\infty}z\left(t+\frac{\tau}{2}\right)z^*\left(t-\frac{\tau}{2}\right)\mathrm{e}^{-\mathrm{j}\nu t}\mathrm{d}t\\&=\int_{-\infty}^{\infty}k_z(t,\tau)\mathrm{e}^{-\mathrm{j}\nu t}\mathrm{d}t\\&=\underset{t\to\nu}{\mathcal{F}}[k_z(t,\tau)]\end{aligned}\tag{8.3.1}$$

在雷达信号处理中，称为雷达模糊函数。

雷达模糊函数主要用于分析经过发射信号匹配滤波后雷达信号的分辨性能。由于匹配滤波器的冲激响应与信号的共轭倒数成正比，当雷达把一般目标视为“点”目标时，回波信号的波形与发射信号相同，但有不同的时延 τ 和不同的频偏 ν (即多普勒角频率)，这就使得模糊函数成了雷达信号匹配滤波输出对 τ,ν 的二维响应。

在非平稳信号处理中，模糊函数采用的是不同的定义：对瞬时相关函数作关于时间 t 的 Fourier 逆变换而不是 Fourier 变换，即模糊函数定义为

$$A_z(\tau,\nu)=\underset{t\to\nu}{\mathcal{F}^{-1}}[k_z(t,\tau)]=\int_{-\infty}^{\infty}z\left(t+\frac{\tau}{2}\right)z^*\left(t-\frac{\tau}{2}\right)\mathrm{e}^{\mathrm{j}\nu t}\mathrm{d}t\tag{8.3.2}$$

模糊函数也可以用信号的 Fourier 变换 $Z(\omega)$ 定义为

$$A_Z(\nu,\tau)=\int_{-\infty}^{\infty}Z^*\left(\omega+\frac{\nu}{2}\right)Z\left(\omega-\frac{\nu}{2}\right)\mathrm{e}^{\mathrm{j}\omega\tau}\mathrm{d}\omega\tag{8.3.3}$$

对比模糊函数和 Wigner-Ville 分布知，它们都是信号的双线性变换或瞬时相关函数 $k_z(t,\tau)$ 的某种线性变换，后者变换到时频平面，表示能量分布，为能量域表示：而前者则变换到时延–频偏平面，表示相关，为相关域表示。既然模糊函数表示相关，而 Wigner-Ville 分布表示能量分布，那么 Wigner-Ville 分布应该是模糊函数的某种 Fourier 变换。由 Wigner-Ville

分布的定义式 (8.3.2)，容易证明

$$\begin{aligned} W_z(t,\omega) &= \int_{-\infty}^{\infty} z\left(t+\frac{\tau}{2}\right) z^*\left(t-\frac{\tau}{2}\right) \mathrm{e}^{-\mathrm{j}\omega\tau}\mathrm{d}\tau \\ &= \int_{-\infty}^{\infty}\int_{-\infty}^{\infty} z\left(u+\frac{\tau}{2}\right) z^*\left(u-\frac{\tau}{2}\right) \mathrm{e}^{-\mathrm{j}\omega\tau}\delta(u-t)\mathrm{d}u\mathrm{d}\tau \\ &= \frac{1}{2\pi}\int_{-\infty}^{\infty}\int_{-\infty}^{\infty}\int_{-\infty}^{\infty} z\left(u+\frac{\tau}{2}\right) z^*\left(u-\frac{\tau}{2}\right) \mathrm{e}^{-\mathrm{j}\omega\tau}\mathrm{e}^{\mathrm{j}\nu(u-t)}\mathrm{d}u\mathrm{d}\tau\mathrm{d}\nu \\ &= \frac{1}{2\pi}\int_{-\infty}^{\infty}\int_{-\infty}^{\infty}\left[\int_{-\infty}^{\infty} z\left(u+\frac{\tau}{2}\right) z^*\left(u-\frac{\tau}{2}\right) \mathrm{e}^{\mathrm{j}\nu u}\mathrm{d}u\right] \mathrm{e}^{-\mathrm{j}(\nu t+\omega\tau)}\mathrm{d}\nu\mathrm{d}\tau \end{aligned}$$

式中使用了熟知的 Fourier 变换 $\frac{1}{2\pi}\int_{-\infty}^{\infty}\mathrm{e}^{\mathrm{j}\nu(u-t)}\mathrm{d}\nu=\delta(u-t)$。将模糊函数的定义式 (8.3.2) 代入上式，立即有

$$W_z(t,\omega)=\frac{1}{2\pi}\int_{-\infty}^{\infty}\int_{-\infty}^{\infty}A_z(\tau,\nu)\mathrm{e}^{-\mathrm{j}(\nu t+\omega\tau)}\mathrm{d}\nu\mathrm{d}\tau \tag{8.3.4}$$

即是说，Wigner-Ville 分布与模糊函数的二维 Fourier 变换等价，只是相差一个常数因子 $\frac{1}{2\pi}$。

根据定义式 (8.3.2)，不难证明模糊函数具有以下性质。

P1 (共轭对称性) 模糊函数是共轭对称的，即有

$$A_z(\tau,\nu)=A_z^*(-\tau,-\nu) \tag{8.3.5}$$

P2 (时移模糊性) 模糊函数的模对时移不敏感，即有

$$\tilde{z}(t)=z(t-t_0)\ \Rightarrow\ A_{\tilde{z}}(\tau,\nu)=A_z(\tau,\nu)\mathrm{e}^{\mathrm{j}2\pi t_0\nu} \tag{8.3.6}$$

P3 (频移模糊性) 模糊函数的模对频移也不敏感，即

$$\tilde{z}(t)=z(t)\mathrm{e}^{\mathrm{j}\omega_0 t}\ \Rightarrow\ A_{\tilde{z}}(\tau,\nu)=A_z(\tau,\nu)\mathrm{e}^{\mathrm{j}2\pi f_0\tau} \tag{8.3.7}$$

P4 (时延边缘特性)

$$A_z(0,\nu)=\frac{1}{2\pi}\int_{-\infty}^{\infty}Z\left(\omega-\frac{1}{2}\nu\right)Z^*\left(\omega+\frac{1}{2}\nu\right)\mathrm{d}\omega \tag{8.3.8}$$

P5 (频偏边缘特性)

$$A_z(\tau,0)=\int_{-\infty}^{\infty}z\left(t+\frac{\tau}{2}\right)z^*\left(t-\frac{\tau}{2}\right)\mathrm{d}t \tag{8.3.9}$$

P6 (总能量保持性)

$$A_z(0,0)=\int_{-\infty}^{\infty}|z(t)|^2\mathrm{d}t=\frac{1}{2\pi}\int_{-\infty}^{\infty}|Z(\omega)|^2\mathrm{d}\omega=E\ (\text{信号总能量}) \tag{8.3.10}$$

P7 (瞬时频率)

$$\omega_i(t)=\frac{\int_{-\infty}^{\infty}\left[\frac{\partial A_z(\tau,\nu)}{\partial\tau}\right]_{\tau=0}\mathrm{e}^{\mathrm{j}\nu t}\mathrm{d}\nu}{\int_{-\infty}^{\infty}A_z(0,\nu)\mathrm{e}^{\mathrm{j}\nu t}\mathrm{d}\nu} \tag{8.3.11}$$

P8 (群延迟)

$$\tau_g(\nu)=\frac{\int_{-\infty}^{\infty}\left[\frac{\partial A_z(\tau,\nu)}{\partial\nu}\right]_{\nu=0}\mathrm{e}^{\mathrm{j}\nu\tau}\mathrm{d}\tau}{\int_{-\infty}^{\infty}A_z(\tau,0)\mathrm{e}^{\mathrm{j}\nu\tau}\mathrm{d}\tau} \tag{8.3.12}$$

P9 (有限时延支撑) 若 $z(t)=0,\ t\notin[t_1,t_2]$，则 $A_z(\tau,\nu)=0,\ \tau>t_2-t_1$。

P10 (有限频偏支撑) 若 $Z(\omega)=0,\ t\notin[\omega_1,\omega_2]$，则 $A_z(\tau,\nu)=0,\ \nu>\omega_2-\omega_1$。

P11 (Moyal 公式)

$$\frac{1}{2\pi}\int_{-\infty}^{\infty}\int_{-\infty}^{\infty}A_z(\tau,\nu)A_x^*(\tau,\nu)\mathrm{d}\tau\mathrm{d}\nu=\left|\int_{-\infty}^{\infty}z(t)x^*(t)\mathrm{d}t\right|^2=|\langle z,x\rangle|^2 \tag{8.3.13}$$

特别地,若 $x(t)=z(t)$，则

$$\frac{1}{2\pi}\int_{-\infty}^{\infty}\int_{-\infty}^{\infty}|A_z(\tau,\nu)|^2\mathrm{d}\tau\mathrm{d}\nu=\left[\int_{-\infty}^{\infty}|z(t)|^2\mathrm{d}t\right]^2 \tag{8.3.14}$$

称为模糊函数的体积不变性。

P12 (卷积性) 若 $z(t)=x(t)*h(t)=\int_{-\infty}^{\infty}x(u)h(t-u)\mathrm{d}u$，则

$$A_z(\tau,\nu)=\int_{-\infty}^{\infty}A_x(\tau,\nu')A_h(\tau-\tau',\nu)\mathrm{d}\tau' \tag{8.3.15}$$

P13 (乘积性) 若 $z(t)=x(t)h(t)$，则

$$A_z(\tau,\nu)=\frac{1}{2\pi}\int_{-\infty}^{\infty}A_x(\tau,\theta)A_h(\tau,\nu-\theta)\mathrm{d}\theta \tag{8.3.16}$$

P14 (Fourier 变换) 信号 $z(t)$ 的 Fourier 变换 $Z(\omega)$ 的模糊函数 $A_Z(\tau,\nu)$ 与原信号的模糊函数 $A_z(\tau,\nu)$ 之间的关系为

$$A_Z(\tau,\nu)=2\pi A_z(\tau,-\nu) \tag{8.3.17}$$

为了方便读者使用，现将模糊函数的上述性质汇总于表 8.3.1 中。

既然模糊函数也是信号的一种时频分布，那么它必然也服从二次叠加原理，即存在交叉项，故有必要考查两个信号之间的互模糊函数。

信号 $z(t)$ 和 $g(t)$之间的互模糊函数定义为

$$A_{z,g}(\tau,\nu)=\int_{-\infty}^{\infty}z\left(t+\frac{\tau}{2}\right)g^*\left(t-\frac{\tau}{2}\right)\mathrm{e}^{\mathrm{j}t\nu}\mathrm{d}t \tag{8.3.18}$$

注意，在一般情况下，互模糊函数取复值，它没有共轭对称性，即

$$A_{z,g}(\tau,\nu)\neq A_{g,z}^*(\tau,\nu) \tag{8.3.19}$$

Wigner-Ville 分布 $W_z(t,\omega)$ 以信号参数 (t_0,ω_0) 为中心，而模糊函数 $A_z(\tau,\theta)$ 则以原点 $(0,0)$ 为中心，是一振荡波形，其相位 $\omega_0\tau-t_0\theta$ 与信号的时间移位 t_0 和频率调制 ω_0 有关。

对于多分量信号，各个分量信号的模糊函数都以原点 $(0,0)$ 为中心，混合在一起。从这个意义上讲，这种时频函数对各分量信号是模糊的。然而，模糊函数所有的交叉项一般都离原点比较远。由于模糊函数的二维 Fourier 变换即为 Wigner-Ville 分布，所以如同平稳信号的时域和频域表示的作用一样，非平稳信号的能量域表示 (时频分布) 和相关域表示 (模糊函数) 在非平稳信号的分析与处理中具有同等重要的意义。

表 8.3.1 模糊函数的重要数学性质

P1 (共轭对称性)	$A_z(\tau,\nu)=A_z^*(-\tau,-\nu)$
P2 (时移模糊性)	$\tilde{z}(t)=z(t-t_0)\ \Rightarrow\ A_{\tilde{z}}(\tau,\nu)=A_z(\tau,\nu)\mathrm{e}^{\mathrm{j}2\pi t_0\nu}$
P3 (频移模糊性)	$\tilde{z}(t)=z(t)\mathrm{e}^{\mathrm{j}\omega_0 t}\ \Rightarrow\ A_{\tilde{z}}(\tau,\nu)=A_z(\tau,\nu)\mathrm{e}^{\mathrm{j}\omega_0\tau}$
P4 (时延边缘特性)	$A_z(0,\nu)=\dfrac{1}{2\pi}\int_{-\infty}^{\infty}Z\left(\omega-\dfrac{1}{2}\nu\right)Z^*\left(\omega+\dfrac{1}{2}\nu\right)\mathrm{d}\omega$
P5 (频偏边缘特性)	$A_z(\tau,0)=\int_{-\infty}^{\infty}z\left(t+\dfrac{\tau}{2}\right)z^*\left(t-\dfrac{\tau}{2}\right)\mathrm{d}t$
P6 (总能量保持性)	$A_z(0,0)=\int_{-\infty}^{\infty}\lvert z(t)\rvert^2\mathrm{d}t=\dfrac{1}{2\pi}\int_{-\infty}^{\infty}\lvert Z(\omega)\rvert^2\mathrm{d}\omega=E$
P7 (瞬时频率)	$\omega_i(t)=\dfrac{\int_{-\infty}^{\infty}\left[\dfrac{\partial A_z(\tau,\nu)}{\partial\tau}\right]_{\tau=0}\mathrm{e}^{\mathrm{j}\nu t}\mathrm{d}\nu}{\int_{-\infty}^{\infty}A_z(0,\nu)\mathrm{e}^{\mathrm{j}\nu t}\mathrm{d}\nu}$
P8 (群延迟)	$\tau_g(\nu)=\dfrac{\int_{-\infty}^{\infty}\left[\dfrac{\partial A_z(\tau,\nu)}{\partial\nu}\right]_{\nu=0}\mathrm{e}^{\mathrm{j}\nu\tau}\mathrm{d}\tau}{\int_{-\infty}^{\infty}A_z(\tau,0)\mathrm{e}^{\mathrm{j}\nu\tau}\mathrm{d}\tau}$
P9 (有限时延支撑)	$z(t)=0,\ t\notin[t_1,t_2]\ \Rightarrow\ A_z(\tau,\nu)=0,\ \tau>t_2-t_1$
P10 (有限频偏支撑)	$Z(\omega)=0,\ t\notin[\omega_1,\omega_2]\ \Rightarrow\ A_z(\tau,\nu)=0,\ \nu>\omega_2-\omega_1$
P11 (Moyal 公式)	$\dfrac{1}{2\pi}\int_{-\infty}^{\infty}\int_{-\infty}^{\infty}A_z(\tau,\nu)A_x^*(\tau,\nu)\mathrm{d}\tau\mathrm{d}\nu=\left\lvert\int_{-\infty}^{\infty}z(t)x^*(t)\mathrm{d}t\right\rvert^2=\lvert\langle z,x\rangle\rvert^2$
P12 (卷积性)	$z(t)=x(t)*h(t)\mathrm{d}u\ \Rightarrow\ A_z(\tau,\nu)=\int_{-\infty}^{\infty}A_x(\tau,\nu')A_h(\tau-\tau',\nu)\mathrm{d}\tau'$
P13 (乘积性)	$z(t)=x(t)h(t)\ \Rightarrow\ A_z(\tau,\nu)=\dfrac{1}{2\pi}\int_{-\infty}^{\infty}A_x(\tau,\theta)A_h(\tau,\nu-\theta)\mathrm{d}\theta$
P14 (Fourier 变换)	$A_Z(\nu,\tau)=2\pi A_z(\tau,-\nu)$

8.4 Cohen 类时频分布

自从 1948 年 Wigner-Ville 分布出现后，它在许多领域得到了广泛的应用。人们在实践中发现，针对不同的应用需要，应该对 Wigner-Ville 分布作某些改进，从而出现了一系列其他形式的时频分布。1966 年，Cohen[80] 发现众多的时频分布只是 Wigner-Ville 分布的变形，它们可以用统一的形式表示。概括地讲，在这种统一表示里，不同的时频分布只是对 Wigner-Ville 分布加不同的核函数而已，而对于时频分布各种性质的要求则反映在对核函数的约束条件上。这种统一的时频分布现在习惯上被称为 Cohen 类时频分布。

8.4.1 Cohen 类时频分布的定义

在文献 [80] 里，Cohen 将时变的自相关函数定义为

$$R_z(t,\tau)=\frac{1}{2\pi}\int_{-\infty}^{\infty}A_z(\tau,\nu)\phi(\tau,\nu)\mathrm{e}^{-\mathrm{j}\nu t}\mathrm{d}\nu \tag{8.4.1}$$

式中，$A_z(\tau,\nu)$ 为信号 $z(t)$ 的模糊函数，由式 (8.3.2) 定义；而 $\phi(\tau,\nu)$ 称为核函数。由于时变自相关函数的 Fourier 变换给出时频分布，故有

$$C_z(t,\omega)\stackrel{\mathrm{def}}{=}\int_{-\infty}^{\infty}R_z(t,\tau)\mathrm{e}^{-\mathrm{j}\omega\tau}\mathrm{d}\tau=\int_{-\infty}^{\infty}\int_{-\infty}^{\infty}A_z(\tau,\nu)\phi(\tau,\nu)\mathrm{e}^{-\mathrm{j}(\nu t+\omega\tau)}\mathrm{d}\tau\mathrm{d}\nu \tag{8.4.2}$$

具有这种形式的时频分布习惯统称为 Cohen 类 (时频) 分布。后面将会看到，已有的大多数时频分布都属于 Cohen 类分布，只是它们取不同的核函数而已。

将卷积定理

$$G(\omega)=\int_{-\infty}^{\infty}s_1(x)s_2(x)\mathrm{e}^{-\mathrm{j}\omega x}\mathrm{d}x=\frac{1}{2\pi}S_1(\omega)*S_2(\omega) \tag{8.4.3}$$

代入式 (8.4.1)，可将时变自相关函数改写为

$$R_z(t,\tau)=\underset{\nu\to t}{\mathcal{F}}[A_z(\tau,\nu)]*\underset{\nu\to t}{\mathcal{F}}[\phi(\tau,\nu)] \tag{8.4.4}$$

$$=\left[z\left(t+\frac{\tau}{2}\right)z^*\left(t-\frac{\tau}{2}\right)\right]*\psi(t,\tau) \tag{8.4.5}$$

$$=\int_{-\infty}^{\infty}z\left(u+\frac{\tau}{2}\right)z^*\left(u-\frac{\tau}{2}\right)\psi(t-u,\tau)\mathrm{d}u \tag{8.4.6}$$

式中

$$\psi(t,\tau)=\underset{\nu\to t}{\mathcal{F}}[\phi(\tau,\nu)]=\int_{-\infty}^{\infty}\phi(\tau,\nu)\mathrm{e}^{-\mathrm{j}\nu t}\mathrm{d}\nu \tag{8.4.7}$$

将式 (8.4.6) 代入式 (8.4.2)，即得到 Cohen 类分布的另一种定义

$$C_z(t,\omega)=\int_{-\infty}^{\infty}\int_{-\infty}^{\infty}z\left(u+\frac{\tau}{2}\right)z^*\left(u-\frac{\tau}{2}\right)\psi(t-u,\tau)\mathrm{e}^{-\mathrm{j}\omega\tau}\mathrm{d}u\mathrm{d}\tau \tag{8.4.8}$$

式 (8.4.2) 和式 (8.4.8) 是 Cohen 类分布常用的定义公式，它们相互等价。

考虑核函数的一种特殊选择 $\phi(\tau,\nu)\equiv 1$。此时，定义式 (8.4.2) 退化为式 (8.3.4) 右边，即窗函数取 $\phi(\tau,\nu)\equiv 1$ 的 Cohen 类分布就是 Wigner-Ville 分布。另由式 (8.4.7) 知，与 $\phi(\tau,\nu)\equiv 1$ 对应的核函数 $\psi(t,\tau)=\delta(t)$，故由式 (8.4.8) 也可得到 $C_z(t,\omega)=W_z(t,\omega)$，再次证明了 Wigner-Ville 分布就是 $\phi(\tau,\nu)\equiv 1$ 时的 Cohen 类分布。

Wigner-Ville 分布和模糊函数共有四个变量 t,ω,τ 和 ν。原则上，在它们当中任取两个都可以构成一种二维分布。例如，瞬时相关函数 $k_z(t,\tau)$ 本身也是一种二维分布，它以时间 t 和时移 τ 作为变量。第四种二维分布以频率 ω 和频偏 ν 作为变量，称为点谱相关函数，记作 $K_z(\omega,\nu)$。按照前面的定义，点谱相关函数对 ν 的 Fourier 变换应为 Wigner-Ville 分布；而如果仿照瞬时相关函数的定义方法，点谱相关函数似应定义为 $Z\left(\omega+\frac{\nu}{2}\right)Z^*\left(\omega-\frac{\nu}{2}\right)$。实际计算 $Z\left(\omega+\frac{\nu}{2}\right)Z^*\left(\omega-\frac{\nu}{2}\right)$ 的 Fourier 变换，得到

$$\int_{-\infty}^{\infty}Z\left(\omega+\frac{\nu}{2}\right)Z^*\left(\omega-\frac{\nu}{2}\right)\mathrm{e}^{-\mathrm{j}\nu t}\mathrm{d}\nu=W_z(-t,\omega) \tag{8.4.9}$$

与 Wigner-Ville 分布相违背。为了解决这一矛盾，需要将点谱相关函数定义为

$$K_z(\omega,\nu)=Z^*\left(\omega+\frac{\nu}{2}\right)Z\left(\omega-\frac{\nu}{2}\right) \tag{8.4.10}$$

Wigner-Ville 分布、模糊函数、瞬时相关函数和点谱相关函数是 Cohen 类的四种基本分布。为了方便读者直观和形象地理解，图 8.4.1 (a) 画出了这四种分布之间的变换关系，而图 8.4.1 (b) 则是四种核函数 $\psi(t,\tau)$、$\Psi(\omega,\nu)$、$\Phi(t,\omega)$ 和 $\phi(\tau,\nu)$ 之间的变换关系。

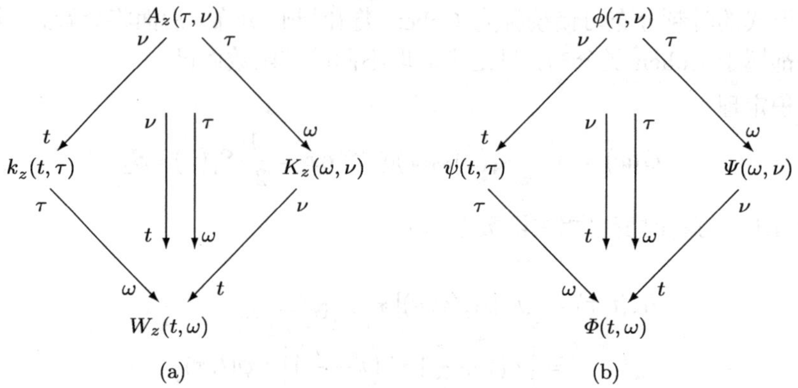

图 8.4.1 (a) Cohen 类四种分布的关系；(b) 四种核函数的关系

由图 8.4.1 (a)，可以写出 Wigner-Ville 分布、模糊函数、瞬时相关函数 $z\left(t+\frac{\tau}{2}\right)z^*\left(t-\frac{\tau}{2}\right)$ 和点谱相关函数 $Z^*\left(\omega+\frac{\nu}{2}\right)Z\left(\omega-\frac{\nu}{2}\right)$ 之间的关系式

$$W_z(t,\omega)=\int_{-\infty}^{\infty}z\left(t+\frac{\tau}{2}\right)z^*\left(t-\frac{\tau}{2}\right)\mathrm{e}^{-\mathrm{j}\omega\tau}\mathrm{d}\tau \tag{8.4.11}$$

$$W_Z(\omega,t)=\int_{-\infty}^{\infty}Z^*\left(\omega+\frac{\nu}{2}\right)Z\left(\omega-\frac{\nu}{2}\right)\mathrm{e}^{-\mathrm{j}\nu t}\mathrm{d}\nu \tag{8.4.12}$$

$$A_z(\tau,\nu)=\int_{-\infty}^{\infty}z\left(t+\frac{\tau}{2}\right)z^*\left(t-\frac{\tau}{2}\right)\mathrm{e}^{\mathrm{j}\nu t}\mathrm{d}t \tag{8.4.13}$$

$$A_Z(\nu,\tau)=\int_{-\infty}^{\infty}Z^*\left(\omega+\frac{\nu}{2}\right)Z\left(\omega-\frac{\nu}{2}\right)\mathrm{e}^{\mathrm{j}\omega\tau}\mathrm{d}\omega \tag{8.4.14}$$

$$W_z(t,\omega)=\frac{1}{2\pi}\int_{-\infty}^{\infty}\int_{-\infty}^{\infty}A_z(\tau,\nu)\mathrm{e}^{-\mathrm{j}(\nu t+\omega\tau)}\mathrm{d}\nu\mathrm{d}\tau \tag{8.4.15}$$

这些公式与前面定义或推导的相应公式是一致的。

另由图 8.4.1 (b)，又可以写出四种核函数之间的关系式

$$\psi(t,\tau)=\int_{-\infty}^{\infty}\phi(\tau,\nu)\mathrm{e}^{-\mathrm{j}\nu t}\mathrm{d}\nu \tag{8.4.16}$$

$$\Psi(\omega,\nu)=\int_{-\infty}^{\infty}\phi(\tau,\nu)\mathrm{e}^{-\mathrm{j}\omega\tau}\mathrm{d}\tau \tag{8.4.17}$$

$$\Phi(t,\omega)=\int_{-\infty}^{\infty}\psi(t,\omega)\mathrm{e}^{-\mathrm{j}\omega\tau}\mathrm{d}\tau \tag{8.4.18}$$

$$\Phi(t,\omega)=\int_{-\infty}^{\infty}\Psi(\omega,\nu)\mathrm{e}^{-\mathrm{j}\nu t}\mathrm{d}\nu \tag{8.4.19}$$

$$\Phi(t,\omega)=\int_{-\infty}^{\infty}\int_{-\infty}^{\infty}\phi(\tau,\nu)\mathrm{e}^{-\mathrm{j}(\nu t+\omega\tau)}\mathrm{d}\nu\mathrm{d}\tau \tag{8.4.20}$$

$$\Psi(\omega,\nu)=\int_{-\infty}^{\infty}\int_{-\infty}^{\infty}\psi(t,\tau)\mathrm{e}^{\mathrm{j}(\nu t-\omega\tau)}\mathrm{d}t\mathrm{d}\tau \tag{8.4.21}$$

读者根据图 8.4.1 所示关系，还可写出两两核函数之间的其他公式。

有必要指出，在有些文献 (例如[224] 和 [226]) 中，模糊函数直接采用雷达模糊函数定义式 (8.3.1)，此时，图 8.4.1、式 (8.4.11)～式 (8.4.15) 以及式 (8.4.16)～式 (8.4.21) 中所有关于 ν 的 Fourier 变换均需要改为 Fourier 逆变换，并且所有关于 ν 的 Fourier 逆变换也需改为 Fourier 变换。这一点希望读者在阅读其他文献时加以注意。不过，从图 8.4.1 看，将模糊函

数定义为 $z\left(t+\frac{\tau}{2}\right)z^*\left(t-\frac{\tau}{2}\right)$ 关于 ν 的 Fourier 逆变换，这给两两时频分布的 Fourier 变换关系以及两两核函数之间的 Fourier 变换关系带来了非常容易记忆的规律性。

8.4.2 对核函数的要求

当 $\phi(\tau,\nu)=1$，即不加核函数时，式 (8.4.2) 简化为式 (8.3.4)，即 Cohen 类时频分布给出 Wigner-Ville 分布。换句话说，Cohen 类分布是对 Wigner-Ville 分布的一种滤波形式。

既然 Cohen 类分布是对 Wigner-Ville 分布滤波的结果，那么所加核函数自然会使原 Wigner-Ville 分布的性质发生一些变化。因此，如果要求变化了的时频分布仍能满足某些基本性质，则核函数就应受到某些限制。

1. 总能量与边缘特性

如果要求 Cohen 类分布 $C_z(t,\omega)$ 是能量密度的联合分布，则希望它满足两个边缘特性：对频率变量的积分等于瞬时功率 $|z(t)|^2$，而对时间变量的积分则给出能量密度谱 $|Z(\omega)|^2$。

式 (8.4.2) 关于频率 ω 的积分给出结果

$$\begin{aligned}\frac{1}{2\pi}\int_{-\infty}^{\infty}C_z(t,\omega)\mathrm{d}\omega &= \int_{-\infty}^{\infty}\int_{-\infty}^{\infty}\int_{-\infty}^{\infty}z\left(u+\frac{\tau}{2}\right)z^*\left(u-\frac{\tau}{2}\right)\\ &\quad\times\delta(\tau)\mathrm{e}^{\mathrm{j}2\pi\nu(u-t)}\phi(\tau,\nu)\mathrm{d}\tau\mathrm{d}\nu\mathrm{d}u\\ &= \int_{-\infty}^{\infty}\int_{-\infty}^{\infty}|z(u)|^2\mathrm{e}^{\mathrm{j}2\pi\nu(u-t)}\phi(0,\nu)\mathrm{d}\nu\mathrm{d}u\end{aligned}$$

显然，使上式等于 $|z(t)|^2$ 的唯一选择是 $\int_{-\infty}^{\infty}\phi(0,\nu)\mathrm{e}^{\mathrm{j}2\pi(u-t)}\mathrm{d}\nu=\delta(t-u)$，这意味着

$$\phi(0,\nu)=1 \tag{8.4.22}$$

类似地，如果希望 $\int_{-\infty}^{\infty}C_z(t,\omega)\mathrm{d}t=|Z(\omega)|^2$，则核函数必须满足

$$\phi(\tau,0)=1 \tag{8.4.23}$$

同理，一般还希望信号的总能量 (归一化能量) 保持不变，即

$$\frac{1}{2\pi}\int_{-\infty}^{\infty}\int_{-\infty}^{\infty}C_z(t,\omega)\mathrm{d}\omega\mathrm{d}t=1=\text{总能量} \tag{8.4.24}$$

为此，就必须取

$$\phi(0,0)=1 \tag{8.4.25}$$

这一条件称为归一化条件，它比边缘条件 (8.4.22) 和 (8.4.23) 弱。就是说，可能存在某种时频分布，其总能量与信号的总能量相同，但是边缘特性却不一定满足。

2. 实值性

双线性分布一般不能保证是正的，但作为能量的测度，至少应该要求它是实的。取式 (8.4.2) 的复数共轭，然后令 $C_z^*(t,\omega)=C_z(t,\omega)$，则容易证明，Cohen 类分布是实值分布的充要条件是：核函数满足条件

$$\phi(\tau,\nu)=\phi^*(-\tau,-\nu) \tag{8.4.26}$$

表 8.4.1 汇总了为了使 Cohen 类分布具有某些基本性质，核函数应该满足的约束条件。表中的核函数要求 1 ~ 10 是 Classen 与 Mecklenbrauker [77] 提出的。

表 8.4.1 Cohen 类时频分布基本性能对核函数的要求

No	基本性能	对核函数 $\phi(\tau,\nu)$ 的要求
1	时移不变性	与时间变量 t 无关
2	频移不变性	与频率变量 ω 无关
3	实值性	$\phi(\tau,\nu)=\phi^*(-\tau,-\nu)$
4	时间边缘特性	$\phi(0,\nu)=1$
5	频率边缘特性	$\phi(\tau,0)=1$
6	瞬时频率特性	$\phi(0,\nu)=1$ 和 $\left.\frac{\partial}{\partial\tau}\phi(\tau,\nu)\right\|_{\tau=0}=0$
7	群延迟特性	$\phi(\tau,0)=1$ 和 $\left.\frac{\partial}{\partial\nu}\phi(\tau,\nu)\right\|_{\nu=0}=0$
8	正值性	$\phi(\tau,\nu)$ 是任一窗函数 $\gamma(t)$ 的模糊函数
9	有限时间支撑	$\psi(t,\tau)=\int_{-\infty}^{\infty}\phi(\tau,\nu)\mathrm{e}^{-\mathrm{j}\nu t}\mathrm{d}\nu=0$ $\left(其中\ \|t\|>\frac{\|\tau\|}{2}\right)$
10	有限频率支撑	$\Psi(\omega,\nu)=\int_{-\infty}^{\infty}\phi(\tau,\nu)\mathrm{e}^{-\mathrm{j}\omega\tau}\mathrm{d}\tau=0$ $\left(其中\ \|\omega\|>\frac{\|\nu\|}{2}\right)$
11	Moyal 公式	$\|\phi(\tau,\nu)\|=1$
12	卷积性	$\phi(\tau_1+\tau_2,\nu)=\phi(\tau_1,\nu)\phi(\tau_2,\nu)$
13	乘积性	$\phi(\tau,\nu_1+\nu_2)=\phi(\tau,\nu_1)\phi(\tau,\nu_2)$
14	Fourier 变换性	$\phi(\tau,\nu)=\phi(\nu,-\tau),\ \forall\ \tau$ 和 ν

8.5 时频分布的性能评价与改进

时频信号分析的大多数应用与非平稳信号的多分量抽取有关。通常希望时频信号分析具有以下功能：

(1) 能够确定一个信号中存在的信号分量个数；

(2) 能够识别信号分量与交叉项；

(3) 能够分辨出在时频平面上相距很近的两个或多个信号分量；

(4) 能够估计信号各个分量的瞬时频率。

判断一种时频分布是否具有这些功能，涉及到时频分布的性能评价。为了在实际的时频信号分析应用中选择一种合适的时频分布，有必要了解各种时频分布的优缺点。一种时频分布的优缺点主要由它的时频聚集性和交叉项决定。下面对它们分别加以分析与讨论。

8.5.1 时频聚集性

正如典型的平稳信号为高斯信号一样，非平稳信号也有典型的信号，这就是线性调频 (LFM: linear frequency modulation) 信号 ①。顾名思义，LFM 信号就是频率按照线性规律随

① LFM 信号也称 chirp 信号。

时间变化的信号。现在，已广泛认识到，任何一种时频分析如果不能为 LFM 信号提供良好的时频聚集性能，那么它便不适合用作非平稳信号时频分析的工具。

由于时频分布是用来描述非平稳信号的时变或局部的时频特性的，所以很自然希望它具有很好的时频局域性，即要求它在时频平面上是高度聚集的。这一性能称为时频分布的时频聚集性。

考虑幅度为 1 的单分量 LFM 信号

$$z(t) = \mathrm{e}^{\mathrm{j}(\omega_0 t + \frac{1}{2}mt^2)} \tag{8.5.1}$$

这种信号广泛用在雷达、声纳和地震等探测系统中。单分量 LFM 信号的双线性变换为

$$\begin{aligned} z\left(t+\frac{\tau}{2}\right) z^*\left(t-\frac{\tau}{2}\right) &= \exp\left\{\mathrm{j}\left[\omega_0\left(t+\frac{\tau}{2}\right)+\frac{1}{2}m\left(t+\frac{\tau}{2}\right)^2\right]\right\} \\ &\quad \times \exp\left\{-\mathrm{j}\left[\omega_0\left(t-\frac{\tau}{2}\right)+\frac{1}{2}m\left(t-\frac{\tau}{2}\right)^2\right]\right\} \\ &= \exp[\mathrm{j}(\omega_0+mt)\tau] \end{aligned} \tag{8.5.2}$$

由此可求得 LFM 信号的 Wigner-Ville 分布为

$$\begin{aligned} W_{\mathrm{LFM}}(t,\omega) &= \int_{-\infty}^{\infty} z\left(t+\frac{\tau}{2}\right) z^*\left(t-\frac{\tau}{2}\right) \mathrm{e}^{-\mathrm{j}2\pi\tau f}\mathrm{d}\tau \\ &= \int_{-\infty}^{\infty} \exp[\mathrm{j}(\omega_0+mt)\tau]\exp(-\mathrm{j}\omega\tau)\mathrm{d}\tau \\ &= \delta[\omega-(\omega_0+mt)] \end{aligned} \tag{8.5.3}$$

这里使用了积分结果

$$\int_{-\infty}^{\infty} \mathrm{e}^{-\mathrm{j}[\omega-(\omega_0+mt)]\tau}\mathrm{d}\tau = \delta[\omega-(\omega_0+mt)] \tag{8.5.4}$$

由式 (8.5.3) 可以看出，单分量 LFM 信号的 Wigner-Ville 分布为沿直线 $\omega = \omega_0 + mt$ 分布的冲激线谱，即时频分布的幅值集中出现在表示信号的瞬时频率变化律的直线上。因此，从最佳展现 LFM 信号的频率调制律这一意义上讲，Wigner-Ville 分布具有理想的时频聚集性。注意，Wigner-Ville 分布为冲激线谱的结论只适用于无穷长的 LFM 信号。在实际应用中，信号的长度总是有限的，此时其 Wigner-Ville 分布呈鱼的背鳍状。

事实上，对于单分量 LFM 信号，无论怎样选择窗函数 $\phi(\tau,\nu)$ 得到 Cohen分布，都不可能给出比窗函数取 $\phi(\tau,\nu)=1$ 的 Wigner-Ville 分布更好的时频聚集性。这一结论并不奇怪，因为根据不相容原理，无穷宽的窗函数 $\phi(\tau,\nu)=1$ 其带宽为零，因而具有最高的频率分辨率。但问题是，LFM 信号明显是非平稳信号，为什么却可以取无穷宽的窗函数呢？这主要由于单分量 LFM 信号具有二次型平稳特性。由 LFM 信号的二次型信号表达式 (8.5.2)，容易求出其时变自相关函数为

$$R(t,\tau') = \mathrm{E}\{\mathrm{e}^{\mathrm{j}(\omega_0+mt)\tau}\mathrm{e}^{-\mathrm{j}(\omega_0+m(t-\tau')\tau}\} = \mathrm{e}^{\mathrm{j}m\tau\tau'} \tag{8.5.5}$$

它是与时间 t 无关的函数！即是说，单分量 LFM 信号的二次型信号 $z\left(t+\frac{\tau}{2}\right)z^*\left(t-\frac{\tau}{2}\right)$ 是二阶平稳的。这就是为什么对单分量 LFM 信号的二次型信号 (注意不是对信号本身) 可

以加时宽无穷大的窗函数 $\phi(\tau,\nu)=1$ 的原因。然而，对于稍微复杂一点的信号，情况就大为不同。例如，若 $z(t)=\sum_{i=1}^{2}\mathrm{e}^{\mathrm{j}(\omega_i t+\frac{1}{2}m_i t^2)}$ 是两个 LFM 信号叠加而成时，其二次型信号 $z\left(t+\frac{\tau}{2}\right)z^*\left(t-\frac{\tau}{2}\right)$ 的自相关函数便是时间的函数，即二次型信号不是二阶平稳的。这意味着，窗函数 $\phi(\tau,\nu)=1$ 不再是最优选择了，即需要对 Wigner-Ville 分布加以改进。

8.5.2 交叉项抑制

对于任何一个多分量信号，二次型时频分布都存在交叉项，它来自多分量信号中不同信号分量之间的交叉作用。时频分布里的信号项对应于信号的每个分量本身，它们与时频分布具有有限支撑的信号的物理性质是一致的。也就是说，如果给出信号 $z(t)$ 及其谱的先验知识，则信号项在时频平面上只出现在我们希望它们出现的那些地方。与信号项的情况相反，交叉项却是时频分布里的干扰产物，它们在时域与 (或) 频域表现出与原信号的物理性质相矛盾的结果。因此，时频分布的主要问题之一就是如何抑制它的交叉项。

交叉项抑制有两类关键的滤波方法：

(1) 模糊域滤波；

(2) 用核函数滤波。

模糊域滤波是一种将雷达理论应用于时频分布的结果。在前面讨论模糊函数时，我们曾强调过一个重要的事实：在模糊域，交叉项倾向于远离原点，而信号项则聚集在原点附近。记住这一重要事实是非常有用的，因为 Wigner-Ville 分布是模糊函数的二维 Fourier 变换。因此，减小交叉项的一种很自然的方法是在模糊域对模糊函数进行滤波，滤去交叉项；然后，再由模糊函数的二维 Fourier 变换求 Wigner-Ville 分布。

所有 Cohen 类分布都可视为使用核函数 $\phi(\tau,\nu)\neq 1$ 或 $\psi(t,\tau)\neq\delta(t)$ 对 Wigner-Ville 分布的滤波形式，而滤波的目的就是抑制交叉项。因此，Cohen 类分布的核函数成了时频信号分析的一个研究热点。在讨论如何选择核函数之前，有必要先来分析一下 Wigner-Ville 分布的交叉项情况。在分析交叉项的影响时，常常以音调信号和 LFM 信号作为考查对象。为简便计，这里以平稳的音调信号为例。

对于平稳的单音调信号 $z(t)=\mathrm{e}^{\mathrm{j}\omega_0 t}$，由 Cohen 类时频分布的等价定义式 (8.4.8) 有

$$\begin{aligned}C(t,\omega)&=\int_{-\infty}^{\infty}\int_{-\infty}^{\infty}\psi(t-u,\tau)\mathrm{e}^{\mathrm{j}\omega_0(u+\frac{\tau}{2})}\mathrm{e}^{-\mathrm{j}\omega_0(u-\frac{\tau}{2})}\mathrm{e}^{-\mathrm{j}\omega\tau}\mathrm{d}u\mathrm{d}\tau\\&=\int_{-\infty}^{\infty}\int_{-\infty}^{\infty}\psi(t-u,\tau)\mathrm{e}^{-\mathrm{j}(\omega-\omega_0)\tau}\mathrm{d}u\mathrm{d}\tau\\&=\int_{-\infty}^{\infty}\int_{-\infty}^{\infty}\psi(t',\tau)\mathrm{e}^{-\mathrm{j}[0\cdot t'+\tau(\omega-\omega_0)]}\mathrm{d}t'\mathrm{d}\tau\end{aligned}$$

对上面最后一式使用 $\Psi(\omega,\nu)$ 与 $\psi(t,\tau)$ 的关系式 (参见图 8.5.1 (b))，则得到

$$C(t,\omega)=\Psi(\omega-\omega_0,0) \tag{8.5.6}$$

这表明，单音调信号的 Cohen 类时频分布直接是核函数值 $\Psi(\omega-\omega_0,0)$，但核函数的频率有一个偏移 (偏移量为输入频率 ω_0)。

现在考虑双音调信号

$$z(t)=z_1(t)+z_2(t)=\mathrm{e}^{\mathrm{j}\omega_1 t}+\mathrm{e}^{\mathrm{j}\omega_2 t},\quad \omega_1<\omega_2 \tag{8.5.7}$$

其 Cohen 类时频分布由信号项和交叉项组成：

$$\begin{aligned}C(t,\omega)&=C_{\text{auto}}(t,\omega)+C_{\text{cross}}(t,\omega)\\&=C_{\text{auto}}(t,\omega)+C_{z_1,z_2}(t,\omega)+C_{z_2,z_1}(t,\omega)\end{aligned}\tag{8.5.8}$$

式中，信号项为

$$C_{\text{auto}}(t,\omega)=\Psi(\omega-\omega_1,0)+\Psi(\omega-\omega_2,0)\tag{8.5.9}$$

第一个交叉项为

$$\begin{aligned}C_{z_1,z_2}(t,\omega)&=\int_{-\infty}^{\infty}\int_{-\infty}^{\infty}\psi(t-u,\tau)\mathrm{e}^{\mathrm{j}\omega_1(u+\frac{\tau}{2})}\mathrm{e}^{-\mathrm{j}\omega_2(u-\frac{\tau}{2})}\mathrm{e}^{-\mathrm{j}\omega\tau}\mathrm{d}u\mathrm{d}\tau\\&=\int_{-\infty}^{\infty}\int_{-\infty}^{\infty}\psi(t-u,\tau)\mathrm{e}^{-\mathrm{j}(\omega_2-\omega_1)u}\mathrm{e}^{-\mathrm{j}(\omega-\frac{\omega_1+\omega_2}{2})\tau}\mathrm{d}u\mathrm{d}\tau\\&=\mathrm{e}^{\mathrm{j}(\omega_1-\omega_2)}\int_{-\infty}^{\infty}\int_{-\infty}^{\infty}\psi(u',\tau)\mathrm{e}^{\mathrm{j}[(\omega_2-\omega_1)u'-(\omega-\frac{\omega_1+\omega_2}{2})\tau]}\mathrm{d}u'\mathrm{d}\tau\end{aligned}$$

利用 $\psi(t,\tau)$ 与 $\Psi(\omega,\nu)$ 的关系，即得

$$C_{z_1,z_2}(t,\omega)=\Psi\left(\omega-\frac{\omega_2+\omega_1}{2},\omega_2-\omega_1\right)\mathrm{e}^{\mathrm{j}(\omega_1-\omega_2)t}\tag{8.5.10}$$

类似地，第二个交叉项为

$$C_{z_2,z_1}(t,\omega)=\Psi\left(\omega-\frac{\omega_2+\omega_1}{2},\omega_2-\omega_1\right)\mathrm{e}^{\mathrm{j}(\omega_2-\omega_1)t}\tag{8.5.11}$$

因此，两个音调信号的交叉项之和为

$$\begin{aligned}C_{\text{cross}}(t,\omega)&=C_{z_1,z_2}(t,\omega)+C_{z_2,z_1}(t,\omega)\\&=2\mathrm{Re}\left[\Psi\left(\omega-\frac{\omega_2+\omega_1}{2},\omega_2-\omega_1\right)\mathrm{e}^{\mathrm{j}(\omega_2-\omega_1)t}\right]\end{aligned}\tag{8.5.12}$$

那么，能不能完全消除 Wigner-Ville 分布中的交叉项呢？式 (8.5.12) 告诉我们，这是不可能的，除非选择一个毫无意义的核函数 $\Psi(\omega,\nu)\equiv 0$ (此时，所有的信号项也都恒等于零)。

下面考虑如何抑制式 (8.5.12) 所表示的交叉项。

1. 交叉项的弱有限支撑

Cohen [81] 在用统一形式表示时频分布的时候，就提出一种理想的时频分布也应该具有有限支撑性质，即凡在信号 $z(t)$ 和它的频谱 $Z(\omega)$ 等于零的各区域，Cohen 类分布 $C(t,\omega)$ 也都应该等于零。这意味着，核函数应该分别满足条件 [78]

$$\psi(t,\tau)=\int_{-\infty}^{\infty}\phi(\tau,\nu)\mathrm{e}^{\mathrm{j}\nu t}\mathrm{d}\nu=0,\quad |t|>\frac{|\tau|}{2}\tag{8.5.13}$$

和

$$\Psi(\omega,\nu)=\int_{-\infty}^{\infty}\phi(\tau,\nu)\mathrm{e}^{-\mathrm{j}\omega\tau}\mathrm{d}\tau=0,\quad |\omega|>\frac{|\nu|}{2}\tag{8.5.14}$$

然而，这两个条件只能保证时频分布的“弱有限支撑”，其抑制交叉项的作用有限。为了看清楚这一点，将式 (8.5.14) 代入式 (8.5.12) 中的核函数 $\Psi(\omega,\nu)$ 得到

$$\Psi\left(\omega-\frac{\omega_2+\omega_1}{2},\omega_2-\omega_1\right)=0,\quad 若\ \left|\omega-\frac{\omega_2+\omega_1}{2}\right|>\frac{|\omega_2-\omega_1|}{2}\tag{8.5.15}$$

由上式及式 (8.5.12) 知，当 $\omega < \omega_1$ 或 $\omega > \omega_2$ 时，交叉项等于零。即是说，只有区域 $[\omega_1, \omega_2]$ 以外的交叉项得到抑制。

2. 交叉项的强有限支撑

问题是，区域 $[\omega_1, \omega_2]$ 以内的交叉项也能抑制吗？由于双音调信号在频率 ω_1 和 ω_2 处取值，而任何一种时频分布的交叉项又不可能完全被抑制，因此很自然会问：能否让 Wigner-Ville 分布的交叉项只出现在两个信号频率处，而其他频率处的交叉项都被抑制呢？这一要求称为交叉项的强有限频率支撑。类似地，若在没有信号的时间，交叉项也等于零，则称为交叉项的强有限时间支撑。

问题是如何使交叉项具有所希望的强有限时间支撑和强有限频率支撑？为此，考查

$$K(\omega;\Psi) = \Psi\left(\omega - \frac{\omega_1+\omega_2}{2}, \omega_2 - \omega_1\right) \tag{8.5.16}$$

它代表两个音调信号交叉项的包络。

由式 (8.5.16) 易知，交叉项包络在信号频率 ω_1 和 ω_2 的取值分别为

$$K(\omega;\Psi)\big|_{\omega=\omega_1} = \Psi\left(\frac{\omega_1-\omega_2}{2}, \omega_2-\omega_1\right) = \Psi(\omega,\nu)\big|_{\nu=\omega_2-\omega_1,\ \omega=\nu/2} \tag{8.5.17}$$

$$K(\omega;\Psi)\big|_{\omega=\omega_2} = \Psi\left(\frac{\omega_2-\omega_1}{2}, \omega_2-\omega_1\right) = \Psi(\omega,\nu)\big|_{\nu=\omega_2-\omega_1,\ \omega=-\nu/2} \tag{8.5.18}$$

从而揭示了两个音调信号交叉项的性质。上述结果表明，欲使时频分布的交叉项不出现在非信号频率处，则只要给核函数 $\Psi(\omega,\nu)$ 加上以下约束条件即可：

$$\Psi(\omega,\nu) = 0, \quad \forall\ |\omega| \neq \frac{|\nu|}{2} \tag{8.5.19}$$

这就是交叉项具有强有限频率支撑特性时，要求核函数 $\Psi(\omega,\nu)$ 必须满足的频域约束条件。

类似地，约束条件

$$\psi(t,\tau) = 0, \quad \forall\ |t| \neq \frac{|\tau|}{2} \tag{8.5.20}$$

可以保证交叉项将不会出现在信号 $z(t)$ 等于零的时间段内。

交叉项强有限支撑约束条件式 (8.5.19) 和式 (8.5.20) 是 Loughlin 等人 [178] 提出的。虽然是针对音调信号的情况推导得出的，但可以证明，这两个条件对任意信号都是成立的。对该证明有兴趣的读者可参阅文献 [178]。

应当指出，交叉项的抑制与信号项的维持是一对矛盾，因为交叉项的减小必然会对信号项产生拉平的负面作用。若核函数满足交叉项的强有限支撑条件式 (8.5.19) 和式 (8.5.20)，虽然在没有信号项的时频区域，交叉项被完全抑制，但凡是存在信号项的地方，却总是伴随有交叉项存在。这种信号项与交叉项的共存对信号的恢复显然是不利的。

8.5.3 其他几种典型时频分布

围绕交叉项的抑制和 Wigner-Ville 分布的改进，已提出了多种具体的 Cohen 类分布。

表 8.5.1 列出了一些比较常用的 Cohen 类分布以及它们对应的核函数。表中的核函数均为固定的函数，它们的设计与待分析的信号无关。

表 8.5.1 典型的 Cohen 类时频分布及对应的核函数

Cohen 类时频分布	$\psi(t,\tau)$	$\phi(\tau,\nu)$
B 分布	$\left(\dfrac{\lvert\tau\rvert}{\cosh^2(t)}\right)^{\sigma}$	$\int_{-\infty}^{\infty}\psi(t,\tau)\mathrm{e}^{-\mathrm{j}\nu t}\mathrm{d}t$
Born-Jordan 分布 (BJD)	$\begin{cases}\dfrac{1}{\lvert\tau\rvert}, & \lvert\tau\rvert \geqslant 2\lvert t\rvert\\ 0, & 其他\end{cases}$	$\dfrac{\sin(\tau\nu/2)}{\tau\nu/2}$
Butterworth 分布 (BUD)	$\mathcal{F}^{-1}\phi(\tau,\nu)$	$\dfrac{1}{1+(\tau/\tau_0)^{2M}+(\nu/\nu_0)^{2N}}$
Choi-Williams 分布 (CWD)	$\dfrac{1}{\sqrt{4\pi\alpha\tau^2}}\exp\left(-\dfrac{1}{4\alpha\tau^2}t^2\right)$	$\exp[-\alpha(\tau\nu)^2]$
锥形分布 (CSD)	$\begin{cases}g(\tau), & \lvert\tau\rvert \geqslant 2\lvert t\rvert\\ 0, & 其他\end{cases}$	$2g(\tau)\dfrac{\sin(\tau\nu/2)}{\nu}$
广义指数分布 (GED)	$\mathcal{F}^{-1}\Psi(\tau,\nu)$	$\exp\left[-\left(\frac{\tau}{\tau_0}\right)^{2M}\left(\frac{\nu}{\nu_0}\right)^{2n}\right]$
广义 Wigner 分布 (GWD)	$\delta(t+\alpha\tau)$	$\exp(\mathrm{j}\alpha\tau\nu)$
Levin 分布 (LD)	$\delta\left(t+\dfrac{\lvert\tau\rvert}{2}\right)$	$\exp(\mathrm{j}\pi\lvert\tau\rvert\nu)$
Page 分布 (PD)	$\delta\left(t-\dfrac{\lvert\tau\rvert}{2}\right)$	$\exp(-\mathrm{j}\pi\lvert\tau\rvert\nu)$
伪 Wigner 分布 (PWD)	$\delta(t)\eta\left(\frac{\tau}{2}\right)\eta^*\left(-\frac{\tau}{2}\right)$	$\eta\left(\frac{\tau}{2}\right)\eta^*\left(-\frac{\tau}{2}\right)$
实值广义 Wigner 分布 (RGWD)	$\frac{1}{2}[\delta(t+\alpha\tau)+\delta(t-\alpha\tau)]$	$\cos(2\pi\alpha\tau\nu)$
减小交叉项分布 (RID)	$\dfrac{1}{\lvert\tau\rvert}s\left(\frac{t}{\tau}\right)$ 1)	$S(\tau\nu)$ 1)
Rihaczek 分布 (RD)	$\delta\left(t-\frac{\tau}{2}\right)$	$\exp(\mathrm{j}\pi\tau\nu)$
平滑伪 Wigner 分布 (SPWD)	$g(t)\eta\left(\frac{\tau}{2}\right)\eta^*\left(-\frac{\tau}{2}\right)$	$\eta\left(\frac{\tau}{2}\right)\eta^*\left(-\frac{\tau}{2}\right)G(\nu)$
谱图 (SPEC)	$\gamma\left(-t-\frac{\tau}{2}\right)\gamma^*\left(-t+\frac{\tau}{2}\right)$	$A_\gamma(-\tau,-\nu)$
Wigner-Ville 分布 (WVD)	$\delta(t)$	1

1) 函数 $s(\alpha)\leftrightarrow S(\beta)$满足条件：$\alpha=0$ 时 $s(\alpha)=0$，$S(\beta)\in R$，$S(0)=1$，$\frac{\mathrm{d}}{\mathrm{d}\beta}S(\beta)\Big|_{\beta=0}=0$

下面介绍其中几种比较典型的 Cohen 类分布。

1. Choi-Williams 分布

模糊函数的信号项即自项以原点(0,0) 为中心，而互模糊函数即交叉项都离开原点。为了抑制远离原点的模糊函数，Choi 与 Williams[70] 在 Cohen 类分布中引入指数核函数

$$\phi(\tau,\nu)=\exp[-\alpha(\tau\nu)^2] \tag{8.5.21}$$

该指数核函数的 Fourier 逆变换为

$$\psi(t,\tau)=\int_{-\infty}^{\infty}\phi(\tau,\nu)\mathrm{e}^{\mathrm{j}\nu t}\mathrm{d}\nu=\frac{1}{\sqrt{4\pi\alpha\tau^2}}\exp\left(-\frac{1}{4\alpha\tau^2}t^2\right) \tag{8.5.22}$$

将式 (8.5.22) 代入 Cohen 类分布定义式 (8.4.8) 后，即得 Choi-Williams 分布的表达式

$$\mathrm{CWD}_z(t,\omega)=\int_{-\infty}^{\infty}\frac{1}{\sqrt{4\pi\alpha\tau^2}}\exp\left(-\frac{(t-u)^2}{4\alpha\tau^2}\right)z\left(t+\frac{\tau}{2}\right)z^*\left(t-\frac{\tau}{2}\right)\mathrm{e}^{-\mathrm{j}\omega\tau}\mathrm{d}u\mathrm{d}\tau \tag{8.5.23}$$

Choi-Williams 分布抑制交叉项的功能如下：

(1) 由式 (8.5.21) 易验证 $\phi(0,0)=1$，$\phi(0,\nu)=1$ 和 $\phi(\tau,0)=1$。这表明，指数核函数对原点 $(0,0)$ 以及横轴 (τ 轴) 和纵轴 (ν 轴) 上的模糊函数没有任何影响。因此，若模糊函数的交叉项出现在横轴和纵轴上，则它们将不能被抑制，从而时频分布中相对应的交叉项也不能被抑制。

(2) 由于 $\phi(\tau,\nu)<1$ 若 $\tau\neq 0$ 和 $\nu\neq 0$，故模糊函数在坐标轴以外的交叉项都能够得到一定程度的抑制，从而可以减小与这些模糊交叉项相对应的时频分布交叉项。

2. 减小交叉项分布

Choi-Williams 分布虽然可以抑制模糊域中横轴和纵轴以外的交叉项，但仍然保留了横轴和纵轴上的交叉项。从交叉项抑制的一般原则考虑，由于信号项一般位于模糊平面即 (τ,ν) 平面的原点附近，而交叉项又常常离原点比较远，所以很自然地希望核函数 $\phi(\tau,\nu)$ 是二维低通滤波函数，即

$$|\phi(\tau,\nu)|\ll 1,\quad 对\ |\tau\nu|\gg 0 \tag{8.5.24}$$

这一具体条件是 Williams 与 Jeong[140] 根据文献 [70] 的想法提出来的。低通核函数可以通过下面的两步方法设计[140]。

第一步，选择一个具有下述性质的实值窗函数 $h(t)$。

R1：$\int_{-\infty}^{\infty} h(t)=1$；

R2：$h(t)=h(-t)$；

R3：$h(t)=0$，其中，$|t|>0.5$；

R4：$h(t)$ 的 Fourier 变换 $H(\omega)$ 是可微分的，并且具有低通特性，即对大的频率 ω，滤波器的幅值响应远小于 1，或 $|H(\omega)\ll 1$。

第二步，核函数取作

$$\phi(\tau,\nu)=H(\tau\nu) \tag{8.5.25}$$

具有这种核函数的 Cohen 类分布被 Jeong 与 Williams 称为减小交叉项分布 (RID)。许多窗函数都可以用作实值窗函数 $h(t)$，Jeong 与 Williams 给出的窗函数例子就包括三角窗、广义 Hamming 窗和截尾的高斯窗。容易看出，RID 分布在各个域的核函数分别为

$$\psi_{\mathrm{RID}}(t,\tau)=\frac{1}{|\tau|}h\left(\frac{t}{\tau}\right) \tag{8.5.26}$$

$$\Psi_{\mathrm{RID}}(\omega,\nu)=\frac{1}{|\nu|}h\left(\frac{\omega}{\nu}\right) \tag{8.5.27}$$

$$\phi_{\mathrm{RID}}(\tau,\nu)=H(\tau\nu) \tag{8.5.28}$$

$$\Phi_{\mathrm{RID}}(t,\omega)=\int_{-\infty}^{\infty}h\left(\frac{t}{\tau}\right)\mathrm{e}^{-\mathrm{j}2\pi\tau\omega}\mathrm{d}\tau \tag{8.5.29}$$

注意，式 (8.5.26) 和式 (8.5.27) 表明，频率—频偏域即 (ω,ν) 平面的核函数与时间—时延域即 (t,τ) 平面的核函数具有相同的形状。

RID 分布可以用基本函数 $h(t)$ 表示成积分形式

$$\mathrm{RID}_z(t,\omega;h)=\int_{-\infty}^{\infty}\int_{-\infty}^{\infty}\frac{1}{|\tau|}h\left(\frac{u-t}{\tau}\right)z\left(u+\frac{\tau}{2}\right)z^*\left(u-\frac{\tau}{2}\right)\mathrm{e}^{-\mathrm{j}\omega\tau}\mathrm{d}u\mathrm{d}\tau \tag{8.5.30}$$

为了计算 RID 分布，可以定义固定时间 t 的“广义相关函数”为

$$R_z'(t,\tau;h)=\int_{-\infty}^{\infty}\frac{1}{|\tau|}h\left(\frac{u-t}{\tau}\right)z\left(u+\frac{\tau}{2}\right)z^*\left(u-\frac{\tau}{2}\right)\mathrm{d}u \tag{8.5.31}$$

于是，RID 分布的计算即转换为广义相关函数的 Fourier 变换的计算

$$\mathrm{RID}_z(t,\omega;h)=\int_{-\infty}^{\infty}R_z'(t,\tau;h)\mathrm{e}^{-\mathrm{j}\omega\tau}\mathrm{d}\tau \tag{8.5.32}$$

为了方便读者参考，现将交叉项抑制对核函数的要求汇总如下：

(1) 交叉项弱有限时间支撑

$$\psi(t,\tau)=\int_{-\infty}^{\infty}\phi(\tau,\nu)\mathrm{e}^{\mathrm{j}\nu t}\mathrm{d}\nu=0,\quad |t|>\frac{|\tau|}{2} \tag{8.5.33}$$

(2) 交叉项弱有限频率支撑

$$\Psi(\omega,\nu)=\int_{-\infty}^{\infty}\phi(\tau,\nu)\mathrm{e}^{-\mathrm{j}\omega\tau}\mathrm{d}\tau=0,\quad |\omega|>\frac{|\nu|}{2} \tag{8.5.34}$$

(3) 交叉项强有限时间支撑

$$\psi(t,\tau)=0,\quad |t|\neq\frac{|\tau|}{2} \tag{8.5.35}$$

(4) 交叉项强有限频率支撑

$$\Psi(\omega,\nu)=0,\quad |\omega|\neq\frac{|\nu|}{2} \tag{8.5.36}$$

(5) 减小交叉项：$\phi(\tau,\nu)$ 在 (τ,ν) 平面上为低通函数 [300]

$$|\phi(\tau,\nu)|\ll 1,\quad 对\ |\tau\nu|\gg 0 \tag{8.5.37}$$

3. Zhao-Atlas-Marks 分布 (锥形分布)

另一种有名的时频分布叫做锥形分布，因其核函数形状为锥形而得名。这种分布是 Zhao 等人 [326] 提出的，其核函数取作

$$\psi(t,\tau)=\begin{cases}g(\tau), & |\tau|\geqslant 2|t|\\ 0, & 其他\end{cases} \tag{8.5.38}$$

图 8.5.1 画出了这一核函数，其形状为锥形。

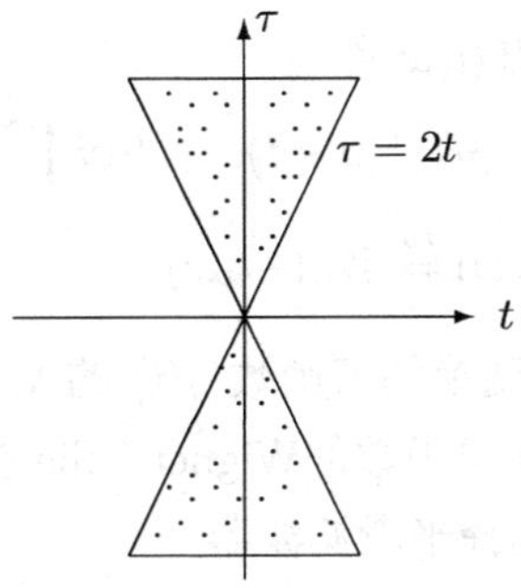

图 8.5.1 锥形核函数

该锥形核函数在模糊域 (τ,ν) 的表示为

$$\phi(\tau,\nu)=\int_{-\infty}^{\infty}\psi(t,\tau)\mathrm{e}^{-\mathrm{j}\nu t}\mathrm{d}t=g(\tau)\int_{-\tau/2}^{\tau/2}\mathrm{e}^{-\mathrm{j}\nu t}\mathrm{d}t=2g(\tau)\frac{\sin(\tau\nu/2)}{\nu} \tag{8.5.39}$$

特别地，若取

$$g(\tau)=\frac{1}{\tau}\mathrm{e}^{-\alpha\tau^2} \tag{8.5.40}$$

则锥形核函数为

$$\phi(\tau,\nu)=\frac{\sin(\tau\nu/2)}{\tau\nu/2}\mathrm{e}^{-\alpha\tau^2},\quad \alpha>0 \tag{8.5.41}$$

与指数核函数 (8.5.22) 不能抑制坐标轴上的交叉项不同，式 (8.5.41) 所示的锥形核函数可以抑制 τ 轴上的交叉项。

4. Wigner-Ville 分布的几种变型

下面是 Wigner-Ville 分布经过改造后的几种分布。

(1) 伪 Wigner-Ville 分布 (PWD)

式 (8.5.26) 表明，RID 分布是通过对变量 t 和 τ 加窗函数 $\psi(t,\tau)=h\left(\frac{t}{\tau}\right)$ 实现交叉项抑制的。由于 Wigner-Ville 分布对应为加窗函数 $\psi(t,\tau)=\delta(t)$ 的 Cohen 类分布，所以改造这种分布最简单的做法就是对变量 τ 加窗函数 $h(\tau)$ 来达到减小交叉项的目的。改造后的 Wigner-Ville 分布习惯称作伪 Wigner-Ville 分布 (缩写作 PWD)，定义为

$$\mathrm{PWD}_z(t,\omega)\stackrel{\mathrm{def}}{=}\int_{-\infty}^{\infty}z\left(t+\frac{\tau}{2}\right)z^*\left(t-\frac{\tau}{2}\right)h(\tau)\mathrm{e}^{-\mathrm{j}\omega\tau}\mathrm{d}\tau=W_z(t,\omega)\overset{\omega}{*}H(\omega) \tag{8.5.42}$$

式中，$\overset{\omega}{*}$ 表示关于频率变量 ω 的卷积。注意，窗函数 $h(\tau)$ 应满足要求 R1～ R4，即 $H(\omega)$ 本质上应该是一低通函数。

(2) 平滑 Wigner-Ville 分布 (SWD)

减小 Wigner-Ville 分布交叉项的另一种做法是直接对 Wigner-Ville 分布 $W_z(t,\omega)$ 进行平滑操作，得到所谓的平滑 Wigner-Ville 分布 (SWD)

$$\mathrm{SWD}_z(t,\omega)=W_z(t,\omega)\overset{t\omega}{**}G(t,\omega) \tag{8.5.43}$$

式中，$\overset{t\omega}{**}$ 分别表示对时间和频率的二维卷积，而 $G(t,\omega)$ 是一平滑滤波器。

有意思的是，谱图可以看作是平滑 Wigner-Ville 分布的一个特例。由谱图和短时 Fourier 变换的定义易知

$$\begin{aligned}\mathrm{SPEC}(t,\omega)&=|\mathrm{STFT}(t,\omega)|^2\\&=\int_{-\infty}^{\infty}z(u)\gamma^*(u-t)\mathrm{e}^{-\mathrm{j}\omega u}\mathrm{d}u\int_{-\infty}^{\infty}z^*(s)\gamma(s-t)\mathrm{e}^{\mathrm{j}\omega s}\mathrm{d}s\\&=W_z(t,\omega)\overset{t\omega}{**}W_\gamma(-t,\omega)\end{aligned} \tag{8.5.44}$$

式中，$W_\gamma(-t,\omega)$ 是短时 Fourier 变换的窗函数 $\gamma(t)$ 的 Wigner-Ville 分布 $W_\gamma(t,\omega)$ 的时间反转形式。上式表明，谱图是信号和窗函数的Wigner-Ville分布的二维卷积。特别地，若在平滑 Wigner-Ville 分布式 (8.5.43) 中选择平滑滤波器

$$G(t,\omega)=W_\gamma(-t,\omega) \tag{8.5.45}$$

则平滑 Wigner-Ville 分布 (8.5.43) 退化为谱图 (8.5.44)。

(3) 平滑伪 Wigner-Ville 分布 (SPWD)

式 (8.5.26) 启迪我们，RID 分布是通过对 t 和 τ 两者加组合窗函数 $h\left(\frac{t}{\tau}\right)$ 获得比较理想的交叉项抑制效果的。事实上，对 t 和 τ 同时加窗函数的思想也适用于 Wigner-Ville 分布，但所加窗函数与 RID 分布的窗函数 $h\left(\frac{t}{\tau}\right)$ 不同。具体而言，是采用窗函数 $g(t)h(\tau)$，即对 t 和 τ 分别加 $g(t)$ 和 $h(\tau)$ 作平滑。这样改造得到的 Wigner-Ville 分布称作平滑伪 Wigner-Ville 分布 (SPWD)，定义为

$$\mathrm{SPWD}_z(t,\omega)=\int_{-\infty}^{\infty}\int_{-\infty}^{\infty}g(u)h(\tau)z\left(t-u+\frac{\tau}{2}\right)z^*\left(t-u-\frac{\tau}{2}\right)\mathrm{e}^{-\mathrm{j}\omega\tau}\mathrm{d}u\mathrm{d}\tau \tag{8.5.46}$$

式中，$g(t)$ 和 $h(\tau)$ 是两个实的偶窗函数，且 $h(0)=G(0)=1$。

(4) 修正平滑伪 Wigner-Ville 分布 (MSPWD)

Auger 与 Flandrin [17] 经过研究发现：对平滑伪 Wigner-Ville 分布进行适当的“重排”(修正) 后，分布的性能会有进一步的提高，并把重排后的平滑伪 Wigner-Ville 分布称为修正平滑伪 Wigner-Ville 分布 (MSPWD)，即有

$$\mathrm{MSPWD}_z(t,\omega)=\int_{-\infty}^{\infty}\int_{-\infty}^{\infty}\mathrm{SPWD}_z(t',\omega')\delta[t-\hat{t}(t',\omega')]\delta[\omega-\hat{\omega}(t',\omega')]\mathrm{d}t'\mathrm{d}\omega' \tag{8.5.47}$$

式中，$\hat{t}(t',\omega')$ 和 $\hat{\omega}(t',\omega')$ 分别代表重排后的时间和频率点。

需要注意的是，Wigner-Ville 分布及其三种推广形式都是双线性的时频表示，但修正平滑伪 Wigner-Ville 分布却不是；而且它失去的只是这种双线性，能够保留 Wigner-Ville 分布的其他性质不丢失。

5. B 分布

B 分布是由 Barkat 和 Boashash 提出的一种时频分布 [24]。在 B 分布里，核函数取

$$\psi(t,\tau)=\left(\frac{|\tau|}{\cosh^2(t)}\right)^{\sigma} \tag{8.5.48}$$

式中，σ 是一个常数，其选择与应用有关，但其范围在 0 和 1 之间，即 $0<\sigma\leqslant 1$。

B 分布定义为

$$B(t,\omega)\stackrel{\mathrm{def}}{=}\int_{-\infty}^{\infty}\int_{-\infty}^{\infty}z\left(u+\frac{\tau}{2}\right)z^*\left(u-\frac{\tau}{2}\right)\frac{|\tau|^{\sigma}}{\cosh^{2\sigma}(u-t)}\mathrm{e}^{-\mathrm{j}\omega\tau}\mathrm{d}u\mathrm{d}\tau \tag{8.5.49}$$

容易证明，B 分布满足时频分布的大多数性质。特别地，B 分布具有以下重要性质：

性质 1 B 分布是实的，因为 $\phi(\tau,\nu)=\phi^*(-\tau,-\nu)$；

性质 2 B 分布是时移不变的，因为核函数 $\phi(\tau,\nu)$ 不是时间的函数；

性质 3 B 分布是频移不变的，因为核函数 $\phi(\tau,\nu)$ 不是频率的函数；

性质 4 B 分布的一阶矩给出信号的瞬时频率

$$f_i(t)=\frac{\int_{-\infty}^{\infty}fB_z(t,f)\mathrm{d}f}{\int_{-\infty}^{\infty}B_z(t,f)\mathrm{d}f} \tag{8.5.50}$$

因为核函数满足

$$\left.\frac{\partial\phi(\tau,\nu)}{\partial\tau}\right|_{\nu=0}=0 \quad 和 \quad \phi(0,\nu)=常数 \tag{8.5.51}$$

以上反复强调了交叉项有害的一面，并详细介绍了各种减小交叉项的核函数设计方法。需要提醒注意的是，读者不要因此产生一种错觉，认为交叉项只是一匹害群之马，有百害而无一利。事实上，在有些重要的信号处理应用中，交叉项反倒是有用的财富。例如，在使用相干雷达探测漂浮在海面上的冰山时，交叉项就是探测目标 (冰山) 存在的实际反映，因此是有用的。对这一应用感兴趣的读者可参考文献 [130]。

本 章 小 结

本章首先重点介绍了时频分布之母——Wigner-Ville 分布，继而讨论了它与模糊函数之间的关系，以及时频分布的统一形式——Cohen 类时频分布，它是 Wigner-Ville 分布的加窗形式。

时频分布性能的评价主要由时频聚集性和交叉项抑制决定，而后者成了时频分布研究及应用的重点和难点。通过选择不同的窗函数，可以得到各种改进的时频分布。熟悉各种时频分布，将有助于在应用中选择一种合适的时频分布。

本章的最后介绍了多项式调频信号的时频分析。特别地，作为时频信号分析和高阶统计分析相结合的产物，Wigner-Ville 分布的三谱是多项式调频信号的一种有力的分析工具。

习 题

8.1 分别求时域 δ 函数 $z(t)=\delta(t-t_0)$ 和频移 δ 函数 $Z(\omega)=\delta(\omega-\omega_0)$ 的 Wigner-Ville 分布。

8.2 $z(t)=\mathrm{e}^{\mathrm{j}\frac{1}{2}mt^2}$ 是一线性调频 (LFM) 信号, 其中 m 为调频斜率。求其 Wigner-Ville 分布。

8.3 求高斯信号 $z(t)=\frac{1}{\sqrt{\sigma}}\mathrm{e}^{-\pi t^2/\sigma^2}$ 的 Wigner-Ville 分布。

8.4 信号

$$z(t)=\left(\frac{\alpha}{\pi}\right)^{1/4}\exp\left(\frac{\alpha}{2}t^2\right)$$

是一个归一化的高斯信号，具有单位能量。求其 Wigner-Ville 分布。

8.5 一非平稳信号由两个高斯函数叠加而成:

$$z(t)=\left(\frac{\alpha}{\pi}\right)^{1/4}\left[\exp\left(-\frac{\alpha}{2}(t-t_1)^2+\mathrm{j}\omega_1 t\right)+\exp\left(-\frac{\alpha}{2}(t-t_2)^2+\mathrm{j}\omega_2 t\right)\right]$$

其中，$t_1>t_2$ 和 $\omega_1>\omega_2$。证明：信号 $z(t)$ 的 Wigner-Ville 分布的信号项 (自项)

$$W_{\mathrm{auto}}(t,\omega)=2\sum_{i=1}^{2}\exp\left(-\alpha(t-t_i)^2-\frac{1}{\alpha}(\omega-\omega_i)\right)$$

和交叉项

$$W_{\text{cross}}(t,\omega)=4\exp\left[-\alpha(t-t_m)^2-\frac{1}{\alpha}(\omega-\omega_m)^2\right]\cos[(\omega-\omega_m)t_d+\omega_d t]$$

式中

$$t_m=\frac{1}{2}(t_1+t_2) \quad \text{和} \quad \omega_m=\frac{1}{2}(\omega_1+\omega_2)$$

分别为两个谐波信号时延的平均值和频率的平均值，而

$$t_d=t_1-t_2 \quad \text{和} \quad \omega_d=\omega_1-\omega_2$$

分别是两个谐波信号时延差与频率差。

8.6 信号 $x(t)$ 和 $g(t)$ 的互 Wigner-Ville 分布的频域定义为

$$W_{X,G}(t,\omega)=\frac{1}{2\pi}\int_{-\infty}^{\infty}X\left(\omega+\frac{\nu}{2}\right)G^*\left(\omega-\frac{\nu}{2}\right)\mathrm{e}^{\mathrm{j}\nu t}\mathrm{d}\nu$$

证明

$$\int_{-\infty}^{\infty}W_X(t,\omega)\mathrm{d}t=\int_{-\infty}^{\infty}W_x(t,\omega)\mathrm{d}t$$

8.7 证明瞬时频率的定义公式

$$\omega_i(t)=\frac{\displaystyle\int_{-\infty}^{\infty}\omega W_x(t,\omega)\mathrm{d}\omega}{\displaystyle\int_{-\infty}^{\infty}W_x(t,\omega)\mathrm{d}\omega}$$

提示：利用积分公式

$$\int_{-\infty}^{\infty}\omega\mathrm{e}^{-\mathrm{j}\omega\tau}\mathrm{d}\omega=\frac{2\pi}{\mathrm{j}}\frac{\partial\delta(\tau)}{\partial\tau}$$

8.8 令 $x_a(t)=x(t)+\mathrm{j}\hat{x}(t)$ 是实信号 $x(t)$ 的解析信号，其中 $\hat{x}(t)$ 是 $x(t)$ 的 Hilbert 变换。试求解析信号 $x_a(t)$ 的 Wigner-Ville 变换与实信号 $x(t)$ 的 Wigner-Ville 变换之间的关系式[224]。

8.9 分别求时域 δ 信号 $z(t)=\delta(t-t_0)$ 和频移 δ 信号 $Z(\omega)=\delta(\omega-\omega_0)$ 的模糊函数。

8.10 求 LFM 信号 $z(t)=\mathrm{e}^{\mathrm{j}\frac{1}{2}mt^2}$ 的模糊函数。

8.11 求高斯信号 $z(t)=\frac{1}{\sqrt{\sigma}}\mathrm{e}^{-\pi t^2/\sigma^2}$ 的模糊函数。

8.12 求单个高斯信号

$$z(t)=\left(\frac{\alpha}{\pi}\right)^{1/4}\exp\left[-\frac{\alpha}{2}(t-t_0)^2+\mathrm{j}\omega_0 t\right]$$

的 Wigner-Ville 分布和模糊函数。

8.13 求两个高斯函数叠加的信号

$$z(t)=\left(\frac{\alpha}{\pi}\right)^{1/4}\left[\exp\left(-\frac{\alpha}{2}(t-t_1)^2+\mathrm{j}\omega_1 t\right)+\exp\left(-\frac{\alpha}{2}(t-t_2)^2+\mathrm{j}\omega_2 t\right)\right]$$

的模糊函数的自项和交叉项。其中，$t_1>t_2$ 和 $\omega_1>\omega_2$。

8.14 证明当核函数 $\phi(\tau,\nu)$ 取作任意窗函数 $\gamma(t)$ 的模糊函数时，Cohen 类时频分布等价为谱图，即它具有非负性。

8.15 证明 Cohen 类分布的时移不变性和频移不变性。

8.16 证明 Cohen 类分布的酉性或 Moyal 公式

$$\frac{1}{2\pi}\langle C_z, C_x\rangle = |\langle z, x\rangle|^2$$

8.17 令

$$\mathrm{SWD}_z(t,\omega)=\frac{1}{2\pi}\int_{-\infty}^{\infty}\int_{-\infty}^{\infty}\Phi(\theta,\nu)W_z(t-\theta,\omega-\nu)\mathrm{d}\nu\mathrm{d}\theta$$

是信号 $z(t)$ 的修正 Wigner-Ville 分布。若选择

$$\Phi(t,\omega)=(0.5\pi t_0\omega_0)^{-1/2}\mathrm{e}^{-(t/t_0)^2-(\omega/\omega_0)^2}$$

证明 $\mathrm{SWD}_z(t,\omega)$ 在特殊情况 $t_0\omega_0=1$ 下是非负的。

第 9 章　盲信号分离

盲信号分离的研究源自 Jutten 与 Herault 于 1991 年发表的论文[142]。Comon[83] 于 1994 年提出盲信号分离的独立分量分析方法。正是他们的开拓性工作极大地推动了盲信号分离的研究，使得盲信号分离成为近 30 多年来信号处理界、机器学习界与神经计算界的一个研究热点。以广泛的应用为背景，盲信号处理的理论与方法获得了飞速的发展，同时也有力地促进和丰富了信号处理、机器学习和神经计算的理论及方法的发展，并且在许多领域 (例如数据通信、多媒体通信、图像处理、语音处理、生物医学处理、雷达、无线通信等) 获得了广泛的应用。

本章将介绍盲信号分离的主要理论、方法以及一些典型应用。

9.1　盲信号分离的基本理论

在介绍盲信号分离的有关理论与方法之前，有必要从盲信号处理这一更加广阔的视野入手。

9.1.1　盲信号处理简述

盲信号处理 (blind signal processing) 分为全盲和半盲信号处理两大类：

(1) *全盲信号处理*　只使用输出 (观测) 数据的信号处理；

(2) *半盲信号处理*　除利用输出数据外，还能够利用输入或系统的某些统计特性的信号处理。

全盲信号处理可利用信息少，难度大；而半盲信号处理可利用信息多，更容易实现。

不妨以系统辨识为例：

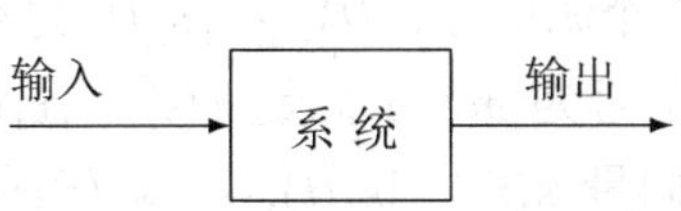

图 9.1.1　系统辨识

系统辨识可以分为以下三类。

(1) *白盒 (white box) 方法*：系统结构已知 (内部透明)；

(2) *灰盒 (gray box) 方法*：系统结构部分已知 (通过物理观察获得)；

(3) *黑盒 (black box) 方法*：系统结构全然不知 (内部漆黑)。

以下是盲信号处理的几个典型例子。

(1) 雷达目标探测：目标 (飞机或者导弹) 为非合作对象。

(2) 地震勘探 (确定地层反射系数)：地层为非合作对象。

(3) 移动通信：用户为合作对象，通过设计，可赋予发射信号某种结构特性。

盲信号处理的主要分支有：盲信号分离、盲波束形成、盲信道估计、盲系统辨识与目标识别、盲均衡等。

盲信号分离是盲信号处理的一个重要分支，与盲信号处理的其他重要分支 (盲波束形成等) 密切相关。

9.1.2 盲信号分离的模型与基本问题

盲信号分离 (blind signal separation, BSS) 也称盲源分离 (blind source separation)，其模型的数学公式可统一表示为

$$\boldsymbol{x}(t) = \boldsymbol{A}\boldsymbol{s}(t) \tag{9.1.1}$$

这一模型有两种不同的解读。

阵列信号处理模型：是一种物理模型：矩阵 $\boldsymbol{A}$ 为阵列响应矩阵，代表信号传输的信道，具有明确的物理含义。信号经过信道传输后，被传感器阵列接收或观测，成为阵列响应 $\boldsymbol{x}(t) = \boldsymbol{A}\boldsymbol{s}(t)$。

盲信号分离模型：是一种与物理无关的数学模型：矩阵 $\boldsymbol{A}$ 称为混合矩阵，其元素只代表源信号线性混合的系数，无任何物理参数，而 $\boldsymbol{A}\boldsymbol{s}(t)$ 表示多个信号线性混合的结果。

盲信号分离的基本问题是：在没有关于混合矩阵 $\boldsymbol{A}$ 的任何先验知识的情况下，只利用观测向量 $\boldsymbol{x}(t)$ 辨识混合矩阵 $\boldsymbol{A}$ 与/或恢复所有源信号 $\boldsymbol{s}(t)$。

盲信号分离的一个典型工程应用是鸡尾酒会问题：n 个客人在酒会上交谈，用 m 个传感器获得观测数据。希望将混合的交谈信号进行分离，以便获得感兴趣的某些交谈内容。

术语“盲的”有两重含义：(1) 源信号不能被观测；(2) 混合矩阵未知，即源信号如何混合是未知的。因此，当从信源到传感器之间的传输很难建立其数学模型，或者关于传输的先验知识无法获得时，盲信号分离是一种很自然的选择。

考虑使用 m 个传感器对 n 个源信号 $s_1(t),\cdots,s_n(t)$ 进行观测，然后利用混合信号 $\boldsymbol{A}\boldsymbol{s}(t)$ 进行盲信号分离。此时，观测信号为 $m\times 1$ 向量 $\boldsymbol{x}(t) = [x_1(t),\cdots,x_m(t)]^{\mathrm{T}} = \boldsymbol{A}\boldsymbol{s}(t)$，混合矩阵 $\boldsymbol{A}$ 为 $m\times n$ 矩阵，源信号向量 $\boldsymbol{s}(t) = [s_1(t),\cdots,s_n(t)]^{\mathrm{T}}$。通常要求传感器个数不得少于未知的源信号个数，即 $m \geqslant n$。

理想的信号分离结果为

$$\boldsymbol{s}(t) = \boldsymbol{A}^{\dagger}\boldsymbol{x}(t) = (\boldsymbol{A}^{\mathrm{T}}\boldsymbol{A})^{-1}\boldsymbol{A}^{\mathrm{T}}\boldsymbol{x}(t) \tag{9.1.2}$$

但是由于混合矩阵 $\boldsymbol{A}$ 未知，故 Moore-Penrose 逆矩阵 $\boldsymbol{A}^{\dagger} = (\boldsymbol{A}^{\mathrm{T}}\boldsymbol{A})^{-1}\boldsymbol{A}^{\mathrm{T}}$ 不可能求出，导致 $\boldsymbol{s}(t) = \boldsymbol{A}^{\dagger}\boldsymbol{x}(t)$ 无法实现。

混合矩阵 $\boldsymbol{A}$ 未知，致使盲信号分离存在两种不确定性或者模糊性。记混合矩阵 $\boldsymbol{A}=[\boldsymbol{a}_1,\cdots,\boldsymbol{a}_n]$。于是有

$$\boldsymbol{x}(t)=\boldsymbol{A}\boldsymbol{s}(t)=\sum_{i=1}^{n}\boldsymbol{a}_i s_i(t)=\sum_{i=1}^{n}\frac{\boldsymbol{a}_i}{\alpha_i}\cdot\alpha_i s_i(t) \tag{9.1.3}$$

换言之，盲信号分离存在以下两种不确定性。

(1) *源信号排序不确定性*：如果互换混合矩阵的列向量 $\boldsymbol{a}_i$ 和 $\boldsymbol{a}_j$，同时互换源信号 s_i 和 s_j 的顺序，则混合信号 $\boldsymbol{x}(t)=\sum_{i=1}^{n}\boldsymbol{a}_i s_i(t)$ 保持不变。就是说，混合信号 $\boldsymbol{x}(t)$ 不含有关于各个源信号排列顺序的任何信息。

(2) *源信号幅值不确定性*：如果混合矩阵的列向量 $\boldsymbol{a}_i$ 除以一个非零的复常数 α_i，并且源信号 s_i 乘以同一复常数 α_i，则混合信号 $\boldsymbol{x}(t)=\sum_{i=1}^{n}\frac{\boldsymbol{a}_i}{\alpha_i}\alpha_i s_i(t)=\sum_{i=1}^{n}\boldsymbol{a}_i s_i(t)$ 不变。即是说，由混合信号 $\boldsymbol{x}(t)$ 无法识别任何一个源信号的真实幅值及相位。

盲信号分离的基本原理 (参见图 9.1.2) 是：对 $m\times n$ 未知混合矩阵设计一个 $n\times m$ 分离矩阵 (或称解混合矩阵) $\boldsymbol{B}$，使得其输出

$$\boldsymbol{y}(t)=\boldsymbol{B}\boldsymbol{x}(t)=\boldsymbol{B}\boldsymbol{A}\boldsymbol{s}(t)=\hat{\boldsymbol{s}}(t) \tag{9.1.4}$$

是源信号向量 $\boldsymbol{s}(t)$ 的一个估计。

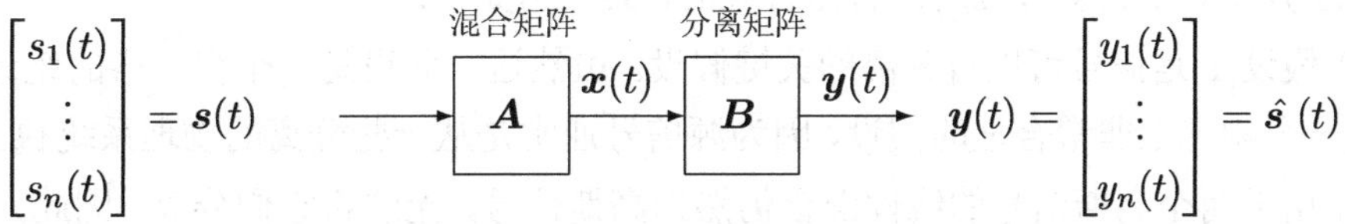

图 9.1.2 盲信号分离原理图

显然，若设计分离矩阵满足

$$\boldsymbol{B}=\boldsymbol{G}\boldsymbol{A}^{\dagger} \tag{9.1.5}$$

其中 $\boldsymbol{G}$ 是一个 $n\times n$ 广义置换矩阵 (每一行和每一列只有一个非零元素的矩阵)，则分离输出

$$\boldsymbol{y}(t)=(\boldsymbol{G}\boldsymbol{A}^{\dagger})\boldsymbol{A}\boldsymbol{s}(t)=\boldsymbol{G}(\boldsymbol{A}^{\mathrm{T}}\boldsymbol{A})^{-1}\boldsymbol{A}^{\mathrm{T}}\boldsymbol{A}\boldsymbol{s}(t)=\boldsymbol{G}\boldsymbol{s}(t)=\hat{\boldsymbol{s}}(t) \tag{9.1.6}$$

这表明，由于混合矩阵 $\boldsymbol{A}$ 的未知，混合矩阵的 Moore-Penrose 逆矩阵 $\boldsymbol{A}^{\dagger}$ 的辨识存在两种不确定性：列向量的排序不确定性和元素幅值的不确定性；由此导致盲信号分离的结果存在两类不确定性：

(1) 分离信号 $\boldsymbol{G}\boldsymbol{s}(t)=\hat{\boldsymbol{s}}(t)$ 排列顺序的不确定性；

(2) 分离信号 $\boldsymbol{G}\boldsymbol{s}(t)=\hat{\boldsymbol{s}}(t)$ 波形 (幅值、相位) 的不确定性。

这与混合信号的两种不确定性是一致的：正是混合信号 $\boldsymbol{x}(t)=\boldsymbol{A}\boldsymbol{s}(t)$ 无法区分源信号的排列顺序和各个信号的真实幅值，所以只利用混合信号进行的盲信号分离 $\boldsymbol{y}(t)=\boldsymbol{B}\boldsymbol{x}(t)=\boldsymbol{G}\boldsymbol{s}(t)$ 会导致分离信号的排序和波形的不确定性。

值得指出的是，这两种不确定性却是信号分离所允许的，因为分离信号 $\boldsymbol{y}(t)=\boldsymbol{G}\boldsymbol{s}(t)$ 是源信号 $\boldsymbol{s}(t)$ 的“拷贝”，可以确保符合信号分离的两个本质要求：

(1) 混合的信号被分离，原始信号的排序并非关心的主要对象。

(2) 分离后的信号应该与原信号是“高保真的”：分离信号相差一个固定的初始相位可以通过适当的相位补偿加以校正，而相差一个固定的幅值，只表示一个信号被放大或缩小一个固定的尺度，并不影响该信号波形的高保真度。

9.1.3 盲信号分离的基本假设与基本性能要求

为了保证盲信号分离实现信号分离和高保真两个基本目的，有必要对盲信号分离作一些基本假设，并对盲信号分离提出基本性能的要求。

1. 盲信号分离的基本假设

为了弥补盲信号分离已知信息的不足，通常需要对盲信号分离作以下基本假设：

假设 1 在每个时刻 t，信号向量 $\boldsymbol{s}(t)$ 的各分量相互独立。

假设 2 $\boldsymbol{s}(t)$ 中的所有信号分量 $s_i(t)$ 中最多只有一个高斯信号。

假设 3 $m\times n$ 混合矩阵 $\boldsymbol{A}$ 列满秩，并且 $m\geqslant n$。

假设 4 $\boldsymbol{s}(t)$ 的各个分量都具有单位方差。

上述假设对于大多数应用而言是合理的，其理由如下：

(1) 假设 1 是信号可以盲分离的关键假设。虽然这一假设是一个很严格的统计假设，但它却是一个物理上非常合理的假设，因为源信号通常是从一些分离的物理系统独立发出的。

(2) 由于两个高斯信号的线性混合仍然为高斯信号，无法将它们分离。因此，假设 2 是一个很自然的假设。

(3) 假设 3 要求传感器个数 m 不少于独立源信号的个数 n，即要求盲信号分离模型是适定 (well-determined, $m=n$) 或超定 (over-determined, $m>n$) 的。大多数的应用属于适定或超定盲信号分离。在欠定 (under-determined, $m<n$) 盲信号分离中，传感器个数少于独立源信号个数 (将在本章最后一节专题讨论)。

(4) 假设 4 与信号分离的模糊性有关。混合矩阵 $\boldsymbol{A}$ 的非完全辨识称为 $\boldsymbol{A}$ 的不确定性。既然 $\boldsymbol{A}$ 具有不确定性，所以不失一般性，假定源信号具有单位方差，即把信号源的幅值和相位的动态变化归并到混合矩阵 $\boldsymbol{A}$ 的相应列中。

基本假设 2 最多只允许一个源信号是高斯信号，其他信号必须是非高斯信号。

如第 6 章所述，非高斯信号分为亚高斯信号和超高斯信号。需要注意的是，亚高斯信号和超高斯信号的盲分离方法有所不同。

2. 盲信号分离的基本性能要求

盲信号分离的基本性能要求是：分离信号必须具有等变化性 (equivariance)。

定义 9.1.1 若源信号 $\boldsymbol{s}(t)$ 给定时，利用观测信号 $\boldsymbol{x}(t)=\boldsymbol{A}\boldsymbol{s}(t)$ 得到的分离信号 $\boldsymbol{y}(t)=\boldsymbol{B}\boldsymbol{x}(t)$ 不会因为混合矩阵 $\boldsymbol{A}$ 的变化而发生不同的变化，则称盲信号分离具有等变化性。

盲信号分离分为离线和在线两种形式。离线盲信号分离又称批处理 (或者固定点) 盲信号分离，而在线盲信号分离常习惯称为自适应盲信号分离。

等变化性是对批处理盲信号分离的一个基本性能要求。分离信号满足等变化性的批处理分离器称为等变化 (批处理) 信号分离器，它可以提供盲信号分离的均匀性能。

使用等变化分离器的盲信号分离称作等变化信号分离。在信号分离中，任何一个等变化的信号分离算法的性能都与混合矩阵 (即信号传输的信道) 完全无关，这就是所谓“均匀性能”的涵义。否则，一个对某些线性混合适用的盲信号分离器有可能对另外一些线性混合形式不适用。显然，没有均匀性能的盲信号分离器不具有推广能力，缺乏实际应用的价值。

定义 9.1.2 令 $\boldsymbol{W}(k)$ 为某种盲信号分离算法的分离矩阵 (也称解混合矩阵)。构造一合成的混合—解混合系统 $\boldsymbol{C}(k)=\boldsymbol{W}(k)\boldsymbol{A}$，若 $\boldsymbol{C}(k)$ 满足

$$\boldsymbol{C}(k+1)=\boldsymbol{C}(k)-\eta(k)\boldsymbol{H}(C(k)s(k))\boldsymbol{C}(k) \tag{9.1.7}$$

并且 $\boldsymbol{C}(k)\boldsymbol{s}(k)$ 的矩阵函数 $\boldsymbol{H}(C(k)s(k))$ 与混合矩阵无关，则称该盲信号分离算法具有等变化性。

“一个批处理的信号分离算法的性能与源信号如何混合无关”是我们期望盲信号分离应该具有的基本性能。值得指出的是，如果一个批处理的信号分离算法不具有等变化性，则其对应的自适应信号分离算法一定不会具有等变化性。

9.2 自适应盲信号分离

一个等变化的盲信号分离批处理算法若变成自适应算法，则批处理算法提供“均匀性能”的原有特点也将被其自适应算法所继承。

9.2.1 自适应盲信号分离的神经网络实现

图 9.2.1 画出了自适应盲信号分离的方框图。图中，使用加权矩阵 $\boldsymbol{W}(t)$ 代替批处理中的分离矩阵 $\boldsymbol{B}$，由 (机器) 学习算法进行权系数的自适应调整。

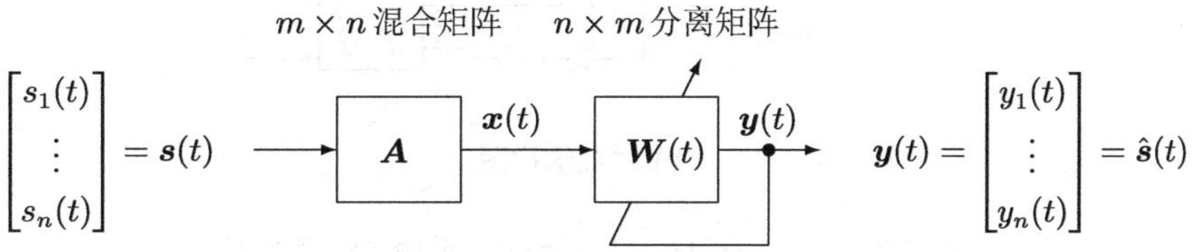

图 9.2.1 自适应盲信号分离

自适应盲信号分离常使用神经网络方法实现，图 9.2.2 所示为其原理图。

图 9.2.3 画出了盲信号分离的前馈神经网络的结构，其中 (a) 为方框图，(b) 为混合模型与盲信号分离的前馈神经网络的详细结构。

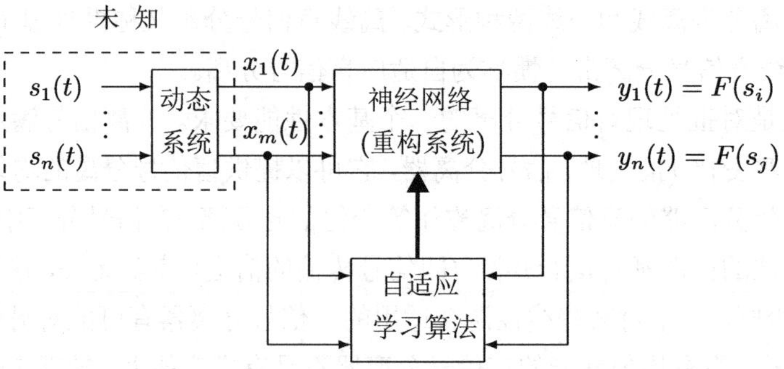

图 9.2.2 盲信号分离的神经网络实现的原理图

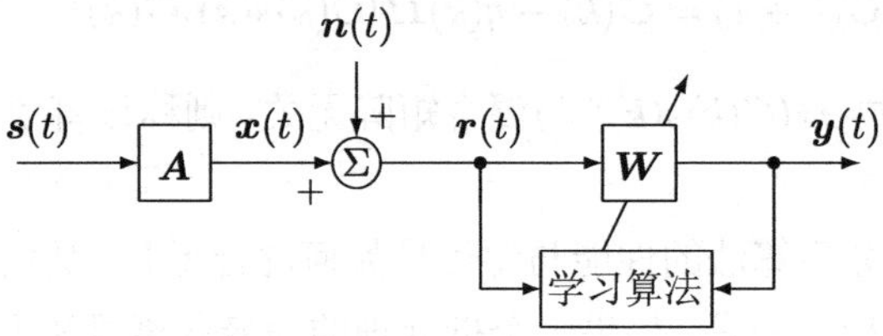

(a) 方框图

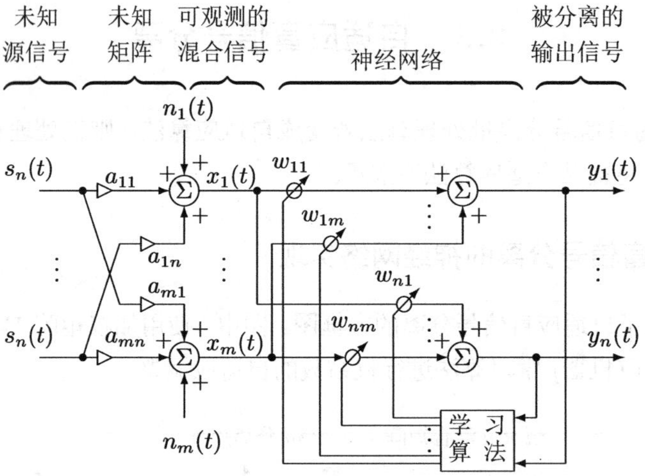

(b) 详细结构图

图 9.2.3 混合模型与盲信号分离的前馈神经网络[11]

如图 9.2.3 (b) 所示，令前馈神经网络的权系数为 $w_{ij}, i=1,\cdots,n; j=1,\cdots,m$，记 t 时刻的 $n\times m$ 权矩阵 $\boldsymbol{W}(t)=[w_{ij}(t)]$，则

$$\boldsymbol{y}(t)=\boldsymbol{W}(t)\boldsymbol{x}(t) \tag{9.2.1}$$

式中，$\boldsymbol{W}(t)$ 在盲信号处理中称为非混合矩阵或解混合 (de-mixing) 矩阵，在神经网络中称为

突触权矩阵。

前面曾强调过，盲信号分离的目的是寻找分离矩阵 $\boldsymbol{B}$ 使得 $\boldsymbol{BA}=\boldsymbol{G}$，其中 $\boldsymbol{G}$ 为广义置换矩阵。因此，希望使用自适应学习算法，使收敛后的突触权矩阵 $\boldsymbol{W}_\infty$ 满足关系式

$$\boldsymbol{W}_\infty \boldsymbol{A} = \boldsymbol{G} \tag{9.2.2}$$

就是说，神经网络在时间 t 的源信号分离的性能由合成矩阵 $\boldsymbol{T}(t) \stackrel{\text{def}}{=} \boldsymbol{W}(t)\boldsymbol{A}$ 衡量，它描述混合—分离模型 $\boldsymbol{y}=\boldsymbol{T}(t)\boldsymbol{s}(t)$ 中信号被分离为独立分量的“精确度”。

虽然图 9.2.3 中使用的是前馈神经网络，但也可以使用全连接反馈 (即递归) 神经网络。令 $\hat{\boldsymbol{W}}(t)$ 表示一简单递归神经网络在时间 t 的权矩阵，则

$$y_i(t) = x_i(t) - \sum_{j=1}^{n} \hat{w}_{ij}(t) y_j(t) \tag{9.2.3}$$

图 9.2.4 (a) 画出了一简单递归神经网络 ($m=n$)，(b) 为前馈和反馈级联模型，而 (c) 为混合模型。

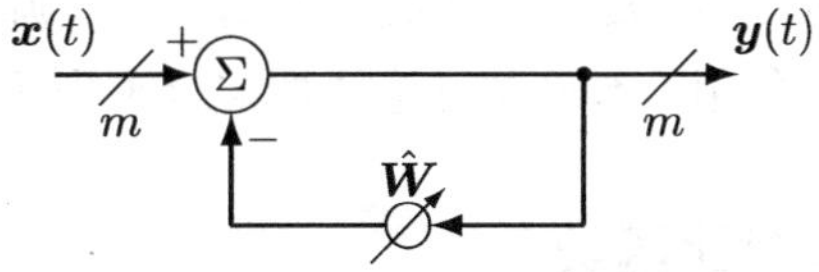

(a) 递归神经网络模型

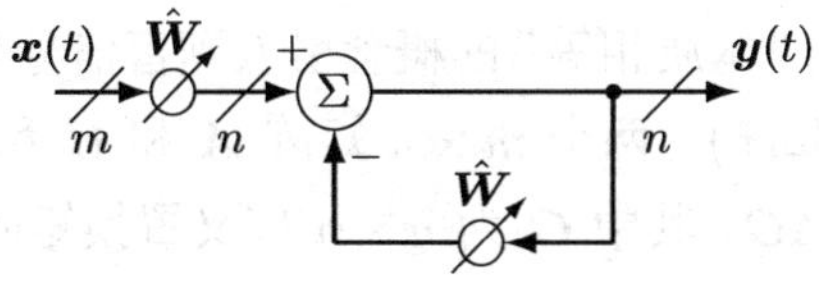

(b) 前馈和反馈级联模型

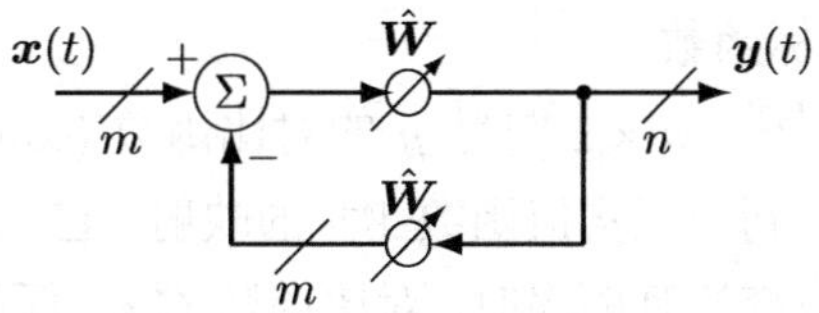

(c) 混合模型

图 9.2.4 盲信号分离神经网络模型 [11]

值得指出的是，对于理想的无记忆情况，递归和前馈神经网络的基本模型在下述条件下是等价的：

$$\boldsymbol{W}(t) = \left[\boldsymbol{I} + \hat{\boldsymbol{W}}(t)\right]^{-1} \tag{9.2.4}$$

递归神经网络的数学模型

$$\boldsymbol{y}(t) = [\boldsymbol{I} + \hat{\boldsymbol{W}}(t)]^{-1}\boldsymbol{x}(t) \tag{9.2.5}$$

假定使用一线性神经网络进行自适应盲信号分离，即神经网络的输出为

$$\boldsymbol{y}(t) = NN(\boldsymbol{W}, \boldsymbol{x}(t)) = \boldsymbol{W}\boldsymbol{x}(t) \tag{9.2.6}$$

式中，$\boldsymbol{W}$ 是神经网络的权矩阵，而 $NN(\cdot)$ 表示一线性神经网络函数。

神经网络的任务是：通过样本训练，自适应将权矩阵 (即解混矩阵) $\boldsymbol{W}$ 调整到

$$\boldsymbol{W} = \boldsymbol{\Lambda}\boldsymbol{P}\boldsymbol{A}^{\dagger} = \boldsymbol{G}\boldsymbol{A}^{\dagger} \tag{9.2.7}$$

式中，$\boldsymbol{\Lambda}$ 为非奇异的对角矩阵，$\boldsymbol{P}$ 为置换矩阵，而 $\boldsymbol{G}$ 为广义置换矩阵。

在多数情况下，采用自适应盲信号分离，核心问题是分离 (或解混合) 矩阵的学习算法，它属于无监督的机器学习。无监督机器学习的基本思想是抽取统计独立的特征作为输入的表示，而又不丢失信息。

当混合模型为非线性时，一般是无法从混合数据中恢复源信号的，除非对信号和混合模型有进一步的先验知识可资利用。本章只讨论线性混合模型下的盲信号分离。

9.2.2　本质相等矩阵与对比函数

各个源信号方差的归一化只是解决了混合矩阵 $\boldsymbol{A}$ 各元素的幅值的不确定性，各列的排列顺序和初始相位仍然保留不确定性。为了描述和解决混合矩阵 $\boldsymbol{A}$ 的这些不确定性，Cardoso 与 Laheld [59] 将两个矩阵的“本质相等”的概念引入到盲信号分离中。

定义 9.2.1 (本质相等矩阵)　两个 $m \times n$ 矩阵 $\boldsymbol{A}$ 和 $\boldsymbol{U}$ 称为本质相等 (或自然等价) 矩阵，记作 $\boldsymbol{A} \doteq \boldsymbol{U}$，若 $\boldsymbol{U} = \boldsymbol{A}\boldsymbol{G}$，其中 $\boldsymbol{G}$ 为 $n \times n$ 广义置换矩阵。

盲信号分离问题也可叙述为：只根据传感器输出 $x(t)$ 辨识与混合矩阵 $\boldsymbol{A}$ 本质相等的解混合矩阵 (或分离矩阵) $\boldsymbol{W} = \boldsymbol{A}\boldsymbol{G}$ 与/或获得源信号的拷贝或估计 $\hat{\boldsymbol{s}}(n)$。

与优化方法需要目标函数一样，自适应盲信号分离也需要目标函数。在盲信号分离中，常采用“对比函数”称呼目标函数。

定义 9.2.2 (对比函数) [83]　$n \times 1$ 向量 $\boldsymbol{y}$ 的对比函数 (contrast function) 记作 $C(\boldsymbol{y})$，定义为将 n 维复向量空间 $\mathbb{C}^n$ 到一正实值函数 $\mathbb{R}^+$ 的映射，它满足下列三个条件：

(1) 向量 $\boldsymbol{y}$ 的元素 y_i 改变排列顺序时，对比函数 $C(\boldsymbol{y})$ 保持不变，即对所有交换矩阵 $\boldsymbol{P}$ 恒有 $C(\boldsymbol{P}\boldsymbol{y}) = C(\boldsymbol{y})$；

(2) $\boldsymbol{y}$ 的分量 y_i 改变“尺度”时，对比函数 $C(\boldsymbol{y})$ 保持不变，即对所有可逆对角矩阵 $\boldsymbol{D}$ 恒有 $C(\boldsymbol{D}\boldsymbol{y}) = C(\boldsymbol{y})$。

(3) 若 $\boldsymbol{y}$ 具有独立的分量，则

$$C(\boldsymbol{B}\boldsymbol{y}) \leqslant C(\boldsymbol{y}) \tag{9.2.8}$$

其中，$\boldsymbol{B}$ 是一任意可逆矩阵。

条件 (1) 和 (2) 可用广义交换矩阵 $\boldsymbol{G}$ 综合表示为 $C(\boldsymbol{Gy}) = C(\boldsymbol{y})$。由这一结果及 $\boldsymbol{y} = \boldsymbol{Wx}$ 易知

$$C(\boldsymbol{y}) = C(\boldsymbol{Wx}) = C(\boldsymbol{GWx}) \tag{9.2.9}$$

若 $\boldsymbol{W}$ 是一分离矩阵，其输出为 $\boldsymbol{y} = \boldsymbol{Wx}$，则根据对比函数的选择不同，分离矩阵由对比函数的最大化的解

$$\hat{\boldsymbol{W}} = \arg\max\ C(\boldsymbol{y}) = \arg \max_{\mathrm{E}\{\|\boldsymbol{Wx}\|_{\mathrm{F}}\}=1} C(\boldsymbol{GWx}) \tag{9.2.10}$$

或者最小化的解

$$\hat{\boldsymbol{W}} = \arg\min C(\boldsymbol{y}) = \arg \min_{\mathrm{E}\{\|\boldsymbol{Wx}\|_{\mathrm{F}}\}=1} C(\boldsymbol{GWx}) \tag{9.2.11}$$

给出。这表明，通过对比函数的最大化 (或者最小化) 得到的分离矩阵为 $\boldsymbol{GW}$ 的估计，它恰好是与未知的理想分离矩阵 $\boldsymbol{W} = \boldsymbol{A}^\dagger$ 本质相等的矩阵 $\boldsymbol{GA}^\dagger$。显然，不满足式 (9.2.9) 的函数不能用作为盲信号分离的对比函数，因为这会导致优化算法的解与混合矩阵的 Moore-Penrose 逆矩阵 $\boldsymbol{A}^\dagger$ 本质不相等，从而使输出向量不可能是源信号向量的拷贝。

盲信号分离的核心问题是对比函数和优化算法的设计，而且对比函数的选择不同，得到的自适应盲信号分离算法也将不同。下面几节将围绕对比函数的选择，聚焦几种代表性的盲信号分离方法。

盲信号分离的神经网络方法需要解决的四个基本问题可归纳为：

(1) 逆系统的存在性及可辨识性；

(2) 逆模型的稳定性；

(3) 机器学习算法的收敛、收敛速率以及如何避免陷入局部极值点；

(4) 源信号的重构精度。

9.3 独立分量分析

独立分量分析 (independent component analysis, ICA) 是 Comon 于 1994 年针对盲信号分离提出的一种开拓性方法。

顾名思义，独立分量分析的基本目的就是确定线性变换矩阵或者分离矩阵 $\boldsymbol{W}$，使得其输出向量 $\boldsymbol{y}(t) = \boldsymbol{Wx}(t)$ 的各个分量 $y_i(t)$ 尽可能统计独立。

9.3.1 互信息与负熵

为了实现独立分量分析，需要有衡量信号向量各分量之间的统计独立性的测度。

定义 9.3.1 信号向量 $\boldsymbol{y} = [y_1, \cdots, y_n]^{\mathrm{T}}$ 各分量之间的互信息 (mutual information) 记作 $I(\boldsymbol{y})$，定义为

$$I(\boldsymbol{y}) = \int p_y(y_1, \cdots, y_n) \log \frac{p_y(y_1, \cdots, y_n)}{\prod_{i=1}^{n} p_i(y_i)} \mathrm{d}y_1 \cdots \mathrm{d}y_n \tag{9.3.1}$$

互信息是一个非负的量，即

$$I(\boldsymbol{y}) \geqslant 0 \tag{9.3.2}$$

定义 9.3.2 神经网络输出向量 $\boldsymbol{y}(t) = \boldsymbol{W}\boldsymbol{x}(t)$ 的概率密度函数 $p_y(\boldsymbol{y}, \boldsymbol{W})$ 与其分解形式 $\tilde{p}_y(\boldsymbol{y}, \boldsymbol{W})$ 之间的 Kullaback-Leibler (K-L) 散度

$$D(\boldsymbol{y}) = \text{KL}[p_y(\boldsymbol{y}, \boldsymbol{W}) \| \tilde{p}_y(\boldsymbol{y}, \boldsymbol{W})] \stackrel{\text{def}}{=} \int p_y(\boldsymbol{y}, \boldsymbol{W}) \log \frac{p_y(\boldsymbol{y}, \boldsymbol{W})}{\tilde{p}_y(\boldsymbol{y}, \boldsymbol{W})} \text{d}\boldsymbol{y} \tag{9.3.3}$$

称为输出信号向量 $\boldsymbol{y}$ 各分量的相依度 (dependence) 或相关度。式中，分解形式的概率密度函数 $\tilde{p}_y(\boldsymbol{y}, \boldsymbol{W})$ 是 $\boldsymbol{y}$ 的边缘概率密度函数的乘积，即 $\tilde{p}_y(\boldsymbol{y}, \boldsymbol{W}) = \prod\limits_{i=1}^{n} p_i(y_i, \boldsymbol{W})$。

比较定义 9.3.1 和定义 9.3.2 可知，神经网络输出向量 $\boldsymbol{y}(t) = \boldsymbol{W}\boldsymbol{x}(t)$ 各分量的互信息和相依度等价，即有

$$I(\boldsymbol{y}) = D(\boldsymbol{y}) \geqslant 0 \tag{9.3.4}$$

显然，若神经网络输出向量 $\boldsymbol{y}(t) = [y_1(t), \cdots, y_n(t)]^{\text{T}}$ 的各个分量信号 $y_i(t)$ 统计独立，则由于 $p_y(\boldsymbol{y}, \boldsymbol{W}) = \tilde{p}_y(\boldsymbol{y}, \boldsymbol{W})$，故 $I(\boldsymbol{y}) = D(\boldsymbol{y}) = 0$。反之，若 $I(\boldsymbol{y}) = D(\boldsymbol{y}) = 0$，则神经网络输出向量的各个分量统计独立。换言之，存在等价关系

$$I(\boldsymbol{y}) = D(\boldsymbol{y}) = 0 \iff y_i(t), i = 1, \cdots, n \text{ 相互独立} \tag{9.3.5}$$

使分离输出向量的互信息 (或相依度) 最小化构成了独立分量分析方法。

等价关系式 (9.3.5) 也可以等价叙述为：互信息是独立分量分析的对比函数，即 [83]

$$I(\boldsymbol{y}) = 0 \quad \text{iff} \quad \boldsymbol{W} = \boldsymbol{\varLambda}\boldsymbol{P}\boldsymbol{A}^{\dagger} = \boldsymbol{G}\boldsymbol{A}^{\dagger} \tag{9.3.6}$$

另一方面，熵是信息论的一个基本概念。一个随机变量的熵可以理解为该变量的发生能够提供的信息量。“随机量越大”意味着，若一个随机变量越难预测，或者结构化越小，则该随机变量的熵就越大 [137]。互信息可以用熵表示为

$$I(\boldsymbol{y}) = D(\boldsymbol{y}) = -H(\boldsymbol{y}, \boldsymbol{W}) + \sum_{i=1}^{n} H(y_i, \boldsymbol{W}) \tag{9.3.7}$$

由式 (9.3.7) 知，互信息最小的条件是熵 $H(\boldsymbol{y}, \boldsymbol{W})$ 取最大值 $\sum\limits_{i=1}^{n} H(y_i, \boldsymbol{W})$。因此，互信息最小化与最大熵等价，即独立分量分析方法与最大熵方法等价。

令 $\boldsymbol{y} = [y_1, \cdots, y_n]^{\text{T}}$，则其微分熵

$$H(\boldsymbol{y}, \boldsymbol{W}) = -\int f(\boldsymbol{y}) \log f(\boldsymbol{y}) \text{d}\boldsymbol{y} \tag{9.3.8}$$

$$= -\int \cdots \int f(y_1, \cdots, y_n) \log f(y_1, \cdots, y_n) \text{d}y_1 \cdots \text{d}y_n \tag{9.3.9}$$

信息论的基本结果之一是，在方差相等的所有随机变量中，高斯随机变量具有最大熵。这意味着，熵可以用作随机变量的非高斯性的测度。因此，使用高斯变量的熵，可以将微分熵规范化为负熵 (negentropy) [136]

$$J(\boldsymbol{y}) = H(\boldsymbol{y}_{\text{gauss}}, \boldsymbol{W}) - H(\boldsymbol{y}, \boldsymbol{W}) \tag{9.3.10}$$

其中，$\boldsymbol{y}_{\text{gauss}}$ 是分离矩阵 $\boldsymbol{W}$ 的高斯随机向量输出，具有与非高斯随机向量输出 $\boldsymbol{y}$ 相同的方差矩阵 $\boldsymbol{V}=[V_{ij}]$。

负熵具有以下突出性质[83]：

(1) 负熵总是正的，即 $J(\boldsymbol{y})\geqslant 0$。

(2) 负熵对于任何可逆的线性变换是不变的。

(3) 负熵可以解释为非高斯性的测度：当且仅当 $\boldsymbol{y}$ 是高斯随机向量时，负熵等于零。

高斯随机向量的熵为

$$H(\boldsymbol{y}_{\text{gauss}},\boldsymbol{W})=\frac{1}{2}[n+n\log(2\pi)+\log\det\boldsymbol{V}] \tag{9.3.11}$$

而高斯随机向量的元素 $y_{i,\text{gauss}}$ 的熵

$$H(y_{i,\text{gauss}},\boldsymbol{W})=\frac{1}{2}[1+\log(2\pi)+\log V_{ii}] \tag{9.3.12}$$

将式 (9.3.10) 代入式 (9.3.7)，再利用式 (9.3.11) 和式 (9.3.12)，即可将互信息改写为

$$\begin{aligned}I(\boldsymbol{y})&=J(\boldsymbol{y})+\sum_{i=1}^{n}H(y_i,\boldsymbol{W})-H(\boldsymbol{y}_{\text{gauss}},\boldsymbol{W})\\&=J(\boldsymbol{y})-\sum_{i=1}^{n}J(y_i)+\sum_{i=1}^{n}H(y_i,\boldsymbol{W})-H(\boldsymbol{y}_{\text{gauss}},\boldsymbol{W})\\&=J(\boldsymbol{y})-\sum_{i=1}^{n}J(y_i)+\frac{1}{2}\left(\sum_{i=1}^{n}\log V_{ii}-\log\det\boldsymbol{V}\right)\end{aligned}$$

即有[83]

$$I(\boldsymbol{y})=J(\boldsymbol{y})-\sum_{i=1}^{n}J(y_i)+\frac{1}{2}\log\frac{\prod_{i=1}^{n}V_{ii}}{\det\boldsymbol{V}} \tag{9.3.13}$$

特别地，若 $\boldsymbol{y}$ 的各个分量不相关，则其方差矩阵 $\boldsymbol{V}=\text{diag}(V_{11},\cdots,V_{nn})$ 为对角矩阵。此时，由式 (9.3.13) 知，各个分量不相关的随机向量的互信息可以用负熵表示为

$$I(\boldsymbol{y})=J(\boldsymbol{y})-\sum_{i=1}^{n}J(y_i) \tag{9.3.14}$$

式 (9.3.14) 揭示了独立分量方法求分离矩阵 $\boldsymbol{W}$ 的精髓是：输出向量 $\boldsymbol{y}=\boldsymbol{W}\boldsymbol{x}$ 的互信息 $I(\boldsymbol{y})$ 最小化等价于输出各分量 y_i 的负熵 $\sum_{i=1}^{n}J(y_i)$ 最大化，从而达到输出分量之间尽可能相互独立的目标。

9.3.2 自然梯度算法

为了衡量输出之间的独立性，除了利用它们之间的二阶相关函数外，还必须使用它们之间的高阶统计量。因此，必须对输出向量 $\boldsymbol{y}(t)$ 的各个分量进行相同的非线性变换，令非线性变换为 $g(\cdot)$，则

$$\boldsymbol{z}(t)=g(\boldsymbol{y}(t))=[g(y_1(t)),\cdots,g(y_n(t))]^{\mathrm{T}} \tag{9.3.15}$$

业已证明[10]

$$\max H(\boldsymbol{y},\boldsymbol{W})=\max H(\boldsymbol{z},\boldsymbol{W}) \tag{9.3.16}$$

和

$$\frac{\partial H(\boldsymbol{z},\boldsymbol{W})}{\partial \boldsymbol{W}}=\boldsymbol{W}^{-\mathrm{T}}-\mathrm{E}\{\boldsymbol{\phi}(\boldsymbol{y})\boldsymbol{y}^{\mathrm{T}}\} \tag{9.3.17}$$

式中

$$\boldsymbol{\phi}(\boldsymbol{y})=\left[-\frac{g''(y_1)}{g'(y_1)},\cdots,-\frac{g''(y_n)}{g'(y_n)}\right]^{\mathrm{T}} \tag{9.3.18}$$

并且 $g'(y_i)$ 和 $g''(y_i)$ 分别是非线性变换函数 $g(y_i)$ 的一阶和二阶导数。

更新权矩阵 $\boldsymbol{W}$ 的标准 (或真实) 梯度算法为

$$\frac{\mathrm{d}\boldsymbol{W}}{\mathrm{d}t}=\eta\frac{\boldsymbol{H}(\boldsymbol{z},\boldsymbol{W})}{\partial \boldsymbol{W}}=\eta\left(\boldsymbol{W}^{-\mathrm{T}}-\mathrm{E}\{\boldsymbol{\phi}(\boldsymbol{y})\boldsymbol{y}^{\mathrm{T}}\}\right) \tag{9.3.19}$$

梯度算法中的期望项 $\mathrm{E}\{\boldsymbol{\phi}(\boldsymbol{y})\boldsymbol{y}^{\mathrm{T}}\}$ 用瞬时值 $\boldsymbol{\phi}(\boldsymbol{y})\boldsymbol{y}^{\mathrm{T}}$ 代替后，即得到随机梯度算法

$$\frac{\mathrm{d}\boldsymbol{W}}{\mathrm{d}t}=\eta\left(\boldsymbol{W}^{-\mathrm{T}}-\boldsymbol{\phi}(\boldsymbol{y})\boldsymbol{y}^{\mathrm{T}}\right) \tag{9.3.20}$$

由 Bell 与 Sejnowski 于 1995 年提出[27]。

参数化系统的随机梯度优化方法的主要缺点是收敛比较慢。因此，希望有一种优化方法既能够保留随机梯度方法的简单性和数值稳定性，又能够得到很好的渐近收敛性。还希望其性能与混合矩阵 $\boldsymbol{A}$ 无关，以便即使当 $\boldsymbol{A}$ 接近奇异时，算法也能够工作得很好。这是完全可以实现的，因为业已证明 (例如参见 [307], [10])，如果将一可逆矩阵 $\boldsymbol{G}^{-1}$ 作用于随机梯度算法中的矩阵

$$\frac{\mathrm{d}\boldsymbol{W}}{\mathrm{d}t}=\eta\boldsymbol{G}^{-1}\frac{\partial H(\boldsymbol{z},\boldsymbol{W})}{\partial \boldsymbol{W}} \tag{9.3.21}$$

则算法的收敛性能和数值稳定性能都将有明显的提高。

1997 年，Yang 与 Amari[307] 从矩阵 $\boldsymbol{W}$ 的参数空间的 Riemann 结构出发，证明了矩阵 $\boldsymbol{G}$ 的自然选择为

$$\boldsymbol{G}^{-1}\frac{\partial H(\boldsymbol{z},\boldsymbol{W})}{\partial \boldsymbol{W}}=\frac{\partial H(\boldsymbol{z},\boldsymbol{W})}{\partial \boldsymbol{W}}\boldsymbol{W}^{\mathrm{T}}\boldsymbol{W} \tag{9.3.22}$$

于是，标准梯度算法公式 (9.3.19) 可以改进为标准 (或真实) 自然梯度算法

$$\frac{\mathrm{d}\boldsymbol{W}}{\mathrm{d}t}=\eta\left(\boldsymbol{W}^{-\mathrm{T}}-\mathrm{E}\{\boldsymbol{\phi}(\boldsymbol{y})\boldsymbol{y}^{\mathrm{T}}\}\right)\boldsymbol{W}^{\mathrm{T}}\boldsymbol{W}=\eta(\boldsymbol{I}-\mathrm{E}\{\boldsymbol{\phi}(\boldsymbol{y})\boldsymbol{y}^{\mathrm{T}}\})\boldsymbol{W} \tag{9.3.23}$$

而随机梯度算法公式 (9.3.20) 则可以改进为随机自然梯度算法

$$\frac{\mathrm{d}\boldsymbol{W}}{\mathrm{d}t}=\eta\left(\boldsymbol{W}^{-\mathrm{T}}-\boldsymbol{\phi}(\boldsymbol{y})\boldsymbol{y}^{\mathrm{T}}\right)\boldsymbol{W}^{\mathrm{T}}\boldsymbol{W}=\eta(\boldsymbol{I}-\boldsymbol{\phi}(\boldsymbol{y})\boldsymbol{y}^{\mathrm{T}})\boldsymbol{W} \tag{9.3.24}$$

标准梯度算法公式 (9.3.19)、随机梯度算法公式 (9.3.20)、标准自然梯度算法公式 (9.3.23) 和随机自然梯度算法公式 (9.3.24) 分别使用以下梯度：

(1) 真实梯度或“绝对”梯度 $\nabla f(\boldsymbol{W})=\dfrac{\partial H(\boldsymbol{W})}{\partial \boldsymbol{W}}$

(2) 随机梯度 $\hat{\nabla} f(\boldsymbol{W})=\nabla f(\boldsymbol{W})$ 的瞬时值

(3) 真实自然梯度 $\dfrac{\partial H(\boldsymbol{W})}{\partial \boldsymbol{W}}\boldsymbol{W}^{\mathrm{T}}\boldsymbol{W}=\nabla f(\boldsymbol{W})\boldsymbol{W}^{\mathrm{T}}\boldsymbol{W}$

(4) 随机自然梯度 $\hat{\nabla} f(\boldsymbol{W})\boldsymbol{W}^{\mathrm{T}}\boldsymbol{W}$

随机自然梯度和随机自然梯度算法常分别简称为自然梯度和自然梯度算法。

自然梯度算法的离散更新公式为

$$\boldsymbol{W}_{k+1}=\boldsymbol{W}_k+\eta_k\left[\boldsymbol{I}-\boldsymbol{\phi}(\boldsymbol{y}_k)\boldsymbol{y}_k^{\mathrm{T}}\right]\boldsymbol{W}_k \tag{9.3.25}$$

由真实自然梯度算法公式 (9.3.23) 易知，神经网络收敛到平衡点的条件是

$$\mathrm{E}\{\boldsymbol{\phi}(\boldsymbol{y})\boldsymbol{y}^{\mathrm{T}}\}=\boldsymbol{I}\quad 或\quad \mathrm{E}\{\phi(y_i(t))y_j(t)\}=\delta_{ij} \tag{9.3.26}$$

除自然梯度外，另有相对梯度 [59]

$$\frac{\partial H(\boldsymbol{z},\boldsymbol{W})}{\partial \boldsymbol{W}}\boldsymbol{W}^{\mathrm{T}} \tag{9.3.27}$$

采用相对梯度的盲信号分离算法称为 EASI (借助独立性的等变化自适应分离) 算法

$$\boldsymbol{W}_{k+1}=\boldsymbol{W}_k-\eta_k\left[\boldsymbol{y}_k\boldsymbol{y}_k^{\mathrm{T}}-\boldsymbol{I}+\boldsymbol{\phi}(\boldsymbol{y}_k)\boldsymbol{y}_k^{\mathrm{T}}-\boldsymbol{y}_k\boldsymbol{\phi}^{\mathrm{T}}(\boldsymbol{y}_k)\right]\boldsymbol{W}_k \tag{9.3.28}$$

由 Cardoso 和 Laheld 于 1996 年提出 [59]。

EASI 算法的归一化形式简称归一化 EASI 算法，其更新公式为 [59]

$$\boldsymbol{W}_{k+1}=\boldsymbol{W}_k-\eta_k\left[\frac{\boldsymbol{y}_k\boldsymbol{y}_k^{\mathrm{T}}-\boldsymbol{I}}{1+\eta_k\boldsymbol{y}_k\boldsymbol{y}_k^{\mathrm{T}}}+\frac{\boldsymbol{\phi}(\boldsymbol{y}_k)\boldsymbol{y}_k^{\mathrm{T}}-\boldsymbol{y}_k\boldsymbol{\phi}^{\mathrm{T}}(\boldsymbol{y}_k)}{1+\eta_k|\boldsymbol{y}_k^{\mathrm{T}}\boldsymbol{\phi}(\boldsymbol{y}_k)|}\right]\boldsymbol{W}_k \tag{9.3.29}$$

作为 EASI 算法的一种简化和改进，Cruces 等人于 2000 年提出迭代求逆算法 [87]

$$\boldsymbol{W}_{k+1}=\boldsymbol{W}_k-\eta_k\left[\boldsymbol{\phi}(\boldsymbol{y}_k)\boldsymbol{f}^{\mathrm{T}}(\boldsymbol{y}_k)-\boldsymbol{I}\right]\boldsymbol{W}_k \tag{9.3.30}$$

而归一化迭代求逆算法为 [87]

$$\boldsymbol{W}_{k+1}=\boldsymbol{W}_k-\eta_k\left[\frac{\boldsymbol{\phi}(\boldsymbol{y}_k)\boldsymbol{f}^{\mathrm{T}}(\boldsymbol{y}_k)-\boldsymbol{I}}{1+\eta_k|\boldsymbol{f}^{\mathrm{T}}(\boldsymbol{y}_k)\boldsymbol{\phi}(\boldsymbol{y}_k)|}\right]\boldsymbol{W}_k \tag{9.3.31}$$

迭代求逆算法包含了自然梯度算法和 EASI 算法作为简化算法：

(1) 若取 $\boldsymbol{f}(\boldsymbol{y}_k)=\boldsymbol{y}_k$，则迭代求逆算法公式 (9.3.30) 简化为自然梯度算法公式 (9.3.25)，并且归一化迭代求逆算法公式 (9.3.31) 简化为归一化自然梯度算法公式

$$\boldsymbol{W}_{k+1}=\boldsymbol{W}_k-\eta_k\left[\frac{\boldsymbol{\phi}(\boldsymbol{y}_k)\boldsymbol{y}_k^{\mathrm{T}}-\boldsymbol{I}}{1+\eta_k|\boldsymbol{y}_k^{\mathrm{T}}\boldsymbol{\phi}(\boldsymbol{y}_k)|}\right]\boldsymbol{W}_k \tag{9.3.32}$$

(2) 若取

$$\boldsymbol{\phi}(\boldsymbol{y}_k)\boldsymbol{f}^{\mathrm{T}}(\boldsymbol{y}_k)=\boldsymbol{y}_k\boldsymbol{y}_k^{\mathrm{T}}+\boldsymbol{\phi}(\boldsymbol{y}_k)\boldsymbol{y}_k^{\mathrm{T}}-\boldsymbol{y}_k\boldsymbol{\phi}^{\mathrm{T}}(\boldsymbol{y}_k) \tag{9.3.33}$$

则迭代求逆算法公式 (9.3.30) 变为 EASI 算法公式 (9.3.28)，并且归一化迭代求逆算法公式 (9.3.31) 变为归一化 EASI 算法公式 (9.3.29)。

EASI 算法和迭代求逆算法可以看作是自然梯度算法的变型。

上述三种梯度算法只适合于亚高斯或超高斯信号单独存在的情况。当亚高斯和超高斯信号同时存在时，可以使用广义 ICA 算法 [166] 和灵活 ICA 算法 [71] 等自适应算法。一般说来，它们的计算比较复杂。

9.3.3 自然梯度算法的实现

令 $\boldsymbol{\phi}(\boldsymbol{y}(t)) = [\phi_1(y_1), \cdots, \phi_m(y_m)]^{\mathrm{T}}$ 表示非线性变换向量。实现自然梯度算法时，有两个实际问题必须解决：激活函数 $\phi_i(y_i)$ 的选择和自适应步长 η_k 的选择。

1. 激活函数的选择

独立分量分析算法的平衡点必须是稳定的。激活函数 $\phi_i(y_i)$ 满足平衡点稳定性的一个充分且必要条件是 [9],[10]

$$\mathrm{E}\{y_i^2\phi_i'(y_i)\} + 1 > 0 \tag{9.3.34}$$

$$\mathrm{E}\{\phi_i'(y_i)\} > 0 \tag{9.3.35}$$

$$\mathrm{E}\{y_i^2\}\mathrm{E}\{y_j^2\}\mathrm{E}\{\phi_i'(y_i)\}\mathrm{E}\{\phi_j'(y_j)\} > 0, \quad (1 \leqslant i, j \leqslant m) \tag{9.3.36}$$

式中 $y_i = y_i(t)$ 是第 i 个输出端抽取出来的源信号，$\phi_i'(y_i) = \dfrac{\mathrm{d}\phi_i(y_i)}{\mathrm{d}y_i}$ 是激活函数 $\phi_i(y_i)$ 的一阶导数。

平衡点满足平稳性条件的一种常用激活函数 $\phi_i(y_i)$ 为 [11]

$$\phi_i(y_i) = \begin{cases} \alpha y_i + \tanh(\gamma y_i), & (\alpha > 0, \gamma > 2) \quad \text{对超高斯信号} \\ \alpha y_i + y_i^3, & (\alpha > 0) \quad \text{对亚高斯信号} \end{cases} \tag{9.3.37}$$

下面是激活函数的几种其他选择：

(1) 奇激活函数 (odd activation function) [9]

$$\phi_i(y_i) = |y_i|^p \mathrm{sgn}(y_i), \quad p = 1, 2, 3, \cdots \tag{9.3.38}$$

式中 $\mathrm{sgn}(u)$ 为符号函数。

(2) 对称 S 形奇函数 (symmetrical sigmoidal odd function) [9]

$$\phi_i(y_i) = \tanh(\gamma y_i), \quad \gamma > 0 \tag{9.3.39}$$

(3) 奇二次函数 [146]

$$\phi_i(y_i) = \begin{cases} y_i^2 + y_i, & y_i > 0 \\ -y_i^2 + y_i, & y_i < 0 \end{cases} \tag{9.3.40}$$

下面是 Yang 等人的自然梯度算法的更新公式 [307]

$$\kappa_3^i(t) = \kappa_3^i(t-1) - \mu(t)[\kappa_3^i(t-1) - y_i^3(t)] \tag{9.3.41}$$

$$\kappa_4^i(t) = \kappa_4^i(t-1) - \mu(t)[\kappa_4^i(t-1) - y_i^4(t) + 3] \tag{9.3.42}$$

$$\alpha_i(\kappa_3^i(t), \kappa_4^i(t)) = -\frac{1}{2}\kappa_3^i(t) + \frac{9}{4}\kappa_3^i(t)\kappa_4^i(t) \tag{9.3.43}$$

$$\beta_i(\kappa_3^i(t), \kappa_4^i(t)) = -\frac{1}{6}\kappa_4^i(t) + \frac{3}{2}(\kappa_3^i(t))^2 + \frac{3}{4}(\kappa_4^i(t))^2 \tag{9.3.44}$$

$$\phi_i(y_i(t)) = \alpha_i(\kappa_3^i(t), \kappa_4^i(t))y_i^2(t) + \beta_i(\kappa_i^3(t), \kappa_4^i(t))y_i^3(t) \tag{9.3.45}$$

$$\boldsymbol{W}(t+1) = \boldsymbol{W}(t) + \eta(t)(\boldsymbol{I} - \boldsymbol{\phi}(\boldsymbol{y}(t))\boldsymbol{y}^{\mathrm{T}}(t))\boldsymbol{W}(t) \tag{9.3.46}$$

2. 自适应步长的选择

在自适应的 ICA 算法中，学习速率 η_k 的选择对算法的收敛起着关键的作用。最简单的做法是使用固定的学习速率。与一般梯度算法相同，其缺点是：若学习速率大，则算法收敛快、但信号的分离精度 (即稳态性能) 差；反之，则稳态性能好，但算法收敛慢。更好的做法是采用随时间变化的学习速率即变步长。变步长又分为非自适应变步长和自适应变步长。例如，基于退火规则的学习速率[11] 和指数衰减的学习速率[306] 就是两种典型的非自适应步长。自适应步长又称学习速率的学习，是 Amari 早在 1967 年提出的一种方法[8]。下面是几种针对 ICA 提出的自适应变步长算法：每个权系数都用各自的步长更新[75] 和基于辅助变量的变步长算法[202] 等。

这里介绍盲信号分离自适应学习步长确定的一种模糊推理系统[177]，其基础是：分离输出分量之间的二阶和高阶相关描述在自适应学习的每一步更新时信号的分离状态。基于这一基本事实，相关测度大的输出信号应该采用比较大的学习速率，以加快输出捕捉源信号的能力和速度；相关测度小的输出信号则采用较小的学习速率，以更好地跟踪源信号。

虽然互信息是衡量盲信号分离的神经网络输出各分量之间的相依度的完美测度，但是这一测度却不能在信号分离的各个阶段，直接用于评价输出分量之间的相依度，因为互信息需要用到各个源信号未知的概率密度分布。因此，有必要引入便于实际应用的相依度测度。这种实用的相依度测度分为二阶相关测度 r_{ij} 和高阶相关测度 hr_{ij}：

$$r_{ij} = \frac{C_{ij}}{\sqrt{C_{ii}C_{jj}}} = \frac{\text{cov}[y_i(t), y_j(t)]}{\text{cov}[y_i(t)]\text{cov}[y_j(t)]}, \quad i, j = 1, \cdots, l;\ i \neq j \tag{9.3.47}$$

$$hr_{ij} = \frac{HC_{ij}}{\sqrt{H_{ii}C_{jj}}} = \frac{\text{cov}[\phi(y_i(t)), y_j(t)]}{\text{cov}[\phi(y_i(t))]\text{cov}[y_j(t)]}, \quad i, j = 1, \cdots, m;\ i \neq j \tag{9.3.48}$$

式中

$$\bar{m}_x = \frac{1}{N}\sum_{t=1}^{N} x(t) \tag{9.3.49}$$

$$\text{cov}[x(t)] = \frac{1}{N}\sum_{t=1}^{N} |x(t) - \bar{m}_x|^2 \tag{9.3.50}$$

$$\text{cov}[x(t), y(t)] = \frac{1}{N}\sum_{t=1}^{N}[x(t) - \bar{m}_x][y(t) - \bar{m}_y]^* \tag{9.3.51}$$

下面是二阶相关的自适应更新公式[177]

$$\bar{m}_{y_i}(t) = \lambda\frac{t-1}{t}\bar{m}_{y_i}(t-1) + \frac{1}{t}y_i(t) \tag{9.3.52}$$

$$\Delta_{y_i}(t) = \bar{m}_{y_i}(t) - \bar{m}_{y_i}(t-1) \tag{9.3.53}$$

$$C_{ij}(t) = \lambda\frac{t-1}{t}[C_{ij}(t-1) + \Delta_{y_i}(t)\Delta_{y_j}(t)] \tag{9.3.54}$$

$$+ \frac{1}{t}[y_i(t) - \bar{m}_{y_i}][y_j(t) - \bar{m}_{y_j}]^* \tag{9.3.55}$$

和高阶相关的自适应更新公式[177]

$$\bar{m}_{\phi_i}(t)=\lambda\frac{t-1}{t}\bar{m}_{\phi_i}(t-1)+\frac{1}{t}\phi(y_i(t)) \tag{9.3.56}$$

$$\Delta_{\phi_i}(t)=\bar{m}_{\phi_i}(t)-\bar{m}_{\phi_i}(t-1) \tag{9.3.57}$$

$$\begin{aligned}HC_{ij}(t)=&\lambda\frac{t-1}{t}[HC_{ij}(t-1)+\Delta_{\phi_i}(t)\Delta_{\phi_j}(t)]\\&+\frac{1}{t}[\phi(y_i(t)-\bar{m}_{\phi_i}(t)][y_j(t)-\bar{m}_{y_j}(t)]^*\end{aligned} \tag{9.3.58}$$

$$H_{ii}(t)=\lambda\frac{t-1}{t}[H_{ii}(t-1)+\Delta^2_{\phi_i}(t)]+\frac{1}{t}[\phi(y_i(t))-\bar{m}_{\phi_i}(t)]^2 \tag{9.3.59}$$

式中，$i,j=1,\cdots,l$，且 λ 为遗忘因子。

令

$$D_i(t)\overset{\text{def}}{=}D(y_i(t))=\sqrt{\frac{1}{l-1}}\sum_{j=1,j\neq i}^{l}r^2_{ij}(t),\quad i=1,\cdots,l \tag{9.3.60}$$

$$HD_i(t)\overset{\text{def}}{=}HD(y_i(t))=\sqrt{\frac{1}{l-1}}\sum_{j=1,j\neq i}^{l}hr^2_{ij}(t),\quad i=1,\cdots,l \tag{9.3.61}$$

分别表示 $y_i(t)$ 相对于所有其他输出分量 $y_j(t),j\neq i$ 的二阶相关测度和高阶相关测度。

根据二阶相关测度和高阶相关测度的大小，可以得到盲信号分离的模糊规则如下：

(1) 若 $D_i(t)$ 和 $HD_i(t)$ 均足够小，则判断分量 $y_i(t)$ 与所有其他分量是几乎独立的，即 $y_i(t)$ 与其他输出分量的分离状态很好。

(2) 若 $D_i(t)$ 或 $HD_i(t)$ 不小，则判断输出分量 $y_i(t)$ 至少与另外一个分量相关，即分离状态不够好。

(3) 若 $D_i(t)$ 或 $HD_i(t)$ 大，则判断输出分量 $y_i(t)$ 与其他分量强相关，分离状态差。

盲信号分离的模糊规则的具体实现规则如下[177]：

(1) 当 $D_i(t)$ 和 $HD_i(t)$ 均小于 0.1 时，认为分离状态相当好。

(2) 当 $D_i(t)\in[0.1,0.2]$ 以及 $HD_i(t)\in[0.1,0.2]$ 时，认为分离状态适当。

(3) 当 $D_i(t)$ 和 $HD_i(t)$ 均大于 0.2 时，认为分离状态差。

如果两个分离信号之间的二阶相关 $r_{ij}\approx 1$，则这两个分离信号互为拷贝，应该除去解混合矩阵的第 j 行，以便删去多余的输出 $y_j(t)$。于是，$m\times n$ 解混合矩阵 $\boldsymbol{W}$ 降维为 $l\times n$ 矩阵，其中 $l=m-1$。不断删去多余的输出，则解混合矩阵的维数 $l\times n$ 依次降维成 $l=m-1,\cdots,n$，直至只输出 n 个不同的分离信号为止。

3. 性能评价

在自适应盲信号分离的研究及实现中，通常需要比较几种算法的性能。评价标准通常采用串音误差 (cross-talking error)[308]

$$E=\sum_{i=1}^{l}\left(\sum_{j=1}^{n}\frac{|b_{ij}|}{\max\limits_k|b_{ik}|}-1\right)+\sum_{j=1}^{n}\left(\sum_{i=1}^{l}\frac{|b_{ij}|}{\max\limits_k|b_{kj}|}-1\right) \tag{9.3.62}$$

的均方根 (root-mean-square, rms) 误差。式中，$\boldsymbol{B} = [b_{ij}] = \boldsymbol{WA}$ 为 $l \times m$ 分离矩阵 $\boldsymbol{W}$ 与 $m \times n$ 混合矩阵 $\boldsymbol{A}$ 的合成矩阵，并且 $\max\limits_{k} |b_{ik}| = \max\{|b_{i1}|, \cdots, |b_{in}|\}$ 和 $\max\limits_{k} |b_{kj}| = \max\{|b_{1j}|, \cdots, |b_{lj}|\}$。

画出串音误差随样本长度 N 变化的曲线，即可直观地比较同一盲信号分离算法不同步长或者不同盲信号分离算法之间的收敛和跟踪性能，参见图 9.3.1 中的变化曲线。

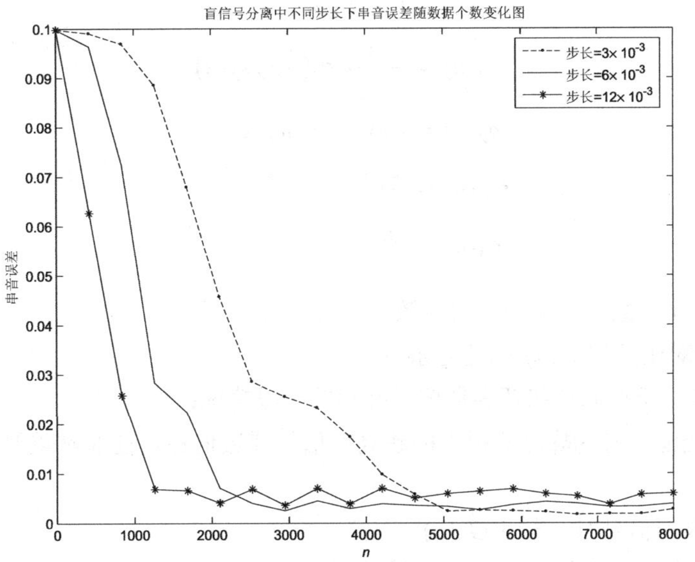

图 9.3.1 串音误差随样本数 N 的变化曲线

9.3.4 固定点算法

在无需自适应分离的情况下，Hyvarinen 的固定点算法[136] 是一种快速和数值稳定的 ICA 算法。这种算法的对比函数定义为

$$J_G(\boldsymbol{w}) = \left[\mathrm{E}\{G(\boldsymbol{w}^{\mathrm{T}}\boldsymbol{x})\} - \mathrm{E}\{G(\boldsymbol{v})\}\right]^2 \tag{9.3.63}$$

式中 $G(\cdot)$ 是一任意非二次型函数，$\boldsymbol{v}$ 是一零均值和单位方差的高斯随机向量，$\boldsymbol{w}$ 为一权向量，满足条件 $\mathrm{E}\{(\boldsymbol{w}^{\mathrm{T}}\boldsymbol{x})^2\} = 1$。基于“逐个分离”的原则, n 个源信号的独立分量分析变成了 n 个约束子优化问题的求解

$$w_i = \arg\min \sum_{i=1}^{n} J_G(w_i), \quad i = 1, \cdots, n \tag{9.3.64}$$

约束条件为 $\mathrm{E}\{(\boldsymbol{w}_k^{\mathrm{T}}\boldsymbol{x})(\boldsymbol{w}_j^{\mathrm{T}}\boldsymbol{x})\} = \delta_{jk}$。

上述优化问题的解可以使用固定点 ICA 算法

$$\boldsymbol{w}_{p+1} \leftarrow \boldsymbol{w}_{p+1} - \sum_{j=1}^{p} \boldsymbol{w}_{p+1}^{\mathrm{T}} \boldsymbol{C} \boldsymbol{w}_j \boldsymbol{w}_j \tag{9.3.65}$$

$$\boldsymbol{w}_{p+1} \leftarrow \frac{\boldsymbol{w}_{p+1}}{\sqrt{\boldsymbol{w}_{p+1}^{\mathrm{T}} \boldsymbol{C} \boldsymbol{w}_{p+1}}} \tag{9.3.66}$$

获得。式中，$\boldsymbol{C} = \mathrm{E}\{\boldsymbol{x}\boldsymbol{x}^{\mathrm{T}}\}$ 是观测数据的协方差矩阵。式 (9.3.65) 和式 (9.3.66) 需要迭代计算，直到 $\boldsymbol{w}_{p+1}$ 收敛。注意，固定点 ICA 算法需要先对数据 $\boldsymbol{x}$ 进行预白化。

下面是固定点 ICA 算法中采用的对比函数 $G(u)$ 的三种选择

$$G_1(u) = \frac{1}{a_1}\log\cosh(a_1 u) \tag{9.3.67}$$

$$g_1(u) = \tanh(a_1 u) \tag{9.3.68}$$

$$G_2(u) = -\frac{1}{a_2}\exp(-a_2 u_2/2) \tag{9.3.69}$$

$$g_2(u) = u\exp(-a_2 u_2/2) \tag{9.3.70}$$

$$G_3(u) = \frac{1}{4}u^4 \tag{9.3.71}$$

$$g_3(u) = u^3 \tag{9.3.72}$$

式中，$g_i(u)$ 为对比函数 $G_i(u)$ 的一阶导数。

下面是选择对比函数 $G(u)$ 的注意事项：

(1) $G_1(u)$ 适合于亚高斯和超高斯信号并存的一般情况；

(2) 当独立的源信号为峰度值很大的超高斯信号或数值稳定性非常重要时，$G_2(u)$ 可能是更好的选择；

(3) 分离亚高斯信号时，选用 $G_3(u)$。

固定点算法的核心是式 (9.3.65) 中执行的压缩映射。在 ICA 中运用压缩映射技术逐个分离信号的思想最早是文献 [93] 提出的，虽然该文献对基于压缩映射的自适应 ICA 算法作了介绍, 但算法的有效性仍有待证明。固定点 ICA 算法也称快速 ICA 算法。

9.4 非线性主分量分析

独立分量分析方法的主要思想是：通过互信息最小化或熵最大化，使输出向量 $\boldsymbol{y}(t) = \boldsymbol{W}\boldsymbol{x}(t)$ 的各个分量尽可能统计独立。

严格的统计独立意味着各阶统计量的不相关。事实上，如果两个随机过程之间的互相关函数统计不相关，并且它们之间某个高阶互相关函数 (三阶或者四阶互相关) 也统计不相关，即可近似认为这两个随机过程是统计独立的。

预白化可以轻松实现输出向量 $\boldsymbol{z}(t) = \boldsymbol{B}\boldsymbol{x}(t)$ 的各个分量的互相关函数统计不相关。如果对输出向量的各个分量进行适当的非线性变换，则可实现各个分量的三阶或者四阶互相关函数的统计不相关。预白化 + 非线性变换正是盲信号分离的非线性主分量分析方法的基本思想。

9.4.1 预白化

假定 $m \times 1$ 观测数据向量 $\boldsymbol{x}(t)$ 已经零均值化。

预白化是信号处理的一种常用方法，其基本步骤是：

(1) 由 $m\times 1$ 向量 $\boldsymbol{x}(t)$ 计算 $m\times m$ 样本自相关矩阵 $\hat{\boldsymbol{R}}=\frac{1}{N}\sum_{t=1}^{N}\boldsymbol{x}(t)\boldsymbol{x}^{\mathrm{H}}(t)$；

(2) 计算 $\hat{\boldsymbol{R}}$ 的特征值分解，将其最大的 n 个特征值记作 $\lambda_1,\cdots,\lambda_n$，对应的特征向量记为 $\boldsymbol{h}_1,\cdots,\boldsymbol{h}_n$。

(3) 用 $\hat{\boldsymbol{R}}$ 的 $m-n$ 个小特征值的平均值作为加性白噪声方差的估计 $\hat{\sigma}^2$。

(4) 计算预白化后的 $n\times n$ 数据向量 $\boldsymbol{z}(t)=[z_1,\cdots,z_n(t)]^{\mathrm{T}}=\boldsymbol{B}\boldsymbol{x}(t)$，其中 $\boldsymbol{B}=[(\lambda_1-\hat{\sigma}^2)\boldsymbol{h}_1,\cdots,(\lambda_n-\hat{\sigma}^2)\boldsymbol{h}_n]^{\mathrm{H}}$ 为 $m\times n$ 预白化矩阵。

预白化后的数据向量 $\boldsymbol{z}(t)=\boldsymbol{B}\boldsymbol{x}(t)$ 的各分量已经是二阶统计不相关。盲信号分离的下一步是如何使分离输出 $\boldsymbol{y}=\boldsymbol{W}\boldsymbol{z}(t)$ 的各分量实现高阶统计不相关，以实现盲分离输出各个分量之间的近似统计独立。

9.4.2 线性主分量分析

盲信号分离的目的是从 m 个观测信号中分离或者抽取出 n (其中 $n\leqslant m$) 个源信号。从信息论的角度，m 个观测信号存在信息的冗余，它们构成 m 维的观测空间；而分离出来的 n 个信号构成无信息冗余的较低维空间 (n 维信号空间)。将一个存在信息冗余的高维空间变成一个无信息冗余的低维空间的线性变换称为降维 (reduced dimension)。降维处理的一种常用方法为主分量分析 (principal component analysis, PCA)。

通过正交变换矩阵 $\boldsymbol{Q}$ 对含有加性白噪声的观测信号进行变换 $\boldsymbol{y}(t)=\boldsymbol{Q}[\boldsymbol{x}(t)+\boldsymbol{e}(t)]$，可以将存在统计相关的 m 个观测信号 $x_1(t),\cdots,x_m(t)$ 变成 m 个彼此正交的信号分量。在这 m 个新的信号分量中，具有较大功率的 n 个信号分量可以视为 m 个观测信号中的 n 个主要成分，简称主分量或者主成分。只利用 m 维数据向量中的 n 个主分量进行的数据或者信号分析称为主分量分析。

定义 9.4.1 令 $\boldsymbol{R}_x$ 是 m 维数据向量 $\boldsymbol{x}(t)$ 的自相关矩阵，它有 n 个主特征值，与这些主特征值对应的 n 个特征向量称为数据向量 $\boldsymbol{x}(t)$ 的主分量。

主分量分析的主要步骤及思想如下。

(1) 降维　将 m 个变量综合成 n 个主分量

$$\tilde{x}_j(t)=\sum_{i=1}^{m}h_{ij}^{*}x_i(t)=\boldsymbol{h}_j^{\mathrm{H}}\boldsymbol{x}(t),\qquad j=1,2,\cdots,n \tag{9.4.1}$$

式中，$\boldsymbol{h}_j=[h_{1j},\cdots,h_{mj}]^{\mathrm{T}}$ 和 $\boldsymbol{x}(t)=[x_1(t),\cdots,x_m(t)]^{\mathrm{T}}$。

(2) 正交化　欲使主分量之间正交，并且每一个分量都具有单位方差 (归一化)，即

$$\langle x_i(t),x_j(t)\rangle=\delta_{ij}=\begin{cases}1, & i=j\\ 0, & \text{其他}\end{cases} \tag{9.4.2}$$

则由

$$\langle\tilde{x}_i(t),\tilde{x}_j(t)\rangle=\boldsymbol{x}^{\mathrm{H}}(t)\boldsymbol{h}_i^{\mathrm{H}}\boldsymbol{h}_j\boldsymbol{x}(t)=\begin{cases}1, & i=j\\ 0, & i\neq j\end{cases} \tag{9.4.3}$$

知，必须选择系数向量 $\boldsymbol{h}_i$ 满足正交归一条件 $\boldsymbol{h}_i^{\mathrm{H}}\boldsymbol{h}_j = \delta_{ij}$。

(3) 功率最大化 若选择 $\boldsymbol{h}_i = \boldsymbol{u}_i, i = 1,\cdots,K$，其中 $\boldsymbol{u}_i\,(i = 1,\cdots,K)$ 是自相关矩阵 $\boldsymbol{R}_x = \mathrm{E}\{\boldsymbol{x}(t)\boldsymbol{x}^{\mathrm{H}}(t)\}$ 与 n 个大特征值 $\lambda_1 \geqslant \cdots \geqslant \lambda_n$ 对应的特征向量，则容易计算出各个无冗余分量的能量为

$$
\begin{aligned}
E_{\tilde{x}_i} &= \mathrm{E}\{|\tilde{x}_i(t)|^2\} = \mathrm{E}\{\boldsymbol{h}_i^{\mathrm{H}}\boldsymbol{x}(t)[\boldsymbol{h}_i^{\mathrm{H}}\boldsymbol{x}(t)]^*\} = \boldsymbol{u}_i^{\mathrm{H}}\mathrm{E}\{\boldsymbol{x}(t)\boldsymbol{x}^{\mathrm{H}}(t)\boldsymbol{u}_i\} = \boldsymbol{u}_i^{\mathrm{H}}\boldsymbol{R}_x\boldsymbol{u}_i \\
&= \boldsymbol{u}_i^{\mathrm{H}}[\boldsymbol{u}_1,\boldsymbol{u}_2,\cdots,\boldsymbol{u}_m]\begin{bmatrix}\lambda_1 & & & 0\\ & \lambda_2 & & \\ & & \ddots & \\ 0 & & & \lambda_m\end{bmatrix}\begin{bmatrix}\boldsymbol{u}_1^{\mathrm{H}}\\ \boldsymbol{u}_2^{\mathrm{H}}\\ \vdots\\ \boldsymbol{u}_m^{\mathrm{H}}\end{bmatrix}\boldsymbol{u}_i = \lambda_i
\end{aligned}
$$

由于特征值按照非降顺序排列，故

$$
E_{\tilde{x}_1} \geqslant E_{\tilde{x}_2} \geqslant \cdots \geqslant E_{\tilde{x}_n} \tag{9.4.4}
$$

因此，按照能量的大小，常称 $\tilde{x}_1(t)$ 为第一主分量，$\tilde{x}_2(t)$ 为第二主分量，等等。

注意到 $m \times m$ 自相关矩阵

$$
\boldsymbol{R}_x = \mathrm{E}\{\boldsymbol{x}(t)\boldsymbol{x}^{\mathrm{H}}(t)\} = \begin{bmatrix}\mathrm{E}\{|x_1(t)|^2\} & \mathrm{E}\{x_1(t)x_2^*(t)\} & \cdots & \mathrm{E}\{x_1(t)x_m^*(t)\}\\ \mathrm{E}\{x_2(t)x_1^*(t)\} & \mathrm{E}\{|x_2(t)|^2\} & \cdots & \mathrm{E}\{x_2(t)x_m^*(t)\}\\ \vdots & \vdots & \ddots & \vdots\\ \mathrm{E}\{x_m(t)x_1^*(t)\} & \mathrm{E}\{x_m(t)x_2^*(t)\} & \cdots & \mathrm{E}\{|x_m|^2\}\end{bmatrix} \tag{9.4.5}
$$

利用矩阵迹的定义和性质知

$$
\mathrm{tr}(\boldsymbol{R}_x) = \mathrm{E}\{|x_1(t)|^2\} + \mathrm{E}\{|x_2(t)|^2\} + \cdots + \mathrm{E}\{|x_m(t)|^2\} = \lambda_1 + \lambda_2 + \cdots + \lambda_m \tag{9.4.6}
$$

但是，若自相关矩阵 $\boldsymbol{R}_x$ 只有 n 个大的特征值，则有

$$
\mathrm{E}\{|x_1(t)|^2\} + \mathrm{E}\{|x_2(t)|^2\} + \cdots + \mathrm{E}\{|x_m(t)|^2\} \approx \lambda_1 + \lambda_2 + \cdots + \lambda_n \tag{9.4.7}
$$

总结以上讨论，可以得出结论：主分量分析的基本思想是通过降维、正交化和能量最大化这三个步骤，将原来统计相关的 m 个随机数据变换成 n 个相互正交的主分量，这些主分量的能量之和近似等于原 m 个随机数据的能量之和。

定义 9.4.2 [303] 令 $\boldsymbol{R}_x$ 是 m 维数据向量 $\boldsymbol{x}$ 的自相关矩阵，它有 n 个主特征值和 $m-n$ 个次特征值 (即小特征值)，与这些次特征值对应的 $m-n$ 个特征向量称为数据向量 $\boldsymbol{x}(t)$ 的次分量。

只利用数据向量的 $m-n$ 个次分量进行的数据分析或者信号分析称为次分量分析 (minor component analysis，MCA)。

主分量分析可以给出被分析信号和图像的轮廓和主要信息。与之不同，次分量分析则可以提供信号的细节和图像的纹理。次分量分析在很多领域中有着广泛的应用。例如，次分量

分析已用于频率估计 [187, 188]、盲波束形成 [124]、动目标显示 [152]、杂波对消 [22] 等。在模式识别中，当主分量分析不能识别两个对象信号时，应进一步作次分量分析，比较它们所含信息的细节部分。

构造主分量分析的代价函数

$$J(\boldsymbol{W}) = \mathrm{E}\{\|\boldsymbol{x}(t) - \boldsymbol{W}\boldsymbol{W}^{\mathrm{H}}\boldsymbol{x}(t)\|^2\} \tag{9.4.8}$$

文献 [305] 证明了优化问题 $\min J(\boldsymbol{W})$ 的解具有以下重要性质：

(1) 目标函数 $J(\boldsymbol{W})$ 的全局极小点由 $\boldsymbol{W} = \boldsymbol{U}_r\boldsymbol{Q}$ 给出，其中，$\boldsymbol{U}_r$ 由自相关矩阵 $\boldsymbol{C} = E\{\boldsymbol{x}\boldsymbol{x}^H\}$ 的 r 个主特征向量组成，并且 $\boldsymbol{Q}$ 为酉矩阵。

(2) 得到的解矩阵 $\boldsymbol{W}$ 一定是仿酉 (或半正交) 矩阵，即 $\boldsymbol{W}^{\mathrm{H}}\boldsymbol{W} = \boldsymbol{I}$。

上述重要性质表明：如果主分量分析用于盲信号分离，将会带来以下优点或好处：

(1) 盲信号分离算法收敛的平稳点一定是优化算法的全局最小点 $\boldsymbol{W} = \boldsymbol{U}_r\boldsymbol{Q}$。

(2) 由于盲信号分离算法的解 $\boldsymbol{W} = \boldsymbol{U}_r\boldsymbol{Q}$，所以盲信号分离

$$\hat{\boldsymbol{s}}(t) = \boldsymbol{W}^{\dagger}\boldsymbol{x}(t) = (\boldsymbol{W}^{\mathrm{H}}\boldsymbol{W})^{-1}\boldsymbol{W}^{\mathrm{H}}\boldsymbol{x}(t) = \boldsymbol{W}^{\mathrm{H}}\boldsymbol{x}(t) \tag{9.4.9}$$

不必计算 Moore-Penrose 逆矩阵 $\boldsymbol{W}^{\dagger}$，简化了计算。

定义指数加权的目标函数

$$J_1(\boldsymbol{W}(t)) = \sum_{i=1}^{t} \beta^{t-i}\|\boldsymbol{x}(i) - \boldsymbol{W}(t)\boldsymbol{W}^{\mathrm{H}}(t)\boldsymbol{x}(i)\|^2 \tag{9.4.10}$$

$$= \sum_{i=1}^{t} \beta^{t-i}\|\boldsymbol{x}(i) - \boldsymbol{W}(t)\boldsymbol{y}(i)\|^2 \tag{9.4.11}$$

式中，$0 < \beta \leqslant 1$ 称为遗忘因子，而 $\boldsymbol{y}(i) = \boldsymbol{W}^{\mathrm{H}}(t)\boldsymbol{x}(i)$。

基于指数加权的目标函数 $J_1(\boldsymbol{W}(t))$，Yang 于 1995 年提出了线性主分量分析的投影逼近子空间跟踪 (PAST) 算法 [305]。

算法 9.4.1 线性主分量分析的 PAST 算法 [305]

选择初始化矩阵 $\boldsymbol{P}(0)$ 和 $\boldsymbol{W}(0)$

对 $t = 1, 2, \cdots$，计算

$$\begin{aligned}
\boldsymbol{y}(t) &= \boldsymbol{W}^{\mathrm{H}}(t-1)\boldsymbol{x}(t) \\
\boldsymbol{h}(t) &= \boldsymbol{P}(t-1)\boldsymbol{y}(t) \\
\boldsymbol{g}(t) &= \boldsymbol{h}(t)/[\beta + \boldsymbol{y}^{\mathrm{H}}(t)\boldsymbol{h}(t)] \\
\boldsymbol{P}(t) &= \frac{1}{\beta}\mathrm{Tri}[\boldsymbol{P}(t-1) - \boldsymbol{g}(t)\boldsymbol{h}^{\mathrm{H}}(t)] \\
\boldsymbol{e}(t) &= \boldsymbol{x}(t) - \boldsymbol{W}^{\mathrm{H}}(t-1)\boldsymbol{y}(t) \\
\boldsymbol{W}(t) &= \boldsymbol{W}(t-1) + \boldsymbol{e}(t)\boldsymbol{g}^{\mathrm{H}}(t)
\end{aligned}$$

式中，$\mathrm{Tri}[\boldsymbol{A}]$ 表示只计算矩阵 $\boldsymbol{A}$ 的上 (或下) 三角部分，然后将上 (或下) 三角部分复制为矩阵的下 (或上) 三角部分。

9.4.3 非线性主分量分析

线性主分量分析不能直接应用于盲信号分离，因为自相关矩阵 $\boldsymbol{R}_x$ 的主分量只是二阶统计量的主要成分，这对于非高斯信号的盲分离是不够的。

为了解决非高斯信号的盲分离，必须在应用主分量分析方法之前，引入非线性变换

$$\boldsymbol{y}(t) = \boldsymbol{g}(\boldsymbol{W}^{\mathrm{H}}\boldsymbol{x}(t)) \tag{9.4.12}$$

其中 $\boldsymbol{g}(\boldsymbol{u}(t)) = [g(u_1(t)), \cdots, g(u_m(t))]^{\mathrm{T}}$ 为非线性变换向量。

非线性变换的目的是引入随机信号的高阶统计量。

用非线性变换 $\boldsymbol{y}(t) = \boldsymbol{g}(\boldsymbol{W}^{\mathrm{H}}\boldsymbol{x}(t))$ 代替线性主分量分析目标函数式 (9.4.11) 中的向量 $\boldsymbol{y}(t)$，即得到指数加权的非线性主分量分析的目标函数 [146]。于是，线性主分量分析的 PAST 算法推广为非线性主分量分析的 PAST 算法。

算法 9.4.2 盲信号分离的非线性主分量分析的 PAST 算法 [146]

对 $t = 1, 2, \cdots$，计算

$$\begin{aligned}
\boldsymbol{y}(t) &= g(\boldsymbol{W}^{\mathrm{H}}(t-1)\boldsymbol{x}(t)) \\
\boldsymbol{h}(t) &= \boldsymbol{P}(t-1)\boldsymbol{y}(t) \\
\boldsymbol{g}(t) &= \boldsymbol{h}(t)/[\beta + \boldsymbol{y}^{\mathrm{H}}(t)\boldsymbol{h}(t)] \\
\boldsymbol{P}(t) &= \frac{1}{\beta}\mathrm{Tri}[\boldsymbol{P}(t-1) - \boldsymbol{g}(t)\boldsymbol{h}^{\mathrm{H}}(t)] \\
\boldsymbol{e}(t) &= \boldsymbol{x}(t) - \boldsymbol{W}^{\mathrm{H}}(t-1)\boldsymbol{y}(t) \\
\boldsymbol{W}(t) &= \boldsymbol{W}(t-1) + \boldsymbol{e}(t)\boldsymbol{g}^{\mathrm{H}}(t)
\end{aligned}$$

其中，非线性变换函数可取奇二次函数 (odd quadratic function) [162]

$$g(u) = \frac{-\mathrm{E}\{|u|^2\}p_u'(u)}{p_u(u)} \tag{9.4.13}$$

式中 $p_u(u)$ 和 $p_u'(u)$ 分别是随机变量 u 的概率密度函数及其一阶导数。

简单情况下，可取 [146]

$$g(u) = \begin{cases} u^2 + u, & u \geqslant 0 \\ -u^2 + u, & u < 0 \end{cases} \tag{9.4.14}$$

盲信号分离的非线性主分量分析的 PAST 算法和自然梯度算法的比较如下：

(1) 自然梯度算法属 LMS 类算法，PAST 算法则属 RLS 类算法。一般说来，LMS 类算法是无记忆的点式更新，由于只使用当前时刻的数据，信息利用率低，故收敛比较慢；RLS 类算法则是有记忆的块式更新，使用了当前以及以前若干时刻的数据 (块)，信息利用率高，故 RLS 类算法的收敛比 LMS 类算法更加快速。

(2) 自然梯度算法和非线性主分量分析都使用了信号的非线性变换，目的是引入信号的高阶统计量。

9.5 矩阵的联合对角化

除了独立分量分析 (ICA) 方法和非线性主分量分析 (NPCA) 方法之外，盲信号分离问题也可以通过矩阵的联合对角化求解。

9.5.1 盲信号分离与矩阵联合对角化

考虑存在加性噪声情况下的阵列接收信号模型

$$\boldsymbol{x}(n)=\boldsymbol{A}\boldsymbol{s}(n)+\boldsymbol{v}(n),\quad n=1,2,\cdots \tag{9.5.1}$$

盲信号分离的主要目的是：求与混合矩阵 $\boldsymbol{A}$ 本质相等的解混合矩阵 $\boldsymbol{W}\doteq\boldsymbol{A}=\boldsymbol{A}\boldsymbol{G}$，然后通过 $\hat{\boldsymbol{s}}(n)=\boldsymbol{W}^{\dagger}\boldsymbol{x}(n)$ 实现盲信号分离。

前面分别介绍了求与混合矩阵 $\boldsymbol{A}$ 本质相等的解混合矩阵 $\boldsymbol{W}$ 的独立分量分析和非线性主分量分析两种主流方法。下面讨论另一种主流方法：矩阵联合对角化方法。

与独立分量分析和非线性主分量分析方法不同，这里对加性噪声的假设更加宽松：

(1) 加性噪声是时域白色，空域有色的高斯噪声，即其自相关矩阵

$$\boldsymbol{R}_v(k)=\mathrm{E}\{\boldsymbol{v}(t)\boldsymbol{v}^{\mathrm{H}}(t-k)\}=\delta(k)\boldsymbol{R}_v=\begin{cases}\boldsymbol{R}_v, & k=0\ (\text{空域有色})\\ \boldsymbol{O}, & k\neq 0\ (\text{时域白色})\end{cases}$$

其中，时域白色是指每个传感器上的加性噪声为高斯白噪声，而空域有色系指不同传感器的加性高斯白噪声可能相关。

(2) n 个源信号统计独立，即有 $\mathrm{E}\left\{\boldsymbol{s}(t)\boldsymbol{s}^{\mathrm{H}}(t-k)\right\}=\boldsymbol{D}_k$ (对角矩阵)。

(3) 源信号与加性噪声统计独立，即有 $\mathrm{E}\left\{\boldsymbol{s}(t)\boldsymbol{v}^{\mathrm{H}}(t-k)\right\}=\boldsymbol{O}$ (零矩阵)。

在上述假设条件下，阵列输出向量的自相关矩阵为

$$\begin{aligned}\boldsymbol{R}_x(k)&=\mathrm{E}\left\{\boldsymbol{x}(t)\boldsymbol{x}^{\mathrm{H}}(t-k)\right\}\\&=\mathrm{E}\left\{[\boldsymbol{A}\boldsymbol{s}(t)+\boldsymbol{v}(t)][\boldsymbol{A}\boldsymbol{s}(t-k)+\boldsymbol{v}(t-k)]^{\mathrm{H}}\right\}\\&=\boldsymbol{A}\mathrm{E}\left\{\boldsymbol{s}(t)\boldsymbol{s}^{\mathrm{H}}(t-k)\right\}\boldsymbol{A}^{\mathrm{H}}+\mathrm{E}\left\{\boldsymbol{v}(t)\boldsymbol{v}^{\mathrm{H}}(t-k)\right\}\\&=\begin{cases}\boldsymbol{A}\boldsymbol{D}_0\boldsymbol{A}^{\mathrm{H}}+\boldsymbol{R}_v, & k=0\\ \boldsymbol{A}\boldsymbol{D}_k\boldsymbol{A}^{\mathrm{H}}, & k\neq 0\end{cases}\end{aligned} \tag{9.5.2}$$

这一结果表明，若采用无噪声影响 (滞后 $k\neq 0$) 的 K 个自相关矩阵 $\boldsymbol{R}_x(k),k=1,\cdots,K$，则可以完全抑制时域白色、空域有色的加性高斯噪声 $\boldsymbol{v}(n)$ 的影响。

给定 K 个自相关矩阵 $\boldsymbol{R}_k=\boldsymbol{R}_x(k),k=1,\cdots,K$，考虑对其进行矩阵联合对角化

$$\boldsymbol{R}_k=\boldsymbol{W}\boldsymbol{\Sigma}_k\boldsymbol{W}^{\mathrm{H}},\quad k=1,\cdots,K \tag{9.5.3}$$

式中 $\boldsymbol{W}$ 称为 K 个自相关矩阵 $\boldsymbol{R}_1,\cdots,\boldsymbol{R}_K$ 的联合对角化器。

比较式 (9.5.2) 和式 (9.5.3) 易知，联合对角化器 $\boldsymbol{W}$ 不一定就是混合矩阵，而一定是与混合矩阵 $\boldsymbol{A}$ 本质相等的矩阵，即

$$\boldsymbol{W} \doteq \boldsymbol{A} = \boldsymbol{AG} \tag{9.5.4}$$

其中 $\boldsymbol{G}$ 为广义置换矩阵。

上述分析表明，盲信号分离中的解混合矩阵 (或分离矩阵) 也可以通过矩阵的联合对角化求取。联合对角化的一个突出优点是理论上可以完全抑制时域白色、空域有色的加性高斯噪声的影响。

一旦通过联合对角化求出解混合矩阵之后，即可进行盲信号分离 $\hat{\boldsymbol{s}}(n) = \boldsymbol{W}^{\dagger}\boldsymbol{x}(n)$。

多个矩阵的联合对角化最早是 Flury 于 1984 年考虑 K 个协方差矩阵的共同主分量分析时提出的[104]。后来，Cardoso 与 Souloumiac[60] 于 1996 年，Belochrani 等人[28] 于 1997 年从盲信号分离的角度分别提出了多个累积量矩阵和协方差矩阵的近似联合对角化。从此，联合对角化在盲信号分离领域获得了广泛的研究与应用。

联合对角化的数学问题是：给定 K 个 $m \times m$ 对称矩阵 $\boldsymbol{A}_1, \cdots, \boldsymbol{A}_K$，寻求一 $m \times n$ 满列秩矩阵 $\boldsymbol{U}$，使得这 K 个矩阵同时对角化 (联合对角化)

$$\boldsymbol{A}_k = \boldsymbol{W}\boldsymbol{\Lambda}_k\boldsymbol{W}^{\mathrm{H}}, \quad k = 1, \cdots, K \tag{9.5.5}$$

其中 $\boldsymbol{W} \in \mathbb{C}^{m\times n}$ 称为联合对角化器 (joint diagonalizer)，而 $\boldsymbol{\Lambda}_k \in \mathbb{R}^{n\times n}, k = 1, \cdots, K$ 为对角矩阵。

联合对角化 $\boldsymbol{A}_k = \boldsymbol{W}\boldsymbol{\Lambda}_k\boldsymbol{W}^{\mathrm{H}}$ 为精确联合对角化。然而，实际的联合对角化为近似联合对角化：给定矩阵集合 $\mathcal{A} = \{\boldsymbol{A}_1, \cdots, \boldsymbol{A}_K\}$，希望求一个联合对角化器 $\boldsymbol{W} \in \mathbb{C}^{m\times n}$ 和 K 个对应的 $n \times n$ 对角矩阵 $\boldsymbol{\Lambda}_1, \cdots, \boldsymbol{\Lambda}_K$，使目标函数最小化[58, 60]

$$\min\ J_1(\boldsymbol{W}, \boldsymbol{\Lambda}_1, \cdots, \boldsymbol{\Lambda}_K) = \min \sum_{k=1}^{K} \alpha_k \|\boldsymbol{W}^{\mathrm{H}}\boldsymbol{A}_k\boldsymbol{W} - \boldsymbol{\Lambda}_k\|_{\mathrm{F}}^2 \tag{9.5.6}$$

或者[301, 309]

$$\min\ J_2(\boldsymbol{W}, \boldsymbol{\Lambda}_1, \cdots, \boldsymbol{\Lambda}_K) = \min \sum_{k=1}^{K} \alpha_k \|\boldsymbol{A}_k - \boldsymbol{W}\boldsymbol{\Lambda}_k\boldsymbol{W}^{\mathrm{H}}\|_{\mathrm{F}}^2 \tag{9.5.7}$$

式中，$\alpha_1, \cdots, \alpha_K$ 为正的权系数。为简化叙述，下面假定 $\alpha_1 = \cdots = \alpha_K = 1$。

9.5.2 正交近似联合对角化

所谓正交近似联合对角化，就是要求 $m \times n$ (其中 $m \geqslant n$) 维联合对角化器必须是一个半正交矩阵 $\boldsymbol{W}^{\mathrm{H}}\boldsymbol{W} = \boldsymbol{I}_n$。因此，正交近似联合对角化问题是一个约束优化问题

$$\min\ J_1(\boldsymbol{W}, \boldsymbol{\Lambda}_1, \cdots, \boldsymbol{\Lambda}_K) = \min \sum_{k=1}^{K} \|\boldsymbol{W}^{\mathrm{H}}\boldsymbol{A}_k\boldsymbol{W} - \boldsymbol{\Lambda}_k\|_{\mathrm{F}}^2 \tag{9.5.8}$$

$$\text{subject to} \quad \boldsymbol{W}^{\mathrm{H}}\boldsymbol{W} = \boldsymbol{I} \tag{9.5.9}$$

或者

$$\min\ J_2(\boldsymbol{W},\boldsymbol{\varLambda}_1,\cdots,\boldsymbol{\varLambda}_K)=\min\sum_{k=1}^{K}\alpha_k\|\boldsymbol{A}_k-\boldsymbol{W}\boldsymbol{\varLambda}_k\boldsymbol{W}^{\mathrm{H}}\|_{\mathrm{F}}^2 \tag{9.5.10}$$

$$\text{subject to}\quad \boldsymbol{W}^{\mathrm{H}}\boldsymbol{W}=\boldsymbol{I} \tag{9.5.11}$$

在很多工程应用中，只使用联合对角化矩阵 $\boldsymbol{U}$，无须使用对角矩阵 $\boldsymbol{\varLambda}_1,\cdots,\boldsymbol{\varLambda}_K$。因此，如何将近似联合对角化问题的目标函数转换成只包含联合对角化矩阵 $\boldsymbol{U}$ 的函数，便是一个有着实际意义的问题。

1. 非对角函数最小化方法

一个 $m\times m$ 矩阵 $\boldsymbol{M}$ 称作正规矩阵 (normal matrix)，若 $\boldsymbol{M}\boldsymbol{M}^{\mathrm{H}}=\boldsymbol{M}^{\mathrm{H}}\boldsymbol{M}$。

谱定理 (spectral theorem) [135]：一个正规矩阵 $\boldsymbol{M}$ 是可酉对角化的 (unitarily diagonalizable)，即存在一个酉矩阵 $\boldsymbol{U}$ 和一个对角矩阵 $\boldsymbol{D}$，使得 $\boldsymbol{M}=\boldsymbol{U}\boldsymbol{D}\boldsymbol{U}^{\mathrm{H}}$。

在数值分析中，一个 $m\times m$ 正方矩阵 $\boldsymbol{M}=[M_{ij}]$ 的 off (非对角) 函数记作 off$(\boldsymbol{M})$，定义为所有非主对角线元素的绝对值的平方和，即

$$\mathrm{off}(\boldsymbol{M})\stackrel{\mathrm{def}}{=}\sum_{i=1,\,i\neq j}^{m}\sum_{j=1}^{n}|M_{ij}|^2 \tag{9.5.12}$$

由谱定理知，若 $\boldsymbol{M}=\boldsymbol{U}\boldsymbol{D}\boldsymbol{U}^{\mathrm{H}}$，其中 $\boldsymbol{U}$ 为酉矩阵，$\boldsymbol{D}$ 为具有不同对角元素的对角矩阵，则矩阵 $\boldsymbol{M}$ 只能由与酉矩阵 $\boldsymbol{U}$ 本质相等的矩阵 $\boldsymbol{V}\doteq\boldsymbol{U}$ 酉对角化。即是说，若 $\mathrm{off}(\boldsymbol{V}^{\mathrm{H}}\boldsymbol{M}\boldsymbol{V})=0$，则 $\boldsymbol{V}\doteq\boldsymbol{U}$。

如果将抽取正方矩阵 $\boldsymbol{M}$ 所有非主对角线元素组成的矩阵

$$[\boldsymbol{M}_{\mathrm{off}}]_{ij}=\begin{cases}0, & i=j\\ M_{ij}, & i\neq j\end{cases} \tag{9.5.13}$$

称为 off 矩阵，则 off 函数就是 off 矩阵的 Frobenius 范数的平方

$$\mathrm{off}(\boldsymbol{M})=\|\boldsymbol{M}_{\mathrm{off}}\|_{\mathrm{F}}^2 \tag{9.5.14}$$

利用 off 函数，可以将正交近似联合对角化问题表示为 [58, 60]

$$\min\ J_{1a}(\boldsymbol{W})=\sum_{k=1}^{K}\mathrm{off}(\boldsymbol{W}^{\mathrm{H}}\boldsymbol{A}_k\boldsymbol{W})=\sum_{k=1}^{K}\sum_{i=1,\,i\neq j}^{n}\sum_{j=1}^{n}|(\boldsymbol{W}^{\mathrm{H}}\boldsymbol{A}_k\boldsymbol{W})_{ij}|^2 \tag{9.5.15}$$

对矩阵 $\boldsymbol{A}_1,\cdots,\boldsymbol{A}_K$ 的非对角元素实施一系列的 Given 旋转，即可实现这些矩阵的正交联合对角化。所有 Givens 旋转矩阵的乘积即给出正交联合对角化器 $\boldsymbol{W}$。这就是 Cardoso 等人提出的正交近似联合对角化的 Jacobi 算法 [58, 60]。

2. 对角函数最大化方法

一个正方矩阵的对角函数可以是标量函数、向量函数或矩阵函数。

(1) 对角函数　$\text{diag}(\boldsymbol{B}) \in \mathbb{R}$ 是 $m \times m$ 正方矩阵 $\boldsymbol{B}$ 的对角函数，定义为

$$\text{diag}(\boldsymbol{B}) \stackrel{\text{def}}{=} \sum_{i=1}^{m} |B_{ii}|^2 \tag{9.5.16}$$

(2) 对角向量函数　$m \times m$ 正方矩阵 $\boldsymbol{B}$ 的对角向量化函数记作 $\mathbf{diag}(\boldsymbol{B}) \in \mathbb{C}^m$，是一个将矩阵 $\boldsymbol{B}$ 的对角元素排列的列向量，即有

$$\mathbf{diag}(\boldsymbol{B}) \stackrel{\text{def}}{=} [B_{11}, \cdots, B_{mm}]^{\text{T}} \tag{9.5.17}$$

(3) 对角矩阵函数　$m \times m$ 正方矩阵 $\boldsymbol{B}$ 的对角矩阵函数记作 $\mathbf{Diag}(\boldsymbol{B}) \in \mathbb{C}^{m\times m}$，是一个抽取矩阵 $\boldsymbol{B}$ 的对角元素组成的对角矩阵，即有

$$\mathbf{Diag}(\boldsymbol{B}) \stackrel{\text{def}}{=} \begin{bmatrix} B_{11} & & 0 \\ & \ddots & \\ 0 & & B_{mm} \end{bmatrix} \tag{9.5.18}$$

使 $\text{off}(\boldsymbol{B})$ 最小化，又可等价为对角函数 $\text{diag}(\boldsymbol{B})$ 的最大化，即有

$$\min\ \text{off}(\boldsymbol{B}) = \max\ \text{diag}(\boldsymbol{B}) \tag{9.5.19}$$

所以式 (9.5.15) 又可改写为 [301]

$$\max\ J_{1b}(\boldsymbol{W}) = \sum_{k=1}^{K} \text{diag}(\boldsymbol{W}^{\text{H}}\boldsymbol{A}_k\boldsymbol{W}) = \sum_{k=1}^{K}\sum_{i=1}^{n} |(\boldsymbol{W}^{\text{H}}\boldsymbol{A}_k\boldsymbol{W})_{ii}|^2 \tag{9.5.20}$$

下面是盲信号分离的正交近似联合对角化算法 [29]。

算法 9.5.1　盲信号分离的正交近似联合对角化算法

步骤 1　由零均值化的 $m \times 1$ 观测数据向量 $\boldsymbol{x}(t)$ 计算 $m \times m$ 样本自相关矩阵 $\hat{\boldsymbol{R}} = \frac{1}{N}\sum_{t=1}^{N}\boldsymbol{x}(t)\boldsymbol{x}^{\text{H}}(t)$。计算 $\hat{\boldsymbol{R}}$ 的特征值分解，将其最大的 n 个特征值记作 $\lambda_1, \cdots, \lambda_n$，对应的特征向量记为 $\boldsymbol{h}_1, \cdots, \boldsymbol{h}_n$。

步骤 2　预白化：用 $\hat{\boldsymbol{R}}$ 的 $m-n$ 个小特征值的平均值作为加性白噪声方差的估计 $\hat{\sigma}^2$。计算预白化后的 $n\times n$ 数据向量 $\boldsymbol{z}(t) = [z_1, \cdots, z_n(t)]^{\text{T}} = \boldsymbol{W}\boldsymbol{x}(t)$，其中 $\boldsymbol{W} = [(\lambda_1-\hat{\sigma}^2)\boldsymbol{h}_1, \cdots, (\lambda_n-\hat{\sigma}^2)\boldsymbol{h}_n]^{\text{H}}$ 为 $m \times n$ 预白化矩阵。

步骤 3　计算预白化数据向量的 K 个自相关矩阵 $\hat{\boldsymbol{R}}_z(k) = \frac{1}{N}\sum_{t=1}^{N}\boldsymbol{z}(t)\boldsymbol{z}^*(t-k),\ k = 1, \cdots, K$。

步骤 4　联合对角化：对 K 个自相关矩阵 $\hat{\boldsymbol{R}}_z(k)$ 进行正交近似联合对角化

$$\hat{\boldsymbol{R}}_z(k) = \boldsymbol{U}\boldsymbol{\Sigma}_k\boldsymbol{U}^{\text{H}}, \quad k = 1, \cdots, K \tag{9.5.21}$$

得到作为联合对角化器的酉矩阵 $\boldsymbol{U}$。

步骤 5　盲信号分离：估计源信号向量 $\hat{\boldsymbol{s}}(t) = \boldsymbol{U}^{\text{H}}\boldsymbol{z}(t)$ 与/或混合矩阵 $\hat{\boldsymbol{A}} = \boldsymbol{W}^{\dagger}\boldsymbol{U}$。

9.5.3 非正交近似联合对角化

正交联合对角化的优点是不会出现平凡解即零解 ($\boldsymbol{W}=\boldsymbol{0}$) 和退化解 (即奇异解)；缺点是正交联合对角化必须先对观测数据向量预白化。

预白化有两个主要缺点：

(1) 预白化严重影响分离信号的性能，因为预白化的误差在后面的信号分离中得不到纠正，容易造成误差的传播与扩散。

(2) 预白化会破坏加权最小二乘准则，造成某个矩阵被精确对角化，而其他矩阵的对角化却可能很差。

非正交联合对角化就是没有约束条件 $\boldsymbol{W}^{\mathrm{H}}\boldsymbol{W}=\boldsymbol{I}$ 的联合对角化，业已成为盲信号分离中主流的联合对角化方法。非正交联合对角化的优点是没有白化的两个缺点，而缺点则是有可能存在平凡解和退化解。

非正交联合对角化的典型算法有：Pham [220] 的基于信息论准则最小化的迭代算法，van der Veen [286] 的 Newton 型迭代的子空间拟合算法，Yeredor [309] 的 AC-DC 算法等。

AC-DC 算法将耦合的优化问题

$$
\begin{aligned}
J_{\mathrm{WLS2}}(\boldsymbol{W},\boldsymbol{\Lambda}_1,\cdots,\boldsymbol{\Lambda}_K) &= \sum_{k=1}^{K}\alpha_k\|\boldsymbol{A}_k-\boldsymbol{W}\boldsymbol{\Lambda}_k\boldsymbol{W}^H\|_F^2 \\
&= \sum_{k=1}^{K}\alpha_k\left\|\boldsymbol{A}_k-\sum_{n=1}^{N}\lambda_n^{[k]}\boldsymbol{w}_k\boldsymbol{w}_k^H\right\|_F^2
\end{aligned}
$$

分离成两个解耦的单独优化问题。这一算法由两个阶段组成。

(1) 交替列 (alternating columns, AC) 阶段：固定 $\boldsymbol{W}$ 的其他列和矩阵 $\boldsymbol{\Lambda}_1,\cdots,\boldsymbol{\Lambda}_K$，使目标函数 $J_{\mathrm{WLS2}}(\boldsymbol{W})$ 相对于 $\boldsymbol{W}$ 的某个列向量最小化。

(2) 对角中心 (diagonal centers, DC) 阶段：固定 $\boldsymbol{W}$，使 $J_{\mathrm{WLS2}}(\boldsymbol{W},\boldsymbol{\Lambda}_1,\cdots,\boldsymbol{\Lambda}_K)$ 相对于所有 $\boldsymbol{\Lambda}_1,\cdots,\boldsymbol{\Lambda}_K$ 最小化。

避免平凡解的简单方法是加约束条件 $\mathbf{Diag}(\boldsymbol{W})=\boldsymbol{I}$。然而，非正交联合对角化的主要缺点是联合对角化器 $\boldsymbol{W}$ 有可能奇异或者条件数很大。奇异或条件数很大的解称为退化解。非正交联合对角化问题的退化解是文献 [171] 提出并解决的。

为了同时避免非正交联合对角化问题的平凡解和退化解，Li 和 Zhang 提出求解目标函数最小化问题 [171]

$$
\min\ f(\boldsymbol{W})=\sum_{k=1}^{K}\alpha_k\sum_{i=1}^{N}\sum_{j=1,j\neq i}^{N}|[\boldsymbol{W}^{\mathrm{H}}\boldsymbol{A}_k\boldsymbol{W}]_{ij}|^2-\beta\ln|\det(\boldsymbol{W})| \tag{9.5.22}
$$

其中 $\alpha_k(1\leqslant k\leqslant K)$ 为正的权重系数，β 为一正数，ln 表示自然对数。

上述代价函数可分为平方对角化误差函数

$$
f_1(\boldsymbol{W})=\sum_{k=1}^{K}\alpha_k\sum_{i=1}^{N}\sum_{j=1,j\neq i}^{N}|[\boldsymbol{W}^{\mathrm{H}}\boldsymbol{A}_k\boldsymbol{W}]_{ij}|^2 \tag{9.5.23}
$$

与负对数行列式项

$$f_2(\boldsymbol{W}) = -\ln|\det(\boldsymbol{W})| \tag{9.5.24}$$

之和。

代价函数 (9.5.22) 的一个明显优点是：当 $\boldsymbol{W}=\boldsymbol{O}$ 或者奇异时，$f_2(\boldsymbol{W})\to+\infty$。因此，代价函数 $f(\boldsymbol{W})$ 的最小化可以同时避免平凡解和退化解。

此外，文献 [171] 还证明了以下两个重要结果：

(1) 当且仅当非奇异矩阵 $\boldsymbol{W}$ 使得所有矩阵 $\boldsymbol{A}_k, k=1,\cdots,K$ 精确联合对角化时，$f_1(\boldsymbol{W})$ 是下无界的。换言之，在近似联合对角化时，$f(\boldsymbol{W})$ 是下有界的。

(2) 代价函数 $f(\boldsymbol{W})$ 的最小化与惩罚参数 β 的数值无关，这意味着，β 可以选择有限大的任意值，通常可直接选 $\beta=1$，从而避免了罚函数法性能取决于惩罚参数的选择。

联合对角化已广泛应用于盲信号分离 [3], [28], [201], [309]、盲波束形成 [58]、时延估计 [310]、频率估计 [196]、阵列信号处理 [292]、多输入–多输出 (MIMO) 盲均衡 [84] 以及盲 MIMO 系统辨识 [67] 等问题中。

9.6 盲信号抽取

盲信号分离通常一次分离出所有的源信号。在实际应用中，传感器的个数 (即信号的混合个数) 可能很大，但实际感兴趣的源信号的个数比较少。如果仍然采用分离所有源信号的盲信号分离，将会增加不必要的计算复杂度，造成计算资源的浪费。这种情况下，有必要只分离或者抽取感兴趣的少数源信号，而将不感兴趣的源信号保留在混合信号中。这就是盲信号抽取 (blind signal extraction, BSE) 问题。

9.6.1 正交盲信号抽取

仍然考虑与盲信号分离相同的混合信号模型

$$\boldsymbol{x}(n) = \boldsymbol{A}\boldsymbol{s}(n) \tag{9.6.1}$$

式中 $\boldsymbol{x}\in\mathbb{C}^{m\times 1}, \boldsymbol{A}\in\mathbb{C}^{m\times n}, \boldsymbol{s}(n)\in\mathbb{C}^{n\times 1}$，但是 $m\gg n$。

考虑观测信号向量的预白化。令 $m\times m$ 维矩阵 $\boldsymbol{M}=\boldsymbol{R}_x^{-1/2}$，其中 $\boldsymbol{R}_x=\mathrm{E}\{\boldsymbol{x}(n)\boldsymbol{x}^{\mathrm{H}}(n)\}$ 是观测信号向量 $\boldsymbol{x}(n)$ 的自相关矩阵。容易验证

$$\boldsymbol{z}(n) = \boldsymbol{M}\boldsymbol{x}(n) \tag{9.6.2}$$

满足 $\mathrm{E}\{\boldsymbol{z}(n)\boldsymbol{z}^{\mathrm{T}}(n)\}=\boldsymbol{I}$，这说明，新的观测信号向量 $\boldsymbol{z}(n)$ 是原观测信号向量 $\boldsymbol{x}(n)$ 的预白化结果，即矩阵 $\boldsymbol{M}$ 是 $\boldsymbol{x}(n)$ 的预白化矩阵。

现在设计一个 $m\times 1$ 解混合向量 $\boldsymbol{w}_1$，抽取源信号向量中的某个 (不一定是原来的第 1 个) 源信号，即

$$s_k(n) = \boldsymbol{w}^{\mathrm{H}}\boldsymbol{z}(n), \quad k\in\{1,\cdots,n\} \tag{9.6.3}$$

是源信号向量中的某个源信号 $s_k(n)$。

设计一个 $(m-1)\times m$ 矩阵

$$\boldsymbol{B}=\begin{bmatrix}\boldsymbol{b}_1^{\mathrm{T}}\\ \vdots\\ \boldsymbol{b}_{m-1}^{\mathrm{T}}\end{bmatrix} \tag{9.6.4}$$

其每一个行向量都与解混合向量 $\boldsymbol{w}_1$ 正交，即有 $\boldsymbol{b}_i^{\mathrm{H}}\boldsymbol{w}_1=0, i=1,\cdots,m-1$。

由 $s_k(n)=\boldsymbol{w}^{\mathrm{H}}\boldsymbol{z}(n)$ 及 $\boldsymbol{b}_i^{\mathrm{H}}\boldsymbol{w}_1=0$ 易知 $(m-1)\times 1$ 向量

$$\boldsymbol{z}_1(n)=\boldsymbol{B}\boldsymbol{z}(n)=\begin{bmatrix}\boldsymbol{b}_1^{\mathrm{T}}\\ \vdots\\ \boldsymbol{b}_{m-1}^{\mathrm{T}}\end{bmatrix}\boldsymbol{z}(n) \tag{9.6.5}$$

将不含已经抽取的源信号 $s_k(n), k\in\{1,\cdots,n\}$ 的任何成分。由于起到了对某个源信号的阻隔作用，$(m-1)\times m$ 矩阵 $\boldsymbol{B}$ 称为阻隔矩阵 (block matrix)，而 $\boldsymbol{B}\boldsymbol{z}(n)$ 实质上是对预白化的观测信号向量的一种压缩映射 (deflation)。

对已经阻隔了 $s_k(n)$ 的 $(m-1)\times 1$ 新观测信号向量 $\boldsymbol{z}_1$，又可以设计一个新的 $(m-1)\times 1$ 维解混合向量 $\boldsymbol{w}_2$，抽取源信号向量中的另一个源信号。然后，设计一个新的 $(m-2)\times(m-1)$ 阻隔矩阵 $\boldsymbol{B}$，隔离掉新抽取的源信号。如此继续，直到抽取出感兴趣的所有源信号。

由于上述方法在信号抽取过程中使用向量的正交，所以称为正交盲信号抽取。

9.6.2 非正交盲信号抽取

正交盲信号抽取需要对观测信号向量进行预白化，这会带来白化误差；同时也不便于实时实现。因此，有必要采用非正交盲信号抽取。

瞬时线性混合信源模型可以改写为

$$\boldsymbol{x}(t)=\boldsymbol{A}\boldsymbol{s}(t)=\sum_{i=1}^{n}\boldsymbol{a}_j s_j(t)=\boldsymbol{a}_1 s_1(t)+\sum_{j=2}^{n}\boldsymbol{a}_j s_j(t) \tag{9.6.6}$$

如果希望抽取的是源信号 $s_1(t)$，则上式的第 1 项为期望项，第 2 项 (求和项) 为干扰项。

令 $\boldsymbol{u}$ 和 $\boldsymbol{a}_1$ 具有相同的列空间，即

$$U=\mathrm{span}\{\boldsymbol{u}\}=\mathrm{span}\{\boldsymbol{a}_1\} \tag{9.6.7}$$

它表示期望信号 $s_1(t)$ 的信号子空间。

若令 $\boldsymbol{n}$ 和 $\boldsymbol{a}_2,\cdots,\boldsymbol{a}_n$ 张成的列空间相同：

$$N=\mathrm{span}\{\boldsymbol{n}\}=\mathrm{span}\{\boldsymbol{a}_2,\cdots,\boldsymbol{a}_n\} \tag{9.6.8}$$

则 N 表示干扰信号 $s_2(t),\cdots,s_n(t)$ 张成的子空间，而

$$N^{\perp}=\mathrm{span}\{\boldsymbol{n}^{\perp}\} \tag{9.6.9}$$

是干扰信号 $s_2(t),\cdots,s_n(t)$ 的正交补子空间。

如果将观测数据向量 $\boldsymbol{x}(t)$ 沿着与干扰信号的正交补子空间 $N^\perp$ 向期望信号的信号子空间 U 作斜投影 (oblique projection) $\boldsymbol{E}_{U|N^\perp}$，将抽取期望信号 $s_1(t)$，并且抑制掉所有干扰信号 $s_2(t),\cdots,s_n(t)$。换言之，用斜投影矩阵 $\boldsymbol{E}_{U|N^\perp}$ 左乘式 (9.6.6) 的两边，即有

$$\boldsymbol{E}_{U|N^\perp}\boldsymbol{x}(t) = \boldsymbol{a}_1 s_1(t) = \boldsymbol{u}s_1(t) \tag{9.6.10}$$

式中，斜投影矩阵

$$\boldsymbol{E}_{U|N^\perp} = \boldsymbol{u}(\boldsymbol{u}^{\rm H}\boldsymbol{P}_{N^\perp}^\perp\boldsymbol{u})^{-1}\boldsymbol{u}^{\rm H}\boldsymbol{P}_{N^\perp}^\perp \tag{9.6.11}$$

注意到任何一个向量到正交补空间 $N^\perp$ 的正交投影 $\boldsymbol{P}_{N^\perp}^\perp\boldsymbol{y}$ 都在向量空间 N 上，即

$$\boldsymbol{P}_{N^\perp}^\perp\boldsymbol{y} = \alpha\boldsymbol{n}, \quad \forall\boldsymbol{y}\neq\boldsymbol{0} \tag{9.6.12}$$

因此，斜投影矩阵

$$\boldsymbol{E}_{U|N^\perp} = \boldsymbol{u}(\boldsymbol{u}^{\rm H}\boldsymbol{n})^{-1}\boldsymbol{n}^{\rm H} = \frac{\boldsymbol{u}\boldsymbol{n}^{\rm H}}{\boldsymbol{u}^{\rm H}\boldsymbol{n}} \tag{9.6.13}$$

将式 (9.6.13) 代入式 (9.6.10)，立即得

$$\frac{\boldsymbol{u}\boldsymbol{n}^{\rm H}}{\boldsymbol{u}^{\rm H}\boldsymbol{n}}\boldsymbol{x}(t) = \boldsymbol{u}s_1(t) \tag{9.6.14}$$

由于上式对所有满足 $\text{span}\{\boldsymbol{u}\} = \text{span}\{\boldsymbol{a}_1\}$ 的向量 $\boldsymbol{u}$ 均成立，故有

$$s_1(t) = \frac{\boldsymbol{n}^{\rm H}\boldsymbol{x}(t)}{\boldsymbol{u}^{\rm H}\boldsymbol{n}} \tag{9.6.15}$$

这就是源信号 $s_1(t)$ 的抽取公式。问题是：如何求取向量 $\boldsymbol{u}$ 和 $\boldsymbol{n}$。

另一方面，考察自相关矩阵 $\boldsymbol{R}_k = \frac{1}{T}\sum_{t=1}^{T}\boldsymbol{x}(t)\boldsymbol{x}(t-k), k=1,\cdots,K$ 的联合对角化

$$\boldsymbol{R}_k = \boldsymbol{U\Sigma}_k\boldsymbol{U}^{\rm H} = \sum_{i=1}^{n}\lambda_k(i)\boldsymbol{u}_i\boldsymbol{u}_i^{\rm H}, \quad k=1,\cdots,K \tag{9.6.16}$$

取 $\boldsymbol{u}=\boldsymbol{u}_1$，则有

$$\boldsymbol{R}_k\boldsymbol{u} = \boldsymbol{U\Sigma}_k\boldsymbol{U}^{\rm H}\boldsymbol{u} = d_k\boldsymbol{n}^{\rm H}, \quad k=1,\cdots,K \tag{9.6.17}$$

令 $\boldsymbol{d}=[d_1,\cdots,d_n]^{\rm T}$，由式 (9.6.17) 易得优化问题

$$\min J(\boldsymbol{u},\boldsymbol{n},\boldsymbol{d}) = \min\frac{1}{2}\sum_{k=1}^{K}\|\boldsymbol{R}_k\boldsymbol{u}-d_k\boldsymbol{n}\|_2^2 \tag{9.6.18}$$

$$\text{subject to} \quad \|\boldsymbol{n}\| = \|\boldsymbol{d}\| = 1 \tag{9.6.19}$$

这是一个三个变元向量 $\boldsymbol{u},\boldsymbol{n},\boldsymbol{d}$ 耦合的优化问题，它可以解耦为三个子优化问题：

(1) 向量 $\boldsymbol{u}$ 的单独优化

固定向量 $\boldsymbol{n},\boldsymbol{d}$ 为已知值。这是一个无约束优化问题

$$J_u(\boldsymbol{u}) = J(\boldsymbol{u},\boldsymbol{n},\boldsymbol{d}) \tag{9.6.20}$$

由共轭梯度

$$\frac{\partial J_u(\boldsymbol{u})}{\partial \boldsymbol{u}^*} = \sum_{k=1}^{K} \boldsymbol{R}_k^{\mathrm{H}}(\boldsymbol{R}_k\boldsymbol{u} - d_k\boldsymbol{n}) = \boldsymbol{0} \tag{9.6.21}$$

得闭式解

$$\boldsymbol{u} = \left(\sum_{k=1}^{K} \boldsymbol{R}_k^{\mathrm{H}}\boldsymbol{R}_k\right)^{-1} \left(\sum_{k=1}^{K} d_k\boldsymbol{R}_k^{\mathrm{H}}\boldsymbol{n}\right) \tag{9.6.22}$$

(2) 向量 $\boldsymbol{d}$ 的单独优化

固定 $\boldsymbol{u}$ 及 $\boldsymbol{n}$。由于约束条件 $\|\boldsymbol{d}\| = 1$ 的存在，故 $\boldsymbol{d}$ 的优化是一个约束优化问题，其 Lagrange 目标函数

$$J_d(\boldsymbol{d}) = J(\boldsymbol{u}, \boldsymbol{n}, \boldsymbol{d}) + \lambda_d(\boldsymbol{d}^{\mathrm{H}}\boldsymbol{d} - 1) \tag{9.6.23}$$

由共轭梯度

$$\frac{\partial J_d(\boldsymbol{d})}{\partial \boldsymbol{d}^*} = -\begin{bmatrix} \boldsymbol{n}^{\mathrm{H}}\boldsymbol{R}_1\boldsymbol{u} \\ \vdots \\ \boldsymbol{n}^{\mathrm{H}}\boldsymbol{R}_k\boldsymbol{u} \end{bmatrix} + (1 + \lambda_d)\boldsymbol{d} = \boldsymbol{0} \tag{9.6.24}$$

及约束条件 $\|\boldsymbol{d}\| = 1$，得闭式解

$$\boldsymbol{d} = \frac{1}{\sum_{k=1}^{K} \|\boldsymbol{n}^{\mathrm{H}}\boldsymbol{R}_k\boldsymbol{u}\|^2} \begin{bmatrix} \boldsymbol{n}^{\mathrm{H}}\boldsymbol{R}_1\boldsymbol{u} \\ \vdots \\ \boldsymbol{n}^{\mathrm{H}}\boldsymbol{R}_k\boldsymbol{u} \end{bmatrix} \tag{9.6.25}$$

(3) 向量 $\boldsymbol{n}$ 的单独优化

固定 $\boldsymbol{u}$ 及 $\boldsymbol{d}$。由于约束条件 $\|\boldsymbol{n}\| = 1$ 的存在，故 $\boldsymbol{n}$ 的优化是一个约束优化问题，其 Lagrange 目标函数

$$J_n(\boldsymbol{n}) = J(\boldsymbol{u}, \boldsymbol{n}, \boldsymbol{d}) + \lambda_n(\boldsymbol{n}^{\mathrm{H}}\boldsymbol{n} - 1) \tag{9.6.26}$$

由共轭梯度

$$\frac{\partial J_n(\boldsymbol{d})}{\partial \boldsymbol{n}^*} = -\sum_{k=1}^{K} d_k^*(\boldsymbol{R}_k\boldsymbol{u} - d_k\boldsymbol{n}) + \lambda_n\boldsymbol{n} = \boldsymbol{0} \tag{9.6.27}$$

及约束条件 $\|\boldsymbol{n}\| = 1$，得闭式解

$$\boldsymbol{n} = \frac{1}{\sum_{k=1}^{K} \|d_k^*\boldsymbol{R}_k\boldsymbol{u}\|^2} \sum_{k=1}^{K} d_k^*\boldsymbol{R}_k\boldsymbol{u} \tag{9.6.28}$$

上述基于序贯矩阵联合对角化的盲信号抽取方法是文献 [172] 提出的，具体算法如下：

算法 9.6.1 盲信号抽取的序贯矩阵联合对角化算法

初始化：向量 $\boldsymbol{d}, \boldsymbol{n}$

步骤 1 计算自相关矩阵 $\boldsymbol{R}_k = \frac{1}{T}\sum_{t=1}^{T}\boldsymbol{x}(t+k)\boldsymbol{x}^*(t),\ k = 1, \cdots, K$

步骤 2 利用式 (9.6.22)、式 (9.6.25) 和式 (9.6.28) 分别计算向量 $\boldsymbol{u}, \boldsymbol{d}, \boldsymbol{n}$，并重复这一步骤，直至三个向量分别收敛。

步骤 3 利用式 (9.6.15) 以及收敛后的向量 $\boldsymbol{u}$ 和 $\boldsymbol{n}$ 抽取某个源信号。

步骤 4 利用压缩映射方法，将刚抽取的信号从观测数据中删去。然后，对压缩映射的观测数据重复以上步骤，抽取下一个源信号。重复这一盲信号抽取 + 压缩映射，直至感兴趣的源信号全部被抽取为止。

9.7 卷积混合信源的盲信号分离

信号的线性混合方式通常分为瞬时线性混合和卷积线性混合两种。顾名思义，瞬时线性混合就是某一时刻多个信源的线性混合，不包含任何其他时刻的信源作用。瞬时线性混合又称无记忆混合，其传输信道为无记忆信道；源信号经过无记忆信道的传输，观测数据与源信号之间不存在任何时间延迟。卷积线性混合则为有记忆混合，其传输信道为有记忆信道；源信号经过有记忆信道传输之后，产生时间延迟的混合数据，信道相当于具有记忆以前时刻数据的功能。本章前面几节集中介绍了瞬时线性混合信源的盲信号分离，本节讨论卷积混合信源的盲信号分离。

9.7.1 卷积混合信源

假定混合信道是一线性时不变的多输入–多输出 (multiple input-multiple output, MIMO) 系统，它被 $n\times 1$ 维源信号向量 $\boldsymbol{s}(t)=[s_1(t),\cdots,s_n(t)]^{\mathrm{T}}$ 激励，并且源信号向量不可观测。混合 MIMO 系统或信道具有 $m\times n$ 维传递函数矩阵 $\boldsymbol{A}(z)$，其元素 $A_{ij}(z)$ 为一时间延迟算子 z 的多项式。输出端使用 m 个传感器对卷积混合的信号进行观测，观测数据向量为 $\boldsymbol{x}(t)=[x_1(t),\cdots,x_m(t)]^{\mathrm{T}}$。

卷积混合信源有两种常用的表示模型：

(1) Z 变换域乘积模型

$$\tilde{\boldsymbol{x}}(z)=\boldsymbol{A}(z)\tilde{\boldsymbol{s}}(z)+\tilde{\boldsymbol{e}}(z) \tag{9.7.1}$$

式中，$\tilde{\boldsymbol{s}}(z)$, $\tilde{\boldsymbol{e}}(z)$ 和 $\tilde{\boldsymbol{x}}(z)$ 分别是源信号向量 $\boldsymbol{s}(t)$、加性噪声 $\boldsymbol{e}(t)$ 和观测数据向量 $\boldsymbol{x}(t)$ 的 Z 变换。由于 $\boldsymbol{s}(t)$, $\boldsymbol{e}(t)$ 和 $\boldsymbol{x}(t)$ 均不是 z 的多项式形式，与 z 变量无关，故 $\tilde{\boldsymbol{s}}(z)=\boldsymbol{s}(t)$, $\tilde{\boldsymbol{e}}(z)=\boldsymbol{e}(t)$ 和 $\tilde{\boldsymbol{x}}(z)=\boldsymbol{x}(t)$。于是，$Z$ 变换域的卷积混合公式 (9.7.1) 又可等价写作

$$\boldsymbol{x}(t)=\boldsymbol{A}(z)\boldsymbol{s}(t)+\boldsymbol{e}(t) \tag{9.7.2}$$

(2) 时域卷积模型

MIMO 系统的传输函数矩阵 $\boldsymbol{A}(z)$ 通常假定为 z 域的有限冲激响应 (FIR) 多项式矩阵

$$\boldsymbol{A}(z)=\begin{bmatrix} A_{11}(z) & A_{12}(z) & \cdots & A_{1n}(z)\\ A_{21}(z) & A_{22}(z) & \cdots & A_{2n}(z)\\ \vdots & \vdots & \ddots & \vdots\\ A_{m1}(z) & A_{m2}(z) & \cdots & A_{mn}(z)\end{bmatrix} \tag{9.7.3}$$

其中，$A_{ij}(z)$ 表示第 j 个输入 (源信号) 和第 i 个输出 (观测信号) 之间的混合 FIR 滤波器。混合 FIR 滤波器可以描述实际室内环境的声学混响现象和无线通信中的多径问题。

矩阵 $\boldsymbol{A}(z)$ 称为混合 FIR 滤波器矩阵。

令 FIR 滤波器 $A_{ij}(z)$ 的最大阶次为 L，滤波器系数为 $a_{ij}(k), k=0,1,\cdots,L$，即有

$$A_{ij}(z)=\sum_{k=0}^{L}a_{ij}(k)z^{-k},\quad i=1,\cdots,m;j=1,\cdots,n \tag{9.7.4}$$

于是，Z 变换域的乘积模型公式 (9.7.2) 可以表示成元素形式的时域卷积模型

$$x_i(t)=\sum_{j=1}^{n}\sum_{k=0}^{L}a_{ij}(k)s_j(t-k)+e_i(t),\quad i=1,\cdots,m \tag{9.7.5}$$

卷积混合信源的盲信号分离的问题提法是：只利用观测数据向量 $\boldsymbol{x}(t)$ 分离出源信号 $s_i(t), i=1,\cdots,n$。为此，需要设计一个解混合 (或解卷积) FIR 多项式矩阵 $\boldsymbol{W}(z)\in\mathbb{C}^{n\times m}$，使得解混合 FIR 多项式矩阵的输出

$$\boldsymbol{y}(t)=\boldsymbol{W}(z)\boldsymbol{x}(t) \tag{9.7.6}$$

是源信号向量 $\boldsymbol{s}(k)$ 的一个拷贝。

为了进行卷积混合信源的盲信号分离，需要作以下假设：

假设 1 源信号 $s_i(t), i=1,\cdots,n$ 是非高斯的零均值独立同发布的随机信号，各个分量之间统计独立。

假设 2 加性观测噪声向量 $\boldsymbol{e}(t)$ 可以忽略不计。

假设 3 源信号的个数 n 小于或者等于传感器的个数 m，即 $n\leqslant m$。

假设 4 $\boldsymbol{A}(z)$ 是一个 $m\times n$ 维 FIR 多项式矩阵，$\boldsymbol{A}(z)$ 的秩对每一个非零的时延 z 都是满列秩的，即 $\text{rank}(\boldsymbol{A}(z))=n, \forall z=1,\cdots,\infty$。

在假设 2 的条件下，将式 (9.7.6) 代入式 (9.7.2) 得

$$\boldsymbol{y}(t)=\boldsymbol{W}(z)\boldsymbol{A}(z)\boldsymbol{s}(t) \tag{9.7.7}$$

因此，在理想的盲信号分离的情况下，$n\times m$ 解混合 FIR 多项式矩阵 $\boldsymbol{W}(z)$ 与 $m\times n$ 混合 FIR 多项式矩阵 $\boldsymbol{A}(z)$ 应该满足关系式

$$\boldsymbol{W}(z)\boldsymbol{A}(z)=\boldsymbol{I}\quad 或\quad \boldsymbol{W}(z)=\boldsymbol{A}^{\dagger}(z),\quad \forall z=1,\cdots,\infty \tag{9.7.8}$$

式中 $\boldsymbol{I}$ 是 $n\times n$ 单位矩阵。

然而，由于 $\boldsymbol{A}(z)$ 未知，故设计解混合 FIR 多项式矩阵 $\boldsymbol{W}(z)=\boldsymbol{A}^{\dagger}(z)$ 是不可能的。因此，设计目标应该松弛为

$$\boldsymbol{W}(z)=\boldsymbol{G}(z)\boldsymbol{A}^{\dagger}(z),\quad \forall z=1,\cdots,\infty \tag{9.7.9}$$

式中，$\boldsymbol{G}(z)=[\boldsymbol{g}_1(z),\cdots,\boldsymbol{g}_n(z)]$ 为 $n\times n$ 广义交换 FIR 多项式向量。每一个广义交换 FIR 多项式向量 $\boldsymbol{g}_i(z)$ 只有一个非零元素 (FIR 多项式) $d_{i'}z^{-\tau_{i'}}$，它是 $\boldsymbol{g}_i(z)$ 的第 i' 个元素，但 i'

不一定与 i 相同，并且任何两个向量 $\boldsymbol{g}_{i_1}(z)$ 和 $\boldsymbol{g}_{i_2}(z), i_1 \neq i_2$ 的非零元素都不可能出现在同一位置上。

和瞬时线性混合信源的盲分离一样，卷积线性混合信源的盲分离也存在两种不确定性：(1) 分离信源排序的不确定性；(2) 每一个分离信号的幅值的不确定性。

卷积线性混合信源的盲分离分为以下三类方法：

(1) 时域盲信号分离方法：将卷积混合信源变成等价的瞬时混合信源，解混合矩阵的设计和自适应更新在时域进行。

(2) 频域盲信号分离方法：将时域的观测数据变到频率域，在频域进行解混合矩阵的设计和自适应更新。

(3) 时频域盲信号分离方法：利用非平稳观测数据的二次型时频分布，解混合矩阵的设计和自适应更新在时频域进行。

下面三小节分别介绍上述三种方法。

9.7.2 卷积混合信源的时域盲信号分离

由于 $\boldsymbol{W}(z)\boldsymbol{A}(z) = \boldsymbol{I}$ 不可能实现，所以盲信号分离的设计需要考虑如何实现 $\boldsymbol{W}(z) = \boldsymbol{G}(z)\boldsymbol{A}^{\dagger}$ 或者 $\boldsymbol{W}(z)\boldsymbol{A}(z) = \boldsymbol{G}(z)$。

记 $n \times m$ 解混合 FIR 滤波器矩阵

$$\boldsymbol{W}(z) = \begin{bmatrix} \boldsymbol{w}_1^{\mathrm{T}}(z) \\ \vdots \\ \boldsymbol{w}_n^{\mathrm{T}}(z) \end{bmatrix} \tag{9.7.10}$$

其中 $\boldsymbol{w}_i^{\mathrm{T}} = [w_{i1}(z), \cdots, w_{im}(z)]$ 表示 $\boldsymbol{W}(z)$ 的第 i 个行向量。于是，$\boldsymbol{W}(z)\boldsymbol{A}(z) = \boldsymbol{G}(z)$ 可以等价写作

$$\boldsymbol{w}_i^{\mathrm{T}}(z)\boldsymbol{A}(z) = \boldsymbol{g}_i^{\mathrm{T}}(z), \quad i = 1, \cdots, n \tag{9.7.11}$$

注意，式右的行向量 $\boldsymbol{g}_i^{\mathrm{T}}(z)$ 只有一个非零项 $d_{i'} z^{-\tau_{i'}}$，它是行向量 $\boldsymbol{g}_i^{\mathrm{T}}(z)$ 的第 i' 个元素，但 i' 不一定与 i 相同。

于是，解混合 FIR 多项式矩阵 $\boldsymbol{W}(z)$ 的输出向量 $\boldsymbol{y}(t) = \boldsymbol{W}(z)\boldsymbol{A}(z)\boldsymbol{s}(t)$ 的第 i 个分量可以表示为

$$y_i(t) = \boldsymbol{w}_i^{\mathrm{T}}(z)\boldsymbol{A}(z)\boldsymbol{s}(t) = \boldsymbol{g}_i^{\mathrm{T}}(z)\boldsymbol{s}(t) = d_{i'} s_{i'}(t - \tau_{i'}), \quad i = 1, \cdots n \tag{9.7.12}$$

换言之，输出向量 $\boldsymbol{y}(t)$ 的第 i 个分量 $y_i(t)$ 是第 i' 个源信号 $s_{i'}(t)$ 的拷贝，并且与 $s_{i'}(t)$ 可能相差一个比例因子 $d_{i'}$ 和一个时 (间) 延 (迟) $\tau_{i'}$。

由于混合 FIR 多项式矩阵 $\boldsymbol{A}(z)$ 不可观测，并且源信号 $s_i(t)$ 未知，所以对 $s_i(t)$ 增加以下假设：

假设 5　每一个源信号 $s_i(t)$ 都具有单位方差。

在假设 5 的条件下，输出信号 $y_i(t)$ 的方差被约束为 1，即式 (9.7.12) 简化为

$$y_i(t) = \boldsymbol{w}_i^{\mathrm{T}}(z)\boldsymbol{A}(z)\boldsymbol{s}(t) = s_{i'}(t - \tau_{i'}) = s_{i'}(t) z^{-\tau_{i'}}, \quad i = 1, \cdots n \tag{9.7.13}$$

这表明，从卷积混合的 n 个源信号中，可以抽取出其中的一个信号。

下面推导满足卷积混合信源的盲信号分离式 (9.7.13) 的 FIR 滤波器 $\boldsymbol{w}_i^{\mathrm{T}}(z)=[w_{i1}(z),\cdots,w_{im}(z)]$ 的表达式。

令解混合 FIR 滤波器 $\boldsymbol{w}_i^{\mathrm{T}}(z)$ 的最大阶次为 K，即

$$w_{ij}(z)=\sum_{k=0}^{K}w_{ij}(k)z^{-k},\quad i=1,\cdots,n;j=1,\cdots,m \tag{9.7.14}$$

解混合 FIR 滤波器的阶次 K 应该大于或者等于混合 FIR 滤波器的阶次 L，即 $K\geqslant L$。

式 (9.7.13) 所示解混合 FIR 滤波器的分离信号的具体表达式为

$$\begin{aligned}y_i(t)=\boldsymbol{w}_i^{\mathrm{T}}(z)\boldsymbol{x}(t)&=[w_{i1}(z),\cdots,w_{im}(z)]\begin{bmatrix}x_1(t)\\ \vdots\\ x_m(t)\end{bmatrix}\\ &=\sum_{k=0}^{K}w_{i1}(k)x_1(t-k)+\cdots+\sum_{k=0}^{K}w_{im}(k)x_m(t-k)\end{aligned} \tag{9.7.15}$$

在 FIR 滤波器的矩阵表示中，常用带下划线的向量和矩阵分别表示与 FIR 滤波器有关的向量和矩阵，简称 FIR 向量和 FIR 矩阵。

两个 FIR 矩阵 $\underline{\boldsymbol{A}}$ 和 $\underline{\boldsymbol{B}}$ 的乘法定义为 [162]

$$\begin{aligned}\underline{\boldsymbol{A}}\cdot\underline{\boldsymbol{B}}&=\begin{bmatrix}a_{11}&\cdots&a_{1n}\\ \vdots&\ddots&\vdots\\ a_{m1}&\cdots&a_{mn}\end{bmatrix}\begin{bmatrix}b_{11}&\cdots&b_{1p}\\ \vdots&\ddots&\vdots\\ b_{n1}&\cdots&b_{np}\end{bmatrix}\\ &=\begin{bmatrix}\sum_{j=1}^{n}a_{1j}*b_{j1}&\cdots&\sum_{j=1}^{n}a_{1j}*b_{jk}\\ \vdots&\ddots&\vdots\\ \sum_{j=1}^{n}a_{mj}*b_{j1}&\cdots&\sum_{j=1}^{n}a_{mj}*b_{jk}\end{bmatrix}\end{aligned} \tag{9.7.16}$$

式中，$*$ 表示卷积。例如，若 $\underline{\boldsymbol{b}}=\boldsymbol{s}(t)=[s_1(t),\cdots,s_n(t)]^{\mathrm{T}}$，则

$$\underline{\boldsymbol{A}}\cdot\boldsymbol{s}(t)=\begin{bmatrix}\sum_{j=1}^{n}\sum_{k=0}^{K}a_{1j}(k)s_j(t-k)&\cdots&\sum_{j=1}^{n}\sum_{k=0}^{K}a_{1j}(k)s_j(t-k)\\ \vdots&\ddots&\vdots\\ sum_{j=1}^{n}\sum_{k=0}^{K}a_{mj}(k)s_j(t-k)&\cdots&\sum_{j=1}^{n}\sum_{k=0}^{K}a_{mj}(k)s_j(t-k)\end{bmatrix} \tag{9.7.17}$$

因此，卷积混合模型可以表示为

$$\boldsymbol{x}(t)=\underline{\boldsymbol{A}}\cdot\boldsymbol{s}(t) \tag{9.7.18}$$

利用 FIR 矩阵，式 (9.7.15) 可以简洁表示为

$$y_i(t)=\underline{\boldsymbol{w}}_i^{\mathrm{T}}\underline{\boldsymbol{x}}(t),\quad i=1,\cdots,n \tag{9.7.19}$$

式中

$$\underline{\boldsymbol{w}}_i^{\mathrm{T}}=[w_{i1}(0),w_{i1}(1),\cdots,w_{i1}(K),\cdots,w_{im}(0),w_{im}(1),\cdots,w_{im}(K)] \tag{9.7.20}$$

$$\underline{\boldsymbol{x}}(t)=[x_1(t),x_1(t-1),\cdots,x_1(t-K),\cdots,x_m(t),x_m(t-1),\cdots,x_m(t-K)]^{\mathrm{T}} \tag{9.7.21}$$

FIR 向量 $\underline{\boldsymbol{w}}_i$ 为解混合向量，也称抽取向量。

令 $i=1,\cdots,n$，则式 (9.7.19) 可以用 FIR 矩阵和 FIR 向量表示成

$$\boldsymbol{y}(t)=\underline{\boldsymbol{W}}\,\underline{\boldsymbol{x}}(t) \tag{9.7.22}$$

与瞬时线性混合信源相比，卷积线性混合信源的盲信号分离有以下不同：

(1) 瞬时线性混合的分离或解混合模型为 $\boldsymbol{y}(t)=\boldsymbol{W}\boldsymbol{x}(t)$，而卷积线性混合的分离模型为 $\boldsymbol{y}(t)=\underline{\boldsymbol{W}}\,\underline{\boldsymbol{x}}(t)$。

(2) 瞬时线性混合信源的解混合矩阵 $\boldsymbol{W}$ 的维数是 $n\times m$，而卷积线性混合信源的解混合 FIR 矩阵 $\underline{\boldsymbol{W}}$ 的维数是 $n\times(K+1)m$。

(3) 瞬时线性混合模型的观测向量 $\boldsymbol{x}$ 为 $m\times 1$ 向量，其元素只包括 $x_1(t),\cdots,x_n(t)$；而卷积线性混合模型的观测向量 $\underline{\boldsymbol{x}}(t)$ 为 $(K+1)m\times 1$ 维 FIR 向量，其元素包括 $x_1(t),\cdots,x_m(t)$ 及它们的延迟 $x_i(t-1),\cdots,x_i(t-K),i=1,\cdots,m$。换言之，瞬时线性混合模型的观测向量的元素全部为无记忆观测数据，而卷积线性混合模型的观测向量的元素则为观测数据本身及其延迟 (记忆长度为 K)。

以上比较揭示了瞬时线性混合和卷积线性混合的下述关系：

(1) 只要将瞬时线性混合模型中的 $m\times 1$ 观测数据向量 $\boldsymbol{x}(t)$ 和 $n\times m$ 解混合矩阵 $\boldsymbol{W}$ 分别替换为卷积线性混合模型的 FIR 数据向量 $\underline{\boldsymbol{x}}(t)$ 和 $n\times(K+1)m$ 解混合 FIR 矩阵 $\underline{\boldsymbol{W}}$，则瞬时线性混合信源的盲信号分离算法原则上均可用于卷积线性混合信源的盲信号分离。

(2) 瞬时线性混合信源是单抽头 FIR 滤波器情况下卷积线性混合信源的一个特例。

由于采用了延迟的观测数据，故卷积线性混合信源又称延迟线性混合信源。

例如，卷积混合信源的盲信号分离的自然梯度算法为

$$\underline{\boldsymbol{W}}_{k+1}=\underline{\boldsymbol{W}}_k+\eta_k[\boldsymbol{I}-\phi(\boldsymbol{y}_k)\boldsymbol{y}_k^{\mathrm{H}}]\underline{\boldsymbol{W}}_k \tag{9.7.23}$$

类似地，很容易将瞬时混合信源的盲信号分离的其他算法 (如 EASI 算法和迭代求逆算法等) 推广为卷积混合信源盲信号分离的相应时域算法。

9.7.3 卷积混合信源的频域盲信号分离

考虑卷积混合模型式 (9.7.5) 的无噪声情况

$$x_i(t)=\sum_{j=1}^{n}\sum_{k=0}^{L}a_{ij}(k)s_j(t-k)=\boldsymbol{a}_i^{\mathrm{T}}\boldsymbol{s}(t),\quad i=1,\cdots,m \tag{9.7.24}$$

式中，$\boldsymbol{a}_i^{\mathrm{T}}$ 是混合矩阵 $\boldsymbol{A}$ 的第 i 行向量。

使用采样频率 f_s 对时域观测信号 $x_i(t)$ 进行离散采样，并对 $x_i(t)$ 进行 N 点离散短时 Fourier 变换

$$X_i(\tau,f)=\sum_{p=-N/2}^{N/2}x_i(\tau+p)h(p)\mathrm{e}^{-\mathrm{j}2\pi fp} \tag{9.7.25}$$

式中，$f\in\{0,\frac{1}{N}f_s,\cdots,\frac{N-1}{N}f_s\}$ 为频率点，$h(p)$ 是平滑窗函数，其时间宽度为 τ。

另一方面，对卷积混合模型的时域表达式 (9.7.24) 的两边进行离散短时 Fourier 变换，立即得到线性混合模型的频域表达式

$$X_i(\tau,f)=\sum_{j=1}^{n}a_{ij}(f)S_j(\tau,f) \tag{9.7.26}$$

其中，$S_j(\tau,f)$ 是第 j 个源信号 $s_j(t)$ 的短时 Fourier 变换，而 $a_{ij}(f)$ 是第 j 个源信号 $s_j(t)$ 对第 i 个传感器的频率响应。

取 $i=1,\cdots,m$，并令 $\hat{\boldsymbol{x}}(\tau,f)=[X_1(\tau,f),\cdots,X_m(\tau,f)]^{\mathrm{T}}$ 表示观测数据的短时 Fourier 变换向量。于是，式 (9.7.26) 可以表示为

$$\hat{\boldsymbol{x}}(\tau,f)=\sum_{j=1}^{n}\boldsymbol{a}_j(f)S_j(\tau,f) \tag{9.7.27}$$

式中，$\boldsymbol{a}_j^{\mathrm{T}}(f)=[a_{1j}(f),\cdots,a_{mj}(f)]$ 表示第 j 个源信号对所有传感器的频率响应。

卷积线性混合信源的盲信号分离的目标是：设计一个 $n\times m$ 频域解混合矩阵 $\boldsymbol{W}(f)$，使得其输出

$$\hat{\boldsymbol{y}}(\tau,f)=[Y_1(\tau,f),\cdots,Y_n(\tau,f)]^{\mathrm{T}}=\boldsymbol{W}(f)\hat{\boldsymbol{x}}(\tau,f) \tag{9.7.28}$$

是一个各分量相互独立的频域向量。

与瞬时线性混合信源相比，卷积线性混合信源的频域盲信号分离有以下异同点：

(1) 瞬时线性混合的分离模型为 $\boldsymbol{y}(t)=\boldsymbol{W}\boldsymbol{x}(t)$，而卷积线性混合的频域分离模型为 $\hat{\boldsymbol{y}}(\tau,f)=\boldsymbol{W}(f)\hat{\boldsymbol{x}}(\tau,f)$。

(2) 瞬时线性混合信源的时域分离矩阵 $\boldsymbol{W}$ 和卷积混合信源的频域分离矩阵的维数相同，都是 $n\times m$。

(3) 瞬时线性混合信源的观测向量 $\boldsymbol{x}$ 为 $m\times 1$ 向量，其元素为 $x_1(t),\cdots,x_n(t)$；而卷积线性混合信源的等效观测向量 $\hat{\boldsymbol{x}}(\tau,f)$，其元素是观测数据的短时 Fourier 变换。

以上比较揭示了瞬时线性混合的时域盲信号分离和卷积线性混合的频域盲信号分离之间的关系：只要将瞬时线性混合模型中的 $m\times 1$ 观测数据向量 $\boldsymbol{x}(t)$ 和 $n\times m$ 分离矩阵 $\boldsymbol{W}$ 分别替换为卷积线性混合模型的频域 (短时 Fourier 变换) 向量 $\hat{\boldsymbol{x}}(\tau,f)$ 和 $n\times m$ 频域分离矩阵 $\boldsymbol{W}(f)$，则瞬时线性混合信源分离的 ICA 和非线性 PCA 算法原则上均可用于卷积线性混合信源的频域盲信号分离。

算法 9.7.1 卷积线性混合信源的频域盲信号分离算法

步骤 1 预处理：将观测数据向量零均值化。

步骤 2 信源个数估计：计算自相关矩阵 $\boldsymbol{R}_x=\frac{1}{T}\sum_{t=1}^{T}\boldsymbol{x}(t)\boldsymbol{x}^{\mathrm{H}}(t)$ 的特征值分解，其大的特征值的个数给出信源个数 n 的估计。

步骤 3　频域分离矩阵的更新：计算观测数据的短时 Fourier 变换 $X_i(\tau, f), i = 1, \cdots, m$，利用频域盲信号分离的 ICA 或者非线性 PCA 算法，自适应更新 $n \times m$ 频域分离矩阵 $\boldsymbol{W}(f)$。

步骤 4　信号分离：利用式 (9.7.28) 求分离输出的短时 Fourier 变换 $Y_j(\tau, f), j = 1, \cdots, n$；然后进行短时 Fourier 逆变换，恢复或者重构源信号。

9.7.4 卷积混合信源的时频域盲信号分离

考虑非平稳信号 $z(t)$，常用的时频信号表示是以下几种二次型时频分布：

(1) Cohen 类时频分布 (Cohen's class of time frequency distribution)

$$\rho_{zz}^{\text{cohen}}(t, f) = \int_{-\infty}^{\infty}\int_{-\infty}^{\infty} \phi(\nu, \tau) z\left(t + \nu + \frac{\tau}{2}\right) z^*\left(t + \nu - \frac{\tau}{2}\right) \mathrm{e}^{-\mathrm{j}2\pi f\tau} \mathrm{d}\nu \mathrm{d}\tau \tag{9.7.29}$$

(2) Wigner-Ville 分布 (WVD)

$$\rho_{zz}^{\text{wvd}}(t, f) = \int_{-\infty}^{\infty} z\left(t + \frac{\tau}{2}\right) z^*\left(t - \frac{\tau}{2}\right) \mathrm{e}^{-\mathrm{j}2\pi f\tau} \mathrm{d}\tau \tag{9.7.30}$$

Wigner-Ville 分布的优点是时频分辨率高，缺点是计算复杂和存在交叉项。

(3) 短时 Fourier 变换 (STFT)

$$\text{STFT}_z(t, f) = \int_{-\infty}^{\infty} z(t) h(\tau - t) \mathrm{e}^{-\mathrm{j}2\pi f\tau} \mathrm{d}\tau \tag{9.7.31}$$

其中，$h(t)$ 为窗函数。短时 Fourier 变换为线性时频表示，其二次型时频分布为谱图

$$\rho_{zz}^{\text{spec}}(t, f) = |\text{STFT}_z(t, f)|^2 \tag{9.7.32}$$

短时 Fourier 变换和谱图的优点是计算简单和没有交叉项，缺点是时频分辨率比 Wigner-Ville 分布的时频分辨率低得多。

(4) 掩蔽 Wigner-Ville 分布 (masked Wigner - Ville distribution, MWVD)

$$\rho_{zz}^{\text{mwvd}}(t, f) = \rho_{zz}^{\text{wvd}}(t, f) \cdot \rho_{zz}^{\text{spec}}(t, f) \tag{9.7.33}$$

掩蔽 Wigner-Ville 分布综合了Wigner-Ville 分布的优点 (分辨率高) 和谱图的优点 (没有交叉项)。由于 $\rho_{zz}^{\text{mwvd}}(t, f)$ 对 Wigner-Ville 分布的交叉项起到了掩蔽的作用，故称为掩蔽 Wigner-Ville 分布。

短时 Fourier 变换和谱图特别适用于语音或音频信号，而 Wigner-Ville 分布更适合于调频 (FM) 信号。

对于信号向量 $\boldsymbol{z}(t) = [z_1(t), \cdots, z_m(t)]^{\mathrm{T}}$，其时频表示涉及信号分量 $z_1(t)$ 和 $z_2(t)$ 之间的二次型互时频分布：

(1) Cohen 类互时频分布

$$\rho_{z_1 z_2}^{\text{cohen}}(t, f) = \int_{-\infty}^{\infty}\int_{-\infty}^{\infty} \phi(\nu, \tau) z_1\left(t + \nu + \frac{\tau}{2}\right) z_2^*\left(t + \nu - \frac{\tau}{2}\right) \mathrm{e}^{-\mathrm{j}2\pi f\tau} \mathrm{d}\nu \mathrm{d}\tau \tag{9.7.34}$$

(2) 互 Wigner-Ville 分布

$$\rho_{z_1 z_2}^{\text{wvd}}(t, f) = \int_{-\infty}^{\infty} z_1\left(t + \frac{\tau}{2}\right) z_2^*\left(t - \frac{\tau}{2}\right) \mathrm{e}^{-\mathrm{j}2\pi f\tau} \mathrm{d}\tau \tag{9.7.35}$$

(3) 互谱图

$$\rho_{z_1z_2}^{\text{spec}}(t,f)=\text{STFT}_{z_1}(t,f)\text{STFT}_{z_2}^*(t,f) \tag{9.7.36}$$

(4) 掩蔽互 Wigner-Ville 分布

$$\rho_{z_1z_2}^{\text{mwvd}}(t,f)=\rho_{z_1z_2}^{\text{cwvd}}(t,f)\cdot\rho_{z_1z_2}^{\text{cspec}}(t,f) \tag{9.7.37}$$

Wigner-Ville 分布不仅时间分辨率高，而且频率分辨率也高。然而，一个多分量信号却存在交叉项。这些交叉项来自信号不同分量之间的相互作用。

为了进行非平稳信号的时频分析，需要使用信号的“清晰”时频分布：它能够尽可能清楚地揭示信号的特征，并且没有任何“幽灵”成分。换言之，期望时频分布能够摆脱交叉项，而又保持很高的时频分辨率。

作为一种高分辨率的二次型时频分布，B 分布定义为[24]

$$\rho_{zz}^{\text{B}}(t,f)=\int_{-\infty}^{\infty}\int_{-\infty}^{\infty}\left(\frac{|\tau|}{\cosh(u)}\right)^{\sigma}z\left(t-u+\frac{\tau}{2}\right)z^*\left(t-u-\frac{\tau}{2}\right)\text{e}^{-\text{j}2\pi f\tau}\text{d}u\text{d}\tau \tag{9.7.38}$$

式中，$0\leqslant\sigma\leqslant1$ 为实的参数。

噪声门限化 (noise thresholding) 通过

$$T_{\text{th}}(t,f)=\begin{cases}T(t,f), & \text{若 } T(t,f)>\varepsilon\\ 0, & \text{其他}\end{cases} \tag{9.7.39}$$

去除时频域内小于门限值 ε 的“低”能量时频分布。

门限值通常可选择 $\varepsilon=0.01\max T(t,f),\ (t,f)\in\Omega$ 或者 $\varepsilon=0.05$ 等。

对于一个无噪声或者无交叉项的时频分布，某个时刻 t_0 的信号分量个数可以通过时频分布切片 $T(t_0,f)$ 的峰值数目加以估计。通过搜索和计算每一个时频分布切片的峰值，即可得到不同时刻的峰值数目的直方图。该直方图中的最大峰值数目即给出信号个数的估计。算法 9.7.2 给出了信号个数估计的步骤。

算法 9.7.2 信号个数的估计算法

步骤 1 对每一个时刻 $t_0=1,\cdots,t_{\max}$，计算时频分布的切片 $T(t_0,f)$。

步骤 2 搜索和计算每一个切片的峰值个数。

步骤 3 得到不同时刻 $t_0=1,\cdots,t_{\max}$ 的峰值个数的直方图。

步骤 4 将直方图的最大峰值个数估计为信号分量的总个数。

假定向量 $\boldsymbol{z}(t)=[z_1(t),\cdots,z_m(t)]^{\text{T}}$ 是由 m 个位于不同空间发射的源信号或者 m 个不同位置的传感器的观测信号组成，向量 $\boldsymbol{z}(t)$ 不同元素之间的互时频分布称为空间时频分布 (spatial time-frequency distribution, STFD)。由空间时频分布为元素组成的矩阵

$$\boldsymbol{D}_{zz}(t,f)=\begin{bmatrix}\rho_{z_1z_1}(t,f) & \cdots & \rho_{z_1z_m}(t,f)\\ \vdots & \ddots & \vdots\\ \rho_{z_mz_1}(t,f) & \cdots & \rho_{z_mz_m}(t,f)\end{bmatrix} \tag{9.7.40}$$

称为 STFD 矩阵[29]。式中，$\rho_{z_iz_j}(t,f)$ 表示两个信号 $z_i(t)$ 和 $z_j(t)$ 之间的互时频分布。根据非平稳信号的不同，互时频分布通常取 $\rho_{z_iz_j}^{\text{cohen}}(t,f)$, $\rho_{z_iz_j}^{\text{wvd}}(t,f)$, $\rho_{z_iz_j}^{\text{spec}}(t,f)$ 或者 $\rho_{z_iz_j}^{\text{mwvd}}(t,f)$。

对于未混合的源信号向量 $\boldsymbol{s}(t)=[s_1(t),\cdots,s_n(t)]^{\mathrm{T}}$，单个源信号或者多个源信号的真实能量分布 $\rho_{s_i,s_i}(t,f), i=1,\cdots,n$ 聚集的时频点 (t_a,f_a) 称为自源时频点 (auto-source TF point)，而 (由二次型时频分布的交叉项效应引起的) “伪”能量分布 $\rho_{i,j}(t,f), i\neq j$ 聚集的点 (t,f) 则称作交叉源时频点 (cross-source TF point) [5]。自源时频点组成的区域称为自源时频区，交叉时频点组成的区域则称交叉时频区。注意，在无任何能量聚集的时频点，时频分布等于零。

令 Ω_1 和 Ω_2 分别是两个源信号 $s_1(t)$ 和 $s_2(t)$ 各自的时频支撑区 (即时频分布的定义域)。称 $s_1(t)$ 和 $s_2(t)$ 在时频域是无交联的 (disjoint)，若 $\Omega_1\cap\Omega_2=\emptyset$。反之，则称这两个非平稳信号在时频域是有交联的。

时频域内无交联是对非平稳信号的一个比较严格的限制。事实上，有些信号在某个局部的时频域内是有交联的。

利用时频分布进行欠定盲信号分离时，通常会做以下假设 [5]：

假设 1　混合矩阵 $\boldsymbol{A}=[\boldsymbol{a}_1,\cdots,\boldsymbol{a}_n]$ 的列向量是成对线性无关的：任何两个列向量 $\boldsymbol{a}_i$ 和 $\boldsymbol{a}_j$ $(i\neq j)$ 线性无关。

假设 2　在任何一个时频点 (t,f)，有能量贡献 (即具有非零时频分布) 的源信号的个数 p 均小于传感器的个数 m，即 $p<m$。

假设 3　对于每一个源信号，在时频域都存在一个区域，在该区域只有这个源信号。

考虑盲信号分离模型

$$\boldsymbol{x}(t)=\boldsymbol{A}\boldsymbol{s}(t)\quad \text{或}\quad x_i(t)=\boldsymbol{a}_i^{\mathrm{T}}\boldsymbol{s}(t) \tag{9.7.41}$$

式中，$\boldsymbol{a}_i^{\mathrm{T}}\in\mathbb{C}^{1\times n}, i=1,\cdots,m$ 是混合矩阵的第 i 个行向量，即有

$$\boldsymbol{A}=\begin{bmatrix}\boldsymbol{a}_1^{\mathrm{T}}\\ \vdots\\ \boldsymbol{a}_m^{\mathrm{T}}\end{bmatrix}\quad \text{和}\quad \boldsymbol{A}^{\mathrm{H}}=[\boldsymbol{a}_1^*,\cdots,\boldsymbol{a}_m^*] \tag{9.7.42}$$

下面以 Cohen 类时频分布为例，推导观测数据 STFD 矩阵 $\boldsymbol{D}_{\boldsymbol{xx}}(t,f)$ 的表达式。

观测数据向量 $\boldsymbol{x}(t)$ 的元素 $x_i(t)$ 与 $x_k(t)$ 之间的 Cohen 类时频分布

$$\begin{aligned}\rho_{x_i,x_k}(t,f)&=\int_{-\infty}^{\infty}\int_{-\infty}^{\infty}\phi(\nu,f)x_i\left(t+\nu+\frac{\tau}{2}\right)x_k^*\left(t+\nu-\frac{\tau}{2}\right)\mathrm{e}^{-\mathrm{j}2\pi f\tau}\mathrm{d}\nu\mathrm{d}\tau\\&=\int_{-\infty}^{\infty}\int_{-\infty}^{\infty}\phi(\nu,f)\left[\boldsymbol{a}_i^{\mathrm{T}}\boldsymbol{s}\left(t+\nu+\frac{\tau}{2}\right)\right]\left[\boldsymbol{a}_k^{\mathrm{T}}\boldsymbol{s}\left(t+\nu-\frac{\tau}{2}\right)\right]^*\mathrm{e}^{-\mathrm{j}2\pi f\tau}\mathrm{d}\nu\mathrm{d}\tau\\&=\boldsymbol{a}_i^{\mathrm{T}}\boldsymbol{D}_{\boldsymbol{ss}}(t,f)\boldsymbol{a}_k^*\end{aligned} \tag{9.7.43}$$

式中，$\boldsymbol{D}_{\boldsymbol{ss}}(t,f)=[\rho_{s_i,s_j}(t,f)]_{ij}$ 是源信号的 STFD 矩阵。在得到上式最后结果时，使用了 $\boldsymbol{a}_k^{\mathrm{T}}\boldsymbol{s}(t')=\boldsymbol{s}^{\mathrm{T}}(t')\boldsymbol{a}_k$ 以及 $[\boldsymbol{a}_k^{\mathrm{T}}\boldsymbol{s}(t')]^*=\boldsymbol{s}^{\mathrm{H}}(t')\boldsymbol{a}_k^*$。

式 (9.7.43) 可以写成观测数据 STFD 矩阵

$$
\begin{aligned}
\boldsymbol{D}_{\boldsymbol{xx}}(t,f) &= \begin{bmatrix} \rho_{x_1x_1}(t,f) & \cdots & \rho_{x_1x_m}(t,f) \\ \vdots & \ddots & \vdots \\ \rho_{x_mx_1}(t,f) & \cdots & \rho_{x_mx_m}(t,f) \end{bmatrix} \\
&= \begin{bmatrix} \boldsymbol{a}_1^{\mathrm{T}}\boldsymbol{D}_{\boldsymbol{ss}}(t,f)\boldsymbol{a}_1^* & \cdots & \boldsymbol{a}_1^{\mathrm{T}}\boldsymbol{D}_{\boldsymbol{ss}}(t,f)\boldsymbol{a}_m^* \\ \vdots & \ddots & \vdots \\ \boldsymbol{a}_m^{\mathrm{T}}\boldsymbol{D}_{\boldsymbol{ss}}(t,f)\boldsymbol{a}_1^* & \cdots & \boldsymbol{a}_m^{\mathrm{T}}\boldsymbol{D}_{\boldsymbol{ss}}(t,f)\boldsymbol{a}_m^* \end{bmatrix} \\
&= \begin{bmatrix} \boldsymbol{a}_1^{\mathrm{T}} \\ \vdots \\ \boldsymbol{a}_m^{\mathrm{T}} \end{bmatrix} \boldsymbol{D}_{\boldsymbol{ss}}(t,f)[\boldsymbol{a}_1^*,\cdots,\boldsymbol{a}_m^*]
\end{aligned}
\tag{9.7.44}
$$

将式 (9.7.42) 代入式 (9.7.44)，立即得到观测数据 STFD 矩阵的简洁表达式

$$
\boldsymbol{D}_{\boldsymbol{xx}}(t,f) = \boldsymbol{A}\boldsymbol{D}_{\boldsymbol{ss}}(t,f)\boldsymbol{A}^{\mathrm{H}} \tag{9.7.45}
$$

下面介绍求解盲信号分离的时频表示矩阵方程式 (9.7.45) 的两种时频盲信号分离算法。

1. 矩阵联合对角化算法

由于源信号 STFD 矩阵 $\boldsymbol{D}_{\boldsymbol{ss}}(t,f)$ 的非对角元素表示不同源信号之间的互时频分布，所以当任何两个源信号在时频域都是无交联时，它们的互时频分布等于零，从而 $\boldsymbol{D}_{\boldsymbol{ss}}(t,f)$ 为对角矩阵。

在 $\boldsymbol{D}_{\boldsymbol{ss}}(t,f)$ 为对角矩阵的条件下，式 (9.7.45) 表明，如果给定 K 个固定的时频点 $(t_k,f_k), k=1,\cdots,K$，则可以利用观测数据 STFD 矩阵 $\boldsymbol{D}_{\boldsymbol{xx}}(t_k,f_k), k=1,\cdots,K$ 的联合对角化

$$
\boldsymbol{D}_{\boldsymbol{xx}}(t_k,f_k) = \boldsymbol{W}\boldsymbol{\Sigma}_k\boldsymbol{W}^{\mathrm{H}} \tag{9.7.46}
$$

得到与混合矩阵 $\boldsymbol{A}$ 本质相等的矩阵 $\boldsymbol{W} \doteq \boldsymbol{A}$。然后，即可利用 $\hat{\boldsymbol{s}}(t) = \boldsymbol{W}^{\dagger}\boldsymbol{x}(t)$ 得到源信号向量 $\boldsymbol{s}(t)$ 的盲分离结果。

下面是利用时频分布进行盲信号分离的正交近似联合对角化算法，由 Belouchrani 和 Amin 于 1998 年提出 [29]。

算法 9.7.3 时频盲信号分离的正交联合对角化算法

步骤 1 特征值分解：由零均值化的 $m\times 1$ 观测数据向量 $\boldsymbol{x}(t)$ 计算 $m\times m$ 样本自相关矩阵 $\hat{\boldsymbol{R}} = \frac{1}{N}\sum\limits_{t=1}^{N}\boldsymbol{x}(t)\boldsymbol{x}^{\mathrm{H}}(t)$。计算 $\hat{\boldsymbol{R}}$ 的特征值分解，将其最大的 n 个特征值记作 $\lambda_1,\cdots,\lambda_n$，对应的特征向量记为 $\boldsymbol{h}_1,\cdots,\boldsymbol{h}_n$。

步骤 2 预白化：用 $\hat{\boldsymbol{R}}$ 的 $m-n$ 个小特征值的平均值作为加性白噪声方差的估计 $\hat{\sigma}^2$。计算预白化后的 $n\times n$ 数据向量 $\boldsymbol{z}(t) = [z_1,\cdots,z_n(t)]^{\mathrm{T}} = \boldsymbol{W}\boldsymbol{x}(t)$，其中 $\boldsymbol{W} = [(\lambda_1-\hat{\sigma}^2)\boldsymbol{h}_1,\cdots,(\lambda_n-\hat{\sigma}^2)\boldsymbol{h}_n]^{\mathrm{H}}$ 为 $m\times n$ 预白化矩阵。

步骤 3 STFD 矩阵估计：计算预白化数据向量的 K 个 STFD 矩阵 $\boldsymbol{D}_k = \boldsymbol{D}_{\boldsymbol{zz}}(t_k,f_k), k=1,\cdots,K$。

步骤 4 联合对角化：对 K 个 STFD 矩阵 $\boldsymbol{D}_k$ 进行正交近似联合对角化

$$\boldsymbol{D}_k = \boldsymbol{U}\boldsymbol{\Sigma}_k\boldsymbol{U}^{\mathrm{H}}, \quad k = 1, \cdots, K \tag{9.7.47}$$

得到作为联合对角化器的酉矩阵 $\boldsymbol{U}$。

步骤 5 盲信号分离：由预白化数据估计源信号向量 $\hat{\boldsymbol{s}}(t) = \boldsymbol{U}^{\mathrm{H}}\boldsymbol{z}(t)$ 与/或混合矩阵 $\hat{\boldsymbol{A}} = \boldsymbol{W}^{\dagger}\boldsymbol{U}$。

2. 基于聚类的二次时频分布盲信号分离算法

在算法 9.7.2 中，源信号的个数是通过搜索时频分布切片的峰值数目估计的。下面的算法则利用向量的聚类实现源信号数目的估计。

算法 9.7.4 基于聚类的二次型时频盲信号分离算法 [5]

步骤 1 样本 STFD 矩阵估计：计算

$$[\boldsymbol{D}_{\boldsymbol{xx}}^{\mathrm{wvd}}(t,f)]_{ij} = \rho_{x_i,x_j}^{\mathrm{wvd}}(t,f) \tag{9.7.48}$$

$$[\boldsymbol{D}_{\boldsymbol{xx}}^{\mathrm{stft}}(t,f)]_{ij} = \rho_{x_i,x_j}^{\mathrm{stft}}(t,f) \tag{9.7.49}$$

$$[\boldsymbol{D}_{\boldsymbol{xx}}^{\mathrm{mwvd}}(t,f)]_{ij} = \rho_{x_i,x_j}^{\mathrm{wvd}}(t,f) \cdot \rho_{x_i,x_j}^{\mathrm{stft}}(t,f) \tag{9.7.50}$$

步骤 2 信号有效时频点选择：若

$$\frac{\|\boldsymbol{D}_{\boldsymbol{xx}}^{\mathrm{mwvd}}(t_p,f_q)\|}{\max_f\{\|\boldsymbol{D}_{\boldsymbol{xx}}^{\mathrm{mwvd}}(t_p,f)\|\}} > \varepsilon_1 \tag{9.7.51}$$

则选择时频点 (t_p, f_q) 为有效时频点，予以保留。其中，ε 为噪声阈值，例如取 $\varepsilon = 0.05$。

步骤 3 向量聚类与有效时频分布估计：对每一个有效时频点 $(t_p, f_q) \in \Omega$，计算空间指向 (spatial direction)

$$\boldsymbol{a}(t_a,f_a) = \frac{\mathbf{diag}\{\boldsymbol{D}_{\boldsymbol{xx}}^{\mathrm{stft}}(t_a,f_a)\}}{\|\mathbf{diag}\{\boldsymbol{D}_{\boldsymbol{xx}}^{\mathrm{stft}}(t_a,f_a)\}\|} \tag{9.7.52}$$

式中，$\mathbf{diag}\{\boldsymbol{B}\}$ 表示由矩阵 $\boldsymbol{B}$ 的对角元素组成的向量。不失一般性，令方向向量的第 1 个元素为正的实数。获得 $\{\boldsymbol{a}(t_a,f_a)|(t_a,f_a) \in \Omega\}$ 后，利用无监督聚类算法将它们聚成 n 类。

步骤 4 源信号的时频分布估计计算

$$\hat{\rho}_{s_i}^{\mathrm{wvd}}(t,f) = \begin{cases} \mathrm{tr}\left(\boldsymbol{D}_{\boldsymbol{xx}}^{\mathrm{wvd}}(t,f)\right), & (t,f) \in \Omega \\ 0, & \text{其他} \end{cases} \tag{9.7.53}$$

步骤 5 信号分离：由信号时频分布 $\hat{\rho}_{s_i}^{\mathrm{wvd}}(t,f)$ 重构信号 $s_i(t)$。

表 9.7.1 比较了卷积线性混合源信号的时域、频域和时频域三种盲信号分离方法。

盲信号分离已经在语音信号处理、图像处理与成像、通信信号处理、医学信号处理、雷达信号处理等中获得了广泛的应用。

在设计和应用盲信号分离算法时，需要注意以下几个事项 [245]：

(1) 混合矩阵越接近奇异，具有等变化性的盲信号分离越难实现。加性噪声的存在也会增加等变化盲信号分离的难度。

表 9.7.1 时域、频域和时频域盲信号分离的比较

方法	混合模型	分离算法示例	信号分离
时域法	$\boldsymbol{x}(t)=\underline{\boldsymbol{A}}\boldsymbol{s}(t)$	$\boldsymbol{y}_k=\boldsymbol{W}_k\boldsymbol{x}(t),\ \boldsymbol{W}_1=\boldsymbol{I}$ $\underline{\boldsymbol{W}}_{k+1}=\underline{\boldsymbol{W}}_k+\eta_k[\boldsymbol{I}-\phi(\boldsymbol{y}_k)\boldsymbol{y}_k^{\mathrm{H}}]\underline{\boldsymbol{W}}_k$	$\hat{\boldsymbol{s}}(t)=\boldsymbol{y}(t)$
频域法	$\hat{\boldsymbol{x}}(\tau,f)=\sum_{j=1}^{n}\boldsymbol{a}_j(f)s_j(\tau,f)$	$\hat{\boldsymbol{y}}_k=\boldsymbol{W}_k^f\hat{\boldsymbol{x}}(\tau,f),\ \boldsymbol{W}_1^f=\boldsymbol{I}$ $\boldsymbol{W}_{k+1}^f=\boldsymbol{W}_k^f+\eta_k[\boldsymbol{I}-\phi(\hat{\boldsymbol{y}}_k)\hat{\boldsymbol{y}}_k^{\mathrm{H}}]\boldsymbol{W}_k^f$	$\hat{\boldsymbol{y}}(\tau,f)\ \underrightarrow{\text{ISTFT}}\ \hat{\boldsymbol{s}}(t)$
时频域法	$\boldsymbol{D}_{xx}(t,f)=\boldsymbol{A}\boldsymbol{D}_{ss}(t,f)\boldsymbol{A}^{\mathrm{H}}$	$\boldsymbol{D}_{xx}(t,f)=\boldsymbol{U}\boldsymbol{\Sigma}_k\boldsymbol{U}^{\mathrm{H}}$	$\hat{\boldsymbol{s}}(t)=\boldsymbol{U}^{\mathrm{H}}\boldsymbol{x}(t)$

(2) 无论是瞬时混合还是卷积混合，信号的概率密度函数都是比较大的影响因素：信号越接近高斯分布，它们就越难分离。

(3) 盲信号分离算法的性能可能因窄带信号和宽带信号有很大的不同。因此，盲信号分离算法的实验对象应该同时包含这两种信号。一种好的盲信号分离算法应该对窄带和宽带信号都具有很好的性能。

(4) 一种好的盲信号分离算法应该对慢时变信号和快时变信号都具有很好的性能。

下面是国外进行盲信号分离研究的一些国际学者、研究团体以及一些程序代码的互联网地址：

http://www.bsp.brain.riken.go.jp/ICALAB

http://www.islab.brain.riken.go.jp/shiro

http://www.cnl.salk.edu/tewon/ICA/Code/

http://www.cnl.salk.edu/tony/ica.html

http://www.lis.inpg.fr/demos/sep_sourc/ICAdemo

http://www.cis.hut.fi/projects/ica/

http://www.cis.hut.fi/projects/ica/fastica/

本章小结

本章首先介绍了盲信号分离的基本理论，然后依次介绍了线性混合信源的盲信号分离的三种主流方法：独立分量分析法、非线性主分量分析法和矩阵联合对角化法。接着，讨论了线性混合信源的盲信号抽取方法。以下是这四种方法的基本原理及比较。

独立分量分析法：通过非线性变换，实现各个分离输出信号分量之间的互信息最小化即统计独立。

非线性主分量分析法：通过非线性变换，提取混合观测数据中的主要信号分量，并使得这些主分量之间近似统计独立。

矩阵联合对角化法：利用观测数据向量的一组自相关矩阵的联合对角化器 (它是与未知的混合矩阵本质相等的矩阵)，直接实现盲信号分离。

盲信号抽取法：只抽取能量最大的信号分量，压缩映射之后再抽取下一个能量最大的信号分量，从而达到抽取全部感兴趣的信号分量。

此外，针对卷积混合信源，本章还分别介绍了时域盲信号分离法、频域盲信号分离和时频域盲信号分离法。这三种方法的基本原理与比较如下。

时域盲信号分离法：利用 FIR 矩阵，将卷积混合信源模型变成线性混合信源的时域表示模型，然后即可使用独立分量分析、非线性主分量分析等方法实现盲信号分离。

频域盲信号分离法：对观测数据的短时 Fourier 变换，使用频域盲信号分离的独立分量分析或者非线性主分量分析法，自适应更新频域解混合矩阵，求出分离信号的短时 Fourier 变换，再通过短时 Fourier 逆变换，实现分离信源的时域重构。

时频域盲信号分离法：观测数据的空间时频分布 (STFD) 矩阵的联合对角化器直接给出混合矩阵的估计，从而实现非平稳信号的盲分离。

习　　题

9.1 令 $\boldsymbol{x}(t)=\boldsymbol{A}\boldsymbol{s}(t)$ 为 $n\times 1$ 维传感器观测向量，其中 $\boldsymbol{A}$ 为 $m\times n$ 混合矩阵，$\boldsymbol{s}(t)$ 为时间 t 的 $n\times 1$ 维信源向量。现在希望设计一个 $m\times m$ 维预白化矩阵 $\boldsymbol{W}$，使得 $\boldsymbol{y}(t)=\boldsymbol{W}\boldsymbol{x}(t)$ 为标准白噪声。试求预白化矩阵 $\boldsymbol{W}$ 与混合矩阵 $\boldsymbol{A}$ 之间的关系。

9.2 考虑混合信号模型 $\boldsymbol{x}(k)=\boldsymbol{A}\boldsymbol{s}(k)$。其中，混合矩阵 $\boldsymbol{A}=[a_{ij}]_{i=1,j=1}^{m,n}$ 的元素 a_{ij} 从 $[-1,+1]$ 均匀分布随机变量任意选取，信源个数 $n=3$。若信源 $s_1(k)=\sin(200k)$ 为正弦波信号，$s_2(k)=\mathrm{sgn}(50k+6\cos(45k))$ 为符号信号，$s_3(k)$ 为 $[-1,+1]$ 内的均匀分布信号。选择 $k=1,2,\cdots,512$。

(1) 欠定混合：取 $m=2$，分别画出 $x_1(k)$ 和 $x_2(k)$ 的波形。

(2) 适定混合：取 $m=3$，分别画出 $s_i(k), i=1,2,3$ 的波形。

(3) 超定混合：取 $m=5$，分别画出 $s_i(k), i=1,\cdots,5$ 的波形。

9.3 考虑以下混合模型：

(1) 单位线性变换

$$\begin{bmatrix} x_1(t) \\ x_2(t) \end{bmatrix}=\begin{bmatrix} 2 & 1 \\ 1 & 1 \end{bmatrix}\begin{bmatrix} s_1(t) \\ s_2(t) \end{bmatrix}$$

(2) 单位线性变换与 (1) 相同，但两个信源互换

$$\begin{bmatrix} x_1(t) \\ x_2(t) \end{bmatrix}=\begin{bmatrix} 2 & 1 \\ 1 & 1 \end{bmatrix}\begin{bmatrix} s_2(t) \\ s_1(t) \end{bmatrix}$$

(3) 单位线性变换与 (1) 相同，但两个信源极性相反

$$\begin{bmatrix} x_1(t) \\ x_2(t) \end{bmatrix}=\begin{bmatrix} 2 & 1 \\ 1 & 1 \end{bmatrix}\begin{bmatrix} -s_1(t) \\ -s_2(t) \end{bmatrix}$$

(4) 旋转线性变换，信源与 (1) 相同

$$\begin{bmatrix} x_1(t) \\ x_2(t) \end{bmatrix} = \begin{bmatrix} \cos\alpha & -\sin\alpha \\ \sin\alpha & \cos\alpha \end{bmatrix} \begin{bmatrix} s_1(t) \\ s_2(t) \end{bmatrix}$$

(5) 普通线性变换，信源与 (1) 相同

$$\begin{bmatrix} x_1(t) \\ x_2(t) \end{bmatrix} = \begin{bmatrix} a_{11} & a_{12} \\ a_{21} & a_{22} \end{bmatrix} \begin{bmatrix} s_1(t) \\ s_2(t) \end{bmatrix}$$

例如，混合矩阵 $\boldsymbol{A}$ 的元素 a_{ij} 从 $[-1,+1]$ 的均匀分布变量中随意选取。

信源分为三种情况：

(a) $s_1(t)$ 为高斯信号 $(0,1)$，$s_2(t)$ 为 $[-1,+1]$ 的均匀分布信号；

(b) $s_1(t)$ 为 $[-1,+1]$ 的均匀分布信号，$s_2(t)$ 为 $[-0.5,+0.5]$ 的均匀分布信号；

(c) $s_1(t)$ 为高斯信号 $\mathcal{N}(0,1)$，$s_2(t)$ 也为高斯信号，但方差不同，例如 $s_2(t)\sim\mathcal{N}(0,2)$。

试分三行分别画出 5 种不同混合模型的混合信号的样本分布图 (x_1,x_2)：第一行对应为信源分布 (a)，第 2 行对应为信源分布 (b)，第 3 行对应为信源分布 (c)。

试根据这些观测样本分布图，回答下列问题：

(1) 在不同的混合矩阵情况下，混合信号可以分离吗？为什么？

(2) 在信源服从何种分布的情况下，混合信号不能分离、可以分离一个或者两个信源？

9.4 考虑盲信号分离的随机梯度算法

$$\boldsymbol{W}(k+1) = \boldsymbol{W}(k) + \mu[\boldsymbol{I} - \phi(\boldsymbol{y}(k))\boldsymbol{y}^{\mathrm{T}}(k)]$$

其连续时间的随机梯度算法为

$$\dot{\boldsymbol{W}}(t) = \mu(t)[\boldsymbol{I} - \phi(\boldsymbol{y}(t))\boldsymbol{y}^{\mathrm{T}}(t)]$$

业已证明[9]，该学习算法的分离矩阵的解是一个稳定的平衡点，当且仅当下列三条件满足：

$$m_i + 1 > 0, \quad k_i > 0, \quad \sigma_i^2\sigma_j^2 k_i k_j > 1, \quad \forall\, i,j\ (i \neq j)$$

式中

$$\begin{aligned} m_i &= \mathrm{E}\{y_i^2\dot{\phi}_i(y_i)\} = p\mathrm{E}\{|y_i|^{p+1}\} > 0 \\ k_i &= \mathrm{E}\{\dot{\phi}_i(y_i)\} = p\mathrm{E}\{|y_i|^{p-1}\} > 0 \\ \sigma_i^2 &= \mathrm{E}\{y_i^2\} \end{aligned}$$

其中，p 为整数，$\phi_i(y_i)$ 是随机梯度算法的激活函数，并且 $\dot{\phi} = \frac{\mathrm{d}\phi(t)}{\mathrm{d}t}$。

若选择奇激活函数 $\phi_i(y_i) = |y_i|^p\mathrm{sgn}(y_i),\ p = 1,2,3,\cdots$，试验证上述平衡点的三个条件均满足。

9.5 同上题，但激活函数取对称 S 形奇函数 $\phi_i(y_i) = \tanh(\gamma y_i)$，其中 γ 为任意正的实数。验证平衡点的三条件也满足。

9.6 (静态信号线性混合) 已知源信号向量由 5 个非高斯信号组成：

$$\boldsymbol{s}(t) = [\mathrm{sgn}(\cos(2\pi 155t)), \sin(2\pi 800t), \sin(2\pi 300t + 6\cos(2\pi 600t)), \sin(2\pi 90t), r(t)]$$

其中，$r(t)$ 是在 $[-1,+1]$ 内的均匀分布信号。混合信号由 $m\times p$ 混合矩阵 $\boldsymbol{A}$ 通过 $\boldsymbol{x}(t) = \boldsymbol{A}\boldsymbol{s}(t)$ 产生。采样周期 $T_s = 0.0001\,\mathrm{s}$，数据长度取 $N = 5000$。针对以下情况，使用自然梯度算法、非线性主分量分析算法和固定点 ICA 算法各独立进行 100 次盲信号分离的计算机仿真实验，画出任意一次运行的各个分离输出的波形图，以及各种算法的串音误差的统计平均随迭代样本个数变化的曲线图。

(1) 适定盲信号分离：$m = p = 5$，无加性噪声。

(2) 超定盲信号分离：$m = 8, p = 5$，分为无加性噪声和有加性噪声 $n(t) \sim \mathcal{N}(0,1)$。

9.7 (图像信号线性混合) 考虑图像的线性混合：按帧采样，然后顺序连接，组成该图像的离散采样值。混合矩阵的元素仍然通过 $[-1,+1]$ 的均匀分布随机变量产生。

(1) 选择多幅人脸图像作为信源，使用自然梯度算法、非线性主分量分析方法和固定点 ICA 方法，进行图像信号的盲分离，并恢复成图像，与原图像进行比较。

(2) 选择人脸、自然风景、交通等不同图像进行线性混合。使用上述相同的算法进行图像信号的盲分离，并恢复成图像，与原图像进行比较。

9.8 (动态信号线性混合) 考虑混合语音的分离：语音信号先用话筒转化为模拟电信号，然后通过 A/D 转换，得到离散采样值。源信号为两个男声信号和两个女声信号，四人各朗读相同的几个句子，持续时间为 3 秒。先对每个单独的语音信号用 22 050 Hz /8 bit 进行采样和 A/D 转换，得到各自的离散样本值。然后通过线性混合模型 $\boldsymbol{x}(k) = \boldsymbol{A}\boldsymbol{s}(k)$ 加以混合，样本数目取 $N = 2048$。其中，混合矩阵 $\boldsymbol{A}$ 的元素 $a_{ij}\,(i = 1,\cdots,6;\ j = 1,\cdots,4)$ 选择为 $[-1,+1]$ 的均匀分布随机变量。

(1) 分别画出 4 个语音信号以及线性混合信号的连续时间波形。

(2) 选择自然梯度算法、非线性主分量分析方法、固定点 ICA 算法和非正交联合对角化方法，分别进行盲信号分离，并比较分离信号的结果。

(3) 独立进行 100 次计算机实验，画出各种盲信号分离方法的串音误差的统计均值及离差的曲线图。

(4) 随机抽取多次独立实验的分离结果，并加以播放，以检验各个语音信号的分离效果。

9.9 (动态信号卷积混合) 4 个语音信号同上题，但为卷积线性混合

$$x_i(t) = \sum_{j=1}^{4}\sum_{k=0}^{3} a_{ij}(k) s_j(t-k) = \boldsymbol{a}_i^{\mathrm{T}}\boldsymbol{s}(t),\quad i = 1,\cdots,6;\ t = 1,\cdots,2048$$

其中，6×4 混合矩阵 $\boldsymbol{A}$ 的产生与上题相同。

(1) 分别画出 4 个语音信号以及卷积线性混合信号的波形。

(2) 使用卷积线性混合信源的时域盲信号分离、频域盲信号分离 (算法 9.7.1) 以及时频域盲信号分离，进行计算机分离实验，并比较分离信号的结果。

(3) 独立进行 100 次计算机实验，画出各种盲信号分离方法的串音误差的统计均值及离差的曲线图。

(4) 随机抽取多次独立实验的分离结果，并加以播放，以检验各个语音信号的分离效果。

第 10 章　阵列信号处理

当空间存在多个信 (号) 源时，常常需要对这些空间信号进行定位，以便跟踪或检测感兴趣的空间信号，抑制那些被认为是干扰的空间信号。为此，需要使用天线阵列对多个空间信号进行接收。对天线阵列接收的空间信号所进行的分析与处理统称为阵列信号处理。

阵列信号处理已获得了广泛应用，其典型应用包括[285]

雷达：相控阵雷达、空中交通管制、合成孔径雷达等；

声纳：信源定位与分类；

通信：定向发射与接收、卫星通信中的区域广播、移动通信等；

成像：超声波成像、光学成像、断层成像等；

地球物理勘探：地壳映射、石油勘探等；

天体物理探索：宇宙的高分辨成像；

生物医学：胎儿心脏监测、组织热疗、助听器等。

阵列信号处理的主要问题有 [128],[155]：

(1) *波束形成* —— 使阵列方向图的主瓣指向所需的方向；

(2) *零点形成* —— 使天线的零点对准所有的干扰方向；

(3) *波达方向估计* —— 对空间信号的波达方向进行超分辨估计。

IEEE 天线传播汇刊 1964 年出版了阵列信号处理的第一个专刊[256]。此后，IEEE 期刊又陆续出版了多个阵列信号处理的专刊[257]−[261]。

本章将介绍阵列信号处理的基本理论、主要方法及典型应用。

10.1　阵列的坐标表示

波束形成器是一种与传感器阵列配合使用的信号处理器，以提供空间滤波的一种通用形式[285]。传感器阵列收集传播的电磁波场的空间样本，然后经由波束形成器进行处理。处理的目的是，在存在噪声和干扰信号的情况下，能够估计来自期望方向的信号。波束形成器实现空间滤波，以分离来自不同空间位置、却具有重叠频率分量的多个空间信号。来自期望方向的空间信号称为期望信号，非期望方向的其他所有空间信号统称为干扰信号。

10.1.1　阵列与噪声

阵列就是多个传感器或者天线的排列或者布阵。组成阵列的传感器或者天线单元简称阵元。阵元的布设形式分为等间距、不等间距、随机分布。

根据阵元的排列或者布设规则，阵列分为以下三类。

(1) *线阵*：沿直线布设的阵列，分为均匀线阵、非均匀线阵 (稀布阵和随机线阵)。

(2) 平面阵：由多重均匀线阵组成或者均匀圆阵、非均匀圆阵。

(3) 立体阵：多个平面阵等间隔排列或者圆柱阵 (多个均匀圆阵同心排列)。

空间的发射信源或者传感器的接收信号统称空间信号。空间信号的主要特性分为

时域特性：调制 (如线性调频信号，BPSK 信号等) 和非调制信号。

频域特性：窄带信号与宽带信号。

空域特性：近场信号 (球面波信号) 和远场信号 (平面波信号)。

噪声 (或者干扰) 分类如下：

- 噪声的分类
  - 按干扰方式分
    - 加性噪声
    - 乘性噪声
  - 按统计特性分
    - 白色噪声
      - 时域白色噪声
      - 空域白色噪声
    - 有色噪声
      - 时域有色噪声
      - 空域有色噪声
  - 按概率密度分
    - 高斯噪声
    - 非高斯噪声

其中

加性噪声：噪声与信号相加；

乘性噪声：噪声与信号相乘；

时域白色噪声：不同时刻的噪声统计不相关；

时域有色噪声：不同时刻的噪声统计相关；

空域白色噪声：不同阵元的噪声统计不相关；

空域有色噪声：不同阵元的噪声统计相关。

10.1.2 阵列的坐标系

考查在空间传播的 p 个信 (号) 源，它们均为窄带信号。现在利用 M 个全向阵元组成的一阵列对这些信源进行接收。

下面分别讨论平面阵列和直线阵列的坐标系表示。

1. 平面阵列坐标系

假定阵列布设在 x-y 平面上，取第 1 个阵元作为平面阵列的坐标系的原点 O (即时间参考点)，如图 10.1.1 所示。

阵列信号处理的核心问题是，利用无方向的传感器或者天线阵列，对空间信源进行定位。信源的定位由信源的三维参数确定：原点到信源的距离 OS (信源空间距离)、信源与 x-y 平面的法线 (z 轴) 的夹角 θ 即信源仰角 (elevation angle)，信源方位角 (azimuth angle) ϕ。在阵列信号处理中，通常只需要考虑仰角 θ 和方位角 ϕ。

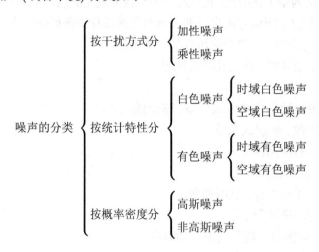

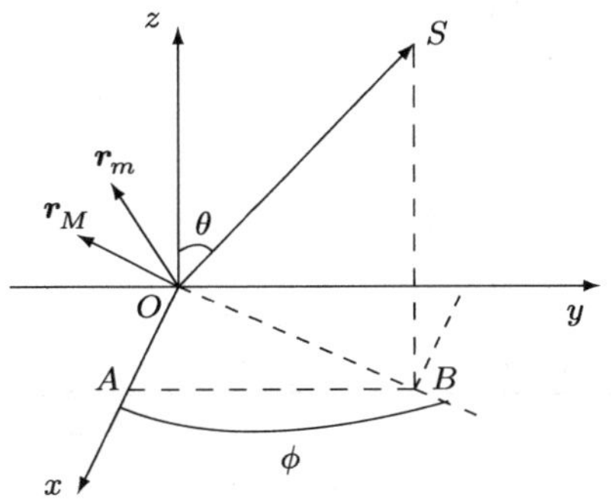

图 10.1.1　平面阵列坐标系

第 i 个信源相对于 x 轴的方向余弦 u_i 和相对于 y 轴的方向余弦 v_i 与仰角 θ_i、方位角 ϕ_i 之间存在以下关系：

$$u_i + \mathrm{j}\, v_i = \sin\theta_i \mathrm{e}^{\mathrm{j}\phi_i} \tag{10.1.1}$$

于是，如果求出了第 i 个信源的 x 轴方向余弦 u_i 和 y 轴方向余弦 v_i，则该信源的仰角 θ_i 和方位角 ϕ_i 即可确定为

$$\phi_i = \arctan(u_i/v_i), \quad \theta_i = \arctan(u_i/\sin\phi_i) \tag{10.1.2}$$

因此，二维阵列信号处理的主要估计参数是各个信源的 x 轴方向余弦 u 和 y 轴方向余弦 v。

信源 S 到 x-y 平面的垂直距离 SB 称为目标向下距离 (down-range)，S 到法平面 x-z 的垂直距离 AB 称为目标横向距离 (cross-range)。信源定位的分辨率分为目标向下距离分辨率 (down-range resolution) 和横向距离分辨率 (cross-range resolution)。

第 i 个信源以方向 (ϕ_i, θ_i) 抵达阵列，并被第 m 个阵元接收的平面波前所用时间为[119]

$$\tau_m(\phi_i, \theta_i) = \frac{\langle \boldsymbol{r}_m, \hat{\boldsymbol{v}}(\phi_i, \theta_i)\rangle}{c} \tag{10.1.3}$$

式中，$\boldsymbol{r}_m$ 是第 m 个阵元相对于第 1 个阵元即参考点 (坐标系的原点) 的位置向量 (参见图 10.1.1)，$\hat{\boldsymbol{v}}(\phi_i, \theta_i)$ 表示方向 (ϕ_i, θ_i) 上的单位向量，而 c 为平面波前的传播速度。

2. 等距线阵的坐标系

假定间距为 d 的等距线阵布设在 x 轴上，并且以第 1 个阵元为原点 (即时间参考点)，如图 10.1.2 所示。

此时，信源的方位角 $\phi = 0$，信源的仰角 θ 称为波达方向 (角)。第 i 个信源以波达方向 θ_i 到达阵列，并被第 m 个阵元接收的平面波前所用时间为

$$\tau_m(\theta_i) = \frac{d}{c}(m-1)\cos\theta_i, \quad m = 1, 2, \cdots, M \tag{10.1.4}$$

参考阵元对第 i 个信源的观测信号可用复数表示为

$$x_1(t) = m_i(t)\mathrm{e}^{\mathrm{j}2\pi f_0 t} = m_i(t)\mathrm{e}^{\mathrm{j}\omega_0 t} \tag{10.1.5}$$

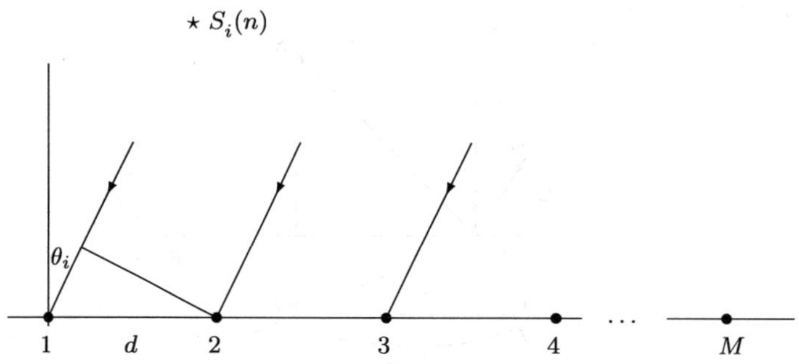

图 10.1.2 等距线阵坐标系

其中，$m_i(t)$ 为复调制函数，$\omega_0 = 2\pi f_0$ 为信源的频率。

复调制函数 $m_i(t)$ 的结构由阵列信号处理系统的特定调制方式所决定。例如，在移动通信系统中，几种典型的调制函数如下 [119]：

(1) 在频分多址 (FDMA) 通信系统中，频率调制信号

$$m_i(t) = A_i e^{j\xi_i(t)} \tag{10.1.6}$$

其中 A_i 为第 i 个用户的幅值，$\xi_i(t)$ 为用户 i 在 t 时刻的信息。

(2) 在时分多址 (TDMA) 通信系统中，时间调制信号

$$m_i(t) = \sum_n d_i(n) p(t - n\Delta) \tag{10.1.7}$$

其中 $p(t)$ 为采样脉冲，幅值 $d_i(n)$ 表示用户 i 的信息符号，而 Δ 为采样间隔。

(3) 在码分多址 (CDMA) 通信系统中，调制函数

$$m_i(t) = d_i(n) g(t) \tag{10.1.8}$$

其中 $d_i(n)$ 表示用户 i 的信息序列，$g(t)$ 为取值 +1 或者 −1 的伪随机噪声二进制序列。

假定第 i 个信源的平面波前在抵达参考阵元之前，用时 $\tau_m(\phi_i, \theta_i)$ 抵达第 m 个阵元。在这一假定下，$\tau_1(\phi_i, \theta_i) = 0$；且第 m 个阵元接收到第 i 个信源的观测信号可以表示为

$$x_m(t) = m_i(t) e^{j\omega_0 [t + \tau_m(\phi_i, \theta_i)]}, \quad m = 1, 2, \cdots, M \tag{10.1.9}$$

对于作为参考点的第 1 个阵元，其观测信号 $x_1(t) = m_i(t) e^{j\omega_0 t}$，因为 $\tau_1(\phi_i, \theta_i) = 0$。

若第 m 个阵元存在加性观测噪声 $e_m(t)$，则

$$x_m(t) = m_i(t) e^{j\omega_0 [t + \tau_m(\phi_i, \theta_i)]} + e_m(t), \quad m = 1, 2, \cdots, M \tag{10.1.10}$$

加性噪声 $e_m(t)$ 通常包含了第 m 个阵元的背景噪声、观测误差以及第 i 个信源到达第 m 个阵元的传输信道的电子噪声等。

10.2 波束形成与空间滤波

波束形成器本质上是一个抽取“期望”信号的空间滤波器。“期望”信号通过对传感器输出进行时延导向 (time-delay steering) 加以辨识：从感兴趣的方向入射到阵列的任何信号将以完全相同的副本出现在导向滤波器的输出端；而不具备这一性质的其他任何信号则被认为是噪声或者干扰。波束形成器的目的就是使阵列输出端的噪声或者干扰的影响最小化，同时保持期望信号的频率响应不变。

阵列中的各个阵元通常是无方向性 (即全方向性) 的。这样的阵列称为全向阵列，既可以大大降低阵列的成本，又方便对来自 360° 的任何方向的信源进行探测。

使用一组有限冲激响应 (FIR) 滤波器，对一组全向阵元 (或传感器) 的观测信号进行适当加权求和，可以形成一个直接对准某个感兴趣的信源 (期望信源) 的波束 (主瓣)，并且使得从旁瓣泄漏进来的其他非期望信号 (统称噪声或干扰) 的影响降至最小。由于这一滤波器既不是时域滤波器，也不是频域滤波器，而只是使用若干抽头作为滤波器的系数，所以称为 (空间) 波束形成器，是一种空域滤波器。

下面分析 FIR 滤波器与波束形成器之间的关系。

10.2.1 空域 FIR 滤波器

由于窄带信号的包络变化缓慢，因此等距线阵各阵元接收到的同一信号的包络相同。若空间信号 $s_i(n)$ 与阵元的距离足够远，以致于其电波到达各阵元的波前为平面波，则这样的空间信号称为远场信号。反之，若空间信号 $s_i(n)=s_i\mathrm{e}^{\mathrm{j}\omega_i n}$ 与阵元的距离比较近，信号电波到达各阵元的波前为球面波，则称为近场信号。

远场信号 $s_i(n)$ 到达各阵元的方向角相同，用 θ_i 表示，称为波达方向 (角)，定义为信号 $s_i(n)$ 到达阵元的直射线与阵列法线方向之间的夹角。以阵元 1 作为基准点 (简称参考阵元)，即空间信号 $s_i(n)$ 在参考阵元上的接收信号等于 $s_i(n)$。这一信号到达其他阵元的时间相对于参考阵元存在延迟 (或超前)。令信号 $s_i(n)$ 电波传播延迟在第 2 个阵元引起的相位差为 ω_i，则波达方向 θ_i 与相位差 ω_i 之间存在关系

$$\omega_i = 2\pi\frac{d}{\lambda}\sin\theta_i \tag{10.2.1}$$

式中 d 是两个相邻阵元之间的距离，λ 为信号波长。阵元距离 d 应满足“半波长”条件 $d\leqslant\lambda/2$，否则相位差 ω_i 有可能大于 π，而产生所谓的方向模糊，即 θ_i 和 $\pi+\theta_i$ 都可以是信号 $s_i(t)$ 的波达方向。很显然，由于是等距线阵，所以信号 $s_i(n)$ 到达第 m 个阵元的电波与到达参考阵元的电波之间的相位差为 $(m-1)\omega_i = 2\pi\frac{d}{\lambda}(m-1)\sin\theta_i$。因此，信号 $s_i(n)$ 在第 m 个阵元上的接收信号为 $s_i(n)\mathrm{e}^{\mathrm{j}(m-1)\omega_i}$。

若阵列由 M 个阵元组成，则信号 $s_i(n)$ 到达各阵元的相位差所组成的向量

$$\boldsymbol{a}(\theta_i) \stackrel{\text{def}}{=} [1,\mathrm{e}^{\mathrm{j}\omega_i},\cdots,\mathrm{e}^{-\mathrm{j}(M-1)\omega_i}]^{\mathrm{T}} = [a_1(\theta_i),\cdots,a_M(\theta_i)]^{\mathrm{T}} \tag{10.2.2}$$

称为信号 $s_i(n)=s_i e^{j\omega_i n}$ 的响应向量、方向向量 (direction vector) 或者导向向量 (steering vector) [285]。导向向量 $\boldsymbol{a}(\omega_i)$ 的几何解释是指向第 i 个信源的矢量即波束。

导向向量 $\boldsymbol{a}(\theta_i)$ 的第 m 个元素 $e^{j(m-1)\omega_i}$ 描述第 i 个信源在第 m 个阵元上，相对于参考阵元的电波传播的相位差。

如果总共有 p 个信号位于远场 (其中 $p\leqslant M$)，则在第 m 个阵元上的观测或接收信号 $x_m(n)$ 为

$$x_m(n)=\sum_{i=1}^{p}a_m(\omega_i)s_i(n)+e_m(n),\quad m=1,\cdots,M \tag{10.2.3}$$

式中 $e_m(n)$ 表示第 m 个阵元上的加性观测噪声。将 M 个阵元上的观测数据组成 $M\times 1$ 维观测数据向量

$$\boldsymbol{x}(n)=[x_1(n),\cdots,x_M(n)]^{\mathrm{T}} \tag{10.2.4}$$

类似地，可以定义 $M\times 1$ 维观测噪声向量

$$\boldsymbol{e}(n)=[e_1(n),\cdots,e_M(n)]^{\mathrm{T}} \tag{10.2.5}$$

这样一来，式 (10.2.3) 就可以用向量形式写作

$$\boldsymbol{x}(n)=\sum_{i=1}^{p}\boldsymbol{a}(\omega_i)s_i(n)+\boldsymbol{e}(n)=\boldsymbol{A}(\omega)\boldsymbol{s}(n)+\boldsymbol{e}(n) \tag{10.2.6}$$

式中

$$\boldsymbol{A}(\omega)=[\boldsymbol{a}(\omega_1),\cdots,\boldsymbol{a}(\omega_p)] \tag{10.2.7}$$

$$=\begin{bmatrix} 1 & 1 & \cdots & 1 \\ e^{-j\omega_1} & e^{-j\omega_2} & \cdots & e^{-j\omega_p} \\ \vdots & \vdots & \vdots & \vdots \\ e^{-j(M-1)\omega_1} & e^{-j(M-1)\omega_2} & \cdots & e^{-j(M-1)\omega_p} \end{bmatrix} \tag{10.2.8}$$

$$\boldsymbol{s}(n)=[s_1(n),\cdots,s_p(n)]^{\mathrm{T}} \tag{10.2.9}$$

分别为 $M\times p$ 维阵列响应矩阵 (或称方向矩阵、传输矩阵) 和 $p\times 1$ 维信号向量。具有式 (10.2.8) 所示结构的矩阵称为 Vandermonde 矩阵。Vandermonde 矩阵的特点是：若 $\omega_1,\cdots,\omega_p$ 互不相同，则它的列相互独立，即 Vandermonde 矩阵是满列秩的。

在阵列信号处理中，一次采样称为一次快拍。假定在每个阵元上共观测到 N 次快拍的接收信号 $x_m(1),\cdots,x_m(N)$，其中 $m=1,\cdots,M$。波束形成问题的提法是：仅利用这些观测值，求出某个期望信号 $s_{\mathrm{d}}(n)$ 的波达方向 θ_{d}，实现对期望空间信源的定位。

图 10.2.1 画出了实现波束形成的空域 FIR 滤波器的原理图。

图中，空域 FIR 滤波器的权向量 $\boldsymbol{w}=[w_1,\cdots,w_M]^{\mathrm{T}}$ 对阵元接收信号 $x_1(n),\cdots,x_M(n)$ 进行加权求和，得到输出信号

$$y(n)=\sum_{m=1}^{M}w_m^*x_m(n) \tag{10.2.10}$$

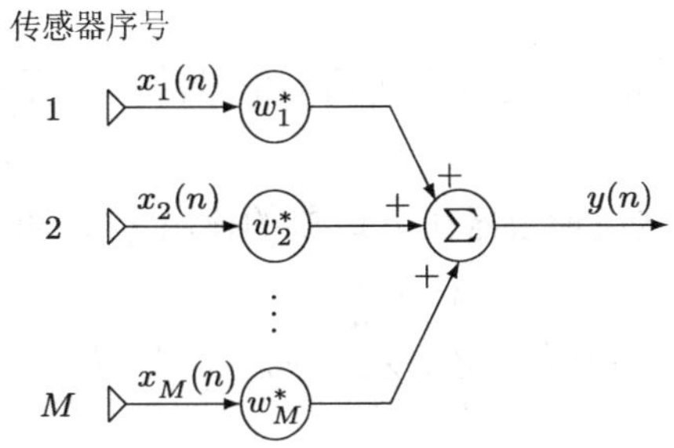

图 10.2.1 空域 FIR 滤波器

由于每个传感器一般都使用正交接收机产生双相 (同相和正交) 数据，所以观测数据和 FIR 滤波器的抽头系数均取复值。

假定第 1 个传感器为参考点，相邻两个传感器之间的信号传播延迟为 $\varDelta$，则 FIR 滤波器 $\boldsymbol{w}=[w_1,\cdots,w_M]^{\mathrm{T}}$ 的频率响应可以表示为

$$r(\omega)=\sum_{m=1}^{M}w_m^*\mathrm{e}^{-\mathrm{j}(m-1)\omega\varDelta}=\boldsymbol{w}^{\mathrm{H}}\boldsymbol{d}(\omega) \tag{10.2.11}$$

式中

$$\boldsymbol{d}(\omega)=[1,\mathrm{e}^{-\mathrm{j}\omega\varDelta},\cdots,\mathrm{e}^{-\mathrm{j}(M-1)\omega\varDelta}]^{\mathrm{T}} \tag{10.2.12}$$

表示 FIR 滤波器对于频率为 ω 的复谐波的频率响应向量，其元素 $d_m(\omega)=\mathrm{e}^{-\mathrm{j}(m-1)\omega\varDelta}$, $m=1,\cdots,M$ 表示复谐波在滤波器第 m 个抽头 w_m 相对于第 1 个抽头 w_1 的相位。

通常假定传感器接收的信号是零均值的。FIR 滤波器输出的方差或期望功率由

$$|\mathrm{E}\{y(n)\}|^2=\boldsymbol{w}^{\mathrm{H}}\mathrm{E}\{\boldsymbol{x}(n)\boldsymbol{x}^{\mathrm{H}}(n)\}\boldsymbol{w}=\boldsymbol{w}^{\mathrm{H}}\boldsymbol{R}_{xx}\boldsymbol{w} \tag{10.2.13}$$

确定。如果传感器接收数据 $\boldsymbol{x}(n)$ 是广义平稳的，则数据协方差矩阵 $\boldsymbol{R}_{xx}=\mathrm{E}\{\boldsymbol{x}(n)\boldsymbol{x}^{\mathrm{H}}(n)\}$ 与时间无关。虽然实际应用中经常遇到非平稳数据，但一般使用广义平稳假设，设计统计最优 FIR 滤波器，并评价滤波器的稳态性能。

利用 FIR 滤波器的频率响应向量 $\boldsymbol{d}(\omega)$，可以将传感器观测数据向量的频率响应表示为 $\hat{\boldsymbol{x}}(\omega)=S(\omega)\boldsymbol{d}(\omega)$，其中 $S(\omega)=\mathcal{F}\{x(n)\}$ 是空间期望信源 $s(n)$ 的频谱。令 $P_s(\omega)=|S(\omega)|^2=S(\omega)S^*(\omega)$ 表示 $s(n)$ 的功率谱。假定空间信源 $s(n)$ 的频谱 $S(\omega)$ 在频谱带宽 $[\omega_a,\omega_b]$ 以外没有能量泄露。此时，数据协方差矩阵

$$\boldsymbol{R}_{xx}=\mathrm{E}\{\boldsymbol{x}(n)\boldsymbol{x}^{\mathrm{H}}(n)\}=\mathrm{E}\{\hat{\boldsymbol{x}}(\omega)\hat{\boldsymbol{x}}^{\mathrm{H}}(\omega)\}=\frac{1}{2\pi}\int_{\omega_a}^{\omega_b}P_s(\omega)\boldsymbol{d}(\omega)\boldsymbol{d}^{\mathrm{H}}(\omega)\mathrm{d}\omega \tag{10.2.14}$$

其中，频带 $[\omega_a,\omega_b]$ 很窄，对应为窄带信号。

需要注意的是，$\boldsymbol{d}(\omega)$ 只是 FIR 滤波器的频率响应向量，而非导向向量，因为 ω 是频率量，不是波达方向角 θ。因此，一个有趣且重要的问题是，波达方向角 θ 与频率 ω 之间有何关系？亦即 FIR 滤波器与波束形成器可以类比和互换吗？这正是下面要讨论的问题。

10.2.2 宽带波束形成器

宽带波束形成器对在空间场和时间场传播的信号波形进行采样，适用于具有明显频率带宽的信号 (宽带信号)。

如图 10.2.2 所示，宽带波束形成器在 k 时刻的输出 $y(n)$ 可以表示为

$$y(n) = \sum_{m=1}^{M} \sum_{p=0}^{K-1} w_{m,p}^* x_m(n-p) \tag{10.2.15}$$

其中，$K-1$ 表示 M 个传感器的每一个传输信道具有的时延数。

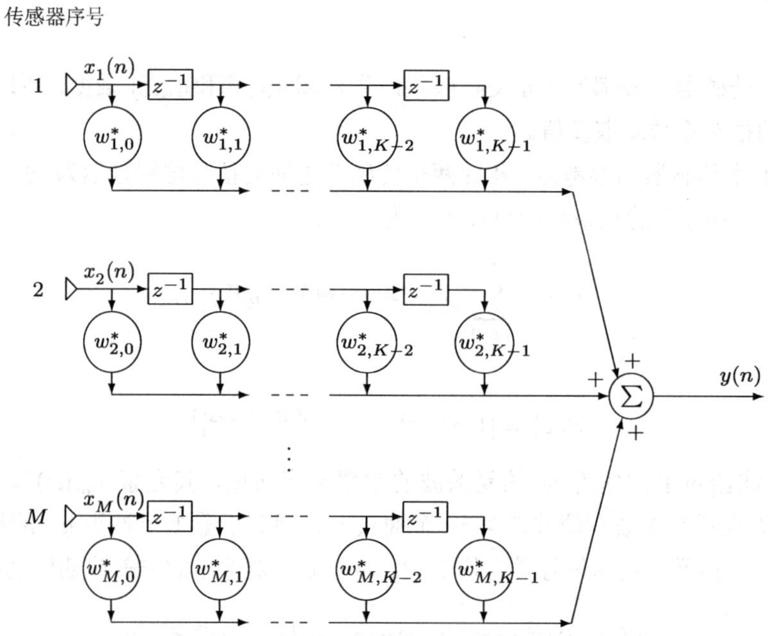

图 10.2.2 宽带波束形成器 [285]

FIR 滤波器和宽带波束形成器的输出可以用向量形式统一表示为

$$y(n) = \boldsymbol{w}^{\mathrm{H}} \boldsymbol{x}(n) \tag{10.2.16}$$

其中

$$\text{FIR 滤波器：} \begin{cases} \boldsymbol{w} = [w_1, \cdots, w_M]^{\mathrm{T}} \\ \boldsymbol{x}(n) = [x_1(n), \cdots, x_M(n)]^{\mathrm{T}} \end{cases}$$

$$\text{宽带波束形成器：} \begin{cases} \boldsymbol{w} = [w_{1,0}, \cdots, w_{1,K-1}, \cdots, w_{M,0}, \cdots, w_{M,K-1}]^{\mathrm{T}} \\ \boldsymbol{x}(n) = [x_1(n), \cdots, x_1(n-K+1), \cdots, x_M(n), \cdots, x_M(n-K+1)]^{\mathrm{T}} \end{cases}$$

宽带波束形成器的响应由幅值和相位组成。其中，幅值和相位将一复平面波分别表示为信源的位置和频率的函数。

信源的空间位置或者空间定位通常需要由一个三维的量确定，但一般只需关心一维或二维的波达方向，而不关心信源与传感器之间的距离。

在考虑传感器阵列对一个空间传播的远场宽带信号进行采样时，通常假定远场信号是一个复平面波，其波达方向 (角) 为 θ，频率为 ω。为方便计，令第 1 个传感器为参考点，其相位为零。这意味着 $x_1(n) = \mathrm{e}^{\mathrm{j}\omega n}$ 及 $x_m(n) = \mathrm{e}^{\mathrm{j}\omega[n-\Delta_m(\theta)]}$, $m = 2,\cdots,M$。其中，$\Delta_m(\theta)$ 表示从第 1 个传感器到第 m 个传感器之间的传播时延。特别地，第 1 个传感器到自己的时延 $\Delta_1(\theta) = 0$。

将第 m 个传感器的观测信号 $x_m(n) = \mathrm{e}^{\mathrm{j}\omega[n-\Delta_m(\theta)]}$ 代入宽带波束形成器的输出表达式 (10.2.15)，即有

$$y(n) = \mathrm{e}^{\mathrm{j}\omega k}\sum_{m=1}^{M}\sum_{p=0}^{K-1} w_{m,p}^* \mathrm{e}^{-\mathrm{j}\omega[\Delta_m(\theta)+p]} = \mathrm{e}^{\mathrm{j}\omega k} r(\theta,\omega) \tag{10.2.17}$$

其中，$r(\theta,\omega)$ 是宽带波束形成器的频率响应，可以用向量形式表示为

$$r(\theta,\omega) = \sum_{m=1}^{M}\sum_{p=0}^{K-1} w_{m,p}^* \mathrm{e}^{-\mathrm{j}\omega[\Delta_m(\theta)+p]} = \boldsymbol{w}^{\mathrm{H}}\boldsymbol{d}(\theta,\omega) \tag{10.2.18}$$

式中

$$\boldsymbol{w} = [\boldsymbol{w}_1^{\mathrm{T}},\cdots,\boldsymbol{w}_M^{\mathrm{T}}]^{\mathrm{T}} = [w_{1,0},\cdots,w_{1,K-1},\cdots,w_{M,0},\cdots,w_{M,K-1}]^{\mathrm{T}} \tag{10.2.19}$$

的元素 $w_{m,p}$ 表示第 m 个 FIR 滤波器 $\boldsymbol{w}_m = [w_{m,0},w_{m,1},\cdots,w_{m,K-1}]^{\mathrm{T}}$ 对传感器观测数据 $x_m(n-p)$ 的加权系数，而向量 $\boldsymbol{d}(\theta,\omega)$ 的元素对应为复指数 $\mathrm{e}^{-\mathrm{j}[\Delta_m(\theta)+p]}$。向量 $\boldsymbol{d}(\theta,\omega)$ 可以写作

$$\begin{aligned}\boldsymbol{d}(\theta,\omega) &= [d_1(\theta,\omega),d_2(\theta,\omega),\cdots,d_{MK}(\theta,\omega)]^{\mathrm{T}}\\ &= [1,\mathrm{e}^{\mathrm{j}\omega\tau_2(\theta,\omega)},\mathrm{e}^{\mathrm{j}\omega\tau_3(\theta,\omega)},\cdots,\mathrm{e}^{\mathrm{j}\omega\tau_{MK}(\theta,\omega)}]^{\mathrm{T}}\end{aligned} \tag{10.2.20}$$

其中，向量元素 $d_i(\theta,\omega), i = 1,2,\cdots,MK$ 的下标

$$i = (m-1)K+p+1,\quad m = 1,\cdots,M; p = 0,1,\cdots,K-1 \tag{10.2.21}$$

令第一个传感器为参考点，其时延为零，即 $\tau_1(\theta,\omega) = 0$，则延迟项 $\tau_i(\theta,\omega) = -[\Delta_m(\theta)+p]$ (其中 $i = 2,\cdots,MK$) 包含了两个时间延迟：(1) 第 1 个传感器到第 m 个传感器之间信号传播引起的时延 $-\Delta_m(\theta,\omega)$；(2) 第 m 个 FIR 滤波器 $\boldsymbol{w}_m$ 从零相位参考抽头 $w_{m,0}$ 到抽头 $w_{m,p}$ 之间的时间延迟 $-p$。

利用波束形成器对宽带信源的导向向量 $\boldsymbol{d}(\theta,\omega)$，可以将传感器观测数据向量用频率响应等价表示为 $\hat{\boldsymbol{x}}(\omega) = \mathcal{F}\{\boldsymbol{x}(n)\} = S(\omega)\boldsymbol{d}(\theta,\omega)$。假定空间信源 $s(n)$ 在频谱带宽 $[\omega_a,\omega_b]$ 以外没有能量泄露。此时，数据协方差矩阵

$$\boldsymbol{R}_{xx} = \mathrm{E}\{\boldsymbol{x}(n)\boldsymbol{x}^{\mathrm{H}}(n)\} = \mathrm{E}\{\hat{\boldsymbol{x}}(\omega)\hat{\boldsymbol{x}}^{\mathrm{H}}(\omega)\} = \frac{1}{2\pi}\int_{\omega_a}^{\omega_b} P_s(\omega)\boldsymbol{d}(\theta,\omega)\boldsymbol{d}^{\mathrm{H}}(\theta,\omega)\mathrm{d}\omega \tag{10.2.22}$$

其中，$P_s(\omega) = |S(\omega)|^2$ 表示信源的功率谱，并且频带 $[\omega_a,\omega_b]$ 比较宽，对应为宽带信号。

10.2.3 空域 FIR 滤波器与波束形成器的类比及互换

宽带波束形成器的频率响应 $r(\theta,\omega) = \boldsymbol{w}^{\mathrm{H}}\boldsymbol{d}(\theta,\omega)$ 中的向量符号提供了波束形成的向量空间解释。这一观点在波束形成器的设计与分析中非常有用：加权向量 $\boldsymbol{w}$ 和阵列响应向量 $\boldsymbol{d}(\theta,\omega)$ 均是 MK 维向量空间中的向量，向量 $\boldsymbol{w}$ 和 $\boldsymbol{d}(\theta,\omega)$ 之间的夹角 α 的余弦

$$\cos\alpha = \frac{\langle \boldsymbol{w}, \boldsymbol{d}(\theta,\omega)\rangle}{\|\boldsymbol{w}\|_2\cdot\|\boldsymbol{d}(\theta)\|_2} = \frac{\boldsymbol{w}^{\mathrm{H}}\boldsymbol{d}(\theta,\omega)}{\|\boldsymbol{w}\|_2\cdot\|\boldsymbol{d}(\theta)\|_2} \tag{10.2.23}$$

决定波束形成器的响应 $r(\theta,\omega)$ 的特性。特别地，对某个波达方向与频率组合 (θ_0,ω_0)，若 $\boldsymbol{w}$ 和 $\boldsymbol{d}(\theta_0,\omega_0)$ 之间的夹角为 90°，即两个向量正交，则波束形成器的响应 $r(\theta_0,\omega_0) = \boldsymbol{w}^{\mathrm{H}}\boldsymbol{d}(\theta_0,\omega_0)$ 为零。这表明，波达方向 θ_0 上的信号被完全对消，从而构成零点形成技术。相反，若 $\boldsymbol{w} = \boldsymbol{d}(\theta_1,\omega_1)$，则波束形成器的输出 $r(\theta_1,\omega_1) = \boldsymbol{w}^{\mathrm{H}}\boldsymbol{d}(\theta_1,\omega_1) = \|\boldsymbol{d}(\theta_1,\omega_1)\|_2^2 = M$ 达到最大值，即波达方向 θ_1 上的空间信号被检测的强度最大。

考虑位于两组不同方位与/或频率组合 (θ_1,ω_1) 和 (θ_2,ω_2) 的信源，它们之间的识别能力由它们的阵列响应向量 $\boldsymbol{d}(\theta_1,\omega_1)$ 和 $\boldsymbol{d}(\theta_2,\omega_2)$ 之间的夹角的余弦

$$\cos\beta = \frac{\langle \boldsymbol{d}(\theta_1,\omega_1), \boldsymbol{d}(\theta_2,\omega_2)\rangle}{\|\boldsymbol{d}(\theta_1,\omega_1)\|_2\cdot\|\boldsymbol{d}(\theta_2,\omega_2)\|_2} \tag{10.2.24}$$

决定 [86]。显然，若 $\boldsymbol{w} = \boldsymbol{d}(\theta_1,\omega_1)$ 并且 $\boldsymbol{d}(\theta_1,\omega_1) \perp \boldsymbol{d}(\theta_2,\omega_2)$，则有 $r(\theta_1,\omega_1) = M$ 和 $r(\theta_2,\omega_2) = 0$，即两个信源可以完全识别。否则，即使选择 $\boldsymbol{w} = \boldsymbol{d}(\theta_1,\omega_1)$，但若 $\boldsymbol{d}(\theta_1,\omega_1)$ 与 $\boldsymbol{d}(\theta_2,\omega_2)$ 不正交，则虽然 $r(\theta_1,\omega_1) = M$ 为最大，但 $r(\theta_2,\omega_2) \neq 0$，所以两个空间信源会被同时检测到，只是检测的强度不同而已，从而形成主瓣和旁瓣。

上述分析提示，若选择 $\boldsymbol{w} = \boldsymbol{d}(\theta_{\mathrm{d}},\omega)$，并且增加适当的约束条件，就有可能只抽取波达方向 θ_{d} 上的空间信源，而抑制掉其他波达方向上的所有信源。

信源称为中心频率为 ω_0 的窄带信号，若协方差矩阵 $\boldsymbol{R}_{xx}$ 可以表示为秩 1 的外积形式 [285]

$$\boldsymbol{R}_{xx} = \sigma_s^2\boldsymbol{d}(\theta,\omega_0)\boldsymbol{d}^{\mathrm{H}}(\theta,\omega_0) \tag{10.2.25}$$

其中

$$\sigma_s^2 = \frac{1}{2\pi}\int_{\omega_a}^{\omega_b} P_s(\omega)\mathrm{d}\omega \tag{10.2.26}$$

是窄带信源的方差或者平均功率。

一个信源是否是窄带信源，取决于该信源的观测时间–带宽积 (observation time bandwidth product, TBWP) [46],[85]：当信号被观测的时间间隔增加时，信号的带宽便会减小；反之，若被观测时间间隔减小，则信号带宽增加。

图 10.2.3 画出了等间距全向窄带 (直) 线阵 (列) 与单信道 FIR 滤波器的类比 [285]。

这一类比表明，当宽带波束形成器工作在单一瞬时频率 ω_0，并且阵列采用等距线阵时，空域 FIR 滤波器与宽带波束形成器的功能是最接近的。令传感器的间距为 d，电波传播速度为 c，并且 θ 表示垂射到阵列的波达方向 (角)，则有 [285]

$$\tau_i(\theta) = (i-1)\frac{d}{c}\sin\theta \tag{10.2.27}$$

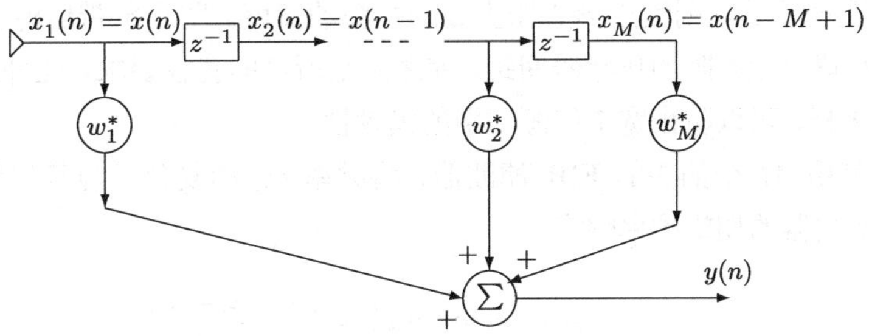

(a) 单信道 FIR 滤波器

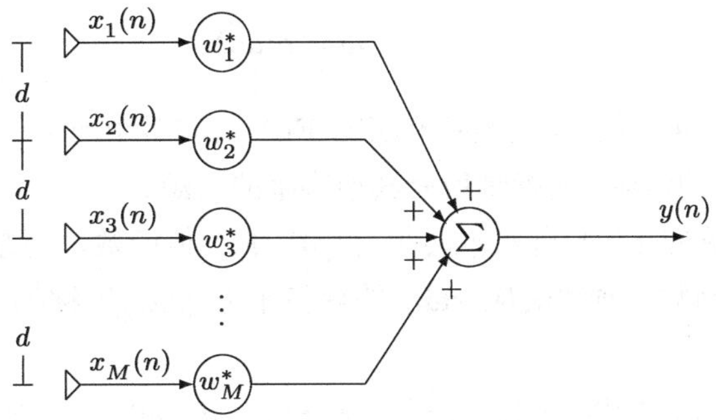

(b) 等距全向窄带线阵

图 10.2.3 等距全向窄带线阵与单信道 FIR 滤波器的类比

在这种情况下，空域 FIR 滤波器的频率响应 $\boldsymbol{d}(\omega)$ 的瞬时频率 ω 与宽带波束形成器的导向向量 $\boldsymbol{d}(\theta,\omega_0)$ 的波达方向 θ 之间的关系为

$$\omega=\frac{\omega_0 d}{c}\sin\theta \tag{10.2.28}$$

换言之，空域 FIR 滤波器的瞬时频率对应为等距线阵波束形成器的窄带信号的波达方向的正弦。因此，当考虑频率和波达方向之间的上述映射关系时，FIR 滤波器与波束形成器完全可以互通互换。

与时间采样会产生时间混叠一样，空间采样也会导致空间混叠 (spatial aliasing) [285]。空间混叠对应为信源空间位置的模糊性或不确定性。这意味着，不同位置的信源可能具有相同或接近的阵列响应向量：

(1) 对窄带信源而言，有可能 $\boldsymbol{d}(\theta_1,\omega_0)=\boldsymbol{d}(\theta_2,\omega_0)$。如果相邻的两个传感器之间的距离太远，就会发生这种情况。反之，若相邻的传感器相距太近，则空间辨别能力将会受损，而低于所需要的孔径。

(2) 对宽带信源而言，会发生另一种模糊性：在某个位置、具有某个频率的信源不能与不同位置、不同频率的另一个信源相识别，即导向向量 $\boldsymbol{d}(\theta_1,\omega_1)=\boldsymbol{d}(\theta_2,\omega_2)$。例如，每当 $\omega_1\sin(\theta_1)=\omega_2\sin(\theta_2)$ 时，在等距线阵中就会发生这一情况。

阵列孔径就是阵列波束形成器生成的主瓣的宽度。防止窄带信源识别的模糊性的方法是：恰当配置等距线阵的传感器间距，使之满足所需的孔径要求。此外，在一个样本数据中加入时间采样，可以防止宽带信源识别的模糊性。

考虑使用 M 个抽头的 FIR 滤波器，将频率 ω_0 的复分量与其他频率分量的分离。此时，FIR 滤波器的期望频率响应

$$r(\omega)=\boldsymbol{w}^{\mathrm{H}}\boldsymbol{d}(\omega)=\begin{cases}1, & \omega=\omega_0\\ 0, & \omega\neq\omega_0\end{cases} \tag{10.2.29}$$

期望频率响应问题的通解是，直接选择 FIR 滤波器为频率 ω_0 的响应向量，即

$$\boldsymbol{w}=\boldsymbol{d}(\omega_0) \tag{10.2.30}$$

具有式 (10.2.29) 所示期望频率响应的 FIR 滤波器相当于一个频率 ω_0 的谱线增强器，只输出频率为 ω_0 的信源，而抑制所有其他频率的信源。

实际的频率响应 $r(\omega)$ 自然不会是 $\{1,0\}$ 的二值函数，而是由一个主瓣 (或波束) 和许多旁瓣组成的函数。频率响应 $r(\omega)$ 的幅值平方 $|r(\omega)|^2$ 称为 FIR 滤波器的波束方向图 (beampattern)。

由于 $\boldsymbol{w}=\boldsymbol{d}(\omega_0)$，所以 $\boldsymbol{w}$ 的每一个元素 $w_m=d_m(\omega)=\mathrm{e}^{-\mathrm{j}(m-1)\omega\Delta}$ 都具有单位模值。由于主瓣或波束的宽度与旁瓣的大小是一对矛盾，故通过 $\boldsymbol{w}$ 的元素值作为抽头或加权，可以获得主瓣 (或波束) 宽度相对于旁瓣电平之间的某种平衡，以实现 FIR 滤波器的频率响应具有所需要的形状。

推而广之，宽带波束形成器的期望频率响应即期望导向向量

$$r_{\mathrm{d}}(\theta,\omega)=\boldsymbol{w}^{\mathrm{H}}\boldsymbol{d}(\theta,\omega)=\begin{cases}1, & \omega=\omega_0\\ 0, & \omega\neq\omega_0\end{cases} \tag{10.2.31}$$

实际的导向向量的模值平方定义为宽带波束形成器的波束方向图。

考虑信源 $s(n)=m_s(n)\mathrm{e}^{\mathrm{j}\omega_0 k}$，其中 $m_s(n)$ 和 ω_0 分别为该信源的调制函数和频率。假定信源 $s(n)$ 的功率 $P_s=\mathrm{E}\{|s(n)|^2\}=\mathrm{E}\{|m_s(n)|^2\}$，并且阵列观测这一信源的方向 (角) 为 θ_0。

选择波束形成器向量等于信源 $s(n)$ 的导向向量 $\boldsymbol{d}(\theta_0,\omega_0)$，即

$$\boldsymbol{w}=\boldsymbol{d}(\theta_0,\omega_0)=[1,\mathrm{e}^{\mathrm{j}\omega_0\tau_2(\theta_0,\omega_0)},\cdots,\mathrm{e}^{\mathrm{j}\omega_0\tau_M(\theta_0,\omega_0)}]^{\mathrm{T}} \tag{10.2.32}$$

第 m 个传感器观测信源 $s(n)$ 得到的观测数据为

$$x_{s,m}(n)=m_s(n)\mathrm{e}^{\mathrm{j}\omega_0[k+\tau_m(\theta_0,\omega_0)]} \tag{10.2.33}$$

于是，信源 $s(n)$ 在观测方向上产生的阵列观测向量

$$\boldsymbol{x}_s(n)=[x_{s,1}(n),\cdots,x_{s,M}(n)]^{\mathrm{T}}=m_s(n)\mathrm{e}^{\mathrm{j}\omega_0}\boldsymbol{s}_0(n) \tag{10.2.34}$$

其中

$$\boldsymbol{s}_0(n)=[1,\mathrm{e}^{\mathrm{j}\omega_0\tau_2(\theta_0,\omega_0)},\cdots,\mathrm{e}^{\mathrm{j}\omega_0\tau_M(\theta_0,\omega_0)}]^{\mathrm{T}} \tag{10.2.35}$$

选择 $\boldsymbol{w}=\boldsymbol{d}(\theta_0,\omega_0)$ 时，波束形成器的输出

$$y(n)=\boldsymbol{w}^{\mathrm{H}}\boldsymbol{x}_s(n)=m_s(n)\mathrm{e}^{\mathrm{j}\omega_0 k} \tag{10.2.36}$$

其平均功率

$$P_y=\mathrm{E}\{|y(n)|^2\}=\mathrm{E}\{|m_s(n)|^2\}=P_s \tag{10.2.37}$$

这表明，波束形成器被调整到观测方向的平均输出功率 P_y 等于信源 $s(n)$ 在观测方向 θ_0 的功率 P_s。这一调整过程类似于通过机械方式将阵列调整到对准信源的观测方向，但采用的是电子方式实现导向。

电子导向与机械导向的主要不同点如下：

(1) 机械导向只适合于有向天线，而电子导向适合于全向天线或者传感器。

(2) 机械导向通过机械转动将天线指向某个期望方向，而电子导向采用电子方式，通过调整波束形成器的相位实现阵列的指向。

(3) 电子导向阵列的孔径与机械导向阵列的孔径不同[119]。

宽带波束形成器的设计目标是：选择 $\boldsymbol{w}$，使得实际响应 $r(\theta,\omega)=\boldsymbol{w}^{\mathrm{H}}\boldsymbol{d}(\theta,\omega)$ 逼近期望响应 $r_{\mathrm{d}}(\theta,\omega)$。

10.3 线性约束自适应波束形成器

波束形成器可以分为两类：数据独立型和统计优化型[285]。数据独立型波束形成器的权系数与阵列数据无关，对所有信号和干扰都具有固定的响应。统计优化型波束形成器的权系数根据阵列数据的统计量进行选择，以使得阵列响应最优化。通常，统计优化波束形成器在干扰方向的响应最小化，以使得波束形成器输出的信噪比达到最大。

期望信号和噪声 (或干扰) 既是空间位置变化的，又是波形随时间变化的。为了跟踪空变和时变的期望信源，统计优化型波束形成器也应该是时变的：其抽头在不同时间内可以进行调节。因此，波束形成器本质上是一种空–时二维滤波器或者信号处理器。

时变波束形成器的最佳实现方式是自适应波束形成器。为了使之只产生一个主瓣，并让其他旁瓣最小化，就必须对自适应波束形成器增加约束条件。最简单和有效的约束条件为线性约束。服从线性约束的自适应波束形成器简称线性约束自适应波束形成器。

线性约束自适应波束形成又称线性约束自适应阵列处理，有两种主要实现形式：直接形式和广义旁瓣对消形式 (generalized sidelobe canceling form)。下面分别介绍这两种线性约束自适应波束形成器。

10.3.1 经典波束形成器

波束形成器的设计任务是，选择 $\boldsymbol{w}$，使得波束形成器的实际响应 $r(\theta,\omega)=\boldsymbol{w}^{\mathrm{H}}\boldsymbol{a}(\theta,\omega)$ 逼近一期望响应 $r_{\mathrm{d}}(\theta,\omega)$。

考虑在 p 个波达方向和频率组合 $(\theta_1,\omega_1),\cdots,(\theta_p,\omega_p)$ 点，使波束形成器的实际响应逼近期望响应。令这些点的导向向量矩阵和响应向量分别为

$$\boldsymbol{A}=[\boldsymbol{a}(\theta_1,\omega_1),\cdots,\boldsymbol{a}(\theta_p,\omega_p)] \tag{10.3.1}$$

$$\boldsymbol{r}_{\mathrm{d}}=[r_{\mathrm{d}}(\theta_1,\omega_1),\cdots,r_{\mathrm{d}}(\theta_p,\omega_p)]^{\mathrm{T}} \tag{10.3.2}$$

求解逼近问题的通用优化准则是：使实际响应向量与期望响应向量之间的误差向量的 l_q 范数最小化

$$\boldsymbol{w}_{\mathrm{opt}}=\underset{\boldsymbol{w}}{\operatorname{argmin}}\,\mathrm{E}\{\|\boldsymbol{A}^{\mathrm{H}}\boldsymbol{w}-\boldsymbol{r}_{\mathrm{d}}\|_q\} \tag{10.3.3}$$

$$\text{subject to } f(\boldsymbol{w})=0 \tag{10.3.4}$$

式中，$f(\boldsymbol{w})=0$ 表示线性约束条件，$\|\boldsymbol{x}\|_q$ 表示向量 $\boldsymbol{x}=[x_1,\cdots,x_p]^{\mathrm{T}}$ 的 l_q 范数

$$\|\boldsymbol{x}\|_q=(x_1^q+\cdots+x_p^q)^{1/q} \tag{10.3.5}$$

最常用的向量范数为 l_2 范数即 Frobenius 范数，相应的优化准则为

$$\boldsymbol{w}_{\mathrm{opt}}=\underset{\boldsymbol{w}}{\operatorname{argmin}}\,\mathrm{E}\{\|\boldsymbol{A}^{\mathrm{H}}\boldsymbol{w}-\boldsymbol{r}_{\mathrm{d}}\|_2^2\} \tag{10.3.6}$$

$$\text{subject to } f(\boldsymbol{w})=0 \tag{10.3.7}$$

假定导向向量矩阵 $\boldsymbol{A}$ 满行秩，则最优波束形成器为优化问题的最小二乘解

$$\boldsymbol{w}_{\mathrm{opt}}=(\boldsymbol{A}\boldsymbol{A}^{\mathrm{H}})^{-1}\boldsymbol{A}\boldsymbol{r}_{\mathrm{d}} \tag{10.3.8}$$

选择不同的优化准则与/或约束条件 $f(\boldsymbol{w})=0$，将得到不同类型的最优波束形成器。下面介绍几种经典类型的最优波束形成器。

1. 多重旁瓣对消波束形成器

多重旁瓣对消器 (multiple sidelobe canceller, MSC) 也许是最早的统计最优波束形成器，由 Applebaum 于 1966 年以技术报告形式提出，1976 年在 IEEE 天线传播汇刊上以论文形式正式发表 [16]。

多重旁瓣对消器由一个“主信道”和一个或多个“辅助信道”组成。主信道可以是高增益的天线，也可以是与观测数据独立的固定波束形成器，具有高指向性的响应。当主信道指向期望信号的方向时，干扰信号即通过主信道的旁瓣。辅助信道中没有期望信号，只接收干扰信号。辅助信道的主要作用是对消掉主信道中的干扰分量即旁瓣。

2. 基于参考信号的波束形成器

当期望信号 $y_{\mathrm{d}}(n)$ 已知时，可以直接使波束形成器的实际响应 $y(n)=\boldsymbol{w}^{\mathrm{H}}\boldsymbol{x}(n)$ 与参考信号之间的均方误差最小化，如图 10.3.1 所示。

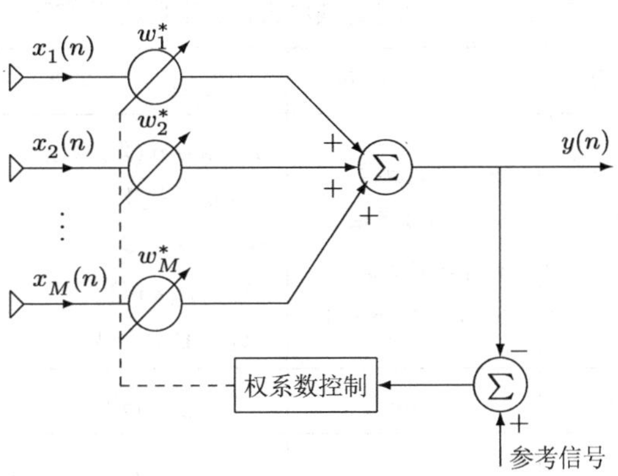

图 10.3.1 基于参考信号的窄带波束形成器

在实际应用中，往往只要产生一个能够足够代表期望信号的逼近信号即可。这一替代信号称为参考信号。基于参考信号的波束形成器是 Widrow 于 1967 年提出的 [295]。

3. 最大信噪比波束形成器

最大信噪比波束形成器采用的优化准则是：使信噪比 $\boldsymbol{w}^{\mathrm{H}}\boldsymbol{R}_s\boldsymbol{w}/(\boldsymbol{w}^{\mathrm{H}}\boldsymbol{R}_n\boldsymbol{w})$ 最大化。这个信噪比最大化问题实际上就是一个广义 Rayleigh 商最大化问题，也等价于求解广义特征值问题 $\boldsymbol{R}_s\boldsymbol{w} = \lambda_{\max}\boldsymbol{R}_n\boldsymbol{w}$。

最大信噪比波束形成器由 Monzingo 与 Miller 于 1980 年提出 [200]。

4. 线性约束最小方差波束形成器

在许多实际应用中，期望信号的强度可能未知，这将导致参考信号无法生成，使得基于参考信号的波束形成器不能工作；或者因为无法估计信号和噪声的协方差矩阵 $\boldsymbol{R}_s$ 及 $\boldsymbol{R}_n$，使得最大信噪比波束形成器不能实现。另外，期望信号也可能存在于辅助信道，以至于多重干扰对消波束形成器无法工作。线性约束最小方差波束形成器通过对波束形成器向量施加线性约束，可以克服前三种波束形成器的失效。

线性约束最小方差波束形成器由 Frost 于 1972 年提出 [108]。这种波束形成器在线性约束下使输出的方差最小化：

$$\min_{\boldsymbol{w}} \boldsymbol{w}^{\mathrm{H}}\boldsymbol{R}_{xx}\boldsymbol{w} \tag{10.3.9}$$

$$\text{subject to } \boldsymbol{C}^{\mathrm{H}}\boldsymbol{w} = \boldsymbol{g} \tag{10.3.10}$$

式中，$m \times p$ 约束矩阵 $\boldsymbol{C}$ 表示 m 元阵列对 p 个空间信号的约束，$p \times 1$ 向量 $\boldsymbol{g}$ 为参考向量。

利用 Lagrangian 乘子法，容易求得上述线性约束最小方差优化问题的解为

$$\boldsymbol{w}_{\mathrm{opt}} = \boldsymbol{R}_{xx}^{-1}\boldsymbol{C}(\boldsymbol{C}^{\mathrm{H}}\boldsymbol{R}_{xx}^{-1}\boldsymbol{C}^{-1}\boldsymbol{g}) \tag{10.3.11}$$

称为线性约束最小方差波束形成器。

表 10.3.1 详细列出和比较了上述四种经典的最优波束形成器的参数定义、输出表示、优化准则、最优波束形成器的闭式解以及优缺点。

表 10.3.1 几种经典的最优波束形成器[285]

类型	多重旁瓣对消[16]	参考信号[295]	最大信噪比[200]	线性约束最小方差[108]
定义	$\boldsymbol{x}_{\rm a}$ – 辅助数据 y_m – 原始数据 $\boldsymbol{r}_{m{\rm a}} = {\rm E}\{y_m^* \boldsymbol{x}_{\rm a}\}$ $\boldsymbol{R}_{\rm a} = {\rm E}\{\boldsymbol{x}_{\rm a}\boldsymbol{x}_{\rm a}^{\rm H}\}$	$\boldsymbol{x}$ – 阵列数据 $y_{\rm d}$ – 期望数据 $\boldsymbol{r}_{x{\rm d}} = {\rm E}\{\boldsymbol{x}y_{\rm d}^\star\}$ $\boldsymbol{R}_{xx} = {\rm E}\{\boldsymbol{x}\boldsymbol{x}^{\rm H}\}$	$\boldsymbol{x} = \boldsymbol{s} + \boldsymbol{n}$ (阵列数据) $\boldsymbol{s}$ – 信号分量 $\boldsymbol{n}$ – 噪声分量 $\boldsymbol{R}_s = {\rm E}\{\boldsymbol{s}\boldsymbol{s}^{\rm H}\}$ $\boldsymbol{R}_n = {\rm E}\{\boldsymbol{n}\boldsymbol{n}^{\rm H}\}$	$\boldsymbol{x}$ – 阵列数据 $\boldsymbol{C}$ – 约束矩阵 $\boldsymbol{g}$ – 参考向量 $\boldsymbol{R}_{xx} = {\rm E}\{\boldsymbol{x}\boldsymbol{x}^{\rm H}\}$
输出	$y = y_m - \boldsymbol{w}_{\rm a}^{\rm H}\boldsymbol{x}_{\rm a}$	$y = \boldsymbol{w}^{\rm H}\boldsymbol{x}$	$y = \boldsymbol{w}^{\rm H}\boldsymbol{x}$	$y = \boldsymbol{w}^{\rm H}\boldsymbol{x}$
准则	$\min\limits_{\boldsymbol{w}_{\rm a}} {\rm E}\{\|y_m - \boldsymbol{w}_{\rm a}^{\rm H}\boldsymbol{x}_{\rm a}\|^2\}$	$\min {\rm E}\{\|y - y_{\rm d}\|^2\}$	$\min\limits_{\boldsymbol{w}} \dfrac{\boldsymbol{w}^{\rm H}\boldsymbol{R}_s\boldsymbol{w}}{\boldsymbol{w}^{\rm H}\boldsymbol{R}_n\boldsymbol{w}}$	$\min\limits_{\boldsymbol{w}} {\rm E}\{\boldsymbol{w}^{\rm H}\boldsymbol{R}_{xx}\boldsymbol{w}\}$ $s.t.\ \boldsymbol{C}^{\rm H}\boldsymbol{w} = \boldsymbol{g}$
最优权	$\boldsymbol{w}_{\rm a} = \boldsymbol{R}_{\rm a}^{-1}\boldsymbol{r}_{m{\rm a}}$	$\boldsymbol{w} = \boldsymbol{R}_{xx}^{-1}\boldsymbol{r}_{x{\rm d}}$	$\boldsymbol{R}_n^{-1}\boldsymbol{R}_s\boldsymbol{w} = \lambda_{\max}\boldsymbol{w}$	$\boldsymbol{w} = \boldsymbol{R}_{xx}^{-1}\boldsymbol{C}(\boldsymbol{C}^{\rm H}\boldsymbol{R}_{xx}^{-1}\boldsymbol{C})^{-1}\boldsymbol{g}$
优点	简单	无需知道期望信号的方向	信噪比最大化	约束灵活且简单
缺点	要求辅助信道没有期望信号	需产生参考信号	必须知道 $\boldsymbol{R}_s$ 和 $\boldsymbol{R}_n$ 需求解广义特征值问题 $\boldsymbol{R}_s\boldsymbol{w} = \lambda_{\max}\boldsymbol{R}_n\boldsymbol{w}$	需求解约束优化问题

根据线性约束条件的选择，最小方差波束形成器有着不同的应用。下面列举几个典型应用例子。

例 10.3.1 在无线通信的多用户检测中，对具有扩频码向量 $\boldsymbol{s}_1$ 的用户 1 进行约束 $\boldsymbol{w}^{\rm H}\boldsymbol{s}_1 = 1$，此时 $\boldsymbol{C} = \boldsymbol{s}_1$ 和 $\boldsymbol{g} = 1$，故用户 1 的最优检测器

$$\boldsymbol{w}_{\rm opt} = \frac{\boldsymbol{R}_{xx}^{-1}\boldsymbol{s}_1}{\boldsymbol{s}_1^{\rm H}\boldsymbol{R}_{xx}^{-1}\boldsymbol{s}_1} \tag{10.3.12}$$

例 10.3.2 若对第 i 个空间信号选择约束矩阵

$$\boldsymbol{C} = [\boldsymbol{a}(\theta_i - \Delta\theta_i), \boldsymbol{a}(\theta_i), \boldsymbol{a}(\theta_i + \Delta\theta_i)], \quad \boldsymbol{g} = [1, 1, 1]^{\rm T} \tag{10.3.13}$$

则最小方差波束形成器可以提高对第 i 个空间信号的波达方向 θ_i 的估计稳健性，减少第 i 个空间信号缓慢移动等原因造成的波达方向波动对波达方向估计的影响。

例 10.3.3 当已知某个空间信号在 θ_0 方向，也可能在 θ_0 方向附近时，若选择

$$\boldsymbol{C} = [\boldsymbol{a}(\theta_0), \boldsymbol{a}'(\theta_0), \cdots, \boldsymbol{a}^{(k)}(\theta_0)], \quad \boldsymbol{g} = [1, 0, \cdots, 0]^{\rm T} \tag{10.3.14}$$

则最小方差波束形成器可以展宽对准波达方向 θ_0 的主瓣。式中，$\boldsymbol{a}^{(k)}(\theta)$ 表示导向向量 $\boldsymbol{a}(\theta)$ 关于波达方向 θ 的 k 阶导数。

特别地，当选取 $\boldsymbol{C} = \boldsymbol{a}(\theta)$ 和 $g = 1$ 时，线性约束最小方差波束形成器变为

$$\boldsymbol{w}_{\rm opt} = \frac{\boldsymbol{R}_{xx}^{-1}\boldsymbol{a}(\theta)}{\boldsymbol{a}^{\rm H}(\theta)\boldsymbol{R}_{xx}^{-1}\boldsymbol{a}(\theta)} \tag{10.3.15}$$

习惯称为最小方差无畸变响应 (minimum variance distortionless response, MVDR) 波束形成器，它是 Capon 于 1969 年提出的[54]。

线性约束最小方差波束形成器是单一线性约束的 MVDR 波束形成器在多个线性约束条件下的推广。

在实际应用中，常常要求波束形成器能够以自适应的方式进行实时调节。下面讨论波束形成器的自适应实现。

10.3.2 自适应波束形成器的直接实现

假定共有 M 个 (无指向) 传感器，并且 $x_m(n)$ 是具有时间延迟的第 m 个传感器的采样输出

$$x_m(n) = s(n) + n_m(n) \tag{10.3.16}$$

式中，$s(n)$ 为期望信号，$n_m(n)$ 表示在第 m 个传感器上的噪声或者干扰 (包括其他所有非期望信号)。波束形成的输出信号 $y(n)$ 由 M 个传感器输出的时延和加权之和组成，即

$$y(n) = \sum_{m=1}^{M} \sum_{i=-K}^{K} a_{m,i} x_m(n-\tau_i) \tag{10.3.17}$$

式中，$a_{m,i}$ 表示对第 m 个传感器上延时 τ_i 的信号 $x_m(n-\tau_i)$ 使用的加权系数。每一个信道使用一个滤波器 (其长度均为 $2K+1$) 对各自的 $2K+1$ 个延迟进行加权调整，零时延对应为滤波器的中心点。

令

$$\boldsymbol{a}_i = [a_{1,i}, a_{2,i}, \cdots, a_{M,i}]^{\mathrm{T}} \tag{10.3.18}$$

$$\boldsymbol{x}(n) = [x_1(n), x_2(n), \cdots, x_M(n)]^{\mathrm{T}} \tag{10.3.19}$$

分别代表 M 个空域滤波器的第 i 个加权系数向量和传感器输出向量，则波束形成器的输出可以用向量形式表示为

$$y(n) = \sum_{i=-K}^{K} \boldsymbol{a}_i^{\mathrm{H}} \boldsymbol{x}(n-\tau_i) \tag{10.3.20}$$

式中

$$\boldsymbol{x}(n-\tau_i) = s(n-\tau_i)\boldsymbol{1} + \boldsymbol{n}(n-\tau_i) \tag{10.3.21}$$

注意，$\boldsymbol{1}$ 为所有元素均等于 1 的 M 维向量，称为求和向量 (summing vector)；而 $\boldsymbol{n}(n) = [n_1(n), n_2(n), \cdots, n_M(n)]^{\mathrm{T}}$ 表示 M 个传感器上的加性噪声 (或者干扰) 向量。

如果将每一个延迟点的空域滤波器的权系数之和约束为特定的数值，即可获得期望信号预先设定的增益和相位响应。为此，令 $f(i)$ 表示在时延点 i 的空域滤波器权系数之和，即

$$\boldsymbol{a}_i^{\mathrm{H}} \boldsymbol{1} = f(i) \tag{10.3.22}$$

将式 (10.3.21) 代入式 (10.3.20)，然后使用式 (10.3.22)，则与期望信号对应的空域滤波器的输出

$$y_s(n) = \sum_{i=-K}^{K} f(i) s(n-\tau_i) + \sum_{i=-K}^{K} \boldsymbol{a}_i^{\mathrm{H}} \boldsymbol{n}(n-\tau_i) \tag{10.3.23}$$

若选择 $\boldsymbol{a}_i$ 与噪声或干扰子空间 span$\{\boldsymbol{n}(n)\}$ 正交，则噪声或干扰被完全抑制，即式 (10.3.23) 的第 2 项为零。此时，式 (10.3.23) 简化为

$$y_s(n) = \sum_{i=-K}^{K} f(i)s(n-\tau_i) \tag{10.3.24}$$

式 (10.3.24) 表明，$f(i)$ 是一个长度为 $2K+1$ 的 FIR 滤波器的冲激响应。现在的问题是，如何对 FIR 波束形成器的冲激响应 $f(i)$ 进行约束？

一种常用的约束为零失真约束

$$f(i) = \delta(i) = \begin{cases} 1, & i=0 \\ 0, & \text{其他} \end{cases} \tag{10.3.25}$$

在这一约束下，有 $y_s(n) = s(n)$，即 FIR 滤波器宛如一个理想的波束形成器，它只产生一个波束 (直接对准期望信号)。有鉴于此，这样的 FIR 滤波器称为 FIR 波束形成器。

零失真约束式 (10.3.25) 可以综合表示成

$$\boldsymbol{f}^{\mathrm{T}}\mathbf{1} = 1 \tag{10.3.26}$$

其中

$$\boldsymbol{f} = [f(-K), \cdots, f(0), \cdots, f(K)]^{\mathrm{T}} \tag{10.3.27}$$

为 FIR 波束形成器的冲激响应向量。

FIR 波束形成器的典型自适应实现算法为 [125]

$$\boldsymbol{a}_i(k+1) = \boldsymbol{a}_i(n) + \boldsymbol{\Delta}_i(n) \tag{10.3.28}$$

其中，下标 $i=-K,\cdots,0,\cdots,K$ 为时延，校正项采用 Frost 线性约束误差校正方法 [108]

$$\boldsymbol{\Delta}_i(n) = \mu_k\, y(n)[q_x(n-i)\mathbf{1} - \boldsymbol{x}(n-i)] - q_{a,i}(n)\mathbf{1} + \frac{1}{M}f(i)\mathbf{1} \tag{10.3.29}$$

式中

$$q_x(n-i) = \frac{1}{M}\boldsymbol{x}^{\mathrm{T}}(n-i)\mathbf{1} \tag{10.3.30}$$

$$q_{a,i}(n) = \frac{1}{M}\boldsymbol{a}_i^{\mathrm{T}}(n)\mathbf{1} \tag{10.3.31}$$

自适应步长 μ 控制自适应波束形成器的收敛速率和跟踪性能，可选择 [125]

$$\mu_k = \frac{\alpha}{P(n)} \tag{10.3.32}$$

其中，$P(n)$ 为样本信号的功率

$$P(n) = \sum_{m=1}^{M}\sum_{i=-K}^{K} x_m^2(n-i) \tag{10.3.33}$$

并选择参数 $0 < \alpha < 1$，以保证算法的收敛。

图 10.3.2 画出了线性约束自适应波束形成的直接实现的方框图 [125]。图中，时延调整单元 $\tau_1, \tau_2, \cdots, \tau_M$ 用于使阵列指向感兴趣的方向。波束形成器的系数 (图中的各个抽头延迟线) 由自适应算法更新。

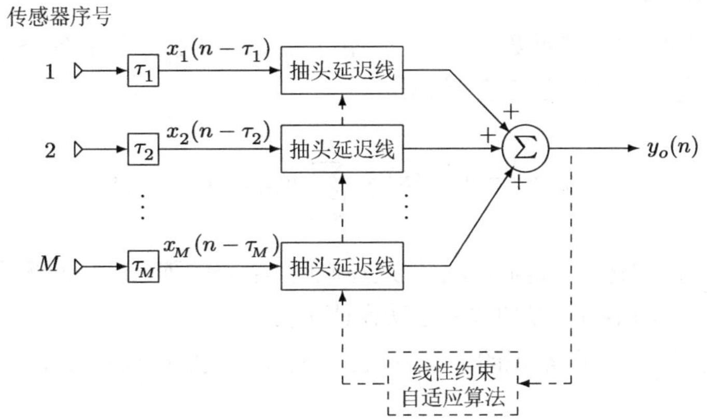

图 10.3.2 线性约束自适应波束形成的直接实现

10.3.3 自适应波束形成器的广义旁瓣对消形式

直接形式的线性约束自适应波束形成器直接生成指向期望信号的波束。线性约束自适应波束形成器也可以采用间接形式实现：这一间接形式称为广义旁瓣对消形式，由 Griffiths 与 Jim 于 1982 年提出[125]。

图 10.3.3 示出了线性约束自适应波束形成的广义旁瓣对消形式的原理图。

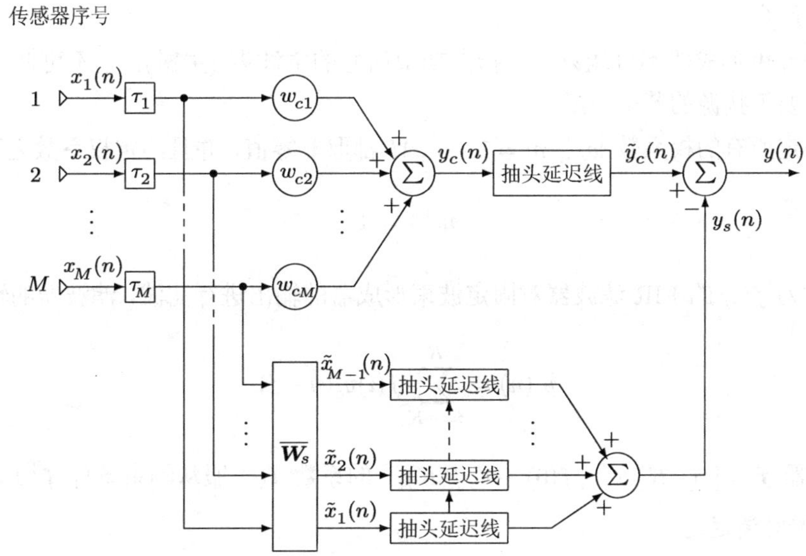

图 10.3.3 线性约束自适应波束形成的广义旁瓣对消形式

基于广义旁瓣对消的自适应波束形成器由上、下两层组成：上层为固定波束形成通道，下层为旁瓣对消通道。

(1) 固定波束形成通道

固定的波束形成器的权系数向量 $\boldsymbol{w}_c = [w_{c1}, w_{c2}, \cdots, w_{cM}]^{\mathrm{T}}$ 的各个系数分别为固定的常数，产生一个非自适应的波束形成信号

$$y_c(n) = \boldsymbol{w}_c^{\mathrm{T}}\boldsymbol{x}(n) = \sum_{m=1}^{M} w_{cm}x_m(n-\tau_m) \tag{10.3.34}$$

固定波束形成器的权系数向量 $\boldsymbol{w}_c$ 的选择原则是：兼顾阵列带宽和平均旁瓣电平之间的平衡[98]，可使用 Chebyshev 多项式等方法设计 $\boldsymbol{w}_c$。

在没有期望信号的先验知识的情况下，固定波束形成器的权系数 w_{cm} 可采用 RAKE 接收机形式设计：

$$w_{cm} = \frac{|x_m(n)|^2}{|x_1(n)|^2 + \cdots + |c_M(n)|^2}, \quad m = 1, \cdots, M \tag{10.3.35}$$

于是，非自适应的波束形成信号由能量比较大的期望信号和干扰信号组成。

在某些应用中，期望信号的某些先验知识可能已知。例如，在无线通信的 CDMA 系统中，各个用户的特征波形矩阵 $\boldsymbol{C} = [\boldsymbol{c}_1, \cdots, \boldsymbol{c}_M]$ 为基站所已知。此时，固定的波束形成器 (无线通信中称为多用户检测器) 的权系数向量由

$$\boldsymbol{w}_c = (\boldsymbol{C}^{\mathrm{H}}\boldsymbol{C})^{-1}\boldsymbol{C}^{\mathrm{H}}\boldsymbol{g} \tag{10.3.36}$$

确定。其中，$\boldsymbol{g}$ 为增益向量，它只有一个非零元素 1。非零元素 1 的位置序号代表该序号的用户为期望用户。

固定的波束形成器不可能只产生指向期望信号的主波束 (主瓣)，它不可避免地会同时产生指向主要干扰源的若干旁瓣。

一般假定所有的权系数 $w_{cm}, m = 1, \cdots, M$ 都取非零值，并且约定权系数之和

$$\boldsymbol{w}_c^{\mathrm{T}}\boldsymbol{1} = 1 \tag{10.3.37}$$

令系数为 $f(i)$ 的 FIR 滤波器对固定波束形成器的输出进行滤波，滤波器的输出

$$\tilde{y}_c(n) = \sum_{i=-K}^{K} f(i)y_c(n-i) \tag{10.3.38}$$

其中，滤波器 $\boldsymbol{f} = [f(-K), \cdots, f(0), \cdots, f(K)]^{\mathrm{T}}$ 的系数 $f(i)$ 服从约束条件 $\boldsymbol{f}^{\mathrm{T}}\boldsymbol{1} = 1$。

(2) 旁瓣对消通道

旁瓣对消通道由一个 $(M-1) \times M$ 维矩阵预处理器 $\overline{\boldsymbol{W}}_s$ 后面连接 $M-1$ 组抽头延迟线组成。每组抽头延迟线有 $2K+1$ 个抽头系数，而 $\overline{\boldsymbol{W}}_s$ 的目的是阻隔下层通道的期望信号 $s(n)$。由于 $s(n)$ 对每一个被调整的传感器输出都是共同的，所以如果约定 $\overline{\boldsymbol{W}}_s$ 的各行的元素相加等于零，则可保证 $s(n)$ 被阻隔。为了看清楚这一点，记延迟的观测向量

$$\boldsymbol{x}(n-\tau) = [x_1(n-\tau_1), \cdots, x_M(n-\tau_M)]^{\mathrm{T}} \tag{10.3.39}$$

使用矩阵预处理器 $\overline{\boldsymbol{W}}_s$ 对 $\boldsymbol{x}(n-\tau)$ 进行预处理，其输出为

$$\tilde{\boldsymbol{x}}(n)=\overline{\boldsymbol{W}}_s\boldsymbol{x}(n-\tau)=\begin{bmatrix}\boldsymbol{b}_1^{\mathrm{T}}\\ \vdots\\ \boldsymbol{b}_{M-1}^{\mathrm{T}}\end{bmatrix}\boldsymbol{x}(n-\tau) \tag{10.3.40}$$

含有 $M-1$ 个分量。其中，$(M-1)\times M$ 维矩阵预处理器 $\overline{\boldsymbol{W}}_s$ 每一行的元素之和均要求等于零，即

$$\boldsymbol{b}_m^{\mathrm{T}}\boldsymbol{1}=0,\quad \forall m=1,\cdots,M-1 \tag{10.3.41}$$

由于 $s(n)$ 对每一个被调整的传感器输出都是共同的，即 $\boldsymbol{x}(n-\tau)=s(n)\boldsymbol{1}+\boldsymbol{n}(n-\tau)$，故由式 (10.3.40) 和式 (10.3.41) 有

$$\tilde{\boldsymbol{x}}(n)=\begin{bmatrix}\boldsymbol{b}_1^{\mathrm{T}}\\ \vdots\\ \boldsymbol{b}_{M-1}^{\mathrm{T}}\end{bmatrix}[s(n)\boldsymbol{1}+\boldsymbol{n}(n-\tau)]=\begin{bmatrix}\boldsymbol{b}_1^{\mathrm{T}}\\ \vdots\\ \boldsymbol{b}_{M-1}^{\mathrm{T}}\end{bmatrix}\boldsymbol{n}(n-\tau)]$$

即是说，期望信号被阻隔，只剩下线性混合的旁瓣信号。

下层通道的旁瓣对消器 $\tilde{\boldsymbol{a}}_i$ 为 $(M-1)\times 1$ 向量

$$\tilde{\boldsymbol{a}}_i=[\tilde{a}_{1,i},\cdots,\tilde{a}_{M-1,i}]^{\mathrm{T}},\quad i=-K,\cdots,K \tag{10.3.42}$$

此旁瓣对消器对 $\tilde{\boldsymbol{x}}(n)$ 各元素的延迟进行加权求和，其标量输出

$$y_A(n)=\sum_{i=-K}^{K}\tilde{\boldsymbol{a}}_i^{\mathrm{T}}\tilde{\boldsymbol{x}}(n-i) \tag{10.3.43}$$

注意，$y_A(n)$ 只含干扰即旁瓣。与之不同，$\tilde{y}_c(n)$ 则含有期望信号 (主瓣) 和干扰 (旁瓣)。两者之差

$$y(n)=\tilde{y}_c(n)-y_A(n) \tag{10.3.44}$$

最终作为基于广义旁瓣对消结构的波束形成器的输出。换言之，旁瓣被对消，广义旁瓣对消器只输出主瓣信号，其作用相当于针对期望信号的波束形成。

旁瓣对消器的自适应更新算法为

$$\tilde{\boldsymbol{a}}_i(k+1)=\tilde{\boldsymbol{a}}_i(n)+\mu\, y(n)\tilde{\boldsymbol{x}}(n-i),\quad i=-K,\cdots,K \tag{10.3.45}$$

式 (10.3.45)、式 (10.3.37) 和式 (10.3.41) 一起组成了文献 [125] 的广义旁瓣对消器的自适应算法。

波束形成器使用传感器阵列的观测数据的加权求和构成标量输出信号。权系数决定波束形成器的空域滤波特性。如果源信号处在不同的空间位置，即使它们具有重叠的频率分量，波束形成器也可以将这些空间源信号分离。统计优化型波束形成器根据观测数据的统计量选择权系数，使波束形成器响应最优化。数据统计量通常是未知的，因此统计优化型波束形成器通常采用自适应 FIR 空域滤波器实现。

10.4 多重信号分类 (MUSIC)

阵列信号处理分为波束形成和波达方向估计两大技术。波达方向估计的代表性方法是高分辨空间谱估计。

功率谱密度描述信号功率随频率的分布，是信号的一种频域表示。由于阵列信号处理的主要任务是信号空间参数 (信源的定位参数) 的估计，所以将功率谱密度的概念在空域加以延伸及推广，就显得十分重要。这种广义的功率谱常简称为空间谱。空间谱描述信号的空间参数的分布。

10.4.1 空间谱

考虑使 N 次快拍的输出能量的平均值为最小，即

$$\min_{\boldsymbol{w}} \frac{1}{N}\sum_{n=1}^{N}|y(n)|^2 = \min_{\boldsymbol{w}} \frac{1}{N}\sum_{n=1}^{N}|\boldsymbol{w}^{\mathrm{H}}\boldsymbol{x}(n)|^2 \tag{10.4.1}$$

设计权向量 $\boldsymbol{w}$ 的这一准则称为最小输出能量 (MOE) 准则。令

$$\hat{\boldsymbol{R}}_x = \frac{1}{N}\sum_{t=1}^{N}\boldsymbol{x}(n)\boldsymbol{x}^{\mathrm{H}}(n) \tag{10.4.2}$$

是观测信号向量 $\boldsymbol{x}(n)$ 的样本自协方差矩阵，则 MOE 准则可以写作

$$\min_{\boldsymbol{w}} \frac{1}{N}\sum_{n=1}^{N}|y(n)|^2 = \min_{\boldsymbol{w}} \boldsymbol{w}^{\mathrm{H}}\left(\frac{1}{N}\sum_{n=1}^{N}\boldsymbol{x}(n)\boldsymbol{x}^{\mathrm{H}}(n)\right)\boldsymbol{w} = \min_{\boldsymbol{w}} \boldsymbol{w}^{\mathrm{H}}\hat{\boldsymbol{R}}_x\boldsymbol{w}$$

当 $N\to\infty$ 时，上式变作

$$\mathrm{E}\{|y(n)|^2\} = \lim_{N\to\infty}\frac{1}{N}\sum_{n=1}^{N}|y(n)|^2 = \boldsymbol{w}^{\mathrm{H}}\boldsymbol{R}_{xx}\boldsymbol{w} \tag{10.4.3}$$

注意到阵列观测信号向量

$$\boldsymbol{x}(n) = \boldsymbol{a}(\omega_k)s_k(n) + \sum_{i=1,i\neq k}^{p}\boldsymbol{a}(\omega_i)s_i(n) + \boldsymbol{e}(n) \tag{10.4.4}$$

式中第一项是希望抽取的信号即期望信号；第二项表示希望拒绝的其他信号 (统称干扰信号) 之和；第三项为加性噪声项。将式 (10.4.4) 代入式 (10.4.3)，即有

$$\mathrm{E}\{|y(n)|^2\} = \mathrm{E}\{|s_k(n)|^2\}|\boldsymbol{w}^{\mathrm{H}}\boldsymbol{a}(\omega_k)|^2 + \sum_{i=1,i\neq k}^{p}\mathrm{E}\{|s_i(n)|^2\}|\boldsymbol{w}^{\mathrm{H}}\boldsymbol{a}(\omega_i)|^2 + \sigma^2|\boldsymbol{w}|^2 \tag{10.4.5}$$

这里使用了加性噪声 $e_1(n),\cdots,e_m(n)$ 具有相同方差的假设条件。

由式 (10.4.5) 容易看出，若权向量 $\boldsymbol{w}$ 满足约束条件

$$\boldsymbol{w}^{\mathrm{H}}\boldsymbol{a}(\omega_k) = \boldsymbol{a}^{\mathrm{H}}(\omega_k)\boldsymbol{w} = 1 \quad (\text{波束形成条件}) \tag{10.4.6}$$

$$\boldsymbol{w}^{\mathrm{H}}\boldsymbol{a}(\omega_i) = 0, \quad \omega_i \neq \omega_k \quad (\text{零点形成条件}) \tag{10.4.7}$$

则权向量将只抽取期望信号，而拒绝所有其他干扰信号。此时，式 (10.4.5) 简化为

$$\mathrm{E}\{|y(n)|^2\} = \mathrm{E}\{|s_k(n)|^2\} + \sigma^2|\boldsymbol{w}|^2 \tag{10.4.8}$$

值得指出的是，只需要在波束形成条件的约束下，使输出能量 $\mathrm{E}\{|y(n)|^2\}$ 最小化，波束形成器的输出信号的平均能量就仍然和上式相同，即能够使零点形成条件自动成立。因此，最佳波束形成器的设计变成了在约束条件 (10.4.6) 下使输出能量 $\mathrm{E}\{|y(n)|^2\}$ 最小化。

下面用 Largange 乘子法求解这一优化问题。为此，根据式 (10.4.3) 和式 (10.4.6) 构造目标函数

$$J(\boldsymbol{w}) = \boldsymbol{w}^{\mathrm{H}}\boldsymbol{R}_{xx}\boldsymbol{w} + \lambda[1 - \boldsymbol{w}^{\mathrm{H}}\boldsymbol{a}(\omega_k)] \tag{10.4.9}$$

由 $\dfrac{\partial J(\boldsymbol{w})}{\partial \boldsymbol{w}^{\mathrm{H}}} = 0$ 得 $\boldsymbol{R}_{xx}\boldsymbol{w} - \lambda\boldsymbol{a}(\omega_k) = 0$，由此得到使输出能量最小化的最佳波束形成器

$$\boldsymbol{w}_{\mathrm{opt}} = \lambda\boldsymbol{R}_{xx}^{-1}\boldsymbol{a}(\omega_k) \tag{10.4.10}$$

将这一波束形成器代入约束条件 (10.4.6)，可知

$$\lambda = \frac{1}{\boldsymbol{a}^{\mathrm{H}}(\omega_k)\boldsymbol{R}_{xx}^{-1}\boldsymbol{a}(\omega_k)} \tag{10.4.11}$$

因为 Lagrange 乘子 λ 是个实数。

将式 (10.4.11) 代入式 (10.4.10) 立即知，使输出能量最小化的最佳波束形成器为

$$\boldsymbol{w}_{\mathrm{opt}} = \frac{\boldsymbol{R}_{xx}^{-1}\boldsymbol{a}(\omega_k)}{\boldsymbol{a}^{\mathrm{H}}(\omega_k)\boldsymbol{R}_{xx}^{-1}\boldsymbol{a}(\omega_k)} \tag{10.4.12}$$

这一波束形成器是 Capon 于 1969 年提出的 MVDR 波束形成器 [54]，其基本原理是使来自非期望波达方向的任何干扰所贡献的功率最小，但又能保持“在观测方向上的信号功率”不变。因此，它可以看作是一个尖锐的空间带通滤波器。

式 (10.4.12) 表明，第 k 个信号源的最佳波束形成器的设计决定于该信号频率 ω_k 的估计。为了确定 p 个信号的频率 $\omega_1, \cdots, \omega_p$，Capon [54] 定义“空间谱”

$$P_{\mathrm{Capon}}(\omega) = \frac{1}{\boldsymbol{a}^{\mathrm{H}}(\omega)\boldsymbol{R}_{xx}^{-1}\boldsymbol{a}(\omega)} \tag{10.4.13}$$

并将峰值对应的 $\omega_1, \cdots, \omega_p$ 定为 p 个信号的频率。

式 (10.4.13) 定义的空间谱习惯称为 Capon 空间谱。由于 Capon 空间谱所使用的最佳滤波器类似于高斯随机噪声中估计已知频率正弦波幅值的最大似然估计的形式，所以式 (10.4.13) 常被误称为“最大似然谱估计”。现在，在不少文献中，仍沿用这一流行的称呼。

一旦 p 个信源的频率 $\omega_1, \cdots, \omega_p$ 使用空间谱估计出，在等距线阵的情况下，即可利用式 (10.2.1) 即式 $\omega_i = 2\pi\dfrac{d}{\lambda}\sin\theta_i$ 求出各个信源的波达方向 $\theta_i, i = 1, \cdots, p$。换言之，波达方向估计实质上等价为空间谱估计。

10.4.2 信号子空间与噪声子空间

为了估计空间谱，考虑阵列观测模型

$$\boldsymbol{x}(n)=\boldsymbol{A}(\omega)\boldsymbol{s}(n)+\boldsymbol{e}(n)=\sum_{i=1}^{p}\boldsymbol{a}(\omega_i)s_i(n)+\boldsymbol{e}(n) \tag{10.4.14}$$

其中，$\boldsymbol{A}(\omega)=[\boldsymbol{a}(\omega_1),\cdots,\boldsymbol{a}(\omega_p)]$。

在等距线阵的情况下，导向向量

$$\boldsymbol{a}(\omega)=[1,\mathrm{e}^{\mathrm{j}\omega},\cdots,\mathrm{e}^{\mathrm{j}\omega(M-1)}]^{\mathrm{T}} \tag{10.4.15}$$

对阵列观测模型，通常作以下假设：

假设 1 对于不同的 ω_i 值，向量 $\boldsymbol{a}(\omega_i)$ 相互线性独立；

假设 2 加性噪声向量 $\boldsymbol{e}(t)$ 的每个元素都是零均值的复白噪声，它们不相关，并且具有相同的方差 σ^2；

假设 3 矩阵 $\boldsymbol{P}=\mathrm{E}\{\boldsymbol{s}(n)\boldsymbol{s}^{\mathrm{H}}(n)\}$ 非奇异，即 $\mathrm{rank}(\boldsymbol{P})=p$。

对于等距线阵，假设 1 自动满足。假设 2 意味着加性白噪声向量 $\boldsymbol{e}(n)$ 满足以下条件

$$\mathrm{E}\{\boldsymbol{e}(n)\}=\boldsymbol{0},\quad \mathrm{E}\{\boldsymbol{e}(n)\boldsymbol{e}^{\mathrm{H}}(n)\}=\sigma^2\boldsymbol{I},\quad \mathrm{E}\{\boldsymbol{e}(n)\boldsymbol{e}^{\mathrm{T}}(n)\}=\boldsymbol{O} \tag{10.4.16}$$

式中 $\boldsymbol{0}$ 和 $\boldsymbol{O}$ 分别表示零向量和零矩阵。如果各个信号源独立发射，则假设 3 自动满足。因此，上述三个假设条件只是一般的假设，在实际中容易得到满足。

在假设 1~3 的条件下，由式 (10.4.14) 容易得到

$$\begin{aligned}\boldsymbol{R}_{xx}&\stackrel{\mathrm{def}}{=}\mathrm{E}\{\boldsymbol{x}(n)\boldsymbol{x}^{\mathrm{H}}(n)\}\\&=\boldsymbol{A}(\omega)\mathrm{E}\{\boldsymbol{s}(n)\boldsymbol{s}^{\mathrm{H}}(n)\}\boldsymbol{A}^{\mathrm{H}}(\omega)+\sigma^2\boldsymbol{I}\\&=\boldsymbol{A}\boldsymbol{P}\boldsymbol{A}^{\mathrm{H}}+\sigma^2\boldsymbol{I}\end{aligned} \tag{10.4.17}$$

式中 $\boldsymbol{A}=\boldsymbol{A}(\omega)$。可见，$\boldsymbol{R}_{xx}$ 是一个对称矩阵。令其特征值分解为

$$\boldsymbol{R}_{xx}=\boldsymbol{U}\boldsymbol{\Sigma}\boldsymbol{U}^{\mathrm{H}} \tag{10.4.18}$$

式中 $\boldsymbol{\Sigma}=\mathrm{diag}(\sigma_1^2,\cdots,\sigma_M^2)$。

由于 $\boldsymbol{A}$ 满列秩，故 $\mathrm{rank}(\boldsymbol{A}\boldsymbol{P}\boldsymbol{A}^{\mathrm{H}})=\mathrm{rank}(\boldsymbol{P})=p$，这里假定信源个数 p 小于传感器个数 M 即 $p<M$。于是，由 $\boldsymbol{U}^{\mathrm{H}}\boldsymbol{R}_{xx}\boldsymbol{U}=\boldsymbol{\Sigma}$ 得

$$\begin{aligned}\boldsymbol{U}^{\mathrm{H}}\boldsymbol{R}_{xx}\boldsymbol{U}&=\boldsymbol{U}^{\mathrm{H}}\boldsymbol{A}\boldsymbol{P}\boldsymbol{A}^{\mathrm{H}}\boldsymbol{U}+\sigma^2\boldsymbol{U}^{\mathrm{H}}\boldsymbol{U}\\&=\mathrm{diag}(\alpha_1^2,\cdots,\alpha_p^2,0,\cdots,0)+\sigma^2\boldsymbol{I}=\boldsymbol{\Sigma}\end{aligned} \tag{10.4.19}$$

式中 $\alpha_1^2,\cdots,\alpha_p^2$ 是无加性噪声时的观测信号 $\boldsymbol{A}\boldsymbol{x}(n)$ 的自协方差矩阵 $\boldsymbol{A}\boldsymbol{P}\boldsymbol{A}^{\mathrm{H}}$ 的特征值。

式 (10.4.19) 表明，自协方差矩阵 $\boldsymbol{R}_{xx}$ 的特征值为

$$\lambda_i=\sigma_i^2=\begin{cases}\alpha_i^2+\sigma^2, & i=1,\cdots,p\\ \sigma^2, & i=p+1,\cdots,M\end{cases} \tag{10.4.20}$$

即是说，当存在加性观测白噪声时，观测数据向量 $\boldsymbol{x}(n)$ 的自协方差矩阵的特征值由两部分组成：前 p 个特征值等于 α_i^2 与加性白噪声方差 σ^2 之和，后面 $m-p$ 个特征值全部等于加性白噪声的方差。

显然，在信噪比足够高，使得 α_i^2 比加性白噪声方差 σ^2 明显大时，容易将矩阵 $\boldsymbol{R}_{xx}$ 的前 p 个大的特征值 $\alpha_i^2+\sigma^2$ 同后面 $m-p$ 个小的特征值 σ^2 区分开来。这 p 个主特征值称为信号特征值，其余 $m-p$ 个次特征值称为噪声特征值。根据信号特征值和噪声特征值，又可以将特征矩阵 $\boldsymbol{U}$ 的列向量分成两部分，即

$$\boldsymbol{U}=[\boldsymbol{S} \,\vdots\, \boldsymbol{G}] \tag{10.4.21}$$

式中

$$\boldsymbol{S}=[\boldsymbol{s}_1,\cdots,\boldsymbol{s}_p]=[\boldsymbol{u}_1,\cdots,\boldsymbol{u}_p] \tag{10.4.22}$$

$$\boldsymbol{G}=[\boldsymbol{g}_1,\cdots,\boldsymbol{g}_{m-p}]=[\boldsymbol{u}_{p+1},\cdots,\boldsymbol{u}_m] \tag{10.4.23}$$

分别由信号特征向量和噪声特征向量组成。

注意到 $\langle \boldsymbol{S},\boldsymbol{S}\rangle=\boldsymbol{S}^{\mathrm{H}}\boldsymbol{S}=\boldsymbol{I}$，故投影矩阵

$$\boldsymbol{P}_s \stackrel{\text{def}}{=} \boldsymbol{S}\langle \boldsymbol{S},\boldsymbol{S}\rangle^{-1}\boldsymbol{S}^{\mathrm{H}}=\boldsymbol{S}\boldsymbol{S}^{\mathrm{H}} \tag{10.4.24}$$

$$\boldsymbol{P}_n \stackrel{\text{def}}{=} \boldsymbol{G}\langle \boldsymbol{G},\boldsymbol{G}\rangle^{-1}\boldsymbol{G}^{\mathrm{H}}=\boldsymbol{G}\boldsymbol{G}^{\mathrm{H}} \tag{10.4.25}$$

分别表示信号子空间和噪声子空间，且有

$$\boldsymbol{P}_n=\boldsymbol{G}\boldsymbol{G}^{\mathrm{H}}=\boldsymbol{I}-\boldsymbol{S}\boldsymbol{S}^{\mathrm{H}}=\boldsymbol{I}-\boldsymbol{P}_s \tag{10.4.26}$$

10.4.3 MUSIC 方法

利用子空间，可以进行多个信号的分类。

考查

$$\boldsymbol{R}_{xx}\boldsymbol{G}=[\boldsymbol{S} \,\vdots\, \boldsymbol{G}]\boldsymbol{\Sigma}\begin{bmatrix}\boldsymbol{S}^{\mathrm{H}}\\ \boldsymbol{G}^{\mathrm{H}}\end{bmatrix}\boldsymbol{G}=[\boldsymbol{S} \,\vdots\, \boldsymbol{G}]\boldsymbol{\Sigma}\begin{bmatrix}\boldsymbol{O}\\ \boldsymbol{I}\end{bmatrix}=\sigma^2\boldsymbol{G} \tag{10.4.27}$$

又由 $\boldsymbol{R}_{xx}=\boldsymbol{A}\boldsymbol{P}\boldsymbol{A}^{\mathrm{H}}+\sigma^2\boldsymbol{I}$ 有 $\boldsymbol{R}_{xx}\boldsymbol{G}=\boldsymbol{A}\boldsymbol{P}\boldsymbol{A}^{\mathrm{H}}\boldsymbol{G}+\sigma^2\boldsymbol{G}$，利用式 (10.4.27) 的结果，立即得到

$$\boldsymbol{A}\boldsymbol{P}\boldsymbol{A}^{\mathrm{H}}\boldsymbol{G}=\boldsymbol{O} \tag{10.4.28}$$

进而有

$$\boldsymbol{G}^{\mathrm{H}}\boldsymbol{A}\boldsymbol{P}\boldsymbol{A}^{\mathrm{H}}\boldsymbol{G}=\boldsymbol{O} \tag{10.4.29}$$

众所周知，$\boldsymbol{t}^{\mathrm{H}}\boldsymbol{Q}\boldsymbol{t}=0$ 当且仅当 $\boldsymbol{t}=\boldsymbol{0}$，故式 (10.4.29) 成立的充分必要条件是

$$\boldsymbol{G}^{\mathrm{H}}\boldsymbol{A}=\boldsymbol{O} \tag{10.4.30}$$

将 $\boldsymbol{A}=[\boldsymbol{a}(\omega_1),\cdots,\boldsymbol{a}(\omega_p)]$ 代入式 (10.4.30)，即有

$$\boldsymbol{G}^{\mathrm{H}}\boldsymbol{a}(\omega_i)=\boldsymbol{0},\quad i=1,\cdots,p \tag{10.4.31}$$

或者用标量形式写作

$$\|\boldsymbol{G}^{\mathrm{H}}\boldsymbol{a}(\omega_i)\|_2^2=\boldsymbol{a}^{\mathrm{H}}(\omega_i)\boldsymbol{G}\boldsymbol{G}^{\mathrm{H}}\boldsymbol{a}(\omega_i)=0,\quad i=1,\cdots,p \tag{10.4.32}$$

称为零谱 (null spectrum)。显然，当 $\omega\neq\omega_1,\cdots,\omega_p$ 时，得到的是非零谱 $\boldsymbol{a}^{\mathrm{H}}(\omega)\boldsymbol{G}\boldsymbol{G}^{\mathrm{H}}\boldsymbol{a}(\omega)\neq 0$。就是说，满足零谱的空间参数 $\omega_1,\cdots,\omega_p$ 即是 p 个信源的空间频率估计。

实际应用中，零谱定义式 (10.4.32) 常改写为一种类似于功率谱的函数

$$P_{\mathrm{MUSIC}}(\omega)=\frac{\boldsymbol{a}^{\mathrm{H}}(\omega)\boldsymbol{a}(\omega)}{\|\boldsymbol{a}^{\mathrm{H}}(\omega)\boldsymbol{G}\|_2^2}=\frac{\boldsymbol{a}^{\mathrm{H}}(\omega)\boldsymbol{a}(\omega)}{\boldsymbol{a}^{\mathrm{H}}(\omega)\boldsymbol{G}\boldsymbol{G}^{\mathrm{H}}\boldsymbol{a}(\omega)} \tag{10.4.33}$$

这与式 (10.4.13) 定义的 Capon 空间谱形式上类似，不同的是用噪声子空间 $\boldsymbol{G}\boldsymbol{G}^{\mathrm{H}}$ 代替了 Capon 空间谱中的协方差矩阵 $\boldsymbol{R}_{xx}$。

式 (10.4.33) 取峰值的 p 个 ω 值 $\omega_1,\cdots,\omega_p$ 给出 p 个信源的频率，从而由式 (10.2.1) 可以得到波达方向 $\theta_1,\cdots,\theta_p$。

由于式 (10.4.33) 定义的空间谱函数能够对多个空间信号进行识别 (即分类)，故称为多重信号分类 (multiple signal classification, MUSIC) 空间谱，它是 Schmidt[242]，Bienvenu 和 Kopp[32] 于 1979 年分别在学术会议上独立提出的。后来，Schmidt 于 1986 年在 IEEE 天线传播汇刊上重新发表了他的论文[244]。值得强调指出的是，式 (10.4.31) 是 MUSIC 空间谱的基本公式。

利用 MUSIC 空间谱将混合的多重信号分离开，称为多重信号分类方法，简称 MUSIC 方法。后面将会看到，MUSIC 方法的各种扩展都是在式 (10.4.31) 的基础上发展起来的。

MUSIC 空间谱估计已经成为信号处理的一种代表性方法，获得了广泛的应用。由于空间谱利用噪声子空间 $\boldsymbol{G}\boldsymbol{G}^{\mathrm{H}}$ 定义，故 MUSIC 方法是一种噪声子空间方法。

在实际应用中，通常将 ω 划分为数百个等间距的单位，得到

$$\omega_i=2\pi i\Delta f \tag{10.4.34}$$

例如取 $\Delta f=\dfrac{0.5}{500}=0.001$，然后将每个 ω_i 值代入 MUSIC 空间谱定义式 (10.4.33) 求出所有峰值对应的 ω 值。因此，MUSIC 算法需要在频率轴上进行全域搜索，才能得到 p 个峰值，所以计算量比较大。

为了改进 MUSIC 算法的性能，已提出了好几种变型，对这些变型感兴趣的读者，可参考文献 [246]。这里介绍其中的一种，其基础是最大似然法。具体说来，这种改进的 MUSIC 算法是使变量

$$\epsilon_i=\boldsymbol{a}^{\mathrm{H}}(\omega)\boldsymbol{g}_i,\quad i=1,\cdots,m-p \tag{10.4.35}$$

的似然值最大。注意，基本的 MUSIC 算法是使 $\sum\limits_{i=1}^{m-p}|\epsilon_i|^2$ 最小。Sharman 和 Durrani[246] 证明了，使式 (10.4.35) 的渐近 (大样本 N) 似然值最大的估计子由下列函数的最大化

$$P_{\mathrm{MUSIC}}(\omega)=\frac{\boldsymbol{a}^{\mathrm{H}}(\omega)\hat{\boldsymbol{U}}\boldsymbol{a}(\omega)}{\boldsymbol{a}^{\mathrm{H}}(\omega)\boldsymbol{G}\boldsymbol{G}^{\mathrm{H}}\boldsymbol{a}(\omega)} \tag{10.4.36}$$

给出，式中

$$\hat{\boldsymbol{U}}=\sigma^2\sum_{k=1}^{p}\frac{\lambda_k}{(\sigma^2-\lambda_k)^2}\boldsymbol{u}_k\boldsymbol{u}_k^{\mathrm{H}} \tag{10.4.37}$$

算法 10.4.1 改进的 MUSIC 算法[246]

步骤 1 计算样本自协方差矩阵 $\boldsymbol{R}_{xx}$ 的特征值分解，得到其主特征值 $\lambda_1,\cdots,\lambda_p$ 和次特征值 σ^2，并存储主特征向量 $\boldsymbol{u}_1,\cdots,\boldsymbol{u}_p$。

步骤 2 利用式 (10.4.36) 计算 MUSIC 谱 $P_{\text{MUSIC}}(\omega_i)$，其中 $\omega_i=(i-1)\Delta\omega$，网格 $\Delta\omega$ 可取作 $2\pi\cdot 0.001$ 等。

步骤 3 搜索确定 $P_{\text{MUSIC}}(\omega)$ 的 p 个峰值，给出 MUSIC 空间参数估计值 $\omega_1,\cdots,\omega_p$。然后，由 $\omega_i=2\pi\frac{d}{\lambda}\sin\theta_i$ 估计波达方向 $\theta_1,\cdots,\theta_p$。

Stoica 和 Nehorai[263] 分析了 MUSIC 算法的估计值性能，并证明了下列结论：

(1) 特征向量 $\boldsymbol{u}_i$ 的估计误差 $(\hat{\boldsymbol{u}}_i-\boldsymbol{u}_i)$ 为渐近 (对于大样本 N) 联合高斯分布，其均值等于零；

(2) MUSIC 参数估计误差 $(\hat{\omega}_i-\omega_i)$ 为渐近联合高斯分布，其均值等于零；

(3) 假定函数 $r(\omega)=\boldsymbol{a}(\omega)\hat{\boldsymbol{U}}\boldsymbol{a}(\omega)$ 满足正则条件 $r(\omega_i)\neq 0,\ i=1,\cdots,p$，则使式 (10.4.36) 定义的 MUSIC 谱 $P_{\text{MUSIC}}(\omega)$ 最大化与使式 (10.4.33) 定义的 MUSIC 谱最大化所得到的参数估计值 $\hat{\omega}_1,\cdots,\hat{\omega}_p$ 具有相同的渐近分布。

10.5 MUSIC 方法的扩展

上一节介绍了空间谱估计的基本 MUSIC 方法。在一些实际应用场合中，有必要对基本 MUSIC 方法进行重要的扩展，以提高 MUSIC 方法的计算效果或估计性能。这些应用场合包括：

(1) 两个源信号可能相关；

(2) 实时应用要求避免空间谱峰值的搜索；

(3) MUSIC 方法分辨率的进一步提高。

本节将围绕这些重要应用情况，介绍 MUSIC 方法的几种扩展：解相干 MUSIC 方法、求根 MUSIC 方法、波束空间 MUSIC 方法等。

10.5.1 解相干 MUSIC 方法

由于多径传输以及人为干扰的影响，阵列有时会收到来自不同方向上的相干信号。相干信号通常会导致信源协方差矩阵 $\boldsymbol{P}$ 的秩亏缺。

作为最简单的一个例子，考虑用两个阵元接收两个空间信号

$$\boldsymbol{x}(t)=\boldsymbol{A}\boldsymbol{s}(t)+\boldsymbol{n}(t)=s_1(t)\boldsymbol{a}(\omega_1)+s_2(t)\boldsymbol{a}(\omega_2)+\boldsymbol{n}(t) \tag{10.5.1}$$

其中，$\boldsymbol{A}=[\boldsymbol{a}(\theta_1),\boldsymbol{a}(\theta_2)]$。考虑两个窄带空间信号 $s_1(t)=s_1\mathrm{e}^{\mathrm{j}\omega_1 t}$ 和 $s_2(t)=s_2\mathrm{e}^{\mathrm{j}\omega_2 t}$。于是，阵列相关矩阵 $\boldsymbol{R}_x=\mathrm{E}\{\boldsymbol{x}(t)\boldsymbol{x}^{\mathrm{H}}(t)\}$ 为

$$\boldsymbol{R}_x=\boldsymbol{A}\mathrm{E}\begin{bmatrix} s_1(t)s_1^*(t) & s_1(t)s_2^*(t)\\ s_2(t)s_1^*(t) & s_2(t)s_2^*(t)\end{bmatrix}\boldsymbol{A}^{\mathrm{H}}=\boldsymbol{A}\begin{bmatrix}\sigma_1^2 & \rho_{12}\sigma_1\sigma_2^*\\ \rho_{12}^*\sigma_2\sigma_1^* & \sigma_2^2\end{bmatrix}\boldsymbol{A}^{\mathrm{H}} \tag{10.5.2}$$

若两个空间信号相干，则 $|\rho_{12}|=1$，从而行列式

$$\begin{vmatrix} \sigma_1^2 & \rho_{12}\sigma_1\sigma_2^* \\ \rho_{12}^*\sigma_2\sigma_1^* & \sigma_2^2 \end{vmatrix} = 0$$

即 2×2 阵列相关矩阵 $\boldsymbol{R}_x$ 秩等于 1，为秩亏缺。此时，阵列相关矩阵 $\boldsymbol{R}_x$ 只有一个特征值，但是这个特征值既不与空间信号 $s_1(t)$ 的波达方向 θ_1 对应，也不与空间 $s_2(t)$ 的波达方向 θ_2 对应。为了看清楚这一事实，令相干信号 $s_2(t)=C\cdot s_1(t)$，其中 C 为非零复常数。于是，阵列信号向量可以改写作

$$\boldsymbol{x}(t)=s_1(t)[\boldsymbol{a}(\theta_1)+C\boldsymbol{a}(\theta_2)]=s_1(t)\boldsymbol{b}(\theta)$$

其中，$\boldsymbol{b}(\theta)=\boldsymbol{a}(\theta_1)+C\boldsymbol{a}(\theta_2)$ 是相干情况下 $s_1(t)$ 的等效导向向量，其波达方向 θ 既不是 θ_1，也不是 θ_2。换言之，如果在两个空间信号相干情况下只用一个等距线阵，将无法估计任何一个空间信号的波达方向。

若 p 个空间信号中有两个信号相干，则 $p\times p$ 阵列相关矩阵 $\boldsymbol{R}_x$ 的秩等于 $p-1$，也是秩亏缺，造成信号子空间为 $p-1$ 维子空间，MUSIC 方法将无法估计两个相干空间信号中任何一个的波达方向。

为解决相干信号情况下阵列相关矩阵的秩亏缺，必须设法加一个非线性相关的阵列向量。对于等距线阵，取“反向阵列向量”是一种行之有效的方法。

令 $\boldsymbol{J}$ 为 $L\times L$ 置换矩阵 (除反对角线上元素为 1 外，其余元素皆等于 0)，则对于一等距线阵，有 $\boldsymbol{J}\boldsymbol{a}^*(\theta)=\mathrm{e}^{-\mathrm{j}(L-1)\phi}\boldsymbol{a}(\theta)$，由此得反向阵列协方差矩阵

$$\boldsymbol{R}_{\mathrm{B}}=\boldsymbol{J}\boldsymbol{R}_x^*\boldsymbol{J}=\boldsymbol{A}\boldsymbol{\Phi}^{-(L-1)}\boldsymbol{P}\boldsymbol{\Phi}^{-(L-1)}\boldsymbol{A}^{\mathrm{H}}+\sigma^2\boldsymbol{I} \tag{10.5.3}$$

式中，$\boldsymbol{\Phi}$ 为对角矩阵，对角线元素为 $\mathrm{e}^{\mathrm{j}m\phi}$ $(m=1,\cdots,M)$。求 (正向) 阵列协方差矩阵 $\boldsymbol{R}_{xx}$ 和反向阵列协方差矩阵 $\boldsymbol{R}_{\mathrm{B}}$ 的平均，即得到正反向阵列协方差矩阵

$$\boldsymbol{R}_{\mathrm{FB}}=\frac{1}{2}(\boldsymbol{R}_{xx}+\boldsymbol{R}_{\mathrm{B}})=\frac{1}{2}(\boldsymbol{R}_{xx}+\boldsymbol{J}\boldsymbol{R}_x^*\boldsymbol{J})=\boldsymbol{A}\tilde{\boldsymbol{P}}\boldsymbol{A}^{\mathrm{H}}+\sigma^2\boldsymbol{I} \tag{10.5.4}$$

式中，新的信源协方差矩阵 $\tilde{\boldsymbol{P}}=\frac{1}{2}(\boldsymbol{P}+\boldsymbol{\Phi}^{-(L-1)}\boldsymbol{P}\boldsymbol{\Phi}^{-(L-1)})$ 通常具有满秩。任何基于协方差矩阵的算法只要将 $\hat{\boldsymbol{R}}_x$ 换成 $\hat{\boldsymbol{R}}_{\mathrm{FB}}$，即可得到这种算法的正反向形式。变换 $\hat{\boldsymbol{R}}_x\to\hat{\boldsymbol{R}}_{\mathrm{FB}}$ 也用于非相干情况中改善估计方差。

空间平滑技术是另一种对付相干或高相关信号的有效方法，其基本思想是将 N 元等距线阵分成 $L=N-M+1$ 个相重叠的子阵列，每个子阵列由 M 个阵元组成。图 10.5.1 所示为 7 元阵列分为三个子阵列的示例。

在等距线阵的情况下，L 个子阵列的导向向量即阵列流形相同。由于每个子阵列有 M 个阵元，故将每个子阵列的导向向量记为

$$\boldsymbol{a}_M(\theta)=[1,\mathrm{e}^{\mathrm{j}\pi\theta},\cdots,\mathrm{e}^{\mathrm{j}\pi(M-1)\theta}]^{\mathrm{T}} \tag{10.5.5}$$

于是，第 1 个子阵列的观测信号向量

$$\boldsymbol{x}_1(t)=\boldsymbol{A}_M\boldsymbol{s}(t)+\boldsymbol{n}_1(t) \tag{10.5.6}$$

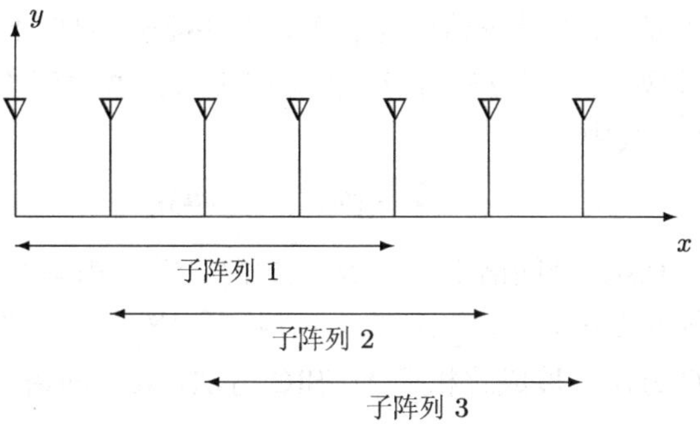

图 10.5.1 等距阵列分成三个子阵列

第 2 个子阵列的观测信号向量

$$\boldsymbol{x}_2(t) = \boldsymbol{A}_M \boldsymbol{D} \boldsymbol{s}(t) + \boldsymbol{n}_2(t) \tag{10.5.7}$$

其中，$\boldsymbol{D} = \mathrm{diag}(\mathrm{e}^{\mathrm{j}\pi \sin\theta_1}, \cdots, \mathrm{e}^{\mathrm{j}\pi\theta_p})$ 为 $p \times p$ 对角矩阵，$\boldsymbol{n}_2(t)$ 是第 2 个子阵列的加性白噪声。类似地，第 L 个子阵列的观测信号向量

$$\boldsymbol{x}_L(t) = \boldsymbol{A}_M \boldsymbol{D}^{L-1} \boldsymbol{s}(t) + \boldsymbol{n}_L(t) \tag{10.5.8}$$

若取 L 个子阵列的信号向量的平均作为空间平滑后的阵列信号向量

$$\bar{\boldsymbol{x}}(t) = \frac{1}{\sqrt{L}} \sum_{i=1}^{L} \boldsymbol{x}_i(t) \tag{10.5.9}$$

则空间平滑后的阵列相关矩阵

$$\bar{\boldsymbol{R}}_x = \mathrm{E}\{\bar{\boldsymbol{x}}(t)\bar{\boldsymbol{x}}^{\mathrm{H}}(t)\} = \boldsymbol{A}_M \left[\frac{1}{L} \sum_{i=1}^{L} \boldsymbol{D}^{(i-1)} \boldsymbol{R}_s \boldsymbol{D}^{-(i-1)} \right] \boldsymbol{A}_M^{\mathrm{H}} + \sigma_n^2 \boldsymbol{I} \tag{10.5.10}$$

或简记为

$$\bar{\boldsymbol{R}}_x = \boldsymbol{A}_M \bar{\boldsymbol{R}}_s \boldsymbol{A}_M^{\mathrm{H}} \tag{10.5.11}$$

其中

$$\bar{\boldsymbol{R}}_s = \frac{1}{L} \sum_{i=1}^{L} \boldsymbol{D}^{(i-1)} \boldsymbol{R}_s \boldsymbol{D}^{-(i-1)} \tag{10.5.12}$$

表示信源相关矩阵 $\boldsymbol{R}_s = \mathrm{E}\{\boldsymbol{s}(t)\boldsymbol{s}^{\mathrm{H}}(t)\}$ 经过 L 个子阵列的空间平滑结果，称为空间平滑信源相关矩阵。

在 p 个空间信源中两个信源相干的情况下，虽然 $p \times p$ 信源相关矩阵 $\boldsymbol{R}_s$ 的秩等于 $p-1$，为秩亏缺，但是 $p \times p$ 空间平滑信源相关矩阵 $\bar{\boldsymbol{R}}_s$ 的秩却等于 p，为满秩矩阵。

由于空间平滑信源相关矩阵 $\bar{\boldsymbol{R}}_s$ 的秩等于 p，所以只要 p 个空间信号的波达方向各不相同，则 $M \times M$ 空间平滑阵列相关矩阵 $\bar{\boldsymbol{R}}_x$ 的秩与 $\bar{\boldsymbol{R}}_s$ 的秩相同，也等于 p。

令 $M \times M$ 空间平滑阵列相关矩阵的特征值分解为

$$\bar{\boldsymbol{R}}_x = \boldsymbol{U} \boldsymbol{\Sigma} \boldsymbol{U}^{\mathrm{H}} \tag{10.5.13}$$

其中，特征值矩阵 Σ 的 M 个特征值的前 p 个为大特征值，对应于 p 个空间信号；其余 $M-p$ 个小特征值则与阵列观测噪声方差对应。由这些小特征值对应的特征向量即可组成空间平滑噪声子空间 $\bar{\boldsymbol{G}}\bar{\boldsymbol{G}}^{\mathrm{H}}$，其中

$$\bar{\boldsymbol{G}} = [\boldsymbol{u}_{p+1}, \cdots, \boldsymbol{u}_M] \tag{10.5.14}$$

于是，只要将 MUSIC 空间谱中的原 N 元导向向量 $\boldsymbol{a}(\theta) = [1, \mathrm{e}^{\mathrm{j}\pi\theta}, \cdots, \mathrm{e}^{\mathrm{j}\pi(N-1)\theta}]^{\mathrm{T}}$ 替换为 M 元子阵列导向向量 $\boldsymbol{a}_M(\theta) = [1, \mathrm{e}^{\mathrm{j}\pi\theta}, \cdots, \mathrm{e}^{\mathrm{j}\pi(M-1)\theta}]^{\mathrm{T}}$，同时将噪声子空间替换成 $\bar{\boldsymbol{G}}\bar{\boldsymbol{G}}^{\mathrm{H}}$，即可将基本 MUSIC 方法扩展成解相干 MUSIC 方法，其空间谱

$$P_{\mathrm{DECMUSIC}}(\theta) = \frac{\boldsymbol{a}_M^{\mathrm{H}}(\theta)\boldsymbol{a}_M(\theta)}{\boldsymbol{a}_M^{\mathrm{H}}(\theta)\bar{\boldsymbol{G}}\bar{\boldsymbol{G}}^{\mathrm{H}}\boldsymbol{a}_M(\theta)} \tag{10.5.15}$$

空间平滑的缺点是：阵列的有效孔径减小了，因为子阵列比原阵列小，并且子阵列越多，阵列的有效孔径越小。一般情况下，多分为两个子阵列。然而，尽管存在这一孔径损失，空间平滑变换减轻了所有子空间估计技术的局限性，并能够保留一维谱搜索的计算有效性。

10.5.2 求根 MUSIC 方法

求根 MUSIC 方法是 MUSIC 方法的一种多项式求根形式，由 Barabell 提出 [18]。

基本 MUSIC 空间谱的谱峰等价为 $\boldsymbol{a}^{\mathrm{H}}(\omega)\boldsymbol{U}_n = \boldsymbol{0}^{\mathrm{T}}$ 或 $\boldsymbol{a}^{\mathrm{H}}(\omega)\boldsymbol{u}_j = 0, j = p+1, \cdots, M$。其中，$\boldsymbol{u}_{p+1}, \cdots, \boldsymbol{u}_M$ 是阵列样本协方差矩阵 $\hat{\boldsymbol{R}}_x$ 的次特征向量。

若令 $\boldsymbol{p}(z) = \boldsymbol{a}(\omega)|_{z=\mathrm{e}^{\mathrm{j}\omega}}$，则有

$$\boldsymbol{p}(z) = [1, z, \cdots, z^{M-1}]^{\mathrm{T}} \tag{10.5.16}$$

向量内积 $\boldsymbol{u}_i^{\mathrm{H}}\boldsymbol{p}(z)$ 给出多项式表示

$$p(z) = \boldsymbol{u}_i^{\mathrm{H}}\boldsymbol{p}(z) = u_{1,j}^* + u_{2,j}^* z + \cdots + u_{M,j}^* z^{M-1} \tag{10.5.17}$$

式中，$u_{i,j}$ 是 $M \times (M-p)$ 次特征向量矩阵 $\boldsymbol{U}_n$ 的第 (i,j) 元素。于是，基本 MUSIC 空间谱表示 $\boldsymbol{a}^{\mathrm{H}}(\omega)\boldsymbol{u}_j = 0$ 或 $\boldsymbol{u}_j^{\mathrm{H}}\boldsymbol{a}(\omega) = 0, j = p+1, \cdots, M$ 可以等价表示为

$$p_i(z) = \boldsymbol{u}_j^{\mathrm{H}}\boldsymbol{p}(z) = 0, \quad j = p+1, \cdots, M \tag{10.5.18}$$

上式又可综合为 $\boldsymbol{U}_n^{\mathrm{H}}\boldsymbol{p}(z) = \boldsymbol{0}$ 或者 $\|\boldsymbol{U}_n^{\mathrm{H}}\boldsymbol{p}(z)\|_2^2 = 0$，即有

$$\boldsymbol{p}^{\mathrm{H}}(z)\boldsymbol{U}_n\boldsymbol{U}_n^{\mathrm{H}}\boldsymbol{p}(z) = 0, \quad z = \mathrm{e}^{\mathrm{j}\omega_1}, \cdots, \mathrm{e}^{\mathrm{j}\omega_p} \tag{10.5.19}$$

换言之，只要对多项式 $\boldsymbol{p}^{\mathrm{H}}(z)\boldsymbol{U}_n\boldsymbol{U}_n^{\mathrm{H}}\boldsymbol{p}(z)$ 求出单位圆上的根 z_i，即可得到空间参数 $\omega_1, \cdots, \omega_p$。这就是求根 MUSIC 的基本思想。

然而，式 (10.5.19) 并不是 z 的多项式，因为它还包含了 z^* 的幂次项。由于我们只对单位圆上的 z 值感兴趣，所以可以用 $\boldsymbol{p}^{\mathrm{T}}(z^{-1})$ 代替 $\boldsymbol{p}^{\mathrm{H}}(z)$，这就给出了求根 MUSIC 多项式

$$p(z) = z^{M-1}\boldsymbol{p}^{\mathrm{T}}(z^{-1})\hat{\boldsymbol{U}}_n\hat{\boldsymbol{U}}_n^{\mathrm{H}}\boldsymbol{p}(z) \tag{10.5.20}$$

现在，$p(z)$ 是 $2(M-1)$ 次多项式，它的根相对于单位圆为镜像对。其中，具有最大幅值的 p 个根 $\hat{z}_1,\hat{z}_2,\cdots,\hat{z}_p$ 的相位给出波达方向估计，即有

$$\hat{\theta}_i = \arccos\left[\frac{1}{kd}\arg(\hat{z}_m)\right],\quad i=1,\cdots,p \tag{10.5.21}$$

业已证明 [263]，MUSIC 和求根 MUSIC 具有相同的渐近性能，但求根 MUSIC 方法的小样本性能比 MUSIC 明显好。

10.5.3 最小范数法

最小范数方法适用于等距线阵，其基本思想是通过搜索空间谱

$$P_{\mathrm{MN}}(\omega) = \frac{\boldsymbol{a}^{\mathrm{H}}(\omega)\boldsymbol{a}(\omega)}{|\boldsymbol{a}^{\mathrm{H}}(\omega)\boldsymbol{w}|^2} \tag{10.5.22}$$

的谱峰，估计波达方向 [103]。式中，$\boldsymbol{w}$ 为阵列权向量，属于噪声子空间，具有最小范数 $\min\|\boldsymbol{w}\|_2$。

MUSIC 方法的基本公式除了用式 (10.4.31) 即 $\boldsymbol{a}^{\mathrm{H}}(\omega)\boldsymbol{G}=\boldsymbol{0}^{\mathrm{T}}$ 表示外，也可以用投影公式表示。

关于导向向量在阵元观测向量张成的子空间上的投影，有以下基本事实：

(1) 只有当空间频率 $\omega\in\{\omega_1,\cdots,\omega_p\}$ 时，导向向量 $\boldsymbol{a}(\omega)$ 在信号子空间 $\boldsymbol{S}\boldsymbol{S}^{\mathrm{H}}$ 上的投影即是导向向量本身，而在噪声空间 $\boldsymbol{G}\boldsymbol{G}^{\mathrm{H}}=\boldsymbol{I}-\boldsymbol{S}\boldsymbol{S}^{\mathrm{H}}$ 上的投影则应该等于零向量。

(2) 当空间频率不等于任何一个信源的空间频率时，导向向量 $\boldsymbol{a}(\omega)$ 在信号子空间 $\boldsymbol{S}\boldsymbol{S}^{\mathrm{H}}$ 上的投影应该等于零向量，而在噪声空间 $\boldsymbol{G}\boldsymbol{G}^{\mathrm{H}}$ 上的投影则等于导向向量本身。

上述基本事实的公式表示为

$$\boldsymbol{G}\boldsymbol{G}^{\mathrm{H}}\boldsymbol{a}(\omega) = \begin{cases}\boldsymbol{0}, & \omega=\omega_1,\cdots,\omega_p\\ \boldsymbol{a}(\omega), & \text{其他}\end{cases} \tag{10.5.23}$$

或者

$$\boldsymbol{a}^{\mathrm{H}}(\omega)\boldsymbol{G}\boldsymbol{G}^{\mathrm{H}} = \begin{cases}\boldsymbol{0}^{\mathrm{T}}, & \omega=\omega_1,\cdots,\omega_p\\ \boldsymbol{a}^{\mathrm{H}}(\omega), & \text{其他}\end{cases} \tag{10.5.24}$$

注意到对于 M 个阵元组成的等距线阵，导向向量 $\boldsymbol{a}(\omega)=[1,\mathrm{e}^{-\mathrm{j}\omega},\cdots,\mathrm{e}^{-\mathrm{j}(M-1)\omega}]^{\mathrm{T}}$，故 $\boldsymbol{a}^{\mathrm{H}}(\omega)\boldsymbol{e}_1=1$，其中 $\boldsymbol{e}_1$ 是一个第 1 个元素为 1，其他元素全部为零的基本向量。

于是，式 (10.5.24) 可以改写为标量形式

$$\boldsymbol{a}^{\mathrm{H}}(\omega)\boldsymbol{G}\boldsymbol{G}^{\mathrm{H}}\boldsymbol{e}_1 = \begin{cases}0, & \omega=\omega_1,\cdots,\omega_p\\ 1, & \text{其他}\end{cases} \tag{10.5.25}$$

与之对应的空间谱形式为

$$P_{\mathrm{MN}}(\omega) = \frac{\boldsymbol{a}^{\mathrm{H}}(\omega)\boldsymbol{a}(\omega)}{|\boldsymbol{a}^{\mathrm{H}}(\omega)\boldsymbol{G}\boldsymbol{G}^{\mathrm{H}}\boldsymbol{e}_1|^2} \tag{10.5.26}$$

这相当于式 (10.5.22) 中的阵列权向量取

$$\boldsymbol{w} = \boldsymbol{G}\boldsymbol{G}^{\mathrm{H}}\boldsymbol{e}_1 \tag{10.5.27}$$

式 (10.5.26) 定义的空间谱 $P_{\text{MN}}(\omega)$ 称为最小范数空间谱。

和基本 MUSIC 法需要一维搜索一样，最小范数法也需要搜索谱峰。类似地，也有求根最小范数法。

最小范数法具有以下性能 [150],[304],[119]：

(1) 偏差：比基本 MUSIC 法小。

(2) 分辨率：高于基本 MUSIC 法。

10.5.4　第一主向量 MUSIC 方法

前面介绍的基本 MUSIC 方法、解相干 MUSIC 方法和求根 MUSIC 方法都是直接根据 M 个阵元的观测数据进行空间谱估计的，统称为阵元空间 (element-space, ES) MUSIC 方法，简记作 ES-MUSIC 方法。

ES-MUSIC 方法还有一种重要的扩展，也能够提高 MUSIC 方法的空间谱估计分辨率，由 Buckley 和 Xu 于 1990 年提出 [47]，称为第一主向量 (FIrst priNcipal vEctor, FINE) 方法。

FINE 方法的要点是利用信源协方差矩阵 (source covariance matrix)。对于阵列模型 $\boldsymbol{x}(t) = \boldsymbol{A}\boldsymbol{s}(t) + \boldsymbol{n}(t)$，其阵列协方差矩阵

$$\boldsymbol{R}_{xx} = \text{E}\{\boldsymbol{x}(t)\boldsymbol{x}^{\text{H}}(t)\} = \boldsymbol{R}_s + \sigma_n^2\boldsymbol{I} = \boldsymbol{A}\boldsymbol{P}_s\boldsymbol{A}^{\text{H}} \tag{10.5.28}$$

式中，$\boldsymbol{R}_s$ 为信源协方差矩阵，代表经过信道传输到达阵列的源信号的协方差矩阵，而 σ_n^2 表示每个阵元上的加性噪声的相同方差。注意，信源协方差矩阵 $\boldsymbol{R}_s$ 与源信号向量的协方差矩阵 $\boldsymbol{P}_s = \text{E}\{\boldsymbol{s}(t)\boldsymbol{s}^{\text{H}}(t)\}$ 是不同的概念。

令样本阵列协方差矩阵 $\hat{\boldsymbol{R}}_x = \frac{1}{N}\sum\limits_{t=1}^{N}\boldsymbol{x}(t)\boldsymbol{x}^{\text{H}}(t)$ 的特征值分解为

$$\hat{\boldsymbol{R}}_x = \sum_{i=1}^{M}\lambda_i\boldsymbol{u}_i\boldsymbol{u}_i^{\text{H}} \tag{10.5.29}$$

记小特征值 $\lambda_{p+1} \approx \cdots \approx \lambda_M = \hat{\sigma}_n^2$ 对应的特征向量组成的 $M \times (M-p)$ 矩阵

$$\boldsymbol{G} = [\boldsymbol{u}_{p+1}, \cdots, \boldsymbol{u}_M] \tag{10.5.30}$$

则基本 MUSIC 空间谱

$$P_{\text{MUSIC}}(\omega) = \frac{\boldsymbol{a}^{\text{H}}(\omega)\boldsymbol{a}(\omega)}{\|\boldsymbol{a}^{\text{H}}(\omega)\boldsymbol{G}\|_2^2} \tag{10.5.31}$$

样本源协方差矩阵的特征值分解

$$\hat{\boldsymbol{R}}_s = \hat{\boldsymbol{R}}_x - \hat{\sigma}_n^2\boldsymbol{I} = \sum_{i=1}^{M}\eta_i\boldsymbol{v}_i\boldsymbol{v}_i^{\text{H}} \tag{10.5.32}$$

假定样本源协方差矩阵的 K 个主特征向量组成 $M \times K$ 矩阵

$$\boldsymbol{V} = [\boldsymbol{v}_1, \cdots, \boldsymbol{v}_K] \tag{10.5.33}$$

在利用样本阵列协方差矩阵 $\boldsymbol{R}_x$ 的次特征值组成 $M\times(M-p)$ 次特征向量矩阵 $\boldsymbol{G}$ 之后，如果已知样本源协方差矩阵 $\boldsymbol{R}_s$，则又可利用其主特征向量组成 $M\times K$ 源主特征向量矩阵 $\boldsymbol{V}$。

进一步地，利用 $K\times(M-p)$ 矩阵乘积 $\boldsymbol{V}^{\mathrm{H}}\boldsymbol{G}$ 的奇异值分解

$$\boldsymbol{V}^{\mathrm{H}}\boldsymbol{G}=\boldsymbol{Y}\boldsymbol{\Sigma}\boldsymbol{Z}^{\mathrm{H}} \tag{10.5.34}$$

又可得到 $(M-p)\times(M-p)$ 右奇异向量矩阵 $\boldsymbol{Z}$。

这样一来，即可得到 $M\times(M-p)$ 矩阵 $\boldsymbol{T}=\boldsymbol{G}\boldsymbol{Z}$。

$M\times(M-p)$ 矩阵

$$\boldsymbol{T}=\boldsymbol{G}\boldsymbol{Z}=[\boldsymbol{t}_{\mathrm{FINE}},\boldsymbol{t}_2,\cdots,\boldsymbol{t}_{M-p}] \tag{10.5.35}$$

的第一个列向量 $\boldsymbol{t}_{\mathrm{FINE}}$ 称为矩阵 $\boldsymbol{T}$ 的第一主向量。前多个列向量称为 $\boldsymbol{T}$ 的首要主向量，记为 $\boldsymbol{T}_{\mathrm{FINES}}$。

$M\times(M-p)$ 矩阵 $\boldsymbol{T}=\boldsymbol{G}\boldsymbol{Z}$ 具有一个重要的性质：该矩阵位于阵列观测向量 $\boldsymbol{x}(t)$ 的噪声空间 $\boldsymbol{G}\boldsymbol{G}^{\mathrm{H}}$ 内，因为矩阵 $\boldsymbol{T}$ 到噪声空间的投影等于该矩阵，即

$$\boldsymbol{G}\boldsymbol{G}^{\mathrm{H}}\boldsymbol{T}=\boldsymbol{G}\boldsymbol{G}^{\mathrm{H}}\boldsymbol{G}\boldsymbol{Z}=\boldsymbol{G}\boldsymbol{Z}=\boldsymbol{T} \tag{10.5.36}$$

另一方面，MUSIC 方法的基本公式 $\boldsymbol{a}^{\mathrm{H}}(\omega)\boldsymbol{G}=\boldsymbol{0}^{\mathrm{T}}$ 的两侧右乘非奇异矩阵 $\boldsymbol{Z}$ 得

$$\boldsymbol{a}^{\mathrm{H}}(\omega)\boldsymbol{G}\boldsymbol{Z}=\boldsymbol{a}^{\mathrm{H}}(\omega)\boldsymbol{T}=\boldsymbol{0}^{\mathrm{T}},\quad \omega=\omega_1,\cdots,\omega_p \tag{10.5.37}$$

将式 (10.5.36) 代入式 (10.5.37) 有

$$\boldsymbol{a}^{\mathrm{H}}(\omega)\boldsymbol{T}=\boldsymbol{a}^{\mathrm{H}}(\omega)\boldsymbol{G}\boldsymbol{G}^{\mathrm{H}}\boldsymbol{T}=\boldsymbol{0}^{\mathrm{T}},\quad \omega=\omega_1,\cdots,\omega_p \tag{10.5.38}$$

由此得到一个重要的零谱公式

$$|\boldsymbol{a}^{\mathrm{H}}(\omega)\boldsymbol{G}\boldsymbol{G}^{\mathrm{H}}\boldsymbol{t}_{\mathrm{FINE}}|^2=0,\quad \omega=\omega_1,\cdots,\omega_p \tag{10.5.39}$$

或者

$$\|\boldsymbol{a}^{\mathrm{H}}(\omega)\boldsymbol{G}\boldsymbol{G}^{\mathrm{H}}\boldsymbol{T}_{\mathrm{FINES}}\|_2^2=0,\quad \omega=\omega_1,\cdots,\omega_p \tag{10.5.40}$$

与之对应的第一主向量 (FINE) 空间谱 [47]

$$P_{\mathrm{FINE}}(\omega)=\frac{\boldsymbol{a}^{\mathrm{H}}(\omega)\boldsymbol{a}(\omega)}{|\boldsymbol{a}^{\mathrm{H}}(\omega)\boldsymbol{G}\boldsymbol{G}^{\mathrm{H}}\boldsymbol{t}_{\mathrm{FINE}}|^2} \tag{10.5.41}$$

或多主向量空间谱

$$P_{\mathrm{FINES}}(\omega)=\frac{\boldsymbol{a}^{\mathrm{H}}(\omega)\boldsymbol{a}(\omega)}{\|\boldsymbol{a}^{\mathrm{H}}(\omega)\boldsymbol{G}\boldsymbol{G}^{\mathrm{H}}\boldsymbol{T}_{\mathrm{FINES}}\|_2^2} \tag{10.5.42}$$

与式 (10.5.26) 的最小范数空间谱 $P_{\mathrm{MN}}(\omega)$ 相比较，FINE 空间谱 $P_{\mathrm{FINE}}(\omega)$ 只是用第一主向量 $\boldsymbol{t}_{\mathrm{FINE}}$ 取代了式 (10.5.26) 中的基本向量 $\boldsymbol{e}_1$。

文献 [47] 证明，利用协方差矩阵的第一主特征向量，可以增强 MUSIC 方法的空间谱估计分辨率。

FINE 方法具有以下性能[304],[119]。

(1) 偏差：小于 MUSIC 法的偏差；

(2) 方差：比最小范数法小；

(3) 分辨率：高于 MUSIC 和最小范数法的分辨率；

(4) 优点：信噪比低时性能好。

FINE 空间谱方法的关键是源协方差矩阵 $\boldsymbol{R}_s$ 的估计，以得到源主特征向量矩阵 $\boldsymbol{V}$。

10.6 波束空间 MUSIC 方法

与 ES-MUSIC 方法不同，不仅利用阵元观测数据，而且还利用空间波束输出的 MUSIC 方法称为波束空间 (beamspace, BS) MUSIC 方法，简称 BS-MUSIC 方法。

10.6.1 BS-MUSIC 方法

考虑阵列观测模型

$$\boldsymbol{x}(n) = \boldsymbol{A}\boldsymbol{s}(n) + \boldsymbol{e}(n) = \sum_{i=1}^{p} \boldsymbol{a}(\omega_i) s_i(n) + \boldsymbol{e}(n) \tag{10.6.1}$$

其中，阵列观测向量 $\boldsymbol{x}(n) = [x_1(n), \cdots, x_M(n)]^{\mathrm{T}}$；阵列响应矩阵 $\boldsymbol{A} = [\boldsymbol{a}(\omega_1), \cdots, \boldsymbol{a}(\omega_p)]$，导向向量 $\boldsymbol{a}(\omega) = [1, \mathrm{e}^{\mathrm{j}\omega}, \cdots, \mathrm{e}^{\mathrm{j}\omega(M-1)}]^{\mathrm{T}}$；并且加性高斯白噪声 $e_1(n), \cdots, e_M(n)$ 具有相同的方差 σ_e^2。

阵列观测向量的自协方差矩阵

$$\boldsymbol{R}_{xx} = \mathrm{E}\{\boldsymbol{x}(n)\boldsymbol{x}^{\mathrm{H}}(n)\} = \boldsymbol{A}\boldsymbol{P}\boldsymbol{A}^{\mathrm{H}} + \sigma_e^2 \boldsymbol{I} \tag{10.6.2}$$

式中，$\boldsymbol{P} = \mathrm{E}\{\boldsymbol{s}(n)\boldsymbol{s}^{\mathrm{H}}(n)\}$ 非奇异。

M 个阵元观测数据 $x_m(n), m = 1, \cdots, M$ 的离散空间 Fourier 变换 (discrete space Fourier transform, DSFT) 定义为[262]

$$X(u; n) = \sum_{m=0}^{M-1} x_m(n) \mathrm{e}^{-\mathrm{j}m\pi u} \tag{10.6.3}$$

空间参数 u 与波达方向角 θ 的关系为 $u = \sin\theta$。上式中，$-1 \leqslant u \leqslant 1$ 对应于角度间隔 $-90^\circ \leqslant \theta \leqslant 90^\circ$，这一区域称为阵列的可视区 (visible region)。

离散空间 Fourier 变换可以利用离散 Fourier 变换计算。需要注意的是，第 n 个快拍的 $M \times 1$ 数据向量 $\boldsymbol{x}(n) = [x_1(n), \cdots, x_M(n)]^{\mathrm{T}}$ 的 M 点离散空间 Fourier 变换将给出离散空间 Fourier 变换在空间参数区间 $0 \leqslant u \leqslant 2$ 的 M 个等间隔样本。

定义 $M \times 1$ 维离散 Fourier 变换波束形成权向量

$$\boldsymbol{v}_M(u) = [1, \mathrm{e}^{\mathrm{j}\pi u}, \cdots, \mathrm{e}^{\mathrm{j}(M-1)\pi u}]^{\mathrm{T}} \tag{10.6.4}$$

它具有 Vandermonde 结构。于是，线性变换

$$X(u;n)=\boldsymbol{v}_M^{\mathrm{H}}(u)\boldsymbol{x}(n) \tag{10.6.5}$$

给出第 n 个快拍在空间参数 u 的离散空间 Fourier 变换。

将空间参数 $0\leqslant u\leqslant 2$ 使用等间隔 $\Delta u=2/M$ 分割成 M 等分，并定义 $M\times B$ 维波束形成矩阵

$$\boldsymbol{W}=\frac{1}{\sqrt{M}}\left[\boldsymbol{v}_M(0),\boldsymbol{v}_M\left(\frac{2}{M}\right),\cdots,\boldsymbol{v}_M\left((B-1)\frac{2}{M}\right)\right] \tag{10.6.6}$$

$$=\frac{1}{\sqrt{M}}\begin{bmatrix}1 & 1 & \cdots & 1\\ 1 & \mathrm{e}^{\mathrm{j}2\pi/M} & \cdots & \mathrm{e}^{\mathrm{j}2\pi(B-1)/M}\\ \vdots & \vdots & \vdots & \vdots\\ 1 & \mathrm{e}^{\mathrm{j}2\pi(M-1)/M} & \cdots & \mathrm{e}^{\mathrm{j}2\pi(M-1)(B-1)/M}\end{bmatrix} \tag{10.6.7}$$

$$=\frac{1}{\sqrt{M}}\begin{bmatrix}1 & 1 & \cdots & 1\\ 1 & w & \cdots & w^{B-1}\\ \vdots & \vdots & \vdots & \vdots\\ 1 & w^{M-1} & \cdots & w^{(M-1)(B-1)}\end{bmatrix}_{w=\mathrm{e}^{\mathrm{j}2\pi/M}} \tag{10.6.8}$$

具有 Fourier 矩阵的结构，称为波束空间 Fourier 矩阵。利用等比级数求和公式 $a_1+a_1q+\cdots+a_1q^n=\dfrac{a_1(1-q^n)}{1-q}$ 知，$1+w+\cdots+w^{M-1}=0$。利用这一结果容易验证

$$\boldsymbol{W}^{\mathrm{H}}\boldsymbol{W}=\boldsymbol{I} \tag{10.6.9}$$

$M\times 1$ 观测数据向量 $\boldsymbol{x}(n)$ 经过波束形成矩阵 $\boldsymbol{W}$ 的线性变换之后，得到 $B\times 1$ 波束空间快拍向量

$$\begin{aligned}\tilde{\boldsymbol{x}}(n)&=\begin{bmatrix}X(0;n)\\ X(\frac{2}{M};n)\\ \vdots\\ X((B-1)\frac{2}{M})\end{bmatrix}=\boldsymbol{W}^{\mathrm{H}}\boldsymbol{x}(n)=\boldsymbol{W}^{\mathrm{H}}\boldsymbol{A}\boldsymbol{s}(n)+\boldsymbol{W}^{\mathrm{H}}\boldsymbol{e}(n)\\ &=\boldsymbol{B}\boldsymbol{s}(n)+\boldsymbol{W}^{\mathrm{H}}\boldsymbol{e}(n)\end{aligned} \tag{10.6.10}$$

式中，$\boldsymbol{B}=\boldsymbol{W}^{\mathrm{H}}\boldsymbol{A}=[\boldsymbol{b}(\omega_1),\cdots,\boldsymbol{b}(\omega_B)]$ 为波束空间导向向量矩阵，并且 $\boldsymbol{b}(\omega)=\boldsymbol{W}^{\mathrm{H}}\boldsymbol{a}(\omega)$。换言之，波束空间快拍向量 $\tilde{\boldsymbol{x}}(n)$ 是阵元空间快拍向量 $\boldsymbol{x}(n)$ 的 B 点离散空间 Fourier 变换。

考察 $B\times 1$ 波束空间快拍向量的自协方差矩阵 (简称波束空间自协方差矩阵)

$$\boldsymbol{R}_{\tilde{x}\tilde{x}}=\mathrm{E}\{\boldsymbol{W}^{\mathrm{H}}\boldsymbol{x}(n)\boldsymbol{x}^{\mathrm{H}}(n)\boldsymbol{W}\}=\boldsymbol{W}^{\mathrm{H}}\boldsymbol{A}\boldsymbol{P}\boldsymbol{A}^{\mathrm{H}}\boldsymbol{W}+\sigma_e^2\boldsymbol{I} \tag{10.6.11}$$

令波束空间样本协方差矩阵的特征值分解

$$\hat{\boldsymbol{R}}_{\tilde{x}\tilde{x}}=\sum_{i=1}^{i}\boldsymbol{u}_i\boldsymbol{u}_i^{\mathrm{H}} \tag{10.6.12}$$

令大特征值的个数估计值为 K，则小特征值个数为 $B-K$。于是，与信号特征向量 $\boldsymbol{u}_1,\cdots,\boldsymbol{u}_K$ 张成信号子空间 $\boldsymbol{U}_s\boldsymbol{U}_s^{\mathrm{H}}$，其中 $\boldsymbol{U}_s=[\boldsymbol{u}_1,\cdots,\boldsymbol{u}_K]$。与小特征值对应的特征向量张成噪声子空间 $\boldsymbol{U}_n\boldsymbol{U}_n^{\mathrm{H}}$，其中 $\boldsymbol{U}_n=[\boldsymbol{u}_{K+1},\cdots,\boldsymbol{u}_B]$。

由式 (10.6.11) 得

$$\begin{aligned}\boldsymbol{U}_n^{\mathrm{H}}\hat{\boldsymbol{R}}_{\tilde{x}\tilde{x}}\boldsymbol{U}_n&=\boldsymbol{U}_n^{\mathrm{H}}\boldsymbol{W}^{\mathrm{H}}\boldsymbol{A}\boldsymbol{P}\boldsymbol{A}^{\mathrm{H}}\boldsymbol{W}\boldsymbol{G}+\hat{\sigma}_e^2\boldsymbol{I}\\&=\boldsymbol{U}_n^{\mathrm{H}}[\boldsymbol{U}_s,\boldsymbol{U}_n]\begin{bmatrix}\boldsymbol{\Sigma}+\hat{\sigma}_e^2\boldsymbol{I}&\boldsymbol{O}\\\boldsymbol{O}&\hat{\sigma}_e^2\boldsymbol{I}\end{bmatrix}\begin{bmatrix}\boldsymbol{U}_s^{\mathrm{H}}\\\boldsymbol{U}_n^{\mathrm{H}}\end{bmatrix}\boldsymbol{U}_n\\&=\hat{\sigma}_e^2\boldsymbol{I}\end{aligned}$$

比较第 1 行和第 3 行易知 $\boldsymbol{U}_n^{\mathrm{H}}\boldsymbol{W}^{\mathrm{H}}\boldsymbol{A}\boldsymbol{P}\boldsymbol{A}^{\mathrm{H}}\boldsymbol{W}\boldsymbol{U}_n$ 等于零矩阵。由于矩阵 $\boldsymbol{P}$ 非奇异，故有 $\boldsymbol{A}^{\mathrm{H}}\boldsymbol{W}\boldsymbol{U}_n=\boldsymbol{O}$，或写作

$$\boldsymbol{a}^{\mathrm{H}}(\omega)\boldsymbol{W}\boldsymbol{U}_n=\boldsymbol{0}^{\mathrm{T}},\quad \omega=\omega_1,\cdots,\omega_p \tag{10.6.13}$$

由此得波束空间零谱

$$\|\boldsymbol{a}^{\mathrm{H}}\boldsymbol{W}\boldsymbol{U}_n\|_2^2=\boldsymbol{a}^{\mathrm{H}}(\omega)\boldsymbol{W}\boldsymbol{U}_n\boldsymbol{U}_n^{\mathrm{H}}\boldsymbol{W}^{\mathrm{H}}\boldsymbol{a}(\omega)=0,\quad \omega=\omega_1,\cdots,\omega_p \tag{10.6.14}$$

以及波束空间 MUSIC 空间谱

$$P_{\text{BS-MUSIC}}(\omega)=\frac{\boldsymbol{a}^{\mathrm{H}}(\omega)\boldsymbol{a}(\omega)}{\boldsymbol{a}^{\mathrm{H}}(\omega)\boldsymbol{W}\boldsymbol{U}_n\boldsymbol{U}_n^{\mathrm{H}}\boldsymbol{W}^{\mathrm{H}}\boldsymbol{a}(\omega)} \tag{10.6.15}$$

算法 10.6.1 波束空间 MUSIC 算法 [246]

步骤 1 利用 B 点离散空间 Fourier 变换计算波束空间观测数据向量 $\tilde{\boldsymbol{x}}(n)=\boldsymbol{W}^{\mathrm{H}}\boldsymbol{x}(n)$，其中 $n=1,\cdots,N$。

步骤 2 由式 (10.6.11) 计算样本自协方差矩阵 $\boldsymbol{R}_{\tilde{x}\tilde{x}}$ 的特征值分解，得到其主特征值 $\lambda_1,\cdots,\lambda_K$ 和次特征值 $\lambda_{K+1},\cdots,\lambda_B$，并构造次特征向量矩阵 $\boldsymbol{U}_n=[\boldsymbol{u}_{K+1},\cdots,\boldsymbol{u}_B]$。

步骤 3 利用式 (10.6.15) 计算波束空间 MUSIC 谱 $P_{\text{BS-MUSIC}}(\omega_i)$，其中 $\omega_i=(i-1)\Delta\omega$，网格 $\Delta\omega$ 可取作 $2\pi\cdot 0.001$ 等。

步骤 4 搜索确定 $P_{\text{BS-MUSIC}}(\omega)$ 的 p 个峰值，并给出 MUSIC 空间参数估计值 $\omega_1,\cdots,\omega_p$。然后，由 $\omega_i=2\pi\frac{d}{\lambda}\sin\theta_i$ 估计波达方向 $\theta_1,\cdots,\theta_p$。

10.6.2 波束空间 MUSIC 与阵元空间 MUSIC 的比较

与阵元空间 MUSIC 相比，波束空间 MUSIC 具有以下优点 [311]：

(1) 在低信噪比情况下，波束空间 MUSIC 优于阵元空间 MUSIC，因为波束空间 MUSIC 的波束形成可以提供处理增益。当只有单个窄带信号时，波束形成增益等于传感器的个数。波束形成增益对克服明显的信号功率衰减有着重要的作用。

(2) 阵元空间 MUSIC 的基本假设是，信源为点目标。扩展目标 (extended target) 违背点目标的假设，因而不能用阵元空间 MUSIC 方法正确处理。由于对目标特性 (类型和尺寸) 没有任何假设，所以波束空间 MUSIC 更加具有吸引力，它对点目标和扩展目标均可成像。

这种能力对室内成像 (例如穿墙雷达成像) 是至关重要的：由于小的间隔距离、有限的带宽和孔径，墙后面的许多目标都可以归类为空间扩展目标。

(3) 在成像等应用中，阵元空间 MUSIC 需要二维插值，以得到沿矩形栅格的采样数据。在波束空间 MUSIC 中，沿矩形栅格的采样数据是通过波束形成而不是插值获得的。避免插值是一种受欢迎的步骤，因为即使是数据集中的一个野值或者异常值 (outlier) 都会导致很大的插值误差。

假定成像系统的所有天线都具有相同的特性。波束形成的位置可以位于天线辐射模式的任何位置。因此，波束的数目可以任意选择。然而，由于 DFT 实现要求波束均匀相距，所以波束的数目需要根据波束的间距决定。通过相应的延迟求和波束形成器具有的分辨率，成像阵列可以为形成不同的波束方向提供很好的基础。为了保证场景中的所有目标都可以探测到，并成像，波束的间距应该小于波束宽度。波束间距也决定目标分辨率。

表 10.6.1 比较了阵元空间 MUSIC (ES-MUSIC) 与波束空间 MUSIC (BS-MUSIC) 之间的联系与区别。

表 10.6.1 ES-MUSIC 与 BS-MUSIC 的比较

方法	ES-MUSIC	BS-MUSIC
模型	$\boldsymbol{x}(n)=\boldsymbol{A}\boldsymbol{s}(n)+\boldsymbol{e}(n)$	$\tilde{\boldsymbol{x}}(n)=\boldsymbol{B}\boldsymbol{s}(n)+\boldsymbol{W}^{\rm H}\boldsymbol{e}(n)$
数据	原始观测数据 $x_m(n)$	离散空间 Fourier 变换 $\tilde{x}(n)=\boldsymbol{v}_M^{\rm H}\boldsymbol{x}(n)$
导向向量	$\boldsymbol{a}(\omega)=[1,{\rm e}^{{\rm j}\omega},\cdots,{\rm e}^{{\rm j}(M-1)\omega}]^{\rm T}$	$\boldsymbol{b}(\omega)=\boldsymbol{W}^{\rm H}\boldsymbol{a}(\omega)$
波束形成矩阵	$\boldsymbol{I}$	$\boldsymbol{W}=\frac{1}{\sqrt{M}}[\boldsymbol{v}_M(0),\boldsymbol{v}_M(\frac{2}{M}),\cdots,\boldsymbol{v}_M((B-1)\frac{2}{M})]$
数据向量	$\boldsymbol{x}(n)=[x_1(n),\cdots,x_M(n)]^{\rm T}$	$\tilde{\boldsymbol{x}}(n)=\boldsymbol{W}^{\rm H}\boldsymbol{x}(n)\quad(B\times 1)$
协方差矩阵	$\hat{\boldsymbol{R}}_{xx}=\frac{1}{N}\sum_{n=1}^{N}\boldsymbol{x}(n)\boldsymbol{x}^{\rm H}(n)\quad(M\times M)$	$\hat{\boldsymbol{R}}_{\tilde{x}\tilde{x}}=\frac{1}{N}\sum_{n=1}^{N}\tilde{\boldsymbol{x}}(n)\tilde{\boldsymbol{x}}^{\rm H}(n)\quad(B\times B)$
特征值分解	$\hat{\boldsymbol{R}}_{xx}=\sum_{i=1}^{M}\lambda_i\boldsymbol{u}_i\boldsymbol{u}_i^{\rm H}$	$\hat{\boldsymbol{R}}_{\tilde{x}\tilde{x}}=\sum_{i=1}^{B}\lambda_i\boldsymbol{u}_i\boldsymbol{u}_i^{\rm H}$
次特征向量矩阵	$\boldsymbol{G}=[\boldsymbol{u}_{p+1},\cdots,\boldsymbol{u}_M]$	$\boldsymbol{U}_n=[\boldsymbol{u}_{K+1},\cdots,\boldsymbol{u}_B]$
噪声子空间	$\boldsymbol{G}\boldsymbol{G}^{\rm H}=\sum_{i=p+1}^{M}\boldsymbol{u}_i\boldsymbol{u}_i^{\rm H}$	$\boldsymbol{U}_n\boldsymbol{U}_n^{\rm H}=\sum_{i=K+1}^{B}\boldsymbol{u}_i\boldsymbol{u}_i^{\rm H}$
空间谱	$P_{\text{ES-MUSIC}}(\omega)=\dfrac{\boldsymbol{a}^{\rm H}(\omega)\boldsymbol{a}(\omega)}{\boldsymbol{a}^{\rm H}(\omega)\boldsymbol{G}\boldsymbol{G}^{\rm H}\boldsymbol{a}(\omega)}$	$P_{\text{BS-MUSIC}}(\omega)=\dfrac{\boldsymbol{a}^{\rm H}(\omega)\boldsymbol{a}(\omega)}{\boldsymbol{a}^{\rm H}(\omega)\boldsymbol{W}\boldsymbol{U}_n\boldsymbol{U}_n^{\rm H}\boldsymbol{W}^{\rm H}\boldsymbol{a}(\omega)}$
波达方向 θ	$\omega=2\pi\frac{d}{\lambda}\sin\theta$	$\omega=2\pi\frac{d}{\lambda}\sin\theta$

比较表 10.6.1 所示阵元空间 MUSIC 空间谱和波束空间 MUSIC 空间谱，可以得出一个重要的结论：只要将零谱中的导向向量 $\boldsymbol{a}(\omega)$ 用 $\boldsymbol{W}^{\rm H}\boldsymbol{a}(\omega)$ 替换，同时将阵元空间的噪声子空间 $\boldsymbol{G}\boldsymbol{G}^{\rm H}$ 换成波束空间的噪声子空间 $\boldsymbol{U}_n\boldsymbol{U}_n^{\rm H}$，阵元空间 MUSIC 空间谱即推广为波束空间 MUSIC 空间谱。鉴于此，将 $\boldsymbol{a}(\omega)$ 和 $\boldsymbol{b}(\omega)=\boldsymbol{W}^{\rm H}\boldsymbol{a}(\omega)$ 分别称为阵元空间导向向量和波束空

间导向向量。

利用阵元空间与波束空间的这两种对应关系，容易得到波束空间的下列空间谱：

(1) 波束空间最小范数空间谱

$$P_{\text{BS-MN}}(\omega)=\frac{\boldsymbol{a}^{\text{H}}(\omega)\boldsymbol{a}(\omega)}{|\boldsymbol{a}^{\text{H}}(\omega)\boldsymbol{W}\boldsymbol{U}_n\boldsymbol{U}_n^{\text{H}}\boldsymbol{e}_1|^2} \tag{10.6.16}$$

(2) 波束空间第一主向量空间谱

$$P_{\text{BS-FINE}}(\omega)=\frac{\boldsymbol{a}^{\text{H}}(\omega)\boldsymbol{a}(\omega)}{|\boldsymbol{a}^{\text{H}}(\omega)\boldsymbol{W}\boldsymbol{U}_n\boldsymbol{U}_n^{\text{H}}\boldsymbol{t}_{\text{FINE}}|^2} \tag{10.6.17}$$

(3) 波束空间多主向量空间谱

$$P_{\text{BS-FINES}}(\omega)=\frac{\boldsymbol{a}^{\text{H}}(\omega)\boldsymbol{a}(\omega)}{|\boldsymbol{a}^{\text{H}}(\omega)\boldsymbol{W}\boldsymbol{U}_n\boldsymbol{U}_n^{\text{H}}\boldsymbol{T}_{\text{FINES}}|^2} \tag{10.6.18}$$

令

$$\boldsymbol{p}(z)=\boldsymbol{a}(\omega)|_{z=\mathrm{e}^{\mathrm{j}\omega}} \tag{10.6.19}$$

则波束空间 MUSIC 零谱公式 $\|\boldsymbol{a}^{\text{H}}(\omega)\boldsymbol{W}\boldsymbol{G}\|_2^2=0$ 可以用 z 的多项式改写作

$$\boldsymbol{p}^{\text{H}}(z)\boldsymbol{W}\boldsymbol{U}_n\boldsymbol{U}_n^{\text{H}}\boldsymbol{W}^{\text{H}}\boldsymbol{p}(z)=0 \tag{10.6.20}$$

用 z^{M-1} 左乘上式，则有

$$p_{\text{BS-ROOT-MUSIC}}(z)=z^{M-1}\boldsymbol{p}^{\text{T}}(z^{-1})\boldsymbol{W}\boldsymbol{U}_n\boldsymbol{U}_n^{\text{H}}\boldsymbol{W}^{\text{H}}\boldsymbol{p}(z)=0 \tag{10.6.21}$$

这就是波束空间求根 MUSIC 多项式。

比较阵元空间求根 MUSIC 多项式和波束空间求根 MUSIC 多项式，可以得出以下两个替换关系：将 $\boldsymbol{p}(z)$ 用 $\boldsymbol{W}^{\text{H}}\boldsymbol{p}(z)$ 替换，以及将阵元空间的噪声子空间 $\boldsymbol{G}\boldsymbol{G}^{\text{H}}$ 换成波束空间的噪声子空间 $\boldsymbol{U}_n\boldsymbol{U}_n^{\text{H}}$，阵元空间求根 MUSIC 多项式即推广为波束空间求根 MUSIC 多项式。

运用这两种替换关系，立刻得到波束空间求根 MUSIC 多项式的以下扩展：

(1) 波束空间求根–最小范数多项式

$$p_{\text{BS-ROOT-MN}}(z)=z^{M-1}\boldsymbol{p}^{\text{T}}(z^{-1})\boldsymbol{W}\boldsymbol{U}_n\boldsymbol{U}_n^{\text{H}}\boldsymbol{e}_1\boldsymbol{e}_1^{\text{T}}\boldsymbol{U}_n\boldsymbol{U}_n^{\text{H}}\boldsymbol{W}^{\text{H}}\boldsymbol{p}(z)=0 \tag{10.6.22}$$

(2) 波束空间求根–第一主向量多项式

$$p_{\text{BS-ROOT-FINE}}(z)=z^{M-1}\boldsymbol{p}^{\text{T}}(z^{-1})\boldsymbol{W}\boldsymbol{U}_n\boldsymbol{U}_n^{\text{H}}\boldsymbol{t}_{\text{FINE}}\boldsymbol{t}_{\text{FINE}}^{\text{H}}\boldsymbol{U}_n\boldsymbol{U}_n^{\text{H}}\boldsymbol{W}^{\text{H}}\boldsymbol{p}(z)=0 \tag{10.6.23}$$

(3) 波束空间求根–多主向量多项式

$$p_{\text{BS-ROOT-FINES}}(z)=z^{M-1}\boldsymbol{p}^{\text{T}}(z^{-1})\boldsymbol{W}\boldsymbol{U}_n\boldsymbol{U}_n^{\text{H}}\boldsymbol{T}_{\text{FINES}}\boldsymbol{T}_{\text{FINES}}^{\text{H}}\boldsymbol{U}_n\boldsymbol{U}_n^{\text{H}}\boldsymbol{W}^{\text{H}}\boldsymbol{p}(z)=0 \tag{10.6.24}$$

总结以上讨论与分析，可以提炼出波束空间 MUSIC 方法及其各种扩展的以下要点：

(1) $M\times B$ 波束变换矩阵 $\boldsymbol{W}$ 是 Fourier 矩阵，线性变换 $\tilde{\boldsymbol{x}}(n)=\boldsymbol{W}^{\text{H}}\boldsymbol{x}(n)$ 可以利用 FFT 等方法有效计算。

(2) 只要将零谱的导向向量 $\boldsymbol{a}(\omega)$ [或者多项式向量 $\boldsymbol{p}(z)$] 替换成 $\boldsymbol{W}^{\mathrm{H}}\boldsymbol{a}(\omega)$ [或者 $\boldsymbol{W}\boldsymbol{p}(z)$]，以及阵元观测向量的噪声子空间 $\boldsymbol{G}\boldsymbol{G}^{\mathrm{H}}$ 替换成波束观测向量的噪声子空间 $\boldsymbol{U}_n\boldsymbol{U}_n^{\mathrm{H}}$，则阵元空间各种 MUSIC 方法 (包括各种求根 MUSIC 方法) 即可直接变成波束空间的相应 MUSIC 方法。

(3) 如果将空间 Fourier 变换域视为空间信号的空间频率域，则基于离散空间 Fourier 变换的波束空间 NUSIC 方法及其扩展是一种空–时–频三维信号处理，而阵元空间 MUSIC 方法及其扩展则是一种空–时二维信号处理。

(4) 由于多使用了空间频率域的信息，所以可以期望各种波束空间 MUSIC 方法比相应的阵元空间 MUSIC 方法具有更高的波达方向估计分辨率。

表 10.6.2 汇总了基本 MUSIC 及其各种扩展。

表 10.6.2 MUSIC 方法及其各种扩展

方法	空间谱或多项式
ES-MUSIC	$P_{\text{ES-MUSIC}}(\omega)=\dfrac{\boldsymbol{a}^{\mathrm{H}}(\omega)\boldsymbol{a}(\omega)}{\boldsymbol{a}^{\mathrm{H}}(\omega)\boldsymbol{G}\boldsymbol{G}^{\mathrm{H}}\boldsymbol{a}(\omega)}$
BS-MUSIC	$P_{\text{BS-MUSIC}}(\omega)=\dfrac{\boldsymbol{a}^{\mathrm{H}}(\omega)\boldsymbol{a}(\omega)}{\boldsymbol{a}^{\mathrm{H}}(\omega)\boldsymbol{W}\boldsymbol{U}_n\boldsymbol{U}_n^{\mathrm{H}}\boldsymbol{W}^{\mathrm{H}}\boldsymbol{a}(\omega)}$
ES-MN	$P_{\text{ES-MN}}(\omega)=\dfrac{\boldsymbol{a}^{\mathrm{H}}(\omega)\boldsymbol{a}(\omega)}{\lvert\boldsymbol{a}^{\mathrm{H}}(\omega)\boldsymbol{G}\boldsymbol{G}^{\mathrm{H}}\boldsymbol{e}_1\rvert^2}$
BS-MN	$P_{\text{BS-MN}}(\omega)=\dfrac{\boldsymbol{a}^{\mathrm{H}}(\omega)\boldsymbol{a}(\omega)}{\lvert\boldsymbol{a}^{\mathrm{H}}(\omega)\boldsymbol{W}\boldsymbol{U}_n\boldsymbol{U}_n^{\mathrm{H}}\boldsymbol{e}_1\rvert^2}$
ES-FINE	$P_{\text{ES-MN}}(\omega)=\dfrac{\boldsymbol{a}^{\mathrm{H}}(\omega)\boldsymbol{a}(\omega)}{\lvert\boldsymbol{a}^{\mathrm{H}}(\omega)\boldsymbol{G}\boldsymbol{G}^{\mathrm{H}}\boldsymbol{t}_{\text{FINE}}\rvert^2}$
BS-FINE	$P_{\text{BS-MN}}(\omega)=\dfrac{\boldsymbol{a}^{\mathrm{H}}(\omega)\boldsymbol{a}(\omega)}{\lvert\boldsymbol{a}^{\mathrm{H}}(\omega)\boldsymbol{W}\boldsymbol{U}_n\boldsymbol{U}_n^{\mathrm{H}}\boldsymbol{t}_{\text{FINE}}\rvert^2}$
ES-FINES	$P_{\text{ES-MN}}(\omega)=\dfrac{\boldsymbol{a}^{\mathrm{H}}(\omega)\boldsymbol{a}(\omega)}{\lVert\boldsymbol{a}^{\mathrm{H}}(\omega)\boldsymbol{G}\boldsymbol{G}^{\mathrm{H}}\boldsymbol{T}_{\text{FINES}}\rVert_2^2}$
BS-FINES	$P_{\text{BS-MN}}(\omega)=\dfrac{\boldsymbol{a}^{\mathrm{H}}(\omega)\boldsymbol{a}(\omega)}{\lVert\boldsymbol{a}^{\mathrm{H}}(\omega)\boldsymbol{W}\boldsymbol{U}_n\boldsymbol{U}_n^{\mathrm{H}}\boldsymbol{T}_{\text{FINES}}\rVert_2^2}$
ES-ROOT-MUSIC	$p_{\text{ES-ROOT-MUSIC}}(z)=z^{M-1}\boldsymbol{p}^{\mathrm{T}}(z^{-1})\boldsymbol{G}\boldsymbol{G}^{\mathrm{H}}\boldsymbol{p}(z)=0$
BS-ROOT-MUSIC	$p_{\text{BS-ROOT-MUSIC}}(z)=z^{M-1}\boldsymbol{p}^{\mathrm{T}}(z^{-1})\boldsymbol{W}\boldsymbol{U}_n\boldsymbol{U}_n^{\mathrm{H}}\boldsymbol{W}^{\mathrm{H}}\boldsymbol{p}(z)=0$
ES-ROOT-MN	$p_{\text{ES-ROOT-MN}}(z)=z^{M-1}\boldsymbol{p}^{\mathrm{T}}(z^{-1})\boldsymbol{G}\boldsymbol{G}^{\mathrm{H}}\boldsymbol{e}_1\boldsymbol{e}_1^{\mathrm{T}}\boldsymbol{G}\boldsymbol{G}^{\mathrm{H}}\boldsymbol{p}(z)=0$
BS-ROOT-MN	$p_{\text{BS-ROOT-MN}}(z)=z^{M-1}\boldsymbol{p}^{\mathrm{T}}(z^{-1})\boldsymbol{W}\boldsymbol{U}_n\boldsymbol{U}_n^{\mathrm{H}}\boldsymbol{e}_1\boldsymbol{e}_1^{\mathrm{T}}\boldsymbol{U}_n\boldsymbol{U}_n^{\mathrm{H}}\boldsymbol{W}^{\mathrm{H}}\boldsymbol{p}(z)=0$
ES-ROOT-FINE	$p_{\text{ES-ROOT-FINE}}(z)=z^{M-1}\boldsymbol{p}^{\mathrm{T}}(z^{-1})\boldsymbol{G}\boldsymbol{G}^{\mathrm{H}}\boldsymbol{t}_{\text{FINE}}\boldsymbol{t}_{\text{FINE}}^{\mathrm{H}}\boldsymbol{G}\boldsymbol{G}^{\mathrm{H}}\boldsymbol{p}(z)=0$
BS-ROOT-FINE	$p_{\text{BS-ROOT-FINE}}(z)=z^{M-1}\boldsymbol{p}^{\mathrm{T}}(z^{-1})\boldsymbol{W}\boldsymbol{U}_n\boldsymbol{U}_n^{\mathrm{H}}\boldsymbol{t}_{\text{FINE}}\boldsymbol{t}_{\text{FINE}}^{\mathrm{H}}\boldsymbol{U}_n\boldsymbol{U}_n^{\mathrm{H}}\boldsymbol{W}^{\mathrm{H}}\boldsymbol{p}(z)=0$
ES-ROOT-FINES	$p_{\text{ES-ROOT-FINE}}(z)=z^{M-1}\boldsymbol{p}^{\mathrm{T}}(z^{-1})\boldsymbol{G}\boldsymbol{G}^{\mathrm{H}}\boldsymbol{T}_{\text{FINES}}\boldsymbol{T}_{\text{FINES}}^{\mathrm{H}}\boldsymbol{G}\boldsymbol{G}^{\mathrm{H}}\boldsymbol{p}(z)=0$
BS-ROOT-FINES	$p_{\text{BS-ROOT-FINES}}(z)=z^{M-1}\boldsymbol{p}^{\mathrm{T}}(z^{-1})\boldsymbol{W}\boldsymbol{U}_n\boldsymbol{U}_n^{\mathrm{H}}\boldsymbol{T}_{\text{FINES}}\boldsymbol{T}_{\text{FINES}}^{\mathrm{H}}\boldsymbol{U}_n\boldsymbol{U}_n^{\mathrm{H}}\boldsymbol{W}^{\mathrm{H}}\boldsymbol{p}(z)=0$

MUSIC 方法利用空间谱估计信源的波达方向，是一种子空间方法。波达方向也可以借助特征值或者广义特征值进行估计，这类方法就是下节要介绍的 ESPRIT 方法。

10.7 旋转不变技术 (ESPRIT)

ESPRIT 是借助旋转不变技术估计信号参数 (estimating signal parameter via rotational invariance techniques) 方法的英文缩写，最早由 Roy 等人 [233] 于 1986 年提出。ESPRIT 方法现已成为现代信号处理中一种代表性方法，并得到了广泛的应用。

和 MUSIC 方法存在阵元空间和波束空间两类算法一样，ESPRIT 方法也有阵元空间 ESPRIT 算法和波束空间 ESPRIT 算法两种类型，并且还有专门针对复观测数据的酉 ESPRIT 方法。

10.7.1 基本 ESPRIT 算法

考虑白噪声中的 p 个谐波信号

$$x(n)=\sum_{i=1}^{p}s_i\mathrm{e}^{\mathrm{j}n\omega_i}+w(n) \tag{10.7.1}$$

式中 s_i 和 $\omega_i\in(-\pi,\pi)$ 分别为第 i 个谐波信号的复幅值和频率。假定 $w(n)$ 是一零均值、方差为 σ^2 的复值高斯白噪声过程，即

$$\mathrm{E}\{w(n)w^*(l)\}=\sigma^2\delta(n-l)$$
$$\mathrm{E}\{w(n)w(l)\}=0,\quad \forall k,l$$

定义一个新的过程 $y(n)\stackrel{\text{def}}{=}x(n+1)$。选择 $M>p$，并引入以下 $M\times 1$ 维向量

$$\boldsymbol{x}(n)\stackrel{\text{def}}{=}[x(n),x(n+1),\cdots,x(n+M-1)]^{\mathrm{T}} \tag{10.7.2}$$

$$\boldsymbol{w}(n)\stackrel{\text{def}}{=}[w(n),w(n+1),\cdots,w(n+M-1)]^{\mathrm{T}} \tag{10.7.3}$$

$$\begin{aligned}\boldsymbol{y}(n)&\stackrel{\text{def}}{=}[y(n),y(n+1),\cdots,y(n+M-1)]^{\mathrm{T}}\\&=[x(n+1),x(n+2),\cdots,x(n+M)]^{\mathrm{T}}\end{aligned} \tag{10.7.4}$$

$$\boldsymbol{a}(\omega_i)\stackrel{\text{def}}{=}[1,\mathrm{e}^{\mathrm{j}\omega_i},\cdots,\mathrm{e}^{\mathrm{j}(M-1)\omega_i}]^{\mathrm{T}} \tag{10.7.5}$$

于是，式 (10.7.1) 的 $x(n)$ 可以写作向量形式

$$\boldsymbol{x}(n)=\boldsymbol{A}\boldsymbol{s}(n)+\boldsymbol{w}(n) \tag{10.7.6}$$

而 $y(n)=x(n+1)$ 也可写作向量形式

$$\boldsymbol{y}(n)=\boldsymbol{x}(n+1)=\boldsymbol{A}\boldsymbol{\Phi}\boldsymbol{s}(n)+\boldsymbol{w}(n+1) \tag{10.7.7}$$

式中

$$\boldsymbol{A}\stackrel{\text{def}}{=}[\boldsymbol{a}(\omega_1),\boldsymbol{a}(\omega_2),\cdots,\boldsymbol{a}(\omega_p)] \tag{10.7.8}$$

$$\boldsymbol{s}(n)\stackrel{\text{def}}{=}[s_1\mathrm{e}^{\mathrm{j}\omega_1 n},s_2\mathrm{e}^{\mathrm{j}\omega_2 n},\cdots,s_p\mathrm{e}^{\mathrm{j}\omega_p n}]^{\mathrm{T}} \tag{10.7.9}$$

$$\boldsymbol{\Phi}\stackrel{\text{def}}{=}\mathrm{diag}(\mathrm{e}^{\mathrm{j}\omega_1},\mathrm{e}^{\mathrm{j}\omega_2},\cdots,\mathrm{e}^{\mathrm{j}\omega_p}) \tag{10.7.10}$$

注意，$\boldsymbol{\Phi}$ 是一酉矩阵，即有 $\boldsymbol{\Phi}^{\mathrm{H}}\boldsymbol{\Phi}=\boldsymbol{\Phi}\boldsymbol{\Phi}^{\mathrm{H}}=\boldsymbol{I}$，它将空间的向量 $\boldsymbol{x}(n)$ 和 $\boldsymbol{y}(n)$ 联系在一起；矩阵 $\boldsymbol{A}$ 是一个 $M\times p$ 维 Vandermonde 矩阵。由于 $\boldsymbol{y}(n)=\boldsymbol{x}(n+1)$，故 $\boldsymbol{y}(n)$ 可以看作是 $\boldsymbol{x}(n)$ 的平移结果。鉴于此，矩阵 $\boldsymbol{\Phi}$ 被称作旋转算符，因为平移是最简单的旋转。

式 (10.7.6) ~ 式 (10.7.10) 组成了 ESPRIT 方法的信号模型。下面证明这一信号模型也适用于 M 个阵元组成的等距线阵。以第 1 个阵元为参考阵元，其观测信号的式 (10.7.1) 表示为

$$x_1(n)=\sum_{i=1}^{p}s_i\mathrm{e}^{\mathrm{j}\omega_i n}+w_1(n)=\sum_{i=1}^{p}s_i(n)+w_1(n) \tag{10.7.11}$$

式中 $s_i(n)=s_i\mathrm{e}^{\mathrm{j}\omega_i n}$ 为第 i 个源信号。

根据等距线阵的结构，源信号到达第 m 个阵元时存在传播相位差 $\mathrm{e}^{\mathrm{j}(m-1)\omega_i}$。因此，第 m 个阵元的观测信号为

$$x_m(n)=\sum_{i=1}^{p}s_i(n)\mathrm{e}^{\mathrm{j}(m-1)\omega_i}+w_m(n),\quad m=1,\cdots,M \tag{10.7.12}$$

式 (10.7.12) 的矩阵–向量表示形式为

$$\boldsymbol{x}(n)=[x_1(n),\cdots,x_M(n)]^{\mathrm{T}}=\boldsymbol{A}\boldsymbol{s}(n)+\boldsymbol{w}(n) \tag{10.7.13}$$

式中 $\boldsymbol{A}=[\boldsymbol{a}(\omega_1),\cdots,\boldsymbol{a}(\omega_p)]$ 及 $\boldsymbol{s}(n)=[s_1,\cdots,s_p(n)]^{\mathrm{T}}$，并且 $\boldsymbol{a}(\omega_i)=[1,\mathrm{e}^{\mathrm{j}\omega_i},\cdots,\mathrm{e}^{\mathrm{j}(M-1)\omega_i}]^{\mathrm{T}}$。于是，等距线阵观测向量 $\boldsymbol{x}(n)$ 的平移向量

$$\boldsymbol{y}(n)=\boldsymbol{x}(n+1)=\boldsymbol{A}\boldsymbol{s}(n+1)+\boldsymbol{w}(n+1)=\boldsymbol{A}\boldsymbol{\Phi}\boldsymbol{s}(n)+\boldsymbol{w}(n+1) \tag{10.7.14}$$

因为

$$\boldsymbol{s}(n+1)=\begin{bmatrix}s_1\mathrm{e}^{\mathrm{j}\omega_1(n+1)}\\ \vdots\\ s_p\mathrm{e}^{\mathrm{j}\omega_p(n+1)}\end{bmatrix}=\begin{bmatrix}\mathrm{e}^{\mathrm{j}\omega_1} & & 0\\ & \ddots & \\ 0 & & \mathrm{e}^{\mathrm{j}\omega_p}\end{bmatrix}\begin{bmatrix}s_1\mathrm{e}^{\mathrm{j}\omega_1 n}\\ \vdots\\ s_p\mathrm{e}^{\mathrm{j}\omega_p n}\end{bmatrix}=\boldsymbol{\Phi}\boldsymbol{s}(n) \tag{10.7.15}$$

比较知，等距线阵的观测信号模型式 (10.7.13) 与 ESPRIT 的观测信号模型式 (10.7.6) 一致，而等距线阵的平移信号模型式 (10.7.14) 也与 ESPRIT 的平移信号模型式 (10.7.7) 相同。因此，ESPRIT 方法的关键就是如何按照等距线阵构造观测信号向量 $\boldsymbol{x}(n)$ 和平移向量 $\boldsymbol{y}(n)=\boldsymbol{x}(n+1)$。

观测向量 $\boldsymbol{x}(n)$ 的自协方差矩阵

$$\boldsymbol{R}_{xx}=\mathrm{E}\{\boldsymbol{x}(n)\boldsymbol{x}^{\mathrm{H}}(n)\}=\boldsymbol{A}\boldsymbol{P}\boldsymbol{A}^{\mathrm{H}}+\sigma^2\boldsymbol{I} \tag{10.7.16}$$

式中

$$\boldsymbol{P}=\mathrm{E}\{\boldsymbol{s}(n)\boldsymbol{s}^{\mathrm{H}}(n)\} \tag{10.7.17}$$

是信号向量的协方差矩阵。若各信号不相关，则 $\boldsymbol{P}=\mathrm{diag}(\mathrm{E}\{|s_1|^2\},\cdots,\mathrm{E}\{|s_p|^2\})$ 是一个 $p\times p$ 对角矩阵，其对角线上的元素为各信号的功率。在 ESPRIT 方法里，只要求矩阵 $\boldsymbol{P}$ 非奇异，并不要求它一定是对角矩阵。

观测向量 $\boldsymbol{x}(n)$ 与其时间平移向量 $\boldsymbol{y}(n)$ 的互协方差矩阵为

$$\boldsymbol{R}_{xy} = \mathrm{E}\{\boldsymbol{x}(n)\boldsymbol{y}^{\mathrm{H}}(n)\} = \boldsymbol{AP\Phi}^{\mathrm{H}}\boldsymbol{A}^{\mathrm{H}} + \sigma^2\boldsymbol{Z} \tag{10.7.18}$$

式中 $\sigma^2\boldsymbol{Z} = \mathrm{E}\{\boldsymbol{w}(n)\boldsymbol{w}^{\mathrm{H}}(n+1)\}$。容易验证，$\boldsymbol{Z}$ 是一个 $M \times M$ 特殊矩阵

$$\boldsymbol{Z} = \begin{bmatrix} 0 & & & 0 \\ 1 & 0 & & \\ & \ddots & \ddots & \\ 0 & & 1 & 0 \end{bmatrix} \tag{10.7.19}$$

即主对角线下面的对角线上的元素全部为 1，而其他元素皆等于 0。

由自协方差矩阵的元素 $[\boldsymbol{R}_{xx}]_{ij} = \mathrm{E}\{x(i)x^*(j)\} = R_{xx}(i-j) = R_{xx}^*(j-i)$ 知

$$\boldsymbol{R}_{xx} = \begin{bmatrix} R_{xx}(0) & R_{xx}^*(1) & \cdots & R_{xx}^*(M-1) \\ R_{xx}(1) & R_{xx}(0) & \cdots & R_{xx}^*(M-2) \\ \vdots & \vdots & \ddots & \vdots \\ R_{xx}(M-1) & R_{xx}(M-2) & \cdots & R_{xx}(0) \end{bmatrix} \tag{10.7.20}$$

类似地，互协方差矩阵的元素为 $[\boldsymbol{R}_{xy}]_{ij} = \mathrm{E}\{x(i)y^*(j)\} = \mathrm{E}\{x(i)x^*(j+1)\} = R_{xx}(i-j-1) = R_{xx}^*(j-i+1)$，即有

$$\boldsymbol{R}_{xy} = \begin{bmatrix} R_{xx}^*(1) & R_{xx}^*(2) & \cdots & R_{xx}^*(M) \\ R_{xx}(0) & R_{xx}^*(1) & \cdots & R_{xx}^*(M-1) \\ \vdots & \vdots & \ddots & \vdots \\ R_{xx}(M-2) & R_{xx}(M-3) & \cdots & R_{xx}^*(1) \end{bmatrix} \tag{10.7.21}$$

注意 $R_{xx}(0) = R_{xx}^*(0)$。

现在的问题是：已知自协方差函数 $R_{xx}(0), R_{xx}(1), \cdots, R_{xx}(M)$，如何估计谐波信号的个数 p、谐波频率 ω_i，$i = 1, \cdots, p$ 以及谐波功率 $|s_i|^2$？

向量 $\boldsymbol{x}(n)$ 经过平移，变为 $\boldsymbol{y}(n) = \boldsymbol{x}(n+1)$，但是这种平移却保持了 $\boldsymbol{x}(n)$ 和 $\boldsymbol{y}(n)$ 对应的信号子空间的不变性。这是因为 $\boldsymbol{R}_{xx} \overset{\text{def}}{=} \mathrm{E}\{\boldsymbol{x}(n)\boldsymbol{x}^{\mathrm{H}}(n)\} = \mathrm{E}\{\boldsymbol{x}(n+1)\boldsymbol{x}^{\mathrm{H}}(n+1)\} \overset{\text{def}}{=} \boldsymbol{R}_{yy}$，它们完全相同！

对 $\boldsymbol{R}_{xx}$ 作特征值分解，可以得到其最小特征值 $\lambda_{\min} = \sigma^2$。构造一对新的矩阵

$$\boldsymbol{C}_{xx} = \boldsymbol{R}_{xx} - \lambda_{\min}\boldsymbol{I} = \boldsymbol{R}_{xx} - \sigma^2\boldsymbol{I} = \boldsymbol{APA}^{\mathrm{H}} \tag{10.7.22}$$

$$\boldsymbol{C}_{xy} = \boldsymbol{R}_{xy} - \lambda_{\min}\boldsymbol{Z} = \boldsymbol{R}_{xy} - \sigma^2\boldsymbol{Z} = \boldsymbol{AP\Phi S}^{\mathrm{H}} \tag{10.7.23}$$

则 $\{\boldsymbol{C}_{xx}, \boldsymbol{C}_{xy}\}$ 称为矩阵束 (matrix pencil) 或矩阵对 (matrix pair)。

矩阵束 $\{\boldsymbol{C}_{xx}, \boldsymbol{C}_{xy}\}$ 的广义特征值分解定义为

$$\boldsymbol{C}_{xx}\boldsymbol{u} = \gamma\boldsymbol{C}_{xy}\boldsymbol{u} \tag{10.7.24}$$

其中，γ 和 $\boldsymbol{u}$ 分别称为矩阵束 $\{\boldsymbol{C}_{xx}, \boldsymbol{C}_{xy}\}$ 的广义特征值和广义特征向量，并称二元组 $(\gamma, \boldsymbol{u})$ 为广义特征对。只对广义特征值感兴趣时，常将矩阵束写作 $\boldsymbol{C}_{xx} - \gamma\boldsymbol{C}_{xy}$。若 γ 不是广义特

征值，则矩阵束 $\boldsymbol{C}_{xx}-\gamma\boldsymbol{C}_{xy}$ 满秩；而使矩阵束秩亏缺的 γ 则称为矩阵束 $\{\boldsymbol{C}_{xx},\boldsymbol{C}_{xy}\}$ 的广义特征值。

考查矩阵束

$$\boldsymbol{C}_{xx}-\gamma\boldsymbol{C}_{xy}=\boldsymbol{AP}(\boldsymbol{I}-\gamma\boldsymbol{\varPhi}^{\mathrm{H}})\boldsymbol{A}^{\mathrm{H}} \tag{10.7.25}$$

由于 $\boldsymbol{A}$ 满列秩和 $\boldsymbol{P}$ 非奇异，所以从矩阵秩的角度，式 (10.7.25) 可以写作

$$\mathrm{rank}(\boldsymbol{C}_{xx}-\gamma\boldsymbol{C}_{xy})=\mathrm{rank}(\boldsymbol{I}-\gamma\boldsymbol{\varPhi}^{\mathrm{H}}) \tag{10.7.26}$$

当 $\gamma\neq\omega_i,i=1,\cdots,p$ 时，矩阵 $(\boldsymbol{I}-\gamma\boldsymbol{\varPhi})$ 是非奇异的，而当 γ 等于 $\mathrm{e}^{\mathrm{j}\omega_i}$ 时，由于 $\gamma\mathrm{e}^{-\mathrm{j}\omega_i}=1$，所以矩阵 $(\boldsymbol{I}-\gamma\boldsymbol{\varPhi})$ 奇异，即秩亏缺。这说明，$\mathrm{e}^{\mathrm{j}\omega_i},i=1,\cdots,p$ 都是矩阵束 $\{\boldsymbol{C}_{xx},\boldsymbol{C}_{xy}\}$ 的广义特征值。这一结果可以用下面的定理加以归纳。

定理 10.7.1 定义 $\boldsymbol{\varGamma}$ 为矩阵束 $\{\boldsymbol{C}_{xx},\boldsymbol{C}_{xy}\}$ 的广义特征值矩阵，其中 $\boldsymbol{C}_{xx}=\boldsymbol{R}_{xx}-\lambda_{\min}\boldsymbol{I}$ 和 $\boldsymbol{C}_{xy}=\boldsymbol{R}_{xy}-\lambda_{\min}\boldsymbol{Z}$，且 $\lambda_{\min}$ 是自协方差矩阵 $\boldsymbol{R}_{xx}$ 的最小特征值。若矩阵 $\boldsymbol{P}$ 非奇异，则矩阵 $\boldsymbol{\varGamma}$ 与旋转算符矩阵 $\boldsymbol{\varPhi}$ 之间有下列关系：

$$\boldsymbol{\varGamma}=\begin{bmatrix}\boldsymbol{\varPhi} & \boldsymbol{0}\\ \boldsymbol{0} & \boldsymbol{0}\end{bmatrix} \tag{10.7.27}$$

即 $\boldsymbol{\varGamma}$ 的非零元素是旋转算符矩阵 $\boldsymbol{\varPhi}$ 的各元素的一个排列。

上述分析可总结为下面的基本 ESPRIT 算法。

算法 10.7.1 基本 ESPRIT 算法

步骤 1 利用已知的观测数据 $x(1),\cdots,x(N)$ 估计自协方差函数 $R_{xx}(i),i=0,1,\cdots,M$。

步骤 2 由估计的自协方差函数构造 $M\times M$ 自协方差矩阵 $\boldsymbol{R}_{xx}$ 和 $M\times M$ 互协方差矩阵 $\boldsymbol{R}_{xy}$。

步骤 3 求 $\boldsymbol{R}_{xx}$ 的特征值分解。对于 $M>p$，最小特征值的平均值作为噪声方差 σ^2 的估计。

步骤 4 利用 σ^2 计算 $\boldsymbol{C}_{xx}=\boldsymbol{R}_{xx}-\sigma^2\boldsymbol{I}$ 和 $\boldsymbol{C}_{xy}=\boldsymbol{R}_{xy}-\sigma^2\boldsymbol{Z}$。

步骤 5 求矩阵束 $\{\boldsymbol{C}_{xx},\boldsymbol{C}_{xy}\}$ 的广义特征值分解，得到位于单位圆上的 p 个广义特征值 $\mathrm{e}^{\mathrm{j}\omega_i},i=1,\cdots,p$，它们直接给出谐波频率 ω_i 的估计。然后，利用 $\omega_i=2\pi\frac{d}{\lambda}\sin\theta_i$ 估计波达方向 $\theta_1,\cdots,\theta_p$。

令 $\boldsymbol{e}_i$ 是对应于广义特征值 γ_i 的广义特征向量。由定义知，$\boldsymbol{e}_i$ 满足关系式

$$\boldsymbol{APA}^{\mathrm{H}}\boldsymbol{e}_i=\gamma_i\boldsymbol{AP\varPhi}^{\mathrm{H}}\boldsymbol{A}^{\mathrm{H}}\boldsymbol{e}_i \tag{10.7.28}$$

或等价于

$$\boldsymbol{e}_i^{\mathrm{H}}\boldsymbol{AP}(\boldsymbol{I}-\gamma_i\boldsymbol{\varPhi}^{\mathrm{H}})\boldsymbol{A}^{\mathrm{H}}\boldsymbol{e}_i=0 \tag{10.7.29}$$

显而易见，对角矩阵 $\boldsymbol{P}(\boldsymbol{I}-\gamma_i\boldsymbol{\varPhi}^{\mathrm{H}})$ 的第 i 个对角元素等于零，而其他对角元素不等于零 (用 $\times$ 表示，它是我们不感兴趣的)，即

$$\boldsymbol{P}(\boldsymbol{I}-\gamma_i\boldsymbol{\varPhi}^{\mathrm{H}})=\mathrm{diag}(\times,\cdots,\times,0,\times,\cdots,\times) \tag{10.7.30}$$

故知，为保证式 (10.7.29) 成立，$\boldsymbol{e}_i^{\mathrm{H}}\boldsymbol{A}$ 和 $\boldsymbol{A}^{\mathrm{H}}\boldsymbol{e}_i$ 必然具有形式

$$\boldsymbol{e}_i^{\mathrm{H}}\boldsymbol{A} = [0, \cdots, 0, e_i^* \boldsymbol{a}(\omega_i), 0, \cdots, 0] \tag{10.7.31}$$

$$\boldsymbol{A}^{\mathrm{H}}\boldsymbol{e}_i = [0, \cdots, 0, \boldsymbol{a}^{\mathrm{H}}(\omega_i)e_i, 0, \cdots, 0]^{\mathrm{T}} \tag{10.7.32}$$

也就是说，与广义特征值 γ_i 对应的广义特征向量 $\boldsymbol{e}_i$ 与除方向向量 $\boldsymbol{a}(\omega_i)$ 以外的其他所有方向向量 $\boldsymbol{a}(\omega_j)$, $j \neq i$ 正交。另一方面，对角矩阵 $\gamma_i\boldsymbol{\Phi}^{\mathrm{H}}$ 的第 (i,i) 个元素等于 1，即

$$\gamma_i\boldsymbol{\Phi}^{\mathrm{H}} = \mathrm{diag}(\mathrm{e}^{-\mathrm{j}\omega_1}, \cdots, \mathrm{e}^{-\mathrm{j}\omega_{i-1}}, 1, \mathrm{e}^{-\mathrm{j}\omega_{i+1}}, \cdots, \mathrm{e}^{-\mathrm{j}\omega_p}) \tag{10.7.33}$$

将 $\boldsymbol{C}_{xx} = \boldsymbol{APA}^{\mathrm{H}}$ 代入式 (10.7.29)，得

$$\boldsymbol{e}_i^{\mathrm{H}}\boldsymbol{AP}\gamma_i\boldsymbol{\Phi}^{\mathrm{H}}\boldsymbol{A}^{\mathrm{H}}\boldsymbol{e}_i = \boldsymbol{e}_i^{\mathrm{H}}\boldsymbol{C}_{xx}\boldsymbol{e}_i \tag{10.7.34}$$

将式 (10.7.32) 和式 (10.7.33) 代入式 (10.7.34)，并注意到 $\boldsymbol{P}$ 是对角矩阵，则有

$$\mathrm{E}\{|s_i(n)|^2\}|\boldsymbol{e}_i^{\mathrm{H}}\boldsymbol{a}(\omega_i)|^2 = \boldsymbol{e}_i^{\mathrm{H}}\boldsymbol{C}_{xx}\boldsymbol{e}_i \tag{10.7.35}$$

即

$$\mathrm{E}\{|s_i(n)|^2\} = \frac{\boldsymbol{e}_i^{\mathrm{H}}\boldsymbol{C}_{xx}\boldsymbol{e}_i}{|\boldsymbol{e}_i^{\mathrm{H}}\boldsymbol{a}(\omega_i)|^2} \tag{10.7.36}$$

这就是当各信号相互独立时，各信号功率的估计公式。

10.7.2 阵元空间 ESPRIT 方法

基本 ESPRIT 方法需要计算矩阵束 $(\boldsymbol{C}_{xx}, \boldsymbol{C}_{xy})$ 的广义特征值分解，因而存在两个缺点：(1) 无法直接使用阵列观测数据矩阵 $\boldsymbol{X} = [\boldsymbol{x}(1), \cdots, \boldsymbol{x}(N)]$ 的奇异值分解，它比协方差矩阵组成的矩阵束广义特征值分解具有更好的数值稳定性；(2) 广义特征值不容易自适应更新。

借助于等距线阵的分解，阵元空间 ESPRIT 方法可以克服基本 ESPRIT 方法的这两个缺点。

考查一个由 M 个阵元组成的等距线阵。如图 10.7.1 所示，现在将这个等距线阵分为两个子阵列，其中子阵列 1 由第 1 个至第 $M-1$ 个阵元组成，子阵列 2 由第 2 个至第 M 个阵元组成。

令 $M \times N$ 矩阵

$$\boldsymbol{X} = [\boldsymbol{x}(1), \cdots, \boldsymbol{x}(N)] \tag{10.7.37}$$

代表原阵列的观测数据矩阵，其中 $\boldsymbol{x}(n) = [x_1(n), \cdots, x_m(n)]^{\mathrm{T}}$ 是 m 个阵元在 n 时刻的观测信号组成的观测数据向量，而 N 为数据长度，即 $n = 1, \cdots, N$。

若令

$$\boldsymbol{S} = [\boldsymbol{s}(1), \cdots, \boldsymbol{s}(N)] \tag{10.7.38}$$

代表信号矩阵，式中

$$\boldsymbol{s}(n) = [s_1(n), \cdots, s_p(n)]^{\mathrm{T}} \tag{10.7.39}$$

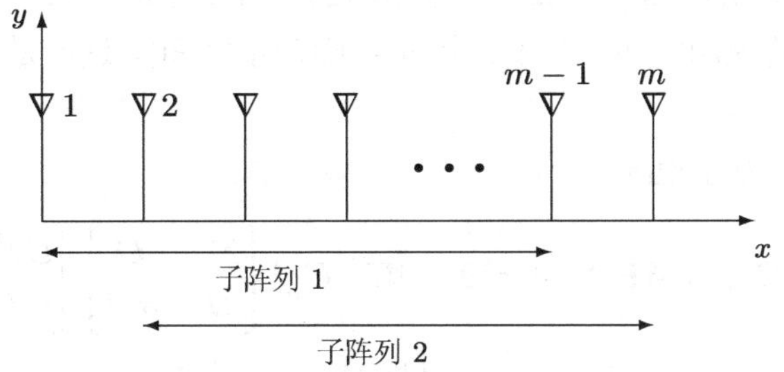

图 10.7.1 等距线阵分成两个子阵列

表示信号向量，则对于 N 个快拍的数据，式 (10.7.37) 可以用矩阵形式表示成

$$\boldsymbol{X} = [\boldsymbol{x}(1), \cdots, \boldsymbol{x}(N)] = \boldsymbol{A}\boldsymbol{S} \tag{10.7.40}$$

式中 $\boldsymbol{A}$ 是 $m \times p$ 阵列方向矩阵。

令 $\boldsymbol{J}_1$ 和 $\boldsymbol{J}_2$ 是两个 $(m-1) \times m$ 选择矩阵

$$\boldsymbol{J}_1 = [\boldsymbol{I}_{m-1} \,\vdots\, \boldsymbol{0}_{m-1}] \tag{10.7.41}$$

$$\boldsymbol{J}_2 = [\boldsymbol{0}_{m-1} \,\vdots\, \boldsymbol{I}_{m-1}] \tag{10.7.42}$$

式中 $\boldsymbol{I}_{m-1}$ 代表 $(m-1) \times (m-1)$ 单位矩阵；$\boldsymbol{0}_{m-1}$ 表示 $(m-1) \times 1$ 零向量。

用选择矩阵 $\boldsymbol{J}_1$ 和 $\boldsymbol{J}_2$ 分别左乘观测数据矩阵 $\boldsymbol{X}$，得到

$$\boldsymbol{X}_1 = \boldsymbol{J}_1\boldsymbol{X} = [\boldsymbol{x}_1(1), \cdots, \boldsymbol{x}_1(N)] \tag{10.7.43}$$

$$\boldsymbol{X}_2 = \boldsymbol{J}_2\boldsymbol{X} = [\boldsymbol{x}_2(1), \cdots, \boldsymbol{x}_2(N)] \tag{10.7.44}$$

式中

$$\boldsymbol{x}_1(n) = [x_1(n), \cdots, x_{m-1}(n)]^{\mathrm{T}}, \quad n = 1, \cdots, N \tag{10.7.45}$$

$$\boldsymbol{x}_2(n) = [x_2(n), \cdots, x_m(n)]^{\mathrm{T}}, \quad n = 1, \cdots, N \tag{10.7.46}$$

即是说，观测数据子矩阵 $\boldsymbol{X}_1$ 由观测数据矩阵 $\boldsymbol{X}$ 的前 $m-1$ 行组成，相当于子阵列 1 的观测数据矩阵；$\boldsymbol{X}_2$ 则由 $\boldsymbol{X}$ 的后 $m-1$ 行组成，相当于子阵列 2 的观测数据矩阵。

令

$$\boldsymbol{A} = \begin{bmatrix} \boldsymbol{A}_1 \\ \text{最后一行} \end{bmatrix} = \begin{bmatrix} \text{第一行} \\ \boldsymbol{A}_2 \end{bmatrix} \tag{10.7.47}$$

则根据等距线阵的阵列响应矩阵 $\boldsymbol{A}$ 的结构知，子矩阵 $\boldsymbol{A}_1$ 和 $\boldsymbol{A}_2$ 之间存在关系式

$$\boldsymbol{A}_2 = \boldsymbol{A}_1\boldsymbol{\varPhi} \tag{10.7.48}$$

容易验证

$$\boldsymbol{X}_1 = \boldsymbol{A}_1\boldsymbol{S} \tag{10.7.49}$$

$$\boldsymbol{X}_2 = \boldsymbol{A}_2\boldsymbol{S} = \boldsymbol{A}_1\boldsymbol{\varPhi}\boldsymbol{S} \tag{10.7.50}$$

由于 $\boldsymbol{\Phi}$ 是一酉矩阵，所以 $\boldsymbol{X}_1$ 和$\boldsymbol{X}_2$ 具有相同的信号子空间和噪声子空间，即子阵列 1 和子阵列 2 具有相同的观测空间 (信号子空间 + 噪声子空间)。这就是等距线阵的平移不变性的物理解释。

观测向量的自协方差矩阵

$$\begin{aligned}\boldsymbol{R}_{xx} &= \boldsymbol{A}\boldsymbol{P}\boldsymbol{A}^{\mathrm{H}} + \sigma^2\boldsymbol{I} = [\boldsymbol{U}_s, \boldsymbol{U}_n]\begin{bmatrix}\boldsymbol{\Sigma}_s & \boldsymbol{O}\\ \boldsymbol{O} & \sigma^2\boldsymbol{I}\end{bmatrix}\begin{bmatrix}\boldsymbol{U}_s^{\mathrm{H}}\\ \boldsymbol{U}_n^{\mathrm{H}}\end{bmatrix}\\ &= \left[\boldsymbol{U}_s\boldsymbol{\Sigma}_s, \sigma^2\boldsymbol{U}_n\right]\begin{bmatrix}\boldsymbol{U}_s^{\mathrm{H}}\\ \boldsymbol{U}_n^{\mathrm{H}}\end{bmatrix} = \boldsymbol{U}_s\boldsymbol{\Sigma}_s\boldsymbol{U}_s^{\mathrm{H}} + \sigma^2\boldsymbol{U}_n\boldsymbol{U}_n^{\mathrm{H}}\end{aligned} \tag{10.7.51}$$

利用 $\boldsymbol{I} - \boldsymbol{U}_n\boldsymbol{U}_n^{\mathrm{H}} = \boldsymbol{U}_s\boldsymbol{U}_s^{\mathrm{H}}$，上式可以改写为

$$\boldsymbol{A}\boldsymbol{P}\boldsymbol{A}^{\mathrm{H}} + \sigma^2\boldsymbol{U}_s\boldsymbol{U}_s^{\mathrm{H}} = \boldsymbol{U}_s\boldsymbol{\Sigma}_s\boldsymbol{U}_s^{\mathrm{H}} \tag{10.7.52}$$

用 $\boldsymbol{U}_s$ 右乘上式两边，注意到 $\boldsymbol{U}_s^{\mathrm{H}}\boldsymbol{U}_s = \boldsymbol{I}$，并加以重排，即得

$$\boldsymbol{U}_s = \boldsymbol{A}\boldsymbol{T} \tag{10.7.53}$$

式中

$$\boldsymbol{T} = \boldsymbol{P}\boldsymbol{A}^{\mathrm{H}}\boldsymbol{U}_s(\boldsymbol{\Sigma}_s - \sigma^2\boldsymbol{I})^{-1} \tag{10.7.54}$$

是一个非奇异矩阵。

虽然 $\boldsymbol{T}$ 是一未知矩阵，但它只是下面分析中的一个“虚拟参数”，我们只用到它的非奇异性。用 $\boldsymbol{T}$ 右乘式 (10.7.47)，则有

$$\boldsymbol{A}\boldsymbol{T} = \begin{bmatrix}\boldsymbol{A}_1\boldsymbol{T}\\ \text{最后一行}\end{bmatrix} = \begin{bmatrix}\text{第一行}\\ \boldsymbol{A}_2\boldsymbol{T}\end{bmatrix} \tag{10.7.55}$$

采用相同的分块形式，将 $\boldsymbol{U}_s$ 也分块成

$$\boldsymbol{U}_s = \begin{bmatrix}\boldsymbol{U}_1\\ \text{最后一行}\end{bmatrix} = \begin{bmatrix}\text{第一行}\\ \boldsymbol{U}_2\end{bmatrix} \tag{10.7.56}$$

由于 $\boldsymbol{A}\boldsymbol{T} = \boldsymbol{U}_s$，故比较式 (10.7.55) 与式 (10.7.56)，立即有

$$\boldsymbol{U}_1 = \boldsymbol{A}_1\boldsymbol{T} \quad \text{和} \quad \boldsymbol{U}_2 = \boldsymbol{A}_2\boldsymbol{T} \tag{10.7.57}$$

将 $\boldsymbol{A}_2 = \boldsymbol{A}_1\boldsymbol{\Phi}$ 代入式 (10.7.57)，即有

$$\boldsymbol{U}_2 = \boldsymbol{A}_1\boldsymbol{\Phi}\boldsymbol{T} \tag{10.7.58}$$

由 $\boldsymbol{U}_1 = \boldsymbol{A}_1\boldsymbol{T}$ 及式 (10.7.58)，又有

$$\boldsymbol{U}_1\boldsymbol{T}^{-1}\boldsymbol{\Phi}\boldsymbol{T} = \boldsymbol{A}_1\boldsymbol{T}\boldsymbol{T}^{-1}\boldsymbol{\Phi}\boldsymbol{T} = \boldsymbol{A}_1\boldsymbol{\Phi}\boldsymbol{T} = \boldsymbol{U}_2 \tag{10.7.59}$$

定义

$$\boldsymbol{\Psi} = \boldsymbol{T}^{-1}\boldsymbol{\Phi}\boldsymbol{T} \tag{10.7.60}$$

矩阵 $\boldsymbol{\Psi}$ 称为矩阵 $\boldsymbol{\Phi}$ 的相似变换，因此它们具有相同的特征值，即 $\boldsymbol{\Psi}$ 的特征值也为 $\mathrm{e}^{\mathrm{j}\phi_m}, m = 1,\cdots,M$。

将式 (10.7.60) 代入式 (10.7.59)，则得到一个重要的关系式，即

$$\boldsymbol{U}_2 = \boldsymbol{U}_1\boldsymbol{\Psi} \tag{10.7.61}$$

以上结果可以归纳为下述阵元空间 ESPRIT (ES-ESPRIT) 算法。

算法 10.7.2 ES-ESPRIT 算法

步骤 1 计算 $M \times N$ 阵列观测数据矩阵 $\boldsymbol{X}$ 的奇异值分解 $\boldsymbol{X} = \boldsymbol{U}\boldsymbol{\Sigma}\boldsymbol{V}^{\mathrm{H}}$。与 p 个主奇异值对应的左奇异向量组成矩阵 $\boldsymbol{U}_s = [\boldsymbol{u}_1,\cdots,\boldsymbol{u}_p]$。

步骤 2 抽取 $\boldsymbol{U}_s$ 的上面 $M-1$ 行组成矩阵 $\boldsymbol{U}_1$，下面 $M-1$ 行组成矩阵 $\boldsymbol{U}_2$。计算 $\boldsymbol{\Psi} = (\boldsymbol{U}_1^{\mathrm{H}}\boldsymbol{U}_1)^{-1}\boldsymbol{U}_1^{\mathrm{H}}\boldsymbol{U}_2$ 的特征值分解，其特征值与旋转算符 $\boldsymbol{\Phi}$ 的特征值相同，为 $\mathrm{e}^{\mathrm{j}\omega_i}\,(i = 1,\cdots,p)$，它们给出估计值 $\hat{\omega}_i\,(i=1,\cdots,p)$。

步骤 3 利用 $\hat{\omega}_i = 2\pi\dfrac{d}{\lambda}\sin\theta_i$ 估计波达方向 $\theta_1,\cdots,\theta_p$。

比较算法 10.7.1 和算法 10.7.2，可以得出基本 ESPRIT 算法和阵元空间 ESPRIT 算法之间的主要区别：

(1) 基本 ESPRIT 算法需要计算 $M \times M$ 自协方差矩阵 $\boldsymbol{R}_{xx}$ 的广义特征值分解和矩阵束 $(\boldsymbol{C}_{xx}, \boldsymbol{C}_{xy})$ 的广义特征值分解；而阵元空间 ESPRIT 算法需要计算 $M \times N$ 阵列观测数据矩阵 $\boldsymbol{X}$ 的奇异值分解和 $M \times M$ 矩阵 $\boldsymbol{\Psi}$ 的特征值分解。

(2) 阵元空间 ESPRIT 算法很容易推广为波束空间 ESPRIT 算法、酉 ESPRIT 算法和波束空间酉 ESPRIT 算法，详见后面的介绍。

10.7.3 TLS-ESPRIT 方法

以上介绍的基本 ESPRIT 方法可以看作是一种最小二乘算子，其作用是将原 m 维观测空间约束到一个子空间 (其维数等于空间信源个数 p)。因此，这种基本 ESPRIT 方法有时称作 LS-ESPRIT 算法。Roy 和 Kailath 指出 [232]，最小二乘算子会导致在求解广义特征值问题的某些潜在的数值困难。现在已广泛认识到，奇异值分解 (SVD) 和总体最小二乘 (TLS) 的应用可以将一个较大维数 $(M \times M)$ 病态广义特征问题转化为一个较小维数 $(p \times p)$ 的无病态广义特征问题。

TLS-ESPRIT 有多种算法，需要的奇异值分解次数各不相同。其中，Zhang 和 Liang [322] 提出的 TLS-ESPRIT 算法只需要 1 次奇异值分解，是计算最简单的。

考虑矩阵束 $\{\boldsymbol{R}_1,\ \boldsymbol{R}_2\}$ 的广义特征值分解。令 $\boldsymbol{R}_1$ 的奇异值分解为

$$\boldsymbol{R}_1 = \boldsymbol{U}\boldsymbol{\Sigma}\boldsymbol{V}^{\mathrm{H}} = [\boldsymbol{U}_1,\ \boldsymbol{U}_2]\begin{bmatrix}\boldsymbol{\Sigma}_1 & \boldsymbol{0}\\ \boldsymbol{0} & \boldsymbol{\Sigma}_2\end{bmatrix}\begin{bmatrix}\boldsymbol{V}_1^{\mathrm{H}}\\ \boldsymbol{V}_2^{\mathrm{H}}\end{bmatrix} \tag{10.7.62}$$

式中 $\boldsymbol{\Sigma}_1$ 由 p 个主奇异值组成。在不改变广义特征值的条件下，可以用 $\boldsymbol{U}_1^H$ 左乘和用 $\boldsymbol{V}_1$ 右乘矩阵$\boldsymbol{R}_1 - \gamma\boldsymbol{R}_2$，得到

$$\boldsymbol{\Sigma}_1 - \gamma\boldsymbol{U}_1^{\mathrm{H}}\boldsymbol{R}_2\boldsymbol{V}_1 \tag{10.7.63}$$

现在，原较大维数的矩阵束 $\{\boldsymbol{R}_1,\ \boldsymbol{R}_2\}$ 的广义特征值问题便变成了较小维数 $(p \times p)$ 的矩阵束 $\{\boldsymbol{\Sigma}_1,\ \boldsymbol{U}_1^{\mathrm{H}}\boldsymbol{R}_2\boldsymbol{V}_1\}$ 的广义特征值问题。

算法 10.7.3　TLS-ESPRIT 算法

步骤 1　进行矩阵 $\boldsymbol{R}_{xx}$ 的特征值分解。

步骤 2　利用最小特征值 σ^2 计算 $\boldsymbol{C}_{xx} = \boldsymbol{R}_{xx} - \sigma^2\boldsymbol{I}$ 和 $\boldsymbol{C}_{xy} = \boldsymbol{R}_{xy} - \sigma^2\boldsymbol{Z}$。

步骤 3　作矩阵 $\boldsymbol{C}_{xx}$ 的奇异值分解，确定其有效秩，并存储与 p 个主奇异值对应的 $\boldsymbol{\Sigma}_1, \boldsymbol{U}_1$ 和 $\boldsymbol{V}_1$。

步骤 4　计算 $\boldsymbol{U}_1^{\mathrm{H}}\boldsymbol{C}_{xy}\boldsymbol{V}_1$。

步骤 5　求矩阵束 $\{\boldsymbol{\Sigma}_1,\ \boldsymbol{U}_1^{\mathrm{H}}\boldsymbol{C}_{xy}\boldsymbol{V}_1\}$ 的广义特征值分解，得到单位圆上的广义特征值，它们直接给出谐波频率，或者利用 $\omega_i = 2\pi\frac{d}{\lambda}\sin\theta_i$ 估计波达方向 $\theta_1, \cdots, \theta_p$。

业已证明，虽然 LS-ESPRIT 和 TLS-ESPRIT 给出相同的渐近 (对大样本) 估计精度，但是在小样本时 TLS-ESPRIT 总是比 LS-ESPRIT 好。此外，与 LS-ESPRIT 不同，TLS-ESPRIT 考虑了 $\boldsymbol{C}_{xx}$ 和 $\boldsymbol{C}_{xy}$ 二者的噪声影响，所以比 LS-ESPRIT 更合理。

10.7.4　波束空间 ESPRIT 方法

当阵元数目 M 很大时，阵元子空间算法 (如 MUSIC 和 ESPRIT) 的实时实现将需要 $O(M^3)$ 次特征值分解运算。克服这一缺点的有效方法是降维：将原数据通过某种变换 (例如 FFT)，变成较低维数 $(B < M)$ 的波束空间 (beam spaces)。

波束子空间算法的计算时间可以从阵元子空间算法的 $O(M^3)$ 减小到 $O(B^3)$。因为波束空间变换对每一个数据向量的浮点运算次数为 $O(MB)$，故波束空间样本协方差矩阵可以实时更新。

利用式 (10.6.6) 定义的离散空间 Fourier 矩阵 $\boldsymbol{W}$ 分别对阵元观测数据向量 $\boldsymbol{x}(n)$ 及其时间平移向量 $\boldsymbol{y}(n) = \boldsymbol{x}(n+1)$ 进行离散时间 Fourier 变换

$$\tilde{\boldsymbol{x}}(n) = \boldsymbol{W}^{\mathrm{H}}\boldsymbol{x}(n) \tag{10.7.64}$$

$$\tilde{\boldsymbol{y}}(n) = \boldsymbol{W}^{\mathrm{H}}\boldsymbol{x}(n+1) \tag{10.7.65}$$

利用离散空间 Fourier 矩阵的性质 $\boldsymbol{W}^{\mathrm{H}}\boldsymbol{W} = \boldsymbol{I}$，由式 (10.7.16) 及式 (10.7.18) 知，波束空间自协方差矩阵和互协方差矩阵分别为

$$\begin{aligned}\boldsymbol{R}_{\tilde{x}\tilde{x}} &= \mathrm{E}\{\tilde{\boldsymbol{x}}(n)\tilde{\boldsymbol{x}}^{\mathrm{H}}(n)\} = \boldsymbol{W}^{\mathrm{H}}\boldsymbol{R}_{xx}\boldsymbol{W} = \boldsymbol{W}^{\mathrm{H}}(\boldsymbol{A}\boldsymbol{P}\boldsymbol{A}^{\mathrm{H}} + \sigma^2\boldsymbol{I})\boldsymbol{W} \\ &= \boldsymbol{W}^{\mathrm{H}}\boldsymbol{A}\boldsymbol{P}\boldsymbol{A}^{\mathrm{H}}\boldsymbol{W} + \sigma^2\boldsymbol{I}\end{aligned} \tag{10.7.66}$$

$$\begin{aligned}\boldsymbol{R}_{\tilde{x}\tilde{y}} &= \mathrm{E}\{\tilde{\boldsymbol{x}}(n)\tilde{\boldsymbol{x}}^{\mathrm{H}}(n+1)\} = \boldsymbol{W}^{\mathrm{H}}\boldsymbol{R}_{xy}\boldsymbol{W} = \boldsymbol{W}^{\mathrm{H}}(\boldsymbol{A}\boldsymbol{P}\boldsymbol{\Phi}^{\mathrm{H}}\boldsymbol{A}^{\mathrm{H}} + \sigma^2\boldsymbol{Z})\boldsymbol{W} \\ &= \boldsymbol{W}^{\mathrm{H}}\boldsymbol{A}\boldsymbol{P}\boldsymbol{\Phi}^{\mathrm{H}}\boldsymbol{A}^{\mathrm{H}}\boldsymbol{W} + \sigma^2\boldsymbol{Z}\end{aligned} \tag{10.7.67}$$

去除噪声之后的波束空间自协方差矩阵和波束空间互协方差矩阵分别为

$$\boldsymbol{C}_{\tilde{x}\tilde{x}} = \boldsymbol{R}_{\tilde{x}\tilde{x}} - \sigma^2\boldsymbol{I} = \boldsymbol{W}^{\mathrm{H}}\boldsymbol{A}\boldsymbol{P}\boldsymbol{A}^{\mathrm{H}}\boldsymbol{W} \tag{10.7.68}$$

$$\boldsymbol{C}_{\tilde{x}\tilde{y}} = \boldsymbol{R}_{\tilde{x}\tilde{y}} - \sigma^2\boldsymbol{Z} = \boldsymbol{W}^{\mathrm{H}}\boldsymbol{A}\boldsymbol{P}\boldsymbol{\Phi}^{\mathrm{H}}\boldsymbol{A}^{\mathrm{H}}\boldsymbol{W} \tag{10.7.69}$$

考察波束空间矩阵束

$$\boldsymbol{C}_{\tilde{x}\tilde{x}} - \lambda \boldsymbol{C}_{\tilde{x}\tilde{y}} = \boldsymbol{W}^{\mathrm{H}} \boldsymbol{A} \boldsymbol{P} (\boldsymbol{I} - \gamma \boldsymbol{\Phi}^{\mathrm{H}}) \boldsymbol{A}^{\mathrm{H}} \boldsymbol{W} \tag{10.7.70}$$

由于 $M \times B$ Fourier 矩阵 $\boldsymbol{W}$ 和 $M \times p$ 导向向量矩阵 $\boldsymbol{A}$ 均满列秩，并且 $p \times p$ 信源自协方差矩阵 $\boldsymbol{P}$ 非奇异，所以波束空间矩阵束的秩满足关系式

$$\mathrm{rank}(\boldsymbol{C}_{\tilde{x}\tilde{x}} - \gamma \boldsymbol{C}_{\tilde{x}\tilde{y}}) = \mathrm{rank}(\boldsymbol{I} - \gamma \boldsymbol{\Phi}^{\mathrm{H}}) \tag{10.7.71}$$

这表明，波束空间矩阵束 $(\boldsymbol{C}_{\tilde{x}\tilde{x}}, \boldsymbol{C}_{\tilde{x}\tilde{y}})$ 的广义特征值 $\gamma_i = \mathrm{e}^{\mathrm{j}\omega_i}, i = 1, \cdots, p$ 直接给出空间参数 $\omega_1, \cdots, \omega_p$ 的估计，从而给出波达方向的估计。

利用波束空间矩阵束 $(\boldsymbol{C}_{\tilde{x}\tilde{x}}, \boldsymbol{C}_{\tilde{x}\tilde{y}})$ 的广义特征值估计空间信源波达方向的方法称为波束空间 ESPRIT (Beamspace ESPRIT) 方法，简称 BS-ESPRIT 方法，由 Xu 等人于 1994 年提出 [304]。

算法 10.7.4 BS-ESPRIT 算法 1 [304]

步骤 1 计算离散空间 Fourier 变换 $\tilde{\boldsymbol{x}}(n) = \boldsymbol{W}^{\mathrm{H}} \boldsymbol{x}(n)$ 及样本协方差函数 $R_{\tilde{x}\tilde{x}}(k) = \dfrac{1}{N} \displaystyle\sum_{n=0}^{N-1} \tilde{x}(n) \tilde{x}^*(n-k),\ k = 0, 1, \cdots, M$。

步骤 2 构造波束空间 $B \times B$ 样本自协方差矩阵和互协方差矩阵

$$\boldsymbol{R}_{\tilde{x}\tilde{x}} = \begin{bmatrix} R_{\tilde{x}\tilde{x}}(0) & R^*_{\tilde{x}\tilde{x}}(1) & \cdots & R^*_{\tilde{x}\tilde{x}}(M-1) \\ R_{\tilde{x}\tilde{x}}(1) & R_{\tilde{x}\tilde{x}}(0) & \cdots & R^*_{\tilde{x}\tilde{x}}(M-2) \\ \vdots & \vdots & \ddots & \vdots \\ R_{\tilde{x}\tilde{x}}(M-1) & R_{\tilde{x}\tilde{x}}(M-2) & \cdots & R_{\tilde{x}\tilde{x}}(0) \end{bmatrix} \tag{10.7.72}$$

$$\boldsymbol{R}_{\tilde{x}\tilde{y}} = \begin{bmatrix} R^*_{\tilde{x}\tilde{x}}(1) & R^*_{\tilde{x}\tilde{x}}(2) & \cdots & R^*_{\tilde{x}\tilde{x}}(M) \\ R_{\tilde{x}\tilde{x}}(0) & R^*_{\tilde{x}\tilde{x}}(1) & \cdots & R^*_{\tilde{x}\tilde{x}}(M-1) \\ \vdots & \vdots & \ddots & \vdots \\ R_{\tilde{x}\tilde{x}}(M-2) & R_{\tilde{x}\tilde{x}}(M-3) & \cdots & R^*_{\tilde{x}\tilde{x}}(1) \end{bmatrix} \tag{10.7.73}$$

步骤 3 计算波束空间 $B \times B$ 样本自协方差矩阵的特征值分解 $\boldsymbol{R}_{\tilde{x}\tilde{x}} = \displaystyle\sum_{i=1}^{B} \lambda_i \boldsymbol{u}_i \boldsymbol{u}_i^{\mathrm{H}}$，并估计大特征值个数 p 及噪声方差 $\sigma^2 = \dfrac{1}{B-p} \displaystyle\sum_{i=p+1}^{B} \lambda_i$。

步骤 4 计算 $\boldsymbol{C}_{\tilde{x}\tilde{x}} = \boldsymbol{R}_{\tilde{x}\tilde{x}} - \sigma^2 \boldsymbol{I}$ 和 $\boldsymbol{C}_{\tilde{x}\tilde{y}} = \boldsymbol{R}_{\tilde{x}\tilde{y}} - \sigma^2 \boldsymbol{Z}$，并计算波束空间矩阵束 $(\boldsymbol{C}_{\tilde{x}\tilde{x}}, \boldsymbol{C}_{\tilde{x}\tilde{y}})$ 的广义特征值分解，得到位于单位圆上的 p 个广义特征值 $\mathrm{e}^{\mathrm{j}\omega_i}, i = 1, \cdots, p$，它们直接给出空间参数 ω_i 的估计。然后，利用 $\omega_i = 2\pi \dfrac{d}{\lambda} \sin\theta_i$ 估计波达方向 $\theta_1, \cdots, \theta_p$。

上述波束空间 ESPRIT 算法需要波束空间自协方差矩阵的特征值分解和波束空间矩阵束的广义特征值分解。将波束空间 ESPRIT 算法与阵元空间 ESPRIT 算法相结合，可以得到无需矩阵束广义特征值分解的波束空间 ESPRIT 算法。

算法 10.7.5 BS-ESPRIT 算法 2

步骤 1 由离散空间 Fourier 变换 $\tilde{\boldsymbol{x}}(n) = \boldsymbol{W}^{\mathrm{H}} \boldsymbol{x}(n)$ 构造 $M \times N$ 波束空间观测数据矩阵 $\tilde{\boldsymbol{X}} = [\tilde{\boldsymbol{x}}(1), \cdots, \tilde{\boldsymbol{x}}(N)]$。

步骤 2 计算奇异值分解 $\tilde{\boldsymbol{x}}(n) = \boldsymbol{U\Sigma V}^{\mathrm{H}}$，并且由 p 个主左奇异向量组成矩阵 $\boldsymbol{U}_s = [\boldsymbol{u}_1, \cdots, \boldsymbol{u}_p]$。

步骤 3 抽取 $\boldsymbol{U}_s$ 的上面 $M-1$ 行组成矩阵 $\boldsymbol{U}_1$，下面 $M-1$ 行组成矩阵 $\boldsymbol{U}_2$。计算 $\boldsymbol{\Psi} = (\boldsymbol{U}_1^{\mathrm{H}}\boldsymbol{U}_1)^{-1}\boldsymbol{U}_1^{\mathrm{H}}\boldsymbol{U}_2$ 的特征值分解，其特征值与旋转算符 $\boldsymbol{\Phi}$ 的特征值相同，为 $\mathrm{e}^{\mathrm{j}\omega_i}\,(i = 1, \cdots, p)$，它们给出估计值 $\hat{\omega}_i\,(i = 1, \cdots, p)$。

步骤 4 利用 $\hat{\omega}_i = 2\pi\frac{d}{\lambda}\sin\theta_i$ 估计波达方向 $\theta_1, \cdots, \theta_p$。

有必要指出，虽然 ESPRIT 方法的推导适用于阵列观测信号为复数据的情况，但基本 ESPRIT 算法及其推广 TLS-ESPRIT 算法、ES-ESPRIT 算法、BS-ESPRIT 算法及 BS-ESPRIT 算法 2 更适合于实数据的阵列观测信号。对于复数据的阵列观测信号，更好的方法是采用酉 ESPRIT 算法及波束空间酉 ESPRIT 算法，这将在下一节介绍。

10.8 酉 ESPRIT 算法及其推广

对于一维等距线阵，MUSIC 方法和求根 MUSIC 方法分别通过空间谱谱峰和多项式的根确定入射信源的波达方向；而 ESPRIT 方法则利用自协方差矩阵和互协方差矩阵组成的矩阵束的广义特征值估计入射信源的波达方向。谱峰、单位圆上的多项式根或者广义特征值与信源的波达方向具有一一对应的关系。

对于二维 (平面) 阵列，即使是均匀矩形阵列 (uniform rectangular array, URA)，由于涉及信源的方位角 ϕ 和波达方向角 θ，二维 MUSIC 方法需要进行每个信源的二维空间参数 (ϕ_i, θ_i) 的搜索；而二维 ESPRIT 方法则涉及非线性优化。

避免二维搜索的方法是将二维 MUSIC 分解为两个解耦的一维 MUSIC 方法，分别进行方位角 ϕ_i 和波达方向 θ_j 的一维搜索，但存在方位角和波达方向的配对问题。克服二维 ESPRIT 方法的非线性优化问题的一种有效方法是采用酉 ESPRIT 方法。

10.8.1 酉 ESPRIT 算法

考查 $M \times N$ 阵列观测数据矩阵

$$\boldsymbol{X} = [\boldsymbol{x}(1), \cdots, \boldsymbol{x}(N)] \tag{10.8.1}$$

其中 $\boldsymbol{x}(t) = [x_1(t), \cdots, x_M(t)]^{\mathrm{T}}$ 是 M 个阵元的观测信号组成的观测数据向量。在均匀矩形阵列的情况下，可以将矩形阵列排列成直线阵列。通常，$\boldsymbol{X}$ 是一个复矩阵。

从原理上讲，基本 ESPRIT 算法、TLS-ESPRIT 算法和 BS-ESPRIT 算法可以用于估计所需要的波达方向参数。然而，这类方法存在一个缺陷：它只利用了 M 个阵元上的观测数据 $x_1(t), \cdots, x_M(t)$，并没有使用共轭观测数据 $x_1^*(t), \cdots, x_M^*(t)$。由于一个复观测数据和它的共轭是不同的数据，含有不同的信息，所以如果能够同时利用 $x_1(t), \cdots, x_M(t)$ 和 $x_1^*(t), \cdots, x_M^*(t)$，则被利用的数据长度等效于增加了一倍。显然，在不增加阵元的情况下，同时使用复观测数据及其共轭数据虽然会增加一定的计算量，但是却能够提高 ESPRIT 方法的信号参数估计的精度。这正是酉 ESPRIT 方法要解决的问题。

具体说来，酉 ESPRIT 方法利用复观测数据矩阵 $\boldsymbol{X} \in \mathbb{C}^{M\times N}$ 和它的复数共轭 (无转置) 矩阵 $\boldsymbol{X}^* \in \mathbb{C}^{M\times N}$ 组成一新的 $M\times 2N$ 合成数据矩阵，进行空间信号参数 $\omega_1,\cdots,\omega_p$ 的估计。一种简单的合成数据矩阵为

$$\boldsymbol{Z} = [\boldsymbol{X}, \boldsymbol{\Pi}_M \boldsymbol{X}^*] \tag{10.8.2}$$

式中 $\boldsymbol{\Pi}_M$ 为一 $M\times M$ 实交换矩阵，其反对角线上的元素为 1，而其他元素均等于 0，即

$$\boldsymbol{\Pi}_M = \begin{bmatrix} 0 & & & 1 \\ & & 1 & \\ & \cdot^{\cdot^{\cdot}} & & \\ 1 & & & 0 \end{bmatrix} \in \mathbb{R}^{M\times M} \tag{10.8.3}$$

根据 $M\times M$ 实交换矩阵的结构容易验证

$$\boldsymbol{\Pi}_M \boldsymbol{\Pi}_M^{\mathrm{T}} = \boldsymbol{I}_M \tag{10.8.4}$$

基于合成数据矩阵 $\boldsymbol{Z}$ 的 ESPRIT 方法称为酉 ESPRIT 方法，它比普通 ESPRIT 方法可以提高波达方向的估计精度，但是由于合成数据矩阵 $\boldsymbol{Z}$ 的列数 N 增加了一倍，而数据长度 N 往往又比较大，因此如何减少合成数据矩阵的奇异值分解的计算量就成了酉 ESPRIT 方法的一个关键问题。这个问题与合成数据矩阵的结构密切相关。减少酉 ESPRIT 方法计算量的一种有效方法是构造中心复共轭对称矩阵。

定义 10.8.1 一复 (数) 矩阵 $\boldsymbol{B} \in \mathbb{C}^{p\times q}$ 称为中心复共轭对称矩阵，若

$$\boldsymbol{\Pi}_p \boldsymbol{B}^* \boldsymbol{\Pi}_q = \boldsymbol{B} \tag{10.8.5}$$

Haardt 和 Nossek[126] 提出用 $M\times 2N$ 矩阵

$$\boldsymbol{B} = [\boldsymbol{X},\ \boldsymbol{\Pi}_M \boldsymbol{X}^* \boldsymbol{\Pi}_N] \in \mathbb{C}^{M\times 2N} \tag{10.8.6}$$

作为合成的观测数据矩阵。容易验证，这一合成数据矩阵既达到了数据长度加倍的目的，又是一个中心复共轭对称矩阵。

中心复共轭对称矩阵 $\boldsymbol{B}$ 的双射变换记作 $\mathcal{T}(\boldsymbol{B})$，定义为

$$\mathcal{T}(\boldsymbol{B}) \stackrel{\text{def}}{=} \boldsymbol{Q}_M^{\mathrm{H}} \boldsymbol{B} \boldsymbol{Q}_{2N} = \boldsymbol{Q}_M^{\mathrm{H}} [\boldsymbol{X},\ \boldsymbol{\Pi}_M \boldsymbol{X}^* \boldsymbol{\Pi}_N] \boldsymbol{Q}_{2N} \tag{10.8.7}$$

这是一个实矩阵函数[164]。式中，$\boldsymbol{Q}_M$ 和 $\boldsymbol{Q}_{2N}$ 分别称为左和右双射变换矩阵。

Haardt 和 Nossek[126] 介绍了选择双射变换的一种有效方法：

(1) 将原观测数据矩阵分块为

$$\boldsymbol{X} = \begin{bmatrix} \boldsymbol{X}_1 \\ \boldsymbol{g}^{\mathrm{T}} \\ \boldsymbol{X}_2 \end{bmatrix} \tag{10.8.8}$$

式中 $\boldsymbol{X}_1$ 和 $\boldsymbol{X}_2$ 具有相同的维数。显然，若观测数据矩阵 $\boldsymbol{X} \in \mathbb{C}^{M\times N}$ 的行数 m 为偶数，则式 (10.8.8) 的分块将不包含行向量 $\boldsymbol{g}^{\mathrm{T}}$。

(2) 选择左和右双射变换矩阵分别为

$$\boldsymbol{Q}_M = \begin{cases} \dfrac{1}{\sqrt{2}}\begin{bmatrix} \boldsymbol{I}_{(M-1)/2} & \boldsymbol{0} & \mathrm{j}\boldsymbol{I}_{(M-1)/2} \\ \boldsymbol{0}^{\mathrm{T}} & \sqrt{2} & \boldsymbol{0}^{\mathrm{T}} \\ \boldsymbol{\Pi}_{(M-1)/2} & \boldsymbol{0} & -\mathrm{j}\boldsymbol{\Pi}_n \end{bmatrix}, & \text{若 } M \text{ 为奇数} \\ \dfrac{1}{\sqrt{2}}\begin{bmatrix} \boldsymbol{I}_{M/2} & \mathrm{j}\boldsymbol{I}_{M/2} \\ \boldsymbol{\Pi}_{M/2} & -\mathrm{j}\boldsymbol{\Pi}_{M/2} \end{bmatrix}, & \text{若 } M \text{ 为偶数} \end{cases} \tag{10.8.9}$$

$$\boldsymbol{Q}_{2N} = \frac{1}{\sqrt{2}}\begin{bmatrix} \boldsymbol{I}_N & \mathrm{j}\boldsymbol{I}_N \\ \boldsymbol{\Pi}_N & -\mathrm{j}\boldsymbol{\Pi}_N \end{bmatrix} \in \mathbb{C}^{2N\times 2N} \tag{10.8.10}$$

上述选择具有两个重要性质：

(1) 中心复共轭对称矩阵 $\boldsymbol{B}$ 的双射变换为

$$\mathcal{T}(\boldsymbol{B}) = \begin{bmatrix} \mathrm{Re}(\boldsymbol{X}_1 + \boldsymbol{\Pi}\boldsymbol{X}_2^*) & -\mathrm{Im}(\boldsymbol{X}_1 - \boldsymbol{\Pi}\boldsymbol{X}_2^*) \\ \sqrt{2}\mathrm{Re}(\boldsymbol{g}^{\mathrm{T}}) & -\sqrt{2}\mathrm{Im}(\boldsymbol{g}^{\mathrm{T}}) \\ \mathrm{Im}(\boldsymbol{X}_1 + \boldsymbol{\Pi}\boldsymbol{X}_2^*) & \mathrm{Re}(\boldsymbol{X}_1 - \boldsymbol{\Pi}\boldsymbol{X}_2^*) \end{bmatrix} \in \mathbb{R}^{M\times 2N} \tag{10.8.11}$$

式中 $\mathrm{Re}(\boldsymbol{A})$ 和 $\mathrm{Im}(\boldsymbol{A})$ 分别表示复矩阵 $\boldsymbol{A}$ 的实部与虚部。和矩阵 $\boldsymbol{X}$ 的分块类似，若 M 为偶数，则式 (10.8.11) 不会有中间的行向量。显然，实矩阵 $\mathcal{T}(\boldsymbol{B})$ 的实际计算只需要 $M\times 2N$ 次实数加法。

(2) 中心复共轭对称矩阵 $\boldsymbol{B}$ 本身满足关系式

$$\boldsymbol{Q}_M\mathcal{T}(\boldsymbol{B})\boldsymbol{Q}_{2N}^{\mathrm{H}} = \boldsymbol{Q}_M\boldsymbol{Q}_M^{\mathrm{H}}\boldsymbol{B}\boldsymbol{Q}_{2N}\boldsymbol{Q}_{2N}^{\mathrm{H}} = \boldsymbol{B} \tag{10.8.12}$$

因为 $\boldsymbol{Q}_M\boldsymbol{Q}_M^{\mathrm{H}} = \boldsymbol{I}_M$ 和 $\boldsymbol{Q}_{2N}\boldsymbol{Q}_{2N}^{\mathrm{H}} = \boldsymbol{I}_{2N}$。

令双射变换之后的实矩阵 $\mathcal{T}(\boldsymbol{B})$ 的奇异值分解为

$$\mathcal{T}(\boldsymbol{B}) = \boldsymbol{U}\boldsymbol{\Sigma}\boldsymbol{V}^{\mathrm{H}} \quad (\boldsymbol{U}\in\mathbb{C}^{M\times M},\ \boldsymbol{V}\in\mathbb{C}^{2N\times 2N}) \tag{10.8.13}$$

则由式 (10.8.12) 有

$$\boldsymbol{B} = \boldsymbol{Q}_M\mathcal{T}(\boldsymbol{B})\boldsymbol{Q}_{2N}^{\mathrm{H}} = (\boldsymbol{Q}_M\boldsymbol{U})\boldsymbol{\Sigma}(\boldsymbol{V}^{\mathrm{H}}\boldsymbol{Q}_{2N}^{\mathrm{H}}) \tag{10.8.14}$$

这说明，如果知道双射变换的实矩阵 $\mathcal{T}(\boldsymbol{B})$ 的奇异值分解 $\mathcal{T}(\boldsymbol{B}) = \boldsymbol{U}\boldsymbol{\Sigma}\boldsymbol{V}^{\mathrm{T}}$，则中心复共轭对称矩阵 $\boldsymbol{B}$ 的奇异值分解可直接由 $\boldsymbol{B} = (\boldsymbol{Q}_M\boldsymbol{U})\boldsymbol{\Sigma}(\boldsymbol{V}^{\mathrm{H}}\boldsymbol{Q}_{2N}^{\mathrm{H}})$ 给出，因为 $\boldsymbol{Q}_M\boldsymbol{U}$ 和 $\boldsymbol{V}^{\mathrm{H}}\boldsymbol{Q}_{2N}^{\mathrm{H}}$ 分别是 $M\times M$ 维和 $2N\times 2N$ 维酉矩阵。

求中心复共轭对称矩阵的奇异值分解的这一方法既利用了长度加倍的观测数据，又避免了大列数复矩阵的直接奇异值分解，是获得观测数据矩阵奇异值分解的一种有效方法，其精度也比 $\boldsymbol{X}$ 的直接奇异值分解的精度高。这一有效方法是 Haardt 与 Nossek 于 1995 年提出的 [126]。

事实上，中心复共轭对称矩阵 $\boldsymbol{B}$ 的奇异值分解无需计算，因为只需要对左奇异向量矩阵 $\boldsymbol{U}_M = \boldsymbol{Q}_M\boldsymbol{U}$ 的前 p 列构成的矩阵 $\boldsymbol{U}_s$ 应用阵元空间 ESPRIT 算法，即可得到波达方向的估计值。归纳起来，可以得到酉 ESPRIT 算法如下。

算法 10.8.1 酉 ESPRIT 算法 [126]

给定 M 个阵元的观测数据 $x_1(t),\cdots,x_M(t),\ t=1,\cdots,N$。

步骤 1　构造 $M \times N$ 观测数据矩阵 $\boldsymbol{X} = [\boldsymbol{x}(1), \cdots, \boldsymbol{x}(N)]$。

步骤 2　根据式 (10.8.8) 对观测数据矩阵 $\boldsymbol{X}$ 进行分块，然后由式 (10.8.11) 确定 $M \times 2N$ 实矩阵 $\mathcal{T}(\boldsymbol{B})$，其中 $\boldsymbol{Q}_M$ 和 $\boldsymbol{Q}_{2N}$ 分别由式 (10.8.9) 和式 (10.8.10) 构造。

步骤 3　计算奇异值分解 $\mathcal{T}(\boldsymbol{B}) = \boldsymbol{U\Sigma V}^{\mathrm{H}}$，确定其主奇异值的个数 p (有效秩)。

步骤 4　计算合成中心复共轭对称矩阵 $\boldsymbol{B}$ 的左奇异向量矩阵 $\boldsymbol{U}_M = \boldsymbol{Q}_M \boldsymbol{U}$。矩阵 $\boldsymbol{U}_M$ 的前 p 列组成子矩阵 $\boldsymbol{U}_s$，它的列向量张成中心复共轭对称矩阵 $\boldsymbol{B}$ 的信号子空间。

步骤 5　对矩阵 $\boldsymbol{U}_s$ 使用阵元空间 ESPRIT 算法 (算法 10.8.2) 的步骤 2 和 3，得到波达方向 (DOA) 估计。

总结知，对复观测数据使用 ESPRIT 方法时，利用共轭的观测数据可以使观测数据等效增加一倍，有利于提高信号参数的估计精度。通过构造中心复共轭对称的观测数据矩阵 (“虚拟”，无需实际计算)，可以将复矩阵的奇异值分解转换成一实矩阵的奇异值分解。因此，酉 ESPRIT 方法是一种计算有效的复数 ESPRIT 方法。

10.8.2　波束空间酉 ESPRIT 算法

将酉 ESPRIT 算法中的观测数据矩阵换成波束空间的观测数据矩阵，即可推广得到波束空间酉 ESPRIT 算法。

算法 10.8.2　波束空间酉 ESPRIT 算法

给定 M 个阵元的观测数据 $x_1(t), \cdots, x_M(t),\ t = 1, \cdots, N$。

步骤 1　利用离散空间 Fourier 变换计算 $M \times N$ 波束空间观测数据矩阵 $\tilde{\boldsymbol{X}} = \boldsymbol{W}_M^{\mathrm{H}} \boldsymbol{X}$。

步骤 2　将波束空间观测数据矩阵分块为

$$\tilde{\boldsymbol{X}} = \begin{bmatrix} \boldsymbol{X}_1 \\ \boldsymbol{g}^{\mathrm{T}} \\ \boldsymbol{X}_2 \end{bmatrix} \tag{10.8.15}$$

然后由式 (10.8.11) 构造 $M \times 2N$ 实矩阵 $\mathcal{T}(\boldsymbol{B})$，其中 $\boldsymbol{Q}_M$ 和 $\boldsymbol{Q}_{2N}$ 分别由式 (10.8.9) 和式 (10.8.10) 确定。

步骤 3　计算奇异值分解 $\mathcal{T}(\boldsymbol{B}) = \boldsymbol{U\Sigma V}^{\mathrm{H}}$，并确定其主奇异值的个数 p (有效秩)。

步骤 4　计算合成中心复共轭对称矩阵 $\boldsymbol{B}$ 的左奇异向量矩阵 $\boldsymbol{U}_M = \boldsymbol{Q}_M \boldsymbol{U}$。矩阵 $\boldsymbol{U}_M$ 的前 p 列组成子矩阵 $\boldsymbol{U}_s$，它的列向量张成中心复共轭对称矩阵 $\boldsymbol{B}$ 的信号子空间。

步骤 5　对矩阵 $\boldsymbol{U}_s$ 使用阵元空间 ESPRIT 算法 (算法 10.8.2) 的步骤 2 和 3，得到波达方向 (DOA) 估计。

波束空间酉 ESPRIT 算法由 Zoltowsk 等人于 1996 年提出，并称为二维 DFT-波束空间 ESPRIT 算法，简称 2D-DFT-BS-ESPRIT 算法。

算法 10.8.3　2D-DFT-BS-ESPRIT 算法 [331]

给定 M 个阵元的观测数据 $x_1(t), \cdots, x_M(t),\ t = 1, \cdots, N$。

步骤 1　利用离散空间 Fourier 变换计算 $M \times N$ 波束空间观测数据矩阵 $\boldsymbol{Y} = \boldsymbol{W}_M^{\mathrm{H}} \boldsymbol{X}$。

步骤 2　计算 $M \times 2N$ 合成实数据矩阵 $[\mathrm{Re}(\boldsymbol{Y}), \mathrm{Im}(\boldsymbol{Y})] = \boldsymbol{U\Sigma V}^{\mathrm{H}}$ 的奇异值分解，得到 d 个最大奇异值对应的左奇异向量矩阵 $\boldsymbol{U}_s \in \mathbb{C}^{M \times d}$。

步骤 3a 求 $(M-1)MN \times d$ 矩阵方程 $\boldsymbol{\Gamma}_{\mu1}\boldsymbol{U}_s\boldsymbol{\Psi}_\mu = \boldsymbol{\Gamma}_{\mu2}\boldsymbol{U}_s$ 的解 $\boldsymbol{\Psi}_\mu$。其中，$\boldsymbol{\Gamma}_{\mu1} = \boldsymbol{I}_N \otimes \boldsymbol{\Gamma}_1$ 和 $\boldsymbol{\Gamma}_{\mu2} = \boldsymbol{I}_N \otimes \boldsymbol{\Gamma}_2$ 是 $(M-1)N \times MN$ 实矩阵，$\boldsymbol{A} \otimes \boldsymbol{B} = [a_{ij}\boldsymbol{B}]$ 为两个矩阵的 Kronecker 积，并且

$$\boldsymbol{\Gamma}_1 = \begin{bmatrix} 1 & \cos(\frac{\pi}{M}) & 0 & 0 & \cdots & 0 & 0 \\ 0 & \cos(\frac{\pi}{M}) & \cos(\frac{2\pi}{M}) & 0 & \cdots & 0 & 0 \\ 0 & 0 & \cos(\frac{2\pi}{M}) & \cos(\frac{3\pi}{M}) & \cdots & 0 & 0 \\ \vdots & \vdots & \vdots & \vdots & \ddots & \vdots & \vdots \\ 0 & 0 & 0 & 0 & \cdots\cos(\frac{(M-2)\pi}{M}) & \cos(\frac{(M-1)\pi}{M}) & \\ 0 & 0 & 0 & 0 & \cdots & 0 & \cos(\frac{(M-1)\pi}{M}) \end{bmatrix}$$

$$\boldsymbol{\Gamma}_2 = \begin{bmatrix} 1 & \sin(\frac{\pi}{M}) & 0 & 0 & \cdots & 0 & 0 \\ 0 & \sin(\frac{\pi}{M}) & \sin(\frac{2\pi}{M}) & 0 & \cdots & 0 & 0 \\ 0 & 0 & \sin(\frac{2\pi}{M}) & \sin(\frac{3\pi}{M}) & \cdots & 0 & 0 \\ \vdots & \vdots & \vdots & \vdots & \ddots & \vdots & \vdots \\ 0 & 0 & 0 & 0 & \cdots\sin(\frac{(M-2)\pi}{M}) & \sin(\frac{(M-1)\pi}{M}) & \\ 0 & 0 & 0 & 0 & \cdots & 0 & \sin(\frac{(M-1)\pi}{M}) \end{bmatrix}$$

步骤 3b 求 $(M-1)MN \times d$ 矩阵方程 $\boldsymbol{\Gamma}_{\nu1}\boldsymbol{U}_s\boldsymbol{\Psi}_\nu = \boldsymbol{\Gamma}_{\nu2}\boldsymbol{U}_s$ 的解 $\boldsymbol{\Psi}_\nu$。其中，$\boldsymbol{\Gamma}_{\nu1} = \boldsymbol{\Gamma}_3 \otimes \boldsymbol{I}_N$ 和 $\boldsymbol{\Gamma}_{\nu2} = \boldsymbol{\Gamma}_4 \otimes \boldsymbol{I}_N$ 是 $(N-1)M \times NM$ 实矩阵，并且 $\boldsymbol{\Gamma}_3$ 与 $\boldsymbol{\Gamma}_4$ 是 $(N-1) \times N$ 矩阵，其中 $\boldsymbol{\Gamma}_3$ 与 $\boldsymbol{\Gamma}_1$ 的矩阵结构类似，$\boldsymbol{\Gamma}_4$ 与 $\boldsymbol{\Gamma}_2$ 的矩阵结构相似，不同的只是用 N 替代 M。

步骤 4 估计 $d \times d$ 矩阵 $\boldsymbol{\Psi}_\mu + \mathrm{j}\boldsymbol{\Psi}_{nu}$ 的特征值 λ_i, $i = 1, \cdots, d$。

步骤 5 计算第 i 个信源相对于 x 轴的方向余弦 $\mu_i = 2\arctan(\mathrm{Re}(\lambda_i))$ 和相对于 y 轴的方向余弦 $\nu_i = 2\arctan(\mathrm{Im}(\lambda_i))$, $i = 1, \cdots, d$。

步骤 6 求出第 i 个信源的方位角 $\phi_i = \arctan(\mu_i/\nu_i)$ 和仰角 $\theta_i = \arcsin(\mu_i/\sin\phi_i)$, $i = 1, \cdots, d$。

比较知，ESPRIT 方法与 MUSIC 方法主要不同点是：

(1) MUSIC 方法利用空间谱估计波达方向，ESPRIT 方法则借助广义特征值或者特征值估计波达方向。

(2) MUSIC 方法利用与噪声方差对应的特征向量矩阵估计空间谱，属噪声子空间方法；而 ESPRIT 方法则利用与主要 (广义) 特征值估计空间参数，属信号子空间方法。

本章小结

阵列信号处理主要有波束形成和波达方向估计两大技术。本章首先分析了波束形成器与空间 FIR 滤波器之间的比较，然后介绍了线性约束自适应波束形成器。针对波达方向估计，则重点介绍了著名的 MUSIC 方法和 ESPRIT 方法。

MUSIC 方法是一种估计信号空间参数的子空间方法，有求根 MUSIC 方法和第一主向量 MUSIC 方法等多种扩展。

ESPRIT 方法是一种估计信号空间参数的旋转不变技术，虽然未使用任何谱的概念，但利用矩阵束的广义特征值分解，可以高分辨估计谐波频率。针对二维平面阵列，介绍了酉 ESPRIT 方法。

此外，还专门介绍了 MUSIC 和 ESPRIT 的阵元空间与波束空间方法。

习 题

10.1 假设 m 元阵列分布于二维平面上，第 i 个阵元的位置 $\boldsymbol{r}_i = [x_i, y_i]^{\mathrm{T}}$，其中 $i = 1, \cdots, m$。一中心频率为 ω_0 的窄带信号 $s(t)$ 的平面波与阵列平面共面，其传播方向向量 $\boldsymbol{\alpha} = \frac{1}{c}[\cos\theta, \sin\theta]^{\mathrm{T}}$，$c$ 为电磁波传播速度。假定阵元 i 的接收信号

$$z_i(t) = s(t - \boldsymbol{\alpha}^{\mathrm{T}}\boldsymbol{r}_i)\mathrm{e}^{\mathrm{j}\omega_0(t-\boldsymbol{\alpha}^{\mathrm{T}}\boldsymbol{r}_i)}, \quad i = 1, \cdots, m$$

(1) 证明：阵列接收信号向量

$$\boldsymbol{z}(t) = \begin{bmatrix} z_1(t) \\ \vdots \\ z_m \end{bmatrix} = s(t)\mathrm{e}^{\mathrm{j}\omega_0 t} \begin{bmatrix} \mathrm{e}^{\mathrm{j}\frac{2\pi}{\lambda}(x_1\cos\theta + y_1\sin\theta)} \\ \vdots \\ \mathrm{e}^{\mathrm{j}\frac{2\pi}{\lambda}(x_m\cos\theta + y_m\sin\theta)} \end{bmatrix} = s(t)\mathrm{e}^{\mathrm{j}\omega_0 t}\boldsymbol{a}(\theta)$$

其中 $\boldsymbol{a}(\theta) = [\mathrm{e}^{\mathrm{j}\frac{2\pi}{\lambda}(x_1\cos\theta + y_1\sin\theta)}, \cdots, \mathrm{e}^{\mathrm{j}\frac{2\pi}{\lambda}(x_m\cos\theta + y_m\sin\theta)}]^{\mathrm{T}}$ 为窄带信号 $s(t)$ 的导向向量。

(2) 如果窄带信号共有 p 个，并且相互独立发射，试写出阵列接收信号向量的表达式。

10.2 波束形成器 $\boldsymbol{w}$ 的方向图定义为

$$P_{\boldsymbol{w}}(\theta) = \boldsymbol{w}^{\mathrm{T}}\boldsymbol{a}(\theta)$$

其模值平方 $|P_{\boldsymbol{w}}(\theta)|^2$ 称为天线功率方向图。假定某空间信号抵达由 m 个阵元组成的等距线阵的波达方向为 θ_0。

(1) 证明天线功率方向图

$$|P_{\boldsymbol{w}}(\theta)|^2 = \left| \frac{\sin\left(\frac{m(\phi - \phi_0)}{2}\right)}{\sin\left(\frac{(\phi - \phi_0)}{2}\right)} \right|$$

其中，$\phi = \sin\theta$ 和 $\phi_0 = \sin\theta_0$。

(2) 令 $\theta_0 = \pi/4$，画出天线功率方向图，并求出主瓣宽度。

10.3 令 $\boldsymbol{R}_{xx} = \mathrm{E}\{\boldsymbol{x}(t)\boldsymbol{x}^{\mathrm{H}}(t)\}$ 表示阵列观测向量 $\boldsymbol{x}(t)$ 的自相关矩阵。最优波束形成器通常由约束优化问题

$$\min_{\boldsymbol{w}} \ \boldsymbol{w}^{\mathrm{H}}\boldsymbol{R}_{xx}\boldsymbol{w}$$
$$\text{subject to } f(\boldsymbol{w}) = 0$$

的解确定。式中，$f(\boldsymbol{w}) = 0$ 代表某个约束条件。

若取 $f(\boldsymbol{w})=\boldsymbol{w}^{\mathrm{H}}\boldsymbol{a}(\omega_0)-1=0$，则成为最优波束形成器设计的最小均方误差 (MSE) 准则。证明：按照 MSE 准则设计的最优波束形成器

$$\boldsymbol{w}_{\mathrm{opt}}=\frac{\boldsymbol{R}_{xx}^{-1}\boldsymbol{a}(\omega_0)}{\boldsymbol{a}^{\mathrm{H}}(\omega_0)\boldsymbol{R}_{xx}^{-1}\boldsymbol{a}(\omega_0)}$$

10.4 令阵列信号向量 $\boldsymbol{x}=\boldsymbol{x}_s+\boldsymbol{x}_n$，其中，信号分量 $\boldsymbol{x}_s$ 与噪声分量 $\boldsymbol{x}_n$ 统计不相关。证明：根据最大信噪比准则设计的最优波束形成器满足

$$\boldsymbol{R}_s\boldsymbol{w}_{\mathrm{opt}}=\lambda_{\max}\boldsymbol{R}_n\boldsymbol{w}_{\mathrm{opt}}$$

式中，$\boldsymbol{R}_s=\mathrm{E}\{\boldsymbol{x}_s\boldsymbol{x}_s^{\mathrm{H}}\}$ 和 $\boldsymbol{R}_n=\mathrm{E}\{\boldsymbol{x}_n\boldsymbol{x}_n^{\mathrm{H}}\}$。即是说，最优波束形成器向量 $\boldsymbol{w}_{\mathrm{opt}}$ 是与矩阵束 $(\boldsymbol{R}_s,\boldsymbol{R}_n)$ 的最大广义特征值对应的广义特征向量。

10.5 等距线阵的接收信号向量

$$\boldsymbol{x}(t)=s_1(t)\boldsymbol{a}(\theta_1)+s_2(t)\boldsymbol{a}(\theta_2)+\boldsymbol{n}(t)$$

其中，两个空间信号相干即 $s_1(t)=c\cdot s_2(t)$，并且 $\boldsymbol{n}(t)=[n_1(t),n_2(t)]^{\mathrm{T}}$ 表示阵列加性白噪声向量，而 c 为非零复常数。证明：由阵列信号向量 $\boldsymbol{x}(t)$ 无法估计波达方向 θ_1 或 θ_2。

10.6 考虑三个相干的空间窄带信号 $s_i(t)=A_i\cos(2\pi f_0 t),\ i=1,2,3$。其中，载波频率 $f_0=1000\,\mathrm{Hz}$，幅值 $A_1=1,\ A_2=2,\ A_3=3$，波达方向分别为 $\theta_1=5ø,\ \theta_2=15ø$ 和 $\theta_3=30ø$。使用 10 个阵元组成的等距均匀线阵接收空间信号，第 k 个阵元的接收信号为

$$x_k(t)=\sum_{i=1}^{3}s_i(t)\exp\left(-\frac{2\pi}{\lambda}(k-1)d\sin\theta_i\right)+n_k(t),\qquad k=1,\cdots,10$$

取 $d=\lambda/5$，加性白噪声 $\mathcal{N}(0,\sigma_n^2)$，时间 $t=1,2,\cdots,1024$。调节加性白噪声方差，分别得到 $5,10,15,20,25,30$ dB 的信噪比。试使用基本 MUSIC 方法、基于两个子阵列 (每个为 9 阵元) 的空间平滑技术的 MUSIC 方法以及 ESPRIT 方法分别独立进行 20 次 DOA 估计，画出每种方法的 DOA 估计的均值和均方根误差随信噪比变化的曲线图。

10.7 假定仿真的观测数据由

$$x(n)=\sqrt{20}\sin(2\pi 0.2n)+\sqrt{2}\sin(2\pi 0.213n)+w(n)$$

产生，其中 $w(n)$ 是一高斯白噪声，其均值为 0，方差为 1，并取 $n=1,\cdots,128$。

(1) 编写 MUSIC 方法的计算机程序，并进行谐波恢复的计算机仿真实验，统计 50 次独立实验的估计结果。

(2) 编写求根 MUSIC 算法的计算机程序，独立进行 50 次谐波恢复的计算机仿真实验，画出频率估计的统计均值和离差曲线图。

10.8 仿真数据同上题，分别编写基本 ESPRIT 算法和基于 SVD-TLS 的 ESPRIT 算法的程序版本，进行谐波恢复的计算机仿真实验，并画出 50 次独立实验的频率估计得统计均值和离差曲线图。

参考文献

[1] Abramowitz M, Stegun A. Handbook of Mathematical Functions. New York: Dover Publications, 1972.

[2] Abdi H. Signal Detection Theory (SDT). In: Encyclopedia of Measurement and Statistics, Ed. Neil Salkind, Thousand Oaks (CA): Sage, 2007, 1~9.

[3] Adib A, Moreau E, Aboutajdine D. Source separation contrasts using a reference signal. IEEE Signal Processing Letters, 2004, 11(3): 312 ~ 315.

[4] Ahmad F, Amin M. Noncoherent approach to through-the-wall radar localization. IEEE Trans. Aerosp. Electron. Syst, 2006, 42(5): 1405~1419.

[5] Aïssa-El-Bey A, Linh-Trung N, Abed-Meraim K. Underdetermined Blind Separation of Nondisjoint Sources in the Time-Frequency Domain. IEEE Trans. Signal Processing, 2007, 55(3): 897~907.

[6] Akaike H. Power spectrum estimation through autoregression model fitting. Ann. Inst. Stat. Math., 1969, 21: 407~419.

[7] Akaike H. A new look at the statistical model identification. IEEE Trans. Automatic Control, 1974, 19: 716~723.

[8] Amari S. Theory of adaptive patter classifiers. IEEE Trans. Electr. Comput. 1967, 16: 299~307.

[9] Amari S, Chen T, Cichocki A. Stability Analysis of Learning Algorithms for Blind Source Separation. Neural Networks, 1997, 10(8): 1345~1351.

[10] Amari S. Natural gradient works efficiently in learning. Neural Computation, 1998, 10: 251~276.

[11] Amari S, Cichocki A. Adaptive blind signal processing: Neural network approaches. Proc.IEEE, 1998, 86: 2026~2048.

[12] Anderson B D O, More J B. Linear Optimal Control. Englewood Cliffts, NJ: Prentice Hall, 1979.

[13] Alexander S T. Adaptive Signal Processing: Theory and Applications. New York: Springer-Verlag, 1986.

[14] Almeida L B. The fractional Fourier transforms and time-frequency representations. IEEE Trans. Signal Processing, 1994, 42: 3084~3091.

[15] Altes R. Sonar for generalised target description and its similarity to animal echolocation systems. J. Acoust. Soc. of Amer., 1976, 59: 97~105.

[16] Applebaum S P. Adaptive arrays. Syracuse Un. Research Corp., Report SURC SPL TR 66-001, Aug. 1966 (reprinted in IEEE Trans. Attenna Propagation, 1976, 24: 585~597.)

[17] Auger F, Flandrin P. Improving the readability of time-frequency and time-scale representations by the reassignment method. IEEE Trans. Signal Processing, 1995, 43: 1068~1089.

[18] Barabell A J. Improving the resolution performance of eigenstructure based direction-fanding algorithms. Proc. ICASSP-83, 1983, Boston, 336~339.

[19] Baraniuk R G, Jones D L. A signal-dependent time-frequency representation. IEEE Trans. Signal Processing, 1993, 41: 1589~1602.

[20] Baraniuk R G, Jones D L. A radially Gaussian, signal-dependent time-frequency representation: optimal kernel design. Signal Processing, 1993, 32: 263~284.

[21] Baraniuk R G, Jones D L. A signal-dependent time-frequency representation: Fast algorithm for optimal kernel design. IEEE Trans. Signal Processing, 1994, 42: 134~146.

[22] Barbarossa S, Daddio E, Galati G. Comparison of optimum and linear prediction technique for clutter cancellation. Proc IEE, Part F, 1987, 134: 277 ~ 282.

[23] Barkat B, Boashash B. Design of higher-order polynomial Wigner-Ville distributions. IEEE Trans. Signal Processing, 1999, 47: 2608~2011.

[24] Barkat B, Boashash B. A high-resolution quadratic time-frequency distribution for multicomponent signals analysis. IEEE Trans. Signal Processing, 2001, 49: 2232~2239.

[25] Bartlett M S. An Introduction to Stochastic Processes. UK: Cambridge University Press, 1955.

[26] Bastiaans M J. A sampling theorem for the complex spectrogram, and Gabor's expansion of a signal in Gaussian elementary signals. Opt. Eng., 1981, 20: 594~597.

[27] Bell A J, Sejnowski T J. An information-maximization approach to blind separation and blind deconvolution. Neural Computation, 1995, 7: 1129~1159.

[28] Belochrani A, Abed-Merain K, Cardoso J F, Moulines E. A blind source separation technique using second-order statistics. IEEE Trans. Signal Processing, 1997, 45(2): 434 ~ 444.

A. Bultheel, H.E. Martínez Sulbaran / Appl. Comput. Harmon. Anal. 16 (2004) 182 - 202.

[29] Belouchrani A, Amin M G. Blind source separation based on time-frequency signal representations. IEEE Trans. Signal Process., 1998, 46(11): 2888~2897.

[30] Benjamini Y, Hochberg Y. Controlling the false discovery rate: A practical and powerful approach to multiple testing. Journal of the Royal Statistical Society, Series B, 1995, 57: 289~300.

[31] Beufays F. Transform-domain adaptive filters: An analytical approach. IEEE Trans. Signal Processing, 1995, 42: 422~431.

[32] Biemvenu G, Kopp L. Principè de la goniomgraveetre passive adaptive. Proc. 7'eme Colloque GRESIT, Nice Frace, 1979, 106/1 ~106/10.

[33] Bilinskis I, Mikelsons A. Randomized Signal Processing. New York: Prentice Hall, 1992.

[34] Blackman R B, Tukey J W. The Measurement of Power Spectra. New York: Dover Publications Inc., 1959.

[35] Boashash B. Note on the use of the Wigner-Ville distribution for time-frequency signal analysis. IEEE Trans. Acoust., Speech, Signal Processing, 1988, 36(9): 1518~1521.

[36] Boashash B. Time-frequency signal analysis. In: Advances in Spectral Estimation and Array Processing (Ed. by Haykin S.) New York: Prentice-Hall, 1991, vol.1, ch.9, 418~517.

[37] Boashash B, O'Shea P J. Polynomial Wigner-Ville distributions and their relationship to time-varying higher-order spectra. IEEE Trans. Signal Processing, 1994, 42: 216~220.

[38] Boashash B, Ristic B. Polynomial time-frequency distributions and time-varying higher-order spectra: application to the analysis of multicomponent FM signal and to the treatment of multiplicative noise. Signal Processing, 1998, 67: 1~23.

[39] Bonferroni C. Elemente di Statistica General. Libereria Seber, 1930.

[40] Box G E P, Jenkins G M. Time Series Analysis — Forecasting and Control. San Francisco, CA: Holden-Day, 1970.

[41] Brem R B, Storey J D, Whittle J, Kruglyak L. Genetic interactions between polymorphisms that affect gene expression in yeast. Nature, 2005, 436: 701~703.

[42] Brillinger D B, Rosenblatt M. Asymptotic theory of estimation of kth order spectra. In: Spectral Analysis of Time Series, Harries (ed.), New York: Wiley, 1967, 153~188.

[43] Brillinger D B, Rosenblatt M. Computation and interpretation of kth order spectra. In: Spectral Analysis of Time Series, Harries (ed.), New York: Wiley, 1967, 189~232.

[44] Brockwell P J, Davis R A. Time Series: Theory and Methods. New York: Springer-Verlag, 1987.

[45] Buckheit J, Donoho D. Improved linear discrimination using time-frequency dictionaries. Proc. SPIE, 1995, 2569: 540~551.

[46] Buckley K M. Spatialispectral filtering with linear-constrained minimum variace beamformers. IEEE Trans. Acoust., Speech, Signal Processing, 1987, 35(2): 249~266.

[47] Buckley K M, Xu X L. Spatial-spectrum estimation in a location sector. IEEE Trans. Acousi., Speech, Signal Processing, 1990, 38(11): 1842-185.

[48] Bultheel A, Martínez Sulbaran H E. Computation of the fractional Fourier transform. Appl. Comput. Harmon. Anal., 2004, 16: 182 - 202.

[49] Burg J P. Maximum entropy spectral analysis. 37th Ann. Int. Soc. Explar Geophysics meeting, Oklahoma, 1967.

[50] Cadzow J A. High performance spectral estimation — A new ARMA method. IEEE Trans. Acoust., Speech, Signal Processing, 1980, 28: 524~529.

[51] Cadzow J A. Spectral estimation: An overdetermined rational model equation approach. Proc. IEEE, 1982, 70: 907~938.

[52] Cadzow J A. Foundations of Digital Signal Processing and Data Analysis. New York: Macmillan Publishing Comp., 1987.

[53] Campos M, Antoniou A. A new Quasi-Newton adaptive filtering algorithm. IEEE Trans. Circuits and Systems, II, 1997, 44: 924~934.

[54] Capon J. High-resolution frequency-wavenumber spectrum analysis. Proc. IEEE, 1969, 57: 1408~1418.

[55] Carayannis G, Kaloupsidis N, Manolakis N. Fast recursive algorithms for a class of linear equations. IEEE Trans. Acoust., Speech, Signal Processing, 1982, 30: 227~239.

[56] Carayannis G, Manolakis N, Kaloupsidis N. A fast sequential algorithm for least-squares filtering and prediction. IEEE Trans. Acoust., Speech, Signal Processing, 1983, 31: 1394~1402.

[57] Cardoso J F. Blind signal separation: Statistical principles. Proc. IEEE, 1998, 86(10): 2009~2025.

[58] Cardoso J F, Souloumiac A. Blind beamforming for non-Gaussian signals. Proc IEE, F, 1993, 40(6): 362 ~ 370.

[59] Cardoso J F, Laheld B. Equivariant adaptive source separation. IEEE Trans. Signal Processing, 1996, 44(12): 3017~3030.

[60] Cordoso J F, Souloumiac A. Jacobi angles for simultaneous diagonalization. SIAM J. Matrix Analysis Appl., 1996, 17(1): 161 ~ 164.

[61] Carson J R, Fry T C. Variable frequency electric circuit theory with application to the theory of frequency modulation. Bell Sys. Tech. J., 1937, 16: 513~540.

[62] Cao X R, Liu R W. A general approach to blind source separation. IEEE Trans. Signal Processing, 1996, 44: 562~571.

[63] Chan V T, Hattin R V, Plant J B. The least squares estimation of time-delay estimation and signal detection. IEEE Trans. Ascoust., Speech, Signal Processing, 1978, 26: 217~222.

[64] Chan V T, Hattin R V, Plant J B. A parametric estimation approach to time-delay estimation and signal detection. IEEE Trans. Ascoust., Speech, Signal Processing, 1980, 28: 8~16.

[65] Chan Y T, Wood J C. A new order determination technique for ARMA processes. IEEE Trans. Acoust., Speech, Signal Processing, 1984, 32: 517~521.

[66] Chandran V, Elgar S L. Pattern recognition using invariants defined from higher-order spectra: One-dimensional inputs. IEEE Trans. Signal Processing, 1993, 41: 205~212.

[67] Chen B, Petropulu A P. Frequency domain blind MIMO system identification based on second- and higher oreder statistics. IEEE Trans. Signal Processing, 2001, 49(8)：1677 ~ 1688.

[68] Chen V C, Ling H. Joint time-frequency analysis for radar signal and image processing. IEEE Trans. Signal Processing Mag., 1999, March, 16: 81~93.

[69] Cho N I, Choi C H, Lee S U. Adaptive line enhancement by using an IIR lattice notch filter. IEEE Trans. Acoust., Speech, Signal Processing, 1989, 37: 585~589.

[70] Choi H, Williams W J. Improved time-frequency representation of multicomponent signals using exponential kernels. IEEE Trans. Acoust., Speech, Signal Processing, 1989, 37: 862~871.

[71] Choi S, Cichocki A, Amari S I. Flexible independent component analysis. Journal of VLSI Signal Processing , 2000, 26: 25~38.

[72] Chow J A. On estimating the orders of an ARMA process with uncertain observations. IEEE Trans. Automatic Control, 1972, 17: 707~709.

[73] Chui C K. An Introduction to Wavelets, New York: Academic Press Inc. 1992 (中译本: 崔锦泰著,程正兴译. 小波分析导论. 西安交通大学出版社, 1995).

[74] Chui C K (ed.). Wavelets: A Tutorial in Theory and Applications, New York: Academic Press Inc., 1992.

[75] Cichocki A, Amari S I, Adachi M, Kasprzak W. Self-adaptive neural networks for blind separation of sources. In Proc. 1996 International Symp. on Circuits and Systems, May 1996, 2: 157~160.

[76] Cioffi J, Kailath T. Fast recursive LS transversal filters for adaptive processing. IEEE Trans. Acoust., Speech, Signal Processing, 1984, 32: 304~337.

[77] Classen T A C M, Mechlenbrauker. The Wigner distribution — A tool for time-frequency signal analysis. Phillips J. Res., 1980, 35: 217~250, 276~300, 1067~1072.

[78] Classen T A C M, Mechlenbrauker. The aliasing problem in discrete-time Wigner distributions. IEEE Trans. Acoust., Speech, Signal Processing, 1983, 34: 442~451.

[79] Clegeot H, Tressens S, Ouamri A. Performance of high resolution frequency estimation methods compared to the Cramer-Rao bounds. IEEE Trans. Acoust. Speech, Signal Processing, 1989, 37: 1703~1720.

[80] Cohen L, Generalized phase-space distribution functions, J. Math Phys., 1966, 7: 781~806.

[81] Cohen L. A primer on time-frequency analysis. In: New Methods in Time-Frequency Analysis (Ed. by Boashash B), Sydney Australia: Longman Cheshire, 1992.

[82] Cohen L. Time-Frequency Analysis, Englewood Cliffs, NJ: Prentice-Hall, 1995.

[83] Comon P. Independent component analysis, A new concept? Signal Processing, 1994, 36: 287~314.

[84] Comon, P, Moreau, E. Blind MIMO equalization and joint-diagonalization criteria. Proc 2001 IEEE International Conference on Acoustics, Speech, and Signal Processing (ICASSP'01), 2001, 5: 2749～2752.

[85] Compton, Jr. R T. Adaptive Antennas: Concepts and Performance, New Jersey: Prentice-Hall, Englewood Cliffs, 1988.

[86] Cox H. Resolving power and sensitivity to mismatch of optimum array processors. Journal of Acoust. Soc. Amer., 1973, 54(3): 771～785.

[87] Cruces A S , Cichocki A, Castedo R L. An iterative inversion approach to blind source separation. IEEE Trans. Neural Networks, 2000, 11: 1423～1437.

[88] Darken C, Moody J E. Towards faster stochastic gradient search, In: Advances in Neural Information Processing Systems 4 (eds. by Moody J E, Hanson S J, Lippmann, R P.), San Mateo, CA: Morgan Kaufmann, 1992, 1009～1016.

[89] Daubechies I. Orthonormal bases of compactly supported wavelets. Comm. Pure Appl. Math., 1988, XLI: 909～996.

[90] Daubechies I. The wavelet transform, time-frequency localization and signal analysis. IEEE Trans. Inform. Theory, 1990, 36: 961～1005.

[91] Daubechies I. Ten Lectures on Wavelets, CBMS-NSF series in applied mathematics, Philadelphia: SIAM Press, 1992.

[92] Debnath L. Wavelet Transforms and Time-Frequency Signal Analysis. Boston: Birkhauser, 2001.

[93] Delfosse N, Loubaton P. Adaptive blind separation of independent sources: A deflation approach. Signal Processing, 1995, 45: 59～83.

[94] Delopoulos A N, Giannakis G B. Strongly consistent identification algorithm and noise insensitive MSE criteria. IEEE Trans. Signal Processing, 1992, 40: 1955～1970.

[95] Dentino M, McCool J, Widrow B. Adaptive filtering in the frequency domain. Proc. IEEE, 1978, 66: 1658～1659.

[96] Diniz P S R, Campos M, Antoniou A. Analysis of LMS-Newton adaptive filtering algorithm with variable convergence factor. IEEE Trans. Signal Processing, 1995, 43: 617～628.

[97] Deherty J, Porayath R. A robust echo canceler for acoustic environments. IEEE Trans. Circuits and Systems, II, 1997, 44: 389～398.

[98] Dolph L. A current distribution for broadside arrays which optimizes the relationship between beamwidth and sidelobe level. Proc. IRE, 1946, 34: 335～348.

[99] Douglas S C, Cichocki A. Adaptive step size techniques for decorrelation and blind source separation. In Proc. 32nd Asilomar Conf. on Signals, Systems and Computers, Pacific Grove, CA, Nov. 1998, 2: 1191～1195.

[100] Duda R O, Hart P E. Pattern Classification and Scene Analysis. New York: Wiley, 1973.

[101] Dziewonski A, Bloch S, Landisman M. A technique for the analysis of the transient signals, Bull. Seismolog. Soc. Amer., 1969, 427～449.

[102] Efron B. Bayesians, Frequentists and Scientists. Journal of the American Statistical Association, 2005, 100: 1～5.

[103] Ermolaev V T, Gershman A B. Fast algorithm for minimum-norm direction-of-arrival estimation. IEEE Trans. Signal Processing, 42: 2389～2394, 1994.

[104] Flury B N. Common principal components in k groups. J. Amer. Statist. Assoc., 1984, 79: 892 ~ 897.

[105] Fonollosa J R, Nikias C L. Wigner-Ville higher-order moment spectra: Definition, properties, computation and application to transient signal analysis. IEEE Trans. Signal Processing, 1993, 41: 245~266.

[106] Frieden B R. Restoring with maximum likelihood and maximum entropy. J. Opt. Soc. Amer., 1997, 62: 511~518.

[107] Friedlander B, Porat B. Adaptive IIR algorithms based on higher-order statistics. IEEE Trans. Acoust., Speech, Signal Processing, 1989, 37: 485~495.

[108] Frost O L. An algorithm for linearly-constrained adaptive array processing. Proc. IEEE, 1972, 60(8): 926~935.

[109] Gabor D. Theory of communication. J. IEE, 1946, 93: 429~457.

[110] Gan W S. Fuzzy step-size adjustment for the LMS algorithm. Signal Processing, 1996, 49: 145~149.

[111] Gantmacher P R. Applications of the Theory of Matrices. New York: Interscience Publishers, 1959.

[112] Gersch W. Estimation of the autoregressive parameters of a mixed autoregressive moving-average time series. IEEE Trans. Automatic Control, 1970, 15: 583~585.

[113] Giannakis G B. Cumulants: A powerful tool in signal processing. Proc. IEEE, 1987, 75: 1333~1334.

[114] Giannakis G B, Mendel J M. Identification of nonminimum phase systems using higher-order statistics. IEEE Trans. Acoust., Speech, Signal Processing, 1989, 37: 360~377.

[115] Giannakis G B. On the identifiability of non-Gaussian ARMA models using cumulants. IEEE Trans. Automatic Control, 1990, 35: 18~26.

[116] Giannakis G B, Mendel J M. Cumulant-based order determination of non-Gaussian ARMA models. IEEE Trans. Acoust., Speech, Signal Processing, 1990, 38: 1411~1423.

[117] Giannakis G B, Swami A. On estimating noncausal nonminimum phase ARMA models of non-Gaussian processes. IEEE Trans. Acoust., Speech, Signal Processing, 1990, 38: 478~495.

[118] Glentis G O, Berberidis K, Theodoridis S. Efficient least squares adaptive algorithms for FIR transversal filtering. IEEE Signal Processing Magazine, 1999, 16(4): 13~41.

[119] Godara A C. Application of Antenna Arrays to Mobile Communications, Part II: Beam-Forming and Direction-of-Arrival Considerations. Proc. of IEEE, 1997, 85(8): 1195~1245.

[120] Gold J I, Watanabe T, Perceptual learning. Current Biology, 2010, 20(2): R46-R48.

[121] Golub G H, Van Loan C F. Matrix Computations, 2nd ed. The John Hopiks Univ. Press, 1989.

[122] Goodwin G C, Sin K S. Adaptive Filtering, Prediction and Control. Englewood Cliffts, NJ: Prentice Haall, 1984.

[123] Gray R M. Entropy and Information Theory. New York: Springer-Verlag, 1990.

[124] Griffiths J W. Adaptive array processing: A tutorial. Proc IEE, Part F, 1983, 130: 137 ~ 142.

[125] Griffiths L J, Jim C W. An alternative approach to linearly constrained optimum beamforming. IEEE Trans. Antennas Propag., 1982, 30: 27~34.

[126] Haardt M, Nossek J A. Unitary ESPRIT: How to obtain increased estimation accuracy with a reduced computational burden. IEEE Trans. Signal Processing, 1995, 43: 1232~1242.

[127] Harris R W, Chabries D M, Bishop F A. A variable step (VS) adaptive filter algorithm. IEEE Trans. Acoust., Speech, Signal Processing, 1986, 34: 309~316.

[128] Haykin S, Reilly J P, Vertatschitsch E. Some aspects of array signal processing. IEE Proc. -F, 1992, 139: 1~26.

[129] Haykin S. Adaptive Filter Theory, 3rd Edit. Prentice Hall, 1996.

[130] Haykin S. Neural networks expand SP's horizons. IEEE Signal Processing Magazine, 1996, 13: 24~49.

[131] Hildebrand F B. Introduction to Numerical Analysis. New York: McGraw-Hill, 1956.

[132] Hochberg Y. A sharper Bonferroni procedure for multiple tests of signi?cance. Biometrika, 1988, 75: 800~802.

[133] Holm S. A simple sequentially rejective multiple test procedure. Scand. J. Statist., 1979, 6: 65~70.

[134] Honig M L, Madhow U, Verdu S. Blind adaptive multiuser detection. IEEE Trans. Inform. Theory, 1995, 41: 944~960.

[135] Horn R A, Johnson C R. Matrix Analysis, London: Cambridge Univ. Press, 1985.

[136] Hyvärinen A. Fast and Robust Fixed-Point Algorithms for Independent Component Analysis. IEEE Trans. Neural Networks, 1999, 10(3): 626~634.

[137] Hyvärinen A, Oja E. Independent component analysis: algorithms and applications. Neural Networks, 2000, 13: 411~430.

[138] Ihara S. Maximum entropy spectral analysis and ARMA processes. IEEE Trans. Inform. Theory, 1984, 30: 377~380.

[139] Jawerth B, Sweldens W. An overview of wavelet based multiresolution analysis. SIAM Rev., 1994, 36: 377~412.

[140] Jeong J, Williams W J. Kernel design for reduced interference distributions. IEEE Trans. Signal Processing, 1992, 40: 402~412.

[141] Jiang Q, Goh S S, Lin Z. Local discriminant time-frequency atoms for signal classification. Signal Processing, 1999, 72: 47~52.

[142] Jutten C, Herault J. Blind separation of sources Part I: An adaptive algorithm based on neuromimetic architecture. Signal Processing, 1991, 24: 1~10.

[143] Kailath T. An innovations approach to least-squares estimation: Part I. Linear filtering in additive white noise. IEEE Trans. Autom. Contr., 1968, 13: 646~655.

[144] Kailath T. The innovations approach to detection and estimation theory. Proc. IEEE, 1970, 58: 680~695.

[145] Kapoor S, Gollamudi S, Nagaraj S, Huang Y -F. Adaptive multiuser detection and beamforming for interference suppression in CDMA mobile radio systems. IEEE Trans. Veh. Technol., 1999, 48: 1341~1355.

[146] Karhunen J, Pajunen P, Oja E. The nonlinear PCA criterion in blind source separation: Relations with other approaches. Neurocomputing, 1998, 22: 5~20.

[147] Karlin S, Taylor H T. A First Course in Stochastic Process. New York: Academic Press, 1975.

[148] Kashyap R. Inconsistency of the AIC rule for estimating the order of autoregressive models. IEEE Trans. Automatic Control, 1980, 36: 1011~1012.

[149] Kaveh M. High resolution spectral estimation for noisy signals. IEEE Trans. Acoust., Speech, Signal Processing, 1979, 27: 286~287.

[150] Kaveh M, Barabell A J. The statistical performance of MUSIC and mini-norm algorithms in resolving plane wave in noise. IEEE Trans. Acoust., Speech, Signal Processing, 1986, 34: 331~341.

[151] Kay S M, Marple S L. Spectrum analysis: A modern perspective. Proc. IEEE, 1981, 69: 1380~1419.

[152] Klemm R. Adaptive airborne MTI: An auxiliary channel approach. Proc IEE, Part F, 1987, 134: 269 ~ 276.

[153] Knapp C H, Carter G C. The generalized correlation method for estimation of time delay. IEEE Trans. Acoust., Speech, Signal Processing, 1976, 24: 320~327.

[154] Koenig R, Dunn H K, Lacy L Y. The sound spectrograph. J. Acoust. Soc. Amer., 1946, 18: 19~49.

[155] Krim H, Viberg M. Two decades of array signal processing. IEEE Signal Processing Magazine, 1996, 13(4): 67~94.

[156] Kumaresan R. Estimating the paramaters of exponentially damped or undamped sinusoidal signals in noise. Ph.D. dissertation, University of Rhode Island, RI, 1982.

[157] Kumaresan R, Tufts D W. Estimating the angles of arrival of multiple plane waves. IEEE Trans. Aerospace and Elect. Syst., 1983, 19: 134~139.

[158] Kutay M A. fracF: Fast computation of the fractional Fourier transform. 1996. available at http://www.ee.bilkent.edu.tr/ haldun/fracF.m.

[159] Kwong R H, Johnston E W. A variable step-size LMS algorithm. IEEE Trans. Signal Processing, 1992, 40: 1631~1642.

[160] Lagunas M A. Cepstrum constraints in ME spectral estimation. Proc. IEEE ICASSP'83, 1983, 1442~1445.

[161] Lagunas M A, Santamaria M E, Figueiras A R. ARMA model maximum entropy power spectral estimation. IEEE Trans. Acoust., Speech, Signal Processing, 1984, 32: 984~990.

[162] Lambert R. Multichannel Blind Deconvolution: FIR Matrix Algebra and Separation of Multipath Mixtures. Ph.D. Dissertation, Univ. of Southern California, Dept. of Electrical Eng., May 1996.

[163] Lawrence R E, Kaufman H. The Kalman filterbforbthe equalization of a digital communication channel, IEEE Trans. Commun., 1971, 19: 1137~1141.

[164] Lee A. Centrohermitian and skew-centrohermitiam matrices. Linear Algebra and Its Applications, 1980, 29: 205~210.

[165] Lee J C, Un C K. Performance of transform domain adaptive digital filters. IEEE Trans. Acout., Speech, Signal Processing, 1986, ASSP-34: 499~510.

[166] Leen T W, Girolami M, Sejnowski T J. Independent component analysis using an extended infomax algorithm for mixed sub-Gaussian and super-Gaussian sources. Neural Computations, 1999, 11: 409~433.

[167] Leung C T, Siu W C. A general contrast function based blind source separation method for convolutively mixed independent sources. Signal Processing, 2007, 87: 107~123.

[168] Lewis F L. Optimal Estimation. New York: John Wiley & Sons, Inc. 1986.

[169] Li F, Vacaro J, Tufts D W. Min-norm linear prediction for arbitrary sensor array. Proc. IEEE-ICASSP'89, 1989, 2613~2616.

[170] Li S, Qian S. A complement to a derivation of discrete Gabor expansions, IEEE Signal Processing Letters, 1995, 2: 31~33.

[171] Li X L, Zhang X D. Non-orthogonal approximate joint diagonalization free of degenerate solution. IEEE Trans. Signal Processing, 2007, 55(5): 1803 ~ 1814.

[172] Li X L, Zhang X D. Sequential blind extraction adopting second-order statistics. IEEE Signal Processing Letters, 2007, 14(1): 58~61.

[173] Li Y, Wang J, Zurada J M. Blind extraction of singularly mixed source signals. IEEE Trans. Neural Networks, 2000, 11: 1413~1422.

[174] Liao X, Bao Z. Circularly integrated bispectra: Novel shift invariant features for high-resolution radar target recognition. Electron. Letters, 1998, 34: 1879~1880.

[175] Ljung L, Morf M, Falconer D. Fast calculations of gain matrices for recursive estimation schemes. Int. Journal of Control, 1978, 27: 1~19.

[176] Lohmann A W, Eirnitzer B. Triple correlations. Proc. IEEE, 1984, 72: 889~901.

[177] Lou S T, Zhang X D. Fuzzy-based learning rate determination for blind source separation. IEEE Trans. Fuzzy Systems, 2003, 11(3): 375~383.

[178] Loughlin P J, Pitton J W, Atlas L E. Bilinear time-frequency representations: New insights and properties. IEEE Trans. Signal Processing, 1993, 41: 750~767.

[179] Lu R, Morris J M. Gabor expansion for adaptive echo cancellation. IEEE Signal Processing Mag., 1999, Mar., 16: 68~80.

[180] Macchi O. Optimization of adaptive identification for time-varying filters. IEEE Trans. Autom. Contr., 1986, 31: 283~287.

[181] Macchi O. Adaptive Processing: The LMS Approach with Applicatins in Transmission. New York: John Wiley & Sons, 1995.

[182] Makhoul J. Stable and efficient lattice methods for linear prediction. IEEE Trans. Acoust., Speech, Signal Processing, 1977, 25: 423~428.

[183] Makhol J, Cossel M. Adaptive lattice analysis of speech. IEEE Trans. Acoust., Speech, Signal Processing, 1981, 29: 654~659.

[184] Mallat S G. A theory of multiresolution signal decomposition: the wavelet representation, IEEE Trans. Pattern Anal. Machine Intell., 1989, 11: 674~693.

[185] Mallat S G, Zhang Z. Matching pursuit with time-frequency dictionaries. IEEE Trans. Signal Processing, 1993, 41: 3397~3415.

[186] Marshal D, Jenkins W. A fast quisi-Newton adaptive filtering algorithm. IEEE Trans. Signal Processing, 1992, SP-40: 1652~1662.

[187] Mathew G, Reddy V. Development and analysis of a neural network approach to Pisarenko's harmonic retrieval method. IEEE Trans. Signal Processing, 1994, 42: 663 ~ 667.

[188] Mathew G, Reddy V. Orthogonal eigensubspaces estimation using neural networks. IEEE Trans. Signal Processing, 1994, 42: 1803 ~ 1811.

[189] Mazo J E. On the independence theory of equalizer convergence. Bell Syst. Tech. J. 1979, 38:963~993.

[190] Mboup M, Bonnet M, Bershad N. LMS coupled adaptive prediction and system identification: A statistical model and transient mean analysis. IEEE Trans. Signal Processing, 1994, 42: 2607~1615.

[191] McBride A C, Kerr F H. On Namias's fractional Fourier transform. IMA Appl. Math., 1987, 39: 159~175.

[192] McDonough R N, Huggins W H. Best least-squares representation of signals by exponentials. IEEE Trans. Automatic Control, 1968, 13: 408~412.

[193] Mendel J M. Tutorial on higher-order statistics (spectra) in signal processing and system theory: Theoretical results and some applications. Proc. IEEE, 1991, 79: 278~305.

[194] Mertins A. Signal Analysis: Wavelets, Filter Banks, Time-Frequency Transforms and Applications. New York: John Wiley & Sons, 1999.

[195] Meyer Y. Ondeletters et Operateurs, tomes I, II et III, ed. Hermann, Paris, 1990.

[196] Micka O J, Weiss A J. Estimating frequencies of exponentials in noise using joint diagonalization. IEEE Trans. Signal Processing, 1999, 47(2): 341 ~ 348.

[197] Miller C J, Nichol R C, Batuski D J. Acoustic oscillations in the early universe and today. Science, 2001, 292(5525): 2302~2303.

[198] Mikhael W, Spanias A. Comparison of several frequency domain LMS algorithms. IEEE Trans. Circuits and Systems, 1987, 34: 586~588.

[199] Mohanty N. Random Signals Estimation and Identification, New York: Van Nostrand Reinhold Comp., 1986.

[200] Monzingo R, Miller T. Introduction to Adaptive Arrays, New York: Wiley and Sons, 1980.

[201] Moreau E. A generalization of joint-diagonalization criteria for source separation. IEEE Trans. Signal Processing, 2001, 49(3): 530 ~ 541.

[202] Murata N, Muller K R, Ziehe A, Amari S. Adaptive on-line learning in changing environments. Advances in NIPS'9, Cambridge, MA: MIT Press, 1997, 599~605.

[203] Nadeu C et al. Spectral estimation with rational modeling of the log spectrum. Signal Processing, 1986, 10(1): 7~18.

[204] Namias V. The fractional Fourier transform and its application in quantum mechanics. J. Int. Math. Its App., 1980, 25: 241~265.

[205] Narayan S, Peterson A M, Narasimha M J. Transform domain LMS algorithm. IEEE Trans. Acout., Speech, Signal Processing, 1983, 31: 609~615.

[206] Nehorai A. A minimal parameter adaptive notch filter with constrained poles and zeros. IEEE Trans. Acoust., Speech, Signal Processing, 1985, 33: 983~996.

[207] Nikias C L, Raghuveer M R. Bispetrum estimation: A digital processing framework, Proc. IEEE, 1987, 75: 869~891.

[208] Nikias C L, Pan R. Time delay estimation in unknown Guassian spatially correlated noise, IEEE Trans. Acoust., Speech, Signal Processing, 1988, 36: 1706~1714.

[209] Nikias C L, Liu F. Bicepstrum computation based on second- and third-order statistics with applications. Proc. ICASSP'90, 1990, 2381~2386.

[210] Nikias C L, Petropulu A P. Higher-Order Spectra Analysis. New York: Prentice Hall, 1993.

[211] O'neill J. DiscreteTFDs: A Collection of Matlab Files for Time-Frequency Analysis, 1999. Available at ftp.mathworks.com/pub/contrib/v5/signal/DiscreteTFDs/.

[212] Ozaktas H M, Kutay M A, Bozdagi G. Digital computation of the fractional Fourier transform. IEEE Trans. Signal Processing, 1996, 44: 2141~2150.

[213] Ozaktas H M, Zaleusky Z, Kutay M A. The Fractional Fourier Transform. Chichester: Wiley, 2001.

[214] Pajunen P, Karhunen J. Least-squares methods for blind source separation based on nonlinear PCA. Int. J. of Neural Systems, 1998, 8(12): 601~612.

[215] Papoulis A. Signal Analysis. New York: McGraw-Hill, 1977.

[216] Papoulis A. Probability, Random Variables and Stochastic Processes. New York: McGraw-Hill, 1984.

[217] Parzen E. Some recent advances in time series modeling. IEEE Trans. Automatic Control, 1974, 19: 723~730.

[218] Peleg S, Porat B. Estimation and classification of polynomial phase signals. IEEE Trans. Inform. Theory, 1991, 37: 422~429.

[219] Pflug A L, Ioup G E, Field R L. Properties of higher-order correlation and spectra for blind limited, deterministic transients. J. Acoustical Society American, 1992, 92: 975~988.

[220] Pham D. T. Joint approximate diagonalization of positive defnite matrices. SIAM J. Matrix Anal. Appl., 2001, 22(4): 1136 ~ 1152.

[221] Poor H V, Wang X. Code-aided interference suppression for DS/CDMA communications, Part II: Parallel blind adaptive implementations. IEEE Trans. Commun., 1997, 45: 1112~1122.

[222] Porat B. Digital Processing of Random Signals — Theory and Methods. New Jersey: Prentice-Hall Inc., 1994.

[223] Potter R K, Kopp G, Green H C. Visible Speech. New York: Van Nostrand, 1947.

[224] Poularikas A D. The Handbook of Formulas and Tables for Signal Processing. CRC Press, Springer, IEEE Press, 1998.

[225] Qian S, Chen D. Signal representation using adaptive normalized Gaussian functions. Signal Processing, 1994, 36: 1~11.

[226] Qian S, Chen D. Joint Time-Frequency Analysis: Methods and Applications. New York: Prentice Hall, 1996.

[227] Qian S, Chen D. Joint time-frequency analysis. IEEE Signal Processing Mag., 1999, Mar. 16: 52~67.

[228] Rao D V R, Kung S Y. Adaptive notch filtering for the retrieval of sinusoids in noise. IEEE Trans. Acoust., Speech, Signal Processing, 1984, 32: 791~802.

[229] Rihaczek A W. Pronciples of High Resolution Radar. Peninsula, 1985.

[230] Rissanen J. A universal prior for intergers and estimation by minimum descriptive length. Ann. Stat., 1983, 11: 431~466.

[231] Robbins H, Monroe S. A stochastic approximation method. Annas of Mathematical Statistics, 1951, 22: 400~407.

[232] Roy R, Kailath T. ESPRIT — Estimation of signal parameters via rotational invariance techniques. IEEE Trans. Acoust., Speech, Signal Processing, 1989, 37: 297~301.

[233] Roy R, Paulraj A, Kailath T. ESPRIT — A subspace rotation approach to eatimation of parameters of cisoids in noise. IEEE Trans. Acoust., Speech, Signal Processing, 1986, 34: 1340~1342.

[234] Ruskai M B et al. (eds.), Wavelets and Their Applications, Boston: Jones and Bartlett Publishers, 1992.

[235] Saito N, Coifman R. Constructions for local orthonomal basis for classification and regression. C. R. Acad. Sci. Paris Ser. I, 1994, 319: 191~196.

[236] Saito N, Coifman R. Local discriminant bases. Proc. SPIR, 1994, 2303: 2~14.

[237] Saito N, Coifman R. Local discriminant bases and their applications. J. Math. Imaging Vision, 1995, 5: 337~358.

[238] Sasaki K, Sato T, Yamashita Y. Minimum bias windows for bispectral estimation. J. Sound Vibration, 1975, 40: 139~149.

[239] Sasaki K, Sato T, Makamura Y. Holographic passive sonar. IEEE Trans. Sonics Ultrason, 1977, 24: 193~200.

[240] Sato T, Sasaki K. Bispectral holography, J. Acoust., Soc. Amer., 1977, 62: 404~408.

[241] Sayed A H, Kailath T. A state-space approach to adaptive RLS fitering. IEEE Signal Processing Mag., 1994, 11: 18~60.

[242] Schmidt R O. Multiple emitter location and signal parameter estimation. Proc. RADC Spectral Estimation Workshop, NY: Rome, 1979, 243~258.

[243] Schmidt R O. A signal subspace approach to multiple emitter location and spectral estimation. Ph.D. dissertation, Stanford University, 1981.

[244] Schmidt R O. Multiple emitter location and signal parameter estimation. IEEE Trans. Antennas Propagat., 1986, 34: 276~280.

[245] Schobben D W E, Torkkola K, Smaragdis P. Evaluation of blind separation methods. Proc. ICA'99, International Workshop on Independent Component Analysis and Blind Signal Separation, 1999, 261~266.

[246] Sharman K, Durrani T S. A comparative study of modern eigenstructure methods for baering estimation—A new high performance approach. Proc. IEEE ICASSP-87, Greece, Athens, 1987, 1737~1742.

[247] Shi Y (时宇), Zhang X.-D.(张贤达). Kalman-filtering-based angular velocity estimation using infrared attitude information of spacecraft. Optical Eng., 2000, 39: 551~557.

[248] Shi Y, Zhang X.-D. Gabor atom network for signal classification with application in radar target recognition. IEEE Trans. Signal Processing, 2001, 49: 2994 ~3004.

[249] Shynk J. Frequency-domain and multirate adaptive filtering. IEEE Signal Processing Magazine, 1992, 9(1): 14~39.

[250] Silverstein S D, Engeler W E, Tardif J A. Multirate superresolution line spectrum analyzers. IEEE Trans. Circuits Sysr., 1991, 38: 449~453.

[251] Silverstein S D, Zoltowski M D. The mathematical basis for element and Fourier beam space MUSIC and Root-MUSIC algorithms. Digital Signal Processing, 1991, 1(4): 1~15. 1991.

[252] Silvey S D. Statistical Inference, Baltimore: Penguin Books, 1970.

[253] Simes R J. An improved Bonferroni procedure for multiple tests of signi?cance. Biometrika, 1986, 73: $751sim754$.

[254] Smaragdis P. Blind separation of convolved mixtures in the frequency domain. Neurocomputing, 1998, 22: 21~34.

[255] Smith N J T, Barnwell T P. Exact reconstruction techniques for tree structured subband coders, IEEE Trans. Acoust., Speech, Signal Processing, 1986, 34: 434~441.

[256] Special issue on active and adaptive antennas. IEEE Trans. Antennas Propagat., 1964, AP-12.

[257] Special issue on adaptive antennas. IEEE Trans. Antennas Propagat., 1976, AP-24.

[258] Special issue on beamforming. IEEE J. Oceanic Eng., 1985, OE-10.

[259] Special issue on adaptive processing antenna systems. IEEE Trans. Antennas Propagat., 1986, AP-34.

[260] Special issue on adaptive systems and applications. IEEE Trans. Circuits Syst., 1987, CAS-34.

[261] Special issue on underwater acoustic signal processing. IEEE J. Oceanic Eng., 1987, OE-12.

[262] Steinberg B D. Principles of Aperture and Arruy System Design. New York: Wiley, 1976.

[263] Stoica P, Nehorai A. MUSIC, maximum likelihood, and Cramer-Rao bound. IEEE Trans. Acoust., Speech, Signal Processing, 1989, 37: 720~741.

[264] Storey JD. A direct approach to false discovery rates. Journal of the Royal Statistical Society, Series B - Statistical Methodology, 2002, 64: 479~498.

[265] Storey JD. The positive false discovery rate: A Bayesian interpretation and the q-value. Ann. Statist., 2003, 31: 2013~2035.

[266] Strang G, Hguyen T. Wavelets and Filter Banks. Wellesley-Cambridge, 1996.

[267] Swami A, Mendel J M. Closed-form recursive estimation of moving everage coefficients using autocorrelations and third-order cumulants. IEEE Trans. Acoust., Speech, Signal Processing, 1989, 37: 1794~1795.

[268] Swami A, Mendel J M. ARMA parameter estimation using only output cumulants. IEEE Trans. Acoust., Speech, Signal Processing, 1990, 38: 1257~1265.

[269] Swami A, Mendel J M. Cumulant-based approach to the harmonic retrieval and related problems. IEEE Trans. Signal Processing, 1991, 39: 1099~1109.

[270] Swami A, Mendel J M. Identifiability of the AR parameter estimaters of an ARMA process using cumulants. IEEE Trans. Automatic Control, 1992, 37: 268~273.

[271] Sweldens W. Wavelets: What next? Proc. IEEE, 1996, 84:680~685.

[272] Taylor A E. Introduction to Functional Analysis. New York: Wiley, 1958.

[273] Thi H N, Juttenav C. Blind source separation for convolutive mixtures. Signal Processing, 1995, 45: 209~229.

[274] Trintinalia L C, Ling H. Joint time-frequency ISAR using adaptive processing. IEEE Trans. Antennas Propagat., 1997, 45: 221~227.

[275] Tsatsanis M K, Z. Xu. Performance analysis of minimum variance CDMA receivers. IEEE Trans. Signal Processing, 1998, 46: 3014~3022.

[276] Tugnait J K. Approaches to FIR system identification with noisy data using higher order statistics. IEEE Trans. Acoust., Speech, Signal Processing, 1990, 38: 1307~1317.

[277] Tugnait J K. New results on FIR system identification using higher-order statistics. IEEE Trans. Signal Processing, 1991, 39: 2216~2221.

[278] Tugnait J K. On time delay estimation with unknown spatially correlated Gaussian noise using fourth-order cumulants and cross cumulants. IEEE Trans. Signal Processing, 1991, 39: 1258~1267.

[279] Tugnait J K. Detection of non-Gaussian signals using integrated polyspectrum. IEEE Trans. Signal Processing, 1994, 42: 3137~3149.

[280] Ulrych T J, Clayton R W. Time series modeling and maximum entropy. Phys., Earth Planet Inter., 1976, 12: 188~200.

[281] Vaidyanathan P P, Hoang P Q. Lattice structures for optimal design and robust implementation of two-band perfect reconstruction QMF banks. IEEE Trans. Acoust., Speech, Signal Processing, 1988, 36: 81~94.

[282] Vaidyanathan P P. Multirate digital filters, filter banks, polyphase networks, and applications: A tutorial. Proc. IEEE, 78: 56~93.

[283] Van Ness J W. Asymptotic normality of bispectral estimation. Ann. Math. Statistics, 1986, 37: 1257~1272.

[284] Van Veen B. Minimum variance beamforming. In: Adaptive Radar Detection and Estimation, ed. Haykin H and Steinhardt A, Wiley-Interscience, 1992.

[285] Van Veen B, Buckley K M. Beamforming: A versatile approach to spatial filtering. IEEE ASSP Mag., 1988, 5: 4~12.

[286] van der Veen A J. Joint diagonalization via subspace fitting techniques. Proc. 2001 IEEE International Conference on Acoustics, Speech, and Signal Processing (ICASSP '01), 2001, 5: 2773 ~ 2776.

[287] Verdu S. Multiuser Detection. Cambridge: U.K.: Cambridge Univ. Press, 1998.

[288] Verterli M, Herley C. Wavelets and filter banks: Theory and methods. IEEE Trans. Signal Processing, 1992, 40: 2207~2232.

[289] Ville J. Theorie et applications de la notion de signal analytique. Cables et Transmission, 1948, 2A: 61~74.

[290] Wegman E J, Schwartz S C, Thomas J B (ed). Topics in Non-Gaussian Signal Processing. New York: Springer-Verlag, 1989.

[291] Weingessel A, Hornik K. Local PCA algorithms. IEEE Trans. Neural Networks, 2000, 11: 1242~1250.

[292] Weiss A J, Friedlander B. Array processing using joint diagonalization. Signal Processing, 1996, 1996, 50(3): 205 ~ 222.

[293] Wexler J, Raz S. Discrete Gabor expansions. Signal Processing, 1990, 21: 207~220.

[294] Wickerhauser M V. Adapted Wavelet Analysis from Theory to Software, Wellesley, MA: A.K. Peters, 1994.

[295] Widrow B, Mantey P E, Griffiths L J, Goode B B. Adaptive antenna systems. Proc. IEEE, 1967, 55: 2143~2159.

[296] Widrow B, et al. Adaptive noise cancelling: Principles and applications. Proc. IEEE, 1975, 63: 1692~1716.

[297] Widrow B, et al. Stationary and nonstationary learning characteristics of the LMS adaptive filter. Proc. IEEE, 1976, 64: 1151~1162.

[298] Widrow B, Stearns S D. Adaptive Signal Processing. New York: Prentice-Hall, 1985.

[299] Wigner E P. On the quantum correction for thermodynamic equilibrium. Phys. Rev., 1932, 40: 749~759.

[300] Williams W J, Jeong J. New time-frequency distributions: Theory and applications. Proc. IEEE ICASSP-89, 1989, 1243~1247.

[301] Wax M, Sheinvald J. A least squares approach to joint diagonalization. IEEE Signal Processing Letters, 1997, 4(2): 52 ~ 53.

[302] Xu G, Silverstein S D, Roy R E, Kailath T. Beamspace ESPRIT. IEEE Trans. Signal Processing, 1994, 42(2): 349~356.

[303] Xu L, Oja E, Suen C. Modified Hebbian learning for curve and surface fitting. Neural Networks, 1992, 5: 441 ~ 457.

[304] Xu X L, Buckley K M. Bias analysis of the MUSIC location estimator. IEEE Trans. Signal Processing, 1994, 42: 1812~1816.

[305] Yang B. Projection approximation subspace tracking. IEEE Trans. Signal Processing, 1995, 43: 95 ~ 107.

[306] Yang H H. Series updating rule for blind separation derived from scoring. IEEE Trans. Signal Processing, 1999, 47: 2279~2285.

[307] Yang H H, Amari S. Adaptive online learning algorithms for blind separation: Maximum entropy and minimum mutual information. Neural Computation, 1997, 9(7): 1457~1482.

[308] Yang H H, Amari S, Cichocki A. Information-theoretic approach to blind separation of sources in nonlinear mixture. Signal Processing, 1998, 64: 291~300.

[309] Yeredor A. Non-orthogonal joint diagonalization in the least squares sense with application in blind source separation. IEEE Trans. Signal Processing, 2002, 50(7): 1545 ~ 1553.

[310] Yeredor A. Time-delay estimation in mixtures. Proc. 2003 IEEE International Conference on Acoustics, Speech, and Signal Processing (ICASSP '03), 2003, 5: 237 ~ 240.

[311] Yoon Y.-S, Amin M G. High-Resolution Through-the-Wall Radar Imaging Using Beamspace MUSIC. IEEE Trans. Antennas and Propagation, 2008, 56(6): 1763~1774.

[312] Zeidler J R. Performance analysis of LMS adaptive prediction filters. Proc. IEEE, 1990, 78: 1781~1806.

[313] Zhang X D (张贤达), Takeda H. An order recursive genaralized least squares algorithm for system identification. IEEE Trans. Automatic Control, 1985, 30: 1224~1227.

[314] Zhang X D, Takeda H. An approach to time series analysis and ARMA spectral estimation. IEEE Trans. Acoust., Speech, Signal Processing, 1987, 35: 1303~1313.

[315] Zhang X D. Estimation of frequencies of sinusoids in colored ARMA noise via singular value decomposition. Proc. IEEE ISCAS'89, Portland, OH. 1989, 1315~1318.

[316] Zhang X D, Zhou Y. A novel recursive approach to estimating MA parameters of causal ARMA models from cumulants. IEEE Trans. Signal Processing, 1992, 40: 2870~2873.

[317] Zhang X D, Zhang Y S. Determination of the MA order of an ARMA process using sample correlations. IEEE Trans. Signal Processing, 1993, 41: 2277~2280.

[318] Zhang X D, Zhang Y S. Singular value decomposition-based MA order determination of non-Gaussian ARMA models. IEEE TRans. Signal Processing, 1993, 41: 2657~2664.

[319] Zhang X D, Zhang Y S. FIR system identification using higher order cumulants. IEEE Trans. Signal Processing, 1994, 42: 2854~2858.

[320] Zhang X D, Li Y D. Harmonic retrieval in mixed Gaussian and non-Gaussian ARMA noises. IEEE Trans. Signal Processing, 1994, 42: 3539~3543.

[321] Zhang X D, Liang Y C, Li Y D. A hybrid approach to harmonic retrieval in non-Gaussian noise. IEEE Trans. Signal Processing, 1994, 42: 1220~1226.

[322] Zhang X D, Liang Y C. Prefiltering-based ESPRIT for estimating parameters of sinusoids in non-Gaussian ARMA noise. IEEE Trans. Signal Processing, 1995, 43: 349~353.

[323] Zhang X D, Song Y, Li Y D. Adaptive identification of nonminimum phase ARMA models using higher-order cumulants alone. IEEE Trans. Signal Processing, 1996, 44: 1285~1288.

[324] Zhang X D, Shi Y, Bao Z. A new feature vector using selected bispectra for signal classification with application in radar target recognition. IEEE Trans. Signal Processing, 2001, 49: 1875~1885.

[325] Zhang X D, Wei W. Blind adaptive multiuser detection based on Kalman filtering. IEEE Trans. Signal Processing, 2002, 50: 87~95.

[326] Zhao Y, Atlas L E, Marks R J. The use of cone-shaped kernels for generalized time-frequency representations of nonstationary signals. IEEE Trans. Acoust., Speech, Signal Processing, 1990, 38: 1084~1091.

[327] Zhou Y, Xu B. Blind source separation in frequency domain. Signal Processing, 2003, 83: 2037~2046.

[328] Zhu X L, Zhang X D. Adaptive RLS algorithm for blind source separation using a natural gradient. IEEE Signal Processing Letters, 2002, 9(12): 432~435.

[329] Zoltowski M D, Kautz G M, Silverstein S D. Beamspace root-MUSIC. IEEE Trans. Signal Processing, 1993, 41(1): 344~364.

[330] Zoltowski M D, Silverstein S D, Mathews C P. Beamspace root-MUSIC for minimum redundancy linear arrays. IEEE Trans. Signap Processing, 1993, 41(7): 2502~2507.

[331] Zoltowski M D, Haardt M, Mathews C P. Closed-form 2D angle estimation with rectangular arrays in element space or beamspace via unitary ESPRIT. IEEE Trans. Signal Processing, 1996, 42(2): 316~328.

[332] 程乾生. 多谱估计的 Cepstrum 分析和参数方法, 中国信号处理学会年会大会报告, 1996.

[333] 刘乐平、张龙、蔡正高. 多重假设检验及其在经济计量中的应用. 统计研究, 2007, 24(4): 26~30.

[334] 《数学手册》编写组. 数学手册. 北京: 高等教育出版社, 1979.

[335] 王宏禹. 随机数字信号处理. 北京: 科学出版社, 1988.

[336] 张尧庭、方开泰. 多元分析引论. 北京: 科学出版社, 1982.

[337] 张贤达. 时间序列分析——高阶统计量方法. 北京: 清华大学出版社, 1996.

[338] 张贤达. 矩阵分析与应用 (第 2 版). 北京: 清华大学出版社, 2013.

[339] 张贤达、保铮. 非平稳信号分析与处理. 北京: 国防工业出版社, 1998.

[340] 张贤达、保铮. 通信信号处理. 北京: 国防工业出版社, 2000.

[341] 朱道元、吴诚鸥、秦伟良. 多元统计分析与软件 SAS. 南京: 东南大学出版社, 1999.

索　引

D

E

F

G

H